Vahlens Handbücher
der Wirtschafts- und Sozialwissenschaften

Systeme der Kosten- und Erlösrechnung

von

Prof. Dr. Marcell Schweitzer

Forschungsabteilung für Industriewirtschaft
an der Eberhard-Karls-Universität Tübingen

und

Prof. Dr. Hans-Ulrich Küpper

Institut für Produktionswirtschaft und Controlling
an der Ludwig-Maximilians-Universität München

9., überarbeitete und erweiterte Auflage

Verlag Franz Vahlen München

ISBN 978-3-8006-3527-6

© 2008 Verlag Franz Vahlen GmbH, Wilhelmstr. 9, 80801 München
Satz: DTP-Vorlagen der Autoren
Druck und Bindung: Druckhaus „Thomas Müntzer" GmbH
Neustädter Str. 1–4, 99947 Bad Langensalza
Gedruckt auf säurefreiem, alterungsbeständigem Papier
(hergestellt aus chlorfrei gebleichtem Zellstoff)

Dem
Wissenschaftler und Menschen
Erich Kosiol
in Verehrung und Dankbarkeit
gewidmet

Vorwort zur 9. Auflage

Das Studium der Betriebswirtschaftslehre befindet sich in Europa durch den Bologna-Prozess in einem strukturellen Umbruch. Inzwischen werden auch im deutschsprachigen Raum in den meisten betriebswirtschaftlichen Fakultäten Bachelor- und Masterstudiengänge eingeführt. Die Kosten- und Erlösrechnung ist als Kernbestandteil des Rechnungswesens in den meisten von ihnen vertreten.

Die 9. Auflage unseres Lehrbuches ist in dreifacher Hinsicht an diese Entwicklung angepasst:

1. Inhaltlich haben wir eine intensive Überarbeitung und eine Reihe von Aktualisierungen vorgenommen. Diese betreffen neben Erweiterungen und Präzisierungen beim Target Costing und bei den gegenwärtig in Praxis wie Wissenschaft intensiv diskutierten Regulierungsfragen vor allem die Weiterentwicklung der Kosten- und Erlösrechnung. In diesem Teil zeigen wir Perspektiven für ihre Einbindung in eine umfassende Unternehmungsrechnung auf.

2. Durch den Übergang vom einstufigen Diplom auf das mehrstufige Bachelor- und Masterstudium stellt sich noch deutlicher die Frage, welches Wissen zu diesem zentralen Informationsinstrument der Betriebswirtschaftslehre auf welcher Ebene vermittelt werden soll. Dieses Lehrbuch ist so angelegt, dass es auf beiden Ebenen genutzt werden kann. Dazu werden im Anschluss an das Inhaltsverzeichnis verschiedene Vorschläge unterbreitet.

3. Um die Nutzung als Lehrbuch in den verschiedenen Studiengängen und deren Modulen zu unterstützen, macht der Verlag den Dozenten das Angebot, zusätzliche Materialien in Form von Präsentationsfolien zu beziehen. Diese können unmittelbar im Unterricht zur Veranschaulichung genutzt und zudem als Kopien an die Studierenden verteilt werden.

Dieses von den Problemen ausgehende und systematisch ausgerichtete Lehrbuch bietet somit zusammen mit den begleitenden Folien und den Rechenaufgaben des Übungsbuches die Möglichkeit, sich auf allen Ebenen das Instrumentarium der Kosten- und Erlösrechnung anzueignen. Da es deren gesamten Anwendungsbereich abdeckt und mit vielen konkreten Beispielen untermauert ist, hat es sich auch in vielen Fällen für die Analyse praktischer Probleme als nutzbringend erwiesen.

An dieser Neuauflage haben vor allem Frau Dipl.-Kffr. Marion Rittmann sowie die Herren Dipl.-Kfm. Christian Lohmann, MBR, und Dr. Kai Sandner mitgewirkt. Ihnen sind wir zu besonderem Dank verpflichtet. Dies gilt in gleicher Weise für Herrn Brunotte für die wiederum sehr gute Zusammenarbeit mit dem Verlag.

Tübingen und München
August 2008

Marcell Schweitzer
Hans-Ulrich Küpper

Inhaltsübersicht

1. Kapitel: Funktion und Grundbausteine von Kosten- und Erlösrechnungen ... 1

A. Stellung der Kosten- und Erlösrechnung in der Unternehmensrechnung ... 1

B. Struktur und Systeme der Kosten- und Erlösrechnung ... 47

2. Kapitel: Darstellung und Analyse ermittlungsorientierter Systeme der Kosten- und Erlösrechnung ... 77

A. Kosten- und Erlösartenrechnung ... 77

B. Kosten- und Erlösstellenrechnung ... 120

C. Kosten- und Erlösträgerstückrechnung (Kalkulation) ... 156

D. Kalkulatorische Erfolgsrechnung ... 188

E. Aussagefähigkeit ermittlungsorientierter Istkosten- und -erlösrechnungen ... 202

3. Kapitel: Darstellung und Analyse planungsorientierter Systeme der Kosten- und Erlösrechnung ... 205

A. Kapitaltheoretische Ansätze und Systeme der Kosten- und Erlösrechnung ... 205

　I. Zielorientierung und Ebenen der Planungsrechnung ... 205

　II. Ansätze der strategisch-taktischen Planungsrechnung ... 210

　III. Ansätze zur Verknüpfung der Kosten- und Erlösrechnung mit der Investitionsrechnung ... 229

　IV. Investitionstheoretische Kostenrechnung ... 238

B. Systeme der Plankosten- und -erlösrechnung auf Vollkostenbasis ... 270

　I. System der Prognosekostenrechnung ... 270

　II. Konstruktionsbegleitende Kostenrechnung als Konzept zur Planung und Steuerung von Produktkosten in Produktentstehungsprozessen ... 326

　III. Systeme der Prozesskostenrechnung (Aktivitätskostenrechnung) ... 347

C. Plankosten- und -erlösrechnung auf Einflussgrößenbasis ... 384

D. Systeme der Plankosten- und -erlösrechnung auf Teilkostenbasis ... 397

I. Grenzplankosten- und Deckungsbeitragsrechnung 397
   II. Prozessorientierte Kostenrechnung 512
   III. Prozesskonforme Grenzplankostenrechnung 523
   IV. Relative Einzelkosten- und Deckungsbeitragsrechnung 528
   E. Systeme der Plankosten- und -erlösrechnung auf der Basis von Teil- und Vollkosten 561
      I. Kombination isolierter Systeme auf Teil- und Vollkostenbasis ... 562
      II. Integration von prozessorientierter Teilkostenrechnung und Fixkostenstufung 576

4. Kapitel: Darstellung und Analyse verhaltenssteuerungsorientierter Systeme der Kosten- und Erlösrechnung 588

   A. Verhaltenswissenschaftliche Ansätze einer verhaltenssteuerungsorientierten Kosten- und Erlösrechnung (Behavioral Accounting) ... 589

   B. Institutionenorientierte Ansätze einer verhaltenssteuerungsorientierten Kosten- und Erlösrechnung (Principal-Agent-Ansätze) 619

   C. Flexible Standardkostenrechnung als traditionelles System einer verhaltenssteuerungsorientierten Kosten- und Erlösrechnung 661

   D. Target Costing als Ansatz zur erfolgsorientierten Planung und Steuerung von Produktkosten 701

5. Kapitel: Weiterentwicklung der Kosten- und Erlösrechnung 717

   A. Einbindung der Kosten- und Erlösrechnung in die Unternehmungsrechnung 717

   B. Ausbau der Kosten- und Erlösrechnung für Dienstleistungsbereiche 738

   C. Spezifische Anforderungen und Konzepte der Kosten- und Erlösrechnung bei öffentlicher Preisregulierung 771

Betriebswirtschaftliches Kurzlexikon 793
Literaturverzeichnis 819
Stichwortverzeichnis 867

Inhaltsverzeichnis

1. Kapitel: Funktion und Grundbausteine von Kosten- und Erlösrechnungen 1

A. Stellung der Kosten- und Erlösrechnung in der Unternehmungsrechnung 1

I. Aufgaben und Struktur der Unternehmungsrechnung 1
1. Die Unternehmungsrechnung als Informationsgenerator 1
2. Bedeutung der Unternehmungsrechnung für die Planung und Steuerung des Unternehmungsprozesses 2
3. Abbildungsgegenstände und Rechnungsgrößen der Unternehmungsrechnung 5
   a) Kennzeichnung des Unternehmungsprozesses 5
   b) Zahlenmäßige Abbildung des Unternehmungsprozesses 6
4. Teilsysteme der Unternehmungsrechnung 7

II. Gegenstände und Grundbegriffe der Kosten- und Erlösrechnung 11
1. Kennzeichnung der Kosten- und Erlösrechnung 11
2. Gegenstand und Grundbegriffe der Kostenrechnung 12
   a) Kennzeichnung des Kostenbegriffs 12
   b) Abgrenzung von Auszahlungen, Aufwand und Kosten 17
3. Gegenstand und Grundbegriffe der Erlösrechnung 20
   a) Kennzeichnung des Erlösbegriffs 20
   b) Abgrenzung von Einzahlungen, Erträgen und Erlösen 23

III. Rechnungsziele der Kosten- und Erlösrechnung 27
1. Abbildung und Dokumentation 27
2. Planung und Steuerung 28
   a) Prognose zukünftiger Kosten und Erlöse 28
   b) Verwendung von Prognoseinformationen zur Planung und Steuerung von Unternehmungsprozessen 30
3. Verhaltenssteuerung 32
4. Kontrolle 34
5. Weitere Rechnungsziele 36

IV. Kostenrechnung und Kostenmanagement 37
1. Beachtung der Perspektive des Kosten- und Erlösmanagements 37
2. Aufgaben und Instrumente des Kosten- und Erlösmanagements 38

V. Beziehungen der Kosten- und Erlösrechnung zu anderen Teilsystemen der Unternehmungsrechnung................... 41
 1. Vergleich der Kosten- und Erlösrechnung mit der Bilanzrechnung................... 41
 2. Vergleich der Kosten- und Erlösrechnung mit der Finanzrechnung................... 43
 3. Vergleich der Kosten- und Erlösrechnung mit der Investitionsrechnung................... 44

B. Struktur und Systeme der Kosten- und Erlösrechnung................... 47
 I. Komponenten von Kosten- und Erlösrechnungen................... 47
  1. Kosten-, Erlös- und Erfolgsrechnungen................... 47
  2. Arten-, Stellen-, Prozess- und Trägerrechnungen................... 50
  3. Grund- und Auswertungsrechnungen................... 53
 II. Prinzipien der Kosten- und Erlösrechnung................... 54
  1. Prinzipien der Kosten- und Erlöserfassung................... 54
  2. Prinzipien der Kosten- und Erlösverteilung................... 55
   a) Ursachenorientierte Prinzipien der Kosten- und Erlösverteilung................... 55
    aa) Verursachungsprinzip................... 55
    bb) Identitätsprinzip................... 56
    cc) Proportionalitätsprinzip................... 58
    dd) Leistungsentsprechungsprinzip................... 58
   b) Durchschnittsprinzip................... 59
   c) Tragfähigkeitsprinzip................... 59
 III. Systeme der Kosten- und Erlösrechnung................... 60
  1. Begriff des Kosten- und Erlösrechnungssystems................... 60
  2. Gliederung von Systemen der Kosten- und Erlösrechnung ... 61
   a) Kriterien zur Kennzeichnung von Systemen der Kosten- und Erlösrechnung................... 61
    aa) Rechnungszielorientierung................... 61
    bb) Zeitbezug der Rechnungen................... 63
    cc) Umfang und Art der Verrechnung................... 63
    dd) Bezugnahme auf die Planungs- und Steuerungshierarchie................... 65
    ee) Weitere Gliederungskriterien für Kosten- und Erlösrechnungssysteme................... 67
   b) Gliederung von Systemen der Kosten- und Erlösrechnung................... 68
  3. Kriterien zur Beurteilung von Systemen der Kosten- und Erlösrechnung................... 72
   a) Real- und entscheidungstheoretische Fundierung der Rechnung................... 72
   b) Verwendbarkeit der Informationen................... 74

- c) Aktualitätsgrad der Daten ... 75
- d) Anpassungsfähigkeit des Rechnungssystems ... 75
- e) Wirtschaftlichkeit des Rechnungssystems ... 75

2. Kapitel: Darstellung und Analyse ermittlungsorientierter Systeme der Kosten- und Erlösrechnung ... 77

- A. Kosten- und Erlösartenrechnung ... 77
  - I. Zwecke der Kosten- und Erlösartenrechnung ... 77
  - II. Begriff und Systematik der Kostenarten ... 78
  - III. Begriff und Systematik der Erlösarten ... 81
  - IV. Erfassung der Kostenarten ... 87
    1. Verfahren der Kostenerfassung ... 87
    2. Erfassung von Materialkosten in der Stoff- bzw. Materialrechnung ... 88
        - a) Gegenstand der Stoff- bzw. Materialrechnung ... 88
        - b) Probleme und Formen der Mengenerfassung ... 89
        - c) Probleme und Formen der Materialbewertung ... 91
    3. Erfassung von Personalkosten in der Lohn- und Gehaltsrechnung ... 93
        - a) Gegenstand und Probleme der Lohn- und Gehaltsrechnung ... 93
        - b) Erfassung der Personalkosten bei unterschiedlichen Lohnformen ... 94
    4. Erfassung von Abschreibungen in der Anlagenrechnung ... 95
        - a) Gegenstand und Formen der Anlagenrechnung ... 95
        - b) Bestimmungsgrößen und Arten von Abschreibungen ... 97
        - c) Prinzipien der Abschreibungsermittlung ... 100
        - d) Abschreibungsverfahren ... 102
        - e) Vergleich der Abschreibungsverfahren im Hinblick auf die Prinzipien der Abschreibungsermittlung ... 107
    5. Erfassung weiterer Kostenarten ... 110
        - a) Kosten für Fremddienste, Rechtsgüter und Informationen ... 110
        - b) Wagniskosten ... 110
        - c) Zinskosten ... 111
        - d) Gebühren, Beiträge und Steuern ... 115
  - V. Erfassung von Erlösarten ... 117
    1. Verfahren der Erfassung von Erlösen ... 117
    2. Probleme und Formen der Erfassung einzelner Erlösarten .. 117

B. Kosten- und Erlösstellenrechnung 120
  I. Zwecke der Kosten- und Erlösstellenrechnung 120
  II. Begriff und Arten der Kosten- und Erlösstellen 121
    1. Gliederung der Kostenstellen 121
    2. Gliederung der Erlösstellen 125
  III. Erfassung und Verteilung von Kosten und Erlösen in der Stellenrechnung 128
    1. Grundfragen der Erfassung und Verteilung von Kosten in der Kostenstellenrechnung 128
    2. Schlüssel und Formen der Kostenverteilung 128
    3. Betriebsabrechnungsbogen als Instrument der Kostenstellenrechnung 131
    4. Verfahren der Verrechnung innerbetrieblicher Leistungen 133
      a) Einzelkostenverfahren (Kostenartenverfahren) 135
      b) Kostenstellenumlageverfahren 135
      c) Kostenstellenausgleichsverfahren 137
        aa) Grundstruktur des Kostenstellenausgleichsverfahrens 137
        bb) Gleichungsverfahren 138
        cc) Iteratives Verfahren 144
        dd) Gutschrift-Lastschrift-Verfahren 145
      d) Kostenträgerverfahren 146
    5. Beispiel zum Betriebsabrechnungsbogen 147
    6. Erfassung und Verteilung von Markterlösen in der Erlösstellenrechnung 153

C. Kosten- und Erlösträgerstückrechnung (Kalkulation) 156
  I. Zwecke der Kosten- und Erlösträgerstückrechnung 156
  II. Begriff und Arten von Kosten- und Erlösträgern 157
    1. Kostenträger 157
    2. Erlösträger 158
  III. Verfahren der Kosten- und Erlösträgerstückrechnung (Kalkulation) 160
    1. Divisionsrechnung 161
    2. Äquivalenzziffernrechnung 167
    3. Zuschlagsrechnung 169
    4. Maschinensatzrechnung 175
    5. Kalkulation von Kuppelprodukten 176
    6. Einflussgrößen auf die Wahl des Kalkulationsverfahrens 182
  IV. Probleme und Verfahren der Erlösträgerstückrechnung 186

D. Kalkulatorische Erfolgsrechnung 188
  I. Verfahren der kalkulatorischen Stückerfolgsrechnung 188
  II. Verfahren der kalkulatorischen Periodenerfolgsrechnung 189
    1. Gesamtkostenverfahren 191
    2. Umsatzkostenverfahren 192
    3. Beispiel einer kalkulatorischen Periodenerfolgsrechnung nach dem Gesamt- und dem Umsatzkostenverfahren 194
E. Aussagefähigkeit ermittlungsorientierter Istkosten- und -erlösrechnungen 202

3. Kapitel: Darstellung und Analyse planungsorientierter Systeme der Kosten- und Erlösrechnung 205

A. Kapitaltheoretische Ansätze und Systeme der Kosten- und Erlösrechnung 205
  I. Zielorientierung und Ebenen der Planungsrechnung 205
    1. Ausrichtung der Planungsrechnung auf ein einheitliches Zielsystem 205
    2. Differenzierung der Rechnung nach den Planungsebenen .. 207
  II. Ansätze der strategisch-taktischen Planungsrechnung 210
    1. Struktur einer Erfolgspotentialrechnung 210
    2. Struktur von Lebenszyklusrechnungen 214
       a) Gegenstand und Rechnungsziele von Lebenszyklusrechnungen 214
       b) Phasen und Aufgaben der Unternehmungsrechnung innerhalb eines Lebenszyklus 216
       c) Rechnungsinstrumente für die Lebenszyklusrechnung . 222
  III. Ansätze zur Verknüpfung der Kosten- und Erlösrechnung mit der Investitionsrechnung 229
    1. Notwendigkeit einer Anbindung der Kosten- und Erlösrechnung an die Investitionsrechnung 229
    2. Verknüpfung von Rechnungssystemen über das Preinreich-Lücke-Theorem 230
    3. Investitionstheoretische Fundierung der Kosten- und Erlösrechnung 236
  IV. Investitionstheoretische Kostenrechnung 238
    1. Grundprinzipien der investitionstheoretischen Kostenrechnung 238
    2. Bestimmung von Kosten als Kapitalwertänderungen im investitionstheoretischen Ansatz der Kostenrechnung 239
       a) Allgemeiner investitionstheoretischer Ansatz zur Bestimmung von Kosten 239

    b) Bestimmung von Anlagenabschreibungen 240
    c) Bestimmung von Materialkosten 246
    d) Bedeutung von Zinskosten 248
 3. Anwendung des investitionstheoretischen Ansatzes auf
    Entscheidungsprobleme 253
    a) Anwendung auf die Produktionsprogrammplanung 253
    b) Anwendung auf die Bestimmung optimaler
       Bestellmengen 259
    c) Anwendung auf die Bestimmung von
       Preisuntergrenzen 261
 4. Aussagefähigkeit des investitionstheoretischen Ansatzes
    der Kostenrechnung 264
    a) Theoretische Fundierung der planungsorientierten
       Kosten- und Erlösrechnung 264
    b) Verwendbarkeit der Informationen des investitions-
       theoretischen Ansatzes der Kostenrechnung 267
    c) Beurteilung von Anpassungsfähigkeit, Aktualität und
       Wirtschaftlichkeit des investitionstheoretischen
       Ansatzes 268

B. **Systeme der Plankosten- und -erlösrechnung auf
   Vollkostenbasis** 270

 I. **System der Prognosekostenrechnung** 270
  1. Abgrenzung der Prognosekostenrechnung zu anderen
     Systemen der Plankostenrechnung 270
  2. Grundlagen der Kostenplanung 274
     a) Produktions- und kostentheoretische Grundlagen 274
     b) Verfahren zur Bestimmung empirischer
        Kostenfunktionen 282
  3. Prognose der Einzel- und Gemeinkosten 285
     a) Prognose der Einzelkosten 285
     b) Prognose der Gemeinkosten 287
     c) Berücksichtigung von Beschäftigungsänderungen
        bei der Kostenprognose 290
        aa) Prognose auf der Basis von Kostenfunktionen
            der Kostenstellen 290
        bb) Verfahren zur Berücksichtigung von
            Beschäftigungsgraden 292
        cc) Aufbau und Typen von Kostenstellenplänen 296
     d) Prognoseerfolgsrechnung und Prognosekalkulation 300
  4. Kostenkontrolle und Abweichungsanalyse in der
     Prognosekostenrechnung 303
     a) Bedeutung und Phasen der Kostenkontrolle 303
     b) Arten der Kostenkontrolle 307
     c) Ermittlung wichtiger Abweichungsarten 309

d) Verteilung der Kostenabweichungen 317
5. Aussagefähigkeit der Prognosekostenrechnung auf
   Vollkostenbasis 317
   a) Abbildung des Unternehmungsprozesses durch
      Vollkostenrechnungen.. 317
      aa) Kostentheoretische Fundierung der
          Prognosekostenrechnung auf Vollkostenbasis....... 317
      bb) Probleme der Gemeinkostenverrechnung in der
          Prognosekostenrechnung auf Vollkostenbasis....... 318
   b) Verwendbarkeit der Prognosekostenrechnung auf
      Vollkostenbasis für die Planung des
      Unternehmungsprozesses... 320
   c) Verwendbarkeit der Prognosekostenrechnung auf
      Vollkostenbasis für die Verhaltenssteuerung von
      Mitarbeitern.. 323
   d) Ausbaufähigkeit der Prognosekostenrechnung auf
      Vollkostenbasis 324

II. **Konstruktionsbegleitende Kostenrechnung als Konzept zur Planung und Steuerung von Produktkosten in Produktentstehungsprozessen 326**
   1. Aufgaben und Ziele der Kostenplanung und -steuerung
      in der Konstruktion... 326
   2. Konzepte der Planung und Steuerung von Produktkosten
      in der Konstruktion... 330
   3. Phasen des Planungs- und Steuerungsprozesses von
      Produktkosten in der Konstruktion............................. 331
      a) Planung von Kostenvorgaben für das Produkt........... 331
      b) Kostenorientierte Produktgestaltung in der
         Konstruktion 332
      c) Steuerung von Produktkosten in der Konstruktion.... 335
   4. Darstellung von Rechnungssystemen zur Planung und
      Steuerung von Produktkosten in der Konstruktion...... 336
      a) Grundfragen der Rechnungssysteme........................ 336
         aa) Anforderungen an Rechnungssysteme zur
             Planung und Steuerung von Produktkosten
             in der Konstruktion 336
         bb) Abgrenzung zwischen konstruktions-
             begleitender Kalkulation und Kostenrechnung..... 338
      b) Arten der konstruktionsbegleitenden Kalkulation 340
      c) Grundrechnungen für die konstruktionsbegleitende
         Kostenrechnung.. 343
         aa) Grenzplankostenrechnung als Grundlage einer
             konstruktionsbegleitenden Kostenrechnung.......... 343
         bb) Prozesskostenrechnung als Grundlage einer
             konstruktionsbegleitenden Kostenrechnung.......... 344

5. Aussagefähigkeit betriebswirtschaftlicher Kostenrechnungssysteme für die Planung und Steuerung von Produktkosten in der Konstruktion 345

III. Systeme der Prozesskostenrechnung (Aktivitätskostenrechnung) 347

1. Entwicklung und Begriff der Prozesskostenrechnung 347
   a) Entwicklung der Prozesskostenrechnung 347
   b) Begriff der Prozesskostenrechnung 349
2. Struktur und Funktion einer Prozesskostenrechnung 349
   a) Rechnungsziele einer Prozesskostenrechnung 349
   b) Komponenten einer Prozesskostenrechnung 351
      aa) Kostenartenrechnung 351
      bb) Kostenprozessrechnung 352
      cc) Kostenträgerrechnung 356
3. Darstellung und Analyse von Ansätzen der Prozesskostenrechnung 359
   a) Abgrenzung der Ansätze 359
   b) Ansatz des Activity-Based Costing 360
   c) Ansatz von HORVÁTH u.a. 365
4. Anwendung und Aussagefähigkeit der Prozesskostenrechnung 374
   a) Anwendungsbedingungen der Prozesskostenrechnung 374
   b) Aussagefähigkeit der Prozesskostenrechnung 377
      aa) Aussagefähigkeit für das Abbildungsziel 377
      bb) Aussagefähigkeit für das Planungsziel 379
      cc) Aussagefähigkeit für das Steuerungs- und das Kontrollziel 380
   c) Allgemeine Würdigung der Prozesskostenrechnung 382

C. Plankosten- und -erlösrechnung auf Einflussgrößenbasis 384

I. Merkmale der periodischen Planerfolgsrechnung 384

II. Komponenten der periodischen Planerfolgsrechnungsmodelle 385

1. Einflussgrößen und Nebenbedingungen 385
2. Herleitung der Kostenfunktionen 387
3. Bestimmung der Erlös- und der Periodenerfolgsfunktionen 390

III. Einsatz der periodischen Planerfolgsrechnung 391

IV. Aussagefähigkeit der periodischen Planerfolgsrechnung 393

D. Systeme der Plankosten- und -erlösrechnung auf Teilkostenbasis 397

I. Grenzplankosten- und Deckungsbeitragsrechnung 397

1. Grundprinzipien und Ausprägungen von Teilkosten- und
   -erlösrechnungen auf der Basis variabler Kosten 397
2. Artenrechnung in der Grenzplankosten- und
   Deckungsbeitragsrechnung 399
   a) Auflösung in fixe und variable Kosten 400
   b) Planung und Kontrolle wichtiger Einzelkosten 401
      aa) Planung und Kontrolle der Materialeinzelkosten.. 402
      bb) Planung und Kontrolle der Lohneinzelkosten 405
      cc) Planung und Kontrolle von Sondereinzel- sowie
          von Ausschusskosten 406
   c) Planung und Kontrolle von Erlösen 407
      aa) Theoretische Grundlagen der Erlösplanung und -
          kontrolle 407
      bb) Bestimmung von Erlösfunktionen 409
3. Stellenrechnung in der Grenzplankosten- und
   Deckungsbeitragsrechnung 413
   a) Konzeption der Gemeinkostenplanung in der
      Grenzplankosten- und Deckungsbeitragsrechnung 413
      aa) Bezugsgrößenorientierte Gemeinkostenplanung... 414
      bb) Kostenstellenpläne und Betriebsabrechnungs-
          bogen in der Grenzplankosten- und
          Deckungsbeitragsrechnung 420
      cc) Spezifische Ansätze zur Planung von
          Gemeinkostenarten in der Grenzplankosten- und
          Deckungsbeitragsrechnung 430
   b) Kostenkontrolle und Abweichungsanalyse in der
      Grenzplankostenrechnung 433
   c) Kosten- und Erlösplanung bei unsicheren
      Erwartungen 437
   d) Kennzeichnung der dynamischen
      Grenzplankostenrechnung 442
4. Trägerstückrechnungen in der Grenzplankosten- und
   Deckungsbeitragsrechnung 445
   a) Divisionsrechnung und Äquivalenzziffernrechnung
      mit variablen Kosten 446
   b) Zuschlagsrechnung und Maschinensatzrechnung mit
      variablen Kosten 447
   c) Teilkostenkalkulation bei Kuppelprodukten 449
   d) Preisbestimmung mit Hilfe von Soll-
      Deckungsbeiträgen 450
   e) EDV-Umsetzung einer Zuschlagsrechnung 452
5. Periodenerfolgsrechnungen in der Grenzplankosten- und
   Deckungsbeitragsrechnung 454
   a) Gesamt- und Umsatzkostenverfahren auf der Basis
      von variablen Kosten 454
   b) Einstufige Deckungsbeitragsrechnungen 462

  c) Mehrstufige Deckungsbeitragsrechnungen 464
  d) Mehrdimensionale Deckungsbeitragsrechnungen 467
 6. Aussagefähigkeit der Grenzplankosten- und
  Deckungsbeitragsrechnung 471
  a) Grundsätzliche Unterschiede zwischen Voll- und
   Teilkostenrechnungen 471
  b) Bezüge zwischen Grenzplankostenrechnung und
   Aktivitäts- sowie Prozesskostenrechnung 473
  b) Theoretische Fundierung der Planung in der
   Grenzplankostenrechnung 476
  c) Verwendbarkeit der Informationen für Planungs- und
   Kontrollzwecke 476
   aa) Der Grundsatz entscheidungsrelevanter Kosten
    bei sicheren und unsicheren Erwartungen 476
   bb) Optimales Produktions- und Absatzprogramm 487
   cc) Unterstützung der Preispolitik 491
   dd) Break-even-Analysen 495
   ee) Bildung von Lenkungspreisen 503
  d) Wirtschaftlichkeit und Anpassungsfähigkeit der
   Grenzplankostenrechnung 510
II. Prozessorientierte Kostenrechnung **512**
 1. Problemstellung der prozessorientierten Kostenrechnung .. 512
 2. Rechnungsziele der prozessorientierten Kostenrechnung.... 513
 3. Komponenten der prozessorientierten Kostenrechnung 515
  a) Grenzplankostenrechnung als Basissystem 515
  b) Simulationsmodell 517
  c) Online Betriebsdatenerfassungssystem 518
  d) Mitlaufkalkulation 519
 4. Aussagefähigkeit der prozessorientierten Kostenrechnung . 519
III. Prozesskonforme Grenzplankostenrechnung **523**
 1. Aufgaben der prozesskonformen
  Grenzplankostenrechnung 523
 2. Kennzeichnung der Prozesskonformität 524
 3. Komponenten der prozesskonformen
  Grenzplankostenrechnung 525
  a) Struktur der Bewertungsmatrix 525
  b) Softwaresysteme für die Anwendung 526
 4. Aussagefähigkeit der prozesskonformen
  Grenzplankostenrechnung 527
IV. Relative Einzelkosten- und Deckungsbeitragsrechnung **528**
 1. Konzeption der relativen Einzelkosten- und
  Deckungsbeitragsrechnung 528

2. Grundrechnung als kombinierte Kostenarten-, Kostenstellen- und Kostenträgerrechnung 534
3. Auswertung der Grundrechnung für Planungs- und Kontrollprobleme 542
   a) Lösung von Planungsproblemen 542
   b) Kontrolle des Unternehmungsprozesses 549
4. Aussagefähigkeit der relativen Einzelkosten- und Deckungsbeitragsrechnung 552
   a) Abbildung unterschiedlicher Kostenmerkmale in den verschiedenen Teilkostenrechnungen 552
   b) Unterschiede zwischen Teilkostenrechnungen auf der Basis von variablen Kosten und von relativen Einzelkosten 554
   c) Theoretische Fundierung der relativen Einzelkosten- und Deckungsbeitragsrechnung 555
   d) Verwendbarkeit der relativen Einzelkosten- und Deckungsbeitragsrechnung für Planungs- und Steuerungszwecke 556
   e) Wirtschaftlichkeit und Ausbaufähigkeit der relativen Einzelkosten- und Deckungsbeitragsrechnung 559

E. Systeme der Plankosten- und -erlösrechnung auf der Basis von Teil- und Vollkosten 561
   I. Kombination isolierter Systeme auf Teil- und Vollkostenbasis 562
      1. Arten- und Stellenrechnung auf der Basis kombinierter Teil- und Vollkosten 562
      2. Trägerstückrechnung auf der Basis kombinierter Teil- und Vollkosten 565
         a) Teil- und Vollkostenausweis in den verschiedenen Kalkulationsverfahren 565
         b) Fixkostendeckungsrechnung als tragfähigkeitsorientiertes Kalkulationsverfahren 567
      3. Periodenerfolgsrechnung auf der Basis kombinierter Teil- und Vollkosten 572
      4. Aussagefähigkeit einer Plankosten- und -erlösrechnung auf der Basis kombinierter Teil- und Vollkosten 574
   II. Integration von prozessorientierter Teilkostenrechnung und Fixkostenstufung 576
      1. Anforderungsprofil für eine mehrstufige Periodenrechnung auf der Basis von Prozesskosten 576
         a) Anforderungen an den Aufbau einer mehrstufigen Periodenrechnung auf der Basis von Prozesskosten 576
         b) Anforderungen an eine programmorientierte Prozesskostenrechnung 578

c) Anforderungen an die Verrechnung der
   Gemeinkosten auf die Kalkulationsobjekte 580
2. Aussagefähigkeit der vorgeschlagenen mehrstufigen
   Periodenrechnung auf der Basis von Prozesskosten 584
   a) Anwendungsbedingungen einer mehrstufigen
      Periodenrechnung auf der Basis von Prozesskosten 584
   b) Aussagefähigkeit einer mehrstufigen
      Periodenrechnung auf der Basis von Prozesskosten
      für das programmorientierte Kostenmanagement 585

4. Kapitel: Darstellung und Analyse verhaltenssteuerungsorientierter Systeme der Kosten- und Erlösrechnung 588

A. Verhaltenswissenschaftliche Ansätze einer verhaltenssteuerungsorientierten Kosten- und Erlösrechnung (Behavioral Accounting) 589

I. Gegenstand und Zwecksetzungen des Behavioral Accounting 589
   1. Verhaltenswirkungen als Gegenstand des Behavioral Accounting 589
   2. Empirische Erkenntnisgewinnung als allgemeine Zwecksetzung des Behavioral Accounting 590
   3. Spezifische Zwecksetzungen des Behavioral Accounting 590

II. Verhaltenswissenschaftliche Grundlagen und wichtige Untersuchungsbereiche des Behavioral Accounting 591
   1. Verhaltenswissenschaftliche Wurzeln des Behavioral Accounting 591
   2. Wichtige Untersuchungsbereiche und Ansätze des Behavioral Accounting 592

III. Verhaltenswirkungen von Steuerungsinformationen der Kosten- und Erlösrechnung 598
   1. Verhaltenswirkungen von Kosten- und Erlösvorgaben 599
      a) Ableitung von Aussagen aus einem Erwartungs-Valenz-Modell 600
      b) Ableitung von Aussagen über Verhaltenswirkungen von Vorgaben aus empirischen Erhebungen 605
      c) Verhaltenswirkungen der Partizipation an der Festlegung von Vorgaben 608
      d) Bestimmungsgrößen für das Auftreten von Vorgabereserven (Budgetary Slack) 610
   2. Verhaltenswirkungen von Kontrollinformationen 610

IV. Aussagefähigkeit des Behavioral Accounting für die Gestaltung verhaltenssteuerungsorientierter Systeme der Kosten- und Erlösrechnung 617

B. Institutionenorientierte Ansätze einer verhaltenssteuerungsorientierten Kosten- und Erlösrechnung (Principal-Agent-Ansätze) 619

I. Zwecksetzungen und Struktur von Principal-Agent-Modellen 619
 1. Zwecksetzungen von Principal-Agent-Modellen für die Kosten- und Erlösrechnung 619
 2. Prämissen und Problemstellungen von Principal-Agent-Modellen 620
 3. Standardmodell der Principal-Agent-Theorie 623

II. Anwendung von Principal-Agent-Modellen auf wichtige Verhaltenssteuerungsprobleme der Kosten- und Erlösrechnung 626
 1. Gemeinkostenumlage zur Reduktion überhöhter Gütereinsätze 627
 2. Gemeinkostenumlage für die Inanspruchnahme einer zentralen Leistung 629
 3. Gemeinkostenumlage zur Beeinflussung der Informationsübermittlung dezentraler Bereiche 633
 4. Anreizorientierte Erfolgsgrößen und Periodenerfolgsrechnungen 639
   a) Auswahl von Erfolgsgrößen als Bemessungsgrundlagen von Anreizsystemen 639
   b) Anreizsysteme mit marktwertorientierten Bemessungsgrundlagen 639
   c) Anreizsysteme mit gewinnorientierten Bemessungsgrundlagen 640
   d) Anreizsysteme mit kapitalwertorientierten Bemessungsgrundlagen 642
   e) Konzept einer anreizverträglichen innerbetrieblichen Periodenerfolgsrechnung 645
 5. Bestimmung von Lenkungspreisen 652
   a) Lenkungspreis bei vollkommener, symmetrischer Information 653
   b) Zentrale Entscheidung bei asymmetrischer Information 654

III. Aussagefähigkeit agencytheoretischer Ansätze für die Kosten- und Erlösrechnung 658

C. **Flexible Standardkostenrechnung als traditionelles System einer verhaltenssteuerungsorientierten Kosten- und Erlösrechnung** 661
  I. Zwecksetzungen der flexiblen Standardkostenrechnung 661
  II. Struktur und Funktion der flexiblen Standardkostenrechnung 664
    1. Theoretische Grundlagen und empirische Ansätze zur Bestimmung von Standardkosten 664
    2. Planung der Einzel- und Gemeinkosten 668
    3. Planerfolgsrechnung und Plankalkulation 673
  III. Abweichungsanalysen in der Standardkostenrechnung 675
    1. Bedeutung und Inhalt der Kostenkontrolle 675
    2. Ermittlung der Abweichungsarten 677
    3. Abweichungsanalyse bei mehrvariabligen Kostenfunktionen 685
    4. Erfassung und Beeinflussung der Abweichungen 692
    5. Verteilung der Kostenabweichungen 695
  IV. Aussagefähigkeit der Standardkostenrechnung für die Verhaltenssteuerung 696

D. **Target Costing als Ansatz zur erfolgsorientierten Planung und Steuerung von Produktkosten** 701
  I. Grundlagen des Target Costing 701
    1. Grundfrage des Target Costing 701
    2. Anmerkungen zum Begriff "Target Costing" 702
    3. Vergleich der Kostenplanung im Target Costing mit der Kostenplanung in traditionellen Kostenrechnungssystemen 703
    4. Modifikationen des Target Costing 704
    5. Zwischenergebnis 704
  II. Planung von Kostenobergrenzen im Target Costing 705
    1. Unterscheidung von Drifting Costs und Allowable Costs 705
    2. Ansätze zur Planung der Kostenobergrenze 706
    3. Planung funktions- und komponentenorientierter Kostenobergrenzen 708
    4. Beispiel zur Planung funktions- und komponentenorientierter Kostenobergrenzen 710
  III. Steuerung der Kosten im Target Costing 712
  IV. Aussagefähigkeit des Target Costing 714

5. Kapitel: Weiterentwicklung der Kosten- und Erlösrechnung 717

A. Einbindung der Kosten- und Erlösrechnung in die Unternehmungsrechnung 717
   I. Entwicklungsperspektiven der Unternehmungsrechnung 717
      1. Übergang vom Rechnungswesen zur Unternehmungsrechnung 717
      2. Ausrichtung der Unternehmungsrechnung auf die Unternehmensführung 718
      3. Ausweitung der Anwendungsbereiche der Unternehmungsrechnung 718
   II. Theoretische Grundlagen der Kosten- und Erlösrechnung 719
      1. Bedeutung der Kapitaltheorie für die Unternehmungsrechnung 719
      2. Die investitionstheoretische Kostenrechnung als Grundlage der planungsorientierten Kosten- und Erlösrechnung 720
      3. Bedeutung der Produktions- und Kostentheorie für die Kosten- und Erlösrechnung 723
      4. Principal-Agent-Modelle als Instrumente für die Erfassung von Problemen der Verhaltenssteuerung 725
   III. Angleichung von externem und internem Rechnungswesen 728
      1. Handlungsspielräume der externen und internen Rechnung 729
      2. Entwicklungstendenzen einer Angleichung von externer und interner Rechnung 732
      3. Möglichkeiten einer Angleichung der Rechnungen 734
      4. Grenzen einer Angleichung externer und interner Rechnungen 736

B. Ausbau der Kosten- und Erlösrechnung für Dienstleistungsbereiche 738
   I. Besonderheiten dienstleistungsbezogener Kosten- und Erlösrechnungen 738
   II. Grundzüge einer Kosten- und Erlösrechnung für das Krankenhaus 741
      1. Krankenhaus als moderne Dienstleistungsunternehmung 741
      2. Rechtliche Grundlagen des Rechnungswesens im Krankenhaus 742
      3. Rechnungsziele der Kosten- und Erlösrechnung im Krankenhaus 742
         a) Ermittlung DRG-relevanter Kosten 742

  b) Ermittlung von Kostenstellenkosten 743
  c) Beurteilung der Wirtschaftlichkeit 743
  d) Ermittlung von Größen für die betriebsinterne
    Steuerung 743
 4. Struktur der Kosten- und Erlösrechnung im Krankenhaus .. 743
  a) Verwendung pagatorischer Wertansätze 743
  b) Kennzeichnung des operativen Rechnungssystems 744
  c) Komponenten der Kosten- und Erlösrechnung 745
   aa) Kostenartenrechnung 745
   bb) Kostenstellenrechnung 745
   cc) Kostenträgerrechnung (Kalkulation und
     Erfolgsrechnung) 746
 5. Zur Weiterentwicklung der Kosten- und Erlösrechnung
  im Krankenhaus 747

**III. Struktur einer Kosten- und Leistungsrechnung für
Hochschulen 749**
 1. Merkmale und Rechnungszwecke von
  Hochschulrechnungen 749
 2. Einordnung der Kosten- und Leistungsrechnung in eine
  umfassende Hochschulrechnung 751
  a) Grundsätze für die Gestaltung von
    Hochschulrechnungen 751
  b) Struktur einer umfassenden Hochschulrechnung 753
 3. Komponenten der periodischen
  Hochschul-Erfolgsrechnung 757
  a) Grundrechnung der Ausgaben bzw. Kosten und der
    Einnahmen 757
   aa) Ausgaben- und Kostenartenrechnung 757
   bb) Ausgaben- und Kostenstellenrechnung als
     mehrstufige Einzelkostenrechnung 759
  b) Grundrechnung der Leistungen 761
  c) Kennzahlenrechnung als Auswertungsrechnung des
    periodischen Erfolgs von Hochschulen 763
  d) Auswertungsrechnungen zur Analyse von Fakultäten .. 765
  e) Auswertungsrechnungen zur Entscheidung über die
    Organisation von Hochschuleinrichtungen 769

**C. Spezifische Anforderungen und Konzepte der Kosten- und
Erlösrechnung bei öffentlicher Preisregulierung 771**
 **I. Bedeutung kostenrechnerischer Konzepte bei der
  Preisregulierung 771**
 II. Determinanten der Preisregulierung 771
  1. Form der Preisregulierung 771
  2. Wichtige Rahmenbedingungen der Preisregulierung 772

3. Zwecksetzungen und Prinzipien der Regulierung 773
III. **Rechtliche Vorgaben für die Bestimmung kostenorientierter Preise** 774
   1. Bestimmungen der EU für die Preisregulierung auf dem Telekommunikationsmarkt 774
   2. Deutsche Regelungen für die Entgeltbestimmung von Telekommunikationsleistungen 775
IV. **Wichtige Problemfelder einer kostenorientierten Preisregulierung** 778
   1. Bedeutung der Abgrenzung von Grundbegriffen der Unternehmungsrechnung 778
   2. Regulierungsrelevante Konzepte für die Preisbestimmung . 779
   3. Wahl des Abschreibungsverfahrens 782
   4. Bestimmung von Zinskosten 788

Betriebswirtschaftliches Kurzlexikon 793

Literaturverzeichnis 819

Stichwortverzeichnis 867

Vorschläge zur Anwendung in Bachelor- und Masterstudiengängen

Dieses Lehrbuch ist so umfassend angelegt, dass es alle wichtigen Fragestellungen und Bereiche der Kosten- und Erlösrechnung abdeckt. Daher lässt es sich sowohl im Diplom- als auch im Bachelor- und Masterstudium an Fachhochschulen wie Universitäten verwenden. Nachfolgend werden mehrere Nutzungsmöglichkeiten als Vorschläge beispielhaft aufgezeigt, die in vielfältiger Hinsicht erweitert und geändert werden können:

Bacherlorstudiengänge:

Einführung in die Kosten- und Erlösrechnung (knappe Version):

Komponenten von Kosten- und Erlösrechnung	1.B.I.
Kosten- und Erlösartenrechnung	2.A.
Kosten- und Erlösstellenrechnung	2.B.
Kosten- und Erlösträgerstückrechnung	2.C.
Kalkulatorische Erfolgsrechnung	2.D.
Systeme der Kosten- und Erlösrechnung	1.B.III.

Kosten- und Erlösrechnung (weite Version):

Gegenstände und Grundbegriffe der Kosten- und Erlösrechnung	1.A.II.
Rechnungsziele der Kosten- und Erlösrechnung	1.A.III.
Kostenrechnung und Kostenmanagement	1.A.IV.
Beziehungen zu anderen Teilsystemen der Unternehmungsrechnung	1.A.V.
Komponenten von Kosten- und Erlösrechnung	1.B.I.
Kosten- und Erlösartenrechnung	2.A.
Kosten- und Erlösstellenrechnung	2.B.
Kosten- und Erlösträgerstückrechnung	2.C.
Kalkulatorische Erfolgsrechnung	2.D.
Kostenplanung	
– Grundlagen der Kostenplanung	3.B.I.2.
– Kostenkontrolle und Abweichungsanalyse in der Prognosekostenrechnung	3.B.I.4.
– Abweichungsanalyse in der Standardkostenrechnung	4.C.III.
Deckungsbeitragsrechnungen	3.D.I.5.

Vorschläge zur Anwendung

Masterstudiengänge:

In den Masterstudiengängen kann eine Vielzahl unterschiedlicher Themen der Kosten- und Erlösrechnung behandelt werden. Dazu bietet das vorliegende Lehrbuch eine hervorragende Grundlage, da sich mit ihm zahlreiche Fragestellungen fundieren lassen. Dazu gehören beispielhaft folgende Möglichkeiten:

Kosten- und Erlösrechnungssysteme
Planungsorientierte Systeme der Kosten- und Erlösrechnung
- Systeme auf Vollkostenbasis
  - Prognosekostenrechnung   3.B.I.
  - Prozesskostenrechnungen   3.B.III.
- Systeme auf Teilkostenbasis
  - Grenzplankosten- und Deckungsbeitragsrechnung   3.D.I.
  - Relative Einzelkosten- und Deckungsbeitragsrechnung   3.D.III.
- Kombinierte Systeme   3.E.
- Verhaltenssteuerungsorientierte Systeme
  - Target Costing   4.D.

Plankosten- und Planerlösrechnungen
Prognosekostenrechnung auf Vollkostenbasis   3.B.I.
Prozesskostenrechnungen auf Vollkostenbasis   3.B.III.
Plankosten- und -erlösrechnung auf Einflussgrößenbasis   3.C.
Grenzplankosten- und Deckungsbeitragsrechnung   3.D.I.
Investitionstheoretische Kostenrechnung   3.A.IV.

Grenzplan-, Relative Einzel- und Prozesskostenrechnungen
Grenzplankosten- und Deckungsbeitragsrechnung   3.D.I.
Relative Einzelkosten- und Deckungsbeitragsrechnung   3.D.III.
Prozesskostenrechnungen auf Vollkostenbasis   3.B.III.
Prozessorientierte Kostenrechnungen auf Teilkostenbasis   3.B.II.
Prozesskonforme Grenzplankostenrechnung   3.B.III.

Kostenmanagement und Kostenrechnung
Kostenrechnung und Kostenmanagement   1.A.IV.
Konstruktionsbegleitende Kostenrechnung   3.B.II.
Flexible Standardkostenrechnung   4.C.

Vorschläge zur Anwendung   XXXI

Target Costing   4.D.
Principal-Agent-Ansätze   4.B.

Theorie der Kosten- und Erlösrechnung

Aufgaben und Struktur der Unternehmungsrechnung   1.A.I.
Rechnungsziele der Kosten- und Erlösrechnung   1.A.III.
Zielorientierung und Ebenen der Planungsrechnung   3.A.I.
Ansätze zur Verknüpfung der Kosten- und Erlösrechnung
mit der Investitionsrechnung   3.A.III.
Investitionstheoretische Kostenrechnung   3.A.IV.
Grundlagen der Kostenplanung   3.B.I.2.
Konzeption der Gemeinkostenplanung in der
Grenzplankosten- und Deckungsbeitragsrechnung   3.D.I.3.a)
Planung und Kontrolle von Erlösen in der
Grenzplankosten- und Deckungsbeitragsrechnung   3.D.I.2.c)
Verhaltenswissenschaftliche Ansätze einer verhaltenssteuerungs-
orientierten Kosten- und Erlösrechnung   4.A.
Institutionenorientierte Ansätze einer verhaltenssteuerungs-
orientierten Kosten- und Erlösrechnung   4.B.
Einbindung der Kosten- und Erlösrechnung in die
Unternehmungsrechnung   5.A.

Managerial Accounting

Systeme der Prozesskostenrechnung   3.B.III.
Grenzplankosten- und Deckungsbeitragsrechnung   3.D.I.
Investitionstheoretische Kostenrechnung   3.A.IV.
Principal-Agent-Ansätze   4.B.

Langfristige Ausrichtung der Kosten- und Erlösrechnung

Zielorientierung und Ebenen der Planungsrechnung   3.A.I.
Ansätze der strategisch-taktischen Planungsrechnung   3.A.II.
Ansätze zur Verknüpfung der Kosten- und Erlösrechnung mit
der Investitionsrechnung   3.A.III.
Investitionstheoretische Kostenrechnung   3.A.IV.
Prozess- bzw. Aktivitätskostenrechnungen   3.B.III.
Target Costing   4.D.

1. Kapitel: Funktion und Grundbausteine von Kosten- und Erlösrechnungen

A. Stellung der Kosten- und Erlösrechnung in der Unternehmungsrechnung

I. Aufgaben und Struktur der Unternehmungsrechnung

1. Die Unternehmungsrechnung als Informationsgenerator

In Unternehmungen werden die unterschiedlichsten Güterproduktionen als Erstellung von Sach- und Dienstleistungen durchgeführt, um fremde bzw. eigene Bedarfe zu decken. Der Wirtschaftsprozess, der dafür vollzogen wird, besteht im Kern aus Entscheidungen, welche den gesamten Prozess des Güterverbrauchs und der Güterentstehung planend sowie steuernd begleiten.

> **Wirtschaften** als das Entscheiden über knappe Güter bedeutet in seinem Kern das Wählen zieloptimaler Alternativen.

Um diese Entscheidungen rational treffen und durchführen zu können, benötigt man ein Informationsinstrument, das in der Lage ist, die wirtschaftlich relevanten Konsequenzen jeder Entscheidung zu erfassen. Das Instrument, durch welches diese Informationen generiert werden, ist die Unternehmungsrechnung.

> Die **Unternehmungsrechnung** stellt die systematisch geordnete Menge der von einer Unternehmung eingesetzten Rechnungssysteme dar.

Adressaten der Unternehmungsrechnung sind einerseits die Personen, die auf den verschiedenen Hierarchieebenen innerhalb der Unternehmung tätig sind, andererseits sind es Informationsempfänger außerhalb der Unternehmung wie Anteilseigner, Marktpartner (Gläubiger, Kunden, Lieferanten), Fiskus, Gesellschaft u.a. Der grundlegende Zweck der Unternehmungsrechnung besteht darin, diesen Personen Informationen für ihr Handeln in, für oder mit der Unternehmung bereitzustellen.[1] Als Informationsgenerator sollte die Unternehmungsrechnung vor allem Daten im Hinblick auf die Bestimmung der Handlungsalternativen, ihre Adressaten und deren Beschränkungen, die Prognose der Wirkungen dieser Alternativen insbesondere auf die Entscheidungsziele und die Abschätzung der Unsicherheit liefern. Die Struktur der jeweiligen Unternehmungsrechnungs-Teilsysteme wird maßgeblich davon bestimmt, welche Handlungsbereiche der Adressaten und

---

[1] Vgl. SCHWEITZER, M. (Unternehmensrechnung), Sp. 2019 ff.

welche Bereiche inner- bzw. außerhalb der Unternehmung sie erfassen sollen.

Die Unternehmungsrechnung hat als Generator entscheidungsrelevanter Informationen möglichst viele Entscheidungs- und Handlungsprozesse zu bedienen, die in der Unternehmung realisiert werden können. Dies gilt unabhängig davon, ob die Entscheidungsprozesse auf wirtschaftliche, technische, soziale oder ökologische Ziele ausgerichtet sind. Bei erwerbswirtschaftlichen Unternehmungen stehen jedoch ökonomische Erfolgs- und Liquiditätsziele im Vordergrund. Die Planung und Steuerung dieser Prozesse soll durch dafür verwendbare – relevante – Informationen unterstützt werden, die durch Abbildung des Unternehmungsprozesses und seiner Umwelt gewonnen werden können. Sofern Entscheidungen und die von ihnen herbeigeführten Konsequenzen Eigenschaften besitzen, deren Ausprägungen quantitativ messbar sind, kann dies über *Rechnungs*systeme erfolgen. Die Gesamtheit dieser Rechnungssysteme bildet die Unternehmungsrechnung.

2. Bedeutung der Unternehmungsrechnung für die Planung und Steuerung des Unternehmungsprozesses

Der komplexe Unternehmungsprozess wird arbeitsteilig durchgeführt. Dieses Prinzip gilt nicht nur für alle Produktionsprozesse, sondern in gleicher Weise für alle vorbereitenden, begleitenden und nachbereitenden administrativen Prozesse. Je größer eine Unternehmung ist, um so intensiver ist auch die Arbeitsteilung. Daraus folgt notwendig das Erfordernis nach Koordination, um zu vermeiden, dass einzelne Entscheidungen gegensätzlich bzw. widersprüchlich oder redundant getroffen werden. Wichtige Instrumente zur Koordination von Einzelentscheidungen sind die Planung und Steuerung.

> Nachfolgend wird von **Planung** im Sinne eines geordneten, informationsverarbeitenden Prozesses zur Erstellung eines Entwurfs gesprochen, welcher Größen für das Erreichen von Zielen vorausschauend festlegt.[2]

Die Unternehmungsrechnung hat für alle Phasen dieses geordneten informationsverarbeitenden Prozesses relevante Informationen bereitzustellen. Auch der Begriff der **Steuerung** wird in der Betriebswirtschaftslehre mit unterschiedlichen Inhalten verwendet.

> Im Folgenden wird **Steuerung** definiert als geordneter, informationsverarbeitender Prozess zielführender Eingriffe (Anpassungsmaßnahmen) in die Planrealisation.[3]

Dabei handelt es sich um die zielorientierte Lenkung von Prozessen der Planrealisation und um die Lenkung von Entscheidungs- bzw. Verhaltensprozessen der Mitarbeiter.

---

[2] Vgl. SCHWEITZER, M. (Planung), S. 18.
[3] Vgl. SCHWEITZER, M. (Planung), S. 20.

A. Die KER als Informationsgenerator

Objekte der Steuerung können sowohl die Realisation von Plänen als auch das Entscheidungsverhalten von Mitarbeitern sein. Nach diesen Objekten kann zwischen

- der Steuerung der Planrealisation und
- der Steuerung des Entscheidungsverhaltens (Verhaltensbeeinflussung)

unterschieden werden. Die **Steuerung der Planrealisation** umfasst die Durchsetzung der Vorgaben in den Plänen, die Feststellung von Abweichungen zwischen den Plan- und Vergleichsgrößen, die Analyse von Abweichungsursachen sowie die Auslösung von Maßnahmen zur Plananpassung. Gegenstände der Pläne können sein: die Potentiale, die Programme, die Prozesse und das Entscheidungsverhalten.

Die **Steuerung des Entscheidungsverhaltens** tritt in den Vordergrund, wenn den Mitarbeitern Pläne vorgegeben werden. Dabei können nicht alle Maßnahmen genau festgelegt sein. Den Mitarbeitern werden nur Zielgrößen vorgegeben, die ihren Handlungsrahmen einengen. Diese sind das Ergebnis einer Planung, die der Verhaltensbeeinflussung vorgeschaltet ist. Die konkrete Ausgestaltung des Handlungsrahmens und die Verantwortung zur Erreichung der vorgegebenen Zielgrößen liegen beim Mitarbeiter. Aufgabe der Verhaltenssteuerung ist die Lenkung des Entscheidungsverhaltens des Mitarbeiters, so dass die durch Planung bestimmten Zielgrößen (Vorgaben) möglichst gut erreicht werden. Sie umfasst gemäß Abbildung 1-1 die Veranlassung von Vorgaben (Durchsetzung), die Gegenüberstellung von Zielgröße und Vergleichsgröße und die Analyse von Abweichungen zwischen diesen Größen (Kontrolle) sowie die Auslösung von Maßnahmen zur Vermeidung zukünftiger Abweichungen (Sicherung). Durchsetzung, Kontrolle und Sicherung müssen dabei durch Vorkopplungs- und Rückkopplungsinformationen zweckmäßig verknüpft werden, um eine optimale Verhaltenssteuerung zu ermöglichen. Sowohl die Steuerung der Planrealisation als auch die Verhaltensbeeinflussung sind damit in ein Informationssystem eingebettet, welches gleichsam die Infrastruktur für eine optimale Lenkung darstellt.

> Je besser die Unternehmungsrechnung als **Informationsgenerator** die Detailliertheit, die Differenziertheit, die Präzision, die zeitliche Struktur und die Strukturmängel von Entscheidungsprozessen in Planung und Steuerung berücksichtigt, um so größer ist ihre Bedeutung als Instrument für die Unternehmungsführung.

1. Kapitel: Grundlagen der KER

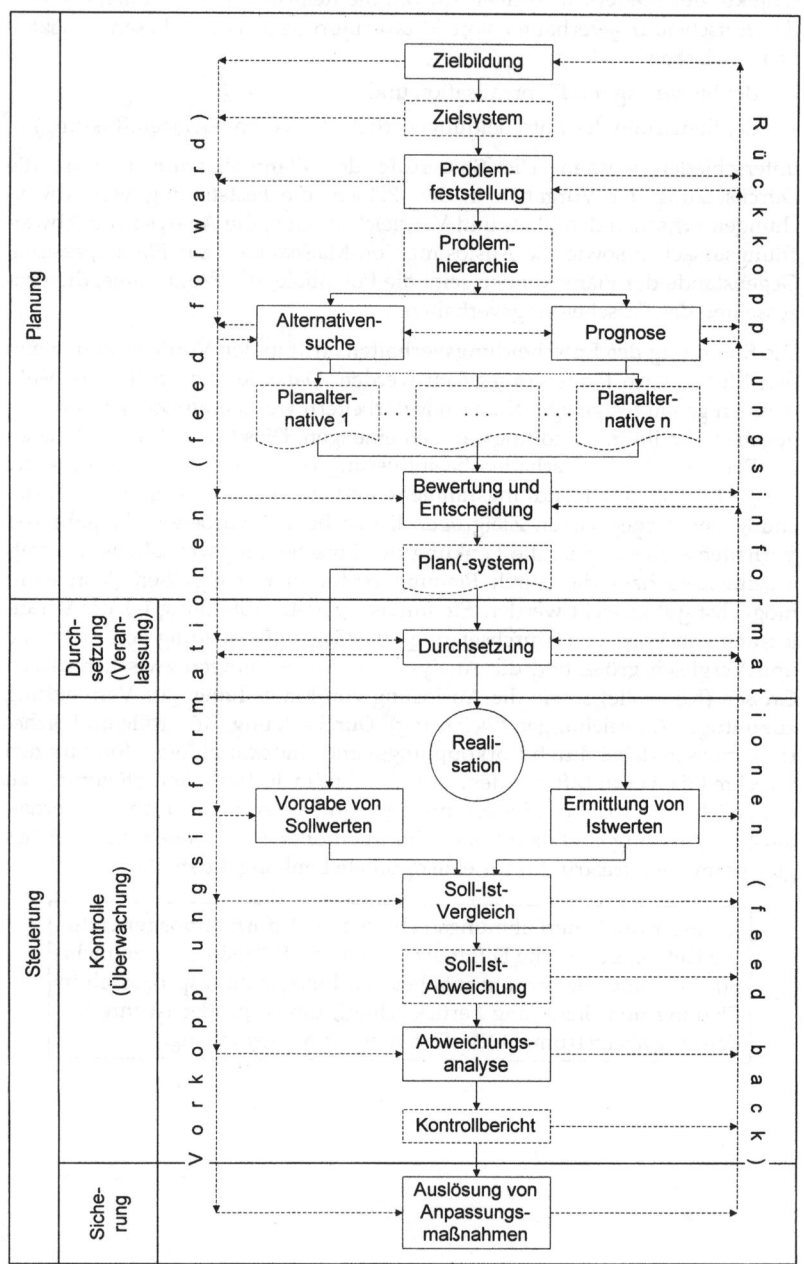

Abb. 1-1: Struktur des Planungs- und Steuerungsprozesses

A. Die KER als Informationsgenerator

3. Abbildungsgegenstände und Rechnungsgrößen der Unternehmungsrechnung

a) Kennzeichnung des Unternehmungsprozesses

Wirtschaften ist stets eine optimierende Handlung. Das zugehörige generelle **Optimierungsprinzip** lässt sich wie folgt formulieren:

> **Entscheide** in Unternehmungen stets so, dass durch die gewählte Alternative, d.h. durch die gewählte Zuordnung von Gütereinsatz und Güterausbringung, eine optimale Ausprägung der gesetzten Ziele erreicht wird.

Fragen des Wirtschaftens stellen sich in allen Prozessen, die in einer Unternehmung vollzogen werden, gleichgültig, ob es sich dabei um Absatz-, Lager-, Herstellungs-, Beschaffungs-, Investitions-, Finanzierungsprozesse usw. handelt. Die Menge dieser Teilprozesse macht ein komplexes Handlungsgefüge aus, das **Unternehmungsprozess** genannt wird. Wirtschaften als das Entscheiden über knappe Güter bezieht sich auf diesen Unternehmungsprozess bzw. seine Teilprozesse. Eine Unternehmungsrechnung, welche Informationen für diesen Gestaltungsprozess bereitstellen will, muss daher in der Lage sein, alle relevanten Strukturen des Unternehmungsprozesses zu erfassen und diese bei der Gewinnung bzw. Transformation der Informationen zu berücksichtigen.

Fasst man den Begriff des Einsatzgutes weit, dann kann darunter jedes in der Unternehmung vorhandene und zur Produktion von Ausbringungsgütern verwendete Gut verstanden werden. Bei engerer Fassung, die sowohl für die Produktionstheorie und Kostentheorie als auch die Kostenrechnung zweckmäßig ist, lassen sich die **Einsatzgüter** als die zur Herstellung und Verwertung für Ausbringungsgüter verbrauchten Realgüter definieren. Der Einsatzgüterverbrauch stellt dann den so genannten **Input** der Unternehmung dar. Man bezeichnet die Einsatzgüter auch als Produktoren, Anfangsprodukte oder Produktionsfaktoren. **Ausbringungsgüter** der Unternehmung sind alle Realgüter, die im Unternehmungsprozess durch Herstellung entstehen. Diese Güter nennt man auch Produkte oder Erzeugnisse. Sie bilden den so genannten **Output** der Unternehmung. Zu ihnen gehören einmal die im Markt abzusetzenden Realgüter, welche als **Absatzgüter**, Endprodukte oder Fertigerzeugnisse bezeichnet werden. Des weiteren umfasst der Output auch jene materiellen und immateriellen Realgüter, die in der Unternehmung gefertigt und in ihr selbst wieder eingesetzt werden, weshalb man sie als **Wiedereinsatzgüter** bezeichnet.

Das Merkmal der Verwendungshäufigkeit führt zur Gliederung der Realgüter in Repetiergüter und Potentialgüter[4]. Nach der weiteren Begriffsfassung des Einsatzgutes wären sowohl die Repetiergüter als auch die Potentialgüter Einsatzgüter. **Repetiergüter** sind nur einmal zur Produktion von Ausbringungsgütern verwendbar und dann verbraucht (z.B. Rohstoffe). Für jede Pro-

---

[4] Vgl. HEINEN, E. (Kostenlehre), S. 223.

Prozesswiederholung muss ein neues Repetiergut eingesetzt werden. Dies schließt nicht aus, dass in der Produktion verbrauchte Repetiergüter (Primärgüter) nach Ablauf des Produktlebenszyklus (als Sekundärgüter) wieder aufbereitet werden können. Im Gegensatz zu den Repetiergütern können **Potentialgüter** eine Folge von Leistungen abgeben (z.B. Arbeitsleistungen von Maschinen) und sind daher mehrfach zur Gütererstellung sowie -verwertung verwendbar. In die Ausbringungsgüter gehen nicht die Potentialgüter, sondern die von ihnen abgegebenen Leistungen ein. Legt man die enge Fassung des Begriffs Einsatzgut zugrunde, dann stellen neben Repetiergütern lediglich die Potentialgüterleistungen Einsatzgüter dar, während die Potentialgüter selbst als Einsatzgütervorrat angesehen werden. Zu den Potentialgütern rechnet man gewöhnlich alle Mitarbeiter und Sachmittel. Es können aber auch bestimmte Stoffe und Informationen (insbesondere Wissen) Potentialgutcharakter besitzen.

b) Zahlenmäßige Abbildung des Unternehmungsprozesses

Planung und Steuerung des Unternehmungsprozesses erfordern eine Vielzahl entscheidungsrelevanter Informationen. Diese Informationen können durch Abbildung des Unternehmungsprozesses gewonnen werden. Sofern Entscheidungen und die von ihnen herbeigeführten Konsequenzen Eigenschaften besitzen, deren Ausprägungen quantitativ messbar sind, kann der Unternehmungsprozess zahlenmäßig (kardinal) abgebildet werden. Die Bemühungen von Wissenschaft und Praxis richten sich auf eine quantitative Erfassung möglichst aller wirtschaftlichen Gegebenheiten und Ereignisse. In Verkehrswirtschaften vollziehen sich die wirtschaftlichen Tauschprozesse zwischen der Unternehmung und ihren Wirtschaftspartnern auf monetärer (geldlicher) Basis. Demnach lassen sich betriebliche Entscheidungen und ihre (ökonomischen) Konsequenzen weitestgehend auf Zahlungsströme zurückführen und damit in Geld messen. Für die technischen, sozialen und ökologischen Konsequenzen gilt dies nur bedingt. Soweit eine empirisch begründete bzw. begründbare Zuordnung von Geld auf wirtschaftliche Tatbestände vorgenommen werden kann (z.B. die Zuordnung von Periodengesamtkosten auf das Produktionsprogramm der Periode), lassen sich der Unternehmungsprozess bzw. seine Teilprozesse durch Geld abbilden. Es lässt sich daher eine **Geldrechnung** aufmachen.

Eine reine Geldrechnung reicht jedoch für die Erfüllung der vielfältigen Planungs- und Steuerungsaufgaben einer Unternehmung häufig nicht aus. Sie ist daher insbesondere um eine realgüterbezogene **Mengen- und Zeitrechnung** zu ergänzen. So sind Mengen- und Zeitangaben über wirtschaftliche Sachverhalte erforderlich, wenn sich keine Beziehung zwischen einem ökonomischen Tatbestand und einer geldlichen Maßgröße herstellen lässt. Beispielsweise ist durch Geldgrößen keine klare Aussage über die Beziehungen zwischen der Kapazität eines Sachmittels und den mit dessen Hilfe erstellbaren Ausbringungsgütern formulierbar. Deshalb umfasst die Unternehmungsrechnung neben den Geldrechnungen vielfach weitere Rechnungssysteme, die aus Mengen-, Zeit- oder anderen Größen gebildet werden.[5]

Nach dem **Prozessvollzug** lassen sich realisierte und zukünftige (geplante) Unternehmungsprozesse unterscheiden. Der realisierte Unternehmungsprozess wird durch eine **Nachrechnung** in seinen quantitativen Ausprägungen als Ermittlungsmodell erfasst. Handelt es sich um einen zukünftigen Prozess, so ist dieser durch eine **Vorrechnung** zahlenmäßig abbildbar. Da es ein absolut sicheres Wissen über zukünftige Tatbestände nicht gibt, sind Vorrechnungen stets mit Unsicherheiten behaftet. Der Charakter einer Rechnung als Vor- oder Nachrechnung wird also durch die Wahl des Abrechnungszeitpunktes bestimmt.

4. Teilsysteme der Unternehmungsrechnung

Für die **Systematisierung des Rechnungswesens** und der Unternehmungsrechnung gibt es zahlreiche Vorschläge. Diese weisen auf vielfältige, aus Abbildung 1-2 ersichtliche Merkmale hin, nach denen sich die Unternehmungsrechnung gliedern lässt. Anhand dieser Merkmale kann man eine Vorstellung über die Fülle möglicher Teilsysteme der Unternehmungsrechnung und die Breite der in einer Unternehmung einsetzbaren Rechnungsinstrumente bekommen. Besondere Bedeutung für die Unterscheidung von Rechnungssystemen kommt den Rechnungszwecken oder Rechnungszielen als den Informationswünschen der Informationsempfänger und den für ihr Handeln bestimmenden Entscheidungszielen zu. In engem Bezug zu den Entscheidungszielen stehen die Basisgrößen, welche die Dimension kennzeichnen, in der ihre Zielerreichung gemessen wird. Maßgeblich für die Struktur des jeweiligen Rechnungssystems sind ferner der von ihm erfasste Abbildungsgegenstand sowie der zeitliche Bezug und die zeitliche Reichweite der Rechnung.

Merkmal	Ausprägungen					
Rechnungs-ziel	Dokumen-tation	Information für Planung		Information für Steuerung		Information für Kontrolle
Entschei-dungsziel-bezug	Erfolgs-ziel	Finanz-ziel	Produkt-ziel	Potential-ziel	Sozial-ziel	Umwelt-ziel
Abbildungs-gegenstand	Bar- und Buchgeld		Forderungen und Verbindlichkeiten	Realgüter		
Basis-größen	Ein- und Aus-zahlungen		Vermögen und Schulden	Erträge und Aufwendungen	Erlöse und Kosten	
Zeitlicher Bezug	Vergangenheit (Ist-, Nach-Rechnungen)			Zukunft (Vor-, Prognose-, Plan-Rechnungen)		
Zeitliche Reichweite	Eine Periode (kurzfristig)			Mehrere Perioden		
				(mittelfristig)		(langfristig)

Abb. 1-2: *Merkmale zur Gliederung der Unternehmungsrechnung*

---

[5] Vgl. SCHWEITZER, M./ZIOLKOWSKI, U. (Interne Rechnung), S. 116 ff. und SCHWEIZER, M. (Kennzahlen), S. 429 ff.

Den **Kern der Unternehmungsrechnung** bilden in der Regel die in Abbildung 1-3 wiedergegebenen Rechnungssysteme der Finanz-, Bilanz-, Kosten- und Erlös- sowie Investitionsrechnung. Die Bilanzrechnung besteht aus einer Beständerechnung, der Bilanz, und einer Bewegungsrechnung, der Gewinn- und Verlustrechnung, in der die erfolgswirksamen Bestandsänderungen abgebildet werden. Zum traditionellen Rechnungswesen rechnet man üblicherweise die Finanz-, Bilanz- sowie die Kosten- und Erlösrechnung.

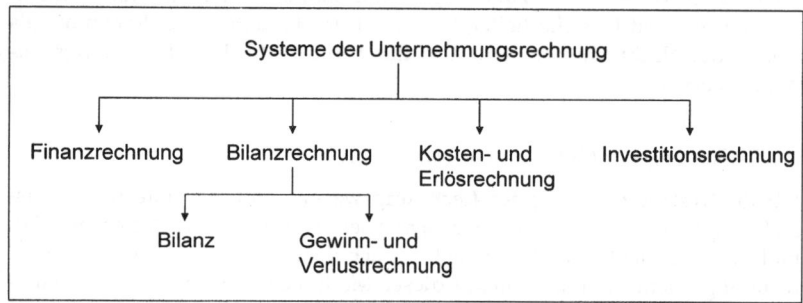

Abb. 1-3: *Kernsysteme der Unternehmungsrechnung*

Diese wichtigsten **Teilsysteme der Unternehmungsrechnung** lassen sich entsprechend Abbildung 1-4 im Hinblick auf die Rechnungsmerkmale Zeitbezug, Abbildungsgegenstand, Entscheidungsziel und Basisgrößen näher kennzeichnen. Während die Bilanzrechnung im Hinblick auf das Merkmal **Zeitbezug** die Unternehmung zu einem bestimmten Zeitpunkt erfasst, gibt die Gewinn- und Verlustrechnung ebenso wie die Finanz- sowie die Kosten- und Erlösrechnung Güterbewegungen eines Zeitraumes wieder. Dabei sind der **Abbildungsgegenstand** der Bilanzrechnung die (Real- und Nominal-) Güterbestände an Vermögen und (Beteiligungs- sowie Fremd-) Schulden. Die zeitraumbezogenen Rechnungen unterscheiden sich in den von ihnen abgebildeten Güterbewegungen. Gegenstand der Finanzrechnung sind Geld- oder Nominalgüterbewegungen, dagegen leitet man die Kosten- und Erlösrechnung üblicherweise aus den Bewegungen der Realgüter ab, also der Güter, die nicht Geld oder Ansprüche auf Geld darstellen. Die Gewinn- und Verlustrechnung ergibt sich aus Real- und Nominalgüterbewegungen; sie nimmt alle erfolgswirksamen Güterverbräuche und -entstehungen auf. Dagegen gehen in die Kosten- und Erlösrechnung nur die sachzielbezogenen Realgüterbewegungen ein und werden in ihr die Zinsen rechnungszielabhängig bestimmt. Investitionsrechnungen geben die Wirkungen des Einsatzes finanzieller Mittel auf die Zahlungsströme über mehrere Perioden an und beziehen sich damit auf mehrere Zeiträume.

Die verschiedenen Rechnungssysteme der Unternehmungsrechnung sollen Informationen für eine zielorientierte Führung der Unternehmung liefern. Deshalb sind sie auf deren **Entscheidungsziele** ausgerichtet. Dabei dient die Finanzrechnung in erster Linie zur Planung, Steuerung und Kontrolle der **Liquidität**. Mit ihren Daten soll eine laufende Zahlungsfähigkeit der Unternehmung sichergestellt werden. Die anderen Rechnungen sind auf **Erfolgs-**

A. Die KER als Informationsgenerator

ziele der Unternehmung bezogen. Während die Bilanz den Periodenerfolg global bestimmt, ist aus der zugehörigen Gewinn- und Verlustrechnung erkennbar, welche Bewegungen innerhalb einer Periode zu diesem Erfolg geführt haben. In der Kosten- und Erlösrechnung ermittelt man ebenfalls einen Periodenerfolg. Dieser bezieht sich jedoch meist auf einen kürzeren Zeitraum, z.B. einen Monat, als in der Bilanzrechnung. Zudem ist die zugrunde gelegte Erfolgsgröße nicht durch die Vorschriften des Handels- und Steuerrechts bestimmt. Ihre Abgrenzung liegt im Ermessen der Unternehmung selbst.

Rechnungssystem Rechnungsmerkmale	Finanzrechnung	Bilanzrechnung		Kosten- und Erlösrechnung	Investitionsrechnung
		Bilanz	Gewinn- und Verlustrechnung		
Zeitbezug	Zeitraum	Zeitpunkt	Zeitraum	Zeitraum	Mehrere Zeiträume
Abbildungsgegenstand	Geldbewegungen	Real- und Nominalgüterbestände	Real- und Nominalgüterbewegung	Realgüterbewegungen	Zahlungswirkungen von Nominalgütereinsatz
Entscheidungsziel	Liquidität	Periodenerfolg	Periodenerfolg	Periodenerfolg Stückerfolg	Mehrperiodiger Erfolg
Basisgrößen	Einzahlungen Auszahlungen	Vermögen Schulden	Erträge Aufwendungen	Erlöse Kosten	Einzahlungen Auszahlungen

Abb. 1-4: Wichtige Merkmale von Teilsystemen der Unternehmungsrechnung

Neben Periodenerfolgen berechnet man in der Kosten- und Erlösrechnung insbesondere Stückerfolge für die hergestellten und abgesetzten Produkte sowie gegebenenfalls weitere Erfolgskennziffern. Während sich die Erfolgsgrößen der Bilanz- sowie der Kosten- und Erlösrechnung auf **eine Periode** bzw. ein Produkt beziehen, ist die Investitionsrechnung an einer **mehrperiodigen Erfolgsgröße** wie z.B. dem Kapital- oder Endwert, dem internen Zins oder Annuitäten zu orientieren, um die von Investitionen ausgelösten Zahlungsströme, die nicht nur in einer Periode anfallen, adäquat zu erfassen.

Aus den gekennzeichneten Unterschieden ergibt sich, dass die Rechnungssysteme mit verschiedenen Maßausdrücken als **Basisgrößen** arbeiten. Finanzrechnung und Investitionsrechnung gehen von den Einzahlungen und den Auszahlungen aus. Durch die Verteilung der erfolgswirksamen Zahlungen auf die Perioden für die jeweils entstandenen bzw. verbrauchten Realgüter kommt man zu den Erträgen und Aufwendungen als den Basisgrößen der Gewinn- und Verlustrechnung. Die Bewegungen von Nominal- und Realgütern vollziehen sich an Güterbeständen. Diese Bestände sind daher in Form von Vermögen und Schulden die Maßausdrücke der Bilanz. Erlöse und Kosten als Basisgrößen der Kosten- und Erlösrechnung erfassen wie Erträge und Aufwendungen die Entstehung und den Verbrauch von Realgütern. In diesem Rechnungssystem ist man jedoch frei in der Abgrenzung und Bewertung der Güterbewegungen. Deshalb arbeitet die Kosten- und Erlösrechnung mit Maßausdrücken, die von denjenigen der Bilanzrechnung abweichen.

Alle im Zentrum der Unternehmungsrechnung stehenden Systeme rechnen in Geldgrößen. Deren Herleitung aus Realgütern wie Maschinen, menschlicher Arbeit, Kapital o.ä. und deren Bewegungen können eine Rechnung mit Mengen- und Zeitgrößen erfordern. Die Unternehmungsrechnung kann um weitere Systeme ergänzt werden, die Produkt-, Potential-, Sozial- und Umweltziele berücksichtigen (vgl. Abbildung 1-5). Da für die Adressaten der Unternehmungsrechnung die Erreichung ihrer eigenen Entscheidungsziele im Vordergrund steht und sie im Hinblick auf die Planung, Steuerung sowie Kontrolle ihrer Handlungen Plan- und Istrechnungen benötigen, erfolgt in Abbildung 1-5 eine tiefergehende Systematisierung der Unternehmungsrechnung nach den Merkmalen Entscheidungsziel- und Zeitbezug. Finanz-, Bilanz- sowie Kosten- und Erlösrechnung gehören in die Klasse der finanz- bzw. erfolgszielorientierten Systeme und sind in vielen Unternehmungen zumindest als vergangenheitsorientierte Istrechnungen eingerichtet. Sie werden häufig um die zukunftsbezogenen, operativen Systeme der Liquiditätsplanung sowie der Plankosten- und Planerlösrechnung ergänzt. Auf eine längere Frist sind die Finanzplanung und die Investitionsrechnung ausgerichtet.

Zeitbezug \ Entscheidungszielbezug	Finanz-ziele	Erfolgs-ziele	Produkt-ziele	Potential-ziele	Sozial-ziele	Umwelt-ziele
Vergangenheitsorientiert	• Liquiditäts-rechnung	• Ist-Kosten- und -Erlös- bzw. -Leistungs-rechnung • Ist-Bilanz-rechnung	• (mengenmäßige) Leistungsrechnung • Anlagenrechnung • Materialrechnung • Lohnrechnung		• Ist-Sozial-bilanzen	• Ist-Umwelt-bilanzen • Umwelt-kosten-rechnung
Zukunftsorientiert Operativ	• Liquiditäts-planungs-rechnung	• Plan- Kosten- und -Erlös- bzw. -Leistungs-rechnung	• (mengenmäßige) Leistungsrechnung		• Plan-Sozial-bilanzen	• Plan-Umwelt-bilanzen
Taktisch / Strategisch	• Finanz-planungs-rechnung	• Investitions-rechnung • Früherkenn-ungssysteme		• Erfolgs-potential-rechnung • Human-vermögens-rechnung		

Abb. 1-5: *Überblick über wichtige Teilsysteme der Unternehmungsrechnung*

Über die Berücksichtigung von Produktzielen der Leistungserstellung und Bedarfsdeckung lassen sich weitere Rechnungssysteme wie die Anlagen-, Material- und Lohnrechnung einbinden. Während diese sog. „Nebenbuchhaltungen" Vorsysteme der monetären Erfolgsrechnung darstellen, benötigen (öffentliche) Unternehmungen wie Hochschulen und öffentliche Verwaltungen eigenständige mengenmäßige Leistungsrechnungen[6], soweit ihre Produkte bzw. Leistungen nicht monetär bewertet werden (können).

Mit dem zunehmenden Gewicht der strategischen Planung nimmt der Bedarf an potentialzielorientierten Rechnungen zu. Ansätze hierfür sind als Humanvermögensrechnung sowie Erfolgspotentialrechnung vorgeschlagen

---

[6] Zu den Begriffen Erlöse und Leistungen vgl. Kapitel 1., Abschnitt A.II.3.a), S. 20 ff.

worden. Während sozialzielorientierte Rechnungssysteme wie Sozialbilanzen gegenwärtig weniger diskutiert werden, ist die Bedeutung der auf ökologische Ziele ausgerichteten Systeme in Form von Umweltbilanzen oder Umweltkostenrechnungen gestiegen.

II. Gegenstände und Grundbegriffe der Kosten- und Erlösrechnung

1. Kennzeichnung der Kosten- und Erlösrechnung

Innerhalb der Unternehmungsrechnung hebt sich die Kosten- und Erlösrechnung durch drei Merkmale von den anderen Rechnungssystemen ab:

(1) Sie ist als interne Rechnung
- auf die spezifischen Rechnungsziele der Unternehmung gerichtet,
- kann von dieser frei gestaltet werden,

(2) sie ist auf das Erfolgsziel der Unternehmung ausgerichtet und

(3) sie liefert primär Informationen für operative Entscheidungen.

Das erste Merkmal unterscheidet die Kosten- und Erlösrechnung vor allem von der Bilanzrechnung. Als externe Rechnung liefert die Bilanzrechnung Informationen für Anteilseigner, Gläubiger und andere außenstehende Adressaten. Um die zwischen diesen auftretenden Informationskonflikte zu lösen, muss sich der Jahresabschluss an gesetzlichen Vorschriften beispielsweise des HGB orientieren. Das Rechnungssystem ist also auf gesetzlich normierte Rechnungsziele z.B. der Ausschüttungs- und Informationsregelung ausgerichtet. Deshalb kann es höchstens begrenzt die für Unternehmensentscheidungen verwendbaren Informationen bereitstellen. Der Aufbau von Bilanz sowie Gewinn- und Verlustrechnung und die in diese eingehenden Positionen sind durch rechtliche Vorschriften genau festgelegt. Von diesen hängt auch ab, wie der Jahresüberschuss als Ergebnis der Rechnung zu ermitteln ist. Während die Existenz einer Finanzbuchhaltung und die Erstellung eines Jahresabschlusses aufgrund dieser Regelungen für die meisten Unternehmungen vorgeschrieben sind, besteht keine Pflicht zur Einrichtung einer Kosten- und Erlösrechnung. Sie sind in deren Durchführung und Gestaltung frei.

Im Gegensatz zur Bilanzrechnung kann die Unternehmung ihre interne Kosten- und Erlösrechnung deshalb auf die von ihr selbst festzulegenden Erfolgsziele und die von ihr als wichtig erachteten Entscheidungen ausrichten. Während jedoch die Finanzrechnung Informationen zur Verfolgung des Liquiditätsziels liefert, dienen die Informationen der Kosten- und Erlösrechnung zur Erfassung der Erfolgswirkungen von Unternehmensentscheidungen. Da jede erwerbswirtschaftliche Unternehmung in der konkreten Gestaltung ihrer Entscheidungsziele frei ist, kann sie auch ihre Erfolgsziele selbst präzisieren, solange sie zahlungsfähig bleibt und keine Überschuldung eintritt. Das Erfolgsziel kann sie also beispielsweise als Shareholder Value- bzw. Marktwertsteigerung in der langfristigen und als Deckungsbeitrags- oder

Periodengewinnmaximierung in der kurzfristigen Perspektive konkretisieren.

Auf die Erfolgsziele der Unternehmung sind sowohl die Investitions- als auch die Kosten- und Erlösrechnung ausgerichtet. Beide Rechnungssysteme unterscheiden sich vor allem durch die verschiedenen zeitlichen Reichweiten. Während die Investitionsrechnung primär zur Unterstützung von Entscheidungen in der taktischen und strategischen Ebene herangezogen wird, ist die Kosten- und Erlösrechnung üblicherweise auf die operative Ebene gerichtet. Sie hat daher im Normalfall eine kürzere zeitliche Reichweite, für die einperiodige Erfolgsziele maßgebend sind.

Die grundlegenden Aufgaben jeder Kosten- und Erlösrechnung liegen in der Erfassung und Verteilung von Kosten und Erlösen sowie in der Auswertung von Kosten- und Erlösinformationen. Bei der **Erfassung** wird in der Regel eine Gruppierung nach Kostenarten bzw. Erlösarten vorgenommen, die sich an unterschiedlichen Merkmalen orientieren kann. Die Kostenerfassung dient zugleich der Dokumentation periodischer Güterverbräuche. Bei der **Verteilung** nimmt man eine Zuordnung der Kosten auf Bezugsgrößen nach bestimmten Prinzipien vor. Sie erfolgt in der Kostenstellen- bzw. Kostenprozess- oder Kostenträgerrechnung. Die Erlösverteilung trifft eine vergleichbare Zuordnung der Erlöse auf Bezugsgrößen nach bestimmten Prinzipien und erfolgt in der Regel in der Stück- und der Periodenerfolgsrechnung. Allgemein stellt die Kosten- und Erlösrechnung die Höhe von Kosten und Erlösen über die Verrechnungsstufen Artenrechnung, Stellenrechnung und Trägerrechnung fest. An die Verteilung schließt sich die **Auswertung** an, worunter die entscheidungsrelevante Abgrenzung, Kombination und Transformation von Kosten- und Erlösinformationen zu verstehen ist.

Der Informationsgenerator Kosten- und Erlösrechnung soll planungs- und steuerungsrelevante Informationen bereitstellen. Da jedoch die Zahl der möglichen **Entscheidungsprobleme** und damit die Zahl der möglichen **Zielvorstellungen** groß ist, wird ein spezifisches Kosten- und Erlösrechnungssystem in der Regel auf eine besondere Gruppe von 'Rechnungszwecken' oder 'Rechnungszielen' zugeschnitten. Das jeweils angestrebte Rechnungsziel bestimmt daher (grob) die Anforderungen, welche an die Beschaffenheit der bereitzustellenden Kosten- und Erlösinformationen zu stellen sind.

2. Gegenstand und Grundbegriffe der Kostenrechnung

a) Kennzeichnung des Kostenbegriffs

Die betriebliche Kostenrechnung stellt neben der Erlösrechnung als Informationsgenerator ein institutionalisiertes Informationsinstrument der Unternehmung (sführung) dar.

> Die **Kostenrechnung** hat die Aufgabe, die Höhe des faktisch angefallenen bzw. geplanten sachzielbezogenen bewerteten Güterverbrauchs festzustellen. Sie ist als Gegenstück zur outputorientierten Erlösrechung inputorientiert konzipiert.

A. Die KER als Informationsgenerator

Für die Kostenrechnung ist der **Kostenbegriff** von zentraler Bedeutung; über sie hinaus spielt er in der ganzen Betriebswirtschaftslehre eine Rolle. Verschiedene Begriffsdefinitionen und -interpretationen beziehen sich auf drei Merkmale, die in der Regel dem allgemeinen Kostenbegriff zugrunde gelegt werden:

(1) mengenmäßiger Verbrauch an Gütern,
(2) Sachzielbezogenheit des Güterverbrauchs,
(3) Bewertung des sachzielbezogenen Güterverbrauchs.

Mit ihnen lässt sich eine Nominaldefinition für den Kostenbegriff wie folgt formulieren:

> **Kosten** sind der bewertete sachzielbezogene Güterverbrauch einer Abrechnungsperiode.

Analyse des Güterverbrauchs

Die Analyse des Merkmals 'mengenmäßiger Güterverbrauch' umfasst vier wichtige Aspekte:

(1) Kennzeichnung des Güterverbrauchs,
(2) Umfang des Güterverbrauchs,
(3) Aufzeigen der Verbrauchsursachen,
(4) Messung bzw. Schätzung der Verbrauchsmengen.

Mit der Kennzeichnung des Güterverbrauchs wird der **Inhalt**, und mit der Angabe der Zahl der Verbrauchsgüter der **Umfang** des Kostenbegriffs festgelegt. Ein Güterverbrauch (Güterverzehr) ist durch den **Verlust an ökonomischer Eignung** von Gütern gekennzeichnet. Repetiergüter verlieren ihre ökonomische Eignung mit ihrem Einsatz in die Produktion. Durch eine spätere Wiederaufbereitung nach Gebrauch des produzierten Gutes (z.B. Recycling) können sie in vielen Fällen jedoch eine neue ökonomische Eignung gewinnen. Bei der Nutzung von Potentialgütern ist die Leistungsabgabe der für die Produktion erforderliche Güterverbrauch (Nutzungsverbrauch). Ein Güterverbrauch ist auch dann gegeben, wenn die Nutzungsmöglichkeiten von Potentialgütern in der Produktion nicht voll ausgeschöpft werden (Zeitverbrauch). Er ist nicht auf den substantiellen Verschleiß von Sachmitteln oder den physischen Verzehr von Stoffen beschränkt und kann prinzipiell bei sämtlichen realen und nominalen Wirtschaftsgütern eintreten.

Nach den **Verbrauchsursachen** lassen sich drei Klassen des Güterverbrauchs unterscheiden[7]:

(1) willentlicher Güterverbrauch,
(2) erzwungener Güterverbrauch,
(3) kontinuierlicher zeitlicher Vorrätigkeitsverbrauch.

---

[7] Vgl. KOSIOL, E. (Wesensmerkmale), S. 17.

Der **willentliche (beabsichtigte) Güterverbrauch** wird durch Entscheidungen über die Herstellung und Verwertung betrieblicher Ausbringungsgüter herbeigeführt.

Der **erzwungene Güterverbrauch** geht auf ungewollte, unabdingbare Einflüsse zurück. Ihm liegen keine betrieblichen Entscheidungen zugrunde. Er tritt zwangsweise auf als **technisch-ökonomischer Zwangsverbrauch** (z.B. natürlicher Verschleiß, Unglücksfälle, technischer Fortschritt sowie Bedarfsverschiebungen) oder als **staatlich-politischer Zwangsverbrauch** (z.B. Steuern, Gebühren und Beiträge).

Der **kontinuierliche zeitliche Vorrätigkeitsverbrauch** bezieht sich auf die Minderung an reinen Nutzungsmöglichkeiten der dauerhaften Real- und Nominalgüter im Zeitablauf[8]. Bei diesem Güterverbrauch handelt es sich um eine **Konstatierung**, die erforderlich ist, um Zinsen als Kostenart definieren zu können.

Die Messung des willentlichen Verbrauchs bei **Stoffen und Materialien** ist weitgehend unproblematisch. Bei den **Sachmitteln** (z.B. Maschinen) ist die Messung des (gewollten) Verbrauchs pro einmaliger Verwendung im Produktionsprozess dagegen problematisch. Zum Teil ist ein Verbrauch erst nach längerem Gebrauch (mehreren Jahren) erkennbar, wenn ein deutlicher Leistungsabfall den Verbrauchstatbestand anzeigt. Der Verbrauch an Sachmitteln pro einmaliger Verwendung im Produktionsprozess kann deshalb gewöhnlich nicht direkt und präzise gemessen werden. Um die Erfassung des stetig oder sprunghaft eintretenden Verbrauchs an Sachmitteln zu gewährleisten, kann man eine ersatzweise Bestimmung des Güterverbrauchs aufgrund von **Verteilungsmethoden** in Form von **Abschreibungen** vornehmen.

Trotz zahlreicher Vorschläge zu Maßgrößen gelingt die Messung von **Informationen** nur sehr bedingt[9]. Bei den **Rechtsansprüchen** auf reale Wirtschaftsgüter hängt die Verbrauchsmessung vom vereinbarten Rechtstitel und von der jeweiligen Klasse des Realgutes ab.

Sachzielbezogenheit des Güterverbrauchs

Nicht alle in einer Unternehmung anfallenden Güterverbräuche werden als Kosten betrachtet. Vielmehr ist charakteristisch, dass lediglich ein bestimmter Teil der Güterverbräuche zu Kosten führt. Als zweites Merkmal des allgemeinen Kostenbegriffs wird dafür als Kriterium die Sachzielbezogenheit des Güterverbrauchs herangezogen, was eine Abgrenzung des kostenwirksamen Güterverbrauchs ermöglicht.

Die Güterproduktion einer Periode verursacht auf der Einsatzseite Güterverbräuche mit Kostencharakter und auf der Ausbringungsseite Güterentstehungen mit Erlöscharakter. Der kalkulatorische Erfolg als **Formalziel** der Unternehmung hat daher die beiden Komponenten 'Kosten' und 'Erlöse'. Die mengenmäßige Basis, auf die sich das Formalziel bezieht, wird als das Sachziel der Unternehmung bezeichnet. Darunter lässt sich das geplante Produk-

---

[8] Vgl. SCHMALENBACH, E. (Kapital), S. 1 ff.
[9] Vgl. z.B. WACKER, W.H. (Informationstheorie), S. 143 ff.

tionsprogramm als die Art, Menge und zeitliche Verteilung der von der Unternehmung geplanten bzw. zu produzierenden Ausbringungsgüter verstehen. Damit eine **Sachzielbezogenheit** des Güterverbrauchs vorliegt, muss eine **Beziehung** zwischen dem Güterverbrauch und dem Sachziel der Unternehmung gegeben sein. Für die Angabe einer Beziehung lassen sich das Kostenverursachungs- bzw. das Kosteneinwirkungsprinzip heranziehen.

Bewertung des Güterverbrauchs

Das dritte Merkmal des Kostenbegriffs stellt die **Bewertung (Bepreisung)** des sachzielbezogenen Güterverbrauchs dar.

> Unter **Bewertung** ist die zielorientierte Zuordnung eines Preises zu einem wirtschaftlichen Sachverhalt zu verstehen.

Dem sachzielbezogenen Güterverbrauch, welcher die Mengenkomponente und das Mengengerüst der Kosten bildet, ist ein Preis (als Wertkomponente der Kosten) zuzuordnen. Der **Preis** ist ein spezifischer, auf eine Mengeneinheit bezogener Geldbetrag. Er repräsentiert den der Mengeneinheit zugeordneten (Kosten)Wert. Die **Kosten** ergeben sich also als Produkt aus verbrauchter Gütermenge und Güterpreis pro Mengeneinheit.

> Die **Preiszuordnung** ist eine Abbildung des Güterverbrauchs in Geld.

Artmäßig und damit auch dimensionsverschiedene Güterverbräuche werden durch die Bewertung in Geldgrößen vergleichbar und rechenbar (**Verrechnungsfunktion** der (Kosten)Bewertung). Die Kostenbewertung zeichnet sich durch eine völlige **Offenheit im Preisansatz** aus. Diese Zuordnung ist an keine bestimmte Wertkategorie gebunden. Jedoch ist für sie das verfolgte Rechnungsziel maßgebend. Der zu wählende Preisansatz hängt damit von der Zielvorstellung ab, die dem jeweils betrachteten Entscheidungsproblem zugrunde liegt.

In Hinblick auf die wichtigsten Ansatzpunkte für die Preiszuordnung werden ein wertmäßiger, ein pagatorischer und ein entscheidungsorientierter Ko-stenbegriff vertreten.

> Dem **wertmäßigen Kostenbegriff** liegt die Vorstellung bzw. die Forderung zugrunde, dass der Kostenwert die Funktion der Lenkung der Wirtschaftsgüter in ihre optimale Verwendungsweise übernimmt bzw. übernehmen soll.

Die Kostenhöhe soll dann einen geeigneten Maßausdruck für die Vorteilhaftigkeit der Verwendung von Einsatzgütern liefern. Demnach ist jedem Güterverbrauch derjenige Preis als Wert zuzuordnen, durch den bei gewählter Zielvorstellung ein **optimaler Gütereinsatz** bzw. eine optimale Güterverwendung erreicht wird.

> Beim **pagatorischen Kostenbegriff** legt man sich prinzipiell auf den Anschaffungspreis als Kostenwert fest.

Der sachzielbezogene Güterverbrauch ist hier zu dem Preis zu bewerten, der auf dem Markt zum Zeitpunkt der Beschaffung der Einsatzgüter für diese bezahlt wurde bzw. wird. Der Kostenwert ergibt sich daher aus den vergangenen bzw. zukünftigen Auszahlungen der Unternehmung für die betreffenden Güter. Beim pagatorischen Kostenbegriff geht es ausschließlich um die Abbildung empirischer Gegebenheiten, d.h. um die Feststellung der in der Vergangenheit tatsächlich angefallenen bzw. für die Zukunft prognostizierbaren Auszahlungen. Eine **Lenkung der Güterströme** in Bezug auf eine Zielvorstellung ist damit noch nicht beabsichtigt.

Eine **Modifikation des pagatorischen Kostenbegriffs** vertritt HELMUT KOCH[10]. Er schlägt vor, in einzelnen Anwendungsfällen, die als spezielle Entscheidungsfälle zu interpretieren sind, **Annahmen** einzuführen, welche nicht den konkreten Gegebenheiten der Realität entsprechen und zu anderen als den faktisch bezahlten Geldbeträgen als Kostenwerten führen.

Nach dem von PAUL RIEBEL vertretenen **entscheidungsorientierten Kostenbegriff** sind Kosten „die durch die Entscheidung über das betrachtete Objekt ausgelösten zusätzlichen ... Ausgaben (Auszahlungen)".[11] Die Entstehung von Kosten setzt nach dieser Definition **Entscheidungen** über ein Bezugsobjekt voraus, durch welche Auszahlungen ausgelöst werden und dem Bezugsobjekt „logisch zwingend zurechenbar sind".

Die Erläuterung des wertmäßigen, des pagatorischen und des entscheidungsorientierten Kostenbegriffs zeigt, dass entsprechend Abbildung 1-6 verschiedene **Preise** als Kostenwerte in Betracht kommen können.

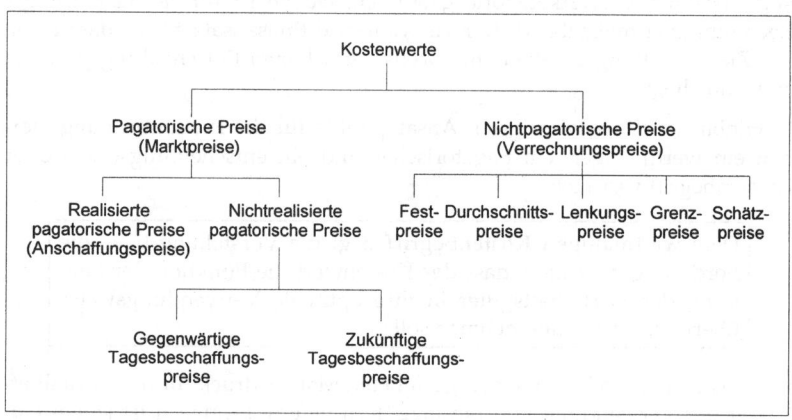

Abb. 1-6: Arten von Kostenwerten

---

[10] Vgl. KOCH, H. (Kostenbegriff).
[11] RIEBEL, P. (Kostenbegriff), S. 143; vgl. auch HUMMEL, S. (Kostenbegriff), S. 1204 ff.

A. Die KER als Informationsgenerator

h) Abgrenzung von Auszahlungen, Aufwand und Kosten

Die Kosten stehen in einem engen Zusammenhang mit den Rechnungsgrößen Auszahlungen (Ausgaben) und Aufwand (Aufwendungen)[12]. Es ist daher zweckmäßig, das Verhältnis zwischen diesen drei quantitativen Maßausdrücken zu analysieren sowie Gemeinsamkeiten und Unterschiede herauszustellen.

> **Auszahlungen** sind die von einer Unternehmung an Personen, Personengruppen und Institutionen gezahlten Geldbeträge[13].

Auszahlungen stellen einen pagatorischen Begriff dar, weil ihnen Geldbewegungen zugrunde liegen.

Der **Aufwandsbegriff** baut auf dem Auszahlungsbegriff auf. Er setzt stets gezahlte oder zahlbare Auszahlungen voraus; daher kann kein Aufwand entstehen, der nicht zu Auszahlungen führt oder bereits geführt hat. Durch den Ansatz von Anschaffungszahlungen ist die Wertkomponente des Aufwands eindeutig bestimmt. Damit besitzt der Aufwand pagatorischen Charakter.

> Der **Aufwand** umfasst den periodisierten erfolgswirksamen Verbrauch an Real- und Nominalgütern, der mit Auszahlungen verbunden ist.

Nach dem Merkmal der **Erfolgswirksamkeit** lassen sich entsprechend Abbildung 1-7 erfolgswirksame Auszahlungen und erfolgsneutrale Auszahlungen unterscheiden. **Erfolgswirksamen Auszahlungen** liegen stets Güterverbräuche zugrunde, sie stellen daher Aufwand dar. Andererseits gibt es Auszahlungen wie z.B. Kredittilgungen oder Dividendenzahlungen, die zu keinem Güterverbrauch führen, die sog. **erfolgsneutralen (wechselbezüglichen) Auszahlungen**.

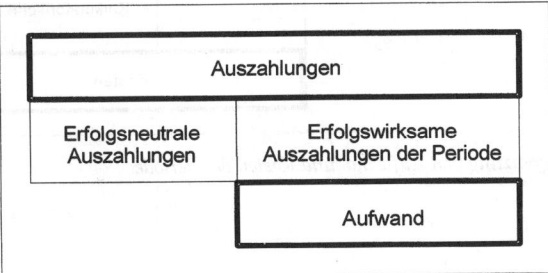

Abb. 1-7: Abgrenzung von Auszahlungen und Aufwand

---

[12] Im Folgenden werden Ausgaben und Auszahlungen sowie Einnahmen und Einzahlungen nicht als spezifische Maßausdrücke der Unternehmungsrechnung unterschieden. Zur Begründung vgl. KÜPPER, H.-U. (Unternehmensplanung), S. 46; SCHNEIDER, D. (Rechnungswesen²), S. 49 ff.

[13] Vgl. KOSIOL, E. (Ausgaben), Sp. 317 ff.; SCHULZ, D. (Ausgaben), Sp. 79; SCHWEITZER, M. (Bilanz), S. 68; WEBER, H.K. (Definition), S. 191 ff.

Daneben können Aufwand und Auszahlungen einen unterschiedlichen **Entstehungszeitpunkt** besitzen, weil der Verbrauch bzw. die Zahlung in verschiedenen Zeitpunkten und damit Rechnungsperioden anfallen. Der Aufwand kann dabei den Auszahlungen zeitlich vor- oder nachgelagert sein. Unter dem Zeitaspekt lässt sich der Aufwand als periodisierte erfolgswirksame Auszahlungen kennzeichnen[14].

Soweit der **Aufwand** betragsmäßig größer als die **Kosten** ist, spricht man von **neutralem Aufwand**. Die Kosten, welche den Aufwand übersteigen, werden als **kalkulatorische Kosten** bezeichnet und setzen sich aus **Zusatzkosten** und **Anderskosten** zusammen[15]. Soweit Kosten und Aufwand übereinstimmen, spricht man von **Grundkosten** bzw. **Zweckaufwand**. Die Zusammenhänge zwischen Kosten und Aufwand zeigt Abbildung 1-8 in anschaulicher Weise.

Der **neutrale Aufwand** geht zwar in die Finanzbuchhaltung ein, wird aber in der Betriebsbuchhaltung nicht als Kosten betrachtet und fließt somit auch nicht in die Kostenrechnung ein.

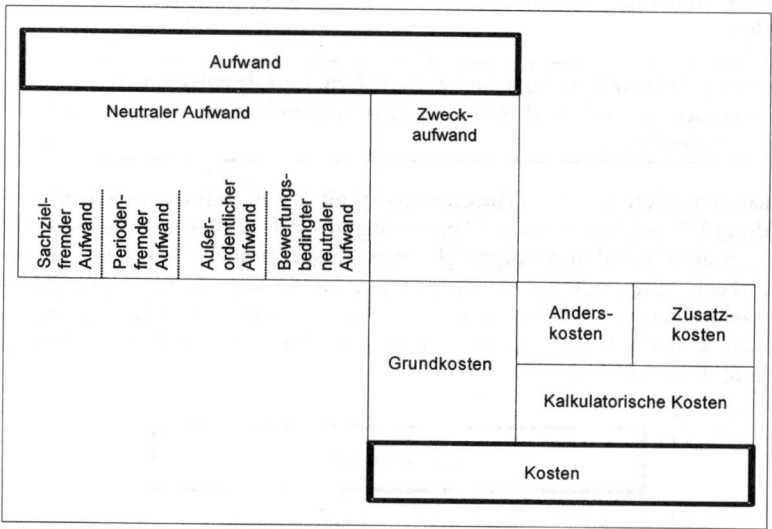

Abb. 1-8: *Abgrenzung von Aufwand und Kosten der Periode*

---

[14] Wenn man die Abb. 1-7 entsprechende Darstellung auf die sachliche *und* zeitliche Abgrenzung bezieht, enthält sie auch einen Kasten für Aufwand, der auf Auszahlungen einer früheren oder späteren Periode zurückgeht. Vgl. WÖHE, G. (Betriebswirtschaftslehre), S. 826 ff.

[15] Bei dem Begriff 'kalkulatorische Kosten' handelt es sich eigentlich, wie KOSIOL mit Recht feststellt, um einen Pleonasmus, da Kosten ihrem Wesen nach stets kalkulatorisch sind. Dieser Begriff hat sich aber mittlerweile in der Kostenrechnung durchgesetzt. Vgl. KOSIOL, E. (Kalkulatorische Buchhaltung), S. 94.

A. Die KER als Informationsgenerator

Dabei können verschiedene Arten des neutralen Aufwands unterschieden werden[16]:

(1) **Sachzielfremder Aufwand**: Sachzielfremder Aufwand dient nicht dem Erreichen des betrieblichen Sachziels (des Hauptzwecks), sondern einem Nebenzweck. Dazu gehören z.B. Spenden, Aufwendungen für betriebliche Sportanlagen und Aufwendungen für nicht dem Sachziel der Unternehmung dienende Spekulationsgeschäfte.

(2) **Periodenfremder Aufwand**: Nur die Leistungserstellung der betrachteten Periode verursacht Kosten. Periodenfremde Aufwendungen, wie z.B. Gewerbesteuernachzahlungen für vergangene Perioden, fallen in einer anderen (späteren) Periode an als der Güterverzehr und bewirken somit keine Kosten.

(3) **Außerordentlicher Aufwand**: Unter außerordentlichem Aufwand versteht man einen Güterverbrauch, der im Rahmen der **üblichen** betrieblichen Tätigkeit nicht zu erwarten ist. Beispiele hierfür sind Brand-, Wasser-, Unwetter- und Diebstahlschäden. Eine Erfassung des außerordentlichen Güterverbrauchs in der Kostenrechnung würde im Zeitablauf zu stark schwankenden Kostenwerten führen. Aus diesem Grund wird der außerordentliche Aufwand zum neutralen Aufwand gerechnet.

(4) **Bewertungsbedingter neutraler Aufwand**: Bewertungsbedingter neutraler Aufwand ergibt sich aus einer selbständigen, für Zwecke der Kostenrechnung vorgenommenen Bewertung des Güterverbrauchs. Ist die pagatorische Bewertung anders als die kalkulatorische, so wird der Betrag als neutraler Aufwand gebucht. Ein bewertungsbedingter neutraler Aufwand entsteht beispielsweise durch die unterschiedliche Bewertung der Materialverbräuche (zu Einstands-, Tages- oder Festpreisen) oder durch verschiedene Wertansätze der bilanziellen und kalkulatorischen Abschreibung (Anschaffungs- oder Wiederbeschaffungspreise).

Unter **kalkulatorischen Kosten** versteht man Kosten, denen entweder überhaupt kein Aufwand (Zusatzkosten) oder Aufwand in einer anderen Höhe (Anderskosten) gegenübersteht. **Zusatzkosten** stellen einen Güterverbrauch dar, der nur in der Kostenrechnung erfasst wird. Beispiele für Zusatzkosten sind:

- kalkulatorische (Unternehmer)Löhne (Entgelte für die Mitarbeit des Inhabers sowie unbezahlter Familienmitglieder)
- kalkulatorische Mieten (Mietwert der betrieblich genutzten privaten Räume)
- kalkulatorische Eigenkapitalzinsen (Zinsen für das in der Unternehmung eingesetzte Eigenkapital)

Neben diesen Zusatzkosten, die mit keinen Auszahlungen bzw. Aufwendungen verbunden sind, gibt es noch eine weitere Gruppe von Kosten, der Aufwendungen in anderer Höhe gegenüberstehen. Diese Kosten werden als

---

[16] Vgl. KOSIOL, E. (Kosten- und Leistungsrechnung), S. 113 ff.; KLOOCK, J./SIEBEN, G./ SCHILDBACH, T. (Kostenrechnung^7), S. 34 ff.

Anderskosten bezeichnet[17]. Sie ergeben sich aufgrund abweichender Bewertung des Güterverbrauchs in der pagatorischen und kalkulatorischen Rechnung. Damit stellen sie das Gegenstück zum bewertungsbedingten neutralen Aufwand dar. Übersteigt beispielsweise die kalkulatorische Abschreibung die pagatorische Abschreibung, so sind die Kosten größer als der Aufwand und stellen Anderskosten dar.

In Abbildung 1-9 wird die sachliche Abgrenzung der drei Rechnungsgrößen Auszahlungen, Aufwand und Kosten dargestellt. Das Schema verdeutlicht, wie diese Maßausdrücke zusammenhängen[18].

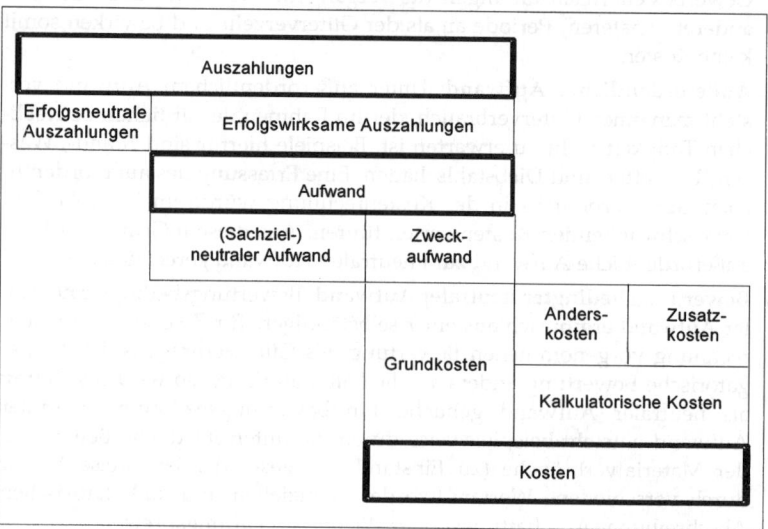

Abb. 1-9: Abgrenzung von Auszahlungen, Aufwand und Kosten der Periode

3. Gegenstand und Grundbegriffe der Erlösrechnung

a) Kennzeichnung des Erlösbegriffs

Die betriebliche Erlösrechnung stellt ebenso wie die Kostenrechnung als Informationsgenerator ein institutionalisiertes Informationsinstrument der Unternehmung(sführung) dar.

> Die **Erlösrechnung** hat die Aufgabe, die Höhe der faktisch angefallenen bzw. geplanten sachzielbezogenen bewerteten Güterentstehung festzustellen. Sie ist somit als Gegenstück zur inputorientierten Kostenrechnung outputorientiert konzipiert.

---

[17] Vgl. KOSIOL, E. (Kosten- und Leistungsrechnung), S. 118 ff.
[18] Eine derartige Zusammenfassung in einem Schaubild ist nur möglich, weil sich die Abgrenzung zwischen Auszahlungen und Aufwand auf die sachlichen Unterschiede beschränkt.

A. Die KER als Informationsgenerator

In Wissenschaft und Praxis wird statt dessen häufig von Leistungsrechnung und von Leistungen gesprochen. Das Wort „Leistungen" wird aber in sehr unterschiedlichen Bedeutungen gebraucht, z. B. im Sinne von physikalischen Leistungen oder von Dienstleistungen. Um missverständliche Interpretationen zu vermeiden und die Vielfalt der Leistungsbegriffe zu mindern, erscheint es zweckmäßig, nur dann von Leistungen zu sprechen, wenn mengenmäßige Sachverhalte (wie Verbrauch von Potentialleistungen, Leistungsgradschätzung u.a.) gemeint sind und in allen Fällen, in denen die Güterentstehungen mit Preisen bewertet werden, das Wort Erlös (Stückerlöse, Periodenerlöse, Umsatzerlöse usw.) zu verwenden.

Betriebliche Entscheidungen bauen häufig auf Erlösgrößen auf, so dass die Erlösrechnung als wichtiges Führungsinstrument anzusehen ist. Ebenso wie die Kostenrechnung ist auch die Erlösrechnung eine **kalkulatorische Rechnung**. Sie ist unmittelbar auf die Güterentstehung gerichtet und kann sich bei der Feststellung der Höhe betrieblicher Erlöse von den Zahlungsvorgängen lösen, welche den tatsächlichen Güterbewegungen entsprechen.

> Erlöse und Kosten stellen (kalkulatorische) Erfolgskomponenten dar. Der **kalkulatorische Erfolg** ergibt sich als Differenz zwischen Erlösen und Kosten.

Die betrieblichen Erlöse geben die Entstehungsgröße der kalkulatorischen Erfolgsrechnung wieder.

Wie der Kostenbegriff muss auch der **Erlösbegriff** die Merkmale

(1) mengenmäßige Entstehung von Gütern,
(2) Sachzielbezogenheit der Güterentstehung und
(3) Bewertung der Güterentstehung

tragen. In der mengenmäßigen **Güterentstehung** der Erlöse ist das Gegenstück zum mengenmäßigen Güterverbrauch der Kosten zu sehen. Das Merkmal **Sachzielbezogenheit** dient zur Abgrenzung der erlöswirksamen von der erlösneutralen Güterentstehung. Die **Bewertung** der sachzielbezogenen Güterentstehung ermöglicht die Rechenbarkeit der heterogenen Güterausbringungen und die Feststellung der Erlöshöhe.

> **Erlös** lässt sich demnach allgemein als bewertete, sachzielbezogene Güterentstehung einer Abrechnungsperiode definieren.

Zwischen Erlösen und Kosten besteht der in Abbildung 1-10 dargestellte Zusammenhang.

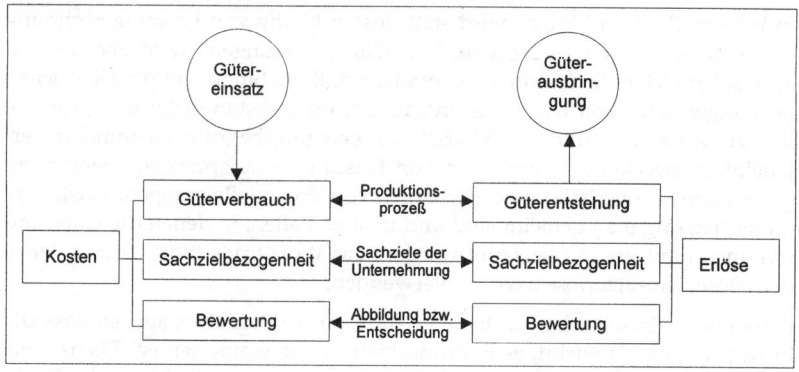

Abb. 1-10: *Zusammenhang von Kosten und Erlösen*

Analyse der Güterentstehung

Die Analyse des Merkmals **mengenmäßige Güterentstehung** dient zur Klärung von vier Problemkreisen:
(1) Kennzeichnung der Güterentstehung,
(2) Umfang der Güterentstehung,
(3) Aufzeigen der Entstehungsursachen,
(4) Messung bzw. Schätzung der produzierten Gütermengen.

> **Güterentstehung** bedeutet, dass mit Hilfe der eingesetzten (verbrauchten) Güter neue Güter hervorgebracht werden. Diese Wertschöpfung durch Kombination und Transformation von Einsatzgütern führt zur Erstellung von werthaften Ausbringungsgütern.

Die produzierten Ausbringungsgüter sind marktlich (Absatzgüter) bzw. innerbetrieblich (Wiedereinsatzgüter) verwertbar. Der allgemeine Erlösbegriff ist nicht auf die Entstehung bestimmter Güter beschränkt. Die Mengenkomponente der Erlöse kann sich aus produzierten Sachmitteln, Stoffen, Leistungsabgaben von Menschen und Sachmitteln, Informationen, Ansprüchen auf derartige Realgüter sowie aus Nominalgütern und Ansprüchen auf Nominalgüter zusammensetzen. Bei der Abgrenzung der betrieblichen Erlöse sind deshalb sämtliche realen und nominalen Wirtschaftsgüter zu berücksichtigen.

Nach den Entstehungsursachen kann zwischen **gewollter** und **ungewollter** (erzwungener) **Güterentstehung** unterschieden werden. Bei der nicht gewollten Güterentstehung kann man zwischen einer technisch-ökonomisch bedingten (z.B. Abfallprodukte aus Kuppelprozessen) und einer staatlich-politisch bedingten Güterentstehung (z.B. Subventionen) unterscheiden.

A. Die KER als Informationsgenerator

Sachzielbezogenheit der Güterentstehung

In Unternehmungen wird nicht jede Güterentstehung als erlöswirksam angesehen. Als adäquates Merkmal für die Abgrenzung der erlöswirksamen Güterentstehung von der erlösneutralen wird das Merkmal der **Sachzielbezogenheit** angesehen.

> Mit **Sachzielbezogenheit der Güterentstehung** ist gemeint, dass die hervorgebrachten bzw. geplanten Ausbringungsgüter Realisationen des Sachziels der Unternehmung darstellen und damit dem Unternehmungszweck entsprechen.

Bewertung der Güterentstehung

Erlösbewertung lässt sich als Zuordnung eines Preises zur sachzielbezogenen Güterentstehung definieren. Der Erlös ergibt sich demnach als Produkt aus Gütermenge und Güterpreis.

Die Preiszuordnung zu den hervorgebrachten Gütermengen stellt eine Abbildung in Geld dar. Durch sie wird unabhängig vom gewählten Wertansatz eine Rechenbarkeit der dimensionsverschiedenen Güterentstehungen gewährleistet. Für die Erlösbewertung steht analog zur Kostenbewertung eine Reihe von Preisen zur Auswahl. Sie sind in Abbildung 1-11 überblicksweise aufgeführt.

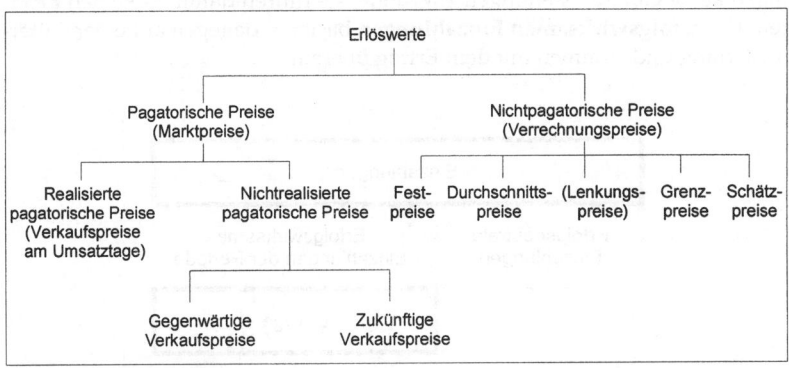

Abb. 1-11: Arten von Erlöswerten

Bei **pagatorischen** Preisansätzen zielt die Bestimmung der Erlöshöhe auf die Abbildung empirischer Gegebenheiten durch Messung bzw. Prognose ab. Daneben ist es vor allem bei innerbetrieblich erstellten und wiedereinzusetzenden Gütern üblich, sie mit anderen als Verkaufspreisen zu bewerten. Durch eine derartige Zuordnung von Verrechnungspreisen z.B. aus den von ihnen verursachten Kosten gelangt man zu **kalkulatorischen Erlösen**.

b) Abgrenzung von Einzahlungen, Erträgen und Erlösen

Die Rechnungsgrößen Einzahlungen, Erträge und Erlöse hängen eng zusammen. Zwischen diesen Erfolgskomponenten wirtschaftlichen Handelns liegt ein analoges Verhältnis vor wie zwischen Auszahlungen, Aufwand und Kosten.

> **Einzahlungen** sind die an eine Unternehmung von Personen, Personengruppen und Institutionen gezahlten Geldbeträge[19].

Einzahlungen liegen stets Geldbewegungen zugrunde, so dass sie einen pagatorischen Begriff darstellen.

Der **Ertragsbegriff** baut auf dem Einzahlungsbegriff auf.

> Der **Ertrag** ist die erfolgswirksame Güterentstehung einer Periode, die mit Einzahlungen verbunden ist.

Die Bewertung der Ertragsmengen erfolgt zu Absatzeinzahlungen. Damit ist der Ertrag wertmäßig eindeutig bestimmt. Er besitzt ebenfalls pagatorischen Charakter. Ertrag setzt gezahlte oder zahlbare Einzahlungen voraus; daher kann kein Ertrag entstehen, der nicht zu Einzahlungen führt oder geführt hat. Jede Einzahlung, soweit sie auf einer Güterentstehung beruht, stellt Ertrag dar. Sachliche Unterschiede zwischen **Ertrag** und **Einzahlungen** sind allein auf die Erfolgswirksamkeit zurückzuführen. Beim Ertrag muss eine Güterentstehung vorliegen. **Erfolgsneutralen (wechselbezüglichen) Einzahlungen** (Abbildung 1-12) wie z.B. der Einlage von Eigen- oder Fremdkapital liegen keine Güterentstehungen zugrunde, sie führen damit zu keinen Erträgen. Die **erfolgswirksamen Einzahlungen** basieren dagegen auf einer Güterentstehung und stimmen mit dem Ertrag überein.

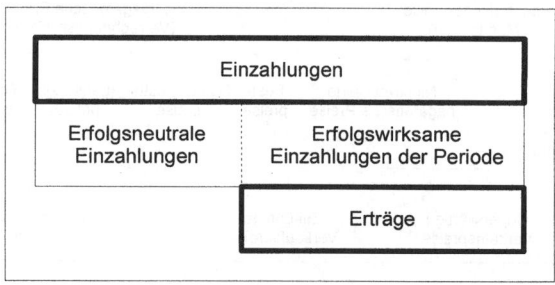

Abb. 1-12: Abgrenzung von Einzahlungen und Erträgen

Ertrag und Einzahlungen können sich darüber hinaus in ihrem **Entstehungszeitpunkt** unterscheiden, da ertragswirksame Güterentstehung und zugehörige Einzahlung in verschiedenen Rechnungsperioden liegen können. Der Ertrag kann in diesem Falle den Einzahlungen vorausgehen oder ihnen folgen. Umgekehrt können die Einzahlungen zeitlich vor oder nach dem Ertrag

---

[19] Vgl. KOSIOL, E. (Einnahmen), Sp. 1579; SCHWEITZER, M. (Bilanz), S. 68.

anfallen[20]. Unter zeitlichen Gesichtspunkten können Erträge als periodisierte erfolgswirksame Einzahlungen gekennzeichnet werden.

Ist der Ertrag größer als der Erlös, spricht man von einem **neutralen Ertrag**. Übersteigt der Erlös den Ertrag, liegt ein **kalkulatorischer Erlös** vor, der sich in **Anderserlös** und **Zusatzerlös** untergliedert. Der übereinstimmende Teil von Erlös und Ertrag kann in Analogie zur Terminologie bei Kosten und Aufwand als **Grunderlös** bzw. **Zweckertrag** bezeichnet werden. Den aufgezeigten Zusammenhang verdeutlicht Abbildung 1-13.

Der **neutrale Ertrag** geht nicht in die Kosten- und Erlösrechnung der Unternehmung ein und setzt sich – analog zum neutralen Aufwand – aus folgenden Arten zusammen:

1. Dem **sachzielfremden Ertrag** stehen keine Erlöse gegenüber, die aus dem betrieblichen Produktionsprozess hervorgehen. Dieser Ertrag entsteht nicht aus der Verfolgung des betrieblichen Sachziels, sondern eines Nebenzwecks(-ziels). Beispiele dafür sind Mieterträge, Erträge aus Veräußerungen von Wertpapieren sowie Bucherträge aus Sanierungen oder Verschmelzungen.

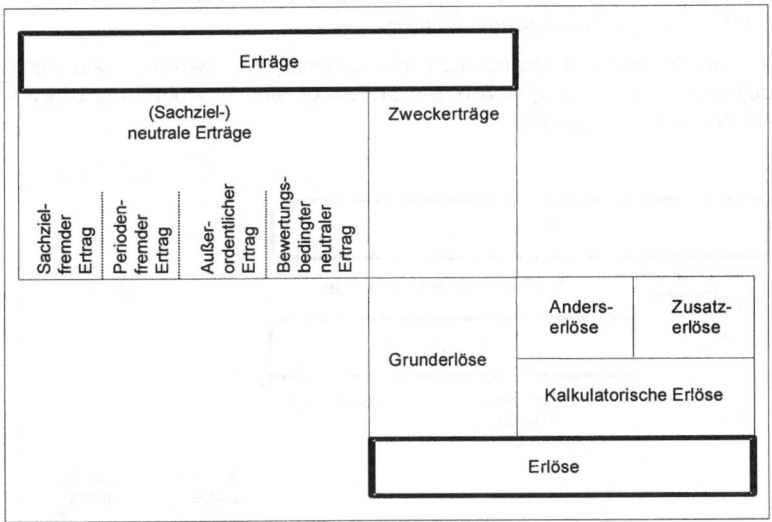

Abb. 1-13: *Abgrenzung von Erträgen und Erlösen der Periode*

2. **Periodenfremde Erträge** ergeben sich aufgrund von Erlösen anderer Perioden (z.B. Gewerbesteuererstattungen) und werden daher als neutrale Erträge aufgefasst.

---

[20] Während alle Erträge sachlich auf Einzahlungen zurückzuführen sind, führt eine Berücksichtigung der zeitlichen Periodenzuordnung zu Erträgen, die keine Einzahlungen derselben Periode darstellen, sondern einer früheren oder späteren Periode zugehören.

3. Zu den **außerordentlichen Erträgen** zählen erfolgswirksame Güterentstehungen, die im Rahmen der **üblichen** betrieblichen Tätigkeit nicht zu erwarten sind. Beispielsweise gehören dazu Eingänge auf bereits abgeschriebene Forderungen oder Erträge aus Anlageverkäufen.
4. **Bewertungsbedingte neutrale Erträge** entstehen aufgrund von Differenzen zwischen pagatorischen und kalkulatorischen Wertansätzen. Übersteigt bei Güterentstehungen die pagatorische Bewertung beispielsweise bei eigengefertigten Vorräten oder Anlagen infolge der handelsrechtlichen Bewertungsvorschriften die kalkulatorische Bewertung, so wird sie als neutraler Ertrag gebucht.

Den **Anderserlösen** stehen Erträge in anderer Höhe gegenüber (vgl. Anderskosten). Hierzu zählen z.b. selbsterstellte und verkaufte Patente, deren Erstellung unregelmäßig anfällt, oder fertige und unfertige Produkte, die auf Lager liegen[21].

Zusatzerlöse sind dadurch gekennzeichnet, dass ihnen überhaupt keine Erträge gegenüberstehen. Man spricht daher auch von ertragslosen Erlösen, welche die Grunderlöse ergänzen[22]. Als Beispiel lassen sich selbsterstellte Patente anführen, die in der Unternehmung genutzt, aber in der pagatorischen Rechnung nicht angesetzt werden.

Die analysierten Gemeinsamkeiten und Unterschiede zwischen den Rechnungsgrößen Einzahlungen, Ertrag und Erlösen sind in Abbildung 1-14 zusammenfassend dargestellt.

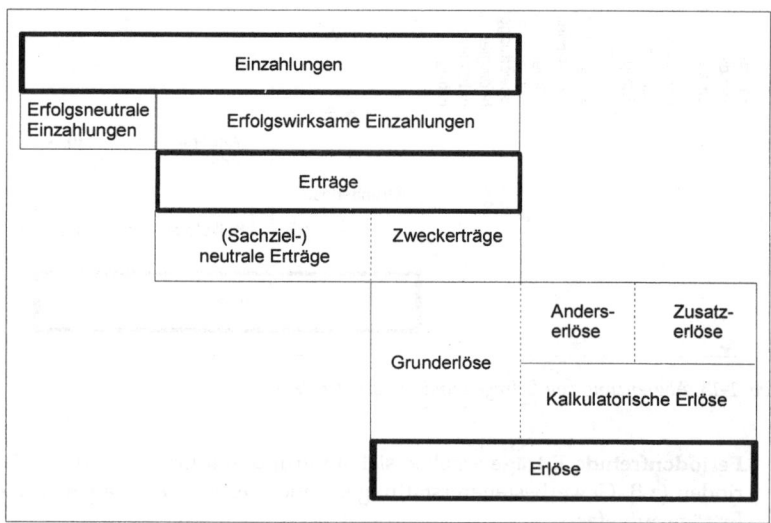

Abb. 1-14: *Abgrenzung von Einzahlungen, Erträgen und Erlösen der Periode*

---

21 Vgl. KLOOCK, J./SIEBEN, G./SCHILDBACH, T. (Kostenrechnung[7]), S. 43.
22 Vgl. KOSIOL, E. (Kosten- und Leistungsrechnung), S. 125.

III. Rechnungsziele der Kosten- und Erlösrechnung

1. Abbildung und Dokumentation

Mit der Kosten- und Erlösrechnung können unterschiedliche Rechnungsziele oder Rechnungszwecke verfolgt werden. Als wichtige **Rechnungsziele** lassen sich nennen:

(1) **Abbildung und Dokumentation** des Unternehmungsprozesses,
(2) **Planung und Steuerung** des Unternehmungsprozesses,
(3) **Kontrolle** des Unternehmungsprozesses,
(4) **Verhaltenssteuerung** von Entscheidungsträgern und Mitarbeitern im Unternehmungsprozess.

Nach dem Merkmal **Prozessvollzug** unterscheidet man zwischen realisiertem und geplantem Unternehmungsprozess. Ziel der Kostenrechnung kann sowohl eine (ausschnittweise) Abbildung des realisierten Unternehmungsprozesses (Nachrechnung) als auch eine (ausschnittweise) Abbildung der Erwartungen über den zukünftigen Unternehmungsprozess (Vorrechnung) sein. Ursprünglich war die Kostenrechnung als Nachrechnung konzipiert, während heute ihre Gestaltung als Vorrechnung im Vordergrund steht. In beiden Fällen dient die Abbildung des Unternehmungsprozesses durch die Kostenrechnung zunächst informativen und dokumentativen Zwecken.

> Das Kostenrechnungsziel 'Abbildung des **realisierten** Unternehmungsprozesses' verlangt die **Ermittlung** (Messung) der tatsächlich angefallenen (realisierten) Kosten (und Erlöse). Die tatsächlich entstandenen Kosten werden als **Istkosten** bezeichnet.

Die **Ermittlung** der realisierten Periodenkosten hat die Feststellung jener Kosten zum Gegenstand, welche bei der Erstellung und Verwertung des Produktionsprogramms der Rechnungsperiode entstanden sind. Sie vollzieht sich entsprechend Abbildung 1-15 in den beiden Phasen **Kostenerfassung** und **Kostenverteilung**. Bei der **Kostenerfassung** geht es um die Messung der in der Rechnungsperiode benötigten Kostengüter nach ihren tatsächlich verbrauchten Mengen und die Bestimmung ihrer Preise.

Die Ermittlung der für die Ausbringungsgüter (Kostenträger) angefallenen Kosten verlangt eine spezifische Verteilung der erfassten Kosten.

> Die **Kostenverteilung** (Kostenzurechnung, Kostenallokation, Kostenaufbereitung) ist eine Zuordnung der artmäßig erfassten Kostenbeträge auf Bezugsgrößen nach unterschiedlichen Prinzipien.

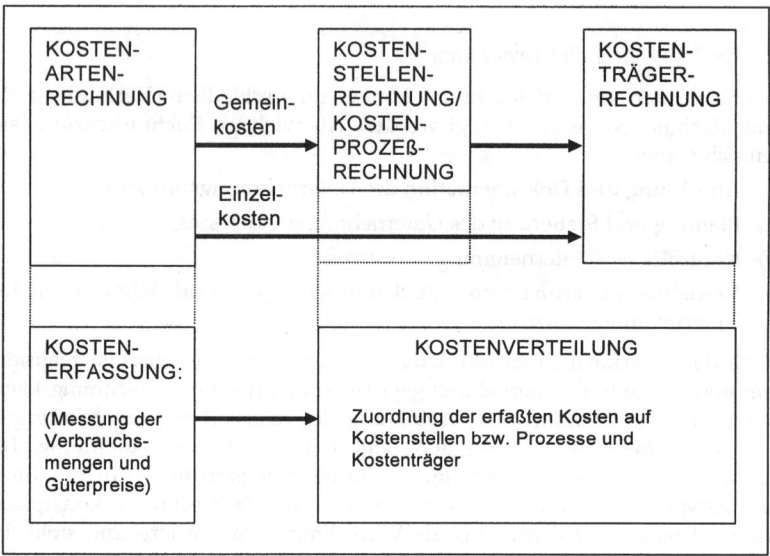

Abb. 1-15: *Schematische Darstellung der Kostenermittlung*

Bezugsgrößen der Kostenverteilung sind Kostenstellen als Orte der Kostenentstehung und Kostenträger(gruppen) bzw. Prozesse als kostenverursachende Größen (Kostenbestimmungsgrößen, Kosteneinflussgrößen). Als Kostenbezugsgrößen werden in der Kostenrechnung vorwiegend die Ausbringungsgüter betrachtet. Eine direkte Zurechenbarkeit der entstandenen Kosten auf die Kostenträger ist allerdings lediglich bei einem Teil der Kosten (den Kostenträgereinzelkosten) möglich. Der andere Teil der Kosten (die Kostenträgergemeinkosten) wird dagegen den Kostenträgern über die Stellen oder Prozesse ganz (Vollkostenrechnung) oder teilweise (Teilkostenrechnung) zugerechnet.

Die **Ermittlung** der tatsächlich angefallenen Kosten erfüllt primär die Funktion der Unterrichtung über den realisierten Güterverbrauch. Die ermittelten Kostenzahlen können aber auch als Basis für die Prognose zukünftiger Kosten dienen sowie zur Planung sowie Steuerung von Unternehmungsprozessen und zur Verhaltensbeeinflussung von Mitarbeitern herangezogen werden. Kostenermittlungen liefern spezifisches Wissen über getätigte Unternehmungsprozesse. Sie sind daher **Dokumentationen** wirtschaftlichen Geschehens und eignen sich zur Rechenschaftslegung.

2. Planung und Steuerung

a) Prognose zukünftiger Kosten und Erlöse

Während es bei der Ermittlung realisierter Kosten um die Messung (und Verteilung) der Kosten von bereits getätigten wirtschaftlichen Maßnahmen geht, kennzeichnet das Rechnungsziel **'Prognose zukünftiger Kosten'** die Vorausberechnung bzw. Schätzung der für zukünftige sachzielbezogene Güterentstehungen anfallenden Kosten. Um eine wissenschaftlich fundierte **Kostenprognose** vornehmen zu können, müssen

(1) die geltenden Gesetzmäßigkeiten (Kostenfunktionen) und
(2) die zukünftigen Ausprägungen der Kostenbestimmungsgrößen (-einflussgrößen)

bekannt sein. Wenn diese beiden Bedingungen erfüllt sind, lässt sich eine Prognose der Kosten durchführen, welche für die Produktion der nach Art und Menge festgelegten Ausbringungsgüter in der Zukunft entstehen werden.

Für eine Kostenprognose muss einmal ein **Wissen** darüber vorhanden sein, welche gesetzmäßigen Beziehungen zwischen der Höhe der Kosten und den sie bestimmenden Größen in einer Unternehmung bestehen. **Funktionen**, die solche Gesetzmäßigkeiten (Regelmäßigkeiten) abbilden, nennt man **Kostenfunktionen**[23]. Sie geben an, von welchen Einflussgrößen die Kosten abhängig sind und wie deren Ausprägung die Kostenhöhe bestimmt. Die in der Kostenrechnung unterstellten Kostenfunktionen enthalten in erster Linie die Ausbringungsgüter als Kosteneinflussgrößen. Derartige Kostenfunktionen informieren dann über die periodische Kostenhöhe in Abhängigkeit von der Art und Menge der Ausbringungsgüter (Kostenträger). Des weiteren muss für eine Kostenprognose bekannt sein, welche Ausprägung die **Kostenbestimmungsgrößen (-einflussgrößen)** in der Zukunft besitzen werden. Geht man vom Produktionsprogramm als alleiniger Kostenbestimmungsgröße aus, dann verlangt eine Kostenprognose die Kenntnis der Arten und Mengen der zu produzierenden Güter. Beispielsweise kann für eine Einproduktunternehmung die **Kostenfunktion** $K = 30.000 + 250 \cdot x$ gelten, wobei x die jeweilige Ausbringungsmenge angibt. Ist z.B. eine Ausbringungsmenge von 200 Einheiten $(x_1 = 200)$ geplant, so kann die Kostenprognose entsprechend Abbildung 1-16 durch Einsetzen dieser Angabe in die Kostenfunktion durchgeführt werden.

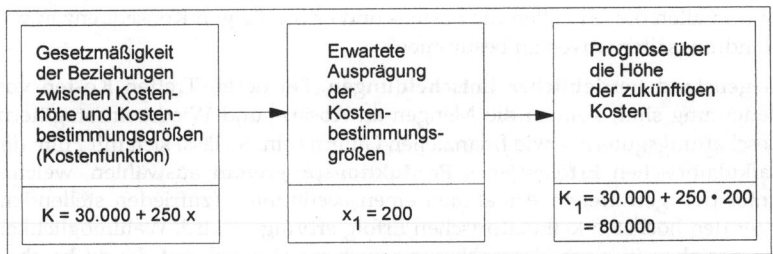

Abb. 1-16: Schematische Darstellung einer Kostenprognose

---

[23] Vgl. GUTENBERG, E. (Produktion), S. 327 ff. und SCHWEITZER, M./KÜPPER, H.-U. (Produktionstheorie), S. 220 ff.

Die komplexe Struktur des Produktionsprozesses lässt erwarten, dass eine **(totale) Kostenfunktion** für die gesamte Unternehmung kaum aufgestellt werden kann, sondern eine Reihe von **(partiellen) Kostenfunktionen** für Teilprozesse zu formulieren ist.

Mit der **Kostenprognose** verfügt man z.B. über das Wissen, welche Kosten für die Produktion der erwarteten Ausbringungsgüter anfallen werden. Hält man mehrere alternative Produktionsprogramme für realisierbar, dann sind für jedes mögliche Produktionsprogramm die Kosten zu prognostizieren. Jede Kostenprognose stellt eine in Kostengrößen angegebene Wirkung eines realisierbaren Produktionsprogramms dar. Die prognostizierten Kostenbeträge eignen sich daher für die Lösung von Entscheidungsproblemen, welche bei der Planung und bei der Steuerung der Planrealisationen auftreten, da sie als Konsequenzen betrieblicher Handlungen in ein Entscheidungsmodell eingehen können. Ferner können die erwarteten Kostenbeträge für Kontrollzwecke herangezogen werden.

b) Verwendung von Prognoseinformationen zur Planung und Steuerung von Unternehmungsprozessen

Durch die **Planung** und **Steuerung** wird eine Gestaltung (Lenkung) des Unternehmungsprozesses vorgenommen. Sie bereitet den Unternehmungsprozess vor und ist durch eine Zukunftsbezogenheit charakterisiert. Die Steuerung der Planrealisation betrifft den konkreten Vollzug des geplanten Unternehmungsprozesses. Häufig können jedoch nicht alle für die Planung der Planrealisation bedeutsamen Tatbestände durch Kostengrößen erfasst und abgebildet werden, so dass neben Kosteninformationen weitere Informationen erforderlich sind.

Kosten- und Erlösgrößen sind für eine Vielzahl betrieblicher Gestaltungs- oder Entscheidungsprobleme von Bedeutung, da sie häufig ein wesentliches Element der betrieblichen **Zielvorstellung** bilden. Für die Kosten- und Erlösrechnung bedeutet dies, dass mit Hilfe von Informationen über Kosten und Erlöse wirtschaftlicher Maßnahmen eine zielgerichtete Bereitstellung und Verwendung wirtschaftlicher Güter vorgenommen werden soll. Deshalb sind in allen diesen Fällen die kosten- und erlösmäßigen Konsequenzen von Handlungsalternativen zu bestimmen.

Gegenstand betrieblicher Entscheidungen, bei deren Treffen Kosten von Bedeutung sind, können die Mengen an Absatz- und Wiedereinsatzgütern, Beschaffungsgütern sowie finanziellen Gütern sein. So lässt sich mit Hilfe des kalkulatorischen Erfolgs jenes **Produktionsprogramm** auswählen, welches unter den getroffenen Annahmen einen bestimmten (zufrieden stellenden) oder den höchsten kalkulatorischen Erfolg erbringen wird. Wahlmöglichkeiten bestehen in einer Unternehmung auch im Hinblick auf die zu beschaffenden und einzusetzenden Güter, also das art- und mengenmäßige **Beschaffungsprogramm**. Zu dessen Bestimmung sind ebenfalls Informationen über Kosten erforderlich.

Auch die **Finanzierungsprogramme** zeigen unterschiedliche Wirkungen, welche sich durch Kosten- und Erlöszahlen abbilden lassen. Aufgrund dieser

A. Die KER als Informationsgenerator

Kosteninformationen kann jenes Finanzierungsprogramm unter den zulässigen bestimmt werden, welches zu den geringsten Kosten führt bzw. über einen bestimmten Kostenbetrag nicht hinausgeht.

Außer den aufgeführten allgemeinen Problemen der Produktion, Beschaffung und Finanzierung können mit Hilfe von Kosteninformationen auch speziellere Probleme einer Lösung zugeführt werden, die im Unternehmungsprozess auftreten können. So lassen sich beispielsweise **optimale Bestellmengen** und **Fertigungslosgrößen** festlegen. Bei der **Verfahrensplanung** geht es um die Beurteilung der Vorteilhaftigkeit von Produktionsverfahren, welche auf der Grundlage von Kosten- und ggf. Erfolgsgrößen durchzuführen ist. Weitere Probleme sind die Wahl zwischen **Eigenfertigung** oder **Fremdbezug** von Zwischenprodukten (Fertigungstiefe), der Verkauf von Zwischenprodukten und die **Annahme** oder **Ablehnung von (Zusatz-)Aufträgen**.

Mit Hilfe von Kosteninformationen können des weiteren zielorientierte **Festlegungen von Güterpreisen** (Preiskalkulation) getroffen werden[24]. Dabei lassen sich die in der stückbezogenen Kostenrechnung berechneten Kostengrößen zur Bestimmung, Beurteilung oder zur Begrenzung von Preisen heranziehen. Sie haben **preisbestimmenden Charakter**, wenn der Verkaufspreis von Absatzgütern auf der Grundlage der entstandenen Stückkosten (Selbstkosten) und ggf. eines Gewinnzuschlages festgelegt wird. Dies kann einmal dort geschehen, wo eine Preisbildung nicht aufgrund von Angebot und Nachfrage zustande kommt, sondern der Abnehmer den Preis hinnimmt. Daneben erfolgt eine kostenorientierte Preisfestlegung auch bei Produkten, für die noch keine Marktpreise existieren und die Vertragspartner Kostendeckung und ggf. einen angemessenen Gewinnzuschlag (cost plus fee) vereinbaren. Dies betrifft vor allem **öffentliche Aufträge**, wenn keine Ausschreibung vorgenommen wird. In Marktwirtschaften kommt jedoch der Preis in der Regel durch das im Markt wirksame Angebot und die wirksame Nachfrage zustande. Der Abnehmer kann dann auf die Preisgestaltung Einfluss nehmen. Eine kostenorientierte Preisbildung findet hier nur teilweise statt.

Stückkosten besitzen einen **preisbegrenzenden Charakter**, wenn die Unternehmung ihre Entscheidungen über wirtschaftliche Sachverhalte an Kostengrößen orientiert. Das kann beim Absatz und beim Erwerb von Gütern der Fall sein. Beim Güterabsatz informiert die aufgrund von Kostengrößen festgelegte **Preisuntergrenze** darüber, welche Absatzpreise aus Kostengründen nicht unterschritten werden dürfen. Im Einzelfall ist zu prüfen, auf welche Kostenbestandteile verzichtet werden kann. Entsprechend den Preisuntergrenzen für Absatzgüter können **Preisobergrenzen** für Beschaffungsgüter aufgrund von Stückkostenangaben gebildet werden. Diese legen jene Grenzen fest, welche bei der Beschaffung von Einsatzgütern aus Kostengründen

---

[24] Vgl. SCHMALENBACH, E. (Kostenrechnung), S. 21 und S. 462 ff.; HENZEL, F. (Kostenrechnung), S. 13 ff.; KOSIOL, E. (Kalkulation), S. 66 ff.; RIEBEL, P. (Einzelkostenrechnung), S. 190 ff.

nicht überschritten werden dürfen. Preisobergrenzen sind durch retrograde Rechnungen zu ermitteln.

Die Kostenrechnung kann ferner eine **interne Preiskalkulation** im Rahmen der **innerbetrieblichen Leistungsverrechnung** in der Kostenstellenrechnung vornehmen. Rechnungsziel kann dabei einmal die Abrechnung zwischen einzelnen Unternehmungsteilen sein. Zum anderen kann sie damit eine Steuerung der betrieblichen Entscheidungen über **Lenkungspreise** anstreben. Diese Art der Entscheidungskoordination nennt man **pretiale Lenkung**.

3. Verhaltenssteuerung

Die in Unternehmungen getroffenen Entscheidungen werden von Menschen umgesetzt. Auch wenn zur Durchführung der Prozesse Maschinen und technische Steuerungssysteme eingesetzt werden, ist für deren Vollzug letztlich immer das Handeln der sie bedienenden Personen maßgebend. Damit wird es notwendig, im Hinblick auf eine zielorientierte Umsetzung von Entscheidungen die zu **beeinflussenden Personen** in den Mittelpunkt der Betrachtung zu stellen. Bei dem im vorigen Abschnitt gekennzeichneten Rechnungsziel der Planung und Steuerung (im Sinne der Planrealisation) geht man üblicherweise von der Vorstellung eines einzigen Entscheidungsträgers aus, für dessen in den Phasen der Planung sowie der Durchsetzung, Kontrolle und Sicherung zu fällende Entscheidungen Informationen bereitzustellen sind. Dies beinhaltet, dass man eine einheitliche Zielvorstellung und eine Bereitschaft zur Umsetzung der jeweiligen Entscheidungen annimmt.

Mit dem Rechnungsziel der Verhaltenssteuerung hebt man diese Prämissen auf und lenkt den Blick darauf, dass in einer Unternehmung in der Regel eine größere Zahl von Personen mit individuellen Zielen und eigenem Informationsstand tätig ist. Dabei werden zwei Betrachtungsrichtungen wichtig. Zum einen kann man nicht ohne weiteres damit rechnen, dass die **Mitarbeiter**, welche getroffene Entscheidungen ausführen sollen, in dem vorgegebenen Sinn handeln. Deshalb ist zu untersuchen, inwieweit sich ihre Verhaltenseigenschaften auf die Durchführung der Planung auswirken und ob die Durchführung durch entsprechende Gestaltung der Kosten- und Erlösrechnung beeinflusst werden kann. Zum andern müssen zur Durchführung eines Planes vielfach auf meist untergeordneten Ebenen Entscheidungen von anderen **Entscheidungsträgern** getroffen werden. Damit werden deren Ziele und Informationen relevant.[25] Es ist daher zu untersuchen, ob abweichende **individuelle Ziele** und **Informationsstände** zu anderen Konzepten der Kosten- und Erlösrechnung als im Hinblick auf den Zweck einer Planung und Steuerung des Unternehmungsprozesses führen.

Die Entscheidungen sowie die bewussten und auch unbewussten Handlungen der in einer Unternehmung tätigen Personen sind u.a. von den Informationen abhängig, die sie wahrnehmen. Deshalb ist es möglich, Kosten- und Erlösrechnungen zur Verhaltenssteuerung zu nutzen. Besonders deutlich wird dieser Zweck mit **Vorgabeinformationen** verfolgt. Sie stellen Zielgrö-

---

[25] Vgl. hierzu auch CHRISTENSEN, P. O./FELTHAM, G. A. (Accounting b).

A. Die KER als Informationsgenerator

ßen dar, die der Ausführende erreichen soll. An ihnen soll er sein Verhalten ausrichten. Auch mit **Kontrollinformationen** wird vielfach eine Verhaltensbeeinflussung angestrebt. Schon die Information über angekündigte oder zu erwartende zufällige Kontrollen dient dazu, den Betreffenden zu einem plangemäßen Verhalten zu bewegen. Kontrollinformationen beispielsweise über die Höhe von Abweichungen oder deren Ursachen sollen ihn dazu anleiten, sein eigenes Handeln zu prüfen und bei künftigen Vollzügen zu besseren Ergebnissen im Sinne der Zielvorgaben zu kommen. Zusätzliche **Anreize** z.B. in Form von Prämien der Kostenersparnis stärken die Bereitschaft zu einem derartigen Verhalten. Bei der Vorgabe von Zielgrößen und der Ankündigung sowie Durchführung von Kontrollen ist der Zweck der Verhaltensbeeinflussung unmittelbar erkennbar.

Jedoch richtet sich das Handeln des einzelnen auch nach anderen, ihm **zugehenden Informationen**, die weder den Charakter von Vorgaben noch von Kontrollen haben. Beispielsweise können sein Wissen über verfügbare Ressourcen, die Ziele anderer Personen in oder außerhalb der Unternehmung, deren Erwartungen u.ä. für seine Entscheidungen und sein Handeln bestimmend sein. Deshalb kann man schon mit der Weitergabe entsprechender Daten versuchen, Verhaltenswirkungen auszulösen. Aufgrund dieser Wirkungen von Informationen auf das menschliche Verhalten können Kosten- und Erlösrechnungen auf das Rechnungsziel einer **Verhaltenssteuerung** ausgerichtet werden. Dazu werden jedoch Rechnungssysteme benötigt, mit denen die hierfür am besten geeigneten Informationen hergeleitet werden können. Diese Kosten- und Erlösinformationen müssen sich an den betroffenen Menschen und ihren Eigenschaften, also an ihren Verhaltensdeterminanten, Zielen und Informationen, orientieren. Die Grundlage für die Entwicklung und Beurteilung solcher Rechnungssysteme sind Kenntnisse oder zumindest Annahmen bzw. Vorstellungen über die verhaltensbestimmenden Merkmale und Zusammenhänge. Daher sind die **Motive** und **Ziele** der Personen zu analysieren und zu berücksichtigen, welche die Prozesse in der Unternehmung ausführen. Ferner ist zu untersuchen, von welchen weiteren Tatbeständen deren Verhalten abhängig sein kann und wie es mit Hilfe von Kosten- und Erlösinformationen beeinflussbar ist. Die Betrachtung kann sich dabei einmal auf Einzelpersonen und deren Reaktionen richten, zum andern auf das Zusammenwirken zwischen mehreren Personen. Dann rücken soziale Prozesse in Gruppen in den Mittelpunkt der Analyse.

In der **praktischen Ausgestaltung** sollen Kosten- und Erlösrechnungen sowohl der Planung und Steuerung der Planrealisation als auch der Verhaltenssteuerung dienen. Die Problemkreise der Bereitstellung von Informationen für Entscheidungen und der zu ihrer Umsetzung notwendigen Beeinflussung von Entscheidungsträgern bzw. Mitarbeitern sind eng miteinander verknüpft. Beispielsweise schließt die Prognose von Wirkungen der Alternativen einer Entscheidung Erwartungen über das Verhalten der sie ausführenden Mitarbeiter ein. Umgekehrt treffen die Entscheidungsträger der verschiedenen Hierarchieebenen einer Unternehmung Entscheidungen über sachlich abgrenzbare Tatbestände. Deren Ausprägung ist maßgebend für die Gestaltung einer der Steuerung ihres Verhaltens dienenden Rechnung. Deshalb sind die entsprechenden Rechnungszwecke und Rechnungssysteme nur in begrenztem Umfang gegeneinander abgrenzbar. Da man in der praktischen Ausgestaltung meist beide Zwecke erfüllen will, überschneiden sie sich häufig.

Dennoch erscheint für eine klare Analyse ihre Unterscheidung zweckmäßig, die jeweils die spezifischen Aspekte in den Vordergrund stellt. Der Rechnungszweck der **Planung und Steuerung** der Planrealisation ist darauf gerichtet, Informationen für die **Auswahl optimaler Handlungsalternativen** bereitzustellen. Er bezieht sich in erster Linie auf die Gestaltung von Real- und Nominalgüterprozessen. Man fragt danach, welche Wirkungen unterschiedliche Alternativen auf die verfolgte Zielgröße haben und wie sich die zieloptimale Alternative bestimmen lässt. Die in der Unternehmung tätigen Menschen werden dabei durch die von ihnen eingebrachten Tätigkeiten berücksichtigt. Gegenstand der Betrachtung sind die Wirkungen ihres Verhaltens auf den Gütervollzug, nicht dessen Bestimmungsgrößen.

Demgegenüber fragt man im Hinblick auf die **Verhaltenssteuerung**, wie Informationen gestaltet werden müssen, um Menschen mit **individuellen Zielen und Informationsständen** in geplanter Weise zu beeinflussen. Deren Handeln soll durch die Informationen in bestimmter Weise ausgerichtet werden. Die Auswahl der Informationen, mit denen sich das Verhalten am besten zielgerichtet steuern lässt, stellt selbst ein Entscheidungsproblem dar. Insoweit zeigt sich der enge Bezug zwischen Planung und Verhaltenssteuerung. Mit der Betonung der Verhaltensausrichtung wird aber ein eigenständiger Schwerpunkt gesetzt.

4. Kontrolle

Das Rechnungsziel der Kontrolle des Unternehmungsprozesses baut auf bereits festgestellten Kosten- sowie Erlöszahlen auf und nimmt deren Auswertung vor. Die Kontrolle ist eine Teilfunktion sowohl der Planung und Steuerung als auch der Verhaltenssteuerung[26], weil ihre Ergebnisse entweder der Entscheidungsfindung in der Planung oder der Entscheidungsdurchsetzung durch Verhaltenssteuerung dienen. Deshalb kann man fragen, ob sie ein eigenständiges Rechnungsziel bildet. Wegen des spezifischen Charakters von Kontrollen erscheint dies gerechtfertigt.

> Unter der **Kontrolle** (Überwachung) versteht man die Durchführung eines Vergleichs zwischen einer zu prüfenden und einer Normgröße.

Im Rahmen einer internen Erfolgsrechnung geht es bei ihr um den Vergleich von Kosten- und Erlösgrößen. Allgemein werden mehrere Arten des Vergleichs unterschieden:

(1) Zeitvergleich,
(2) Soll-Ist-Vergleich (Ergebniskontrolle),
(3) Betriebsvergleich.

---

[26] Vgl. Abb. 1-1, S. 4.

A. Die KER als Informationsgenerator

Neben diesen spielen noch drei besondere Vergleichsarten eine Rolle[27]:
(4) Soll-Wird-Vergleich (Planfortschrittskontrolle),
(5) Wird-Ist-Vergleich (Prämissenkontrolle),
(6) Wird-Wird-Vergleich (Prognosekontrolle).

Der **Zeitvergleich** und der **Soll-Ist-Vergleich** bilden die innerbetriebliche (interne) Kostenkontrolle. Sie dienen zur **Überwachung** der Kosten und damit der Wirtschaftlichkeit sowie zur Feststellung von Abweichungen zwischen Kostenzahlen. Voraussetzung hierfür ist allerdings, dass externe Einflüsse auf die Höhe der Kosten wie z.B. Preisschwankungen von Verbrauchsgütern ausgeschaltet werden. Die interne **Kontrolle** macht daher den Ansatz von Festpreisen als Kostenwerte erforderlich. Damit werden auch die verantwortlichen Instanzen bzw. Personen kostenmäßig überwacht und in ihrem Kostenverhalten beeinflusst.

Beim **Zeitvergleich** werden die Ausprägungen wirtschaftlicher Größen verschiedener Zeiträume bzw. Zeitpunkte gegenübergestellt. Zugrunde liegen periodenbezogene oder stückbezogene Istkosten (und ggf. -erlöse). Ihr Vergleich zeigt die Kostenentwicklung und gestattet eine Kostenüberwachung. Die Analyse der Kostenentwicklung kann es ermöglichen, auf geltende Kostenfunktionen zu schließen. Außerdem können festgestellte Abweichungen zwischen Istkostenzahlen bedingt Hinweise für Verbesserungen der Wirtschaftlichkeit des Unternehmungsprozesses liefern. Allerdings sind einer Steigerung der Wirtschaftlichkeit durch eine Istkostenkontrolle Grenzen gesetzt, da den herangezogenen Kostenbeträgen dieselben Unwirtschaftlichkeiten zugrunde liegen können. Diese sind durch den Vergleich nicht erkennbar[28].

Der **Soll-Ist-Vergleich** beruht auf einer Gegenüberstellung der für gleiche wirtschaftliche Sachverhalte festgestellten Soll- und Istkosten. Sollkosten sind die für eine Periode oder ein Stück vorausberechneten und vorgegebenen Kosten, während die Istkosten die dafür tatsächlich entstandenen Kosten zum Ausdruck bringen. Der Soll-Ist-Vergleich ermöglicht die Feststellung von Kostenabweichungen (Kostenüber- bzw. Kostenunterdeckungen). Die Kostenunterdeckungen, bei denen die Istkosten die Sollkosten übersteigen, weisen auf Unwirtschaftlichkeiten im Unternehmungsprozess hin. Durch Abweichungsanalysen können die Ursachen für die Kostenunter- (und -über) deckungen aufgezeigt werden. Damit werden betriebliche Schwachstellen sichtbar, durch deren Beseitigung eine Verbesserung der Wirtschaftlichkeit erreicht werden kann. Die interne Kostenkontrolle weist auch einen engen Bezug zur Kostenplanung auf, weil die Kostenüberwachungen und Abweichungsanalysen zur Verbesserung künftiger Kostenplanungen beitragen können, indem sie Fehler in der Kostenplanung aufzeigen[29].

Die **Wirksamkeit der internen Kostenkontrolle** hängt von verschiedenen Größen ab. So sind dafür u.a. die Genauigkeit der Kostenerfassung, die Auf-

---

[27] Vgl. die Kontrollarten in der Prognosekostenrechnung, Kapitel 3., Abschnitt B.I.4.b), S. 307 ff.
[28] Vgl. SCHMALENBACH, E. (Kostenrechnung), S. 438.
[29] Vgl. Abb. 1-1, S. 4.

gliederung des gesamten Abrechnungsbereichs Unternehmung in Kostenstellen bzw. Prozesse und die Art der Verteilung der erfassten Kosten auf Kostenstellen, Prozesse und Kostenträger maßgebend. Ferner wird die Effizienz auch von den Kontrollzeitspannen bestimmt. Je länger der Zeitraum ist, für den eine Kontrolle vorgenommen werden soll, um so weniger ist eine kurzfristige Anpassung durchführbar. Daher können durch einen Wechsel in den wirtschaftlichen Gegebenheiten bedingte ungünstige Kostenentwicklungen nicht frühzeitig erkannt und durch gestaltende Eingriffe behoben werden. Daraus resultiert die allgemein erhobene Forderung nach kurzen Abrechnungszeiträumen bzw. kurzfristigen Abschlüssen der Kostenrechnung.

Neben dem innerbetrieblichen Vergleich kann ein **Betriebsvergleich** vorgenommen werden. Der Kostenvergleich zwischen verschiedenen Betrieben ermöglicht gewisse Schlüsse auf eine Verbesserung der Kostensituation der eigenen Unternehmung, indem z.B. bei einem relativ ungünstigen Abschneiden zu anderen Unternehmungen nach Ursachen der ungünstigen Kostenlage und Maßnahmen zu deren Beseitigung gesucht wird. Eine neuere Form des allgemeinen Betriebsvergleichs ist das **Benchmarking**[30].

Der Betriebsvergleich wirft eine Reihe von Problemen auf. Sie resultieren aus der Verschiedenartigkeit der Produktionsprogramme und der Unterschiedlichkeit der Produktionsbedingungen bei den zu vergleichenden Unternehmungen. Diese Differenzen können einen sinnvollen Vergleich erschweren oder gar unmöglich machen. Des weiteren ergeben sich Schwierigkeiten wegen der beschränkten Einsichtnahme in das Kostengefüge anderer Unternehmungen.

5. Weitere Rechnungsziele

Neben den genannten Rechnungszielen Ermittlung, Planung und Steuerung, Verhaltenssteuerung sowie Kontrolle können mit der Kosten- und Erlösrechnung noch weitere Rechnungsziele verfolgt werden. Sie werden auch als sonstige Zwecke, Nebenzwecke oder Sonderzwecke der Kostenrechnung bezeichnet[31]. Dazu gehört einmal die **Bewertung von fertigen und halbfertigen (unfertigen) Erzeugnissen** sowie der eigenerstellten Anlagen, Maschinen etc. für Zwecke der Bilanzierung und Besteuerung. Die Normen des Handels- und Steuerrechts verlangen die jährliche Erstellung einer Handels- bzw. Steuerbilanz. In diese sind die aktivierungsfähigen und -pflichtigen Bestände an Vermögen und Schulden aufzunehmen. Dabei ergibt sich das Problem einer Bewertung der Bestände an fertigen und halbfertigen Erzeugnissen sowie der eigenerstellten Vermögensgegenstände. Diese Güter sind handelsrechtlich nach den §§ 252 - 256 HGB und steuerrechtlich nach § 6 EStG zu **Herstellungskosten** zu bewerten. Der handelsrechtliche Begriff der Herstellungskosten stimmt dabei nicht mit dem betriebswirtschaftlichen Begriff der Herstellkosten aus der Kalkulation überein.

---

[30] Vgl. CAMP, R.C. (Benchmarking); SCHNETTLER, A. (Betriebsvergleich), S. 18 ff.
[31] Vgl. SCHMALENBACH, E. (Kostenrechnung), S. 24; HENZEL, F. (Kostenrechnung), S. 15; MELLEROWICZ, K. (Kosten II, 1), S. 64.

A. Die KER als Informationsgenerator 37

Des weiteren kann die **Bestimmung von Entschädigungssummen** in Versicherungsfällen ein Rechnungsziel der Kostenrechnung darstellen[32]. Die Kostenrechnung hat hierbei Angaben darüber zu machen, welcher Schaden für das versicherte und eingetretene Risiko (z.b. Brand, Wassereinbruch, Diebstahl) entstanden ist.

IV. Kostenrechnung und Kostenmanagement

1. Beachtung der Perspektive des Kosten- und Erlösmanagements

Die Kosten- und Erlösrechnung ist eines der wichtigsten Informationsinstrumente von Unternehmungen. Als interne Rechnung ist sie darauf ausgerichtet, wertorientierte Informationen für die verschiedenen Rechnungszwecke und -ziele zur Verfügung zu stellen, die von einer Unternehmung und ihren unterschiedlichen Entscheidungsträgern verfolgt werden. Insofern ist sie ein **Informationsgenerator**.

Seit einiger Zeit wird sowohl unter theoretischen als auch unter praktischen Gesichtspunkten stärker betont, dass neben der Ermittlung und Planung von Kosten und Erlösen deren bewusste und systematische Beeinflussung und Gestaltung von zentraler Bedeutung ist. Schon früher wurde diese Aufgabe unter dem Begriff der **Kostenpolitik** gesehen. Als Kostenmanagement oder Kostenprozessmanagement ist sie jedoch wieder stärker in den Mittelpunkt des Interesses gerückt. Unternehmensintern werden daher Potentiale, Programme und Prozesse nicht nur unter Kosten- und Erlösgesichtspunkten geplant, sondern in ihrer Durchführung erfolgsorientiert gesteuert. Außerdem macht die stärkere Beachtung der **Verhaltenssteuerung** der Mitarbeiter deutlich, dass Kosten- und Erlösrechnungen nicht nur auf eine Abbildung und direkte oder indirekte Entscheidungsunterstützung gerichtet sind. Ihre zentrale Aufgabe liegt auch darin, Informationen für die Durchsetzung wirtschaftlicher Lösungen, d.h. für eine zielgerichtete Steuerung zu liefern. Damit tritt das **Kosten- und Erlös*management*** (**Erfolgsmanagement**) gegenüber der Kosten- und Erlös*rechnung* (Erfolgsrechnung) in den Vordergrund[33].

Dies zeigt sich in einer größeren Zahl von Veröffentlichungen[34], in denen die **Kostengestaltung** unter dem Begriff des Kostenmanagements behandelt wird. Dabei werden bekannte Ergebnisse der Produktions- und Kostentheorie aufgegriffen. Um Kosten zu verändern, muss man die wichtigsten Kosteneinflussgrößen und die funktionalen Abhängigkeiten kennen. Deshalb ist herauszuarbeiten, welche Größen oder "**Kostentreiber**" in den einzelnen Bereichen und Prozessen kostenbestimmend sind.

---

[32] Vgl. z.B. SCHMALENBACH, E. (Kostenrechnung), S. 24.
[33] Zur Abgrenzung des Kostenmanagements vgl. SCHWEITZER, M./FRIEDL, B. (Wettbewerbsstrategien), S. 453 ff.
[34] Vgl. insb. die Sammelbände von DELLMANN, K./FRANZ, K.-P. (Entwicklungen) sowie FRANZ, K.-P./KAJÜTER, P. (Kostenmanagement) und eine Vielzahl von Beiträgen beispielsweise in den Zeitschriften "Kostenrechnungspraxis" und "Controlling" , u.a. KNUST, P. (Target Costing); BROKEMPER, A. (Kostenmanagement); GRAßHOFF, J./GRÄFE, C. (Kostenmanagement) sowie RIEGLER, C. (Kostenmanagement).

Auf dieser Basis wird im Kostenmanagement der Schwerpunkt mehr als in der traditionellen Kostenrechnung auf das Aufdecken von Ansatzpunkten und auf die Entwicklung von Instrumenten zur Veränderung der Kosten gesetzt. Wie bei den Anpassungs- oder Variationsformen der betriebswirtschaftlichen Kostentheorie wird untersucht, in welchem Ausmaß die Kostenhöhe durch eine Variation der wesentlichen Bestimmungsgrößen verändert werden kann. Als maßgebliche Ansatzpunkte werden hierbei **Potentiale (Ressourcen), Programme und Prozesse** herausgestellt[35]. Jedoch konzentriert sich die Analyse weniger auf quantitative Zusammenhänge, sondern mehr auf qualitative Wirkungen. Zudem ist sie in stärkerem Maße auf konkrete Anwendungen und praktische Fälle gerichtet. Daraus folgt, dass sich das Erkenntnisinteresse zumindest teilweise von der Erfassung (regelmäßiger) empirischer Beziehungen auf die Entwicklung praktisch anwendbarer Verfahren zur **Kostenbeeinflussung** verlagert.

2. *Aufgaben und Instrumente des Kosten- und Erlösmanagements*

Während in der traditionellen Kostenrechnung die kurzfristige Beeinflussung von Kosten durch Beschäftigungsentscheidungen und die Steuerung sowie Kontrolle von Kostenstellen im Vordergrund steht, richtet sich das Kostenmanagement zusätzlich auf die **mittel- bis längerfristige Gestaltung von Kostenstrukturen**. Aus diesen unterschiedlichen Perspektiven lässt sich verstehen, warum sich die traditionelle Kostenrechnung so intensiv mit den variablen Kosten befasst hat und die darauf gerichteten Systeme der Teilkostenrechnung entwickelt worden sind. Dagegen lassen sich Kostenstrukturen und unter diesen insbesondere das Verhältnis zwischen variablen und fixen Kosten sowie die Zusammensetzung der Fixkosten meist nur auf mittlere bis längere Sicht verändern.

In der kurzfristigen Produktions- und Kostentheorie sowie in der Kostenrechnung geht man meist von einem gegebenen Potential an Arbeitskräften und Anlagen aus, mit deren Prozessen ein bestimmtes Produktionsprogramm hergestellt werden kann. Deshalb stehen beschäftigungsrelevante Entscheidungen im Mittelpunkt der Betrachtung, durch welche die Fixkosten nicht verändert werden. Diese Entscheidungen fallen in den Bereich der operativen Planung. Eine gleichzeitige Variation von Potential, Prozessen und Produkt(art)en erfolgt dagegen im Rahmen der taktischen und, soweit sie von grundsätzlicher Bedeutung ist, in der strategischen Planung. Dementsprechend dienen die Ansätze des Kostenmanagements eher diesen Planungsbereichen.

Die stärkere Beachtung der Gestaltungsaufgabe in Bezug auf die Kostenstrukturen hat dazu geführt, dass die Notwendigkeit eines **strategischen Kostenmanagements**[36] und die Entwicklung einer **strategischen oder strate-**

---

[35] Vgl. SEIDENSCHWARZ, W./HUBER, C./NIEMAND, S./RAUCH, M. (marktorientiertes Unternehmen), S. 136 ff.
[36] Vgl. FRÖHLING, O. (Kostenmanagement), S. 79 ff.; FRIEDL, B. (Kostenmanagement), S. 414.

A. Die KER als Informationsgenerator

georientierten Kosten bzw. Unternehmungsrechnung[37] betont werden. Dies erscheint problematisch, wenn damit die Nutzung der Kostenrechnung für strategische Zwecke verstanden wird[38].

Unter den erfolgszielorientierten Systemen der Unternehmungsrechnung bildet die Kostenrechnung das auf eine Periode und daher stärker kurzfristig ausgerichtete Teilsystem[39]. Für längerfristige und damit auch für strategische Entscheidungen und Planungen liefern die kapitaltheoretisch fundierten Verfahren der Investitionsrechnung problemkonformere Informationen. In ihnen verliert die Periodenabgrenzung zwischen Zahlungen und Kosten an Bedeutung, weil sie den zeitlichen Anfall der Zahlungen berücksichtigen und von mehrperiodigen Erfolgsgrößen ausgehen. Kostendaten und kostenrechnerische Ansätze wie die statischen Investitionsverfahren haben lediglich als Näherungen Bedeutung, sofern die Unternehmung über keine ausreichend genauen Informationen verfügt. Um zu aussagefähigen Informationssystemen für die strategische Planung zu gelangen, sollte man daher von den auf eine Mehrperiodenbetrachtung gerichteten **kapitaltheoretischen Konzepten** ausgehen und nicht umgekehrt versuchen, stark vereinfachte und kurzfristig orientierte kostenrechnerische Ansätze auf längerfristige Probleme zu übertragen. Die Vorgehensweise muss so gestaltet sein, dass die für die übergeordnete strategische Perspektive geltenden Konzepte als Ausgangspunkt gewählt werden; von diesen ist auf die taktische und operative Ebene zurückzuschließen und nicht umgekehrt. Deshalb ist die Kosten- und Erlösrechnung an die Investitionsrechnung anzubinden. Wie Abschnitt A in Kapitel 3. zeigt, ist eine solche Ausrichtung auf die strategische Perspektive mithilfe von kapitaltheoretischen Systemen und Ansätzen der Kosten- und Erlösrechnung möglich.

Berechtigt ist jedoch die Forderung, dass man Instrumente der Kostenbeeinflussung, zur Gestaltung von Kostenstrukturen sowie für die taktische und strategische Planung sowie Steuerung benötigt. Als wichtige Instrumente eines Kostenmanagements werden insbesondere Ansätze der **Prozesskostenrechnung** und des **Prozess(kosten)managements**[40], des **Target Costing** **(Zielkostenrechnung oder -management)**[41], der **Lebenszyklusrechnung**

---

[37] Vgl. BADEN, A. (Kostenrechnung); BEA, F.X. (Grundkonzeption); HOLZWARTH, J. (Kostenrechnung); KREMIN-BUCH, B. (Kostenmanagement); MAUS, S. (Kostenrechnung); NEUBAUER, C. (Kostenrechnung); OSSADNIK, W./MAUS, S. (Kostenrechnung); TANI, T. (Considerations), WELGE, M.K./AMSHOFF, B. (Neuorientierung).
[38] Vgl. BADEN, A. (Kostenrechnung); BADEN, A. (Umorientierung); MAUS, S. (Kostenrechnung; OSSADNIK, W./MAUS, S. (Kostenrechnung); SCHWEITZER, M./FRIEDL, B. (Kosteninformationen).
[39] Zur Systematisierung von Teilsystemen der Unternehmungsrechnung vgl. KÜPPER, H.-U. (Controlling), S. 113 ff. ; SCHWEITZER, M. (Systematik), S. 185 ff.
[40] Vgl. BURGER, A. (Kostenmanagement), S. 203 ff.; FREIDANK, C.-C. (Kostenmanagement), S. 463 f.; FRIEDL, B. (Prozeßkostenrechnung), S. 135 ff.; KAJÜTER, P. (Prozesskostenmanagement), S. 250 ff.; MAYER, R./KAUFMANN, L. (Prozeßkostenrechnung), S. 293 ff.; REICHMANN, T./FRÖHLING, O. (Prozeßkostenrechnung und Fixkostenmanagement), S. 61 ff.; SCHWEITZER, M. (Prozessorientierung), S. 89 und 101.
[41] Vgl. BURGER, A. (Kostenmanagement), S. 15 ff.; EHRLENSPIEL, K./KIEWERT, A./LINDEMANN, U. (Produktentwicklung), S. 110 ff.; FREIDANK, C.-C. (Target Costing),

1. Kapitel: Grundlagen der KER

(**Life Cycle Costing**)[42] und des (**Cost-**) **Benchmarking**[43] angeführt. Die Lebenszyklusrechnung kann als strategisch ausgerichtetes Konzept der Kostenrechnung eingeordnet werden[44], während die **Prozesskostenrechnung** eine Prozessorientierte Verfeinerung traditioneller Voll- oder Teilkostenrechnungen darstellt[45]. Das **Target Costing** stellt ein umfassendes Konzept zur Steuerung von Unternehmungsprozessen dar[46]. Bei ihm tritt wie in anderen Systemen der Kosten- und Erlösrechnung das Rechnungsziel der **Verhaltenssteuerung** in den Vordergrund, über das auch eine Beeinflussung der Kosten und Erlöse erfolgt. An diesen Systemen zeigen sich die engen Beziehungen zwischen Kostenrechnung und Kostenmanagement. Deshalb lassen sie sich in die für die folgenden Kapitel zugrunde gelegte Systematik der Kosten- und Erlösrechnungssysteme einordnen. **Benchmarking**[47] beinhaltet einen Vergleich mit entsprechenden Unternehmungen oder Einheiten und führt damit die lang verankerte Tradition des **Betriebsvergleichs**[48] fort.

Für die Analyse und Beeinflussung der Fix- und Gemeinkosten im Sinne eines **Fixkostenmanagements**[49] lassen sich Techniken der Budgetvorgabe wie die Gemeinkostenwertanalyse oder das Zero Base Budgeting anwenden[50]. Sie bestehen aus relativ klaren Verfahrensregeln, nach denen die in den untersuchten Bereichen erbrachten Sachleistungen und deren Kosten zu analysieren, Änderungsvorschläge zu erarbeiten und umzusetzen sind. Im Unterschied zu den kostentheoretisch fundierten Verfahren der Kostenrechnung liefern sie dagegen keine Methoden, wie sich die Beziehungen zwischen Kosten und Leistungen abbilden und planen lassen. Sie stellen daher Instrumente des Controlling dar und sind nicht in die Systeme der Kosten- und Erlösrechnung eingeordnet.

S. 224 ff.; PALLOKS, M. (Zielkostenmanagement), S. 177 ff.; RIEGLER, C. (Zielkosten), S. 239 ff.; SEIDENSCHWARZ, W. (Target Costing).

[42] Vgl. BACK-HOCK, A. (Ergebnisrechnung), S. 703 ff; PFOHL, M.C. (Lebenszyklusrechnung), S. 7ff; RIEZLER, S. (Lebenszyklusmanagement), S. 8 ff; RÜCKLE, D./KLEIN, A. (Management), S.335 ff; WÜBBENHORST, K.L. (Lebenszykluskosten), S.5 ff; ZEHBOLD, C. (Lebenszykluskostenrechnung), S.16 ff. ; LORSON, P. CH. / SCHWEITZER, MARCUS (Kostenrechnung), S. 358 f.

[43] Vgl. BROKEMPER, A. (Kostenmanagement), S. 276 ff.; BURGER, A. (Kostenmanagement), S. 91 ff.; HARDT, R. (Kostenmanagement), S. 91 ff; KREMIN-BUCH, B. (Kostenmanagement), S. 174 ff.; KREUZ, W. (Kosten-Benchmarking), S. 92 ff.

[44] Vgl. Kapitel 3., Abschnitt A.II.2., S. 214 ff.

[45] Vgl. Kapitel 3., Abschnitte B.III., S. 347 ff. sowie D.II., S. 512 ff.

[46] Vgl. Kapitel 4., Abschnitt D., S. 701 ff.

[47] Vgl. CAMP, R. (Benchmarking); RIEGLER, C. (Benchmarking); SERFLING, K. / SCHULTZE, R. (Benchmarking).

[48] Vgl. KALUSSIS, D. (Betriebsvergleich); SCHNETTLER, A. (Betriebsvergleich).

[49] Vgl. FREIDANK, C.-C. (Kostenmanagement), S. 465 f.; FRÖHLING, O. (Dynamisches Kostenmanagement), S. 19 ff. und S. 249 ff.; OECKING, G.F. (Fixkostenmanagement), S.37 ff.; REICHMANN, T./FRÖHLING, O. (Prozeßkostenrechnung und Fixkostenmanagement), S. 65 ff.

[50] Zur überblicksartigen Kennzeichnung vgl. z.B. KÜPPER, H.-U. (Controlling) S. 322 ff.

V. Beziehungen der Kosten- und Erlösrechnung zu anderen Teilsystemen der Unternehmungsrechnung

Die Gliederung des Rechnungswesens[51] zeigt, dass für die Abrechnung des Unternehmungsprozesses mehrere Rechnungsinstrumente zur Verfügung stehen. Es ist daher zweckmäßig, einen Vergleich der periodenbezogenen Kosten- und Erlösrechnung mit den anderen neutralen Rechnungssystemen der Unternehmungsrechnung vorzunehmen. Dabei wird deutlich, dass durch die einzelnen Rechnungsmodelle unterschiedliche Teilzusammenhänge des Unternehmungsprozesses erfasst werden. Ein Instrument allein genügt zur Erfassung, Planung und Steuerung der Güter- und Geldströme nicht. Der Kostenrechnung werden nachfolgend die Bilanzrechnung, die Finanzrechnung und die Investitionsrechnung gegenübergestellt.

1. Vergleich der Kosten- und Erlösrechnung mit der Bilanzrechnung

Unter einer **Bilanz** versteht man eine stichtagsbezogene, ausgeglichene geldliche Abrechnung einer Wirtschaftsperiode. In Wissenschaft und Praxis sind verschiedene Arten von Bilanzen wie z.B. Erfolgsbilanz, Vermögensbilanz, Handelsbilanz, Steuerbilanz, Jahresbilanz oder Sonderbilanzen bekannt. Ohne nähere Kennzeichnung meint man mit Bilanz gewöhnlich die nach (handels- bzw. aktien-)rechtlichen Vorschriften zu erstellende Jahresbilanz. Die rechtlichen Bestimmungen dienen der Rechenschaftslegung der Unternehmung, dem Schutz der Gläubiger (und Aktionäre) sowie dem öffentlichen Informationsbedürfnis. Die Bilanz geht aus dem Abschluss der Bestandskonten hervor. Als Rechtsinstrument ist sie somit eine ausgeglichene Aufstellung über die bilanzierten Güter und die Schulden einer Unternehmung am Bilanzstichtag.

Übersteigen die Werte der Güter die Schulden, dann ergibt sich ein Saldo auf der Passivseite. Dieser stellt den **Gewinn** bzw. Periodenüberschuss dar. Der Erfolgsausweis der Bilanz ist global. Im System der doppelten Buchhaltung wird im Rahmen des Jahresabschlusses parallel zur Bilanz auch eine **Gewinn- und Verlustrechnung** erstellt. Diese vermittelt einen detaillierten Erfolgsausweis nach verbrauchten bzw. entstandenen Gütern.

Vergleicht man die Kosten- und Erlösrechnung mit der Bilanzrechnung, ergeben sich die in Abbildung 1-17 überblicksweise aufgeführten Unterschiede.

---

[51] Vgl. Abb. 1-3, S. 8.

Rechnungssystem Rechnungsmerkmale	Kosten- und Erlösrechnung	Bilanzrechnung	
		Bilanz	Gewinn- und Verlustrechnung
Rechnungstyp	Kalkulatorische Rechnung	Pagatorische Rechnung	
Wertansatz	Wertansatz rechnungsziel- bzw. entscheidungszielabhängig	Wertansatz nach Bewertungsvorschriften	
Bezugsgröße	Periode und Produkteinheit	Periode	
Zeitliche Reichweite	Kurzfristig, in der Regel monatlich	In der Regel jährlich	
Rechnungszwecke	Ermittlung realisierter Kosten/Erlöse Prognose zukünftiger Kosten/Erlöse Planung und Steuerung, Kontrolle sowie Verhaltenssteuerung des Unternehmungsprozesses	Vermögensdarstellung Schuldendarstellung Auswertung in der Bilanzanalyse	(Globale) Erfolgsermittlung
Maßausdrücke	Kosten und Erlöse	Vermögen und Schulden	Aufwand und Ertrag
Erfaßte Gütermengen	Sachzielbezogener Güterverbrauch und sachzielbezogene Güterentstehung	Vorhandener Bestand an Vermögen und Schulden	Verbrauch und Zugang von Vermögen

Abb. 1-17: *Wichtige Unterschiede zwischen Kosten- und Erlösrechnung und Bilanzrechnung*

Die **Kosten- und Erlösrechnung** ist eine Stromgrößenrechnung, da sie Güterbewegungen erfasst und abbildet, während die **Bilanzrechnung** eine Bestands- und eine Bewegungsrechnung umfasst. Beide Rechnungsinstrumente ergänzen sich, weil sie über unterschiedliche Sachverhalte des Unternehmungsprozesses informieren. Ferner unterstützt die Kosten- und Erlösrechnung die Bilanzrechnung. Dies zeigt sich bei der Bewertung der Bestände an halbfertigen und fertigen Produkten sowie an eigenerstellten Vermögensgegenständen mit Daten aus der Kosten- und Erlösrechnung. Des weiteren ermöglicht die Kosten- und Erlösrechnung eine Trennung des in der Bilanzrechnung ermittelten gesamten Unternehmungserfolges in einen sachzielbezogenen Erfolgsteil (das Betriebsergebnis) und in einen sachzielneutralen Erfolgsteil (das neutrale Ergebnis). Organisatorisch sind die Kosten- und Erlösrechnung und die Bilanzrechnung über das praktizierte buchhalterische Abrechnungssystem verknüpft. Der zentrale Unterschied zwischen beiden Systemen liegt darin, dass sich die Bilanzrechnung nach den Vorschriften des HGB und anderer Handels- sowie Steuergesetze richten muss. Dagegen hat die Unternehmung freies Ermessen in der Gestaltung der Kosten- und Erlösrechnung.

A. Die KER als Informationsgenerator

2. Vergleich der Kosten- und Erlösrechnung mit der Finanzrechnung

Die **Finanzrechnung** ist eine Rechnung in Ein- und Auszahlungen zur Berechnung eines periodischen Liquiditätssaldos[52]. Sie stellt ebenso wie die Kosten- und Erlösrechnung eine Stromgrößenrechnung dar und kann als Nachrechnung oder als Vorrechnung konzipiert werden.

Als **Nachrechnung** erfasst die Finanzrechnung (Liquiditätsrechnung) sämtliche in einer Periode angefallenen Einzahlungen und Auszahlungen. Bei den Einzahlungen kann es sich um erfolgsunwirksame (wechselbezügliche) Einzahlungen (z.b. bei Kreditaufnahme) und erfolgswirksame Einzahlungen (z.B. bei Produktbarverkäufen) handeln. Entsprechendes gilt für die Auszahlungen, die ebenfalls erfolgsunwirksam (z.b. bei Tilgung von Krediten) oder erfolgswirksam (z.b. bei Barzahlung von Löhnen) sein können. Organisatorisch kann die vergangenheitsorientierte Finanzrechnung in die Buchhaltung eingegliedert werden.

Wird die Finanzrechnung als **Vorrechnung** aufgebaut, spricht man von der Finanzplanung. Der Liquiditätssaldo gibt an, ob die Geldbestände und erwarteten Geldzahlungen zur Deckung der geplanten Geldausgaben ausreichen. Wichtigste Aufgabe der Finanzrechnung ist es, über die Momentanliquidität Auskunft zu geben. Dies ist ihr jedoch nur möglich, wenn die Zeitpunkte der verschiedenen Geldein- und -ausgänge in die Rechnung mit einbezogen werden. Die Planung des Liquiditätssaldos durch die Finanzrechnung gibt zugleich Anhaltspunkte für die Vornahme finanzieller Transaktionen (z.b. bei negativem Saldo zusätzliche Kreditbeschaffungen oder Verzicht auf bereits geplante Transaktionen).

Zwischen der Kosten- und Erlösrechnung und der Finanzrechnung bestehen wichtige Unterschiede, welche in Abbildung 1-18 überblicksweise aufgeführt sind. Die **Kosten- und Erlösrechnung** bildet die sachzielbezogenen Güterverbräuche sowie Güterentstehungen ab und wertet diese zu Gestaltungs- und Kontrollzwecken aus. Liquiditätsmäßige Wirkungen von Handlungen (Entscheidungen) der Güterbereitstellung und -verwendung lässt sie unberücksichtigt. Die **Finanzrechnung** dient dagegen zur Erfassung der finanziellen Wirkungen wirtschaftlicher Handlungen. Da sie jedoch auf das Liquiditätsziel und nicht das Erfolgsziel ausgerichtet ist, sind beide Rechnungsinstrumente für die Planung und Steuerung des gesamten Unternehmungsprozesses erforderlich. Organisatorisch lassen sich die Kosten- und Erlösrechnung und die Finanzrechnung zu einem buchhalterischen Abrechnungssystem verknüpfen[53].

---

[52] Vgl. z.B. CHMIELEWICZ, K. (Finanzrechnung), S. 21 ff. sowie HORNGREN, CHARLES T./SUNDEM, GARY L./ELLIOTT, JOHN A. (Financial Accounting).
[53] Vgl. CHMIELEWICZ, K. (Finanzrechnung), S. 16 ff.

Rechnungs- system Rech- nungsmerkmale	Kosten- und Erlösrechnung	Finanzrechnung
Rechnungstyp	Kalkulatorische Rechnung	Pagatorische Rechnung
Wertansatz	Wertansatz rechnungsziel- bzw. entscheidungszielabhängig	Wertansatz bestimmt durch realisierte bzw. zukünftige Einzahlungen und Auszahlungen
Bezugsgröße	Periode und Produkteinheit	Periode und Zeitpunkte
Zeitliche Reichweite	Kurzfristig, in der Regel monatlich	Kurz- bis mittelfristig
Rechnungszwecke	Ermittlung realisierter Kosten/Erlöse Prognose zukünftiger Kosten/Erlöse Planung und Steuerung, Kontrolle sowie Verhaltenssteuerung des Unternehmungsprozesses	Ermittlung des realisierten Liquiditätssaldos Prognose des zukünftigen Liquiditätssaldos Auswertung in der Finanzanalyse
Maßausdrücke	Kosten und Erlöse	Einzahlungen und Auszahlungen
Erfaßte Gütermengen	Sachzielbezogener Güterverbrauch und sachzielbezogene Güterentstehung	Sämtliche Bewegungen und Bestände in Geld

Abb. 1-18: Wichtige Unterschiede zwischen Kosten- und Erlösrechnung und Finanzrechnung

3. Vergleich der Kosten- und Erlösrechnung mit der Investitionsrechnung

Als dritte neutrale Rechnung der Unternehmung ist die Investitionsrechnung mit der Kosten- und Erlösrechnung zu vergleichen. Eine **Investitionsrechnung** ist stets eine Vorteilsberechnung (Bewertung, Vorteilsprognose) für eine oder mehrere Investitionen bei meistens zwei und mehr Teilperioden der Planung.

Bereits bei der Abgrenzung des Kostenbegriffs und beim Vergleich der Kosten- und Erlösrechnung mit der Bilanzrechnung sowie der Finanzrechnung ist deutlich geworden, dass für die gesamte Unternehmungsrechnung Zahlungen eine grundlegende Bedeutung haben. Die wichtigsten isolierten, dynamischen Investitionsrechnungen, die auf Einzahlungen und Auszahlungen beruhen, sind die Kapitalwert- und die Zinsfußmethode. Ihr Rechnungsziel ist die Beurteilung (Bewertung) von Einzel- oder Alternativinvestitionen.

Für Erweiterungsinvestitionen sind die genannten drei Methoden unmittelbar anwendbar. Bei Rationalisierungsinvestitionen muss die Definition der Alternativen problembezogen modifiziert werden. Neben den pagatorischen (zahlungsbezogenen) sind auch Investitionsrechnungen auf der Basis von kalkulatorischen Größen (Kosten und Erlösen) entwickelt worden. Dazu zählen die einperiodigen Modelle der Kostenvergleichs-, Gewinnvergleichs- und Rentabilitätsvergleichsrechnungen sowie die mehrperiodigen Modelle, die mit abgezinsten Kosten und Erlösen sowie mit Zinsen arbeiten, welche aus kalkulatorischen Bestandsgrößen der mehrperiodigen Nutzungsdauer abgeleitet werden.

Da für den Vergleich der Kosten- und Erlösrechnung mit der Investitionsrechnung die isolierten, dynamischen Verfahren eine besondere Rolle spie-

A. Die KER als Informationsgenerator

lon, sind dazu die Anwendungsbedingungen von Bedeutung, die erkennen lassen, mit welchen Vereinfachungen diese Investitionsrechnungen arbeiten[54]:

- Jede Investition(salternative) wird durch eine Zahlungsreihe definiert, deren Einzelzahlungen nach ihrer Höhe und zeitlichen Verteilung im Zeitpunkt der Rechnung bekannt (prognostizierbar) sind und der jeweiligen Investition eindeutig zugerechnet werden können. Dies unterstellt ein gegebenes Produktionsprogramm, das mit dem jeweils betrachteten Betriebsmittel unter Einschluss der sonst beteiligten Betriebsmittel realisiert werden kann.

- Die der Investition zugerechneten Zahlungen enthalten sowohl die Anschaffungsauszahlung als auch einen möglichen (prognostizierten) Liquidationserlös als bekannte Größen.

- Finanzielle Mittel, die zur Realisation der Investition benötigt werden, können jederzeit unter der Prämisse eines vollkommenen Kapitalmarkts und unbegrenzt zu einem festen Zins bereitgestellt werden.

- Umgekehrt können alle finanziellen Mittel, die durch die gewählte Investition freigesetzt werden, unbegrenzt nach Höhe und Zeitpunkt am Kapitalmarkt zu einem festen Zins angelegt werden.

- Als Zielfunktion wird angestrebt, den langfristigen Gewinn (Strom der Periodenentnahmen oder Vermögenszuwachs) bzw. die Rentabilität des gebundenen Kapitals zu maximieren. Die (normierte) Zeitpräferenz des Entscheidungsträgers wird durch die Verzinsung der Zahlungen berücksichtigt.

Rechnungssystem Rechnungsmerkmale	Kosten- und Erlösrechnung	Investitionsrechnung
Rechnungstyp	Kalkulatorische Rechnung	Pagatorische Rechnung
Wertansatz	Wertansatz rechnungsziel- bzw. entscheidungszielabhängig	Wertansatz rechnungsziel- bzw. entscheidungszielabhängig
Bezugsgröße	Periode und Produkteinheit	Periode und Zeitpunkte Entscheidungsalternativen
Zeitliche Reichweite	Kurzfristig, in der Regel monatlich	Mittel- bis langfristig
Rechnungszwecke	Ermittlung realisierter Kosten/Erlöse Prognose zukünftiger Kosten/Erlöse Planung und Steuerung, Kontrolle sowie Verhaltenssteuerung des Unternehmungsprozesses	Prognose von Zahlungen Prognose von mehrperiodigen Zielgrößen Planung von längerfristig verwendbaren Potentialen
Maßausdrücke	Kosten und Erlöse	Einzahlungen und Auszahlungen
Erfaßte Gütermengen	Sachzielbezogener Güterverbrauch und sachzielbezogene Güterentstehung	Sämtliche Bewegungen und Bestände in Geld

Abb. 1-19: Wichtige Unterschiede zwischen Kosten- und Erlösrechnung und (dynamischer) Investitionsrechnung

---

[54] Vgl. Kapitel 3., Abschnitt A., S. 205 ff. und SEELBACH, H. (Dynamische Investitionsrechnung), S. 402 f.

Zwischen Kosten- und Erlösrechnung und Investitionsrechnung bestehen entsprechend Abbildung 1-19 in der praktischen Handhabung deutliche Unterschiede, jedoch gibt es auch eine Reihe grundlegender Gemeinsamkeiten. Die Investitionsrechnung führt über den Kalkulationszins eine Beziehung zum Kapitalmarkt in die Entscheidung ein, was in der Kosten- und Erlösrechnung über die kalkulatorischen Zinsen nur indirekt erfolgt. Die Kosten- und Erlösrechnung begründet längerfristig gebundene Kostenarten (z.B. Abschreibungen und Personalkosten) nur schwach und erfasst spezielle Entscheidungsprobleme unzureichend in ihren zeitlichen und sachlichen Interdependenzen. Aus diesen Mängeln ergibt sich die Frage, ob es fruchtbar sein kann, Kosten- und Investitionsrechnung so zu verknüpfen, dass zumindest die Probleme der Zurechnung längerfristig gebundener Einsatzgüter (Personalleistungen, Anlagenleistungen) konzeptionell gelöst werden können. Ein besonderer Grund für die Verknüpfung beider Rechnungen liegt schließlich darin, dass sie trotz unterschiedlicher Grundstrukturen das **gemeinsame Rechnungsziel** verfolgen, Informationen für Planungszwecke bereitzustellen.

B. Struktur und Systeme der Kosten- und Erlösrechnung

I. Komponenten von Kosten- und Erlösrechnungen

Die Kosten- und Erlösrechnung ist neben der handelsrechtlich vorgeschriebenen Finanzbuchhaltung das von Unternehmungen am intensivsten genutzte Rechnungssystem. Dies ist wohl der Grund, dass sich für ihre Gestaltung ein relativ einheitlicher Aufbau herausgebildet hat. Auch wenn es eine Vielzahl von Systemen der Kosten- und Erlösrechnung gibt, enthalten sie weitgehend übereinstimmende Komponenten.

1. Kosten-, Erlös- und Erfolgsrechnungen

> Mit der **Kosten- und Erlösrechnung** will man den Erfolg einzelner Perioden, Bereiche, Produkte bzw. Produkteinheiten oder anderer Bezugsgrößen bestimmen.

Da Erfolge als Salden aus sachzielbezogenen bewerteten Güterentstehungen und -verbräuchen berechnet werden, kommt man entsprechend Abbildung 1-20 zu drei Teilrechnungen, der Kosten-, der Erlös- und der Erfolgsrechnung. Diese Zusammensetzung ergibt sich damit aus dem Gegenstand und den Rechnungszielen der Kosten- und Erlösrechnung.

Die Kostenrechnung erfasst die **Inputseite** des Erfolgs. In ihr wird der bewertete Güterverbrauch abgebildet. Dies bedeutet, dass in ihr der gesamte Produktionsprozess vom Bezug der Einsatzgüter bis zur Fertigstellung und Verwertung der Ausbringungsgüter zu verfolgen ist. Kosten entstehen in allen Umlaufphasen des Realgüterprozesses von der Beschaffung über die Fertigung bis zum Absatz. Ferner fallen auch in den Nominalgüterprozessen der Investition und Finanzierung Kosten an. Daher ist die Kostenrechnung die am weitesten ausgebaute Teilrechnung.

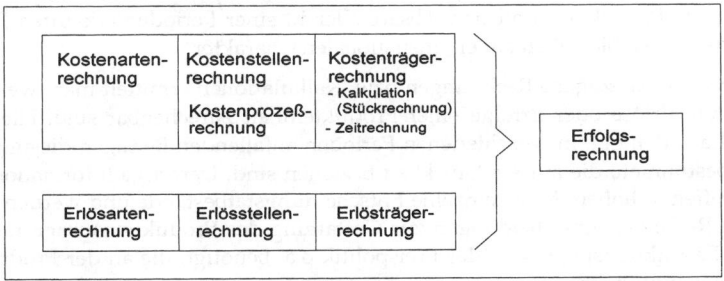

Abb. 1-20: Kosten-, Erlös- und Erfolgsrechnungen

Die Erlösrechnung erfasst die **Outputseite** des Erfolgs. Deshalb bildet sie das notwendige Gegenstück zur Kostenrechnung. Ihr wichtigster Bestandteil sind die am Markt erzielten Erlöse. Da diese für den Verkauf der Produkte anfallen und ihnen vielfach mit geringeren Schwierigkeiten zurechenbar sind, hat man die Erlösrechnung nicht so intensiv untersucht und ausgebaut wie die Kostenrechnung. Meist ging man davon aus, dass sich die Erlöse für die Erfolgsermittlung unmittelbar aus der Finanzbuchhaltung übernehmen ließen. Erst mit der Zeit hat sich die Erkenntnis durchgesetzt, dass die Outputseite auch durch eine eigenständige Teilrechnung zu erfassen ist. Bei ihr tritt ebenfalls eine Reihe von Verrechnungsproblemen auf, die denjenigen der Inputseite entsprechen und darüber hinaus spezifische Aspekte aufweisen. Im Hinblick auf die Unterstützung der Leistungsverwertung und des Marketing kommt dem Ausbau der Erlösrechnung eine wachsende Bedeutung zu. Die zunehmende Beachtung der Erlösseite lässt es gerechtfertigt erscheinen, von **Kosten- und Erlösrechnung** zu sprechen, auch wenn beide Teilrechnungen in der praktischen Anwendung i.d.R. nicht gleich stark ausgebaut sind.

Diese Bezeichnung umfasst mehr als die Abbildung der Input- sowie der Outputseite. Beide Teile münden entsprechend Abbildung 1-20 in eine Erfolgsrechnung, weil das Rechnungsziel nicht nur in der Bestimmung von Kosten- und Erlösinformationen, sondern ebenso in der Bereitstellung von Informationen über Erfolgsgrößen besteht. Aus dem Zusammenspielen von Erlös- und Kosteninformationen gelangt man zu Erfolgsgrößen, welche für die verschiedenen Rechnungszwecke der Abbildung bzw. Dokumentation, Planung und Verhaltenssteuerung verwendbar sein können.

Aus den Rechnungszwecken ergibt sich, für welche Entscheidungen Kosten, Erlöse und/oder Erfolge zu ermitteln sind. Ein grundlegendes Merkmal liegt in der Trennung von zeit(raum)- und stückbezogenen Rechnungen. Die erstgenannten haben als **Periodenerfolgsrechnungen** eine wichtige Bedeutung. Sie werden in der Kosten- und Erlösrechnung üblicherweise für kürzere Zeiträume als in der Bilanzrechnung durchgeführt. Man ermittelt vor allem die in einem Monat oder Vierteljahr erzielten Kosten, Erlöse und Erfolge. Dabei handelt es sich im Allgemeinen um die Erfolge, welche für die in diesem Zeitraum abgesetzten Produkte entstanden sind. Hierzu ist zu bestimmen, welche Erlöse mit diesen Produkten erzielt wurden und welche Kosten ihre Erstellung sowie Verwertung verursacht haben. In zeitraumbezogenen Rechnungen schlagen sich im Allgemeinen verschiedenartige Entscheidungen z.B. über die Produktion und den Absatz aller in einer Periode verkauften Produkte nieder. Sie haben daher einen globalen Charakter.

Durch stückbezogene Rechnungen bzw. Kalkulationen ermittelt man, welche Kosten, Erlöse oder Erfolge einer Produkteinheit zurechenbar sind. Hierzu sind aus den ggf. in verschiedenen Perioden anfallenden Beträgen diejenigen zu bestimmen, die auf ein 'Stück' zu beziehen sind. Derartige Informationen betreffen in hohem Maße einzelne Entscheidungstatbestände und werden für eine Reihe von Entscheidungen zur Gestaltung des Produktionsprogramms, des Produktionsprozesses, der Preispolitik o.ä. benötigt, die an der Produkteinheit anknüpfen.

In jeder Unternehmung ist eine Vielzahl von Entscheidungen zu treffen, in denen neben den Produkteinheiten unterschiedliche **Variablen** festgelegt werden. Für deren Planung und Steuerung ist es häufig notwendig oder zweckmäßig, die Kosten, Erlöse bzw. Erfolge auf andere Größen zu beziehen. Beispielsweise benötigt man für Losgrößenentscheidungen die auftragbezogenen Kosten, für Verfahrensentscheidungen die Kosten je Fertigungsminute der Produktionsanlagen usw. Deshalb werden neben der Planungsperiode und der Produkteinheit weitere **Bezugsgrößen** für die Zurechnung von Kosten, Erlösen und Erfolgen relevant.

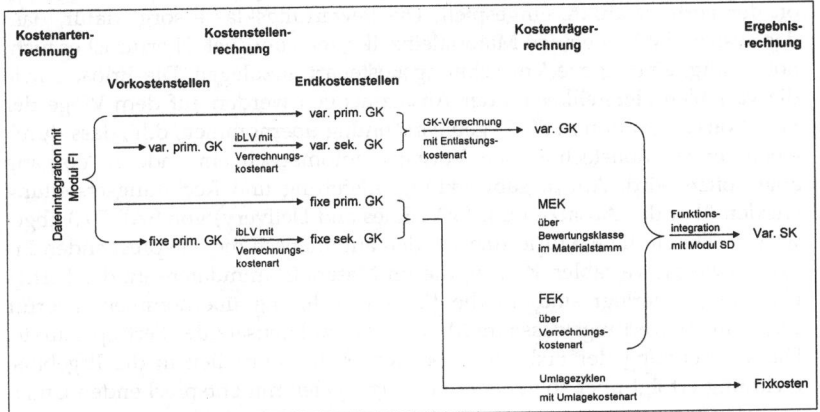

Abb. 1-21: *Verknüpfung zwischen Komponenten der Kosten- und Erlösrechnung bei einer Teilkostenrechnung auf Basis variabler Kosten in SAP R/3*[55]

Für die EDV-technische Abbildung eines Systems der Kosten- und Erlösrechnung müssen die Beziehungen zwischen den Kosten- und Erlöskomponenten explizit definiert werden. Abbildung 1-21 gibt einen Überblick darüber, wie diese Verknüpfungen beispielsweise für eine Teilkostenrechnung auf Basis variabler Kosten[56] in SAP R/3 hergestellt werden.[57] Die primären Gemeinkosten werden soweit als möglich direkt bei der Buchung der entsprechenden Aufwendungen im Finanzbuchhaltungsmodul (FI) auf die Kostenstellen verteilt. Hierbei handelt es sich um einen Fall von Datenintegration zwischen der Finanzbuchhaltung und der Kosten- und Erlösrechnung.

Dann werden die primären Gemeinkosten der Vorkostenstellen in der innerbetrieblichen Leistungsverrechnung auf die Endkostenstellen weiterverrechnet und damit zu sekundären Gemeinkosten. Da die innerbetriebliche Leistungsverrechnung über Leistungsarten der Vorkostenstellen erfolgt, sind bei diesen entsprechende sekundäre Verrechnungskostenarten zu hinterlegen. Die nach Abschluss der innerbetrieblichen Leistungsverrechnung auf den Endkostenstellen liegenden primären und sekundären Gemeinkosten bestehen aus einen variablen und einem fixen Anteil. Im Rahmen einer Teilkostenrechnung auf Basis variabler Kosten werden nur die variablen Anteile auf die Kostenträger verrechnet. Hierfür werden im Rahmen der Kalkulation Entlastungskostenarten angelegt, mit deren Hilfe die Endkostenstellen von den variablen Kosten entlastet werden.

---

[55] FRIEDL, G./HILZ, C./PEDELL, B. (2002), S. 152.
[56] Vgl. Kapitel 3., Abschnitt D.I.1., S. 397 ff.
[57] Vgl. FRIEDL, G./HILZ, C./PEDELL, B. (2002), S. 153 f.

Die Fertigungseinzelkosten werden über Arbeitspläne dem Kostenträger zugerechnet. Hierfür sind Arbeitsplätze mit entsprechenden Leistungsarten und bei diesen hinterlegten Verrechnungskostenarten erforderlich. Die Materialeinzelkosten werden dagegen direkt über eine im Materialstammdatensatz der Einsatzgüter hinterlegte, so genannte Bewertungsklasse in die Kalkulation der Fertigprodukte eingespielt. Die Bewertungsklasse sorgt dafür, dass das System die Kosten den Materialeinzelkosten zuordnet. Hierfür ist es nicht notwendig, eine eigene Verrechnungskostenart anzulegen. Die Erlöse sowie die variablen Herstellkosten der Absatzmengen werden auf dem Wege der Funktionsintegration in die Ergebnisrechnung übernommen, d.h., dass durch einen informationstechnischen Vorgang automatisch ein anderer Vorgang angestoßen wird. Auftragsabwicklung, Lieferung und Rechnungserstellung werden über das Absatzmodul (SD - Sales and Delivery) von SAP R/3 abgewickelt. Durch die Fakturierung werden automatisch die entsprechenden Erlöse sowie die variablen Kosten, die im Materialstammdatensatz der Fertigprodukte hinterlegt sind, in die Ergebnisrechnung übernommen. Hierfür sorgt eine Bewertungsklasse im Materialstammdatensatz der Fertigprodukte. Die Verrechnung der Fixkosten von den Endkostenstellen in die Ergebnisrechnung erfolgt über so genannte Umlagezyklen mit entsprechenden Umlagekostenarten.

2. Arten-, Stellen-, Prozess- und Trägerrechnungen

Für die meisten Zwecke reicht es nicht aus, die in einer Periode anfallenden Gesamtbeträge an Kosten, Erlösen und Erfolgen zu kennen. Zur Erfüllung der verschiedenen **Rechnungsziele** müssen sie differenziert werden. Als maßgebliche Kriterien haben sich hierfür die Gliederung nach Arten, Stellen, Prozessen und Trägern herausgeschält. Dementsprechend findet man in vielen Systemen eine Kostenarten-, Kostenstellen-, Kostenprozess- und Kostenträgerrechnung.[58] Grundsätzlich besteht auch die Möglichkeit, die Erlösseite in derselben Weise aufzugliedern und zumindest Erfolge für Träger sowie Stellen zu bestimmen. Insoweit handelt es sich um grundlegende Komponenten der Kosten- und Erlösrechnung.

Da die **Produkte** die zentralen Entscheidungs- bzw. Handlungsvariablen von Unternehmungen darstellen, ist ein primäres Informationsbedürfnis darauf gerichtet, deren Erfolge sowie die für sie maßgeblichen Erlöse und Kosten zu ermitteln. Mit ihnen werden die Markterlöse erzielt, welche die Kosten decken müssen. Aus diesem Grund bilden die Produkte einer Unternehmung ihre wichtigsten Kosten- und Erlösträger. Um die Kosten, Erlöse und Erfolge der einzelnen Produkte zu bestimmen, richtet man eine **Trägerrechnung** ein. In ihr sind Verfahren zu entwickeln, mit denen sich die Kosten bzw. Erlöse auf die Produktgruppen, Produktarten, Produkteinheiten, Produktfunktionen, Produktkomponenten oder gar Produktmerkmale zurechnen und verteilen lassen. Sie können als zeitraum- oder stückbezogene Rechnungen durchgeführt werden. Ein besonderes Gewicht liegt im Allgemeinen auf der **Kalkulation**, in der man die **Stückkosten** sowie **Stückerfolge** für die ver-

---

[58] Vgl. auch Abb. 1-20, S. 47.

schiedenen Produkte berechnet. Die Zurechnung der Erlöse auf die Objekte, für die sie sich direkt erfassen lassen, bildet den Gegenstand der **Erlösträgerrechnung**.

Nur bei äußerst homogenem Produktionsprogramm und einfachen Produktionsprozessen ist es zulässig, unmittelbar aus den Gesamtkosten die Stückkosten zu berechnen. Wenn in einer Unternehmung verschiedenartige Produkte in unterschiedlichen Prozessen hergestellt werden, sind die Kosten zuerst nach geeigneten Kriterien aufzuspalten. Um die für ihre Höhe bestimmenden Zusammenhänge und einzelnen Prozesse zu erfassen, gliedert man die gesamte Unternehmung in einzelne Abrechnungsbezirke, die **Kostenstellen**, so dass die in ihnen vollzogenen Prozesse einen höheren Grad an Homogenität aufweisen. Außerdem lassen sich auch stellenübergreifende Prozesse mit spezifischen Einflussgrößen (Kostentreiber, cost driver) definieren, die insbesondere im so genannten indirekten Leistungsbereich demselben Postulat genügen sollen. Deshalb lassen sich in ihnen die Kosteneinflussgrößen sowie deren Wirkung auf die Kosten besser abbilden als für die Gesamtunternehmung. Damit erhält man Ansatzpunkte für die Verteilung sowie die Planung und Steuerung der Kosten. Entsprechende Überlegungen lassen sich für die Abgrenzung von Erlösstellen nutzen.

Die **Stellenrechnung** ist daher ein wichtiges Verbindungsglied für eine präzise Trägerrechnung. In den Stellen werden die Entscheidungen und Handlungen vollzogen, durch die Güter verbraucht werden und neue Güter entstehen. Deshalb sind sie der Ort der Erlös- und Kostenverursachung. Die Planung, Steuerung und Kontrolle der Kosten und Erlöse muss sich auf einzelne Stellen und deren Prozesse beziehen, um die für sie verantwortlichen Aufgabenträger zu erkennen und zu beeinflussen.

Um die Entstehung der Kosten insbesondere bei Verwaltungstätigkeiten genauer zu erfassen und zu planen, erweist sich vielfach eine Differenzierung nach den Aktivitäten bzw. Prozessen als zweckmäßig. Damit gelangt man zu einer **Kostenprozessrechnung**, durch welche die Beziehungen zwischen der Kostenhöhe und ihren Einflussgrößen oder 'Kostentreibern' nicht nur innerhalb der Kostenstellen, sondern auch für übergreifende Prozesse abgebildet werden. Sie wird zum **verfeinerten** Bindeglied zwischen Kostenarten- sowie Kostenstellen- und Kostenträgerrechnung.

Kosten entstehen durch den Verbrauch von Gütern, welche die Unternehmung von außen bezogen oder selbst geschaffen hat und in den Kostenstellen einsetzt. Umgekehrt stellt eine Unternehmung Güter her, welche einerseits in ihr selbst wiedereingesetzt werden, zu wesentlichen Teilen jedoch am Markt abgesetzt werden. Die Gliederung der Kosten und Erlöse nach geeigneten Merkmalen in der Artenrechnung bildet daher den Ausgangspunkt der Rechnung. Ein wesentliches Merkmal ist hierbei die **Art** der eingesetzten bzw. entstandenen Güter. Nach diesem lassen sich z.B. Personal- von Material-, Anlagen- oder Zinskosten bzw. Verkaufserlöse von Bestandserhöhungen, Vermietungen oder Zinserlösen trennen. Ferner kann man die Abhängigkeit von wichtigen Einflussgrößen oder die Zurechenbarkeit auf unterschiedliche Bezugsgrößen untersuchen. Durch die artmäßige Zerlegung wird die Basis für die weitere Zurechnung der Kosten und Erlöse gelegt. Aufgabe der **Ar-**

tenrechnung ist des weiteren die Erfassung der Kosten und Erlöse. Je näher am Ort ihrer Entstehung und je präziser sie vorgenommen wird, desto genauer lassen sich die einzelnen Kosten- bzw. Erlösbeträge für die unterschiedlichen Rechnungsziele weiterverrechnen. Die Durchführung der Rechnung vollzieht sich entsprechend Abbildung 1-22 auf der Kostenseite üblicherweise von der Kostenarten- über die Kostenstellen- bis zur Kostenträgerrechnung. Die Zweckmäßigkeit dieses Vorgehens ist darauf zurückzuführen, dass viele Einsatzgüter wie z.B. Personal, Strom oder Wasser für die gesamte Unternehmung bezogen und erst danach einzelnen Stellen zugeordnet bzw. auf mehrere Stellen verteilt werden. In der Kostenartenrechnung werden die Kosten über eine Messung der Verbrauchsmengen und ihre Bewertung erfasst.[59] Die Kostenträgerrechnung bildet die letzte Komponente, weil die Zurechnung vieler Kostenarten auf die Träger nur über eine zwischengeschaltete Stellenrechnung relativ präzise erfolgen kann. Über die Kostenstellen- oder -prozessrechnung werden die erfassten Kosten zuerst Stellen bzw. Prozessen und dann Kostenträgern zugeordnet. In diesen Stufen findet also eine Kostenverteilung von Kostenarten auf Kostenstellen bzw. -prozesse, zwischen Kostenstellen in der innerbetrieblichen Leistungsverrechnung sowie von den Endkostenstellen auf Kostenträger statt. Diese Vorgehensweise entspricht dem Ablauf des Produktionsprozesses.

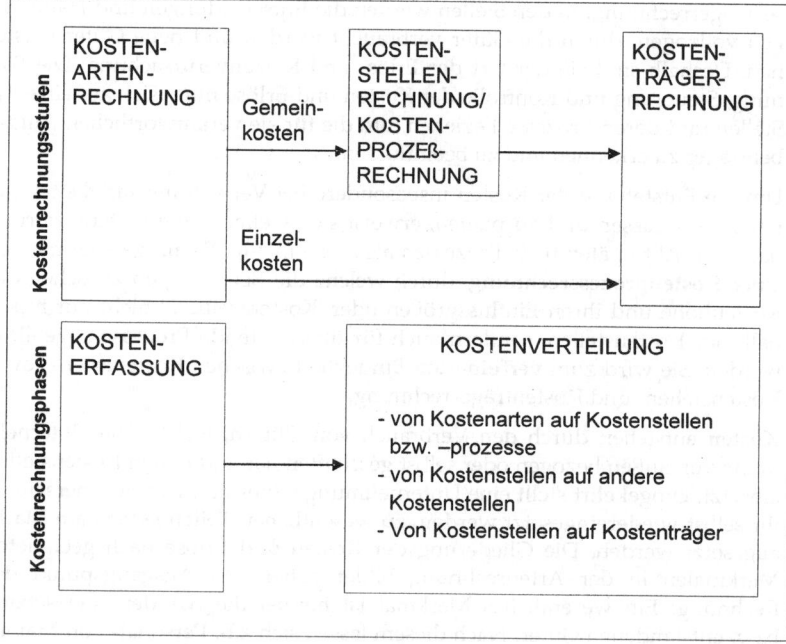

Abb. 1-22: Schematische Darstellung der Kostenermittlung

---

[59] Vgl. Kapitel 1., Abschnitt A.II.2.a), S. 12 ff.

B. Struktur und Systeme der KER

Den Ausgangspunkt für die **Erlösrechnung** bildet dagegen die Trägerrechnung, da Erlöse in der Regel für die erstellten und abgesetzten Güter bzw. Produkte anfallen. Berücksichtigt man zusätzlich die Bestimmungsgrößen dieser Erlöse, so kann der **Erlösträgerrechnung** noch eine **Erlösquellenrechnung** vorgeschaltet werden[60]. Die Erlöse lassen sich den Stellen ohne Schwierigkeiten zurechnen, in denen sie unmittelbar erbracht werden. Dies können Vertriebsstellen für einzelne Produkte, Regionen und Kunden oder innerbetriebliche Erlösstellen für ein Kraftwerk, die Kantine o.ä. sein. Eine weitergehende Verrechnung beispielsweise auf die dem Vertrieb vorgelagerten Produktionsstellen führt zu schwierigen Problemen der Berechnung innerbetrieblicher Lenkungspreise[61]. Die **Erlösartenrechnung** bildet nicht das letzte Glied in einer Verrechnung der Erlöse. Vielmehr kann die Differenzierung nach geeigneten Erlösarten schon in Verbindung mit der Erlösträgerrechnung erfolgen, ohne dass man eine Erlösstellenrechnung durchführt. Die Stellenrechnung ist hier im Unterschied zur Kostenseite nicht die Verbindung zwischen Arten- und Trägerrechnung.

3. Grund- und Auswertungsrechnungen

Mit dem Ausbau der EDV hat die schon von EUGEN SCHMALENBACH vorgeschlagene Trennung in **Grund- und Auswertungsrechnungen** neue Bedeutung erlangt[62]. Sie ist von PAUL RIEBEL aufgegriffen und mit dem Einsatz von Datenbankkonzepten verbunden worden[63]. Ihr Grundgedanke beruht darauf, dass man die regelmäßig erhobenen Daten und die laufend durchzuführenden Rechnungen als **Grundrechnungen** zusammenfasst. Die in ihnen enthaltenen Informationen können dann für einzelne Rechnungsziele mit Hilfe von Auswertungsrechnungen herangezogen werden. Die Grundrechnungen beziehen sich auf die angefallenen und/oder geplanten Kosten sowie Erlöse. Sie können zusätzlich Teilsysteme zur Erfassung der Ein- und Auszahlungen und ggf. der Potentiale enthalten[64].

In den **Grundrechnungen** werden die einzelnen Vorgänge urbelegnah und mit den sie kennzeichnenden Merkmalen (Rechnungsbetrag, Kunde, Produktart, Produktmenge, Rabatt, Datum u.ä.) abgespeichert (dokumentiert). Dadurch erhält man die Möglichkeit, sie für unterschiedliche Rechnungsziele auszuwerten. Mit modernen Datenbanken lässt sich dies effizient durchführen. Besonders geeignet erscheinen relationale Datenbanken, da sie im Unterschied zu Hierarchie- und Netzwerkmodellen zugriffspfadunabhängig arbeiten. Mit ihnen verfügt man über flexible und im vorhinein nicht festzulegende, rechnungszielneutrale Auswertungsmöglichkeiten der gespeicherten Kosten- und Erlösdaten. Mit Hilfe von Datenmanipulationssprachen bzw. Algorithmen können aus ihnen beliebige Extraktionen und Verarbeitungen

---

[60] Vgl. MÄNNEL, W. (Erlösrechnung), Sp. 566. ; SCHWEITZER, MARCUS (Erlösträgerrechnung), Sp. 475 ff.
[61] Vgl. Kapitel 3., Abschnitt D.I.6., S. 471 ff., und Kapitel 4., Abschnitt B.II.3., S. 633 ff.
[62] Vgl. SCHMALENBACH, E. (Wirtschaftslenkung), S. 66.
[63] Vgl. RIEBEL, P. (Einzelkostenrechnung), S. 149 ff.; RIEBEL, P./SINZIG, W. (Datenbanken); SINZIG, W. (Grundzüge).
[64] Vgl. Kapitel 3., Abschnitt D.IV., S. 528 ff.

von Daten vorgenommen werden[65]. Es bietet sich an, auch die laufend **durchzuführenden Abrechnungen** als Teil der Grundrechnung zu verstehen, obwohl in ihnen schon eine Auswertung der Ursprungsdaten erfolgt. Die Grenzziehung zwischen Grund- und Auswertungsrechnungen hängt daher vom verfolgten Zweck ab. Typische **Auswertungsrechnungen** beziehen sich dann auf Informationsbedarfe für Einzelentscheidungen, wie sie beispielsweise bei der Kalkulation von neuen Produkten oder Sonderanfertigungen auftreten.

Mit dem Ausbau dialoggestützter Berichtssysteme[66] haben die **Auswertungsrechnungen** zunehmend an Bedeutung gewonnen. In derartigen Systemen kann der Informationsverwender die für seine Entscheidungen bzw. Handlungen relevanten Daten selbständig aus dem Berichtssystem abrufen. Wenn man ihm hierfür geeignete Auswertungsrechnungen zur Verfügung stellt, steigen seine Möglichkeiten, die auf eine jeweilige Entscheidung zugeschnittene Rechnung z.B. in Form einer Kalkulation durchzuführen. Dies spricht dafür, dass sich die Gliederung in die Komponenten der Grund- und Auswertungsrechnungen immer mehr durchsetzt.

II. Prinzipien der Kosten- und Erlösrechnung

1. Prinzipien der Kosten- und Erlöserfassung

Die Kosten- bzw. die Erlöserfassung wird in der Kosten- bzw. der Erlösartenrechnung vorgenommen und bildet die Grundlage der betrieblichen Kostenrechnung. Hierzu sind einerseits die mengenmäßigen Güterverbräuche bzw. -entstehungen zu messen und andererseits ihre jeweiligen Wertansätze zu bestimmen.

Die grundlegende Anforderung an die Erfassung besteht in der **Isomorphie** (Strukturgleichheit) zwischen den realen Gegebenheiten und den ermittelten Kosten- bzw. Erlöszahlen. Als weitere grundsätzliche Bedingung tritt das Prinzip der **intersubjektiven Überprüfbarkeit** hinzu. Entsprechend dieser Forderung muss bei der Ermittlung von Kosten für viele fachkundige Personen die Möglichkeit bestehen, den Messvorgang nachzuprüfen. Für die Kostenerfassung bedeutet dies, dass die einzelnen Güterverbräuche sowie die gezahlten Preise in der Regel durch Belege nachgewiesen werden müssen.

Während diese Prinzipien die Zuverlässigkeit der Zahlen gewährleisten sollen, sind die folgenden Anforderungen auf die Verwendbarkeit der Kosten- und Erlösinformationen ausgerichtet. Hierzu gehören die Prinzipien der **Vollständigkeit**, der **Genauigkeit** und der **Aktualität** der Kostenerfassung. Bei diesen Anforderungen geht es vielfach jedoch nicht um eine höchstmögliche Erfüllung, weil die Kostenerfassung auch dem **Prinzip der Wirtschaftlichkeit** genügen soll. Der Grad an Vollständigkeit, Genauigkeit und Aktualität der Kostenerfassung ist von den Verwendungszwecken der Informationen

---

[65] Vgl. WEDEKIND, H./ORTNER, E. (Datenbank), S. 534, RIEBEL, P./SINZIG, W. (Datenbanken), S. 110 ff., SCHEER, A.-W. (Datenbanksysteme), S. 500 ff.
[66] Vgl. KÜPPER, H.-U. (Controlling), S. 155 f.

abhängig. Beispielsweise ist es oft nicht notwendig, jeden Verbrauch an Kleinstmaterial oder jede geringfügige Preisschwankung sofort und genau festzustellen. Der Erfassungsgenauigkeit sind auch Grenzen gesetzt, wenn z.B. Güterverbräuche technisch nicht messbar sind oder Tagespreise nicht ermittelt werden können[67].

Die Kosten- und Erlöserfassung hat ferner die Aufgabe, die entstehenden Kosten und Erlöse fortlaufend und nach einheitlichen Gesichtspunkten zu messen. Dabei muss das System **flexibel** sein, so dass auch neu auftretende Vorgänge berücksichtigt und überholte weggelassen werden können.

An die Erfassung der Kosten im Rahmen der Artenrechnung können weitere Anforderungen gestellt werden, die von den in der anschließenden Kostenstellen- und Kostenträgerrechnung verfolgten Rechnungszielen stark beeinflusst werden. Gegenstand der Artenrechnung ist neben der Messung der einzelnen Güterverbräuche bzw. -entstehung und der realisierten Preise das **Zusammenfassen und Gruppieren** der ermittelten Zahlen zu verschiedenen **Kosten- bzw. Erlösarten.** Dabei ist zu fordern, dass die Gliederung in Kostenarten im Hinblick auf die Rechnungsziele von Kostenstellen- und Kostenträgerrechnung erfolgt. Ferner wird die Bedingung aufgestellt, die Kosten und Erlöse jeweils bei den Größen zu erfassen, denen sie **direkt zurechenbar** sind[68]. Zusätzlich können die **Periodenzuordnung** und der **Auszahlungscharakter** der Kosten schon bei ihrer Erfassung angegeben werden. Hierdurch wird gekennzeichnet, inwieweit die Kosten bestimmten Abrechnungszeiträumen eindeutig zugeordnet werden können und inwieweit sie kurz-, mittel- bzw. langfristig oder überhaupt nicht mit Auszahlungen verbunden sind. Außerdem ist der Grundsatz der **einmaligen Erfassung** jeder Kostenart zu beachten.

2. Prinzipien der Kosten- und Erlösverteilung

Die erfassten Kosten und Erlöse werden in der Stellen- und der Trägerrechnung auf Kostenstellen bzw. Kostenträger verteilt. Die **Kosten- und Erlösverteilung** kann nach unterschiedlichen Prinzipien vorgenommen werden, deren Wahl von dem verfolgten Rechnungsziel abhängt. Da mehrere Rechnungsziele vielfach nicht durch dieselbe Verteilungsrechnung erfüllbar sind, kann es erforderlich sein, auf der Grundlage verschiedener Verteilungsprinzipien mehrere Rechnungen durchzuführen.

a) Ursachenorientierte Prinzipien der Kosten- und Erlösverteilung

aa) Verursachungsprinzip

Ein wichtiges Prinzip der Verteilung ist das **Verursachungsprinzip**. Dieses Prinzip wird in der Betriebswirtschaftslehre unterschiedlich weit definiert und dann auch als Kosteneinwirkungs-[69] bzw. als Finalprinzip[70] bezeichnet.

---

[67] Vgl. RIEBEL, P. (Einzelkostenrechnung), S. 27.
[68] Vgl. RIEBEL, P. (Einzelkostenrechnung), S. 36 ff. und 137 ff.
[69] Vgl. KOSIOL, E. (Kostenrechnung), S. 29 und 142 ff.

> In seiner **weiten Fassung** besagt das **Verursachungsprinzip**, dass die Kosten und Erlöse den auf sie einwirkenden Einflussgrößen zuzurechnen sind.

Bei diesen Einflussgrößen kann es sich nicht nur um Produktmengen, sondern auch um Zeiten wie Arbeits- oder Maschinenstunden, um Intensitäten, Losgrößen und dergleichen handeln[71]. Grundlage einer Verteilung bilden Hypothesen der Kosten- und der Erlöstheorie, die als **Kosten- und Erlösfunktionen** formuliert sind und die regelmäßigen Beziehungen zwischen den Kosten einer Produktionsperiode und ihren Bestimmungsgrößen abbilden.

Eine Kostenverteilung entsprechend dem Kostenverursachungsprinzip lässt sich anhand des Schemas der **wissenschaftlichen Erklärung** verdeutlichen[72]. Nach diesem Schema bedeutet dies, dass ein bestimmter Kostenbetrag (z.B. die Periodenkosten K_t) aus einer kostentheoretischen Aussage (z.B. der Kostenfunktion $K = f(x) = 500+10 \cdot x$) entsprechend Abbildung 1-23 durch die Einsetzung konkreter Situationsbedingungen (z.B. $x_t = 2.000$) ableitbar ist.

Gesetzmäßigkeit Kostenfunktion:	$K = f(x) = 500 + 10 \cdot x$
Situationsbedingung Produktmenge:	$x_t = 2.000$
Gesamtkosten in Periode t :	$K_t = 500 + 10 \cdot 2.000 = 20.500$

Abb. 1-23: *Erklärung eines Kostenbetrags entsprechend dem Schema wissenschaftlicher Erklärung*

Als verursachende Größen der Gesamtkosten können alle unabhängigen Variablen der Kostenfunktion angesehen werden. Sie werden als die Bestimmungsgrößen der Kosten und damit als **Kosteneinflussgrößen** interpretiert. Ihre konkrete Ausprägung kommt in den Situationsbedingungen zum Ausdruck. Die Verteilung der Kosten nach dem Kostenverursachungsprinzip setzt demnach die Kenntnis der kostentheoretischen Zusammenhänge voraus.

bb) Identitätsprinzip

Nach PAUL RIEBEL kann die Entstehung von Gütern nicht als Ursache der Kosten interpretiert werden. Vielmehr seien sowohl der Verbrauch als auch die Entstehung von Gütern Wirkungen des Einsatzes aller Produktionsfaktoren[73]. Eine Entscheidung über den kombinierten Einsatz der Produktionsfaktoren unter technologisch bestimmten Bedingungen stelle eine Ursache dar, die zwei Wirkungen hervorrufe. Sie führe einerseits zum Verzehr bzw. zur Inan-

---

[70] EHRT, R. (Zurechenbarkeit), S. 30. EHRT spricht von 'Leistungen' anstelle von Erlösen.
[71] Vgl. RUMMEL, K. (Kostenrechnung), S. 17; KILGER, W. (Deckungsbeitragsrechnung[10]), S. 316 ff.
[72] Vgl. HEMPEL, C.G./OPPENHEIM, P. (Studies), S. 247.
[73] Vgl. RIEBEL, P. (Einzelkostenrechnung[7]), S. 32, S. 70 ff. und 418 ff.

B. Struktur und Systeme der KER

sprachlichen der Produktionsfaktoren und andererseits zur Erstellung des Produkts bzw. Produktbündels.

> RIEBEL vertritt die Ansicht, dass die Kosten bestimmten Erlösen nur dann zugerechnet werden können, wenn Kosten und Erlöse durch dieselbe **Entscheidung** ausgelöst werden. "Die *Zurückführbarkeit auf dieselbe, identische Entscheidung ('Identitätsprinzip')* ist das allein *maßgebliche Kriterium* ..."[74]

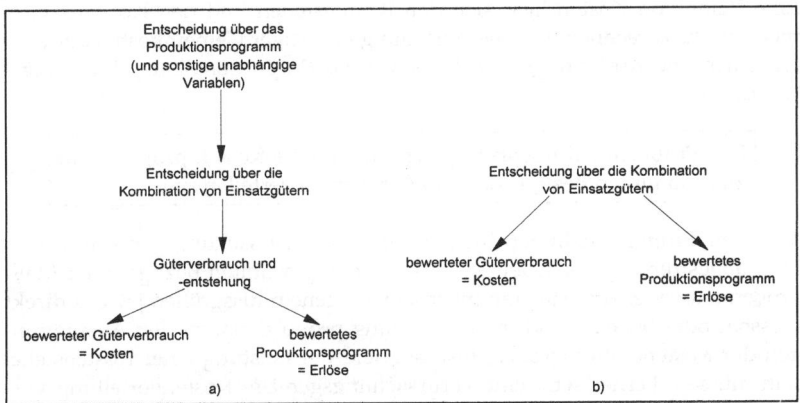

Abb. 1-24: *Die Ursache-Wirkungs-Ketten a) nach dem Verursachungsprinzip im weiteren Sinne und b) nach dem Identitätsprinzip*

Ein Vergleich zwischen dem (weiten) Verursachungsprinzip und dem Identitätsprinzip zeigt, dass ähnliche Ursache-Wirkungs-Ketten gebildet werden. Beim Verursachungsprinzip werden die Kosteneinflussgrößen als Ursachen des Güterverbrauchs interpretiert. Die konkrete Ausprägung dieser Größen als unabhängige Variablen der Kostenfunktion wird durch Entscheidungen festgelegt. Als eine wesentliche Kosteneinflussgröße wird in der Regel das **Produktionsprogramm** in seiner art- und mengenmäßigen Zusammensetzung sowie zeitlichen Verteilung angesehen. Die Entscheidung für ein bestimmtes Produktionsprogramm und die Entscheidungen über die Ausprägungen der anderen unabhängigen Variablen der Kostenfunktion bilden die Ursachen der Kosten. Aus der **Produktionsfunktion** lässt sich herleiten, welche Gütermengen zur Erstellung eines geplanten Produktionsprogramms einzusetzen und zu kombinieren sind. Damit ergeben sich aus der Entscheidung für ein bestimmtes Produktionsprogramm Entscheidungen über den Gütereinsatz und den Vollzug der Produktionsprozesse. Die Kombination der Einsatzgüter in den Produktionsprozessen führt zur Erzeugung des Produktionsprogramms. Das tatsächlich erstellte Produktionsprogramm stimmt mit dem geplanten überein, wenn die zugrunde gelegte Produktionsfunktion die realen Input-Output-Beziehungen strukturgleich abbildet. Ferner entstehen durch den Gütereinsatz Kosten. Als eine wesentliche Ursache der Kosten

---

[74] RIEBEL, P. (Einzelkostenrechnung[7]), S. 32.

ist demnach die Entscheidung für ein geplantes Produktionsprogramm und nicht das tatsächlich erzeugte Programm anzusehen. Für das Kostenverursachungsprinzip erhält man also die in Abbildung 1-24 a) dargestellte Ursache-Wirkungs-Kette. Aus dem Identitätsprinzip ergibt sich die in Abbildung 1-24 b) wiedergegebene Ursache-Wirkungs-Kette[75]. Bei ihm wird als grundlegende Ursache der Kosten die Entscheidung über die Kombination der Einsatzgüter angesehen.

cc) Proportionalitätsprinzip

Eine Reihe von Kosten lässt sich den Kostenstellen und den Kostenträgern nicht direkt zurechnen. Für die Verteilung derartiger Gemeinkosten auf Kostenstellen und Kostenträger wird vielfach das Proportionalitätsprinzip angewandt.

> Das **Proportionalitätsprinzip** besagt, dass die Kosten proportional zu bestimmten Bezugs- oder Maßgrößen zu verteilen sind.

Mit dem **Proportionalitätsprinzip** wird eine verursachungsgemäße Verteilung angestrebt[76]. Dies bedeutet, dass mit den gewählten Bezugs- oder Maßgrößen entweder die Ausprägungen der Kosteneinflussgrößen jeweils direkt messbar oder bei einer indirekten Messung proportional zu den Ausprägungen der Kosteneinflussgrößen, insbesondere der Leistung einer Kostenstelle, sein müssen. Ferner setzt eine verursachungsgemäße Kostenverteilung voraus, dass alle Kosteneinflussgrößen berücksichtigt werden. Eine proportionale Verteilung ist nur verursachungsgemäß, sofern die Kostenfunktionen einen linearen Verlauf aufweisen und man den in Bezug auf die unabhängige Variable fixen Betrag abspaltet.

dd) Leistungsentsprechungsprinzip

HELMUT KOCH vertritt die Meinung, dass sowohl die Kosten als auch die erzeugten Leistungsmengen Elemente desselben Handlungsprozesses seien und zwischen ihnen keine Kausalbeziehung bestehe. Aus diesem Grund lehnt er die Anwendung des Verursachungsprinzips ab[77] und schlägt eine Verteilung der Gesamtkosten entsprechend dem **Leistungsentsprechungsprinzip** vor. Nach seiner Ansicht lässt sich nur eine Beziehung zwischen den Gesamtkosten einer Unternehmung bzw. Periode und der Gesamtheit ihrer Leistungseinheiten konstatieren.

> Das **Leistungsentsprechungsprinzip** gibt an, wie die Gesamtkosten auf die einzelnen Leistungseinheiten verteilt werden sollen.

KOCH verlangt, "die den verschiedenen Leistungseinheiten zuzuordnenden Gesamtkostenanteile nach der Größenrelation zwischen den Leistungseinhei-

---

[75] Vgl. RIEBEL, P. (Einzelkostenrechnung[7]), S. 32.
[76] Vgl. SCHMALENBACH, E. (Kostenrechnung), S. 360; RUMMEL, K. (Kostenrechnung), S. 17 ff.; MELLEROWICZ, K. (Kosten II, 1), S. 389.
[77] Vgl. KOCH, H. (Kostenrechnung), S. 100 ff.

B. Struktur und Systeme der KER

teil zu bemessen, derart, dass (als Anteile an der Gesamtleistung) gleich große Leistungseinheiten gleiche Kostenanteile, dagegen (als Anteile an der Gesamtleistung) umfangreicheren Leistungseinheiten größere Kostenanteile als kleineren Leistungseinheiten zugewiesen werden ..."[78]

Bei homogenen Leistungen lässt sich der Kostenanteil jeder Leistungseinheit ohne Schwierigkeiten ermitteln. Dagegen muss nach KOCH bei heterogenen Leistungen für die Kostenstellen jeweils ein fiktives Gesamtprodukt gebildet werden. Das Gesamtprodukt einer Kostenstelle ist durch eine Schlüsselgröße zu messen, die nach dem 'Kostenstreuungsprinzip' ausgewählt wird. Dabei handelt es sich um die Schlüsselgröße, bei welcher die Schwankungen der Gemeinkosten für alternative Auftragszusammensetzungen minimal sind. So werde nach KOCH ein höchstmöglicher Grad an Genauigkeit der Kostenrechnung erreicht.

b) Durchschnittsprinzip

> Ist eine verursachungsgemäße Kosten- oder Erlösverteilung nach dem Proportionalitätsprinzip nicht durchführbar, wird in vielen Fällen das **Durchschnittsprinzip** angewandt. Gemeinkosten bzw. -erlöse werden durchschnittlich auf die Leistungseinheiten oder auf sonstige Bezugsgrößen aufgeteilt.

Jeder Leistungseinheit oder jeder Einheit der Bezugsgröße wird derselbe Kosten- bzw. Erlösbetrag zugerechnet. Bei den gewählten Bezugsgrößen kann es sich ebenfalls um Mengen- oder um Wertgrößen handeln. Die Verteilung der Gemeinkosten und -erlöse erfolgt dabei proportional. Jedoch wird im Gegensatz zum Proportionalitätsprinzip keine verursachungsgemäße Verteilung angestrebt.

c) Tragfähigkeitsprinzip

Ein weiteres Verteilungsprinzip für die Kosten, mit dem keine verursachungsgemäße Zurechnung angestrebt wird, besteht im Tragfähigkeits- oder Deckungsprinzip. Es kann Anwendung finden, wenn eine Kostenverteilung nach dem Verursachungsprinzip nicht möglich ist. Ferner wird es im Hinblick auf preispolitische Zwecke vorgeschlagen. Beispielsweise kann es "dazu dienen, sich an den im Markt erzielbaren Preis heranzutasten."[79]

> Die Verteilung der Kosten auf die Ausbringungsgüter als den Kostenträgern richtet sich an der **Tragfähigkeit der Produkte** aus. Als Maß der Tragfähigkeit werden die **Bruttogewinne** angesehen, die mit den Produkten erzielt werden.

Je größer der Bruttogewinn eines Produktes ist, um so mehr Kosten werden ihm zugerechnet. Hierdurch wird es möglich, eine geringere Kostendeckung

---

[78] KOCH, H. (Kostenrechnung), S. 102.
[79] KOSIOL, E. (Kostenrechnung), S. 150.

bei einer Produktart durch eine entsprechend höhere Kostendeckung bei anderen Produktarten auszugleichen. Ferner lässt sich in gleicher Weise eine Preisdifferenzierung bei gleichartigen Produkten durch unterschiedliche Kostenträgerbelastungen durchführen

III. Systeme der Kosten- und Erlösrechnung

1. Begriff des Kosten- und Erlösrechnungssystems

> Die **Kosten- und Erlösrechnung** ist ein institutionalisiertes Informationsinstrument der Unternehmungsführung, das in unterschiedlicher Weise geformt werden kann.

Hierzu sind verschiedene grundlegende Konzepte und Verfahren entwickelt worden, welche die Ausprägung ihrer im vorigen Abschnitt beschriebenen Komponenten und Prinzipien bestimmen. Sie betreffen nicht nur einzelne Bestandteile wie z.B. die Kosten- oder die Erlösrechnung bzw. die Arten-, Stellen-, Prozess- oder Trägerrechnung, sondern wirken sich auf die Gestaltung jeder Komponente aus. Deren Wahl wird durch die verfolgten Rechnungszwecke und die zu erfüllenden Rechnungsziele bestimmt.

Derartige Verfahren bzw. Verfahrensgrundsätze für die gesamte Kosten- und Erlösrechnung, mit deren Hilfe die Kosten, Erlöse und Erfolge unter spezifischen Zielsetzungen bestimmten Bezugsgrößen zugerechnet werden, kennzeichnen ein **Kosten- und Erlösrechnungssystem**. Ihre Darstellung und ihr Vergleich lassen die Vielfalt der Gestaltungsmöglichkeiten dieses Informationsinstruments sichtbar werden. Diese Kriterien ermöglichen eine Beschreibung verschiedener Typen von Kosten- und Erlösrechnungssystemen sowie deren Systematisierung[80].

In einer Unternehmung ist es im Allgemeinen weder möglich noch zweckmäßig, mit einer größeren Zahl von Systemtypen gleichzeitig zu arbeiten. Deshalb muss sie eine Auswahl aus den verfügbaren Kosten- und Erlösrechnungssystemen treffen. Hierzu benötigt sie Kriterien, mit denen sich die Eignung der einzelnen Systeme beurteilen lässt. Der nachfolgende Katalog von Beschreibungskriterien ermöglicht eine Einordnung und Kennzeichnung der wichtigsten Systeme der Kosten- und Erlösrechnung, die in den Kapiteln *zwei* bis *vier* dargestellt werden. Die anschließend erarbeiteten Beurteilungskriterien bilden die Grundlage für ihre Analyse. Deshalb liefert dieser Abschnitt zugleich einen Überblick über den nachfolgenden Aufbau dieses Buches.

---

[80] Vgl. SCHWEITZER, M. (Systematik), S. 186.

2. Gliederung von Systemen der Kosten- und Erlösrechnung

a) Kriterien zur Kennzeichnung von Systemen der Kosten- und Erlösrechnung

aa) Rechnungszielorientierung

Als Informationsinstrumente dienen Systeme der Kosten- und Erlösrechnung bestimmten Zwecken, aus denen sich ihre Rechnungsziele herleiten lassen. Die **Rechnungszielorientierung** kann daher als grundlegendes Kriterium angesehen werden, das eine maßgebliche Bedeutung für die Gestaltung der Rechnung besitzt.

Um das Rechnungsziel der **Abbildung und Dokumentation** des Unternehmungsprozesses zu erfüllen, benötigt man Systeme, mit denen sich die realisierten Kosten und Erlöse ermitteln lassen. Die Erfassung (Ermittlung, Berechnung, Messung) der tatsächlich entstandenen Kosten und Erlöse ist notwendig für Dokumentationszwecke und bildet zugleich eine wichtige Grundlage für alle anderen Rechnungsziele. Sie wirft eine größere Zahl von Problemen auf und erfordert im Hinblick auf die verschiedenen Kosten- sowie Erlösarten, -stellen und -träger den Einsatz unterschiedlicher Techniken. Umfang und Bedeutung dieser Aufgabenstellung rechtfertigen es, die für sie verfügbaren Verfahren als eigenständige Kosten- und Erlösrechnungssysteme zu bezeichnen. Da sich diese 'ermittlungsorientierten Systeme' auf Vergangenheitsgrößen beziehen, kann man sie als Istkosten- und Isterlösrechnungen bezeichnen. Ihre Darstellung und Analyse bildet den Gegenstand des *zweiten* Kapitels.

Prognosen sind eine maßgebliche Grundlage für die **Planung**. Deshalb verbindet sich dieses Rechnungsziel mit demjenigen der Informationsbereitstellung für Planungszwecke. Mit den auf dieses Rechnungsziel ausgerichteten Systemen sollen Informationen zur Beurteilung von Handlungsalternativen und zur Entscheidungsfindung geliefert werden. Im Mittelpunkt der im *dritten* Kapitel behandelten planungsorientierten Systeme steht daher die Frage, wie diejenigen Kosten-, Erlös- und Erfolgsgrößen berechnet werden können, mit denen sich **zieloptimale Alternativen** erkennen lassen. Hierzu ist es zum einen notwendig, die Auswirkungen von Handlungsvariablen und externen Einflussgrößen auf Kosten und Erlöse zu prognostizieren. Insoweit benötigt man Prognoserechnungen, deren charakteristische Komponenten realtheoretische Hypothesen sind, mit denen sich Voraussagen für Wird-Erlöse und Wird-Kosten ableiten lassen. Optimale Alternativen kann man über einen Vergleich ihrer prognostizierten Zielwirkungen auswählen.

Zum anderen führt die Zerlegung des Entscheidungsfelds der Unternehmung vielfach dazu, dass man die Wirkungen auf die jeweils nicht berücksichtigten Handlungsbereiche über Kosten- oder Erlösgrößen näherungsweise erfassen muss. Beispielsweise sollen Zinskosten häufig ausdrücken, welche Überschüsse durch eine Anlage des Kapitals in einem anderen Entscheidungsfeld als dem Kapitalmarkt erwirtschaftet oder durch den Verzicht auf eine Kreditaufnahme eingespart werden könnten. Da es sich bei derartigen Größen nicht um empirische Konsequenzen der Kapitalanlage in der Unternehmung handelt, lassen sie sich nicht mit Prognoserechnungen bestimmen. Vielmehr ist ihre Höhe aus entscheidungstheoretischen Modellen oder **Entscheidungsrechnungen** herzuleiten, denen klare Prämissen über die Entscheidungssituation, die Art der Aufteilung des Entscheidungsfeldes und damit den Handlungsspielraum des Entscheidungsträgers zugrunde liegen.

Das Rechnungsziel der **Steuerung** ist auf die Umsetzung der Entscheidungen gerichtet, die in der Planung getroffen werden. Es beinhaltet einerseits die Konkretisierung der Pläne und ihre Anpassung an unerwartete Datenänderungen im Sinne einer Programm-, Potential- und Prozesssteuerung, wie sie vor allem in der Fertigungssteuerung ausgebaut ist. Zur Erfüllung dieses Rechnungsziels sind Modelle und Verfahren erforderlich, die eine **Kontrolle** der Planerreichung liefern und **Anpassungsentscheidungen** ermöglichen. Da letztere in ihrer Struktur den in der Planung zu treffenden Entscheidungen entsprechen und die für sie erforderlichen Kontrollen mit der Planung verknüpft sind, wird dieses Rechnungsziel einer Steuerung im Sinne einer Planumsetzung von den in Kapitel *drei* behandelten planungsorientierten Systemen im Allgemeinen auch erfüllt.

Zum anderen geht es um die **Verhaltenssteuerung** der Personen, die als Entscheidungsträger oder Ausführende die Pläne umsetzen sollen. Die in Kapitel *vier* behandelten verhaltenssteuerungsorientierten Systeme der Kosten- und Erlösrechnung berücksichtigen explizit, dass Informationen in unterschiedlicher Weise das Verhalten beeinflussen können und daher für die Steuerung eigenständige Konzepte und Verfahren erforderlich sind. Während planungsorientierte Rechnungssysteme zur Gewinnung von Informationen für Entscheidungen dienen, nehmen die verhaltenssteuerungsorientierten Systeme Bezug auf Merkmale der sie umsetzenden Personen.

Das Rechnungsziel der **Kontrolle** ist ein Teilziel der Planumsetzung und der Verhaltenssteuerung. Es spielt in der Kosten- und Erlösrechnung eine wichtige Rolle. Daraus wird teilweise der Schluss gezogen, zu seiner Erfüllung würden eigenständige Systeme benötigt. Bei näherem Hinsehen wird aber deutlich, dass Kontrollen stets auf einem Vergleich einer zu prüfenden mit einer Vergleichs- oder Normgröße basieren[81]. Die zu prüfende Größe stellt häufig eine Istgröße dar, jedoch lassen sich auch Sollgrößen für Vorgaben und Wirdgrößen für Prognosen kontrollieren. Bei den Normgrößen kann es sich um Planwerte als Soll- oder Wirdgrößen, aber auch um Istgrößen bei Zeit- und Betriebsvergleichen handeln. Daraus folgt, dass sowohl die zu prüfenden als auch die Normgrößen aus ermittlungs-, planungs- oder steuerungsorientierten Rechnungen herzuleiten sind.

Deshalb wird hier die Auffassung vertreten, dass Kontrollrechnungen keine eigenen Rechnungssysteme bilden[82], sondern mit den anderen Systemen als **Rechnungsfunktionen** verbunden sind. Eigenständige Verfahren der Kontrolle und Abweichungsanalyse sind dabei vor allem im Rahmen der planungsorientierten Systeme der Kosten- und Erlösrechnung entwickelt worden. Sie besitzen aber auch eine wichtige Bedeutung für die Verhaltenssteue-

---

[81] Vgl. KÜPPER, H.-U. (Controlling), S. 169 ff.; SCHWEITZER, M. (Planung), S. 72 ff.
[82] Zu diesem Konzept vgl. EWERT, R./WAGENHOFER, A. (Unternehmensrechnung), S. 341 ff.

rung der Entscheidungsträger und Mitarbeiter. Deshalb sind auch in vorhaltenssteuerungsorientierten Systemen Verfahren der Kontrolle einzubauen. Demgegenüber liefert ein Vergleich von Istgrößen lediglich schwache Ansatzpunkte für Kontrollen. Deshalb sind Kontrollrechnungen in den ermittlungsorientierten Systemen nicht als eigenständige Bestandteile ausgebaut.

bb) Zeitbezug der Rechnungen

Die verschiedenen Rechnungsziele lassen erkennen, dass zu ihrer Erfüllung einerseits vergangenheitsorientierte und andererseits zukunftsorientierte Rechnungen benötigt werden. Deshalb ist der **zeitliche Bezug der Rechnungen** ein wichtiges Kriterium zur Unterscheidung von Systemen der Kosten- und Erlösrechnung. Nach ihm trennt man zwischen Systemen der Istrechnung und der Planrechnung.

Soweit ein Rechnungssystem sich auf die Feststellung realisierter Kosten und Erlöse beschränkt, wird es als **Istkosten- und -erlösrechnung** bezeichnet. Sie verfolgt als Rechnungsziel die Ermittlung der faktisch entstandenen Kosten, Erlöse und Erfolge. Dagegen sind **Plankosten- und -erlösrechnungen** durch eine Vorrechnung gekennzeichnet, in welcher die Kosten, Erlöse und Erfolge für künftige wirtschaftliche Sachverhalte bestimmt werden. Die Plankosten und erlöse können eine Basis für die Entscheidungsfindung liefern oder als Steuerungsgrößen zu deren Umsetzung vorgegeben werden. Sowohl zu Planungs- als auch zu Verhaltenssteuerungszwecken benötigt man Daten, die sich auf einen künftigen Zeitraum beziehen, da die Konsequenzen von Entscheidungen und das Handeln der zu beeinflussenden Personen in der Zukunft liegen. Deshalb sind für die Erfüllung beider Rechnungsziele Vorrechnungen notwendig.

Da die Planung und die Verhaltenssteuerung im Allgemeinen um Kontrollen ergänzt werden, schließen Planrechnungen durchweg Nachrechnungen mit ein. Man stellt die geplanten Kosten und Erlöse den realisierten gegenüber und untersucht die aufgetretenen Differenzen mit Hilfe von **Abweichungsanalysen**. Deshalb stellen Vorrechnungen zwar die charakteristischen, aber nicht die einzigen Bestandteile von Plankosten- und -erlösrechnungen dar. Diese Systeme bieten insoweit keine Alternative, sondern die Erweiterung von Verfahren der Istkosten- und -erlösrechnung.

cc) Umfang und Art der Verrechnung

Im Hinblick auf die Verwendbarkeit der Informationen für Entscheidungen hat der **Verrechnungsumfang** von Kosten und Erlösen eine wichtige Bedeutung erlangt. Nach diesem Kriterium unterscheidet man zwischen Systemen der Voll- und der Teilkosten- sowie -erlösrechnung. Da die Zurechnung der Erlöse auf die Träger eher direkt möglich ist, bezieht sich dieses Kriterium primär auf die Verteilung der Kosten.

Bei **Vollkostenrechnungen** werden die gesamten Kosten auf die Kostenträgereinheiten (bzw. -lose oder -chargen) verteilt. Die **Einzelkosten** lassen sich ihnen direkt zurechnen, während die **Gemeinkosten** über die Kostenstellen- oder Kostenprozeßrechnung den Kostenträgern zugeordnet werden. Maßgeblich für eine eindeutige begriffliche Unterscheidung ist, dass die Kostenverteilung auf einzelne Leistungseinheiten herunter erfolgt.

Ein grundlegendes Problem von Vollkostenrechnungen besteht darin, dass häufig die Verteilung der Kosten auf Kostenträgereinheiten nicht aufgrund empirischer Zusammenhänge oder entscheidungstheoretischer Modelle vorgenommen werden kann. Dann bleibt nur eine möglicherweise plausibel begründete, aber letztlich willkürliche 'Schlüsselung' übrig, wenn man sämtliche Kosten verteilen will. Damit wird die Verwendbarkeit der Informationen im Hinblick auf die Rechnungsziele jedoch problematisch. Sie lässt sich nicht mehr anhand real- bzw. entscheidungstheoretischer Modelle beurteilen, so dass die Gefahr einer fehlerhaften Anwendung bzw. einer fehlenden Entscheidungsrelevanz besteht.

Da in der Regel ein Teil der Kosten von anderen Einflussgrößen als den Produktmengen abhängig ist, führt die strenge Beachtung ihrer funktionalen Beziehungen zur Kostenhöhe zu **Systemen der Teilkostenrechnung**. Für deren Entwicklung war maßgebend, dass man eine nicht verursachungsgemäße, ggf. zu Fehlentscheidungen führende Kostenschlüsselung auf alle Fälle vermeiden wollte. Deshalb sind sie dadurch gekennzeichnet, dass nicht die gesamten, sondern lediglich ein Teil der anfallenden Kosten bis auf die Kostenträgereinheiten (bzw. -lose oder -chargen) verrechnet werden. Dieses Kriterium beinhaltet jedoch nicht, dass in ihnen nur ein Teil der Kosten erfasst wird. So schließt die Kostenartenrechnung üblicherweise die Erfassung der gesamten Kosten ein. Auch in der Kostenstellenrechnung werden i.d.R. sämtliche Kosten auf Kostenstellen zugerechnet. Dies ist möglich, da es im Allgemeinen übergreifende Kostenstellen wie die Unternehmensleitung gibt, denen sich umfassende Kosten ohne Willkür zuordnen lassen.

Verschiedene Erscheinungsformen von Teilkostenrechnungen ergeben sich nach der Art der Kostenverrechnung. Diese Systeme verlangen stets eine Aufspaltung der Gesamtkosten, von denen nur ein Teil bis auf die Kostenträger weiterverrechnet wird. Als maßgebliche Kriterien hierfür werden die **Beschäftigungsabhängigkeit** und die (eindeutige) **Zurechenbarkeit** verwendet. Mit diesen gelangt man zu Teilkostenrechnungen auf der Basis von variablen Kosten bzw. von relativen Einzelkosten.

Den **Teilkostenrechnungen auf der Basis von variablen Kosten** liegt eine Trennung nach der Abhängigkeit von der Einflussgröße zugrunde. Als variabel bezeichnet man die Kosten bzw. Teile der Gesamtkosten, deren Höhe sich bei Variation einer Kosteneinflussgröße ändert. Dagegen bleibt die Höhe fixer Kosten bei Veränderung innerhalb eines Intervalls konstant. Da die **Beschäftigung** in der Kosten- und Erlösrechnung als wichtigste Kosteneinflussgröße betrachtet wird, führt man in diesen Systemen die Kostenaufspaltung in Bezug auf sie durch. Die Beschäftigung gibt die in einer Periode realisierten bzw. zu realisierenden Leistungen wieder und kann u.a. durch Ausbringungsmengen, Fertigungszeiten u.ä. gemessen werden. Den Kostenträgern und ihren Einheiten werden lediglich die **beschäftigungsvariablen Kosten** zugerechnet.

Beim Bestehen linearer Kostenfunktionen sind die variablen Kosten je Beschäftigungseinheit konstant. In diesem Fall linearer Kostenabhängigkeit stimmen sie zudem mit den Grenzkosten überein. Diese geben die Steigung der Gesamtkosten an und werden als erste Ableitung der Gesamtkosten bestimmt. Die **Grenzkosten** kennzeichnen die Veränderung der Kosten, die bei infinitesimal kleiner Variation einer oder mehrerer Kosteneinflussgrößen anfällt. Im Fall linearer Kostenfunktionen stellt eine Zurechnung der Teilkosten 'variable Kosten pro Stück' auf die Kostenträger zugleich eine Zurechnung von Grenzkosten dar. Teilkostenrechnungen auf der Basis variabler Kosten haben somit gleichzeitig den Charakter einer **Grenzkostenrechnung**, wenn sie von linearen Kostenverläufen ausgehen. Diese Eigenschaft ist wichtig, weil damit ein bestimmter konzeptioneller Ansatz verfolgt wird. Man will mit derartigen Systemen über die Aufspaltung der Kosten nach der oder den als wichtig erachteten Einflussgröße(n) die Grenzkosten bestimmen, da sie häufig die für die Entscheidungsfindung relevanten Informationen sind. Ferner verfolgt man den Zweck, eine nicht verursachungsgemäße Schlüsselung von Kosten und Erlösen zu vermeiden. Deren Verteilung soll nur dann erfolgen, wenn sie sich auf einen empirischen Zusammenhang z.B. als Änderung der Kostenfunktion zurückführen lassen oder über ein Entscheidungsmodell aus empirisch bestätigten Funktionen und einer Zielvorstellung eindeutig herleitbar sind.

In der von PAUL RIEBEL konzipierten **Teilkostenrechnung auf der Basis von relativen Einzelkosten** wird die **direkte Zurechenbarkeit** als Kriterium für die Kostenaufspaltung angesehen. Jedoch berücksichtigt man, dass sich die Kosten (und Erlöse) nicht nur den Kostenträgern bzw. ihren Einheiten, sondern einer größeren Zahl unterschiedlicher Bezugsgrößen zurechnen lassen. Durch eine geeignete **Hierarchie von Bezugsgrößen** gelingt es, alle Kosten als **Einzelkosten** zu erfassen. Dementsprechend wird die Verrechnung der Kosten 'relativ' zu den Bezugsgrößen vorgenommen. Kosten werden jeweils an derjenigen Stelle der Bezugsgrößenhierarchie ausgewiesen, an der sie gerade noch als **Einzelkosten** direkt zuordenbar sind. "Die an irgendeiner Stelle in der Bezugsgrößenhierarchie ausgewiesenen Kosten sind dann für die untergeordneten Bezugsgrößen Gemeinkosten."[83] Auf eine Schlüsselung von nicht direkt zurechenbaren Kosten wird in diesem System völlig verzichtet.

dd) Bezugnahme auf die Planungs- und Steuerungshierarchie

Die Planung wird im Allgemeinen in mehrere Hierarchieebenen eingeteilt, die sich in Bezug auf die Art der Handlungsvariablen und Ziele, deren zeitliche Reichweite und andere Merkmale unterscheiden[84]. Während sich die **strategische Planung** in hohem Maße auf qualitative Tatbestände erstreckt und ihre Ziele vor allem in der Schaffung von Erfolgspotentialen liegen, sind die **taktische** und die **operative Planung** vorwiegend quantitativ ausgerichtet. Für die **taktische Planung** sind mehrperiodige quantitative Zielgrößen wie Kapital-, Ertrags- oder Endwerte charakteristisch. Sie bezieht sich vor allem auf umfassendere Produktionsprogramm-, Investitions-,

---

[83] RIEBEL, P. (Einzelkostenrechnung), S. 37.
[84] Vgl. SCHWEITZER, M. (Planung), S. 33 ff.; KÜPPER, H.-U. (Controlling), S. 68 ff.

auf umfassendere Produktionsprogramm-, Investitions-, Finanzstruktur- und Personalentscheidungen. Dagegen sind für **operative Entscheidungen** einperiodige Ziele wie Jahres- oder Monatserfolg, Durchlaufzeiten u.ä. bestimmend, mit denen z.b. Entscheidungen über Produktionsmengen, Losgrößen, Reihenfolgen und Bestellmengen getroffen werden.

Die Kosten- und Erlösrechnung ist der Teil der Unternehmungsrechnung, dessen Schwerpunkt in der Bereitstellung von Informationen für die **operative Ebene** liegt[85]. Sie geht i.d.R. wie die operative Planung von kurzfristigen Erfolgsgrößen aus. Daher ist sie traditionellerweise das Instrument, mit dem die **relevanten Kosten- und Erlösinformationen** für die Planung, Steuerung und Kontrolle aller operativen Transformationsprozesse in und zwischen Unternehmungen geliefert werden. Dabei handelt es sich insbesondere um Beschaffungs-, Transport-, Lager-, Fertigungs- und Absatzprozesse. Die für diese Prozesse über die taktische Planung bereitgestellten Ressourcen an Personal, Anlagen, Know-how u.ä. müssen im Hinblick auf das Erfolgsziel optimal eingesetzt werden. Im Vordergrund stehen u.a. Fragen der Beschäftigung vorhandener Kapazitäten. Besondere Beachtung verdienen dabei die Wirkungen sinkender Stückzahlen, zunehmender Produktvielfalt und steigender Anforderungen an die Flexibilität. Die meisten Systeme der Kosten- und Erlösrechnung folgen diesem Konzept und konzentrieren sich auf die operative Ebene, was in der Orientierung an Periodenerfolgsgrößen und der Annahme weitgehend konstanter Betriebsbereitschaft zum Ausdruck kommt.

Eine Reihe neuerer Ansätze betont den Bedarf an Kosten- und Erlösinformationen für **taktische und strategische Entscheidungstatbestände**. Das traditionelle Instrument zur Unterstützung taktischer und - soweit sie quantitativ erfassbar sind - strategischer Entscheidungen aus ökonomischer Sicht bildet die **Investitionsrechnung**[86]. Deshalb gewinnt für die Ausrichtung der Kosten- und Erlösrechnung auf die taktische und strategische Planungsebene ihre Verbindung zur Investitionsrechnung eine wichtige Bedeutung. Soweit diese Verknüpfung gelingt, lassen sich die kostenrechnerischen Ansätze für taktische und ggf. strategische Informationen systematisch in die Unternehmungsrechnung einordnen.

Bei mehrperiodiger Betrachtung muss man, um eine ausreichende Präzision zu wahren, auch mehrperiodig definierte Erfolgsziele zugrunde legen. Mit dem Übergang auf mehrperiodige Rechnungen nehmen daher die Bedeutung der Zinskosten und damit der Zahlungszeitpunkte zu, während die Probleme der periodischen Rechnungsabgrenzung in den Hintergrund treten. Da die zeitlichen Differenzen zwischen den Zeitpunkten der Zahlungen und des Gütereinsatzes bzw. der Güterentstehung gegenüber der Dauer des Betrachtungszeitraums an Gewicht verlieren, nimmt die Notwendigkeit einer Unterscheidung zwischen diesen Rechnungsgrößen ab. Grundlegende Aufgaben von **erfolgszielorientierten Informationssystemen** für die taktische und strategische Planung liegen daher in der **Prognose der Ein- und Auszahlungen**. Ansätze der Kostenrechnung sind auf der taktischen Ebene insbesondere für

---

[85] Vgl. KILGER, W. (Deckungsbeitragsrechnung[10]), S. 1.
[86] Vgl. KÜPPER, H.-U. (Unternehmensrechnung), S. 984 ff.

die vereinfachte Investitionsplanung, die Budgetierung und zur Unterstützung von Konstruktionsaufgaben entwickelt worden. Jedoch wird üblicherweise lediglich die konstruktionsbegleitende Kostenrechnung explizit den Systemen der Kosten- und Erlösrechnung zugerechnet.

In eine ähnliche Richtung gehen Ansätze, welche die Notwendigkeit einer Beeinflussung von Konstruktion, Fertigung und Vertrieb in den Vordergrund stellen. Bei ihnen tritt das Rechnungsziel der **Verhaltenssteuerung** in den Mittelpunkt. Sie betonen die Notwendigkeit, nicht nur die laufenden Prozesse im operativen Bereich, sondern ihre Gestaltung schon auf der taktischen und ggf. strategischen Ebene zu steuern. Dahinter steht die Erkenntnis, dass ein hoher Anteil der Kosten durch die taktischen und strategischen Entscheidungen determiniert wird.

ee) Weitere Gliederungskriterien für Kosten- und Erlösrechnungssysteme

Zur verfeinerten Gliederung von Systemen der Kosten- und Erlösrechnung kann eine Reihe weiterer Kriterien herangezogen werden. Zu ihnen gehören vor allem[87]:

- Zeitflexibilität
- Bezug auf Funktionsbereiche
- Wiederholungscharakter
- Segmentierungsgrad
- Abbildungsumfang

Die **Zeitflexibilität** bezieht sich auf die Berücksichtigung unterschiedlicher Planungsfristen in einem System. Da die Veränderbarkeit der Betriebsbereitschaft mit der Fristigkeit der Betrachtung variiert, ist dieses Kriterium für die Aufspaltung in variable und fixe Kosten von zentraler Bedeutung. Beispielsweise können Lohnkosten in Bezug auf Monatsfristen weitgehend fix sein, weil Mitarbeiter in dieser Zeit weder versetzt noch entlassen werden können. Ihre Variabilität nimmt mit der Verlängerung der Sichtweise zu. Deshalb ist vorgeschlagen worden[88], Systeme mit mehreren Fristigkeitsgraden und damit unterschiedlicher Aufspaltung in fixe und variable Kosten einzuführen. Derartige Rechnungen können kurzfristig an Preis- und Lohnsatzschwankungen angepasst werden, Kosteninformationen für die Produktionsprozessplanung präziser ermitteln und Fragestellungen der **Auf- und Abbaufähigkeit** sowie **Beeinflussbarkeit** von Kosten explizit erfassen.

Eine Reihe von Systemen bezieht ihre rechnungstechnischen Fragestellungen und Analysen auf abgegrenzte Funktionen der Unternehmung. Sie können die Komponenten der Arten-, Stellen- und Trägerrechnung voll umfassen, sich jedoch auf einen **Funktionsbereich** beschränken. Insofern handelt es sich um ausgebaute Systeme der Kosten- und Erlösrechnung. Typische Beispiele hierfür sind **Beschaffungs-, Fertigungs-** und **Vertriebskostenrechnungen**.

---

[87] Vgl. SCHWEITZER, M. (Systematik), S. 187 ff.
[88] Vgl. KILGER, W. (Deckungsbeitragsrechnung^{10}), S. 96 ff.; SEICHT, G. (Grenzkostenrechnung), S. 693 f.

Bei Bedarf können mehrere Funktionen unter einem bestimmten Blickwinkel verknüpft werden. Dies gilt für die **Qualitätskostenrechnung** und vor allem die **Logistikkostenrechnung**. Sie liefern Informationen für die Querschnittsfunktionen Qualitätssicherung und Logistik, welche den Materialfluss in Beschaffung, Fertigung, Absatz und Entsorgung betrachten.

Nach dem **Wiederholungscharakter** unterscheidet man zwischen fortlaufend und einmalig durchgeführten Rechnungen. Zu ersteren gehören u.a. die periodische Erfolgsermittlung für die Gesamtunternehmung und gegebenenfalls ihre Bereiche oder eine monatliche Planung sowie Kontrolle der Kosten aller Kostenstellen. Einmalige Rechnungen sind für die Unterstützung von Einzelentscheidungen vorzunehmen. Sie stellen typische **Auswertungsrechnungen** dar.

Der **Segmentierungsgrad** weist darauf hin, in welchem Umfang das Rechnungssystem der Gesamtunternehmung nach wichtigen Sparten oder anderen Teilbereichen aufgegliedert ist. Vor allem eine organisatorische Gliederung in relativ selbständige Einheiten in Form von **Cost Center, Revenue Center, Profit Center** oder **Investment Center** verlangt eine entsprechende Segmentierung des Rechnungssystems[89]. Um die Wirkungen der Entscheidungen in den Einzelbereichen auf die Gesamtunternehmung zu erfassen, müssen die segmentierten Rechnungen i.d.R. über eine **Konsolidierung** wieder zusammengeführt werden.

Der **Abbildungsumfang** bezieht sich darauf, in welchem Ausmaß die verschiedenen Unternehmensbereiche, die in ihnen zu treffenden Entscheidungstatbestände und die Planungsebenen durch das Rechnungssystem erfasst werden. Beispielsweise sind funktionsbereichsbezogene Rechnungen stets auf einen Ausschnitt begrenzt und werden die taktische sowie die strategische Ebene durchweg nur eingeschränkt abgebildet. Insofern ist der Abbildungsumfang ein Kriterium zur generellen Kennzeichnung des Ausmaßes, in dem ein System der Kosten- und Erlösrechnung die Dokumentation, Planung, Steuerung und Kontrolle der Unternehmung unterstützt.

b) Gliederung von Systemen der Kosten- und Erlösrechnung

Aufgrund der Vielzahl an Kriterien zur Kennzeichnung von Systemen der Kosten- und Erlösrechnung gibt es zahlreiche Möglichkeiten ihrer Gliederung. Daran wird erkennbar, wie groß die Auswahl an Systemen ist, welche die Unternehmungen zur Erfüllung ihrer Rechnungsziele einsetzen können. Wenn man zur Veranschaulichung entsprechend Abbildung 1-25 mehrere Kriterien nacheinander berücksichtigt, so zeigt sich die Breite an Kombinationsmöglichkeiten. Damit wird deutlich, wie voll der 'Instrumentenkasten' dieses Rechnungssystems für die Unternehmungen ist. Jede kann daraus das für ihre individuellen Bedingungen und Zwecke geeignete System wählen bzw. daraus weiterentwickeln. Dementsprechend schwierig ist aber auch ihr Entscheidungsproblem.

---

[89] Vgl. KÜPPER, H.-U. (Kostenplanung), Sp. 1195 ff.; KÜPPER, H.-U. (Controlling), S. 273 ff. und S. 309 ff.

B. *Struktur und Systeme der KER*

Eine Berücksichtigung aller Merkmale würde zu einer zwar umfassenden, aber unübersichtlichen Klassifikation der Systeme führen. Deshalb ist eine Beschränkung auf die als besonders wichtig erachteten Kriterien unerlässlich. Entsprechend der Bedeutung für die Anwendbarkeit und dem Ausbaugrad der Systeme sind in der Gliederung von Abbildung 1-26 die **Rechnungszielorientierung** sowie **Umfang und Art der Verrechnung** von Kosten bzw. Erlösen als wichtigste Kriterien herausgehoben.

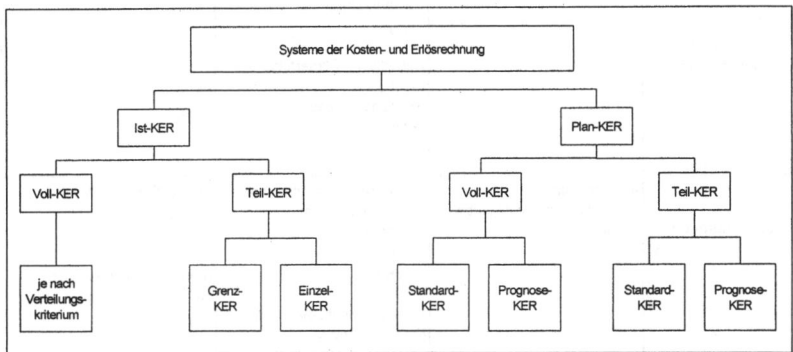

Abb. 1-25: *Gliederungsmöglichkeiten für Systeme der Kosten- und Erlösrechnung*

Die zentrale Bedeutung der **Rechnungszielorientierung** erscheint offensichtlich, weil sich aus ihr die Anwendbarkeit bzw. Zweckmäßigkeit für die Unternehmung ergibt. Der Nutzen eines Informationssystems hängt davon ab, inwieweit es die Daten liefert, welche der Empfänger aufgrund seiner Rechnungszwecke und -ziele benötigt. Mit diesem Kriterium gelangt man zu einer Systematisierung nach **ermittlungs-, planungs-** sowie **verhaltenssteuerungsorientierten Systemen der Kosten- und Erlösrechnung**. Das zweite Kriterium, **Umfang und Art der Verrechnung**, führt zu der Gliederung in **einflussgrößenbezogene, Voll-, Teil- und kombinierte Rechnungen**. Seine Bedeutung ergibt sich daraus, dass die Erfüllbarkeit der einzelnen Rechnungsziele maßgeblich davon bestimmt wird, in welchem **Umfang** und auf welche **Art** Kosten sowie Erlöse **verrechnet** werden.

Das vielfach verwendete Systematisierungskriterium des **Zeitbezugs der Rechnungen** ist in dieser Gliederung nicht explizit aufgeführt, jedoch implizit berücksichtigt. Dies ergibt sich daraus, dass planungs- und verhaltenssteuerungsorientierte Rechnungssysteme stets bestimmte Ausprägungen von Vorrechnungen enthalten und daher als **Planrechnungen** bezeichnet werden können. Unter Verwendung dieser Kriterien lassen sich die in Abbildung 1-26 genannten Systeme einordnen. Dabei sind in erster Linie die weit ausgebauten, in der Praxis verbreiteten und in Forschung bzw. Praxis diskutierten Konzepte berücksichtigt.

Innerhalb der **ermittlungsorientierten Systeme** werden im *zweiten* Kapitel nur der grundsätzliche Systemaufbau und die wichtigsten Verfahren am Beispiel der Istrechnung gekennzeichnet. Da die Istrechnungen auch in Planrechnungen enthalten sind, wird die Differenzierung nach Umfang und Art der Kostenverrechnung an den planungsorientierten Systemen dargestellt.

1. Kapitel: Funktion und Grundbausteine der KER

Istrechnungen lassen sich aber wie diese nach dem Umfang und der Art der Verrechnung von Kosten und Erlösen untergliedern.

Rechnungsziel-orientierung Umfang und Art der Verrechnung	Ermittlungsorientierte Kosten- und Erlösrechnungen (2. Kapitel)	Planungsorientierte Kosten- und Erlösrechnungen (3. Kapitel)	Verhaltenssteuerungsorientierte Kosten-und Erlösrechnungen (4. Kapitel)
Einflußgrößenbezogene Rechnungen		Investitionstheoretische Kostenrechnung (3A) Periodische Planerfolgsrechnung (Betriebsplankosten-rechnung) (3C)	Behavioral Accounting (4A)
Vollkosten- und -erlösrechnungen	Istkosten-und Isterlösrechnungen auf Vollkostenbasis	Prognosekostenrechnungen auf Vollkostenbasis - starre - flexible (3B I) Konstruktionsbegleitende Kostenrechnung (3B II) Prozeßkostenrechnungen (3B III)	Principal -Agent-Ansätze (4B) Standardkostenrechnung auf Vollkostenbasis (4B) Target Costing (4D)
Teilkosten- und -erlösrechnungen	Istkosten-und Isterlösrechnungen auf Teilkostenbasis	Grenzplankosten- und Deckungsbeitragsrechnung (3D I) Prozeßorientierte Kostenrechnung (3D II) Relative Einzelkosten- und Deckungsbeitragsrechnung (3D III)	
Kombinierte Rechnungen		Kombination isolierter Teil- und Vollkosten- sowie -erlösrechnungen (3E I) Integration von prozeßorientierter Teilkostenrechnung und Fixkostenstufung (3E II)	

Abb. 1-26: Einordnung wichtiger Systeme der Kosten- und Erlösrechnung

In eine erste Klasse **planungsorientierter Systeme** können Konzepte eingeordnet werden, für welche die Verteilung der vollen Kosten bis auf Kostenträger bzw. die Auflösung in variable und fixe oder Einzel- und Gemeinkosten keine zentrale Rolle spielt. Bei ihnen steht die Abhängigkeit der Kosten und Erlöse von den verschiedenen, für ihre Höhe bestimmenden Größen im Vordergrund. Deshalb kann man sie als **einflussgrößenbezogene Systeme** bezeichnen. Zu diesen Konzepten lässt sich einmal die investitionstheoretische Kostenrechnung (Abschnitt 3.A.) zählen, in der planungsrelevante Informationen mit Hilfe investitionstheoretischer Ansätze abgeleitet werden. Sie stellen damit eine Verbindung zur Investitionsrechnung her. Zum anderen gehört zu dieser Klasse die periodische Planerfolgsrechnung (Abschnitt 3.C.). Deren Kern bilden empirisch erhobene Funktionen, durch welche die Abhängigkeiten der Kosten und Erlöse von verschiedenen Einflussgrößen abgebildet werden. Wichtige Ausprägungen planungsorientierter Rechnungen auf **Vollkostenbasis** stellen die Prognose- (Abschnitt 3.B.I.), die konstruktionsbegleitende Kostenrechnung (Abschnitt 3.B.II.) und die Prozesskostenrechnung (Abschnitt 3.B.III.) dar. Die Plankosten- und -erlösrechnungen auf **Teilkostenbasis** lassen sich entsprechend der Kostenaufspaltung in zwei Systemtypen einteilen. Eine Reihe ausgebauter und in der Praxis gängiger Systeme wie die Grenzplankostenrechnung, die einstufige sowie mehrstufige und mehrdimensionale Deckungsbeitragsrechnung nimmt eine Trennung nach der Beschäftigungsabhängigkeit von variablen und fixen Kosten vor. Sie stellen Varianten eines einzigen Typs dar, bei denen die Schwerpunkte auf unterschiedlichen Komponenten wie der Kostenstellenrechnung oder der Erfolgsrechnung liegen. Deshalb können sie zu einem einzigen System miteinander verbunden werden, das als Grenzplankosten- und Deckungsbeitragsrechnung (Abschnitt 3.D.I.) bezeichnet wird. Durch die Verknüpfung mit einer Prozessbetrachtung und die Anwendung auf Steuerungsprobleme flexibler Fertigungssysteme gelangt man zu einer prozessorientierten (Grenzplan-)Kostenrechnung (Abschnitte 3.D.II. und 3.D.III.). Durch die Aufspaltung nach der Zurechenbarkeit auf verschiedene Bezugsgrößen gelangt man zu der Relativen Einzelkosten- und Deckungsbeitragsrechnung (Abschnitt 3.D.IV.).

Neben den Systemen, die eine Verteilung der gesamten Kosten bis auf die Kostenträger vornehmen (Vollkosten- und -erlösrechnungen) bzw. ausdrücklich vermeiden (Teilkosten- und -erlösrechnungen) gibt es Systeme, die sowohl Teil- als auch Vollkosteninformationen bereitstellen. Es handelt sich um **kombinierte Rechnungen**, in denen Voll- und Teilkosten isoliert nebeneinander berechnet werden (Abschnitt 3.E.I.), sowie um Systeme, in denen Ansätze der Aufspaltung in fixe und variable Kosten sowie der Prozessorientierung mit einer Fixkostenstufung **integriert** werden (Abschnitt 3.E.II.).

Den **verhaltenssteuerungsorientierten Systemen** ist lange nicht dieselbe Aufmerksamkeit geschenkt worden wie den planungsorientierten. Deshalb gibt es bei ihnen keine entsprechende Systemvielfalt. Am weitesten ausgebaut sind die **flexible Standardkosten- und -erlösrechnung** (Abschitt 4.C.) sowie das **Target Costing** (Abschnitt 4.D.). Erstere stellt ein traditionelles System der Vollkostenrechnung dar, bei dem frühzeitig der Gesichtspunkt der stellenbezogenen Kontrolle der Kostenwirtschaftlichkeit im Mittelpunkt stand. Grundsätzlich ist es auch möglich, für die Steuerung lediglich die kurzfristig beeinflussbaren Kosten und Erlöse zu berücksichtigen. Dann lässt sich ein entsprechendes System der Standardkostenrechnung auf Teilkostenbasis entwickeln. Das **Target Costing** ist auf die taktische Planung ausgerichtet. Auf längerfristige Sicht kann man davon ausgehen, dass alle Kosten beeinflusst werden können. Daher berücksichtigt dieses Rechnungssystem die vollen Kosten und Erlöse.

Die Ansätze des **Behavioral Accounting** (Abschnitt 4.A.) und der **Principal-Agent-Theorie** (Abschnitt 4.B.) versuchen, aus empirischer bzw. informationstheoretischer Sicht Aussagen über die Verhaltenswirkungen von Informationen, Anreiz- und Kontrollsystemen zu begründen. Die Struktur ihrer Ausgangshypothesen und -modelle weicht daher deutlich von den traditionellen Komponenten von Kosten- und Erlösrechnungssystemen ab. Sie liefern aus diesem Grund bislang lediglich Ansatzpunkte für die Bestimmung verhaltenssteuerungsrelevanter Informationen, aber keine ausgebauten Rechnungssysteme. Deshalb lassen sie sich nur schwer nach dem Umfang und der Art der Verrechnung kennzeichnen. Da die bisher vorliegenden Ergebnisse von Modellen der Principal-Agent-Theorie eher für eine über die variablen bzw. die Grenzkosten hinausgehende Kostenverrechnung sprechen, werden sie in Abbildung 1-26 den Systemen der Vollkosten- und -erlösrechnung zugeordnet. Die Ansätze des Behavioral Accounting versuchen dagegen herauszufinden, von welchen empirischen Einflussgrößen die Verhaltenswirkungen von Informationen abhängig sind.

3. Kriterien zur Beurteilung von Systemen der Kosten- und Erlösrechnung

Die Beurteilung eines Systems der Kosten- und Erlösrechnung richtet sich primär nach ökonomischen Gesichtspunkten. Ein Informationssystem muss grundsätzlich so wirtschaftlich sein, dass es die Zielerreichung einer Unternehmung verbessert und damit im privatwirtschaftlichen Bereich i.d.R. den Unternehmenserfolg erhöht. Diese Wirkung ist wegen der Vielfalt an Einflüssen im Allgemeinen nicht zuverlässig bestimmbar. Deshalb muss man Ersatzkriterien heranziehen, deren Ausprägungen als Indikatoren für die Erfolgswirkung anzusehen sind.

a) Real- und entscheidungstheoretische Fundierung der Rechnung

Die Rechnungssysteme der Unternehmung sollen empirische Tatbestände abbilden. Daher wird ihre Zuverlässigkeit davon beeinflusst, inwieweit ihre Informationen aus **realtheoretischen Aussagen** abgeleitet werden. Wissenschaftliche Prognosen als wichtige Komponenten der Planung setzen die Kenntnis entsprechender Hypothesen voraus. Ansonsten ist man auf vereinfachende und weniger zuverlässige Schätzungen angewiesen. Auch für die Verhaltenssteuerung von Mitarbeitern benötigt man Kenntnisse über die Bestimmungsgrößen menschlichen Verhaltens. Jedoch erfordert oft schon die Erfassung von Istgrößen eine Verwendung von Messinstrumenten, die auf Messtheorien beruhen[90]. Damit ist die **realtheoretische Fundierung** eine wichtige Voraussetzung für die Erfüllung der verschiedenen Rechnungsziele.

Für die Vorausberechnung der künftigen Erfolgsgrößen benötigt man Kosten- und Erlösfunktionen, welche die Abhängigkeit der Kosten- bzw. Erlöshöhe von deren wichtigsten Einflussgrößen wiedergeben. Damit gewinnt man eine Grundlage, um einerseits Kosten und Erlöse zu planen und ande-

---

[90] Vgl. LEINFELLNER, W. (Wissenschaftstheorie), S. 48; KÜPPER, H.-U. (Mitbestimmung), S. 37; SCHNEIDER, D. (Rechnungswesen), S. 28 ff.

B. Struktur und Systeme der KER

rerseits in der Kontrolle aufgetretene Abweichungen auf ihre Ursachen hin zu analysieren. Derartige Funktionen sind für die Inputseite in der betriebswirtschaftlichen **Produktions- und Kostentheorie** relativ umfassend formuliert und geprüft worden. Wichtige Merkmale zur Kennzeichnung der verwendeten Funktionen sind die Zahl und die Verknüpfung ihrer unabhängigen Variablen. Eine Reihe von Systemen legt **einvariablige Kostenfunktionen** zugrunde. Man unterstellt dann, dass sich die Gesamtkosten K aus Fixkosten K_f und variablen Stückkosten k_v zusammensetzen, die proportional zur Beschäftigung x sind:

$$K = K_f + k_v \cdot x \qquad (1\text{-}1)$$

Die **Beschäftigung** wird als hier einzige Kosteneinflussgröße explizit berücksichtigt und durch Ausbringungsmengen, Fertigungszeiten, Durchsatzgewichte u.a. gemessen. Wenn man davon ausgeht, dass sie Ausdruck für verschiedene weitere Einflussgrößen wie die Maschinenzahl, die Intensitäten usw. ist, liegt ein synthetischer Ansatz vor[91]. Derartige Zusammenhänge lassen sich aber durch **mehrvariablige Kostenfunktionen** genauer erfassen, deren unabhängige Variablen additiv oder nichtadditiv miteinander verknüpft sind. Im Falle einer additiven Verknüpfung sind die Wirkungen der Kosteneinflussgrößen gegenseitig unabhängig. Dabei nimmt man im Allgemeinen lineare Funktionsverläufe an und gelangt zu Kostenfunktionen der Art:

$$K = K_f + k_{v_1} \cdot x_1 + k_{v_2} \cdot x_2 + \ldots \qquad (1\text{-}2)$$

In ihnen können die unabhängigen Variablen $x_1, x_2, \ldots$ beispielsweise Ausbringungsmengen, Rüst- und Ausführungszeiten oder Kalendertage bezeichnen. Wenn zwei oder mehr Variablen nichtadditiv verknüpft sind, lassen sich die Wirkungen dieser Einflussgrößen gegenseitig nicht isolieren, sie sind damit interdependent. Dies führt zu **nichtlinearen Kostenfunktionen**

$$K = K_f + K_v(x_1, x_2) \qquad (1\text{-}3)$$

z.B. in der Form

$$K = K_f + \frac{a \cdot x_1}{x_1 \cdot x_2} \qquad (1\text{-}4)$$

Derartige Kostenfunktionen erhält man insbesondere für **substitutionale Produktionsfunktionen**, die jedoch in der Wirtschaftspraxis kaum eine Rolle spielen[92].

Für die Erlösseite kann auf kein entsprechend ausgebautes Theoriesystem zurückgegriffen werden. Jedoch liefert die Marketingtheorie Ansatzpunkte, um zu einer realtheoretischen Fundierung von Erlösfunktionen zu gelangen.

Für die Ableitung planungsorientierter Informationen reicht die Kenntnis empirischer Zusammenhänge im Allgemeinen nicht aus. Sie sind stets auf eine spezifische **Handlungssituation** mit ihrer **Zielvorstellung** gerichtet, die über ein Entscheidungsmodell abgebildet werden kann. Entsprechendes gilt

---

[91] Vgl. HEINEN, E. (Kostenlehre), S. 174 f.
[92] Vgl. SCHWEITZER, M. (Materialbedarfsplanung), S. 369 ff.

für das Verhaltenssteuerungsproblem, das sich jeweils in einer spezifischen Situation mit bestimmten Handlungseigenschaften sowie -zielen der Akteure vollzieht. Deshalb ist die Ableitung von planungs- wie von verhaltenssteuerungsorientierten Informationen um so besser fundiert, je mehr sie auf entscheidungstheoretischen Konzepten basiert, in denen die Komponenten und Bedingungen der einzelnen Handlungssituationen offen gelegt sind. Der Grad an entscheidungstheoretischer Fundierung liefert einen wichtigen Anhaltspunkt für die Aussagekraft eines Rechnungssystems.

b) **Verwendbarkeit der Informationen**

> Der **Nutzen eines Informationssystems** wird durch die Verwendbarkeit der mit ihm ermittelten Daten bestimmt. Dieses Kriterium ist an den Rechnungszielen zu messen.

Deshalb ist für die Beurteilung von Systemen der Kosten- und Erlösrechnung ihre Verwendbarkeit für Ermittlungs- bzw. Dokumentations-, Planungs- sowie Steuerungs- und Kontrollzwecke maßgeblich.

Für Aufgaben der **Ermittlung und Dokumentation** sind Normen bedeutsam, die insbesondere das Handels- und das Steuerrecht setzt, soweit die dort zu ermittelnden Werte auf Kosten- und Erlösdaten zurückgreifen. Ferner kann z.B. das innerbetriebliche Kontrollsystem eine Dokumentation zu prüfender Größen erfordern.

Die **Planungszwecke** ergeben sich aus der Struktur des betrieblichen Planungssystems[93]. Sein Umfang und seine Gliederung in Planungshierarchien und -gegenstände sowie seine Organisation bestimmen ebenso wie die verwandten Planungsmethoden den Bedarf an Kosten- und Erlösinformationen[94]. Dessen Vergleich mit den bereitgestellten Größen liefert Anhaltspunkte für die Aussagekraft des Rechnungssystem. In entsprechender Weise ist zu untersuchen, welche Art von Informationen zur **Verhaltenssteuerung** benötigt werden. Dies hängt auch davon ab, in welchem Ausmaß Instrumente der Bereichs- und Mitarbeitersteuerung z.B. mit Hilfe von Anreiz-, Erfolgsermittlungs- oder Lenkungspreissystemen eingesetzt werden. Die Planung und die Verhaltenssteuerung können mit **Kontrollen** verbunden sein, deren Gestaltung einen Informationsbedarf auslöst.

Das Bestreben der Unternehmung ist darauf gerichtet, mit Systemen der Kosten- und Erlösrechnung zu arbeiten, durch welche die Planung und Steuerung möglichst gut unterstützt werden. Die theoretische Diskussion um die verschiedenen Systeme, vor allem die Auseinandersetzung um Voll- oder Teilkostenrechnungen, hat gezeigt, wie stark die Verwendbarkeit vom jeweiligen Rechnungszweck abhängig ist. Dabei wurde auch deutlich, dass der Einsatz eines nicht geeigneten Ansatzes die Gefahr fehlerhafter Entscheidungen und Handlungen erhöht.

---

[93] Vgl. hierzu SCHWEITZER, M. (Planung), S. 16 ff.
[94] Vgl. KÜPPER, H.-U. (Controlling), S. 65 ff.

B. Struktur und Systeme der KER

c) Aktualitätsgrad der Daten

Die Verwendbarkeit von Daten schließt ein, dass sie zum jeweils benötigten Zeitpunkt vorhanden sind. Ihre **Aktualität** wird einerseits durch die zeitliche Differenz zwischen dem Anfall des betrachteten Ereignisses und der Verfügbarkeit der Information bestimmt. Andererseits hängt sie davon ab, wann diese für eine Entscheidung oder Handlung herangezogen werden soll. Grundsätzlich ist es von Vorteil, wenn ein Rechnungssystem die Tatbestände möglichst zeitnah abbildet. Dem kann aber entgegenstehen, dass hierdurch selbst Kosten verursacht werden.

Mit der Nutzung von **Enterprise Resource Planning- (ERP-) Systemen** zur Erfassung von Betriebsdaten und der Verwendung einheitlicher **Datenbanken** ist es möglich geworden, die in einer Kosten- und Erlösrechnung verfügbaren Informationen in hohem Maße aktuell zu halten. Durch Dialogverarbeitung und Online-Betrieb gewinnt der Nutzer die Möglichkeit, jederzeit auf die neuesten Daten zuzugreifen.

d) Anpassungsfähigkeit des Rechnungssystems

Die in einer Unternehmung ablaufenden Prozesse sind dauernden **Veränderungen** unterworfen. Die Dynamik der Märkte erzwingt eine **Anpassung** der betrieblichen Aktivitäten in den verschiedenen Funktionsbereichen der Beschaffung, der Fertigung, des Absatzes usw. und der Führungssysteme. Dem müssen auch die Rechnungssysteme folgen. Dabei kann man u.a. prüfen, in welchem Maße eine Ausweitung des Produktspektrums, die Einbeziehung neuer Geschäftsfelder und Organisationsänderungen mit dem eingeführten Rechnungssystem bewältigt werden können. Dieses ist um so anpassungsfähiger, je weniger aufwendig die Berücksichtigung derartiger Veränderungen ist. Mit ihnen kann es auch notwendig sein, zusätzliche oder andere Einflussgrößen der Kosten und Erlöse einzubeziehen.

Ein spezifischer Aspekt der Anpassungsfähigkeit liegt in der Möglichkeit, einfachere Systeme zu umfassenderen und leistungsfähigeren auszubauen. So führt man i.d.R. zuerst eine Istrechnung ein, die nach und nach mit Komponenten der Kostenstellen-, Kostenträger- sowie kurzfristigen Erfolgsrechnung zu einer Planungs- und Steuerungsrechnung erweitert wird. Dann ist die Strukturierung der Istrechnung z.B. nach fixen und variablen Kosten dafür entscheidend, welche Ansätze der Kostenplanung und -steuerung mit begrenztem Anpassungsaufwand eingerichtet werden können. Da jeder dieser Schritte im Allgemeinen EDV-technisch unterstützt wird, bildet die **Kompatibilität** der jeweils verwendeten Software einen maßgeblichen Aspekt der Anpassungsfähigkeit. Dabei ist abzuwägen, inwieweit die unternehmensspezifischen Prozesse an die Vorgaben der Software oder umgekehrt die Software an die unternehmensspezifischen Gegebenheiten anzupassen sind.

e) Wirtschaftlichkeit des Rechnungssystems

Die verschiedenen Kriterien fließen in der **ökonomischen Bewertung** der Alternativen zusammen. Neben den bisher genannten Kriterien können die Einbettung in die Unternehmungsrechnung, die Einfachheit und Übersichtlichkeit des Systems, die Genauigkeit und die Nachprüfbarkeit der von ihm gelieferten Daten, die Geschwindigkeit der Datenbereitstellung, deren Relevanz für den jeweiligen Benutzer sowie die möglichen Informationsverzögerungen, -verzerrungen und -verluste zur Beurteilung eines Rechnungssystems herangezogen werden. Diese Kriterien stellen vor allem Indikatoren für den **Nutzen eines Informationssystems** und der von ihm gelieferten Daten dar. Diesem sind die Kosten des Systems gegenüberzustellen, die sich im Allgemeinen viel zuverlässiger messen und prognostizieren lassen. Dabei sind sowohl die Kosten für die Einrichtung des Systems als auch diejenigen für seinen laufenden Betrieb zu berücksichtigen. Erstere können beispielsweise sämtliche Sachanlagen, die Analyse der Kosten- und Erlösbeziehungen in allen Stellen und die Schaffung geeigneter Planungsverfahren umfassen. Dazu kommen die Auswahl, der Kauf, die Anpassung oder die Eigenentwicklung geeigneter Software. Der laufende Betrieb eines Rechnungssystems kann in dafür eingerichteten Stellen und Abteilungen erfolgen. Für deren Arbeit spielt die EDV-Unterstützung eine zentrale Rolle. Aus diesen Gründen bilden die Kosten für Personal sowie für Hard- und Software gegenwärtig die größten Anteile bei der Einrichtung und dem Betrieb eines Kosten- und Erlösrechnungssystems.

2. Kapitel: Darstellung und Analyse ermittlungsorientierter Systeme der Kosten- und Erlösrechnung

A. Kosten - und Erlösartenrechnung

I. Zwecke der Kosten- und Erlösartenrechnung

In der Artenrechnung sind die gesamten Kosten sowie Erlöse zu erfassen und nach geeigneten Kriterien zu gliedern. Dies bedeutet im Rahmen der Nachrechnung (Ermittlungsrechnung), dass die tatsächlich angefallenen Kosten und erwirtschafteten Erlöse vollständig, zuverlässig und mit ausreichender Genauigkeit zu **messen** sind. Den Ansatzpunkt hierfür bilden entweder die Mengen- und die Wertkomponenten dieser Größen oder die Zahlungen, von denen sie hergeleitet werden. Deshalb benötigt man für die einzelnen Kosten- und Erlösarten Instrumente zur Messung der verbrauchten bzw. entstandenen Gütermengen sowie Konzepte zu deren Bewertung (Bepreisung).

Die Messung und Bewertung erstreckt sich auf die von den Beschaffungsmärkten bezogenen bzw. in den Absatzmärkten verkauften Güter der Unternehmung. Die Kosten- und Erlösartenrechnung bezieht sich damit auf die Außenbeziehungen der Unternehmung. Sie erfasst die sog. **primären Kosten und Erlöse**. Innerhalb der Unternehmung werden jedoch auch Güter erzeugt, die in ihr selbst wieder eingesetzt werden. Da sich diese Prozesse in und zwischen den einzelnen Stellen vollziehen, werden diese sog. **sekundären Güter** in der Stellenrechnung ermittelt. Ihre Erfassung erfordert eine Gliederung nach Abrechnungsbezirken.

Kosten und Erlöse fallen für unterschiedliche Güterarten an. Zudem ist es im Hinblick auf die nachfolgenden Komponenten der Rechnung und die verschiedenen Rechnungsziele notwendig, beide durch geeignete Kriterien zu beschreiben und zu systematisieren. Deshalb liegt in der **Gliederung nach Kosten- und Erlösarten** sowie nach tiefergehenden Kategorien[1] ein weiterer Zweck der Artenrechnung. Ihm kommt für die Verwendbarkeit der Informationen eine wichtige Bedeutung zu. Zwischen der Erfassung und der Gliederung bestehen enge Beziehungen. Unterschiedliche Kostenarten wie z.B. Materialkosten, Anlagenabschreibungen und Zinskosten sind mit verschiedenen Verfahren zu messen und zu bewerten. Ferner ist vielfach die Information über die Höhe einer Kosten- bzw. Erlösart oder -kategorie zuverlässiger und genauer, wenn man sie über eine unmittelbare Messung und nicht über die Verteilung eines umfassenderen Kosten- bzw. Erlösbetrags bestimmt. Bei den 'Gebrauchsgütern', die wie Maschinen u.ä. nicht bei einmaligem Einsatz verbraucht, sondern mehrfach genutzt werden, ist in der Arten-

---

[1] Vgl. SCHWEITZER, M. (Kostenkategorien), Sp. 1208 ff.

rechnung eine Zurechnung oder Verteilung auf die Perioden ihrer Nutzung vorzunehmen. In diesem Fall schließt die artmäßige Gliederung die Zuordnung auf die Abrechnungsperioden ein.

II. Begriff und Systematik der Kostenarten

> In der **Kostenartenrechnung** soll die Höhe der entstehenden Kosten möglichst strukturgleich und exakt erfasst werden. Außerdem muss im Hinblick auf die verfolgten Rechnungsziele eine Klassifikation in unterschiedliche **Kostenarten** vorgenommen werden.

Hierzu kann man von mehreren Gliederungsmerkmalen ausgehen. Zu einer speziellen Klasse von Kosten, d.h. einer Kostenart, gehören dann alle Kosten, bei denen ein bestimmtes Merkmal in gleicher Weise ausgeprägt ist. Den verwendeten Gliederungsmerkmalen entsprechend lässt sich eine **Systematik der Kostenarten** entwickeln. Sie muss sowohl erfassungs- als auch verwendungsorientiert sein. Einerseits ist es zweckmäßig, die unterschiedenen Kostenarten getrennt zu erfassen. Andererseits bildet die Klassifikation in Kostenarten die Grundlage für die Verrechnung der Kosten auf Kostenstellen und Kostenträger. Daher muss sie auf die Rechnungsziele ausgerichtet sein, die man in der Kostenstellen- und der Kostenträgerrechnung erreichen will.

Als wesentliche Merkmale für eine Systematik der Kostenarten werden die Einsatzgüterart und der Verbrauchscharakter der Güter, die Herkunft der Einsatzgüter, die Zurechenbarkeit, das Verhalten bei Beschäftigungsänderungen sowie Kostenbereiche, Kostenstellen und Kostenträger herangezogen.

Kosten entstehen durch den sachzielorientierten Einsatz von Gütern im Unternehmensprozess. Daher wird die **Art der Einsatzgüter** als grundlegendes Merkmal der Kostenartengliederung angesehen. Hierbei unterscheidet man zwischen Real- und Nominalgütern. Zusätzlich sind die **Verbrauchsursachen** von Bedeutung. Ist der Gütereinsatz bewusst geplant, so liegt ein willentlicher Güterverbrauch vor. Dagegen handelt es sich z.B. bei der Vernichtung von Gütern durch Katastrophen oder bei staatlich-politischen Abgaben um einen Zwangsverbrauch. Ein weiteres Verbrauchsmerkmal stellt die Fristigkeit bzw. Verwendungshäufigkeit dar. Mehrere Güterarten, zu denen insbesondere Rohstoffe sowie Arbeits- und Dienstleistungen gehören, werden in der Regel durch einmalige Verwendung im Produktionsprozess vollständig verbraucht. Dann liegt ein kurzfristiger Verbrauch vor. Hingegen werden unbewegliche Sachgüter, wie beispielsweise Maschinen, über einen längeren Zeitraum hinweg genutzt. Es handelt sich um einen längerfristigen Verbrauch, einen Gebrauch. Der Einsatz von Kapital in der Unternehmung führt zu Kosten in Form von Zinsen. Diese beziehen sich auf einen zeitlichen Vorrätigkeitsverbrauch, d.h. die Nutzungsmöglichkeit von Kapital in der Zeit wird verbraucht. Entsprechend den Merkmalen Einsatzgüterart und Verbrauchscharakter ergibt sich somit in Anlehnung an KOSIOL[2] die in Abbildung 2-1 wiedergegebene Unterscheidung der Kostenarten. Für die Benen-

---

[2] Vgl. KOSIOL, E. (Kostenrechnung), S. 133.

nung der einzelnen Klassen sind die gebräuchlichen Bezeichnungen angegeben. Die Gesamtheit dieser Kostenarten nennt man vielfach 'natürliche Kosten'.

Art des Verbrauchs	Kostenarten
I. Kurzfristiger Verbrauch 1. Verbrauch von materiellen Gütern (Sachgütern)	(1) Material- bzw. Stoffkosten
2. Verbrauch von immateriellen Gütern	
a) Verbrauch eigener Arbeitsleistungen	(2) Personalkosten (Lohn- und Gehaltskosten)
b) Verbrauch fremder Dienstleistungen	(3) Kosten für Fremddienste
c) Verbrauch von Informationen	(4) Informationskosten
d) Verbrauch von Gütern, die auf Rechten beruhen	(5) Kosten der Rechtsgüter
II. Langfristiger Verbrauch (von Sachgütern und Gütern, die auf Rechten beruhen)	(6) Abschreibungen
III. Zwangsverbrauch 1. Technisch-ökonomische Vernichtung	(7) Wagniskosten
2. Staatlich-politische Abgaben	(8) Abgaben
IV. Zeitlicher Vorrätigkeitsverbrauch	(9) Zinsen

Abb. 2-1: *Klassifikation von Kostenarten nach den Merkmalen Güterart und Verbrauchscharakter*

Das Merkmal **Herkunft der Einsatzgüter** zielt darauf ab, ob Güter innerhalb eines Abrechnungsbezirks hergestellt oder von außerhalb des Abrechnungsbezirks bezogen werden. Nach diesem Merkmal unterscheidet man primäre und sekundäre Kosten. Diese Einteilung ergibt sich jeweils aus der Abgrenzung des Abrechnungsbezirks und entspricht der Unterscheidung von originären und derivativen Einsatzgütern. Die von außen in einen Abrechnungsbezirk hereinfließenden Güter stellen originäre Einsatzgüter dar und führen zu **primären Kosten**. Werden Güter innerhalb eines Abrechnungsbezirks selbst erstellt und wiedereingesetzt, handelt es sich um derivative Einsatzgüter und damit um **sekundäre Kosten**. Betrachtet man die gesamte Unternehmung als einen Abrechnungsbezirk, so entstehen primäre Kostenarten lediglich für die von anderen Wirtschaftseinheiten bezogenen Güter. Der Verbrauch selbsterstellter Güter, zu denen beispielsweise eigengefertigte Maschinen oder Reparaturleistungen gehören können, ist zu den sekundären Kostenarten zu rechnen.

Für die verursachungsgemäße Verteilung von Kosten in der Kostenstellen- und Kostenträgerrechnung bildet die Klassifikation nach der **Zurechenbarkeit** in Einzel- und Gemeinkosten eine wesentliche Grundlage. **Einzelkosten** sind die Kosten, die einer Bezugsgröße direkt zugerechnet werden können. Die Kostenhöhe wird von der Ausprägung der Bezugsgröße direkt beeinflusst. Bezugsgrößen können einzelne Endprodukte als Kostenträger, Produktgruppen, Kostenstellen, Prozesse oder umfassendere Kostenbereiche sein. Alle Kosten, welche der jeweiligen Bezugsgröße nicht direkt zurechenbar sind, werden als **Gemeinkosten** bezeichnet. Es hängt damit von der jeweils betrachteten Bezugsgröße ab, welche Kosten als Einzelkosten und welche als Gemeinkosten zu klassifizieren sind. Man kann dementsprechend Einzelkosten und Gemeinkosten für Produkteinheiten, Produktgruppen, Kostenstellen, Prozesse sowie Kostenbereiche unterscheiden. Eine Kostenart wie z.B. der bewertete Verbrauch an Betriebsstoffen in einer bestimmten Kostenstelle kann somit Kostenträgergemeinkosten und zugleich Kostenstelleneinzelkosten darstellen, wenn dieser Verbrauch der Kostenstelle, jedoch nicht einem Kostenträger, direkt zurechenbar ist. Sofern die Bezugsgröße nicht explizit angegeben wird, handelt es sich in der Regel um Kostenträgereinzel- bzw. -gemeinkosten.

Aus verfahrenstechnischen Gründen werden bestimmte Kosten häufig ausgesondert. Man nennt sie deshalb **Sonderkosten**. Dabei kann es sich um **Sondereinzelkosten** handeln, die vor allem für Sonderbetriebsmittel, Lizenzen, Verpackung, Umsatzprovisionen und ggf. Umsatzsteuer entstehen. Sie sind einem Kostenträger direkt zurechenbar und lassen sich weder zum Fertigungsmaterial noch zum Fertigungslohn rechnen. Sonderkosten können aber auch als **Sondergemeinkosten** auftreten, wie sie etwa für Sonderwerkzeuge anfallen, die für mehrere Produktarten gemeinsam angefertigt werden müssen[3].

> In der Kostentheorie wird die **Beschäftigung** als wichtige Kosteneinflussgröße hervorgehoben. Sie ist die realisierte bzw. zu realisierende Ausbringung (Leistung) der Unternehmung oder eines Teilbereiches während einer Produktionsperiode.

Als Maß der Beschäftigung bietet sich bei Einproduktfertigung die Zahl der hergestellten Produkte an. Bei Mehrproduktfertigung ist es vielfach schwierig, einen geeigneten skalaren Maßstab der Beschäftigung zu finden. Als Ersatzmaßstäbe können z.B. Arbeitsstunden, Fertigungsstunden oder Maschinenlaufstunden verwendet werden[4]. Kosten, die bei der **Variation einer Einflussgröße** (hier der Beschäftigung) in ihrer Höhe konstant bleiben, nennt man **fixe Kosten** (in Bezug auf diese Einflussgröße). Sind die Kosten bei alternativen Ausprägungen der Einflussgröße unterschiedlich hoch, spricht man von **variablen Kosten**. Entsprechend dem Merkmal Verhalten bei Beschäftigungsänderungen gelangt man somit zu einer Gliederung in (beschäftigungs-)fixe und (beschäftigungs-)variable Kosten[5].

Die Kostenarten lassen sich des weiteren nach den Bereichen und Stellen klassifizieren, in welchen sie entstanden sind. Wählt man als **Kostenbereiche**

---

[3] Vgl. MELLEROWICZ, K. (Kosten II, 1), S. 286 ff.
[4] Vgl. SCHMALENBACH, E. (Kostenrechnung), S. 43.
[5] Vgl. KÜPPER, H.-U. (Kosten, fixe und variable), Sp. 647.

etwa die Phasen des Produktionsprozesses, gelangt man zu Kosten der Beschaffung, der Fertigung, der Lagerung, des Absatzes, der Finanzierung und der Verwaltung. Entsprechend lassen sich die Kostenarten nach verschiedenen **Kostenstellen** oder nach **Prozessen** gliedern. Schließlich können Kostenarten nach den **Kostenträgern** oder einzelnen **Produktgruppen** der Unternehmung gebildet werden. Zum Beispiel lassen sich Fertigungslohn und Materialkosten nach den hergestellten Produkten und/oder Produktgruppen unterteilen.

Merkmal	Ausprägung
Einsatzgüterart und Verbrauchscharakter (Natürliche Kostenarten)	- Materialkosten - Personalkosten - Abschreibungen - Zinsen - Fremddienste - Informationskosten, ...
Herkunft der Einsatzgüter	- Primäre Kosten - Sekundäre Kosten
Zurechenbarkeit	- Einzelkosten - Gemeinkosten
Veränderlichkeit	- Variable Kosten - Fixe Kosten
Kostenbereich	- Beschaffungskosten - Fertigungskosten - Verwaltungskosten - Vertriebskosten
Kostenstelle	- KS 110, KS 111, ...
Kostenprozeß	- KP 12, KP 13, ...
Kostenträger	- Produkt A, Produkt B, ...

Abb. 2-2: Klassifikationsmöglichkeiten von Kostenarten

Abbildung 2-2 gibt zusammenfassend einen Überblick über die möglichen Klassifikationsmerkmale zur Bildung von Kostenarten. Die Verwendung aller genannten Kriterien führt zu einer umfangreichen Gliederung. Für eine konkrete Unternehmung ist jeweils die Kostenartengliederung zu wählen, welche eine geeignete Grundlage für die Rechnungsziele ihrer Kostenrechnung liefert. Dabei ist die Berücksichtigung der Merkmale Einsatzgüterart und Verbrauchscharakter sowie Ort der Kostenentstehung insbesondere für die Kostenerfassung von Bedeutung. Hingegen ist eine Gliederung nach der Zurechenbarkeit, dem Verhalten bei Beschäftigungsänderungen (Veränderlichkeit) sowie nach Kostenbereichen, Kostenstellen, Prozessen und Kostenträgern von der Ausgestaltung der Kostenstellen-, Kostenprozeß- und Kostenträgerrechnung abhängig.

III. Begriff und Systematik der Erlösarten

Erlöse sind definiert als sachzielbezogene bewertete Güterentstehung[6]. Über diese drei Begriffsmerkmale lassen sie sich gegenüber den anderen outputbe-

---

[6] Vgl. Kapitel 1., Abschnitt A.II.3.a), S. 20.

zogenen Größen der Unternehmungsrechnung, Einzahlungen und Erträgen, abgrenzen. Für eine aussagefähige Erlösrechnung ist es wie bei den Kosten notwendig, sie nach unterschiedlichen Merkmalen zu systematisieren. Um dies zu erreichen, kann man vor allem drei Blickrichtungen folgen. Erstens lassen sich Erlöse allgemein in weitgehender Analogie zu den Kosten unterteilen. Dabei betont man jeweils spezifische Merkmale, nach denen sich Erlöse unterscheiden können. Zweitens geht man von der Verwendung der Güter in der Unternehmung aus. Daraus ergeben sich Konsequenzen für ihre jeweilige Bewertung. Drittens kann man die Bestimmung von Nettopreisen am Markt untersuchen. Da die betriebliche Preispolitik vielfach einen Spielraum besitzt, hat dieses Merkmal eine eigenständige Bedeutung. An ihm wird die enge Verknüpfung der Erlösrechnung mit dem Marketing deutlich. Auf der Kostenseite wird dieser Aspekt meist vernachlässigt, weil man der Beschaffungspreispolitik nicht dasselbe Gewicht beimisst und sie mehr als Teil des Beschaffungsmarketing als der Kosten- und Erlösrechnung sieht. Erst mit dem Ausbau einer Beschaffungskostenrechnung treten die Möglichkeiten der Preisgestaltung auch hier in den Vordergrund.

Unterschiedliche **Erlösarten** erhält man nach der ersten Sichtweise durch eine Präzisierung der Merkmale Güterentstehung, Sachzielbezogenheit und Bewertung. Durch die nähere Angabe der entstehenden Güterart, der Bezugsgrößen der Erlöszurechnung und der Preise, welche der Bewertung zugrunde gelegt werden, kommen die Besonderheiten bestimmter Erlöse zum Ausdruck. Auf diese Weise lassen sich entsprechend Abbildung 2-3 gemäß der **Art der Ausbringungsgüter** insbesondere Produkt-, Sachmittel- oder Anlagen-, menschliche Arbeits-, Informations-, Vermiet- und Nominalerlöse (Zins-, Dividendenerlöse) differenzieren. Unter dem Begriff der Produktleistung können materielle und immaterielle Güter als Ergebnisse der Leistungserstellung verstanden werden. Berücksichtigt man die Vielzahl immaterieller Dienstleistungen in Form von Versicherung, Handel, Transport, Beratung, Ausbildung, Pflege usw., wie sie innerhalb sowie zwischen Unternehmungen erbracht werden, so wird die Breite der Erlösarten ersichtlich, die sich für die verschiedenen Güterarten ergibt.

Leistungen sind Teil des Sachziels der Unternehmung und insoweit von anderen, neutralen Güterzuflüssen abzugrenzen. Daneben gelangt man durch die Unterscheidung der Gütermenge einer Gütereinheit oder aber einer Periode nach der jeweiligen **Bezugsgröße** zu einer Präzisierung in **Stück-** bzw. **Periodenerlöse**.

Bei der **Bewertung** besteht wie bei Kosten eine grundlegende Alternative darin, ob man von Zahlungen und Marktpreisen ausgeht oder die Werte anhand eines anderen Konzepts herleitet. Im zweiten Fall lassen sie sich beispielsweise mit Hilfe eines Entscheidungsmodells aus dessen Zielfunktion und Nebenbedingungen bestimmen. Dem entspricht eine Differenzierung zwischen **pagatorischen** und **nichtpagatorischen (kalkulatorischen)** Erlösen.

Wie auf der Kostenseite sind die Erlöse nach den Merkmalen Zurechenbarkeit und Einflussgrößen- bzw. Beschäftigungsabhängigkeit zu charakterisieren. Nach der **Zurechenbarkeit** gelangt man zur Unterscheidung zwischen **Einzel-** und **Gemeinerlösen**. Gemeinerlöse entstehen durch eine in der Regel absatzwirtschaftliche Leistungsverbundenheit. Beispiele sind Güter, die nur als gemeinsames Paket angeboten und verkauft werden. Hierzu gehören Pauschalangebote für Reisen, Pauschallizenzen, aber auch ein Kasten mit Bierflaschen.

Merkmal	Ausprägung
Art der Ausbringungsgüter	- Produkterlöse - Sachmittel-, Anlagenerlöse - Arbeitserlöse - Informationserlöse - Vermieterlöse - Nominalerlöse
Bezugsgröße	- Stückerlöse - Periodenerlöse
Wertansatz	- Pagatorische Erlöse - Nichtpagatorische Erlöse
Zurechenbarkeit	- Einzelerlöse - Gemeinerlöse
Veränderlichkeit	- Variable Erlöse - Fixe Erlöse
Erlösbereich, -stelle	- ES 210, ES 211, ...
Erlösträger	- Produkt A, Produkt B, ...

Abb. 2-3: *Klassifikationsmöglichkeiten von Erlösarten*

Die Eigenschaften von **Gemeinerlösen** sind entsprechend Abbildung 2-4 spiegelbildlich zu denen der Gemeinkosten[7]. Die erzielbaren Erlöse fallen oft schon weg, wenn eine der Teilleistungen nicht erbracht wird. Demgegenüber fallen Gemeinkosten an, sobald das betreffende Gebrauchsgut zur Erbringung einer Leistungseinheit eingesetzt wird. Der absatzwirtschaftlichen Verbundenheit bei den Gemeinerlösen entspricht die produktionswirtschaftliche Verbundenheit bei den Gemeinkosten. Während für die Gemeinkosten eine Zurechnungs- oder Schlüsselungsproblematik besteht, benötigt man bei den Gemeinerlösen einen Bewertungsmodus, mit dem man von den Werten der separat erfassbaren, jedoch miteinander verbundenen Einzelgüter zum Gesamterlös kommt und umgekehrt.

Während sich auf der Kostenseite durch die Verwendung unterschiedlicher Bezugsgrößen eine tiefere Differenzierung z.B. nach Produkteinheiten, Produktarten, Produktgruppen usw. vornehmen lässt, hat eine solche Vorgehensweise auf der Erlösseite nicht dieselbe Bedeutung. Dies ist darauf zurückzuführen, dass Markterlöse zum überwiegenden Teil von den einzelnen Produkten und deren verkauften Mengen ausgehen. Erst im Rahmen einer Erlösstellenrechnung kann eine solche Relativierung der Zurechnung bedeutsam werden, wenn man berücksichtigt, inwiefern mehrere Stellen und Bereiche zur Erbringung gemeinsamer Endleistungen beitragen.

Die Höhe der Erlöse hängt, wie die Höhe der Kosten, von einer oder mehreren Einflussgrößen ab. Nach der Reaktion auf **Änderungen der Einflussgrößen** lassen sich variable und fixe Erlöse unterscheiden. Diese Differenzierung

---

[7] Vgl. MÄNNEL, W. (Gestaltung), S. 129.

tritt insbesondere bei Markterlösen auf und wird von der Preispolitik bestimmt. **Fixe Erlöse** liegen vor, wenn der Erlös (innerhalb eines Intervalls) unabhängig von der gelieferten Gütermenge ist. Beispiele hierfür sind die Grundgebühr des Telefons oder Mindestentgelte bei kleinen Bezugsmengen. Ist dagegen eine Abhängigkeit von der gelieferten Gütermenge gegeben, handelt es sich um **variable Erlöse**.

Gemeinkosten	Gemeinerlöse
Kosten, die typischerweise nur dann wegfallen, wenn **sämtliche** der über diesen gemeinsamen Wertverzehr miteinander verbundenen Leistungen nicht erbracht werden.	Erlöse, die oftmals bereits dann wegfallen, wenn **eine** der über diesen gemeinsamen Wertzuwachs miteinander verbundenen Leistungen nicht erbracht wird.
Durch die **produktionswirtschaftliche** Leistungsverbundenheit bedingt.	Durch die **absatzwirtschaftliche** Leistungsverbundenheit bedingt.
Als 'Block' in einer Summe erfaßte Kosten dürfen nicht aufgeschlüsselt werden (**Schlüsselungsproblematik**).	Gemäß dem formellen Preis-Berechnungsmodus für einzelne Leistungen (i.w.S.) separat erfaßbare, materiell jedoch miteinander verbundene (Teil-)Erlöse müssen aggregiert werden (**Aggregationsproblematik**).

Abb. 2-4: Vergleich zwischen Gemeinkosten und Gemeinerlösen

Weitere Gliederungsmerkmale sind wie bei den Kosten die **Bereiche und Stellen**, in welchen die Leistungen entstehen. Ferner kann man Erlöse danach kennzeichnen, welchem **Erlösträger** sie zuzurechnen sind und ob es sich dabei um Haupt- oder Nebenprodukte einer Unternehmung handelt.

Die zweite Sichtweise nach der **Güterverwendung** führt gemäß Abbildung 2-5 zu der Trennung zwischen **absatzbestimmten** und wiedereinzusetzenden (wiedereinsatzbestimmten) Gütern. Erstere werden in der betrachteten oder einer späteren Periode verkauft und führen daher unmittelbar oder mittelbar zu Markterlösen. Demgegenüber werden **Wiedereinsatzgüter** in der Unternehmung erstellt und in ihr selbst verbraucht. Es handelt sich um innerbetriebliche kalkulatorische Erlöse, die wieder zu Kosten werden.

Die absatzbestimmten Leistungen lassen sich weiter danach gliedern, ob sie in der Betrachtungs- oder einer späteren Periode verkauft werden. Nur bei den **Verkaufsleistungen liegen Erlöse** vor, die nach dem Realisationsprinzip[8] zu einer Erfolgsentstehung führen. Deshalb sind nur sie mit Marktpreisen zu bewerten, wenn man dieses Prinzip anwendet. Die für eine spätere Periode absatzbestimmten Leistungen münden in **Bestandserhöhungen bei fertigen oder unfertigen Erzeugnissen**. Folgt man dem Realisationsprinzip, so sind sie erfolgsneutral, d.h. mit den durch sie verursachten Kosten (und nicht mit ihrem Marktpreis) zu bewerten. Grundsätzlich ist innerhalb der Kosten- und Erlösrechnung jedoch auch eine andere, z.B. am Marktpreis ori-

---

[8] Vgl. Kapitel 3., Abschnitt D.IV.4.d), S. 556 ff.

entierte Bewertung möglich, weil die Vorschriften des Handels- und Steuerrechts für die interne Kosten- und Erlösrechnung nicht bindend sind.

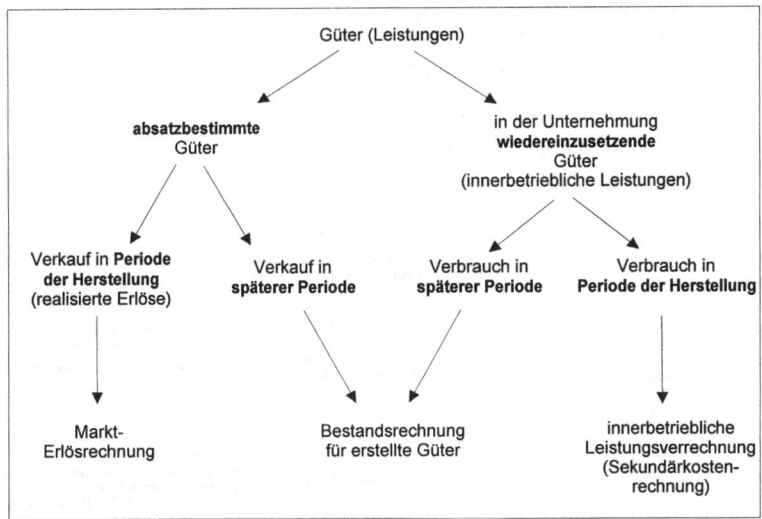

Abb. 2-5: Arten von Erlösrechnungen[9]

Entsprechend können innerbetriebliche Leistungen danach differenziert werden, ob sie in der Periode ihrer Erstellung oder später verbraucht werden. Ihre Bewertung und Zuordnung auf Kostenstellen wird im ersten Fall in der **innerbetrieblichen Leistungsverrechnung** oder **Sekundärkostenrechnung** vorgenommen. Bei einem Verbrauch in einer späteren Periode führen auch diese Güter zu **Bestandserhöhungen**, die erfolgsneutral oder anders bewertbar sind. Hierbei kann es sich um Ver- oder Gebrauchsgüter handeln. Dementsprechend hat ihr Wiedereinsatz in einer Folgeperiode zur Konsequenz, dass sie als Verbrauchsgüter unmittelbar (und damit auf jeden Fall innerhalb einer Periode) oder als Gebrauchsgüter erst nach mehrfacher Nutzung (und damit möglicherweise erst über mehrere Perioden hinweg) verbraucht werden.

Die Erfassung und Verrechnung der vorgenannten vier Leistungsarten erfolgt üblicherweise in drei Rechnungssystemen. Die Verkaufsleistungen gehen in eine Markt-Erlösrechnung ein, während die Bestandserhöhungen in Bestandsrechnungen für erstellte Güter abgebildet werden. Bei diesen kann es sich um eine Materialrechnung für Verbrauchsgüter oder um eine Rechnung für aktivierte Eigenleistungen handeln. Die Bewertung und Erfassung der Leistungen, die in derselben Periode wiedereingesetzt werden, erfolgt dagegen in der **innerbetrieblichen Leistungsverrechnung**, die auch Sekundärkostenrechnung genannt wird.

---

[9] Vgl. KLOOCK, J./SIEBEN, G./SCHILDBACH, T. (Kostenrechnung), S. 159.

Da Erfolge erst mit der Verkaufsleistung und eigentlich erst mit der Bezahlung realisiert sind, erhält die Untergliederung der Markterlöse nach der **Bestimmung der Nettopreise** ein besonderes Gewicht. Sie kann sich entsprechend Abbildung 2-6 danach richten, inwieweit der Preis und damit der Erlös von folgenden Punkten abhängig ist:
- Menge und Wert der gelieferten Produkte
- Zusatzfunktionen der Unternehmung
- Zahlungsbedingungen
- Risikobedingte Erlösminderungen

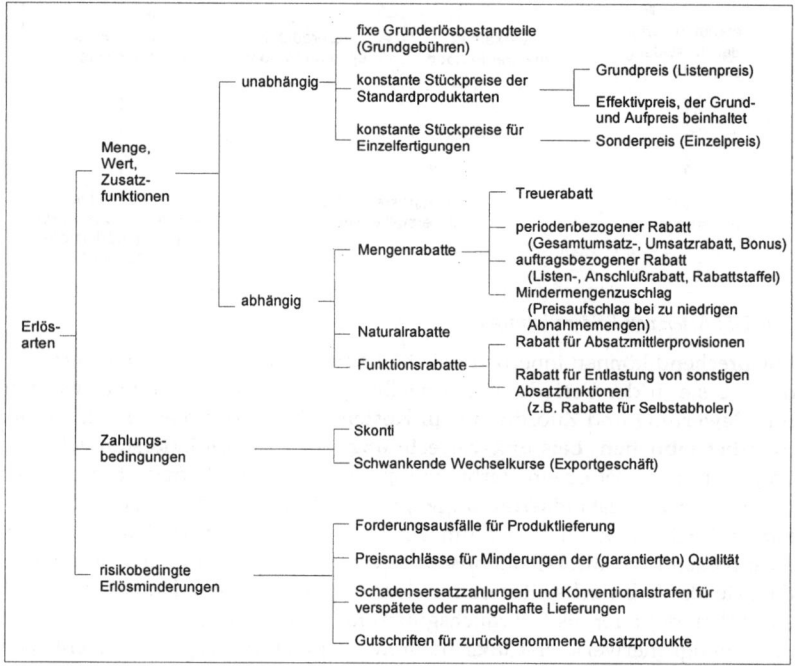

Abb. 2-6: Gliederung der Erlösarten nach Einflussgrößen[10]

Preisnachlässe aufgrund einer großen Bezugsmenge oder aufgrund eines Verzichts auf bestimmte Serviceleistungen bezeichnet man als **Rabatte**. Daneben können Menge, Wert oder Zusatzfunktionen jedoch auch ohne Einfluss auf die Erlöse bleiben, was sich in **fixen Grundgebühren** oder **konstanten Stückpreisen** niederschlägt. Aus den Zahlungsbedingungen ergeben sich die Gewährung von **Skonti** sowie die Berücksichtigung von **Wechselkursschwankungen**. Risikobedingte Ausfälle können durch **Forderungsausfälle**, Preisnachlässe bei Minderqualität, **Schadensersatzzahlungen** sowie **Konventionalstrafen** und **Gutschriften** für die Rücknahme von Lieferungen entstehen.

---

[10] Vgl. KLOOCK, J./SIEBEN, G./SCHILDBACH, T. (Kostenrechnung), S. 164.

Die Differenzierung der Markterlöse zeigt die Fülle an Gestaltungsmöglichkeiten und Einflüssen, die bei der Preisstellung bestehen und damit in der Erlösrechnung zu berücksichtigen sind. An ihr wird zugleich erkennbar, dass eine Fundierung der Erlösrechnung, insbesondere im Hinblick auf deren Planung und Steuerung, eine Verknüpfung mit der **Marketingtheorie** erfordert.

IV. Erfassung der Kostenarten

1. Verfahren der Kostenerfassung

Für die Erfassung der Kostenarten bieten sich zwei grundsätzliche Verfahren an[11]. Da Kosten als bewerteter sachzielorientierter Güterverbrauch definiert sind, besteht das erste Verfahren in der getrennten Erfassung der Mengen- und der Preiskomponente. Beim zweiten Verfahren der Werterfassung hingegen erfolgt eine undifferenzierte Erfassung des gesamten Kostenbetrags.

Durch eine getrennte Erfassung der Verbrauchsmengen und der Einsatzgüterpreise wird deutlich, wie sich die Kosten aus diesen beiden Komponenten zusammensetzen. Dieses Verfahren macht den Genauigkeitsgrad der Messung von Verbrauchsmengen sichtbar und lässt außerdem erkennen, welche Preisansätze der Kostenbewertung zugrunde liegen. Die **getrennte Mengen- und Preiserfassung** setzt aber voraus, dass eine Messung der einzelnen Verbrauchsmengen überhaupt möglich ist. Für die Mengenerfassung sind die Güterart und ihr Verbrauchscharakter wesentlich. Während etwa bei Stoffen und Löhnen die Erfassung der verbrauchten Menge in der Regel keine nennenswerten Schwierigkeiten bereitet, lässt sich der Verbrauch von Sachanlagen oder Informationen nur bedingt messen.

Für alle Güterarten, bei denen die getrennte Erfassung von Verbrauchsmenge und Güterpreis schwer durchführbar ist oder nicht erforderlich bzw. zweckmäßig erscheint, bietet sich das **Verfahren der undifferenzierten Werterfassung** an. Dabei wird der gesamte Kostenbetrag erfasst, ohne dass auf die Mengen- und die Preiskomponente zurückgegriffen wird. Dies ist möglich, indem man von den angefallenen Ausgaben ausgeht oder einen Kostenbetrag festlegt. Entsprechend lassen sich als Verfahren der Werterfassung die zeitliche Verteilung von Ausgaben und die selbständige Festsetzung der Kosten unterscheiden.

Bei der **zeitlichen Verteilung von Auszahlungen** stimmt die Kostenhöhe mit dem Aufwand überein. Der sich aus der Finanzbuchhaltung ergebende Aufwand wird direkt in die Kostenartenrechnung übernommen. Deshalb werden diese Kosten auch **Durchlaufkosten** genannt. In einer Reihe von Fällen sind Aufwand und Kosten gleich den Periodenauszahlungen. Beispielsweise werden vielfach die monatlichen Auszahlungen für Strom, Postgebühren, Gas, Wasser, Miete und dergleichen als aufwandsgleiche Grundkosten angesetzt. Dabei wird teilweise aus Vereinfachungsgründen auf eine exakte Periodenabgrenzung verzichtet, wenn sich die Auszahlungen jeweils auf den vorher-

---

[11] Vgl. KOSIOL, E. (Kostenrechnung), S. 136 ff.

gehenden Monat beziehen. Man setzt die Auszahlungen näherungsweise als bewerteten Verbrauch eines Monats an, obwohl sie für den Verbrauch des Vormonats angefallen sind. Diese Auszahlungen können als nachhinkende Auszahlungen bezeichnet werden. Sofern zwischen den Auszahlungen und dem tatsächlichen Verbrauch größere zeitliche Abweichungen bestehen, muss eine Erfassung der Periodenanteile durch eine zeitliche Abgrenzung der Auszahlungen erfolgen.

Eine undifferenzierte Werterfassung liegt auch bei Abschreibungen vor. Bei einer Übernahme von bilanziellen Abschreibungen in die Kostenrechnung stimmen Aufwand und Kosten überein. Die Summe aller verrechneten Periodenaufwendungen ergibt die Anschaffungsauszahlungen. Dagegen handelt es sich bei kalkulatorischen Abschreibungen um eine **Werterfassung durch selbständige Festsetzung**. Die Kosten sind dabei nicht auf Auszahlungen zurückführbar und entsprechen nicht dem Aufwand. In gleicher Weise handelt es sich beim Ansatz des kalkulatorischen Unternehmerlohns um eine undifferenzierte Werterfassung der Kosten durch selbständige Festsetzung.

Verschiedene Gründe können dafür bestimmend sein, kalkulatorisch bedeutsame Teilrechnungen aus der pagatorischen bzw. kalkulatorischen Rechnung auszugliedern und als **vorgelagerte Nebenrechnungen** (Hilfsrechnungen) durchzuführen. Bei diesen Teilrechnungen kann es sich um die Anlagen-, die Lohn- und Gehalts- sowie die Stoff- bzw. Materialrechnung handeln. Ein wichtiger Grund für die Ausgliederung der genannten Rechnungen ist die größere Beweglichkeit und Anpassungsfähigkeit der Kostenrechnung.

2. *Erfassung von Materialkosten in der Stoff- bzw. Materialrechnung*

a) **Gegenstand der Stoff- bzw. Materialrechnung**

Gegenstand der Stoff- oder Materialrechnung sind bewegliche, materielle Güter, die im Vollzug des Unternehmensprozesses eingesetzt und bearbeitet, verarbeitet oder aufgebraucht werden. Zu ihnen gehören vor allem Werkstoffe, Hilfsstoffe, Betriebsstoffe, fremdbezogene Teile, Handelswaren sowie Büromaterialien[12]. Dagegen rechnet man halbfertige und fertige Erzeugnisse im Allgemeinen nicht zu den Stoffen.

Als **Werkstoffe** (oder Rohstoffe) gelten jene Materialien, die einen wesentlichen Bestandteil des fertigen Produkts ausmachen. Sie stellen die Ausgangs- bzw. Grundstoffe der zu fertigenden Produkte dar und gehen in unveränderter oder infolge von Be- und Verarbeitungsvorgängen in veränderter Form in die Enderzeugnisse ein. Bei der Möbelherstellung ist z.B. Holz ein Werkstoff. **Hilfsstoffe** gehen ebenfalls direkt in die Produkte ein, werden jedoch nicht zu einem wesentlichen Bestandteil derselben. Bei Möbeln sind dies Schrauben oder Leim. **Betriebsstoffe** dienen der Durchführung und Inganghaltung des Unternehmensprozesses. Sie werden nicht direkt für die Herstellung eines Erzeugnisses verbraucht und gehen daher in die Produktion nur mittelbar

---

[12] Vgl. KOSIOL, E. (Kalkulatorische Buchhaltung), S. 157 f.; SCHWEITZER, M. (Industriebetriebslehre), S. 59 f.

ein. Hierzu können z.B. Schmierstoffe, Heizöl oder Elektrizität gehören. In Industriebetrieben werden neben diesen Stoffen häufig auch fremdbezogene Teile in der Produktion eingesetzt. Dabei handelt es sich häufig um Normteile wie z.B. Druckfedern und Dichtungsringe. Industrieunternehmungen können zusätzlich zu den eigenen Erzeugnissen **Handelswaren** im Produktprogramm führen. Diese werden lediglich beschafft, gelagert und unverarbeitet abgesetzt. Unter **Büromaterial** ist die Gesamtheit an Stoffen zu verstehen, die für die Planung und Steuerung des Unternehmensprozesses benötigt wird. Dazu gehören insbesondere jegliche Arten von Schreibwaren wie Papier, Vordrucke, Formulare, Stifte oder Farbbänder.

Aufgabe der Stoffrechnung ist es, die Bewegungen und Bestände von Stoffen mengen- und wertmäßig zu erfassen. Dazu gehört insbesondere die laufende Feststellung des Stoffverbrauchs. Eine **Bestandsrechnung** wird notwendig, wenn der Eingang und der Einsatz von Stoffen zeitlich auseinander fallen, was besonders bei der Vorratsbeschaffung gegeben ist. Sie ist insbesondere aus Dispositions- und Kontrollzwecken sowie handels- und steuerrechtlichen Vorschriften durchzuführen.

Ferner hat die Stoffrechnung die Aufgabe, die **Verteilung des Materialeinsatzes** nach Menge und Wert auf Kostenstellen und Kostenträger vorzubereiten[13]. Dies geschieht durch detaillierte Aufzeichnungen über den Stoffausgang an die verschiedenen Kostenstellen sowie über den Stoffverbrauch bei der Erstellung der einzelnen Erzeugnisse. Mit diesen Angaben lässt sich eine Zuordnung von Stoffkosten auf Kostenstellen und Kostenträger vornehmen. Von den Stoffarten sind gewöhnlich Werkstoffe und (größere) fremdbezogene Teile den Erzeugnissen unmittelbar als Einzelkosten zurechenbar, während der bewertete Verbrauch an Betriebsstoffen sowie Büromaterial als Gemeinkosten den Erzeugnissen nur mittelbar zugerechnet werden kann. Bei den Hilfsstoffen sowie (kleineren) fremdbezogenen Teilen ist zwar prinzipiell eine Zurechenbarkeit auf einzelne Produkte gegeben, jedoch wird häufig aus Gründen einer Rechnungsvereinfachung und Kostenersparnis auf eine exakte rechnungstechnische Ermittlung verzichtet. Die Handelswaren können selbst Kostenträger darstellen, so dass eine direkte Zuordnung des Verbrauchs auf diesen Kostenträger möglich ist.

Die Stoffrechnung steht als **Nebenbuchhaltung** außer mit der Betriebsbuchhaltung und mit der Finanzbuchhaltung auch mit der Beschaffung und der Lager(buch)haltung in sachlichem Zusammenhang. Ferner besteht ein weiterer Zusammenhang zur betrieblichen Fertigungsvorbereitung, da diese im Rahmen der Fertigungsplanung die Materialbedarfsplanung und im Rahmen der Fertigungssteuerung die Materialbereitstellung vorzunehmen hat[14].

b) Probleme und Formen der Mengenerfassung

Die mengenmäßige Erfassung des Stoffverbrauchs kann auf direktem oder indirektem Weg erfolgen. Beide Formen unterscheiden sich durch die Heran-

---

[13] Vgl. GROCHLA, E. (Materialwirtschaft), S. 154 ff.
[14] Vgl. SCHWEITZER, M. (Fertigungswirtschaft), S. 680 ff.

ziehung des Endbestands zur Ermittlung des Stoffverbrauchs. Bei der **direkten Ermittlung** wird der Verbrauch selbständig und nicht über den Endbestand festgestellt. Das wichtigste Verfahren ist hierbei die **Skontration (Fortschreibung oder Einzelaufschreibung)**. Bei dieser Erfassungsmethode erfolgt eine unmittelbare und fortlaufende Verbrauchserfassung in Verbindung mit einer buchmäßigen Bestandsrechnung entsprechend der Rechenregel:

> Anfangsbestand
> + Zugänge
> - Abgänge (Verbrauch)
> = (rechnerischer) Endbestand

Für jeden Stoffeingang und jeden Stoffausgang wird ein Beleg ausgestellt. Zusammen mit dem Beleg über den Anfangsbestand des betreffenden Stoffes lassen sich sowohl der Stoffverbrauch als auch der Stoffbestand jederzeit rechnerisch feststellen (dokumentieren). Die Skontration führt damit zu einem rechnerischen Endbestand, der vom tatsächlichen Bestand abweichen kann. Fehlbestände können z.B. durch Schwund, Diebstahl, Verderb oder Vernichtung auftreten. Durch die rechtlich vorgeschriebene **körperliche Bestandsaufnahme (Inventur)** wird der tatsächlich vorhandene Bestand festgestellt, so dass Fehlbestände ermittelt werden können. Neben der Skontration gehören zu den direkten Erfassungsmethoden die Rückrechnung, die Schätzung des Stoffverbrauchs nach der Zeit und die Verbrauchsfeststellung nach dem Stoffeingang[15]. Bei der **Rückrechnung (retrograde Rechnung)** wird aus der Produktion in einer Periode auf den dafür erforderlichen Stoffverbrauch geschlossen. Der rechnerische (Soll-)Verbrauch kann vom tatsächlichen Verbrauch um die Fehlbestände sowie um Mehr- oder Minderverbräuche in der Produktion abweichen. Eine Inventur ist deshalb ebenfalls notwendig. Die **Schätzung des Stoffverbrauchs nach der Zeit** kann als Sonderform der retrograden Rechnung aufgefasst werden. Aus Erfahrungssätzen schließt man auf den Stoffverbrauch in einem bestimmten Zeitabschnitt. Treten keine nennenswerten Lagerschwankungen auf oder ist der Einkauf dem Verbrauch synchron angepasst, dann lässt sich der **Stoffeinsatz** (bzw. -eingang) als Verbrauchsmenge ansetzen.

Die indirekte Erfassung des Stoffverbrauchs erfolgt in der Gestalt der **Befundrechnung**. "Unter der Befundrechnung (Inventur) versteht man die genaue körperliche Bestandsaufnahme der Stoffe durch Zählen, Messen und Wiegen."[16] Sie geht von folgender Rechenregel aus:

> Anfangsbestand
> + Zugänge
> - Endbestand (Befund)
> = (rechnerischer) Abgang (Verbrauch)

---

[15] Vgl. VODRAZKA, K. (Materialabrechnung), Sp. 1061 f.
[16] KOSIOL, E. (Kalkulation), S. 103.

A. Kosten- und Erlösartenrechnung 91

Die Befundrechnung ermöglicht keine Trennung des Stoffabgangs in einen produktionsbedingten Stoffverbrauch und in einen Fehlbestand. Ferner besitzt sie den Nachteil, dass die Empfangsstellen des Stoffes nicht bekannt sind. Gelegentlich begnügt man sich mit Schätzungen des Endbestandes und verzichtet auf eine exakte Bestandsfeststellung.

Die beschriebenen Erfassungsmethoden unterscheiden sich durch die Genauigkeit der Erfassung, den Informationsgehalt sowie ihre Einfachheit und Wirtschaftlichkeit. Daraus leitet sich der Tatbestand ab, dass keineswegs bei allen Stoffarten dieselbe Erfassungsmethode anzuwenden ist. Zur Bestimmung der Stoffgruppen, die aufgrund ihres Wertes unterschiedlich präzise zu erfassen sind, bedient man sich häufig der sog. A-B-C-Analyse[17].

c) Probleme und Formen der Materialbewertung

Zur Ermittlung des Stoffaufwands bzw. der Stoffkosten ist neben der mengenmäßigen Verbrauchs- und Bestandserfassung eine Bewertung (Bepreisung) der Verbrauchs- und Bestandsmengen vorzunehmen. Als Wertansätze stehen Einstandspreise, Durchschnittspreise, Festpreise und andere Preise zur Auswahl. Bei der **einstandspreisbezogenen Bewertung** wird jede Verbrauchsmenge mit ihren (historischen) Einstandspreisen bewertet. Der Einstandspreis (Beschaffungspreis, Anschaffungspreis) umfasst neben dem Einkaufspreis die unmittelbaren Bezugsausgaben für Fracht, Verpackung und Versicherung und vermindert sich um Preisnachlässe. Soweit die einzelnen Stoffeingänge nicht getrennt gelagert werden und Einstandspreisänderungen von Stoffeingang zu Stoffeingang auftreten, ist für eine Bewertung des Stoffverbrauchs (und der Stoffbestände) die Verbrauchsfolge festzulegen. Damit kommt man anstelle der Einzelbewertung zu einer handelsrechtlich zulässigen **Sammelbewertung**. Man unterscheidet insbesondere das Lifo- und das Fifo-Prinzip (-Verfahren). Beim **Lifo-Prinzip** ('Last in, first out') wird unterstellt, dass die zuletzt beschafften Stoffe als erste verbraucht werden. Der jeweilige Verbrauch ist demnach mit dem Einstandspreis des letzten Stoffzuganges zu bewerten. Beim **permanenten Lifo-Verfahren** wird jeder einzelne Verbrauch mit dem bzw. den Preisen der letzten Zugänge bewertet. Neben diesen in Abbildung 2-7 veranschaulichten Verfahren findet man auch ein **Perioden-Lifo**. Bei ihm wird die gesamte Verbrauchsmenge der Periode mit den Preisen der jeweils letzten Zugänge in der Periode bewertet. Daraus folgt, dass der Endbestand mit den Preisen des Anfangsbestands und der ersten Zugänge der Periode angesetzt wird, auch wenn die in ihm enthaltenen Stoffe in Wirklichkeit gar nicht mehr mit den Anfangsmengen übereinstimmen können. Nur dem permanenten Lifo-Verfahren liegt eine physisch mögliche Verbrauchsfolge zugrunde. Das **Fifo-Verfahren** ('First in, first out') geht davon aus, dass die jeweils ältesten Stoffzugänge (bzw. -bestände) zuerst eingesetzt werden. Für den Stoffverbrauch ist folglich der Einstandspreis des am weitesten zurückliegenden Zuganges anzusetzen. Der Stoffendbestand ist beim Fifo-Prinzip dagegen mit den Einstandspreisen der zuletzt beschafften Materialien zu bewerten (vgl. Abbildung 2-7).

---

[17] Vgl. GROCHLA, E. (Materialwirtschaft), S. 29 ff.; KÜPPER, H.-U. (Beschaffung), S. 225 f.

Lifo-Verfahren:

Datum			€		€
01.01.	Anfangsbestand	150 kg à € 40	6.000		
19.01.	Zugang	250 kg à € 42	10.500		
01.02.				Abgang 100 kg à € 42	4.200
05.07.	Zugang	200 kg à € 38	7.600		
25.07.				Abgang 200 kg à € 38	15.900
				150 kg à € 42	
				50 kg à € 40	
12.09.	Zugang	150 kg à € 43	6.450		
12.11.				Abgang 50 kg à € 43	2.150
				Endbestand 100 kg à € 43	8.300
				100 kg à € 40	

Fifo-Verfahren:

Datum			€		€
01.01.	Anfangsbestand	150 kg à € 40	6.000		
19.01.	Zugang	250 kg à € 42	10.500		
01.02.				Abgang 100 kg à € 40	4.000
05.07.	Zugang	200 kg à € 38	7.600		
25.07.				Abgang 50 kg à € 40	16.300
				250 kg à € 42	
				100 kg à € 38	
12.09.	Zugang	150 kg à € 43	6.450		
12.11.				Abgang 50 kg à € 38	1.900
				Endbestand 50 kg à € 38	8.350
				150 kg à € 43	

Abb. 2-7: *Beispiele zum (permanenten) Lifo- und zum Fifo-Verfahren bei Sammelbewertung mit Einstandspreisen*

Anstelle der tatsächlichen Einstandspreise können bei Preisschwankungen auch Durchschnittspreise verwendet werden. Die Feststellung der Durchschnittspreise kann entweder für eine Periode **nachträglich** oder mit **gleitenden Durchschnittspreisen** nach jedem Zugang neu durchgeführt werden. Beide Verfahren sind in Abbildung 2-8 veranschaulicht.

Diese Verfahren der Sammelbewertung führen zu unterschiedlichen Werten für den Materialverbrauch und die Endbestände. Bei steigenden Preisen haben das permanente und noch stärker das Perioden-Lifo zur Folge, dass die Materialkosten hoch und die Endbestände niedrig bewertet werden. Deshalb wird das Lifo-Verfahren häufig angewandt, um zu einem niedrigen Periodengewinn zu kommen. Auf diese Weise wird das Risiko der Preissteigerung frühzeitig antizipiert.

A. Kosten- und Erlösartenrechnung 93

Verfahren der gleitenden Durchschnittspreise:

Datum			€		€
01.01.	Anfangs-bestand	150 kg à € 40	6.000		
19.01.	Zugang	250 kg à € 42	10.500		
01.02.				Abgang 100 kg à € 41,25 (€ 16.500 : 400 kg = 41,25)	4.125
05.07.	Zugang	200 kg à € 38	7.600		
25.07.				Abgang 400 kg à € 39,95 (€ 19.975 : 500 kg = 39,95)	15.980
12.09.	Zugang	150 kg à € 43	6.450		
12.11.				Abgang 50 kg à € 41,78 (€ 10.445 : 250 kg = 41,78)	2.089
				Endbestand 200 kg à € 41,78	8.356

Verfahren mit nachträglichem Durchschnittspreis:

Datum			€		€
01.01.	Anfangs-bestand	150 kg à € 40	6.000	(€ 30.550 : 750 kg = 40,73)	
19.01.	Zugang	250 kg à € 42	10.500		
01.02.				Abgang 100 kg à € 40,73	4.073
05.07.	Zugang	200 kg à € 38	7.600		
25.07.				Abgang 400 kg à € 40,73	16.293
12.09.	Zugang	150 kg à € 43	6.450		
12.11.				Abgang 50 kg à € 40,73	2.037
				Endbestand 200 kg à € 40,73	8.147

Abb. 2-8: *Beispiele zu den Verfahren bei Sammelbewertung mit gleitenden und nachträglichen Durchschnittspreisen*

3. **Erfassung von Personalkosten in der Lohn- und Gehaltsrechnung**

a) **Gegenstand und Probleme der Lohn- und Gehaltsrechnung**

Die Erfassung der Personalkosten vollzieht sich üblicherweise im Rahmen einer vorgelagerten Lohn- und Gehaltsrechnung. Sie erfüllt zwei Aufgaben. Zum einen hat sie die Erfassung, Berechnung, Buchung und Zahlungsregulierung sämtlicher Arbeitsentgelte der Beschäftigten (einschließlich gesetzlicher und freiwilliger Folgeleistungen) zum Gegenstand. Zum anderen bereitet sie deren Verteilung auf Kostenstellen und Kostenträger vor. Sie dient damit pagatorischen und kalkulatorischen Rechnungszielen. Bei der Lohn- und Gehaltsabrechnung hat sie eine Reihe rechtlicher Tatbestände zu beachten. Dazu gehören vor allem die gesetzlichen Bestimmungen des Steuerrechts, zur Sozialversicherung und zur Lohnsicherung. Auch bei dieser Kostenart werden in der Regel Mengen- und Preiserfassung getrennt.

Die wesentlichen **Probleme bei Lohn- und Gehaltskosten** bestehen darin, die Arbeitsleistungen möglichst umfassend und genau für den einzelnen Kostenträger und die einzelne Kostenstelle zu erfassen. Sofern die Zahlungstermine für das Arbeitsentgelt nicht mit dem Abrechnungszeitraum übereinstimmen, ist eine Periodenabgrenzung durchzuführen. Spezielle Probleme stellt die Erfassung von Urlaubslöhnen, sozialen Leistungen und kalkulatorischen Unternehmerlöhnen dar. Diese Kostenarten gehören zu den (Kostenträger-) Gemeinkosten. Urlaubslöhne (ggf. einschließlich zusätzlichem Urlaubsgeld) und soziale Leistungen, wie Pensionsleistungen, Weihnachtsgratifikationen oder Zuschüsse, müssen zeitlich abgegrenzt werden. Sie können nicht allein der Teilperiode (z.b. dem Monat) zugerechnet werden, in der sie gezahlt werden, sondern sind auf die gesamte Rechnungsperiode (z.b. ein Jahr) zu verteilen. Kalkulatorische Löhne und Gehälter werden in Einzelunternehmungen und Personengesellschaften angesetzt, weil leitend tätige Inhaber derartiger Unternehmungen handelsrechtlich kein Arbeitsentgelt, sondern ausschließlich Gewinn beziehen. In Kapitalgesellschaften sind dagegen alle Mitglieder der Unternehmensleitung Angestellte, die ein Gehalt empfangen. Beim kalkulatorischen Unternehmerlohn liegt eine undifferenzierte Werterfassung durch Festsetzung vor.

b) Erfassung der Personalkosten bei unterschiedlichen Lohnformen

Die Lohnerfassung und -berechnung wird wesentlich durch die gewählte Lohnform bestimmt. Diese legt die Bemessungsgrundlage für die Entlohnung der Arbeitstätigkeit fest. Man unterscheidet zwischen reinen (elementaren) und zusammengesetzten Lohnformen[18]. **Reine Lohnformen** sind der Zeitlohn und der Stücklohn. Beim **Zeitlohn** bildet die (Leistungs-)Zeit die Maßgröße zur Messung der menschlichen Arbeit. Der Lohnsatz je Zeiteinheit stellt die Wertkomponente dar. Die wichtigste Klasse im Bereich des Zeitlohns stellen die Gehälter dar. Der **Stücklohn oder Akkordlohn** ist dadurch gekennzeichnet, dass die menschliche Arbeit an der hervorgebrachten (Leistungs-)Menge gemessen wird. Die Zahl der Leistungseinheiten (z.B. Stückzahl an gefertigten Zwischenprodukten) bildet die Mengenkomponente, während der vereinbarte Lohnsatz je Leistungseinheit die Wertkomponente repräsentiert. **Zusammengesetzte Lohnformen oder Prämienlöhne** bestehen aus einem Grundlohn (Zeitlohn oder Stücklohn) und einem Zuschlag (Prämie). Es kommen verschiedene Arten von Prämien (z.B. Leistungs-, Kostenersparnis- oder Qualitätsprämien) in Betracht. Auch Gehälter werden häufig mit Umsatz-, Erfolgs- und anderen Prämien verknüpft.

Zur **Messung des Einsatzes an Arbeitsleistungen** können Anwesenheitskarten, Lohnzettel, Arbeitsbegleitkarten und elektronische Verfahren dienen. Diese verschiedenen Belegarten sind für die Unterscheidung von Einzel- und Gemeinkosten wesentlich. Auf den Anwesenheitskarten werden z.B. die Arbeitszeiten abgestempelt. Sie geben Auskunft über die insgesamt eingesetzte

---

[18] Vgl. KOSIOL, E. (Entlohnung), S. 55 ff.

Zeit an Arbeitsleistung der einzelnen Arbeitskräfte. Hingegen enthalten Lohnzettel differenzierte Angaben über die Tätigkeiten jedes Mitarbeiters und die jeweiligen Tätigkeitsdauern. Durch die Angabe der Kostenstellen, in welchen die Tätigkeiten ausgeführt werden, lassen sich die Lohnkosten je Stelle erfassen. Die **Bewertung** der eingesetzten Arbeitsleistungen kann aufgrund der tatsächlich gezahlten Löhne oder mit Festpreisen erfolgen. Der Ansatz von Festpreisen dient zur Ausschaltung von Schwankungen bei den Tarif- und Effektivlöhnen sowie zur Vereinfachung der Erfassung.

Unter Zugrundelegung der Mengenkomponente und der Wertkomponente wird der **personenbezogene Bruttolohn** errechnet. Beim Zeitlohn ist die Leistungszeit mit dem entsprechenden Lohnsatz zu multiplizieren. Der Bruttolohn errechnet sich beim heute üblichen Zeitakkord gemäß Vorgabezeit je Leistungseinheit · Leistungsmenge · Lohnsatz je Zeiteinheit. Die so berechnete Bruttolohnsumme erhöht sich um die **Zuschläge**, die aufgrund gesetzlicher Normen (z.B. für vermögenswirksame Leistungen) oder freiwilliger Vereinbarungen (z.B. Essenszuschläge) gezahlt werden. Die gesamten betrieblichen Lohnauszahlungen (bzw. der gesamte Personalaufwand) je Beschäftigtem setzen sich aus dem Bruttolohn und in den Zuschlägen nicht enthaltenen, aber zu erbringenden Auszahlungen (z.B. Arbeitgeberanteil zur Sozialversicherung) zusammen. Die um Zuschläge vermehrte Bruttolohnsumme vermindert sich um die **Abschläge**, deren wichtigste die gesetzlich festgelegten Abzüge (Einkommensteuer, Kirchensteuer, Sozialversicherungsbeiträge) sind. Dazu können im Einzelfall noch vertraglich vereinbarte Abschläge (z.B. bei Darlehenstilgungen), erzwungene Abschläge (z.B. Lohnpfändungen) und gezahlte Lohnabschläge kommen. Die sich dann ergebende (personenbezogene) **Nettolohnsumme** ist dem Arbeitnehmer auszubezahlen.

Auch bei den Lohnkosten werden Einzel- und Gemeinkosten unterschieden. Soweit Lohnkosten einem Ausbringungsgut (einem Auftrag) direkt zugerechnet werden können, spricht man von Lohneinzelkosten oder Fertigungslöhnen[19]. Sie treten überwiegend im Fertigungsbereich auf. Alle übrigen Lohn- und Gehaltskosten stellen Gemeinkosten oder Hilfslöhne dar. Bei ihnen liegt nur ein mittelbarer Bezug zur Gütererstellung und -verwertung vor. Die Schlüsselung (und damit die Verteilung der erfassten Kostenarten) erfolgt anhand von Angaben (wie Kostenstelle, Auftragsart etc.) auf den Lohnbelegen.

4. Erfassung von Abschreibungen in der Anlagenrechnung

a) Gegenstand und Formen der Anlagenrechnung

Als dritte vorgelagerte Nebenrechnung dient die Anlagenrechnung zur Erfassung der Werte der betrieblichen Anlagen. Die Anlagen unterliegen keinem sofortigen vollständigen Verbrauch und sind deshalb erst auf längere Sicht wieder zu ersetzen. Aus diesem Grund muss ihr Wert in jeder Periode mit Hilfe von Abschreibungen aktualisiert werden. Die Bestimmung der Ab-

---

[19] Vgl. KOSIOL, E. (Kalkulation), S. 1051.

schreibungen stellt eine undifferenzierte Werterfassung dar. Daneben ist zu berücksichtigen, dass es Anlagegüter gibt, bei denen man aus Gründen der Steuerersparnis bzw. -verlagerung und der Rechnungsvereinfachung auf eine exakte Werterfassung verzichtet (z.B. geringwertige Wirtschaftsgüter).

Nach Art des Anlagegutes unterscheidet man **Sach- und Finanzanlagen**. Beispiele für materielles Sach- oder Realvermögen sind Grundstücke, Gebäude, Maschinen, Verwaltungseinrichtungen, während Konzessionen, Lizenzen, Patente, Markenrechte zum immateriellen Realvermögen gerechnet werden. Finanzanlagen wie z.B. Beteiligungen oder langfristige Forderungen sind nominale Vermögensgegenstände. Sie werden gewöhnlich nicht in die Anlagenrechnung einbezogen. Ihre Erfassung vollzieht sich vielmehr im Finanzbereich einer Unternehmung. Ebenso werden die immateriellen Sachanlagen häufig nicht in der Anlagenrechnung erfasst. Dann beschränkt sich die Anlagenrechnung auf die art-, mengen- und wertmäßige Abbildung des Bestandes (zu Beginn der Rechnungsperiode) und der Bewegungen an materiellem Realvermögen. Bewegungen resultieren aus Zugängen wie z.b. durch Kauf, Eigenerstellung oder Schenkung von Dritten sowie Abgängen wie z.b. durch Verkauf, Vernichtung, Demontage oder Schenkungen an Dritte in der jeweiligen Periode.

Die Teilsysteme der Anlagenrechnung können einerseits nach ihrer zeitlichen Reichweite in kurz- und langfristig orientierte Rechnungen unterteilt werden.[20] Andererseits kann man in Rechungen mit wirtschaftlichen Größen und solche mit technischen Daten unterscheiden. Abbildung 2-9 zeigt die Einordnung wichtiger Teilsysteme der Anlagenrechnung in eine derartige Systematisierung.

		Rechnungsgrößen	
		Wirtschaftliche Größen	Technische Größen
Zeitliche Reichweite	Kurzfristig	Anlagenbuchhaltung Anlagenkostenrechnung	
	Langfristig	Investitionsrechnung Lebenszykluskosten- und -erlösmanagement	Anlagendatei Anlagenstatistik

Abb. 2-9: Systematisierung von Teilsystemen der Anlagenrechnung

Der den betrieblichen Anlagen zugeordnete Wert (z.B. Anschaffungsausgaben oder Herstellungsaufwand) geht infolge der mehrjährigen Nutzbarkeit nicht unmittelbar im Jahr der Anschaffung bzw. Herstellung vollständig verloren, sieht man von außergewöhnlichen (und nicht vorhersehbaren) Umständen wie z.b. Katastrophen, Diebstählen, technischem Fortschritt oder negativen Marktentwicklungen ab. Daher ist es für eine Periodenerfolgsrechnung notwendig, die auf eine Periode entfallende Wertminderung zu bestimmen. Der durch einen Geldbetrag erfasste Werteverzehr des Anlagevermögens wird als **Abschreibung** bezeichnet. Hierzu gehören sowohl regel-

---

[20] Vgl. hierzu und zum Folgenden FRIEDL, G./PEDELL, B. (Anlagencontrolling), Sp. 65 f.

mäßige Abschreibungen für vorhersehbare Wertminderungen als auch Sonderabschreibungen für nicht prognostizierbare, einmalige Wertminderungen.

Damit dienen Abschreibungen der Bewertung und der Ermittlung des Erfolgs einer Abrechnungsperiode oder einer Entscheidungsalternative. In Periodenerfolgsrechnungen gibt die Abschreibung die einer Periode zuzurechnende Wertminderung des jeweiligen Gutes an. Ihre Höhe wird durch die Zwecksetzung bestimmt, welche mit der Erfolgsrechnung verfolgt wird. Auf die Bestimmung des Wertes von Entscheidungsalternativen ist vor allem die wertmäßige Erfassung des Einsatzes von Gebrauchsgütern in der Kostenplanung und -kontrolle gerichtet.

b) Bestimmungsgrößen und Arten von Abschreibungen

Da eine Reihe von Ursachen die Wertminderung beeinflussen kann und Kenntnisse über Gesetzmäßigkeiten der Wertminderung weitgehend fehlen, behilft man sich in traditionellen Rechnungen mit geeigneten Setzungen, die ihren Ausdruck in den Abschreibungsverfahren finden.

Ursachen für die Wertminderung von Anlagegegenständen können sein[21]:

(1) Verschleiß (Gebrauch, Ruheverschleiß, Substanzverringerung, Katastrophen),
(2) Fristablauf,
(3) Überholung,
(4) Werteinbußen bzw. Wertvernichtung.

Unter **Verschleiß** versteht man den körperlichen Werteverzehr von materiellen Anlagegütern. Merkmale des Verschleißes sind erhöhte Reparaturanfälligkeit, erhöhte Wartungsbedürftigkeit, langsameres Arbeiten, erhöhter Ausschuss, verminderte Präzision. Wegen der Minderung der technischen Leistungsfähigkeit durch Verschleiß spricht man auch von technisch bedingter Wertminderung. Beim Verschleiß lassen sich vier verschiedene Arten unterscheiden. Die wichtigste Verschleißart ist der körperliche Werteverzehr durch **Gebrauch**. Die Abnutzung ist durch den Einsatz im Produktionsprozess bedingt und kann allmählich oder plötzlich eintreten. **Natürlicher Verschleiß (Ruheverschleiß)** liegt vor, wenn auch ohne Ingebrauchnahme eine Minderung der Leistungsfähigkeit durch äußere Einflüsse auftritt. Wettereinflüsse und Naturvorgänge bewirken einen körperlichen Werteverzehr, der sich durch Verwitterung, Rosten, Zersetzung, Fäulnis u.a. bemerkbar macht. Des weiteren kann ein **Verschleiß durch Substanzverringerung** eintreten. Diese Verschleißart liegt bei Gewinnungsbetrieben vor. Der Abbau von Stoffvorkommen (die Minderung der Substanz) wird als Verschleißvorgang besonderer Art betrachtet. Schließlich kann eine körperliche Wertminderung durch **Katastrophen** bedingt sein. Während beim Verschleiß durch Gebrauch und Ruhe sowie bei der Substanzverringerung von einer gewissen Vorhersehbarkeit der Wertminderung ausgegangen werden kann, ist der Katastrophenverschleiß bei Explosion, Verkehrsunfall, Brand, Wassereinbruch usw. durch

---

[21] Vgl. KOSIOL, E. (Anlagenrechnung), S. 30 ff.

eine plötzliche und unvorhersehbare teilweise oder vollständige Vernichtung bzw. Wertminderung gekennzeichnet.

Eine durch **Fristablauf** bedingte Wertminderung kann sowohl bei materiellen als auch bei immateriellen Gegenständen auftreten. Das Anlagegut steht der Unternehmung lediglich eine begrenzte Zeit zur Verfügung. Nach Ablauf der Frist kann es meist aufgrund rechtlicher Vereinbarungen nicht mehr genutzt werden, obwohl es danach noch nutzungsfähig ist. Da nach dem Zeitablauf noch eine technische Nutzungsfähigkeit gegeben ist, spricht man auch von wirtschaftlicher Entwertung. Beispiele für einen Fristablauf sind die Beendigung von Miet- und Pachtverhältnissen sowie das Ablaufen von Patent- und Markenschutzrechten.

Eine dritte Wertminderungsursache stellt die so genannte **Überholung** dar. Damit meint man die Entwertung durch technische Veralterung der Güter des Anlagevermögens. Aufgrund technologischer Verbesserungen von Produktionsverfahren bzw. Anlagen oder der Einführung neuartiger Stoffe tritt eine Wertminderung der verwendeten Anlagegegenstände ein. Da deren technische Nutzungsmöglichkeit durch den Fortschritt nicht beeinträchtigt wird, spricht man auch von technisch-wirtschaftlicher Wertminderung. Während die Entwertung durch Verschleiß und Fristablauf als unmittelbar verbrauchsbedingt betrachtet wird, gelten Wertminderungen durch Überholung als mittelbar verbrauchsbedingt[22]. Die Wertminderung durch Überholung ist darauf zurückzuführen, dass technologische Veränderungen auf Märkten wirksam werden. Daran wird deutlich, dass die Preisentwicklungen auf den Märkten für Anlagegüter auch für den Wert der in einer Unternehmung genutzten Anlagen relevant sind und die Abschreibungen bestimmen.

Dies tritt noch deutlicher in Erscheinung, wenn diese Preise durch technologische Faktoren sowie Nachfrageverschiebungen, Änderung von Wettbewerbsbedingungen, Konjunktureinflüsse u.ä. sinken. Dann kommt es zu marktbedingten Wertminderungen, die vom Verbrauch völlig unabhängig und damit verbrauchsfremd sind. Die letzten beiden Ursachen der Wertminderung von Anlagegegenständen weisen darauf hin, dass Abschreibungen auch in Abhängigkeit von Marktentwicklungen festzusetzen sind und dafür die Technologie- und die Preisentwicklung auf diesen Märkten beachtet werden muss. Verbrauchsfremd sind also Wertminderungen, die auf **Werteinbußen** z.B. bei sinkenden Marktpreisen der Anlagegüter oder auf **Wertvernichtung** bei immateriellen Anlagegütern zurückzuführen sind.

Die einzelnen Ursachen unterscheiden sich entsprechend Abbildung 2-10 insbesondere durch ihren Ursprung und ihre Vorhersehbarkeit. Dabei können die Ursachen innerbetrieblich (z.B. Verschleiß durch Gebrauch) oder außerbetrieblich (z.B. Katastrophenverschleiß bei Überschwemmung) veranlasst sein. Eine Vorhersehbarkeit ist beispielsweise bei Fristablauf gegeben, während die Wertminderung durch Überholung nur sehr schwer und eine Entwertung durch Katastrophen praktisch nicht prognostizierbar sind. Ferner können bei einem Anlagegut auch mehrere Wertminderungsursachen vorliegen (z.B. Gebrauchs- und Ruheverschleiß).

---

[22] Vgl. KOSIOL, E. (Anlagenrechnung), S. 36 f.

A. Kosten- und Erlösartenrechnung

Ursachen der Wertminderung bei Anlagegütern				Art der Abschreibung		
Ursache	Vorhersehbarkeit	Ursprung	Art des Anlagegutes	Handelsrechtliche Abschreibung	Steuerrechtliche Abschreibung	Kalkulatorische Abschreibung
Gebrauchsverschleiß Substanzverringerung	ja	intern	Körperliche Sachanlagen	Planmäßige Abschreibung	Technische AfA bzw. für Substanzverringerung	Unmittelbar verbrauchsbedingte Abschribung
Ruheverschleiß	ja	extern	Körperliche Sachanlagen	Planmäßige Abschreibung	Technische bzw. wirtschaftliche AfA	Verbrauchsbedingte Abschreibung
Fristablauf	ja	extern	Alle Sachanlagen	Planmäßige Abschreibung	Technische bzw. wirtschaftliche AfA	Verbrauchsbedingte Abschreibung
Überholung	bedingt	extern	Alle Sachanlagen	Planmäßige und außerplanmäßige Abschreibung	Meist Sonderabschreibungen, niedrigerer Wert	Mittelbar verbrauchsbedingte Abschreibung
Katastrophenverschleiß	nein	intern/ extern	Körperliche Sachanlangen	Außerplanmäßige Abschreibungen oder Rückstellungen oder Wagnisse	Sonderabschreibungen	Gewöhnlich keine kalkulatorische Abschreibung, sondern Erfassung durch Wagniskosten
Wertvernichtung	nein	intern/ extern	Sach- und Finanzanlagen	Außerplanmäßige Abschreibungen	Rückstellung möglich	Keine kalkulatorische Abschreibung

Abb. 2-10: *Zusammenhang zwischen Ursachen der Wertminderung und Art der Abschreibung bei Anlagegütern*

Im Hinblick auf die einzelnen Wertminderungsursachen ist es zweckmäßig, zwischen der handelsrechtlichen, der steuerrechtlichen und der kalkulatorischen Abschreibung zu unterscheiden. Diesen Abschreibungsarten liegen unterschiedliche Rechnungsziele zugrunde. Die **pagatorische oder handelsrechtliche Bilanzabschreibung** beinhaltet eine zeitliche Verteilung der aktivierten Auszahlungsbeträge (Anschaffungsauszahlungen bzw. Herstellungsaufwand) auf die Nutzungsdauer bzw. Lebensdauer des (abnutzbaren) Anlagegutes. Neben dem tatsächlichen Anlagenverbrauch durch Verschleiß, Fristablauf und Überholung wirken auf die Höhe noch andere Tatbestände wie die Ausnutzung von Bewertungsspielräumen, steuerrechtliche Bestimmungen, Dividendenpolitik, Liquiditätsüberlegungen sowie verbrauchsfremde Markteinflüsse ein.

Für die Kostenrechnung sind die **kalkulatorischen Abschreibungen** maßgeblich. Sie sollen die durch die Bereitstellung und den Einsatz der Anlagen entstehenden Kosten zum Ausdruck bringen[23]. Als kalkulierbare Wertminderungen gelten die genügend vorhersehbaren Werteverzehre der Anlagegüter, soweit eine verbrauchsbedingte Minderung der technischen und wirtschaftlichen Nutzungsfähigkeit vorliegt. Für die Höhe der kalkulatorischen Abschreibung sind daher der Verschleiß durch Gebrauch, der natürliche Verschleiß, die Substanzverringerung und der Fristablauf bestimmend. Die

---

[23] Vgl. KOSIOL, E. (Anlagenrechnung), S. 26.

Wertminderung durch Katastrophenverschleiß wird gewöhnlich nicht über kalkulatorische Abschreibungen, sondern über Wagniskosten kostenrechnerisch berücksichtigt. Sofern Versicherungen zur Abdeckung von Schadensfällen abgeschlossen worden sind, stellen die Versicherungsprämien die entsprechenden Kosten dar. Verbrauchsfremde Wertminderungen werden in der Kostenrechnung nicht berücksichtigt. Die Zusammenhänge zwischen der Art der Wertminderung bei Anlagegütern und den Abschreibungsarten sind in Abbildung 2-10 zusammengestellt.

c) Prinzipien der Abschreibungsermittlung

Aus den Bestimmungsgrößen der Abschreibungen, den Rechnungszielen der Kosten- und Erlösrechnung und den Vorschriften für eine Rechnungslegung lässt sich eine Reihe von Prinzipien herleiten, welche für die Ermittlung von Abschreibungen bedeutsam sind.[24]

Grundlegend für die Ermittlung von Abschreibungen ist, dass sie bewertete Güterverbräuche wiedergeben. Deshalb sollen sie keine Gewinnbestandteile[25] enthalten und in diesem Sinne "erfolgsneutral" sein. Geht man dabei vom übergeordneten langfristigen Erfolgsziel aus, dann lässt sich diese Anforderung durch das *kapitaltheoretische* Konzept[26] operationalisieren und als **Prinzip der kapitaltheoretischen Erfolgsneutralität** bezeichnen. Es bringt zum Ausdruck, dass es sich um *Aufwendungen* oder *Kosten* handelt[27], und deshalb im *Planungszeitpunkt* die Summe aus dem Barwert von Abschreibungen und dem Barwert der Zinsen für das nach Abzug der Abschreibungen in einer Anlage gebundene Kapital gleich den Anschaffungskosten sein soll.

Wenn bei der Planung von Abschreibungen Marktentwicklungen außer Acht bleiben, besteht die Gefahr von Fehlentscheidungen und Fehlsteuerungen. Daraus leitet sich das **Prinzip des Marktbezugs** ab. Es verlangt vor allem eine Prognose der Preis- und der Technologieentwicklung. Im Hinblick auf die Preise von Einsatzgütern steht der Beschaffungsmarkt im Vordergrund. Jedoch ist zu berücksichtigen, ob und inwieweit dessen Preise über die Herstell- und Selbstkosten der Anbieter auch die Preise auf dem Absatzmarkt beeinflussen. Derartige Rückwirkungen können vor allem auf regulierten Märkten eintreten, wenn die Kosten aufgrund rechtlicher Vorschriften für die Entgeltfestsetzung maßgeblich sind. So schreibt beispielsweise § 24 Abs. 1 Telekommunikationsgesetz vor: "Entgelte haben sich an den Kosten der effizienten Leistungsbereitstellung zu orientieren...". Grundlage der Genehmigung von Entgelten für Telekommunikationsleistungen sind nach § 2 Abs. 2 der Telekommunikations-Entgeltregulierungsverordnung Kostennachweise,

---

[24] Vgl. zum Folgenden KNIEPS, G./KÜPPER, H.-U./LANGEN, R. (Abschreibungen), S. 760 ff.
[25] Jedoch können sie im Sinne eines wertmäßigen Kostenbegriffs "entgangene" Gewinne als Opportunitätskosten umfassen, die auf den Verzicht auf eine anderweitige Nutzung des Gutes zurückgeführt werden.
[26] Vgl. KÜPPER, H.-U. (Unternehmensrechnung), S. 980 ff.
[27] Damit fällt die Ertragswertabschreibung (SCHNEIDER, D. (Rechnungswesen 2), S. 41 ff. und S. 265 ff.) bzw. economic depreciation (BAUMOL, W.J. (Depreciation), S. 641 ff.) nur dann unter diesen Begriff, wenn der Kapitalwert für die betrachtete Anlage gleich Null ist.

A. Kosten- und Erlösartenrechnung

die sich neben anderen Kostenarten explizit auf die Höhe der Abschreibungen beziehen. Hiervon betroffene Unternehmungen müssen auf der einen Seite die Auswirkungen ihrer eigenen Abschreibungsermittlung auf die Entscheidungen der Regulierungsbehörde beachten und andererseits deren zu erwartendes gegenwärtiges und zukünftiges Verhalten in die Formulierung von Entgeltanträgen einbeziehen. Damit gewinnt die Abschreibungsermittlung eine direkte Bedeutung für die Preisbestimmung.

Deshalb erscheint es für eine Unternehmung zweckmäßig, die Abschreibungen eines Investitionszyklus so auf dessen Perioden zu verteilen, dass die Anschaffungskosten auch bei erwarteten Preissenkungen getragen werden und keine planmäßigen Verluste entstehen. Wenn sie davon ausgeht, dass sich Preissenkungen auf ihrem Beschaffungsmarkt über den Marktmechanismus und/oder über eine Preisregulierung auf ihre erzielbaren Absatzpreise auswirken, hat sie diese Erwartungen schon bei der Investitionsentscheidung für ein Anlagegut zu berücksichtigen. Sie wird eine Investition aus ökonomischen Gründen nicht tätigen, wenn diese bei erwarteten (Beschaffungs- und Absatz-) Preisänderungen zu einem Verlust führt.

Rechtliche Rahmenbedingungen sind für die Ermittlung von Abschreibungen im Prinzip nur in der externen Rechnung maßgeblich, können jedoch auch die Kostenrechnung beeinflussen. Dann gewinnt ein **Prinzip der Übereinstimmung mit den GoB** Bedeutung.

Im handelsrechtlichen Jahresabschluss sind nach § 253 Abs. 2 HGB bei Gütern des Anlagevermögens mit zeitlich begrenzter Nutzung die „Anschaffungs- oder Herstellungskosten entsprechend der Zeit oder der Nutzung auf die Jahre der voraussichtlichen Verwendung"[28] nach einem Abschreibungsplan zu verteilen. Dieser gibt vor der ersten Abschreibung an, wie der Wertansatz des Anlageguts in jedem Geschäftsjahr seiner Nutzung zu ermitteln ist[29]. Die Regelungen des HGB sind durch eine eher deterministische Sichtweise gekennzeichnet. „‚Planmäßig' heißt auch, dass an dem einmal aufgestellten Plan *grundsätzlich festzuhalten* ist. Änderungen sind als *Ausnahmen* vom Grundsatz der *Bewertungsstetigkeit* ... in besonderen Fällen zulässig" und im Anhang zu erläutern.[30] Unsichere Erwartungen werden damit weniger als Problem der Planung, denn als Frage der Zulässigkeit von Planänderungen behandelt. Änderungen der Anschaffungspreise, die mit ausreichender Sicherheit zu erwarten sind, werden nicht eingehender analysiert und berücksichtigt.[31]

Auch in der externen Rechnungslegung spielt die Beachtung des Marktes eine Rolle, was sich insbesondere an der Bedeutung des Vorsichtsprinzips als grundlegendem GoB[32] sowie dem Imparitäts- und Niederstwertprinzip zeigt. Es stellt sich die Frage, ob der hieran erkennbare Marktbezug lediglich in außerplanmäßigen Abschreibungen oder schon bei der erstmaligen Aufstellung

---

[28] BALLWIESER, W. (Abschreibung 2), S. 4.
[29] Vgl. BALLWIESER, W. (Abschreibung), S. 31.
[30] HOYOS, M./SCHRAMM, M./RING, M. (§253), RdNr. 220.
[31] Sie könnten für die Wahl des Abschreibungsverfahrens, z.B. die geometrisch-degressive Abschreibung, bestimmend sein. Dies wird jedoch in den angegebenen Kommentaren nicht problematisiert.
[32] Vgl. MOXTER, A. (GoB); BALLWIESER, W. (GoB).

eines Abschreibungsplans seinen Niederschlag finden kann. Wenn eine Unternehmung zu diesem Zeitpunkt mit ausreichender Zuverlässigkeit mit Preissenkungen bei den Anlagegütern sowie entsprechenden Preisminderungen im Absatz rechnen muss, könnte sich aus der Differenz zwischen künftigen Erlösen und den z.b. unter Ansatz linearer Abschreibungen ermittelten Aufwendungen für ihre Produkte ein zu erwartender drohender Verlust ergeben. Dann erscheint die Verwendung eines solchen Abschreibungsverfahrens zumindest problematisch.

Abschreibungen bilden Verrechnungsgrößen, deren Höhe von der verfolgten Zwecksetzung abhängt. Im Hinblick auf den Planungszweck verlangt das **Prinzip der Entscheidungsrelevanz**, dass die planmäßigen Abschreibungen Informationen über den Einsatz von Anlagegütern zur Bestimmung zieloptimaler (operativer) Entscheidungen liefern. Für Entscheidungen über die Inanspruchnahme längerfristiger Anlagegüter ist der ökonomische Wertverzehr des eingesetzten Kapitals als Differenz zwischen dem Kapitalwert eines Anlagegutes zu Beginn und am Ende einer Periode bedeutsam[33]. Mit **steuerungsrelevanten Informationen** sollen die in einer Unternehmung handelnden Personen für die Umsetzung von Entscheidungen beeinflusst werden. Hierfür gewinnen verhaltensbestimmende Faktoren an Bedeutung.

d) Abschreibungsverfahren

Für die Bemessung der periodischen (bilanzmäßigen und kalkulatorischen) Abschreibungshöhe (Abschreibungsrate) sind festzulegen:

(1) Ausgangsbasis der Abschreibungsberechnung,

(2) Abschreibungssumme,

(3) Abschreibungszeitraum,

(4) Abschreibungsverfahren.

Die **Ausgangsbasis** der Abschreibungen kennzeichnet den Wert, von dem die periodische Abschreibung bestimmt wird. Bei ihr kann es sich z.B. um die historischen Anschaffungs- bzw. Herstell(ungs)kosten, die Wiederbeschaffungs- bzw. aktuellen Tages*neu*preise oder die aktuellen Tages*gebraucht*werte (Zeitwerte) der jeweiligen Periode handeln.

Die **Abschreibungssumme** ergibt sich aus der Summe aller Abschreibungen über den gesamten Nutzungs- und Abschreibungszeitraum hinweg. Sie kann den Gesamtwert eines Anlagegutes (bei Einzelabschreibung) oder einer Gesamtheit von Anlagegütern (bei Sammelabschreibung) repräsentieren. Eine exakte Rechnung geht gewöhnlich von Einzelabschreibungen aus. Der auf eine Rechnungsperiode entfallende Abschreibungsbetrag gibt den bewerteten sachzielbezogenen Verbrauch in dieser Periode wieder. Die Summe der Abschreibungen richtet sich nach der Ausgangsbasis für die periodische Abschreibungsermittlung. Verwendet man als Ausgangsbasis die historischen Anschaffungs- oder Herstell(ungs)kosten, so stimmt die Abschreibungssum-

---

[33] Die entsprechende theoretische Herleitung der Abschreibung geht bereits auf HOTELLING, H. (Depreciation) zurück.

A. Kosten- und Erlösartenrechnung 103

me mit diesen, ggf. unter Abzug eines am Nutzungsdauerende erzielbaren Liquidationserlöses, überein. Im Fall einer Abschreibung von Tages*neu*preisen in jeder Periode ist die Abschreibungssumme bei steigenden (fallenden) Wiederbeschaffungspreisen größer (kleiner) als die Anschaffungs- bzw. Herstell(ungs)kosten (ggf. abzüglich Liquidationserlös). Schreibt man in jeder Periode vom Tages*gebraucht*- oder Zeitwert ab, so beginnt die Abschreibung bei den Anschaffungs- bzw. Herstell(ungs)kosten und endet beim Wert Null bzw. dem Liquidationserlös. Dann ist die Abschreibungssumme ebenfalls gleich den Anschaffungs- bzw. Herstell(ungs)kosten.

Als **Abschreibungszeitraum** gilt die geschätzte, ggf. über eine ökonomische Optimierung bestimmte Nutzungsdauer des Anlagegutes bzw. im Falle der zeitlich begrenzten Nutzungsmöglichkeit die verfügbare Zeitdauer. Für die Bestimmung der wirtschaftlich optimalen Nutzungsdauer ist im Rahmen der Investitionslehre eine Reihe von Entscheidungsmodellen entwickelt worden[34].

Die Abschreibungsquote legt fest, welcher Anteil vom Gesamtwert in den einzelnen Rechnungsabschnitten des gesamten Abschreibungszeitraumes als Wertminderung angesetzt wird. Sie hängt von den Wertminderungsursachen und ihren Wirkungen ab. Die wichtigsten **Abschreibungsverfahren** oder -methoden lassen sich entsprechend der Orientierung des Abschreibungsverlaufs an der

- Zeit mit linearer, degressiver oder progressiver Verteilung,
- Inanspruchnahme oder Leistung des Anlagegutes und der
- Zeit mit den jeweiligen Tagesgebrauchtwerten

unterscheiden. Im ersten Fall einer **zeitabhängigen** Verteilung hat die lineare Abschreibung konstante, die degressive Abschreibung fallende und die progressive Abschreibung steigende Abschreibungsquoten. Die jeweiligen Quoten bei degressiver (bzw. progressiver) Abschreibung können Regelmäßigkeiten im Sinken (bzw. Steigen) aufweisen oder unregelmäßig sein. Als Regelmäßigkeit kann eine arithmetische oder geometrische Quotenfolge verwendet werden. Bei der **Leistungsabschreibung** wird die Abschreibungsquote durch das Verhältnis von Periodenausbringung zur Gesamtausbringung bestimmt. Je nach periodischer Inanspruchnahme oder Leistung kann sich eine konstante, degressive oder progressive Abschreibung oder ein Kombination aus diesen ergeben. Für den Fall konstanter Preise für das betrachtete Anlagegut sind in Abbildung 2-11 Beispiele zu diesen Abschreibungsverfahren angeführt.

---

[34] Vgl. SCHNEIDER, E. (Wirtschaftlichkeitsrechnung), S. 75 ff.; HAX, H. (Investitionstheorie), S. 30 ff.

Beispiel: Abschreibung eines LKW

Anschaffungswert (AW)	100.000 €
Restwert am Ende der Nutzungsdauer (RW)	10.000 €
Nutzungsdauer (N)	5 Jahre
Geschätzte Gesamtfahrleistung (B)	180.000 km

Zeitabhängige Abschreibung:

Lineare Abschreibung:

Abschreibungsbetrag: $$a = \frac{AW - RW}{N} = 18.000$$

Periode	Buchwert alt	Abschreibung	Buchwert neu
1	100.000	18.000	82.000
2	82.000	18.000	64.000
3	64.000	18.000	46.000
4	46.000	18.000	28.000
5	28.000	18.000	10.000

Geometrisch-degressive Abschreibung:

Abschreibungsprozentsatz: $$p = 100 \cdot \left(1 - \sqrt[N]{\frac{RW}{AW}}\right) = 36{,}9\%$$

Periode	Buchwert alt	Abschreibung	Buchwert neu
1	100.000	36.900	63.100
2	63.100	23.284	39.816
3	39.816	14.692	25.124
4	25.124	9.270	15.854
5	15.854	5.850	10.004

Arithmetisch-degressive (digitale) Abschreibung:

Degressionsbetrag: $$d = \frac{AW - RW}{\frac{N \cdot (N+1)}{2}} = 6.000$$

Periode	Buchwert alt	Abschreibung	Buchwert neu
1	100.000	6.000 · 5 = 30.000	70.000
2	70.000	6.000 · 4 = 24.000	46.000
3	46.000	6.000 · 3 = 18.000	28.000
4	28.000	6.000 · 2 = 12.000	16.000
5	16.000	6.000 · 1 = 6.000	10.000

Leistungsabhängige Abschreibung:

Abschreibungsbetrag pro Leistungseinheit: $$a = \frac{AW - RW}{B} = 0{,}5$$

Periode	Buchwert alt	Fahrleistung	Abschreibung	Buchwert neu
1	100.000	50.000	25.000	75.000
2	75.000	30.000	15.000	60.000
3	60.000	20.000	10.000	50.000
4	50.000	40.000	20.000	30.000
5	30.000	40.000	20.000	10.000

Abb. 2-11: Beispiele zu den verschiedenen Abschreibungsverfahren

Besondere Probleme der Abschreibungsermittlung ergeben sich im Fall **steigender oder fallender Anlagenpreise**. In der Kosten- und Erlösrechnung schreibt man bei steigenden Preisen vielfach von den jeweiligen Tagesneupreisen jeder Periode ab. Dabei kann man wiederum eine lineare, degressive, progressive oder leistungsabhängige Verteilung vornehmen. Beispiele für eine lineare und eine geometrisch-degressive Abschreibung von Wiederbeschaffungsneuwerten enthält die Abbildung 2-12 für fallende Preise. Bei derartigen Preisänderungen kann man die Abschreibung auch von den jeweiligen Tagesgebraucht- oder Zeitwerten vornehmen; damit gelangt man zu der **ökonomischen Abschreibung**. Bezeichnet man den Tagesneupreis für eine nicht gebrauchte Anlage am Ende der Nutzungsperiode t mit A_t und wird (aus Vereinfachungsgründen) ein linearer Verschleiß unterstellt, so erhält man die ökonomische Abschreibung a_t für die Periode t zu

$$a_t = A_{t-1} \cdot (T-(t-1))/T - A_t \cdot (T-t)/T$$

Das zentrale Merkmal der ökonomischen Abschreibung liegt darin, dass in jeder Periode die Differenz zwischen den Tages*gebraucht*werten abgeschrieben wird. Diese ergeben sich durch Multiplikation der Tages*neu*preise (A_{t-1} bzw. A_t) mit dem Verhältnis zwischen der Rest- und der Gesamtnutzungsdauer (T-(t-1))/T am Periodenanfang bzw. (T-t)/T am Periodenende. In diesem Verfahren geht man also in der ersten Nutzungsperiode von den Anschaffungs- (bzw. Herstellungs-) Kosten als Ausgangsbasis aus und ermittelt den Abschreibungsverlauf zeitabhängig; jedoch richtet sich die Höhe der Abschreibungen nach den erwarteten Beschaffungspreisänderungen des Anlagegutes. Wie bei den oben gekennzeichneten Verfahren der Abschreibung von Wiederbeschaffungspreisen berücksichtigt man die jeweils auf dem Markt geltenden Anlagenpreise, bezieht diese aber auf das Anlagenalter im Betrachtungszeitpunkt[35]. Die periodische Abschreibung gibt damit die durch die Nutzung der Anlage und durch Preisänderungen auf dem Beschaffungsmarkt bewirkte Wertminderung des genutzten Anlagegutes wieder. Im Unterschied zur Abschreibung zu Wiederbeschaffungspreisen stimmt bei der ökonomischen Abschreibung die Summe der geplanten Abschreibungsbeträge mit den Anschaffungs- bzw. Herstellungskosten überein.

---

[35] Bei dem in der Kostenrechnung üblichen Verfahren werden die Abschreibungen dagegen entsprechend dem Beispiel in Abbildung 2-12 unmittelbar als Anteile an der Gesamtnutzungsdauer (1/T) von den jeweiligen Wiederbeschaffungs*neu*preisen am Periodenende (A_t) gerechnet.

2. Kapitel: Ermittlungsorientierte Systeme der KER

Zeitpunkt		0	1	2	3	4	Barwert
Zinssatz	0,100						
Preisänderung	-0,050	200	190,00	180,50	171,48	162,90	
Lineare Abschreibung von Anschaffungspreisen:							
o AfA			50,00	50,00	50,00	50,00	
o Zinsen	nominal 0,10		20,00	15,00	10,00	5,00	200
Geometrisch-degressive Abschreibung von Anschaffungspreisen:							
o AfA	0,50		100,00	50,00	25,00	25,00	
o Zinsen	nominal 0,10		20,00	10,00	5,00	2,50	200
Leistungsabschreibung von Anschaffungspreisen:							
Geplante Leistungen			10	20	30	40	
o AfA			20,00	40,00	60,00	80,00	
o Zinsen	nominal		20,00	18,00	14,00	8,00	200
Lineare Abschreibung von Wiederbeschaffungspreisen:							
o AfA			47,50	45,13	42,87	40,73	
o Zinsen	nominal 0,10		19,00	13,54	8,57	4,07	178,18
	"real" 0,16		30,00	21,38	13,54	6,43	200
Geometrisch-degressive Abschreibung von Wiederbeschaffungspreisen:							
o AfA	0,50		95,00	45,13	21,43	20,36	
o Zinsen	nominal 0,10		19,00	9,03	4,29	2,04	183,01
o Zinsen	"real" 0,16		30,00	14,25	6,77	3,22	200
Ökonomische Abschreibung nach der Zeit:							
o AfA			57,50	52,25	47,38	42,87	
o Zinsen	nominal 0,10		20,00	14,25	9,03	4,29	200
Ökonomische Abschreibung nach der Inanspruchnahme:							
o Geplante Leistungen			10	20	30	40	
o AfA			29,00	44,65	57,76	68,59	
o Zinsen	nominal 0,10		20,00	17,10	12,64	6,86	200

Abb. 2-12: *Vergleich verschiedener Abschreibungsverfahren bei einmaligem Investitionszyklus und Preissenkungen*

Die kalkulatorische und die bilanzmäßige Abschreibung können betragsmäßig differieren. Dafür ist die Zugrundelegung unterschiedlicher Abschreibungssummen, Abschreibungszeiträume und/oder Abschreibungsverfahren bestimmend. Die auftretenden Bewertungsdifferenzen sind buchhalterisch z.B. entsprechend Abbildung 2-13 über ein Abgrenzungskonto zu erfassen.

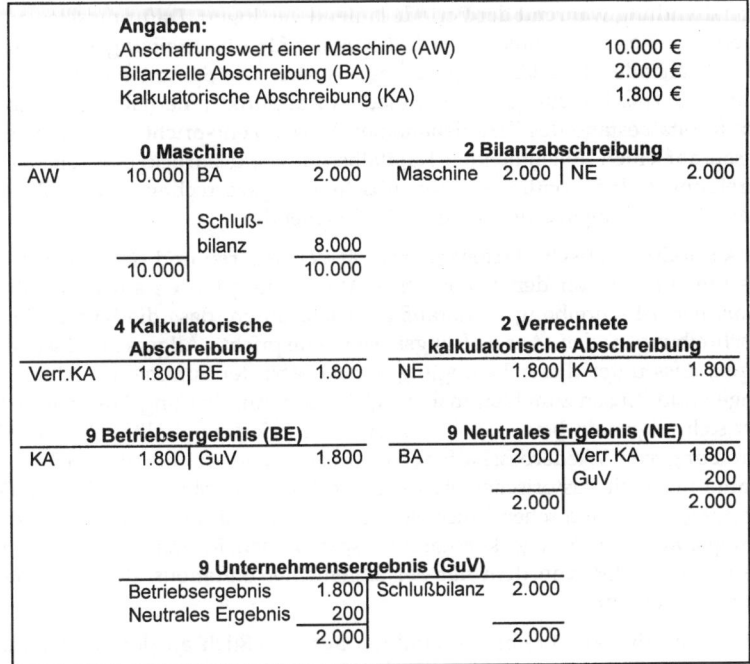

Abb. 2-13: *Buchung der kalkulatorischen und der bilanziellen Abschreibung im Gemeinschaftskontenrahmen*

e) **Vergleich der Abschreibungsverfahren im Hinblick auf die Prinzipien der Abschreibungsermittlung**

Für die Auswahl eines Abschreibungsverfahrens in der Kosten- und Erlösrechnung ist wesentlich, inwieweit es die jeweiligen Rechnungsziele erfüllt. Deshalb sind die wichtigsten Verfahren im Hinblick auf die unter c) formulierten Prinzipien der Abschreibungsermittlung zu vergleichen.

Zur Überprüfung der kapitaltheoretischen Erfolgsneutralität sind in Abb. 2-12 die Summen aus Abschreibungen und Zinsen mit einem Nominalzinssatz von i=0,1 auf den Anschaffungszeitpunkt t=0 abgezinst und addiert. Der sich ergebende Barwert ist in der letzten Spalte ausgewiesen. Die Zahlenbeispiele veranschaulichen, dass die lineare, die geometrisch-degressive und die Leistungsabschreibung von den Anschaffungspreisen ebenso wie die Annuitätenmethoden und die ökonomische Abschreibung die Bedingung der kapitaltheoretischen Erfolgsneutralität einhalten.

Dabei ist unterstellt, dass Abschreibungen jeweils am Periodenende vorgenommen werden und damit erst am Periodenende das zu verzinsende Kapital vermindern. In den traditionellen Rechnungen ist es dagegen weithin üblich, als gebundenes Kapital den Durchschnitt aus Anfangs- und Endbestand (nach Abzug der Abschreibungen) anzusetzen. Dahinter steht die Überlegung, dass sich über kontinuierliche Einzahlungen für verkaufte Produkte die

Kapitalbindung während der Periode laufend verringert. Dafür müssten auch ein entsprechend kontinuierlicher Erlöszugang für Abschreibungen und hierauf entstehende Zinserlöse eingerechnet werden. Die Summe aus Kapitalbestand und Abschreibungen führt in jedem Zeitpunkt innerhalb der Periode zum Kapitalbestand des Periodenanfangs. Deshalb entspricht die Summe aus Zinsen auf einen abnehmenden Kapitalbestand und zurückgeflossenen Abschreibungen bei kontinuierlicher Abschreibungsverrechnung den Zinsen einer Abschreibungsverrechnung am Periodenende.

Die **kapitaltheoretische Erfolgsneutralität** der linearen und der degressiven Abschreibungen von den historischen Anschaffungskosten sowie der ökonomischen Abschreibung ist darauf zurückzuführen, dass die Summe ihrer Abschreibungen den Anschaffungskosten entspricht. Allgemein lässt sich zeigen, dass unter dieser Bedingung der Barwert der Summe aus Abschreibungen und Zinsen zum Nominalzins gleich den Anschaffungskosten ist[36]. Es lässt sich allgemein beweisen[37], dass sich die Erfolgsneutralität für die Abschreibung von Wiederbeschaffungsneupreisen, bei der die Abschreibungssumme nicht die historischen Anschaffungskosten ergibt, nur bei einer Berechnung der periodischen Zinskosten der Anlage mit dem um die Preisänderungsrate j der Anlage korrigierten 'spezifischen Realzins' $r = (i-j)/(1+j)$ einstellt, der i.d.R. von dem mit der allgemeinen Inflationsrate bestimmten Realzins abweicht.

Soweit sich die Abschreibungsverfahren ausschließlich an den historischen Anschaffungskosten orientieren, werden Preisänderungen am Beschaffungs- und Absatzmarkt sowie Technologie-, Nachfrage- und andere Entwicklungen nicht berücksichtigt. Bei Leistungsabschreibungen ist dagegen die Inanspruchnahme der Anlagen auch von Marktentwicklungen beeinflusst, jedoch bleiben Beschaffungspreisänderungen bei der Ermittlung der Abschreibungen außer Ansatz.

Dagegen beziehen die Abschreibung von den Wiederbeschaffungsneupreisen sowie die ökonomische Abschreibung die Preisentwicklung auf dem Beschaffungsmarkt explizit mit ein. In den Anlagewerten jeder Periode können sich auch andere Entwicklungen als Preisänderungen niederschlagen oder zum Ausdruck gebracht werden. Damit erfüllen diese Abschreibungsverfahren die Anforderung des **Marktbezugs** in höherem Maße.

Abschreibungen von den jeweiligen *Wiederbeschaffungspreisen* erfüllen die Anforderungen der handelsrechtlichen Rechnungslegung nicht, da die Summe ihrer Abschreibungsbeträge i. a. von den historischen Anschaffungs- bzw. Herstellungskosten abweicht. Diese Anforderung wird von der **ökonomischen Abschreibung** erfüllt, obwohl auch sie die Wiederbeschaffungspreise in Form der jeweiligen Tagesgebrauchtwerte einbezieht, solange die Tagesgebrauchtwerte bei Preissteigerungen nicht über die Anschaffungspreise hinausgehen. Bei ihr werden dem Abschreibungsplan die erwarteten Preisänderungen zugrunde gelegt. Damit handelt es sich um eine nachprüfbare Ver-

---

[36] Vgl. KNIEPS, G./KÜPPER, H.-U./LANGEN, R. (Abschreibungen), S. 776.
[37] Einen weniger umfassenderen Beweis für die Endwertberechnung zeigt SWOBODA, P. (Anschaffungswertorientierung), S. 381.

A. Kosten- und Erlösartenrechnung

teilung der Anschaffungs- oder Herstellungskosten. In Beschaffungsmärkten mit fallenden Preisen, die mit ausreichender Zuverlässigkeit zu erwarten sind, können dadurch außerplanmäßige Abschreibungen eher vermieden[38] werden als durch lineare Abschreibungen[39]. Da dem Verfahren der ökonomischen Abschreibung ein Abschreibungsplan mit den im Anschaffungszeitpunkt erwarteten Preisänderungen zu Grunde liegt, erscheint es nicht prinzipiell mit den GoB unvereinbar, seine handelsrechtliche Zulässigkeit also möglich. Treten über den Abschreibungsplan hinausgehende, nicht erwartete Preissenkungen auf, so kann dies ein Abgehen vom Abschreibungsplan erforderlich machen.

Das Prinzip der **Entscheidungsrelevanz** erfordert eine Ausrichtung auf das auch langfristig maßgebliche Erfolgsziel sowie die Berücksichtigung der jeweiligen Entscheidungssituation. Mit dem kapitaltheoretischen Prinzip der Erfolgsneutralität wird eine Verbindung zum Kapital- bzw. Marktwert als einem zentralen mehrperioden Erfolgsziel der Unternehmung hergestellt. Trotz seiner Einhaltung liefern die Abschreibungsverfahren, welche die Anschaffungs- oder Herstellungskosten zu historischen oder zu Wiederbeschaffungsneupreisen verteilen, keine für kurzfristige Entscheidungen relevanten Informationen. In längerfristige Entscheidungen könnten sie höchstens als Näherungswerte eingehen[40]. Die Verwendbarkeit für Entscheidungszwecke erscheint bei der ökonomischen Abschreibung in den Fällen höher, wo die Unternehmung damit rechnen muss, dass aufgrund von Marktzusammenhängen oder Regulierungsbedingungen eine Beziehung zwischen den Preisentwicklungen auf ihren Beschaffungs- und Absatzmärkten besteht.

Für die Prüfung der **Steuerungsrelevanz** ist ein Bezug zu den Größen herzustellen, welche zum Beispiel wie monetäre Anreize das Verhalten der zu steuernden Personen beeinflussen. Ferner kann deren asymmetrischer Informationsstand von Bedeutung sein. Hierzu benötigt man Ansätze, wie sie beispielsweise in der Agencytheorie[41] entwickelt werden. Für diese können andere Aspekte von Bedeutung sein, als sie für die gängigen Abschreibungsverfahren bestimmend sind. Wenn die Unternehmensleitung beispielsweise im Unterschied zu den Unternehmensbereichen lediglich Kenntnisse über die Struktur des Verlaufs der Erlöse, aber nicht über deren Höhe besitzt, erweist es sich als zweckmäßig, die in eine Prämienbemessungsgrundlage eingehenden Abschreibungen daran auszurichten[42]. Dementsprechend könnte es sich als zweckmäßig erweisen, die ökonomische Abschreibung in den Fällen in

---

[38] Auf diese Anforderung weisen hin HOYOS, M./SCHRAMM, M./RING, M. (§253), RdNr. 239.
[39] Sowohl in den USA und Kanada als auch in Großbritannien, bei denen die Informationsfunktion in der externen Rechnungslegung im Vordergrund steht, werden entscheidungsorientierte Kostenkalkulationen zumindest als ergänzende Information zu konventionellen historischen Buchhaltungsdaten verlangt. (vgl. ATKINSON, A.A./SCOTT, W.R. (Depreciation)).
[40] Vgl. KÜPPER, H.-U. (Fundierung), S. 32 und S. 41 ff.
[41] Vgl. u.a. EWERT, R./WAGENHOFER, A. (Unternehmensrechnung), S. 423 ff. sowie Kapitel 4., Abschnitt B.I.1., S. 619 ff.
[42] Vgl. REICHELSTEIN, S. (Decisions); PFAFF, D. (Unternehmenssteuerung), S. 491 ff.; WAGENHOFER A./RIEGLER, C. (Investitionsanreize), S. 70 ff.

eine Prämienbemessungsgrundlage einzubinden, in denen eine Unternehmung davon ausgehen kann, dass sich Preisänderungen auf ihrem Absatzmarkt ähnlich wie auf ihrem Beschaffungsmarkt entwickeln.

5. Erfassung weiterer Kostenarten

a) Kosten für Fremddienste, Rechtsgüter und Informationen

In den meisten Fällen bereitet die Erfassung der **Kosten für Fremddienste** keine besonderen Schwierigkeiten. Dabei ist zu prüfen, ob und inwieweit die Kosten für bestimmte Produkte, Produktgruppen, Kostenstellen oder Kostenbereiche anfallen und ob sie diesen direkt zurechenbar sind. Ihre Höhe wird in der Regel durch die gesonderte Angabe der Einsatzzeit und des Preises pro Zeiteinheit errechnet, so dass eine getrennte Mengen- und Preiserfassung vorliegt.

Zu den **Kosten für Rechtsgüter** gehören insbesondere die Gebühren für Lizenzen und Patente. Diese werden meist als Sonderkosten erfasst und können bestimmten Produkten oder Produktgruppen als Sondereinzelkosten direkt zugerechnet werden. Es hängt von der Art der Rechtsgüter und der jeweiligen Berechnungsgrundlage für die Gebühren ab, ob der Kostenbetrag nach Mengen- und Preiskomponente getrennt oder als undifferenzierter Wert erfasst wird.

Die Erfassung von **Informationskosten** bereitet sehr oft Schwierigkeiten, weil sich Informationsmengen lediglich begrenzt messen lassen. Wesentliche Teile der Informationskosten einer Unternehmung können z.B. Kosten für die elektronische Datenverarbeitung und für die Marktforschung sein. Sie können in gewissen Fällen für einzelne Kostenstellen bzw. Kostenbereiche oder für eine Produktart bzw. Produktgruppe erfasst werden. Wenn beispielsweise eine Marktanalyse allein für eine Produktart vorgenommen wurde, sind die entstandenen Informationskosten dieser Produktart direkt zurechenbar. Jedoch lassen sie sich nicht jeder hergestellten Einheit zuordnen. Eine Verrechnung auf die Produkteinheit kann nur über eine Schlüsselung erfolgen.

b) Wagniskosten

Der Zwangsverbrauch aufgrund technisch-ökonomischer Vernichtung (z.B. Katastrophenverschleiß) wird in der Kostenartenrechnung durch **Wagniskosten** erfasst. Da die Unternehmung keine vollkommene Information über zukünftige Entwicklungen und Ereignisse besitzt, ist ihre Tätigkeit stets mit der Übernahme von Wagnissen verbunden. Dabei kann man ein allgemeines Unternehmerrisiko und spezielle Einzelwagnisse unterscheiden. Die **speziellen Wagnisse** beziehen sich auf einzelne Vernichtungsursachen der Güter und sind anhand von Erfahrungswerten bis zu einem gewissen Grad erfassbar. Das **allgemeine Unternehmerrisiko** ergibt sich aus grundlegenden Bestimmungsgrößen für den Erfolg der Unternehmung wie der gesamtwirtschaftlichen Entwicklung, die z.B. im Konjunkturverlauf, in Preisniveauänderungen und im Außenhandel ihren Ausdruck findet. Daher geht man davon aus, dass es aus dem Gewinn zu decken ist und keine Kosten(-art) begründet.

A. Kosten- und Erlösartenrechnung

Die speziellen Einzelwagnisse können durch Fremdversicherungen abgedeckt oder von der Unternehmung selbst getragen werden. **Fremdversicherungen** werden vor allem für Katastrophenfälle wie Brand, Unfall und Diebstahl sowie die hierdurch entstehenden Betriebsunterbrechungen abgeschlossen. Für die Unternehmung fallen dabei Kosten in Höhe der laufenden **Versicherungsprämien** an. Die von der Unternehmung selbst getragenen **speziellen Wagnisse** sind so zu erfassen, dass sich die kalkulatorisch verrechneten **Wagniskosten** und die entsprechenden tatsächlichen Auszahlungen für die Verluste auf lange Sicht ausgleichen. Der Eintritt dieser Verluste ist zufallsbedingt und kann starken Schwankungen unterliegen. Deshalb wird langfristig eine gleichmäßige zeitliche Verteilung der effektiven Auszahlungen angestrebt. Diese ist durchführbar, sofern sich aus der Erfahrung mehrerer Jahre eine durchschnittliche Höhe messen oder versicherungsmathematisch ermitteln lässt. Zu den speziellen Einzelwagnissen können insbesondere das Beständewagnis, das Anlagenwagnis und das Mehrkostenwagnis sowie die Wagnisse für Garantieleistungen und Debitorenverluste gerechnet werden. Weitere spezielle Wagnisse wie Wasser- oder Gas- und Explosionsschäden, können sich aus der Art des Produktionsprogramms bzw. des Produktionsverfahrens ergeben. Das **Beständewagnis** bezieht sich auf die Gefahr einer Minderung der Materialvorräte durch Schwund, Veralterung oder ähnlichem. Es ist abhängig von der Art und dem Wert der gelagerten Materialien sowie der Lagerdauer. Als **Anlagenwagnis** wird die Gefahr bezeichnet, dass die Abschreibungen durch eine falsche Schätzung der Nutzungsdauer von Anlagen nicht dem tatsächlichen Verbrauch entsprechen. Durch die Berücksichtigung von **Mehrkostenwagnissen** sollen Minderungen im laufenden Produktionsprozess wie Ausschuss und notwendige Nacharbeiten erfasst werden. Wesentliche Teile der Wagniskosten machen ferner die **Kosten für Gewährleistungen und für Debitorenverluste** aus. Vielfach muss die Unternehmung gegenüber ihren Kunden eine gesetzlich geregelte Garantie übernehmen. Die tatsächliche Gewährleistung kann dabei aus absatzpolitischen Gründen über eine vertraglich vereinbarte bzw. eine gesetzlich bindende hinausgehen. Diese tatsächlich übernommene Garantie muss durch die kalkulatorischen Kosten für Gewährleistungswagnisse in der Kostenartenrechnung erfasst werden. Das Debitorenwagnis bezieht sich auf die Möglichkeit des Ausfalls von Forderungen.

c) Zinskosten

Als **Kosten des eingesetzten Kapitals** werden in der Kostenrechnung üblicherweise nicht die tatsächlich gezahlten Fremdkapitalzinsen erfasst, sondern **kalkulatorische Zinsen** auf das gesamte, zur Leistungserstellung notwendige Kapital verrechnet. Würden nur Fremdkapitalzinsen einbezogen, so wäre die Höhe der Zinskosten von der Kapitalstruktur der Unternehmung abhängig. Deshalb werden die Fremdkapitalzinsen als neutrale Aufwendungen gebucht. Bei den kalkulatorischen Zinsen sieht man als Mengenkomponente das während einer Abrechnungsperiode durchschnittlich gebundene **betriebsnotwendige (betriebsbedingte) Kapital** an, welches der Unternehmung nicht als zinsloses Fremdkapital überlassen wurde. **Betriebsnotwendig** ist das zur Erfüllung des Sachziels erforderliche Kapital.

Aktiva	31.12.01	31.12.02	Passiva	31.12.01	31.12.02
- Grundstück mit Fabrikhalle	100.000	120.000	- Grundkapital	500.000	500.000
- Grundstück mit Privatwohnung	80.000	70.000	- Offene Rücklagen	150.000	150.000
- Maschinen	600.000	660.000	- Wertberichtigungen auf Maschinen	70.000	90.000
- Betriebs- und Geschäftsausstattung	70.000	80.000	- Wertberichtigungen auf Forderungen	20.000	20.000
- Roh-, Hilfs- und Betriebsstoffe	130.000	110.000	- Rückstellungen	110.000	110.000
- Erzeugnisse	140.000	120.000	- Darlehen	150.000	180.000
- Forderungen	120.000	140.000	- Verbindlichkeiten aus Lieferungen und Leistungen	320.000	340.000
- Schecks und Kasse	130.000	110.000	- Erhaltene Anzahlungen	65.000	75.000
- Wertpapiere des Umlaufvermögens	50.000	60.000	- Bilanzgewinn	35.000	5.000
Summe	1.420.000	1.470.000	Summe	1.420.000	1.470.000

	Berechnung der kalkulatorischen Zinsen	€	€
	Summe Aktiva	(1.420.000 + 1.470.000) : 2 =	1.445.000
-	Nicht betriebsnotwendiges Vermögen:		-230.000
	Grundstück mit Privatwohnung	(80.000 + 70.000) : 2 = 75.000	
	Wertpapiere des Umlaufvermögens	(50.000 + 60.000) : 2 = 55.000	
	Wertberichtigungen auf Maschinen	(70.000 + 90.000) : 2 = 80.000	
	Wertberichtigungen auf Fordungen	(20.000 + 20.000) : 2 = 20.000	
=	Durchschnittlich gebundenes betriebsnotwendiges Vermögen		1.215.000
-	Abzugskapital:		-510.000
	Rückstellungen	(110.000 + 110.000) : 2 = 110.000	
	Verbindlichkeiten aus Lieferungen und Leistungen	(320.000 + 340.000) : 2 = 330.000	
	Erhaltene Anzahlungen	(65.000 + 75.000) : 2 = 70.000	
=	Zinsberechtigtes Kapital		705.000
·	Kalkulatorischer Zinssatz		10%
=	Kalkulatorische Zinsen		70.500

Abb. 2-14: *Beispiel zur Berechnung von kalkulatorischen Zinsen*

Es wird gebildet aus den einzelnen Kapitalgütern, die im Produktionsprozess eingesetzt werden. Daher sollte man bei seiner Ermittlung entsprechend dem in Abbildung 2-14 berechneten Beispiel nicht von den Passivposten der Bilanz, sondern von den verschiedenen Vermögensteilen auf der Aktivseite ausgehen. Hierbei sind diejenigen Teile des Vermögens auszuscheiden, welche nicht der Erreichung des Sachziels der Unternehmung dienen. Dazu gehören beispielsweise Privatautos, Privatgrundstücke oder -gebäude sowie Wertpapiere und Beteiligungen. Die Güter des Anlagevermögens sind mit ihren Anschaffungsauszahlungen, vermindert um die kalkulatorischen Abschreibungen, anzusetzen. Zur Bestimmung des während der gesamten Abrechnungsperiode gebundenen Kapitals geht man beim Anlage- und Umlaufvermögen jedoch nicht von den am Bilanzstichtag ausgewiesenen Beträgen, sondern von **Durchschnittsbeträgen** aus. Gegebenenfalls sind bei der Erfassung des betriebsnotwendigen Kapitals noch **Wertberichtigungen** zu berücksichtigen. So ist z.b. von den Forderungen das Delkredere abzuziehen. Im Gegensatz dazu setzt man in der traditionellen Kostenrechnung üblicherweise den gesamten Forderungsbetrag als gebundenes Kapital an[43].

Das betriebsnotwendige Kapital ist zur Bestimmung des zinsberechtigten Kapitals um das **Abzugskapital** zu vermindern. Dies ist notwendig, sofern Teile enthalten sind, für die der Unternehmung keine Zinsen entstehen, obwohl sie Fremdkapital sind und keine Schenkung von Privaten darstellen. Daher zählen zum Abzugskapital z.b. Anzahlungen von Kunden, Lieferantenkredite oder langfristige Rückstellungen. Die Bestimmung kann im Einzelfall jedoch sehr problematisch sein. Es ist nämlich zu prüfen, ob Zinsen bei der Preisfestsetzung indirekt eingerechnet worden sind und das Kapital damit in Wirklichkeit nicht zinslos zur Verfügung steht[44]. Wenn man davon ausgehen muss, dass die Kunden für die Bereitstellung von unverzinslichem Kapital in Form von Anzahlungen, Lieferantenkrediten usw. günstigere Preis fordern und erhalten, handelt es sich um ‚**implizite Kapitalkosten**' [45]. Da diese auf entgangenen Umsatzerlösen beruhen, ist ihre Abschätzung schwierig. Plausibel erscheint dann die Annahme, dass sie dieselben Zinsen wie das restliche Fremdkapital verursachen. Derartige, formell zinslos zur Verfügung stehende Fremdkapitalanteile, für die implizite Kapitalkosten in Form von Opportunitätskosten begründet sind, gehören ebenfalls zum zinsberechtigten Kapital.

Die Multiplikation des zinsberechtigten betriebsnotwendigen Kapitals mit einem einheitlichen Zinssatz ergibt die **kalkulatorischen Zinsen**. Während sich in der traditionellen Kostenrechnung ihre Höhe meist vom landes- oder branchenüblichen Zinssatz ableitet, ermöglicht die moderne Kapitaltheorie eine wesentlich besser fundierte Begründung und Ermittlung des Zinssatzes. Das sich aus ihr ergebende Konzept wird inzwischen auch in der Praxis vielfach angewandt. Maßgeblich ist dabei, dass man auch in der Kosten- und Erlösrechnung von dem übergeordneten langfristigen Ziel der Marktwert- oder Shareholder Value-Orientierung[46] und den Zahlungsströmen ausgeht. Grundlegend ist die Sichtweise, dass sich die Zinssätze aus den Ansprüchen der Kapitalgeber für die Bereitstellung von Eigen- oder Fremdkapital ableiten. Diese umfassen Zinsen für die Kapitalüberlassung einschließlich einer Prämie für das vom Kapitalgeber zu tragende Risiko, welches bei Anteilseignern höher als bei Kreditgebern ist. Die Kapitaltheorie hat insoweit das bisherige Vorgehen der Kostenrechnung bestätigt, dass – im Unterschied zur Bilanzrechnung – in ihr auch Zinskosten auf das Eigenkapital zu verrechnen sind. Anteilseigner sind nämlich nur dann bereit, ihr Kapital in einer Unter-

---

[43] Vgl. Kapitel 3., Abschnitt A.IV.2.d), S. 248 ff.
[44] Vgl. MELLEROWICZ, K. (Kosten II, 1), S. 420 und 435 f.; WÖHE, G. (Betriebswirtschaftslehre), S. 1097.
[45] Vgl. zum folgenden SCHWETZLER, B. (Kapitalkosten), S. 99.
[46] Vgl. hierzu genauer Kapitel 3., Abschnitt A.I.1., S. 205 ff.

nehmung zu investieren, wenn sie die Chance haben, entsprechende Einnahmen in Form von Dividenden, Wertsteigerungen ihrer Anteile am Kapitalmarkt u.ä. zu erzielen.

Setzt man wie üblich in der Kosten- und Erlösrechnung einen einheitlichen Zinssatz an, so ist dieser als gewogener Durchschnitt zwischen dem für Fremdkapital FK gezahlten Zinssatz r_{FK} und dem für Eigenkapital EK geforderten Zinssatz r_{EK}. Dieser entspricht dem Kalkulationszinsfuß der Investitionsrechnung. In der Praxis verwendet man dazu häufig den Ansatz des ‚Weighted Average Cost of Capital' (WACC)[47]:

$$WACC = \frac{EK}{EK+FK} \cdot r_{EK} + \frac{FK}{EK+FK} \cdot r_{FK}$$

(2-1)

Für das eingesetzte Fremdkapital sind die tatsächlich gezahlten bzw. zu zahlenden Zinsen maßgebend. Die **Eigenkapitalkosten** haben den Charakter von Opportunitätskosten. Diese entsprechen der erwarteten Rendite, welche die Anteilseigner bei der besten vergleichbaren Anlagealternative, die dasselbe Risiko aufweist, erzielen können.

Ein wichtiges Problem besteht darin, wie man die Eigenkapitalkosten theoretisch fundiert und im Falle unterschiedlicher Anteilseigner möglichst objektiv aus empirischen Daten ermitteln kann. Dazu greift man meist auf das mit Hilfe der Portefeuilletheorie entwickelte **Capital Asset Pricing Model (CAPM)**[48] zurück. Trotz einer Vielzahl theoretischer Einwände[49] steht gegenwärtig kaum ein anderes Konzept bereit, über das sich das Risiko und der Zinssatz für Eigenkapital aus Kapitalmarktdaten einigermaßen willkürfrei herleiten lässt[50]. Nach dem CAPM ist das **Risiko** einer Investition über die Kovarianz ihrer Rendite mit der Marktrendite zu messen. Das Marktportfolio wird aus der Menge aller in einer Wirtschaft verfügbaren riskanten Investitionen gebildet, die näherungsweise durch einen marktbreiten Aktienindex wie den DAX repräsentiert wird. Die erwartete Rendite einer einzelnen Aktie ergibt sich als lineare Funktion aus dem Zinssatz i für die risikolose Kapitalanlage und einer Risikoprämie, die sich multiplikativ aus dem für diese Anlage geltenden Risiko β und dem Marktpreis für eine Risikoeinheit (r_m - i) zusammensetzt.

$$r_{EK} = i + \beta \cdot (r_m - i)$$

(2-2)

Der **Betafaktor** der jeweils betrachteten Kapitalanlage lässt sich bei börsennotierten Unternehmungen empirisch über eine Regression aus vergangenen Kursschwankungen bestimmen. Er bringt das spezifische Risiko der Unternehmung im Vergleich zum Marktrisiko zum Ausdruck und misst die Volatilität eines Aktienkurses im Vergleich zur Volatilität des gesamten Marktes.

---

[47] Vgl. BREALEY, R.A./ MYERS, S.C. (Principles), S. 524 ff. Auf die Berücksichtigung von Steuern wird an dieser Stelle nicht eingegangen.
[48] Vgl. SHARPE, W.F. (Asset Prices); LINTNER, J. (Valuation); MOSSIN, J. (Equilibrium); vgl. sekundär BREALEY, R.A./ MYERS, S.C. (Principles), S. 195 ff.; FRANKE, G./HAX, H. (Finanzwirtschaft), S. 342 ff.; DRUKARCZYK, J. (Finanzierung), S. 235 ff.
[49] Vgl. insbesondere SCHNEIDER, D. (Investition), S. 511 ff., insb. S. 526 ff.
[50] Vgl. SCHNEIDER, D. (Substanzerhaltung), S. 56.

Als risikoloser Zinssatz kann beispielsweise der Zinssatz für langfristige Anleihen der öffentlichen Hand herangezogen werden. Wenn dieser z.B. 6 % beträgt, in langfristigen empirischen Untersuchungen eine Risikoprämie für Eigenkapital (r_m - i) in Höhe von ca. 5 % festgestellt wurde[51] und sich für eine Unternehmung ein Betafaktor[52] von 1,1 ergibt, kommt man zu einem Eigenkapitalkostensatz von

$$r_{EK} = 6 + 5 \cdot 1{,}1 = 11{,}5\,\%.$$

Beläuft sich das eingesetzte Fremdkapital beispielsweise auf 60 % des Gesamtkapitals und sind dafür 7 % Zinsen zu bezahlen, so erhält man einen **gewogenen Kapitalkostensatz** in Höhe von:

$$WACC = 0{,}4 \cdot 11{,}5 + 0{,}6 \cdot 7 = 8{,}8\,\%.$$

In der kapitalmarktorientierten Sicht richten sich die Ansprüche der Kapitalgeber an den Marktwerten des von ihnen eingesetzten Kapitals aus. Deshalb sind für die **Kapitalstruktur**, d.h. die Aufteilung des Gesamtkapitals in Eigen- und Fremdkapital, nicht die Buchwerte, sondern die Marktwerte maßgebend. Diese entsprechen den Werten, zu denen z.B. Anteilseigner ihre Aktien in der betreffenden Periode gekauft haben oder am Markt verkaufen könnten.

d) Gebühren, Beiträge und Steuern

Aus dem Zwangsverbrauch für staatlich-politische Abgaben ergeben sich Kosten für Gebühren, Beiträge und Steuern. Gebühren fallen für die Leistungen öffentlich-rechtlicher Institutionen an. Ferner muss die Unternehmung Beiträge zu Selbstverwaltungsorganen wie Industrie- und Handelskammern bezahlen.

Der **Kostencharakter von Steuern**, die von der Unternehmung bzw. ihren Anteilseignern zu entrichten sind, war in der Betriebswirtschaftslehre lange umstritten[53]. Im Mittelpunkt der Diskussion stand die Frage, ob und inwieweit die verschiedenen Steuerarten die **Definitionsmerkmale des betriebswirtschaftlichen Kostenbegriffs** erfüllen. Diese Analyse ergab, dass der Kostencharakter von Verbrauchs- und Verkehrssteuern weithin anerkannt worden ist. Zu den Verkehrssteuern zählt insbesondere die Grunderwerbsteuer. Verbrauchssteuern sind beispielsweise die Mineralöl-, die Branntwein- und die Tabaksteuer. Sie lassen sich teilweise für den einzelnen Kostenträger als Sondereinzelkosten erfassen. Auch der Kostencharakter der Grundsteuer wird nicht bestritten, soweit der Grundbesitz für die Leistungserstellung erforderlich ist. Zu gegensätzlichen Ergebnissen kamen die begrifflichen Analysen bei der Gewerbeertrag-, der Vermögen-, der Einkommen- und der Körperschaftsteuer.

Für die Beurteilung des Kostencharakters von Steuern ist eine begriffliche Analyse nicht der geeignete Weg. Aus **entscheidungsorientierter Sicht** muss man vielmehr vom Rechnungszweck der Kostenrechnung ausgehen. Sie soll

---

[51] Vgl. BALLWIESER, W. (Unternehmensbewertung), S. 125.
[52] Zu Betafaktoren deutscher Aktiengesellschaften vgl. z.B. SCHWETZLER, B. (Kapitalkosten), S. 89.
[53] Vgl. WÖHE, G. (Steuerlehre), S. 33 ff.

Informationen für die Planung und Steuerung von Unternehmensprozessen liefern. Maßgeblich hierfür ist das vom Entscheidungsträger verfolgte Entscheidungsziel. Aus ihm folgen die inhaltliche Abgrenzung von Kosten als negativem Zielbeitrag und damit der Kostencharakter von Steuern. Plausibel und empirisch gut bestätigt ist die Annahme, dass die Entscheidungsträger in Unternehmungen üblicherweise bestrebt sind, den nach Abzug aller Steuern verfügbaren Betrag, d.h. den Unternehmensgewinn nach Steuern, zu vergrößern[54]. Die Erreichung dieses Entscheidungsziels wird durch alle Steuern, soweit sie nicht durchlaufende Posten darstellen, beeinflusst. Deshalb ist im Grundsatz davon auszugehen, dass alle Steuern, die sachzielbezogene Tätigkeiten betreffen, als Kosten anzusehen sind. Sofern eine Unternehmung andere Erfolgsziele verfolgt, ist aus deren Abgrenzung herzuleiten, inwieweit ihre Erreichung durch Steuern beeinträchtigt wird und diese damit im Hinblick auf das verfolgte Ziel Kosten bedeuten. Nach dieser entscheidungslogisch begründeten Auffassung ist für die Beurteilung des Kostencharakters von Steuern nicht maßgeblich, ob die Bemessungsgrundlage der Steuern z.b. an Einsatzgütern (Grundsteuer u.a.), am Vermögen oder am Gewinn ansetzt und ob sie vom Unternehmer (Körperschaftsteuer) oder vom Anteilseigner (Einkommensteuer) zu zahlen ist. Bestimmend ist allein die vom Entscheidungsträger bei der Planung und Steuerung verfolgte Zielsetzung.

Auch wenn man grundsätzlich den Kostencharakter von Steuern akzeptiert, stellt sich die Frage, in welchem Ausmaß sie bei der Entscheidungsfindung zu berücksichtigen sind. Während das Problem der **Berücksichtigung von Steuern** für die Investitionsrechnung ausführlich untersucht und weitgehend geklärt worden ist[55], liegt für die Kostenrechnung erst eine begrenzte Anzahl von Untersuchungen vor[56]. Steuern müssen in denjenigen Fällen in die Entscheidungsfindung einbezogen werden, wo ihre Vernachlässigung zu suboptimalen Entscheidungen führen könnte. Dies ist der Fall, wenn sich durch die Berücksichtigung von Steuern ein positiver Zielbeitrag in einen negativen umkehrt oder die Rangfolge von Alternativen verändert wird. Daher ist zu prüfen, ob durch eine anstehende Entscheidung Steuerbemessungsgrundlagen sowie die auf sie entfallenden Steuerbeträge beeinflusst werden. Steuern müssen demnach bei allen Entscheidungen berücksichtigt werden, für welche sie **zielrelevant** sind.

Eine derartige Feststellung der Entscheidungsrelevanz von Steuern erfordert vor allem bei Ertragsteuern genaue Analysen. **Substanzsteuern** (Vermögen- und Gewerbekapitalsteuer) sind entscheidungsrelevant, wenn durch die betrieblichen Alternativen eine Änderung des Einheitswertes ausgelöst wird. Die Kostenrechnung soll in der Regel Informationen für kurzfristige Entscheidungen liefern. Der für Substanzsteuern maßgebende Einheitswert wird jedoch üblicherweise im Abstand von mehreren Jahren festgestellt. Eine Einheitswertfortschreibung ist nur bei Überschreitung bestimmter Grenzen er-

---

[54] Vgl. WAGNER, F. W./HEYDT, R. (Ertrag- und Substanzsteuern).
[55] Vgl. SCHNEIDER, D. (Investition); WAGNER, F. W./DIRRIGL, H. (Steuerplanung); GEORGI, A. (Steuern).
[56] Vgl. GEESE, W. (Steuer); WAGNER, F.W./HEYDT, R. (Ertrag- und Substanzsteuern); DÖRING, U. (Kostensteuern).

förderlich. Deshalb wird man vielfach unterstellen können, dass die Höhe der Substanzsteuern durch die in der Kostenrechnung betrachteten Entscheidungen nicht verändert wird und sie daher oft nicht in die Rechnung einbezogen werden müssen.

V. Erfassung von Erlösarten

1. Verfahren der Erfassung von Erlösen

Auch für die Erfassung von Erlösen bestehen die beiden Möglichkeiten einer getrennten Mengen- und Preiserfassung sowie einer undifferenzierten Werterfassung. Die erste Form ist vor allem auf die **Güterentstehung** anzuwenden, **die nicht unmittelbar zu Markterlösen** führt. Da hier noch keine Bewertung durch den Markt stattgefunden hat, sind die erstellten Gütermengen direkt beobachtbar. Für die Bewertung von Bestandserhöhungen und von innerbetrieblichen Leistungen lassen sich die verschiedenen Verfahren der Kostenbewertung heranziehen. Ihre Auswahl hängt vom jeweils verfolgten Rechnungszweck ab.

Bei **Verkaufsleistungen** sind beide Formen der Leistungserfassung möglich. In den meisten Fällen lassen sich auch die Markterlöse über eine Addition der Stückerlöse für die abgesetzten Produkteinheiten ermitteln. Die undifferenzierte Werterfassung bietet sich vor allem bei Gemeinerlösen an, weil hier der Gesamtbetrag nicht aus den Einzelpreisen berechnet ist. Die verschiedenen Formen der Bestimmung von Nettopreisen am Markt führen aber dazu, dass eine Reihe von Erlösschmälerungen wie z.B. auftragsbezogene Rabatte oder Skonti nur einer Gesamtmenge und nicht dem jeweiligen Produkt zurechenbar sind. Entsprechendes kann für Verpackungs- oder Frachterlöse u.ä. gelten.

Während die undifferenzierte Werterfassung auf der Kostenseite eher die weniger gebräuchliche Erfassungsform bildet, besitzt sie auf der Erlösseite eine große Bedeutung. Erst wenn man von den tatsächlichen **Einzahlungen** ausgeht, gewinnt man eine zuverlässige, an der Realität überprüfbare Basis. Zudem kommen auf diese Weise die mit dem Verkauf verbundenen Einflüsse auf die Erlöse stärker ins Blickfeld.

2. Probleme und Formen der Erfassung einzelner Erlösarten

Für die Erfassung von Erlösen kann man im Allgemeinen wie bei der Kostenerfassung entsprechend Abbildung 2-15 eine Reihe **vorgelagerter Rechenkreise** nutzen und aus ihnen die wichtigsten Daten übernehmen wie z.B. die Art und die Zahl der in der Unternehmung erstellten Güter. Die Bestandsänderungen an Halb- und Fertigerzeugnissen ergeben sich aus den entsprechenden Systemen der **innerbetrieblichen Lagerbuchhaltung**. Einen tiefergehenden Einblick über die in den einzelnen Arbeitsgängen erzeugten Zwischenproduktmengen und die sonstigen innerbetrieblichen Leistungsmengen können **Systeme der Betriebsdatenerfassung** vermitteln. Sie sind in erster Linie Bestandteile von Produktionsplanungs- und -steuerungssystemen

(PPS). Ihre Ergebnisse sind aber zugleich für die Erfassung der Mengenkomponente der Erlösrechnung nutzbar.

Spezifische Probleme wirft die Bewertung der innerbetrieblichen Leistungen und der Bestandsänderungen auf. Dabei können der Planungs- und der Verhaltenssteuerungszweck zu deutlich voneinander abweichenden Ansätzen führen[57]. Geht man im Hinblick auf die Planung vom Realisationsprinzip aus und strebt demnach eine erfolgsneutrale Bewertung an, so bleibt das Problem, in welchem Umfang nicht direkt zurechenbare Gemeinkosten einbezogen werden. Die Systeme der Voll- und der Teilkostenrechnung gelangen hierbei zu unterschiedlichen Ergebnissen, welche die Gewinnhöhe beeinflussen[58].

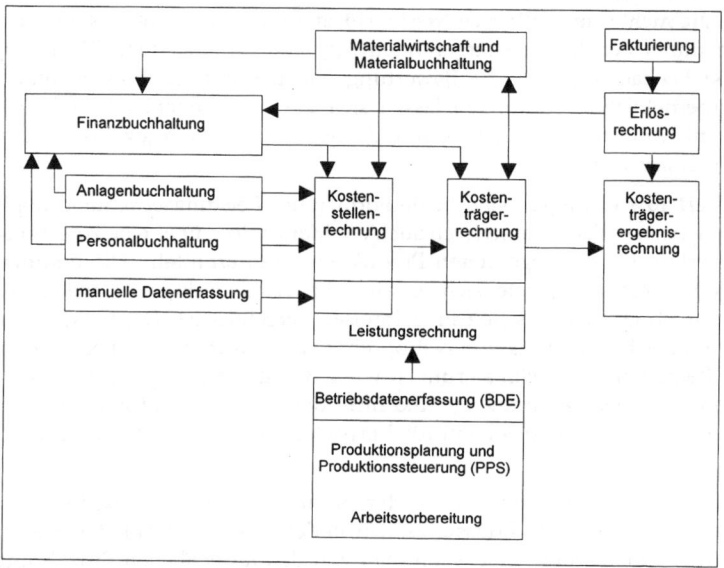

Abb. 2-15: Kosten- und Erlösrechnung und vorgelagerte Rechenkreise[59]

Die Daten über Verkaufsleistungen lassen sich aus den **Systemen der Fakturierung** übernehmen. Für die präzise Erfassung der Markterlöse stehen dabei verschiedene Formen zu Verfügung[60]. Neben der im Normalfall üblichen auftragsweisen gibt es die ratenweise Erfassung bei Großprojekten und die periodenweise, die in regelmäßigen oder unregelmäßigen Abständen z.B. bei Strom- oder Telefongebühren erfolgt. Das ratenweise Vorgehen richtet sich bei Bauvorhaben u.ä. nach dem Fortschritt der Fertigstellung. Häufig schließt es Vorauszahlungen ein, die schon zum Zeitpunkt des Vertragsabschlusses oder kurz danach geleistet werden. Bei einer Reihe von Produkten ist die Erlösentstehung und -erfassung von der eigentlichen Gütererstellung völlig los-

---

[57] Vgl. Kapitel 4., Abschnitt B., S. 619 ff.
[58] Vgl. Kapitel 3., Abschnitt D.I.5.a), S. 455 f.
[59] Vgl. MÄNNEL, W. (Erfassung), S. 410.
[60] Vgl. MÄNNEL, W. (Bedeutung), S. 637 ff.

A. Kosten- und Erlösartenrechnung

losgelöst. Eine solche Abkoppelung besteht z.B. bei Briefmarken oder Telefonkarten. Schließlich gibt es auch eine von der Güterart losgelöste Preisberechnung, wenn beispielsweise gemischte Trikotware nach dem Gewicht berechnet wird und sich damit die Erlöse nur für das Gesamtpaket, aber nicht für dessen einzelne Produkte bestimmen lassen.

Eine spezifische Aufgabe liegt in der möglichst genauen Erfassung und Abgrenzung von **Erlösschmälerungen**. Um die tatsächliche Marktleistung zu erkennen, muss das letztlich bezahlte Entgelt ermittelt werden. Deshalb sind die bei den Erlösarten unterschiedenen Komponenten der Preisstellung[61] im einzelnen zu berücksichtigen und möglichst genau zu dokumentieren. Ferner sind Erlösminderungen, -berichtigungen und -korrekturen einzubeziehen. Denn eine korrekte wertmäßige, zeitliche und auf die Einzelleistung bezogene Erfassung erfordert ein zuverlässiges Buchungssystem. Dabei sind zwei spezifische Probleme zu lösen. Erstens ist klar festzulegen, wann es sich um Erlösschmälerungen handelt und wann Beträge zu den Kosten zu rechnen sind. Grundsätzlich sind Erlösschmälerungen Korrektur- bzw. Abzugsposten, denen kein Güterverbrauch zugrunde liegt. Ein Abzug von Skonti bedeutet zum Beispiel, dass für die Lieferung nur der Nettopreis verlangt werden kann, da keine zusätzliche Kreditleistung für den Zeitraum des Zahlungszieles erbracht wird. Die Erlösschmälerungen treten nur in der direkten Beziehung zwischen dem Verkäufer und dem Käufer auf. Es sind Veränderungen des Preises, deren Eintreten im Kaufvertrag in der Regel vereinbart wurde, deren Höhe jedoch erst nach dessen Vollzug genau festliegt. Nach Abzug der Erlösschmälerungen kommt man zu dem Betrag, den die liefernde Unternehmung vom Kunden fordern kann. Demgegenüber handelt es sich bei den Kosten um Aktivitäten, welche die Unternehmung gegenüber Kunden direkt (z.B. Installation, Schulung) oder indirekt (z.B. allgemeine Werbung) erbringt. Das zweite Problem liegt darin, dass Erlösschmälerungen erst **schrittweise** bis zum endgültigen Vollzug des Kaufvertrags **erfassbar** sind. Ihre Dokumentation kann sich dementsprechend in mehreren Belegen niederschlagen. Im Zeitpunkt der Rechnungserstellung sind Sofortrabatte in Abzug zu bringen, umgekehrt können Erlöszuschläge in Form von Mindermengenzuschlägen auftreten. Diese Posten sind auf der Rechnung dokumentiert. Erst später lassen sich mit dem Zahlungsbeleg Skonti und Währungsschwankungen, Nachlässe für Minderqualitäten, Rücknahmen und andere Korrekturen aufgrund von Reklamationen sowie Boni oder andere jahresumsatzbezogene Rabatte registrieren. Als schwierig erweist sich die exakte Erfassung der Erlöse für die Periodenerfolgsrechnung. Ein Teil der Vorgänge ist zum Periodenende noch nicht abgeschlossen. Dann ist mit Plan- bzw. Standardwerten zu arbeiten, durch welche die erwarteten Korrekturen näherungsweise berücksichtigt werden[62].

---

[61] Vgl. Kapitel 2., Abschnitt A.III. Abb. 2-6, S. 86.
[62] Für weitere Aufgaben zur Kostenartenrechnung vgl. KÜPPER, H.-U. u.a. (Übungsbuch), S. 1 ff.

B. Kosten- und Erlösstellenrechnung

I. Zwecke der Kosten- und Erlösstellenrechnung

> Während die Kosten- und Erlösartenrechnung auf eine isomorphe Erfassung und zweckgerichtete Gliederung der Kosten und Erlöse ausgerichtet ist, steht im Vordergrund der **Stellenrechnung** die Kennzeichnung der Orte bzw. der Partialprozesse, in denen die Kosten und Erlöse entstehen. Die gesamte Unternehmung wird für diesen Zweck in Abrechnungsbezirke eingeteilt. Ein rechnungsmäßig abgegrenzter Bezirk wird in der Regel als **Kostenstelle** bezeichnet.

Durch die Gliederung der gesamten Unternehmung in Kostenstellen können mehrere Rechnungsziele verfolgt werden. Wesentliche Zwecke sind dabei die Kostenplanung, die Steuerung von Entscheidungen, Prozessen sowie Handlungen, die Verteilung der Kosten auf Kostenträger sowie die Bewertung von Halb- und Fertigerzeugnissen. In den verschiedenen Systemen der Kostenrechnung ist die Kostenstellenrechnung unterschiedlich stark auf die Erreichung der einzelnen Zwecke ausgerichtet. Die Bildung von Kostenstellen und die Verteilung von Kosten im Rahmen der Kostenstellenrechnung hängen davon ab, welche **Rechnungsziele** und Verteilungsprinzipien im jeweiligen Kostenrechnungssystem besonders betont werden.

Eine Reihe von **Einflussgrößen der Kosten** wie z.B. der Ausschuss oder die Intensität von Arbeits- und ggf. Maschinenleistungen wird nicht von der obersten Unternehmensleitung festgelegt, sondern hängt von den Entscheidungen bzw. dem Verhalten auf unteren Ebenen ab. Die Untergliederung in Kostenstellen und die genaue Analyse der Prozesse, die sich in den Kostenstellen vollziehen, ermöglichen die Kennzeichnung wesentlicher Kostenbestimmungsgrößen und deren Einfluss. Sie stellen die Grundlage für eine genaue Planung der einzelnen Kosten dar. Aufgrund einer Analyse der Bestimmungsgrößen und der kostenmäßigen Auswirkungen von Partialprozessen können u.a. Möglichkeiten der Kostensenkung sichtbar werden. Die Kostenplanung bildet zugleich die Basis für eine **Steuerung und Kontrolle des Produktionsprozesses**. Aus der Gegenüberstellung von geplanten Sollkosten und tatsächlich entstandenen Istkosten werden Kostenabweichungen ersichtlich, die analysiert werden und Grundlage für die Prozesssteuerung sind. Durch die Kostenstellenbildung und den Kostenvergleich je Kostenstelle lässt sich feststellen, wo beispielsweise Kostenüberschreitungen aufgetreten sind. Diese Informationen weisen auf Ursachen für einen nicht kostengünstigen Vollzug von Partialprozessen, die zu beseitigen sind, hin. Eine Vorgabe von Kosten je Kostenstelle dient der zielorientierten Steuerung einer Reihe von Entscheidungen, welche in diesen Stellen zu treffen sind.

Die Kostenstellenrechnung ist ein Bindeglied zwischen Kostenarten- und Kostenträgerrechnung. In mehreren Systemen der Kosten- und Erlösrechnung wird eine **Verteilung aller Kosten** auf die Kostenträger angestrebt. Die Bildung von Kostenstellen ist in diesen Systemen ein Instrument für die Zurechnung der Kostenträgergemeinkosten auf Kostenträger. Da verschiedene Kostenträger die Bereiche, Abteilungen und Stellen der Unternehmung in der Regel unterschiedlich beanspruchen, würde eine gleichmäßige Verteilung der Kosten einer Stelle auf die verschiedenen Kostenträger nicht die tatsächlichen Beanspruchungen wiedergeben. Deshalb wird versucht, die in jeder Kostenstelle entstehenden Kosten über geeignete Maßgrößen nach den Belastungen der Stellen durch die Kostenträger auf diese zu verteilen. Hierdurch soll eine der Realität entsprechende und genaue **Ermittlung der Stückkosten** erreicht werden.

Ein weiterer Zweck der Kostenstellenbildung kann darin bestehen, eine **Bewertung von Beständen an Halb- und Fertigerzeugnissen** zu ermöglichen. Dies ist für eine Reihe von Ermittlungsrechnungen wie beispielsweise die Aufstellung der Jahresbilanz[63] erforderlich. In der Regel erfolgt die Bewertung von Zwischen- und Endprodukten nicht nur zu Einzelkosten. Über die Bildung von Kostenstellen lässt sich eine Zurechnung der Gemeinkosten jeweils bis zu der Kostenstelle im Produktionsprozess durchführen, welche ein Zwischenprodukt noch durchlaufen hat. Eine andere Frage ist, ob und inwieweit die in den Verwaltungs- und Vertriebsprozessen entstandenen Kosten in den Wertansatz einbezogen werden dürfen. Dabei ist zu berücksichtigen, dass für handels- und steuerrechtliche Zwecke eine Aktivierung von Vertriebskosten verboten ist.

Mit einer **Erlösstellenrechnung** können im Prinzip entsprechende Zwecke verfolgt werden. Diese haben jedoch nicht durchweg dieselbe Bedeutung. Im Vordergrund stehen wie bei der Kostenstellenbildung die Erlösplanung, die Wirtschaftlichkeitskontrolle sowie die Steuerung von Prozessen und Entscheidungen. Demgegenüber besitzt die für Ermittlungsrechnungen maßgebliche Zwecksetzung einer Zurechnung der Erlöse auf die Erlösträger eine geringere Bedeutung als in der Kostenrechnung. Insbesondere die Markterlöse fallen zu einem großen Teil unmittelbar für Erlösträger an, so dass die Zurechnung durch eine Stellenrechnung nicht präzisiert werden kann. Eine vertikale Aufspaltung von Markterlösen insbesondere auf innerbetriebliche Erlösstellen sowie deren Tätigkeiten wirft so große Verteilungsprobleme auf, dass sie kaum vorzunehmen ist[64].

II. Begriff und Arten der Kosten- und Erlösstellen

1. Gliederung der Kostenstellen

Zur Erreichung der Zwecke, die in der Kostenstellenrechnung verfolgt werden, ist eine geeignete Gliederung des gesamten Unternehmensprozesses in ein System von Abrechnungsbezirken vorzunehmen. Die Kostenstellenrechnung muss sich dabei an der gegebenen Unternehmensstruktur orientieren[65]. Wesentliche Bestimmungsgrößen für die Art und **Tiefe der Kostenstellengliederung** sind die Art des Produktionsprogramms, die Zahl der Produk-

---

[63] Vgl. §§ 252 ff. HGB.
[64] Vgl. MÄNNEL, W. (Bedeutung), S. 654.
[65] Vgl. KOSIOL, E. (Kostenrechnung), S. 18 ff.

tionsstufen, die Vergenz und die Technologie des Produktionsverfahrens, die Kontinuität des Produktionsablaufs, die Größe und das Wachstum sowie die Aufbau- und Ablauforganisation der Unternehmung. Vielfach bestehen Unternehmungen aus räumlich und organisatorisch getrennten Werken, die sich in selbständige Teilbetriebe gliedern. Die Bildung von Abrechnungsbezirken muss diesen Aufbau berücksichtigen. So kann sich eine **Pyramide von Abrechnungsbezirken** ergeben, wie sie in Abbildung 2-16 wiedergegeben ist. Den obersten Abrechnungsbezirk bildet die gesamte Unternehmung. Jedes Werk stellt eine selbständige Einheit dar und ist entsprechend den Teilbetrieben in untergeordnete Abrechnungsbezirke zerlegt. Innerhalb dieser Teilbetriebe können spezielle Kostenbereiche beispielsweise für Beschaffung, Fertigung, Entwicklung, Vertrieb und Verwaltung unterschieden sein, deren untergeordnete Teileinheiten die Kostenstellen bilden. Die vertikale und horizontale Zerlegung der Unternehmung in Abrechnungsbezirke kann nach verschiedenen Merkmalen vorgenommen werden. Als Gliederungskriterien können funktionale, räumliche, organisatorische und rechnungstechnische Gesichtspunkte dienen. Ferner kann die kostenrechnerische Aufteilung des Unternehmensprozesses nach erstellten Güterarten und nach Arbeitsvorgängen erfolgen. Es hängt von den jeweils angestrebten Rechnungszielen ab, wie stark diese Merkmale bei der mehrstufigen Bildung und Abgrenzung von Abrechnungsbezirken bis hin zu den Kostenstellen berücksichtigt werden.

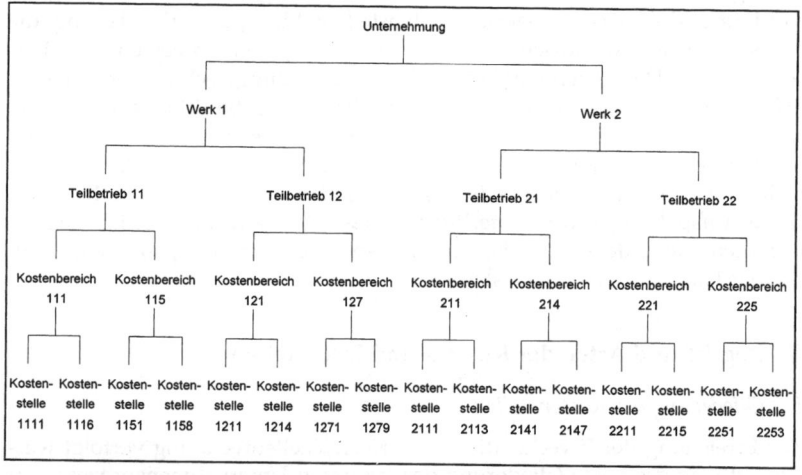

Abb. 2-16: Kostenstellengliederung entsprechend der Unternehmensstruktur

Ein wichtiger Gesichtspunkt für die **Kostenstellenbildung** ist das unterschiedliche Einwirken der Bereiche und Abteilungen auf die Kostenträger. Um die Beanspruchung durch die Kostenträger isomorph abbilden zu können, wird die Gliederung der Kostenstellen vielfach an den beim Vollzug des Unternehmensprozesses durchgeführten Verrichtungen ausgerichtet. Dann sind **funktionale Merkmale** für die Kostenstellenbildung maßgebend. Beispielsweise können u.a. alle Kontrolltätigkeiten nach verschiedenen Arbeits-

B. Kosten- und Erlösstellenrechnung

gängen in der Fertigung oder alle Schreibtätigkeiten im Büro jeweils zu einer Kostenstelle zusammengefasst werden. Wenn jeder Abrechnungsbezirk und damit auch jede Kostenstelle einen räumlich zusammenhängenden und abgegrenzten Bereich bilden, stehen **räumliche Gliederungsmerkmale** im Vordergrund der Kostenstellenbildung. Dagegen richtet sie sich bei einer Zerlegung gemäß **organisatorischen Gesichtspunkten** nach dem organisatorischen Stellengefüge. Hierdurch soll erreicht werden, dass die Kostenstellen nicht nur abgegrenzte Abrechnungsbezirke, sondern auch selbständige Verantwortungsbereiche darstellen. Damit wird die Verantwortlichkeit der jeweiligen Stelleninhaber für Kostenabweichungen klar erkennbar. Diese Art der Gliederung dient dem Zweck der Kostenkontrolle. Die funktionale, die räumliche und die organisatorische Zerlegung der Unternehmung in Abrechnungsbezirke führen gelegentlich zu denselben Teileinheiten. Der organisatorische Aufbau einer Unternehmung kann funktional orientiert und die Stellen, Instanzen und Abteilungen können räumlich zusammenhängend angeordnet sein. In den meisten Fällen werden jedoch die sich nach diesen Merkmalen ergebenden Einteilungen nicht übereinstimmen. Deshalb können verschiedene Instanzeninhaber für auftretende Kostenabweichungen verantwortlich sein. Es sind also weitere Maßnahmen erforderlich, um die jeweils verantwortliche Person zu identifizieren. Vielfach kommt es auch vor, dass eine organisatorische Teileinheit an mehreren Orten (Arbeitsplätzen) untergebracht ist. Dann stimmen die räumlichen und die organisatorischen Merkmale nicht überein.

Die Zerlegung des Unternehmensprozesses in Abrechnungsbezirke bis hin zu den Kostenstellen erfolgt häufig nicht nur nach einem Gliederungsmerkmal. Vielmehr versucht man, bei der horizontalen und vertikalen Einteilung **mehrere Merkmale gleichzeitig** zu berücksichtigen. Ferner kann aus **rechnungstechnischen Gründen** eine Zusammenfassung von organisatorischen, räumlichen und/oder funktionalen Teileinheiten zu Kostenstellen vorgenommen werden. Zum Beispiel können die Abteilungen Inlandsabsatz, Auslandsabsatz, Werbung und Public Relations als eine Kostenstelle behandelt werden, wenn eine getrennte Erfassung und Verrechnung ihrer Gemeinkosten den Grad an Isomorphie und Genauigkeit nicht erhöht. Aus rechnungstechnischen Gründen kann es des weiteren zweckmäßig sein, für bestimmte Aufträge, Maschinen oder Produktarten jeweils eigene Kostenstellen zu bilden. In enger Beziehung zu dieser Art der Gliederung steht die Orientierung der Kostenstellenbildung an den erstellten Leistungen und Güterarten. Dies entspricht der Organisation nach dem **Objektprinzip**. Dagegen liegt bei einer Gliederung der Kostenstellen nach den Arbeitsvorgängen ein enger Zusammenhang zur funktionalen Einteilung nach dem **Verrichtungsprinzip** vor.

Die gekennzeichneten Gliederungsmerkmale führen zu verschiedenen **Arten von Kostenstellen**, die in Abbildung 2-17 wiedergegeben sind. Häufig unterscheidet man nach produktionstechnischen Gesichtspunkten Haupt-, Neben- und Hilfskostenstellen sowie nach rechnungstechnischen Gesichtspunkten Vor- und Endkostenstellen. Die Kennzeichnung von Haupt-, Neben- und Hilfskostenstellen ergibt sich daraus, wie direkt die in den Kostenstellen vollzogenen Prozesse der Erstellung des Produktionsprogramms dienen. In

Hauptkostenstellen werden die zum Produktionsprogramm der Unternehmung gehörenden Produkte (Hauptprodukte) bearbeitet. Zum Beispiel handelt es sich hierbei in einer Unternehmung, die Spiralbohrer erzeugt, um alle die Kostenstellen, in denen Arbeitsgänge vom Absägen des Stahls über das Fräsen der Spirale bis zum Schleifen der Bohrerspitze sowie der Endkontrolle durchgeführt werden. Auch in **Nebenkostenstellen** werden Produkte bearbeitet, die aber nicht zum eigentlich geplanten Produktionsprogramm der Unternehmung gehören. Sie stellen Nebenprodukte dar, die wie Kuppelprodukte oder Abfallgüter bei der Herstellung entstehen. **Hilfskostenstellen** tragen nur mittelbar zur Gütererstellung bei und beziehen sich insbesondere auf die Tätigkeiten der Planung und Steuerung, der Verwaltung, der Lohnabrechnung sowie der Informationsbeschaffung und -verarbeitung.

Nach rechnungstechnischen Gesichtspunkten unterscheidet man Vor- und Endkostenstellen. Die Kosten von **Vorkostenstellen** werden im Rahmen der Kostenstellenrechnung auf andere Vor- oder Endkostenstellen umgelegt. Hingegen verteilt man die Kosten von **Endkostenstellen** insgesamt (Vollkostenrechnung) bzw. zu Teilen (Teilkostenrechnung) auf die Kostenträger.

Vorkostenstellen	Endkostenstellen		
Hilfskostenstellen	Hauptkostenstellen	Hilfskostenstellen	Neben- und Ausgliederungsstellen
Allgemeine Hilfskostenstellen	Fertigungshilfsstellen	Materialhilfsstellen	Fertigungshauptstellen	Verwaltungshilfsstellen	Vertriebshilfsstellen	

Abb. 2-17: Arten von Kostenstellen

Hauptkostenstellen	Hilfskostenstellen
Fertigungshauptstellen	Allgemeine Hilfskostenstellen
	Fertigungshilfsstellen
	Materialhilfsstellen
	Verwaltungshilfsstellen
	Vertriebshilfsstellen

Abb. 2-18: Kostenstellengruppen in der Kostenstellenrechnung

In der Praxis wird häufig eine Gliederung in Gruppen von Kostenstellen angewandt, die dem Kalkulationsschema der Zuschlagskalkulation[66] entspricht. Man geht von den in Abbildung 2-18 dargestellten Kostenstellengruppen aus.

Dieser Einteilung liegen vor allem **funktionale Merkmale** zugrunde. Die Unterscheidung von Material-, Fertigungs- und Vertriebsstellen ergibt sich aus den Phasen Beschaffung, Fertigung und Absatz, während in Verwaltungsstellen sekundäre Zweckaufgaben[67] erfüllt werden. Ferner werden bei dieser

---

[66] Vgl. Kapitel 2., Abschnitt C.III.3., S. 169 ff.
[67] Vgl. KOSIOL, E. (Organisation), S. 87 f.

Gliederung rechnungstechnische Merkmale berücksichtigt. Lediglich die Gruppe der Fertigungsstellen setzt sich aus Haupt- bzw. Nebenkostenstellen zusammen. Alles andere sind Hilfskostenstellen. Die Klasse der **Allgemeinen Hilfskostenstellen** umfasst die Kostenstellen, deren Leistungen der gesamten Unternehmung zur Verfügung stehen. Hierzu zählen u.a. die Energieversorgung, die Heizung sowie soziale Einrichtungen wie die Kantine, Grundstücke und Gebäude. In den **Fertigungshauptstellen** werden die Arbeitsgänge an Werkstoffen und Zwischenprodukten vollzogen, die zur Erzeugung der Haupt- und Nebenprodukte erforderlich sind. Dagegen gehören zu den **Fertigungshilfsstellen** solche Stellen des Fertigungsbereichs, welche die Fertigungsplanung und Fertigungssteuerung, die Informationsverarbeitung, die Herstellung von Werkzeugen und Maschinen für den Fertigungsprozess sowie Reparaturen auszuführen haben. Zum Beispiel sind die Fertigungsvorbereitung, die technische Betriebsleitung, die Werkzeugmacherei und die Reparaturwerkstätte typische Fertigungshilfsstellen. Aufgabe der **Materialhilfsstellen** ist die Bestellung, Annahme, Prüfung, Lagerung sowie Bereitstellung der Roh-, Hilfs- und Betriebsstoffe, die im Fertigungsprozess eingesetzt werden. Da in ihnen außer bei Gärungs- und Reifungsprozessen keine substantielle Bearbeitung von Produkten vorgenommen wird, sind die Materialstellen Hilfskostenstellen. Die Gruppe der **Verwaltungshilfsstellen** umfasst Hilfskostenstellen, deren Gegenstand Verwaltungsaufgaben wie z.B. Buchhaltung, Kalkulation und Statistik sind. Ferner rechnet man die Geschäftsleitung zu dieser Gruppe. Die Aufgaben, welche der Verwertung von Produkten am Markt dienen, bilden die Grundlage für die Abgrenzung von **Vertriebshilfsstellen**. In diese Gruppe gehören beispielsweise die Fertigwarenlager, der Verkauf, der Versand, der Vertreterdienst, der Reparaturdienst für Kunden und die Werbung.

Für eine Verfeinerung der Rechnung können Kostenstellen in einzelne **Kostenplätze** zerlegt werden. Diese beziehen sich beispielsweise auf einzelne Maschinen oder Maschinengruppen.

2. Gliederung der Erlösstellen

Da alle Stellen der Unternehmung, die nicht als bloße Verrechnungsstellen eingerichtet werden, Aktivitäten durchführen und in ihnen Güter eingesetzt werden sowie entstehen, sind sie zugleich Kosten- und Erlösstellen. Bei den Stellen, die keine Verkaufsleistungen erbringen, fallen die Aufgaben der Kosten- und der Erlösstellenbildung zusammen. Spezifische Gesichtspunkte ergeben sich daher primär für die Stellen, in denen Markterlöse erzielt werden. Ihre Abgrenzung sollte so erfolgen, dass erkennbar wird, welche Größen und Bedingungen für die **Erlösentstehung** maßgeblich sind[68]. Sie sollte die Bestimmung von **Erlösfunktionen** ermöglichen, durch welche die Beziehungen zwischen den Markterlösen und ihren Bestimmungsfaktoren erfasst werden. Eine auf diese Aspekte ausgerichtete Abgrenzung von **Erlösstellen** bildet die Grundlage für eine fundierte Planung und Steuerung der Markterlöse. Mit Hilfe von Erlösfunktionen erhält man ein Instrument, um die künftigen Erlö-

---

[68] Vgl. KLOOCK, J./SIEBEN, G./SCHILDBACH, T. (Kosten- und Leistungsrechnung), S. 166 ff.

se zu prognostizieren und nach ihrer Realisation die Ursachen von Abweichungen zu analysieren. Damit lässt sich die Verantwortlichkeit für die Höhe der Erlöse besser feststellen.

Während innerhalb der Unternehmung die Strukturmerkmale des Produktionsprozesses für die Stellenbildung bedeutsam sind, hat sich die **Abgrenzung von Erlösstellen** primär nach Absatz- und Marktgesichtspunkten zu richten. Man strebt an, dass für jede Stelle möglichst homogene Absatzbedingungen und eine eindeutige Vertriebsverantwortung gelten[69]. Deshalb sind für die Bildung von Erlösstellen die Zusammensetzung des Absatzprogramms, die Struktur der Märkte sowie der Einsatz des marketingpolitischen Instrumentariums bestimmend. Als wichtigste **Kriterien der Erlösstellenbildung** werden daher verwendet:

- Produktarten und Produktgruppen,
- Marktsegmente und räumlich-geographische Teilmärkte,
- Kunden und Kundengruppen,
- Absatzwege und Absatzmethoden,
- organisatorische sowie rechnungstechnische Gesichtspunkte.

Den Ausgangspunkt bildet vielfach die Zusammensetzung des Absatzprogramms, das die Märkte bestimmt, auf denen die Unternehmung tätig ist. Zudem sind die **Produktarten und -gruppen** ihre zentralen **Erlösträger** sowie die Ansatzpunkte der Erfolgsmessung. Sie haben ferner Einfluss auf die Gliederung der Vertriebsorganisation, so dass die Verantwortlichkeit mit berücksichtigt wird, die sich häufig auf ganz bestimmte **Marktsegmente** erstreckt. Wichtig ist vor allem ein ähnliches Kaufverhalten der zu einem Segment gehörenden Nachfrager. Einzelne Stellen oder Abteilungen des Absatzes bearbeiten ganz bestimmte Produkt-Markt-Kombinationen. Dann ist es zweckmäßig, dass sich auch die Erlösrechnung an ihnen orientiert. Dabei kann es sich um Teilmärkte handeln, die nach Produktarten und -gruppen, räumlich-geographischen und anderen Merkmalen gebildet wurden. Beispielsweise trennt man in vielen Unternehmungen zumindest zwischen Inlands- und Auslandsgeschäften. Bei letzterem bietet sich zudem eine Differenzierung nach Kontinenten an. Ein weiteres Gliederungsmerkmal können die Kunden oder **Kundengruppen** bilden. So kann man z.B. zwischen Firmenkunden, Groß- und Einzelhändlern unterscheiden. Soweit einzelne Großkunden beliefert werden, die absatzpolitisch besonders zu behandeln sind, ist es ggf. zweckmäßig, für jeden von ihnen oder ihre Gruppe eigene Erlösstellen einzurichten. Mit den **Absatzwegen und Absatzmethoden** berücksichtigt man wichtige Komponenten des Vertriebs. Direkter und indirekter Vertrieb verlangen in der Regel eine spezifische Preispolitik, da dem Handel höhere Rabatte für seine Funktion zu gewähren sind als Endverbrauchern. Zudem erfordern diese Absatzwege unterschiedliche Werbeanstrengungen usw. Die Differenzierung kann unter Berücksichtigung der Absatzhelfer und Absatzmittler weitergeführt werden. Entsprechende Überlegungen sind für eine Unterscheidung nach den Absatzmethoden relevant. Die **organisatorische Ge-**

---

[69] Vgl. ENGELHARDT, W. H. (Erlösplanung), S. 665.

B. Kosten- und Erlösstellenrechnung

staltung des Absatzbereichs kann auch abweichenden Merkmalen folgen, indem sie z.B. auf bestimmte Personen zugeschnitten ist. Dann stellt sich die Frage, inwieweit sich die Stellengliederung an ihr orientieren soll, um im Hinblick auf die Erlöskontrolle die Verantwortlichkeit der Stellenleiter sichtbar zu machen. Rechnungstechnische Aspekte stehen im Vordergrund, wenn die Stelleneinteilung z.b. so vorgenommen wird, dass sich die Erlösarten unmittelbar einzelnen Stellen zurechnen lassen. Dies kann eine weniger tiefgehende Zerlegung zur Folge haben, weil eine Aufspaltung nach mehreren der genannten Bestimmungsgrößen der Erlöse zu Zurechnungsproblemen führt.

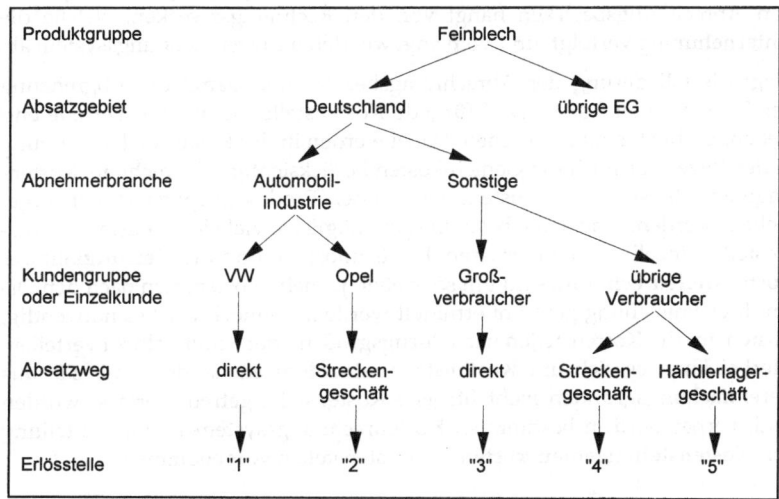

Abb. 2-19: Beispiel einer Bezugsgrößenhierarchie der Erlöszurechnung[70]

Wie auf der Kostenseite ist bei der **Einteilung der Erlösstellen** zwischen den verwendbaren Gliederungskriterien abzuwägen. Bis zu einem gewissen Grad ist es häufig möglich, die verschiedenen Merkmale nacheinander anzuwenden und damit eine **Bezugsgrößenhierarchie der Erlöszurechnung** zu bilden. So wird in dem empirischen Beispiel von Abbildung 2-19 zuerst nach Produktgruppen, Absatzgebieten und Branchen gegliedert. Darauf erfolgt eine Untergliederung nach großen Einzelkunden bzw. Kundengruppen und Absatzwegen. Diese Systematisierung führt zu Erlösstellen, die beispielsweise das Streckengeschäft, d.h. die Direktbelieferung bei Händlervermittlung von Feinblechen beim Großkunden Opel in Deutschland usw. wiedergeben. Eine derartige Hierarchiebildung unter Verwendung mehrerer Gliederungskriterien ist auf der Erlösseite eher möglich als auf der Kostenseite, weil sich die Merkmale in geringerem Maß überschneiden. Mit ihr beachtet man in erster Linie den Zusammenhang zwischen der Erlöshöhe und deren Einflussgrößen. Häufig weist sie jedoch enge Beziehungen zur organisatorischen Gliederung auf, so dass zugleich eine Zurechnung der Erlöse zu den verantwortlichen Instanzeninhabern erreicht wird.

---

[70] Vgl. KOLB, J. (Erlösrechnung), S. 62.

III. Erfassung und Verteilung von Kosten und Erlösen in der Stellenrechnung

1. Grundfragen der Erfassung und Verteilung von Kosten in der Kostenstellenrechnung

Ergebnis der horizontalen und vertikalen Zerlegung des Unternehmensprozesses im Rahmen der Kostenstellenrechnung ist ein **System von Abrechnungsbezirken**, dessen unterste Einheiten Kostenstellen (oder Kostenplätze) bilden. Die Art der Gliederung und damit die Ausprägung dieses Systems von Abrechnungsbezirken hängt von den Rechnungszwecken, welche die Unternehmung verfolgt, und vom angewendeten Kostenrechnungssystem ab.

Liegt die Gliederung der Abrechnungsbezirke und damit die Abgrenzung der Kostenstellen fest, so sind für jede Kostenstelle die in einer Periode entstehenden Kosten zu bestimmen. Dabei werden in der Kostenstellenrechnung in der Regel nur noch die Gemeinkosten berücksichtigt, die nicht als Kostenträgereinzelkosten den Kostenträgern oder Produktgruppen direkt zugerechnet werden. Man sollte bestrebt sein, möglichst viele Kostenarten als Kostenstelleneinzelkosten zu erfassen. Die Isomorphie und die **Genauigkeit der Kostenstellenrechnung** sind um so größer, je mehr Kostenarten nach den Orten ihrer Entstehung getrennt ermittelt werden. Dennoch wird es notwendig, Kosten auf die Kostenstellen nach Bezugsgrößen oder Schlüsseln zu verteilen. Hierbei kann es sich um **Kostenstelleneinzelkosten** handeln, die z.B. aus Vereinfachungsgründen nicht für jede Kostenstelle getrennt erfasst worden sind. Ferner wird in bestimmten Kostenrechnungssystemen eine Verteilung von **Kostenstellengemeinkosten** auf Kostenstellen vorgenommen.

2. Schlüssel und Formen der Kostenverteilung

Für die Verteilung bzw. Schlüsselung von Gemeinkosten auf Vor- bzw. Endkostenstellen müssen geeignete Bezugs- oder Maßgrößen herangezogen werden. Die Anzahl und Art dieser Kostenschlüssel hängt davon ab, nach welchen Prinzipien der Kostenverteilung sich die Unternehmung richtet. Meist ist man bestrebt, **proportionale Schlüssel** zu finden, mit denen eine möglichst **verursachungsgemäße Zurechnung** der Kosten erreicht werden kann. Zwischen der Bezugs- oder Schlüsselgröße und der Kosteneinflussgröße, welche für die Höhe der zu verteilenden Kosten bestimmend ist, muss dann eine proportionale Beziehung bestehen. Als Beispiel soll die Verteilung von Heizkosten betrachtet werden, die in einer Allgemeinen Kostenstelle erfasst sein mögen. Die Kosten dieser (Hilfs- und) Vorkostenstelle seien auf die anderen (Vor- oder End-)Kostenstellen umzulegen. Man kann von der Kostenhypothese ausgehen, dass die Menge der benötigten Heizleistungen und ihre Kosten von der jeweiligen Raumgröße der Kostenstellen proportional abhängig sind. Dann bildet die Zahl an Kubikmetern jeder Kostenstelle die geeignete Bezugsgröße für eine Verteilung der Heizkosten. Sofern die unterstellte Kostenhypothese der Realität entspricht, ist die Verteilung entsprechend dem Schlüssel 'Rauminhalt' verursachungsgemäß. Es könnte aber sein, dass zusätzliche Größen wie die von Maschinen und Menschen erzeugte Eigenwärme oder die Außentemporatur die benötigte Heizmenge beeinflussen. Des Weiteren könnte auch eine nichtproportionale Beziehung zwischen Heizleistung und Heizkosten vorliegen. In diesen Fällen sind weder die alleinige Verwendung des Rauminhalts als Kostenschlüssel noch eine proportionale Kostenverteilung verursachungsgemäß. Aus Einfachheitsgründen ist man bestrebt, lediglich eine Bezugsgröße als Schlüssel zu verwenden. Wenn mehrere Kosteneinflussgrößen wirksam sind, wählt man häufig nur die wichtigste Kosteneinflussgröße. Ergeben kostentheoretische Untersuchungen, dass die Kostenfunktion z.B. aufgrund von Intensitätsänderungen keinen linearen Verlauf aufweist, muss die Kostenverteilung nicht proportional vorgenommen werden.

Die Verteilung von Kosten nach Bezugsgrößen oder Schlüsseln stellt eine Form der **indirekten Messung** dar[71]. Besteht zwischen der zu messenden Kostenhöhe einer Kostenstelle und der Bezugsgröße eine gesetzmäßige Beziehung, so kann man die Ausprägung der Bezugsgröße messen und aus der Kostenhypothese die Höhe der Kosten ableiten. Eine indirekte Messung dieser Art setzt aber voraus, dass man die Kostenhypothese kennt und sie verhältnismäßig gut bestätigt ist.

Bei der **proportionalen Zurechnung von Kosten** nach Bezugsgrößen ist daher stets zu prüfen, ob sie Ergebnis einer bestätigten Kostenhypothese sind und eine proportionale Beziehung zur Kostenhöhe besteht. Die proportionale Verteilung einer Reihe von Kosten lässt sich jedoch nicht verursachungsgemäß vornehmen. Deshalb wird in bestimmten Kostenrechnungssystemen (Teilkostenrechnungen) nur ein Teil der Kosten auf Kostenstellen und Kostenträger verrechnet[72].

Als Bezugsgrößen der Kostenverteilung bzw. -zurechnung können sowohl Mengen- als auch Wertmaßstäbe verwendet werden. Die in Abbildung 2-20 wiedergegebene Übersicht enthält die am häufigsten gebrauchten **Kostenschlüssel**, aus denen auch kombinierte Schlüssel gebildet werden können[73].

Für die Verteilung von Kosten lassen sich verschiedene Formen **proportionaler Schlüssel** anwenden[74]. Sie können auf eine einfache Grundgleichung zurückgeführt werden. Bezeichnet man die betrachteten Gemeinkosten der Unternehmung mit K_U, den zu bestimmenden Kostenanteil der Stelle mit K_S und die mengenmäßige Bezugsgröße für die Unternehmung mit m_U sowie für die Stelle mit m_S, so erhält man die Gemeinkosten der Stelle über die Beziehung

$$K_S = \frac{m_S}{m_U} \cdot K_U = m_S \cdot \frac{K_U}{m_U} \qquad (2\text{-}3)$$

---

[71] Vgl. KOSIOL, E. (Kalkulation), S. 121.
[72] Vgl. Kapitel 3., Abschnitt D., S. 397 ff.
[73] Vgl. KOSIOL, E. (Kalkulation), S. 123 f.; RUMMEL, K. (Kostenrechnung), S. 10 ff. und S. 94.
[74] Vgl. KOSIOL, E. (Kalkulation), S. 122 f.

Kostenschlüssel für die Kostenverteilung bzw. -zurechnung	
Mengenschlüssel	**Wertschlüssel**
Zählgrößen (z.B. Zahl der eingesetzten, hergestellten oder abgesetzten Stücke, Zahl der Buchungen)	**Kostengrößen** (z.B. Fertigungslohnkosten, Fertigungsmaterialkosten, Fertigungskosten, Herstellkosten)
Zeitgrößen (z.B. Kalenderzeit, Fertigungszeit, Maschinenstunden, Rüstzeit, Meisterstunden)	**Einstandsgrößen** (z.B. Wareneingangswert, Lagerzugangswert)
Raumgrößen (z.B. Länge, Fläche, Rauminhalt)	**Absatzgrößen** (z.B. Warenumsatz, Kreditumsatz)
Gewichtsgrößen (z.B. Einsatzgewichte, Transportgewichte, Produktmengen in Gewichtseinheiten)	**Bestandsgrößen** (z.B. Bestandswert an Stoffen, Zwischen- oder Endprodukten, Anlagenbestandswert)
Technische Maßgrößen (z.B. kWh, PS, km, Kalorien)	**Verrechnungsgrößen** (z.B. Verrechnungspreise)

Abb. 2-20: *Kostenschlüssel für die Kostenverteilung bzw. -zurechnung*

Dementsprechend rechnet man einmal über den Anteil der Stelle an der Gesamtmenge der Bezugsgröße $m_S : m_U$, das andere Mal über die Kosten je Bezugsgrößeneinheit $K_U : m_U$. Mit Wertschlüsseln erhält man in analoger Weise für die Bezugsgrößen w_S bzw. w_U (z.B. Lohnkosten der Stelle bzw. der Unternehmung) die Grundgleichung

$$K_S = \frac{w_S}{w_U} \cdot K_U = w_S \cdot \frac{K_U}{w_U} \,. \tag{2-4}$$

In Abbildung 2-21 ist je ein Beispiel zur Berechnung eines **mengen- und wertmäßigen Schlüssels** dargestellt:

Beispiel 1: Berechnung eines Mengenschlüssels			
Stromkosten der Unternehmung	=	200.000	€
Gesamtverbrauch der Unternehmung	=	2.500.000	kWh
Schlüsseleinheitskosten = 200.000 : 2.500.000	=	0,08	€/kWh
Schlüsselzahl = Verbrauchsmenge der Kostenstelle A	=	37.500	kWh
Kostenanteil der Kostenstelle A = 37.500 · 0,08	=	3.000	€
Beispiel 2: Berechnung eines Wertschlüssels			
Urlaubslöhne in der Periode	=	150.000	€
Gesamte Lohn- und Gehaltssumme der Periode	=	2.000.000	€
Zuschlagsprozentsatz = 150.000 · 100 : 2.000.000	=	7,5	%
Schlüsselzahl = Lohnsumme der Kostenstelle A	=	50.000	€
Kostenanteil der Kostenstelle A = 50.000 · 7,5 %	=	3.750	€

Abb. 2-21: *Beispiele zur Berechnung von Mengen- bzw. Wertschlüsseln*

Das Problem der Verteilung bzw. Zurechnung von Kosten, d.h. das der Kostenschlüsselung, kann in der Kostenstellenrechnung auf folgende drei Arten auftreten:

(1) Verteilung von (Kostenträger-) Gemeinkosten auf Kostenstellen,

B. Kosten- und Erlösstellenrechnung

(2) Verteilung zwischen den Kostenstellen, d.h. Kostenstellenumlage,

(3) Bestimmung von Zuschlagssätzen für Endkostenstellen (Verteilung von Kostenstellen auf Kostenträger).

Das erste Verteilungsproblem besteht darin, die **Kostenträgergemeinkosten**, welche nicht als Kostenstelleneinzelkosten erfasst werden (können), den Vor- bzw. Endkostenstellen der Unternehmung zuzuordnen. Eine derartige Verteilung kann zum Beispiel für die Kostenarten Strom- und Heizkosten, Urlaubslöhne, Sozialaufwendungen, Vermögensteuer, Gewerbesteuer, Mieten, Versicherungen, kalkulatorische Abschreibungen, kalkulatorische Zinsen und kalkulatorische Wagnisse notwendig sein.

Das zweite Verteilungsproblem ist die **Kostenstellenumlage**. Im Hinblick auf die Kostenträgerrechnung werden die in Vorkostenstellen anfallenden Kosten auf Endkostenstellen verteilt. Ferner ist eine Kostenstellenumlage zwischen Vorkostenstellen bzw. zwischen Vor- und Endkostenstellen sowie zwischen Endkostenstellen notwendig, wenn innerhalb dieser Stellen Leistungen ausgetauscht werden. Für die Reihenfolge und die Art der Kostenstellenumlage ist maßgebend, welche **innerbetrieblichen Güter- oder Leistungsströme** zwischen den Kostenstellen fließen. Nach Möglichkeit ist eine Reihenfolge zu suchen, bei der jede Vorkostenstelle lediglich Leistungen an nachfolgende Vor- oder Endkostenstellen abgibt und nur von vorhergehenden Kostenstellen Leistungen empfängt. In einer Reihe von Fällen findet jedoch zwischen verschiedenen Kostenstellen ein gegenseitiger Leistungsaustausch statt. Diese innerbetrieblichen Güter- und Leistungsströme fließen hierbei von Vorkostenstellen auf andere Vorkostenstellen und auf Endkostenstellen sowie umgekehrt von Endkostenstellen auf andere Endkostenstellen und auf Vorkostenstellen. Bei einer solchen **Leistungsverflechtung** müssen die Kosten dieser Kostenstellen im Sinne der aufgetretenen Leistungsströme gegenseitig verrechnet werden. Ein Verzicht auf die Verrechnung der Kosten, die für den Leistungsstrom in einer Richtung anfallen, vermindert die Isomorphie und Genauigkeit der Kostenrechnung. Dieser Verzicht scheint nur zulässig, wenn der Leistungsstrom in einer Richtung gegenüber dem Strom in der anderen Richtung sehr gering ist. Für die Umlage der Kosten innerbetrieblicher Leistungen stehen mehrere Verfahren der Leistungsverrechnung zur Verfügung[75].

Das dritte Verteilungsproblem ist die Bestimmung von **Zuschlagssätzen** für die Kosten der Endkostenstellen. Als Bezugsgrößen oder Schlüssel sind bei diesem Problem die Kosteneinflussgrößen zu wählen, von welchen die Kosten der Endkostenstellen proportional abhängig sind. Die Zuschlagssätze geben an, in welchem Verhältnis die Kosten der Endkostenstellen zu den gewählten Bezugsgrößen stehen.

3. Betriebsabrechnungsbogen als Instrument der Kostenstellenrechnung

Das wichtigste Instrument zur Durchführung der Aufgaben der Kostenstellenrechnung bildet der **Betriebsabrechnungsbogen (BAB)**. In diesen gehen

---

[75] Vgl. Kapitel 2., Abschnitt B.III.4., S. 133 ff.

die Kostenarten der Unternehmung ein; diese werden auf die Kostenstellen der Unternehmung verteilt. Somit kann er als Instrument der Kostenarten- und Kostenstellenrechnung angesehen werden. Vielfach werden in den Betriebsabrechnungsbogen zusätzlich die Kostenträgerrechnung und die kurzfristige Erfolgsrechnung aufgenommen.

Wenn der Betriebsabrechnungsbogen die gesamten Kosten der Unternehmung enthält, können diese nach ihrer Zurechenbarkeit auf Kostenträger, Produktgruppen und Kostenstellen in Einzel- und Gemeinkosten sowie nach ihrer Abhängigkeit vom Beschäftigungsgrad in variable und fixe Kosten getrennt eingetragen und verrechnet werden. Des weiteren kann man in den Betriebsabrechnungsbogen Istkosten und/oder Plankosten eingeben. Die einzelne Gestaltung des Betriebsabrechnungsbogens sowie die Unterscheidung und Verteilung von Kosten ist nicht bei allen Kostenrechnungssystemen gleich. Die wesentlichen Unterschiede zwischen den Kostenrechnungssystemen beruhen darin, inwieweit Voll- oder Teilkosten auf Kostenstellen und Kostenträger verteilt werden.

Im Folgenden wird anhand der Abbildung 2-22 der grundsätzliche Aufbau des Betriebsabrechnungsbogens beschrieben. Er enthält in horizontaler Richtung als Spalteneinträge die Kostenstellen und in vertikaler Richtung als Zeileneinträge die Kostenarten der Unternehmung. In jeder Kostenstelle wird für jede Kostenart eine Zeile gebildet. Bei den Kostenstellen lassen sich Vor- und Endkostenstellen sowie Haupt-, Neben- und Hilfskostenstellen unterscheiden. Zusätzliche Spalten können für die Ermittlung von Zwischensummen vorgesehen sein. Die zeilenweise Gliederung des Betriebsabrechnungsbogens richtet sich nach den drei Verteilungsproblemen der Kostenstellenrechnung. Die *erste* Gruppe von Zeilen umfasst die verschiedenen Kostenarten und ihre Verteilung auf Vor- und Endkostenstellen. Dann folgen *zweitens* mit der Stellenumlage Zeilen für die Verrechnung innerbetrieblicher Leistungen. Die *dritte* Gruppe von Zeilen dient zur Bestimmung von Zuschlagssätzen für Endkostenstellen. Zusätzliche Zeilen sind für die Berechnung von Zwischensummen eingefügt. Sie sind insbesondere für die Bestimmung der primären Kostenarten je Kostenstelle vor der Kostenstellenumlage zweckmäßig.

Die Kosten, welche den Kostenträgern oder Produktgruppen als Einzelkosten, Sondereinzelkosten bzw. Gruppenkosten direkt zurechenbar sind, werden in der Regel nicht auf die Kostenstellen verteilt, sondern unmittelbar auf die Kostenträger oder Produktgruppen verrechnet. Dennoch gibt man sie üblicherweise im Betriebsabrechnungsbogen oft unter den Kostenarten an, um eine Übersicht über die gesamten Kosten der Unternehmung zu erlangen. Ferner können diese Kosten Bezugsgrößen der Stellenumlage oder der Zuschlagssätze bilden. Die Einzelkosten, Sondereinzelkosten bzw. Gruppeneinzelkosten können auf unterschiedliche Weise aufgeführt werden.

B. Kosten- und Erlösstellenrechnung

Kostenstellen \ Kostenarten	Gesamt-betrag (Zeilen-summe)	Vorkostenstellen			Endkostenstellen			Neben- und Aus-gliederungs-stellen
		Hilfskostenstellen			Hauptkosten-stellen	Hilfskostenstellen		
		Allgemeine Hilfskosten-stellen	Fertigungs-hilfs-stellen	Material-hilfs-stellen	Fertigungs-haupt-stellen	Verwaltungs-hilfs-stellen	Vertriebs-hilfs-stellen	
Einzelkosten								
Gemeinkosten								
Summe Primäre Kosten								
Stellenumlage								
Gesamtkosten								
Bezugsbasis								
Zuschlagssatz								

Abb. 2-22: *Aufbau des Betriebsabrechnungsbogens*

4. Verfahren der Verrechnung innerbetrieblicher Leistungen

Im Unternehmensprozess wird auch eine Reihe von Gütern erzeugt, die nicht am Markt abgesetzt, sondern im Produktionsprozess (wieder) eingesetzt werden. Diese **Wiedereinsatzgüter** bezeichnet man in der Produktionstheorie als derivative Einsatzgüter, weil sie nicht von außerhalb der Unternehmung bezogen, sondern in der jeweiligen Kostenstelle selbst hergestellt werden. Bei einem Teil von ihnen entstehen in der Kostenrechnung besondere Probleme der Kostenzurechnung. Sie treten einerseits bei den Wiedereinsatzgütern auf, die nicht direkt in die Zwischen- und Endprodukte eingehen oder die Leistungen an Werkstoffen bzw. Zwischenprodukten darstellen. Andererseits sind sie beim Verbrauch von selbsterstellten Zwischen- oder Endprodukten gegeben. Die rechnungstechnische Behandlung von Wiedereinsatzgütern wird in der Kostenrechnung als Problem der **Verrechnung innerbetrieblicher Leistungen** bezeichnet. Bei ihnen kann es sich sowohl um materielle Güter wie Anlagen und Stoffe, als auch um immaterielle Güter wie Arbeitsleistungen, Sachmittelleistungen und Informationen handeln. Alle in Hilfskostenstellen erbrachten Leistungen stellen derartige Wiedereinsatzgüter dar. Die Probleme der innerbetrieblichen Leistungsverrechnung können aber auch für Haupt- und Nebenkostenstellen auftreten, insbesondere beim Eigenverbrauch von Zwischen- und Endprodukten. Wesentliche Gruppen von Wiedereinsatzgütern, die besondere Verrechnungsprobleme aufwerfen, sind selbsterstellte Anlagen, selbsterzeugte Betriebsstoffe und Energie, Entwicklungsarbeiten, eigene Reparaturleistungen sowie der Eigenverbrauch an Zwischen- und Endprodukten.

Die Kosten für derartige innerbetriebliche Leistungen sind den Kostenstellen und den Kostenträgern nach den angewandten Prinzipien der Kostenverteilung zuzurechnen. Sie kann die Grundlage für **Entscheidungen über die eigene Herstellung oder den Fremdbezug** von Gütern liefern. Bei der Erfassung dieser innerbetrieblichen Leistungen ist außerdem zu untersuchen, inwieweit sie zu Kosten der betrachteten Rechnungsperiode führen. Güter, die über mehrere Perioden hinweg eingesetzt werden, sind zu aktivieren und nur in Höhe ihrer Periodennutzung als Kosten anzusetzen. Des Weiteren ist bei nicht aktivierbaren innerbetrieblichen Leistungen eine zeitliche Abgrenzung vorzunehmen, wenn sie nicht nur eine Rechnungsperiode betreffen. Schließlich sind alle innerbetrieblichen Leistungen auszusondern, die neutralen Aufwand verursachen. Hierzu gehören beispielsweise der Verbrauch an Produkten und Arbeitsleistungen für Privatautos und Privathäuser.

> Das Problem der **Verrechnung innerbetrieblicher Leistungen** besteht darin, in welcher Höhe die Kosten dieser Leistungen auf die Kostenstellen zu verteilen sind, in denen sie eingesetzt werden.

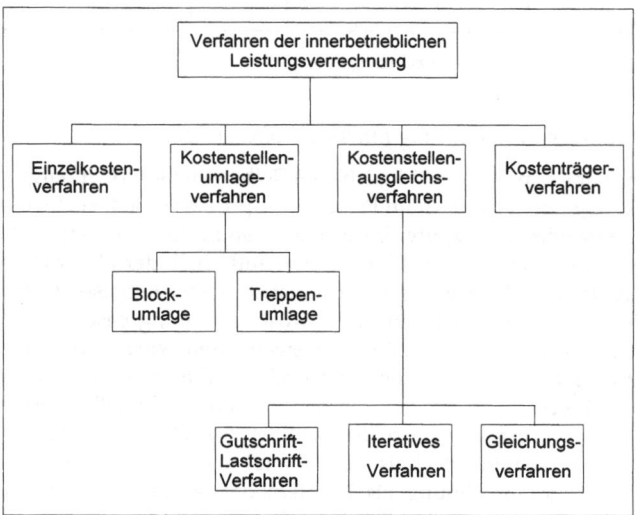

Abb. 2-23: *Verfahren zur Verrechnung innerbetrieblicher Leistungen*

Ihre letztliche Verteilung auf Endkostenstellen beeinflusst zugleich die Zurechnung auf Kostenträger. Ein Verzicht auf die Belastung der leistungsempfangenden Stellen mit Kosten für Wiedereinsatzgüter verzerrt die Ergebnisse der Kostenrechnung. Für die Verrechnung von innerbetrieblichen Leistungen können entsprechend Abbildung 2-23 folgende Verfahren herangezogen werden:

(1) Das Einzelkostenverfahren (Kostenartenverfahren),
(2) das Kostenstellenumlageverfahren,
(3) das Kostenstellenausgleichsverfahren,
(4) das Kostenträgerverfahren.

a) Einzelkostenverfahren (Kostenartenverfahren)

Beim **Einzelkosten- oder Kostenartenverfahren** wird nur ein Teil der primären Kosten, welche bei der Erstellung innerbetrieblicher Leistungen angefallen sind, den empfangenden Kostenstellen zugerechnet. Die Kosten, die den innerbetrieblichen Leistungen direkt zurechenbar sind, gehen als eigene Gemeinkostenarten oder als Teil anderer Kostenarten in den Betriebsabrechnungsbogen ein. Sie erscheinen nicht bei den leistenden Kostenstellen, sondern werden sofort auf die Kostenstellen verteilt, in denen die betreffenden Leistungen eingesetzt werden. Dagegen sind die restlichen Kosten, die für innerbetriebliche Leistungen entstehen, in den Kosten der liefernden Stellen enthalten. Die gesamten Kosten, die für eine innerbetriebliche Leistung anfallen, werden damit nicht ersichtlich. Beispielsweise können bei der Reparatur einer Maschine das für die Reparatur verwendete Material sowie die Löhne der Arbeiter, welche die Reparatur ausführen, im Betriebsabrechnungsbogen der Fertigungsstelle zugerechnet werden, in welcher diese Maschine eingesetzt ist. Die weiteren Kosten der Reparaturwerkstatt, die auf diese innerbetriebliche Leistung entfallen, sind in den Kosten der Kostenstelle Reparaturwerkstatt enthalten. Zu ihnen können u.a. Kosten für Werkzeuge und Hilfslöhne der Werkstatt gehören.

Sofern die innerbetrieblichen Leistungen in Endkostenstellen erbracht werden, enthalten deren Kosten nach der Kostenstellenumlage Bestandteile, die nicht unmittelbar von Kostenträgern, sondern von Wiedereinsatzleistungen verursacht werden. Die ermittelten Zuschlagssätze sind hierdurch verzerrt. Werden die Leistungen hingegen in Vorkostenstellen erzeugt, ist eine verursachungsgemäße Umlage der Kosten dieser Stellen nicht möglich. Da beim Kostenartenverfahren nicht die gesamten Kosten einer innerbetrieblichen Leistung ermittelt werden, sind die Kontrolle ihrer Wirtschaftlichkeit und ein Vergleich mit Marktpreisen für gleichartige Leistungen nicht durchführbar.

b) **Kostenstellenumlageverfahren**

Nach dem **Kostenstellenumlageverfahren** richtet man für die Kosten innerbetrieblicher Leistungen eigene Hilfskostenstellen ein. Sie werden rechnungstechnisch als Vorkostenstellen behandelt, deren gesamten vollen oder variablen Kosten nach den gelieferten innerbetrieblichen Leistungen auf die empfangenden Kostenstellen umgelegt werden. Die primären Kostenarten der Vorkostenstellen werden zu sekundären Kostenarten der empfangenden Stellen. Bei diesem Verfahren werden alle vollen oder variablen Kosten innerbetrieblicher Leistungen verrechnet. Es ist vor allem anwendbar, wenn die innerbetrieblichen Leistungen von speziellen Abteilungen erbracht werden. Zum Beispiel kann eine Unternehmung eine Reparaturwerkstatt und eine Elektrowerkstatt besitzen. Dann kann man die Kosten dieser Abteilungen und ihrer Leistungen auf eigenen Hilfskostenstellen führen.

Das Kostenstellenumlageverfahren kann in zwei verschiedenen Formen durchgeführt werden, als Blockumlage- bzw. Anbauverfahren oder als Treppen- bzw. Stufenumlage. Bei der **Blockumlage** unterstellt man, dass Vorkostenstellen lediglich Endkostenstellen mit innerbetrieblichen Leistungen beliefern. Man verteilt sämtliche Kosten der Vorkostenstellen direkt, d.h. 'im

Block' auf die Endkostenstellen. Dagegen wird bei der **Treppenumlage**[76] angenommen, dass Vorkostenstellen auch andere Vorkostenstellen beliefern. Jedoch wird nur ein einseitiger Leistungsstrom berücksichtigt. Daher muss für diese Verrechnungsart eine Reihenfolge der Stellen festgelegt werden. Die erste Vorkostenstelle empfängt keine Kosten von anderen Stellen und kann alle nachgelagerten Stellen beliefern. Die zuletzt verrechnete Vorkostenstelle kann von allen anderen Vorkostenstellen Leistungen empfangen, aber nur an Endkostenstellen abgeben. Das zentrale Problem bei diesem Verfahren besteht in der Festlegung der Reihenfolge der Kostenstellen. Da in der Realität häufig gegenseitige Leistungsbeziehungen vorliegen, muss man die Reihenfolge so wählen, dass die jeweils kleineren Leistungsströme unterdrückt werden und der Verrechnungsfehler möglichst klein gehalten wird.

Für die Umlage der primären Kosten der Vorkostenstellen auf die Kostenstellen, in denen die innerbetrieblichen Leistungen eingesetzt werden, bestehen verschiedene Möglichkeiten. Die Umlage kann entweder über **summarische Verteilungsschlüssel** oder unter Verwendung eines **Kalkulationsverfahrens** erfolgen. Im ersten Fall sucht man eine Bezugsgröße als Schlüssel, die proportional zu den gesamten Kosten der Hilfskostenstelle ist und sich zugleich für die Messung der innerbetrieblichen Leistung eignet. Eine genauere Zurechnung wird in der Regel erreicht, wenn für die Umlage ein Kalkulationsverfahren[77] herangezogen wird. Am einfachsten ist die Umlage mit Hilfe der **Divisionsrechnung**. Hierbei werden die gesamten Kosten der Hilfskostenstelle durch die Zahl der in ihr erzeugten innerbetrieblichen Leistungen dividiert. Jede empfangende Kostenstelle wird mit einem Kostenanteil gemäß der Anzahl an Wiedereinsatzgütern belastet, die sie erhalten hat. Die Verteilung durch Divisionsrechnung setzt voraus, dass die Hilfskostenstellen homogene Leistungen herstellen. Diese Bedingung ist beispielsweise erfüllt, wenn in ihnen ein bestimmter Betriebsstoff wie Strom bzw. Gas erzeugt wird oder gleichartige Reparaturleistungen ausgeführt werden, die in Arbeitsstunden messbar sind. Sofern die Hilfskostenstellen verwandte Güter einer Sorte erzeugen, lassen sich die Kosten mit **Äquivalenzziffern** zurechnen. Bei der Erstellung verschiedenartiger Wiedereinsatzgüter kann die **Zuschlagsrechnung** angewandt werden. Nach diesem Kalkulationsverfahren werden zuerst die Kosten der Hilfskostenstelle ermittelt, welche als Einzelkosten ihren innerbetrieblichen Leistungen direkt zurechenbar sind. Für ihre restlichen Kosten sucht man geeignete Bezugsgrößen, nach denen sie in Form von Zuschlagssätzen auf die direkt zurechenbaren Kosten den verschiedenartigen innerbetrieblichen Leistungen zugeteilt werden können. Den empfangenden Kostenstellen werden somit für jede innerbetriebliche Leistung mit deren Einzelkosten und einem Anteil an den restlichen Kosten der Hilfskostenstelle gemäß einem oder mehreren Zuschlagssätzen belastet. Auch die Anwendung anderer Kalkulationsverfahren ist beim Kostenstellenumlageverfahren möglich. So kann eine Trennung in fixe und variable Kosten vorgenommen werden. Die Umlage der variablen Kosten kann sich nach der tatsächlich empfangenen Menge an Leistungen und die der fixen Kosten nach der Bedarfs-

---

[76] Zu einem Beispiel vgl. Abb. 2-32, S. 150 f.
[77] Vgl. Kapitel 2., Abschnitt C.III., S. 160 ff.

B. Kosten- und Erlösstellenrechnung

menge bei Normalauslastung richten. Ferner ist eine Umlage entsprechend einer Trennung in Grenz- und Residualkosten möglich.

c) Kostenstellenausgleichsverfahren

aa) Grundstruktur des Kostenstellenausgleichsverfahrens

Beim **Kostenstellenausgleichsverfahren** werden ebenfalls die gesamten vollen oder variablen Kosten der innerbetrieblichen Leistungen den empfangenden Kostenstellen belastet. Ferner wird die Verrechnung entsprechend einem Kalkulationsverfahren vorgenommen. Dieses Verfahren ist anwendbar, wenn die innerbetrieblichen Leistungen von mehreren Kostenstellen und nicht nur von speziellen Hilfskostenstellen erbracht werden. Durch die Umlage der Kosten von Vor- auf Endkostenstellen lassen sich in diesen Fällen innerbetriebliche Leistungen nicht exakt verrechnen. Das Kostenstellenausgleichsverfahren ist vor allem bei Fertigungsstellen geeignet, in denen sowohl absatzbestimmte Zwischen- und Endprodukte bearbeitet, als auch nicht absatzbestimmte Leistungen für andere Stellen der Unternehmung erbracht werden. Beispielsweise kann die Elektrowerkstatt einer Maschinenfabrik die elektrischen Schaltungen der für den Verkauf vorgesehenen Maschinen und die Schaltungen der Maschinen herstellen, die in der eigenen Fertigung eingesetzt werden. In diesen Stellen werden also Kundenaufträge und Innenaufträge bearbeitet. Deshalb entstehen ihre Kosten nicht nur für Kundenaufträge bzw. Absatzprodukte, sondern auch für innerbetriebliche Leistungen, die in anderen Kostenstellen wieder eingesetzt werden. Der Unternehmensprozess enthält also **Zyklen** oder Schleifen. Ein derartiger Zyklus tritt immer auf, wenn zwei Vor- oder Endkostenstellen sich entsprechend Abbildung 2-24 direkt oder über eine bzw. mehrere Stellen hinweg indirekt gegenseitig beliefern.

Nach dem Kostenstellenausgleichsverfahren sind die gesamten, durch Innenaufträge verursachten Kosten auf die empfangenden Kostenstellen zu verteilen. Es wird ein **Kostenausgleich** zwischen den leistenden und den empfangenden Kostenstellen durchgeführt.

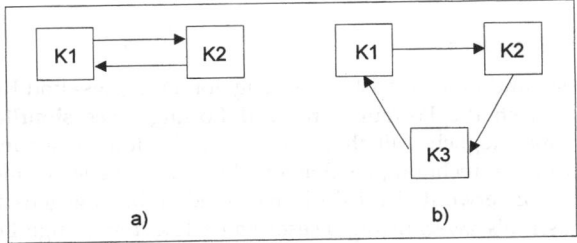

Abb. 2-24: *Direkter (a) und indirekter (b) gegenseitiger Leistungsaustausch zwischen zwei Kostenstellen*

Die Kosten der Innenaufträge können mit Hilfe der Divisionsrechnung oder der Zuschlagsrechnung verrechnet werden. Sofern eine liefernde Kostenstelle absatzbestimmte und innerbetriebliche homogene Leistungen erzeugt, bietet sich die **Divisionsrechnung** an. Bei einer Verrechnung entsprechend diesem Kalkulationsverfahren sind die Einzelkosten der innerbetrieblichen Leistungen in den Kosten der leistenden Kostenstelle enthalten. Man ermittelt die Kosten je Leistungseinheit, indem die Summe der Einzel- und Gemeinkosten für Kundenaufträge und Innenaufträge, die in der liefernden Kostenstelle anfallen, durch die Anzahl der erstellten Leistungen dividiert wird. Die empfangenden Kostenstellen werden mit dem Betrag belastet, der sich als Produkt aus Kosten je Leistungseinheit und der Zahl gelieferter Leistungseinheiten ergibt. Mit demselben Betrag wird die liefernde Kostenstelle entlastet.

Vielfach erstellen die liefernden Kostenstellen heterogene Güter und Leistungen. Dann kann die Verrechnung der innerbetrieblichen Leistungen mit Hilfe der **Zuschlagskalkulation** erfolgen. Bei diesem Verfahren werden die Einzelkosten der innerbetrieblichen Leistungen direkt den empfangenden Kostenstellen als Gemeinkosten zugerechnet. Sie treten im Betriebsabrechnungsbogen bei den liefernden Kostenstellen nicht auf. Dagegen sind die Gemeinkosten der innerbetrieblichen Leistungen in den Gemeinkosten der liefernden Kostenstellen enthalten. Man ermittelt Zuschlagssätze, nach denen die Gemeinkosten der liefernden Kostenstellen den Einzelkosten ihrer Leistungen zugeschlagen werden können. Für die Berechnung dieser Zuschlagssätze bilden die Einzelkosten die Zuschlagsbasis. Multipliziert man die Einzelkosten (bzw. die verschiedenen Einzelkosten der zu einer Kostenstelle gelieferten innerbetrieblichen Leistungen) mit dem Zuschlagssatz (bzw. den Zuschlagssätzen), so ergibt sich deren Kostenanteil. Mit den Zuschlagssätzen lässt sich somit der Anteil an den Gemeinkosten der liefernden Kostenstelle bestimmen, der den empfangenden Kostenstellen zu belasten ist. Um diesen Betrag müssen die Gemeinkosten der leistenden Kostenstelle verringert werden. Dafür sind in den Betriebsabrechnungsbogen (mindestens) drei Zeilen zusätzlich einzufügen. In der ersten Zeile werden den empfangenden Kostenstellen die für innerbetriebliche Leistungen anfallenden Gemeinkosten belastet. Die Entlastung der liefernden Kostenstelle wird in der zweiten Zeile durchgeführt, und die dritte Zeile dient zur Berechnung einer neuen Zwischensumme für die Kosten der Kostenstellen. Diese Verrechnung kann für verschiedenartige innerbetriebliche Leistungen (z.B. Reparaturen, Elektroarbeiten und Werkzeuge) getrennt durchgeführt werden.

bb) Gleichungsverfahren

Die genaueste und umfassendste Erfassung von Leistungs- und Kostenbeziehungen ist durch die Formulierung und Lösung eines **simultanen Gleichungssystems** möglich. Mit ihm können alle Verfahren der innerbetrieblichen Leistungsverrechnung als Sonderfälle exakt dargestellt und durchgeführt werden. Es erweist sich jedoch insbesondere beim gegenseitigen Leistungsaustausch als zweckmäßig. Dieser Fall schließt einseitige Leistungsbeziehungen ein.

Zur Kennzeichnung der **innerbetrieblichen Leistungsverrechnung mit Hilfe eines simultanen Gleichungssystems** wird in einem einfachen **ersten Beispiel** davon ausgegangen, dass lediglich zwischen zwei Kostenstellen eine gegenseitige Verflechtung vorliege. Dabei handle es sich entsprechend Abbildung 2-25 um zwei Vorkostenstellen V_1 und V_2, in denen jeweils homogene Leistungen erzeugt werden. Die von diesen Kostenstellen an andere Kostenstellen gelieferten Leistungsmengen können als Anteile ihrer gesamten Leistungsmengen in der Periode angegeben werden. Als Maßstab der Leistungsmengen können beispielsweise die Arbeits- bzw. Einsatzzeit oder die Stückzahl eines Produktes dienen. Die Vorkostenstelle V_1 gibt einen Anteil von 20 % oder 0,2 ihrer gesamten Leistungsmenge an die andere Vorkostenstelle V_2 sowie die Anteile von 0,5 bzw. 0,3 an die beiden Endkostenstellen E_3 bzw. E_4 ab. Von der Vorkostenstelle V_2 werden Anteile von jeweils 0,4 ihrer gesamten Leistungsmenge an die Endkostenstellen E_3 und E_4 sowie ein Anteil von 0,2 an die Vorkostenstelle V_1 geliefert.

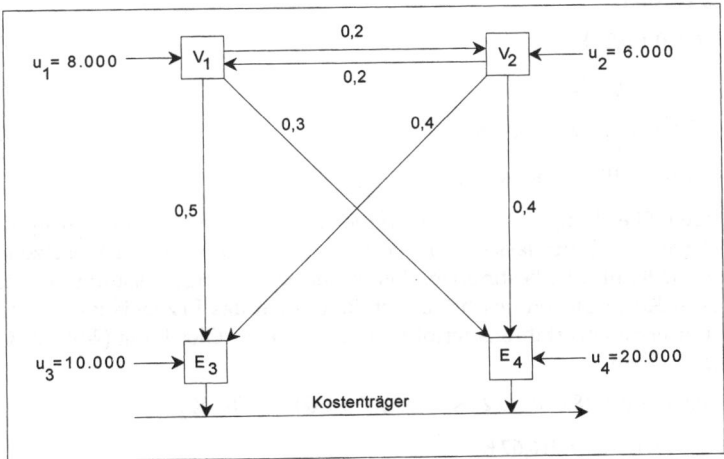

Abb. 2-25: *Beispiel einer Kostenstellenstruktur mit einer (direkten) gegenseitigen Leistungsbeziehung zwischen zwei Vorkostenstellen*

Für jede dieser vier Kostenstellen lassen sich die primären Kosten u_i erfassen. Um die gesamten Kosten zu ermitteln, die in einer Kostenstelle zur Erzeugung ihrer Leistungen entstehen, müssen zu ihren primären Kosten die sekundären Kosten für die von anderen Kostenstellen bezogenen Leistungen addiert werden. Die gesamten Kosten einer Kostenstelle werden entsprechend den gelieferten Leistungsmengen auf die empfangenden Kostenstellen aufgeteilt. Wenn man mit K_i (K_1 bis K_4) die Summe der primären und sekundären Kosten bezeichnet, erhält man für die beiden Vorkostenstellen die Kosten:

$$K_1 = u_1 + 0,2 \cdot K_2$$

$$K_2 = u_2 + 0,2 \cdot K_1$$

Die gesamten Kosten K_1 der Vorkostenstelle V_1 sind also gleich der Summe aus ihren primären Kosten u_1 und einem Anteil von 0,2 an den gesamten Kosten der Vorkostenstelle V_2. Dieser Kostenanteil entspricht ihrem Anteil an der Leistungsmenge von V_2. Für die Endkostenstellen E_3 und E_4 entstehen Kosten in Höhe von

140   2. Kapitel: Ermittlungsorientierte Systeme der KER

$K_3 = u_3 + 0{,}5 \cdot K_1 + 0{,}4 \cdot K_2$

$K_4 = u_4 + 0{,}3 \cdot K_1 + 0{,}4 \cdot K_2$

Die primären Kosten der betrachteten vier Kostenstellen betragen:

$u_1 = 8.000$ €

$u_2 = 6.000$ €

$u_3 = 10.000$ €

$u_4 = 20.000$ €

Setzt man diese Werte in die Kostengleichungen ein, ergibt sich das Gleichungssystem:

$K_1 = 8.000 + 0{,}2 \cdot K_2$ \hfill (2-5)

$K_2 = 6.000 + 0{,}2 \cdot K_1$ \hfill (2-6)

$K_3 = 10.000 + 0{,}5 \cdot K_1 + 0{,}4 \cdot K_2$ \hfill (2-7)

$K_4 = 20.000 + 0{,}3 \cdot K_1 + 0{,}4 \cdot K_2$ \hfill (2-8)

In diesem Gleichungssystem müssen die ersten beiden Gleichungen simultan gelöst werden. Dann lassen sich die Kosten K_3 und K_4 durch Einsetzen der Werte für K_1 und K_2 bestimmen. Sofern der gegenseitige Leistungsaustausch auf zwei Kostenstellen beschränkt ist, kann man das Ergebnis z.b. mit Hilfe des Einsetzungsverfahrens ermitteln. Man setzt Gleichung (2-5) in Gleichung (2-6) ein:

$K_2 = 6.000 + 0{,}2 \cdot (8.000 + 0{,}2 \cdot K_2) = 6.000 + 1.600 + 0{,}04 \cdot K_2$

$K_2 = 7.600 : 0{,}96 = 7.916{,}67$ €

Für K_1 gilt nach Gleichung (2-5):

$K_1 = 8.000 + 0{,}2 \cdot 7.916{,}67 = 9.583{,}33$ €

Für K_3 und K_4 ist nach Gleichung (2-7) bzw. (2-8):

$K_3 = 10.000 + 0{,}5 \cdot 9.583{,}33 + 0{,}4 \cdot 7.916{,}67 = 17.958{,}33$ €

$K_4 = 20.000 + 0{,}3 \cdot 9.583{,}33 + 0{,}4 \cdot 7.916{,}67 = 26.041{,}67$ €

In kontenmäßiger Darstellung ergeben sich für die Kostenumlage die Werte aus Abbildung 2-26.

Auf den Konten zeigen die Sollseiten die Zusammensetzung der primären und sekundären Kosten für jede Kostenstelle an. Aus den Habenseiten der Vorkostenstellen wird ersichtlich, zu welchen Teilen ihre gesamten Kosten auf andere Kostenstellen umzulegen sind. Da die Endkostenstellen in diesem Beispiel keine innerbetrieblichen Leistungen abgeben, steht bei ihnen auf der Habenseite der auf den Kostenträger weiterzurechnende Betrag.

Dieses einfache Verteilungsproblem lässt sich auch mit Hilfe von Näherungsverfahren lösen[78]. Bei komplizierter Leistungsverflechtung, die mehr als zwei gegenseitige Leistungsbeziehungen enthält, kann die exakte Lösung über die Determinanten- oder über die Matrizenrechnung ermittelt werden[79].

Soll	V_1	Haben	
Primäre Kosten	8.000,00	Belastung auf V_2	1.916,67
Belastung von V_2	1.583,33	Belastung auf E_3	4.791,67
		Belastung auf E_4	2.875,00
Gesamte Kosten	9.583,33		9.583,33

	V_2		
Primäre Kosten	6.000,00	Belastung auf V_1	1.583,33
Belastung von V_1	1.916,67	Belastung auf E_3	3.166,67
		Belastung auf E_4	3.166,67
Gesamte Kosten	7.916,67		7.916,67

	E_3		
Primäre Kosten	10.000,00	Belastung auf Kostenträger	17.958,33
Belastung von V_1	4.791,67		
Belastung von V_2	3.166,67		
Gesamte Kosten	17.958,33		17.958,33

	E_4		
Primäre Kosten	20.000,00	Belastung auf Kostenträger	26.041,67
Belastung von V_1	2.875,00		
Belastung von V_2	3.166,67		
Gesamte Kosten	26.041,67		26.041,67

Abb. 2-26: *Kontenmäßige Darstellung der Kostenumlage*

Als **zweites Beispiel** einer derartigen komplexeren Verflechtung wird im Folgenden angenommen, dass zwischen allen Kostenstellen des betrachteten Beispiels ein gegenseitiger Leistungsaustausch vorliegt. In Erweiterung des ursprünglichen Beispiels wird entsprechend Abbildung 2-27 davon ausgegangen, dass die Endkostenstelle E_3 Anteile von 0,2 bzw. 0,1 ihrer gesamten Leistungsmenge und die Endkostenstelle E_4 Anteile von jeweils 0,1 an die Vorkostenstellen V_1 bzw. V_2 liefern. Ferner werde ein Anteil von 0,2 der Stelle E_3 an E_4 und ein Anteil von 0,4 der Stelle E_4 an E_3 geliefert.

---

[78] Vgl. KOSIOL, E. (Kostenrechnung), S. 185 ff.
[79] Vgl. PICHLER, O. (Matrizenkalkül), S. 29 ff.

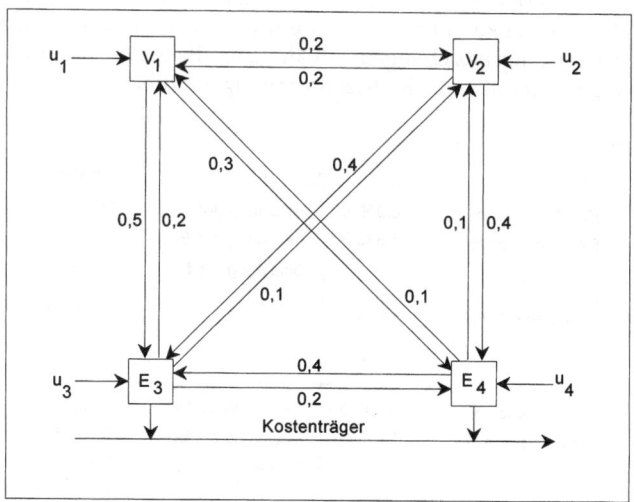

Abb. 2-27: *Beispiel einer Kostenstellenstruktur mit mehreren gegenseitigen Leistungsbeziehungen*

Die gesamten Kosten z.B. der Endkostenstelle E_3 setzen sich bei dieser Verflechtungsstruktur aus ihren primären Kosten u_3 und den sekundären Kosten für die von den Vorkostenstellen V_1 und V_2 sowie von der Endkostenstelle E_4 gelieferten Leistungen zusammen. Sie werden dann auf die von der Kostenstelle erstellten Leistungen gemäß den Anteilen an ihrer gesamten Leistungsmenge aufgeteilt. Als primäre Kosten werden die Zahlenwerte des ersten Beispiels genommen. Bezeichnet man mit u_i die primären Kosten der i-ten Kostenstelle, mit a_{ij} den Anteil der i-ten Kostenstelle an den Leistungen und den Kosten der j-ten Kostenstelle sowie mit K_i die Summe aus primären und sekundären Kosten der i-ten Kostenstelle, so lautet das Gleichungssystem für die Kostenverteilung allgemein[80]:

$$K_1 = u_1 + a_{11} \cdot K_1 + a_{12} \cdot K_2 + a_{13} \cdot K_3 + a_{14} \cdot K_4$$

$$K_2 = u_2 + a_{21} \cdot K_1 + a_{22} \cdot K_2 + a_{23} \cdot K_3 + a_{24} \cdot K_4 \qquad (2\text{-}9)$$

$$K_3 = u_3 + a_{31} \cdot K_1 + a_{32} \cdot K_2 + a_{33} \cdot K_3 + a_{34} \cdot K_4$$

$$K_4 = u_4 + a_{41} \cdot K_1 + a_{42} \cdot K_2 + a_{43} \cdot K_3 + a_{44} \cdot K_4$$

bzw. in Matrixschreibweise

$$\mathbf{K} = \mathbf{u} + \mathbf{A} \cdot \mathbf{K} \qquad (2\text{-}10)$$

Dieses Gleichungssystem ist mit einem der bekannten Lösungsverfahren nach den Kostensummen K_i je Stelle aufzulösen. Bei Verwendung der Matrizenrechnung gilt:

$$\mathbf{u} = \mathbf{K} - \mathbf{A} \cdot \mathbf{K} \qquad \text{bzw.} \qquad (2\text{-}11)$$

---

[80] Vgl. LANGEN, H. (Matrizendarstellung), S. 9 ff.

B. Kosten- und Erlösstellenrechnung   143

$$K = (E - A)^{-1} \cdot u \qquad (2\text{-}12)$$

Durch Berechnung der Inversen $(E - A)^{-1}$ erhält man:

$$\begin{bmatrix} K_1 \\ K_2 \\ K_3 \\ K_4 \end{bmatrix} = \frac{1}{1.409} \begin{bmatrix} 2.040 & 860 & 600 & 530 \\ 715 & 1.890 & \frac{835}{2} & \frac{835}{2} \\ 1.810 & 1.730 & 2.190 & 1.230 \\ 1.260 & 1.360 & 785 & 1.985 \end{bmatrix} \cdot \begin{bmatrix} 8.000 \\ 6.000 \\ 10.000 \\ 20.000 \end{bmatrix} = \begin{bmatrix} 27.026,25 \\ 21.139,10 \\ 50.645,84 \\ 46.692,68 \end{bmatrix}$$

Die kontenmäßige Buchung wird analog zu dem einfachen Beispiel in Abbildung 2-26 vorgenommen.

Bei einseitigen Leistungsbeziehungen ist die Matrix $(E - A)^{-1}$ eine Dreiecksmatrix. In diesem Fall können die Gesamtkosten auch nach dem Einsetzungsverfahren berechnet werden.

Im obigen Gleichungssystem wurde von den Anteilen a_{ij} der Stelle i an den Gesamtkosten K_j der Stelle j ausgegangen. Man kann die Verteilung aber auch mit Hilfe der Stückkosten je Leistungseinheit durchführen. Das Gleichungssystem lässt sich hierfür leicht umformen. Bezeichnet man mit x_j die gesamte Leistungsmenge der Stelle j , mit x_{ij} die von j nach i fließende Leistungsmenge der Stelle j und mit k_j die Kosten je Leistungseinheit der Stelle j , so gelten die Beziehungen:

$$a_{ij} = \frac{x_{ij}}{x_j} \text{ sowie } k_j = \frac{K_j}{x_j}$$

Die Gleichungen (2-9) für die Gesamtkosten K_i einer Stelle lassen sich dann wie folgt umformen:

$$K_i = u_i + a_{i1} \cdot K_1 + a_{i2} \cdot K_2 + a_{i3} \cdot K_3 + \ldots + a_{in} \cdot K_n \qquad (2\text{-}13)$$

$$= u_i + \frac{x_{i1}}{x_1} \cdot K_1 + \frac{x_{i2}}{x_2} \cdot K_2 + \frac{x_{i3}}{x_3} \cdot K_3 + \ldots + \frac{x_{in}}{x_n} \cdot K_n$$

$$= u_i + x_{i1} \cdot k_1 + x_{i2} \cdot k_2 + x_{i3} \cdot k_3 + \ldots + x_{in} \cdot k_n = k_i \cdot x_i$$

Die Stückkosten k_j kann man auch als **innerbetriebliche Verrechnungspreise** verwenden, da bei der innerbetrieblichen Leistungsverrechnung die Bewertung der Leistungsströme nach den von ihnen bewirkten vollen oder variablen Kosten erfolgt.

Da die Koeffizienten a_{ij} bzw. die Kosten k_j je Leistungseinheit konstant sind, liegt dem Ansatz eines linearen Gleichungssystems die Annahme zugrunde, dass sich die in das Gleichungssystem eingehenden Kosten proportional zur Leistungsmenge (oder ggf. einer entsprechenden Bezugsgröße) verhalten. Deshalb eignet sich dieser Ansatz im Fall gegenseitiger Leistungsbeziehungen insbesondere zur Ermittlung von Einzelkosten innerbetrieblicher Leistungen sowie zur Verteilung der Vollkosten innerbetrieblicher Leistungen mit Hilfe der Divisionsrechnung. Beispielsweise lassen sich die Material- oder Lohnkosten, welche innerbetrieblichen Leistungen direkt zurechenbar sind, bei gegenseitigem Leistungsaustausch nur über die Lösung eines simultanen

Gleichungssystems exakt ermitteln. Die Formulierung und Lösung eines simultanen Gleichungssystems kann daher beim Einzelkosten-, beim Kostenstellenausgleichs- und beim Kostenträgerverfahren zur Anwendung kommen. Wenn die Kostenverteilung entsprechend der Zuschlagsrechnung vorgenommen wird, bilden die über das simultane Gleichungssystem ermittelten Einzelkosten der innerbetrieblichen Leistungen auch die Grundlage für die Verrechnung von Gemeinkosten der innerbetrieblichen Leistungen.

cc) Iteratives Verfahren

Eine relativ genaue **Näherungslösung** lässt sich durch die Anwendung des **iterativen Verfahrens** finden. Es stellt im Prinzip eine **Erweiterung des Kostenstellenumlageverfahrens** dar, indem die Prämissen eines einseitigen Leistungsstromes aufgehoben und zurückfließende Leistungsströme berücksichtigt werden.

> Beim **iterativen Verfahren** verteilt man die Kosten der Vor- und Endkostenstellen nacheinander entsprechend dem Verhältnis der abgegebenen Leistungsanteile auf die anderen Stellen, ohne dass eine bestimmte Reihenfolge beachtet wird.

V1	V2	E3	E4
8.000,00	6.000,00	10.000,00	20.000,00
	1.600,00	4.000,00	2.400,00
	7.600,00		
1.520,00		3.040,00	3.040,00
1.520,00			
	304,00	760,00	456,00
	304,00		
60,80		121,60	121,60
60,80			
	12,16	30,40	18,24
	12,16		
2,43		4,86	4,86
2,43			
	0,49	1,22	0,73
9.583,23	7.916,65	17.958,08	26.041,43

Abb. 2-28: *Kostenumlage nach dem iterativen Verfahren*

Gemäß dem Beispiel in Abbildung 2-28 werden zuerst die Kosten einer Vorkostenstelle auf andere Stellen verteilt. Danach kann dieselbe Stelle bei der Verteilung der Kosten einer anderen Stelle wieder belastet werden, wenn sie von dieser Leistungen empfängt. Es kommt also zu einer mehrfachen Ent- und Belastung der Vorkostenstellen. Deshalb muss die Verteilung iterativ mehrfach nacheinander durchgeführt werden. Die auf Vorkostenstellen verrechneten Beträge werden mit jeder Verteilungsrunde kleiner, weil jeweils

B. Kosten- und Erlösstellenrechnung

nur ein Teilbetrag auf Vorkostenstellen entfällt. Das Verfahren wird abgebrochen, wenn die zu verteilenden Beträge eine vorzugebende Grenze (z.B. € 1) unterschritten haben und eine ausreichende Genauigkeit erreicht ist. Das iterative Verfahren eignet sich vor allem bei der Anwendung von EDV. Es wird beispielsweise im Modul Controlling der betriebswirtschaftlichen Standardsoftware SAP R/3 eingesetzt, das weltweit in vielen Unternehmungen Anwendung findet.[81] In Abbildung 2-28 ist es für das einfache erste Beispiel von Abbildung 2-25 so durchgeführt, dass auf den Vorkostenstellen die Zwischensummen der ihnen bis dahin verbliebenen Kosten umgelegt werden. Abbildung 2-29 zeigt am Beispiel einer Bildschirmmaske, wie innerbetriebliche Leistungsbeziehungen im System SAP R/3 zwischen einer sendenden und einer empfangenden Kostenstelle erfasst werden können.

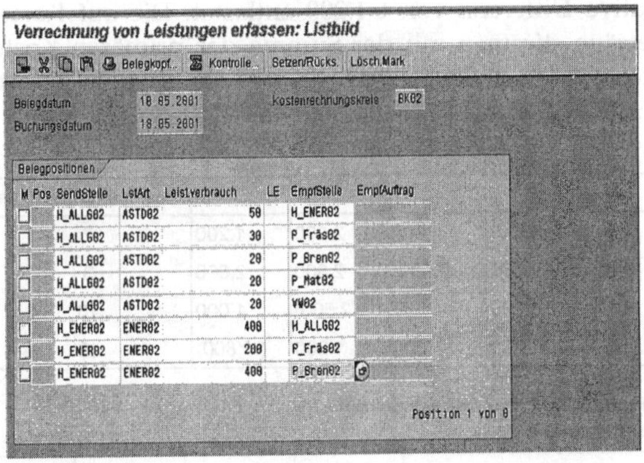

Abb. 2-29: Erfassung von Leistungsbeziehungen in SAP R/3[82]

dd) Gutschrift-Lastschrift-Verfahren

Ein weiteres Näherungsverfahren zur Kostenverteilung bei gegenseitigem Leistungsaustausch stellt das **Gutschrift-Lastschrift-Verfahren** dar. Hierbei nimmt man an, dass für die innerbetrieblichen Leistungen Verrechnungspreise z.B. aus der Verteilung der Vorperiode bekannt sind. In einem ersten Schritt belastet man die Kostenstellen mit den Beträgen, die sich durch Bewertung der ihnen zugeflossenen Mengen mit den Verrechnungspreisen ergeben und entlastet in entsprechender Höhe die liefernden Stellen.

Für das betrachtete **zweite Beispiel** von Abbildung 2-27 wird unterstellt, dass in den Stellen die Leistungsmengen i.H.v. 4.000, 7.000, 5.000 und 3.000 Einheiten erzeugt werden. Dann erhält man entsprechend den aus Abbildung 2-27 erkennbaren Anteilen der Leistungsströme die in Abbildung 2-30 berechneten abgegebenen und empfangenen Leistungsmengen. Mit Verrechnungs-

---

[81] Vgl. FRIEDL, G./HILZ, C./PEDELL, B. (Controlling), S. 51 f.
[82] Vgl. FRIEDL, G./HILZ, C./PEDELL, B. (Controlling), S. 75.

preisen von z.B. € 7, 3, 10 und 15 für die Leistungen der Kostenstellen lässt sich die Umlage entsprechend Abbildung 2-31 durchführen. Nach der Verteilung mit Hilfe von Verrechnungspreisen ist zu prüfen, ob die gesamten Kosten von Vor- auf Endkostenstellen verteilt sind. Hierzu bildet man für jede Kostenstelle spaltenweise die Summe aus Be- und Entlastung. Dabei können sich positive oder negative Differenzen ergeben. Wenn sich diese Differenzen für alle Vorkostenstellen in der Summe ausgleichen, ist das Verfahren beendet. Ergibt sich dagegen in der Summe über alle Vorkostenstellen eine positive (negative) Differenz, so müssen die Endkostenstellen in einer so genannten Deckungsumlage um denselben Betrag belastet (entlastet) werden. Hierzu ist ein Schlüssel festzulegen, nach dem dieser Betrag auf die Endkostenstellen aufgeteilt wird. Die Deckungsumlage ist meist erforderlich, weil die Verrechnungspreise im Normalfall nicht genau den Stückkosten entsprechen, die sich bei Lösung des simultanen Gleichungssystems ergeben würden. Im Beispiel von Abbildung 2-31 werden die beiden Endkostenstellen jeweils zur Hälfte um die negative Differenz von € 1.200 entlastet. Die auf Kostenträger entfallenden Beträge stimmen mit der Summe der primären Kosten (€ 44.000) überein, weichen vom exakten Ergebnis eines simultanen Gleichungssystems ($0{,}5 \cdot K_3 = 25.322{,}92$ € bzw. $0{,}4 \cdot K_4 = 18.677{,}07$ €) aber deutlich ab.

	V1	V2	E3	E4	Verrechnungspreise
V1	(-4.000)	800	2.000	1.200	7
V2	1.400	(-7.000)	2.800	2.800	3
E3	1.000	500	(-2.500)	1.000	10
E4	300	300	1.200	(-1.800)	15

Abb. 2-30: *Innerbetriebliche Leistungsmengen für das betrachtete Beispiel*

	V1	V2	E3	E4
Primäre Kosten	8.000	6.000	10.000	20.000
Umlage V1	-28.000	5.600	14.000	8.400
Umlage V2	4.200	-21.000	8.400	8.400
Umlage E3	10.000	5.000	-25.000	10.000
Umlage E4	4.500	4.500	18.000	-27.000
Summe	-1.300	100	25.400	19.800
Deckungsumlage (1:1)	1.300	-100	-600	-600
Belastung der Kostenträger			24.800	19.200

Abb. 2-31: *Kostenumlage nach dem Gutschrift-Lastschrift-Verfahren*

d) Kostenträgerverfahren

Nach dem **Kostenträgerverfahren** werden Innenaufträge kostenrechnerisch wie die absatzbestimmten Produkte als eigene Kostenträger angesehen. Man ermittelt die gesamten Kosten, die für eine bestimmte innerbetriebliche Leistung entstehen.

> Für jeden Innenauftrag, der nach dem Kostenträgerverfahren abzurechnen ist, wird im Betriebsabrechnungsbogen eine Spalte als Ausgliederungsstelle eingerichtet. Ihr werden die Einzelkosten des Innenauftrags direkt zugeteilt. Ferner werden ihr für die von anderen Kostenstellen empfangenen Leistungen die Gemeinkosten des Innenauftrags mit Hilfe von Zuschlagssätzen zugerechnet und die leistenden Kostenstellen entsprechend entlastet.

Eine derartige Abrechnung innerbetrieblicher Leistungen erfolgt in erster Linie bei größeren Innenaufträgen wie Großreparaturen, dem Eigenbau von Maschinen oder der Herstellung wertvoller Werkzeuge und Vorrichtungen. Sie ist insbesondere bei aktivierungspflichtigen Leistungen, der Erzeugung innerbetrieblicher Leistungen auf Vorrat und für eine zeitliche Abgrenzung der Kosten einer betrieblichen Leistung erforderlich.

Die Verteilung der nach dem Kostenträgerverfahren ermittelten Kosten innerbetrieblicher Leistungen hängt von der **Art ihres Verbrauchs** ab. Sofern die Leistungen in derselben Periode vollständig verbraucht werden, sind ihre Kosten gemäß der Anzahl verbrauchter Leistungseinheiten auf die Kostenstellen zu verteilen, in denen sie eingesetzt werden. Diese Verteilung kann mit Hilfe der Zuschlagsrechnung vorgenommen werden. Handelt es sich hingegen um zu aktivierende Leistungen, so gehen die Kosten als Abschreibungen in die Kostenrechnung der Nutzungsperioden ein. Die innerbetrieblichen Leistungen werden in diesem Fall wie von außen bezogene Einsatzgüter abgerechnet. Für die als Kostenträger angesehenen innerbetrieblichen Leistungen werden in der Regel eigene Konten in der Buchhaltung geführt.

5. Beispiel zum Betriebsabrechnungsbogen

Zur Kennzeichnung des Vorgehens im **Betriebsabrechnungsbogen** wird als Beispiel eine Unternehmung zugrunde gelegt, die Spiralbohrer herstellt. Dieses Produkt wird in einteiliger mehrstufiger Fertigung aus dem Rohstoff Stahl erzeugt. Vereinfachend wird angenommen, dass der Fertigungsprozess lediglich die vier Stufen Abstechen, Fräsen, Härten und Schleifen umfasst. Auf der ersten Stufe müssen die Stahlstangen in der Länge der Spiralbohrer abgesägt werden. Man bezeichnet diesen Arbeitsgang als Abstechen. Anschließend wird im zweiten Arbeitsgang eine Nute spiralenförmig in den abgestochenen Stahl gefräst. Dann härtet man die Bohrer, indem man sie sehr stark erhitzt und schnell abkühlt. Hierdurch erhalten sie die gewünschte Festigkeit. Zuletzt werden im Arbeitsgang Schleifen die Nute und die Spitze des Bohrers geschliffen. Die betrachtete Unternehmung fertige die Spiralbohrer in fünf verschiedenen Sorten A, B, C, D und E, für welche dieselben Arbeitsgänge in der gleichen Reihenfolge erforderlich sein sollen.

Die während der abgelaufenen Abrechnungsperiode entstandenen Istkosten sind getrennt nach Kostenträgereinzel- und -gemeinkosten erfasst. Zu den Einzelkosten gehören die Kosten des Fertigungsmaterials für den Rohstoff Stahl, Fertigungslohnkosten sowie Vertreterprovisionen als Sondereinzelkosten des Vertriebs. Das Fertigungsmaterial wird über Materialscheine erfasst.

Mit Hilfe von Lohnscheinen ermittelt man die Fertigungslohnkosten gesondert für jede Produkteinheit und jede Fertigungshauptstelle. Die Vertreterprovisionen werden mit Hilfe von Verkaufsrechnungen periodisch zusammengestellt. Die Höhe der Einzelkosten beträgt für die vergangene Abrechnungsperiode insgesamt:

Fertigungsmaterial: € 304.586,40
Fertigungslohn: € 757.376,57
Sondereinzelkosten des Vertriebs: € 265.085,73

Die (Kostenträger-) Gemeinkosten sind (vereinfachend) in fünfzehn verschiedene Kostenarten gegliedert. Ihre Höhe ist aus dem Betriebsabrechnungsbogen ersichtlich, der in Abbildung 2-32 wiedergegeben ist. Eine erste Gruppe von Gemeinkosten stellen die Kosten der Betriebsarbeit dar, welche sich aus Gehältern, Hilfslöhnen, Sozialaufwendungen sowie Urlaubs- und Feiertagslöhnen zusammensetzen. Sie werden in der Lohn- und Gehaltsrechnung ermittelt. Zur Erfassung der Hilfslöhne dienen Hilfslohnscheine, auf denen die Arbeitszeiten, die Arbeitsverrichtungen und die Kostenstellen angegeben sind, in welchen die Tätigkeiten ausgeführt werden. Die Kosten für Hilfs- und Betriebsstoffe, Instandhaltungsmaterial, Strom, Wasser und Büromaterial bilden die zweite Gruppe der Gemeinkosten. In den Hilfs- und Betriebsstoffen sind insbesondere Öle zur Kühlung der Abstech-, Fräs- und Schleifmaschinen, Chemikalien zum Härten, Treibstoffe für den Fuhrpark sowie Brennstoffe (Heizöl) enthalten. Die Kostenart Instandhaltungsmaterial bezieht sich auf alle Materialien, die zum Eigenbau von Maschinen bzw. Werkzeugen und für innerbetriebliche Reparaturleistungen verwendet worden sind. Aus Vereinfachungsgründen bilden die Kosten für Büromaterial sowie die Kosten für Telefon, Fernschreiber, Porti und dergleichen eine gemeinsame Kostenart Bürokosten. Die kalkulatorischen Abschreibungen und Zinsen werden in der Anlagen- und in der Materialrechnung entsprechend dem in Gebäuden, Maschinen und Vorräten gebundenen betriebsnotwendigen Kapital ermittelt. Als Steuern gehen in dieses Beispiel die Grundsteuer, die Gewerbekapitalsteuer und die Vermögensteuer ein. Die Kostenart Abgaben umfasst neben Gebühren auch die Beiträge zu Verbänden und zur Handelskammer. Besondere Gebühren sind für die Beseitigung von Abfallstoffen zu entrichten, die beim Härten der Bohrer entstehen. Zu den Kosten für Versicherungen zählen Prämien für die Gebäudebrandversicherung, die Feuerversicherung, die Betriebsunterbrechungsversicherung, die Kraftfahrzeugversicherung und eine Versicherung für Garantieleistungen. Schließlich erfasst man die Gemeinkosten für Werbung in einer eigenen Kostenart. Sie enthält unter anderem die Kosten für Kataloge, für Messen und Ausstellungen sowie für Reisen und Repräsentationszwecke.

Die Gliederung der Unternehmung in **Kostenstellen** ist aus der Kopfzeile des in Abbildung 2-32 wiedergegebenen Betriebsabrechnungsbogens ersichtlich. Nach der Ermittlung eigenständiger Kalkulationszuschläge lassen sich Vor- und Endkostenstellen trennen. Als **Vorkostenstellen** können Allgemeine Hilfskostenstellen und Fertigungshilfsstellen unterschieden werden. Die Allgemeinen Hilfskostenstellen sind bei diesem Beispiel in eine Stelle für Grundstücke und Gebäude, die Elektrowerkstatt, den Fuhrpark sowie eine Allge-

B. Kosten- und Erlösstellenrechnung   149

meine Kostenstelle eingeteilt. Diese Kostenstellen erbringen Leistungen für die gesamte Unternehmung. So werden die Kraftfahrzeuge des Fuhrparks sowohl von Fertigungs- und Materialstellen als auch von Verwaltungs- und Vertriebsstellen in Anspruch genommen. Fertigungshilfsstellen sind hier die Allgemeine Fertigungshilfsstelle, der Maschinenbau und die Werkzeugmacherei. Die Allgemeine Fertigungshilfsstelle setzt sich vor allem aus der technischen Betriebsleitung, der Fertigungsvorbereitung, der Konstruktion und dem Lohnbüro zusammen. Im Maschinenbau wird ein Teil der für die Fertigung benötigten Maschinen selbst erstellt. Ferner führt der Maschinenbau Reparaturen aus. Auch die Werkzeugmacherei erzeugt Vorrichtungen sowie Werkzeuge für die eigene Fertigung und übernimmt Reparaturen im Fertigungsprozess. Vielfach wird es in der Praxis zweckmäßig sein, für jede dieser Aufgaben eine eigene Kostenstelle abzugrenzen.

Die **Endkostenstellen**, für die ein eigenständiger Gemeinkostenzuschlagssatz ermittelt wird, sind in eine Materialhilfsstelle, vier Fertigungshauptstellen gemäß den Arbeitsgängen Abstechen, Fräsen, Härten und Schleifen, eine Verwaltungsstelle und eine Vertriebsstelle eingeteilt. Die Materialstelle umfasst die Beschaffung, Prüfung und Lagerung des Rohstoffes Stahl. Der gesamte sonstige Einkauf von Stoffen wird in die Verwaltungsstelle einbezogen. Die Unterscheidung von vier Fertigungshauptstellen bedeutet ebenfalls eine Vereinfachung gegenüber dem tatsächlichen Fertigungsprozess. In der Realität treten mehr Teilarbeitsgänge auf. Ferner kann man entsprechend den verschiedenen Anlagen auf jeder Fertigungsstufe die Hauptkostenstellen in enger abgegrenzte Bezirke einteilen. Desgleichen lassen sich bei der Verwaltungsstelle z.B. die Geschäftsleitung, die Buchhaltung, die Kalkulation, die Statistik sowie die allgemeine Verwaltung und bei der Vertriebsstelle der Verkauf, das Außenlager, die Werbeabteilung, das Fertiglager sowie der allgemeine Vertrieb differenzieren.

Die **Ausgliederungsstelle** für zu aktivierende Eigenleistungen nimmt die Kosten selbsterstellter Maschinen auf, die in der Bilanz zu aktivieren sind. Von den Kosten dieser Ausgliederungsstelle muss hier kein Anteil auf die anderen Endkostenstellen verteilt werden, weil die im Bau befindlichen Anlagen erst in späteren Perioden fertiggestellt werden.

Die Kosten sind nach Möglichkeit für jede Stelle direkt zu erfassen. Soweit dies nicht durchführbar oder zu kostspielig ist, müssen sie mit Hilfe von Kostenschlüsseln auf die Kostenstellen verteilt werden. In der Spalte Verteilungsgrundlage des Betriebsabrechnungsbogens von Abbildung 2-32 werden die **Bezugsgrößen der Kostenverteilung** gekennzeichnet.

Bei den **Personalkosten** lassen sich die Gehälter und die Hilfslöhne der Kostenstellen über die Gehaltsliste bzw. über Hilfslohnscheine direkt bestimmen. Man erkennt aus dem Betriebsabrechnungsbogen, dass die Gehaltskosten der Allgemeinen Fertigungshilfsstelle und der Verwaltungsstelle besonders hoch sind. Zur Allgemeinen Fertigungshilfsstelle gehören die in der Fertigung tätigen Meister, während in der Verwaltung die meisten Mitarbeiter im Angestelltenverhältnis beschäftigt sind. Die **Sozialaufwendungen** können ebenfalls über die Lohn- und Gehaltslisten direkt erfasst werden. Dagegen

2. Kapitel: Ermittlungsorientierte Systeme der KER

Kostenarten \ Kostenstellen	Verteilungs-grundlage	Gesamt-betrag	Allgemeine Hilfskostenstelle					Fertigungshilfsstellen		
			Grund-stücke und Gebäude	Allgemeine Kostenstelle	Fuhr-park	Elektro-werkstatt	Allgemeine Fertigungs-hilfsstelle	Maschinen-bau	Werkmac...
1 Gehälter	Gehaltsliste	1.180.561	3.885	65.045	15.078	10.140	406.469	59.669	
2 Hilfslöhne	Hilfslohn-scheine	725.787	16.529	6.854	18.094	680	176.846	48.737	
3 Sozialauf-wendungen	Lohn- und Gehaltsliste	307.427	1.892	9.358	6.204	3.177	97.228	24.219	
4 Urlaubs- und Feiertagslöhne	Lohn- und Gehaltsliste	226.936	1.025	7.845	4.921	2.529	72.627	18.377	
5 Hilfs- und Betriebsstoffe	Materialent-nahmeschein	162.436	26.594	911	17.942	161	8.325	7.462	
6 Instandhal-tungsmaterial	Materialent-nahmeschein	57.449	5.522	715	109	46	7.865	3.969	
7 Strom	Stromzähler	218.285		291	117	97	3.008	6.066	
8 Wasser	Zähler + Mit-arbeiterzahl	17.033	53	108	269	26	1.229	1.269	
9 Bürokosten	Materialent-nahmeschein	102.273		324	23	10	8.461	29	
10 Abschrei-bungen	gebundenes Kapital	607.940	15.720	10.880	29.780	1.320	45.024	41.924	
11 Zinsen	gebundenes Kapital	121.342	992	684	1.876	84	4.028	3.652	
12 Steuern	Bemessungs-grundlage	39.658	7.493	500	4.472	44	2.821	1.420	
13 Abgaben	Bemessungs-grundlage	38.961	4.200	4.152	155		112		
14 Versiche-rungen	Bemessungs-grundlage	33.329	3.992	3.942	6.561	12	1.676	544	
15 Werbung	Abrechnung	163.361							
16 Summe		4.002.778	87.897	111.609	105.601	18.326	835.719	217.337	
17 Grundstücke und Gebäude	qm			3.508	4.051	384	14.070	10.158	
18 Allg. Kosten-stelle	Arbeitszeiten der Kosten-stellen			115.117					
19 Fuhrpark	gefahrene km				462	1.152	39.763	12.150	
					110.114				
						897	10.122	2.067	
						20.759			
20 Elektro-werkstatt	Arbeitszeiten der Elektro-werkstatt						4.734	2.633	
21 Allg. Fertigungs-hilfsstelle	Fertigungs-zeiten						904.408		
22 Maschinenbau	Arbeitszeiten des Maschi-nenbaus							21.483	
								265.828	
23 Werkzeug-macherei	Arbeitszeiten der Werkzeug-macherei								1
24 Summe									
25 Bezugsbasis der Kalkulation									
26 Zuschlags-sätze									

Abb. 2-32: Beispiel eines Betriebsabrechnungsbogens in der Istkostenrechnung auf Vollkostenbasis

B. Kosten- und Erlösstellenrechnung

Material-hilfsstelle	Endkostenstellen						Ausgliederungsstelle für zu aktivierende Eigenleistungen
	Fertigungshauptstellen						
Material-bereich	Abstechen	Fräsen	Härten	Schleifen	Verwaltungs-hilfsstelle	Vertriebs-hilfsstelle	
	1.369	29.607	29.465	76.022	309.902	160.304	
5.155	26.568	22.560	56.384	163.309	60.425	32.680	73.197
954	4.127	12.224	12.890	36.687	56.778	35.362	
859	3.537	8.959	8.216	29.163	39.301	25.107	
	7.121	11.557	30.382	47.612	148	64	
94	479	418	2.774	5.223	1.631	807	27.056
43	19.372	6.921	156.219	24.517	216	212	
53	1.108	1.730	7.312	3.122	214	218	
					43.123	50.303	
3.728	44.636	73.476	52.416	230.692	19.193	13.403	
2.290	4.004	16.372	14.240	33.736	2.459	35.301	
1.164	1.172	2.424	3.184	12.896	711	481	
				2.557	7.681	20.104	
2.308	258	552	704	1.536	1.922	9.106	
						163.361	
16.648	113.751	186.800	376.743	664.515	543.704	546.813	100.253
3.173	5.907	6.885	9.719	12.214	7.687	7.407	
552	4.330	2.560	7.653	22.215	11.075	10.626	
	2.125	27.584	1.873	2.117	8.215	53.618	
	1.371	532	3.501	4.520	294	236	721
3.979	129.678	67.830	172.784	487.420		10.852	
	6.894	9.275	4.442	66.253	53	36	172.250
	44.127	47.676	5.209	4.726			1.357
24.352	308.183	349.142	581.924	1.263.980	571.028	618.736	285.433
Fertigungs-material	Fertigungs-zeiten	Fertigungs-zeiten	Fertigungs-zeiten	Fertigungs-zeiten	Herstellkosten der abgesetzten Produkte	Herstellkosten der abgesetzten Produkte	
€ 304.586,40	898.363 Min.	1.092.103,8 Min.	317.415,8 Min.	3.399.468 Min.	€ 3.545.151,80	€ 3.545.151,80	
0,079951042 %	0,3430495 €/Min.	0,3196967 €/Min.	1,8333177 €/Min.	0,3718171 €/Min.	16,107293 %	17,453019 %	

werden die Feiertagslöhne sowie Urlaubs- und Weihnachtsgeld entsprechend den Lohn- und Gehaltskosten auf die Kostenstellen umgelegt.

Mit Materialentnahmescheinen werden die **Hilfs- und Betriebsstoffe**, das Instandhaltungsmaterial und das Büromaterial direkt pro Kostenstelle ermittelt. In den Hilfs- und Betriebsstoffen für Gebäude bzw. für den Fuhrpark sind die Brennstoffe für Heizung bzw. die Treibstoffe enthalten. Die Kostenstellen Fräsen, Härten und Schleifen weisen hohe Beträge für Hilfs- und Betriebsstoffe aus, da beim Fräsen und Schleifen die zur Kühlung notwendigen Öle und beim Härten chemische Stoffe eingesetzt werden. Die **Bürokosten** sind in der Allgemeinen Fertigungshilfsstelle, der Verwaltungs- und der Vertriebsstelle hoch, weil vor allem in diesen Stellen Büromaterial verbraucht wird und Kosten für Porto, Telefon und Fernschreiber anfallen. Wenn der **Stromverbrauch** in jeder Kostenstelle durch Zähler gemessen wird, können die entstandenen Stromkosten entsprechend den erfassten Verbrauchsmengen umgelegt werden. Der größte Anteil entfällt dabei auf die Härterei, weil die starke Erhitzung der Bohrer zu einem hohen Stromverbrauch führt. Zur Erfassung des **Wasserverbrauchs** sind in einigen Kostenstellen wie der Härterei Zähler eingebaut. Als Schlüsselgrößen dienen für diese Stellen die gemessenen Verbrauchsmengen und für die restlichen Kostenstellen die Mitarbeiterzahl je Stelle.

Abschreibungen und Zinsen werden entsprechend dem in jeder Kostenstelle gebundenen Kapital verteilt. Das gebundene Kapital ist in der Kostenstelle Schleifen besonders hoch, da bei diesem Arbeitsgang teure Automaten eingesetzt werden. Die Verteilung der angefallenen **Steuern, Abgaben und Versicherungen** erfolgt nach deren Bemessungsgrundlagen. Dabei sind die Gebäude wegen der Gebäudebrandversicherung, der Fuhrpark wegen der Kraftfahrzeugsteuer und der Vertrieb wegen der Betriebsunterbrechungsversicherung sowie der Versicherung für Garantieleistungen stark belastet. Die Kosten für Werbung lassen sich der Vertriebsstelle zurechnen.

In einer Summenzeile (vgl. Zeile 16 in Abbildung 2-32) werden die vorläufigen Gemeinkosten aller Kostenstellen berechnet. Die Gemeinkosten der Vorkostenstellen müssen anschließend im Rahmen der **innerbetrieblichen Leistungsverrechnung** auf die Endkostenstellen umgelegt werden. Da in dem dargelegten einfachen Beispiel angenommen wird, dass jede Vorkostenstelle ihre Leistungen an nachfolgende Stellen abgibt, wird die innerbetriebliche Leistungsverrechnung entsprechend dem **Kostenstellenumlageverfahren** durchgeführt. Sie wird in der Reihenfolge Grundstücke und Gebäude, Allgemeine Kostenstelle, Fuhrpark, Elektrowerkstatt, Allgemeine Fertigungshilfsstelle, Maschinenbau und Werkzeugmacherei vorgenommen. Die Annahme einseitiger Leistungsströme entspricht den realen Gegebenheiten nicht voll. So sind die Kraftfahrzeuge in der Abrechnungsperiode auch von der (vorgelagerten) Allgemeinen Kostenstelle in Anspruch genommen worden. Ferner ist die Werkzeugmacherei für die vorgelagerten Kostenstellen Maschinenbau und Fuhrpark tätig gewesen. Jedoch sind diese Leistungen im Verhältnis zu den Leistungen in umgekehrter Richtung (Allgemeine Kostenstelle für Fuhrpark, Maschinenbau und Fuhrpark für Werkzeugmacherei) gering. Die Genauigkeit der Kostenrechnung wird durch diese Vernachlässi-

B. Kosten- und Erlösstellenrechnung 153

gung gegenseitiger Leistungsbeziehungen vermindert. Aufgrund der Fertigungsstruktur bestehen zwischen den Endkostenstellen keine Leistungsbeziehungen, so dass zwischen ihnen kein Kostenstellenausgleich erfolgen muss.

Die **Bezugs-** oder **Schlüsselgrößen** der Kostenstellenumlage sind in der Spalte **Verteilungsgrundlage** angegeben. Für die Umlage der Grundstücks- und Gebäudekosten dient der Flächeninhalt der Kostenstellen in Quadratmetern als Schlüsselgröße. Die Kosten der Allgemeinen Kostenstelle werden gemäß den Ist-Arbeitszeiten der Kostenstellen und die Kosten des Fuhrparks nach den gefahrenen Kilometern verteilt. Diese Schlüsselgrößen bedeuten eine starke Vereinfachung der tatsächlichen Leistungsbeziehungen. Beispielsweise könnte man beim Fuhrpark die Kosten der verschiedenartigen Kraftfahrzeuge einzeln bestimmen und umlegen. Zur Umlage der Hilfskostenstellen Elektrowerkstatt, Allgemeine Fertigungshilfsstelle, Maschinenbau und Werkzeugmacherei wird die Zuschlagsrechnung verwendet. Dabei werden die Fertigungslöhne, welche den (innerbetrieblichen) Leistungen dieser Stellen direkt zurechenbar sind, unmittelbar den empfangenden Kostenstellen belastet. Auf diese Einzelkosten der innerbetrieblichen Leistungen werden die restlichen Kosten der liefernden Stellen zugeschlagen. Bezugsgröße sind die Arbeitszeiten der jeweiligen Fertigungshilfsstellen in den empfangenden Stellen. Als Ergebnis der Kostenstellenumlage erhält man die in Zeile 24 von Abbildung 2-32 angegebenen Kosten der Endkostenstellen.

Für die ermittelten Gemeinkosten der Endkostenstellen sind die **Zuschlagssätze** der Kalkulation zu bestimmen. Bezugsbasis der Gemeinkosten des Materialbereichs (Materialgemeinkosten) sind die **Einzelkosten des Materials** (Fertigungsmaterial). Die Gemeinkosten der Fertigungshauptstellen (Fertigungsgemeinkosten) werden auf die in jeder Stelle angefallenen gesamten **Fertigungszeiten** bezogen. Da die Fertigungszeiten in Minuten gemessen werden, erhält man für die Fertigungsgemeinkosten Minutensätze (€ je Minute) als Zuschlagssätze. Bei den Gemeinkosten der Verwaltungsstelle und der Vertriebsstelle wird davon ausgegangen, dass sie proportional zu den **Herstellkosten** der abgesetzten Produkte verlaufen. Deshalb müssen mit Hilfe der ermittelten Zuschlagssätze für Material- und Fertigungsgemeinkosten die Herstellkosten der abgesetzten Produkte ermittelt werden[83]. Das prozentuale Verhältnis zwischen den Kosten der Verwaltungs- bzw. der Vertriebsstelle und den Herstellkosten der abgesetzten Produkte ergibt die Zuschlagssätze für Verwaltungs- bzw. Vertriebsgemeinkosten.

6. Erfassung und Verteilung von Markterlösen in der Erlösstellenrechnung

Die Erlösstellenrechnung besitzt nicht dasselbe Gewicht wie die Kostenstellenrechnung, da sich die Entscheidungen der Erlösstellen unmittelbar auf die Höhe der Erlöse auswirken. Es besteht kein vergleichbar weiter Weg von den Erlösquellen bis zu den Erlösträgern, der die Zwischenschaltung einer umfangreichen Stellenrechnung erfordert, um einen mehrstufigen Prozess abzu-

---

[83] Vgl. Kapitel 2., Abschnitt C.III.3., S. 169 ff.

bilden. Während man auf der Kostenseite die Einzelkosten oder zumindest große Teile von ihnen meist direkt den Kostenträgern zuordnet, bietet es sich bei einer ausgebauten Erlösstellenrechnung an, die direkten Erlöse nicht nur den Erlösträgern zuzuordnen. Dadurch erhält man eine Grundlage für die Steuerung der Erlösstellen sowie der in ihnen tätigen Mitarbeiter, die für den Absatz der Produkte und damit den diesen unmittelbar zurechenbaren Erlösen verantwortlich sind.

Eine Aufgabe der Erlösstellenrechung liegt, wie bei der Kostenstellenrechnung, in der **Verteilung von Gemeinerlösen**. Sie ist hier aber wesentlich enger und beschränkt sich auf die Stellengemeinerlöse. Dies ist darauf zurückzuführen, dass sich durch eine Differenzierung nach Stellen in der Regel keine genauere Zurechnung von Erlösen auf Produkte erreichen lässt. Die Erlösverbundenheit z.b. durch Festentgelte für Angebotspakete, auftragsbezogene Rabatte, mengenabhängige Preise, Boni u.ä. haben ihre Wurzel zwar im Kaufvertrag und damit der Verkaufspolitik. Ihre Wahrnehmung ist jedoch vielfach in der Hand des Kunden und wird nicht durch einzelne Stellen der Unternehmung verursacht. So hängt das Wirksamwerden eines auftragsbezogenen Rabatts oder eines mengenabhängigen Preisnachlasses davon ab, welche Güter und Mengen der Kunde insgesamt bestellt. Dann führt eine Aufspaltung der Erlöse nach Stellen zu keiner präziseren Verrechnungsmöglichkeit auf die Erlösträger. Gemeinerlöse mehrerer Stellen fallen beispielsweise an, wenn diese nach Produktarten gegliedert sind und Preisnachlässe oder Preiszuschläge z.b. in Form von Mindermengenzuschlägen für Aufträge gewährt werden, die mehrere Produktarten betreffen. In entsprechender Weise können jahresbezogene Nachlässe wie Boni für die Produkte mehrerer Stellen gemeinsam anfallen[84]. In diesen Fällen haben nicht die Aktivitäten jeweils einer Stelle den Preisnachlass bewirkt, deshalb lässt er sich nicht verursachungsgemäß auf die Stellen verteilen. Im Normalfall wird man nach dem Durchschnittsprinzip vorgehen. Jedoch ist auch eine Schlüsselung nach dem Tragfähigkeitsprinzip denkbar.

Zwischen den Erlösstellen findet kein Güteraustausch statt, wenn man lediglich die am Markt abgesetzten Produkte betrachtet. Deshalb tritt innerhalb der (Markt-) Erlösstellenrechnung das Problem der **innerbetrieblichen Verrechnung von Markterlösen** nicht auf. Zwischen ihnen können zwar absatzbestimmte Produkte weitergegeben werden, wenn man z.B. dem Auftrag einer Stelle Produkte einer anderen Erlösstelle beifügt. Ferner können zwischen ihnen innerbetriebliche Leistungen in Form einer Weitergabe von Informationen, Software oder Unterstützung bei der Kundenberatung u.ä. fließen. Derartige Leistungsbeziehungen werden jedoch im Rahmen der Verrechnung von innerbetrieblichen Leistungen und nicht von Markterlösen erfasst. Die Erlösstellenrechnung umfasst demnach im Unterschied zur Kostenstellenrechnung lediglich die Zuordnung der Einzel- und Gemeinerlöse auf die Erlösstellen. In ihr ist weder eine Verrechnung von Markterlösen zwischen den Erlösstellen vorzunehmen, noch ermittelt man für jede Stelle Zuschlagssätze

---

[84] Vgl. KLOOCK, J./SIEBEN, G./SCHILDBACH, T. (Kosten- und Leistungsrechnung), S. 165.

B. Kosten- und Erlösstellenrechnung

zur Verrechnung von Stellenerlösen auf Erlösträger. Die Stellenrechnung ist vielmehr mit der **Ermittlung der Erlösarten je Stelle** abgeschlossen.

Zur Veranschaulichung ist in Abbildung 2-33 das **Beispiel einer einfachen Erlösstellenrechnung** wiedergegeben. Ihr liegt eine Stellengliederung nach Kunden und Absatzweg zugrunde. Zuerst sind als Basis die Bruttoerlöse der Periode je Stelle durch Multiplikation der Absatzmengen mit den Grundpreisen berechnet. Von diesen sind als Gemeinerlöse Händler- (Funktions-) und Auftragsrabatte sowie Skonti abzuziehen, um die Nettoerlöse je Stelle zu erhalten. Die Händlerrabatte sind den einzelnen Lieferungen in der Regel direkt zurechenbar und lassen sich aus den Kaufverträgen und Rechnungen ermitteln. Sie können damit stellenweise erfasst werden. Im Beispiel erkennt man, dass sie bei Großhändlern im Durchschnitt 16 %, bei Einzelhändlern 12 % betragen und auch den Direktkunden ein durchschnittlicher Rabatt auf den Listenpreis von 4 % gewährt wird. Da die Auftragsrabatte sich auf Bestellungen für mehrere Produktarten beziehen können, muss bei ihnen eine Verteilung auf die Produkte und die Stellen vorgenommen werden. Im Beispiel ist angenommen, dass sich daraus für die Großhändler, die Einzelhändler und die Direktkunden im Schnitt eine Preisminderung von 10 %, 6 % und 3 % ergibt. Schließlich ist angenommen, dass den Groß- und den Einzelhändlern ein Skonto von 3 %, den Direktkunden von 2 % eingeräumt wird. Sie nehmen diese Möglichkeit der früheren Bezahlung nicht bei allen Lieferungen wahr. Erst nach Abschluss aller Vorgänge lässt sich die Höhe der Skonti genau bestimmen. Vorab oder als Näherung kann z.B. unterstellt werden, dass die Großhändler alle, die Einzelhändler 60 % und die Direktkunden 30 % ihrer Rechnungen unter Abzug von Skonto begleichen. Dann kommt man zu den in Abbildung 2-33 enthaltenen Beträgen für die Erlösschmälerungen und die Nettoerlöse je Stelle.[85]

Erlösstellen	"1"	"2"	"3"	"4"	"5"	"6"
Kunden	Groß-händler A	Groß-händler B	Einzelhändler		Direktkunde	
Absatzweg	direkt	direkt	direkt	Händler	direkt	Händler
Absatzmengen [Stück]	25.000	20.000	14.000	10.000	8.000	3.000
Grundpreise [DM/Stück]	10	12	14	15	14	16
Bruttoerlöse [DM]	250.000	240.000	196.000	150.000	112.000	48.000
Händlerrabatte	35.000	43.200	25.480	16.500	4.480	1.920
Auftragsrabatte	25.000	24.000	11.760	9.000	3.360	1.440
Skonti	7.500	7.200	3.528	2.700	672	288
Summe Erlösschmälerungen	67.500	74.400	40.768	28.200	8.512	3.648
Nettoerlöse [€]	182.500	165.600	155.232	121.800	103.488	44.352

Abb. 2-33: Beispiel einer Erlösstellenrechnung

---

[85] Für weitere Aufgaben zur Kostenstellenrechnung vgl. KÜPPER, H.-U. u.a. (Übungsbuch), S. 8 ff.

C. Kosten- und Erlösträgerstückrechnung (Kalkulation)

I. Zwecke der Kosten- und Erlösträgerstückrechnung

In der Kostenträgerstückrechnung werden Kosten den einzelnen Kostenträgern zugerechnet. Diese Rechnung kann auf die Erfüllung verschiedener Zwecke bzw. Rechnungsziele ausgerichtet werden.

> Ein wichtiges Rechnungsziel der **Kostenträgerstückrechnung** besteht in der Kostenermittlung je Produkt(einheit) und je Periode. Dagegen werden in der **Kostenträgerzeitrechnung** die gesamten Kosten einer Rechnungsperiode und ihre Verteilung auf die Kostenträger bestimmt.

Durch die Kostenträgerstückrechnung erlangt man Informationen für die **Preispolitik** der Unternehmung. Ihre Verwendbarkeit richtet sich danach, welche Bestimmungsgrößen für die Preisentscheidungen maßgebend sind. Den größten Einfluss hat die Kostenträgerstückrechnung auf die Preispolitik, wenn die Absatzpreise der Unternehmung auf Basis der Stückkosten und einem Gewinnzuschlag festgelegt werden. Diese **kostenorientierten Absatzpreise** treten in einer Marktwirtschaft jedoch nur in besonderen Fällen auf. Beispielsweise kommen sie bei **öffentlichen Aufträgen** vor, bei dem Angebot des Produkts durch einen einzigen Hersteller und bei der Festlegung von **Verrechnungspreisen** zwischen Unternehmungen eines Konzerns[86]. In marktwirtschaftlichen Systemen werden die Marktpreise dagegen vom Verhalten der Nachfrager und der Anbieter bestimmt. Dann sind die Informationen der Kostenträgerstückrechnung einer Unternehmung neben anderen Größen für die Preisbeurteilung relevant. Die Kosten je Produkteinheit und ihre Aufteilung z.B. in Einzel- bzw. Gemeinkosten sowie variable bzw. fixe Kosten können zur Ermittlung von **Preisuntergrenzen** herangezogen werden. Damit gewinnt die Unternehmung Informationen für die Spielräume, die sie im Hinblick auf ihre Ziele bei Preisentscheidungen von der Kostenseite her besitzt. Sofern ihr die Preise fest vorgegeben sind, kann sie keine Preispolitik betreiben, sondern nur entscheiden, ob und in welchem Umfang sie die betreffenden Produktarten erzeugen und absetzen will. Jedoch kann die Kostenträgerstückrechnung auch für derartige **Entscheidungen über das Produktions- und Absatzprogramm** Informationen zur Verfügung stellen.

Ein weiterer Zweck der Kostenträgerstückrechnung ist darin zu sehen, dass sie Informationen für Entscheidungen über die Beschaffung von Einsatzgütern liefern kann. Es lassen sich **Preisobergrenzen** ermitteln, welche für die Bestimmung von Einsatzgütern, Beschaffungspreisen und die Lieferantenauswahl von Bedeutung sind. Ferner sind die variablen Stückkosten von Zwischenprodukten eine Grundlage für **Entscheidungen über ihre Eigenfertigung oder ihren Fremdbezug**.

---

[86] Vgl. GROCHLA, E. (Kalkulation), S. 29 ff.; DIEDERICH, H. (Kostenpreis), S. 57 ff.

C. Kosten- und Erlösträgerstückrechnung

Die Kostenträgerrechnung findet des weiteren Verwendung für die **Bewertung von Beständen an Zwischen- und Endprodukten** der Unternehmung. Bei mehrstufigen Fertigungsprozessen gibt es häufig Zwischenlager für Produkte unterschiedlicher Fertigungsstufen. Die betreffenden Bestände an Halb- und Fertigerzeugnissen sind insbesondere für die Erstellung der Handelsbilanz und der Steuerbilanz zu bewerten. Des weiteren müssen die von der Unternehmung **selbst erzeugten Anlagen, Werkzeuge** und **Vorrichtungen** bewertet werden.

Schließlich kann die Kostenträgerrechnung auf eine Reihe zusätzlicher Rechnungszwecke ausgerichtet werden. Da bei zahlreichen Entscheidungen der Unternehmung Kostengesichtspunkte eine Rolle spielen, kann man die Ergebnisse der Kostenträgerrechnung in vielfältiger Weise auswerten.

II. Begriff und Arten von Kosten- und Erlösträgern

1. Kostenträger

> **Kostenträger** der Unternehmung sind in der Regel die von ihr erstellten Güter.

Den wesentlichen Teil dieser Güter stellen die **Endprodukte** dar, die das Sachziel der Unternehmung bilden. Man kann davon ausgehen, dass letztlich die gesamten Kosten der Unternehmung im Hinblick auf das Sachziel und damit für die Herstellung und Verwertung der Endprodukte anfallen. Andererseits sollen die Endprodukte am Markt verwertet werden. Ihre Erlöse müssen die entstehenden Kosten decken. Deshalb bilden die Endprodukte eine wichtige Größe für die Zurechnung von Kosten und Erlösen. Jedoch können nicht nur die Endprodukte als Kostenträger aufgefasst werden. Vielmehr lassen sich **alle in der Unternehmung erzeugten materiellen und immateriellen Güter** als Kostenträger ansehen. So sind auch **Zwischenprodukte** oder **Arbeits- und Sachmittelleistungen** mögliche Kostenträger. In Sonderfällen werden **Einsatzgüter** als Kostenträger behandelt, wenn die Kosten in stärkerem Maße von diesen als von den erzeugten Gütern abhängig sind.

Das **Produktionsprogramm** der Unternehmung kann nach den Merkmalen Güterart, Anzahl erstellter Produkte, Übereinstimmung, Bestandteile der Produkte gekennzeichnet werden. Im Hinblick auf das **Fertigungsverfahren** sind vor allem die Zahl der Produktionsstufen sowie der Sonderfall technischer Verbundenheit bei Kuppelprodukten für die Kennzeichnung möglicher Kostenträger von Bedeutung. Bei mehrstufiger Fertigung muss eine Reihe von Fertigungsprozessen an den eingesetzten Gütern vollzogen werden, bis die Produkte ihre Absatzreife erlangen. Die **Zwischenprodukte** auf jeder Fertigungsstufe und die **Endprodukte** können als selbständige Kostenträger betrachtet werden. Besondere Probleme entstehen bei der Herstellung von **Kuppelprodukten**, wenn in einem Fertigungsprozess aus technischen Gründen zwangsläufig mehrere Güterarten anfallen. Dann lassen sich die entstehenden Kosten ohne eine zusätzliche Verteilungsannahme keinem der Güter unmittelbar zurechnen. Um die für das jeweilige Kuppelprodukt entstehenden Kosten zu ermitteln, müssen besondere Verfahren der Kostenträgerrechnung angewandt werden. Nach ihrer Bedeutung im Produktionsprogramm lassen sich die Kuppelprodukte gegebenenfalls in Haupt-, Neben- und Abfallprodukte einteilen.

Die Kostenträger können als Kundenaufträge zur Verwertung am Markt oder als Innenaufträge für den Wiedereinsatz im Produktionsprozess bestimmt sein. Entsprechend dem Merkmal ihrer Bestimmung kann man zwischen **absatzbestimmten Gütern** und **innerbetrieblichen Wiedereinsatzgütern** als Kostenträgern unterscheiden.

Ein weiteres Klassifikationsmerkmal stellt die Güterart der Kostenträger dar. Es kann sich um materielle oder um immaterielle Güter handeln. Zu den **materiellen Gütern** gehören u.a. Maschinen, Werkzeuge, Vorrichtungen und Stoffe. **Immaterielle Güter** sind beispielsweise Arbeits- oder Dienstleistungen, Sachmittelleistungen und Informationen. Im Bereich der Industrie stellen die Endprodukte überwiegend materielle Güter dar. Hingegen stehen in einer Reihe anderer Wirtschaftsbereiche Dienstleistungen und damit immaterielle Güter als Kostenträger im Vordergrund. So bestehen bei Banken die erbrachten Leistungen im An- und Verkauf von Effekten, in der Kreditgewährung und dem Einlagengeschäft, im Verkauf von Devisen und dergleichen. Bei Transportunternehmungen, Betrieben des Gesundheitssektors und freien Berufen wie Ärzten, Rechtsanwälten, Steuerberatern oder Notaren bilden immaterielle Güter ebenfalls den wesentlichen Teil der Kostenträger. Die Abgrenzung dieser immateriellen Güter als Kostenträger sowie die Erfassung und Zurechnung ihrer Kosten sind häufig schwieriger als bei materiellen Gütern.

Die Kosten lassen sich auf unterschiedliche Mengen der erstellten Güterarten beziehen. Kostenträger können die einzelne **Gütereinheit**, die zu einem **Los** zusammengefasste Menge an Gütereinheiten oder die **gesamte**, während einer Rechnungsperiode **hergestellte Gütermenge** sein.

Einen Überblick über die gekennzeichneten Klassifikationsmerkmale und die sich ergebenden Arten von Kostenträgern vermittelt Abbildung 2-34.

2. Erlösträger

> Im Hinblick auf die Erfolgsermittlung stimmen die **Erlösträger** in hohem Maße mit den **Kostenträgern** überein. So bilden die in einer Unternehmung erstellten Güter ihre Kosten- und zugleich ihre Erlösträger, mit den absatzbestimmten Endprodukten als wichtigste Gruppe.

Dennoch lässt die Betrachtung aus Sicht der Erlösseite einige spezifische Aspekte deutlich werden. Die Erlösträger gliedern sich in die innerbetrieblichen Wiedereinsatzgüter und die absatzbestimmten (Zwischen- und End-)Produkte. Als **Markterlösträger** sind die Produkte zu bezeichnen, die in der Betrachtungsperiode am Markt abgesetzt werden.

C. Kosten- und Erlösträgerstückrechnung

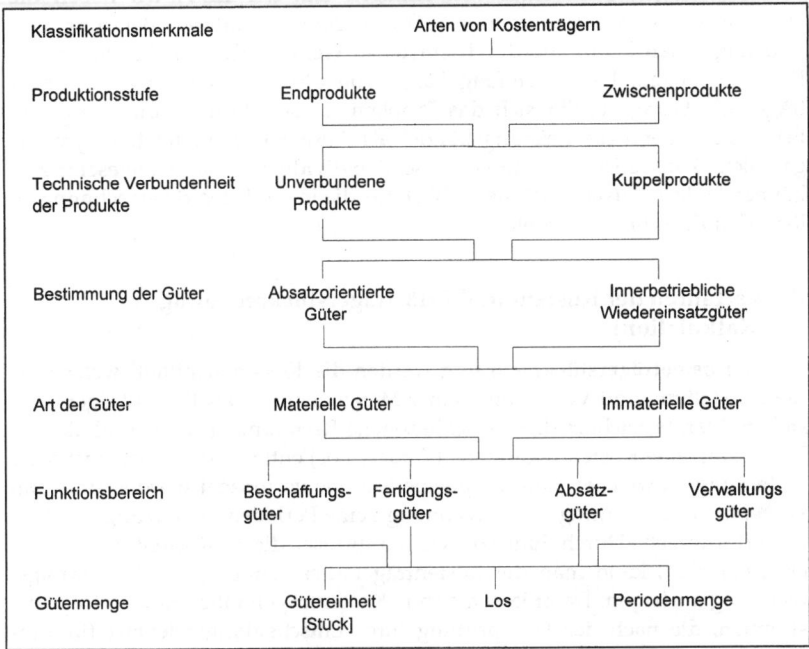

Abb. 2-34 *Klassifikation von Kostenträgern*

Unter den **innerbetrieblichen Leistungen** wird die Bedeutung der immateriellen Güter zunehmend erkannt. Alle Prozesse der Unternehmung sind darauf gerichtet, Güter hervorzubringen. Neben denjenigen, in denen die materiellen oder im Falle der Dienstleistungsproduktion die immateriellen Zwischen- sowie Endprodukte erzeugt werden, gibt es eine **Vielzahl von Prozessen**, die insbesondere als Planung, Steuerung, Kontrolle, Informationsverarbeitung darauf gerichtet sind, dass die produktbezogenen Prozesse zielgerichtet ablaufen. In ihnen werden Aktivitäten vollzogen, deren Ergebnis Dienstleistungen und Informationen sind, die innerbetriebliche Leistungen darstellen. Eine präzise Abbildung ihres Kosten- und Erlösgefüges erfordert eine Beachtung dieser Prozesse, obwohl sie weniger leicht messbar und die sie bestimmenden Zusammenhänge vielfältiger als bei den auf materielle Produkte unmittelbar bezogenen Prozessen sind. Dem wird in verschiedenen neueren Systemen der Kosten- und Erlösrechnung wie der **Prozesskostenrechnung** sowie den **Teilkostenrechnungen** auf Basis variabler Kosten und relativer Einzelkosten Rechnung getragen.

Den wichtigsten Erlösträger bilden die Absatzprodukte einer Unternehmung[87]. Ein besonderes Problem liegt darin, dass sie in vielen Fällen aus **Leistungsbündeln** bestehen, "... in denen mehrere, u.U. sehr verschiedenartige Leistungskomponenten vom Nachfrager zusammengefasst werden."[88] Dies

---

[87] Vgl. LAßMANN, G. (Erlösrechnung), S. 135-142 und 153-162.
[88] ENGELHARDT, W. H. (Erlösplanung), S. 665 f.

160 2. Kapitel: Ermittlungsorientierte Systeme der KER

ist offensichtlich beim Kauf von Anlagen z.b. der EDV, wo neben die Hardware eine Ausstattung mit Software sowie Schulung, Beratung und Wartung treten kann. Hierdurch entstehen **Gemeinerlöse** in Bezug auf die Einzelleistungen. Deren Umfang hängt von der Aufgliederung der Erlösträger ab. Daraus ergibt sich das Problem "... der Bestimmung geeigneter Erlösträger, denn die Leistungsbündel als Absatzobjekte sind häufig vorab gar nicht konkretisierbar, da sie äußerst individuell zusammengesetzt sein können."[89] Ihre Auswahl ist maßgeblich für die in der Erlösträgerrechnung zu lösenden Zurechnungsprobleme.

III. Verfahren der Kosten- und Erlösträgerstückrechnung (Kalkulation)

In der **Kostenträgerstückrechnung** werden die Kosten ermittelt, welche für die Herstellung und Verwertung einer Mengeneinheit des Kostenträgers entstehen. Man bezeichnet diese stückbezogene Rechnung auch als Kalkulation. Für die auf eine Kostenträgereinheit (Stück, Los) entfallenden Kosten ist ohne Bedeutung, in welcher Abrechnungsperiode sie verursacht worden sind. Daher ist in der Kostenträgerstückrechnung keine Periodenabgrenzung der Kosten erforderlich. Durch Einbeziehen der Erlöse, die je Kostenträgereinheit erzielbar sind, kann man die Kostenträgerstückrechnung zu einer Erfolgsrechnung ausbauen. Dann lassen sich je Kostenträgereinheit Stückerfolge bestimmen, die nach der Überprüfung ihrer Entscheidungsrelevanz für Programmentscheidungen und Erfolgsanalysen herangezogen werden können.

Die Kostenträgerstückrechnung kann ferner als Voll- oder Teilkostenrechnung konzipiert sein. Bei einer **Kalkulation mit Vollkosten** werden die in der Unternehmung anfallenden Gesamtkosten (fixe plus variable) auf das für den Absatz bestimmte Produktionsprogramm als Kostenträger verteilt. Jeder Mengeneinheit der Endprodukte wird ein Anteil an den Gesamtkosten zugerechnet. Hingegen ermittelt man bei **Teilkostenkalkulationen**, in welcher Höhe bestimmte Teilkosten (z.B. Einzelkosten, proportionale Kosten, variable Kosten) bei der Herstellung und Verwertung einer Kostenträgereinheit entstehen.

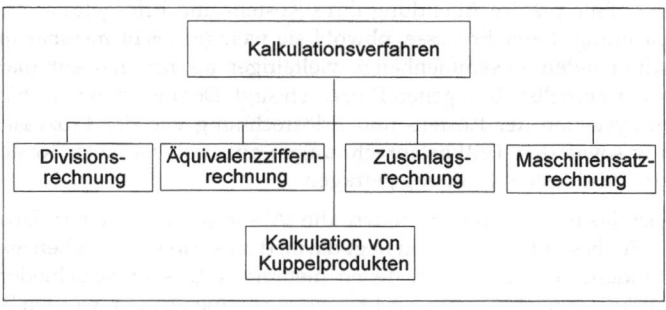

Abb. 2-35: *Verfahren der Kostenträgerstückrechnung*

---

[89] ENGELHARDT, W. H. (Erlösplanung), S. 666.

C. Kosten- und Erlösträgerstückrechnung

Für die Kostenträgerstückrechnung sind verschiedene Verfahren entwickelt worden, deren Grundzüge im Folgenden gekennzeichnet werden. Sie sind auch in der Übersicht von Abbildung 2-35 wiedergegeben.

1. Divisionsrechnung

> Das einfachste Kalkulationsverfahren stellt die **Divisionsrechnung** dar. Bei ihr werden die Kosten je Kostenträgereinheit bestimmt, indem man die insgesamt in einer Periode angefallenen Kosten durch die Zahl der erstellten Leistungseinheiten des Kostenträgers dividiert:

$$\text{Kosten je Erlöseinheit} = \frac{\text{anfallende Gesamtkosten}}{\text{Leistungseinheiten des Kostenträgers}}$$

Zum Beispiel erfolge in einer Unternehmung, die ein homogenes Massenprodukt erzeugt, die Kalkulation mit Hilfe der **einfachen einstufigen Divisionsrechnung**. Die gesamte Ausbringungsmenge einer Abrechnungsperiode betrage 1.500 t. Zur Herstellung dieser Gütermenge sind insgesamt 2.000 t eines Rohstoffes eingesetzt worden. Ferner sind für die Erzeugung Transportkosten sowie Betriebskosten entstanden. Abbildung 2-36 gibt die in der Rechnungsperiode angefallenen Kostenarten wieder. Die Selbstkosten dieser Periode zur Erzeugung von 1.500 t des Produktes belaufen sich auf € 1.690.380. Somit betragen die Selbstkosten je Leistungseinheit (Tonne) 1.690.380 : 1.500 = 1.126,92 €.

	Kosten insgesamt	Kosten je Tonne Ausbringungsmenge
Rohstoffe (2.000 t)	750.000	500,00
Transportkosten	150.000	100,00
Betriebskosten		
Löhne und Gehälter	600.000	400,00
Soziale Kosten	60.000	40,00
Hilfs- und Betriebsstoffe	15.000	10,00
Energiekosten	8.400	5,60
Versicherungen	1.980	1,32
Abschreibungen	105.000	70,00
Summe	€ 1.690.380	€ 1.126,92

Abb. 2-36: *Beispiel für eine einfache einstufige Divisionsrechnung*

Die Anwendbarkeit der Divisionsrechnung hängt von der Art des Produktionsprogramms und des Produktionsverfahrens der Unternehmung ab. Sie ist bei der Erzeugung eines oder weniger homogener Produkte als Kalkulationsverfahren geeignet (z.B. bei der Erzeugung von Sand, Wasser, Gas, Kies und Zement). Nach der Zahl an berücksichtigten Produktionsstufen unterscheidet man zwischen einstufiger und mehrstufiger (sukzessiver) Divisionsrechnung. Ferner kann man nach der Zahl der erstellten Produktarten zwischen einfacher und mehrfacher (simultaner) Divisionsrechnung differenzieren. Damit ergeben sich entsprechend Abbildung 2-37 vier verschiedene Formen der Divisionsrechnung: einfache einstufige, einfache mehrstufige, mehrfache einstufige und mehrfache mehrstufige Divisionsrechnung.

Anzahl der Produktarten Anzahl der Produktionsstufen	Ein homogenes Produkt	Mehrere homogene Produkte (in unabhängiger Fertigung)
Eine Stufe	Einfache einstufige Divisionsrechnung	Mehrfache einstufige Divisionsrechnung
Mehrere Stufen	Einfache mehrstufige Divisionsrechnung	Mehrfache mehrstufige Divisionsrechnung

Abb. 2-37: *Formen der Divisionsrechnung und ihre Anwendbarkeit*

Die **einstufige Divisionsrechnung** ist auf die einstufige Fertigung eines (oder mehrerer) homogener Produkte ausgerichtet. Dagegen ermöglicht die **mehrstufige Divisionsrechnung** die Erfassung der Auswirkungen, die aus unterschiedlichen Erzeugungsmengen in den einzelnen Fertigungsstufen beim Vorliegen von Zwischenlagern folgen. Wird lediglich ein Massenprodukt erstellt, ist die **einfache Divisionsrechnung** anwendbar. Da es sich bei Massenfertigung um einen einzigen Herstellungsvorgang handelt, bezeichnet man diese Form der Divisionsrechnung als einfach[90]. Wenn mehrere homogene Produkte in verschiedenen unabhängigen Fertigungsprozessen erzeugt werden, kann man die Kosten der (getrennten) Fertigungsprozesse für jedes Produkt gesondert abrechnen. Diese Form der Divisionsrechnung nennt man **mehrfache Divisionsrechnung**. Zur Ermittlung der Selbstkosten je Erlöseinheit werden bei der mehrfachen Divisionsrechnung entsprechend die Gesamtkosten für jede Produktart gesondert erfasst und durch die Ausbringungsmenge der jeweiligen Produktart dividiert.

Eine **Sonderform der mehrfachen Divisionsrechnung** liegt vor, wenn lediglich die Herstellkosten durch Division bestimmt und die Verwaltungs- sowie Vertriebskosten mit Hilfe eines Zuschlagssatzes zu den Herstellkosten jeder Produktart addiert werden. Dann bezieht man die Verwaltungs- und Vertriebskosten der Unternehmung auf die Summe der Herstellkosten für die verschiedenen Produktarten. Beispielsweise werden drei Produktarten in drei verschiedenen Fertigungsprozessen unabhängig voneinander hergestellt. Die Verwaltungs- und Vertriebsbereiche seien nicht nach Produktarten gegliedert. Die in einer Abrechnungsperiode erzeugten Produktmengen, die Herstellkosten sowie die Verwaltungs- und Vertriebskosten werden aus Abbildung 2-38 ersichtlich. Man erhält die Herstellkosten je Leistungseinheit, wenn man gesondert für jede Produktart die Herstellkosten durch die Ausbringungsmenge teilt. Das prozentuale Verhältnis zwischen den Verwaltungssowie Vertriebskosten der Unternehmung und den Herstellkosten aller Pro-

---

[90] Vgl. KOSIOL, E. (Kostenrechnung), S. 205.

C. Kosten- und Erlösträgerstückrechnung

dukte stellt den einheitlichen Zuschlagssatz für Verwaltungs- und Vertriebskosten dar. Mit ihm lassen sich die Selbstkosten je Erlöseinheit für die Produktarten A, B und C bestimmen. Dieses Kalkulationsverfahren übernimmt Elemente der Zuschlagsrechnung in die Divisionsrechnung, indem ein Teil der Gemeinkosten über einen Zuschlagssatz auf die Produkte verteilt wird.

	Unternehmung insgesamt	Produkt A	Produkt B	Produkt C
Ausbringungsmenge [t]	3.300	1.000	800	1.500
Herstellkosten [€]	460.000,00	150.000,00	160.000,00	150.000,00
Herstellkosten je Leistungseinheit [€]		150,00	200,00	100,00
Verwaltungs- und Vertriebskosten [€]	69.000,00			
Zuschlagssatz für die Verwaltungs- und Vertriebskosten	69.000 · 100 : 460.000 = 15 %			
Zuschlag für die Verwaltungs- und Vertriebskosten je Leistungseinheit [€]		22,50	30,00	15,00
Selbstkosten je Leistungseinheit [€]		172,50	230,00	115,00

Abb. 2-38: *Beispiel für eine mehrfache Divisionsrechnung mit Zuschlagssatz für Verwaltungs- und Vertriebskosten*

Erfolgt die Herstellung eines homogenen Produktes mehrstufig, lassen sich die Kosten je Leistungseinheit nur dann mit der einstufigen Divisionsrechnung bestimmen, wenn auf jeder Stufe dieselbe Produktmenge erzeugt wird. Weichen die Erzeugungsmengen der Produktionsstufen voneinander ab, so muss die Kalkulation als **mehrstufige Divisionsrechnung** durchgeführt werden. Zwischen den Produktionsstufen bilden sich dann Zwischenläger von unterschiedlicher Höhe. Die verschiedenen Ausbringungsmengen der Produktionsstufen sind in der Kalkulation zu berücksichtigen. Dies ist in zwei Formen möglich. Man kann zum einen sukzessiv für jede Produktionsstufe die Kosten je Erlöseinheit bestimmen und auf der jeweils folgenden Stufe nur die Kosten weiterverrechnen, welche für die wiedereingesetzten Zwischenproduktmengen angefallen sind. Zum anderen kann man gesondert für jede Produktionsstufe die Kosten je Erlöseinheit ermitteln. Diese Einheitskosten je Produktionsstufe müssen mit Hilfe von Produktionskoeffizienten auf Endprodukteinheiten umgerechnet werden. Die Summe der umgerechneten Kosten je Produktionsstufe ist gleich den Selbstkosten für eine Endprodukteinheit.

Als **Beispiel** wird eine Unternehmung zugrunde gelegt, deren Fertigung vier Stufen umfasst. Die fünfte Produktionsstufe ist der Vertrieb. Abbildung 2-39 gibt die während einer Abrechnungsperiode angefallenen Kosten jeder Produktionsstufe (Stufenkosten) sowie die eingesetzten und die erstellten bzw. verwerteten Mengen an Zwischen- bzw. Endprodukten wieder. Die Differenzen zwischen den Ausbringungsmengen einer Stufe und den Wiedereinsatzmengen auf der nächsten Stufe zeigen die Lagerbestandsänderungen an.

Produktionsstufe	Stufenkosten [€]	Einsatzmenge [t]	Ausbringungsmenge [t]	Bestandsänderung [t]
I	26.000		4.000	160
II	15.040	3.840	3.200	120
III	45.500	3.080	2.800	-200
IV	26.400	3.000	2.400	200
V	9.900	2.200	2.200	

Abb. 2-39: *Beispiel für Periodenkosten und Einsatz- bzw. Ausbringungsmengen eines mehrstufigen Produktionsprozesses*

Die **erste Form** der **mehrstufigen Divisionsrechnung** basiert auf einer Weiterverrechnung der Kosten von wiedereingesetzten Zwischenprodukten. Für jede der n Produktionsstufen sind die bis einschließlich zu dieser Stufe entstandenen Kosten je Erlöseinheit entsprechend dem folgenden allgemeinen Ausdruck zu berechnen[91]:

$$\text{Kosten je Leistungseinheit bis einschließlich der n-ten Produktionsstufe} = \frac{\text{Kosten für die wiedereingesetzten Zwischenprodukte der (n-1)-ten Produktionsstufe} + \text{Stufenkosten der n-ten Produktionsstufe in der Periode}}{\text{Ausbringungsmenge der n-ten Produktionsstufe in der Periode}}$$

Für das angegebene Beispiel sind die Stückkosten bis zu jeder Stufe entsprechend diesem Ausdruck in Abbildung 2-40 ermittelt. Charakteristisch für diese Form der mehrstufigen Divisionsrechnung ist, dass für jede Produktionsstufe die bis einschließlich dieser Stufe angefallenen Kosten je Produkteinheit berechnet werden. Dabei werden unterschiedliche Erzeugungsmengen und Lagerbestandsänderungen berücksichtigt.

Produktionsstufe	Wiedereinsatzmenge · Stückkosten [€]	Stufenkosten [€]	Kosten insgesamt [€]	Ausbringungsmenge [t]	Stückkosten bis dahin [€]
I		26.000	26.000	4.000	6,50
II	3.840 ·6,50 = 24.960	15.040	40.000	3.200	12,50
III	3.080 ·12,50 = 38.500	45.500	84.000	2.800	30,00
IV	3.000 ·30,00 = 90.000	26.400	116.400	2.400	48,50
V	2.200 ·48,50 = 106.700	9.900	116.600	2.200	53,00

Abb. 2-40: *Beispiel für eine mehrstufige Divisionsrechnung mit Weiterverrechnung der Kosten von Zwischenprodukten*

---

[91] Vgl. KOSIOL, E. (Kostenrechnung), S. 208.

C. Kosten- und Erlösträgerstückrechnung

Die zweite Form der mehrstufigen Divisionsrechnung beruht hingegen auf einer getrennten Ermittlung der in jeder Produktionsstufe angefallenen Kosten je Zwischenprodukteinheit und ihrer Umrechnung in Kosten je Endprodukteinheit. Für diese Umrechnung muss man bestimmen, welche Menge an Zwischenprodukten in jeder Produktionsstufe zur Erzeugung bzw. Verwertung einer Einheit des Endprodukts erforderlich ist. In dem dargestellten Beispiel wird zur Herstellung der Endproduktmenge von 2.400 t eine Menge von 3.000 t der Produktionsstufe III eingesetzt. Man benötigt demnach für die Erzeugung von 1 t des Endprodukts 3.000 : 2.400 = 1,25 t des vorhergehenden Zwischenprodukts. Entsprechend sind zur Herstellung von 1 t des Zwischenprodukts der Produktionsstufe III 3.080 : 2.800 = 1,1 t von Produktionsstufe II bzw. für 1 t von Stufe II 3.840 : 3.200 = 1,2 t von Produktionsstufe I erforderlich. Diese Größen stellen Produktionskoeffizienten dar. Sie bilden die Beziehungen zwischen den Einsatz- und Ausbringungsmengen jeder Produktionsstufe ab und geben den Direktbedarf einer Produktionsstufe von der vorhergehenden an.

Um den Gesamtbedarf einer Stufe zur Herstellung einer Endprodukteinheit zu bestimmen, müssen die **Produktionskoeffizienten** der nachgelagerten Produktionsstufen miteinander multipliziert werden. Beispielsweise ist die Menge an Zwischenprodukten der I. Produktionsstufe, die zur Herstellung und zum Absatz einer Endprodukteinheit eingesetzt wird, gleich dem Produkt $1{,}2 \cdot 1{,}1 \cdot 1{,}25 \cdot 1{,}0 = 1{,}65$ aus den Produktionskoeffizienten der Produktionsstufen II bis V. Die Produktionskoeffizienten und die Koeffizienten des Gesamtbedarfs sind in Abbildung 2-41 für alle Stufen ermittelt.

Produktionsstufe	Einsatzmenge [t]	Ausbringungsmenge [t]	Produktionskoeffizient	Koeffizient des Gesamtbedarfs
I		4.000		$1{,}2 \cdot 1{,}1 \cdot 1{,}25 \cdot 1{,}0 = 1{,}650$
II	3.840	3.200	1,20	$1{,}1 \cdot 1{,}25 \cdot 1{,}0 = 1{,}375$
III	3.080	2.800	1,10	$1{,}25 \cdot 1{,}0 = 1{,}250$
IV	3.000	2.400	1,25	1,000
V	2.200	2.200	1,00	

Abb. 2-41: Beispiel für die Ermittlung der Produktionskoeffizienten und der Koeffizienten des Gesamtbedarfs bei mehrstufiger Einproduktfertigung

Zur Berechnung der Selbstkosten dividiert man die Kosten jeder Produktionsstufe durch die jeweils erzeugte bzw. verwertete Menge an Zwischen- bzw. Endprodukten. Die sich ergebenden Einheitskosten je Stufe werden mit den Koeffizienten des Gesamtbedarfs multipliziert. Man erhält die Kosten, welche auf jeder Produktionsstufe zur Erzeugung einer Endprodukteinheit angefallen sind. Ihre Summe über alle Produktionsstufen stellt die Selbstkosten je Produkteinheit dar (vgl. Abbildung 2-42).

2. Kapitel: Ermittlungsorientierte Systeme der KER

Produktions- stufe	Stufen- kosten [€]	Ausbringungs- menge [t]	Stufenkosten je Ausbrin- gungseinheit [€]	Koeffizient des Gesamt- bedarfs	Kosten je Endprodukt- einheit [€]
I	26.000	4.000	6,50	1,65	10,73
II	15.040	3.200	4,70	1,38	6,49
III	45.500	2.800	16,25	1,25	20,31
IV	26.400	2.400	11,00	1,00	11,00
V	9.900	2.200	4,50	(1,00)	4,50
Selbstkosten je Produkteinheit:					53,00

Abb. 2-42: *Beispiel für die Ermittlung der Selbstkosten über die Umrechnung der Einheitskosten je Produktionsstufe*

Dieses Ergebnis kann auch mit Hilfe der **Matrizenrechnung** hergeleitet werden. Dabei handelt es sich um eine Anwendung der Matrizenrechnung zur Verrechnung innerbetrieblicher Leistungen[92] auf den Sonderfall mehrstufiger Einproduktfertigung. Die Produktionskoeffizienten werden in einer Direktbedarfsmatrix **A** zusammengefasst, deren Spalten den liefernden und deren Zeilen den empfangenden Produktionsstufen entsprechen:

an \ von	I	II	III	IV	V
I	0	0	0	0	0
II	1,2	0	0	0	0
III	0	1,1	0	0	0
IV	0	0	1,25	0	0
V	0	0	0	1	0

Die Koeffizienten, welche die Einsatzmenge jeder Produktionsstufe für eine Endprodukteinheit wiedergeben, lassen sich berechnen, indem man die Direktbedarfsmatrix **A** von der Einheitsmatrix **E** subtrahiert und anschließend die inverse Matrix $(\mathbf{E} - \mathbf{A})^{-1}$ bildet:

$$(\mathbf{E}-\mathbf{A})^{-1} = \begin{bmatrix} 1 & 0 & 0 & 0 & 0 \\ -1,2 & 1 & 0 & 0 & 0 \\ 0 & -1,1 & 1 & 0 & 0 \\ 0 & 0 & -1,25 & 1 & 0 \\ 0 & 0 & 0 & -1,0 & 1 \end{bmatrix}^{-1} = \begin{bmatrix} 1 & 0 & 0 & 0 & 0 \\ 1,2 & 1 & 0 & 0 & 0 \\ 1,32 & 1,1 & 1 & 0 & 0 \\ 1,65 & 1,375 & 1,25 & 1 & 0 \\ 1,65 & 1,375 & 1,25 & 1 & 1 \end{bmatrix}$$

Multipliziert man diese Gesamtbedarfsmatrix von rechts mit einem Vektor **r** aus den Stückkosten jeder Produktionsstufe, so erhält man den Stückkostenvektor **k**:

$$\mathbf{k} = (\mathbf{E}-\mathbf{A})^{-1} \cdot \mathbf{r} = \begin{bmatrix} 1 & 0 & 0 & 0 & 0 \\ 1,2 & 1 & 0 & 0 & 0 \\ 1,32 & 1,1 & 1 & 0 & 0 \\ 1,65 & 1,375 & 1,25 & 1 & 0 \\ 1,65 & 1,375 & 1,25 & 1 & 1 \end{bmatrix} \cdot \begin{bmatrix} 6,50 \\ 4,70 \\ 16,25 \\ 11,00 \\ 4,50 \end{bmatrix} = \begin{bmatrix} 6,50 \\ 12,50 \\ 30,00 \\ 48,50 \\ 53,00 \end{bmatrix}$$

---

[92] Vgl. Kapitel 2., Abschnitt B.III.4.c)bb), S. 138 ff.

Dieser Vektor k gibt für jede Produktionsstufe die bis einschließlich dieser Stufe angefallenen Stückkosten und damit für die letzte Produktionsstufe die **Selbstkosten** an. Die Matrizenrechnung liefert demnach gleichzeitig die Ergebnisse beider Formen einer mehrstufigen Divisionsrechnung.

2. Äquivalenzziffernrechnung

> Die **Äquivalenzziffernrechnung** ist eine weitere Kalkulationsform und kann als spezielle Ausprägung einer Divisionsrechnung bei Mehrproduktfertigung interpretiert werden.

Dieses Kalkulationsverfahren basiert auf der Annahme, dass die Kosten zur Erzeugung verschiedener Produkte in einem proportionalen Verhältnis stehen. Es ist daher anwendbar, "sofern die verschiedenen Leistungsarten einen hohen Grad innerer Verwandtschaft in ihrer Kostengestaltung aufweisen"[93]. Die Annahme einer proportionalen Beziehung zwischen den Kosten verschiedener Produktarten kann gerechtfertigt sein, wenn die Produktarten aus demselben Rohstoff erzeugt werden und die Fertigungsprozesse weitgehend übereinstimmen[94]. Vielfach sind diese Bedingungen bei der Herstellung weniger **Sorten** wie bei der Biererzeugung, in Blechwalzwerken, Ziegeleien, Spinnereien, Webereien und dergleichen erfüllt.

Das wichtigste Problem der Äquivalenzziffernrechnung bildet die Bestimmung der **Äquivalenzziffern**. Es müssen Bezugsgrößen gefunden werden, zu denen sich die zu verteilenden Kosten der Produkte proportional verhalten. Beispielsweise kann es sein, dass die Kosten aller Sorten proportional zur Einsatzmenge eines Rohstoffes oder zur Fertigungszeit verlaufen. Dann lassen sich die Äquivalenzziffern aus den Einsatzmengen des Rohstoffes bzw. den Fertigungszeiten jeder Sorte bestimmen.

Bei der **Äquivalenzziffernrechnung** werden die Kosten entsprechend bestimmter Verhältniszahlen auf die Produkte verteilt. Sie ist also nur anwendbar, sofern die Kostenbelastungen mehrerer Kostenträger in einer proportionalen Beziehung zueinander stehen. Das Verhältnis zwischen den Kostenbelastungen der verschiedenen Kostenträger bei gleicher Fertigungsmenge wird durch die Äquivalenzziffern ausgedrückt. Wenn zum Beispiel von Produkt A und von Produkt B jeweils 100 Stück hergestellt werden, besagen die Äquivalenzziffern 1,0 für A und 0,8 für B, dass bei der Erzeugung der 100 Einheiten von B 80 % der Kosten zur Erzeugung von 100 Einheiten von A entstehen.

> Mit diesen **Äquivalenzziffern** erhält man einen einheitlichen Maßstab zur Messung der Fertigungsmengen verschiedenartiger Produkte.

Die tatsächlichen Fertigungsmengen der Produktarten werden mit Hilfe der Äquivalenzziffern auf eine Produktart als **Grundsorte** mengenmäßig umge-

---

[93] KOSIOL, E. (Kostenrechnung), S. 217.
[94] Vgl. WITTGEN, R. (Einführung), S. 279 f.

rechnet. Für diese fiktive Fertigungsmenge ermittelt man aus den Gesamtkosten die Kosten je Erlöseinheit entsprechend der Divisionsrechnung. Dann können über die Äquivalenzziffern die Kosten bestimmt werden, welche pro (tatsächlicher) Leistungseinheit der Produktarten anfallen. Die Umrechnung verschiedener Produktarten mit Äquivalenzziffern ist nur bei weithin übereinstimmenden Fertigungsprozessen möglich. Deshalb ist die Äquivalenzziffernrechnung vor allem bei der Erzeugung eng verwandter Produkte (z.B. Sorten) als Kalkulationsverfahren geeignet.

Als **Beispiel** wird eine Fertigung dargestellt, in der vier verschiedene Sorten erzeugt werden. Die gesamten Kosten der abgelaufenen Abrechnungsperiode betragen € 900.000. Aus Abbildung 2-43 sind ferner die während dieser Periode hergestellten Mengen der vier Sorten und die Äquivalenzziffern ersichtlich. Die Äquivalenzziffern drücken das Verhältnis der einzelnen Bearbeitungszeiten zueinander aus.

Sorte	Äquivalenz-ziffer	Produktions-menge [t]	Schlüsselzahl	Stückkosten je Tonne [€]	Gesamtkosten je Sorte [€]
I	0,5	12.000	6.000	10,00	120.000
II	0,8	5.000	4.000	16,00	80.000
III	1,0	19.000	19.000	20,00	380.000
IV	1,6	10.000	16.000	32,00	320.000
Summe			45.000		900.000
Kosten je Schlüsseleinheit: € 900.000 : 45.000 = 20 €					

Abb. 2-43: Beispiel für eine Äquivalenzziffernrechnung

Um den Anteil der Sorten an den Gesamtkosten der Unternehmung und die Stückkosten jeder Sorte zu ermitteln, müssen die tatsächlichen Produktionsmengen der Periode über die Äquivalenzziffern in fiktive Mengen einer Produktart umgerechnet werden. Im Beispiel wird die Sorte III als **Grundsorte** gewählt und erhält damit die Äquivalenzziffer 1. Die Produktionsmenge von 12.000 t der Sorte I ist mit ihrer Äquivalenzziffer von 0,5 zu multiplizieren. Es ergibt sich eine fiktive Menge (der Grundsorte) von 6.000. Diese stellt eine **Schlüsselzahl** für die Kostenverteilung auf die Sorten dar. Entsprechende Schlüsselzahlen sind für die anderen Sorten in Abbildung 2-43 berechnet. Dividiert man die Gesamtkosten der Periode von € 900.000 durch die Summe der Schlüsselzahlen von 45.000, erhält man die für eine Schlüsseleinheit (eine Tonne der Grundsorte) zu verrechnenden Kosten von € 20. Die Multiplikation dieser Kosten je Schlüsseleinheit mit der Schlüsselzahl führt zu den Gesamtkosten jeder Sorte. Der Quotient aus den Gesamtkosten jeder Sorte und ihrer tatsächlichen Produktionsmenge ist gleich ihren **Stückkosten**. Man erhält die Stückkosten der Sorte auch, indem man die Kosten je Schlüsseleinheit mit der Äquivalenzziffer multipliziert. Beispielsweise gilt für die Stückkosten der ersten Sorte:

C. Kosten- und Erlösträgerstückrechnung

$$\text{Stückkosten von Sorte I} = \frac{\text{Gesamtkosten von Sorte I}}{\text{Produktionsmenge von Sorte I}} = \frac{\text{Kosten je Schlüsseleinheit} \cdot \text{Äquivalenzziffer von Sorte I}}{}$$

$$€10 = \frac{€\,120.000}{12.000\,t} = €\,20 \cdot 0{,}5$$

Eine Abwandlung der Äquivalenzziffernrechnung liegt vor, wenn man nur bestimmte Kostenarten über Äquivalenzziffern verteilt. Dabei besteht beispielsweise die Möglichkeit, die Einzelkosten jeder Sorte direkt und die **Gemeinkosten** über Äquivalenzziffern zuzurechnen. Ferner können für mehrere Kostenarten unterschiedliche Äquivalenzziffern verwendet werden[95].

Eine **Differenzierung der Gesamtkosten** nach Kostenarten und Kostenstellen ist für die Divisions- und die Äquivalenzziffernrechnung keine notwendige Voraussetzung. Diese Verfahren lassen sich sowohl zur Verteilung undifferenzierter Gesamtkosten auf die Kostenträger als auch zur Verteilung einzelner Kostenarten bzw. zur Verrechnung zwischen mehreren Kostenstellen heranziehen.

3. Zuschlagsrechnung

Die **Zuschlagsrechnung** beruht auf der Trennung von (Kostenträger-) Einzel- und Gemeinkosten. Ferner liegen ihr meist eine Gliederung des Produktionsprozesses und eine Verteilung der Kosten auf Kostenstellen zugrunde. Dabei unterscheidet man gewöhnlich den Materialbereich, den Fertigungsbereich und den Vertriebsbereich.

> Das **Grundprinzip der Zuschlagsrechnung** besteht darin, dass auf bestimmte (Kostenträger-) Einzelkosten bzw. (Kostenträger-) Einzel- und Gemeinkosten mit Hilfe von Zuschlagssätzen die (Kostenträger-) Gemeinkosten aufgeschlagen werden.

Die **Einzelkosten** erhält man in der Regel aus der Kostenartenrechnung, während die Höhe der **Gemeinkosten** je Kostenstelle und die Zuschlagssätze in der Kostenstellenrechnung über den Betriebsabrechnungsbogen ermittelt werden. Nach diesem Kalkulationsverfahren werden jeder Produkteinheit als Kostenträger die Einzelkosten direkt zugerechnet und auf diese die Gemeinkosten mittels proportionaler Verteilungsschlüssel aufgeschlagen. Es wird vor allem bei der Herstellung heterogener Produktarten angewandt.

Verschiedene **Formen der Zuschlagsrechnung** lassen sich danach abgrenzen, ob und wie die Gemeinkosten aufgeteilt werden. Man kann die Gemeinkosten in einem Block zurechnen oder sie nach Kostenarten und/oder Kostenstellen gliedern. Entsprechend unterscheidet man folgende, in Abbildung 2-44 dargestellte Verteilungsverfahren[96]:

(1) Verrechnung von Gesamtzuschlägen (keine Gliederung nach Kostenstellen)
   a) ein Zuschlag (keine Gliederung nach Kostenarten)

---

[95] Vgl. KOSIOL, E. (Kostenrechnung), S. 217; MELLEROWICZ, K. (Kosten II, 2), S. 9 f.
[96] Vgl. KOSIOL, E. (Kostenrechnung), S. 212.

b) mehrere Zuschläge für unterschiedliche Kostenarten
(2) Verrechnung von Stellenzuschlägen (Gliederung nach Kostenstellen)
   a) ein Zuschlag je Kostenstelle (keine Gliederung nach Kostenarten)
   b) mehrere Zuschläge je Kostenstelle für unterschiedliche Kostenarten

Differenzierung nach Kostenstellen \ Differenzierung nach Kostenarten	Nein	Ja
Nein	Ein Gesamtzuschlag	Zuschläge für verschiedene Kostenarten
Ja	Je Kostenstelle ein Zuschlag	In einzelnen Stellen Zuschläge für verschiedene Kostenarten

Abb. 2-44: Formen der Zuschlagsrechnung

Die am häufigsten verwendete Form einer Zuschlagsrechnung bildet das in Abbildung 2-45 wiedergegebene Kalkulationsschema. Ausgangspunkt der Zuschlagskalkulation sind die Einzelkosten des Fertigungsmaterials. Die Materialgemeinkosten werden meist auf das Fertigungsmaterial bezogen. Man geht davon aus, dass ihre Höhe proportional zur Höhe der Kosten des Fertigungsmaterials ist. Mit einem Zuschlagssatz lässt sich die Höhe der Materialgemeinkosten aus den Kosten des Fertigungsmaterials bestimmen. Die Summe aus den Kosten des Fertigungsmaterials und den Materialgemeinkosten ergibt die **Materialkosten**.

Fertigungsmaterial	Materialkosten		
Materialgemeinkosten			
Fertigungslohn	Fertigungskosten	Herstellkosten	Selbstkosten
Fertigungsgemeinkosten			
Sondereinzelkosten der Fertigung			
Verwaltungsgemeinkosten			
Vertriebsgemeinkosten			
Sondereinzelkosten des Vertriebs			

Abb. 2-45: Grundschema der Zuschlagskalkulation

Die **Fertigungskosten** setzen sich aus den Einzelkosten des Fertigungslohns, den Fertigungsgemeinkosten und den Sondereinzelkosten der Fertigung zusammen. Als Bezugsgröße der Fertigungsgemeinkosten werden häufig die Fertigungszeiten oder die Fertigungslohnkosten gewählt. Ist der Fertigungsbereich in mehrere Hauptkostenstellen gegliedert, ermittelt man die Ferti-

C. Kosten- und Erlösträgerstückrechnung

gungsgemeinkosten für jede Hauptkostenstelle einzeln und bezieht sie auf die in der jeweiligen Stelle anfallenden Fertigungszeiten bzw. Fertigungslohnkosten. Für jede Endkostenstelle gilt dann ein eigener Zuschlagssatz, mit dem die Fertigungsgemeinkosten dem Fertigungslohn der Endkostenstellen zugeschlagen werden. Material- und Fertigungskosten bilden zusammen die **Herstellkosten**.

Zu den Herstellkosten addiert man die **Verwaltungsgemeinkosten**, die **Vertriebsgemeinkosten** und gegebenenfalls die **Sondereinzelkosten des Vertriebs**. Meist bezieht man die Verwaltungs- und die Vertriebsgemeinkosten auf die Herstellkosten. Über die entsprechenden Zuschlagssätze lässt sich die Höhe der Verwaltungs- bzw. Vertriebsgemeinkosten je Kostenträgereinheit ermitteln. Ergebnis der Zuschlagskalkulation sind die **Selbstkosten**. Sie stellen jene Kosten dar, welche der einzelnen Kostenträgereinheit zugerechnet werden.

Ein wesentliches Problem der Zuschlagsrechnung liegt in der Wahl geeigneter **Bezugs- oder Schlüsselgrößen** für die Zuschlagssätze. In der Praxis kommt eine Vielzahl verschiedener Bezugsgrößen zur Anwendung[97]. Festzulegen ist, inwieweit Mengen- oder Wertschlüssel zu verwenden sind. **Wertschlüssel** sind von den Preisen abhängig, die in der abgelaufenen Rechnungsperiode für die betreffenden Güter gegolten haben. Sie schwanken mit Preisänderungen, während **Mengenschlüssel** zeitlich konstant sind. Jedoch werden auch die Gemeinkosten von Preisänderungen beeinflusst. Deshalb ist zu untersuchen, zu welchen mengenmäßigen, wertmäßigen oder **kombinierten Schlüsseln** sich die Gemeinkosten bzw. einzelne Gemeinkostenarten proportional verhalten. Dabei kann sich ergeben, dass einzelne Gemeinkostenarten (z.B. Energiekosten) mengenabhängig und andere Gemeinkostenarten (z.B. Versicherungen, Abgaben, Sozialaufwendungen) wertabhängig sind.

Im Falle einer Verrechnung von **Gesamtzuschlägen** gehen die Ergebnisse der Kostenartenrechnung direkt in die Kostenträgerrechnung ein. Man verzichtet auf eine Verrechnung der Gemeinkosten über Kostenstellen. Die Gemeinkosten werden für die gesamte Unternehmung den Einzelkosten zugeschlagen. Die **einfachste Form der Zuschlagsrechnung** liegt vor, wenn man alle Gemeinkosten in einem Zuschlagssatz erfasst. Beispielsweise können in einer Unternehmung während einer Abrechnungsperiode folgende Kosten angefallen sein:

---

[97] Vgl. Kapitel 2., Abschnitt B.III.2., S. 128 ff.

Einzelkosten	[€]	765.000
Fertigungsmaterial		250.000
Fertigungslohn		300.000
Sondereinzelkosten der Fertigung		95.000
Sondereinzelkosten des Vertriebs		120.000
Gemeinkosten		**1.995.000**
Materialabhängige Gemeinkosten		45.000
Fertigungszeitabhängige Gemeinkosten		1.310.000
Restliche Gemeinkosten		640.000
Fertigungszeit	**[Stunden]**	**49.875**

Als wertmäßige Bezugsgrößen können eine der Einzelkostenarten, mehrere Einzelkostenarten gemeinsam oder die gesamten Einzelkosten zweckmäßig sein. Entsprechend erhält man einen Materialzuschlag, einen Lohnzuschlag, einen Material- und Lohnzuschlag oder einen Einzelkostenzuschlag. Eine Analyse der Kostenbeziehung kann auch ergeben, dass die Gemeinkosten auf die Fertigungsstunden, die eingesetzte Materialmenge oder andere Mengenmaßstäbe zu beziehen sind. Für einen **wertmäßigen Zuschlag** auf den Fertigungslohn erhält man z.B.:

$$\text{Wertmäßiger Lohnzuschlag} = \frac{\text{Gemeinkosten} \cdot 100}{\text{Fertigungslohn}} = \frac{1.995.000 \cdot 100}{300.000} = 665\%$$

Dagegen kann sich für einen mengenmäßigen Zuschlag auf die Fertigungszeit beispielsweise folgender Fertigungsstundenzuschlag ergeben:

$$\text{Fertigungsstundenzuschlag} = \frac{\text{Gemeinkosten}}{\text{Fertigungszeit}} = \frac{1.995.000}{49.875} = €\ 40\ \text{pro Stunde}$$

Mit dem ermittelten Zuschlagssatz lassen sich entsprechend Abbildung 2-46 für die einzelnen Produkte die Selbstkosten je Stück ermitteln. Die Einzelkosten für das jeweils zu kalkulierende Produkt sind unmittelbar zu erfassen (messen).

Zuschlagskalkulation mit einem **wertmäßigen** Gesamtzuschlagssatz		Zuschlagskalkulation mit einem **mengenmäßigen** Gesamtzuschlagssatz	
Fertigungsmaterial	280	Fertigungsmaterial	280
Fertigungslohn	1.400	Fertigungslohn	1.400
Sondereinzelkosten der Fertigung	120	Sondereinzelkosten der Fertigung	120
Gemeinkosten (Lohnzuschlag 665 %)	9.310	Gemeinkosten (Fertigungsstundenzuschlag € 40; Fertigungszeit 210 Stunden)	8.400
Sondereinzelkosten des Vertriebs	160	Sondereinzelkosten des Vertriebs	160
Selbstkosten je Stück €	11.270	Selbstkosten je Stück €	10.360

Abb. 2-46: Beispiele für eine Zuschlagskalkulation mit einem wertmäßigen und mengenmäßigen Gesamtzuschlagssatz

C. Kosten- und Erlösträgerstückrechnung

$$\text{Materialkostenzuschlag} = \frac{\text{Materialabhängige Gemeinkosten} \cdot 100}{\text{Fertigungsmaterialkosten}} = \frac{45.000 \cdot 100}{250.000} = 18\%$$

$$\text{Fertigungsstundenzuschlag} = \frac{\text{Fertigungszeitabhängige Gemeinkosten}}{\text{Fertigungszeit}} = \frac{1.310.000}{49.875} = 26{,}27 \ \text{€/h}$$

$$\text{Restgemeinkostenzuschlag} = \frac{\text{Restliche Gemeinkosten} \cdot 100}{\text{Gesamte Fertigungskosten}} = \frac{640.000 \cdot 100}{645.000} = 99{,}22\%$$

Abb. 2-47: Beispiel für die Bestimmung unterschiedlicher Zuschlagssätze für mehrere Gemeinkostenarten

Bei einer alternativen Form eines Gesamtzuschlags werden für mehrere Gemeinkostenarten **unterschiedliche Zuschlagssätze** bestimmt. So kann zum Beispiel eine Gliederung der Gemeinkosten in materialabhängige, fertigungszeitabhängige und restliche Gemeinkosten vorgenommen werden. Wenn man annimmt, dass sich die restlichen Gemeinkosten proportional zu den gesamten Einzelkosten der Fertigung verhalten, können sich die in Abbildung 2-47 dargestellten Zuschlagssätze ergeben.

Die Kalkulation eines Produkts nimmt bei dieser Verteilungsart die in Abbildung 2-48 dargestellte Form an.

Zuschlagskalkulation mit mehreren Zuschlagssätzen		
Fertigungsmaterial		280,00
Materialgemeinkosten	€ 280 ·18 % =	50,40
Fertigungslohn		1.400,00
Fertigungsgemeinkosten	210 h ·€ 26,27 =	5.516,70
Sondereinzelkosten der Fertigung		120,00
Restliche Gemeinkosten	€ 1.800 ·99 % =	1.782,00
Sondereinzelkosten des Vertriebs		160,00
Selbstkosten je Stück	€	9.309,10

Abb. 2-48: Beispiel einer Zuschlagskalkulation mit besonderen Zuschlagssätzen für mehrere Gemeinkostenarten

Häufig wird die Zuschlagsrechnung auf der Grundlage einer ausgebauten Kostenarten- und Kostenstellenrechnung durchgeführt. Dann verwendet man für jede Endkostenstelle einen eigenen Gemeinkostenzuschlagssatz. Für die Kostenstellen (bzw. Kostenplätze) sind Bezugs- oder Schlüsselgrößen zu wählen, die proportional zu den jeweiligen Kosten sind. Man kann zur Verrechnung der Kosten einer Stelle (bzw. eines Platzes) einen globalen Zuschlagssatz oder für mehrere Kostenarten je einen selektiven Zuschlagssatz verwenden. Eine Aufteilung nach Kostenarten ist nötig, wenn die verschiedenen Kostenarten sich nicht proportional zu derselben Bezugsgröße verhalten.

Im folgenden **Beispiel** wird von einer Gliederung des Fertigungsbereichs in drei (Haupt- und) Endkostenstellen ausgegangen. Die Einzelkosten der abgelaufenen Abrechnungsperiode betragen:

Fertigungsmaterial	250.000
Fertigungslohn	
Fertigungsstelle I	80.000
Fertigungsstelle II	95.000
Fertigungsstelle III	125.000
Sondereinzelkosten der Fertigung	95.000
Sondereinzelkosten des Vertriebs	120.000
Summe	€ 765.000

Die Höhe der Gemeinkosten sowie die Bezugsgrößen für die Kostenstellen und die Zuschlagssätze sind in Abbildung 2-49 angegeben.

Gemeinkosten der Periode [€]		Zuschlagsgrundlage (Bezugsgröße)		Zuschlagssatz	Art des Zuschlagsatzes
Material- gemeinkosten	45.000	Fertigungs- material	€ 250.000	18%	wertmäßiger Materialzuschlag
Fertigungsgemeinkosten					
Fertigungs- stelle I	260.000	Fertigungs- stunden	40.000 h	€ 6,50 je Stunde	mengenmäßiger Stundenzuschlag
Fertigungs- stelle II	700.000	Produkt- gewicht	350.000 kg	€ 2 je kg	mengenmäßiger Gewichtszuschlag
Fertigungs- stelle III	350.000	Fertigungs- lohn	€ 125.000	280%	wertmäßiger Lohnzuschlag
Verwaltungs- gemeinkosten	400.000	Herstell- kosten	€ 2.000.000	20%	wertmäßiger Zuschlag
Vertriebs- gemeinkosten	240.000	Herstell- kosten	€ 2.000.000	12%	wertmäßiger Zuschlag

Abb. 2-49: Beispiel für die Bestimmung von Gemeinkostenzuschlagssätzen je Kostenstelle

Aufgrund der ermittelten Zuschlagssätze lassen sich die **Selbstkosten** der erzeugten Produkte kalkulieren. Für eine Produktart erhält man z.B. die in Abbildung 2-50 dargestellte Kalkulation.

Durch die Unterscheidung von Einzel- und Gemeinkosten sowie (gegebenenfalls) von Kostenstellen ist die Zuschlagsrechnung insbesondere bei **mehrstufiger Mehrproduktfertigung** (z.B. bei der Erstellung von Trikotwaren, Haushaltsgeräten, Maschinen) zur Ermittlung der Stückkosten (Selbstkosten je Stück) geeignet. Diese Rechnung ist das am vielseitigsten anwendbare Kalkulationsverfahren und lässt sich durch eine stärkere Differenzierung von Kostenarten und Kostenstellen wesentlich verfeinern.

Fertigungsmaterial	200,00	
Materialgemeinkosten 18% von 280,00	50,40	
Materialkosten		330,40
Fertigungslohn	1.400,00	
Fertigungsgemeinkosten		
Fertigungsstelle I: 200 h zu 6,50	1.300,00	
Fertigungsstelle II: 700 kg zu 2,00	1.400,00	
Fertigungsstelle III: 280% von 455,00	1.274,00	
Sondereinzelkosten der Fertigung	120,00	
Fertigungskosten		5.494,00
Herstellkosten		**5.824,40**
Verwaltungsgemeinkosten 20% von 5.824,40		1.164,88
Vertriebsgemeinkosten 12% von 5.824,40		698,93
Sondereinzelkosten des Vertriebs		160,00
Selbstkosten je Stück		**€ 7.848,21**

Abb. 2-50: *Beispiel für eine Zuschlagskalkulation der Selbstkosten je Stück mit mehreren Stellenzuschlägen*

4. Maschinensatzrechnung

Wenn in einer Kostenstelle **verschiedenartige Maschinen** eingesetzt werden, kann die Verwendung eines einzigen Stellenzuschlags zu ungenauen Ergebnissen führen, weil für die einzelnen Maschinen unterschiedliche Kostenbeziehungen gelten. Während beispielsweise eine wenig automatisierte Anlage oder ein Handarbeitsplatz niedrige Abschreibungen und hohe Stromkosten aufweist, kann an einem modernen Automaten der Anteil der Abschreibungen gegenüber den laufenden Betriebskosten sehr hoch sein. Deshalb ist es vielfach üblich, zur Kalkulation bis auf **einzelne Maschinen als Kostenplätze** hinunterzugehen. Alle Kosten, die von der Laufzeit einer Maschine abhängig sind, werden dann über einen Maschinenstunden- oder Maschinenminutensatz berücksichtigt. Häufig kann man annehmen, dass die Abschreibungen, Zins-, Strom-, Werkzeug-, Reparatur-, Instandhaltungs- und Raumkosten einer Maschine von deren Laufzeit abhängig sind. Dann addiert man die periodischen Beträge dieser Kostenarten und dividiert sie durch die tatsächliche oder geplante Laufzeit der Anlage in der Periode. Auf diesem Weg erhält man einen **Maschinensatz**, der die anteiligen maschinenabhängigen Gemeinkosten je Maschinenstunde bzw. -minute angibt.

Für jede in der Kostenstelle eingesetzte Maschine ergibt sich ein **individueller Maschinensatz**, der die jeweiligen Verfahrensbedingungen und Kostenbeziehungen an der Maschine zum Ausdruck bringt. Zur Durchführung der Kalkulation ermittelt man, wie lange die einzelnen Produkteinheiten von den Maschinen bearbeitet werden und multipliziert ihre Stückzeiten mit den Maschinensätzen. Die Gemeinkosten, die nicht von den Maschinenlaufzeiten abhängig sind, werden über andere **Zuschlagssätze** entsprechend dem üblichen Vorgehen der Zuschlagsrechnung erfasst. Die Maschinensatzrechnung kann daher als verfeinerte Form einer Zuschlagsrechnung interpretiert werden. Ein **Beispiel** zur Maschinensatzrechnung ist in den Abbildungen 2-51 und 2-52 wiedergegeben.

Angaben:	
Anschaffungspreis	330.000 €
Wiederbeschaffungspreis	360.000 €
Wirtschaftliche Nutzungsdauer	8 Jahre
Kalkulatorischer Zinssatz	8% p.a.
Jährlicher Instandhaltungssatz	3% d. WBW
Flächenbedarf	17,0 qm
Raumkosten-Verrechnungssatz	0,04 €/(qm·Std.)
Elektrische Nennleistung	8,4 kW
Auslastung der elektrischen Nennleistung	60%
Kraftstrompreis	0,14 €/kWh
Werkzeugkosten	3,80 €/Std.
Restfertigungsgemeinkosten	5,70 €/Std.
Sollstunden pro Jahr	1.500 Std.

Abb. 2-51: *Angaben zu einer Maschine im Rahmen einer Maschinensatzrechnung*

Kalkulation:		[€/Std.]
Kalkulatorische Abschreibung	360.000 : 8 : 1.500 =	30,00
Kalkulatorische Zinsen	180.000 ·0, 08 : 1.500 =	9,60
Instandhaltungskosten	360.000 ·0, 03 : 1.500 =	7,20
Raumkosten	17 · 0,04 =	0,68
Stromkosten	8,4 · 0,6 ·0, 14 =	0,71
Werkzeugkosten		3,80
Restfertigungsgemeinkosten		5,70
Maschinenstundensatz [FGK/Std.]		57,69

Abb. 2-52: *Beispiel für die Ermittlung eines Maschinenstundensatzes*

5. Kalkulation von Kuppelprodukten

Die gekennzeichneten Kalkulationsverfahren der Divisionsrechnung, der Äquivalenzziffernrechnung und der Zuschlagsrechnung sind in erster Linie auf industrielle Fertigungsprozesse ausgerichtet. Dagegen können spezielle Probleme der Kostenträgerstückrechnung bei der Erzeugung von Kuppelprodukten sowie in anderen Wirtschaftszweigen auftreten. Beispielsweise wird im Handel das beschaffte Gut nicht bearbeitet. Daher stimmen das beschaffte Gut und das abzusetzende Gut überein. Die Gesamtkosten bestehen vor allem aus den Materialkosten (Warenkosten). Auch bei Banken und anderen Dienstleistungsunternehmungen können die dargestellten Kalkulationsverfahren vielfach nicht ohne weiteres angewandt werden. Deshalb ist für diese eine Reihe spezieller Kalkulationsverfahren entwickelt worden, von denen nachfolgend Verfahren zur Kalkulation von Kuppelprodukten dargestellt werden.

C. Kosten- und Erlösträgerstückrechnung

> Eine Fertigung von **Kuppelprodukten** liegt vor, wenn aus einem Produktionsprozess technisch zwangsläufig mehrere Güterarten hervorgehen[98]. Derartige Produktionsprozesse kommen insbesondere in der chemischen Industrie vor.

So entstehen verschiedenartige Produkte bei der Spaltung bestimmter Güter wie Erdöl oder Kohle. Das Verhältnis zwischen den Ausbringungsmengen der Kuppelprodukte kann dabei starr oder in Grenzen variierbar sein. Jedoch ist es aufgrund physikalischer, chemischer oder technischer Zusammenhänge nicht möglich, lediglich eine Güterart in dem Produktionsprozess herzustellen.

Die Bedeutung der Kuppelproduktion wird heute klarer erkannt, weil in vielen Prozessen **Abfallprodukte** entstehen, die zu einer Umweltbelastung führen. Das Bevölkerungswachstum und die zunehmende Industrialisierung verleihen diesem Problem ein immer stärkeres Gewicht. Deshalb wird es zunehmend notwendig, die Kosten der Entsorgung von Abfallprodukten in die Kostenrechnung aufzunehmen. Zu diesem Zweck gibt es Ansätze, Systeme einer **Umweltkostenrechnung** aufzubauen[99].

Die **Kosten einer Kuppelproduktion** können nach dem Verursachungsprinzip den erzeugten Gütern nur gemeinsam zugerechnet werden. Deshalb ist eine Verteilung der Kosten auf die verschiedenen Kuppelprodukte nach dem Verursachungsprinzip nicht durchführbar. Dennoch kann es für bestimmte Zwecke notwendig sein, für jedes Produkt **Stückkosten** festzulegen. So müssen z.B. Bestände an Kuppelprodukten im Rahmen des Jahresabschlusses bewertet werden. Die Kostenverteilung kann nach verschiedenen Prinzipien ausgerichtet werden. Sie erfolgt nach dem Tragfähigkeitsprinzip, wenn sie entsprechend den Marktpreisen der Kuppelprodukte vorgenommen wird. Daneben werden andere Verteilungsschlüssel wie die Bedeutung im Produktionsprogramm, die Erzeugungsmengen, technische Eigenschaften oder bestimmte Kostenarten herangezogen[100].

In der **Vollkostenrechnung** verteilt man die gesamten Kosten einer Abrechnungsperiode auf die erzeugten Kuppelprodukte. Für die **Kalkulation von Kuppelprodukten** bei Vollkostenrechnung sind die Restwertrechnung und die Verteilungsrechnung entwickelt worden.

Die **Restwertrechnung** beruht auf einer Zurechnung der Kosten nach der Bedeutung der Produktarten im Produktionsprogramm. Außerdem werden bei dieser Kalkulation die Marktpreise teilweise berücksichtigt. Dieses Verfahren ist anwendbar, wenn der Produktionsprozess zur Herstellung eines **Hauptproduktes** und eines oder mehrerer **Nebenprodukte** führt. Die Behandlung einzelner Kuppelprodukte als Nebenprodukte kann sich daraus ergeben, dass ihre Produktionsmengen, die ihnen direkt zurechenbaren Kosten oder ihre Marktpreise im Verhältnis zum Hauptprodukt niedrig sind. Als Nebenprodukte können insbesondere Abfallprodukte angesehen werden. Bei der

---

[98] Vgl. RIEBEL, P. (Kuppelproduktion), S. 27 ff.
[99] Vgl. z.B. KEILUS, M. (Umweltplankostenrechnung).
[100] Vgl. HENZEL, F. (Kostenrechnung), S. 252 ff.; MELLEROWICZ, K. (Kosten II, 2), S. 345 ff.

Restwertrechnung werden die Überschüsse, welche die Nebenprodukte erzielen, von den Gesamtkosten subtrahiert und der sich ergebende Restwert voll dem Hauptprodukt zugerechnet. Verschiedene Formen der Restwertrechnung lassen sich danach unterscheiden, in welchem Umfang die Erlöse der Nebenprodukte um direkt zurechenbare Kosten dieser Produkte vermindert und von welchen Kostenarten des Hauptprodukts die Erlöse abgezogen werden[101].

Zur Verdeutlichung der Restwertrechnung wird ein Produktionsprozess mit drei Kuppelprodukten zugrunde gelegt. Zwei der Produkte werden als Nebenprodukte behandelt. Die während einer Abrechnungsperiode entstandenen Kosten in Höhe von € 605.000 lassen sich nach ihrer Zurechenbarkeit auf die Produkte in Einzelkosten jedes Produktes und in Kosten des Kuppelprozesses gliedern. Die Einzelkosten, die dem Hauptprodukt bzw. den beiden Nebenprodukten direkt zurechenbar sind, können z.B. Kosten der Weiterverarbeitung und Sondereinzelkosten des Vertriebs darstellen. Aus Abbildung 2-53 sind neben den Kosten auch die während der Periode erzeugten Mengen sowie die erzielten Erlöse der Produkte ersichtlich.

	Direkt zurechenbare Kosten (Einzelkosten) [€]	Kosten des Kuppelprozesses [€]	Produktionsmengen [t]	Erlöse [€]
Hauptprodukt A	110.000		13.000	585.000
Nebenprodukt B	60.000	400.000	2.000	100.000
Nebenprodukt C	35.000		5.000	115.000
Summe			20.000	

Abb. 2-53: Beispiel für Kosten, Produktionsmengen und Erlöse einer Kuppelproduktion

Zur Ermittlung der **Kosten des Hauptprodukts** subtrahiert man die Differenzen zwischen den Erlösen und den Einzelkosten der Nebenprodukte von den Kosten des Kuppelprozesses. Diese Differenzen stellen **Deckungsbeiträge der Nebenprodukte** zu den Kosten des Kuppelprozesses dar. Addiert man zu den sich ergebenden Kostenbeträgen die Einzelkosten des Hauptprodukts und dividiert diese Summe durch die während der Abrechnungsperiode erzeugte Menge des Hauptprodukts, so erhält man die **Stückkosten des Hauptprodukts** (vgl. Abbildung 2-54).

Bei der **Verteilungsrechnung** wird jedem der Kuppelprodukte ein Anteil an den Kosten des Kuppelprozesses zugeordnet. Als Bezugs- oder Schlüsselgrößen der Kostenverteilung verwendet man vor allem Mengenanteile, Marktpreise, fiktive Marktwerte sowie technisch-physikalische Größen wie Heizwerte, Molekulargewichte und dergleichen. Sofern die Kuppelprodukte mit Hilfe anderer Produktionsverfahren auch unabhängig voneinander erzeugt werden können, lassen sich ferner die Kosten der isolierten Erzeugung als Verteilungsschlüssel heranziehen. Zur Erläuterung der Verteilungsrechnung werden im Folgenden in einem ersten **Beispiel** die Kosten des hergestellten

---

[101] Vgl. RIEBEL, P. (Kalkulation), Sp. 996 f.

C. Kosten- und Erlösträgerstückrechnung

Fertigungsprozesses mit den Produkten A, B und C nach den Mengenanteilen und nach den Marktpreisen verteilt.

Kosten des Kuppelprozesses		400.000
- Deckungsbeiträge von Nebenprodukt B (=Erlöse-Einzelkosten von Nebenprodukt B)	100.000 - 60.000 =	- 40.000
- Deckungsbeiträge von Nebenprodukt C (=Erlöse-Einzelkosten von Nebenprodukt C)	115.000 - 35.000 =	- 80.000
Kosten des Hauptprodukts aus dem Kuppelprozeß		280.000
+ Einzelkosten des Hauptprodukts A		110.000
Gesamtkosten des Hauptprodukts A		€ 390.000
Stückkosten des Hauptprodukts A:	€ 390.000 : 13.000 t =	30 €/t

Abb. 2-54: *Beispiel für eine Kalkulation von Kuppelprodukten nach der Restwertrechnung*

Die Produktionsmengen der Kuppelprodukte während der Abrechnungsperiode bilden die Bezugsgröße einer Verteilung der Kosten des Kuppelprozesses nach Mengenanteilen. Dieses Verfahren entspricht der einfachen Divisionsrechnung. Es ist nur anwendbar, wenn die Produktionsmengen der verschiedenen Produkte mit demselben Maßstab gemessen werden können. Dividiert man die Kosten des Kuppelprozesses durch die Summe der Produktionsmengen, so erhält man den Kostenanteil je Produkteinheit. Wenn man zu diesem Anteil an den Kosten des Kuppelprozesses die Einzelkosten jedes Kuppelprodukts addiert, ergeben sich die jeweiligen Stückkosten (vgl. Abbildung 2-55).

	Kostenanteil je Produkteinheit aus dem Kuppelprozeß:	€ 400.000 : 20.000 t =	20 €/t

Produkt	Kostenanteil je Produkteinheit aus dem Kuppelprozeß [€/t]	Einzelkosten je Produkteinheit [€/t]	Stückkosten je Produkteinheit [€/t]
A	20,00	8,46	28,46
B	20,00	30,00	50,00
C	20,00	7,00	27,00

Abb. 2-55: *Beispiel für eine Kalkulation von Kuppelprodukten nach der Verteilungsrechnung (Verteilung nach Mengenanteilen)*

Im Falle einer Verteilung der Kosten des Kuppelprozesses nach Marktpreisen werden die Marktpreise bzw. die Erlöse je Produkteinheit als **Äquivalenzziffern** aufgefasst. Dabei sind die Marktpreise bzw. die Erlöse gegebenenfalls um Sondereinzelkosten des Vertriebs zu vermindern. Multipliziert man die Produktionsmengen jedes Kuppelprodukts mit dem Erlös je Produkteinheit, ergeben sich Schlüsselzahlen. Der Quotient aus den Kosten des Kuppelprozesses und der Summe der Schlüsselzahlen stellt die Kosten je Schlüsseleinheit dar. Diese multipliziert man mit den Schlüsselzahlen der Kuppelprodukte. Es ergeben sich für jedes Produkt die Anteile an den Kosten des Kuppelprozesses. Entsprechend gewinnt man die für jede Produkteinheit zu verrechnenden Kostenanteile des Kuppelprozesses durch Multiplikation der Erlöse je Produkteinheit mit den Kosten je Schlüsseleinheit. Addiert man hierzu die jeweiligen Einzelkosten, erhält man die **Stückkosten für jedes Kuppelprodukt** (vgl. Abbildung 2-56).

Sofern es sich bei den Kuppelprodukten um **Zwischenprodukte** handelt, für die keine Marktpreise existieren, kann man die Preise der Endprodukte als Bezugsgrößen der Kostenverteilung wählen. Des weiteren können auch die Verwertungsüberschüsse in Form **fiktiver Marktwerte** als Schlüssel dienen. Sie ergeben sich, wenn man von den Erlösen der Endprodukte die Kosten abzieht, welche für die Weiterverarbeitung der Zwischenprodukte nach dem Kuppelprozess angefallen sind. In einem weiteren **Beispiel** wird diese mehrstufige Verteilungsrechnung veranschaulicht. Aus einem Rohstoff (30.000 kg zu 1 €/kg) entstehen bei einer Kuppelproduktion in einer Abrechnungsperiode die Kuppelprodukte A und B. Während Produkt A sofort am Markt abgesetzt werden kann, wird B in mehreren Produktionsstufen zu den Endprodukten B11 und B12 und B2 weiterverarbeitet und dann ebenfalls vollständig verkauft.

Kosten des Kuppelprozesses je Schlüsseleinheit: € 400.000 : 800.000 = 0,50 €

Produkt	Erlös je Produkteinheit (Marktpreis) [€/t]	Produktionsmenge [t]	Schlüsselzahl (Erlöse) [€]	Kostenanteil je Produkt [€]	Kostenanteil je Produkteinheit [€/t]	Einzelkosten je Produkteinheit [€/t]	Stückkosten je Produkteinheit [€/t]
A	45	13.000	585.000	292.500	22,50	8,46	30,96
B	50	2.000	100.000	50.000	25,00	30,00	55,00
C	23	5.000	115.000	57.500	11,50	7,00	18,50
			800.000	400.000			

Abb. 2-56: *Beispiel für eine Kalkulation von Kuppelprodukten nach der Verteilungsrechnung (Verteilung nach Marktpreisen)*

Die Produktionsstufen mit den entstehenden Kosten in den Kostenstellen K1 bis K5 und die Marktwerte der Endprodukte zeigt Abbildung 2-57.

Die Verteilung der Kosten des Kuppelprozesses anhand der Marktwerte zeigt Abbildung 2-58. MW bezeichnet dabei die Marktwerte der einzelnen Produkte nach Abzug der Einzelkosten. HK steht für die Herstellkosten der Produkte nach Verteilung der Kosten des Kuppelprozesses. In einem ersten Schritt werden ausgehend von der untersten Produktionsstufe die Marktwerte der Kuppelprodukte durch Addition der Marktwerte der nachfolgenden Produkte bestimmt. In einem zweiten Schritt werden schließlich die Kosten der Kuppelprodukte von oben nach unten im Verhältnis der Marktwerte verteilt.

C. Kosten- und Erlösträgerstückrechnung

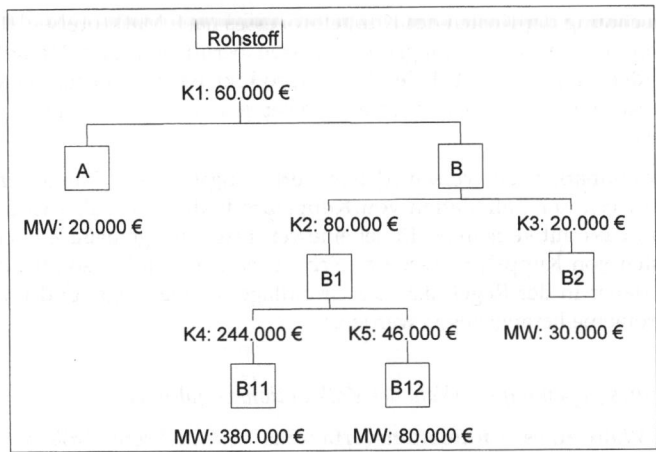

Abb. 2-57: Angaben für ein Beispiel zur Kalkulation von Kuppelprodukten nach der mehrstufigen Verteilungsrechnung

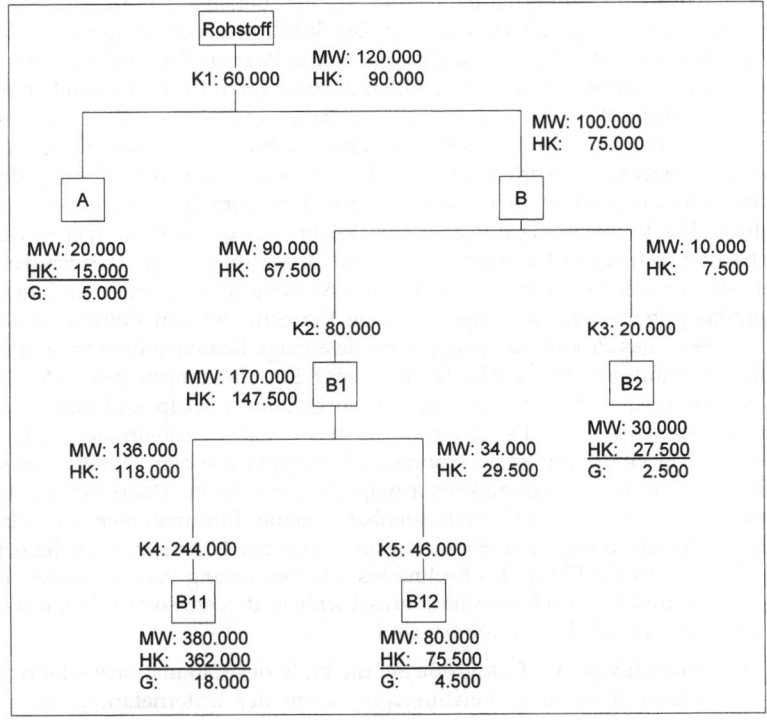

Abb. 2-58: Durchführung der Kalkulation von Kuppelprodukten nach der mehrstufigen Verteilungsrechnung

Die Zurechnung der Kosten des Kuppelprozesses nach Marktpreisen, fiktiven Marktwerten oder Verwertungsüberschüssen beruht auf dem **Verteilungsprinzip der Tragfähigkeit**. Jedes Kuppelprodukt wird dann um so stärker mit den Kosten des Kuppelprozesses belastet, je höher sein Erlös je Produkteinheit ist.

Die Anwendbarkeit der verschiedenen Verteilungsschlüssel hängt vom verfolgten Zweck der Kalkulation von Kuppelprodukten ab. Dabei ist stets zu beachten, dass mit keinem Schlüssel eine verursachungsgemäße Zurechnung der Kosten von Kuppelprozessen erreichbar ist. Die ermittelten Stückkosten können daher in der Regel nicht als Grundlage für Planungs- und Entscheidungsprobleme herangezogen werden.

6. *Einflussgrößen auf die Wahl des Kalkulationsverfahrens*

Für die **Wahl eines Kalkulationsverfahrens** sind mehrere Größen maßgebend. Als wichtigste Einflussgrößen kann man die Rechnungsziele, das Produktionsprogramm und das Produktionsverfahren der Unternehmung ansehen.

Mit den Kalkulationsverfahren werden Informationen über die Höhe der Kosten je Kostenträgereinheit ermittelt. Die Struktur des benötigten Kalkulationsverfahrens ist davon abhängig, für welche Probleme die Informationen ausgewertet werden sollen. Somit bilden die verfolgten **Rechnungsziele eine erste Einflussgröße** auf die Wahl des Kalkulationsverfahrens. Die verschiedenen Kalkulationsverfahren lassen sich danach kennzeichnen, wie die Kosten auf die Kostenträger verteilt werden. Das jeweils angewandte Prinzip der Kostenverteilung muss sich ebenfalls nach dem verfolgten Rechnungsziel richten. Die Verrechnung der gesamten Kosten auf die Kostenträger in der Vollkostenrechnung ist von grundsätzlicher Bedeutung für die Verwendbarkeit der ermittelten Informationen. Dem Verursachungsprinzip und dem Identitätsprinzip entspricht eine derartige Verrechnung von Vollkosten nur dann, wenn das Produktionsprogramm die einzige Kosteneinflussgröße darstellt. Beeinflussen zusätzliche Größen oder Entscheidungstatbestände die Höhe der Kosten, können nach dem Verursachungsprinzip und nach dem Identitätsprinzip nicht die gesamten Kosten auf die Kostenträger verteilt werden. Die Verteilung ist nach anderen Prinzipien wie dem Durchschnittsprinzip oder dem Tragfähigkeitsprinzip durchzuführen. Dann liefern die Kalkulationsverfahren auf Vollkostenbasis keine Informationen für Planungs-, Entscheidungs- und Steuerungsprobleme der Unternehmung. Jedoch können sie zur Erfüllung des Rechnungsziels 'Bewertung von Beständen an Zwischen- und Endprodukten im Jahresabschluss' dienen, sofern sie mit den gesetzlichen Vorschriften vereinbar sind.

Eine **zweite wichtige Einflussgröße** auf die Wahl des Kalkulationsverfahrens ist das **Produktions- oder Leistungsprogramm** der Unternehmung. Es ist durch die Art und Menge der Produkte charakterisiert, die von der Unternehmung in einer Periode erzeugt werden. Für die Kostenträgerrechnung erscheinen vor allem die Anzahl der Produktarten und der Grad an Übereinstimmung zwischen den Produkten wesentlich.

C. Kosten- und Erlösträgerstückrechnung

Jede Produktart ist durch bestimmte Eigenschaften gekennzeichnet. Nach dem Merkmal Anzahl der Produktarten differenziert man zwischen Einprodukt- und Mehrproduktunternehmungen. Bei **Einproduktfertigung** liegt eine völlige Übereinstimmung zwischen den Produkten vor, diese kann bei Mehrproduktfertigung unterschiedlich groß sein. In Einproduktunternehmungen besteht das Produktionsprogramm aus homogenen Produkten, die im Normalfall in sehr großer Menge erzeugt werden. Deshalb spricht man von Massenfertigung. Der höchste Grad an Übereinstimmung zwischen den Produkten ist im Falle einer Mehrproduktfertigung bei der Herstellung von **Sortenprodukten** (Sortenfertigung) gegeben. Sortenprodukte sind Realgüter, die zu einer gleichen Gütergattung gehören. Sie stimmen in wesentlichen Eigenschaften überein, unterscheiden sich aber hinsichtlich ihrer Dimension und Qualität. Beispiele für Sortenprodukte sind die verschiedenen Abmessungen von Stahl oder die Sorten von Schokolade. Das Produktionsprogramm wird aus **Serienprodukten** gebildet, wenn es verschiedenartige Güter umfasst und von jeder Produktart eine bestimmte Anzahl produziert wird. Den niedrigsten Grad an Übereinstimmung weist ein Produktionsprogramm auf, das lediglich Einzelprodukte enthält **(Einzelfertigung)**. Von jeder Produktart wird nur ein Gut hergestellt, so dass jedes Produkt ein individuelles Gut ist.

Man kann davon ausgehen, dass die Produktionsprozesse und die Einsatzmengen an Werkstoffen, Betriebsmittel- und Arbeitsleistungen von der Übereinstimmung zwischen den Produkten beeinflusst werden. Je höher der Grad an Übereinstimmung zwischen den Produkten ist, desto eher wird eine Form der **Divisionsrechnung** zur Anwendung kommen. Dagegen wird um so eher eine Form der **Zuschlagsrechnung** verwendet werden, je weniger die Produkte übereinstimmen. Aufgrund dieser Hypothese über die Wahl der Kalkulationsverfahren durch die Unternehmungen lässt sich eine Zuordnung der Kalkulationsverfahren zu den gekennzeichneten Typen des Produktionsprogramms vornehmen[102]. Die Kosten je Einheit des Kostenträgers (Stückkosten) werden bei **Einproduktfertigung** üblicherweise mit Hilfe der **einfachen Divisionsrechnung** ermittelt. Bei **Sortenfertigung** ermöglicht die hohe Übereinstimmung zwischen den Produkten in einer Vielzahl von Fällen eine Umrechnung verschiedenartiger Produkte mit **Äquivalenzziffern**. Daneben kann die **Divisionsrechnung** bei Sortenfertigung als globale Überschlagsrechnung dienen. Ist der Grad an Übereinstimmung nicht allzu hoch, kommt auch bei Sortenfertigung die **Zuschlagsrechnung** vor. Somit können bei diesem Typ des Produktionsprogramms alle drei Kalkulationsverfahren auftreten. Da die Übereinstimmung zwischen den Produkten verschiedener **Serien** gering ist, bilden die **Zuschlags- und Maschinensatzrechnung** in ihrem Fall das am häufigsten angewandte Kalkulationsverfahren. **Äquivalenzziffern** sind lediglich im Rahmen einer **Zuschlagsrechnung** verwendbar, wenn die Produkte einer Serie nicht völlig homogen sind, sondern zu eng verwandten Sorten gehören. Schließlich hat die starke Differenzierung zwischen individuellen Gütern bei **Einzelfertigung** die Anwendung der **Zuschlagsrechnung** zur Folge. Die Zuordnung der Kalkulationsverfahren zu

---

[102] Vgl. HEBER, A./NOWAK, P. (Betriebstyp), S. 160 ff.; KOSIOL, E. (Kostenrechnung), S. 109 ff.

den Programmtypen ist in Abbildung 2-59 zusammenfassend dargestellt. Durchgezogene Pfeile kennzeichnen die üblicherweise und gestrichelte Pfeile die seltener angewandten Kalkulationsverfahren. Dabei ist zu berücksichtigen, dass sich die vorgenommene Zuordnung in diesem Zusammenhang nur auf Unternehmungen bezieht, die mit Systemen der Vollkostenrechnung arbeiten.

Auf die Wahl der Kalkulationsmethode wirkt ferner die **Art des Produktionsverfahrens**. Darunter versteht man die technischen Prozesse, die zur Herstellung eines Produktes aus bestimmten Einsatzgütern führen. In der Kostenträgerrechnung sind die Zahl der Produktionsstufen, die Vergenz des Produktionsverfahrens und die Kontinuität des Produktionsablaufs als relevante Merkmale zu betrachten.

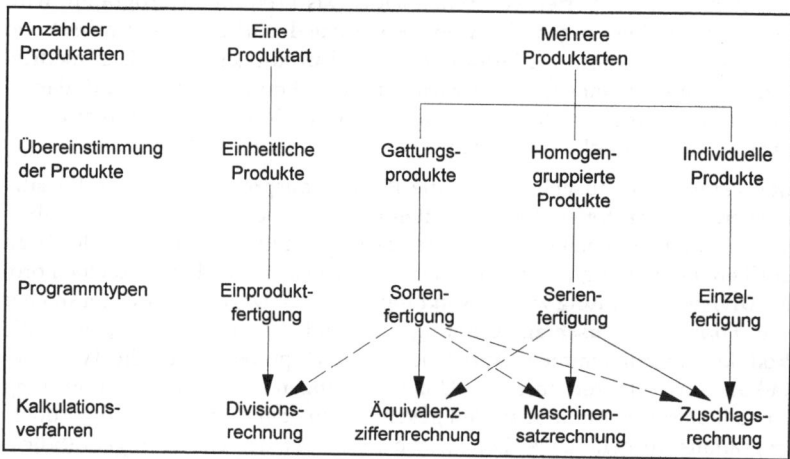

Abb. 2-59: *Zuordnung der Kalkulationsverfahren zu Typen des Produktionsprogramms*

Die **Zahl der Produktionsstufen** wird durch die Arbeitsverrichtungen (Arbeitsgänge) bestimmt, die zur Herstellung des Produkts erforderlich sind. Auf den verschiedenen Stufen werden normalerweise während einer Abrechnungsperiode nicht dieselben Produktmengen erzeugt. Es entstehen zwischen den Produktionsstufen Lager an Zwischenprodukten. Die Beanspruchung der einzelnen Arbeitsplätze oder Aggregate durch die Kostenträger in einer Abrechnungsperiode ist unterschiedlich. Dieser Tatbestand muss bei der Wahl des Kalkulationsverfahrens berücksichtigt werden. Deshalb sind bei unterschiedlichen Ausbringungsmengen auf den Produktionsstufen im Falle homogener oder annähernd homogener Produkte die **mehrstufige Divisionsrechnung** oder eine entsprechende **mehrstufige Äquivalenzziffernrechnung** geeignet. Wenn die Unternehmung Produkte mit geringer Übereinstimmung erzeugt, lassen sich die Unterschiede in der Beanspruchung der Produktionsstufen durch eine Differenzierung von Stellenzuschlägen in der **Zuschlagsrechnung** erfassen. Bei einstufigem Produktionsverfahren kann auf eine Differenzierung nach Produktionsstufen bzw. Kostenstellen verzichtet werden. Deshalb sind bei diesem Typ des Produktionsverfahrens die **einstu-**

C. Kosten- und Erlösträgerstückrechnung

fige Divisionsrechnung oder die Äquivalenzziffernrechnung sowie die Zuschlagsrechnung mit Gesamtzuschlägen anwendbar.

Durch die **Vergenz des Produktionsverfahrens** und die Kontinuität des Produktionsablaufs werden insbesondere der Umfang und die Genauigkeit der Kostenzurechnung beeinflusst. Mit dem Merkmal der Vergenz nimmt man Bezug auf die Struktur des Produktionsverfahrens und die Kombination der Einsatzstoffe[103]. Ein Produktionsverfahren hat **divergierenden Charakter**, wenn aus einem Stoff mehrere artmäßig verschiedene Produkte erzeugt werden. Fallen dabei zwangsläufig verschiedenartige Produkte an, so handelt es sich um Kuppelproduktion. Das Produktionsverfahren wird als **durchgängig (glatt)** bezeichnet, wenn in den Produktionsprozess ein Einsatzstoff eingeht, aus dem nur eine Produktart hergestellt wird. Hingegen werden bei **konvergierenden** Produktionsverfahren zur Erzeugung einer Produktart verschiedenartige Stoffe eingesetzt. Das Produktionsverfahren führt hierbei zu einer Vereinigung der unterschiedlichen Einsatzstoffe. Die Zahl der erstellten Güter verringert sich mit zunehmender Absatzreife. Dies bedeutet, dass bei konvergierendem Produktionsverfahren die Zahl der Kostenträger, auf welche die Kosten letztlich zu verteilen sind, relativ gering ist. In divergierenden Produktionsverfahren nimmt dagegen die Zahl der erzeugten Güter bis zur letzten Produktionsstufe hin zu. Hierdurch tritt im Rahmen einer Vollkostenrechnung eine Vielzahl von Verteilungsproblemen auf. Besonders schwierige Probleme der Kostenverteilung ergeben sich, wenn bei divergierenden Produktionsverfahren **Kuppelprodukte** erzeugt werden.

Einen entsprechenden Einfluss auf die Wahl des Kalkulationsverfahrens hat die **Kontinuität des Produktionsablaufs**. Kontinuierliche Produktionsverfahren laufen über längere Zeit hinweg ohne Unterbrechung ab. Eine derartige Kontinuität ist in der Regel nur solange möglich, wie dieselbe Produktart gefertigt wird. Deshalb kommen kontinuierliche Produktionsverfahren in reiner Form lediglich bei **Massenfertigung** vor. Ferner müssen die Produktionsprozesse für die verschiedenen Güter derselben Produktart gleich sein. Da in diesem Fall die Produktionsstellen durch die Gütereinheiten in gleicher Weise beansprucht werden, ist eine Kostenverteilung gemäß der **Divisionsrechnung** durchführbar. Bei **diskontinuierlichen Produktionsprozessen** tritt regelmäßig eine Unterbrechung des Produktionsablaufs ein, die in den technologischen Bedingungen des Verfahrens begründet ist. So kann in einem Schmelzprozess wegen des begrenzten Fassungsvermögens des Schmelzofens nur eine bestimmte Menge an Produkten, eine **Charge**, erstellt werden. Anschließend muss ein neuer Produktionsprozess in Gang gesetzt werden. Wesentliche Unterbrechungen ergeben sich ferner durch die Umstellung der Produktionsanlagen für die Fertigung anderer Produktarten. Derartige **Umrüstungen** sind für die Werkstattfertigung typisch. Jedoch können sie auch bei Fließfertigung auftreten, wenn zum Beispiel auf einer Fließstraße nacheinander verschiedene Sorten hergestellt werden. Durch die Umstellung der Produktionsanlagen entstehen Kosten. Somit hängen die auf die einzelne Produkteinheit entfallenden Kosten auch von der Gütermenge ab, die in einer

---

[103] Vgl. KOSIOL, E. (Einführung), S. 190; RIEBEL, P. (Erzeugungsverfahren), S. 55 ff.

Charge oder in einem Los ohne Unterbrechung des Produktionsablaufs miteinander bzw. hintereinander erzeugt wird. Es kann daher bei diskontinuierlichen Produktionsverfahren notwendig sein, "für jede Erzeugnisart so viele Kostenträger zu führen, wie einzelne Abschnitte in der Herstellung auftreten"[104].

IV. Probleme und Verfahren der Erlösträgerstückrechnung

Die **Erlösträgerstückrechnung** lässt sich ohne Schwierigkeiten vornehmen, soweit Erlöse den Produkteinheiten direkt zurechenbar sind. Dann erhält man die konstanten **Stückerlöse** unmittelbar aus der Erlösartenrechnung. Sie sind dort entweder für das einzelne Stück erfasst oder der Gesamtbetrag für eine verkaufte Menge lässt sich proportional den jeweiligen Einheiten zurechnen. Voraussetzung hierfür ist, dass einerseits das betreffende Gut in beliebiger Menge und Kombination mit anderen Gütern absetzbar ist und andererseits die Erlöse je Einheit unabhängig von den Bestellmengen des Kunden bei diesem und anderen Gütern sind[105].

Verteilungsprobleme treten auf, sobald für eine oder mehrere Produktarten **Gemeinerlöse** anfallen. Ihre Ursachen liegen darin, dass eine oder mehrere der genannten Voraussetzungen für eine direkte Zurechenbarkeit verletzt sind. So kann es sich um mengenmäßig gekoppelte Angebote handeln oder können Mindestabnahmemengen festgelegt sein. Dies bedeutet, dass der Kunde die Produkte nur in vorgegebenen 'Päckchen' erhält oder ein Kauf von Einzelprodukten ausgeschlossen wird, weil beispielsweise die Herstellung eines Einzelstücks oder eines sehr kleinen Loses im Hinblick auf die Rüstkosten zu teuer bzw. das Ausschussrisiko zu hoch ist. Ferner können abnahmemengenunabhängige Fest- oder Mindestentgelte je Periode oder Auftrag verlangt werden. Hierzu gehören z.B. Pauscherlöse für das Abonnement von Zeitungen sowie Zeitschriften oder Mindestentgelte für Pacht- bzw. Lizenzverträge. Ein Verbund zwischen den Erlösen je Produkteinheit liegt auch bei mengenabhängigen Preisen vor. Mindermengenzuschläge, gestaffelte Preise und Mengenrabatte führen dazu, dass der Erlös für das einzelne Stück davon abhängt, wie viel Stück insgesamt abgenommen werden. Damit ist er nicht mehr der jeweiligen Produkteinheit eindeutig zurechenbar. In den skizzierten Fällen betrifft der Verbund die verkauften Einheiten einer Produktart. Darüber hinaus können **Angebots- oder Nachfrageverbunde** zwischen verschiedenen Produktarten bestehen. Ein Beispiel für das erstere sind Kombinations- oder Kopplungsgeschäfte, in denen mehrere Artikel z.B. zu einer Kosmetikpackung oder einem Geschenkkorb zusammengefasst werden. Ein auf verschiedene Güterarten bezogener Nachfrageverbund liegt insbesondere bei Boni, Rabatten und Festentgelten vor, die für mehrere Produktarten zusammen gewährt werden. Dieser ist zwar auf das Angebot des Verkäufers zurückzuführen, sein Wirksamwerden hängt jedoch vom Handeln des Kunden ab.

---

[104] KOSIOL, E. (Kalkulation), S. 184.
[105] Vgl. RIEBEL, P. (Einzelkostenrechnung), S. 110 ff.

C. Kosten- und Erlösträgerstückrechnung

Gemeinerlöse können in der Regel nicht verursachungsgemäß auf die einzelnen Produkteinheiten bzw. -arten zugerechnet werden. Ihre Verteilung nach dem Durchschnitts- und dem Tragfähigkeitsprinzip hängt von den verfolgten Rechnungszwecken ab. Hierfür lassen sich die verschiedenen Kalkulationsverfahren heranziehen. Bei Anwendung der **Divisionsrechnung** werden Gemeinerlöse einer Produktart proportional auf die verkauften Einheiten verrechnet, während man die für mehrere Produktarten zusammen anfallenden Gemeinerlöse beispielsweise über **Äquivalenzziffern** schlüsseln kann. Sofern für die einzelnen Produkte sowohl Einzel- als auch Gemeinerlöse entstehen, lassen sich letztere gemäß dem Vorgehen der **Zuschlagsrechnung** mit geeigneten Bezugsgrößen auf die Einzelerlöse verrechnen. Wenn die Erlöse gleichartiger Produkte in mehreren Erlösstellen erwirtschaftet werden, kann zur Kalkulation der Stückerlöse eine Verteilung von Gemeinerlösen sowohl zwischen Stellen als auch zwischen Produkten notwendig sein.[106]

---

[106] Für weitere Aufgaben zur Kalkulation vgl. Küpper, H.-U./Friedl, G./Pedell, B. (Übungsbuch), S. 22 ff.

D. Kalkulatorische Erfolgsrechnung

Durch die Verknüpfung der Kosten- und der Erlösträgerrechnung gelangt man zur kalkulatorischen Erfolgsrechnung. In ihr werden Gewinne, Ergebnisse oder Erfolge ermittelt, wobei diese Begriffe meist, wie in diesem Buch, synonym gebraucht werden. Dabei kann man einmal auf die Ergebnisse der stückbezogenen Rechnungen, der Kalkulationen, zurückgreifen. Dann kommt man zu einer kalkulatorischen Stückerfolgsrechnung. Zum anderen kann man die Kosten und Erlöse für die in einem Zeitraum erstellten oder abgesetzten Produkte zugrunde legen. Auf diesem Weg führt man die Ergebnisse einer **Kostenträgerzeitrechnung** mit den Periodenerlösen zusammen und gelangt zu einer kalkulatorischen Periodenerfolgsrechnung.

I. Verfahren der kalkulatorischen Stückerfolgsrechnung

Kalkulatorische Stückerfolge lassen sich ermitteln, indem man von den Stückerlösen der einzelnen Produkte ihre Stückkosten subtrahiert. In der Istrechnung sind die Erlöse der verkauften Produkte am Markt realisiert und damit bekannt. Wegen der zentralen Bedeutung der Umsätze für die Unternehmung sowie für die Bilanzrechnung, werden sie in der Regel sehr genau und zuverlässig erfasst. Damit ist die Information über die Höhe der Erlöse für die von einer Unternehmung abgesetzten Produktarten im Normalfall unmittelbar verfügbar. Soweit sie keine **Gemeinerlöse** enthalten, kennt man damit auch die stückbezogenen Erlöse. Andernfalls wird es für die Bestimmung von Stückerfolgen notwendig, Gemeinerlöse auf die einzelnen Produkte aufzuteilen.

Die **Struktur** der kalkulatorischen Stückerfolgsrechnung hängt damit wesentlich von dem für die Berechnung verwendeten **Kalkulationsverfahren** ab. Durch eine Subtraktion der mit Hilfe von Divisions-, Äquivalenzziffern-, Zuschlags-, Maschinensatz-, Restwert- oder Verteilungsrechnungen ermittelten Stückkosten k_i der Produktart i von deren Stückerlösen p_i erhält man ihren **Stückerfolg** g_i:

$$g_i = p_i - k_i$$

Insoweit sind für die Stückerfolgsrechnung keine neuen Verfahren erforderlich, vielmehr stellen sie eine Erweiterung der in Abschnitt C. dieses Kapitels gekennzeichneten Kalkulationsverfahren dar.

Die **Aussagefähigkeit** und Verwendbarkeit der ermittelten Stückerfolgsziffern hängt maßgeblich davon ab, inwieweit der Kalkulation die vollen oder lediglich die Teilkosten zugrunde gelegt wurden. Für die Höhe der in einer **Vollkosten- und -erlösrechnung** ermittelten Stückerfolge der einzelnen Produkte ist bestimmend, wie die Gesamtkosten in der Kostenartenrechnung aufgespalten und in der Kostenstellen- sowie der Kostenträgerrechnung auf die Stellen und die Produkte verteilt worden sind. Die in einem solchen System zu lösenden **Schlüsselungsprobleme** wirken sich auf die Aussagefähigkeit der letztlich ermittelten Erfolgsziffern aus. Da Fixkosten kurzfristig nicht veränderlich sind, ist eine Verwendung von Stückerfolgen auf Vollkostenbasis zur Beurteilung der Produkte zumindest bei einer kurzfristig orientierten Betrachtung problematisch. Sie erscheinen eher verwendbar als **Indikatoren**

D. Kalkulatorische Erfolgsrechnung

für eine auf längere Sicht gerichtete Analyse des Erfolgsbeitrags der verschiedenen Produktarten. Auch dabei ist jedoch zu prüfen, inwieweit die Verteilung der Gemein- und Fixkosten durch empirische Zusammenhänge bzw. rechnungszweckabhängige Prinzipien begründet und damit nicht frei von Willkür ist.

Um die schwer zu lösenden Zurechnungs- und Verteilungsprobleme zu umgehen, verzichtet man in Systemen der **Teilkosten- und -erlösrechnung** auf eine Verteilung von Fix- bzw. von Gemeinkosten. In ihnen ermittelt man in der Stückerfolgsrechnung statt dessen die Differenz zwischen den Stückerlösen p_i und den variablen Stückkosten[107] k_{vi} bzw. den Einzelkosten[108] der Produkteinheit. Die sich ergebende Größe

$$d_i = p_i - k_{vi}$$

wird als **Stückdeckungsbeitrag** d_i der Produktart i bezeichnet. Sie stellt den von einer Produkteinheit geleisteten Beitrag zur Deckung der Fixkosten und zur Gewinnerzielung dar. Da sich die Stückerlöse und die variablen Stückkosten mit der Variation der Produktmengen ändern bzw. Stückerlöse und Einzelkosten der Produkteinheit direkt zurechenbar sind, kennzeichnen Stückdeckungsbeiträge unmittelbare Erfolgswirkungen der einzelnen Produkte. Sie werden daher als wichtige Größen zur Analyse und Beurteilung der Produkte in einer kurzfristigen Betrachtung angesehen.

II. Verfahren der kalkulatorischen Periodenerfolgsrechnung

> Die **Ermittlung der Kosten und Erlöse**, welche auf die bearbeiteten sowie abgesetzten Kosten- und Erlösträger einer Abrechnungsperiode entfallen, ist die Aufgabe einer **kalkulatorischen Periodenerfolgsrechnung**.

Im Allgemeinen wird sie durch die Einbeziehung der Erlöse dieser Kostenträger zu einer kalkulatorischen Erfolgsrechnung ausgebaut. Als Abrechnungsperiode wählt man üblicherweise einen kürzeren Zeitraum als in der pagatorischen Jahreserfolgsrechnung. Beispielsweise ermittelt man die Kosten und den (kurzfristigen) Betriebserfolg vierteljährlich oder **monatlich**. Die Rechnung soll dann in verhältnismäßig kurzen Zeitabständen Einblick in die Entwicklung der Kosten, der Erlöse und des Erfolgs geben. Dazu müssen ihre Ergebnisse kurze Zeit nach Ablauf der Abrechnungsperiode vorliegen. Die Schnelligkeit der Informationsgewinnung ist dabei häufig von größerer Bedeutung als ihre Genauigkeit. Durch die **kürzere Dauer der Abrechnungsperiode** treten gegenüber der Jahreserfolgsrechnung zusätzliche Probleme der Periodenabgrenzung auf. Die in einer (kurzen) Abrechnungsperiode entstehenden Kosten sind vielfach nicht gleich den Kosten, die von den in dieser

---

[107] Vgl. zu den Systemen der Teilkosten- und -erlösrechnung auf Basis variabler Kosten Kapitel 3., Abschnitt D.I., S. 397 ff.
[108] Vgl. zum System der Teilkosten- und -erlösrechnung auf Basis relativer Einzelkosten Kapitel 3., Abschnitt D.IV., S. 528 ff.

Periode fertig gestellten oder abgesetzten Produkten verursacht worden sind. Es werden Zwischen- und Endprodukte erzeugt, die erst in späteren Perioden abgesetzt werden und zu Erlösen führen. Andererseits können bei Vorliegen von Anfangsbeständen Produkte fertig gestellt bzw. abgesetzt werden, die in vorhergehenden Perioden zu Kosten geführt haben.

Um in einer kurzfristigen Erfolgsrechnung den Periodenerfolg zu ermitteln, muss eine gemeinsame Bezugsbasis für die zuzurechnenden Periodenkosten und Periodenerlöse gewählt werden. Diese stellt eine abgegrenzte Menge der Kostenträger dar. Geht man von den während einer Periode abgesetzten Produkten als Bezugsbasis aus, so erhält man eine **Absatzerfolgsrechnung**. In ihr werden die Erlöse der abgesetzten Produkte den auf diese Produkte entfallenden Kosten gegenübergestellt. Entsprechend ergibt sich eine **Ausbringungserfolgsrechnung**, wenn man zum Beispiel die in einer Abrechnungsperiode erzeugten Endprodukte als Menge an Kostenträgern wählt, für welche die Erlöse sowie Kosten zu ermitteln sind und der Periodenerfolg zu bestimmen ist. Ausbringungserfolgsrechnungen lassen sich nicht nur für den Fertigungsbereich aufstellen. Sie können auch für andere Teilbereiche wie die Beschaffung, den Vertrieb oder die Verwaltung angestrebt werden[109]. Dabei entstehen aber zusätzliche Probleme bei der Abgrenzung der Kostenträger (z.B. Verwaltungsleistungen) und der Zurechnung von Erlösen.

Ein weiteres Unterscheidungsmerkmal bildet der Umfang der Verrechnung von Kosten auf die einzelnen Kostenträger. Die Periodenerfolgsrechnung kann als **Voll- oder Teilkosten- und -erlösrechnung** durchgeführt werden. Auf die Kostenträgereinheiten werden dann entweder sämtliche oder nur ein Teil der Kosten zugerechnet. Hieraus ergeben sich unterschiedliche Periodenkosten und Periodenerfolge für die einzelnen Kostenträger. Sofern die Bestände an Zwischen- und Endprodukten schwanken, ist auch die Höhe des gesamten Periodenerfolgs vom Umfang der Kostenverteilung auf die Kostenträger abhängig.

Verschiedene Formen der kalkulatorischen Periodenerfolgsrechnung lassen sich des weiteren nach der Gliederung der Kosten kennzeichnen. Man kann die Kosten nach Kostenarten, nach Kostenstellen oder nach Kostenträgern einteilen. Demnach kann die Erfolgsrechnung kostenarten-, kostenstellen- oder kostenträgerorientiert sein[110]. Die zwei am häufigsten verwendeten Verfahren der kurzfristigen Erfolgsrechnung, das **Gesamtkostenverfahren und das Umsatzkostenverfahren**, unterscheiden sich in Bezug auf dieses Merkmal. Während beim Gesamtkostenverfahren eine Differenzierung der Kosten nach Kostenarten erfolgt, werden die Kosten beim Umsatzkostenverfahren nach Produktarten oder Produktgruppen gegliedert, was auch der Erlösgliederung entspricht.

---

[109] Vgl. KOSIOL, E. (Kostenrechnung), S. 270 f.
[110] Vgl. KOSIOL, E. (Kostenrechnung), S. 272.

D. Kalkulatorische Erfolgsrechnung

1. Gesamtkostenverfahren

Beim **Gesamtkostenverfahren** werden die nach Kostenarten erfassten Gesamtkosten einer Periode dem Periodenumsatz gegenübergestellt. Da die Markterlöse für die abgesetzten Produkte anfallen, müssen zusätzlich die **Bestandsveränderungen bei Zwischen- und Endprodukten** berücksichtigt werden, damit sich die gesamten Kosten auf der einen und die gesamten Erlöse auf der anderen Seite auf dieselbe Produktmenge beziehen. Prinzipiell kann das Gesamtkostenverfahren mit Voll- oder Teilkosten durchgeführt werden. Ferner lässt es sich als Absatzerfolgsrechnung[111] oder als Ausbringungserfolgsrechnung[112] aufbauen. Im üblichen Fall einer Gestaltung als Absatzerfolgsrechnung bilden die abgesetzten Produkte die Bezugsgröße für die Abgrenzung der zu erfassenden Kosten und Erlöse. Die Veränderungen der Bestände an Halb- und Fertigerzeugnissen werden zu **Herstellkosten** bewertet. Sofern die Marktpreise dieser Produkte unter den Herstellkosten liegen, werden die niedrigeren Marktpreise als Wertansätze der Bestandsänderungen gewählt[113]. Der Betriebserfolg ergibt sich auf dem **Betriebsergebniskonto** (vgl. Abbildung 2-60) aus der Gegenüberstellung der in der Periode entstandenen, nach Kostenarten gegliederten Gesamtkosten und den Herstellkosten der Bestandsminderungen auf der Sollseite sowie der Periodenerlöse und der zu Herstellkosten bewerteten Bestandsmehrungen auf der Habenseite.

Betriebsergebniskonto beim Gesamtkostenverfahren	
- Gesamtkosten der Periode nach **Kostenarten**	- Periodenerlöse
- Herstellkosten der **Bestandsminderungen** an Zwischen- und Endprodukten	- Herstellkosten der **Bestandsmehrungen** an Zwischen- und Endprodukten
- Betriebsgewinn	- Betriebsverlust

Abb. 2-60: Aufbau des Betriebsergebniskontos beim Gesamtkostenverfahren zu Vollkosten (als Absatzerfolgsrechnung)

Der Periodenerlös (-umsatz) wird im Folgenden mit U bezeichnet, die j verschiedenen Kostenarten der Unternehmung mit K_j. Ferner wird angenommen, dass die Unternehmung verschiedene Zwischen- und Endprodukte i erzeuge. Die während einer Periode abgesetzte Menge der i-ten Produktart sei x_{ia}, die Menge an hergestellten Produkteinheiten dagegen x_{ip}. Wenn k_{hi} die Herstellkosten der i-ten Produktart bedeutet, gilt nach dem Gesamtkostenverfahren für den Betriebserfolg G_B[114]:

---

[111] Vgl. KOSIOL, E. (Kostenrechnung), S. 271.
[112] Vgl. SCHOENFELD, H.-M. (Kostenrechnung I), S. 94.
[113] Vgl. KILGER, W. (Erfolgsrechnung), S. 30.
[114] Vgl. KILGER, W. (Erfolgsrechnung), S. 29 f.

$$G_B = U - \left[\sum_j K_j + \sum_i (x_{ia} - x_{ip}) \cdot k_{hi}\right]$$

Das Betriebsergebniskonto sowie die **Gleichung für den Betriebserfolg** lassen sich wie folgt interpretieren. Der Betriebserfolg ist gleich der Differenz zwischen den Periodenerlösen und den Periodenkosten, welche um die Herstellkosten von Bestandsminderungen ($x_{ia} > x_{ip}$) zu erhöhen und um die Herstellkosten von Bestandsmehrungen ($x_{ia} < x_{ip}$) zu vermindern sind. Von den Erlösen der in einer Periode abgesetzten Produkte werden somit die Kosten der abgesetzten Produkte subtrahiert. Im Falle von Bestandsmehrungen werden die Periodenkosten um die Herstellkosten vermindert, welche auf die nicht abgesetzten Produkte entfallen. Dagegen werden bei Bestandsminderungen die Herstellkosten der Produkte, die in Vorperioden erzeugt worden sind, zu den Gesamtkosten der Periode addiert. Es gehen also nicht nur die Kosten in die Erfolgsrechnung ein, welche in der betreffenden Periode entstanden sind.

Der wesentliche **Vorteil des Gesamtkostenverfahrens** liegt in seinem rechnerisch einfachen Aufbau. Dieses Verfahren lässt sich ohne Schwierigkeiten in das System der doppelten Buchführung einbauen. Andererseits liefert es aber keine Informationen für die Kosten- und die Erfolgsanalyse der einzelnen Produktarten oder Produktgruppen, da die Gesamtkosten einer Abrechnungsperiode nicht auf Kostenträger verteilt werden. Man kann nicht erkennen, in welchem Umfang die verschiedenen Produkte zur Erzielung des Periodenerfolgs beitragen. Deshalb ist die Aussagefähigkeit des Gesamtkostenverfahrens bei Mehrproduktfertigung gering.

Ein weiterer **Nachteil des Gesamtkostenverfahrens** besteht in der Notwendigkeit, die Bestände an Halb- und Fertigprodukten zu erfassen, um die Bestandsänderungen feststellen zu können. Bei mehrstufiger Mehrproduktfertigung kann dies sehr aufwendig sein, insbesondere wenn eine körperliche Inventur vorgenommen wird. Dabei können Erfassungsfehler auftreten, insbesondere weil die Fertigungsprozesse nicht unterbrochen werden. Die Bedeutung dieser Fehler ist in der häufiger durchgeführten kurzfristigen Erfolgsrechnung wesentlich größer als in der Jahreserfolgsrechnung[115]. Daneben müssen für eine Bewertung der Bestandsänderungen zu Herstellkosten die Herstellkosten je Produkteinheit bekannt sein. Demnach kann beim Gesamtkostenverfahren im Fall von Bestandsänderungen auf eine Verteilung der Kosten auf Kostenträger nicht verzichtet werden, obwohl die Periodenkosten lediglich nach Kostenarten gegliedert werden[116].

2. Umsatzkostenverfahren

Das **Umsatzkostenverfahren** stellt stets eine **Absatzerfolgsrechnung** dar. Der Betriebserfolg wird nach diesem Verfahren als Differenz zwischen den Erlösen und den Selbstkosten der in einer Abrechnungsperiode abgesetzten Produkte ermittelt (vgl. Abbildung 2-61). Dabei sind nicht nur die Erlöse, son-

---

[115] Vgl. KILGER, W. (Erfolgsrechnung), S. 33.
[116] Vgl. BESTE, T. (Erfolgsrechnung), S. 313.

dern auch die Kosten nach Produktarten bzw. Produktgruppen gegliedert, so dass sich Erfolgsgrößen der einzelnen Produkte ermitteln lassen.

Betriebsergebniskonto beim Umsatzkostenverfahren	
- Gesamtkosten der in einer Periode **abgesetzten Produkte** nach Produktarten	- Periodenerlöse **nach Produktarten**
- Betriebsgewinn	- Betriebsverlust

Abb. 2-61: Aufbau des Betriebsergebniskontos beim Umsatzkostenverfahren zu Vollkosten

Im Gegensatz zum Gesamtkostenverfahren müssen beim Umsatzkostenverfahren für alle abgesetzten Produkte und nicht nur für Bestandsänderungen die Kosten je Produkteinheit bestimmt werden. Demnach gehen die Ergebnisse der Kostenträgerstückrechnung in vollem Umfang in die Periodenerfolgsrechnung ein.

Die Höhe der anzusetzenden Kosten je Produkteinheit ist davon abhängig, ob der Rechnung Voll- oder Teilkosten zugrunde gelegt werden. Bei einer **Vollkostenrechnung** sind in der Erfolgsrechnung die abgesetzten Produkte mit ihren **gesamten Selbstkosten** anzusetzen, die neben den vollen Herstellkosten noch variable sowie fixe Verwaltungs- und Vertriebskosten umfassen. Bezeichnet man die Selbstkosten je Stück der i-ten Produktart (bzw. Produktgruppe) mit k_{si} und mit p_i ihren Stückerlös, so ergibt sich für den Betriebserfolg G_B die Gleichung:

$$G_B = U - \sum_i x_{ia} \cdot k_{si} = \sum_i x_{ia} \cdot p_i - \sum_i x_{ia} \cdot k_{si} = \sum_i x_{ia} \cdot (p_i - k_{si})$$

Die letzte Ausdruck zeigt die Aufteilung des Betriebserfolgs auf die verschiedenen Produktarten bzw. Produktgruppen.

Wenn die kurzfristige Erfolgsrechnung als **Teilkostenrechnung** durchgeführt wird, sind von den Periodenerlösen die Teilkosten (z.B. variable Kosten) der abgesetzten Produkte zu subtrahieren. Zur Bestimmung des Betriebserfolgs werden ferner die nicht auf Kostenträger verteilten Kosten (z.B. fixe Kosten) in einem Betrag abgezogen. Somit kann in einer Teilkostenrechnung beispielsweise eine Zuordnung der variablen Kosten auf die Kostenträger erfolgen, während die fixen Kosten K_F nicht verteilt werden. Dann ergibt sich für den Periodenerfolg, wenn k_{vi} die variablen Stückkosten der i-ten Produktart (bzw. Produktgruppe) sind:

$$G_B = U - \sum_i x_{ia} \cdot k_{vi} - K_F = \sum_i x_{ia} \cdot (p_i - k_{vi}) - K_F$$

Die Differenz zwischen den Stückerlösen p_i und den variablen Stückkosten k_{vi} ergibt die Stückdeckungsbeiträge. Diese bilden eine wichtige Kennziffer zur Beurteilung der Produkte. Deshalb wird das Umsatzkostenverfahren in Systemen der Teilkostenrechnung meist in Form von Deckungsbeitragsrechnungen durchgeführt[117]. Das Umsatzkostenverfahren macht keine Erfassung der Bestände an Zwischen- und Endprodukten erforderlich. Die Absatzmengen der Produkte und ihre Stückerlöse lassen sich ohne Schwierigkeiten feststellen. Liegen die auf die einzelnen Produktarten bzw. Produktgruppen zuzurechnenden Stück- bzw. Gruppenkosten vor, kann man den Periodenerfolg einfach ermitteln. Das Umsatzkostenverfahren eignet sich demnach für eine sehr schnelle Erfolgsermittlung. Gegenüber dem Gesamtkostenverfahren weist es den weiteren **Vorzug** auf, dass sich nicht nur ein globaler Periodenerfolg, sondern auch Erfolgsgrößen für die einzelnen Produktarten bzw. Produktgruppen ergeben. Damit werden Informationen für Entscheidungen über das Produktionsprogramm und eine produktorientierte Erfolgsanalyse zur Verfügung gestellt. Die Verwendbarkeit (Relevanz) dieser Informationen für Entscheidungsprobleme ist jedoch auch davon abhängig, ob die Erfolgsrechnung mit Voll- oder Teilkosten durchgeführt wird[118].

3. Beispiel einer kalkulatorischen Periodenerfolgsrechnung nach dem Gesamt- und dem Umsatzkostenverfahren

Die Struktur der kalkulatorischen Periodenerfolgsrechnung nach dem Gesamtkostenverfahren und nach dem Umsatzkostenverfahren wird im Folgenden anhand eines **Zahlenbeispiels** erläutert. Ausgangspunkt ist der bei der Kosten- und Erlösstellenrechnung dargestellte Betriebsabrechnungsbogen[119] einer Unternehmung aus dem Bereich der Spiralbohrerfertigung. Die Betriebserfolgsrechnung wird hier für dieselbe Abrechnungsperiode durchgeführt, auf die sich der Betriebsabrechnungsbogen bezieht. In der Realität kann sie dagegen auch kürzere Perioden betreffen.

Die Betriebserfolgsrechnung nach dem **Gesamtkostenverfahren** wird als **Absatzerfolgsrechnung** aufgestellt. Zu den Erlösen der Produkte, die während der Abrechnungsperiode abgesetzt worden sind, müssen in diesem Beispiel die zu aktivierenden Eigenleistungen und die Herstellkosten der Bestandsmehrungen addiert werden. Der Summe dieser Beträge sind die nach Kostenarten gegliederten Gesamtkosten der Periode und die Herstellkosten der Bestandsminderungen gegenüberzustellen. Die Differenz ergibt das Betriebsergebnis als Betriebsgewinn oder Betriebsverlust (vgl. Abbildung 2-60). Es entspricht der Differenz zwischen den Erlösen und den vollen Selbstkosten der abgesetzten Produkte.

Die im Beispiel betrachtete Unternehmung hat während der Abrechnungsperiode fünf verschiedene Produktarten A, B, C, D und E erzeugt. Deren **Stückerlöse**, die während der Periode **abgesetzten Mengen** und die **gesamten Periodenerlöse** sind aus Abbildung 2-62 ersichtlich.

Beim Gesamtkostenverfahren gehen die **Gemeinkosten** entsprechend ihrer Gliederung nach Kostenarten, wie sie aus dem Betriebsabrechnungsbogen[120]

---

[117] Vgl. hierzu Kapitel 3., Abschnitt D.I.5., S. 454 ff.
[118] Vgl. Kapitel 1., Abschnitt B.III.2.a)cc), S. 63 ff. und Kapitel 3., Abschnitt D.I.6.c)aa), S. 476 ff.
[119] Vgl. Kapitel 2., Abschnitt B.III.5., Abb. 2-32, S. 150 f.
[120] Vgl. Kapitel 2., Abschnitt B.III.5., Abb. 2-32, S. 150 f.

D. Kalkulatorische Erfolgsrechnung

erkennbar ist, in die Betriebserfolgsrechnung ein. Ferner sind während der Abrechnungsperiode folgende **Einzelkosten** entstanden:

Fertigungsmaterial: € 304.586,40
Fertigungslohn: € 757.376,57
Sondereinzelkosten des Vertriebs: € 265.085,73

Produkt	Stückerlös	Periodenabsatz	Periodenerlös
A	3,20	398.768	1.276.057,60
B	5,60	252.173	1.412.168,80
C	9,20	153.421	1.411.473,20
D	23,80	21.567	513.294,60
E	17,90	38.476	688.720,40
Summe			€ 5.301.714,60

Abb. 2-62: Stückerlöse, Absatzmengen und Periodenerlöse der abgesetzten Produkte

Für die Durchführung des Gesamtkostenverfahrens sind die Herstellkosten der Bestandsminderungen und der Bestandsmehrungen zu bestimmen. Die Produktionsstruktur des betrachteten Beispiels hat zur Folge, dass nach den Fertigungsstufen Abstechen, Fräsen und Härten Zwischenlager sowie nach der letzten Stufe Schleifen ein Fertigwarenlager bestehen können. Durch die Inventur zu Beginn und Ende der Abrechnungsperiode werden diese Lagerbestände ermittelt. Man erhält die Bestandsänderungen aus den Differenzen zwischen den Anfangs- und Endbeständen. Für das betrachtete Beispiel gibt Abbildung 2-63 die **Bestandsänderungen** der Periode wieder.

Produkt	Zwischenlager nach Abstechen		Zwischenlager nach Fräsen		Zwischenlager nach Härten		Fertigwarenlager nach Schleifen	
	Zunahme	Abnahme	Zunahme	Abnahme	Zunahme	Abnahme	Zunahme	Abnahme
A	8.382		7.218				3.947		4.117	
B	3.771			3.684	1.777			1.608
C		2.002		2.404			3.551	4.378	
D	1.212		763				1.821	2.513	
E		115		615	1.207			178	

Abb. 2-63: Bestandsänderungen bei Zwischen- und Endprodukten

Aus den Absatzmengen und den über die Inventur ermittelten Bestandsänderungen lassen sich die **Herstellungsmengen** der Periode für jede Produktionsstufe und jedes Produkt bestimmen, sofern kein Ausschuss entstanden ist. Da sich die Bestände nach allen Produktionsstufen verändert haben, weichen die Herstellungsmengen jeder Stufe von den Absatzmengen ab. Zur Ermittlung der Herstellungsmengen müssen nach jeder Produktionsstufe die Bestandsänderungen aller nachfolgenden Lager berücksichtigt werden (vgl. Abbildung 2-64).

Als Verfahren zur **Kalkulation der Bestandsänderungen** wird im Folgenden die Zuschlagsrechnung verwendet. Für jedes Produkt sind die bis zu den verschiedenen Produktionsstufen angefallenen Herstellkosten zu bestimmen.

2. Kapitel: Ermittlungsorientierte Systeme der KER

Diese setzen sich aus dem Fertigungsmaterial und dem Fertigungslohn als Einzelkosten sowie den Material- und Fertigungsgemeinkosten zusammen. Sondereinzelkosten der Fertigung sind im Beispiel nicht entstanden. Die **Materialeinzelkosten und die Fertigungslöhne pro Stück auf jeder Produktionsstufe** sind in Abbildung 2-65 aufgezeichnet.

Produkt \ Produktionsstufe	Abstechen	Fräsen	HärtenSc	hleifen
A	406.304	397.922	390.704	394.651
B	252.429	248.658	252.342	250.565
C	149.842	151.844	154.248	157.799
D	24.234	23.022	22.259	24.080
E	40.361	40.476	39.861	38.654

Abb. 2-64: Herstellungsmengen der Produkte auf den verschiedenen Produktionsstufen während der Abrechnungsperiode

Produkt \ Kostenart [€]	Fertigungsmaterial	Fertigungslohn Abstechen	Fertigungslohn Fräsen	Fertigungslohn Härten	Fertigungslohn Schleifen
A	0,20	0,06	0,08	0,03	0,25
B	0,30	0,13	0,17	0,04	0,44
C	0,50	0,23	0,26	0,09	0,88
D	1,50	0,49	0,61	0,17	1,85
E	0,90	0,39	0,45	0,13	1,43

Abb. 2-65: Materialeinzelkosten und Fertigungslöhne je Stück

Mit Hilfe des **Zuschlagssatzes**, der im Betriebsabrechnungsbogen[121] ermittelt wurde, lassen sich die Materialgemeinkosten dem Fertigungsmaterial zuschlagen. Als Bezugsgröße der Fertigungsgemeinkosten werden die Fertigungszeiten gewählt. Die Quotienten aus den Gemeinkosten der vier Fertigungshauptstellen und ihren jeweiligen gesamten Fertigungszeiten während der Periode stellen die auf eine Fertigungsminute zu verrechnenden Fertigungsgemeinkosten dar. Diese Minutensätze sind in der letzten Zeile des Betriebsabrechnungsbogens für jede der Fertigungshauptstellen bestimmt. Für die Kalkulation der Fertigungsgemeinkosten pro Stück sind die Minutensätze mit den Fertigungszeiten pro Stück zu multiplizieren. Die **Fertigungszeiten** der fünf Produkte sind aus Abbildung 2-66 ersichtlich.

Aus den angegebenen Daten können entsprechend Abbildung 2-67 die **Herstellkosten** der Produkte kalkuliert werden. Die Zwischensummen nach jeder Produktionsstufe ergeben die bis zur betreffenden Produktionsstufe angefallenen Kosten. Die **Bewertung der Bestandsminderungen und der Bestandsmehrungen** mit den kalkulierten Herstellkosten ist in den Abbildungen 2-68 und 2-69 vorgenommen.

---

[121] Vgl. Kapitel 2., Abschnitt B.III.5., Abb. 2-32, S. 150 f.

D. Kalkulatorische Erfolgsrechnung

Produkt \ Produktionsstufe	Abstechen [Min]	Fräsen [Min]	Härten [Min]	Schleifen [Min]
A	0,5	0,6	0,2	2,0
B	1,0	1,3	0,3	3,5
C	1,5	1,8	0,6	6,0
D	4,0	5,0	1,4	15,0
E	3,0	3,5	1,0	11,0

Abb. 2-66: *Fertigungszeiten je Stück*

Kostenarten [€] \ Produkte	A		B		C		D		E	
		Summe		Summe		Summe		Summe		Summe
Fertigungsmaterial	0,200		0,300		0,500		1,500		0,900	
Materialgemeinkosten	0,016		0,024		0,040		0,120		0,072	
Fertigungslohn Abstechen	0,060		0,130		0,230		0,490		0,390	
Fertigungsgemeinkosten	0,172	0,448	0,343	0,797	0,515	1,285	0,372	3,482	1,029	2,391
Fertigungslohn Fräsen	0,080		0,170		0,260		0,610		0,450	
Fertigungsgemeinkosten	0,192	0,719	0,416	1,383	0,575	2,120	1,598	5,691	1,119	3,960
Fertigungslohn Härten	0,030		0,040		0,090		0,170		0,130	
Fertigungsgemeinkosten	0,367	1,116	0,550	1,973	1,100	3,310	2,567	8,427	1,833	5,923
Fertigungslohn Schleifen	0,250		0,440		0,880		1,850		1,430	
Fertigungsgemeinkosten	0,744	2,110	1,301	3,714	2,231	6,421	5,577	15,855	4,090	11,443
Herstellkosten		2,110		3,714		6,421		15,855		11,443

Abb. 2-67: *Kalkulation der Herstellkosten pro Stück*

Produkt	Lager nach Produktionsstufe	Bestandsminderung [Stück]	Herstellkosten pro Stück [€]	Herstellkosten der Bestandsminderung [€]
A	Härten	3.947	1,115997	4.404,84
A	Schleifen	4.117	2,109631	8.685,35
B	Fräsen	3.684	1,382641	5.093,65
B	Schleifen	1.608	3,713996	5.972,11
C	Abstechen	2.002	1,284550	2.571,67
C	Fräsen	2.404	2,120004	5.096,49
C	Härten	3.551	3,309995	11.753,79
D	Härten	1.821	8,427254	15.346,03
E	Abstechen	115	2,391105	274,98
Summe				59.198,91

Abb. 2-68: *Ermittlung der Herstellkosten der Bestandsminderungen*

Produkt	Lager nach Produktionsstufe	Bestands-mehrung [Stück]	Herstellkosten pro Stück [€]	Herstellkosten der Bestandsmehrung [€]
A	Abstechen	8.382	0,447515	3.751,07
A	Fräsen	7.218	0,719333	5.192,15
B	Abstechen	3.771	0,797035	3.005,62
B	Härten	1.777	1,972636	3.505,37
C	Schleifen	4.278	6,420897	28.110,69
D	Abstechen	1.212	3,482125	4.220,34
D	Fräsen	763	5,690609	4.341,93
D	Schleifen	2.513	15,854510	39.842,38
E	Fräsen	615	3,960043	2.435,43
E	Härten	1.207	5,923361	7.149,50
E	Schleifen	178	11,443349	2.036,92
Summe				103.591,40

Abb. 2-69: *Ermittlung der Herstellkosten der Bestandsmehrungen*

In die **Betriebserfolgsrechnung nach dem Gesamtkostenverfahren** (vgl. Abbildung 2-70) sind auf der Sollseite die Einzelkosten und die Gemeinkosten der hergestellten Produktmengen sowie die Herstellkosten der Bestandsminderungen, auf der Habenseite die Periodenerlöse, die zu aktivierenden Eigenleistungen sowie die Herstellkosten der Bestandsmehrungen einzusetzen. Für die betrachtete Abrechnungsperiode erhält man einen Betriebsgewinn in Höhe von € 301.713,39.

Die Betriebserfolgsrechnung nach dem **Gesamtkostenverfahren** vermittelt einen Überblick über die artmäßige Zusammensetzung der Periodenkosten und der Periodenerlöse sowie über die Herstellkosten von Bestandsänderungen. Aus ihr lassen sich jedoch keine Angaben über die auf jedes Produkt entfallenden Erfolge ableiten.

Eine Gegenüberstellung der Erlöse und Selbstkosten je Produkt wird dagegen beim **Umsatzkostenverfahren** vorgenommen. Dieses Verfahren der Erfolgsrechnung wird im Folgenden anhand desselben Zahlenbeispiels dargestellt. Die **Periodenerlöse** der fünf Produkte sind in Abbildung 2-62 angegeben. Zur Bestimmung der Selbstkosten wird jedes Produkt mit Hilfe der Zuschlagsrechnung kalkuliert. Man erhält die Selbstkosten, indem man zu den in Abbildung 2-67 ermittelten Herstellkosten jedes Produktes die Verwaltungs- und Vertriebskosten sowie die Sondereinzelkosten des Vertriebs addiert. Zuschlagsbasis der Verwaltungs- und Vertriebsgemeinkosten sind die Herstellkosten der abgesetzten Produkte. Ihre Höhe ist aus dem Betriebsabrechnungsbogen nicht direkt ableitbar, da sich die in ihm enthaltenen Material- und Fertigungsgemeinkosten auf die in der Periode hergestellten und nicht auf die abgesetzten Produkte beziehen. Aus den Herstellkosten je Stück und den Absatzmengen lassen sich die **Herstellkosten der abgesetzten Produkte** errechnen (vgl. Abbildung 2-71).

D. Kalkulatorische Erfolgsrechnung

Betriebsergebniskonto beim Gesamtkostenverfahren				
Soll				**Haben**
	€	€		€ €
Gesamtkosten der Periode			**Periodenerlöse**	
Einzelkosten			Produkt A	
Fertigungsmaterial	304.586,40		398.768 · 3,20 = 1.276.057,60	
Fertigungslohn	757.376,57		Produkt B	
Sondereinzelkosten			252.173 · 5,60 = 1.412.168,80	
des Vertriebs	265.085,73		Produkt C	
		1.327.048,70	153.421 · 9,20 = 1.411.473,20	
Gemeinkosten			Produkt D	
Gehälter	1.180.561		21.567 · 23,80 = 513.294,60	
Hilfslöhne	725.787		Produkt E	
Sozialaufwendungen	307.427		38.476 · 17,90 = 688.720,40	
Urlaubs-u nd				5.301.714,60
Feiertagslöhne	226.936			
Hilfs- und			Zu aktivierende Eigen-	
Betriebsstoffe	162.436		leistungen	285.433,00
Instandhaltungs-				
material	57.449			
Strom	218.285			
Wasser	17.033			
Bürokosten	102.273			
Abschreibungen	607.940			
Zinsen	121.342			
Steuern	39.658			
Abgaben	38.961			
Versicherungen	33.329			
Werbung und Vertrieb	163.361			
		4.002.778,00		
Herstellkosten der Bestands-			**Herstellkosten der Bestands-**	
minderungen		59.198,91	mehrungen	103.591,40
Betriebsgewinn		301.713,39		
		5.690.739,00		5.690.739,00

Abb. 2-70: *Betriebserfolgsrechnung nach dem Gesamtkostenverfahren*

Produkt	A	B	C	D	E	Summe
Absatzmenge	398.768	252.173	153.421	21.567	38.476	
Herstellkosten pro Stück [€]	2,109631	3,713996	6,420897	15,854510	11,443349	
Herstellkosten der abgesetzten Produkte [€]	841.253,33	936.569,51	985.100,44	341.934,22	440.294,30	3.545.151,80

Abb. 2-71: *Herstellkosten der abgesetzten Produkte*

Der prozentuale Anteil der Verwaltungs- und der Vertriebsgemeinkosten an den Herstellkosten der abgesetzten Produkte bildet den Zuschlagssatz im Betriebsabrechnungsbogen für die Kostenstellen[122]. Bei den Sondereinzelkosten des Vertriebs handelt es sich um Vertreterprovisionen in Höhe von 5 % der Stückerlöse. Aus den Herstellkosten, den Zuschlagssätzen für Verwaltungs-

---

[122] Vgl. Kapitel 2., Abschnitt B.III.5., Abb. 2-32, S. 150 f.

und Vertriebsgemeinkosten sowie den Sondereinzelkosten des Vertriebs lassen sich gemäß Abbildung 2-72 die **Selbstkosten pro Stück für jedes Produkt** bestimmen.

Kostenarten [€] \ Produkt	A	B	C	D	E
Herstellkosten	2,109631	3,713996	6,420897	15,854510	11,443349
Verwaltungsgemeinkosten (16,107293 % der Herstellkosten)	0,339804	0,598224	1,034233	2,553732	1,843214
Vertriebsgemeinkosten (17,453019 % der Herstellkosten)	0,368194	0,648204	1,120640	2,767091	1,997210
Sondereinzelkosten des Vertriebs	0,160000	0,280000	0,460000	1,190000	0,895000
Selbstkosten	2,977629	5,240424	9,035770	22,365333	16,178773

Abb. 2-72: *Ermittlung der Selbstkosten pro Stück*

Die **Betriebserfolgsrechnung nach dem Umsatzkostenverfahren** (in Abbildung 2-73) umfasst auf der Sollseite die Selbstkosten und auf der Habenseite die Erlöse jeder Produktart. Als Differenz ergibt sich ein Betriebsgewinn in Höhe von € 301.713,52. Er stimmt mit dem Periodengewinn nach dem Gesamtkostenverfahren (bis auf einen geringen Rundungsfehler) überein, weil beide Verfahren als Absatzerfolgsrechnung durchgeführt worden sind.

Betriebsergebniskonto beim Umsatzkostenverfahren			
Soll			**Haben**
€			€
Selbstkosten der abgesetzten Produkte:		**Periodenerlöse:**	
Produkt A: 398.768 · 2,977629 =	1.187.383,16	Produkt A: 398.768 · 3,20 =	1.276.057,60
Produkt B: 252.173 · 5,240424 =	1.321.493,44	Produkt B: 252.173 · 5,60 =	1.412.168,80
Produkt C: 153.421 · 9,035770 =	1.386.276,87	Produkt C: 153.421 · 9,20 =	1.411.473,20
Produkt D: 21.567 · 22,365333 =	482.353,14	Produkt D: 21.567 · 23,80 =	513.294,60
Produkt E: 38.476 · 16,178773 =	622.494,47	Produkt E: 38.476 · 17,90 =	688.720,40
Betriebsgewinn	301.713,52		
	5.301.714,60		5.301.714,60

Abb. 2-73: *Betriebserfolgsrechnung nach dem Umsatzkostenverfahren*

Beim Umsatzkostenverfahren lassen sich für jedes Produkt Erfolgsziffern ermitteln. Der Aussagegehalt dieser Ziffern ist jedoch begrenzt, wenn die Erfolgsrechnung auf Vollkosten basiert und den Produkten damit auch Fixkosten zugerechnet sind, deren Höhe von den realisierten Absatzmengen nicht beeinflusst wird.

Für eine **Teilkostenrechnung auf Basis von variablen Kosten** müssten in diesem Beispiel sämtliche Kosten nach ihren fixen und variablen Anteilen aufgespalten werden. Die Kalkulation der Selbstkosten würde nur die variablen Stückkosten umfassen. Dafür wären die Fixkosten gesondert im Block auszuweisen. Die Bestandsänderungen würden zu variablen Kosten bewertet, wodurch man zu einem anderen (niedrigeren) Periodenerfolg als dem für die Vollkostenrechnung ermittelten kommen würde.[123]

---

[123] Für weitere Aufgaben zur Periodenerfolgsrechnung vgl. KÜPPER, H.-U. u.a. (Übungsbuch), S. 45 ff.

E. Aussagefähigkeit ermittlungsorientierter Istkosten- und -erlösrechnungen

Istkosten- und -erlösrechnungen weisen im Allgemeinen keine tiefergehende produktions- und kostentheoretische oder entscheidungstheoretische Fundierung auf. Die Ermittlung der Istwerte erfordert geeignete **Messverfahren**, setzt jedoch im Normalfall keine empirischen Kosten- oder Leistungsfunktionen voraus. Die Erfassung von Kosten und Erlösen knüpft bei einer Vielzahl von Einsatz- und Absatzgüterarten an anderen Ermittlungssystemen der Unternehmungsrechnung an, beispielsweise der Finanzbuchhaltung in Bezug auf die Ein- und Auszahlungen, der Materialrechnung für die eingesetzten Stoffe sowie der Anlagenbuchhaltung und der Lohn- und Gehaltsrechnung. Die innerbetrieblichen Verbräuche können vielfach aus EDV-gestützten Systemen der Betriebsdatenerfassung abgeleitet werden. Die Systeme zur Erfassung der Istkosten und -erlöse können so gestaltet werden, dass ihre Ergebnisse in hohem Maße **nachprüfbar** und damit **zuverlässig** sind. Soweit Daten der Kosten- und Erlösrechnung aus der Finanzbuchhaltung und Bilanzrechnung abgeleitet werden, wird diesem Gesichtspunkt durch die Erfordernisse der steuerlichen und gegebenenfalls handelsrechtlichen Prüfung besonders Rechnung getragen. Aus diesen Gründen können in der Kosten- und Erlösartenrechnung Daten mit einem hohen Grad an Zuverlässigkeit gewonnen werden.

Die **Aussagefähigkeit** der in der Stellen- und Trägerrechnung sowie der Stück- bzw. Periodenerfolgsrechnung ermittelten Daten wird maßgeblich durch die vorgenommene Verteilung von Kosten und Erlösen bestimmt. Eine verursachungsgemäße Zuordnung setzt die Kenntnis der empirischen Zusammenhänge und damit von Kosten- und Erlösfunktionen voraus. Derartige Funktionen werden jedoch in Systemen, die nicht zu Plankosten- und -erlösrechnungen ausgebaut sind, kaum aufgestellt. Vielmehr wendet man in ihnen üblicherweise **Verteilungsverfahren** und Schlüssel an, die auf **Plausibilitätsüberlegungen** beruhen. Hierdurch können die Überprüfbarkeit und die Aussagefähigkeit der ermittelten Daten maßgeblich beeinträchtigt werden.

Die Art der Verteilung ist von den verfolgten Rechnungszielen her zu beurteilen. Die Erfüllung von **Dokumentationszwecken** ergibt sich aus den Vorschriften und Regelungen beispielsweise des Handels- bzw. Steuerrechts oder innerbetrieblicher Satzungen, welche die Dokumentation vorschreiben. Deshalb lässt sie sich nicht allgemein beurteilen. Soweit Abbildung und Dokumentation eine Grundlage für Planungs- und Steuerungszwecke sind, wird ihre Gestaltung und damit ihre Aussagefähigkeit von der Struktur des Gesamtsystems als Voll- oder Teilkostenrechnung bestimmt.

Planung, deren Realisation in der **Steuerung** und **Verhaltenssteuerung** beziehen sich auf **künftige Handlungen**. Ihre Unterstützung durch ein Informationssystem erfordert daher zukunftsgerichtete Daten. Deshalb liefern Istrechnungen keine für sie geeigneten Informationen. Aus Daten der Vergangenheit lässt sich nur mit Hilfe theoretischer Hypothesen wie z.B. statistischen Zeitreihenanalysen auf künftige Ereignisse schließen. Diese sind aber

Teil einer Planrechnung. Damit sind rein ermittlungsorientierte Rechnungen, die keinen Bestandteil einer umfassenden planungs- oder verhaltenssteuerungsorientierten Rechnung bilden, zur Fundierung von Entscheidungen und damit zur Planung sowie die sie umsetzende Steuerung nicht geeignet.

Jedoch lassen sich mit Istrechnungen einfache Formen der **Kontrolle**, nämlich Zeit- und Betriebsvergleiche, durchführen. Soweit diese dazu dienen sollen, das Verhalten von Entscheidungsträgern und Mitarbeitern zu beeinflussen, könnten sie eine verhaltenssteuernde Wirkung gewinnen. In **Zeitvergleichen** stellt man die Istkosten und/oder -erlöse des zu kontrollierenden Tatbestands, d.h. z.B. einer Stelle, eines Kostenträgers, des Periodenerfolgs o.ä., deren Ausprägungen zu einem früheren Zeitpunkt gegenüber. Ein positive Entwicklung kann der beispielsweise für die Stelle, das Produkt oder den Bereich Verantwortliche als Bestätigung und Motivation empfinden. Zeigen sich negative Veränderungen, so kann dies ein Ansporn zu intensivem und verbessertem Handeln sein. Ein solcher Vergleich zwischen vergangenen und heutigen Istgrößen hat jedoch nur eine begrenzte Aussagekraft, da in ihm die Ursachen der Kosten- und Erlösveränderungen und die Möglichkeiten einer besseren Zielerreichung nicht sichtbar werden. Für eine Analyse ihrer Ursachen würde man empirische Kosten- und Erlösfunktionen benötigen. Die Vergleichsgröße bildet als Istwert aus einer vergangenen Periode keinen zuverlässigen Normwert. Da dieser nicht über eine Planung bzw. kein Konzept zur Verhaltenssteuerung bestimmt worden ist, kann er z.B. auf unwirtschaftlichen Prozessen beruhen. Deshalb wird der jetzt gemessene Istwert möglicherweise mit einem schlechten älteren Istwert ("Schlendrian mit Schlendrian") verglichen. Eine positive Veränderung gegenüber früher muss nicht bedeuten, dass eine zufrieden stellende Zielerreichung vorliegt.

Entsprechende Gesichtspunkte gelten für **Betriebsvergleiche**. Bei ihnen stellt man im Rahmen einer Istrechnung die realisierten Werte verschiedener Abrechnungsbezirke einander gegenüber. Also vergleicht man beispielsweise die Kosten oder Erlöse mehrerer Stellen, Abteilungen oder der ganzen Unternehmung. Dies ist aber nur zweckmäßig, wenn die verglichenen Einheiten vergleichbar sind. Sie müssen also zumindest ähnliche Kosten- und Erlösstrukturen aufweisen. Jedoch liefert die Gegenüberstellung ihrer Werte wie beim Zeitvergleich keine Anhaltspunkte über die Ursachen ihrer Differenzen. Hierfür wären ebenfalls Analysen auf der Basis von Kosten- und Erlösfunktionen erforderlich. Desgleichen ist aus den Istwerten ohne nähere theoretische Analysen nicht erkennbar, welche Einheiten wirtschaftlich arbeiten, ob und welche Verbesserungen erreichbar wären.

Zeit- und Betriebsvergleiche geben aus diesen Gründen lediglich erste **Anhaltspunkte der Kontrolle**. Ihre Ergebnisse sind aber auch nicht ohne jede Aussagekraft. Erkenntnisse über Veränderungen in der Zeit oder über die eigene Position gegenüber anderen Einheiten können als Indikatoren genutzt werden, die tiefergehende Analysen auslösen. Ihre unmittelbar verhaltenssteuernde Wirkung ist jedoch begrenzt und nicht genau abschätzbar. Auch daran zeigt sich, dass Istrechnungen vor allem als Teil von planungs- und verhaltenssteuerungsorientierten Rechnungen aussagefähig werden.

Sie lassen sich daher als erster Baustein für ein leistungsfähigeres System der Kosten- und Erlösrechnung einrichten. Soweit in einer Unternehmung bisher kein derartiges Rechnungssystem existiert, bietet es sich an, zuerst eine Istrechnung aufzubauen. Mit ihr erlangt man die empirischen Daten, die für die Analyse der Kosten- und Erlöszusammenhänge benötigt werden. Die Gestaltung der Istrechnung sollte sich an der vorgesehenen Struktur des umfassenderen Systems ausrichten. So ist es im Hinblick auf eine Teilkostenrechnung notwendig, eine differenzierte Datenerfassung und eine Aufspaltung in variable und fixe oder in unterschiedliche relative Einzelkosten vorzunehmen. Je präziser die Erfassung erfolgt, um so breiter ist die Verwendbarkeit der Daten für unterschiedliche Systeme und Rechnungsziele. Wegen der Ausbaufähigkeit von Istrechnungen besitzen die ermittlungsorientierten Systeme daher grundsätzlich eine gute **Anpassungsfähigkeit**.

Die **Aktualität** der in ihnen ermittelten Daten hängt von den verwandten Instrumenten der Datenerfassung und der Geschwindigkeit ihrer Weiterverrechnung ab. Durch die Nutzung automatisierter Systeme der Betriebsdatenerfassung sowie von Daten- und Methodenbanken ist es durch entsprechendem Dialogbetrieb möglich, Istkosten- und -erlösrechnungen einzurichten, in denen man auf die jeweils aktuellen Daten zugreifen kann.

Die Kosten für die Einrichtung einer Istrechnung hängen davon ab, welche Verfahren der Kosten- und Erlöserfassung sowie ihrer Weiterverarbeitung eingesetzt werden. Insbesondere die notwendige Hard- und Software kann recht aufwendig sein. Dennoch wird man die **Wirtschaftlichkeit** vielfach positiv sehen, wenn das Rechnungssystem zum Bestandteil eines planungs- oder verhaltenssteuerungsorientierten Systems werden soll. Auch wenn die Informationen der Istrechnung selbst für Planungs- und Steuerungszwecke nicht, für Kontrollzwecke nur begrenzt verwendbar sind, tragen sie indirekt über die erweiterte Rechnung deutlich zum Nutzen des Gesamtsystems bei. Als notwendige Grundlage fast einer jeden Kosten- und Erlösrechnung wird man dieses Informationssystem meist als wirtschaftlich beurteilen können, wobei genauere Aussagen von seiner konkreten Ausgestaltung und Einbettung in eine umfassendere planungs- und/oder steuerungsorientierte Rechnung abhängig sind.

3. Kapitel: Darstellung und Analyse planungsorientierter Systeme der Kosten- und Erlösrechnung

A. Kapitaltheoretische Ansätze und Systeme der Kosten- und Erlösrechnung

I. Zielorientierung und Ebenen der Planungsrechnung

1. Ausrichtung der Planungsrechnung auf ein einheitliches Zielsystem

Die betriebliche Planung geht rationalerweise von den Oberzielen der Unternehmung bzw. des Entscheidungsträgers aus. Diese sind in einer auf Dauer angelegten Unternehmung längerfristig. Für die Unternehmungsrechnung ergibt sich hieraus, dass ihre planungsorientierten Teilsysteme auf dasselbe Zielsystem ausgerichtet sein sollten. Dies gilt insbesondere im Hinblick auf das für erwerbswirtschaftliche Unternehmungen zentrale **Erfolgsziel**. Mit einer rationalen Unternehmungsführung ist es schwer vereinbar, in der kurzfristigen (Kosten- und Erlös-) Rechnung ein anderes Erfolgsziel zugrunde zu legen als in längerfristigen (Investitions- und Projekt-) Rechnungen. Kurz- und längerfristige Planungen müssen aufeinander abgestimmt sein, was vor allem bedeutet, dass sie der Erreichung desselben Erfolgsziels dienen. Erfolgsziele der kurzfristigen Rechnung müssen dabei nicht identisch mit dem längerfristigen Erfolgsziel sein, da sich die kurzfristige Rechnung auf einen kürzeren Planungshorizont bezieht, von engeren Rahmenbedingungen ausgehen und vereinfacht sein kann. Jedoch müsste ihr Erfolgsziel aus dem längerfristigen Ziel der Planung systematisch abgeleitet sein, damit die kurzfristigen Entscheidungen auch zur Erfüllung des übergeordneten Ziels beitragen.[1]

In ihrer Zielwahl ist eine privatwirtschaftliche geführte Unternehmung innerhalb des von der Wirtschaftsordnung gegebenen Rahmens grundsätzlich frei.[2] Aus rationalen Gründen ist lediglich zu fordern, dass die längerfristige Zielorientierung dem kurzfristigen Ziel übergeordnet ist. Die Untersuchungen der Kapitaltheorie haben eine Reihe von Gesichtspunkten geliefert, nach denen es für rationale Entscheidungsträger plausibel erscheint, bei längerfristigen Entscheidungen den **Kapital**- oder den **Endwert** als Erfolgsziel anzustreben. Die Akzeptanz dieser Zielgröße als ein für viele erwerbswirtschaftliche Unternehmungen geeignetes Erfolgsziel hat in Wissenschaft und Praxis deutlich zugenommen.

---

[1] Vgl. SCHWEITZER, M. (Theoretische Anforderungen), S. 164 ff.
[2] Vgl. SCHWEITZER, M. (Unternehmensrechnung), Sp. 2028; SCHWEITZER, M./ZIOLKOWSKI, U. (Unternehmungsrechnung), S. 116 ff.

In der Investitionsrechnung wird in der Kapitalwertmethode seit langem die Verfolgung des Kapital- oder Endwertes als wichtigstes Erfolgsziel zugrunde gelegt. Der Kapitalwert ist gleich der Differenz zwischen dem Barwert der zum Kalkulationszinsfuß diskontierten Einzahlungen und Auszahlungen. Der Bezugszeitpunkt für die Ab- oder Aufzinsung hat keinen Einfluss auf die Rangfolge der Barwerte verschiedener Objekte. Deshalb führt die Verfolgung des Endwerts als der Differenz der auf das Ende der Nutzungsdauer oder den Planungshorizont aufgezinsten Ein- und Auszahlungen zum gleichen Ergebnis wie die Ausrichtung am Kapitalwert als Barwert.

Wenn man von einem vollkommenen und vollständigen Kapitalmarkt mit sicheren Erwartungen ausgehen kann, beinhaltet das Kapitalwertkriterium eine Ausrichtung der Erfolgsplanungsrechnung am kapitaltheoretischen oder **ökonomischen Gewinn**[3]. Dies bedeutet, dass die Unternehmung eine Maximierung der Ausschüttungen an die Anteilseigner unter Erhaltung ihres Erfolgspotentials anstrebt. Der ökonomische Gewinn ist die Periodenzielgröße, die einer Maximierung des **Marktwertes der Unternehmung** entspricht. Letzterer ergibt sich aus der Summe der Marktwerte aller von einer Unternehmung ausgegebenen Finanzierungstitel[4], welche durch die Erwartungen über die zukünftigen Rückflüsse aus diesen Titeln bestimmt werden und zum Kapitalkostensatz des jeweiligen Finanzierungstitels diskontiert werden.

Im Fall eines **vollkommenen Kapitalmarktes** (und dementsprechend einheitlichen Zinssatzes sowie unbegrenzter Kapitalaufnahme- und -anlagemöglichkeit) sowie sicheren Erwartungen „befürworten alle Kapitalanleger unabhängig von ihren individuellen Konsumpräferenzen diejenigen Entscheidungen des Managements, die zur Maximierung des Marktwertes ihrer Anteile führen"[5]. Wenn diese Bedingung der Wirklichkeit entsprechen würde und man generell rationales Verhalten unterstellen könnte, müsste die Marktwertmaximierung als das für die Unternehmungsrechnung gültige Erfolgsziel allen Planungsrechnungen zugrunde gelegt werden. Für den Fall **unsicherer Erwartungen** sind weniger einschränkende Bedingungen herausgearbeitet worden[6], bei deren Geltung der Marktwert ebenfalls die von allen Kapitalanlegern verfolgte Zielgröße darstellt. Bei unvollkommenem Kapitalmarkt weisen die Finanzierungstitel verschiedener Anleger unterschiedliche Kapitalkostensätze auf. Dann ist nur noch unter äußerst einschränkenden Bedingungen Einstimmigkeit der Anteilseigner in Bezug auf das von der Unternehmung zu maximierende Erfolgsziel zu erreichen.

Da die in der Kapitaltheorie herausgearbeiteten Prämissen für eine Geltung des Marktwertziels in der Wirklichkeit höchstens in Grenzfällen erfüllt sind, ist seine Verwendung als grundlegendes Erfolgsziel der Planungsrechnung nicht zwingend. Sie ist jedoch besser begründet als andere bekannte Erfolgsziele, weil ihre Gültigkeit für rationales Verhalten unter den idealen Bedin-

---

[3] Vgl. hierzu und zum Folgenden BREID, V. (Erfolgspotentialrechnung), S. 63 ff.
[4] HAX, H. (Investitionstheorie), S. 145 ff.; FRANKE, G./HAX, H. (Finanzwirtschaft), S. 157 und S. 320 ff.
[5] BREID, V. (Erfolgspotentialrechnung), S. 69.
[6] Vgl. BREID, V. (Erfolgspotentialrechnung), S. 69 ff., ARROW, K.J. (Role), DEBREU, G. (Theory), NIELSEN, N.C. (Investment).

gungen eines vollkommenen Kapitalmarktes sowie sicherer Erwartungen theoretisch begründet und damit besser untermauert ist als die alternativer Erfolgsziele. Mit ihr gelingt es, die Konsumsphäre der Anteilseigner zu berücksichtigen, ohne deren individuelle Nutzenfunktionen zu kennen. Wenn man letztere beachten wollte, könnte man wegen der Vielfalt individueller Erfolgsziele, die durch die Unvollkommenheit des Kapitalmarktes und die Verschiedenheit der Erwartungen bestimmt sind, kaum zu einer einheitlichen Planungsrechnung gelangen. Zugleich sind die Grenzen ihrer zwingenden Geltung klar herausgearbeitet.

Deshalb spricht viel dafür, die Verfolgung des **Marktwertes** als geeignete **Näherungslösung** für reale Bedingungen anzusehen. Darin könnte auch ein Grund liegen, warum die Marktwertorientierung in der Praxis zunehmend an Bedeutung gewonnen hat. Viele Unternehmungen geben explizit an, dass sie dessen Steigerung als zentrale Zielgröße verfolgen, und richten ihre Unternehmungsrechnung auf die „Wertsteigerung" aus[7]. Bei börsennotierten Unternehmungen gibt die jeweilige Notierung am Aktienmarkt die gegenwärtige Einschätzung des Marktwertes wieder. Sie wird von den Erwartungen der Anleger bestimmt und ist daher die objektivste verfügbare Information über den Marktwert. Jedoch kann sie starken Schwankungen unterliegen, die von einer Vielzahl von externen Faktoren wie der Konjunktur, der Stimmung am Kapitalmarkt usw., aber auch von den Handlungen des Managements beeinflusst werden. Insofern ist eine Orientierung an deren kurzzeitigen Schwankungen für eine langfristige Zielsetzung problematisch. Aus dem Ziel der Marktwertsteigerung folgt für die innerbetriebliche Planung die Ausrichtung am Kapitalwert.

2. Differenzierung der Rechnung nach den Planungsebenen

Die Bereitstellung von Informationen für die Planung muss sich nach der Struktur des Planungssystems einer Unternehmung richten. Besonders häufig findet man eine Systematisierung der Planung in die strategische und operative Ebene. Zwischen diesen wird vielfach noch eine taktische Ebene unterschieden. Für diese Gliederung werden insbesondere die Merkmale Fristigkeit, Zielorientierung, Detailliertheit, Planungsumfang und Planungsgegenstand herangezogen[8].

Die **strategische Planung** hat langfristigen Charakter mit einem Planungshorizont, der bis zu zehn und mehr Jahren reichen kann. Sie erstreckt sich auf die gesamte Unternehmung. In ihr geht es um die Schaffung von Erfolgspotentialen als den Voraussetzungen und Bestimmungsgrößen konkreter Erfolge in Form von Marktwertsteigerungen und Gewinnen. Zu ihr gehören u.a. der Aufbau von Marktpositionen, die Entwicklung von Produkten, die Schaffung eines qualifizierten Führungspersonals und Mitarbeiterstamms u.ä. Ihr Planungsgegenstand sind insbesondere Produkt- und Marktstrategien für die Geschäftsfelder der Unternehmung. Zumindest ein Teil der für sie maßgebli-

---

[7] Vgl. beispielhaft die Beiträge von BÖRSIG, C. (Unternehmensführung), ESSER, K. (Unternehmensführung), NEUBÜRGER, H.-J. (Unternehmensführung).

[8] Vgl. hierzu SCHWEITZER, M. (Planung), S. 34; KÜPPER, H.-U. (Controlling), S. 68 f.

chen Größen wie die Qualität von Forschung und Entwicklung, Mitarbeitern, Führungskräften und Produktgruppen, relative Wettbewerbsvorteile auf Märkten u.ä. lässt sich nur ordinal messen. Daher arbeitet man in ihr vielfach mit qualitativen Größen.

In der **taktischen Planung** sind die strategischen Alternativen in eine operationale Programm-, Investitions- und Finanzplanung umzusetzen. Sie ist mittelfristig orientiert und stärker auf die Bereiche gerichtet. Ihre Planungsziele sollten mehrperiodig sein und können quantitativ formuliert werden. Auf dieser Ebene kann die Planung weitgehend quantitativ durchgeführt werden.

Die Planung der einzelnen Prozesse erfolgt auf der **operativen** Ebene. Deren Horizont reicht in der Regel bis zu einem Jahr. Ihre typischen Zielgrößen sind deshalb periodenbezogen. Auf dieser Planungsebene werden die artmäßige Zusammensetzung des Produktions- und Absatzprogramms, die Entwicklung der Nachfrage und die Kapazitäten in hohem Maße als gegeben unterstellt. Charakteristische Planungsgegenstände sind die Produktionsmengen und deren zeitliche Verteilung, Losgrößen und Bestellmengen sowie der Personaleinsatz.

Mit der Orientierung der Planungsrechnung an einer kapitaltheoretischen Erfolgszielgröße wie dem Marktwert verbindet sich eine Gewichtsverlagerung von der operativen zur taktischen und zur strategischen Dimension. Damit wird auch für die Kosten- und Erlösrechnung dem Tatbestand Rechnung getragen, dass auf der strategischen Ebene die für eine Unternehmung wesentlichen Entscheidungen getroffen werden. Wenn eine Unternehmung die Verfolgung bestimmter Ziele sicherstellen will, muss dies auf der strategischen Ebene erfolgen. Durch ein "Nachsteuern" im Operativen ist der Erfolg nur noch sehr begrenzt beeinflussbar.

Soweit die strategische Planung nur zu Teilen durchgeführt werden kann, erscheint es zweckmäßig, die (stets quantitative) **Planungsrechnung** lediglich in die beiden Ebenen der strategisch-taktischen und der operativen Rechnung zu trennen. Planungsgegenstand können insbesondere die gesamte Unternehmung und/oder einzelne ihrer Bereiche, Projekte sowie Prozesse sein. Während sich das Marktwertziel mit seiner Konkretisierung im Kapital- oder Endwert unmittelbar auf die strategisch-taktische Planung anwenden lässt, gilt dies zumindest für die traditionellen Rechnungen auf der operativen Ebene nicht ohne weiteres. Für sie sind aus ihm geeignete periodenbezogene Zielgrößen erst abzuleiten.

Eine maßgebliche Wurzel marktwertorientierter Ansätze liegt in der Unternehmungsbewertung. Dementsprechend bilden **strategisch-taktische Rechnungen** einen ihrer zentralen Bestandteile. Sie treffen auf den in der Praxis deutlich steigenden Bedarf nach Konzepten, mit denen sich Erfolgspotentiale und Strategien quantitativ abbilden sowie bewerten lassen. Zum strategisch-taktischen Teil der Unternehmungsrechnung gehören entsprechend Abbildung 3-1 **Erfolgspotentialrechnungen** zur Planung und Steuerung der Ge-

A. Kapitaltheoretische Ansätze

Samtunternehmung und ihrer wichtigsten Bereiche[9] Ferner gewinnt die **Projektorientierung** zunehmend an Bedeutung[10]. Für sie können die Investitionsrechnung und die Lebenszyklusrechnung[11] wertvolle Bausteine liefern. Neben der ökonomischen Beurteilung von Projekten, auf die sich die Investitionsrechnung konzentriert, kommt dabei auch dem Bedarf an Rechnungen zur Unterstützung der Projektdurchführung und Projektkontrolle[12] eine besondere Bedeutung zu, wenn sich die Umsetzung der Planung auf einen längeren Zeitraum erstreckt.

Ebene	Teilsysteme
Strategisch-taktisch	Erfolgspotentialrechnung
	Projektplanungs- und Kontrollrechnungen
Operativ	Planungs- bzw. Entscheidungsrechnungen

Abb. 3-1: *Teilsysteme der Planungsrechnung*

Das kapitaltheoretische Konzept einer Marktwertorientierung verlangt im operativen Bereich eine enge Anbindung der **Rechnungssysteme zur Planung bzw. Entscheidungsfindung** an das übergeordnete mehrperiodige Erfolgsziel sowie an die strategisch-taktischen Rechnungen. Derartige operative Rechnungen lassen sich konzeptionell überzeugend von kapitaltheoretischen Ansätzen her entwickeln[13]. Man benötigt Instrumente der Unternehmungsrechnung für die strategische Planung, Steuerung sowie Kontrolle und muss die im operativen Bereich angewandte Kosten- und Erlösrechnung in die strategische Ausrichtung einbinden. Dafür sind zumindest drei Aufgaben zu lösen:

(1) Entwicklung von Rechnungssystemen zur **Unterstützung der strategischen Planung,**

(2) Analyse der Beziehungen zwischen den Kosten und Erlösen während des **Lebenszyklus** von Produkten und Programmen,

(3) **Verknüpfung** der Kosten- und Erlösrechnung(en) mit den strategisch-taktischen Rechnungen.

---

[9] Vgl. BREID, V. (Erfolgspotentialrechnung), S. 140 ff.; KÜPPER, H.-U. (Marktwertorientierung), S. 524 ff.; DIRRIGL, H. (Wertorientierung), S. 553 ff.
[10] Vgl. z.B. BORMANN, J.-G. (Projektmanagement), STEINLE, C./BRUCH, H./LAWA, D. (Projektmanagement), LITKE, H.-D. (Projektmanagement).
[11] Vgl. Kapitel 3., Abschnitt A.II.2., S. 214 ff.
[12] Vgl. KÜPPER, H.-U. (Investitions-Controlling); KÜPPER, H.-U. (Kapazität); KÜPPER, H.-U. (Verknüpfung).
[13] Vgl. HOLZWARTH, J. (Kostenrechnung); COOPER, R./KAPLAN, R.S. (Costs); COENENBERG, A./FISCHER, T. (Prozeßkostenrechnung); FRÖHLING, O. (Dynamisches Kostenmanagement), S. 100 ff.; FRIEDL, B. (Kostenmanagement); BEA, F.X. (Grundkonzeption).

II. Ansätze der strategisch-taktischen Planungsrechnung

1. Struktur einer Erfolgspotentialrechnung

Das **Erfolgsziel** wird im strategischen Bereich im Allgemeinen in der Schaffung, Erhaltung und Nutzung von **Potentialen** gesehen. Diese bilden die Ressourcen und Kernkompetenzen, mit denen sich in der taktischen und operativen Ebene Erfolge in Form von Markt- oder Kapitalwerten und Periodengewinnen sowie Deckungsbeiträgen erzielen lassen. Zu ihrer Erfassung und Gestaltung sind Ansätze einer Erfolgspotentialrechnung erarbeitet worden. Strategische Handlungsalternativen sind die von einer Unternehmung in ihren Geschäftsfeldern gewählten Strategien beispielsweise der Kostenführerschaft oder der Differenzierung[14].

Ein **Grundkonzept** für die Gestaltung einer **Erfolgspotentialrechnung** ist von V. BREID entwickelt worden. Nach dieser Konzeption umfasst eine strategische Rechnung entsprechend Abbildung 3-2 drei Teile: eine Erfolgspotentialrechnung, eine Erfolgsplanungs- und -kontrollrechnung sowie eine Erfolgssteuerungsrechnung. Diese Rechnungen sind für die Gesamtunternehmung und ihre wichtigsten Teileinheiten, z.B. Geschäftsbereiche, zu erstellen.

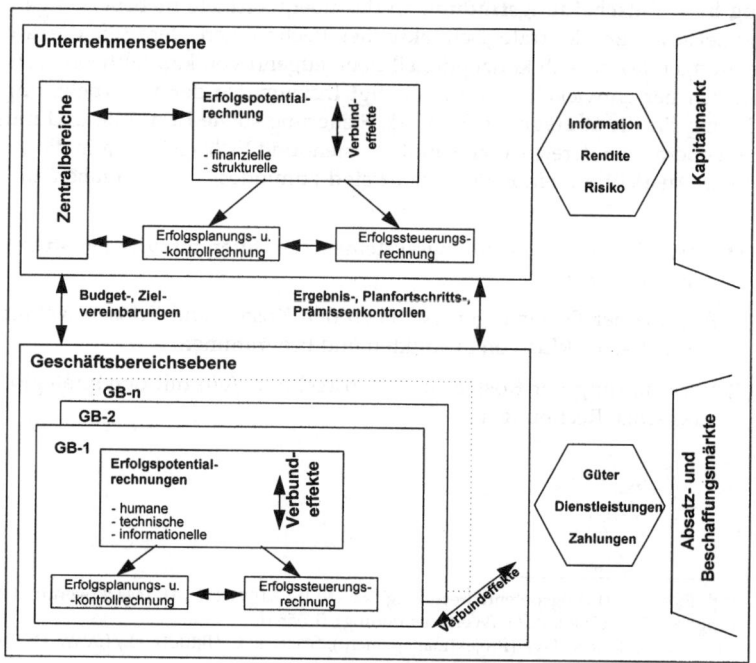

Abb. 3-2: Strategische Erfolgsrechnung[15]

---

[14] Vgl. JANSSEN, H. (Flexibilitätsmanagement) S. 88 ff.
[15] Vgl. BREID, V. (Erfolgspotentialrechnung), S. 26.

A. Kapitaltheoretische Ansätze

Die Konzentration auf finanzielle Zielsetzungen der Kapitalgeber wie den Marktwert erfordert eine **finanzierungstheoretische Fundierung**. Die hieraus folgende Zahlungsorientierung führt dazu, dass die Finanzplanung zur wichtigsten Basis der strategischen Erfolgsrechnung wird. Deshalb bildet der **Cash Flow** die grundlegende strategische Planungs-, Steuerungs- und Kontrollgröße, die intern unmittelbar aus den Zahlungen ermittelt werden kann. In diesem Ansatz wird eine divisional gegliederte Unternehmung unterstellt. Zur Erfassung der externen Erfolgspotentiale werden als abzubildende organisatorische Einheiten die am Produktmarkt operierenden Geschäftsbereiche, ein Finanzbereich und eine Zentrale unterschieden[16]. Jeder dieser Bereiche hat mehrperiodige Finanzpläne zu erstellen, in denen sich die Auswirkungen seiner Potentiale auf die mehrwertigen Erwartungen über die Ein- und Auszahlungen niederschlagen. Um die Unsicherheit der Erwartungen zu berücksichtigen und die subjektiven Schätzungen auf wenige Parameter wie Mittelwert und Standardabweichung zu begrenzen, werden Betaverteilungen unterstellt.

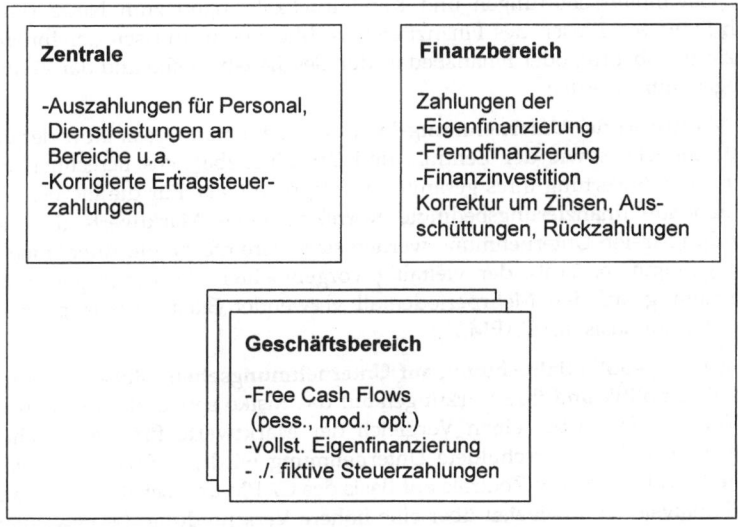

Abb. 3-3: *Bestandteile der Erfolgspotentialrechnung*[17]

Für die am Absatzmarkt operierenden **Geschäftsbereiche** werden aus den Schätzungen der Ein- und Auszahlungen pessimistische, modale und optimistische Werte für den betriebsbedingten, den Operating und den Netto (=Free) Cash Flow[18] ermittelt[19] (vgl. Abb. 3-3). Hierbei wird implizit entspre-

---

[16] BREID, V. (Erfolgspotentialrechnung), S. 26.
[17] Modifiziert nach BREID, V. (Erfolgspotentialrechnung), S. 26.
[18] BREID definiert den Freien Cash Flow anders, als der Free Cash Flow üblicherweise abgegrenzt wird, letzterer entspricht seinem Netto Cash Flow.
[19] BREID, V. (Erfolgspotentialrechnung), S. 172 f.

chend dem Adjusted Present Value-Verfahren[20] von vollständiger Eigenfinanzierung der Geschäftsbereiche ausgegangen. Ferner werden auf Basis einer hierzu notwendigen Ergebnisplanung fiktive bereichsspezifische ertragsabhängige Steuerauszahlungen abgezogen, die anhand eines unternehmungseinheitlichen Cash Flow-bezogenen Steuersatzes berechnet werden.

Die Cash Flow-Größen der **Zentrale** ergeben sich aus den eigenverantwortlichen Auszahlungen für Personal u.a. sowie den bereichsbedingten Auszahlungen für Dienstleistungen der Zentrale an die Bereiche. Die Gegenüberstellung der fiktiven Steuerzahlungen der Geschäftsbereiche und der zu erwartenden ertragsteuerabhängigen Steuern der Unternehmung führt zu den korrigierten Ertragsteuerzahlungen der Zentrale. Sie können "als Indikator für den Umfang ertragsteuerlich bedingter Synergieeffekte angesehen werden"[21].

Dem **Finanzbereich** werden sämtliche Ein- und Auszahlungen der Eigen- und Fremdfinanzierung einschließlich der Finanzinvestitionen zugerechnet. Über die Addition der Cash Flows aus Fremd- sowie Eigenfinanzierung und aus Finanzmitteln gelangt man nach der Korrektur um die Zinsauszahlungen, Gewinnausschüttungen und Kapitalrückzahlungen zum Netto (Free) Cash Flow vor Zinsen des Finanzbereichs. Mit diesem müssen der Innenfinanzierungsbeitrag oder Finanzbedarf der Geschäftsbereiche und der Zentrale abgestimmt werden.

Der **Marktwert der Unternehmung**[22] wird aus dem Netto Cash Flow der Geschäftsbereiche sowie der Zentrale und des Finanzbereichs berechnet und liefert eine Bewertung ihres gesamten Erfolgspotentials. Für die hierbei vorzunehmende finanzierungsbedingte Korrektur eines Marktwerts der verschuldungsfreien Unternehmung werden stark vereinfachende Annahmen in Kauf genommen. Trotz der vielfältig vorgebrachten Einwände gegen die Übertragung auf den Mehrperiodenfall verwendet BREID risikoangepasste Zinssätze auf Basis des CAPM.

In der **Erfolgspotentialrechnung auf Unternehmungsebene** stehen die Kapitalstrukturpolitik und ihre Wirkungen auf das Risiko sowie die Besteuerung im Vordergrund. Über einen Vergleich der Marktwerte für die verschuldungsfreie und die verschuldete Unternehmung wird der finanzierungsbedingte Marktbeitrag der Zentrale auf Basis des CAPM abgeschätzt. Man kann dabei analysieren, inwieweit über eine höhere Verschuldung der gewichtete risikoangepasste Kapitalkostensatz gesenkt und damit der Marktwert der Unternehmung gesteigert werden kann. **Die Erfolgspotentialrechnungen der Geschäftsbereiche** liefern Anhaltspunkte für die Bewertung ihrer Produkt-Markt-Potentiale und sind auf eine ertragswertorientierte Verhaltenssteuerung ihrer Entscheidungsträger gerichtet. Die Grundlage hierzu bieten die mehrperiodigen Prognosen ihrer Netto Cash Flows, welche durch Mittelwerte, Standardabweichungen und Variationskoeffizienten beschrieben sind. Der

---

[20] Vgl. hierzu HACHMEISTER, D. (Discounted Cash Flow), S. 109 ff., GÜNTHER, T. (Unternehmenswertorientiertes Controlling), S. 106; MANDL, G./RABEL, K. (Unternehmensbewertung), S. 373; DRUKARCZYK, J. (Unternehmensbewertung), S. 156; MENGELE, A. (Risikoorientierte Unternehmensführung), S. 43 ff.
[21] BREID, V. (Erfolgspotentialrechnung), S. 150.
[22] BREID, V. (Erfolgspotentialrechnung), S. 187.

A. Kapitaltheoretische Ansätze 213

letzte Parameter ist ein Indikator für die Variabilität der Cash Flow-Komponenten. Über die Berechnung von Kovarianzen und Korrelationskoeffizienten der Ertragswerte der Cash Flows von (jeweils) zwei Bereichen erhält man Anhaltspunkte für mögliche Synergie- und Risikodiversifikationseffekte[23].

Als **Steuerungsgröße** zur Beeinflussung des Entscheidungs- und Informationsverhaltens der Bereiche wird der **Kalkulationszinsfuß** genutzt, indem man bereichsspezifische Zuschläge auf den risikolosen Zinssatz verrechnet. Deren Höhe richtet sich nach den Variationskoeffizienten der Netto Cash Flows jedes Bereichs während des Planungszeitraums. Sie kann damit über eine Verringerung der Standardabweichung und/oder eine Steigerung des Mittelwerts gesenkt werden. Zudem schlägt BREID vor, die Zuschläge danach zu differenzieren, ob der Bereich eine Strategie des Angriffs, des Haltens oder des Rückzugs verfolgt. Durch relativ niedrige Zuschläge sollen offensive Bereiche und Bemühungen um eine Verminderung der Cash Flow-Variabilität in defensiven Bereichen gegenüber den "Bewahrern" gefördert werden. Auf diese Weise wird strategisch aktiven Bereichen ein größerer finanzieller Handlungsspielraum zugestanden. Über den Vergleich der Cash Flow-Prognosen mit den realisierten Werten nach Ablauf jeder Periode sollen die strategischen Leistungen beurteilt werden. Dem dienen eine genaue Begründung von Abweichungen durch die Bereiche und ihre systematische Analyse. Die Ermittlung ökonomischer Periodenerfolge und deren Untersuchung in Bezug auf Zinsänderungseffekte (bei der Zentrale), Informations-, Aktions- und Risikoeffekte bieten einen Ansatzpunkt für eine potentialorientierte, anreizverträgliche Erfolgsermittlung. Diese Analyse muss jedoch von äußerst restriktiven Prämissen ausgehen und liefert daher lediglich Indikatoren für die Beurteilung des strategischen Handelns in der Unternehmung.

In diesem Vorschlag wird ein Konzept mit einer genauen theoretischen Fundierung entwickelt, das wesentliche Forderungen erfüllt, wie sie heute für die Praxis intensiv diskutiert werden. Ausgehend von einer Ausrichtung am Shareholder Value und damit am Marktwert des Eigenkapitals ist man bemüht, praktisch anwendbare Konzepte für die Planung und Steuerung börsennotierter Unternehmungen zu entwickeln, in denen die Bereiche im Sinne eines "Wertsteigerungsmanagements" auf diese Ziele hin geführt werden sollen. Das Konzept von BREID lässt den Weg erkennen, auf dem man zu kapitaltheoretisch begründeten Systemen einer strategisch-taktischen Planungsrechnung gelangen kann[24], auch wenn derartige Ansätze bis heute noch nicht den Grad unmittelbarer praktischer Anwendung erreicht haben.

---

[23] Vgl. BREID, V. (Erfolgspotentialrechnung), S. 208 ff.
[24] Vgl. auch DIRRIGL, H. (Wertorientierung), S. 553 ff.

2. Struktur von Lebenszyklusrechnungen

a) Gegenstand und Rechnungsziele von Lebenszyklusrechnungen

Während die Erfolgspotentialrechnung die gesamte Unternehmung und ihre wichtigsten organisatorischen Einheiten erfasst, ist die Lebenszyklusrechnung durch eine produkt- oder projektbezogene Betrachtung charakterisiert. Für sie ist die Erkenntnis maßgebend, dass die Kosten eines Produkts in hohem Maße durch seine Gestaltung in der Phase der Forschung und Entwicklung festgelegt werden. Empirische Erhebungen deuten darauf hin, dass in dieser Phase bis zu 90 % der Produktkosten bestimmt werden[25]. Deshalb greift im Hinblick auf ein Kostenmanagement eine Konzentration auf die Phase der Herstellung und die Möglichkeiten der Kostenbeeinflussung in dieser Phase, wie sie in der periodenbezogenen Kosten- und Erlösrechnung vorherrscht, zu kurz. Vielmehr muss aus einer längerfristigen **strategischen Perspektive** heraus der gesamte Prozess von den ersten Aktivitäten für die Einführung eines Produkts oder die Durchführung eines Projekts bis zu den letzten mit diesem Prozess verbundenen Tätigkeiten und Zahlungen analysiert werden.

Die **Notwendigkeit** einer derartigen Betrachtung des gesamten Lebenszyklus zeigt sich auch angesichts kürzer gewordener Produktlebenszyklen sowie der starken Beachtung ökologischer Aspekte. Zunehmende Konkurrenz auf vielen Märkten und der technische Fortschritt haben dazu geführt, dass sich die Phasen für den Verkauf einer Produktart verkürzt haben und die Unternehmungen rascher Nachfolgeprodukte auf den Markt bringen (müssen). Die hohe Bedeutung von Umweltfragen in der öffentlichen Wahrnehmung und der Gesetzgebung hat zudem für viele Unternehmungen die Konsequenz, dass sie Fragen der Rücknahme und Entsorgung von Produkten frühzeitig in ihre Planung einbeziehen müssen. Deshalb sollten Analysen über den Erfolg von Produkten oder Projekten alle Phasen des Lebenszyklus einschließen[26]; ansonsten kann man aufgrund unvollständiger Betrachtungen zu fehlerhaften Entscheidungen gelangen.

Durch das Konzept einer Lebenszyklusrechnung versucht man, bekannte Rechnungssysteme zweckentsprechend zu nutzen oder neue zu entwickeln, um diese Aufgabe zu lösen. **Gegenstand** dieser Rechnung sind die zielorientierte Planung, Steuerung und Kontrolle aller mit der Entwicklung, Vermarktung und Entsorgung eines Objekts verbundenen Aktivitäten[27]. Es geht zurück auf erste Ansätze eines Life Cycle Costing[28], das für Großprojekte im militärischen Bereich[29] entwickelt worden ist, und wird auch als Lebenszykluskostenrechnung[30], Produktlebenszyklusrechnung[31], (Produkt-) Lebenszyk-

---

[25] Vgl. BERLINER, C./BRIMSON, J.A. (Cost Management), S. 140.
[26] Vgl. BADEN, A. (Kostenrechnung), S. 80.
[27] Vgl. PFOHL, M.Chr.(Lebenszyklusrechnung), S. 8.
[28] Vgl. NEUBAUER, C. (Kostenrechnung), S. 143ff; BLANCHARD, B.S. (Life Cycle Cost), S. 5.
[29] Vgl. NEUBAUER, C. (Kostenrechnung), S. 140.
[30] Vgl. z.B. EWERT, R./WAGENHOFER, A. (Unternehmensrechnung); S. 326 ff, HORVÁTH, P. (Controlling), S. 535ff.
[31] Vgl. BADEN, A. (Kostenrechnung), S. 80.

A. Kapitaltheoretische Ansätze

luskostenmanagement[32], Product-Life-Cycle Cost Management[33] oder Produktlebenszyklusergebnis-Management[34] bezeichnet. Durch die Bezeichnung kann eine jeweils andere Schwerpunktsetzung zum Ausdruck gebracht werden. Der hier verwendete Ausdruck „Lebenszyklusrechnung" macht deutlich, dass es sich um Rechnungen bzw. Rechnungssysteme handelt, die sich auf einen Lebenszyklus beziehen und nicht auf einen kostenrechnerischen Ansatz beschränkt sind.

Kennzeichnend für die Lebenszyklusrechung sind eine **strategische Orientierung** und eine **ganzheitliche Betrachtungsweise**. Die in ihr betrachteten Objekte haben eine strategische Bedeutung für die Unternehmung, die mit ihnen verbundenen Erfolgswirkungen betreffen einen längerfristigen Zeitraum und erfordern eine Mehrperiodenbetrachtung. Das Konzept ist ganzheitlich, weil es alle mit dem Objekt verbundenen Phasen und Aktivitäten umfasst und sich nicht auf eine Periode oder eine Phase des Produktlebenszyklus beschränkt. Daraus ergibt sich ein enger Bezug zur Investitionstheorie und den Verfahren der Investitionsrechnung. Da aber auch Größen und Ansätze der Kostenrechnung herangezogen werden, kann über die Lebenszyklusrechnung eine Verbindung zwischen Investitionsrechnung und Kostenrechnung hergestellt werden[35].

Die Lebenszyklusrechnung kann auf unterschiedliche **Objekte** angewandt werden. Ihren Ausgangspunkt hatte sie im Großanlagenbau und bei Großprojekten[36]. An dem Bau von Kraftwerken, Bohrinseln usw. sowie insbesondere öffentlichen Projekten wie dem „Schnellen Brüter", dem „Transrapid" großen Klinika z.B. in Aachen oder Wien, Museen, Waffensystemen, der zivilen und militärischen Luftfahrt u.ä. wird die Notwendigkeit einer Gesamtbetrachtung für die Öffentlichkeit ersichtlich[37]. Jedoch wird das Konzept auch auf die Großserienfertigung beispielsweise im Automobilbau und auf Probleme in Forschung und Entwicklung angewandt. Man kann zudem den Lebenszyklus einer ganzen Unternehmung betrachten und untersuchen, wie er sich aus Teilzyklen für die wichtigsten Einsatzgüter in Form von Personal-, Technologie-, Zulieferer- und Kundenzyklen zusammensetzt[38].

Diese vielfältigen Ausrichtungen weisen darauf hin, dass in der **Abgrenzung des konkreten Gegenstands einer Lebenszyklusrechnung** ein eigenständiges Problem liegt. Während Großprojekte wie etwa der Bau von Fabriken oder Anlagen vielfach klar definiert sind, ist die Abgrenzung im Hinblick auf Produkte oft schwierig. Diese Problematik ist aus dem Bereich des Marketing für den Produktlebenszyklus bekannt[39]. Durch mehr oder weniger große Variati-

---

[32] Vgl. RIEZLER, S. (Lebenszyklusmanagement), S. 209.
[33] Vgl. RÜCKLE, D./KLEIN, A. (Management), S. 335 ff.
[34] Vgl. BACK-HOCK, A. (Ergebnisrechnung), S. 703ff; RÜCKLE, D./KLEIN, A. (Management), S. 341.
[35] Vgl. BADEN, A. (Kostenrechnung), S. 81.
[36] Vgl. FISCHER, T. (Kostenmanagement), S. 157; RIEZLER, S. (Lebenszyklusmanagement), S. 220.
[37] Vgl. FRÖHLING, O. (Dynamisches Kostenmanagement), S. 261 f.
[38] Vgl. REICHMANN, T./FRÖHLING, O. (Planungs- und Kontrollrechnung), S. 283 ff.
[39] MEINIG, W. (Lebenszyklen), Sp. 1392 -1405; LEISTEN, R./AUSBORN, M. (Produktlebenszyklus), Sp. 1530-1539.

onen der Produktgestaltung, die sich auf die Funktionen, die äußere Gestalt und andere Aspekte eines Produkts beziehen können, lässt sich die Nachfrage nach diesem beeinflussen. Das Ausmaß und die Sichtbarkeit der Produktvariationen können fließend sein, so dass man keine eindeutige Grenze zwischen der Veränderung eines weiter bestehenden Produkts und dem Übergang auf ein Nachfolgeprodukt ziehen kann. Ebenso undeutlich können die Übergänge zwischen den Phasen bei Projekten im Forschungs- und Entwicklungsbereich sein. Die Ergebnisse derartiger Projekte sind oft nicht gut vorhersehbar und können in anderer Richtung liegen als ursprünglich geplant[40].

Lebenszyklusrechnungen sind vor allem auf die **Zwecke** einer **Planung** und **Steuerung** der mit ihnen betrachteten Objekte gerichtet. Damit gelten für sie grundsätzlich dieselben Rechnungsziele wie für die Kosten- und Erlösrechnung. Die Basis für die beiden zentralen Rechnungsziele Planung und Steuerung liegt ebenfalls in der Abbildung der wichtigsten Prozesse eines Lebenszyklus und deren erfolgswirksamen Konsequenzen. Da die Lebenszyklen der betrachteten Objekte in der Regel über einen längeren Zeitraum reichen und eine Vielzahl an Aktivitäten umfassen, kommt der Schaffung von Transparenz eine besondere Bedeutung zu. Die Analyse der gesamten Projektstruktur bildet die Grundlage für eine zielorientierte Entscheidung über die Durchführung des Projektes und dessen konkrete Umsetzung. Sie beinhaltet unterschiedliche Entscheidungen in den verschiedenen Phasen eines Lebenszyklus.

Das Rechnungsziel der **Steuerung** betrifft die Bereitstellung von Informationen, durch welche die Planung in den verschiedenen Phasen realisiert wird. Damit erstreckt es sich sowohl auf deren Konkretisierung in einzelne Aktivitäten und die Koordination zwischen den einzelnen Aktivitäten als auch auf die Verhaltensbeeinflussung der betroffenen Mitarbeiter. Kontrollen dienen in allen Phasen zur Überprüfung der in der Planung zugrunde gelegten Prämissen sowie der Planrealisation und tragen zur Mitarbeitersteuerung bei. Eine Lebenszyklusrechnung hat daher auch das Rechnungsziel, Informationen über die Einhaltung der Planungsdaten und die Erfüllung der Planziele zu liefern, mit denen die Planungsprozesse, die Ausführung und das Verhalten kontrolliert werden können.

b) Phasen und Aufgaben der Unternehmungsrechnung innerhalb eines Lebenszyklus

Produktlebenszyklen werden vor allem im Marketing sowie bei der Portfolio-Analyse in der strategischen Planung untersucht und bilden einen Hintergrund für Rechnungssysteme des Lebenszyklus. Im Hinblick auf diesen Produktlebenszyklus betrachtet man entsprechend Abbildung 3-4 die Umsatz- sowie Gewinnentwicklung und unterscheidet meist in die Einführungs-, Wachstums-, Reife- sowie Sättigungs- bzw. Rückgangsphase.

---

[40] Vgl. BROCKHOFF, K. (Forschung und Entwicklung), S. 7.

A. Kapitaltheoretische Ansätze

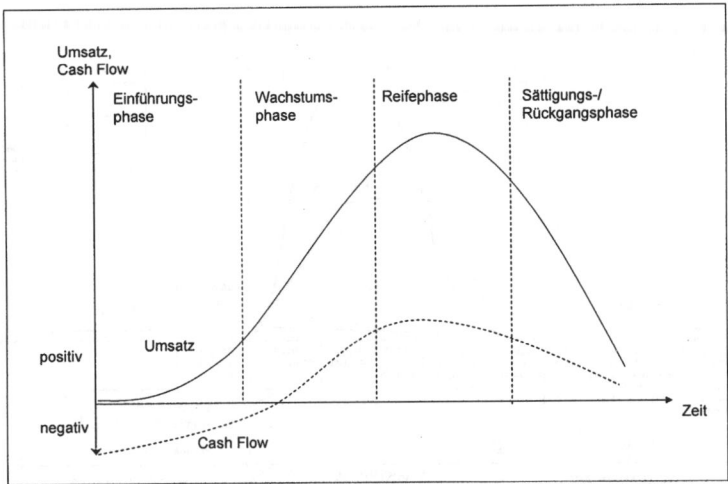

Abb. 3-4: Phasen des Produktlebenszyklus

Bei der **Lebenszyklusrechnung** geht der Blickwinkel weiter, weil nicht nur die Marktphasen betrachtet werden. Vielmehr erhalten auf der einen Seite die forschungs- und entwicklungs- sowie die produktionsbezogenen Prozesse vor der Markteinführung eine starke Beachtung. Zum anderen geht in die Untersuchung ein, welche Prozesse noch durchzuführen sind, wenn der Absatz ausgelaufen ist. Entsprechend der Darstellung in Abbildung 3-5 wird allgemein zwischen drei (Haupt-) **Phasen** eines Lebenszyklus unterschieden, der Vorlaufphase (Vormarktphase[41]), der Marktphase und der Nachlaufphase (Nachmarktphase[42]). Diese können weiter unterteilt werden, wobei sich die Gliederung der Vorlaufphase in Abbildung 3-5 an den Phasen von Entscheidungs- sowie Produkteinführungsprozessen, diejenige der Marktphase an der im Marketing üblichen Einteilung des Produktlebenszyklus orientieren. Die Basis für ein ökonomisches Rechnungssystem bilden die in diesen Phasen anfallenden Aus- und Einzahlungen, die in ihrer jeweiligen Höhe zum betreffenden Zeitpunkt oder auch kumuliert angegeben werden.

---

[41] Vgl. BADEN, A. (Kostenrechnung), S. 82.
[42] Vgl. BADEN, A. (Kostenrechnung), S. 82.

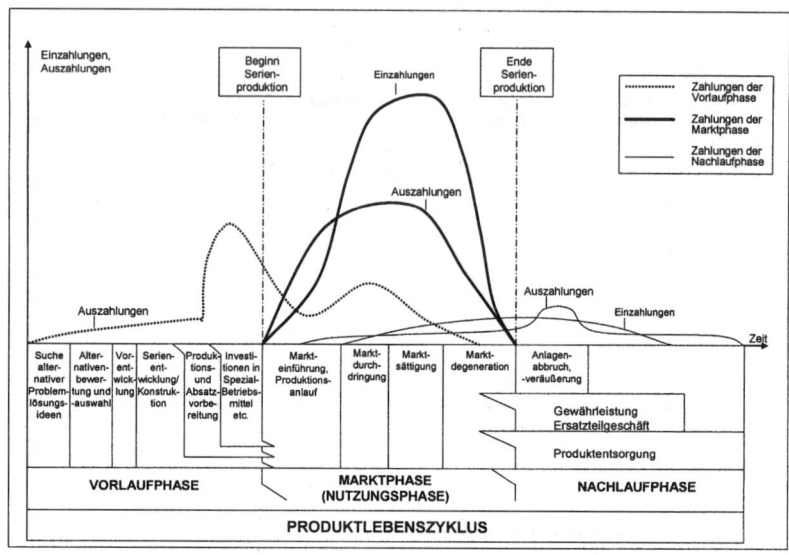

Abb. 3-5: Zahlungsverläufe über den integrierten Produktlebenszyklus[43]

Die **Vorlaufphase** umfasst alle Aktivitäten und Prozesse bis zur Einführung eines Produkts oder Projekts auf dem Markt. Dazu gehören die grundsätzliche Entscheidung für dessen Durchführung, Tätigkeiten der Forschung und Entwicklung im Hinblick auf die Produktgestaltung und die für seine Herstellung erforderlichen Produktionsprozesse bis zur Serienreife, die Fertigungs- und Absatzvorbereitung sowie die Durchführung der notwendigen Investitionen.

In der Vorlaufphase ist also eine Reihe **grundlegender Entscheidungen** zu fällen. Dazu gehört zuerst, ob das betreffende Produkt oder Projekt überhaupt selbst erstellt werden soll oder ob eine Fremdvergabe angestrebt wird. Es stellt sich also die grundsätzliche **Make-or-Buy-Entscheidung**. Wenn man sich für Eigenfertigung entschieden hat, ist eine Auswahl zwischen den verschiedenen **Erzeugungsalternativen** zu treffen. Da es sich um eine weitreichende Entscheidung handelt, bestehen die gegeneinander abzuwägenden Alternativen aus einer Menge an Einzelvariablen, von denen bei der Basisentscheidung in dieser Phase lediglich die wichtigsten ausreichend konkretisiert werden können. Der Detaillierungsgrad der meist strategischen Entscheidung kann nur begrenzt sein. Im Hinblick auf die ökonomische Bewertung der grundsätzlichen Handlungsalternativen kommt der mit dem Produkt oder Projekt verbundenen Preisstrategie eine besondere Bedeutung zu, weil sie maßgeblich für die erzielbaren Einnahmen ist.

Ein spezifischer Typ von Entscheidungen in der Vorlaufphase betrifft die **Strukturierung des Lebenszyklus**. Oftmals hat eine Unternehmung die Möglichkeit, Aktivitäten und damit Ausgaben sowie Kosten zwischen den Phasen

---

[43] Nach RIEZLER, S. (Lebenszyklusrechnung), S. 9.

zu verschieben[44]. Eine wichtige Aufgabe einer Lebenszyklusrechnung liegt deshalb darin, die Beziehungen zwischen den Aktivitäten sowie Ausgaben in Vorlauf-, Markt- und Nachlaufphase und deren Konsequenzen für den Kunden sowie die Einzahlungen und Auszahlungen in den jeweils anderen Phasen herauszufinden. Vielfach besteht ein Trade-off zwischen den Aktivitäten und Erfolgswirkungen dieser Phasen. So kann es möglich sein, durch eine intensivere Forschung und Entwicklung, also eine Ausgaben- und Kostensteigerung in der Vorlaufphase, die Fertigungskosten und die Entsorgungskosten zu senken. Beispielsweise hat die Produktgestaltung mit der Verwendung von Standard- oder Sonderteilen und dem hierbei verwendeten Material in vielen Fällen Einfluss darauf, ob in der Fertigung Standardmaschinen einsetzbar oder ob teure Spezialmaschinen erforderlich sind. Ebenso können durch eine recycling-gerechte Produktgestaltung die Entsorgungskosten reduziert werden. Zudem können oft über das Design eines Produkts, seine Zusammensetzung und die Ausprägung der mit ihm erfüllbaren Grund- sowie Zusatznutzen dessen Attraktivität, Qualität und Verwendbarkeit beeinflusst werden. Von der Investition in Forschung und Entwicklung hängen in vielen Fällen auch die Lebensdauer sowie die Wartungs- und Reparaturbedürftigkeit sowie -fähigkeit von Produkten ab. Damit bestimmen sie die Verteilung der Kosten auf Hersteller und Kunden, was sich letztlich in Preis und Nachfrage niederschlägt. Entsprechende Trade-offs können zwischen den Kosten der Herstellung, deren Höhe maßgeblich in der Entwicklung festgelegt wird, und den Kosten der Nutzung durch den Kunden bestehen. Dies gilt insbesondere für länger genutzte Gebrauchsgüter wie Maschinen, Gebäude usw. und hat in der Praxis beispielsweise im Rahmen des Facilitymanagements zunehmende Bedeutung erlangt.

Durch die stärkere Beachtung von Umweltfragen sind die **Beziehungen** der Vorlauf- und der Marktphase zur Nachlaufphase immer wichtiger geworden. Bestimmungen der Umweltgesetzgebung wie die Rücknahmepflicht von Produkten und Entsorgungsrichtlinien machen dies besonders deutlich. Das Gewicht dieser Beziehungen zeigt sich auch beim Abbau von Rohstoffen wie Kohle oder Stein oder bei Kernkraftwerken, wo eine Verpflichtung zum Rückbau oder zur Entsorgung besteht und mit hohen Ausgaben verbunden ist. In diesen Fällen hat die Gestaltung der Produkte beispielsweise über die Art der verwendeten Materialien und der Prozesse mit den eingesetzten Technologien ggf. einen großen Einfluss auf die Demontierbarkeit und Entsorgbarkeit der Produkte bzw. Anlagen und damit auf die in der Nachlaufphase zu tragenden Ausgaben und Kosten.

Die Kenntnis derartiger Beziehungen zwischen den Aktivitäten und Erfolgswirkungen verschiedener Phasen ist notwendig für eine **zielorientierte Strukturierung** des gesamten Lebenszyklus. Zu den grundlegenden strategischen Entscheidungen gehört daher die Verteilung der Investitionen mit den entsprechenden Wirkungen für Ausgaben und Einnahmen in den verschiedenen Phasen eines Lebenszyklus.

---

[44] Vgl. WÜBBENHORST, K.L. (Lebenszykluskosten), S. 63; EWERT, R./WAGENHOFER, A. (Unternehmensrechnung), S. 332.

In der **Vorlaufphase** sind nicht nur wichtige Entscheidungen zu fällen, sondern es können bereits **Steuerungsaufgaben** auftreten. Soweit es sich um größere Projekte handelt, wie sie beispielsweise beim Bau von Vermittlungsstellen und Übertragungsleitungen in der Telekommunikation[45] oder in ähnlicher Weise im Strom- oder Gasbereich anzutreffen sind, kann der Planungsprozess mehrere Phasen durchlaufen. Von einer langfristigen Vorschauplanung über eine konkretisierende Ausbauplanung bis zur operativen Feinplanung können die Projekte z.B. immer präziser geplant werden. Zur Steuerung dieses Planungsprozesses bis hin zu den konkreten Entscheidungen über die Bestellung der erforderlichen Anlagen und Teile sowie die Erteilung der Bauaufträge können durch den Vergleich der jeweiligen Plansätze und die Analyse der zwischen ihnen auftretenden Abweichungen Erkenntnisse für die endgültige Planung gewonnen und die Zuverlässigkeit der Planung geprüft werden. Daraus lassen sich Schlüsse für die nachfolgenden Planungsprozesse und deren Steuerung ableiten.

Eine Grundlage für die Planung der in der Vorlaufphase entstehenden Auszahlungen liefern Kenntnisse über die sie bestimmenden **Einflussgrößen**. Man kann versuchen, diese über eine Analyse bisher durchgeführter Projekte sowie mithilfe von Expertenbefragungen herauszufinden[46]. Maßgebend für die in dieser Phase anfallenden Zahlungen ist zu großen Teilen der Bedarf an hochqualifizierten Mitarbeitern für Forschung und Entwicklung, Planung u.ä. und deren Einsatzzeit. Die Höhe dieser Zahlungen wird vielfach von der Art und Struktur der Produkte (z.B. Mehrteiligkeit, Komplexität), dem Innovationsgrad, dem Ausmaß an notwendigen Neuentwicklungen sowie dem Anteil an Neuteilen gegenüber Vorgängerprodukten bestimmt (vgl. Abbildung 3-6).

Phasen	Einflußgrößen	Einfluß auf
Vorlaufphase	• Anteil Neuteile gegenüber dem Vorgängerprodukt	• Entwicklungszahlungen
Marktphase/ Absatzbereich	• Absatzmenge (sekundäre Einflußgröße) • Marktvolumen (sekundäre Einflußgröße) • Marktanteil (sekundäre Einflußgröße) • Veränderung Bruttosozialprodukt • Index der Kundenzufriedenheit • Neuprodukte der Hauptkonkurrenten • Preisnachlässe der Hauptkonkurrenten • Jährliche Preisveränderung	• Umsatzeinzahlungen • Absatzmenge • Absatzmenge • Marktvolumen • Marktanteil • Marktanteil • Marktanteil • Umsatzeinzahlungen
Marktphase/ Produktions- und Beschaffungs- bereich	• Produktionsmenge • Ausschußanteil • Taktzeit • anfänglicher Personalkostensatz • jährliche Personalkostensatzänderung • jährliche sonstige Faktorpreisänderungen • Teilezahl pro Endprodukt	• Beschäftigungsproportionale Auszahlungen • Beschäftigungsproportionale Auszahlungen • Personalauszahlungen • Personalauszahlungen • Personalauszahlungen • übrige laufende Auszahlungen • Logistikauszahlungen
Nachlaufphase	• wirtschaftliche Nutzungsdauer flexibler Maschinen (produktunabhängig) • Weiterverwendungsgrad flexibler Maschinen für Folgeprodukte • Fehleranteil (%)	• Restwerte • Restwerte • Gewährleistungszahlungen

Abb. 3-6: *Beispiele für Haupteinflussgrößen des Projekterfolgs nach* RIEZLER[47]

---

[45] Vgl. hierzu z.B. KÜPPER, H.-U. (Investitions-Controlling), S. 13 ff.
[46] Vgl. RIEZLER, S. (Lebenszyklusmanagement), S. 220.
[47] Vgl. RIEZLER, S. (Lebenszyklusmanagement), S. 220.

A. Kapitaltheoretische Ansätze 221

Die **Marktphase** beinhaltet den Verkauf oder die Nutzung des Objekts zur Erzeugung von absatzfähigen Produkten und Leistungen. In dieser Phase des marktorientierten Produktlebenszyklus sind die Einzahlungen zu erzielen, durch die das Objekt für die Unternehmung zu einem Erfolg werden soll. Für die betrachtete Unternehmung hängt die Dauer dieser Phase vor allem davon ab, ob das Objekt nach seiner Erstellung unmittelbar am Markt verkauft wird oder ob es im Eigentum der Unternehmung bleibt und sie selbst damit Kundenprodukte herstellt und absetzt. Sowohl bei materiellen Produkten wie Maschinen, Kraftwerken u.a. als auch bei Dienstleistungen beispielsweise der Forschung und Entwicklung gibt es beide Fälle. So reicht die Marktphase eines Werkzeug- und Maschinenherstellers bei den von ihm selbst genutzten Maschinen bis zum Verkauf der mit diesen Maschinen produzierten Werkzeuge, während sie bei den direkt abgesetzten Maschinen mit deren Auslieferung abgeschlossen ist. Die Dauer dieser Phase ist je nach Art der Produkte und Leistungen sowohl im Hinblick auf die gewählte Fertigungstiefe als auch auf die Dauer der Nutzung am Markt verschieden. Während ein Automobiltyp vielfach 4 bis 6 Jahre mit ggf. geringeren Variationen verkauft wird, erstreckt sich die Nutzung von Rohstofflagerstätten wie Erdölfeldern oder von Telekommunikationsnetzen häufig über einen wesentlich längeren Zeitraum von mehreren Jahrzehnten.

In der Marktphase sind die vielfach betrachteten **Entscheidungen** der konkreten Programm-, Bereitstellungs- und Prozessplanung sowie die Entscheidungen über das Marketinginstrumentarium zu treffen[48]. Bei letzteren ist der Bereitstellung von Kosteninformationen für Preisentscheidungen in der Kosten- und Erlösrechnung immer besonderes Gewicht beigemessen worden. Die wichtigsten Einflussgrößen auf die erfolgswirksamen Zahlungen im Absatzbereich sind die Absatzmengen und die Preise, die vor allem durch die extern bestimmten Größen Marktvolumen sowie das auf dem betreffenden Markt geltende Preisniveau und die von den Handlungen der Unternehmung abhängigen Größen Marktanteil und Preispolitik beeinflusst werden. Diese Bestimmungsgrößen lassen sich beispielsweise entsprechend Abbildung 3-6 konkretisieren. Ferner sind die wichtigsten Einflussgrößen im Beschaffungs- und Produktionsbereich dargestellt.

Die traditionelle Kosten- und Erlösrechnung ist vor allem auf die Marktphase konzentriert. Eine wichtige **Bedeutung der Lebenszyklusrechnung** liegt darin, dass sie diesen Blickwinkel um die Verbindung zur Vorlaufphase und die Beachtung der Nachlaufphase erweitert. Sie macht deutlich, dass jeder laufende Produktionsprozess in einen viel umfassenderen Investitionsprozess eingebunden ist. Durch den in vielen Branchen festzustellenden sinkenden Anteil der Marktphase am gesamten Lebenszyklus wird diese Bedeutung weiter steigen.

Die **Nachlaufphase** kann verschiedene Aspekte und Aktivitäten betreffen. Wenn mit dem Objekt, auf das der Lebenszyklus bezogen wird, längerfristig vom Kunden genutzte Güter wie Maschinen oder Automobile hergestellt werden, kann die Unternehmung während deren Nutzungsdauer durch Ga-

---

[48] Vgl. Kapitel 1., Abschnitt A.III.2.b), S. 30 ff.

rantieleistungen in Anspruch genommen werden. Dann umfasst die Nachlaufphase insbesondere Serviceleistungen für Wartung, Instandhaltung und Reparaturen. Darüber hinaus kann die Unternehmung diese Phase bewusst zur Erzielung weiterer Einnahmen nutzen, indem sie zusätzliche Serviceleistungen wie Einarbeitung, Training, Beratung oder Weiterentwicklung anbietet. Bei einer Reihe von Produkten machen der Verkauf von Ersatzteilen, laufende Wartung und Beratung einen wesentlichen Anteil der insgesamt im Lebenszyklus erzielbaren Einnahmen aus.

Daneben gehören zur Nachlaufphase die mit der **Entsorgung** verbundenen Prozesse. Sie können sich auf den Produktionsapparat und die mit ihm erstellten Produkte beziehen. Besonders deutlich werden die hohen Ausgaben für den Abbau bei Kraftwerken, bei denen zum Beispiel im Braunkohleabbau der ursprüngliche Zustand der Natur weitgehend wieder hergestellt werden muss. Noch höher und mit größerer Unsicherheit belastet sind die bei dem Abbau von Kernkraftwerken sowie ihren nuklearen Abfallprodukten anfallenden Ausgaben. Bis heute sind zentrale Fragen der Endlagerung und der damit verbundenen Kosten nicht geklärt. Im Hinblick auf die Entsorgung der mit solchen Anlagen erzeugten Produkte können auf die Unternehmungen umso stärker steigende Kosten zukommen, je mehr Beachtung Umweltfragen in der Gesellschaft erhalten und je mehr Vorschriften für die Rücknahme von Produkten durch den Erzeuger erlassen werden. Ein Beispiel hierfür ist die Alt-Autoverordnung, die den Automobilherstellern die Rücknahme und Entsorgung der von ihnen gefertigten PKW vorschreibt. In entsprechender Weise können die Verpflichtungen zur Produkthaftung zunehmen. Je größer diese werden, umso wichtiger wird es, sie in Lebenszyklusbetrachtungen einzubeziehen.

An diesen Aufgaben der Nachlaufphase wird erkennbar, dass auch in ihr eine Reihe von Entscheidungen zu treffen ist und die Prozesse zu ihrer Durchführung gesteuert werden müssen. Die Ausgaben der Nachlaufphase und ihr Einfluss auf die Unternehmungsziele sind schon in der Gesamtbetrachtung eines Lebenszyklus zu berücksichtigen. Sie müssen bei den grundsätzlichen Entscheidungen über die Investition in ein Objekt und seinen Lebenszyklus sowie dessen Strukturierung in der Vorlaufphase beachtet werden. Eine Beeinflussung der Kostensituation in der Nachlaufphase ist oft nur noch sehr begrenzt möglich.

c) Rechnungsinstrumente für die Lebenszyklusrechnung

Für die Unterstützung der dargestellten Planungs- und Steuerungsprobleme in den verschiedenen Phasen eines Lebenszyklus gibt es eine Vielzahl von Instrumenten. Durch die traditionelle Konzentration des Rechnungswesens auf die Marktphase liegt der spezifische und wichtige Ansatzpunkt einer Lebenszyklusrechnung in der Gesamtbetrachtung des Objekts in der Vorlaufphase. Deren Bedeutung ist bisher noch nicht in ausreichendem Maße erkannt. Deshalb steht noch kein entsprechend fundiertes und ausgebautes Instrumentarium wie für die Marktphase zur Verfügung. Aus der Vielzahl vorgeschlagener Einzelinstrumente für unterschiedliche Aufgaben und Aspekte

A. Kapitaltheoretische Ansätze

ergibt sich noch kein Rechnungssystem, für das die Bezeichnung Lebenszyklusrechnung tatsächlich zutreffend wäre.

Ursprünglich und bis heute findet man häufig die Bezeichnung der vorgeschlagenen Konzepte und Ansätze als Lebenszyklus*kosten*rechnung. Dies erscheint insofern irreführend, als sich die in der Vorlaufphase durchzuführenden Rechnungen zur Planung eines mehrjährigen Lebenszyklus auf Erfolgswirkungen über einen vielfach längerfristigen, jedenfalls **mehrperiodigen Zeitraum** erstrecken. Das hierfür geeignete Instrumentarium der Unternehmungsrechnung stammt aus Investitionstheorie und Investitionsrechnung[49]. Um den Erfolg angemessen zu bestimmen, müssen die Zeitpunkte der Erfolgswirkungen berücksichtigt werden und lassen sich die Erfolgswirkungen unterschiedlicher Zahlungszeitpunkte nicht vernachlässigen. Darüber hinaus sind Lebenszyklusrechnungen wie Investitionsrechnungen auf Objekte und weniger auf organisatorische Einheiten bezogen. Ferner treten die für die Kostenrechnung typischen Periodenabgrenzungsprobleme bei der für Lebenszyklusrechnungen charakteristischen längerfristigen Betrachtung nicht oder nur eingeschränkt auf.

Für die Entscheidung zugunsten eines Objekts in der Vorlaufphase sind die in allen Phasen durchzuführenden wichtigsten **Aktivitäten** sowie **Prozesse** und die damit verbundenen **Ein- und Auszahlungen** über alle Perioden des Lebenszyklus hinweg **zu prognostizieren**. Abbildung 3-7 enthält hierzu ein Beispiel nach RIEZLER[50] für die Automobilindustrie. Es zeigt zum einen die für den gesamten Zeitraum von zehn Jahren erwarteten Ein- und Auszahlungen, welche dem Projekt eines neuen Modells direkt zurechenbar sind. Diese beziehen sich in der Vorlaufphase auf die in ihr benötigten maschinellen Anlagen, die produktbezogene Forschung und Entwicklung sowie die Vorbereitungsmaßnahmen für Produktion und Absatz. Zum anderen sind dieser Phase Anteile an den allgemeinen F&E-Auszahlungen zuzurechnen. In der Marktphase werden direkte Projektwirkungen bei Absatz und Fertigung sowie indirekte Wirkungen in Bezug auf die Infrastruktur von Fertigung, Logistik, Vertrieb und allgemeiner Verwaltung unterschieden. Dazu treten Anteile an Auszahlungen für Leistungen, die nicht verursachungsgemäß aufteilbar sind und daher als Deckungsvorgaben bezeichnet werden. Die Nachlaufphase umfasst Einzahlungen für Restwerte der Maschinen und aus dem Ersatzteilgeschäft sowie Auszahlungen für Gewährleistungen und Entsorgung. Anhand der in diesem Beispiel ermittelten Daten kann man Erfolgsgrößen zur Beurteilung des Gesamtprojekts wie den Kapitalwert, den internen Zins und die dynamische Amortisationsdauer bestimmen. Da die Deckungsvorgaben auf einer Schlüsselung von Auszahlungen für gemeinsam genutzte Leistungen beruhen, sind die Werte in diesem Beispiel vor und nach Abzug der Deckungsvorgaben berechnet, um mögliche Verzerrungen durch die Zuordnung der Gemeinkosten transparent zu machen.

---

[49] Zu einer umfassenden theoretischen Analyse vgl. FRIEDL, G. (Investitionsentscheidungen).
[50] RIEZLER, S. (Lebenszyklusmanagement), S. 220.

	Mio €	Summe	2002	2003	2004	2005	2006	2007	2008	2009	2010	2011
								Serienproduktion				
I. Vorlaufphase												
Maschinelle Anlagen		-600		-150	-400				-50			
Produktbezogene Forschung und Entwicklung		-510	-80	-300	-80				-50			
Produktions-/Absatzvorbereitung		-180		-30	-150							
SUMME I. (projektbedingte Zahlungen)		**-1.290**	**-80**	**-480**	**-630**	**0**	**0**	**0**	**-100**	**0**	**0**	**0**
Allgemeine Forschung und Entwicklung		-300	-100	-100	-100							
SUMME I. (nach Deckungsvorgabe)		**-1.590**	**-180**	**-580**	**-730**	**0**	**0**	**0**	**-100**	**0**	**0**	**0**
II. Marktphase												
A. Direkte Projektwirkungen												
Umsatzeinzahlungen		15.984				2.250	3.120	2.785	2.979	2.701	2.150	
Einzahlungsschmälerungen		-800				-80	-120	-125	-125	-150	-200	
Fertigungsmaterial		-7.160				-900	-1.350	-1.320	-1.285	-1.280	-1.025	
Fertigungspersonal		-2.230				-380	-420	-400	-375	-345	-310	
Sonstige Fertigungsauszahlungen		-780				-100	-140	-138	-136	-134	-132	
Produktbezogene Auszahlungen Logistik/Vertrieb		-344				-50	-60	-60	-60	-58	-56	
Unterschiede Zahlungen/Verbrauch durch Vorräte		0				-75					75	
B. Indirekte Projektwirkungen												
Inanspruchnahme Infrastruktur Fertigung/Logistik/Vertrieb		-855				-125	-150	-150	-150	-150	-130	
Sprungfixe Auszahlungen Allgemeine Verwaltung		-235				-45	-40	-40	-40	-35	-35	
SUMME II. (projektbedingte Zahlungen)		**3.580**	**0**	**0**	**0**	**495**	**840**	**552**	**808**	**549**	**337**	**0**
C. Deckungsvorgaben für Gemeinauszahlungen												
Inanspruchn. Nicht ausgelasteter/nicht abbaubarer Kapazitäten		-450				-75	-75	-75	-75	-75	-75	
Gemeinkosten Verwaltung/Vertrieb		-750				-150	-130	-125	-120	-115	-110	
SUMME II. (nach Deckungsvorgabe)		**2.380**	**0**	**0**	**0**	**270**	**635**	**352**	**613**	**359**	**152**	**0**
III. Nachlaufphase												
Restwert flexibler Maschinen		150										150
Ersatzteilgeschäft		575					20	35	55	75	90	300
Gewährleistung/Produktentsorgung		-555				-30	-40	-20	-20	-20	-25	-400
SUMME III. (projektbedingte Zahlungen)		**170**	**0**	**0**	**0**	**-30**	**-20**	**15**	**35**	**55**	**65**	**50**
Projektbedingter Einzahlungsüberschuss		**2.460**	**-80**	**-480**	**-630**	**465**	**820**	**567**	**743**	**604**	**402**	**50**

Kennzahlen (vor Gewinnsteuern, bezogen auf den 1.1.2002):   Kalkulationszins: 10,00% p.a.

A. Entscheidungsbedingte Differenzbetrachtung			B. Nach Deckungsvorgaben für Gemeinauszahlungen	
Kapitalwert:	1.057 Mio €		Kapitalwert:	147 Mio €
Dynamische Amotisationsdauer	5,4 Jahre		Preisuntergrenze Markteintritt	14.748 €/Stk.

Abb. 3-7: Beispiel einer Lebenszyklusrechnung nach RIEZLER[51]

Der Aufbau einer solchen umfassenden **Investitionsrechnung** hängt vom Umfang, der Struktur und der Dauer des Lebenszyklus eines betrachteten Objekts ab. Je nach Zahl und Art der in Vorlauf-, Markt- und Nachlaufphase durchzuführenden Aktivitäten ist sie wesentlich stärker zu differenzieren. Ferner ist maßgebend, welcher Detaillierungs- und Präzisionsgrad für die jeweils anstehende Entscheidung angemessen ist.

Die **Prognose** der in einer solchen Rechnung enthaltenen Größen ist im Allgemeinen nicht leicht. Sie orientiert sich an den einzelnen Aktivitäten oder Prozessen und richtet sich nach deren Charakter. So kann es für die Planung von Erlösen in der Marktphase zweckmäßig sein, Conjoint-Analysen[52] vorzunehmen, um Anhaltspunkte für die Wertschätzung bestimmter Produkteigenschaften durch die Kunden zu gewinnen. Ferner ist es möglich, sich an Erfahrungen mit ähnlichen Produkten orientieren oder Erkenntnisse über eine vorläufige Einführung auf Testmärkten sammeln. Für derartige Tests sowie zur Abschätzung der Produktionskosten können Prototypen entwickelt werden. An diesen lässt sich analysieren, welche die wichtigsten Kosteneinflussgrößen oder -treiber in der Fertigung sind und welche Auswirkungen das Design auf Kunden, erforderliche Teile und Materialien sowie den Fertigungsprozess haben. M. CHR. PFOHL schlägt daher eine **prototypgestützte Lebenszyklusrechnung** vor[53], deren Ablauf Abbildung 3-8 wiedergibt. Zur Erfassung der Kosten unterschiedlicher Produktgestaltungen und Produktionsmethoden verwendet man häufig sog. Cost Tables bzw. Relativkosten.

---

[51] Vgl. RIEZLER, S. (Lebenszyklusmanagement), S. 220.
[52] Vgl. hierzu SCHUBERT, B. (Conjoint-Analyse), S. 376-389.
[53] Vgl. hierzu ausführlich PFOHL, M. CHR. (Lebenszyklusrechung), S. 123 ff.

A. Kapitaltheoretische Ansätze

Dabei werden die Kosten von Bauteilen abhängig von deren Geometrie, Material oder verwendeten Fertigungsverfahren in tabellarischer Form bereitgestellt. Mit ihnen kann eine erste Abschätzung der zu erwartenden Kosten in Abhängigkeit von der Produktgestaltung durchgeführt werden[54].

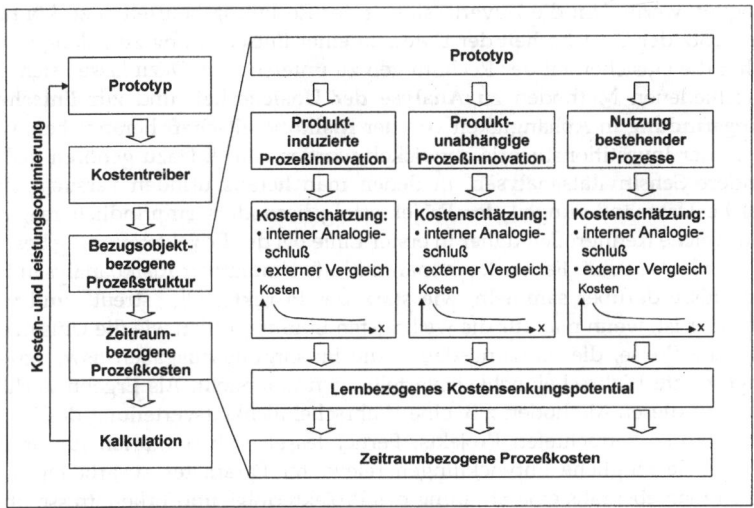

Abb. 3-8: Darstellung der prototypengestützten Lebenszyklusrechnung nach PFOHL[55]

Im Hinblick auf die zu erwartenden Herstellkosten können **Lerneffekte** das Startniveau dieser Kosten und den Verlauf von Prozesserfahrungskurven wesentlich beeinflussen. Im Fertigungsprozess werden dabei unterschiedliche Formen des Lernens wirksam. So wird das Startniveau vor allem durch die Übertragung von Kenntnissen verwandter Prozesse und die Schulung der Mitarbeiter beeinflusst. Dagegen hängt die Verringerung der Herstellkosten in der Zeit, welche die Erfahrungskurve wiedergibt, vom Lernen durch Übung sowie dem kognitiven und technischen Lernen in Bezug auf das Produkt und das Produktionsverfahren ab[56]. Derartige Lernprozesse treten nicht nur in der Fertigung, sondern auch im Vertrieb z.B. bei der Auftragsabwicklung, der Kundenbetreuung und bei Messebesuchen auf[57].

Für die Bestimmung der erwarteten Auszahlungen und Kosten in Produktion und Absatz lassen sich darüber hinaus Ansätze der **Prozesskostenrechnung**[58], der **konstruktionsbegleitenden Kalkulation**[59] und des **Target**

---

[54] Vgl. EHRLENSPIEL, K./KIEWERT, A./LINDEMANN, U. (Entwickeln und Konstruieren), S. 76.
[55] Vgl. PFOHL, M.CHR. (Lebenszyklusrechnung), S. 134.
[56] Vgl. PFOHL, M.CHR. (Lebenszyklusrechnung), S. 147.
[57] Vgl. PFOHL, M.CHR. (Lebenszyklusrechnung), S. 156.
[58] Vgl. Kapitel 3., Abschnitt B.III., S. 347 ff.
[59] Vgl. Kapitel 3., Abschnitt B.II., S. 326 ff.

Costing[60] heranziehen, die in späteren Kapiteln dieses Buches behandelt werden. Darüber hinaus kann man Anhaltspunkte für die Höhe der Auszahlungen und Kosten durch Vergleich mit anderen Unternehmungen bzw. **Benchmarking** gewinnen.

Die für den Lebenszyklus aufgestellten Rechnungen enthalten durchweg Prognosewerte. Um die Zuverlässigkeit der Rechnung beurteilen zu können und trotz der Unsicherheit der Daten zu einer Entscheidung zu gelangen, ist daher die Unsicherheit der Rechnungen zu untersuchen. Dazu lassen sich die verschiedenen Methoden zu **Analyse der Unsicherheit** und zur **Entscheidungsfindung** in Abhängigkeit von der **Risikobereitschaft** heranziehen, wie sie in der Investitionstheorie entwickelt worden sind[61]. Dazu gehören insbesondere Sensitivitätsanalysen, in denen man herauszufinden versucht, auf welche Datenänderungen der Projekterfolg besonders empfindlich reagiert und welche Kenngrößen daher in erster Linie bei der Projektsteuerung beachtet werden müssen. Ferner kann man mithilfe simulativer Risikoanalysen Erkenntnisse darüber sammeln, wie stark der Projekterfolg „streut" und wie robust er ist, wenn man für die wichtigsten Einflussgrößen wie die Umsatzerlöse, die Preise, die Nutzungsdauer, die Entsorgungsausgaben usw. expertengestützte Wahrscheinlichkeitsverteilungen unterstellt. Als Ergebnis erhält man mit diesen Methoden z.B. eine Wahrscheinlichkeitsverteilung des Kapitalwerts des betrachteten Projekts. Ferner lassen sich Szenarien für unterschiedliche mögliche Entwicklungen relevanter Parameter ausarbeiten, aus denen man ebenfalls eine Streuung des Projekterfolgs und Erkenntnisse über wichtige Risiken ableiten kann. Darüber hinaus besteht die Möglichkeit das mit dem Projekt verbundene systematische Risiko im Zinssatz zu berücksichtigen. Zu seiner Erfassung bieten sich Methoden an, wie sie für die Unternehmungsbewertung und die Investitionsrechnung entwickelt worden sind[62].

Eine Lebenszyklusrechnung sollte auch Informationen zur **Steuerung und Kontrolle** bereitstellen. Für die Steuerung sind geeignete **Vorgaben** abzuleiten. Wenn die Vorlaufphase einen mehrstufigen Planungsprozess umfasst, kann es zweckmäßig sein, eine eigene **Kostenrechnung des Anlagenbaus**[63] einzurichten, in der die verschiedenen Planungsphasen abgebildet und die Abweichungen zwischen aufeinander folgenden Planwerten ermittelt sowie analysiert werden. Zur Steuerung werden ferner **Break-even-Analysen**[64] vorgeschlagen. In dem in Abbildung 3-9 wiedergegebenen Beispiel nach ZEHBOLD werden, Ansätze der **Deckungsbeitragsrechnung**[65] auf die Lebenszyklusrechnung übertragen. Zweckmäßiger erscheint es jedoch, nicht Kosten und Deckungsbeiträge zu vergleichen, sondern auf der einen Seite die **kumulierten Auszahlungen** der wichtigsten Phasen eines Lebenszyklus und andererseits die **kumulierten Einzahlungen** zu erfassen. Diese Gegenüberstellung

---

[60] Vgl. Kapitel 4., Abschnitt D., S. 701 ff.
[61] Vgl. FRANKE, G./HAX, H. (Finanzwirtschaft), S. 243 ff.
[62] Vgl. zu CAPM: LAUX, CHR. (Investitionsrechenverfahren), Sp. 862; Vgl. auch Kapitel 2., Abschnitt A.IV.5.c), S. 111 ff.
[63] Vgl. SCHWEITZER, M. (Projektcontrolling), S. 524 ff. ; KÜPPER, H.-U. (Controlling), S. 457; HÖFFKEN, E. / SCHWEITZER, M. (Anlagenbau), S. 113 ff.
[64] Vgl. hierzu Kapitel 3., Abschnitt D.I.6.c)dd), S. 495 ff.
[65] Vgl. Kapitel 3., Abschnitt D.I., S. 397 ff.

A. Kapitaltheoretische Ansätze

lässt erkennen, wann die gesamten Einzahlungen die aufgelaufene Summe der Auszahlungen überschreiten, vernachlässigt aber den aus dem unterschiedlichen Zeitanfall herrührenden Zinseffekt. Deshalb erscheinen derartige Rechnungen und Darstellungen für die laufende Überprüfung besser geeignet, inwieweit sich ein Projekt noch im geplanten Bereich bewegt oder ob Anpassungsmaßnahmen ergriffen werden müssen.

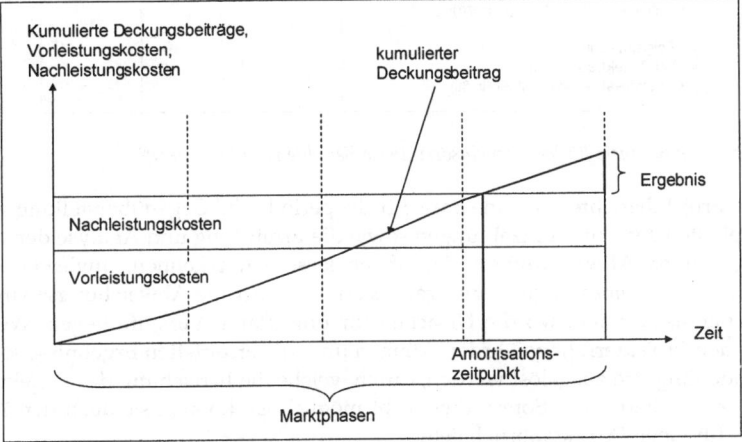

Abb. 3-9: *Produktlebenszyklusbezogene Deckungsbeitragsrechnung*[66]

Ein grundlegendes Instrument für die Steuerung und Kontrolle liegt im Aufbau eines **lebenszyklusorientierten Berichtswesens**[67]. Als wichtige Berichtsbausteine schlägt FRÖHLING allgemeine, technische und wirtschaftliche Projektdaten sowie Daten über realisierte und geplante Projekte vor. Die allgemeinen Projektdaten beziehen sich auf das Projektziel, Projektbeschreibungen, die Rahmenbedingungen des Projekts, seinen zeitlichen Ablauf und die Projektverantwortlichen. Zu den technischen Daten gehören die zu erbringenden Leistungen, F&E-Bemühungen u.ä. Wirtschaftliche Daten sind die Zahlungen in der Vorlauf-, Markt- und Nachlaufphase, die für sie maßgeblichen F&E-, Produktions- und Absatzdaten sowie Projekt- und Produktkennzahlen. Vereinfachte Beispiele für die in der Vorlaufphase anfallenden Aktivitäten und Zahlungen sowie wichtige Projekt- und Produktkennzahlen sind in den Abbildungen 3-10 und 3-11 in Anlehnung an Vorschläge von FRÖHLING[68] wiedergegeben.

---

[66] Vgl. ZEHBOLD, C. (Lebenszykluskostenrechnung), S.196.
[67] Vgl. hierzu FRÖHLING, O. (Dynamisches Kostenmanagement), S. 274 ff.
[68] Vgl. FRÖHLING, O. (Dynamisches Kostenmanagement), S. 274 ff.

3. Kapitel: Planungsorientierte Systeme der KER

Projekt-Nr.: Projektverantwortlicher: Datum:	Projektbezeichnung: Periode: Unterschrift:		
Projektkosten	Prognose	Plan	Ist
• Investitionsaufwand (in Euro) • Laborkosten (in Euro) • Personalbedarf (in Personenmonaten) • Personalkosten (in Euro) • Materialkosten (in Euro) • Fremdleistungskosten (in Euro)			
• Folgeinvestitionen (in Euro) bei Projektrealisation • Erfolgswahrscheinlichkeit (in %)			

Abb. 3-10: Beispiele für lebenszyklusorientierte Berichte nach FRÖHLING[69]

Die Projektberichte sind eine Basis für die periodische Gegenüberstellung von geplanten Aus- und Einzahlungen sowie die Ermittlung und Analyse der sich ergebenden **Abweichungen**. Aus ihnen lässt sich erkennen, inwieweit die Realisierung eines Projekts plangemäß erfolgt. Über die Abweichungsanalyse ist herauszufinden, wo die Ursachen für ungeplante Verläufe liegen. Wenn sie den Projekterfolg gefährden, können über die ermittelten Ergebnisse steuernde Eingriffe ausgelöst werden, durch welche die Erreichung des Projekterfolgs gesichert wird. Sofern dies nicht möglich ist, können sie auch den Anlass für einen Projektabbruch liefern.

Die Struktur einer ausgebauten Lebenszyklusrechnung ist bisher erst in Ansätzen erkennbar. Durch eine stärkere **Verknüpfung** der insbesondere in der Investitions- und Kapitaltheorie verfügbaren Erkenntnisse mit den vielfältigen, in der Praxis entwickelten Konzepten erscheint es möglich, zu einem konzeptionell und theoretisch fundierten sowie für die praktische Planung, Steuerung und Kontrolle umfassender Objekte nutzbaren Rechnungssystem zu gelangen.

---

[69] Vgl. FRÖHLING, O. (Dynamisches Kostenmanagement), S. 275.

A. Kapitaltheoretische Ansätze

Produkt-Nr.: Produktverantwortlicher: Projekt-Nr.: Projektverantwortlicher: Datum:	Projektbezeichnung: Projektbezeichnung: Periode: Unterschrift:		
Projekt-/Produktkennzahl	Prognose	Plan	Ist
Investitionskennzahlen: • Kapitalwert (in Euro) • Annuität (in Euro) • Interner Zinsfuß (in %) • Pay-Off Dauer (in Jahren)			
Kosten-/Erfolgskennzahlen: • Lebenszykluskosten (in Euro) • Lebenszykluserlöse (in Euro) • Lebenszyklus-DB (in Euro) • Folgekosten absolut (in Euro) • Folgekosten relativ (in %) • Produktionskosten absolut (in Euro) • Rest-Amortisationsquote (in %) • Break-Even-Time (in Jahren) • Break-Even-Point (in Stück)			

Abb. 3-11: *Beispiele für lebenszyklusorientierte Berichte nach* FRÖHLING[70]

III. Ansätze zur Verknüpfung der Kosten- und Erlösrechnung mit der Investitionsrechnung

1. Notwendigkeit einer Anbindung der Kosten- und Erlösrechnung an die Investitionsrechnung

Das Instrumentarium zur ökonomischen Bewertung längerfristiger Entscheidungen im Hinblick auf den mehrperiodigen quantitativen Unternehmungserfolg liefert die Investitionsrechnung[71]. Während **Erfolgspotential- und Lebenszyklusrechnungen** in die **strategische** Ebene zumindest hineinreichen, bildet die **taktische** Planung den zentralen Anwendungsbereich der **Investitionsrechnung**. Deren dynamische Verfahren ermöglichen eine Erfassung von Wirkungen, die auf den zeitlichen Anfall von Erfolgswirkungen zurückzuführen sind, und bewerten die Investitionsalternativen im Hinblick auf mehrperiodige Erfolgsziele. In ihrer Form als Kapital- oder Endwertrechnung sind diese auf das Oberziel des Marktwertes der Unternehmung gerichtet.

Der Schwerpunkt planungsorientierter Systeme der **Kosten- und Erlösrechnung** liegt dagegen traditionellerweise in der **operativen** Ebene; daher arbeitet man in ihnen im allgemeinen mit einperiodigen Erfolgszielgrößen wie Perioden- und Stückgewinnen bzw. -deckungsbeiträgen. Da sie jedoch wie die Planungsrechnungen der strategischen und der taktischen Ebene Informationen für eine erfolgsbezogene Bewertung von Entscheidungsalternativen liefern sollen, müssen sie deren Wirkungen auf das

---

[70] Vgl. FRÖHLING, O. (Dynamisches Kostenmanagement), S. 278.
[71] Vgl. z.B. BLOHM, H./LÜDER, K. (Investition); KRUSCHWITZ, L. (Investitionsrechnung); SCHNEIDER, D. (Investition).

fern sollen, müssen sie deren Wirkungen auf das übergeordnete mehrperiodige Erfolgsziel wiedergeben. Aus diesem Grund ist auch in ihnen die Verbindung zu den **mehrperiodigen Erfolgszielen** Markt- und Kapital- bzw. Endwert herzustellen.

Eine klare und willkürfreie **Abgrenzung** zwischen verschiedenen **Ebenen** einer quantitativen Planung und damit insbesondere einer längerfristigen taktisch-strategischen und einer kurzfristigen operativen Planung ist kaum möglich, weil zwischen diesen stets enge Beziehungen bestehen. Dementsprechend ist es äußerst schwierig, anders als mit pragmatischen Merkmalen, Investitions- und Kosten- sowie Erlösrechnung voneinander zu trennen. Beispielsweise verursacht der Einsatz von Material zur Erzeugung einer Produkteinheit (z.B. eines Schrankes) Kosten und wird deshalb in der Kostenrechnung erfasst. Zugleich handelt es sich aber um eine Investition, da offensichtlich finanzielle Mittel in Betriebsgüter (Material) umgewandelt werden, um über deren Verarbeitung Produkte zu erstellen und am Markt zu verkaufen. Dieser Vorgang ist mit einem Zahlungsstrom verbunden, der mit einer Auszahlung für Material beginnt und Einzahlungen für das abgesetzte Produkt nach sich ziehen soll. Es handelt sich also um eine Investition, auch wenn die Auszahlung sowie die Kosten niedrig sind und sich die Herstellung sowie der Verkauf in einer Periode vollziehen. Die Kurzfristigkeit des Prozesses und die Geringfügigkeit des eingesetzten Geldbetrags bedeuten nicht, dass es sich um keine Investition handelt. Sowohl die Grenzen unterschiedlicher Fristen (Fristigkeit) als auch die Grenzen zwischen kosten- oder investitionsrechnerisch zu behandelnden Auszahlungsbeträgen lassen sich daher letztlich nur willkürlich ziehen.

In Praxis und Wissenschaft ist die Kosten- und Erlösrechnung als Rechnungssystem neben der Investitionsrechnung entstanden. Man kann davon ausgehen, dass diese **Eigenständigkeit** in den spezifischen Zwecken der operativen Planung von Entscheidungen sowie der einperiodigen Erfolgsplanung begründet liegt und zweckmäßig ist. Aus der rationalen Forderung der Ausrichtung auf ein einheitliches Erfolgsziel und der Problematik einer präzisen Trennlinie zwischen den Planungsebenen erwächst dann aber die Notwendigkeit, die Kosten- und Erlösrechnung mit der Investitionsrechnung zu verknüpfen. Hierfür sind bislang **zwei** verschiedene **Konzepte** entwickelt worden, die Verknüpfung über das PREINREICH-LÜCKE-Theorem und der **investitionstheoretische** Ansatz der Kostenrechnung.

2. *Verknüpfung von Rechnungssystemen über das Preinreich-Lücke-Theorem*

Eine systematische Verknüpfung der zahlungsbezogenen Kapitalwertrechnung mit anderen Erfolgsgrößen ermöglicht ein Theorem, das erstmals von GABRIEL A.D. PREINREICH[72] beschrieben und von WOLFGANG LÜCKE[73] formal bewiesen worden ist. Es besagt, dass bei Einhaltung bestimmter Bedingungen der Bar- oder der Endwert eines Projektes nicht nur aus den von diesem aus-

---

[72] Vgl. PREINREICH, G.A.D. (Valutation), KÜPPER, H.-U. (Controlling), S. 126; vgl. hierzu REICHELSTEIN, S. (Decisions), S. 162 und S. 178.
[73] Vgl. LÜCKE, W. (Investitonsrechnungen), S. 310 ff.; LÜCKE, W. (Zinsen), S. 22 ff.

A. Kapitaltheoretische Ansätze

gelösten Ein- und Auszahlungen, sondern auch aus anderen periodenbezogenen Erfolgsgrößen wie Erlösen und Kosten oder Erträgen und Aufwendungen berechnet werden kann[74]. Alle Rechnungen führen im Falle seiner Gültigkeit zu demselben Bar- oder Endwert. Damit bietet dieses Theorem ein Instrument, um Periodenerfolgsgrößen und Zahlungen ineinander zu überführen und aus beiden dieselben Kapitalwerte zu ermitteln.

Der Kapitalwert auf der Basis von Periodenerfolgen stimmt mit dem Kapitalwert auf der Basis von Zahlungsüberschüssen überein, wenn zwei **Bedingungen** erfüllt sind[75]:

1. Die Summe der Zahlungsüberschüsse $Ü_t$ aller Perioden muss gleich der Summe aller Periodengewinne G_t sein:

$$\sum_{t=0}^{T} G_t = \sum_{t=0}^{T} Ü_t \qquad (3\text{-}1)$$

Dabei wird unterstellt, dass die Zahlungen jeweils am Periodenende anfallen, zu Beginn des Planungszeitraums nur Auszahlungen vorliegen ($Ü_0 = -A_0$) und in Periode t = 0 kein Gewinn entsteht ($G_0 = 0$).

Da diese Voraussetzung die Übereinstimmung der Summen aus den beiden periodischen Überschussgrößen verlangt, wird sie auch als **Kongruenzprinzip** bezeichnet.

2. Der als Differenz zwischen den Erlösen und Kosten (oder Erträgen und Aufwendungen) ermittelte Periodengewinn G_t muss um **kalkulatorische Zinsen** auf den **Kapitalbestand der Vorperiode** V_{t-1} verringert werden. Die sich ergebende Periodengröße wird im Allgemeinen als **Residualgewinn** G_t^* bezeichnet. Die Kapitalbindung am jeweiligen Periodenanfang V_{t-1} muss als Differenz der bis zur Vorperiode aufsummierten Gewinne und Zahlungsüberschüsse ermittelt werden:

$$V_{t-1} = \sum_{s=0}^{t-1} G_s - \sum_{s=0}^{t-1} Ü_s \qquad \text{mit:} \quad V_{-1} = 0 \text{ und } V_T = 0 \qquad (3\text{-}2)$$

Entwickelt man diese Gleichung der Kapitalbindung für t=1, 2, 3 usw., so wird erkennbar, dass sie die aufeinander folgenden Kapital- oder Vermögensbestände miteinander verknüpft:

$$V_0 = G_0 - Ü_0 + 0$$
$$V_1 = G_1 - Ü_1 + G_0 - Ü_0 = V_0 + G_1 - Ü_1$$
$$V_2 = G_2 - Ü_2 + G_1 - Ü_1 + G_0 - Ü_0 = V_1 + G_2 - Ü_2$$

usw.

Diese zweite Bedingung beinhaltet also die Identität des Kapital- oder Vermögensanfangsbestands einer Periode mit dem Kapital- oder Vermögens-

---

[74] Vgl. KLOOCK, J. (Investitionsrechnungen), S. 876 ff.; HAX, H. (Investitionsrechnung), S. 157 ff.; EWERT, R. (Finanzwirtschaft), Sp. 1154 f.; EWERT, R./WAGENHOFER, A. (Unternehmensrechnung), S. 73 ff.
[75] Vgl. KLOOCK, J. (Investitionsrechnungen), S. 876 ff.

endbestand der Vorperiode. Sie setzt damit die Geltung eines Prinzips der **Bilanzidentität** voraus[76].

Wenn diese beiden Bedingungen erfüllt sind, stimmt nach dem PREINREICH-LÜCKE-Theorem für jeden beliebigen Planungszeitraum T und Zinssatz i der **Barwert** K_0 aus den **Zahlungsüberschüssen** mit dem **Barwert** aus den **Residualgewinnen** G_t^* überein:

$$K_0 = \sum_{t=0}^{T} Ü_t \cdot (1+i)^{-t} = \sum_{t=0}^{T}(G_t - i \cdot V_{t-1}) \cdot (1+i)^{-t} = \sum_{t=0}^{T} G_t^* \cdot (1+i)^{-t} \qquad (3\text{-}3)$$

Dieselbe Übereinstimmung gilt für die **Endwerte** am Planungshorizont:

$$K_T = \sum_{t=0}^{T} Ü_t \cdot (1+i)^{T-t} = \sum_{t=0}^{T}(G_t - i \cdot V_{t-1}) \cdot (1+i)^{T-t} = \sum_{t=0}^{T} G^* \cdot (1+i)^{T-t} \qquad (3\text{-}4)$$

Dieses Ergebnis lässt sich z.B. wie folgt herleiten und **beweisen**. Wegen Gleichung (3-2) ergibt sich die Differenz der Kapitalbindungen zweier aufeinander folgender Perioden als:

$$V_t - V_{t-1} = G_t - Ü_t \qquad (3\text{-}5)$$

und der Periodengewinn als:

$$G_t = Ü_t + (V_t - V_{t-1}) \qquad (3\text{-}6)$$

Für den Barwert der um die kalkulatorischen Zinsen verminderten Periodengewinne gilt dann:

$$\sum_{t=0}^{T}(G_t - i \cdot V_{t-1}) \cdot (1+i)^{-t} = \sum_{t=0}^{T}(Ü_t + (V_t - V_{t-1}) - i \cdot V_{t-1}) \cdot (1+i)^{-t} =$$

$$\sum_{t=0}^{T}(Ü_t - (1+i) \cdot V_{t-1} + V_t) \cdot (1+i)^{-t} = \qquad (3\text{-}7)$$

$$\sum_{t=0}^{T} Ü_t \cdot (1+i)^{-t} - (1+i) \cdot \sum_{t=0}^{T} V_{t-1} \cdot (1+i)^{-t} + \sum_{t=0}^{T} V_t \cdot (1+i)^{-t}$$

Wegen V_{-1} und $V_T = 0$ erhält man:

$$\sum_{t=0}^{T} Ü_t \cdot (1+i)^{-t} - (1+i) \cdot \sum_{t=1}^{T+1} V_{t-1} \cdot (1+i)^{-t} + \sum_{t=0}^{T} V_t \cdot (1+i)^{-t} =$$

$$\sum_{t=0}^{T} Ü_t \cdot (1+i)^{-t} - \sum_{t=1}^{T+1} V_{t-1} \cdot (1+i)^{-(t-1)} + \sum_{t=0}^{T} V_t \cdot (1+i)^{-t} = \qquad (3\text{-}8)$$

$$\sum_{t=0}^{T} Ü_t \cdot (1+i)^{-t} - \sum_{t=0}^{T} V_t \cdot (1+i)^{-t} + \sum_{t=0}^{T} V_t \cdot (1+i)^{-t} = \sum_{t=0}^{T} Ü_t \cdot (1+i)^{-t} = K_0$$

Das PREINREICH-LÜCKE-Theorem zeigt auf, wie periodisierte Erfolgsgrößen über den Kapitalbestand und dessen Verzinsung so mit den Zahlungen verknüpft werden können, dass man aus den Periodenerfolgsgrößen **dieselben Kapitalwerte** wie aus den Zahlungen berechnen kann. Damit scheint es einen Weg zu eröffnen, wie man derartige Erfolgsgrößen beispielsweise einer Kosten- und Erlösrechnung oder einer Aufwands- und Ertragsrechnung über die

---

[76] Vgl. LAUX, H. (Erfolgssteuerung), S. 160 ff.

A. Kapitaltheoretische Ansätze

Berücksichtigung kalkulatorischer Zinsen mit der Zahlungsrechnung verbinden muss, um Entscheidungen auf das mehrperiodige Kapitalwertziel auszurichten.

Dieser Zusammenhang lässt sich an einem einfachen **Beispiel** verdeutlichen. In Abbildung 3-12 wird von einem zweistufigen Produktionsprozess für eine Produktart ausgegangen, bei dem auf der einen Seite die periodischen Erlöse und Kosten nach den in der Praxis gängigen Regeln ermittelt und auf der anderen Seite der mit diesem Prozess verbundene Zahlungsstrom betrachtet wird. Um die wichtigsten Eigenschaften des Theorems zu zeigen, wird angenommen, dass die Dauer zur Herstellung eines Halbfabrikates aus einem einzigen Rohstoff sowie des Endprodukts aus dem Halbfabrikat und bis zu dessen Verkauf jeweils eine Periode beträgt. Ferner sollen ein Lieferanten- und ein Kundenziel von jeweils einer Periode eingehalten werden. Deshalb erfolgen die Auszahlung für den Rohstoff und die Einzahlung aus dem Verkauf jeweils eine Periode nach Materialzugang bzw. Umsatz. Abbildung 3-12 gibt einerseits den Zahlungsstrom und andererseits die Entwicklung der Material-, Halbfertig- und Fertigfabrikat- sowie Debitorenbestände (zum Umsatzzeitpunkt) wieder. Zur Vereinfachung werden Lohn- oder andere Zahlungen außer Acht gelassen und die Bestände jeweils zu den Materialausgaben bzw. -kosten von 100 GE bewertet. Das Endprodukt könne für 160 GE verkauft werden.

Zeitpunkt	0	1	2	3	4
Zahlungen:					
Auszahlungen		100			
Einzahlungen					160
Bestände an:					
Mat.-bestand	100				
HFF Bestand		100			
FF-Bestand			100		
Debitorenbestand				160	

Abb. 3-12: *Einfaches Beispiel eines Fertigungsprozesses*

Bei einer diskreten Verzinsung mit einem Zinssatz von $i = 0{,}10$ je Teilperiode erhält man für die gesamten mit dem Produktionsprozess verbundenen Zahlungen einen **Endwert** C_T zum Zeitpunkt T=4:

$$C_T = -100 \cdot 1{,}1^3 + 160 \cdot 1{,}1^0 = 26{,}9$$

Nach den traditionellen Regeln der Erfolgszurechnung in der Kosten- und Erlösrechnung gelangt man über die Differenz zwischen den Erlösen L_t und Kosten K_t zu den in Abbildung 3-13 angegebenen Periodengewinnen G_t. Aus ihnen lässt sich unter Verwendung der Gleichungen (3-2) und (3-4) der Endwert der um die kalkulatorischen Zinsen korrigierten Periodengewinne, die **Residualgewinne** G_t^*, ermitteln.

3. Kapitel: Planungsorientierte Systeme der KER

t	Zahlungsrechnung			Erfolgsrechnung			Vermögensrechnung		Residualgewinnberechnung	
	E_t	A_t	$Ü_t$	L_t	K_t	G_t	$\sum_{s=0}^{t} G_s$	$\sum_{s=0}^{t}(E_s - A_s)$	G_t^*	$G_t^* \cdot (1+i)^{(T-t)}$
0	0	0	0	0	0	0	0	0	0	0
1	0	100	-100	100	100	0	0	-100	0	0
2	0	0	0	100	100	0	0	-100	-10	-12,1
3	0	0	0	160	100	60	60	-100	50	55,0
4	160	0	160	0	0	0	60	60	-16	-16,0
Σ	160	100	60	360	300	60			24	26,9

Abb. 3-13: *Endwertberechnung über das* PREINREICH-LÜCKE-*Theorem bei traditioneller Erfolgszurechnung*

t	$i \cdot (T-t+1) \cdot G_{t-1}$	KB_t	$i \cdot KB_{t-1}$
0	0	0	0
1	0	100	0
2	0	100	10
3	0	160	10
4	6	0	16
Zinserlöse	6		
Zinskosten			36

Abb. 3-14: *Berechnung der Zinserlöse und Zinskosten*

Der auf der Basis der Residualgewinne ermittelte Endwert stimmt mit dem der reinen Zahlungsreihe überein, wenn die Kapitalbindung entsprechend dem PREINREICH-LÜCKE-Theorem auf der Basis von Gleichung (3-2) berechnet wird.

Die **Aussagekraft** des PREINREICH-LÜCKE-Theorems wird erkennbar, wenn man beispielhaft auf **andere Periodisierungs-** und damit **Erfolgszurechnungsregeln** übergeht. In den Abbildungen 3-15 und 3-16 werden als beliebige Möglichkeiten angenommen, dass der Periodengewinn G_t von 60 einmal im Zeitpunkt 0 zu Beginn des Planungszeitraums und einmal gleichmäßig in Höhe von 15 am Ende jeder Periode von t=1 bis t=4 anfalle. Wie man aus den Abbildungen erkennt, wirkt sich dies auf die Kapitalbindung an jedem Periodenanfang aus; jedoch bleibt der Endwert immer gleich. Daran zeigt sich, dass die Geltung dieses Theorems nicht auf Kosten- und Erlös- oder Aufwands- und Ertragsrechnungen begrenzt ist. Sie gilt für *jede* Periodisierung von Erfolgsgrößen, wenn die beiden Voraussetzungen des Theorems eingehalten werden. Dies bedeutet aber auch, dass sich aus diesem Theorem keinerlei Anhaltspunkte für eine periodische Zurechnung von Ein- oder Auszahlungsgrößen auf Perioden ableiten lässt. Es gibt also beispielsweise keine Hinweise dafür, wie Anschaffungsauszahlungen für längerfristig genutzte Güter erfolgswirksam in Form von Abschreibungen auf Perioden zu verteilen sind.

A. Kapitaltheoretische Ansätze 235

t	G_t	$i \cdot (T-t+1) \cdot G_{t-1}$	$\sum_{s=0}^{t} G_s$	$\sum_{s=0}^{t}(E_s - A_s)$	KB_t	$i \cdot KB_{t-1}$	G_t^*	$G_t^* \cdot (1+i)^{T-t}$
0	160	0	160	0	160	0	160	234,25
1	-100	64	60	-100	160	16	-116	-154,39
2	0	-30	60	-100	160	16	-16	-19,36
3	0	0	60	-100	160	16	-16	-17,6
4	0	0	60	60	0	16	-16	-16,0
Barwert								26,9
Zinserlöse	34							
Zinskosten					64			

Abb. 3-15: *Endwertberechnung über das* PREINREICH-LÜCKE-*Theorem im Falle einer Erfolgszurechnung zum Vertragsabschluß*

t	G_t	$i \cdot (T-t+1) \cdot G_{t-1}$	$\sum_{s=0}^{t} G_s$	$\sum_{s=0}^{t}(E_s - A_s)$	KB_t	$i \cdot KB_{t-1}$	G_t^*	$G_t^* \cdot (1+i)^{T-t}$
0	0	0	0	0	0	0	0	0
1	15	0	15	-100	115	0	15	19,96
2	15	4,5	30	-100	130	11,5	3,5	4,24
3	15	3	45	-100	145	13	2	2,2
4	15	1,5	60	60	0	14,5	0,5	0,5
Barwert								26,9
Zinserlöse	9							
Zinskosten					39			

Abb. 3-16: *Endwertberechnung über das* PREINREICH-LÜCKE-*Theorem im Falle einer gleichmäßig am Ende jeder Periode stattfindenden Erfolgszurechnung*

Um den Gehalt des PREINREICH-LÜCKE-Theorems abzuklären, ist die Höhe der **Zinsen** in jeder Periode zu vergleichen. Wie die Abbildungen 3-13 bis 3-16 veranschaulichen, fallen in jedem Beispiel andere Zinsen an. Deren Höhe wird durch die Verteilung der Erlöse und Kosten sowie damit der Gewinne auf die Perioden bestimmt. In den Abbildungen 3-14 bis 3-16 sind die Zinsen jeweils gesondert ausgewiesen. Entsprechend der traditionellen Kostenrechnung wurden sie dabei ohne Zinseszinsen berechnet. Die verschiedenen Periodisierungsregeln, die in den drei Beispielen unterstellt sind, führen zu Zinskosten von 36, 64 und 39 GE. Dies dokumentiert, dass sich die Höhe des am Anfang jeder Periode gebundenen Kapitals und damit der Zinskosten nach diesen Periodisierungsregeln richtet. Die nach der zweiten Bedingung des PREINREICH-LÜCKE-Theorems anzusetzenden Zinskosten auf den jeweiligen Kapitalanfangsbestand sind in diesem Beispiel umso höher, je früher die Gewinnrealisation eintritt.

Betrachtet man allein die Zahlungsreihe, so fallen für den betrachteten vierperiodigen Produktionsprozess insgesamt Zinskosten von $100 \cdot 0,1 \cdot 3 = 30$ GE an. Auf diesen Wert gelangt man auch bei den drei Beispielen unterschiedlicher Periodenerfolgsrechnungen, wenn man die Zinserlöse auf die zugeflossenen Gewinne berücksichtigt. Diese betragen für die Differenz zwischen dem Zeitpunkt der Gewinnentstehung und dem Planungshorizont (t=4) in den Beispielen der Abbildungen 3-13 bis 3-16 6, 34 bzw. 9 GE. Die Differenz zwischen Zinskosten und Zinserlösen führt in jedem Fall wieder auf *denselben* Gesamtbetrag von 30, wie er sich aus der Zahlungsreihe ergibt. Die Höhe der in den (Teil-) Perioden angesetzten Zinskosten hängt also nicht vom PREINREICH-LÜCKE-Theorem, sondern von dem *Realisationsprinzip* ab, das der Periodenerfolgsdefinition zugrunde liegt. Aus dem PREINREICH-LÜCKE-Theorem ist also nicht ableitbar, welche Zinskosten in jeder Periode anzusetzen sind. Vielmehr bildet das Realisationsprinzip die Basis für die Ermittlung von Zinskosten. Das PREINREICH-LÜCKE-Theorem ist daher kein Konzept für "die Ermittlung kalkulatorischer Zinskosten im Rahmen der Kosten- und Leistungsrechnung aus theoretischer Sicht"[77]. Für die Periodenzurechnung von Erfolgen und damit auch einzelnen Erfolgsgrößen wie den Zinsen hilft es nicht weiter, setzt diese vielmehr voraus.

Dies Eigenschaften des PREINREICH-LÜCKE-Theorems sind darauf zurückzuführen, dass es eine tautologische Transformation wiedergibt, wie sie in dem obigen Beweis mit den Gleichungen (3-7) und (3-8) durchgeführt ist.

Ein **Vorteil** des PREINREICH-LÜCKE-Theorems besteht darin, dass es den Weg aufzeigt, wie man aus den Erfolgsgrößen einer vorliegenden Periodenrechnung zahlungsabhängige Kapitalwerte berechnen kann, wenn diese das Kongruenzprinzip einhält. Zugleich kann es dafür genutzt werden, Zahlungen im Hinblick auf andere Zwecke wie die Gestaltung von Bemessungsgrundlagen der Entlohnung, Gewinnausschüttung, Besteuerung o.ä. auf die Perioden zu verteilen, ohne den Bezug zum Kapitalwert als übergeordnetem Ziel und zur Zahlungsreihe aufzugeben. Es bietet eine Umrechnungsmöglichkeit zwischen Zahlungs- und anderen Rechnungen. Seine **Grenze** ist aber, dass es keine Kriterien zur Periodisierung von Erfolgsgrößen bietet und man für die Bestimmung der Kapitalbindung nach Gleichung (3-2) die Zahlungen kennen muss. Die Berechnung der Kapitalwerte ist also aufwendiger als deren direkte Ermittlung aus den (verfügbaren) Daten über die Zahlungen. Da die Berechnung der Bar- oder Endwerte für eine Entscheidungsalternative die Kenntnis aller künftigen Zahlungs- und Erfolgsgrößen erfordert, setzt sie die Periodenzurechnung über den gesamten Planungszeitraum hinweg voraus.

Diese Gesichtspunkte machen deutlich, dass mit dem PREINREICH-LÜCKE-Theorem zwar eine Verknüpfung der Kosten- und Erlösrechnung mit der Investitionsrechnung gelingt. Ein umfassendes Konzept zur Gestaltung einer auf mehrperiodige zahlungsstromorientierte Zielgrößen gerichteten Erfolgsrechnung lässt sich auf ihm aber kaum aufbauen.

3. *Investitionstheoretische Fundierung der Kosten- und Erlösrechnung*

Einen anderen Weg zur Verknüpfung der Planungsrechnungen wählt die investitionstheoretische Kostenrechnung[78]. Sie geht nicht nur von einem einheitlichen Erfolgsziel aus, sondern leitet die auf operative Entscheidungen und einperiodige Planungsprobleme ausgerichtete Kosten- und Erlösrech-

---

[77] KLOOCK, J./MALTRY, H. (Zinsrechnung), S. 89.
[78] Vgl. KÜPPER, H.-U. (Fundierung); KÜPPER, H.-U. (Kostenrechnung).

A. Kapitaltheoretische Ansätze

nung aus Grundkonzepten der Investitionstheorie her. Dahinter steht die Einsicht, dass es letztlich bei allen ökonomischen Entscheidungen in Unternehmungen um den Einsatz finanzieller Mittel geht, der zu Einzahlungen führen soll. Unabhängig von ihrer Fristigkeit können daher diese Entscheidungen als Investitionsentscheidungen interpretiert werden.

Die Unterschiede zwischen kurz- und längerfristigen Planungsproblemen, die Zweckmäßigkeit periodischer Planung und die Ausgestaltung der Rechnungssysteme in der Praxis sprechen dafür, die Kosten- und Erlösrechnung nicht in der Investitionsrechnung aufgehen zu lassen. Nach dem investitionstheoretischen Konzept ist sie vielmehr aus ihr abzuleiten.

> Die Kosten- und Erlösrechnung kann dann als **vereinfachte Investitionsrechnung** verstanden werden, welche für die spezifischen Zwecke der operativen und einperiodigen Planung gestaltet ist.

Bei der Ableitung von Planungsinformationen durch die Kosten- und Erlösrechnung wird deshalb unterstellt, dass die ihr sachlich übergeordnete taktisch-strategische Planung zumindest in Grundzügen vorliegt. Der Schwerpunkt der operativen Planung, für die in erster Linie Informationen durch die Kosten- und Erlösrechnung bereitzustellen sind, wird deshalb in der Umsetzung und Konkretisierung der taktisch-strategischen Planung und in der Anpassung an nicht vorhergesehene Datenänderungen gesehen.

Maßgebend für die Beurteilung von Entscheidungsalternativen ist die Frage, welche **Wirkungen** sie auf das übergeordnete **langfristige Erfolgsziel** auslösen. Als Konkretisierung dieses Ziels wird der Kapital- oder Endwert zugrunde gelegt. Deshalb ist stets zu untersuchen, welche Konsequenzen die jeweils betrachteten Variablen und Alternativen auf den Zahlungsstrom haben, aus dem sich der Kapitalwert ergibt. Dazu ist herauszufinden, von welchen Parametern der Kapitalwert abhängt und in welcher Beziehung diese zu den analysierten Variablen stehen.

Während das PREINREICH-LÜCKE-Theorem angibt, auf welchem Weg man Periodenerfolgsgrößen so transformieren kann, dass sich zahlungsbezogene Kapitalwerte ermitteln lassen, bietet der investitionstheoretische Ansatz ein Konzept, um die für eine operative Entscheidung zu berücksichtigenden Kosten- und Erlösinformationen abzuleiten. Auch wenn beide Konzepte auf dasselbe längerfristige Erfolgsziel, den Kapitalwert, ausgerichtet sind, verfolgen sie unterschiedliche Zwecksetzungen.

> Das PREINREICH-LÜCKE-**Theorem** gibt Bedingungen und Regeln für eine **Umrechnung von Periodenerfolgsgrößen** an, die **investitionstheoretische Kostenrechnung** liefert dagegen Kriterien und Verfahren zur **Ableitung und Beurteilung von Planerfolgsinformationen**.

Insoweit stellt sie ein theoretisches Konzept bereit, um kostenrechnerische Ansätze im Hinblick auf ihre Ausrichtung auf das längerfristige Erfolgsziel zu prüfen. Sie ist selbst kein unmittelbar praktisch ausgerichtetes System der

Kosten- und Erlösrechnung, sondern ein theoretisch fundiertes Konzept zur Analyse und zur Entwicklung praktisch einsetzbarer Verfahren der Kosten- und Erlösrechnung.

IV. Investitionstheoretische Kostenrechnung

1. Grundprinzipien der investitionstheoretischen Kostenrechnung

Der investitionstheoretische Ansatz der Kostenrechnung stellt damit ein theoretisches Grundkonzept dar, an dem sich Kosten- und Erlösrechnungen orientieren können, soweit sie Informationen zur Planung bereitstellen. Er kann daher als Rahmenkonzept für die praktisch anwendbaren Systeme verstanden werden. Soweit sich einzelne Systeme und Verfahren aus ihm für bestimmte Anwendungsbedingungen herleiten lassen, liefert er ihnen eine investitionstheoretische Basis. Maßgebend für ihn sind folgende Grundprinzipien:

(1)   Vereinheitlichung der betrieblichen Planung

Kurz- und langfristige Planung werden als miteinander verbundene Teile einer **einheitlichen Planung** verstanden. Deren Untergliederung nach der Fristigkeit und anderen Kriterien kann sich im Hinblick auf verschiedene Zwecke anbieten. Dies erfordert aber eine enge Verknüpfung zwischen den Planungsbereichen, um die verbleibenden Interdependenzen zu erfassen.

(2)   Einheitliches Erfolgsziel

Um die Einheitlichkeit der Planung zu gewährleisten, sind alle Teilplanungen auf **dasselbe langfristige Erfolgsziel** auszurichten, das mehrperiodig zu definieren ist[79]. Einperiodige und kurzfristige Erfolgsziele sind nach eindeutigen Regeln aus diesem herzuleiten. Geht man von der vereinfachenden Prämisse eines vollkommenen Kapital- und Versicherungsmarktes aus, so bildet die Kapitalwertmaximierung eine geeignete Zielsetzung.

(3)   Verknüpfung von Investitions- sowie Kosten- und Erlösrechnung

Für die auf das Erfolgsziel ausgerichtete Planungsrechnung liefert die **Investitionstheorie** ein geeignetes Grundkonzept. Daher ist die Kosten- und Erlösrechnung mit der Investitionsrechnung zu verbinden.

(4)   Zahlungen als Basisgrößen der Rechnung

Die Rechnung muss im Hinblick auf ihre Anwendbarkeit in der Praxis und ihre empirische Prüfbarkeit an eindeutig beobachtbaren und messbaren Größen ansetzen. Dafür eignen sich die **Ein- und Auszahlungen**. Sie bilden damit die Basisgrößen der Investitions- wie der Kosten- und Erlösrechnung. Die Herleitung von Kosten- und Erlösgrößen soll aus ihnen über eindeutige Regeln und eine klare Konzeption erfolgen, um die Probleme der begrifflichen Abgrenzung dieser grundlegenden Größen der kurzfristigen Rechnung zu vermindern.

---

[79]   Vgl. z.B. LAUX, H./FRANKE, G. (Erfolg), S. 31 ff.

A. Kapitaltheoretische Ansätze

(5) Theoretische Fundierung der Kosten- und Erlösrechnung

Über den investitionstheoretischen Ansatz erhält die Kosten- und Erlösrechnung eine **theoretische Fundierung**. Damit wird angestrebt, dieses Rechnungssystem an betriebswirtschaftlichen Theoriekonzepten anzubinden und klare Regeln für die Herleitung seiner Informationen zu entwickeln.

(6) Kosten- und Erlösrechnung als kurzfristige Rechnung

Die Kosten- und Erlösrechnung kann als das Teilsystem der erfolgszielorientierten Unternehmungsrechnung verstanden werden, welches Informationen für kurzfristige und für einperiodige Rechnungen bereitstellt. Da die längerfristige Sicht die kurzfristige dominiert, wird davon ausgegangen, dass die längerfristige Planung schon durchgeführt ist. Die Aufgabe der kurzfristigen Planung wird in deren **Konkretisierung** und gegebenenfalls Anpassung an kurzfristig wirkende Datenänderungen gesehen.

(7) Bereitstellung relevanter Informationen für kurzfristige Entscheidungen

Der wichtigste Rechnungszweck der Kosten- und Erlösrechnung wird in der Bereitstellung relevanter Informationen für kurzfristige Entscheidungen mit Erfolgswirkungen gesehen, die für die Auswahl optimaler Alternativen innerhalb der kurzfristigen Planung und deren Realisation benötigt werden. Ihre Erkenntnisse beziehen sich damit nur auf die planungsorientierte Rechnung.

2. Bestimmung von Kosten als Kapitalwertänderungen im investitionstheoretischen Ansatz der Kostenrechnung

a) Allgemeiner investitionstheoretischer Ansatz zur Bestimmung von Kosten

> Unter einem **Kapitalwert** versteht man die zum Kalkulationszinsfuß abgezinsten Zahlungen einer Zahlungsreihe.

Wenn man die Einzahlungen für die Verwertung betrieblicher Güter speziellen Entscheidungsvariablen (z.B. den Absatzmengen) direkt zurechnen kann, lassen sich für die Gütereinsätze eigene Kapitalwertfunktionen formulieren. Sie geben an, von welchen Einflussgrößen (Variablen) der Kapitalwert des Einsatzes z.B. von Anlagen, Werkzeugen, Material oder Personal abhängig ist. Nimmt man beispielsweise an, dass die durch den Einsatz einer Anlage ausgelösten Zahlungen vom Anlagenalter t, der Periodenbeschäftigung y_t und der bis zur Periode t erreichten kumulierten Beschäftigung Y_t abhängen, so gilt allgemein die **Kapitalwertfunktion des Anlageneinsatzes**

$$K_t = f(t, y_t, Y_t) \tag{3-9}$$

Die **Kosten des Anlageneinsatzes** lassen sich als Änderung des Kapitalwertes K_t auffassen, die durch den Einsatz der Anlage bewirkt wird. Man erhält diese Änderung über den Differential- (oder den Differenzen-) -quotienten zum Zeitpunkt t :

$$\frac{dK_t}{dt} = \frac{\partial K_t}{\partial t} + \frac{\partial K_t}{\partial y_t} \cdot \frac{dy_t}{dt} + \frac{\partial K_t}{\partial Y_t} \cdot \frac{dY_t}{dt} \qquad (3\text{-}10)$$

Kosten werden nach dieser Konzeption als **Kapitalwertänderungen** aufgefasst. Man unterstellt, dass (z.B. über die Investitionsrechnung) ein längerfristiger Plan mit zugehörigen Ein- und Auszahlungen festgelegt ist. Aufgabe der Kostenrechnung ist es, die Konkretisierung dieses Plans im Hinblick auf das mehrperiodige Erfolgsziel zu steuern und/oder Anpassungen an unerwartete Datenänderungen, die von kurzer Dauer sind, vorzunehmen. Der Anwendungsbereich der Kostenrechnung wird also auf die kurzfristige Betrachtung eingeschränkt. Es wird vorausgesetzt, dass nach den kurzfristigen Vollzugs- oder Anpassungsentscheidungen der längerfristige Plan weitergeführt wird. Andernfalls sind neue längerfristige Planungen durchzuführen, deren Erfolgswirkungen mit der Investitionsrechnung zu bestimmen sind.

Um die zur Entscheidungsfindung benötigten Informationen abzugrenzen, ist deshalb zu untersuchen, welche **Variablen** durch eine kurzfristige Vollzugs- oder Anpassungsmaßnahme verändert werden. Die Auswirkungen ihrer Änderung auf den Kapitalwert K_t sind als relevante Kosten in den kurzfristigen Entscheidungsmodellen zu berücksichtigen.

Da der investitionstheoretische Ansatz von einem klaren Konzept ausgeht, das über Kapitalwertfunktionen und deren Ableitungen formal darstellbar ist, bietet es sich an, seine Beziehungen zu anderen Ansätzen analytisch zu untersuchen. Hierzu werden im Folgenden mit den Abschreibungen und den Materialkosten zwei Kostenarten untersucht, die im Hinblick auf den Einsatzcharakter von Gebrauchs- und Verbrauchsgütern und in ihrer Zurechenbarkeit weit auseinander liegen. Da sich an ihnen die Bedeutung von Zinsen zeigt, wird deren Behandlung ebenfalls betrachtet[80].

b) Bestimmung von Anlagenabschreibungen

Das investitionstheoretische Konzept ist am Beispiel von Anlagenabschreibungen entwickelt worden[81]. Dabei wird vereinfachend von sicheren Erwartungen bzw. einem Rechnen mit Erwartungswerten bei Risikoneutralität ausgegangen[82]. Man erhält den Kapitalwert des Anlageneinsatzes aus dem **Investitionsmodell** zur Bestimmung **optimaler Nutzungsdauern** und interpretiert die Kapitalwertänderung in jedem Zeitpunkt als Anlagenabschreibung. In einem ersten vereinfachten Ansatz geht man von einer unendlichen identischen Investitionskette aus. Mangels besserer Informationen unterstellt man damit, dass Anlagen mit gleichen Aus- und Einzahlungen immer wieder angeschafft und eingesetzt werden. Um die erforderlichen Ableitungen genau durchführen zu können, wird mit kontinuierlichen Funktionen und einer

---

[80] Zur Untersuchung weiterer Kostenarten vgl. KÜPPER, H.-U. (Fundierung); BETZ, S. (Fortschritt).
[81] Vgl. HOTELLING, H. (Depreciation), S. 340 ff.; SCHNEIDER, D. (Nutzungsdauer); MAHLERT, A. (Abschreibungen), S. 162 ff.; SWOBODA, P. (Abschreibungskosten), S. 565 ff.; LUHMER, A. (Abschreibungskosten), S. 898 ff.; KISTNER, K.-P./LUHMER, A. (Betriebsmittel), S. 172 ff.; KÜPPER, H.-U. (Fixkostenproblem), S. 794 ff.
[82] Vgl. zu dieser Prämisse Kapitel 3., Abschnitt D.I.6.c)aa), S. 476 ff.

kontinuierlichen Verzinsungssenergie i gerechnet. Ferner werden zur Vereinfachung technischer Fortschritt und Inflation außer Acht gelassen.

Entscheidet man sich langfristig für die Verwendung einer Anlage, so sind zum Anschaffungszeitpunkt 0 und zu den Ersatzzeitpunkten T die Anschaffungsauszahlungen A zu leisten. Während der Nutzungsdauer fallen **Betriebs- sowie Instandhaltungszahlungen** C an. In den Ersatzzeitpunkten erhält man für den Verkauf der alten Anlage einen Liquidationserlös L. Diese Größen bestimmen den Kapitalwert des Anlageneinsatzes, da die durch Erzeugung und Verkauf erzielten Einzahlungen den Produktvariablen direkt zugerechnet werden. Als vereinfachende Hypothesen kann man unterstellen, dass die Anschaffungsauszahlungen A konstant sind, der Liquidationserlös L nur vom Anlagenalter T beim Ersatz abhängt und die Funktion der Betriebs- und Instandhaltungszahlungen mehrvariablig, linear und monoton steigend ist. Letztere umfasst neben den Zahlungen für Betriebsstoffe und verschleißbedingten Mehrverbrauch an Werkstoffen die Wartungs-, Reparatur- und sonstigen Instandhaltungszahlungen. Ihre Höhe sei bestimmt durch das Anlagenalter t, die Beschäftigung pro Periode (bzw. Zeitpunkt) y_t und die kumulierte Beschäftigung Y_t:

$$C(t, y_t, Y_t) = \alpha \cdot t + \beta \cdot y_t + \gamma \cdot Y_t \qquad (3\text{-}11)$$

Die in Gleichung (3-11) wiedergegebene Hypothese ist nicht empirisch bestätigt. Plausibel erscheint, dass z.B. bei Kraftfahrzeugen deren Alter, Fahrleistung in der Periode und bisheriger Kilometerstand näherungsweise bestimmend für Benzinverbrauch, Wartung, Reparaturen u. dgl. sind. Dennoch ist dieser Funktionsverlauf lediglich als erster Ansatz zu werten, der durch empirisch bestätigte Hypothesen für unterschiedliche Gebrauchsgüter zu ersetzen ist[83].

Für die **erste Anlage**, die bis zum Ersatzzeitpunkt T eingesetzt wird, erhält man aus den Betriebs- und Instandhaltungszahlungen C, den Anschaffungsauszahlungen A und dem Liquidationserlös L den **Kapitalwert** $K^{(1)}$. Da er die Erfolgswirkungen des Anlageneinsatzes wiedergibt, gehen in ihn Auszahlungen mit positivem und Einzahlungen mit negativem Vorzeichen ein. Die kontinuierliche Verzinsung wird jeweils durch den Abzinsungsfaktor e^{-it} erfasst[84]:

$$K^{(1)} = \int_0^T C(t, y_t, Y_t) \cdot e^{-it} dt + A - L(T) \cdot e^{-iT} \qquad (3\text{-}12)$$

Wenn man diese Anlage jeweils nach T Perioden (= Zeiteinheiten) durch eine Anlage mit identischer Zahlungsreihe ersetzt, ergibt sich der **Kapitalwert K zum Anschaffungs- und Ersatzzeitpunkt** aus der unendlichen geometrischen Reihe mit:

---

[83] Vgl. Kapitel 3., Abschnitt A.IV., S. 238 f.
[84] Vgl. SWOBODA, P. (Investition), S. 35 ff.

$$K = K^{(l)} + K^{(l)} \cdot e^{-iT} + K^{(l)} \cdot e^{-2iT} + \ldots = \frac{K^{(l)}}{1-e^{-iT}}$$

$$= \frac{\int_0^T C(t, y_t, Y_t) \cdot e^{-it} dt + A - L(T) \cdot e^{-iT}}{1-e^{-iT}} \tag{3-13}$$

Er lässt sich wie folgt umformen:

$$K = \int_0^T C(t, y_t, Y_t) \cdot e^{-it} dt + A - L(T) \cdot e^{-iT} + K \cdot e^{-iT} \tag{3-14}$$

Die Unternehmung wird sich unter Erfolgsgesichtspunkten für die Anschaffung und den Einsatz einer Anlage entscheiden, wenn K kleiner als der Kapitalwert der Einzahlungen für den Absatz der Produkte ist, die mit dieser Anlage erzeugt werden. In der langfristigen Planung ist darüber hinaus die **Nutzungsdauer** T festzulegen. Hierzu bestimmt man das Minimum von K bei Variation von T:

$$\frac{\partial K}{\partial T} = C(T, y_T, Y_T) \cdot e^{-iT} - \frac{dL}{dT} \cdot e^{-iT} + i \cdot L(T) \cdot e^{-iT} - i \cdot K \cdot e^{-iT} = 0 \tag{3-15}$$

bzw.

$$C(T, y_T, Y_T) - \frac{dL}{dT} + i \cdot L(T) = i \cdot K \tag{3-16}$$

Um die **Anlagenabschreibungen** zu ermitteln, geht man vom **Kapitalwert K_t des Anlageneinsatzes für den jeweiligen Betrachtungszeitpunkt t** aus. Da für t > 0 die Anschaffungsauszahlungen A entfallen und die anderen Beträge der Kapitalwertfunktion (3-14) durch Multiplikation mit dem Verzinsungsfaktor e^{it} auf den Zeitpunkt t zu beziehen sind, lässt sich K_t wie folgt angeben:

$$K_t = e^{it} \cdot \left[\int_t^T C(s, y_s, Y_s) \cdot e^{-is} ds - L(T) \cdot e^{-iT} + K \cdot e^{-iT} \right] \tag{3-17}$$

Unterstellt man vorerst, dass die Anlage während der gesamten Nutzungsdauer mit einer konstanten Planbeschäftigung $y_t = \bar{y}$ eingesetzt wird, so sind die **Betriebs- und Instandhaltungszahlungen** nur von der Variablen t abhängig. Wegen $Y_t = \bar{y} \cdot t$ gilt nämlich:

$$C(t) = \alpha \cdot t + \beta \cdot \bar{y} + \gamma \cdot \bar{y} \cdot t \tag{3-18}$$

Die **gesamten Kosten des Anlageneinsatzes** ergeben sich durch Differentiation des Kapitalwertes K_t nach t. Sie können als Abschreibungen interpretiert werden.

$$\frac{dK_t}{dt} = i \cdot e^{it} \cdot \frac{K_t}{e^{it}} + e^{it} \left[-C(t) \cdot e^{-it} \right] = i \cdot K_t - C(t) \tag{3-19}$$

Beschäftigungs- oder nutzungsabhängige Anteile dieser Gesamtabschreibung lassen sich ermitteln, wenn man **kurzfristige Änderungen der Beschäftigung** in Betracht zieht. Ihre Höhe kann mit Hilfe der Variablen für die kumulierte Beschäftigung Y_t bestimmt werden. Man unterstellt, dass in einem Zeitpunkt

A. Kapitaltheoretische Ansätze

t eine kurzfristige Beschäftigungsänderung von ΔY vollzogen wird. Zur Vereinfachung wird die Zeitdauer ihrer Durchführung nicht explizit berücksichtigt. Vor und nach t werde die Anlage mit der konstanten Planbeschäftigung eingesetzt. Deshalb gilt für die kumulierte Beschäftigung in einem Zeitpunkt s:

$$s \leq t \quad \rightarrow \quad Y_s = \bar{y} \cdot s$$
$$s > t \quad \rightarrow \quad Y_s = \bar{y} \cdot t + \Delta Y + (s-t) \cdot \bar{y} = \bar{y} \cdot s + \Delta Y \tag{3-20}$$

Für den vorliegenden Fall einer kurzfristigen Beschäftigungsänderung sind sowohl die Funktion der Betriebs- und Instandhaltungszahlungen als auch die Kapitalwertfunktion K_t nur von den Variablen t und Y_t abhängig. Die **Aufspaltung in zeit- und nutzungsabhängige Abschreibungen** kann man analog zur Gleichung (3-10) aus dem totalen Differential ermitteln:

$$\frac{dK_t}{dt} = \frac{\partial K_t}{\partial t} + \frac{\partial K_t}{\partial Y_t} \cdot \frac{dY_t}{dt} = \frac{\partial K_t}{\partial t} + \frac{\partial K_t}{\partial Y_t} \cdot \bar{y} \tag{3-21}$$

Da die kumulierte Beschäftigung wegen Gleichung (3-20) von t und die optimale Nutzungsdauer wegen Bedingung (3-16) von Y_T abhängig sind, ergibt sich für den **Kapitalwert** K_t:

$$K_t = e^{it} \cdot \left[\int_t^{T(Y_T)} C[s, Y_s(s)] \cdot e^{-is} ds - L[T(Y_T)] \cdot e^{-iT(Y_T)} + K \cdot e^{-iT(Y_T)} \right] \tag{3-22}$$

Unter Beachtung der Eigenschaften von Parameterintegralen[85] kann man aus (3-22) durch partielle Differentiation (für $y_t = \bar{y}$) nach den Variablen t und Y_t die **zeitabhängigen Abschreibungen** D_Z und die **nutzungsabhängigen Abschreibungen** D_N einer Periode (bzw. eines Zeitpunkts) t bestimmen:

$$D_Z(t, Y_t, T) = i \cdot e^{it} \cdot \frac{K_t}{e^{it}} + e^{it} \cdot \left[\int_t^T \frac{\partial C}{\partial Y_s} \cdot (-\bar{y}) \cdot e^{-is} ds - C(t, Y_t) \cdot e^{-it} \right]$$
$$= i \cdot K_t - \bar{y} \cdot e^{it} \cdot \int_t^T \frac{\partial C}{\partial Y_s} \cdot e^{-is} ds - C(t, Y_t) \tag{3-23}$$

$$D_N(t, Y_t, T) = e^{it} \cdot \left[\int_t^T \frac{\partial C}{\partial Y_s} \cdot e^{-is} ds + \frac{dT}{dY_t} \cdot e^{-iT} \cdot \left\{ C(T, Y_T) - \frac{dL}{dT} + i \cdot L(T) - i \cdot K \right\} \right] \cdot \bar{y} \tag{3-24}$$

Wegen der Beschäftigungsänderung erweist sich die ursprünglich geplante Nutzungsdauer T der ersten Anlage in der Investitionskette als nicht mehr optimal. Man kann ihre **neue optimale Nutzungsdauer** T* ermitteln, indem man die geänderten Betriebs- und Instandhaltungszahlungen in Gleichung (3-16) einsetzt. Da die Beschäftigungsänderung nur kurzfristig und lediglich für die erste Anlage vorgenommen wird, gilt für die nachfolgenden Anlagen der Kette und damit den Ersatzzeitpunkt T* wieder der Kapitalwert K mit der Nutzungsdauer T. Passt man die Nutzungsdauer der ersten Anlage nach

---

[85] Vgl. z. B. BRONSTEIN, I.N./SEMENDJAJEW, K.A. (Mathematik), S. 379.

T* an, so erhält man wegen Gleichung (3-16) für die **nutzungsabhängige Abschreibung**:

$$\hat{D}_N(t, Y_t, T^*) = e^{it} \cdot \left[\int_t^{T^*} \frac{\partial C}{\partial Y_s} \cdot e^{-is} ds \right.$$

$$\left. + \frac{dT^*}{dY_t} \cdot e^{-iT^*} \cdot \left\{ C(T^*, Y_{T^*}) - \frac{dL}{dT} + i \cdot L(T^*) - i \cdot K \right\} \right] \cdot \bar{y} \quad (3\text{-}25)$$

$$= \bar{y} \cdot e^{it} \cdot \int_t^{T^*} \frac{\partial C}{\partial Y_s} \cdot e^{-is} ds$$

Hierbei ist vorausgesetzt, dass eine infinitesimal kleine Änderung der Beschäftigung vorliegt oder die Abschreibung nur in linearer Näherung erfasst werden soll. Andernfalls ist für eine exakte Berechnung die Differenz der Kapitalwerte mit und ohne Beschäftigungsänderung zugrunde zu legen[86].

Durch Addition der nutzungs- und der zeitabhängigen Abschreibungen erhält man die **Gesamtabschreibung der Periode**, die der Abschreibung ohne Berücksichtigung von Beschäftigungsänderungen in Gleichung (3-19) entspricht:

$$\hat{D}_G(t, Y_t, T^*) = i \cdot K_t - C(t, Y_t) \quad (3\text{-}26)$$

Lässt man den Zinssatz gegen Null gehen, so wird die zeitabhängige Abschreibung bei Berücksichtigung der Beschäftigungsänderung zu:

$$\lim_{i \to 0} \hat{D}_Z = \lim_{i \to 0} i \cdot e^{it} \cdot \int_t^{T^*} C \cdot e^{-is} ds - \lim_{i \to 0} i \cdot e^{it} \cdot L \cdot e^{-iT^*}$$

$$+ \lim_{i \to 0} \frac{i \cdot e^{it} \cdot e^{-iT^*}}{1 - e^{-iT^*}} \cdot \left(\int_0^{T^*} C \cdot e^{-it} dt + A - L \cdot e^{-iT^*} \right) - \lim_{i \to 0} \hat{D}_N - C(t, Y_t) \quad (3\text{-}27)$$

$$= 0 - 0 + \frac{1}{T^*} \cdot \left(\int_0^{T^*} C dt + A - L \right) - \bar{y} \cdot [C(T^*, Y_{T^*}) - C(t, Y_t)] - C(t, Y_t)$$

Sofern die laufenden Anlagenzahlungen C im Zeitablauf konstant sind ($C = \bar{C}$), wird die nutzungsabhängige Abschreibung Null und geht die zeitabhängige in die **lineare Abschreibung** über:

$$\lim_{i \to 0} \hat{D}_Z = \frac{1}{T^*} \cdot (T^* \cdot \bar{C} + A - L) - \bar{C} = \frac{A - L}{T^*} \quad (3\text{-}28)$$

Damit erweist sich die vor allem in Vollkostenrechnungen verwendete lineare Abschreibung als **Grenzfall** der investitionstheoretischen, wenn man (a) Zinsen vernachlässigt oder als eigene Kostenart anders verrechnet und (b) bei den laufenden Anlagenzahlungen keine dynamischen Beziehungen auftreten oder diese durch den Ansatz von Durchschnittswerten geglättet sind. Zu-

---

[86] Vgl. hierzu KÜPPER, H.-U. (Fixkostenproblem), S. 801 und KÜPPER, H.-U. (Fundierung), S. 31 f.

A. Kapitaltheoretische Ansätze 245

gleich bedeutet dies aber, dass die Nutzungsdauer nicht mehr aus wirtschaftlichen Gründen (den Anstieg der laufenden Auszahlungen) begrenzt wird[87].

Die Bestimmung der zeitabhängigen, nutzungsabhängigen und der Gesamtabschreibungen kann an einem **Beispiel** veranschaulicht werden[88]. Hierzu werden die in Abbildung 3-17 angegebenen Funktionen und Werte unterstellt. Da sich die Abschreibungen in den Gleichungen (3-23), (3-25) und (3-26) auf Zeitpunkte beziehen, sind die Abschreibungen für die einzelnen Perioden t, die vom Zeitpunkt t−1 bis zum Zeitpunkt t reichen, entweder durch entsprechende Integration[89] oder näherungsweise durch Berechnung der Abschreibungen für die jeweilige Periodenmitte t−0,5 zu berechnen.

Man erkennt aus den Abbildungen 3-17 und 3-18, dass die Differenz zwischen den Kapitalwerten K und K_t in den Anschaffungszeitpunkten den Anschaffungszahlungen und in den Ersatzzeitpunkten dem Liquidationserlös entspricht. Sie kann daher als Anlagenwert W_t interpretiert werden und entspricht dem Betrag, den man für eine Anlage mit dem Anlagenalter t zu zahlen bereit ist. Dieser beginnt bei den Anschaffungsauszahlungen und fällt bis auf den Liquidationserlös zum Ersatzzeitpunkt. Die Kapitalwertänderung gibt also einen in Geld erfassten Werteverbrauch wieder. Ferner ist die Summe der Gesamtabschreibungen gleich der Differenz zwischen Anschaffungszahlungen und Liquidationserlös. Deshalb erfüllt die investitionstheoretische Konzeption wichtige Anforderungen, die üblicherweise an planmäßige Abschreibungsmethoden gestellt werden. Im Unterschied zu den gängigen Abschreibungsverfahren wird aber bei ihr die Wirkung der Anschaffungsauszahlung und der Instandhaltungs- sowie Betriebszahlungen in einem Ansatz zusammengefasst. Daraus ergeben sich deutliche Unterschiede in der Höhe der zu verrechnenden Kosten je Periode und Beschäftigungseinheit gegenüber den verschiedenen Systemen der Voll- und der Teilkostenrechnung[90].

---

[87] Dabei wird vorausgesetzt, dass die Wirkung des abnehmenden Liquidationserlöses geringer als diejenige der laufenden Anlagenauszahlungen ist, womit man im Normalfall rechnen kann.
[88] Vgl. KÜPPER, H.-U. (Fixkostenproblem), S. 801 ff.
[89] Vgl. hierzu KÜPPER, H.-U. (Abschreibung), S. 172.
[90] Vgl. im einzelnen KÜPPER, H.-U. (Abschreibung), S. 172 f.

t	W_t	K_t	C(t)	$D_G(t)$	$D_N(t)$	Daten
0	50 (=A)	247,74				
0,5		251,09	18,51	6,60	4,50	A = 50
1,0	43,41	254,34				
1,5		257,50	19,53	6,22	4,21	$L = \dfrac{75}{T+1}$
2,0	37,19	260,56				
2,5		263,51	20,55	5,80	3,90	$C = 0,3t + 3y_t$
3,0	31,39	266,36				$+0,12Y_t$
3,5		269,09	21,57	5,34	3,55	
4,0	26,06	271,69				$\bar{y} = 6$
4,5		274,17	22,59	4,83	3,17	K = 297,74
5,0	21,23	276,52				
5,5		278,72	23,61	4,26	2,74	T = 10,3
6,0	16,97	280,79				
6,5		282,58	24,63	3,64	2,27	$\dfrac{\partial C}{\partial y_t} = 0,12$
7,0	13,34	284,41				
7,5		285,98	25,65	2,95	1,76	i = 0,10
8,0	10,39	287,36				
8,5		288,55	26,67	2,19	1,15	
9,0	8,21	289,54				
9,5		290,32	27,69	1,34	0,55	
10,0	6,87	290,88				
10,3	6,64 (=L(T))	291,10				

Abb. 3-17: *Beispiel für die Entwicklung des Kapital- und Anlagenwertes sowie der Abschreibungen bei einer Planbeschäftigung $\bar{y} = 6$*

c) **Bestimmung von Materialkosten**

Um das Grundkonzept des investitionstheoretischen Ansatzes auf Materialeinzelkosten[91] zu übertragen, müssen der Barwert des Materialeinsatzes und dessen Differentialquotient für Beschäftigungsänderungen ermittelt werden. Als einfachsten Fall kann man entsprechend Abbildung 3-19 auf der Basis eines gegebenen längerfristigen Beschaffungs- und Fertigungsprogramms eine unendliche Kette mit rhythmischen Beschaffungen im Abstand von T^0 Zeiteinheiten unterstellen. Bezeichnet man den Materialkoeffizienten mit α, den Materialpreis mit p, die Fertigungsmenge pro Periode (Zeiteinheit) mit x, die Stückfertigungszeit mit β, die Verzinsungsenergie mit i und den nächsten Beschaffungszeitpunkt mit T(x), so erhält man folgenden **Barwert des Materialeinsatzes** im Zeitpunkt t:

$$K_t = \alpha \cdot p \cdot \frac{T^0}{\beta} \cdot \frac{e^{-i[T(x)-t]}}{1-e^{-iT^0}} \qquad \text{für } 0 \le t \le T(x) \qquad (3-29)$$

Wird eine ursprünglich nicht geplante weitere Produkteinheit hergestellt, so verschieben sich der nächste Beschaffungszeitpunkt T(x) und die restliche Kette um die Stückzeit β nach vorne (in Richtung Nullpunkt). Dies bewirkt eine Barwertänderung. Sie gibt die **Kosten des Materialeinsatzes** an:

---

[91] Vgl. KÜPPER, H.-U. (Planungsrechnung), S. 409 ff.; KÜPPER, H.-U. (Planning), S. 55.

$$\frac{dK_t}{dx} = \frac{\partial K_t}{\partial T} \cdot \frac{dT}{dx} = \frac{\alpha \cdot p \cdot T^0 \cdot (-1) \cdot e^{-i(T-t)}}{\beta \cdot \left(1 - e^{-iT^0}\right)} \cdot (-\beta) = \frac{\alpha \cdot p \cdot T^0 \cdot i \cdot e^{-i(T-t)}}{1 - e^{-iT^0}} \qquad (3\text{-}30)$$

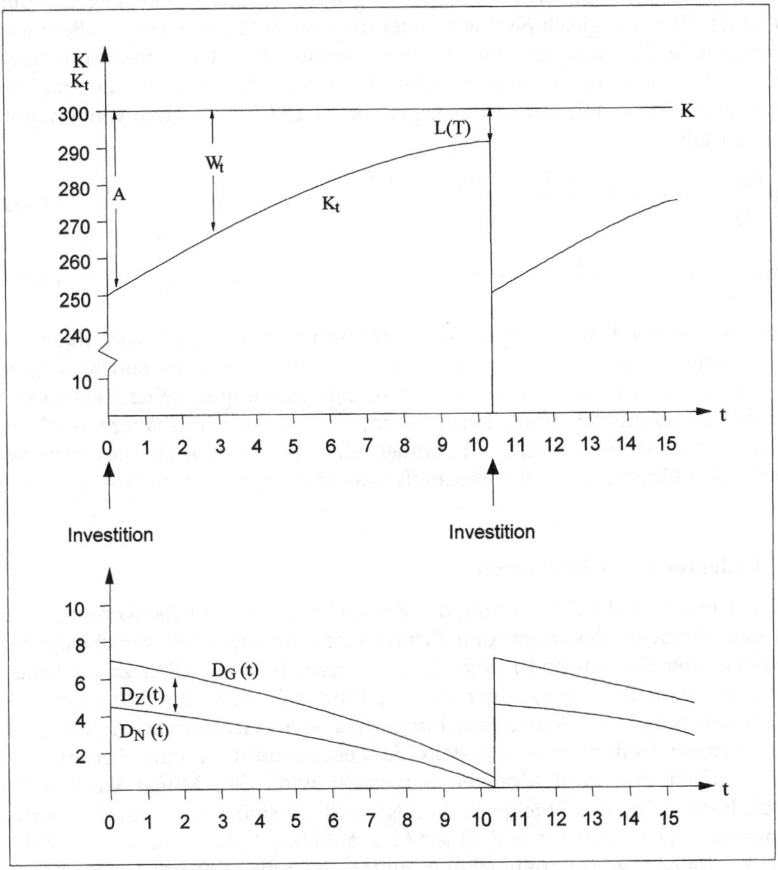

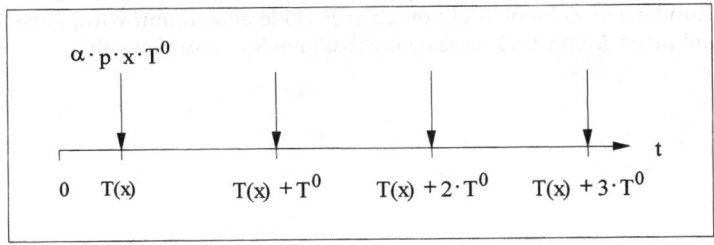

Abb. 3-18: *Graphische Entwicklung des Kapital- und Anlagenwertes sowie der Abschreibungen bei einer Planbeschäftigung* $\bar{y} = 6$

Abb. 3-19: *Zahlungsstrom für Fertigungsmaterial*

In der Kostenrechnung werden die Zinsen als eigene Kostenart erfasst. Deshalb bietet es sich wie bei den Abschreibungen an, den Zusammenhang zwischen investitionstheoretischem und anderen kostenrechnerischen Ansätzen durch eine **Eliminierung des Zinseffektes** aus ersterem zu untersuchen. Die Wirkung einer zusätzlichen Beschäftigung auf die Zinsen geht gegen Null, wenn der Zinssatz gleich Null wird oder die Abstände zwischen den Beschaffungs- und Zahlungszeitpunkten minimal werden. Aus dem investitionstheoretischen Ansatz ergeben sich für diese Fälle die folgenden Grenzwerte der Barwertänderung. Hierbei ist die Regel von DE L'HOSPITAL anzuwenden, mit welcher gilt:

$$\lim_{i \to 0} \frac{dK_t}{dx} = \lim_{i \to 0} \alpha \cdot p \cdot T^0 \cdot \frac{e^{-i(T-t)} - i \cdot (T-t) \cdot e^{-i(T-t)}}{T^0 \cdot e^{-iT^0}} = \alpha \cdot p \qquad (3\text{-}31)$$

$$\lim_{T^0 \to 0} \frac{dK_t}{dx} = \lim_{T^0 \to 0} \alpha \cdot p \cdot i \cdot \frac{e^{-i(T-t)}}{i \cdot e^{-iT^0}} = \alpha \cdot p \qquad t \leq T \leq T^0 \qquad (3\text{-}32)$$

Der bekannte und für alle Systeme übereinstimmende Ansatz von Materialeinzelkosten ist also ein **Grenzwert** des investitionstheoretischen Konzepts für den Fall, dass kurzfristige Beschäftigungsänderungen keine Zinseffekte bei der Materialbeschaffung hervorrufen. Für eine realitätsnähere Analyse müssten die vereinfachenden Annahmen über die rhythmische Beschaffung durch eine Einbeziehung der Beschaffungs- und Lagerpolitik erweitert werden.

d) Bedeutung von Zinskosten

Offensichtlich ist die Behandlung der Zinsen[92] eine wesentliche Komponente für den Vergleich des investitionstheoretischen Ansatzes mit verschiedenen Systemen der Kosten- und Erlösrechnung. Deshalb ist sie näher zu analysieren. Dabei werden Überlegungen weitergeführt, wie sie KLAUS-PETER FRANZ[93] entwickelt hat. Zur Veranschaulichung wird von einem einfachen **Beispiel** ausgegangen. In ihm wird unterstellt, dass ein Produkt mit einer Fertigungsdurchlaufzeit von zwei Monaten hergestellt wird. Pro Monat werden 20 Stück hergestellt, der Stückpreis beträgt € 40. Kosten sollen nur für Fertigungsmaterial in Höhe von € 30 je Stück anfallen, Lohn- und andere Zahlungen bleiben zur Vereinfachung außer Betracht. Entsprechend Abbildung 3-20 wird das Fertigungsmaterial jeweils für drei Monate in t = 0 und t = 3 angeschafft sowie bezahlt. Die Verzinsungsenergie sei i = 0,01. Wegen der Fertigungsdurchlaufzeit erfolgt der erste Absatz nach zwei Monaten. Da den Kunden ein Zahlungsziel von einer Periode eingeräumt wird, gehen die Einzahlungen E von t = 3 an jeweils geballt am Monatsanfang ein.

---

[92] Vgl. zum Folgenden KÜPPER, H.-U. (Zinsen).
[93] Vgl. FRANZ, K.-P. (Mittelbindung).

A. Kapitaltheoretische Ansätze

Periode	0	1	2	3	4	5	6	7	8
Auszahlungen	-1.800			-1.800					
Umsatz			800	800	800	800	800	800	
Einzahlungen				800	800	800	800	800	800
Bestand									
-Rohmaterial	1.800	1.200	600	1.800	1.200	600			
-Halbfertigerz.		600	600	600	600	600	600		
-Fertigerz.			-	-	-	-	-	-	
-Debitoren			800	800	800	800	800	800	
zugeflossene Gewinne				200	200	200	200	200	200
Selbstkosten der verkauften, noch nicht bezahlten Fertigerzeugnisse			600	600	600	600	600	600	

Abb. 3-20: Beispiel eines Produktionsprozesses

Wenn Fertigung und Absatz des Produkts als Variablen behandelt werden und in ein Planungsmodell eingehen, kann man den Wert des aufgezinsten Deckungsbeitrags am Ende der Planungsperiode t = 6 als geeignete Zielgröße verwenden. Für die im Beispiel unterstellte Produktionsalternative ergeben sich dann der **Endwert des Deckungsbeitrags** G_T für zwei Produktionszyklen

$$G_T = E \cdot \sum_{t=-2}^{3} e^{it} - A \cdot (e^{6i} + e^{3i}) = 1.058,640 \qquad (3\text{-}33)$$

und die in Abbildung 3-21 aufgeführten Werte in t = 6 sowie für die Zinsen.

Überträgt man das Konzept des investitionstheoretischen Ansatzes auf das betrachtete Beispiel, so ist die Abhängigkeit der berechneten Größen von der Beschäftigung zu erfassen. Nach diesem Konzept wird zur Kosten- und Gewinnermittlung untersucht, welche Änderung des Barwerts eine Beschäftigungsänderung dy hervorruft. Für den **Barwert des Deckungsbeitrags** G_0 im Zeitpunkt Null ergibt sich:

$$G_0 = \frac{E \cdot e^{-3i}}{1-e^{-i}} - \frac{A}{1-e^{-3i}} = 17.119,968 \qquad (3\text{-}34)$$

In ihm wird in einer unendlichen Kette unterstellt, dass die Produktion identisch weitergeführt wird. Hieraus lässt sich der auf einen Zeitpunkt t aufgezinste Kapitalwert bestimmen:

$$G_t = G_0 \cdot e^{it} \qquad (3\text{-}35)$$

3. Kapitel: Planungsorientierte Systeme der KER

t	Zahlungen	Wert in t = 6	Zinsen
0	-1.800	-1.911,31	-111,306
1			
2			
3	-1.800	-1.854,82	-54,818
	+800	+824,364	+24,365
4	+800	+816,161	+16,161
5	+800	+808,040	+8,040
6	+800	+800,000	0
7	+800	+792,040	-7,96
8	+800	+784,159	-15,841
9			
Σ	1.200	G_T = 1.058,64	-141,36

Abb. 3-21: *Zahlungsstromorientierte Berechnung der Zinsen bei Endwertbetrachtung*

Da in einem Monat als einer Zeiteinheit 20 Produkteinheiten bearbeitet werden, ist die Zeitänderung bei Fertigung einer zusätzlichen Einheit[94]:

$$\frac{dt}{dy} = \frac{1}{20} \qquad (3\text{-}36)$$

Also erhält man für den **Barwert des Deckungsbeitrags pro Stück** zum Zeitpunkt t:

$$\frac{dG_t}{dy} = \frac{\partial G_t}{\partial t} \cdot \frac{dt}{dy} = G_0 \cdot i \cdot e^{it} \cdot \frac{1}{20} \qquad (3\text{-}37)$$

Da während des Planungszeitraums von sechs Monaten kontinuierlich gefertigt wird, kann man den Endwert des Deckungsbeitrags G_T^* nach dem investitionstheoretischen Ansatz über einen **durchschnittlichen** Barwert des Stückdeckungsbeitrags g_t^*

$$g_t^* = \frac{1}{T} \cdot \int_0^T G_0 \cdot i \cdot e^{it} \cdot \frac{1}{20} dt = 8{,}821997 \qquad (3\text{-}38)$$

berechnen. Für das Beispiel ergibt sich damit der Gesamtdeckungsbeitrag:

$$G_T^* = T \cdot y \cdot g_t^* = 1.058{,}63964 \qquad (3\text{-}39)$$

Diese Werte stimmen ebenso wie die verrechneten Zinskosten fast genau mit der Endwertberechnung des ursprünglichen Zahlungsstroms in Abbildung 3-21 überein. Dennoch erscheint die Berechnung nach dem investitionstheoretischen Ansatz kompliziert. Sie bestätigt lediglich die Prämissen, dass Kosten als Änderung des Kapital- oder Endwert zu definieren sind.

Wichtige Erkenntnisse ergeben sich jedoch aus dem für sie maßgeblichen Grundkonzept, nach dem man die Kapitalbindung aus der zeitlichen Differenz zwischen Auszahlung und Einzahlung berechnet und sich am Endwert orientiert. In der **Kostenrechnung** werden Zinsen üblicherweise für **Durch-**

---

[94] Vgl. KÜPPER, H.-U. (Zinsen), S. 10.

A. Kapitaltheoretische Ansätze

schnittsbestände der Kostenstellen angesetzt und über Gemeinkostenzuschläge auf die Kostenträger verrechnet. Da sich das Beispiel auf Fertigungsmaterial beschränkt, zeigt es keinen Unterschied zwischen Voll- und Teilkostenrechnung. Aus den Annahmen über den Fertigungsdurchlauf, die kontinuierliche Produktion und den kontinuierlichen Absatz ab $t = 2$ lassen sich die in Abbildung 3-22 angegebenen Werte für die durchschnittlichen Bestandswerte und Zinsen bei Rohstoffen, Halbfertigerzeugnissen sowie Debitoren bestimmen. Für den Durchschnittsbestandswert des für 3 Teilperioden angeschafften Materials von $(1.800 + 1.200 + 600) : 3 = 1.200$ entstehen ohne Zinseszinsen in der Planungsperiode mit 6 Teilperioden insgesamt Sollzinsen von 1.200 (Bestandswert) · 6 (Teilperioden) · 0,01 (Zinssatz) = 72. Entsprechend erhält man für die durchschnittlichen Bestandswerte von 600 bzw. 800 bei Halbfertigerzeugnissen und Debitoren Sollzinsen in Höhe von 36 bzw. 48. Damit belaufen sich die in traditionellen Kostenrechnungen insgesamt angesetzten (Soll-) Zinsen in der Periode auf 156. Daraus ergibt sich ein Periodendeckungsbeitrag von $6 \cdot (800 - 600) - 156 = 1044$. Demgegenüber enthält die zahlungsstromorientierte Endwertrechnung nach Gleichung (3-33) lediglich Zinsen von $1.200 - 1.058,64 = 141,36$. Die Differenz ist einmal auf die Nichtberücksichtigung von Zinseszinsen zurückzuführen. Vernachlässigt man diese bei der zahlungsstromorientierten Betrachtung, so gelangt man anhand von Abbildung 3-20 für den Zeitpunkt $t = 6$ zu folgenden Zinskosten Z^*:

$$Z^* = 1.800 \cdot 0{,}01 \cdot (6 + 3) - 800 \cdot 0{,}01 \cdot 3 = 138$$

Dabei ist beachtet, dass die in $t = 0$ und $t = 3$ anfallenden Auszahlungen 6 bzw. 3 Teilperioden bis $t = 6$ aufgezinst, bei den von $t = 3$ bis $t = 8$ regelmäßig anfallenden Einzahlungen sich die Auf- und Abzinsungen der Teilperioden 4 bis 8 ausgleichen. Ohne Zinseszinsen erhält man demnach einen Periodendeckungsbeitrag von $1.200 - 138 = 1.062$.

Die verbleibende Differenz zwischen der bestands- und der zahlungsstromorientierten Zinsberechnung ist auf zwei systematische Fehler zurückzuführen. Zum einen rechnet man in der traditionellen Kosten- und Erlösrechnung traditionellerweise nur mit Sollzinsen. Jedoch sind in der Planungsperiode auch Erlöse zugeflossen, die nicht nur das eingesetzte Kapital verringert, sondern in Höhe der Gewinne zu einem Zufluss neuen Kapitals geführt haben. Entsprechend der zahlungsstromorientierten Berechnung müssen diese **Habenzinsen auf die Gewinne** in die Rechnung einbezogen werden[95]. Sie betragen im betrachteten Beispiel $(800 - 600) \cdot 3 \cdot 0{,}01 = 6$. Zum andern ist für die Herstellung der Erzeugnisse und damit in die **Debitoren** lediglich Kapital in Höhe der bisherigen Auszahlungen und damit der **Selbstkosten** eingesetzt worden. Der zweite Fehler traditioneller Zinsberechnungen besteht also darin, dass sie Debitorenzinsen auf den Umsatzwert statt auf die Selbstkosten der abgesetzten Fertigerzeugnisse berechnet.

Die investitionstheoretische Ausrichtung an den Zahlungen und am Endoder Kapitalwert führt damit zu einer modifizierten bestandsorientierten Rechnung. In ihr setzt man entsprechend dem Beispiel in Abbildung 3-22 bei

---

[95] Vgl. schon MÜLLER-HAGEDORN, L. (Zinsen), S. 779; FRANZ, K.-P. (Mittelbindung), S. 325 ff.

den Debitoren Selbstkosten von 600 je Teilperiode für die Fertigerzeugnisse sowie Habenzinsen auf die zugeflossenen Gewinne von 200 je Teilperiode an. Dann erhält man die Werte der zahlungsstromorientierten Berechnung. Wie Abbildung 3-23 veranschaulicht, ist die noch verbleibende Differenz zum endwertorientierten und zum investitionstheoretischen Ansatz auf die Nichtbeachtung von Zinseszinsen zurückzuführen. Über den Ansatz von Habenzinsen auf zurückgeflossene Gewinne und die korrekte Ermittlung von Debitorenzinsen lassen sich die Zinsen auch aus den Beständen korrekt ermitteln.

Bestände	Bestandswert	Zinsen (trad.)	Zinsen (modif.)
Rohstoffe	(1.800+1.200+600):3=1.200	1.200·6·0,01=72	72
Halbfertigerzeugnisse	20·30= 600	600·6·0,01=36	36
Debitoren			
Umsatzwert	800	800·6·0,01=48	-
Selbstkosten	600		600·6·0,01=36
Habenzinsen		-	-200·(3+2+1+0-1-2)·0,01=-6
Summe		156	138

Abb. 3-22: Bestandsorientierte Berechnung der Zinsen (j=e ^{0,01}-1=0,0100050167)

Erfolgsgröße \ Ansatz	Endwert	Investitionstheoretischer Ansatz	Bestandsorientierte Rechnung	
			traditionell	modifiziert
Gesamtdeckungsbeitrag	1058,64	1058,64	1044	1062
Zinsen				
- Sollzinsen	-166,12		-156	-144
- Habenzinsen	+24,76		0	+6
- insgesamt	-141,36	-141,36	-156	-138
Stückdeckungsbeitrag	8,82	8,82	8,70	8,85

Abb. 3-23: Vergleich der Zinsverrechnung in verschiedenen Ansätzen

Aus der Gegenüberstellung der Ansätze in Abbildung 3-23 kann man also drei wichtige **Ergebnisse** herleiten[96]:

(1) Das Konzept des investitionstheoretischen Ansatzes stimmt unter der Annahme eines konstanten Kalkulationszinsfußes mit einer endwertorientierten Betrachtung überein.

(2) Die traditionelle Zinsberechnung entspricht einer endwertorientierten Betrachtung und damit dem investitionstheoretischen Konzept approximativ, sofern die Zinsberechnung in einem modifizierten Verfahren korrekt vorgenommen wird.

---

[96] Für eine umfassendere Analyse vgl. KÜPPER, H.-U. (Zinsen), S. 13 ff. Vgl. auch KÜPPER, H.-U./JANSSEN, H. (Synthese), S. 94 ff.

(3) Eine dem Endwertkonzept entsprechende Bestimmung der Zinsen aus den Beständen erfordert dabei

- die Berechnung von Debitorenzinsen auf Basis der Selbstkosten der abgesetzten Fertigerzeugnisse und
- die Berücksichtigung von Habenzinsen auf eingegangene Gewinne.

3. Anwendung des investitionstheoretischen Ansatzes auf Entscheidungsprobleme

Da die investitionstheoretische Konzeption der Kostenrechnung auf die Bereitstellung von Informationen für Planungszwecke ausgerichtet ist, muss sie sich an Planungsmodellen bewähren. Der auf den ersten Blick kompliziertere Ansatz liefert nur dann mehr als eine theoretische Fundierung der Kostenrechnung und eine Verbindung zur Investitionsrechnung, wenn seine Informationen eher zu zieloptimalen Entscheidungen als diejenigen traditioneller Verfahren führen. Dies soll im Folgenden beispielhaft am Problem der Produktionsprogrammplanung, der Bestimmung optimaler Bestellmengen und von Preisuntergrenzen untersucht werden. Ausgangspunkt ist hierbei die Auffassung, dass die Kostenrechnung Informationen für kurzfristige bzw. einperiodige Entscheidungen liefern soll. Vereinfachend werden dabei Probleme der Unsicherheit außer Acht gelassen, indem man ggf. von den Erwartungswerten ausgeht und risikoneutrales Verhalten unterstellt.

a) Anwendung auf die Produktionsprogrammplanung

Für die kurzfristige Produktionsprogrammplanung bei mehreren Fertigungsengpässen werden üblicherweise Modelle der linearen Programmierung formuliert[97]. In ihrer Zielfunktion gewichtet man die Produktions- und Absatzmengen x_i mit Stückdeckungsbeiträgen. Diese enthalten ggf. bei den variablen Kosten auch anteilige Abschreibungen. Von einem solchen Modell wird im Folgenden ausgegangen und gefragt, zu welchen Konsequenzen eine Vernachlässigung oder Berücksichtigung der investitionstheoretisch ermittelten nutzungsabhängigen Abschreibungen führt.

Zur Erzeugung von zwei Produktarten sollen die in Abbildung 3-24 gekennzeichneten Anlagen A und B eingesetzt werden. Ihre Periodenkapazität ist begrenzt. Die aus Abbildung 3-24 ersichtlichen Nebenbedingungen sind in Abbildung 3-25 graphisch wiedergegeben.

Um die Zweckmäßigkeit des investitionstheoretischen Ansatzes zu prüfen, wird analysiert, ob die kurzfristige Programmplanung zur längerfristig optimalen Alternative führt. Deshalb sind unter Verwendung der Daten aus Abbildung 3-24 in Abbildung 3-26 die Barwerte der Gewinne für die drei relevanten Eckpunkte des Lösungsraumes berechnet. Hierzu sind für jede Alternative zuerst die optimalen Nutzungsdauern der beiden Anlagen nach der Bedingung (3-23) bzw. (3-24) zu bestimmen. Man erhält diese beispielsweise

---

[97] Vgl. Kapitel 3., Abschnitt D.I.6.c)bb), S. 487 ff.

für Anlage A durch eine systematische iterative Variation der jeweiligen Nutzungsdauer für den nach Gleichung (3-10) ermittelten Kapitalwert

$$K_A = \left[\int_0^{T_A}(18+1{,}2t+0{,}0\overline{4}\cdot y_A \cdot t)\cdot e^{-it}dt + 150 - \frac{300}{T_A+2}\cdot e^{-iT_A}\right]\cdot \frac{1}{1-e^{iT_A}} =$$

$$\left[180\cdot(1-e^{-iT_A})+\frac{1}{0{,}1}(1{,}2+0{,}0\overline{4}\cdot 18)\cdot \frac{1}{0{,}1-e^{-iT_A}\left(T_A+\frac{1}{0{,}1}\right)}+180-\frac{300}{T_A+2}\cdot e^{-iT_A}\right]\cdot \frac{1}{1-e^{-iT_A}} =$$

$$\frac{211{,}076948+144{,}952877}{0{,}7398232598}=481{,}23$$

mit einer optimalen Nutzungsdauer von $T_A = 13{,}4643$. Auf entsprechende Weise erhält man für die Anlage B einen Kapitalwert $K_B = 297{,}744$ für die optimale Nutzungsdauer $T_B = 10{,}32$. Im Folgenden wird (zunächst) davon ausgegangen, dass jeweils nur eine der drei Alternativen mit den zugehörigen Produktmengen kurz- und langfristig realisiert wird. Die Zahlen des Beispiels sind so gewählt, dass die Eckpunkte I und II denselben Barwert des Gewinns aufweisen.

	Anlage A	Anlage B
Anschaffungsauszahlung	$A_A = 150$	$A_B = 50$
Liquidationserlös	$L_A = \frac{300}{T+2}$	$L_B = \frac{75}{T+1}$
Anlagenzahlung $t < \tau$	$C_A = 1{,}2t + y_t + 0{,}0\overline{4}Y_t$	$C_B = 0{,}3t + 3y_t + 0{,}12Y_t$
je Zeiteinheit $t \geq \tau$	$C_A = 1{,}2t + y_t + 0{,}0\overline{4}Y_t + 0{,}0\overline{4}\Delta Y$	$C_B = 0{,}3t + 3y_t + 0{,}12Y_t + 0{,}12\Delta Y$
Maschinenbelegung (Kapazität)	$2x_1 + 3x_2 \leq 18$	$2x_1 + x_2 \leq 10$
Stückdeckungsbeiträge vor variablen Maschinenkosten	$DB_1 = 16$, $DB_2 = 17{,}083$	

Abb. 3-24: *Daten eines Beispiels mit zeitabhängigen Liquidationserlösen*

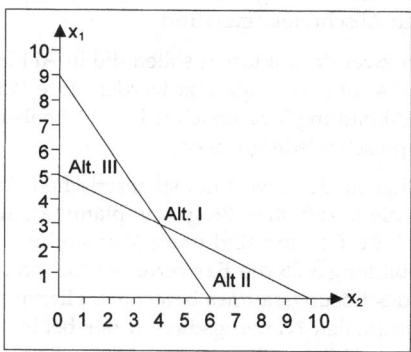

Abb. 3-25: *Graphische Darstellung der Produktionsprogrammalternativen*

Maßgeblich für die Ermittlung des kurzfristigen (einperiodigen) Optimums ist die Berücksichtigung von Anlagenkosten bei den Stückdeckungsbeiträgen.

A. Kapitaltheoretische Ansätze

Deshalb stellt sich die Frage, inwieweit die Koeffizienten α, β, und γ der Funktion für die Betriebs- und Instandhaltungszahlungen (Gleichung (3-11)) zu den variablen Kosten gerechnet werden. Diese umfassen sicher die zur Periodenbeschäftigung y_t proportionalen Auszahlungen mit dem Koeffizienten β. Dagegen sind α und γ nicht proportional zur Periodenbeschäftigung. Vernachlässigt man diese Koeffizienten, so erhält man für alle Perioden unter Berücksichtigung der Deckungsbeiträge vor variablen Maschinenkosten sowie der mit den Stückzeiten multiplizierten Koeffizienten β folgende kurzfristige Zielfunktion:

$$Z^{(a)} = [16 - 2\beta_A - 2\beta_B] \cdot x_1 + [17{,}083 - 3\beta_A - \beta_B] \cdot x_2 = 8x_1 + 11{,}083x_2 \qquad (3\text{-}40)$$

Sie weist in allen Zeitpunkten die Alternative I als optimal aus.

	Alternative I	Alternative II	Alternative III
Produktmengen	$x_1 = 3$ $x_2 = 4$	$x_1 = 0$ $x_2 = 6$	$x_1 = 5$ $x_2 = 0$
Planbeschäftigungen	$\bar{y}_A = 18$ $\bar{y}_B = 10$	$\bar{y}_A = 18$ $\bar{y}_B = 6$	$\bar{y}_A = 10$ $\bar{y}_B = 10$
Barwerte - Deckungsbeiträge (vor variablen Maschinenkosten)	$E = \dfrac{116{,}332}{i}$ $= 1163{,}32$	$E = \dfrac{102{,}498}{i}$ $= 1024{,}98$	$E = \dfrac{80}{i}$ $= 800$
- Kosten der Anlage A	$K_A = 481{,}23$	$K_A = 481{,}23$	$K_A = 381{,}56$
- Kosten der Anlage B	$K_B = 436{,}08$	$K_B = 297{,}74$	$K_B = 436{,}08$
Optimale Nutzungsdauern	$T_A = 13{,}5$ $T_B = 7{,}87$	$T_A = 13{,}5$ $T_B = 10{,}3$	$T_A = 15{,}5$ $T_B = 7{,}87$
Barwert des Gewinns	$G = 246{,}01$	$G = 246{,}01$	$G = -17{,}64$

Abb. 3-26: *Mittelfristige Produktionsprogrammalternativen ohne Beschäftigungswechsel*

Berücksichtigt man darüber hinaus die **nutzungsabhängigen Abschreibungen** als variable Kosten, so sind in der Zielfunktion die Stückzeiten zusätzlich mit den investitionstheoretisch ermittelten, nutzungsabhängigen Abschreibungen d_{NJ} je Beschäftigungseinheit der Anlage J zu multiplizieren, die sich nach Gleichung (3-25) wie folgt berechnen lassen:

$$d_{NJ} = \frac{\hat{D}_{NJ}}{\bar{y}_J} = e^{it} \int_t^{T_J^*} \frac{\partial C}{\partial Y_J} \cdot e^{-is} ds = \frac{\gamma}{i}\left(1 - e^{it} \cdot e^{-iT_J^*}\right) \qquad (3\text{-}41)$$

Die **Zielfunktion** ergibt sich dann gemäß Gleichung (3-42):

$$Z^{(b)} = [16 - 2(\beta_A + d_{NA}) - 2(\beta_B + d_{NB})] \cdot x_1 \\ + [17{,}083 - 3(\beta_A + d_{NA}) - (\beta_B + d_{NB})] \cdot x_2 \qquad (3\text{-}42)$$

Setzt man bei der Berechnung der nutzungsabhängigen Abschreibungen nach (3-42) für die optimale Nutzungsdauer der Anlage A $T_A = 13{,}4643$ und für die Nutzungsdauer der Anlage B T_B einmal die Werte der Alternative I ($T_B = 7{,}87$) und einmal jene der Alternative II ($T_B = 10{,}3$) ein, so gelangt man zu den in Abbildung 3-27 wiedergegebenen **kurzfristigen Zielfunktionen**. Da sich die Abschreibungen im Zeitablauf ändern, ergeben sich auch in Abhängigkeit vom jeweiligen Zeitpunkt andere Entscheidungen. Abbil-

3. Kapitel: Planungsorientierte Systeme der KER

dung 3-27 zeigt für beide Nutzungsdauern $T_B = 7{,}87$ sowie $T_B = 10{,}3$ an, dass während des Nutzungszeitraums der Anlage B ein Wechsel von Alternative II nach I durchzuführen ist. Dieses über den investitionstheoretischen Ansatz ermittelte Ergebnis steht in Gegensatz zu der Zielfunktion (3-40) und den Werten aus Abbildung 3-26, nach denen beide Alternativen langfristig gleich günstig erscheinen. Wenn ein Beschäftigungswechsel im Hinblick auf die langfristige Zielsetzung besser sein sollte, müsste er zu einer Erhöhung des Gewinns gegenüber einer langfristig konstanten Beschäftigung führen. Die Ergebnisse in Abbildung 3-27 bestätigen, dass hierdurch ein höherer Barwert des Gewinns erreichbar ist. Deshalb ist zu prüfen, ob und zu welchem Zeitpunkt ein **Beschäftigungswechsel** langfristig optimal ist.

Ansatz	t	Kurzfristige Zielfunktion	Steigung	G_I	G_{II}	Barwert des Gewinns	Gewählte Alternative
Ohne Abschreibungen	$\forall$ t	8,000 x₁ + 11,083 x₂	-1,385	68,332	66,498	246,01	I
Mit Abschreibungen $T_B = 7{,}87$ (Alt. I)	0,5	6,103 x₁ + 9,489 x₂	-1,598	56,183	55,015	244,713	II
	4,6	6,808 x₁ + 9,9645 x₂	-1,520	58,659	58,402	248,545	II
	7,5	7,514 x₁ + 10,440 x₂	-1,453	61,135	61,789	248,147	I
Mit Abschreibungen $T_B = 10{,}3$ (Alt. II)	0,5	5,853 x₁ + 9,363 x₂	-1,555	56,932	56,263	246,665	II
	4,6	6,432 x₁ + 9,776 x₂	-1,464	59,787	60,282	247,748	I
	7,5	7,011 x₁ + 10,189 x₂	-1,390	62,643	64,302	244,661	I
Mit Abschreibungen $T_B = 9{,}4144$ (optimal)	0,5	5,938 x₁ + 9,406 x₂	-1,584	56,439	55,441	246,676	II
	4,6	6,560 x₁ + 9,841 x₂	-1,500	59,044	59,044	248,839	Wechsel
	7,5	7,183 x₁ + 10,275 x₂	-1,431	61,650	62,647	248,011	I

Abb. 3-27: Kurzfristige Zielfunktionen und Gewinne des Beispiels mit zeitabhängigen Liquidationserlösen

Da die Anlage A in beiden Alternativen gleich beschäftigt ist ($\overline{y}_A = 18$), wirkt sich ein Alternativenwechsel nur auf die Beschäftigung der Anlage B aus. Deshalb sind lediglich ihre kumulierte Beschäftigung und ihre Kapitalwert Da die Anlage A in beiden Alternativen gleich beschäftigt ist ($\overline{y}_A = 18$), wirkt sich ein Alternativenwechsel nur auf die Beschäftigung der Anlage B aus. Deshalb sind lediglich ihre kumulierte Beschäftigung und ihre Kapitalwertfunktion für die Herleitung des Optimums relevant. Bei diesem Planungsproblem hängt das optimale Produktionsprogramm demnach nicht nur von den Nutzungsdauern und den Ersatzzeitpunkten der Anlagen, sondern auch von einem darüber hinaus möglichen Wechsel ihrer Beschäftigungen durch den Übergang auf einen anderen Eckpunkt des Lösungsraums ab. Deshalb sind die Struktur und die Lösung dieses Entscheidungsproblems näher zu untersuchen. Nimmt man an, dass zum Zeitpunkt τ ein Beschäftigungswechsel möglich sein soll und bezeichnet man mit dem Index I (II) die zeitlich als erste (zweite) gewählte Alternative, so gilt für die kumulierte Beschäftigung der Anlage B die Beziehung:

$$t < \tau \rightarrow Y_t = \overline{y}_I \cdot t$$
$$t > \tau \rightarrow Y_t = \overline{y}_{II} \cdot t + (\overline{y}_I - \overline{y}_{II}) \cdot \tau = \overline{y}_{II} \cdot t + \Delta \overline{y} \cdot \tau \qquad (3\text{-}43)$$

A. Kapitaltheoretische Ansätze

Der Index B wird bei Y_t, $\bar{y}_I$, $\bar{y}_{II}$ und C aus Vereinfachungsgründen im Folgenden weggelassen. Für die Betriebs- und Instandhaltungszahlungen der Anlage B erhält man:

$$C_I = \alpha \cdot t + \beta \cdot \bar{y}_I + \gamma \cdot Y_t = \alpha \cdot t + \beta \cdot \bar{y}_I + \gamma \cdot \bar{y}_I \cdot t \tag{3-44}$$

$$C_{II} = \alpha \cdot t + \beta \cdot \bar{y}_{II} + \gamma \cdot Y_t = \alpha \cdot t + \beta \cdot \bar{y}_{II} + \gamma \cdot (\bar{y}_{II} \cdot t + \Delta\bar{y} \cdot \tau) \tag{3-45}$$

Bis zum Wechsel erzielt man die Deckungsbeiträge DB_I, nach diesem DB_{II}. Nach dem Ende der Nutzungsdauer wird die neue Anlage B wieder mit der Periodenbeschäftigung y_I eingesetzt, mit der man die Deckungsbeiträge DB_I einnimmt. Die **Zielfunktion** ergibt sich demnach aus den abgezinsten Differenzen zwischen Deckungsbeiträgen und laufenden Anlagenzahlungen vor sowie nach dem Wechselzeitpunkt τ, den Anschaffungsauszahlungen A und dem Liquidationserlös L wie folgt:

$$G = \frac{1}{1-e^{-iT_B}} \left[\int_0^\tau DB_I \cdot e^{-it} dt + \int_\tau^{T_B} DB_{II} \cdot e^{-it} dt - \int_0^\tau C_I \cdot e^{-it} dt \right.$$

$$\left. - \int_\tau^{T_B} C_{II} \cdot e^{-it} dt - A_B + L_B(T_B) \cdot e^{-iT_B} \right] \tag{3-46}$$

Da die optimale Nutzungsdauer von A durch den Beschäftigungswechsel nicht beeinflusst wird, ist G nur von den Variablen T_B und τ abhängig. Um das **Gewinnmaximum** zu bestimmen, muss man Gleichung (3-46) nach diesen beiden Variablen partiell differenzieren. Man erhält hierdurch die (3-16) entsprechende Bestimmungsgleichung für die **optimale Nutzungsdauer** T_B:

$$\frac{\partial G}{\partial T_B} = \frac{1}{1-e^{-iT_B}} \left[DB_{II} \cdot e^{-iT_B} - C_{II} \cdot e^{-iT_B} + \frac{dL_B}{dT_B} \cdot e^{-iT_B} \right.$$

$$\left. - i \cdot e^{-iT_B} \cdot L_B(T_B) - i \cdot e^{-iT_B} \cdot G \right] = 0 \tag{3-47}$$

bzw. $DB_{II} - C_{II}(T_B) + \dfrac{dL_B}{dT_B} - i \cdot L_B(T_B) - i \cdot G = 0$ \hfill (3-48)

Zum anderen ergibt sich die Bestimmungsgleichung für den optimalen **Beschäftigungswechselzeitpunkt** τ. Dabei wird berücksichtigt, dass der Liquidationserlös L_B der Anlage B nicht von der kumulierten Beschäftigung abhängt, seine Ableitung nach dieser folglich gleich Null ist.

$$\frac{\partial G}{\partial \tau} = \frac{1}{1-e^{-iT_B}} \left[DB_I \cdot e^{-i\tau} - DB_{II} \cdot e^{-i\tau} - C_I(\tau) \cdot e^{-i\tau} \right.$$

$$\left. - \int_\tau^{T_B} \frac{\partial C_{II}}{\partial \tau} \cdot e^{-it} dt + C_{II}(\tau) \cdot e^{-i\tau} \right] = 0 \tag{3-49}$$

bzw. $DB_I - DB_{II} - (C_I(\tau) - C_{II}(\tau)) = e^{i\tau} \int_\tau^{T_B} \dfrac{\partial C_{II}}{\partial \tau} \cdot e^{-it} dt$ \hfill (3-50)

Aufgrund der Gleichungen (3-44) und (3-45) gilt:

$$C_I(\tau) - C_{II}(\tau) = (\bar{y}_I - \bar{y}_{II}) \cdot \beta = \Delta\bar{y} \cdot \beta \tag{3-51}$$

Aus Gleichung (3-45) erhält man zudem:

$$\frac{\partial C_{II}}{\partial \tau} = \Delta \bar{y} \cdot \gamma \qquad (3\text{-}52)$$

Deshalb lässt sich Gleichung (3-50) wie folgt umformen:

$$\frac{DB_I - DB_{II}}{\bar{y}_I - \bar{y}_{II}} - \beta = e^{i\tau} \int_\tau^{T_B} \gamma \cdot e^{-it} dt = d_N \qquad (3\text{-}53)$$

Man erkennt, dass die rechte Seite von Gleichung (3-53) für die Funktionen (3-44) und (3-45) der nutzungsabhängigen Abschreibung pro Beschäftigungseinheit d_N zum Zeitpunkt τ entspricht. Die weitere Umformung

$$DB_I - \bar{y}_I \cdot (\beta + d_N) = DB_{II} - \bar{y}_{II} \cdot (\beta + d_N) \qquad (3\text{-}54)$$

macht deutlich, dass der optimale Wechselzeitpunkt τ genau dann erreicht ist, wenn unter Berücksichtigung der nutzungsabhängigen Abschreibungen d_N der Zielfunktionswert beider Alternativen übereinstimmt. Die nutzungsabhängigen Abschreibungen nehmen während der Nutzungsdauer von Anlage B ab. Deshalb steigen die Zielfunktionswerte $Z^{(b)}$ bis zum Ersatzzeitpunkt T_B bei allen Alternativen kontinuierlich an. Der optimale Wechselzeitpunkt liegt entsprechend Abbildung 3-28 im Schnittpunkt der kurzfristigen Zielfunktionswerte $Z^{(b)}$ für die beiden betrachteten Alternativen.

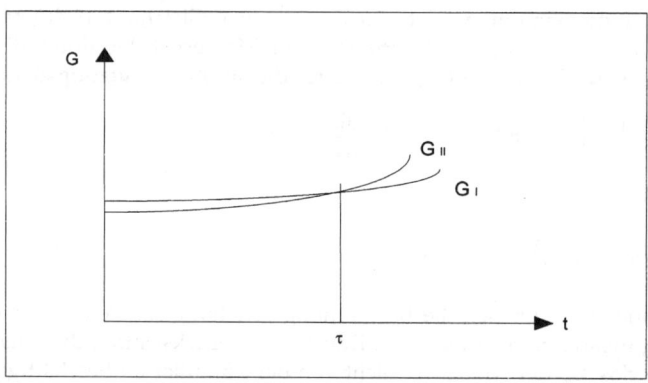

Abb. 3-28: *Entwicklung der kurzfristigen Periodengewinne im Zeitablauf*

Um den **Wechselzeitpunkt** τ zu berechnen, kann man Gleichung (3-53) nach $(T_B - \tau)$ auflösen:

$$e^{i\tau} \cdot \frac{\gamma}{i} \left(e^{-i\tau} - e^{-iT_B} \right) = \frac{\gamma}{i} \left(1 - e^{-i(T_B - \tau)} \right) = \frac{DB_I - DB_{II}}{\Delta \bar{y}} - \beta \qquad (3\text{-}55)$$

bzw. $e^{-i(T_B - \tau)} = 1 - \frac{i}{\gamma} \left(\frac{DB_I - DB_{II}}{\Delta \bar{y}} - \beta \right) \qquad (3\text{-}56)$

bzw. $T_B - \tau = -\frac{1}{i} \cdot \ln \left[1 - \frac{i}{\gamma} \left(\frac{DB_I - DB_{II}}{\Delta \bar{y}} - \beta \right) \right] \qquad (3\text{-}57)$

Setzt man die Zahlenwerte des Beispiels ein, so erhält man:

A. Kapitaltheoretische Ansätze

$$T_B - \tau = -10 \cdot \ln\left[1 - \frac{0{,}1}{0{,}12}\left(\frac{102{,}198 - 116{,}332}{-4} - 3\right)\right] = 4{,}814 \qquad (3\text{-}58)$$

Unter Verwendung dieses Ergebnisses lässt sich die **optimale Nutzungsdauer** T_B iterativ aus der Gleichung (3-48) bestimmen. Hierbei ist zu berücksichtigen, dass man durch Umformung von Gleichung (3-43) die kumulierte Beschäftigung Y_T der Anlage B wie folgt berechnen kann:

$$Y_T = \bar{y}_{II} \cdot T_B + (\bar{y}_I - \bar{y}_{II}) \cdot \tau = \bar{y}_{II} \cdot (T_B - \tau) + \bar{y}_I \cdot [T_B - (T_B - \tau)] \qquad (3\text{-}59)$$

Man erhält als optimale Nutzungsdauer für B den Wert $T_B = 9{,}414$. Setzt man diesen Wert für die Bestimmung der Abschreibungen ein, so gelten für diese optimale Nutzungsdauer die angegebenen kurzfristigen Zielfunktionen von Abbildung 3-27. Sie zeigen genau im Zeitpunkt $\tau = 9{,}414 - 4{,}814 = 4{,}6$ an, dass ein Beschäftigungswechsel vorzunehmen ist. Auf diesem Weg gelangt man zu dem höchsten Barwert des Gewinns von 248,839.

Der investitionstheoretische Ansatz steuert also die kurzfristige Programmplanung genau zu der jeweils langfristig optimalen Alternative. Dabei stellt sich jedoch ein Problem. Um die nutzungsabhängige Abschreibung mit dem investitionstheoretischen Ansatz über Gleichung (3-53) zu berechnen, benötigt man die Kenntnis der optimalen Nutzungsdauer der Anlage B. Diese hängt aber von dem Wechselzeitpunkt τ ab. Deshalb setzt eine exakte Lösung der einperiodigen Planung die Lösung des mehrperiodigen Planungsproblems voraus. Optimale Nutzungsdauer und optimaler Wechselzeitpunkt bedingen sich gegenseitig. Dieses **Dilemma** ist auch von anderen Problemen der Planungsrechnung bekannt. Kennt man die optimale Nutzungsdauer von Anlage B nicht genau, ermöglicht der Ansatz dennoch ein näherungsweise optimales Ergebnis, indem man von der Nutzungsdauer von B für einen Eckpunkt ($T_B = 7{,}87$ oder $T_B = 10{,}3$) ausgeht. Dies verdeutlichen die in Abbildung 3-27 wiedergegebenen Ergebnisse. Auf diesem Weg eines heuristischen, am investitionstheoretischen Konzept orientierten Vorgehens, kommt man auch ohne Lösung des übergeordneten Totalmodells zu einer besseren Lösung. Auch wenn dieses Ergebnis bisher nur für einfache Beispiele hergeleitet worden ist, kann es als Indiz für die Leistungsfähigkeit des investitionstheoretischen Ansatzes gewertet werden.

b) Anwendung auf die Bestimmung optimaler Bestellmengen

Wendet man das investitionstheoretische Konzept auf die **Bestimmung von Bestellmengen**[98] an, so muss man im Unterschied zum traditionellen Vorgehen den durch die Beschaffung ausgelösten **Zahlungsstrom** betrachten. Unterstellt man wie im Grundmodell konstante Daten, so wird im Abstand von w Zeiteinheiten (= ZE) jeweils die feste Menge x angeschafft[99]. Bei einem fixen Güterbedarf r pro Periode können Einzahlungen aus dem Güterverkauf

---

[98] Vgl. hierzu RIEPER, B. (Bestellmengenrechnung), S. 1231 ff.; SCHRAMM, K. (Kapitalwertfunktion), S. 466 ff. Beide bestimmen die optimale Bestellmenge aus dem Kapitalwert der Zahlungen, ohne auf den investitionstheoretischen Ansatz Bezug zu nehmen. Vgl. zur zahlungsstromorientierten Untersuchung der Bestellmengen- und Losgrößenplanung mehrstufiger Prozesse HOFMANN, C. (Logistiksysteme), S. 21 ff.

[99] Vgl. KÜPPER, H.-U. (Planning), S. 56 f.

ebenso wie lagermengenunabhängige Zahlungen als nicht entscheidungsrelevant unberücksichtigt bleiben. Mit jeder Beschaffung fallen entsprechend Abbildung 3-29 bestellfixe Auszahlungen in Höhe von F sowie beim Preis q Auszahlungen von $q \cdot r \cdot w$ für die bezogene Gütermenge an. Ferner entstehen während der Zeitdauer eines Bestellzyklus kontinuierlich lagermengenabhängige Auszahlungen in Höhe von c pro Stück und Zeiteinheit.

Damit lässt sich der Barwert der Zahlungen für **einen Bestellzyklus** K_Z bei kontinuierlicher Verzinsung mit der Verzinsungsenergie i ermitteln:

$$K_Z = F + q \cdot r \cdot w + \int_0^w c \cdot r \cdot (w-t) \cdot e^{-it} dt \tag{3-60}$$

Wenn man keine genaueren Informationen über die künftige Entwicklung des Güterbedarfs hat, erscheint die Prämisse eines konstant bleibenden Bedarfs r je Periode angemessen. Dann kann man eine **unendliche Kette** identischer Bestellzyklen unterstellen und kommt zu dem Kapitalwert K:

$$K = \frac{K_Z}{1-e^{-iw}} = \frac{1}{1-e^{-iw}} \cdot \left(F + q \cdot r \cdot w + c \cdot r \cdot w \int_0^w e^{-it} dt - c \cdot r \int_0^w t \cdot e^{-it} dt \right) \tag{3-61}$$

Die Höhe der Bestellmenge x hängt vom Güterbedarf je Zeiteinheit und der Dauer eines Bestellzyklus w ab:

$$x = r \cdot w \tag{3-62}$$

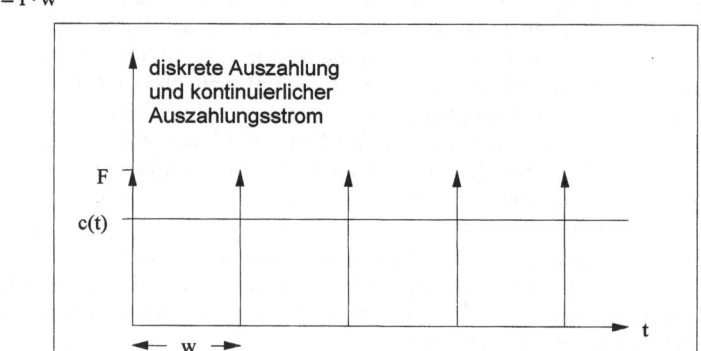

Abb. 3-29: *Zeitdiskrete und -kontinuierliche Auszahlungen*

Um die optimale Bestellmenge herzuleiten, ist das Minimum der Kapitalwertfunktion in Abhängigkeit von w zu bestimmen. Man erhält die Optimierungsbedingung:

$$\frac{dK}{dw} = 0 \tag{3-63}$$

$$r \cdot (q \cdot i + c) \cdot \left(\frac{e^{iw}-1}{i} \right) = i \cdot F + q \cdot r \cdot i \cdot w + c \cdot r \cdot w \tag{3-64}$$

Ihre analytische Lösung ist wegen der Verwendung von Zinseszinsen nur schwer möglich. Als Approximation für die Verzinsung kann man die ersten Glieder der Taylorentwicklung verwenden:

A. Kapitaltheoretische Ansätze

$$\frac{e^{iw}-1}{i} = \int_0^w e^{it}dt \cong w + \frac{i \cdot w^2}{2} \qquad (3\text{-}65)$$

Mit ihr werden die **Zinseszinsen** vernachlässigt, wie man anhand von Gleichung (3-66) erkennen kann:

$$w + i \cdot [(0{,}5 + w - 1) + (0{,}5 + w - 2) + \ldots + (0{,}5 + w - w)] = w + \frac{i \cdot w^2}{2} \qquad (3\text{-}66)$$

Eine Überprüfung in Abbildung 3-30 zeigt, dass diese **Approximation** für relativ kleine Zinssätze und/oder kurze Zyklusdauern w befriedigend ist, bei höheren Zinsen oder langem Bestellzyklus jedoch zu großen Abweichungen führt.

Setzt man die Approximation in die Optimierungsgleichung (3-64) ein, so erhält man:

$$r \cdot (q \cdot i + c) \cdot \left(w + \frac{i \cdot w^2}{2} \right) = i \cdot F + q \cdot r \cdot i \cdot w + c \cdot r \cdot w \qquad (3\text{-}67)$$

Zinssatz i	Bestellzyklus w	exakter Wert	Näherung
0,002	3	3,009	3,009
0,002	5	5,025	5,025
0,002	10	10,101	10,100
0,1	1	1,052	1,050
0,1	10	17,183	15,000
0,5	10	294,826	35,000

Abb. 3-30: *Überprüfung der Approximation*

Daraus lässt sich die **optimale Zeitdauer** w^* eines Bestellzyklus herleiten:

$$w^* = \sqrt{\frac{2 \cdot F}{r \cdot (q \cdot i + c)}} \qquad (3\text{-}68)$$

Also ist wegen Gleichung (3-62) die **optimale Bestellmenge** x^*:

$$x^* = r \cdot w^* = \sqrt{\frac{2 \cdot F \cdot r}{q \cdot i + c}} \qquad (3\text{-}69)$$

Sie entspricht exakt dem traditionellen Ergebnis. Daraus ist zu schließen, dass die **Vernachlässigung von Zinseszinsen** und die **Art der Approximation** für die Abweichung von dem auf das mehrperiodige Erfolgsziel ausgerichteten Ansatz bestimmend sind.

c) Anwendung auf die Bestimmung von Preisuntergrenzen

Einen weiteren Anhaltspunkt für die Verknüpfung des investitionstheoretischen mit verschiedenen kostenrechnerischen Ansätzen liefert die Bestimmung von **Preisuntergrenzen**[100]. In ihr wird vereinfachend davon ausgegangen, dass bis zum Anlaufen der Fertigung eines Produktes **Vorleistungsauszahlungen** z.B. für Forschung A_F, Entwicklung A_E und Anlagenkauf A_A erbracht werden müssen. Diese fallen zu Beginn in einperiodigem Abstand an. Ausgangspunkt für die Berechnung von Preisuntergrenzen ist der **Kapitalwert** K der während des gesamten Lebenszyklus einer Produktart anfallenden Zahlungen:

$$K = -A_F - A_E \cdot e^{-i} - A_A \cdot e^{-2i} - F \cdot \sum_{t=t'}^{T-1} e^{-it} + (p - k_v) \cdot x \cdot \int_{t=t'}^{T} e^{-it} dt \qquad (3\text{-}70)$$

In ihm wird unterstellt, dass in den Perioden der Herstellung jeweils zum Periodenbeginn fixe Zahlungen F und laufend die Zahlungen k_v je Stück zu leisten sind. Diesen Fertigungsauszahlungen stehen die Erlöse p je Stück gegenüber. Nach einer Forschungs- und Entwicklungszeit werde das Produkt in dem Zeitraum t' bis T gefertigt und abgesetzt. Der Stückdeckungsbeitrag ist als Zuschlagssatz α auf die variablen Kosten k_v angegeben, so dass $p = (1 + \alpha : 100) \cdot k_v$ gilt. Man erhält die **Preisuntergrenze**, indem man Gleichung (3-70) für einen Kapitalwert von K = 0 nach α auflöst:

$$\alpha = \frac{A_F + A_E \cdot e^{-i} + A_A \cdot e^{-2i} + F \cdot \sum_{t=t'}^{T-1} e^{-it}}{k_v \cdot x \cdot \int_{t=t'}^{T} e^{-it} dt} \cdot 100 \qquad (3\text{-}71)$$

Wenn die Verzinsung auf i = 0 sinkt und der Zinseffekt damit vernachlässigt wird, ergibt sich aus (3-71) die **Preisuntergrenze** α_0^* der **Vollkostenrechnung**:

$$\alpha_0^* = \frac{A_F + A_E + A_A + F \cdot T_P}{k_v \cdot x \cdot T_P} \cdot 100 \qquad (3\text{-}72)$$

Bei einer Verzinsung größer als Null verändert sich der Mindestzuschlagssatz α_t^* nach jeder durchgeführten Zahlung. Seine Werte sind in Abbildung 3-31 für ein Beispiel mit Zahlungen für Forschung von $A_F = 800$ vor Beginn der ersten Periode, für Entwicklung $A_E = 1000$ vor Beginn der zweiten Periode und für Anlagen $A_A = 3000$ vor Beginn der dritten Periode berechnet. Nach zwei Perioden Vorlauf wird das Produkt $T_P = 6$ Perioden lang hergestellt und abgesetzt. Die zu Beginn jeder Fertigungsperiode zu leistenden fixen Auszahlungen betragen F = 200. Während der Fertigung fallen kontinuierlich variable Auszahlungen pro Stück von $k_v = 10$ an. In jeder Periode werden x = 200 Stück gefertigt. Aus den Abbildungen 3-31 und 3-34 wird ersichtlich, dass der Zuschlagssatz von über 65% zu Beginn nach der letzten Zahlung von F in t = 7 auf Null absinkt. Da keine fixen Zahlungen mehr anfallen, bilden die **variablen Kosten** hier die **Preisuntergrenze**. Preisuntergrenzenansätze der Voll- und der Teilkostenrechnung lassen sich somit als **Grenzfälle** des investitionstheoretischen Ansatzes interpretieren.

---

[100] Vgl. KÜPPER, H.-U. (Fundierung), S. 41 ff.; KILGER, W. (Deckungsbeitragsrechnung[10]) S. 784 ff.

t	0	0	1	1	2	2	3	3	4	4
α_t^*	65,94	55,35	55,35	43,31	43,31	8,30	10,48	7,97	10,48	10,48

t	5	5	6	6	6,5	7	7	8
α_t^*	10,48	6,65	10,48	4,99	6,82	10,48	0	0

Abb. 3-31: *Mindestzuschlagssätze bei einmaligem Produktlebenszyklus (i=0,1)*

In der Regel wird eine Unternehmung nach Ablauf des Lebenszyklus eines Produktes ein **Nachfolgeprodukt** herausbringen. Wenn die Forschungs-, Entwicklungs- und Anlageninvestitionen so getätigt werden, dass die Fertigung aufeinander folgender Produkte unmittelbar aneinander anschließt, gilt für das betrachtete Beispiel die in Abbildung 3-32 dargestellte Zahlungsreihe. Unter der vereinfachenden Prämisse, dass für die nachfolgenden Produkte dieselben Werte geschätzt werden, erhält man die in Abbildung 3-33 berechneten Mindestzuschlagssätze der Preisuntergrenze. Wie Abbildung 3-34 deutlich zeigt, bewirkt die Fortführung der Produktion, dass die **langfristige Preisuntergrenze** nicht auf die variablen Kosten absinkt und in geringerem Ausmaß um die **Preisuntergrenze der Vollkostenrechnung** schwankt. Je mehr die Zahlungen für Forschung, Entwicklung und Anlagen sowie sonstige fixe Beträge auf die Zyklen verteilt werden, desto mehr wird das Geschehen statisch und nähert sich der Betrachtung der Vollkostenrechnung an.

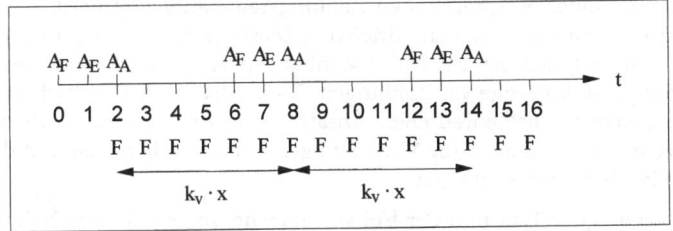

Abb. 3-32: *Zahlungsreihe bei wiederholten Produktlebenszyklen*

t	0	0	1	1	2	2	3	3	3,5
α_t^*	66,78	62,17	62,17	56,93	56,93	41,68	45,84	44,89	47,08
t	4	4	5	5	6	6	7	7	8	8	9	9
α_t^*	49,38	48,43	53,27	52,32	57,55	51,83	57,47	42,22	56,93	41,68	45,84	44,89
t	10	10	11	11	12	12	13	13	14	14	15	15
α_t^*	49,38	48,43	53,27	52,32	57,55	51,83	57,47	42,22	56,93	41,68	45,84	44,89

Abb. 3-33: *Mindestzuschlagssätze bei wiederholten Produktlebenszyklen (i=0,1)*

Wie Abbildung 3-34 veranschaulicht, sinkt also die Preisuntergrenze bis auf einen Wert von $\alpha_t^* = 0$, wenn man nur **einen Produktzyklus** betrachtet. Dann entspricht die investitionstheoretisch ermittelte Preisuntergrenze in der letzten Periode nach der fixen Zahlung F den **variablen Kosten**. Sie geht also in die **absolute Preisuntergrenze** über, wenn alle nicht unmittelbar produktbezogenen Zahlungen geleistet sind.

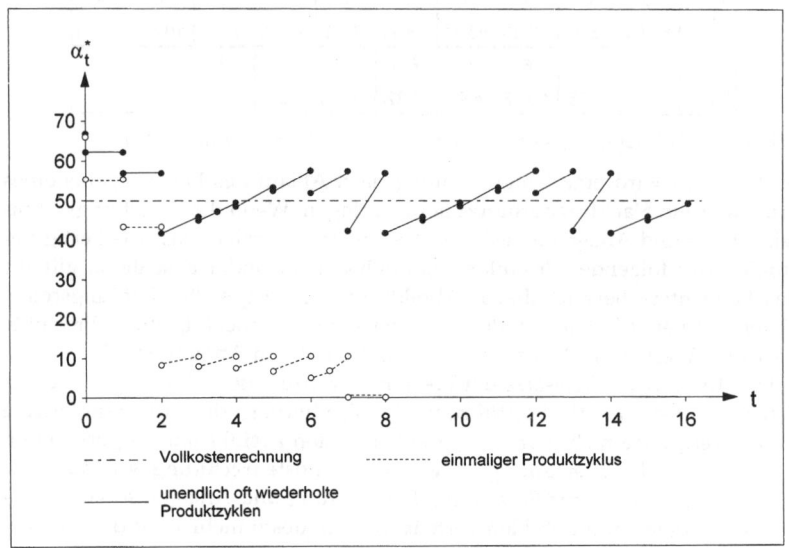

Abb. 3-34: Gegenüberstellung der Preisuntergrenzen

Unterstellt man dagegen, dass nach Ablauf eines Produktes ein **Nachfolgeprodukt** mit einer entsprechenden Zahlungsreihe aufgelegt wird, schwankt die Preisuntergrenze um einen Mittelwert. Dieser entspricht dem in der **Vollkostenrechnung** angesetzten Durchschnittswert einschließlich der nicht unmittelbar produktbezogenen Zahlungen. Man erhält den Durchschnittswert aus dem investitionstheoretischen Ansatz, wenn der Zinssatz Null wird[101] oder wenn die Zahlungen für Vorleistungen kontinuierlich während des gesamten Produktzyklus erfolgen.

Die Lösungen der Teil- und der Vollkostenrechnung erweisen sich damit als Grenzfälle des investitionstheoretischen Ansatzes. Die variablen Kosten bilden die kurzfristige Preisuntergrenze, die vollen Durchschnittskosten die langfristige, sofern alle Zahlungen regelmäßig anfallen, der Zinssatz Null wird oder die Zinsen gesondert verrechnet werden.

4. Aussagefähigkeit des investitionstheoretischen Ansatzes der Kostenrechnung

a) Theoretische Fundierung der planungsorientierten Kosten- und Erlösrechnung

Mit dem investitionstheoretischen Ansatz gelingt eine Verknüpfung der Kosten- und Erlösrechnung mit der Investitionsrechnung. Sie erhält damit eine entscheidungs- und kapitaltheoretische Basis. Die entscheidungstheoretische Fundierung erscheint für eine Rechnung unabdingbar, die Informationen für

---

[101] Vgl. KÜPPER, H.-U. (Fundierung), S. 41.

eine zielgerichtete optimierende Planung bereitstellen will. Mit einem solchen Konzept lässt sich begründen, welche Informationen im Hinblick auf ein mehrperiodiges Erfolgsziel für die Entscheidungsfindung erforderlich sind. Zugleich wird aus ihr ersichtlich, welche empirischen Hypothesen benötigt werden, um konkrete Entscheidungsprobleme zu lösen. Insbesondere zeigt sie auf, dass man Kenntnisse oder Vorstellungen über die Größen besitzen muss, welche die Höhe des Kapital- oder Endwertes bestimmen. Sie weist auf die Notwendigkeit hin, **Kapitalwertfunktionen** zu bestimmen. Damit weitet sie den Untersuchungsgegenstand gegenüber der Betrachtungsweise der betriebswirtschaftlichen Kostentheorie aus.

An dieser Stelle wird zugleich deutlich, dass in den investitionstheoretischen Ansatz **realtheoretische Aussagen** eingebunden werden müssen. Die in ihm enthaltenen Kapitalwertfunktionen sollen empirische Zusammenhänge wiedergeben. In den dargestellten Ansätzen beruhen sie auf einfachen und plausibel erscheinenden Hypothesen. Für eine praktische Anwendung sind diese gegebenenfalls durch realitätskonformere und empirisch bestätigte Hypothesen zu ersetzen.

Beispielsweise lässt eine empirische Erhebung der anlagenabhängigen Kosten des LKW-Einsatzes[102] gemäß Abbildung 3-35 die Hypothese eines Anstiegs dieser Zahlungen als gerechtfertigt erscheinen. Diese Erhebung macht zugleich deutlich, dass eine **Abgrenzung** zwischen dem Einfluss der **kumulierten Beschäftigung** und dem **Anlagenalter** statistisch kaum möglich ist. Beide Variablen sind äußerst eng korreliert. Darüber hinaus wird der Zahlungsverlauf durch eine Instandhaltungspolitik bestimmt, die im Hinblick auf eine im Voraus grob festgelegte Nutzungsdauer die Instandhaltungsmaßnahmen gegen Ende der Nutzung bewusst verringert.

Daran wird ersichtlich, dass für eine Aufspaltung in zeit- und nutzungsabhängige Abschreibungen eine statistische Bestimmung der relevanten Funktionen nicht ausreicht. Vielmehr erfordert sie eine **theoretische Analyse** der Einflüsse und gegenseitigen Beziehungen der Variablen[103].

Durch die Verknüpfung mit der Investitionsrechnung erhält man zugleich eine Anbindung an die betriebswirtschaftliche Kapitaltheorie. Damit wird es möglich, deren Erkenntnisse für die Kosten- und Erlösrechnung zu nutzen. Dies erscheint vor allem im Hinblick auf die Weiterentwicklung der Unternehmungsrechnung wichtig. Für die Berücksichtigung wichtiger Probleme wie der **Separierung von Entscheidungsfeldern**, des **Ansatzes von Zinskosten** oder der **Unsicherheit** könnten Ergebnisse der Kapitaltheorie auch für die Kosten- und Erlösrechnung verwertbar sein.

---

[102] Vgl. ZHANG, S. (Instandhaltung), S. 129 ff.; KÜPPER, H.-U./ZHANG, S. (Verlauf), S. 118 ff.
[103] Ein solches Vorgehen entspricht grundsätzlich dem Konzept der analytischen Kostenplanung, wie sie von KILGER für die Grenzplankostenrechnung empfohlen wird. KILGER, W. (Deckungsbeitragsrechnung⁹), S. 358 ff.

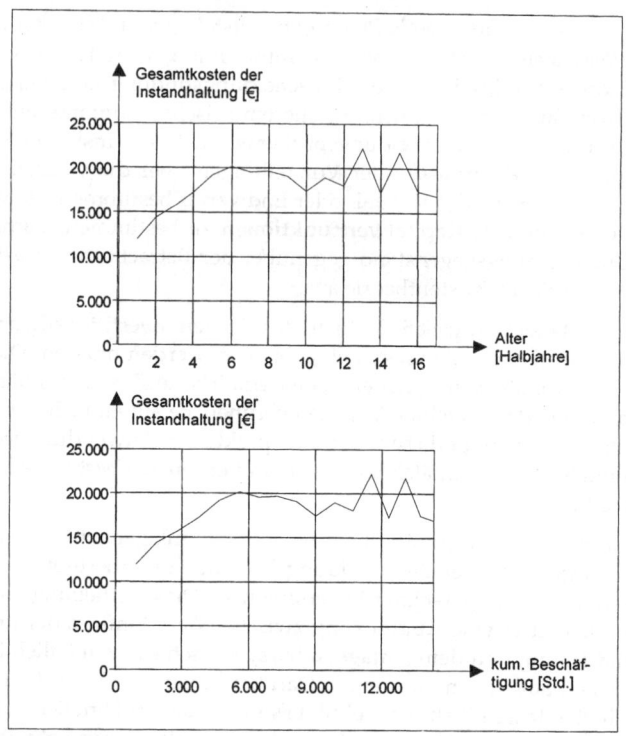

Abb. 3-35: Ergebnisse einer empirischen Erhebung von instandhaltungsabhängigen Kosten LKW[104]

Der investitionstheoretische Ansatz macht deutlich, dass eine planungsorientierte Rechnung wegen der Ausrichtung auf das übergeordnete mehrperiodige Erfolgsziel **zeitliche Beziehungen** erfassen muss. Diese spielen nicht nur bei den Zinsen, sondern auch bei wichtigen anderen Kostenarten wie den Abschreibungen, Personalkosten und den Vorleistungskosten für Forschung und Entwicklung eine maßgebliche Rolle[105]. Sie sind eine wichtige Ursache für schwierige Zurechnungsprobleme der Kosten- und Erlösrechnung. Zeitliche Beziehungen sind in **dynamischen Theorien** abzubilden. Es lässt sich zeigen, dass der investitionstheoretische Ansatz als vereinfachender Spezialfall eines **kontrolltheoretischen Modells** interpretierbar ist[106]. Mit ihm gelingt daher auch die Anbindung an das Instrumentarium zur theoretischen Analyse dynamischer Entscheidungsprobleme. Auf diesem Weg erscheint es möglich, eine **dynamische Theorie der Kosten- und Erlösrechnung** zu entwickeln[107].

---

[104] Vgl. KÜPPER, H.-U./ZHANG, S. (Verlauf), S. 116.
[105] Vgl. KÜPPER, H.-U. (Ansätze), S. 46 ff.
[106] Vgl. KÜPPER, H.-U. (Entscheidungsorientierte Kostenrechnung), S. 401 ff.
[107] Vgl. KÜPPER, H.-U. (Ansätze), S. 46.

A. Kapitaltheoretische Ansätze

b) Verwendbarkeit der Informationen des investitionstheoretischen Ansatzes der Kostenrechnung

> Die Zwecksetzung des investitionstheoretischen Ansatzes besteht explizit darin, Informationen für die kurzfristige Planung der Unternehmung bereitzustellen. Sie ist nicht auf Dokumentations- und nicht auf Verhaltenssteuerungszwecke gerichtet.

Beim gegenwärtigen Entwicklungsstand liefert der investitionstheoretische Ansatz weniger praktische Verfahren, mit denen sich Informationen zur Lösung einzelner Planungsprobleme ermitteln lassen. Vielmehr stellt er ein Konzept bereit, auf welchem Weg planungsrelevante Informationen abzuleiten sind. Seine zentrale Funktion liegt darin, dass er ein Denkkonzept enthält, wie man bei der Bestimmung derartiger Informationen vorgehen sollte. So weist er den Planer darauf hin, dass nicht die Verteilung von Anschaffungs- oder Wiederbeschaffungsauszahlungen bei der Bestimmung relevanter Anlagenkosten zu betrachten ist, sondern sein Wissen oder zumindest seine Annahmen über die zukünftigen Zahlungen für Wartung, Instandhaltung, Anlagenersatz usw. Damit zeigt er die **Richtung** an, in welcher Informationen zu suchen sind. Die Problematik fixer Anlagenkosten erhält damit eine andere Perspektive. Wie am Abschreibungsproblem beispielhaft deutlich wird, muss man in der Planung nicht nach der Aufspaltung von Fixkosten, sondern nach den zukünftigen Wirkungen der betrachteten Maßnahme auf Zahlungsstrom und Erfolgsziel bei dem jeweiligen Einsatzgut und seinen Bestimmungsgrößen fragen. Dass es bei der Ermittlung nutzungsabhängiger Abschreibungen nicht um die Zerlegung eines eigentlich unteilbaren Gutes, sondern um die zeitliche und betragsmäßige Verschiebung von Wartungs- und Ersatzhandlungen geht, erscheint auch für die Lösung praktischer Probleme sehr relevant.

Die Anwendung des investitionstheoretischen Ansatzes auf verschiedene Kostenarten und Entscheidungsprobleme hat erkennen lassen, dass sich Ansätze der Voll- und der Teilkostenrechnung als Grenzfälle aus ihm ergeben. Traditionelle Ansätze der Materialkosten, der linearen Abschreibung, der Zinskosten, der optimalen Bestellmenge und der lang- bzw. kurzfristigen Preisuntergrenze konnten jeweils für bestimmte Bedingungen aus ihm hergeleitet werden. Dies spricht dafür, dass eine wichtige Funktion dieses Ansatzes darin liegt, eine Einordnung und Beurteilung unterschiedlicher Systeme der planungsorientierten Kosten- und Erlösrechnung zu ermöglichen. Mit ihm lässt sich theoretisch begründen, für welche Bedingungen deren Verfahren unter den jeweiligen Prämissen exakt oder näherungsweise zu **entscheidungsrelevanten Informationen** führen.

Ein wichtiger Einwand gegen den investitionstheoretischen Ansatz besteht darin, dass er auf die Formulierung von Totalmodellen hinausläuft[108]. Die für optimale kurzfristige Entscheidungen relevanten Informationen lassen sich mit ihm nur dann exakt ermitteln, wenn ein **optimaler längerfristiger Plan**

---

[108] Vgl. EWERT, R./WAGENHOFER, A. (Unternehmensrechnung), S. 45 ff. und S. 55.

schon vorliegt. Dessen präzise Lösung schließt jedoch die kurzfristigen Entscheidungstatbestände ein. Dies ist am Beispiel der Verknüpfung der ein- und mehrperiodigen Produktionsprogrammplanung deutlich geworden[109]. Gegenüber diesem Einwand werden die Bedeutung und die Grenzen des investitionstheoretischen Ansatzes deutlich. Er liefert kein Konzept, mit dem sich eine Separierung zwischen kurz- und langfristigen Planungsproblemen vornehmen lässt, durch die sich kurzfristige Entscheidungen isolieren lassen und dennoch das Gesamtziel optimiert wird. Gesamtzieloptimale Lösungen lassen sich nur über Totalmodelle erreichen, die aber wegen ihrer hohen Informationsanforderungen und der Vernachlässigung organisatorischer Aspekte praktisch nicht realisierbar sind.

Mit dem investitionstheoretischen Ansatz erhält man jedoch ein Konzept, mit dem sich herausarbeiten lässt, welche **Approximationen** bei einer Separierung zwischen kurz- und langfristigen Entscheidungen in Kauf genommen werden müssen. Wie das Beispiel der Programmplanung veranschaulicht hat, bietet er die Grundlage für praktisch umsetzbare Vorgehensweisen, mit denen man das übergeordnete Erfolgsziel **näherungsweise** erreicht. Er vermittelt daher **strukturelle Einsichten**, deren Kenntnis eine hohe Praxisrelevanz besitzen. Diese zeigen zugleich einen Weg, wie die erforderlichen Informationen zu suchen und wie man zu praktisch anwendbaren Verfahren gelangen kann.

Eine wichtige Einschränkung liegt bisher in der **Annahme vollkommener Information**. Da der investitionstheoretische Ansatz unter anderem ein Konzept zur Anpassung an kurzfristig wirksame Datenänderungen liefern soll und auch längerfristige Wirkungen von Entscheidungen einbezieht, muss er in dieser Richtung weiterentwickelt werden. Es ist zu untersuchen, in welchem Umfang sich unsichere Erwartungen beispielsweise über die Entwicklung künftiger Anlagenwerte, den Ausfall von Gebrauchsgütern, der Zinsen u.a. auf die planungsrelevanten Informationen auswirken.

c) **Beurteilung von Anpassungsfähigkeit, Aktualität und Wirtschaftlichkeit des investitionstheoretischen Ansatzes**

Da dieser Ansatz ein umfassendes Grundkonzept liefert, ist er in hohem Maße **anpassungsfähig**. Maßgebend sind in ihm die Anknüpfung an die Zahlungen, die Ausrichtung auf ein mehrperiodiges Erfolgsziel, das nur beispielhaft im Kapital- oder Endwert liegen kann, sowie die Bestimmung der planungsrelevanten Informationen als zukünftige Ziel- bzw. Erfolgsänderungen. Die hierbei zu verwendenden Hypothesen beispielsweise über den Verlauf von Kapitalwertfunktionen hängen von dem jeweils betrachteten Entscheidungsproblem in einer bestimmten Entscheidungssituation ab.

Der investitionstheoretische Ansatz macht deutlich, dass für die Entscheidungsfindung stets **zukünftige Tatbestände** relevant sind. Deshalb zwingt er den Anwender zu einer hohen **Aktualität der Daten**. Inwieweit die zugrunde gelegten Hypothesen das jeweils aktuelle Wissen wiedergeben oder auf frü-

---

[109] Vgl. Kapitel 3., Abschnitt A.IV.3.a), S. 253 ff.

A. Kapitaltheoretische Ansätze

heren Annahmen bzw. Erwartungen beruhen, hängt von seiner Handhabung durch die Unternehmung ab.

Die Bestimmung und Überprüfung von **Kapitalwertfunktionen** ist bei vielen Einsatzgütern nicht einfach. Das theoretische Wissen beispielsweise über die Funktionen der Instandhaltungskosten[110], den Liquidationserlös, die Wirkung des technischen Fortschritts und anderer wichtiger Kosten- bzw. Erlösgrößen sowie deren Einflussgrößen ist begrenzt. Eine Umsetzung des investitionstheoretischen Konzepts ist daher bei vielen Kostenarten und Planungsproblemen mit keinem geringen Aufwand verbunden. Dem steht gegenüber, dass man zu einer besseren Fundierung der Entscheidungsfindung gelangen kann. Da bisher nur wenige unmittelbar einsetzbare Verfahren aus ihm abgeleitet worden sind, ist deshalb seine **Wirtschaftlichkeit** gegenwärtig eher skeptisch zu beurteilen.

---

[110] Vgl. ZHANG, S. (Instandhaltung).

B. Systeme der Plankosten- und -erlösrechnung auf Vollkostenbasis

I. System der Prognosekostenrechnung

1. Abgrenzung der Prognosekostenrechnung zu anderen Systemen der Plankostenrechnung

> Während in einer Istkostenrechnung nur realisierte Kosten erfasst und verteilt werden, sind **Plankostenrechnungen** dadurch gekennzeichnet, dass sie stets Vorrechnungen enthalten, d.h., sie berechnen nach bestimmten Verfahren bereits vor Beginn der Planperiode Kosten, die in dieser Planperiode erwartet werden.

In Plankostenrechnungen bestimmt man also Kosten einer zukünftigen Plan- bzw. Abrechnungsperiode. Nach Ablauf dieser Abrechnungsperiode werden den geplanten Kosten die tatsächlich entstandenen Kosten gegenübergestellt und Abweichungen zwischen Plankosten und Istkosten ermittelt. Diese Abweichungen werden sorgfältig analysiert, um Erkenntnisse für die Planung und Steuerung des Unternehmungsprozesses und über die Qualität der Kostenplanung zu gewinnen. Eine sich regelmäßig wiederholende Abweichungsanalyse dient in diesem Rechnungssystem der zielorientierten Beeinflussung bzw. Änderung von Prozessen und Verhaltensweisen.

> Systeme der **Plankostenrechung** bestehen damit aus vier **Komponenten**:
> - Vorrechnung,
> - Nachrechnung,
> - Ermittlung von Abweichungen und
> - Abweichungsanalyse.

Plankostenrechnungen können sowohl auf der Basis von Vollkosten als auch auf der Basis von Teilkosten aufgebaut werden. Von einer **Plankostenrechnung auf Vollkostenbasis** wird gesprochen, wenn die gesamten geplanten Kosten einer Abrechnungsperiode direkt oder indirekt bis auf Kostenträgereinheiten bzw. -gruppen (allgemein: auf letzte Bezugsgrößen) zugerechnet werden. Eine **direkte** Zurechnung von Kosten besagt, dass Kosten aus der Kostenartenrechnung unmittelbar (direkt) in die Kostenträgerrechnung überführt werden. Dagegen versteht man unter einer **indirekten** Zurechnung von Kosten deren Überführung aus der Kostenartenrechnung über eine Kostenstellenrechnung bzw. Kostenprozessrechnung in die Kostenträgerrechnung. Einzelkosten werden den Trägern meist direkt, Gemeinkosten dagegen indirekt zugerechnet. **Plankostenrechnungen auf der Basis von Teilkosten** verrechnen nicht alle Periodenkosten bis auf die Kostenträgereinheiten bzw. -gruppen. Sie werden erstellt, um für spezifische Entscheidungsvorgänge ent-

B. Systeme auf Vollkostenbasis

scheidungsrelevante Kosten besser zu berechnen, als es Plankostenrechnungen auf der Basis von Vollkosten vermögen.

In einer **Prognosekostenrechnung** werden die für eine Planperiode erwarteten Istkosten (Wirdkosten) vor Beginn dieser Periode vorausgesagt bzw. vorausberechnet, d.h. prognostiziert. Das Rechnungsziel einer Prognosekostenrechnung besteht in der Information über die erwarteten Kosten einer Planperiode (Abrechnungsperiode) und damit über eine Komponente der **wertmäßigen Wirtschaftlichkeit** einer zukünftigen Periode. Eine Prognosekostenrechnung gibt darüber Auskunft, welche Kosten beim Eintreffen einer geplanten oder prognostizierten Situation anfallen werden. Vergleicht man nach Ablauf der Planperiode die Prognosekosten (Wirdkosten) mit den tatsächlich entstandenen Kosten (Istkosten), dann zeigen die auftretenden Abweichungen, ob die Kostenerwartungen mit den Kostenrealisationen des tatsächlichen Vollzugs des Produktionsprozesses übereinstimmen. Aus der Kennzeichnung der Prognosekosten als Wirdkosten ergibt sich, dass innerbetriebliche Güterverbräuche mit Hilfe dieser Kosten nicht mit ihrer optimalen, sondern mit der erwarteten Verwendungsweise berücksichtigt werden.

Durch die Gegenüberstellung von prognostizierten Istkosten und prognostizierten Isterlösen erlaubt eine Prognosekosten- und -erlösrechnung eine Voraussage über den künftigen Erfolg einer Planperiode. Durch diese Erweiterung wird eine Prognosekostenrechnung zu einer **Prognoseerfolgsrechnung**. Der Unternehmungsführung gibt sie die Information, inwieweit das übergeordnete Erfolgsziel der Unternehmung in der Planperiode voraussichtlich erreicht wird. Damit ist eine Prognosekostenrechnung ein Instrument zur Planung des späteren Unternehmungsprozesses auf allen Führungsebenen der Unternehmung, das insbesondere folgende Phasen im Planungs- und Steuerungsprozess[111] unterstützen kann:

- die Problemfeststellung,
- die Alternativensuche,
- die Bewertung und Entscheidung sowie
- die Realisationskontrolle.

Werden Kosten für eine erwartete Situation prognostiziert, bildet die Prognosekostenrechnung eine Grundlage für die **Problemfeststellung** sowie die **Suche nach Alternativen**, durch welche ein höherer Erreichungsgrad des Erfolgsziels verwirklicht werden kann. Insbesondere gibt sie der Unternehmungsführung Informationen darüber, welche Konsequenzen Markteinwirkungen für die Kosten und Erlöse haben, auf welche die Unternehmungsführung zielorientiert reagieren kann. Daher ist in der Prognosekostenrechnung eine detaillierte Prognose der einzelnen Kostenarten jeder Kostenstelle in der Regel nicht erforderlich. Häufig reicht eine globale Kostenprognose für die Kostenstellen aus, so dass sich die Abweichungen innerhalb einer Kostenstelle gut ausgleichen können. Bei Anwendung einer Prognosekostenrech-

---

[111] Vgl. Abb. 1-1, S. 4.

nung besitzen deshalb die Kostenstellenleiter eine größere Flexibilität im Hinblick auf die Erreichung der vorgegebenen Kosten[112].

Über die Unterstützung der Problemfeststellung und Alternativensuche hinaus kann eine Prognosekostenrechnung der Unternehmungsführung Informationen über kosten- (und erfolgs-)mäßige Konsequenzen mehrerer zukünftiger Handlungsalternativen liefern, d.h., eine Grundlage für die **Entscheidungen der Unternehmungsführung** bilden. Benötigt z.B. die Unternehmungsführung für ihre Entscheidungen Informationen über alternative Anpassungsmaßnahmen an Marktänderungen, so können deren Auswirkungen mit Hilfe einer Prognosekostenrechnung vorausberechnet werden. Auf diese Weise lässt sich u.a. untersuchen, welche Konsequenzen mögliche Reaktionen der Unternehmung auf eine erwartete Preissenkung von Konkurrenten für den Unternehmungserfolg haben. Bei einer systematischen Analyse dieser Anpassungsmaßnahmen mit Hilfe von Computerexperimenten kann eine Prognosekostenrechnung daher zur Unterstützung von **Entscheidungssimulationen** der Unternehmungsführung herangezogen werden.

In einer Prognosekostenrechnung können die Kosten auch für eine **geplante Situation** prognostiziert werden. Die Prognoseerfolgsrechnung stellt dann eine Zusammenfassung der prognostizierten Kosten- und Erlöswirkungen operativer Pläne dar. Werden mit diesen Plänen Erfolgsziele vorgegeben, erhalten die prognostizierten Kosten und Erlöse Soll-Charakter und können zur Kontrolle der Planrealisation herangezogen werden. Eine Prognosekosten- oder -erlösrechnung erweist sich dann als Instrument zur Kontrolle der Planrealisation. Die festgestellten Kostenabweichungen zwischen den prognostizierten und realisierten Istkosten können jedoch sowohl durch Planabweichungen als auch durch Prognosefehler verursacht sein. Durch Planabweichungen verursachte Kostenabweichungen sind dabei den Abweichungen einzelner operativer Kosteneinflussgrößen zurechenbar. Diese Informationen stellen eine wichtige Grundlage für die Anpassung der Pläne dar. Kostenabweichungen, die dagegen auf Prognosefehler zurückgehen, lassen sich zu einer Überprüfung der Kostenfunktionen und der Anwendungsbedingungen heranziehen, die bei der Kostenprognose verwendet bzw. unterstellt wurden. Diese Abweichungen stellen ein Maß für die Richtigkeit und Genauigkeit der Kostenprognose dar. Aus ihnen lassen sich Schlüsse auf eine Änderung der verwendeten Kostenfunktionen (Kostenhypothesen) und Anwendungsbedingungen ziehen, durch welche eine Verbesserung der Kostenprognose für künftige Perioden erreicht werden kann.

Kostenprognosen sind (Wahrscheinlichkeits-)Aussagen über die erwarteten Kosten in einer Planperiode, die auf Beobachtungen und theoretischen Hypothesen beruhen. Die wichtigsten Grundlagen der Prognose bilden Kostenhypothesen als Aussagen über die Beziehungen zwischen den Kosten und ihren Bestimmungsgrößen. Diese gesetzmäßigen Beziehungen werden in der Betriebswirtschaftslehre durch Kostenfunktionen abgebildet und stellen den Gegenstand der Kostentheorie dar. In der Kostentheorie werden die wichtig-

---

[112] Vgl. KOSIOL, E. (Gegenüberstellung), S. 73.

B. Systeme auf Vollkostenbasis

sten Einflussgrößen und Abhängigkeiten der Kosten analysiert und Kostenfunktionen formuliert[113].

Als **Kosteneinflussgrößen** sind bei der Herleitung von Prognosekosten insbesondere das Produktionsprogramm, die Art und Qualität der Einsatzgüter, die Beschäftigung, die technischen Eigenschaften und die Kapazität der eingesetzten Maschinen, die Fähigkeiten und das Leistungsvermögen der Arbeitskräfte sowie die Güterpreise zu berücksichtigen. Ferner sind die Einflüsse des Produktionsverfahrens, der Arbeits- und Maschinenbelegungen, der Auflagengrößen, des Ausschusses und der Bestimmungsgrößen des Kapitalverbrauchs zu beachten[114]. Die Ausprägungen dieser Kosteneinflussgrößen hängen zu einem großen Teil von den Entscheidungen der Unternehmungsführung ab. Neben gut bestätigten Kostenhypothesen werden deshalb als Ausprägung der Kosteneinflussgrößen für die Prognose von Kosten zahlreiche Daten der Beschaffungs-, Fertigungs- und Absatzplanung benötigt. In der Regel sind Kenntnisse über die verfügbaren Einsatzgüter, die Einsatzgüterpreise, das Fertigungsprogramm sowie die absetzbaren Produktmengen und die Produktpreise erforderlich, um die Periodenkosten, die Periodenerlöse und den Periodenerfolg einer Planperiode zu prognostizieren. Zwischen den verschiedenen Teilplänen der Unternehmung besteht darüber hinaus ein enger Zusammenhang. Deshalb ist eine Prognosekostenrechnung in das Planungssystem der Unternehmung voll zu integrieren.

Im Vergleich zur Standardkostenrechnung[115] ist die Prognosekostenrechnung in den letzten 40 Jahren in ihrer Bedeutung für die Unternehmungsführung unterbewertet worden. In der Praxis wird bisher die Standardkostenrechnung häufiger als die Prognosekostenrechnung angewendet. Vielfach werden auch Elemente beider Rechnungssysteme verknüpft. Eine **Verbindung von Standardkostenrechnung und Prognosekostenrechnung** birgt jedoch die Gefahr in sich, dass keines ihrer Rechnungsziele angemessen verwirklicht wird. Soweit in einem Rechnungssystem beide Formen der Plankostenrechnung verknüpft werden, ist eine strenge Unterscheidung zwischen den jeweils verfolgten Rechnungszielen und den sich aus ihnen ergebenden Ansätzen der Plankosten zweckmäßig. Insbesondere in den letzten 10 Jahren haben sich die Marktstrukturen nachhaltig verändert. Die Anforderungen an die Unternehmungen in Bezug auf Preise, Flexibilität, Kundenwünsche, Liefertermine, Variantenzahl, Lebensdauer der Produkte, Technologiewechsel, Umweltbelastungen usw. sind erheblich gestiegen. Die Zahl und die Bedeutung der Planungen bzw. Entscheidungen, in welche Kosteninformationen einbezogen werden müssen, haben daher deutlich zugenommen. Auch Gestaltungsentscheidungen in Entwicklung und Konstruktion können heute nicht mehr ausschließlich nach technischen Gesichtspunkten getroffen werden. Andererseits verringern sich für die neuen Fragestellungen die Aussagekraft der Standardkostenrechnung und der in ihr ermittelten Kostenabweichungen. Ursa-

---
[113] Vgl. SCHWEITZER, M./KÜPPER, H.-U. (Produktionstheorie), S. 211 ff.
[114] Vgl. SCHMALENBACH, E. (Kostenrechnung), S. 41 ff.; HENZEL, F. (Kosten), S. 141 ff.; GUTENBERG, E. (Produktion), S. 332 ff.; HEINEN, E. (Kostenlehre), S. 469 ff.; SCHWEITZER, M./KÜPPER, H.-U. (Produktionstheorie), S. 231 ff.; FANDEL, G. (Produktion), S. 217 ff.
[115] Vgl. Kapitel 4., Abschnitt C., S. 661 ff.

che dieser Entwicklung ist der zunehmende Einsatz neuer Fertigungstechniken. Sie engen den Gestaltungsspielraum für Steuerungsentscheidungen in den Kostenstellen häufig ein und senken den Anteil der kurzfristig beeinflussbaren Kosten bzw. erhöhen den Anteil der fixen Gemeinkosten. In den Mittelpunkt der Rechnungsaufgaben rücken daher immer mehr Prognosen, während die kostenstellenbezogene Steuerung der einzelnen Kostenarten hinter die Planungs- und Entscheidungsaufgabe der Unternehmungsführung zurücktritt. Obwohl die Standardkostenrechnung überwiegend als 'flexible' Rechnung angewendet wird, reicht ihre Flexibilität nicht aus, um den neuen Anforderungen wirtschaftlicher und technischer Art angemessen zu genügen.

2. Grundlagen der Kostenplanung

a) Produktions- und kostentheoretische Grundlagen

In einer Prognosekostenrechnung vollzieht sich die **Kostenprognose** durch die beiden Teilprognosen

(1) Prognose des tatsächlich erwarteten Güterverbrauchs und

(2) Prognose der erwarteten Beschaffungspreise.

Für diese Prognosen ist kennzeichnend, dass sie erwartete Minder- bzw. Mehrverbräuche an Einsatzgütern und erwartete Schwankungen bei den Beschaffungspreisen voll berücksichtigen müssen. Schwankungen in der Verbrauchsstruktur von Einsatzgütern und bei den Marktpreisen kommen damit in einer Prognosekostenrechnung voll zum Ausdruck und dürfen nicht ausgeschaltet werden.

> Für Prognosen des erwarteten Güterverbrauchs werden **Transformations- und Produktionsfunktionen** benötigt, die sich gut bewährt haben. Sie bilden den gesetzmäßigen Zusammenhang zwischen den Mengen an Einsatzgütern und den erstellten Produktionsmengen ab[116].

Für die Prognose des Güterverbrauchs kommen in erster Linie Leontief-Transformations- und Produktionsfunktionen in Frage, die insbesondere in der Industrie eine hohe Prognosegenauigkeit zeigen[117]. Zur Prognose aller übrigen Einsatzgüterverbräuche sind vergleichbare Input-Output-Funktionen zu formulieren, die das anstehende Prognoseproblem hinreichend präzise bewältigen. Die erwarteten Beschaffungspreise sind anhand von **Preis-Beschaffungsfunktionen** zu prognostizieren, die eine Vorausberechnung der eintretenden Beschaffungspreise unter Berücksichtigung ihrer Einflussgrößenkonstellation zulassen. Zu diesen Einflussgrößen zählen die Beschaffungsmenge, Beschaffungsqualität, Rabattstaffeln u.a. Auch für die Preis-Beschaffungsfunktionen müssen zunächst die Ausprägungen der Einflussgrößen der

---

[116] Vgl. SCHWEITZER, M./KÜPPER, H.-U. (Produktionstheorie), S. 46 ff.
[117] Vgl. SCHWEITZER, M. (Geltung), S. 248 ff.

Planperiode geplant bzw. prognostiziert werden. Erst dann wird beim Vorliegen einer gut bestätigten Preis-Beschaffungsfunktion eine fundierte Prognose des erwarteten Beschaffungspreises möglich.

Das zentrale **Problem der Kostenprognose** besteht darin, dass sowohl die Transformations- und Produktionsfunktionen als auch die Preis-Beschaffungsfunktionen in ihrer Prognosefähigkeit meist raum-zeitlich begrenzt sind oder in vielen Fällen gänzlich fehlen und durch **Ad-hoc-Funktionen** ersetzt werden müssen. Soweit auch diese Funktionen nicht formuliert werden können, muss man sich mit **Mengen- bzw. Preisschätzungen** begnügen.

> Die **Struktur einer Kostenfunktion** für die Kostenprognose kann durch drei Merkmale gekennzeichnet werden:
> - die Art und Anzahl der unabhängigen Variablen,
> - die Anwendungsbedingungen sowie
> - den Funktionstyp.

Die herkömmliche Kostenrechnung ist eine kurzfristige Rechnung, in der nur die operativen Kosteneinflussgrößen als variierbar betrachtet werden (z.B. Produktionsmenge, Auflagengröße, Intensität). Diese müssen in der Kostenfunktion als **unabhängige Variable** berücksichtigt werden. Als Prognosefunktion werden in der Wirtschaftspraxis meist einvariablige Kostenfunktionen verwendet. Die unabhängige Variable in diesen Kostenfunktionen ist in der Regel der Beschäftigungsgrad. Weitere operative Einflussgrößen auf die Kostenhöhe werden in den meisten Fällen nicht berücksichtigt. Einvariablige Prognosefunktionen der genannten Art sind daher das Ergebnis starker Problemvereinfachungen.

Die Ausprägungen strategischer und taktischer Kosteneinflussgrößen sind in den strategischen und taktischen Unternehmungsplänen festgelegt (z.B. Potentialgüterbestand, Programm- und Prozessstrukturen) und bilden die **Anwendungsbedingungen** der operativen Kostenfunktionen. Sie kommen in den Parametern und in der Funktionsstruktur der operativen Kostenfunktionen zum Ausdruck. In der Praxis werden aus Gründen der einfachen Handhabung in der Regel lineare Kostenfunktionen unterstellt.

Kostenprognosen können sich auf die unterschiedlichsten Kostenumfänge beziehen. Beispielsweise lassen sich erwartete Kosten einer einzelnen Kostenart in einer Kostenstelle vorausberechnen. Für dieselbe Kostenstelle können aber auch die Gesamtkosten prognostiziert werden. Darüber hinaus können sich Kostenprognosen jedoch auch auf Teil- bzw. Gesamtkosten einer Abteilung, eines Bereichs, eines Werks oder der ganzen Unternehmung beziehen. Vergleichbare Prognosen können in Bezug auf die unterschiedlichsten Kostenträger durchgeführt werden.

Die grundsätzliche **Struktur der Kostenprognose** soll hier an einem vereinfachten Beispiel erläutert werden. Gefragt wird nach den erwarteten Istkosten (Wirdkosten) für drei Einsatzgüterarten in einer Kostenstelle. Es wird davon ausgegangen, dass in dieser Kostenstelle für die betrachtete Planperiode Verbräuche an Werkstoffen, Leistungen einer Maschine und Leistungen von Mitarbeitern zur Erzeugung eines Produktes auftreten. Die Ausbringungsmenge x der Stelle ist von der zeitlichen Dauer t der Produktion und der Intensität d abhängig. Außerdem wird angenommen, dass bis zur Ausbringungsmenge x_1 nur die Produktionsdauer bei konstanter Intensität und über x_1 hinaus lediglich die Intensität bei konstanter Produktionsdauer variiert werden[118]. Die zugrunde liegende Transformationsfunktion informiert über die Abhängigkeit des Einsatzgüterverbrauchs von der Produktionsdauer und der Intensität. Sie erfasst somit eine dreidimensionale Beziehung. Unter den getroffenen Annahmen kann diese Beziehung jedoch auf eine zweidimensionale Beziehung zwischen Verbrauchsmenge und Ausbringungsmenge reduziert werden[119].

Betrachtet man zunächst die **Transformationsfunktion für den Werkstoffeinsatz**, gilt bis zur Ausbringungsmenge x_1 eine Leontief-Transformationsfunktion. Nach dieser Funktion besteht zwischen der Einsatzgütermenge r_1 und der Ausbringungsmenge x eine proportionale Beziehung. Über x_1 hinaus steigt der Werkstoffverbrauch überproportional an, weil z.B. mit zunehmender Intensität mehr Ausschuss entsteht, die Präzision der Maschine nachlässt oder die Arbeitskraft unachtsamer tätig ist. Wird berücksichtigt, dass Schwankungen in der Leistungsqualität der Arbeitskraft und der Maschine zufallsabhängig sind und daher auch der Werkstoffverbrauch r_1 in seiner tatsächlichen Ausprägung von diesen zufälligen Schwankungen abhängt, stellt die empirische Transformationsfunktion für den Werkstoffeinsatz r_1 streng genommen ein Band mit einer unteren und einer oberen Grenze dar. Die Kurve w_I in Abbildung 3-36 als untere Grenze des beschriebenen Bandes bildet den günstigsten Werkstoffverbrauch ab, während die Kurve w_{II} den wahrscheinlichsten Güterverbrauch wiedergibt.

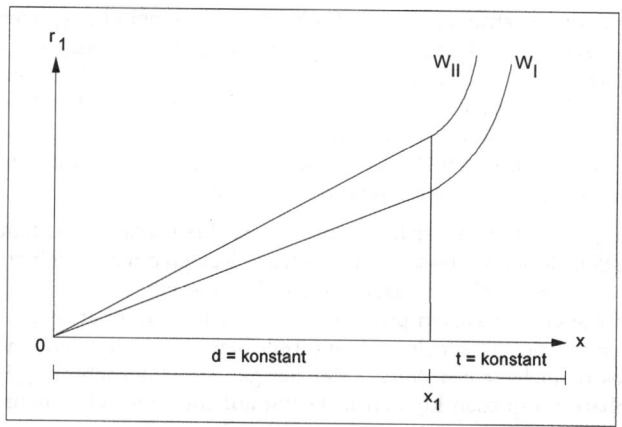

Abb. 3-36: *Beispiel für eine Produktionsfunktion des Werkstoffeinsatzes*

Für die **Prognose des erwarteten Istverbrauchs** an Werkstoff r_1 ist die Kurve w_{II} relevant, die bei unterschiedlichen Ausprägungen der Ausbringungsmenge x empirisch gut fundierte Prognosen über den wahrscheinlichsten

---
[118] Vgl. Abb. 3-36.
[119] Vgl. SCHWEITZER, M./KÜPPER, H.-U. (Produktionstheorie), S. 306 ff.

B. Systeme auf Vollkostenbasis 277

Werkstoffverbrauch zulässt. Um zu den Kosten des Werkstoffverbrauchs zu gelangen, sind die Verbrauchsmengen r_1 des Werkstoffes mit dem erwarteten Beschaffungspreis der Planperiode q_1 zu bewerten, indem jeder Punkt der Transformationsfunktion mit q_1 multipliziert wird. Auf diese Weise erhält man die Kostenfunktion K_1 des Werkstoffverbrauchs. Wird außerdem angenommen, dass bei dem betrachteten Werkstoff ab einer bestimmten Einsatzmenge ein Rabatt wirksam wird, erhält die Kostenkurve K_1 des Werkstoffverbrauchs an der Grenze der Rabattzone einen Sprung[120]. Entsprechend geht man bei der Transformationsfunktion für den Arbeitskräfteeinsatz und die eingesetzte Maschinenleistung vor. Für die im Akkord entlohnte Arbeitskraft gelte bis zu einer Ausbringungsmenge von x_3 ein Mindestlohn. Dann enthält die Kurve K_2 der Lohnkosten einen Knick, der in x_3 den Übergang vom garantierten Mindestlohn zum reinen Akkordlohn ausdrückt[121]. Da für den Maschineneinsatz ein linearer zeitabhängiger Verbrauch unterstellt wird, hat die Kostenkurve K_3 der Abschreibungskosten einen parallelen Verlauf zur x-Achse[122].

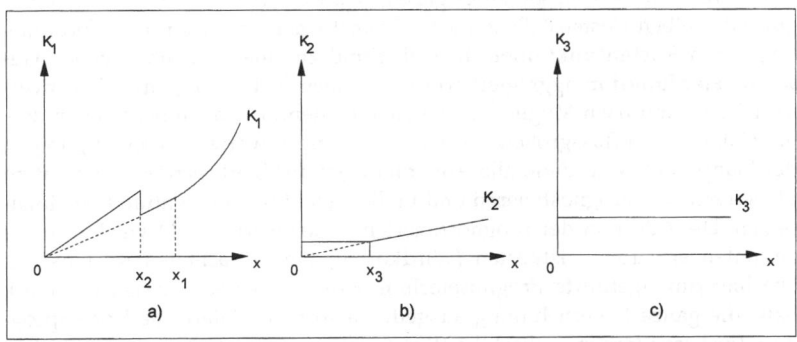

Abb. 3-37: Beispiele von Kostenkurven für den Einsatz a) an Werkstoffen, b) an Arbeitsleistung und c) an Maschinenleistung in der Prognosekostenrechnung

Durch die Addition der drei Kostenkurven K_1, K_2, K_3 für den Einsatz an Werkstoffen, Arbeitsleistung und Maschinenleistung ergibt sich die empirische Kostenkurve der betrachteten Kostenstelle[123]. Die Funktion dieser Kostenkurve eignet sich als Prognosefunktion für die Vorausberechnung der erwarteten Istkosten der Planperiode. Wird im nächsten Schritt die geplante bzw. erwartete Istbeschäftigung der Planperiode x_p in die Gesamtkostenfunktion $K(x)$ eingesetzt, lassen sich die Gesamtkosten der betrachteten Kostenstelle K_p als Prognosekosten vorausberechnen.

---

[120] Vgl. Abb. 3-37a.
[121] Vgl. Abb. 3-37b.
[122] Vgl. Abb. 3-37c.
[123] Vgl. Abb. 3-38.

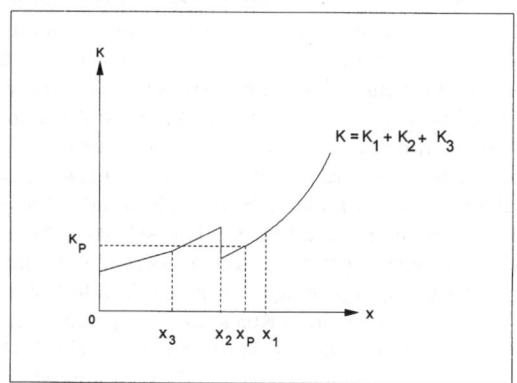

Abb. 3-38: Beispiel für die Gesamtkostenkurve einer Kostenstelle in der Prognosekostenrechnung

Wie es hier für drei Einsatzgüter gezeigt wurde, lassen sich für alle Einsatzgüter derselben Kostenstelle zunächst **Transformationsfunktionen** formulieren, die in **Kostenfunktionen** überführt und zu einer stellenbezogenen **Gesamtkostenfunktion** aggregiert werden können. Bei heterogener Kostenverursachung sind nach Möglichkeit so viele Kostenfunktionen herzuleiten, wie unabhängige Einflussgrößen auftreten. Für die erwartete Beschäftigung in der Planperiode sind dann alle Ausprägungen der Einflussgrößen separat zu planen bzw. zu prognostizieren und in die zugehörige Kostenfunktion einzusetzen. Die Addition der prognostizierten Kostenwerte ergibt wiederum die gesamten erwarteten Istkosten (Wirdkosten) der betrachteten Kostenstelle. Die hier durchgeführte Prognosetechnik kann auf einen Bereich, ein Werk bzw. die ganze Unternehmung ausgedehnt werden. Sofern die Kostenprognose (insbesondere im indirekten Wirkungsbereich der Unternehmung) nicht für alternative Beschäftigungsmengen, sondern für alternative Prozessmengen erfolgt, sind analog prozessorientierte Transformationsfunktionen zu entwickeln, die in entsprechende Kostenfunktionen überführt werden müssen. Soweit diese Kostenfunktionen nicht rein fiktiven Charakter haben, sondern sich tatsächlich empirisch bestätigen lassen, können Kostenprognosen auch prozessorientiert durchgeführt werden[124].

Empirische Untersuchungen auf dem Gebiete der Produktions- und Kostentheorie haben gezeigt, dass der Verbrauch bei einer Reihe von Einsatzgütern direkt von der erstellten Menge an Zwischen- oder Endprodukten abhängt. In einer sehr großen Zahl der Fälle besteht dabei eine proportionale Beziehung zwischen Verbrauchs- und Ausbringungsmengen, d.h., es liegen konstante Produktionskoeffizienten vor[125]. Die zugehörigen Leontief-Transformationsfunktionen sind in der Regel beim Einsatz von Roh- und Hilfsstoffen sowie von Arbeitskräften gegeben, wenn die Entlohnung im Akkord erfolgt. Sie gelten vor allem für Einzelkosten. Der Verbrauch von Betriebsstoffen wird

---

[124] Vgl. Kapitel 3., Abschnitt B.III., S. 347 ff.
[125] Vgl. SCHWEITZER, M. (Materialbedarfsplanung), S. 369 f.

häufig von den technischen Eigenschaften der eingesetzten Maschinen und deren Intensität bestimmt. Die Untersuchungsergebnisse machen deutlich, dass in vielen Fällen auch für diese Stoffe eine proportionale Abhängigkeit von der Ausbringungsmenge angenommen werden kann, sofern die Maschinenintensität konstant gehalten wird[126]. Häufig geben die Hersteller von Maschinen deren technische Eigenschaften an. Außerdem informieren sie auch darüber, welche Beziehungen zwischen dem Verbrauch an Betriebsstoffen und der Maschinenintensität gegeben sind.

Fundamentale Bedingung für die Verwendung von Kostenfunktionen im Rahmen einer Prognosekostenrechnung ist ein **hoher Bestätigungsgrad** der verwendeten Kostenfunktionen. Es ist daher wichtig, bei der Formulierung dieser Kostenfunktionen möglichst viele operative Kosteneinflussgrößen als unabhängige Variablen zu berücksichtigen. Um eine derartige Kostenkurve (bzw. -funktion) empirisch gut zu bestätigen, sind umfassende Analysen zur Art und Zahl der Kosteneinflussgrößen sowie zum Kostenverlauf durchzuführen. Häufig haben diese Kosteneinflussgrößen den Charakter von unabhängigen Entscheidungsvariablen, so dass Variablenkombinationen durch Disposition gewählt werden können. Für eine Prognosekostenrechnung ist das Wissen wichtig, in welcher Form die Variablenkombination als Einflussgrößenkonstellation in der Planperiode verwirklicht werden wird.

In der betriebswirtschaftlichen Literatur zur Produktions- und Kostentheorie wird die Analyse des Kostenverlaufs in Abhängigkeit von unterschiedlichen Variablenkombinationen unter den Stichwörtern 'Anpassungsformen' bzw. 'Variationsformen' behandelt. Als **Anpassungs- oder Variationsformen** unterscheidet man insbesondere Änderungen der Produktionsdauer t (zeitliche Anpassung), Änderung der Intensität d (intensitätsmäßige Anpassung) und Änderungen der Zahl an eingesetzten Maschinen und/oder Arbeitskräften m (quantitative Anpassung[127] bzw. dimensionale Variation[128]). Im Falle einer Verlängerung oder Verkürzung der Produktionsdauer t bei Konstanz der Intensität d sowie der Zahl eingesetzter Maschinen und Arbeitskräfte m hat die Kostenkurve in Abhängigkeit von der Ausbringungsmenge x in der Regel einen linearen Verlauf[129]. Soweit jedoch Überstundenzuschläge bezahlt werden müssen, kann eine Produktion bei Überstunden einen nicht-stetigen Kostenverlauf zur Folge haben. Die kostenmäßigen Wirkungen einer isolierten Variation der Intensität d von Maschinen- oder Arbeitsleistungen bei Konstanz der Produktionsdauer t und der Zahl eingesetzter Maschinen bzw. Arbeitskräfte m hängt von den technischen Eigenschaften der Maschinen bzw. den Fähigkeiten und dem Verhalten der Arbeitskräfte ab. Generelle Aussagen über den Verlauf einer Kostenkurve bei Änderungen der Arbeitsintensität lassen sich nur begrenzt aufstellen. Im Allgemeinen geht man davon aus, dass Intensitätssteigerungen über eine bestimmte Intensität hinaus zu

---

[126] Vgl. GUTENBERG, E. (Produktion), S. 324; KILGER, W. (Produktions- und Kostentheorie), S. 63 f.; SCHWEITZER, M./KÜPPER, H.-U. (Produktionstheorie), S. 113 f.
[127] Vgl. GUTENBERG, E. (Produktion), S. 342 ff.
[128] Vgl. KOSIOL, E. (Kostenrechnung), S. 53 ff.
[129] Vgl. Abb. 3-39a.

überlinearen Kostenverläufen führen[130]. Durch die Variation der Zahl eingesetzter Maschinen bzw. Arbeitskräfte und bei konstanter Produktionsdauer t sowie konstanter Intensität d wird lediglich die Höhe der fixen Kosten in Sprüngen verändert. Man spricht in diesem Fall von einer quantitativen (dimensionalen) Anpassung der Ausbringungsmenge. Die Kostenkurve bei isolierter quantitativer Anpassung besteht streng genommen nur aus Punkten, deren Lage von der Art und Menge der zusätzlich eingesetzten bzw. stillgelegten Potentialgüter abhängig ist[131].

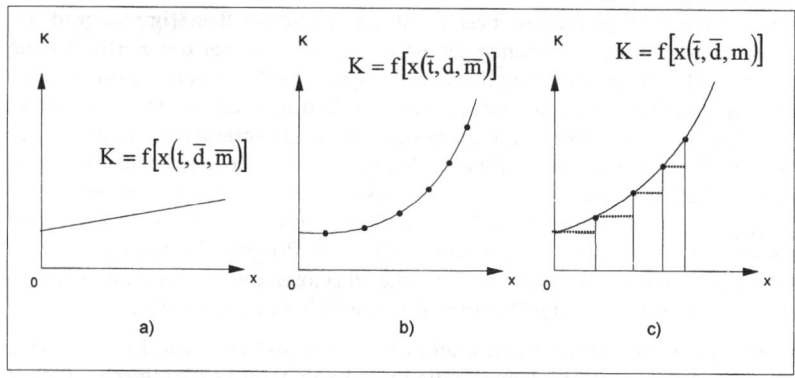

Abb. 3-39: *Beispiele für den Verlauf der Kostenfunktion bei a) zeitlicher, b) intensitätsmäßiger und c) quantitativer Anpassung an Beschäftigungsänderungen (konstante Größen sind durch Querstriche markiert)*

Die bisher in ihrer 'reinen' Form beschriebenen Anpassungsformen (Variationsformen) werden in der Wirtschaftspraxis im Sinne der oben beschriebenen Variablenkonstellationen vielfach kombiniert. Eine Steigerung der Intensität wird in der Regel nur durchgeführt, wenn eine Ausdehnung der Produktionsdauer nicht mehr möglich ist. Aus der Kombination von zeitlicher Anpassung bis zur Ausbringungsmenge x_1 und intensitätsmäßiger Anpassung über x_1 hinaus ergibt sich der in Abbildung 3-40a) dargestellte Verlauf der zugehörigen Kostenkurve. Dagegen kann die Kostenkurve bei Kombination von zeitlicher und quantitativer Anpassung einen Verlauf entsprechend Abbildung 3-40b) nehmen.

Da man in der Praxis, insbesondere in Industrieunternehmungen, für Kostenprognosen üblicherweise **lineare Prognosefunktionen (Kostenfunktionen)** verwendet, werden für nichtlineare Beziehungen zwischen der Kostenhöhe und ihren Einflussgrößen meist approximativ lineare Kostenverläufe unterstellt. Beispielsweise kann eine nichtlineare Kostenkurve entsprechend Abbildung 3-41a) durch eine stetige Kostengerade approximiert werden. Die Genauigkeit der Kostenprognose lässt sich in diesem Falle erhöhen, indem entsprechend Abbildung 3-41b) die nichtlineare Kostenkurve durch eine stückweise lineare Kurve angenähert wird.

---

[130] Vgl. Abb. 3-39b.
[131] Vgl. Abb. 3-39c.

B. Systeme auf Vollkostenbasis

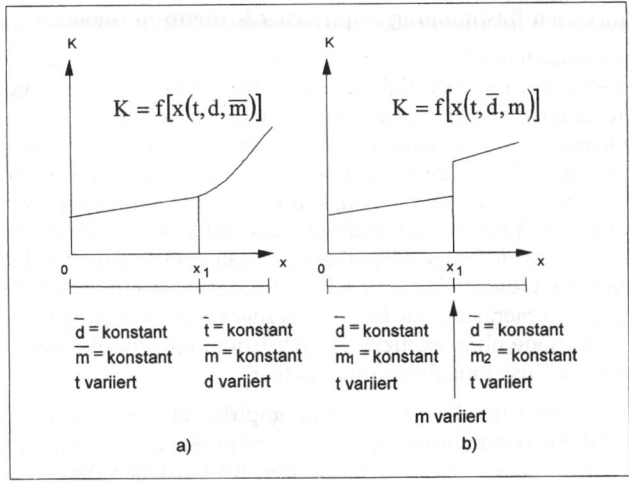

Abb. 3-40: *Verlauf der Kostenfunktion bei der Kombination von zeitlicher mit a) intensitätsmäßiger bzw. b) quantitativer Anpassung*

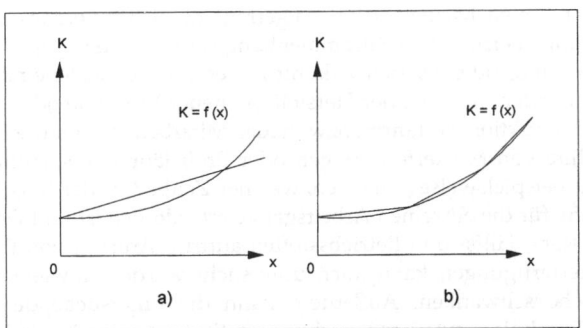

Abb. 3-41: *Approximation einer nichtlinearen Kostenfunktion durch a) eine stetige lineare bzw. b) eine stückweise lineare Kostenfunktion*

Für die Durchführung zuverlässiger Kostenprognosen kommt es darauf an, bei den verwendeten Kostenfunktionen die wesentlichen Kosteneinflussgrößen zu erfassen und die Verläufe der Kostenkurven so zu approximieren, dass die gewünschten Kostenprognosen einfach, schnell und mit hoher Genauigkeit durchgeführt werden können. Kostenfunktionen im Rahmen einer Prognosekostenrechnung sind stets Prognosefunktionen, die durch Reduktionen gewonnen werden. Diese bestehen einmal darin, dass unwesentliche Kosteneinflussgrößen weggelassen werden und eine Gesamtprognose so lange in Teilprognosen zerlegt wird, bis möglichst einfache Teilkostenfunktionen gefunden werden. Die in einer Prognosekostenrechnung verwendeten Kostenfunktionen sind daher stets durch einen bestimmten Abstraktions-, Relaxations- und Approximationsgrad gekennzeichnet. Präzisere Aussagen über erforderliche Reduktionsschritte sind nicht allgemein möglich, sondern nur für den konkreten Einzelfall.

b) Verfahren zur Bestimmung empirischer Kostenfunktionen

Eine Prognosekostenrechnung kann in der Qualität ihrer Kostenprognosen nur so gut sein, wie die verwendeten Kostenfunktionen **empirisch gehaltvoll** und **gut bestätigt** sind. Bei diesen Kostenfunktionen handelt es sich um generelle Hypothesen, die eine bestimmte Beziehung zwischen Kosteneinflussgrößen und Kostenhöhe behaupten. Wenn die relevanten Produktions- und Kostenfunktionen nicht bekannt sind, kann versucht werden, die empirischen Kostenfunktionen durch Kostenanalysen oder statistische Schätzverfahren zu bestimmen. Soweit derartige Hypothesen fehlen, werden sie durch Ad-hoc-Annahmen ersetzt, die ein bestimmtes Erfahrungswissen über den genannten Beziehungszusammenhang ausdrücken. Ferner ist es auch möglich, die Kosten der Planperiode ohne explizite Berücksichtigung produktions- und kostentheoretischer Zusammenhänge zu schätzen.

Anknüpfungspunkt für die Bestimmung empirischer Kostenfunktionen sind systematische **Kostenanalysen**. In diesen wird untersucht, welche Kosteneinflussgrößen für einzelne Kostenarten in den Kostenstellen (bzw. Prozessen) maßgeblich sind und wie die Kosten von diesen Kosteneinflussgrößen abhängen. Beispielsweise werden einzelne Kostenarten daraufhin analysiert, wie sie sich bisher bei unterschiedlicher Kapazitätsauslastung der Kostenstellen verhalten haben. Im nächsten Schritt wird gefragt, ob die für vergangene Kapazitätsauslastungen ermittelten Zusammenhänge auf die zukünftige Produktion übertragbar sind, oder ob sich zukünftig wesentliche Kosteneinflussgrößen verändern werden. Im Falle der Herstellung neuer Produkte oder des Einsatzes neuer Produktionsverfahren bzw. neuer Mitarbeiter kann die Kostenanalyse mit Hilfe von Musterfertigungen oder Probeläufen ausgeführt werden. Dabei wird beispielsweise gemessen, welcher Zeitbedarf der Maschinen und Arbeitskräfte für die einzelnen Arbeitsgänge erforderlich ist und welcher Verbrauch an Roh-, Hilfs- und Betriebsstoffen auftritt. Anhand von Probeläufen oder Musterfertigungen kann auch untersucht werden, inwieweit die Güterverbräuche schwanken. Außerdem kann die untersuchende Unternehmung auf Ergebnisse externer Forschungsinstitute, Analysen von Lieferanten sowie veröffentlichte Richtzahlen von Verbänden zurückgreifen. Vor einer Übernahme dieser Ergebnisse ist jedoch zu prüfen, ob die Verhältnisse der externen Untersuchungen mit denen in der analysierten Unternehmung übereinstimmen.

Bei der Formulierung von Produktions- bzw. Kostenfunktionen für eine Prognosekostenrechnung sollte möglichst auf Transformationsfunktionen zurückgegriffen werden, welche den wahrscheinlichsten Güterverbrauch ausdrücken[132]. Für die **Bestimmung der empirischen Kostenfunktionen** lassen sich daher vielfach Methoden und Erkenntnisse der Wahrscheinlichkeitsrechnung verwenden. Mit einfachen statistischen Schätzverfahren wird dabei versucht, aus den Daten der Vergangenheit auf die Höhe zukünftiger Kosten zu schließen. Zu diesen Verfahren gehören

- Streupunktdiagramme und
- Trendberechnungen.

---

[132] Vgl. Abb. 3-36, S. 276.

In Streupunktdiagrammen werden für die einzelnen Kostenarten die in vergangenen Perioden entstandenen Istkosten und die dabei realisierten Ausprägungen der als maßgeblich angesehenen Einflussgrößen ermittelt. Trägt man die Ergebnisse dieser Feststellung in ein Koordinatensystem mit den Kosten auf der Ordinate und der Beschäftigung auf der Abszisse ein, erhält man eine Punktmenge, deren Ordinatenwerte Kosten und deren Abszissenwerte die Ausprägungen der Bezugsgröße 'Beschäftigung' wiedergeben. Um für die auf diese Weise entstehende 'Punktwolke' der Abbildung 3-42a zu einer Kostenkurve zu gelangen, kann man probeweise durch diese Punkte eine Gerade ziehen, deren Abweichungen von den Streupunkten möglichst gering zu halten sind. Dieses Verfahren zur groben Bestimmung einer Kostenkurve nennt man **Streupunktdiagramm**. Im einfachsten Fall kann die Kostenfunktion, die zu der grob angezeichneten Kostenkurve gehört, als Prognosefunktion verwendet werden. Das Streupunktdiagramm genügt jedoch strengen Anforderungen an eine Prognosefunktion nicht.

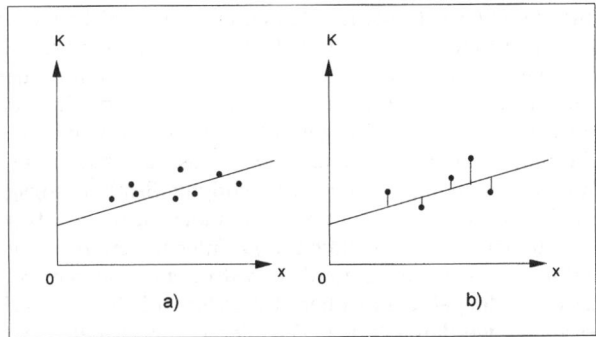

Abb. 3-42: *Bestimmung der Kostenkurve aus einer Menge realisierter Kostenpunkte a) im Streupunktdiagramm und b) durch Trendberechnung*

Ein präziseres Verfahren zur Bestimmung empirischer Kostenfunktionen ist die **Trendberechnung**[133]. Auch sie beruht wie das Streupunktdiagramm auf einer Auswertung von Istzahlen der Vergangenheit. Hier erfolgt die Bestimmung der Kostenfunktion nach exakten mathematischen Verfahren. Vor allem wendet man die Methoden der statistischen Regressionsanalyse an. Für die Beziehungen zwischen den Kosten und der jeweiligen Einflussgröße ist bei Anwendung der Trendberechnung ein bestimmter Funktionstyp zu unterstellen. Meist geht man von einer linearen Funktion aus. Deren Koeffizienten können z.B. mittels der Methode der kleinsten Quadrate oder der Maximum-Likelihood-Methode geschätzt werden. Beispielsweise wird bei der Methode der kleinsten Quadrate die Summe der quadrierten Abweichungen von den Werten der Kostenfunktion minimiert. Bei dieser Vorgehensweise wird die Kostenfunktion präziser bestimmt als beim Streupunktdiagramm. Ist zu erwarten, dass die Beziehungen zwischen den Istkosten und den jeweiligen Einflussgrößen komplizierter sind, kann ein Übergang auf nicht-lineare

---

[133] Vgl. Abb. 3-42b.

Funktionstypen zweckmäßig sein. Sobald mehrere Einflussgrößen für die Kostenhöhe bestimmend sind, ist auf Methoden der multiplen Regressionsanalyse zurückzugreifen.

Die Bestimmung von Kostenkurven mittels Streupunktdiagrammen oder Trendberechnungen ist relativ einfach. Voraussetzung für die Anwendbarkeit dieser Verfahren ist jedoch, dass die benötigten Ist-Zahlen aus der Vergangenheit in ausreichendem Umfang zur Verfügung stehen. Dies setzt eine angemessene **Dokumentation** der Höhe vergangener Istkosten und ihrer Ausprägung der Einflussgrößen voraus. Es kommt hinzu, dass die realisierten Einflussgrößen und die zugehörigen Kostenwerte in einem **größeren Bereich** geschwankt haben müssen. Beispielsweise lässt sich die Abhängigkeit einer Kostenart von der Beschäftigung nicht angeben, wenn die Beschäftigung in den vergangenen Perioden annähernd konstant war. Grundlegend für die Anwendung von Trendberechnungen ist außerdem eine relative **Invarianz der gesamten Produktionssituation**. Wurden beispielsweise im betrachteten Zeitraum Produkt- und Verfahrensänderungen durchgeführt, sind die gefundenen Kostenfunktionen nicht anwendbar, da sie für die neue Produktionssituation keine Geltung besitzen. Eine durch historische Größen bestimmte Kostenfunktion muss also auf einer Struktur von Kosteneinflussgrößen und Anwendungen beruhen, die auch in der Zukunft wiederkehren kann. Die gefundene Kostenfunktion muss auf die Zukunft übertragbar sein. Das setzt voraus, dass die zugrunde liegenden Istkosten um die Einflüsse nicht berücksichtigter Bestimmungsgrößen der Kosten, um Erfassungsfehler sowie um Veränderungen von Beschaffungspreisen, Kapazitäten, Güterqualitäten und Intensitäten bereinigt werden. Kostenfunktionen, die auf der Grundlage historischer Daten erstellt werden, leiden unter dem Mangel, dass frühere Unwirtschaftlichkeiten nicht erkannt und ausgeschaltet werden können. Die hier besprochenen Erweiterungen bzw. Bereinigungen von historisch orientierten Kostenfunktionen setzen prinzipiell voraus, dass die analysierende Unternehmung gewisse Vorstellungen über die Raum- und Zeitunabhängigkeit ihrer kostentheoretischen Beziehungen besitzt. Nur dann macht es Sinn, Entscheidungen darüber zu treffen, wie viele Einflussgrößen im kostenfunktionalen Zusammenhang zu berücksichtigen sind oder welcher Funktionstyp zur Anwendung gelangen soll. Als Ergebnis kann festgehalten werden, dass die hier genannten statistischen Verfahren zur Bestimmung empirischer Kostenfunktionen nach einer zusätzlichen umfassenden Analyse der produktions- und kostentheoretischen Zusammenhänge verlangen, wenn sie letztlich zu präzisen Prognosen erwarteter Istkosten führen sollen. Eine wünschenswerte Problemstellung bestünde darin, 'lernende' Kostenfunktionen formulieren zu können.

Bei einer Reihe anderer Verfahren der Kostenvorausberechnung schätzt man die Kostenhöhe, ohne dass kostentheoretische Zusammenhänge explizit analysiert und statistische Verfahren berücksichtigt werden. Hierher gehören z.B. die **Kostenschätzungen** durch den Kostenstellenleiter selbst oder durch einen bzw. mehrere unabhängige Spezialisten. Im Falle einer Kostenschätzung durch den Kostenstellenleiter wird dessen Erfahrung ausgewertet. EDV-gestützt können diese Zusammenhänge durch ein **Expertensystem** erfasst werden, das auch bisher beobachtete Ähnlichkeiten berücksichtigt. Für die

B. Systeme auf Vollkostenbasis 285

Zwecke einer Prognosekostenrechnung besitzt dieses Verfahren eine gewisse Eignung. Eine größere Objektivität der erforderlichen Daten liegt jedoch bei der Schätzung durch einen oder mehrere neutrale Spezialisten vor. Dabei ist wesentlich, dass die Schätzer die untersuchten Produktionsprozesse genau kennen und nicht voreilig Erfahrungen aus anderen Bereichen oder anderen Betrieben auf die beobachtete Kostenstelle übertragen[134].

Auch Verfahren der **Simulation** können für die Zwecke der Kostenprognose eingesetzt werden. In ihnen werden kostenverursachende Prozesse unter der Angabe bestimmter Regeln auf Rechenanlagen in einer systematischen Experimentieranordnung analysiert. Aus den Ergebnissen der einzelnen Simulationsläufe können Schlüsse für die Prognose von Kosten gezogen werden[135].

3. Prognose der Einzel- und Gemeinkosten

a) Prognose der Einzelkosten

In einer Prognosekostenrechnung erfolgt die Vorausberechnung der Einzelkosten in der Kostenartenrechnung. Den Ausgangspunkt der Vorausberechnung bildet das geplante prognostizierte Produktionsprogramm einer Abrechnungsperiode. Als **Einzelkosten** sind

- Materialeinzelkosten,
- Lohneinzelkosten,
- Sondereinzelkosten der Fertigung und des Vertriebs sowie
- Ausschusskosten

zu prognostizieren. Vor allem Materialeinzelkosten stellen häufig einen wesentlichen Teil der Gesamtkosten einer Unternehmung dar. Deshalb kommt ihrer Vorausberechnung und Kontrolle eine besondere Bedeutung zu.

Bei der Prognose der **Materialeinzelkosten** ist zunächst der mengenmäßige Verbrauch an Einzelmaterial vorauszuberechnen. Das Einzelmaterial besteht aus den in der Unternehmung eingesetzten Werkstoffen. Die prognostizierten Materialmengen setzen sich aus den Netto-Mengen der Materialarten, welche in die Kostenträger eingehen, und den erwarteten Abfallmengen zusammen. Eine wesentliche Prognosegrundlage für die Netto-Materialmengen sind Fertigungsunterlagen, wie Stücklisten und Rezepturen. Sie geben an, welche Mengen an Fertigungs-, Bezugs- und Normteilen für die Produktion benötigt werden. Stücklisten und Rezepturen informieren über die Produktionskoeffizienten, welche für den Verbrauch dieser Teile gelten. Mit den Produktionskoeffizienten verfügt man über die wesentlichen Komponenten der zugehörigen Leontief-Transformationsfunktionen. Sofern die benötigten produktionstheoretischen Aussagen über den Materialeinsatz nicht vorliegen, können die zu prognostizierenden Einzelmaterialmengen mit statistischen oder sonstigen Verfahren geschätzt werden. Die erwarteten Abfallmengen lassen sich nach verschiedenen Abfallursachen untergliedern. Die Prognose von Ab-

---

[134] Vgl. MELLEROWICZ, K. (Planung), S. 117.
[135] Vgl. KOCH, I. (Kostenrechnung), S. 126 ff.

fallmengen muss in der Prognosekostenrechnung sowohl die vermeidbaren als auch die unvermeidbaren Abfälle umfassen. Multipliziert man die Brutto-Mengen mit den prognostizierten Beschaffungspreisen, so erhält man die prognostizierten Materialeinzelkosten. Diese sind eine wichtige Grundlage für die Erstellung von Plankalkulationen (Prognosekalkulationen). Prognosen der Materialeinzelkosten werden in der Regel nicht für die einzelnen Kostenstellen, sondern für die verschiedenen Kostenträger, gegebenenfalls für Aufträge oder für Projekte durchgeführt.

Lohneinzelkosten sind Kosten der Betriebsarbeit, die den Kostenträgereinheiten direkt zugerechnet werden können. Sie beziehen sich auf die menschlichen Arbeitsleistungen, welche in den Arbeitsgängen an den Kostenträgern erbracht werden. Die Prognose der Arbeitszeiten ist häufig auch die Grundlage eines Stück- oder Akkordlohnsystems. Zur Bestimmung der Arbeitszeitvorgaben können verschiedene Verfahren angewendet werden. Ihre bekanntesten Formen sind das REFA-Verfahren, das MTM-Verfahren (Methods Time Measurement), das MTA-Verfahren (Motion Time Analysis), das WF-Verfahren (Work Factor System) und das BMT-Verfahren (Basic Motion Timestudy)[136]. Beim REFA-Verfahren[137] wird beispielsweise die Zeit zur Bearbeitung eines Auftrags (Auftragszeit) in mehrere Teilzeiten untergliedert, wie Rüstzeiten, Ausführungszeiten sowie Grund-, Erholungs- und Verteilzeiten. Die einzelnen Teilzeiten werden durch Arbeitsstudien, Zeitstudien und Stückzeitermittlung bestimmt. Sofern die Zeitplanung sowohl für die Kostenrechnung als auch für die Lohnfeststellung verwendet wird, ist zu berücksichtigen, dass die Vorgabezeiten für Akkordlöhne weder die erwarteten noch die wirtschaftlichsten Arbeitszeiten darstellen. Sie beziehen sich vielmehr auf eine fiktive Normalleistung, die häufig unter der tatsächlichen Leistung der Arbeitnehmer liegt. Für die Planung der Lohneinzelkosten in einer Prognosekostenrechnung müssen diese Vorgabezeiten bei Normalleistung auf die erwartete Bearbeitungszeit umgerechnet werden. Auch bei einer Entlohnung im Zeitlohn sind die Bearbeitungszeiten mit Hilfe von Zeitanalysen zu bestimmen. Die Bewertung der Planarbeitszeit erfolgt in der Regel mit Minutenfaktoren. Dabei wird für jede Arbeitsminute ein Geldbetrag (€ je Minute) vorgegeben, der aus einem verrechneten oder erwarteten Lohnsatz abgeleitet ist. Lohneinzelkosten werden häufig für jede Kostenstelle ausgewiesen. Damit wird eine kostenstellenweise Prognose und Kontrolle dieser Kosten ermöglicht.

Fertigungszeiten werden vielfach als **Bezugsgrößen** für die Verrechnung von Fertigungsgemeinkosten gewählt. Dann kann die kostenstellenweise Prognose der Fertigungszeiten sowohl für die Prognose der Fertigungsgemeinkosten einer Kostenstelle als auch für die Bestimmung von Zuschlagssätzen in der Plankalkulation erforderlich sein. Somit kann die Prognose der Lohneinzelkosten die Grundlage für eine kostenstellenweise Kontrolle der Einzellöhne, die Planung der Gemeinkosten in der Fertigung, die Erstellung von Plankalkulationen und die Lohnbestimmung bei Akkordlohn bilden.

---

[136] Vgl. BRINK, H.-J./FABRY, P. (Arbeitszeiten), S. 28 ff.
[137] Vgl. REFA (Arbeitsstudium), S. 79 ff.

Zu den **Sondereinzelkosten der Fertigung** können Kosten für Spezialwerkzeuge, Lizenzen, Forschung und Entwicklung sowie insbesondere in chemischen Prozessen auch Kosten für Energie gehören. Diese Kosten lassen sich in einer Reihe von Fällen lediglich den Produktarten und nicht den Produkteinheiten direkt zurechnen. Beispielsweise können Spezialwerkzeuge entwickelt und gefertigt werden, die nur für die Herstellung einer Produktart eingesetzt werden. Lizenzen in Form von Pauschallizenzen fallen ebenfalls für die Herstellung einer Produktart an. Dagegen entstehen bei Stücklizenzen Kosten für die Erzeugung der einzelnen Produkteinheit. Die für eine Produktart anfallenden Sonderkosten werden häufig auf die Produkteinheit verrechnet, um möglichst viele Kostenarten als Einzelkosten zu erfassen. Man dividiert dann die geplanten bzw. prognostizierten Sondereinzelkosten durch die insgesamt prognostizierte Stückzahl der zu erstellenden Produktart. Dabei handelt es sich aber um eine Verteilung von Kosten, bei denen keine echte direkte Zurechenbarkeit auf die Produkteinheit gegeben ist. Besondere Probleme treten bei der Prognose und Verrechnung von Kosten für Forschung und Entwicklung auf, da es häufig ungewiss ist, ob Forschungs- und Entwicklungsaufträge überhaupt zum gewünschten Forschungsergebnis führen. Es ist im Voraus nicht immer genau bestimmbar, für welche Produkte die gefundenen Ergebnisse genutzt werden können.

Sondereinzelkosten des Vertriebs lassen sich in der Regel leichter prognostizieren. Bei ihnen kann es sich insbesondere um Kosten für Verpackungsmaterial, Vertreterprovision, Fracht und Steuern, wie Tabak- oder Branntweinsteuer, handeln. Ihre Höhe kann z.B. bei Vertreterprovisionen, Frachtkosten oder Steuern vom Preis der Absatzgüter abhängen. Daneben können Größen wie z.B. der Auftragswert, die Rabattgruppe des Kunden, die Art der Verpackung und der Lieferung für die Sondereinzelkosten des Vertriebs maßgebend sein.

Beim **Ausschuss** handelt es sich um bearbeitete Zwischen- oder Endprodukte der Unternehmung, die Mängel aufweisen und deshalb nicht in der vorgesehenen Weise weiterverarbeitet bzw. abgesetzt werden können. Im Gegensatz zum Abfall an Einzelmaterial sind in den Ausschusskosten auch Fertigungskosten enthalten. Mangelhafte Produkte können Schrott darstellen oder durch Nachbearbeitung wieder in den Produktionsprozess eingegliedert werden. Ausschusskosten lassen sich vor allem bei Einzel- und Kleinserienfertigung als Sondereinzelkosten prognostizieren. Ferner ist bei diesen Programmtypen eine auftragsweise Erfassung der Ausschusskosten gebräuchlich. Bei Großserienfertigung werden Ausschusskosten vielfach als Fertigungsgemeinkosten verrechnet, während man sie bei Massenfertigung auch durch Ausschusskoeffizienten bei der Kostenprognose berücksichtigen kann[138].

b) Prognose der Gemeinkosten

Die Vorausberechnung der erwarteten Ist-Gemeinkosten kann global in der Kostenartenrechnung oder differenziert in der Kostenstellenrechnung vorge-

---

[138] Vgl. KILGER, W. (Deckungsbeitragsrechnung⁹), S. 305 ff.

nommen werden. Zum Zwecke der Prognose werden die Gemeinkosten so tief in Kostenarten gegliedert, dass für jede Gemeinkostenart deren Vorausberechnung mit Hilfe einer oder weniger geeigneter Einflussgrößen möglich wird. Dabei lassen sich folgende **Gemeinkostenarten** unterscheiden:

- Gemeinkosten der Betriebsarbeit,
- Gemeinkosten des Verbrauchs von Hilfs- und Betriebsstoffen sowie Werkzeugen,
- kalkulatorische Abschreibungen,
- Gemeinkosten der Instandhaltung,
- kalkulatorische Zinsen sowie
- Steuern, Beiträge und Versicherungen.

Als Gemeinkosten der **Betriebsarbeit** fallen vor allem Hilfslöhne, Zusatzlöhne, Gehälter und Sozialkosten an. Hilfslöhne beziehen sich auf Hilfstätigkeiten bei Transport, Kontrolle, Reinigung und dergleichen. Für die Kostenprognose ist zu untersuchen, in welchem Umfang derartige Arbeitsleistungen bei den berücksichtigten Beschäftigungsgraden eingesetzt werden müssen. Zusatzlöhne beziehen sich u.a. auf Anlern- und Wartezeiten sowie auf Störungen der Maschinen bzw. des Arbeitsablaufs. Sie müssen in der Prognosekostenrechnung im erwarteten Ausmaß angesetzt werden. Die Prognose von Gehaltskosten richtet sich nach der Zahl der Angestellten, die in den Kostenstellen beschäftigt werden. Dabei kann ein Angestellter in mehreren Kostenstellen tätig sein, so dass sein Gehalt z.B. entsprechend den jeweiligen Arbeitszeiten auf die Stellen zu verteilen ist. Die Sozialkosten werden vielfach den Lohnkosten und den Gehaltskosten der Kostenstellen proportional zugerechnet.

Der Verbrauch an **Hilfsstoffen** könnte in vielen Fällen je Produkteinheit direkt erfasst werden, weil Hilfsstoffe für das einzelne Produkt anfallen, ohne zu einem wesentlichen Teil desselben zu werden. Aus Vereinfachungsgründen verrechnet man Kosten für Hilfsstoffe dennoch oft als Gemein- und nicht als Einzelkosten. Dagegen werden Betriebsstoffe wie Schmierstoffe, Öle, Kraftstoffe oder Reinigungsmittel zum Betreiben bzw. zur Pflege anderer Güter eingesetzt. Ihr Verbrauch wird vor allem durch die technischen Eigenschaften von Anlagen bestimmt. Grundlage der Kostenprognose sind Verbrauchsfunktionen oder Verbrauchsanalysen, aus welchen sich die Abhängigkeit des Betriebsstoffverbrauchs von den technischen Eigenschaften, der Intensität sowie der Laufzeit und damit der Beschäftigung von Anlagen ergibt. Im Gegensatz hierzu ist der Verbrauch an Energie für Licht und Heizung von der Beschäftigung einer Kostenstelle weithin unabhängig. Gemeinkosten des Werkzeugverbrauchs entstehen für Handwerkzeuge, Maschinenwerkzeuge, Messwerkzeuge und Kleinbetriebsmittel. Sie unterliegen vielfach lediglich einem Gebrauchsverschleiß. Dieser kann von der Gebrauchsdauer sowie von anderen Größen wie der Bearbeitungsintensität und der Qualität der zu bearbeitenden Güter abhängig sein. Für die Prognose von Werkzeugkosten ist daher zu analysieren, in welcher Weise diese in den Kostenstellen eingesetzt werden.

Die Höhe der zu planenden **Abschreibungen** wird bestimmt durch die wirksamen Abschreibungsursachen sowie den Einfluss von Reparaturen und Instandhaltungsleistungen an den Anlagen. Sofern bei einer Anlage der Verschleiß durch Fristablauf (Zeitverschleiß) maßgebend ist, stellen die Abschreibungen fixe Kosten dar. Liegt dagegen ein Gebrauchsverschleiß vor, ergibt sich die Höhe der Abschreibungen aus der Beschäftigung der Anlage. Wenn bei der Kostenprognose ungewiss ist, welche der Abschreibungsursachen überwiegt, kann eine Trennung der Gesamtabschreibung in einen beschäftigungsfixen und einen beschäftigungsvariablen Teil vorgenommen werden[139].

Für die Prognose der **Kosten für Instandhaltungen und Reparaturen** ist von Bedeutung, in welchem Umfang diese Leistungen aufgrund der technischen Beschaffenheit der Anlagen sowie der geplanten Laufzeiten vorhersehbar sind. Liegen für die Instandhaltung komplette Wartungspläne vor, ist die Prognose der Wartungskosten relativ einfach durchzuführen. Für Reparaturen bei unvermuteten Schäden ist die Prognose der Reparaturkosten schwieriger und kann mit Hilfe eines statistischen Schätzverfahrens realisiert werden.

Die Prognose der **kalkulatorischen Zinsen** basiert auf dem in der Planungsperiode gebundenen betriebsnotwendigen Kapital. Dieses selbst ist zu prognostizieren. Die Höhe des gebundenen Kapitals für unterschiedliche Planperioden ergibt sich aus den Restwerten der Anlagen. Diese werden ermittelt, indem man von den Anschaffungsausgaben die Abschreibungen abzieht. Erfolgt dies vorausschauend für die Planperiode, gelangt man zu den prognostizierten Restwerten der Anlagen, welche die (exakte) Höhe des gebundenen Kapitals ausdrücken. Wesentlich schwieriger als bei den Anlagegütern ist die Berechnung des in Umlaufgütern gebundenen Kapitals. Die Grundlage hierfür ist wiederum die Prognose der Bestände an Roh-, Hilfs- und Betriebsstoffen, an Zwischen- und Endprodukten sowie an Debitorenbeständen. Deren Prognose setzt eine genaue Analyse der erwarteten Beschaffungs-, Fertigungs- und Absatzprozesse voraus. Wegen dieser Schwierigkeiten der Berechnung begnügt man sich vielfach mit einer globalen Prognose des in Umlaufgütern gebundenen Kapitals. Der Grund dafür liegt hauptsächlich darin, dass die Zahl der Einflussgrößen auf die Höhe der einzelnen Bestände sehr groß ist.

Die Prognose von **Steuern, Beiträgen und Versicherungen** erfolgt in der Regel artendifferenziert. Hier müssen wiederum die Bemessungsgrundlagen prognostiziert werden. Die dazu erforderlichen Einzelanalysen sind häufig sehr aufwendig.

---

[139] Vgl. Kapitel 3., Abschnitt D.I.3.a)cc), S. 430 ff.

c) Berücksichtigung von Beschäftigungsänderungen bei der Kostenprognose

aa) Prognose auf der Basis von Kostenfunktionen der Kostenstellen

Die Prognose von Gemeinkostenarten verlangt für deren isoliert durchgeführte Vorausberechnung eine **Prognosefunktion** in der Gestalt einer Kostenfunktion. Um für unterschiedliche Beschäftigungsgrade (bzw. Einflussgrößenkonstellationen) Kostenprognosen durchführen zu können, müssen diese Kostenfunktionen über ein Beschäftigungsintervall definiert werden, das die möglichen Beschäftigungsgrade der zukünftigen Planperioden umfasst. Die zugrunde liegenden Analysen sollten nicht auf einen einzigen Beschäftigungsgrad zugeschnitten werden, wenn mehrere Beschäftigungsgrade möglich und wahrscheinlich sind. Sonst blieben alternative Beschäftigungsgrade unberücksichtigt. Dann würde man von einem System der **starren Prognosekostenrechnung** sprechen. Bei ihm wird nicht erkennbar, in welchem Umfang Abweichungen zwischen Prognose- und Istkosten durch Beschäftigungsänderungen verursacht werden. Bezweckt man mit einer Prognosekostenrechnung eine Wird-Ist-Abweichungsanalyse (Prämissenkontrolle), müssen die Prognosekosten zumindest für zwei Ausprägungen des Beschäftigungsgrades bestimmt werden, und zwar für die Plan- und die Istbeschäftigung. Dadurch wird feststellbar, welcher Anteil der Erfolgsänderungen auf Beschäftigungsänderungen zurückzuführen ist. Sonstige Abweichungen können anschließenden Preis- und Mengenabweichungen zugerechnet werden. In einer starren Prognosekostenrechnung ist damit die Möglichkeit einer Analyse und Verbesserung der verwendeten Prognosefunktionen erheblich eingeschränkt. Da prinzipiell verlangt wird, dass zur Kostenprognose gut bestätigte Kostenfunktionen verwendet werden sollten, müssen diese zwangsläufig über ein größeres Beschäftigungsintervall definiert werden, weil die einzelnen Bestätigungsversuche für unterschiedliche Beschäftigungsgrade vorzunehmen sind. Für eine Prognosekostenrechnung ist es daher unerlässlich, den Einfluss von Beschäftigungsgradänderungen auf die Kostenhöhe präzise zu berücksichtigen. Ein Prognosekostenrechnungssystem, das dieser Anforderung in Bezug auf alle relevanten Kosteneinflussgrößen genügt, wird als **flexible Prognosekostenrechnung** bezeichnet.

Der Einfluss von Beschäftigungsgradänderungen auf die Kostenhöhe lässt sich bei einer Geltung linearer Gesamtkostenverläufe, wie sie in Wissenschaft und Praxis meist unterstellt werden, leicht erfassen. Die Gesamtkosten setzen sich aus beschäftigungsfixen und beschäftigungsvariablen Teilen zusammen. Wenn die Gesamtkostenkurve linear verläuft, prognostiziert man die variablen Kosten einer Kostenstelle, indem man die prognostizierten variablen Kosten je Beschäftigungseinheit mit dem geplanten bzw. prognostizierten Beschäftigungsgrad multipliziert. Dagegen sind die beschäftigungsfixen Kosten in allen Beschäftigungsgraden unveränderlich hoch.

> Für detaillierte Kostenprognosen muss die **Kostenstellenbildung** sehr tief gegliedert durchgeführt werden.

Die Bildung bzw. Gliederung der Kostenstellen kann nach organisatorischen, fertigungstechnischen oder rechnungstechnischen Gesichtspunkten erfolgen. Für die Zwecke einer Prognosekostenrechnung müssen an die **Abgrenzung der Kostenstellen** (Abrechnungsbezirke) zwei Anforderungen gestellt werden:

- Eindeutigkeit der Kostenfunktionen in der Kostenstelle und
- Erfassbarkeit der Kostenstellenbeschäftigung durch eine bzw. wenige Einflussgrößen.

Produktions- und kostentheoretisch ist zu überprüfen, ob durch eine entsprechend tief gehende Einteilung in Abrechnungsbezirke erreicht wird, dass zwischen der Kostenhöhe der Stelle und ihren Einflussgrößen eine eindeutige Beziehung besteht. D.h., es müssen eindeutige Kostenfunktionen formulierbar sein. Soweit für die Formulierung der Kostenfunktionen einzelne Einflussgrößen nicht erfasst werden können, muss man sich mit globalen Kostenprognosen begnügen. Je schwächer die Bestimmbarkeit bzw. Erfassbarkeit einzelner Einflussgrößen ist, um so schwächer fällt auch die Kostenkontrolle je Kostenstelle im Sinne eines Wird-Ist-Vergleichs aus. Kostenstellenübergreifende Kosteneinflussgrößen, wie sie in der Prozesskostenrechnung vorkommen, müssen mit ihren Kostenwirkungen separat erfasst werden.

In einer Prognosekostenrechnung wird in der Regel nur die Beschäftigung der Kostenstelle als variierbare Einflussgröße der Kosten angesehen. Zur Messung der **Beschäftigung einer Kostenstelle** können unterschiedliche Maßstäbe verwendet werden. Neben der Zahl der hergestellten Zwischen- oder Endprodukte lassen sich insbesondere Arbeitszeiten von Arbeitskräften sowie Laufzeiten von Maschinen als Maßstab heranziehen. Erbringt jedoch eine Kostenstelle mehrere voneinander unabhängige Einzelleistungen, sollte für jede von ihnen ein besonderes Beschäftigungsmaß definiert werden. Die Beschäftigungsmaßstäbe können von Kostenstelle zu Kostenstelle variieren. Zu beachten ist, dass die Höhe einer Reihe von Gemeinkostenarten vom Beschäftigungsgrad abhängig sein kann, obwohl sich die betreffenden Gemeinkostenarten den erzeugten Produkteinheiten nicht direkt zurechnen lassen. Beispielsweise kann die Verbrauchsmenge an Betriebsstoffen, wie Öl oder Strom, von der Laufzeit einer Maschine abhängen, obwohl eine direkte Zurechnung dieser Gemeinkosten auf die hergestellten Produkte nicht möglich ist. Wie in allen Plankostenrechnungen ist auch in einer Prognosekostenrechnung präzise zu untersuchen, welche Gemeinkostenarten sich in Bezug auf die Beschäftigung der Kostenstelle fix oder variabel verhalten bzw. aus fixen oder variablen Teilen zusammengesetzt sind. Auf diesem Wege gelangt man für jede Stelle zu Kostenfunktionen, die über die Fixität bzw. Variabilität der Kostenstellengemeinkosten informieren. Ist die Gesamtkostenfunktion der Stelle bekannt, kann die Prognose der jeweiligen Periodenkosten durch das Einsetzen des prognostizierten Beschäftigungsgrades in die Kostenfunktion durchgeführt werden.

bb) Verfahren zur Berücksichtigung von Beschäftigungsgraden

Der Einfluss von Beschäftigungsänderungen lässt sich in Plankostenrechnungen bei linearen Kostenfunktionen leicht erfassen. Wenn die Kostenkurve eine proportionale Beziehung zwischen Kosten und Beschäftigung ausdrückt, erhält man die Kosten eines Abrechnungsbezirks durch die Multiplikation der Kosten je Beschäftigungseinheit mit dem Beschäftigungsgrad. Dagegen sind beschäftigungsfixe Kosten bei allen Beschäftigungsgraden gleich hoch. Setzen sich die Kosten aus beschäftigungsfixen und beschäftigungsvariablen Teilen zusammen, so sind mehrere Verfahren zur Verrechnung der Kostenvorgabe auf alternative Beschäftigungsgrade anwendbar. In Systemen der Vollkostenrechnung sind insbesondere die Umrechnung mit Hilfe von **Variatoren** und das Aufstellen von **Stufenplänen** gebräuchlich. Sofern auch in der Vollkostenrechnung eine konsequente Differenzierung von beschäftigungsfixen und beschäftigungsvariablen Kosten durchgeführt wird, lassen sich Beschäftigungsänderungen durch eine differenzierte Behandlung von fixen und variablen Kosten bei der Kostenplanung und -kontrolle berücksichtigen.

Die **Variatormethode** kann bei linearen bzw. stückweise linearen Kostenfunktionen verwendet werden. Bei diesem Verfahren geht man von einer bestimmten Planbeschäftigung aus, die mit 100 % angesetzt wird.

> Der **Variator** gibt an, um welchen Prozentsatz sich die Gesamtkosten bei einer Beschäftigungsvariation von 10 % ändern, ausgehend von der Planbeschäftigung. Mit ihm lassen sich die Plankosten der Planbeschäftigung von 100 % in Sollkosten bei anderen Beschäftigungsgraden umrechnen.

Als Beispiel soll davon ausgegangen werden, dass die Kosten für die Hilfs- und Betriebsstoffe in einer Kostenstelle entsprechend der linearen Funktion

$$K = 2.880 + 43{,}2 \cdot x \tag{3-73}$$

vom Beschäftigungsgrad x abhängen[140]. Die prognostizierte Planbeschäftigung wird mit $x = 100$ angesetzt. Entsprechend rechnet man den Maßstab der Beschäftigung, die z.B. in Fertigungsminuten gemessen wird, in Beschäftigungsgrade um. Wenn die Planbeschäftigung 1.000.000 Fertigungsminuten beträgt, ist ein Beschäftigungsgrad von $x = 80\%$ bei 800.000 Fertigungsminuten realisiert.

Die Gesamtkosten der Kostenstelle für Hilfs- und Betriebsstoffe betragen bei der Planbeschäftigung $x = 100$ € 7.200. Sie setzen sich aus Fixkosten von € 2.880 und proportionalen Kosten von € 4.320 zusammen. Demnach sind die proportionalen Kosten 60 % der Gesamtkosten. Wenn der Beschäftigungsgrad um 100 % abnimmt und die Beschäftigung $x = 0$ verwirklicht wird, entstehen lediglich die Fixkosten. Die Änderung der Gesamtkosten beträgt dann 60 %. Variiert die Beschäftigung um 10 %, so ändern sich die Gesamtkosten entsprechend um 6 %. Somit ist der **Variator** in diesem Beispiel gleich 6.

---

[140] Vgl. Abb. 3-43.

Aus der in Abbildung 3-43 angegebenen Kostenfunktion lässt sich der Variator v bestimmen, indem man die Kostendifferenz bei einer Änderung des Beschäftigungsgrades um 10 % ins Verhältnis setzt zur Kostenhöhe der Planbeschäftigung und mit 100 multipliziert.

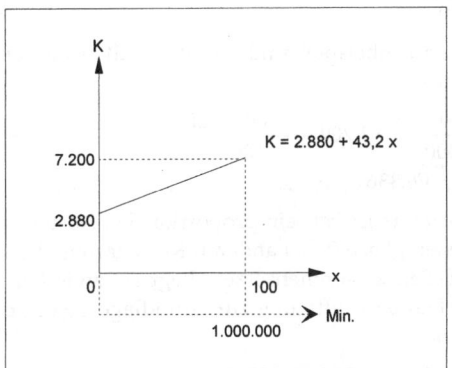

Abb. 3-43: *Beispiel einer linearen Kostenfunktion für den Verbrauch an Hilfs- und Betriebsstoffen einer Kostenstelle*

Im Beispiel sind die Plankosten K_{100} der Planbeschäftigung € 7.200 und die Sollkosten K_{90} bei einem Beschäftigungsgrad von 90 % € 6.768. Es gilt also:

$$v = \frac{(K_{100} - K_{90})}{K_{100}} \cdot 100 = \frac{7.200 - 6.768}{7.200} \cdot 100 = \frac{432}{7.200} \cdot 100 = 6 \qquad (3\text{-}74)$$

Bezeichnet man den Anteil der Fixkosten mit K_f und die variablen (proportionalen) Kosten je Beschäftigungseinheit mit k, so lautet die lineare Gesamtkostenfunktion:

$$\begin{aligned} K &= K_f + k \cdot x \\ &= 2.880 + 43{,}2 \cdot x \end{aligned} \qquad (3\text{-}75)$$

Die Gesamtkosten K_{100} der Planbeschäftigung setzen sich aus den Fixkosten K_f und den proportionalen Kosten K_p zusammen:

$$\begin{aligned} K_{100} &= K_f + K_p = 2.880 + 4.320 \\ &= K_f + 43{,}2 \cdot x = 2.880 + 43{,}2 \cdot 100 \end{aligned} \qquad (3\text{-}76)$$

Für den Variator v gilt somit allgemein

$$v = \frac{10 \cdot k}{K_{100}} \cdot 100 = \frac{10 \cdot K_p}{K_{100}} = \frac{10 \cdot (K_{100} - K_f)}{K_{100}} \qquad (3\text{-}77)$$

bzw. für das Zahlenbeispiel:

$$v = \frac{10 \cdot 43{,}2}{7.200} \cdot 100 = \frac{10 \cdot 4.320}{7.200} = \frac{10 \cdot (7.200 - 2.880)}{7.200} = 6 \qquad (3\text{-}78)$$

Ändert sich der Beschäftigungsgrad um b% gegenüber der Planbeschäftigung, so ist die Kostendifferenz ΔK gegenüber den Plankosten der Planbeschäftigung:

$$\Delta K = \frac{K_{100} \cdot v \cdot b}{1.000} \tag{3-79}$$

Als Kosten K^* der neuen Beschäftigung ($100\% \pm b\%$) erhält man:

$$K^* = K_{100} \pm \frac{K_{100} \cdot v \cdot b}{1000} \tag{3-80}$$

Im betrachteten Zahlenbeispiel sind z.B. die Sollkosten bei einem Beschäftigungsgrad von 80 %:

$$K_{80} = K_{100} \pm \frac{K_{100} \cdot 6 \cdot 20}{1000} = 7.200 - \frac{7.200 \cdot 6 \cdot 20}{1000} \tag{3-81}$$
$$= 7.200 - 864 = €6.336$$

Die Höhe des Variators ist bei rein proportionalen Kosten stets gleich 10 und bei rein fixen Kosten gleich 0. Bei anderen Kostenarten, die sich aus fixen und proportionalen Teilen zusammensetzen, liegt sie zwischen 0 und 10. Wählt man eine andere Planbeschäftigung zur Grundlage, so ergibt sich ein anderer Wert des Variators.

Wenn eine Kostenkurve gemäß Abbildung 3-44a) stückweise linear verläuft oder gemäß Abbildung 3-44b) Kostensprünge aufweist, gilt ein Variator jeweils nur für einen begrenzten Beschäftigungsbereich. Für jeden Bereich, in dem die Kostenkurve stetig verläuft, ist dann ein besonderer Variator zu bestimmen und vorzugeben. Nichtlineare Kostenkurven lassen sich durch stückweise lineare Funktionen approximieren, für die in entsprechender Weise mehrere Variatoren gelten. Demnach kann man die Variatormethode auch bei Kostenkurven anwenden, die nicht im gesamten Beschäftigungsbereich stetig sind. Jedoch erfordert die Bestimmung mehrerer Variatoren zahlreiche Kostenanalysen bei unterschiedlichen Beschäftigungsgraden. Damit nähert man sich der Aufstellung von sog. **Stufenplänen**.

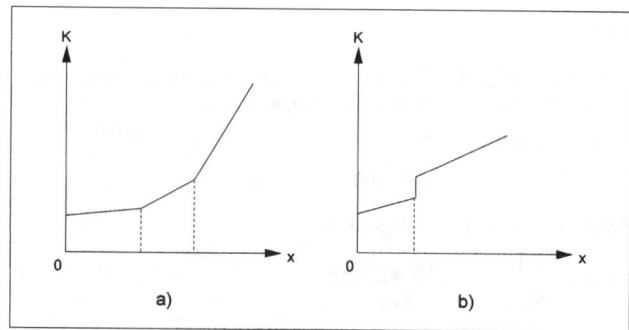

Abb. 3-44: Beispiele für Kostenkurven a) mit stückweise linearem Verlauf und b) mit Kostensprüngen

Ein wesentlicher Vorteil der **Variatormethode** liegt in ihrer Einfachheit. Die Kosten werden lediglich bei einem Beschäftigungsgrad (Planbeschäftigung) analysiert. Sofern sie im gesamten Beschäftigungsbereich linear verlaufen, kann der Variator aus der Zusammensetzung der fixen und proportionalen

B. Systeme auf Vollkostenbasis

Kosten bei der Planbeschäftigung bestimmt werden. Die Umrechnung auf andere Beschäftigungsgrade mit Hilfe des Variators hat aber zur Folge, dass mögliche Fehler der Kostenanalyse bei der Planbeschäftigung auf die Sollkosten anderer Beschäftigungsgrade übertragen werden[141].

> Unterschiedliche Beschäftigungsgrade können bei der Kostenplanung auch durch die Aufstellung von **Stufenplänen** berücksichtigt werden. Bei diesem Verfahren werden die Güterverbräuche und ihre Kosten für mehrere, als realisierbar angesehene Beschäftigungsgrade bestimmt.

Die Kostenplanung beruht bei **Stufenplänen** auf Verbrauchsstudien und Kostenanalysen, die für jeden der als Stufe berücksichtigten Beschäftigungsgrade und für jede Kostenart durchgeführt werden. Es erfolgt eine genaue kostentheoretische Untersuchung der Beziehungen zwischen Güterverbrauch bzw. Kostenhöhe und Beschäftigung. Mit diesem Verfahren lassen sich sprungfixe Kosten, Veränderungen der proportionalen Kosten und nichtlineare Kostenverläufe eher erkennen als mit der Variatormethode. Jedoch setzt die Aufstellung von Stufenplänen umfangreichere Kostenanalysen voraus.

Bei der Erarbeitung von **Stufenplänen** wird die Höhe der Sollkosten nicht für alle, sondern nur für einige Beschäftigungsgrade bestimmt. Man bezieht lediglich Beschäftigungsgrade ein, die unter gewöhnlichen Umständen realisiert werden können. Vielfach wählt man dabei Intervalle des Beschäftigungsgrades von 10 %. Die Kosten von Beschäftigungsgraden innerhalb eines Intervalls können durch Interpolation aus den jeweiligen Eckwerten ermittelt werden. Sie stellen aber Näherungswerte dar, weil ihnen keine Kostenanalysen zugrunde liegen.

Die Fixkosten sind von den Ausprägungen der Beschäftigung unabhängig und können von der jeweiligen Kostenstelle nicht beeinflusst werden. Deshalb bietet sich als drittes Verfahren eine **differenzierte Behandlung von fixen und variablen Kosten** bei der Kostenvorgabe und Kostenkontrolle an[142]. Man gibt die fixen und die variablen Teile der Gesamtkosten für jede Kostenart getrennt an. Kostenabweichungen, die vom Kostenstellenleiter zu verantworten sind, können dann nur bei den variablen Kosten auftreten. Im Falle **linearer Kostenverläufe** verändern sich die variablen Kosten proportional zur Beschäftigung. Die variablen Kosten je Beschäftigungseinheit sind hier konstant und stimmen mit den **Grenzkosten** überein. Kennt man die proportionalen (= variablen) Kosten je Beschäftigungseinheit, so lassen sich die variablen Kosten für jede Beschäftigung durch Multiplikation mit dem Beschäftigungsgrad leicht bestimmen. Bei **nichtlinearen Kostenverläufen** sind die variablen Kosten je Beschäftigungseinheit nicht konstant und nicht gleich den Grenzkosten. Aus der Kenntnis der variablen Kosten oder der Grenzkosten je Beschäftigungseinheit bei einem bestimmten Beschäftigungsgrad lassen sich hier die variablen Kosten oder die Grenz-

---

[141] Vgl. KOSIOL, E. (Kostenrechnung), S. 242.
[142] Vgl. KOSIOL, E. (Kostenrechnung), S. 245 f.

kosten anderer Beschäftigungsgrade nicht bestimmen. Vielmehr setzt bei nichtlinearen Kostenverläufen eine Ermittlung der Kostenhöhe verschiedener Beschäftigungsgrade die Kenntnis der gesamten Kostenfunktion oder Einzelanalysen für die betrachteten Beschäftigungsgrade voraus.

cc) *Aufbau und Typen von Kostenstellenplänen*

Die geplanten Gemeinkosten einer Kostenstelle werden in einem **Kostenstellenplan** zusammengefasst[143]. In diesen gehen die verschiedenen Gemeinkostenarten mit den jeweiligen Plankosten ein. Ferner wird die **Einflussgröße** angegeben, mit der die Beschäftigung der Kostenstelle gemessen und von der die Höhe der variablen Gemeinkosten als abhängig angesehen wird. Sofern die unterschiedlichen Gemeinkostenarten von verschiedenen Einflussgrößen abhängen, muss für jede Einflussgröße ein eigener Teilplan erstellt werden[144]. Dann bilden die Teilpläne zusammen den Kostenstellenplan. Schließlich enthält der Kostenstellenplan einen bzw. bei verschiedenen Einflussgrößen mehrere Planverrechnungssätze. Man ermittelt den **Planverrechnungssatz**, indem man die gesamten Gemeinkosten der Planbeschäftigung durch die Bezugsgröße der Planbeschäftigung dividiert. Der Plankostenverrechnungssatz gibt demnach an, welcher Anteil der Gemeinkosten einer Kostenstelle auf eine Bezugsgrößeneinheit entfällt.

Neben den Plankosten, der Planbezugsgröße und dem Plankostenverrechnungssatz werden in einem **Kostenstellenplan** für jede Gemeinkostenart die Verbrauchseinheiten, die geplanten Verbrauchsmengen und die Planpreise aufgeführt. Des Weiteren werden das Planjahr, die Bezeichnung sowie die Nummer der Kostenstelle und der verantwortliche Kostenstellenleiter angegeben. Schließlich wird der vorgegebene Kostenstellenplan mit dem Datum der Ausstellung und der Unterschrift des für die Kostenvorgabe Verantwortlichen gezeichnet.

Kostenstellenplan					
Planjahr:			Kostenstelle: Kostenstellenleiter:		
Kostenarten		Einheit	Planverbrauchs- menge	Planpreis [€/Einheit]	Plankosten [€]
Nr.	Bezeichnung				
				Summe:	
Planbezugsgröße (Einflußgröße):			Plankostenverrechnungssatz: Datum:		Unterschrift:

Abb. 3-45: *Grundaufbau von Kostenstellenplänen*

---

[143] Vgl. Abb. 3-45.
[144] Vgl. KILGER, W. (Deckungsbeitragsrechnung[9]), S. 451 ff.

B. Systeme auf Vollkostenbasis

Der Aufbau des Kostenstellenplans ist insbesondere davon abhängig, ob und nach welchem Verfahren unterschiedliche Beschäftigungsgrade berücksichtigt werden. Zur Erläuterung wird je ein Kostenstellenplan für die drei gekennzeichneten Verfahren zur Berücksichtigung des Beschäftigungsgrades dargestellt. Die Kostenarten und die Kostenhöhe der Planbeschäftigung stimmen bei allen drei Beispielen überein. Vereinfachend wird angenommen, dass die Kostenarten stetig linear verlaufen und auf die Fertigungszeit bezogen werden können. Lediglich bei Hilfs- und Betriebsstoffen soll im Falle einer Beschäftigung über 100 % eine stärkere Verbrauchszunahme eintreten. Die Planbezugsgröße beträgt 1.000.000 Fertigungsminuten. Sie stellt die **Planbeschäftigung** dar und wird gleich 100 % gesetzt.

Kostenstellenplan Planjahr: 2004			Kostenstelle: Fräsen Kostenstellenleiter: Müller			
Kostenarten			Planverbrauchsmenge bei Planbezugsgröße	Planpreis [€/Einheit]	Plankosten [€]	Variator
Nr.	Bezeichnung	Einheit				
1	Gehälter	Monat	12	2.350	28.200	0
2	Hilfslöhne	Std.	4.000	5,045	20.180	10
3	Sozialaufwendungen	geplante Lohn- und Gehaltskosten	48.380	21,8% der Planmenge	10.550	4
4	Urlaubs- und Feiertagslöhne	dito	48.380	17,16% der Planmenge	8.300	0
5	Instandhaltungsmaterial	kg	70	5	350	6
6	Hilfs- und Betriebsstoffe	kg	4.000	2,52	10.080	bis 100% 7, darüber 8
7	Strom	kWh	23.200	0,25	5.800	10
8	Wasser	m³	2.000	0,75	1.500	10
9	Abschreibungen	gebundenes Kapital bzw. Maschinenstunden	342.500	21 % der Planmenge	71.800	6
10	Zinsen	dito	342.500	4,52% der Planmenge	15.500	0
11	Steuern	Einheitswert	50.000	1 % Vermögensteuer, Grund- und Gewerbekapitalsteuer Hebesatz 300%	2.300	0
12	Versicherungen	gebundenes Kapital	342.500	1,537% der Planmenge	530	0
				Summe:	175.090	
Planbezugsgröße: 1.000.000 Fertigungsminuten = 100 %				Plankostenverrechnungssatz: 0,175 €/Min.		
				Datum: 1.12.2003	Unterschrift:	

Abb. 3-46: Beispiel für einen Kostenstellenplan mit Umrechnung der Plankosten durch Variatoren

Wenn die **Umrechnung der Plankosten** auf andere Beschäftigungsgrade mit **Variatoren** vorgenommen wird, ist in einer zusätzlichen Spalte des Kostenstellenplanes für jede Kostenart der geltende Variator anzugeben. In Abbildung 3-46 erkennt man, dass die Kosten für Gehälter, Urlaubs- und Feiertagslöhne, Zinsen, Steuern und Versicherungen als fix angesehen werden und ihr Variator somit null ist. Dagegen handelt es sich bei den Kosten für Hilfslöhne, Strom und Wasser um proportionale Kosten mit einem Variator von 10. Bei den Kosten für Hilfs- und Betriebsstoffe sind zwei Variatoren anzugeben, weil diese Kosten bei Überbeschäftigung stärker zunehmen. Aus der Summe der verschiedenen Gemeinkostenarten von € 175.090 und der Planbezugsgröße (Planbeschäftigung) von 1.000.000 Fertigungsminuten wird ein Verrechnungssatz von € 0,175 je Fertigungsminute ermittelt.

Planjahr: 2004			Kostenstellenplan Kostenstelle: Fräsen Kostenstellenleiter: Müller		Plankosten [€] bei Kapazitätsauslastung von				
Kostenarten									
Nr.	Bezeichnung	Einheit	Planverbrauchsmenge bei Planbezugsgröße	Planpreis [€/Einheit]	80%	90%	100%	110%	
1	Gehälter	Monat	12	2.350	28.200	28.200	28.200	28.200	
2	Hilfslöhne	Std.	4.000	5,045	16.144	18.162	20.180	22.198	
3	Sozialaufwendungen	geplante Lohn- und Gehaltskosten	48.380	21,8% der Planmenge	9.706	10.128	10.550	10.972	
4	Urlaubs- und Feiertagslöhne	dito	48.380	17,16% der Planmenge	8.300	8.300	8.300	8.300	
5	Instandhaltungsmaterial	kg	70	5	308	329	350	371	
6	Hilfs- und Betriebsstoffe	kg	4.000	2,52	8.669	9.374	10.080	10.886	
7	Strom	kWh	23.200	0,25	4.640	5.220	5.800	6.380	
8	Wasser	m³	2.000	0,75	1.200	1.350	1.500	1.650	
9	Abschreibungen	gebundenes Kapital bzw. Maschinenstunden	342.500	21 % der Planmenge	63.184	67.492	71.800	76.108	
10	Zinsen	dito	342.500	4,52% der Planmenge	15.500	15.500	15.500	15.500	
11	Steuern	Einheitswert	50.000	1 % Vermögensteuer, Grund- und Gewerbekapitalsteuer Hebesatz 300%	2.300	2.300	2.300	2.300	
12	Versicherungen	gebundenes Kapital	342.500	1,537% der Planmenge	530	530	530	530	
				Summe:	158.681	166.885	175.090	183.395	

Planbezugsgröße: 1.000.000 Fertigungsminuten = 100 %Plankostenverrechnungssatz: 0,175 €/Min.
Datum: 1.12.2003   Unterschrift:

Abb. 3-47: Beispiel für einen mehrstufigen Kostenstellenplan

B. Systeme auf Vollkostenbasis 299

In einem **Stufenplan** treten an die Stelle der Variatorspalte mehrere Spalten mit den als realisierbar angesehenen Beschäftigungsgraden. Der in Abbildung 3-47 wiedergegebene Kostenstellenplan geht davon aus, dass Beschäftigungsgrade zwischen 80 % und 110 % unter üblichen Bedingungen auftreten können. Für jeden berücksichtigten Beschäftigungsgrad sind getrennte Kostenanalysen durchzuführen. Dabei kann sich für eine Reihe von Kostenarten ein linearer oder nichtlinearer Kostenverlauf ergeben. Insbesondere können bei Beschäftigungsgraden über 100 % überproportionale Steigerungen der variablen Kosten auftreten, wie sie hier für den Verbrauch an Hilfs- und Betriebsstoffen angenommen werden.

Planjahr: 2004		Kostenstellenplan Kostenstelle: Fräsen Kostenstellenleiter: Müller			Plankosten [€] bei Kapazitätsauslastung von		
							variabel
					fix	100%	110%
Kostenarten				Planpreis			
Nr.	Bezeichnung	Einheit	Planverbrauchsmenge bei Planbezugsgröße	[€/Einheit]			
1	Gehälter	Monat	12	2.350	28.200		
2	Hilfslöhne	Std.	4.000	5.045		20.180	22.198
3	Sozialaufwendungen	geplante Lohn- und Gehaltskosten	48.380	21,8% der Planmenge	6.330	4.220	4.642
4	Urlaubs- und Feiertagslöhne	dito	48.380	17,16% der Planmenge	8.300		
5	Instandhaltungsmaterial	kg	70	5,-	140	210	231
6	Hilfs- und Betriebsstoffe	kg	4.000	2,52	3.024	7.056	7.862
7	Strom	kWh	23.200	0,25		5.800	6.380
8	Wasser	m³	2000	0,75		1.500	1.650
9	Abschreibungen	gebundenes Kapital bzw. Maschinenstunden	342.500	21 % der Planmenge	28.720	43.080	47.388
10	Zinsen	dito	342.500	4,52% der Planmenge	15.500		
11	Steuern	Einheitswert	50.000	1 % Vermögensteuer, Grund- und Gewerbekapitalsteuer Hebesatz 300%	2.300		
12	Versicherungen	gebundenes Kapital	342.500	1,537% der Planmenge	530		
				Summe:	93.044	82.046	90.351

Planbezugsgröße: 1.000.000 Fertigungsminuten = 100 % Plankostenverrechnungssatz der variablen Kosten: 0,082 €/Min.
Datum: 1.12.2003 Unterschrift:

Abb. 3-48: *Beispiel für einen Kostenstellenplan mit Aufspaltung in fixe und variable Kosten*

Schließlich können in einer dritten Alternative die Plankosten im **Kostenstellenplan** in fixe und variable Teile aufgespalten werden. Sofern es sich hier bei allen variablen Kosten um proportionale handelt, genügt ihre Angabe bei einem Beschäftigungsgrad. Die Spalte 'Plankosten' im Kostenstellenplan ist dann in zwei Spalten gegliedert, in welchen fixe bzw. variable Kosten je Kostenart eingetragen sind. Der Plankostenverrechnungssatz bezieht sich bei diesem Verfahren lediglich auf die proportionalen Kosten. Mit ihm kann man die gesamten proportionalen Kosten für jede Beschäftigung errechnen. Verlaufen die Kostenkurven dagegen stückweise linear oder nichtlinear, lassen sich aus den variablen Kosten oder den Grenzkosten der Planbeschäftigung die Kosten anderer Beschäftigungsgrade nicht bestimmen, so dass entsprechend Abbildung 3-48 die Einführung mehrerer Spalten für verschiedene Beschäftigungsgrade erforderlich wird.

Aus den Kostenstellenplänen sämtlicher Haupt-, Neben- und Hilfskostenstellen lässt sich ein **Betriebsabrechnungsbogen** bilden. Dieser vermittelt einen Überblick über die geplanten Gemeinkosten der Unternehmung und ihre Aufteilung auf Kostenstellen. Die Bestimmung der Plankosten je Kostenstelle beruht bei den meisten Kostenarten nicht auf einer Verteilung der insgesamt für die Unternehmung anfallenden Kosten. Vielmehr setzt die Planung an dem Verbrauch der einzelnen Kostenstellen an. Die geplante Höhe einer Gemeinkostenart für die Unternehmung ergibt sich aus der Summe der Plankosten je Kostenstelle. Lediglich bei Kostenarten, die von den Kostenstellen nicht beeinflusst werden können, wird die Planung durch eine Verteilung der insgesamt entstehenden Kosten auf Kostenstellen vorgenommen. Wenn in dem Betriebsabrechnungsbogen auch die geplanten Einzelkosten aufgeführt werden, gibt er einen Überblick über die geplanten Gesamtkosten der Planungsperiode.

Auf der Basis des geplanten innerbetrieblichen Leistungsaustausches lässt sich eine **Umlage der Plankosten** von Vorkostenstellen auf Endkostenstellen durchführen, so dass Planzuschlagssätze für die Kalkulation ermittelt werden können. Der **Betriebsabrechnungsbogen mit Plankosten** ermöglicht in der Prognosekostenrechnung die Analyse von Differenzen zwischen vorausgesagten und realisierten Kosten und damit die Überprüfung der Kostenprognosen und der Erfolgsrealisation.

d) Prognoseerfolgsrechnung und Prognosekalkulation

Die **Kostenträgerrechnung** lässt sich auch in Systemen der Prognosekostenrechnung als Kostenträger*zeit*- und Kostenträger*stück*rechnung durchführen. Im formalen Aufbau stimmen Prognoseperiodenrechnungen und Prognosekalkulationen mit den entsprechenden Istkostenrechnungen überein. Jedoch geben die enthaltenen Zahlen prognostizierte Kosten (und Erlöse) wieder. Dabei werden im Rahmen der Vollkostenrechnung die gesamten Prognosekosten einer Planperiode den Kostenträgern zugerechnet.

Jeder Prognosekostenrechnung kann eine Istkostenrechnung gegenübergestellt werden. Auf diese Weise wird es möglich, die jeweils vorausberechneten Kosten (Wirdkosten) mit den entstandenen Kosten (Istkosten) zu vergleichen. Dies gilt sowohl für die Kostenträgerzeitrechnung als auch für die Kostenträgerstückrechnung. In einer Prognosekostenrechnung lassen sich aus den Abweichungen zwischen prognostizierten und realisierten Kosten

B. Systeme auf Vollkostenbasis

Schlüsse auf Abweichungen bei den zugrunde liegenden Plänen sowie auf die Zuverlässigkeit und Genauigkeit der durchgeführten Prognosen bzw. der für diese Prognosen verwendeten Kostenfunktionen ziehen.

Durch die Einbeziehung der prognostizierten Periodenerlöse wird die Kostenträgerzeitrechnung zu einer **Periodenerfolgsrechnung**[145]. Hierzu ist eine Prognose der Absatzmengen und der Absatzpreise erforderlich[146]. Die Prognoseerfolgsrechnung ist auf die Gesamtplanung und Teilpläne der Unternehmung ausgerichtet. Sie bezweckt die Vorausberechnung der erwarteten Ist-Erfolge alternativer Handlungen in der Planperiode. Bei dieser Rechnung sind stets die geplanten bzw. prognostizierten Güterverbräuche und Einsatzgüterpreise sowie die geplanten bzw. prognostizierten Absatzmengen und Absatzpreise anzusetzen. Damit ist die volle Integrationsmöglichkeit dieser Rechnung in das Gesamtplanungssystem der Unternehmung gegeben.

Die Prognose(perioden)erfolgsrechnung lässt sich grundsätzlich nach dem Gesamtkostenverfahren oder nach dem Umsatzkostenverfahren aufbauen. Vielfach wird sich das **Umsatzkostenverfahren** als zweckmäßiger erweisen, weil dieses in seinen prognostizierten Elementen bis in die Kostenstellen heruntergebrochen werden kann. Für eine Prognoseerfolgsrechnung nach dem Umsatzkostenverfahren müssen jedoch Prognosekalkulationen der Endprodukte vorliegen. Das Umsatzkostenverfahren hat den grundsätzlichen Vorteil, dass Aussagen über den Beitrag einzelner Produkte zum prognostizierten Erfolg abgeleitet werden können. Das setzt eine verursachungsgerechte Verrechnung der Kosten auf die Produkte voraus. Der Aussagegehalt der Periodenerfolgsrechnung ist allerdings beschränkt, da in einer Prognosekostenrechnung auf Vollkostenbasis fixe Kosten auf die Produkte verrechnet werden.

> Kostenträgerstückrechnungen werden in einer Prognosekostenrechnung als Prognosekalkulationen erstellt. Eine **Prognosekalkulation** auf der Basis von Vollkosten bezweckt die vorausschauende Berechnung von gesamten erwarteten Istkosten pro Stück (Wird-Stückkosten) für die Planperiode.

Für die **Prognosekalkulation** lassen sich in einer Prognosekostenrechnung die bekannten Kalkulationsverfahren der Vollkostenrechnung verwenden. Die nachträgliche Ist-Kalkulation muss nach demselben Kalkulationsverfahren durchgeführt werden wie die vorausgehende Prognosekalkulation. Beide Kalkulationen unterscheiden sich nur im Kostenansatz und damit im materiellen Gehalt der Kalkulation. Grundlage einer Prognosekalkulation sind die prognostizierten Einzelkosten je Kostenträgereinheit. Die Kostenprognose beginnt also damit, vorauszuberechnen, welche Einzelkostenarten in welcher Höhe durch eine Kostenträgereinheit in der Planperiode verursacht werden. Bei der Durchführung einer Zuschlagskalkulation ergeben sich die Zuschlagssätze für die Gemeinkosten aus den Kostenstellenplänen und dem Betriebsabrechnungsbogen, der jedoch mit Prognosekosten erstellt werden

---

[145] Vgl. KILGER, W. (Deckungsbeitragsrechnung⁹), S. 624 ff.
[146] Vgl. Kapitel 3., Abschnitt D.I.2.c)aa), S. 407 ff.

muss. Die prognostizierten Gemeinkosten je Kostenträgereinheit werden mit Hilfe der Bezugsgröße den prognostizierten Einzelkosten zugeschlagen, welche in der Kostenstellenrechnung zur Prognose der Gemeinkosten herangezogen werden. Da in einem System der Prognosekostenrechnung umfangreiche Kostenanalysen durchgeführt und Kostenfunktionen formuliert werden müssen, zeichnet sich diese Rechnung dadurch aus, dass ihre Bezugsgrößen zahlreicher und präziser sind als in einem System der Istkostenrechnung[147]. Wegen dieser umfangreicheren Kostenanalysen lässt sich nachträglich und zusätzlich eine genauere Zurechnung der realisierten Istkosten auf die Kostenträgereinheiten vollziehen. Die Ergebnisse der Kostenanalysen werden also nicht nur für die Vorkalkulationen, sondern auch für die Nachkalkulationen ausgewertet.

Müssen für **neue Produkte** Prognosekalkulationen erstellt werden, ergeben sich besondere Probleme, die darin liegen, dass für diese neuen Produkte in der Regel noch keine gut bestätigten Kostenhypothesen vorliegen. In dieser Situation kann die Unternehmung auf Kostenfunktionen für ähnliche Produkte zurückgreifen und nach Verwendung von **Ähnlichkeitsgesetzen** behelfsweise Prognosekalkulationen durchführen. Sie kann aber auch auf Musterfertigungen und Probeläufe sowie Ergebnisse externer Institutionen zurückgreifen.

Prognosekalkulationen dienen vor allem **preispolitischen Zwecken**. Wenn z.B. bei allen Produkten als Absatzpreise mindestens die prognostizierten Selbstkosten auf Vollkostenbasis erzielt werden und man die Planbeschäftigung realisiert, ist zu erwarten, dass die Unternehmung in der Planperiode keinen Verlust erleidet. Damit wird erkennbar, dass Prognosekalkulationen eine geeignete Grundlage für Gewinnschwellen-Analysen[148] (Break-even-Analysen) sind. Prognosekalkulationen haben aber auch große Bedeutung für die Kostensteuerung (Mitlaufkalkulation) bei Großprojekten, für die Kostenplanung und -steuerung in der Konstruktion (konstruktionsbegleitende Kalkulation[149]) und für die unternehmungsorientierte Vorausberechnung von Kostenzielen (Drifting Costs) im Rahmen des Target Costing[150].

Für Unternehmungen, die keine ausgebaute Plankostenrechnung besitzen, ist es üblich, Prognosekalkulationen (Vorkalkulationen, Angebotskalkulationen) auf der Basis normalisierter Istkosten zu erstellen. Derartige **Normalkalkulationen** beruhen auf der Annahme, dass durchschnittliche oder bereinigte Istkosten vergangener Perioden auch in der Zukunft anfallen werden. Die hier unterstellte Invarianzhypothese der gesamten Kostenstruktur trifft jedoch in der Praxis nur in Ausnahmefällen zu. Eine Normalkalkulation und auf ihr aufbauende Folgerechnungen haben den schwerwiegenden Mangel, dass bei ihnen Kosteneinflussgrößen und die zu diesen gehörenden erwarteten Istkosten nicht explizit berücksichtigt werden. Normalkalkulationen können daher nur als Vorformen moderner Plankalkulationen angesehen werden. Im Gegensatz zu einer Normalkalkulation wird bei einer Plankalkulation stets

---

[147] Vgl. KILGER, W. (Deckungsbeitragsrechnung⁹), S. 581 f.
[148] Vgl. Kapitel 3., Abschnitt D.I.6.d)dd), S. 495 ff.
[149] Vgl. Kapitel 3., Abschnitt B.II., S. 326 ff.
[150] Vgl. Kapitel 4., Abschnitt D., S. 701 ff.

B. Systeme auf Vollkostenbasis

eine einflussgrößenbestimmte Vorausberechnung von Kostenbeträgen vorgenommen. Für die Prognosekostenkalkulation sind dies die stückbezogenen erwarteten Istkosten.

4. Kostenkontrolle und Abweichungsanalyse in der Prognosekostenrechnung

a) Bedeutung und Phasen der Kostenkontrolle

> Unter **Kostenkontrolle** ist ein geordneter, laufender, informationsverarbeitender Prozess zur Ermittlung von Abweichungen zwischen vorgegebenen und zu vergleichenden Kosten sowie zur Analyse von Ursachen der ermittelten Abweichungen zu verstehen.

Die Kostenkontrolle dient einmal der Ermittlung von Kostenabweichungen zwischen zwei wohldefinierten Kostengrößen, zum anderen verfolgt sie eine Analyse der Ursachen, die zur Kostenabweichung geführt haben. Dazu ist es in der Prognosekostenrechnung erforderlich, den prognostizierten Kosten (Wirdkosten) die tatsächlich realisierten Kosten (Istkosten) gegenüberzustellen und die Abweichung zwischen ihnen zu ermitteln. Im nächsten Schritt wird danach gefragt, welche Ursachen zu dieser Abweichung geführt haben.

In einer **Prognosekostenrechnung** steht die Kontrolle der Kostenarten und der Kostenträger im Mittelpunkt. Die Erkennung und Ausschaltung exogener Einflüsse auf die Kostenhöhe, wie Preisänderungen, kann als Gegenstand einer Kostenkontrolle in der Kostenartenrechnung angesehen werden. Durch die Kostenkontrolle und Abweichungsanalyse in der Kostenträgerrechnung lassen sich vor allem Informationen für die Programm- und Preispolitik gewinnen. Generell werden in einer Prognosekostenrechnung mit der Kostenkontrolle zwei **Zwecke** verfolgt:

- die Erkennung und Beseitigung von Prognosefehlern sowie
- die Erkennung und Beseitigung von Planabweichungen.

Die Kostenkontrolle ist stets ein Prozess, der in mehreren Phasen abläuft. Er ist in den **Steuerungsprozess** der Unternehmung eingebettet und dient der Bereitstellung von Steuerungsinformationen zur Planrealisation[151]. Da bei jeder Planrealisation Störungen auftreten, müssen laufend durch fallweise Einzelentscheidungen Anpassungsmaßnahmen ausgelöst werden, durch die sichergestellt wird, dass die realisierten Prozesse in ihren Ergebnissen möglichst nahe an die Planvorgaben herankommen. In diesem Sinne ist Prozesssteuerung nur möglich, wenn während der Planrealisation laufend Abweichungen von den Planvorgaben festgestellt, diese Abweichungen auf ihre Ursachen analysiert und zur Beeinflussung der erkannten Ursachen Anpassungsmaßnahmen entwickelt werden. Eine zielkonforme Plananpassung ist ohne laufende Kontrolle kaum möglich.

---

[151] Vgl. Abb. 1-1, S. 4.

Die Phasen im Steuerungsprozess der Planrealisation sind im Einzelnen:
- Festlegung der Kontrollobjekte,
- Feststellung des Kontrollproblems,
- Festlegung des Kontrollverfahrens,
- Durchführung der Kontrolle (Ermittlung der Abweichungen),
- Auswahl der zu analysierenden Abweichungen,
- Analyse der Abweichungen und ihrer Ursachen,
- Entwicklung von Anpassungs- und Sicherungsmaßnahmen.

In einem arbeitsteiligen Unternehmungsprozess können nicht alle Objekte, die Kosten verursachen, Gegenstand von Kontrollen sein. Zur wirtschaftlichen Durchführung von Kontrollen ist es daher erforderlich, diejenigen Prozesse, Kostenstellen, Abteilungen, Unternehmungsbereiche, Sparten, Werke, bzw. Produkte und Produktgruppen als **Kontrollobjekte** zu bestimmen, bei welchen potentielle Abweichungen mit Steuerungsrelevanz auftreten können. Dies bedeutet, dass bevorzugt für diejenigen Objekte Kontrollen durchzuführen sind, in denen auftretende Störungen den Grad der Zielerreichung deutlich tangieren. Für die Bestimmung dieser Kontrollobjekte gibt es eine Reihe von Instrumenten, deren Wirksamkeit in der Regel positiv zu beurteilen ist. Dazu gehören ABC-Analysen, Schwachstellenanalysen, Simulationen, Netzplantechniken, Sensitivitätsanalysen u.a.[152]

Ist das Kontrollobjekt festgelegt, muss entschieden werden, welches **Kontrollverfahren** für die Durchführung der Kontrolle heranzuziehen ist. Im einzelnen sind dabei die zu vergleichenden Kostengrößen und die Kontrollträger zu bestimmen. Die anstehende Verfahrensentscheidung soll festlegen, ob Ergebniskontrollen, Planfortschrittskontrollen, Prämissenkontrollen oder Prognosekontrollen durchgeführt werden sollen. Als Hilfsmittel zur Durchführung der Kostenvergleiche kommen Instrumente zur Betriebsdatenerfassung, zur Informationsverarbeitung und zur Prozessüberwachung in Frage.

Die **Durchführung der Kontrolle** besteht in der Ermittlung der Differenz zwischen den zu vergleichenden Größen. Nach dem gewählten Kontrollobjekt können die Abweichungen für die Prozesse, Kostenstellen, Abteilungen, Unternehmungsbereiche, Sparten, Werke bzw. Produkte oder Produktgruppen berechnet werden. Dabei erhält man bei einer großen Zahl an Kostenstellen und Kostenarten in der Regel so viele Einzelabweichungen, dass sich nicht alle auswerten und näher analysieren lassen, wenn die Kontrolle selbst wirtschaftlich bleiben soll. Deshalb muss man die 'wichtigen' Abweichungen auswählen, deren Analyse Anpassungsmaßnahmen erkennen lassen dürfte und zu einer Verbesserung künftiger Prognose führen kann. Die Schwierigkeit liegt darin, dass man die Wirksamkeit einer Analyse im Voraus abschätzen muss, obwohl deren Ergebnisse erst nach ihrer Durchführung vorliegen können. Dazu ist abzuwägen, in welchem Ausmaß die Abweichungen auf zufallsbedingte Schwankungen oder auf korrigierbare bzw. 'kontrollierbare' Gründe zurückzuführen sind. Für eine ökonomisch fundierte Entscheidung über die **Auswahl der zu analysierenden Abweichungen** müsste abgeschätzt

---

[152] Vgl. KÜPPER, H.-U. (Industrielles Controlling), S. 943 f.

werden, welche Kosten die Analyse der betreffenden Abweichung sowie das Finden von Anpassungsmaßnahmen verursachen und welche Erlöse oder Kosteneinsparungen damit erzielt werden können. Aus einem Vergleich der entsprechenden Abweichungserlöse und -kosten könnte eine Rangfolge für die auszuwertenden Abweichungen gebildet werden.

Zur Lösung dieses Problems werden häufig **einfache Auswahlregeln** angewandt. Beispielsweise beschränkt man sich auf die Abweichungen, deren prozentuale oder absolute Höhe gegenüber den Prognosekosten bestimmte Grenzwerte (von z.B. 5 % bzw. € 1.000 im Monat) überschreiten. Beim **Kontrollkartenverfahren** unterstellt man, dass die zufälligen Abweichungen um den Prognosewert normal verteilt sind. Wie bei der statistischen Qualitätskontrolle geht man dann davon aus, dass Abweichungen nur dann auf korrigierbare Ursachen zurückzuführen sind, wenn sie außerhalb eines 2- oder 3-σ-Intervalls um den Prognosewert liegen.

Für eine fundiertere Auswahl von Abweichungen ist eine Reihe von **Modellen** entwickelt worden, die sich nach ihren wichtigsten Merkmalen entsprechend Abbildung 3-49 ordnen lassen[153]. Sie unterscheiden sich nach Berücksichtigung

- von einer oder mehrerer Abweichungen in demselben Entscheidungsmodell,
- von Abweichungen aus einer oder aus mehreren Perioden,
- von Auswertungserlös und Auswertungskosten sowie
- der Unsicherheit über deren Eintreffen.

Anzahl simultan berücksichtigter Abweichungen	Modelle für eine Abweichung					Modelle für mehrere Abweichungen
Periodenbezug der Beobachtungswerte	einperiodige Modelle			mehrperiodige Modelle		
Berücksichtigung von Auswertungserlösen und -kosten	ohne Kosten und Erlöse	mit Kosten und Erlösen		ohne Kosten und Erlöse	mit Kosten und Erlösen	
Berücksichtigung der Unsicherheit		sicherer Auswertungserfolg	stochastischer Auswertungserfolg			

Abb. 3-49: *Entscheidungsmodelle zur Auswahl von Abweichungen*

Durch diese Modelle werden wichtige Aspekte einer theoretisch begründeten Auswahl von Abweichungen herausgearbeitet. Ihre Merkmale machen deutlich, dass z.B. zwischen verschiedenen Abweichungen und ihrer Auswertung Interdependenzen bestehen können, aus der Entwicklung derselben Abweichung in der Zeit auf einen systematischen oder zufälligen Fehler geschlossen werden kann, die Auswahl vom Auswertungserfolg abhängen müsste und die Unsicherheit über die Höhe der Auswertungskosten und besonders der erzielbaren Erlöse bzw. Kosteneinsparungen explizit berücksichtigt werden müssten. Dennoch erscheint ihre praktische Einsetzbarkeit bislang eher be-

---

[153] Zum Überblick vgl. insb. LÜDER, K. (Ansatz); STREITFERDT, L. (Entscheidungsregeln).

grenzt[154]. So fehlt es vielfach an einer ausreichenden Analyse der Auswertungskosten und besonders an Instrumenten zur Abschätzung ihrer positiven Erfolgswirkungen. Ferner müssten die dynamischen und die stochastischen Zusammenhänge empirisch fundiert werden, um die Modelle auf zuverlässigen Hypothesen aufzubauen.

Die Bedeutung der einzelnen Abweichungsarten liegt in ihrer Wirkung auf das Erreichen der Planungsziele. Dieser Beitrag kann nur erbracht werden, wenn für die einzelne Abweichungsart eine umfassende **Ursachenanalyse** durchgeführt wird. In einer Prognosekostenrechnung können die Ursachen von Abweichungen externer Art (z.B. Veränderungen der Marktpreise) oder interner Art (z.B. Kurzarbeit) sein. Prinzipiell kann jede Veränderung einer Einflussgröße zu Abweichungen führen. Aber auch unbrauchbare Prognose- und Rechentechniken können Abweichungen zur Folge haben. Dasselbe gilt für einfache Rechenfehler oder für die Unterdrückung falsch eingeschätzter Einflussgrößen. Auch falsch beachtete Anwendungsbedingungen und inadäquate Funktionstypen für die Prognosefunktion können dieselbe Konsequenz haben. In der Praxis sind es häufig einfache Zähl- bzw. Kontierungs-, Übertragungs-, Verarbeitungs- oder Programmfehler, die als Ursachen für Abweichungen auftreten.

Die letzte Phase des Steuerungsprozesses der Planrealisation besteht in der Formulierung von **Anpassungsmaßnahmen**. Da umfassende Abweichungsanalysen durchgeführt werden, um die Ursachen der aufgetretenen Kostenabweichungen zu identifizieren und die Auswirkung der Einzelabweichung auf die Zielerreichung zu bestimmen, ist es folgerichtig und notwendig, Maßnahmen zu fixieren und deren Durchführung zu sichern, die insbesondere die negativen Auswirkungen auf die Zielerreichung für die nächste(n) Planperiode(n) verringern oder gar beseitigen. Unterstellt man, dass alle Störungen einer fehlerhaften Datenerfassung bereits bereinigt sind, können sich die einzelnen Anpassungsmaßnahmen nur auf eine bessere Gestaltung der Kosteneinflussgrößen und der Kostenfunktionen beziehen. Ein aufgestellter Katalog von Anpassungsmaßnahmen muss präzise angeben, bei welcher Einflussgröße welcher gestaltende Eingriff erforderlich ist, um für die nächste(n) Planperiode(n) die bisher aufgetretenen negativen Auswirkungen auf die Zielerreichung zu verringern bzw. zu vermeiden. In diesem Maßnahmenkatalog ist zu berücksichtigen, welche Beziehungen zwischen den einzelnen Einflussgrößen bestehen und welche Verbundwirkungen einzelne Einflussgrößen und deren Variation in der formulierten Kostenfunktion besitzen. Der aufgestellte Maßnahmenkatalog ist in erster Linie ein Instrument zur Lösung der aufgetretenen **Steuerungsprobleme**. Seine Einzelmaßnahmen können jedoch über die Steuerung hinaus auf den nachfolgenden Planungsprozess einwirken. In diesem Sinne können Anpassungsmaßnahmen auch darin bestehen, dass in der Planung die Zielbildung, die Problemfeststellung, die Alternativensuche, die Prognosen, die Alternativenbewertung und die Alternativenwahl revidiert werden müssen[155].

---

[154] Vgl. KILGER, W./PAMPEL, J./VIKAS, K.. (Deckungsbeitragsrechnung[11]), S. 148 ff.
[155] Vgl. die rückgekoppelten Informationsflüsse in Abb. 1-1, S. 4.

b) Arten der Kostenkontrolle

Es können folgende **Arten der Kostenkontrolle** unterschieden werden:
- die Ergebniskontrolle (Soll-Ist-Vergleich),
- die Planfortschrittskontrolle (Soll-Wird-Vergleich),
- die Prämissenkontrolle (Wird-Ist-Vergleich) sowie
- die Prognosekontrolle (Wird-Wird-Vergleich).

In der **Ergebniskontrolle** werden vorgegebene Kosten (Soll) mit den realisierten Istkosten (Istgrößen) der Planperiode verglichen, um den Grad der Planerfüllung zu ermitteln. Die Abweichungen können mit dieser Kontrollart erst am Ende der Planperiode festgestellt werden, so dass keine Plananpassung mehr möglich ist. Die durch die Ursachenanalyse aufbereiteten Resultate der Ergebniskontrolle stellen damit keine Informationen für die aktuelle Planung dar, sondern für die Planung zukünftiger Perioden.

In einer **Planfortschrittskontrolle** wird bereits in der noch laufenden Planperiode das Erfolgs- bzw. Kostenziel (Soll) mit prognostizierten Erfolgs- bzw. Kostengrößen (Wird-Größen) der späteren Zielerreichung am Periodenende verglichen. Zweck dieses Vergleichs ist die frühzeitige **Aufdeckung von Störgrößen** und damit die Vermeidung von potentiellen Soll-Ist-Abweichungen. Planungs- und kontrolltechnisch geht man dabei so vor, dass die Pläne, die der Kostenprognose zugrunde liegen, in einzelne Planabschnitte (Milestones) aufgelöst werden, die eine Wird-Aussage über die zu erwartenden Kosten bzw. den zu erwartenden Erfolg zulassen. Soll-Wird-Informationen sind eine wesentliche Komponente der Rückkopplung und ermöglichen eine zielorientierte Kostensteuerung für die restlichen Planabschnitte.

Eine Prognosekostenrechnung, die hier im Dienste der Vorausberechnung der Wird-Größen steht, ermöglicht in mehreren aufeinanderfolgenden Schritten kostenmäßige Soll-Wird-Vergleiche, die eine frühzeitige Aufdeckung von Störgrößen und damit von potentiellen Soll-Ist-Abweichungen sichtbar machen sowie beim Ergreifen geeigneter Steuerungsmaßnahmen erkennen lassen, wie nahe das erwartete Ist dem Soll angenähert werden kann. Für die Gewinnplanung bedeutet dies, dass man frühzeitig entscheiden kann, welche Steuerungsmaßnahmen zum Periodenende dem erwarteten Ist-Gewinn möglichst nahe an den geplanten Soll-Gewinn heranführen.

Mit Bezug auf die einzelnen Planabschnitte (Milestones), in welchen der Gesamtplan abgearbeitet wird und sich damit der Planfortschritt zeigt, werden frühzeitig für die einzelnen Planabschnitte Abweichungen ausgewiesen, die eine systematische Steuerung des Planfortschritts ermöglichen. Da jede Störgröße im Planfortschritt unter anderem eine Einflussgrößenabweichung darstellt, besteht die Aufgabe einer Prognosekostenrechnung darin, unter Berücksichtigung dieser Einflussgrößenabweichung(en) neue Wird-Größen zu berechnen. In der Planungslehre werden diese Prognosen **Wirkungsprognosen** genannt. Bei ihnen handelt es sich um die frühzeitige Vorausberechnung der Konsequenzen von Einflussgrößenänderungen. Entsprechendes gilt für die Berücksichtigung von Änderungen bei den Anwendungsbedingungen der Prognose. Der gewählte Funktionstyp (z.B. lineare Prognosefunktion) wird in der Regel während der Planperiode nicht geändert.

Die **Prämissenkontrolle** bezieht sich auf Prämissen der operativen Pläne und die Anwendungsbedingungen der Kostenfunktionen. Nach der Realisation einzelner Planabschnitte ist es von Bedeutung zu wissen, ob die unterstellten Prämissen für den Rest der Planabschnitte noch zutreffen. Dies stellt man durch den zugehörigen Wird-Ist-Vergleich nach jedem Planabschnitt fest. Das rechtzeitige Wissen über mögliche Änderungen der Prämissen in den restlichen Planabschnitten erhöht die Planungssicherheit und erleichtert die Planfortschreibung. Ein operativer Fertigungsprogrammplan beruht z.B. auf der Prämisse, dass ganz bestimmte Fertigungskapazitäten in der Planperiode bereitstehen werden. Diese Fertigungskapazitäten sind von den taktischen Fertigungsplänen festgelegt und werden bei der Formulierung des Fertigungsplans berücksichtigt. Sobald mit der Realisation des Fertigungsprogrammplans begonnen wird, ist es nach Abwicklung der ersten Planabschnitte von Bedeutung, zu erfahren, ob die eingeplante Kapazität auch für die restlichen Planabschnitte wirklich zur Verfügung steht. Es wird also danach gefragt, ob die formulierte Kapazitätsprämisse noch zutrifft. Erweisen sich Planprämissen zwischenzeitlich als von der Wirklichkeit überholt, kann das angestrebte Erfolgsziel nicht erreicht werden. Die betroffenen Pläne müssen angepasst werden. Etwaige Änderungen in den Anwendungsbedingungen müssen spätestens am Ende der Planperiode bei der Neuformulierung der verwendeten Kostenfunktion berücksichtigt werden. Zweckmäßig wäre diese Berücksichtigung am Ende eines jeden Planabschnitts. Dies würde dazu beitragen, die neu vorausberechneten Prognosekosten zunehmend mit größerer Präzision zu berechnen. Da jede Änderung der verwendeten Kostenfunktion aber selbst Kosten verursacht, wird man die Neuformulierung der Kostenfunktion in der Regel erst am Ende der gesamten Planperiode durchführen. Eine Neuformulierung ist jedoch nicht erforderlich, wenn entweder die Änderungen in den Anwendungsbedingungen vernachlässigt werden können oder die formulierte Kostenfunktion sehr robust ist.

Eine **Prognosekontrolle** (Wird-Wird-Vergleich) liegt vor, wenn mit dem Vergleich von Wird-Größen mit Wird-Größen eine Konsistenzüberprüfung von Kostenprognosen bezweckt wird. Deren Gegenstand ist die Frage, ob die Gesamtheit der Kostenprognosen in einer Prognosekostenrechnung widerspruchsfrei ist. Beispielsweise wird geprüft, ob der Gemeinkostenprognose in den verschiedenen Kostenstellen die gleichen Ausprägungen strategischer und taktischer Kosteneinflussgrößen zugrunde liegen. In der Prognosekontrolle spielen Wird-Größen eine besonders wichtige Rolle. Greift man auf die bereits beschriebene Situation zurück, dass nach einzelnen Planabschnitten Kostenabweichungen aufgetreten sind, die durch Anpassungsmaßnahmen beeinflusst werden sollen, dann ist es erforderlich, für unterschiedliche Maßnahmenkonstellationen die zu erwartenden Wirkungen zu prognostizieren. Diese Prognosen sind Wirkungs- bzw. Entwicklungsprognosen. Jede Maßnahmenkonstellation stellt eine alternative Einflussgrößenkombination dar, für welche in einer Prognosekostenrechnung die kostenmäßigen Konsequenzen vorauszuberechnen sind. Die auf diese Weise entstehenden alternativen Kostenprognosen dürfen nicht widersprüchlich sein. Sie müssen daher einer Konsistenzüberprüfung unterzogen werden.

c) Ermittlung wichtiger Abweichungsarten

Abweichungen zwischen Wirdkosten und Istkosten können sowohl bei Einzel- wie auch bei Gemeinkosten auftreten. Nach den Abweichungsursachen lassen sich in einer Prognosekostenrechnung verschiedene Abweichungsarten unterscheiden. Dabei kann es sich einerseits um Preisabweichungen und andererseits um Mengenabweichungen handeln. **Preisabweichungen** ergeben sich aus der Differenz zwischen den erwarteten und den realisierten Ist-Preisen. Ihre Ursache sind Marktkomponenten, die anders geplant bzw. prognostiziert wurden, als sie eingetreten sind. Als **Mengenabweichungen** bezeichnet man in einer Prognosekostenrechnung auf Vollkostenbasis diejenigen Wird-Ist-Differenzen, die entweder beschäftigungs- oder verbrauchsbedingt sind. Mengenabweichungen umfassen in Vollkostenrechnungen daher eine Beschäftigungsabweichung und eine Verbrauchsabweichung. Die Verbrauchsabweichung wird in der Regel als globale Verbrauchsabweichung angesehen, weil sie durch die Änderung der verschiedensten variierbaren Einflussgrößen verursacht werden kann. Die Zahl möglicher Abweichungsarten hängt von der Zahl und den Änderungen der wirksamen variierbaren Kosteneinflussgrößen ab, die bei der Kostenprognose als unabhängige Variable berücksichtigt wurden.

Einen wesentlichen Bestandteil der Kostenkontrolle bildet die Analyse der Abweichungsursachen und ihrer Auswirkungen auf die Kostenhöhe. Abweichungen zwischen geplanten und realisierten Kosten können zwei Ursachen haben:

- Prognosefehler sowie
- Einflussgrößenabweichungen.

Mit der **Identifikation von Prognosefehlern** und ihren Ursachen werden zwei Zwecke verfolgt. Zum einen sollen Kostenprognosen in zukünftigen Perioden verbessert werden. Zum anderen müssen, um die Planabweichungen analysieren zu können, die Kostenabweichungen zunächst um diejenigen Bestandteile bereinigt werden, die auf Prognosefehler zurückzuführen sind. Die Prognosefehler können u.a. in den Strukturmerkmalen der Kostenfunktion begründet sein, d.h. in

- der Art und Anzahl der unabhängigen Variablen (Einflussgrößenkonstellation),
- den Anwendungsbedingungen und
- dem Funktionstyp.

In der Regel ist die Zahl der operativen (variierbaren) Kosteneinflussgrößen so groß, dass bei der Formulierung der Kostenfunktion nur die wichtigsten von ihnen als **unabhängige Variable** berücksichtigt werden. Welche jedoch die wichtigsten Einflussgrößen sind, muss durch Abhängigkeitsanalysen herausgefunden werden. Simulationen von Kostenabhängigkeiten können hier gute Hinweise über die Bedeutung der jeweiligen Einflussgröße im Einflussgrößenverbund geben. Das Weglassen bzw. Vernachlässigen einer variierbaren Kosteneinflussgröße bedeutet mathematisch stets eine Relaxation und birgt die Gefahr in sich, dass die verbleibenden Kosteneinflussgrößen den Teileinfluss der unterdrückten Einflussgröße nicht isomorph abbilden können. Es ist also davon auszugehen, dass Kostenfunktionen, die in ihrer Einflussgrößenkonstellation durch Relaxation auf eine einzige unabhängige Variable reduziert wurden, die reale Kostensituation nur bedingt erfassen. Während einzelner Teilabschnitte der Planperiode kann es außerdem vorkommen, dass neue Einflussgrößen zusätzlich wirksam werden bzw. alte Einflussgrößen auf die Kostenhöhe wegfallen. Allein unter dem Gesichtspunkt der Einflussgrößenkonstellation muss daher davon ausgegangen werden, dass eine präzise Vorausberechnung erwarteter Istkosten für eine Planperiode nur zufällig erreicht werden kann. In der Regel werden die prognostizierten Wirdkosten von den tatsächlich realisierten Istkosten mehr oder weniger abweichen.

Die gleichen Überlegungen, wie sie für die operativen Kosteneinflussgrößen (Einflussgrößenkonstellation) durchgeführt wurden, lassen sich für die **strategischen und taktischen Kosteneinflussgrößen** anstellen, die der Kostenprognose als Anwendungsbedingungen zugrundeliegen. Auch bei den für jede Kostenprognose unterstellten Anwendungsbedingungen (Prämissen, Annahmen) ist davon auszugehen, dass sie in ihrer Zahl nur unvollständig erfasst werden. Außerdem können sich die relevanten Anwendungsbedingungen ändern. Schließlich können sich bis zum Erreichen des Endes einer Planperiode die angenommenen Ausprägungen der Anwendungsbedingungen ändern. Als Ergebnis ist festzuhalten, dass sowohl die Erfassbarkeit als auch die **Beherrschbarkeit der Anwendungsbedingungen** im realen Unternehmungsprozess nur begrenzt möglich sind. Dies führt ebenfalls zu der Konsequenz, dass durch die Änderungen der Anwendungsbedingungen Abweichungen zwischen den Wirdkosten und den Istkosten auftreten.

Letztlich führt auch der für die Formulierung einer Kostenfunktion verwendete **Funktionstyp** dazu, dass Kostenabweichungen auftreten können. Die in der Praxis eingesetzten Kostenrechnungskonzepte verwenden überwiegend **lineare Kostenfunktionen**, um die Abhängigkeit zwischen der Kostenhöhe und den zugehörigen Einflussgrößen zu erfassen. Eine lineare Abbildung dieser Kostenbeziehung stellt eine Vereinfachung des kostentheoretischen Zusammenhangs dar. In allen Fällen, in denen die Kostenbeziehung präziser durch eine **nichtlineare Kostenfunktion** erfasst werden müsste, bildet die Linearisierung eine Fehlerquelle und ist damit eine weitere Ursache für das Auftreten von Kostenabweichungen. Eine Verbesserung dieser Situation besteht darin, für die Erfassung der auftretenden Kostenabhängigkeit eine nichtlineare Funktion zu verwenden und diese stückweise linear zu approximieren. Dieser Übergang von der Verwendung eines linearen Funktionstyps zu einem nichtlinearen Funktionstyp stellt mathematisch eine Verbesserung dar, was auch für die stückweise Linearisierung im Vergleich zur total linearen Kostenfunktion zutrifft. In der praktischen Anwendung ist eine stückweise linearisierte nichtlineare Kostenfunktion jedoch schwierig zu handhaben. Die Formulierung empirischer Kostenfunktionen steht also in dem Dilemma, auf der einen Seite lineare Kostenfunktionen zu verlangen und auf der anderen Seite mit diesen reduzierten Kostenhypothesen präzise

Kostenprognosen durchführen zu wollen[156]. Dieses Auseinanderklaffen zwischen der vereinfachten Struktur der Kostenhypothese und dem komplexen, realen Beziehungsgefüge im Unternehmungsprozess führt dazu, dass Abweichungen zwischen Prognosekosten und Istkosten einer Planperiode unausweichlich sind. Haben außerdem die jeweils angewendeten Kalkulationsverfahren zur Berechnung von Wirdkosten sowie Istkosten Strukturschwächen, und ist das von ihnen verwendete Datenmaterial nicht fehlerfrei, liegen auch hier Ursachen für das Auftreten der genannten Kostenabweichungen. Sollte schließlich die verwendete Kostenhypothese aus methodischen Gründen nur raum-zeitlich bedingt formulierbar, d.h. zeitlich variant sein, führt dies zu einer weiteren Ursache für das Auftreten von Kostenabweichungen. Da die bisher in der Praxis formulierten und angewendeten Kostenfunktionen höchstens kurz- bis mittelfristig invariant sind, lassen sich mit diesen Funktionstypen keine langfristigen Kostenprognosen durchführen. Folglich ist zu erwarten, dass die Qualität der Kostenprognosen steigt, je kürzer der Prognosezeitraum ist. Die in einer Prognosekostenrechnung verwendeten Kostenfunktionen besitzen in der Regel eine kurzfristige empirische Geltung, die nur kurzfristige Prognosen zulässt.

Für Abweichungen in einer Prognosekostenrechnung sind neben den Prognosefehlern vor allem **Einflussgrößenabweichungen** von Bedeutung. Einflussgrößenabweichungen kommen in Änderungen operativer Kosteneinflussgrößen zum Ausdruck. In der Abweichungsanalyse werden daher Ausprägungen operativer Kosteneinflussgrößen bei der Kostenprognose mit den Ausprägungen derselben Einflussgrößen nach der Realisation verglichen. Außerdem ist herauszufinden, in welchem Umfang die einzelne Änderung der Kosteneinflussgrößen eine Kostenabweichung zur Folge hatte. Ebenfalls ist zu untersuchen, welche Tatbestände für diese Änderungen verantwortlich sind. Änderungen in den Ausprägungen von Kosteneinflussgrößen können durch unternehmungsexterne Einflüsse, Entscheidungen der Unternehmungsführung sowie innerbetriebliche Maßnahmen hervorgerufen werden. Für die Einleitung von Maßnahmen zur Verbesserung der künftigen Planerreichung ist Voraussetzung, dass alle Ursachen von Kostenabweichungen erkannt werden.

	prognostizierte Größen	realisierte Größen
Einsatzgüterpreise	prognostizierte Preise: q_p	Istpreise: q_i
Verbrauchsmengen	prognostizierte Verbrauchsmengen: r_p	Istverbrauchsmengen: r_i
Ausbringungsmengen	prognostizierte Ausbringungsmengen: x_p	Istausbringungsmengen: x_i

Zur Kennzeichnung der wichtigsten **Abweichungsarten** werden die Einsatzgüterpreise mit q, die Verbrauchsmengen der Einsatzgüter mit r und die Ausbringungsmengen mit x bezeichnet. Die Ausbringungsgütermenge x wird dann als Maß der Beschäftigung verwendet, wenn in einer Kostenstelle

---

[156] Vgl. Kapitel 3., Abschnitt B.I.2.a), S. 274 ff.

lediglich eine Produktart gefertigt wird. Werden in derselben Kostenstelle mehrere Produktarten hergestellt, tritt an die Stelle der Ausbringungsmenge als Maß der Beschäftigung meist die **Fertigungszeit**. Prognostizierte Größen werden mit dem Index p und realisierte Größen mit dem Index i versehen.

Die **Preisabweichung** ist in der größten Zahl der Fälle durch unternehmungsexterne Einflüsse bedingt. In einer Prognosekostenrechnung vermittelt diese Abweichung Erkenntnisse über die Genauigkeit der Preisvoraussagen und den Umfang nicht erwarteter Preisänderungen auf dem Markt. Sie besitzt somit große Bedeutung für die Erfolgsplanung und Erfolgskontrolle. Als Preisabweichung bezeichnet man in der Prognosekostenrechnung die Differenz zwischen den mit Prognosepreisen (q_p; erwartete Ist-Preise) und den zu Ist-Preisen (q_i) bewerteten realisierten Verbrauchsmengen (r_i) aller Einsatzgüter. Die Preisabweichung wird bestimmt durch den Ausdruck

$$\Delta q \cdot r_i = (q_i - q_p) \cdot r_i \tag{3-82}$$

Die wichtigsten Abweichungen (Preis-, Verbrauchs- und Beschäftigungsabweichungen) lassen sich in einer Grafik verdeutlichen, die hier stellenbezogen dargestellt wird[157]. Für eine bestimmte Gemeinkostenart (z.B. Energiekosten) wird ein linearer Verlauf der Kostenkurve angenommen (Prognosekostenkurve I). Das bedeutet, dass bei Betriebsstillstand ($x = 0$) fixe Kosten in Höhe von F_0 und bei Planbeschäftigung (prognostizierte Ausbringungsmenge; $x = x_p$) sowie bei einem prognostizierten (Einstands)Preis q_p Energiekosten in Höhe von B_p als erwartete Ist-Kosten prognostiziert werden. Die zugehörige Prognosefunktion heißt bei Unterstellung einer Leontief-Transformationsfunktion mit dem Produktionskoeffizienten a:

$$K(x) = q \cdot a \cdot x + F_0$$
$$= q \cdot r + F_0 \tag{3-83}$$

mit: $a \cdot x = r$ = verbrauchte Einsatzgütermenge

Für die Prognose der erwarteten Ist-Kosten B_p lautet die Gleichung entsprechend:

$$B_p = q_p \cdot a_p \cdot x_p + F_0$$
$$= q_p \cdot r_p + F_0 \tag{3-84}$$

In Gleichung 3-84 sind die Größen q_p, a_p, x_p bzw. r_p geplant (im Sinne erwarteter Ist-Größen), d.h., sie müssen durch Sonderrechnungen vor Beginn der Planperiode (Abrechnungsperiode) prognostiziert werden.

Nach Ablauf der Planperiode betragen die realisierten Istkosten C_i. Es wird festgestellt, dass keine der geplanten Größen realisiert wurde. Vielmehr ergeben sich hier die realisierten Größen q_i, a_i und x_i. Ein Vergleich zwischen Planung und Realisation lässt folgende Differenzen erkennen:

(1) Preisdifferenz ($q_i - q_p$)
(2) Verbrauchsdifferenz ($a_i - a_p$)
(3) Beschäftigungsdifferenz ($x_p - x_i$).

---

[157] Vgl. Abb. 3-50.

B. Systeme auf Vollkostenbasis

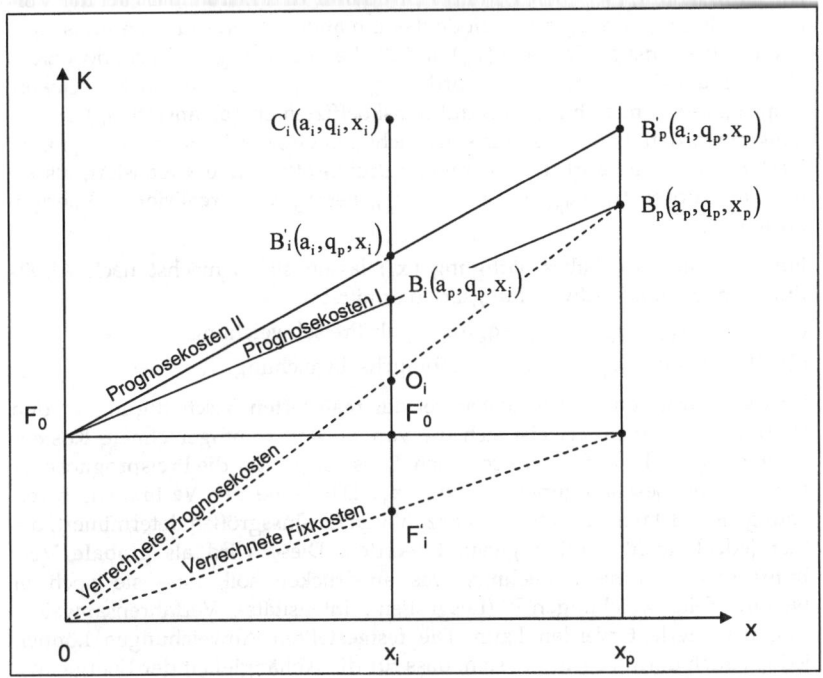

K	= Höhe der Gemeinkosten
x	= Beschäftigung
x_p	= prognostizierte Beschäftigung der Planperiode
x_i	= realisierte Beschäftigung der Planperiode
a_p	= prognostizierter Produktionskoeffizient [kWh/Stück]
a_i	= realisierter Produktionskoeffizient [kWh/Stück]
q_p	= prognostizierter (Einstands–)Preis
q_i	= realisierter (Einstands–)Preis
$B_i' - B_i$	= Verbrauchsabweichung
$C_i - B_i'$	= Preisabweichung
$B_i - O_i$	= Beschäftigungsabweichung $(= F_0' - F_i')$

Abb. 3-50: *Abweichungsanalyse bei linearen Kostenkurven*

Die Differenzen (1) und (2) sind auf die Einheit des Einsatzgutes (Kilowattstunde) bezogen. Mit diesen Differenzen können folgende Kostenabweichungen ermittelt werden:
(1) Preisabweichung $(q_i - q_p) \cdot r_i$
(2) Verbrauchsabweichung $(a_i - a_p) \cdot q_p \cdot x_i$

Die Abweichung zwischen B_p und C_i ist damit zu erklären, dass bei der Vorausberechnung von B_p vor Periodenbeginn andere Werte für den Preis (q_p), den Produktionskoeffizienten (a_p) und die Beschäftigung (x_p) prognostiziert, als sie in der Periode realisiert wurden (q_i, a_i, x_i). Wäre bei der Energiekostenprognose vom richtigen Produktionskoeffizienten (a_i anstatt a_p) ausgegangen worden, hätte diese bei sonst richtigen Größen ($q_i = q_p$, $x_i = x_p$) zum Kostenwert B'_p geführt. Da jedoch alle drei Größen anders realisiert, als sie geplant wurden ($q_i > q_p$, $a_i > a_p$, $x_i < x_p$), betragen die realisierten Energiekosten C_i.

Für die realisierte Istbeschäftigung (x_i) lassen sich zunächst nach Abbildung 3-50 folgende Abweichungsarten ermitteln:

(1) $C_i - B'_i = (q_i - q_p) \cdot r_i = (q_i - q_p) \cdot a_i \cdot x_i$ als Preisabweichung

(2) $B'_i - B_i = (a_i - a_p) \cdot q_p \cdot x_i$ als Verbrauchsabweichung

Da die realisierten Energiekosten bei der realisierten Beschäftigung x_i den Wert C_i annehmen, erweist sich die von x_p auf x_i umgerechnete Kostenprognose (von B_p auf B_i) als schwach. Dasselbe gilt für die Preisprognose q_p und für die Beschäftigungsprognose x_p. Die Höhe der Verbrauchsabweichung ($B'_i - B_i$) wird durch eine Vielzahl von Einflussgrößen determiniert, die hier jedoch nicht explizit genannt werden. Diese wird als **globale Verbrauchsabweichung** bezeichnet, was ausdrücken soll, dass sie noch in weitere Teilabweichungen[158] (Losgrößen-, Intensitäts-, Verfahrensabweichung u.a.) zerlegt werden kann. Die festgestellten Abweichungen können jedoch auch darin begründet sein, dass für die Abhängigkeit der Energiekosten von der Beschäftigung ein linearer Funktionstyp herangezogen wurde. Es handelt sich hierbei meist um die Approximation eines nichtlinearen Kostenverlaufs auf der Grundlage einer Verbrauchsfunktion vom Typ B nach GUTENBERG[159].

Die Veränderung der prognostizierten Gemeinkosten durch die Änderung des Beschäftigungsgrades (in Abbildung 3-50 beträgt sie $x_p - x_i$) könnte als Beschäftigungsabweichung ($B_p - B_i$) interpretiert werden. Das wird jedoch in keinem System der Plankostenrechnung getan. Vielmehr wird als **Beschäftigungsabweichung** derjenige Anteil der fixen Kosten ausgewiesen, welcher bei der Beschäftigung x_i nicht mittels der verwendeten Prognosekostensätze auf Kostenträger verrechnet wurde. Man spricht in diesem Fall von einer kalkulatorischen Unterdeckung der fixen Kosten. Die Prognosekostensätze sind dabei als stückbezogene Vollkosten auf der Basis von x_p sowie B_p zu verstehen. In Abbildung 3-50 beträgt die Beschäftigungsabweichung $B_i - O_i$. Ihre grafische Ermittlung wird durch die gestrichelte Gerade $\overline{OB_p}$ ermöglicht, welche die kalkulatorisch verrechneten Prognosekosten in Abhängigkeit von der Beschäftigung x abbildet. Diese Gerade impliziert eine volle Proportionalisierung der Fixkosten F_0 im Intervall 0 bis x_p. Bei einer monatlichen Schwankung der Beschäftigung x_p schwanken auch die Prognosekostensätze und damit die Höhe der auf die Produkte verrechneten Prognosekosten.

---

[158] Vgl. Kapitel 3., Abschnitt D.I.3.b), S. 433 ff. und Kapitel 4., Abschnitt C.III.2., S. 677 ff.
[159] Vgl. SCHWEITZER, M./KÜPPER, H.-U. (Produktionstheorie), S. 306 ff.

B. Systeme auf Vollkostenbasis

Die Beschäftigungsabweichung $B_i - O_i$ ist ein Maß für die Unterbeschäftigung im Intervall 0 bis x_p. Ist die Beschäftigung 0, nimmt die Beschäftigungsabweichung den Wert der Fixkosten F_0 an. Deckt sich dagegen die realisierte Beschäftigung x_i mit der prognostizierten Beschäftigung x_p, ist die Beschäftigungsabweichung 0. Wird die Beschäftigungsabweichung negativ, liegt **Überbeschäftigung** vor ($x_i > x_p$). Bei Vollbeschäftigung wird die prognostizierte Beschäftigung x_p realisiert. Sie muss sich nicht mit einer kostenminimalen, normalisierten oder technisch maximalen Ausbringung decken. In der Standardkostenrechnung[160] wird für die Beschäftigungsabweichung ($F_0' - F_i'$) auch der Ausdruck **Leerkosten** verwendet. Die Differenz aus Fixkosten und Leerkosten heißt dementsprechend **Nutzkosten**. Leerkosten drücken dann kalkulatorisch noch nicht verrechnete Fixkosten aus. Positive Leerkosten messen stets eine Unterbeschäftigung und negative entsprechend eine Überbeschäftigung.

Im Mittelpunkt der Prognosekostenrechnung stehen mehrere Einzelprognosen (für Preise, Produktionskoeffizienten, Beschäftigung) sowie die eigentliche Kostenprognose als Vorausberechnung erwarteter Ist-Kosten. Diese Zwecksetzung ist namengebend für das hier dargestellte System der Vollkostenrechnung.

In ihrer Grundausrichtung fragt eine Prognosekostenrechnung danach, ob es zu Beginn der Planperiode gelungen ist, eine **präzise Vorausberechnung** der Gemeinkosten, der Einstandsgüterpreise, der Verbrauchsmengen, der Beschäftigung u.a. als Grundlage der Entscheidungsfindung durchzuführen. Methodisch verfolgt die Abweichungsanalyse in einer Prognosekostenrechnung den Zweck, die verwendete Kostenfunktion bzw. die mit ihrer Hilfe abgeleiteten Prognosen (Wird-Aussagen) laufend zu bestätigen bzw. zu widerlegen, um die verwendete Kostenfunktion empirisch gut zu fundieren.

> Mit der **Prognose erwarteter Istkosten** für die ganze Unternehmung (Wirdkosten) liefert eine Prognosekostenrechnung eine zentrale Information zur Planerfolgsrechnung. Die zweite zentrale Information zur Planerfolgsrechnung sind die **Prognoseerlöse**.

Sowohl die Prognosekosten als auch die Prognoseerlöse beziehen die gesamte Mengenstruktur des Unternehmungsprozesses und die gesamte Preisstruktur der Marktprozesse in die Erfolgsrechnung mit ein. Der **prognostizierte Unternehmungserfolg** hat daher, wie seine beiden Komponenten auch, den Charakter einer Wird-Größe. Preisabweichungen als Differenzen zwischen den erwarteten und den tatsächlichen Marktpreisen erfüllen hier eine Lenkungsfunktion. Sie informieren darüber, welchen Einfluss Marktpreisänderungen auf den prognostizierten Gewinn nehmen. Bei negativer Einflussnahme, d.h. bei Gewinnschmälerungen, zeigen die Preisabweichungen an, dass die Prognoseverfahren zu überprüfen und Maßnahmen zur Vermeidung der Gewinneinbußen zu ergreifen sind.

---

[160] Vgl. Kapitel 4., Abschnitt C.III.2., S. 677 ff.

Bei der Analyse der **Beschäftigungsabweichung** ist bisher von der Teilkapazität einer Kostenstelle ausgegangen worden. Fragt man jedoch nach der Beschäftigungsabweichung einer Abteilung, die mehrere Kostenstellen mit unterschiedlichen Teilkapazitäten umfasst, wird die Gesamtkapazität der Abteilung durch die niedrigste Teilkapazität der berücksichtigten Kostenstellen bestimmt. Bei Vollauslastung (Erreichen der erwarteten Ist-Beschäftigung) der Engpass-Kostenstelle ist deren Beschäftigungsabweichung null. Dagegen sind die Beschäftigungsabweichungen der anderen Kostenstellen positiv. Im Fall disharmonischer Teilkapazitäten mehrerer Kostenstellen müssen daher die Beschäftigungsabweichungen gesondert ermittelt und ständig beobachtet werden. Die Leerkosten der betrachteten Abteilung sind im besprochenen Beispiel stets von den Teilkapazitäten ihrer Kostenstellen abhängig. Dann gliedern sie sich in innerbetrieblich und marktmäßig bedingte Beschäftigungsabweichungen.

In einer Prognosekostenrechnung haben Beschäftigungsabweichungen nur eine **untergeordnete Bedeutung**. Sie zeigen an, wie der prognostizierte Erfolg der Planperiode durch die tatsächliche Ausnutzung der Kapazitäten beeinflusst wird. Die erwarteten Ist-Ausbringungsmengen werden als Kapazitätsgrenzen interpretiert. Sie können sowohl unter den technisch maximalen Ausbringungsmengen liegen als auch mit ihnen identisch sein. Für die Definition der Beschäftigungsabweichungen und für die Leerkosten bedeutet dies, dass sie stets auf die erwarteten Ist-Ausbringungsmengen bezogen werden. Deshalb ist insbesondere die maximale Ausbringungsmenge x_p der Engpass-Stelle als erwartete Ist-Beschäftigung zu interpretieren. Da die erwartete Ist-Beschäftigung von Planperiode zu Planperiode wechseln kann, haben die Leerkosten der unterschiedlichen Planperioden entsprechend wechselnde Bezugsbasen. Leerkosten aufeinander folgender Planperioden geben daher darüber Auskunft, in welchem Umfang in der jeweiligen Planperiode bei wechselnder Prognosebeschäftigung die fixen Kosten gedeckt wurden. Ist die Planperiode ein Monat und werden die monatlichen Leerkosten bis zum Jahresende fortgeschrieben, lässt die Summe der Leerkosten eines Jahres in der Jahresplanerfolgsrechnung erkennen, in welchem Umfang der Fixkostenblock des Jahres kalkulatorisch gedeckt wurde. Für die Prognose der Beschäftigung und des Periodenerfolgs der nächsten Planperiode ist diese Aussage von Bedeutung.

In der bisherigen Darstellung der Abweichungsanalyse werden **einvariablige** Kostenfunktionen unterstellt. Dies bedeutet, dass die betrachteten Gemeinkosten lediglich von einer einzigen variierbaren Einflussgröße abhängen, nämlich der Beschäftigung x. Tatsächlich sind jedoch die betrachteten Kosten in der Regel von mehreren variierbaren Einflussgrößen abhängig. Deshalb ist es bei exakter Kostenprognose notwendig, alle wichtigen variierbaren Kosteneinflussgrößen zu berücksichtigen. Die Erfassung mehrerer Kosteneinflussgrößen führt zu **mehrdimensionalen (mehrvariabligen) Kostenfunktionen**[161]. Deren Kenntnis ist unverzichtbar, wenn eine Aufspaltung der globalen Verbrauchsabweichung in Teilabweichungen durchgeführt werden soll,

---

[161] Vgl. SCHWEITZER, M./KÜPPER, H.-U. (Produktionstheorie), S. 18 f., 227 ff. und 277 ff.

B. Systeme auf Vollkostenbasis 317

welche verursachungsgerecht auf die Änderungen der verschiedenen Kosteneinflussgrößen zugerechnet werden können[162].

d) Verteilung der Kostenabweichungen

In jeder Plankostenrechnung ist zu klären, wie die Erfassung von Kostenabweichungen und ihre Verteilung auf Kostenträger organisiert werden. Diese Organisationsform ist davon abhängig, wie Vorrechnung und Nachrechnung miteinander verbunden werden. Für diese Verbindung gibt es grundsätzlich zwei Verfahren:

- das gemischte Verfahren und
- das Parallelverfahren.

Das **gemischte Verfahren**[163] wird in der Praxis vor allem in der Standardkostenrechnung angewendet[164]. In einer Prognosekostenrechnung ist dagegen das **Parallelverfahren** gebräuchlich. Nach diesem werden Vor- und Nachrechnung rechnungstechnisch isoliert voneinander durchgeführt. Die Betriebsbuchhaltung stellt dann eine reine Nachrechnung dar und ist mit der Vorrechnung nicht verknüpft. Kostenabweichungen können in diesem Fall nicht aus der Betriebsbuchhaltung abgeleitet werden und müssen durch zusätzliche Rechnungen bestimmt werden. Das Parallelverfahren macht es möglich, die Vorrechnung nur als Kostenstellenrechnung zu konzipieren und nicht bis zur Kostenträgerrechnung auszubauen. Wendet man also das Parallelverfahren in einer Prognosekostenrechnung an, dann ist eine Verteilung der Kostenabweichungen auf die Kostenträger nicht erforderlich.

5. Aussagefähigkeit der Prognosekostenrechnung auf Vollkostenbasis

a) Abbildung des Unternehmungsprozesses durch Vollkostenrechnungen

aa) Kostentheoretische Fundierung der Prognosekostenrechnung auf Vollkostenbasis

> Die wichtigsten Elemente einer Prognosekostenrechnung sind **Kostenfunktionen**, die darüber informieren, in welcher Form einzelne Kostenarten bzw. Kostenkategorien von Kosteneinflussgrößen abhängen.

Kostenfunktionen sollten raum-zeitlich invariant und möglichst gut bestätigt sein. Treffen diese Bedingungen auf eine Kostenfunktion zu, ist die Wahrscheinlichkeit hoch, dass mit ihr für alternative Kosteneinflussgrößenkonstellationen **Kostenprognosen** mit hoher Prognosequalität durchgeführt werden können. Gelingt es, die wichtigsten Kosteneinflussgrößen in einen funktionalen Zusammenhang einzubinden, die Anwendungsbedingungen der jeweili-

---

[162] Für weitere Beispiele und Aufgaben zur Kostenplanung und Abweichungsanalyse vgl. KÜPPER, H.-U. u.a. (Übungsbuch), S. 51 ff.
[163] Zu dessen Kennzeichnung vgl. Kapitel 4., Abschnitt C.III.5., S. 695 f.
[164] Vgl. KOSIOL, E. (Kostenrechnung), S. 246.

gen Prognosesituation richtig vorauszuberechnen und einen geeigneten Funktionstyp zu wählen, dann können bei einem hohen Bestätigungsgrad der Kostenfunktion in der Regel erwartete Ist-Kosten mit hoher Qualität vorausberechnet werden. Geht man noch einen Schritt weiter und greift bei der Formulierung der Kostenfunktionen auf die zugrunde liegenden Transformations- bzw. Produktionsfunktionen zurück, können die Kostenfunktionen als **produktionstheoretisch fundiert** angesehen werden. Die Qualität der verwendeten Produktionsfunktionen entscheidet daher über die Qualität der zugehörigen Kostenfunktionen mit.

In den vorangehenden Abschnitten wurde gezeigt, dass man bei der Einrichtung einer Prognosekostenrechnung in der Regel den Weg von den Transformations- bzw. Produktionsfunktionen zu den Kostenfunktionen geht, so dass eine Prognosekostenrechnung insoweit als theoretisch fundiert angesehen werden kann. Je nachdem, auf welcher Betrachtungsebene die produktionstheoretische Fundierung erfolgt (z.B. auf Kostenstellen-, Abteilungs-, Bereichs- oder Werksebene), lässt sich die abgebildete Input-Output-Beziehung und damit auch die Kostenbeziehung detaillierter bzw. globaler formulieren. Die Zuverlässigkeit der Kostenprognose hängt jedoch nicht zwangsläufig vom Feinheitsgrad der Funktionenformulierung ab. In der Praxis wird vielmehr häufig beobachtet, dass relativ grob formulierte Kostenfunktionen zu qualitativ guten Kostenprognosen führen. Allgemein ist daher festzuhalten, dass eine Prognosekostenrechnung mit dem Anspruch antritt, produktions- und kostentheoretisch fundiert zu sein und damit wissenschaftlich begründete Kostenprognosen liefern zu können.

bb) Probleme der Gemeinkostenverrechnung in der Prognosekostenrechnung auf Vollkostenbasis

Um die Aussagefähigkeit der Prognosekostenrechnung zu kennzeichnen, ist zu überprüfen, in welchem Umfang sie die Rechnungsziele der Kostenrechnung erfüllen kann, d.h. die

- **Abbildung** des Unternehmungsprozesses in Kostengrößen,
- Bereitstellung von Informationen für die **Planung** und **Steuerung** des Unternehmungsprozesses und
- Bereitstellung von Informationen für die **Verhaltenssteuerung** von Entscheidungsträgern und Mitarbeitern in der Unternehmung.

Da eine Prognosekostenrechnung neben der vorausschauenden Berechnung erwarteter Ist-Kosten (Nachrechnung) eine nachträgliche Rechnung realisierter Ist-Kosten enthält, liefert sie durch diese Nachrechnung auch Informationen über den realisierten Unternehmungsprozess der Planperiode. Durch ihre Vorrechnung stellt sie Informationen über den zukünftigen Vollzug des Unternehmungsprozesses bereit. Grundlegende Bedeutung für die Aussagefähigkeit einer Prognosekostenrechnung gewinnt der Sachverhalt, ob sie den betrachteten Unternehmungsprozess annähernd **strukturgleich abbildet**. Dabei ist zu beachten, dass eine Verteilung von Kosten auf Kostenstellen und Kostenträger reale Güterstrukturen nur dann strukturgleich wiedergibt, wenn sie dem **Verursachungsprinzip** in seiner weiten Fassung entspricht.

B. Systeme auf Vollkostenbasis

Die **Kritik an den Systemen der Vollkostenrechnung** setzt vor allem bei der Zurechnung von (variablen und fixen) Gemeinkosten auf Kostenstellen und Kostenträger an. Es wird bemängelt, dass eine derartige Zurechnung, insbesondere von fixen Gemeinkosten, verursachungsgerecht nicht möglich sei. Deshalb sei die Aussagefähigkeit von allen Kostenrechnungen auf Vollkostenbasis gering[165].

Bei der Analyse von Kostenfunktionen wurde gezeigt[166], dass die Gesamtkosten einer Abrechnungsperiode bzw. Planperiode von einer Reihe unterschiedlicher **Einflussgrößen** abhängen können. Prinzipiell müsste es so viele Bezugsgrößen geben, wie es Einflussgrößen gibt. Tatsächlich wird aber in allen Systemen der Kostenrechnung die Zahl der Bezugsgrößen stark reduziert, um das jeweilige Kostenrechnungssystem wirtschaftlich anwenden zu können. Aus dieser Bezugsgrößenreduktion ergeben sich für die Aussagefähigkeit gravierende Folgen. In den meisten Kostenrechnungssystemen wird davon ausgegangen, dass die produzierten Ausbringungsgüter die wichtigste Bezugsgröße darstellen, da sie es sind, die über den Absatzmarkt Erlöse erbringen, welche zur Kostendeckung und Gewinnerwirtschaftung beitragen. Bei Einproduktfertigung ist dieses Vorgehen zweckmäßig. Das Maß der Beschäftigung ist in diesem Falle die Menge der ausgebrachten Gütereinheiten. Bezugsgröße ist daher diese Ausbringungsmenge bzw. das einzelne Stück des Gutes. Liegt dagegen Mehrproduktfertigung vor und sind die einzelnen Produkte voneinander unabhängig, ist jedes dieser Produkte eine unabhängige Einflussgröße und damit auch eine unabhängige Bezugsgröße. Die Beschäftigung einer Ausbringungsperiode müsste in diesem Fall vektoriell gemessen werden. Diese Messform ist in der praktischen Anwendung jedoch ungeeignet. Als Maß der Beschäftigung wählt man daher unter dem Gesichtspunkt der praktischen Anwendung eine Ersatzgröße, die für alle Produkte gemeinsam anfällt, z.B. die Maschinenlaufstunden oder die Arbeitsstunden der Mitarbeiter. Bei der Zurechnung von Kosten, beispielsweise auf Kostenträger, spielen diese Zeiten eine besondere Rolle.

In einer Prognosekostenrechnung unterscheidet man daher insbesondere beschäftigungsvariable und beschäftigungsfixe Kosten. Als **Ersatzmaßstab** der Beschäftigung verwendet man dabei Maschinenlaufzeiten oder Arbeitszeiten. Von den Schwankungen der Beschäftigung und den kurzfristigen Entscheidungen über die Beschäftigungsänderungen werden Fixkosten nicht beeinflusst. Fixe Kosten sind von der Beschäftigung unabhängig. Das schließt nicht aus, dass sie von anderen Einflussgrößen abhängig sein können. Ihre Höhe wird jedoch von **längerfristigen Entscheidungen** der Unternehmungsführung, wie Investitions-, Organisations- und Personalentscheidungen, beeinflusst. Diese legen die Kapazität (Leistungsbereitschaft) der Unternehmung und damit Möglichkeiten sowie Beschränkungen der Produktion fest. In einer Prognosekostenrechnung bilden die geplanten bzw. erwarteten Ist-Ausbringungsmengen der Produktarten in der Regel eine wichtige Bestimmungsgrö-

---

[165] Vgl. RUMMEL, K. (Kostenrechnung), S. 122 und 209 f.; PLAUT, H.-G. (Grenz-Plankostenrechnung), S. 403 ff.; KILGER, W. (Deckungsbeitragsrechnung[10]), S. 86 ff.; AGTHE, K. (Fixkostendeckung), S. 405; MELLEROWICZ, K. (Kalkulationsverfahren), S. 101.
[166] Vgl. Kapitel 3., Abschnitt B.I.2.a), S. 274 ff.

ße dieser Entscheidungen. Daraus ergibt sich, dass die Höhe der Fixkosten von der art- und mengenmäßigen Ausprägung der geplanten bzw. erwarteten Produktionsprogramme abhängig ist. Neben dem Produktionsprogramm und der Beschäftigung sind für die längerfristigen Entscheidungen über Kapazitäten und deren Fixkosten aber noch weitere Größen bestimmend. Eine Funktion der Fixkosten ist daher längerfristig stets mehrvariablig, d.h. sie hat **mehrdimensionalen Charakter**. Präzise können Teile der Fixkosten daher nur denjenigen Bezugsgrößen zugerechnet werden, welche sie als unabhängige Einflussgrößen ursächlich bestimmen. Treten bei den Fixkosten nur gemeinsam wirksame Kosteneinflussgrößen auf, so ist eine Aufteilung der Fixkosten auf einzelne dieser Einflussgrößen nach dem Verursachungsprinzip nicht möglich. Es ist daher festzustellen, dass sich im Hinblick auf das Rechnungsziel der strukturgleichen Abbildung des realen Unternehmungsprozesses in einer Prognosekostenrechnung keine verursachungsgerechte Verteilung von Fixkosten auf Kostenträger vornehmen lässt.

b) Verwendbarkeit der Prognosekostenrechnung auf Vollkostenbasis für die Planung des Unternehmungsprozesses

Der zweite Rechnungszweck einer Kostenrechnung ist das Bereitstellen von Informationen für die **Planung** des Unternehmungsprozesses und seiner **Steuerung** im Sinne einer Planrealisation. Die Kostenrechnung soll Informationen für Entscheidungsprozesse liefern, die bei der Planung und Steuerung des Unternehmungsprozesses ablaufen. In Kurzform kann gesagt werden, dass die Kostenrechnung **entscheidungsrelevante Informationen**[167] bereitstellen soll. Diese müssen zukunftsbezogen sein, da die betrachteten Alternativen erst in einer zukünftigen Planperiode realisiert werden. Es handelt sich um Informationen über die kostenmäßigen und erlösmäßigen Konsequenzen zukünftiger Einflussgrößenkonstellationen (Handlungsalternativen). Plankostenrechnungen als **Vorrechnungen** ermöglichen die Bereitstellung zukunftsbezogener Informationen. Eine **Prognosekostenrechnung** geht von den geplanten bzw. zukünftig erwarteten Kosteneinflussgrößenausprägungen der Planperiode und damit von einer geplanten Handlungsalternative aus. Sind im Rahmen der Planungs- und Steuerungsaufgaben Entscheidungen über mehrere Handlungsalternativen zu fällen, muss eine Prognosekostenrechnung für jede dieser Alternativen entscheidungsrelevante Kosten- und Erlösinformationen bereitstellen. Entscheidungsrelevant sind nur diejenigen Kosten, die sich beim Übergang von einer Entscheidungsalternative auf eine andere verändern. Durch eine Prognose der Kostenwirkungen aller Alternativen müssen diese geänderten Kosteninformationen ermittelt werden können. Bei kurzfristigen Absatzprogrammentscheidungen sind in der Regel die fixen Kosten bei sicheren Erwartungen[168] nicht entscheidungsrelevant, da sie sich beim Alternativenwechsel

---

[167] Zur Rolle entscheidungsvorbereitender Informationen vgl. auch DEMSKI, J.S. (Information), CHRISTENSEN, J.A./DEMSKI, J.S. (Theory) sowie CHRISTENSEN, P.O./ FELTHAM, G. A. (Accounting a).

[168] Vgl. zum Einfluss von Unsicherheit und Risikobereitschaft auf die Entscheidungsrelevanz Kapitel 3., Abschnitt D.I.6.d)aa), S. 476 ff.

B. Systeme auf Vollkostenbasis

nicht verändern. In diesem Fall darf eine Prognosekostenrechnung nur die **variablen Kosten** als entscheidungsrelevante Kosten prognostizieren.

Sind im Rahmen der Planung **längerfristige Entscheidungen** zu treffen, müssen neben den variablen auch fixe Kosten berücksichtigt werden, die sich bei der unterstellten Fristigkeit in ihrer Höhe verändern. In Abhängigkeit von der unterstellten Fristigkeit des Entscheidungsproblems können bisher fixe Kosten variabel und damit entscheidungsrelevant werden. Bei der Vorausberechnung der erwarteten Ist-Kosten muss eine Prognosekostenrechnung diesem Fristigkeitsproblem genügen und daher problem-fristigkeitsgerechte **entscheidungsrelevante Kosten** prognostizieren. Steht beispielsweise eine Entscheidung über die Aufnahme eines neuen Produkts in das Produktionsprogramm an, kann diese Entscheidung den Sachverhalt einschließen, dass für diese Produktion ein neues Fließband einzurichten und ein neuer Vertriebsapparat aufzubauen sind. Da es sich in der Regel bei der Fließbandinvestition und der Einführung des Vertriebsapparats um Entscheidungen mit längerer Fristigkeit handelt, ist zu erwarten, dass sich auch die fixen Kosten erhöhen, so dass diese Fixkostenveränderung bei der Entscheidung über die Einführung des neuen Produkts berücksichtigt werden muss. Die Fixkostenveränderung wird damit entscheidungsrelevant. Damit müsste eine Prognosekostenrechnung in der Lage sein, für eine größere Zahl von Entscheidungen mit unterschiedlichen Fristigkeiten entscheidungsrelevante Kosten zu prognostizieren. Dazu ist die herkömmliche Prognosekostenrechnung jedoch nicht in der Lage. Sie ist vielmehr auf jeweils eine Planperiode bezogen, die im Regelfall ein Monat und höchstens ein Jahr ist. Diese zeitliche Reichweite genügt nicht, um Entscheidungen mit längerer Fristigkeit informatorisch zu unterstützen. Die Verwendbarkeit von Kosteninformationen aus einer Prognosekostenrechnung ist daher für längerfristige Entscheidungen sehr begrenzt.

Eine Prognosekostenrechnung steht vor allem im Dienste der Unternehmungsplanung, insbesondere der **periodischen Planerfolgsrechnung**. Für die letztere prognostiziert sie die erwarteten Ist-Kosten derjenigen Handlungsalternative, welche der Periodenerfolgsplanung zugrunde liegt. Sie ist auch in der Lage, bei unterschiedlichen Anwendungsbedingungen Alternativprognosen für die periodische Erfolgsplanung zu liefern. In diesen Einzel- bzw. Alternativprognosen liegt ihr Beitrag zur periodischen Planerstellung. Daneben kann die Prognosekostenrechnung einen Beitrag zur **Steuerung der Planrealisation** liefern. Für hierbei zu treffende Entscheidungen, die allein die betrachtete Planperiode tangieren, kann davon ausgegangen werden, dass lediglich die variablen Kosten entscheidungsrelevant sind. Die Berücksichtigung von verrechneten Fixkosten kann daher zu Fehlentscheidungen führen. Da eine Prognosekostenrechnung auf Vollkostenbasis stets fixe Kosten mitverrechnet, besitzen die von ihr prognostizierten Kosten für die kurzfristige Planung und Steuerung keine Entscheidungsrelevanz. Beispielsweise kann eine kurzfristige Entscheidung über die Herausnahme eines Produkts aus dem Produktionsprogramm aufgrund eines negativen **Stückerfolgs** falsch sein, weil in den prognostizierten Selbstkosten anteilige Fixkosten verrechnet sind, die bei Herausnahme des Produkts aus dem Produktionsprogramm nicht wegfallen. Tatsächlich kann durch die Herstellung und den Absatz dieses Produkts, soweit es noch einen positiven **Deckungsbeitrag**[169] besitzt, ein Beitrag zur Deckung der Fixkosten geleistet werden. Vergleichbare kurzfristige Entscheidungen über die Annahme oder Ablehnung von Zusatzaufträgen sowie über die operative Prozesssteuerung können ebenfalls nicht auf der Grundlage von Prognosekosten auf Vollkostenbasis getroffen werden. Für diese Entscheidungen kann eine Prognosekostenrechnung erst dann entscheidungsrelevante Kosteninformationen liefern, wenn sie als Teilkostenrechnung aufgebaut wird. Die Aussagefähigkeit der Prognosekostenrechnung auf Vollkostenbasis für kurzfristige Entscheidungen ist daher äußerst begrenzt. Will man jedoch auch für eine kurze Planperiode eine **Prognoseerfolgsrechnung** im Sinne einer Kostenträgerzeitrechnung aufbauen, liefert eine Prognosekostenrechnung weitestgehend relevante Informationen.

Für die Steuerung der Planrealisation stellt die Prognosekostenrechnung ferner prognostische Kosteninformationen zur Verfügung, die sich auf den Planfortschritt beziehen und die Grundlage für die **Planfortschrittskontrolle** darstellen. Soweit der geplante Periodenerfolg als Sollgröße betrachtet wird, lässt sich in der Planfortschrittskontrolle bereits während der Planperiode nach der Abwicklung bestimmter Planabschnitte das vorgegebene Ziel (Soll) mit prognostizierten Größen (Wird-Größen) der späteren Zielerreichung (Planerfolg) vergleichen. Welche Steuerungsmaßnahme im einzelnen ergriffen werden soll, ergibt sich aus der systematischen Abweichungsanalyse am Ende eines jeden Planabschnitts. Eine Planfortschrittskontrolle der hier beschriebenen Form kann in die Steuerung der Zielerreichung nur wirksam integriert werden, wenn sie kombiniert mit der zugehörigen **Prämissenkontrolle** (Wird-Ist-Vergleich) durchgeführt wird. In ihrer Ausgestaltung als Vollkostenrechnung kann damit eine Prognosekostenrechnung einer Kontrolle der periodischen Zielerreichung dienstbar gemacht werden. Eine reine Ist-Kostenrechnung am Ende der einzelnen Planabschnitte wäre durch diese Aufgabenstellung überfordert, weil sie durch den Zeitvergleich der Kosten realisierter Planabschnitte keine aussagekräftige Ursachenanalyse durchführen und keine wirksamen Anpassungsmaßnahmen entwickeln kann.

Die Grenzen einer Prognosekostenrechnung im Rahmen der Unternehmungskontrolle müssen darin gesehen werden, dass beim Auftreten **mehrerer Kosteneinflussgrößen** in der Regel nur der Teil der Abweichungen exakt zugerechnet werden kann, der eindeutig von einer einzigen Kosteneinflussgröße abhängt. Auch bei der periodischen **Kontrolle der Fixkosten** ist die Aussagefähigkeit einer Prognosekostenrechnung begrenzt. Die hier auftretende Beschäftigungsabweichung wird stets auf der Basis der erwarteten Ist-Beschäftigung berechnet. Diese muss weder die kostenoptimale noch die technisch maximale Beschäftigung sein. Die periodisch als Leerkosten ausgewiesene Beschäftigungsabweichung informiert lediglich darüber, in welchem Umfang die Fixkosten der Periode nicht über die verrechneten Prognosekosten gedeckt werden. Die Leerkosten geben jedoch keine Auskunft darüber, ob die vorhandenen Kapazitäten kostenoptimal oder

---

[169] Vgl. die Kennzeichnung der Deckungsbeitragsrechnung in Kapitel 3., Abschnitt D.I.5., S. 454 ff.

technisch maximal genutzt werden. Desgleichen wird durch sie nicht erkennbar, in welchen Bereichen chronische Überkapazitäten vorliegen.

Es darf nicht übersehen werden, dass eine Prognosekostenrechnung als Periodenerfolgsrechnung außerdem unter Schwächen leidet, die in der **periodischen Abgrenzung periodenübergreifender Kosten** liegen. Auch in einer Prognosekostenrechnung wird vorausgesetzt, dass eine periodische Zurechnung von mehrperiodigen Kosten, wie Abschreibungen, möglich ist. Diese Periodenzurechnung ist jedoch verursachungsgemäß nicht begründbar. Sie arbeitet vielmehr unter Verwendung plausibler Annahmen bzw. Konstatierungen (beispielsweise linearer Abschreibungen). Damit wird deutlich, dass eine Prognosekostenrechnung nur in beschränktem Umfang Informationen über periodenübergreifende Größen vermitteln kann, von welchen der Periodenerfolg abhängig ist. Eine weitere Schwäche der Vollkostenrechnung liegt darin, dass sie mit prognostizierten Stückkosten und damit prognostizierten Stückerfolgen arbeitet. Jedoch ist auch innerhalb einer Abrechnungsperiode eine **verursachungsgerechte Verteilung** von Fixkosten auf Kostenträgereinheiten nicht möglich. Diese Rechnung kann daher keine präzise Information darüber geben, inwieweit die einzelnen Produkte die Gesamtkosten verursachen bzw. mit welchem Anteil sie zum Periodenerfolg beitragen.

c) **Verwendbarkeit der Prognosekostenrechnung auf Vollkostenbasis für die Verhaltenssteuerung von Mitarbeitern**

Im Kostenstellenbereich einer Prognosekostenrechnung wird die Gliederung der Kostenarten gröber vorgenommen als z.B. in einer Standardkostenrechnung. Die Gründe für dieses Vorgehen liegen darin, dass die Formulierung von Kostenfunktionen für jede Kostenart sehr aufwendig ist, aber auch darin, dass man bewusst für einzelne Kostenarten einen kostenstelleninternen Ausgleich zulassen will. Darin sind mögliche Preissteigerungen und Preissenkungen eingeschlossen. Diese **Vergröberung** kann so weit gehen, dass für eine Kostenstelle nur eine einzige globale Kostensumme prognostiziert wird. Die Entscheidungsfreiheit des Kostenstellenleiters wird damit erhöht. In dieser Regelung wird den Kostenstellenleitern eine ökonomische Denkweise abverlangt, die mit persönlicher Initiative gekoppelt wird. Der Kostenstellenleiter wird in diesem Rechnungssystem nicht zu einer gedankenlosen Kostensenkung veranlasst, sondern zur Wahrnehmung einer Verhaltenssteuerungsfunktion, die von den übergeordneten Zielen geleitet wird. Sein Denken und Verhalten werden so beeinflusst, dass er vom bürokratischen Sparen zum zielorientierten Wirtschaften gebracht wird. Die erforderlichen Abweichungsanalysen kann er selbständig durchführen[170]. Damit nähert man sich dem Konzept einer verhaltenssteuerungsorientierten Rechnung, müsste dann aber die Probleme berücksichtigen, die sich aus abweichenden individuellen Zielen und einem abweichenden höheren Informationsstand der Stellenleiter ergeben[171].

---

[170] Vgl. KOSIOL, E. (Bausteine), S. 1232.
[171] Vgl. Kapitel 4., Abschnitt B., S. 619 ff.

d) Ausbaufähigkeit der Prognosekostenrechnung auf Vollkostenbasis

Im deutschsprachigen Bereich sind die Systeme der Vollkostenrechnung stark durch das SCHMALENBACHsche Gedankengut, durch die Anforderungen aus der Wirtschaft vor und nach dem Zweiten Weltkrieg sowie in einigen Komponenten durch amerikanische Entwicklungen geprägt. Gegenwärtig bahnt sich international eine Diskussion um das gesamte Rechnungswesen an, welche auf die zukünftige Entwicklung der Kostenrechnungssysteme vermutlich deutlich Einfluss nehmen wird. Da die Kostenrechnung einen Informationsgenerator zur **Unterstützung unternehmerischer Entscheidungen** darstellt, wird in Zukunft mehr darauf geachtet werden müssen, welche Gegenstände, Eigenschaften und Strukturen diese Entscheidungen besitzen, um Rückschlüsse auf die Strukturen von neu zu entwickelnden Kostenrechnungssystemen ziehen zu können.

Unternehmerische Entscheidungen sind in einer **Umwelt** zu treffen, die sich nachhaltig geändert hat. So sind die Absatzmärkte komplexer, wettbewerbsintensiver und dynamischer geworden. Die Anforderungen der Abnehmer in Bezug auf Sonderwünsche und Lieferzeiten sind gestiegen. Zunehmend werden in den Absatzmärkten nicht mehr einzelne Produkte, sondern **Komponenten** und **Systeme** verkauft. Die Zahl der **Produktvarianten** ist deutlich gestiegen, und als Konsequenz sind die einzelnen Losgrößen wesentlich kleiner geworden. Es ist außerdem zu beobachten, dass die **Lebenszyklen** der Produkte kürzer werden und Rationalisierungswellen die Wirtschaft zu effizienter Produktionsweise zwingen. Um international **wettbewerbsfähig** zu bleiben, müssen die Unternehmungen Güterverschwendung vermeiden sowie durch **strategische und taktische Denksansätze** in der Planung Risikoantizipation betreiben. Kooperationen, Allianzen und Verschmelzungen dienen zudem der Risikostreuung. Der **technische Fortschritt** schreitet unaufhaltsam voran, und das **soziale Netz** stellt an die gesamte Wirtschaft außerordentlich hohe Anforderungen. Außerdem müssen sich alle Unternehmungen dem **Schutz der natürlichen Umwelt** widmen, um auch in Zukunft eine Existenzgrundlage vorzufinden. Die Entwicklung der **Wirtschaftsinformatik** stellt andererseits zunehmend geeignete Instrumente zur Verfügung, um die anschwellende Informationsflut angemessen zu bewältigen und entscheidungsorientiert zu verarbeiten.

Da die Kostenrechnung ein **Teilsystem des Informationssystems** der Unternehmung darstellt, ergibt sich die Frage, wie Kostenrechnungssysteme aufgebaut bzw. weiterentwickelt werden müssen, um die anfallenden Entscheidungen bei geänderten Anforderungskonstellationen mit relevanten Informationen versorgen zu können. Sollte dabei die Entwicklungs- bzw. Ausbaufähigkeit der bisher bekannten Kostenrechnung an Grenzen stoßen, ist die grundsätzliche Frage zu stellen, ob ein **völlig neuer Informationsgenerator** zu konzipieren ist. Für die in diesem Abschnitt diskutierte Prognosekostenrechnung können Hinweise für ihre **Ausbaufähigkeit** aus folgenden Problemstellungen abgeleitet werden:

- Bisher wird die Prognosekostenrechnung als deterministischer Informationsgenerator begriffen. Da jede Kostenprognose aber eine Wahrscheinlichkeitsaussage ist, muss gefragt werden, ob und wie die zukünftige

B. Systeme auf Vollkostenbasis

Prognosekostenrechnung Zufallsprobleme berücksichtigen kann. Die jeweils verwendeten Kostenfunktionen wären dann als stochastische Funktionen zu formulieren. In der Zielvorstellung ist die Risikobereitschaft der Entscheidungsträger zu berücksichtigen. Damit sind die aus der Unsicherheit der Daten folgenden Probleme intensiv aufzugreifen[172].

- Neben der Stochastisierung der Kostenfunktionen stellt sich bei ihrer Formulierung die weitreichende Frage nach der **Variablenreduktion bzw. -relaxation**.

- Bei der Analyse des **prognostizierten Kostenumfangs** ist zu klären, ob zukünftig bei der Herleitung entscheidungsrelevanter Informationen noch zwischen Aufwandsrechnung (Aufwandsprognosen) und Kostenrechnung (Kostenprognosen) zu unterscheiden ist oder beide Rechnungsansätze (Prognosen) ineinander überführt werden sollten[173].

- Bisher wird die Prognosekostenrechnung weitestgehend als operativer Informationsgenerator aufgefasst. Zu klären bleibt das Problem, in welchem Beziehungszusammenhang die operative und die **taktische Kostenrechnung** stehen und wie eine operative Kostenrechnung in ein taktisches bzw. strategisches Informations- und Planungskonzept zu integrieren ist.

- Die Unterstützung der Bereiche Entwicklung und Konstruktion durch die Prognosekostenrechnung ist bisher stark vernachlässigt worden. Der Ausbau der **entwicklungs- bzw. konstruktionsbegleitenden Kostenrechnung** als Prognosekostenrechnung sollte daher zügig vorangetrieben werden.

- Beim Einordnen in das **Target Costing**[174] muss die Vorausberechnung der Drifting Costs mit Hilfe einer Prognosekostenrechnung systematisch ausgebaut werden.

- Die fixen Gemeinkosten im indirekten Leistungsbereich der Unternehmung sind im Vergleich zu den variablen Einzelkosten erheblich angestiegen. Produktions- und kostentheoretische Analysen müssen daher herausfinden, welche Einflussgrößen in diesem Gemeinkostenblock wirken und wie eine zugehörige **Prognosekostenrechnung auf Prozessbasis** aufgebaut werden kann. Dabei ist zu klären, wie durch eine derartige Rechnung operative, taktische oder strategische Rechnungszwecke verfolgt werden können.

- Aus den typischen Entscheidungsprozessen mehrerer **Funktionsbereiche** ergeben sich ebenfalls Anforderungen an eine Prognosekostenrechnung. Sie betreffen deren Ausgestaltung als Beschaffungs-, Logistik-, Fertigungs-, Vertriebs-, Qualitätssicherungs- und Umweltkostenrechnung.

Die skizzierten Anforderungen an eine Prognosekostenrechnung der Zukunft, die keineswegs vollständig sind, lassen erkennen, dass die Prognosekostenrechnung vor interessanten Weiterentwicklungs- und Ausbaumöglich-

---

[172] Vgl. Kapitel 3., Abschnitte D.I.3.c), S. 437 ff., D.I.5.a), S. 454 ff. und D.I.6.c)aa), S. 476 ff.
[173] Vgl. KÜPPER, H.-U. (Unternehmensplanung).
[174] Vgl. Kapitel 4., Abschnitt D., S. 701 ff.

keiten steht. Leitmotive für diese Entwicklung werden die **Erhöhung der Flexibilität** sowie der **Entscheidungsrelevanz** und die bessere **theoretische Fundierung** der Kosteninformationen sein. Soweit abzusehen ist, werden **Strukturelemente der Wirtschaftsinformatik** die Ausbaufähigkeit der Prognosekostenrechnung deutlich verbessern. Da jede Prognosekostenrechnung ein vielseitig auswertbares Informationssystem sein sollte, erweist es sich als zweckmäßig, bei ihrer Realisierung **relationale Datenbanken** zu verwenden. Auf diese Weise wird es möglich, den Aufbau eines wohlstrukturierten Rechnungssystems zu gewährleisten, interaktive Datenbankabfragesprachen zu verwenden sowie einen dezentralen und auswertungsflexiblen Dialog zu führen. Durch den Einsatz relationaler Datenbanken kann eine Prognosekostenrechnung eine wachsende Zahl entscheidungsrelevanter Informationen präziser, aktueller und mit höherem Entscheidungsbezug direkt zur Verfügung stellen. Es ist zu erwarten, dass ein derartiges Rechnungssystem bei den Entscheidungsträgern auf eine höhere Akzeptanz stößt, hohe Motivation bewirkt und somit eine bessere Effizienz der Entscheidungsprozesse ermöglicht. Auf der Grundlage einer relationalen Datenbank werden außerdem die Integration der Prognosekostenrechnung in das umfassende Informations- und Planungssystem der Unternehmung gefördert sowie die Anwendung entscheidungsbezogener Auswertungsrechnungen bzw. Optimierungsrechnungen unterstützt. Allgemein kann daher gesagt werden, dass der Ausbau der Prognosekostenrechnung davon abhängt, welche **Entscheidungen** und sonstigen Anwendungen sie bedienen soll, in welcher Urform Informationselemente erfasst werden können, welche Eigenschaften sie besitzen und in welche Beziehungsmuster sie eingefügt werden können. Es ist zu klären, welche Auswertungsvielfalt gewünscht wird, welcher Flexibilitätsgrad erforderlich ist, welche Hard- und Software-Systeme zur Verfügung stehen bzw. verfügbar gemacht werden können, welche Integration der Kostenrechnung in das Informations- und Planungssystem der Unternehmung angestrebt wird und welche späteren Ausbaustufen für die Kostenrechnung vorgesehen bzw. freigehalten werden sollen[175].

II. Konstruktionsbegleitende Kostenrechnung als Konzept zur Planung und Steuerung von Produktkosten in Produktentstehungsprozessen

1. Aufgaben und Ziele der Kostenplanung und -steuerung in der Konstruktion

Der **Lebenszyklus** lässt sich unterteilen in einen Entstehungszyklus, einen Marktzyklus und einen Auslaufzyklus. Der **Entstehungszyklus** umfasst die Phasen Produktplanung, Produktentwicklung sowie langfristige Fertigungs- und Absatzvorbereitung. In der **Produktplanung** wird ein konkreter Entwicklungs- bzw. Konstruktionsauftrag festgelegt. Dieser umschließt die Gewinnung von neuen Ideen und deren Prüfung. Die anschließende **Produkt-**

---

[175] Vgl. LACKES, R. (Kosteninformationssystem), S. 329 ff.; SCHWEITZER, M. (Systematik), S. 198 f.

entwicklung nutzt vorhandenes technisches Wissen, um neue bzw. verbesserte Produkte präzise zu beschreiben. Nach dem Neuheitsgrad des genutzten Wissens kann zwischen der experimentellen und der konstruktiven Produktentwicklung unterschieden werden. In der konstruktiven Entwicklung, nachfolgend als **Konstruktion** bezeichnet, wird technisch bereits genutztes Wissen systematisch kombiniert.

> Die **Produktentwicklung** setzt sich aus drei Teilaufgaben zusammen:
> - dem Konzipieren,
> - Entwerfen sowie
> - Ausarbeiten.

Beim **Konzipieren** werden die Funktionsstruktur des Produkts sowie die Lösungsprinzipien erarbeitet, d.h. die Prinzipien der Funktionserfüllung. Die Aufgabe des Konzipierens wird nicht zur Konstruktion gerechnet. Zur **Konstruktion** gehören nur das Entwerfen und das Ausarbeiten als Teilaufgaben. Die Aufgabe des **Entwerfens** umfasst die Teilaufgaben: Erstellen eines maßstäblichen Entwurfs, dessen Bewertung und Verbesserung, Optimierung der Gestaltzonen und das Festlegen des bereinigten Entwurfs. Zur Aufgabe des **Ausarbeitens** zählen die Gestaltung und Optimierung der Einzelteile, die Erarbeitung der Ausführungsunterlagen sowie die Herstellung und Prüfung eines Prototyps. Die Aufgaben der Konstruktion stellen damit das Bindeglied zwischen Entwicklungs- und Fertigungsvorbereitungsaufgaben dar.

Nach dem Kreativitätsanspruch der formulierten Konstruktionsaufgabe sind folgende **Konstruktionsarten** zu unterscheiden:
- Neukonstruktion,
- Anpassungskonstruktion,
- Variantenkonstruktion,
- Konstruktion mit festem Prinzip.

Während eine **Neukonstruktion** stets die Erarbeitung neuer Lösungsprinzipien voraussetzt und nach einem sehr hohen Kreativitätsanspruch verlangt, stellt die **Konstruktion mit festem Prinzip** den niedrigsten Kreativitätsanspruch. Sie ist im Wesentlichen eine Anpassungskonstruktion von Produkten, die auf die Dimensionierung von Einzelteilen beschränkt ist. Entwicklungs- und Konstruktionsaufgaben können durch die fünf folgenden **Merkmale** gekennzeichnet werden: die Komplexität, die Neuartigkeit, die Variabilität und den Strukturiertheitsgrad der Konstruktionsaufgabe sowie die Ähnlichkeit mit bereits bekannten Produkten. Abbildung 3-51 zeigt die Ausprägungen dieser Merkmale bei den verschiedenen Entwicklungs- und Konstruktionsarten.

> Gegenstände der Kostenplanung und -steuerung in der Konstruktion sind:
> - die Entwicklungskosten und
> - Produktkosten.

Unter **Entwicklungskosten** versteht man diejenigen Kosten, die bei der Ausführung von Konstruktionsaufgaben anfallen. Je nach Industriebereich sind diese Kosten verschieden hoch. Im Durchschnitt über alle Industrien wird geschätzt, dass sie etwa 6 % der Selbstkosten eines Produkts ausmachen[176]. Durch Kostenplanung und -steuerung sollen die Kosten der Konstruktionsprozesse auf einem möglichst niedrigen Niveau gehalten werden. Dieses Ziel kann beispielsweise mit der Vorgabe von **Kostenbudgets** erreicht werden.

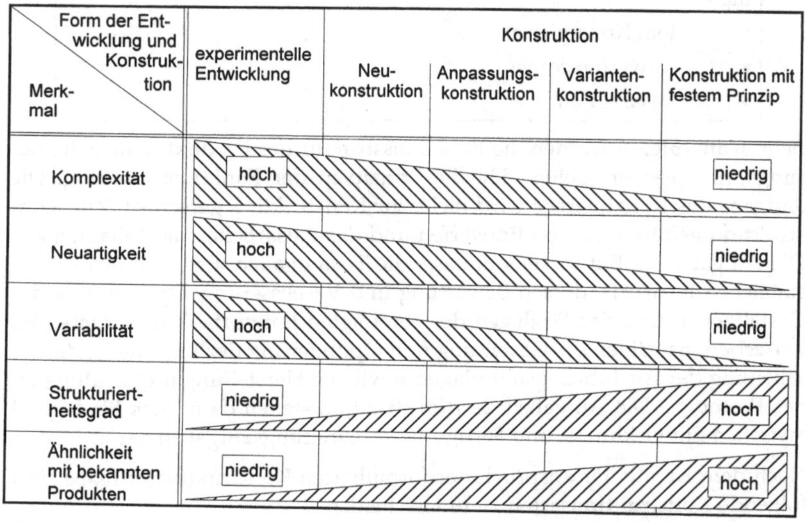

Merkmal \ Form der Entwicklung und Konstruktion	experimentelle Entwicklung	Konstruktion			
		Neukonstruktion	Anpassungskonstruktion	Variantenkonstruktion	Konstruktion mit festem Prinzip
Komplexität		hoch			niedrig
Neuartigkeit		hoch			niedrig
Variabilität		hoch			niedrig
Strukturiertheitsgrad		niedrig			hoch
Ähnlichkeit mit bekannten Produkten		niedrig			hoch

Abb. 3-51: Merkmale von Entwicklungs- und Konstruktionsaufgaben[177]

Im Gegensatz zu den Entwicklungskosten werden die **Produktkosten** durch die Herstellung, den Absatz, die Nutzung und die Entsorgung eines Produkts im Produktlebenszyklus verursacht. Sie entstehen in der herstellenden Unternehmung, beim Nutzer oder beim Entsorger des Produkts. Ihre besondere Bedeutung als Gegenstand der Planung und Steuerung liegt in dem Umstand, dass die Konstruktion bis zu 70 % der Herstellkosten bzw. bis zu 90 % der Lebenszykluskosten des Produkts festlegt[178]. Wegen der großen Einflussnahme der Konstruktion auf die Produktkosten ist die Planung von Kostenvorgaben für die Konstruktion zur Sicherung der Wirtschaftlichkeit einer Unternehmung unverzichtbar. Um eine Planung und Steuerung der Produktkosten in der Konstruktion effizient umsetzen zu können, sollten entsprechend Abbildung 3-52 folgende Teilaufgabenbereiche abgegrenzt werden[179]:

- Planung von Produktkosten, die der Konstruktion vorgegeben werden,
- Gestaltung des Produkts unter Kostengesichtspunkten während des technischen Konstruktionsprozesses sowie

---

[176] Vgl. z.B. EHRLENSPIEL, K. (Konstruieren), S. 2.
[177] In Anlehnung an PICOT, A./REICHWALD, R./NIPPA, M. (Entwicklungsaufgabe), S. 121.
[178] Vgl. TANAKA, M. (Design Phase), S. 49.
[179] Vgl. SCHWEITZER, M./FRIEDL, B. (Konstruktion), Sp. 1110 ff.

B. Systeme auf Vollkostenbasis

- Kontrolle und Sicherung der Produktkosten parallel zum Konstruktionsprozess.

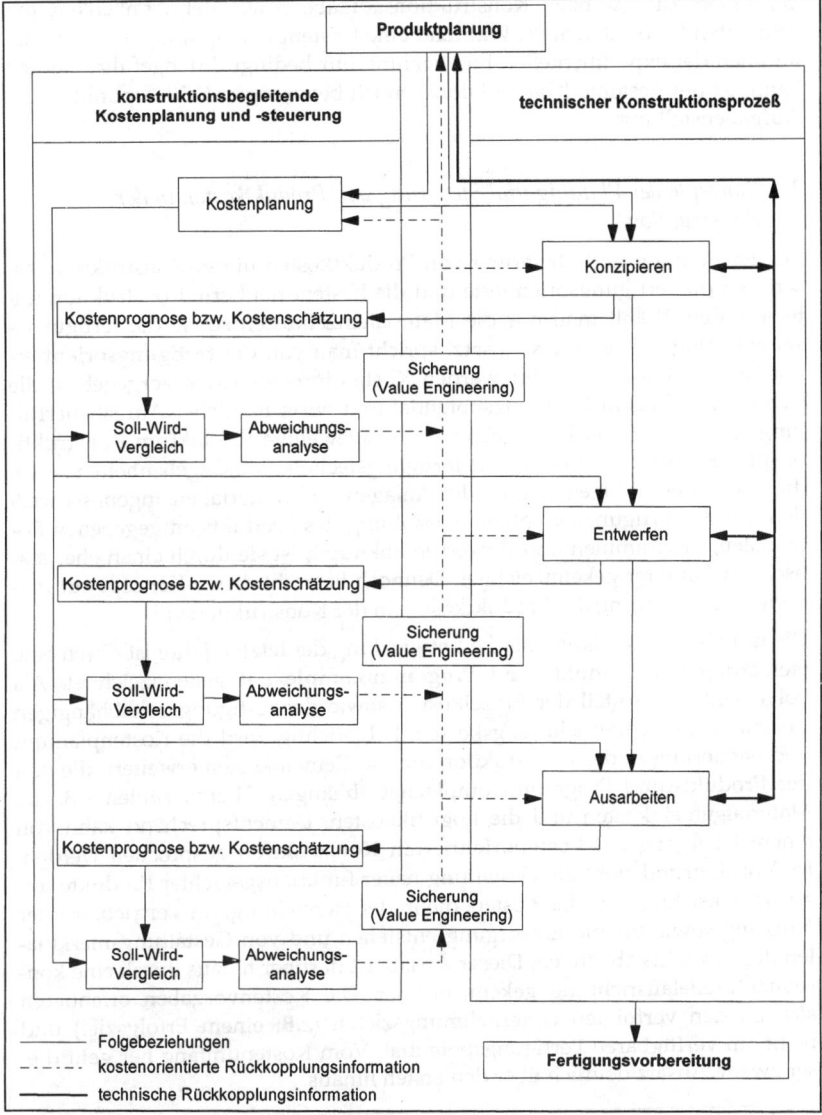

Abb. 3-52: Planung und Steuerung der Produktkosten in der Konstruktion

Ansätze zur Planung und Steuerung der Produktkosten in der Konstruktion werden in der Fachliteratur als

- 'Kostengünstiges Konstruieren',
- 'mitlaufende Kostenkontrolle' oder
- 'Kostenbeeinflussung in der Konstruktion'

bezeichnet. Die Gestaltbarkeit der Produktkosten hängt wesentlich von der Komplexität, der Neuartigkeit, der Variabilität und dem Strukturiertheitsgrad der Entwicklungs- bzw. Konstruktionsaufgabe sowie der Ähnlichkeit mit bekannten Produkten ab[180]. Während eine Kostenplanung und -steuerung im Rahmen der experimentellen Entwicklung nur bedingt durchgeführt werden kann, ist der gesamte Konstruktionsbereich bevorzugter Schwerpunkt dieser Aufgabenstellung.

2. Konzepte der Planung und Steuerung von Produktkosten in der Konstruktion

Bei der Planung und Steuerung von Produktkosten in der Konstruktion lassen sich die fertigungsorientierte und die kostenorientierte Konstruktion unterscheiden. Wählt man nur die Materialeinzelkosten sowie die fertigungszeitabhängigen Kosten als Ansatz, spricht man von der **fertigungsorientierten Konstruktion**[181]. Bei ihr werden Kosten in einer Höhe vorgegeben, die sich bei gegebenem Fertigungspotential und wirtschaftlicher Aufgabenerfüllung realisieren lässt. Im Ergebnis soll das jeweilige Produkt im Konstruktionsprozess kostenoptimal an die fertigungstechnischen Gegebenheiten sowie die vorliegenden Eigenschaften der Anlagen und Materialien angepasst werden. Da die fertigungsorientierte Gestaltung des Produkts an gegebenen Potentialen, Programmen und Prozessen anknüpft, ist sie durch einen eher statischen Charakter gekennzeichnet. Dennoch herrscht dieses Konzept zur Planung und Steuerung der Produktkosten in der Konstruktion vor.

Die technische und ökonomische Entwicklung der letzten Jahre ist durch eine Steigerung der **Produkt- und Programmkomplexität** gekennzeichnet. Als Folge sank der Anteil der Einzelkosten sowie der fertigungszeitabhängigen Kosten an den Unternehmungskosten. Folgerichtig wird die Kostenplanung und -steuerung in der Konstruktion um die Gemeinkosten erweitert, die von der Produkt- und Programmkomplexität abhängen. Hierzu zählen z.B. die Materialgemeinkosten und die Logistikkosten. Dementsprechend kann von einem Übergang zur **kostenorientierten Konstruktion** gesprochen werden. Im Vordergrund steht die Gestaltung neuer funktionsgerechter Produkte unter Berücksichtigung aller Kosten, die in der Herstellung, im Vertrieb, bei der Nutzung sowie für die Entsorgung entstehen und von Gestaltungsmerkmalen des Produkts abhängen. Dieser Ansatz ist darüber hinaus durch eine konsequente Zielausrichtung gekennzeichnet. Die Kostenvorgaben orientieren sich an den verfolgten Unternehmungszielen (z.B. einem Erfolgsziel) und nicht am verfügbaren Fertigungspotential. Vom Kostenumfang her geht dieser zweite Ansatz deutlich über den ersten hinaus.

> Damit genügt die **kostenorientierte Konstruktion** als zweites Konzept der Planung und Steuerung von Produktkosten in der Konstruktion der steigenden Produkt- und Programmkomplexität und einer Orientierung am Zielsystem der Unternehmung.

---

[180] Vgl. Abb. 3-51.
[181] Vgl. SCHEER, A.-W./BECKER, J./BOCK, M. (Expertensystem), S. 240.

Diese Orientierung am Zielsystem der Unternehmung kann eine deutliche Anpassung der Potentiale, Programme und Prozesse zur Realisation des neuen Produkts erforderlich machen. Im Gegensatz zur fertigungsorientierten Konstruktion kann die kostenorientierte Konstruktion als dynamisches Konzept bezeichnet werden.

3. Phasen des Planungs- und Steuerungsprozesses von Produktkosten in der Konstruktion

a) Planung von Kostenvorgaben für das Produkt

Im Rahmen der **kostenorientierten Konstruktion** hat die Kostenvorgabe für ein neues Produkt stets den Charakter einer **Kostenobergrenze**. Der Gegenstand der Planung von Kostenvorgaben für die kostenorientierte Konstruktion eines neuen Produkts kann durch drei Merkmale abgegrenzt werden:

- Unternehmungsziele, die mit der Kostenvorgabe erreicht werden sollen,
- Inhalt der Kostenvorgabe sowie
- Gliederung der Kostenvorgaben für das Endprodukt in Kostenvorgaben für Produktfunktionen und -komponenten.

Die Kostenobergrenze kann entweder ökonomisch oder technisch orientiert sein. Sie ist ökonomisch orientiert, wenn bei ihrer Berechnung von einem **wirtschaftlichen Unternehmungsziel** (z.B. von einem geplanten Gewinn oder von einer geplanten Kostensenkung) ausgegangen wird. Die Kostenobergrenze ist dagegen technisch orientiert, wenn bei ihrer Berechnung von einem **technischen Unternehmungsziel** ausgegangen wird (z.B. von einem Qualitätsziel). Ein besonderer Ansatz zur Planung einer ökonomischen Kostenvorgabe für ein Produkt aus den wirtschaftlichen Unternehmungszielen ist das **Target Costing**[182]. Bei diesem Ansatz ist die Kostenvorgabe für die Erreichung der wirtschaftlichen Unternehmungsziele (Erfolgsziele) eine Nebenbedingung. Dominiert dagegen in der Konstruktion ein technisches Qualitätsziel, so kann dessen Erreichung unterstützt werden, indem der Konstruktion Qualitätskosten als Obergrenze vorgegeben werden. Für die Berechnung dieser Kostenvorgabe bietet sich weniger das Target Costing als vielmehr das **Benchmarking** an. Es handelt sich hierbei um einen wiederkehrenden Prozess zum Vergleich der Unternehmung mit der besten Unternehmung der gleichen oder einer anderen Branche hinsichtlich Zielerreichung, Potentialen, Programmen und Prozessen. Zwecke des Benchmarking sind die Unterstützung der Zielplanung sowie die Identifikation von Ursachen für bestehende Unterschiede in der Zielerreichung. Inhalt dieser Ziele können neben Kosten auch Qualität, Zeit (z.B. Lieferzeit, Entwicklungsdauer) und Kundenzufriedenheit sein[183].

Bei der Entscheidung über den Inhalt der Kostenvorgaben ist festzulegen, welche **Kostenkategorien** in die Vorgabe eingehen sollen. Dabei ist zu bestimmen, ob die Kostenvorgabe auf der Basis von Herstellkosten, Selbstkos-

---

[182] Vgl. Kapitel 4., Abschnitt D., S. 701 ff.
[183] Vgl. CAMP, R.C. (Benchmarking), S. 13 ff.; PRYOR, L.S. (Benchmarking), S. 28 ff.

ten, Nutzerkosten oder Entsorgungskosten festgelegt werden soll. Ist zu beobachten, dass die Produkt- oder Programmkomplexität als Kosteneinflussgrößen an Bedeutung zunehmen, stellt sich die Frage, in welchem Umfang Gemeinkosten des indirekten Leistungsbereichs, die durch die Produkt- bzw. Programmkomplexität beeinflusst werden, bei der Kostenvorgabe berücksichtigt werden müssen, z.B. die Kosten der Fertigungsvorbereitung, der Beschaffung und der Qualitätssicherung[184]. Geht man noch einen Schritt weiter und ist bereit, bei der Konstruktion eines neuen Produkts auch Anforderungen des Nutzers und der Entsorgung zu berücksichtigen, ist darüber zu entscheiden, in welchem Umfang Nutzerkosten und Entsorgungskosten eines Produkts bei der Kostenvorgabe für die Konstruktion berücksichtigt werden müssen. Als Zielvorstellung verfolgt man auf diese Weise nicht nur die kostenoptimale Fertigung, sondern auch die kostenoptimale Nutzung und Entsorgung eines Produktes.

Gegenstand der Kostenplanung sind zunächst die **Kostenvorgaben für das Endprodukt**. Diese Kostenvorgaben können anschließend in untergeordnete Kostenvorgaben für einzelne Produktfunktionen, einzelne Baugruppen/Teile des Produkts oder auf Prozesse aufgespalten werden, die vom Produkt beansprucht werden. **Zweck der Spaltung von Kostenvorgaben** für das Endprodukt sind

- die eindeutige Abgrenzung der Verantwortung für die Erreichung von Kostenvorgaben,
- die Identifikation von Kostenbeeinflussungsschwerpunkten sowie
- die Vereinfachung der Kostenkontrolle und -sicherung.

Bei einer Neukonstruktion eignen sich für die frühen Phasen des Konstruktionsprozesses vor allem **funktionsorientierte Kostenvorgaben**. Da komponentenorientierte Kostenvorgaben den Gestaltungsspielraum der Konstrukteure einengen, ist es zweckmäßig, erst in den späten Phasen aus den funktionsorientierten Kostenvorgaben komponentenorientierte Kostenvorgaben herzuleiten. Im Falle von Anpassungs- und Variantenkonstruktionen sowie Konstruktionen mit festem Prinzip kann dagegen auf die Herleitung von funktionsorientierter Kostenvorgaben verzichtet werden.

b) Kostenorientierte Produktgestaltung in der Konstruktion

Bezweckt man in der Konstruktion die kostenorientierte Gestaltung eines Produkts, ist es erforderlich, alle **kostenbeeinflussenden Merkmale des Produkts** zu kennen. Zu diesen zählen u.a.: Fertigungsverfahren, Anzahl und Art der verwendeten Teile (Kauf-, Norm-, Gleichteile), Art und Anzahl der Baugruppen, Funktionsstruktur, Wirkstruktur, Geometrie, Werkstoffe u.a. Konstruktion besteht zum großen Teil darin, alternative Ausprägungen dieser Produktmerkmale zu untersuchen, den Beitrag zur Zielerreichung zu bewerten und schließlich für alle Merkmale diejenigen Ausprägungen auszuwählen und festzulegen, die den gesetzten Zielvorstellungen am besten entsprechen. In jeder Phase des Konstruktionsprozesses sind vergleichbare Ent-

---

[184] Vgl. FRANZ, K.-P. (Kostenbeeinflussung), S. 129.

scheidungen zu treffen. Formal kann gesagt werden, dass sich jede Phase des Konstruktionsprozesses aus einzelnen Entscheidungsprozessen der beschriebenen Art zusammensetzt, die entweder zeitlich parallel oder aufeinander folgend realisiert werden. Seiner Natur nach ist der Konstruktionsprozess daher ein komplexer Planungsprozess, der sich auf die Gestaltungsmerkmale eines Produkts bezieht. Die kostenorientierte Produktgestaltung verlangt, dass für jede dieser Teilentscheidungen prognostische Informationen vorliegen, die darüber Auskunft geben, zu welchen **Kostenwirkungen** alternative Ausprägungen der Produktmerkmale führen werden. An die Genauigkeit dieser prognostischen Informationen können unterschiedliche Anforderungen gestellt werden. Häufig genügt eine relative Genauigkeit, die sicherstellt, dass die vergleichsweise günstigere Kostenlösung gefunden wird. Als Instrumente zur Unterstützung dieses Vergleichs können u.a. genannt werden[185]

- ABC-Analysen,
- Konstruktionsrichtlinien,
- Grenzstückzahlen,
- Kostentabellenkataloge und
- Relativkostenkataloge.

Gelingt es beispielsweise, die Kostenstrukturen eines Produkts in der Weise zu analysieren, dass relative Kosten von Baugruppen/Teilen, Kostenarten, Prozessen usw. ermittelt werden können, lässt sich die **ABC-Analyse** einsetzen. Sie dient der Identifikation von Kostenschwerpunkten, auf welche sich geplante Kostensenkungsmaßnahmen in erster Linie beziehen sollen. Kostenorientierte **Konstruktionsrichtlinien** indessen informieren über Gestaltungsformen des Produkts, welche unter bestimmten Bedingungen zu einer kostengünstigen Lösung führen. In diesem Zusammenhang werden bevorzugt Gut/Schlecht-Beispiele oder überschlägige Kalkulationen von Kostenwirkungen verwendet. Will man dagegen ein kostengünstiges Fertigungsverfahren bestimmen, können **Grenzstückzahlen** als Kriterium herangezogen werden. Diese informieren über Produktionsmengenintervalle, in welchen ein bestimmtes Fertigungsverfahren in seiner Kostenstruktur vorteilhafter ist als ein alternatives Verfahren[186].

In Japan findet häufig das Verfahren der **Kostentabellenkataloge** (Cost Tables) Anwendung[187]. Sie enthalten die Kosten eines Kalkulationsobjekts (Produkt, Baugruppe, Einzelteil) bei alternativen Ausprägungen wichtiger Kosteneinflussgrößen, des Fertigungsverfahrens, der Fertigungsanlagen, der Produktfunktionen und weiterer Produktmerkmale. Kostentabellenkataloge umfassen mehrere Kostentabellen, die nach Fertigungsverfahren und Anlagen gebildet werden können. Abbildung 3-53 zeigt einen Ausschnitt aus einem solchen Kostentabellenkatalog. Kennzeichnend ist, dass bei der Berechnung von Kostentabellen auch Anlagen und Fertigungsverfahren berücksichtigt werden, die in der Unternehmung nicht vorhanden, jedoch beschaff-

---

[185] Vgl. EHRLENSPIEL, K. (Konstruieren), S. 259 ff.
[186] Vgl. ERLENSPIEL, K. (Konstruieren), S. 261 ff.
[187] Vgl. TANI, T./KATO, Y. (Target Costing), S. 209.

bar sind. Derartige Kostentabellenkataloge stellen sowohl für den Konstruktionsprozess als auch für die konstruktionsbegleitende Kostenplanung und -steuerung wichtige Informationen bereit. Voraussetzung ist, dass die Kostentabellen diejenige Kosteneinflussgröße als Variable enthalten, über welche in der entsprechenden Phase eine Entscheidung herbeizuführen ist. In der Regel vereinfachen sie die Suche nach kostengünstigen Lösungen sowie die zweckorientierte Kostenbewertung und beschleunigen den Konstruktionsprozess. Außerdem können sie einen Beitrag zu einer kostenorientierten Gestaltung des technischen Fertigungspotentials liefern[188].

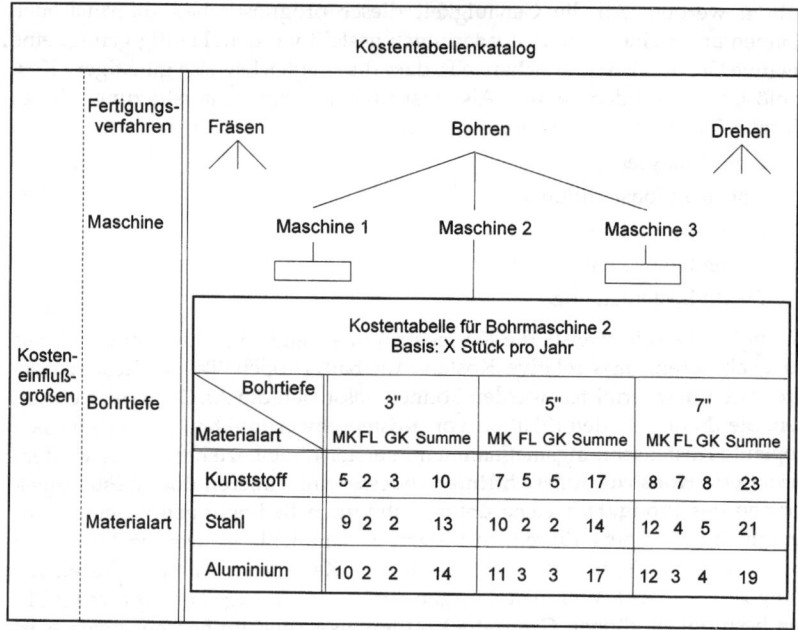

MK = Materialeinzelkosten
FL = Fertigungslohn
GK = Gemeinkosten

Abb. 3-53: *Aufbau eines Kostentabellenkatalogs einer Kostentabelle*[189]

Eine spezielle Ausprägung der Kostentabellenkataloge sind **Relativkostenkataloge**. Bei den in ihnen zusammengefassten **Relativkostenzahlen**, handelt es sich um Bewertungszahlen, die einen Kostenvergleich von Lösungsalternativen zulassen. Eine Relativkostenzahl informiert über die Kostenrelation einer Lösungsalternative zu einem Bezugsobjekt. Dieses kann entweder die kostengünstigste oder die am häufigsten verwendete Lösungsalternative sein. Die Bildung von Relativkostenzahlen lässt sich für Komponenten, Funktionen, Prozesse oder Einsatzgüter vornehmen[190]. Da Relativkostenkataloge

---

[188] Vgl. YOSHIKAWA, T./INNES, J./MITCHELL, F. (Cost Tables), S. 30 ff.
[189] In Anlehnung an ein Beispiel von YOSHIKAWA, T./INNES, J./MITCHELL, F. (Cost Tables), S. 31 f.
[190] Vgl. EBERLE, P./HEIL, H.-G. (Konstruktion), S. 784 ff.

nicht über die absoluten Kosten einer Lösungsalternative informieren, eignen sie sich nicht zur Unterstützung der konstruktionsbegleitenden Kostenplanung und -steuerung. Ihre Informationen sind damit nur für kostenorientierte Gestaltungsentscheidungen aussagekräftig.

c) Steuerung von Produktkosten in der Konstruktion

Neben die Planung von Kostenvorgaben und die kostenorientierte Produktgestaltung tritt als dritte Phase die Steuerung von Produktkosten.

> Die **Steuerung der Produktkosten** umfasst
> - die Veranlassung der Produktkostenvorgabe,
> - die Kontrolle der Produktkosten sowie
> - die Sicherung der Produktkosten.

Der Konstruktionsprozess vollzieht sich in einem Planungsprozess über einen längeren Zeitraum hinweg. In mehreren Teilplanungsprozessen sowie einzelnen Planungsphasen werden Entscheidungen über verschiedene Merkmale von Produktteilen getroffen und damit Kosten festgelegt[191]. Die Konstruktion ist durch einen ständig zunehmenden Informationsstand über das Produkt gekennzeichnet. Mit ihrem Fortschreiten steigen jedoch der Zeitbedarf und die Entwicklungskosten für Änderungen des Produktentwurfs. Als Konsequenz daraus muss die Kontrolle der Produktkosten bereits in sehr frühen Phasen des Konstruktionsprozesses erfolgen, um erforderliche Anpassungsmaßnahmen so früh wie möglich auszulösen[192]. Zweckmäßig wird die Kontrolle der Produktkosten deshalb konstruktionsbegleitend durchgeführt. Hierbei handelt es sich um einen Soll-Wird-Vergleich, d.h. eine **Planfortschrittskontrolle**. Das bedeutet, dass die Produktkosten in jeder Phase des Konstruktionsprozesses kontrolliert werden. Die Kontrolle bezieht sich dabei nicht nur auf die Kosten von Produktfunktionen bzw. Produktkomponenten, sondern auch auf die Kosten des Endprodukts. Durch die Kontrolle der Kosten des Endprodukts soll sichergestellt werden, dass konstruktive Maßnahmen zur Senkung der Produktkosten einzelner Funktionen oder Komponenten des Produkts nicht zu Gestaltungsanforderungen an andere Funktionen oder Komponenten führen, die mit einer Erhöhung der Produktkosten des Endprodukts verbunden sind. Für die Durchführung der Planfortschrittskontrolle müssen neben der Kostenvorgabe (Soll-Kosten) die Kostenwirkungen des Konstruktionsobjekts (Wird-Kosten) prognostiziert bzw. geschätzt werden.

Gegenstand der **Sicherung von Produktkosten** ist die Anpassung des Produktentwurfs beim Auftreten von Kostenabweichungen. Soweit **Toleranzgrenzen** zugelassen sind, müssen erst beim Überschreiten dieser Toleranzgrenzen Anpassungsmaßnahmen erarbeitet werden. Letztlich bedeutet eine Anpassung im Konstruktionsprozess das Erarbeiten eines neuen Lösungsvorschlags mit günstigeren Kostenstrukturen. Bei einer Orientierung an den Produktfunktionen kann in diesem Zusammenhang die Wertgestaltung

---

[191] Vgl. EHRLENSPIEL, K. (Konstruieren), S. 57.
[192] Vgl. JEHLE, E. (Kostenfrüherkennung), S. 264 ff.

(Value Engineering) eingesetzt werden. Die Sicherung sorgt dafür, dass alle Erkenntnisse aus der Abweichungsanalyse bei der Erarbeitung von Anpassungsmaßnahmen möglichst umfassend berücksichtigt werden.

4. Darstellung von Rechnungssystemen zur Planung und Steuerung von Produktkosten in der Konstruktion

a) Grundfragen der Rechnungssysteme

aa) Anforderungen an Rechnungssysteme zur Planung und Steuerung von Produktkosten in der Konstruktion

Ein Rechnungssystem für die Konstruktion hat das Ziel zu verfolgen, relevante Kosteninformationen für **Gestaltungsentscheidungen von Produkten** sowie die Kostenplanung und -steuerung während der Entstehungsphase der Produkte bereitzustellen. Der Informationsbedarf der Kostenplanung und -steuerung hat die Wird-Produktkosten von geplanten Produkten sowie von Produkten zum Gegenstand, die sich bereits in der Marktphase des Produktlebenszyklus befinden. Nach ihrem Inhalt und Umfang müssen die berechneten Kosten des Produkts einen präzisen Bezug zur jeweiligen Gestaltungsalternative und damit zu speziellen Merkmalen des Produkts mit ihren möglichen Ausprägungen besitzen. Damit werden die einzelnen **Produktmerkmale** einer Gestaltungsalternative zu Einflussgrößen von Kostenarten und -kategorien in kurz-, mittel- und langfristiger Sicht. Bei den merkmalsabhängigen Kosten eines Produkts sollten nicht nur Kosten des direkten Leistungsbereichs (Materialkosten, Lohnkosten), sondern möglichst auch Kosten des indirekten Leistungsbereichs (anteilige Kosten der Arbeitsvorbereitung, der Logistik, des Einkaufs usw.) berücksichtigt werden.

> Durch umfassende Kostenanalysen ist hier sicherzustellen, dass möglichst alle Kosten erfasst werden, die von den **Entscheidungen über die Merkmalsausprägungen der Produkte** abhängen.

Die Kostenrechnung setzt für die Prognose der Kosten eines Produkts Informationen aus **Stücklisten** und **Arbeitsplänen** voraus. Diese Informationen sind jedoch erst nach Abschluss der Konstruktion verfügbar. Zur konstruktionsbegleitenden Produktkostenkontrolle muss die Kostenrechnung deshalb um die konstruktionsbegleitende Kalkulation erweitert werden. Aufgabe der **konstruktionsbegleitenden Kalkulation** ist die Bereitstellung von Prognoseinformationen über die Kosten von Produkten, die noch nicht in allen Produktmerkmalen festliegen. Dieses Instrument ist dadurch gekennzeichnet, dass Produktkosten auf der Grundlage von Ausprägungen der Produktmerkmale im Produktentwurf prognostiziert bzw. geschätzt werden. Ein **Rechnungssystem** zur Planung und diese umsetzenden Steuerung von Produktkosten in der Konstruktion muss damit zwei Bestandteile umfassen:

- die Kostenrechnung sowie
- die konstruktionsbegleitende Kalkulation.

B. Systeme auf Vollkostenbasis

Systeme der Kostenrechnung zur Unterstützung der Produktkostenplanung und -steuerung in der Konstruktion müssen der Forderung nach Entscheidungsrelevanz und Verursachungsgerechtigkeit genügen. Als Grundlage für die Produktkostenplanung und -steuerung in der Konstruktion wurden bisher die Grenzplankostenrechnung[193], die Prozesskostenrechnung[194] sowie die ressourcenorientierte Kostenrechnung vorgeschlagen[195].

> Um eine wirkungsvolle Steuerung der Produktkosten zu ermöglichen, muss die **konstruktionsbegleitende Kalkulation** den folgenden Anforderungen genügen[196]:
> - Präzision,
> - Flexibilität sowie
> - Auswertbarkeit.

Unter **Präzision** ist in diesem Zusammenhang der Sachverhalt zu verstehen, dass kostenverursachende Produktmerkmale möglichst zahlreich bei der Produktkostenprognose berücksichtigt werden. Konstruktionsbegleitende Produktkostenkontrollen in verschiedenen Phasen des Konstruktionsprozesses sind nur dann zweckmäßig, wenn der Informationszuwachs über das geplante Produkt während der Konstruktion berücksichtigt wird. Zu diesem Zweck müssen in jeder Phase des Konstruktionsprozesses Prognoseinformationen über die Produkte bereitgestellt werden, die den aktuellen Konkretisierungsgrad des Produktentwurfs widerspiegeln. Die **Flexibilität** der konstruktionsbegleitenden Kalkulation umfasst den Sachverhalt, dass unterschiedliche Informationsstände über das Produkt, die im fortschreitenden Konstruktionsprozess wachsen, angemessen berücksichtigt werden können[197]. Als Ergebnis wird verlangt, dass die Kalkulationsgenauigkeit in Abhängigkeit vom steigenden Detaillierungsgrad schrittweise verbessert werden kann. Um der Forderung nach Flexibilität zu genügen, muss ein Verfahren der konstruktionsbegleitenden Kalkulation zwei Bestandteile aufweisen:
- Verfahren der Kostenvorhersage sowie
- Regeln für die Flexibilisierung der Vorhersage.

Unter der **Auswertbarkeit** der konstruktionsbegleitenden Kalkulation ist der Sachverhalt zu verstehen, dass mitlaufend mit dem Konstruktionsprozess eine systematische Analyse der auftretenden Abweichungen durchgeführt werden kann. Wenn die Abweichungen zwischen den Produktkosten, die in den verschiedenen Phasen des Konstruktionsprozesses prognostiziert wurden, auf Entscheidungen über einzelne Produktmerkmale zurückführbar sind, genügt die konstruktionsbegleitende Kalkulation der Forderung nach Auswertbarkeit. Diese Eigenschaft soll die Identifikation von Produkt-

---
[193] Vgl. GRÖNER, L. (Vorkalkulation), S. 81; LACKES, R. (Plankostenrechnung), S. 322 ff.
[194] Vgl. WÄSCHER, D. (Gemeinkosten-Management), S. 312; FRANZ, K.-P. (Konstruktion), S. 37 ff.
[195] Vgl. SCHUH, G. (Produktvarianten), S. 102 ff.; EVERSHEIM, W./KÜMPER, R./GUPTA, C. (Vorkalkulation), S. 241 ff.
[196] Vgl. SCHWEITZER, M./FRIEDL, B. (Konstruktion), Sp. 1121.
[197] Vgl. BECKER, J. (Kalkulation), S. 355.

komponenten bzw. -funktionen erleichtern, für die bei der Kostensicherung kostengünstigere Lösungsalternativen gesucht werden müssen.

bb) *Abgrenzung zwischen konstruktionsbegleitender Kalkulation und Kostenrechnung*

Nach dem **Integrationsgrad** von Prognose- bzw. Schätzverfahren in die Kostenrechnung lassen sich zwei Formen von Rechnungssystemen für die Kostenplanung und -steuerung bei der Konstruktion unterscheiden:

- die konstruktionsbegleitende Kalkulation sowie
- die konstruktionsbegleitende Kostenrechnung.

Die Ansätze der **konstruktionsbegleitenden Kalkulation** sind nicht in die Kostenrechnung integriert. Bei ihnen handelt es sich um ein- oder mehrvariablige Kostenfunktionen mit den Produktkosten als abhängigen Variablen. Daneben werden kostenbeeinflussende Produktmerkmale als unabhängige Variablen berücksichtigt. Die Ansätze der konstruktionsbegleitenden Kalkulation greifen auf Kosteninformationen zurück, die sich durch die Nachkalkulation bereits früher konstruierter und gefertigter Produkte ergeben haben. Auf der Grundlage dieser Informationen werden die genannten Kostenfunktionen bestimmt.

Die Istkosten aus der Nachkalkulation früherer Produkte haben für die Neukonstruktion eines Produkts nur geringe Aussagekraft. Zweckmäßiger als Ansätze der konstruktionsbegleitenden Kalkulation sind deshalb Rechnungssysteme, welche die Produktkosten auf der Grundlage von Informationen einer Plankostenrechnung prognostizieren. Die traditionellen Prognosekostenrechnungen gehen allerdings von der Annahme aus, dass das zu fertigende Produkt bereits vollständig konstruiert ist und die Fertigungsvorbereitung wesentliche Merkmale des Produktionsprogramms und des Produktionsprozesses bereits festgelegt hat (z.B. Art und Menge des Produktionsprogramms, Auflagengrößen, Prozessbedingungen). Sie berücksichtigen also Einfluss- bzw. Bezugsgrößen, die erst nach Abschluss der Konstruktionsarbeiten bekannt und erfassbar sind wie z.B. die Fertigungs-, Montage- und Rüstzeiten.

Bei der **konstruktionsbegleitenden Kostenrechnung** sind die Prognose- und Schätzverfahren so in die Prognosekostenrechnung integriert, dass für jede Bezugsgröße in jeder Kostenstelle bzw. in jedem Kostenplatz ein Verfahren zur **konstruktionsbegleitenden Mengenkalkulation** zur Verfügung steht. Mit ihnen können die Ausprägungen der Bezugsgrößen beim geplanten Produkt auf der Grundlage der Produktinformationen aus dem Produktentwurf prognostiziert werden. Die konstruktionsbegleitende Kostenrechnung ist im Gegensatz zur konstruktionsbegleitenden Kalkulation kostenstellen- bzw. kostenplatzbezogen. Die Kosten eines geplanten Produkts können mit ihr daher erst dann prognostiziert werden, wenn die Kostenstellen bzw. -plätze bekannt sind, deren Leistungen das geplante Produkt im Leistungserstellungs- und -verwertungsprozess beanspruchen wird. In einer konstruktionsbegleitenden Kostenrechnung können die Kosten eines geplanten Produkts deshalb erst in den späteren Phasen des Konstruktionsprozesses prognostiziert wer-

B. Systeme auf Vollkostenbasis

den. Die Unterschiede zwischen konstruktionsbegleitender Kalkulation und konstruktionsbegleitender Kostenrechnung verdeutlicht Abbildung 3-54.

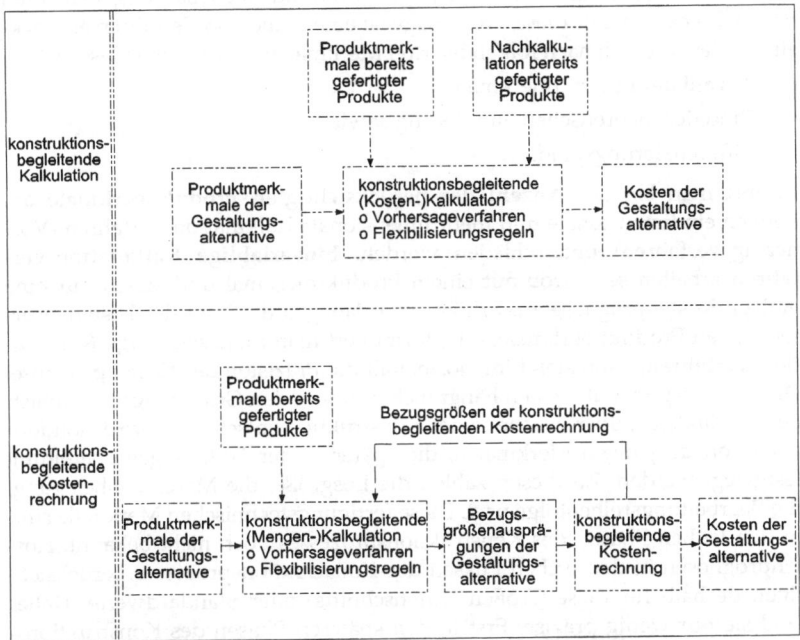

Abb. 3-54: Prozess der Informationsgewinnung bei der konstruktionsbegleitenden Kalkulation und der konstruktionsbegleitenden Kostenrechnung

Die Gemeinsamkeiten beider Rechnungskonzepte liegen darin, dass sie von den Produktmerkmalen der Gestaltungsalternative ausgehen, auf Produktmerkmale bereits gefertigter Produkte zurückgreifen und eine Prognose bzw. Schätzung der Kostenwirkungen von Gestaltungsalternativen bezwecken. Beide Konzepte unterscheiden sich jedoch in der Behandlung von Mengen- und Wertkomponenten mit ihren Bezugszeiträumen. Während die **konstruktionsbegleitende Kalkulation** auf die Nachkalkulation bereits gefertigter Produkte mit ihren realisierten Mengen- sowie Wertstrukturen zurückgreift und diese mittels eines Vorhersageverfahrens für das geplante Produkt fortschreibt, beschreitet die **konstruktionsbegleitende Kostenrechnung** einen anderen Weg. Letztere berücksichtigt zwar Produktmerkmale bereits gefertigter Produkte, verzichtet jedoch auf deren Nachkalkulation. Mit der konstruktionsbegleitenden 'Mengenkalkulation' werden vielmehr zunächst für die geplante Gestaltungsalternative die Ausprägungen der Bezugsgrößen prognostiziert bzw. geschätzt. Auf der Basis dieser prognostizierten Bezugsgrößenausprägungen und der Wertinformationen aus der konstruktionsbegleitenden Kostenrechnung werden schließlich die Prognose-Kosten der Gestaltungsalternative vorausberechnet.

b) Arten der konstruktionsbegleitenden Kalkulation

Die zentrale Aufgabe der konstruktionsbegleitenden Kalkulation liegt darin, für ein neues Produkt die zugehörigen Produktkosten zu prognostizieren bzw. zu schätzen. Für diese Vorhersage ist eine Reihe von Verfahren entwickelt worden, die sich nach folgenden drei Merkmalen klassifizieren lassen:

- Anzahl der Produktmerkmale,
- Grad der theoretischen Fundierung sowie
- Differenzierungsgrad.

Knüpft man bei der **Anzahl der berücksichtigten Produktmerkmale** an, können eindimensionale und mehrdimensionale Kalkulationsverfahren (Vorhersageverfahren) unterschieden werden. **Einvariablige Kalkulationsverfahren** arbeiten sehr grob mit einem Produktmerkmal und lassen nur eine globale Kostenprognose zu. Erhöht man dagegen die Zahl der kostenverursachenden Produktmerkmale, d.h., formuliert man **mehrvariablige Kalkulationsverfahren**, dann steigt im Normalfall die Präzision der Kostenprognose. Die Höhe der Produktkosten hängt nicht nur von den Gestaltungsmerkmalen des Produkts ab, über welche in der Konstruktion entschieden wird, sondern auch von denjenigen Merkmalen, die später in der Fertigungsvorbereitung festgelegt werden. Zu diesen zählen die Losgröße, die Maschinenbelegung, die Bearbeitungsreihenfolge usw. Diese fertigungstechnischen Merkmale sind in den frühen Phasen des Konstruktionsprozesses noch nicht bekannt. Kostenprognosen in den frühen Phasen des Konstruktionsprozesses berücksichtigen deshalb für diese Größen Durchschnitts- oder Standardwerte. Daher sind sie nur wenig präzise. Erst in den späteren Phasen des Konstruktionsprozesses können die fertigungstechnischen Merkmale explizit als unabhängige Variablen berücksichtigt werden. Dabei ist es zweckmäßig, für unterschiedliche Merkmalsausprägungen mehrfache Berechnungen der Produktkosten durchzuführen, damit ein klareres Bild beim Konstrukteur darüber entsteht, welche fertigungstechnischen Alternativen zu welchen Produktkosten führen können.

Wählt man die **theoretische Fundierung** der Kalkulationsverfahren als unterscheidendes Merkmal, werden in diesem Zusammenhang

- Prognoseverfahren und
- Schätzverfahren

unterschieden. Bei den **Prognoseverfahren** werden zur Vorausberechnung der Produktkosten stets gut bestätigte **Produktions- und Kostenfunktionen** verwendet, durch welche die Einsatzgütermengen bzw. die Kosten in Abhängigkeit von den Produktmerkmalen betrachtet werden. In einfachster Form kann es sich dabei um **Kennzahlen** (beispielsweise Herstellkosten pro Gewichtseinheit) handeln. Ferner kann man **technisch-physikalische Funktionen** mit mehreren unabhängigen Einflussgrößen für Kostenfunktionen verwenden, die mit Hilfe statistischer Auswertungsverfahren ermittelt werden. Ein Beispiel für eine solche Funktion ist die folgende Bestimmungsgleichung für die Hauptzeit t_h beim Langdrehen eines Werkzeugs[198]:

---

[198] Vgl. EHRLENSPIEL, K. (Konstruieren), S. 314.

B. Systeme auf Vollkostenbasis

$$t_h = \frac{d \cdot \pi \cdot l \cdot i}{v \cdot f} \quad (3-85)$$

dabei bezeichnen d den Durchmesser, d·π den Umfang, l die Drehlänge, i die Anzahl der Schnitte, v die Schnittgeschwindigkeit und f den Vorschub. Die hierfür erforderliche Datenbasis liefern ähnliche Produkte, die in früheren Perioden konstruiert und gefertigt wurden. Eine besondere Kalkulationsform, die auf Kostenfunktionen beruht, ist die so genannte **Kurzkalkulation**. Bei ihr zieht man Kostenfunktionen heran, in welchen nur konstruktive Produktmerkmale als unabhängige Variable berücksichtigt werden, während fertigungstechnische Merkmale außer acht bleiben. Die Kürze dieser Kalkulation liegt darin, dass von den wirksamen Kosteneinflussgrößen nur diejenigen einbezogen werden, die in der Konstruktion unmittelbar verfügbar sind.

Bei den **Schätzverfahren** werden keine Produktions- und Kostenfunktionen verwendet, sondern **Ähnlichkeitsannahmen**. Diese bringen zum Ausdruck, dass Produkte mit ähnlichen Produktmerkmalen zu Kosten führen, die den erwarteten Produktkosten des neuen Produkts in ihrer Höhe annähernd gleich sind. Auf Ähnlichkeitsannahmen beruhen beispielsweise alle Vorhersageverfahren der **Suchkalkulation**. Diese suchen aus der Menge früher gefertigter Produkte dasjenige aus, welches dem neu zu konstruierenden Produkt in ausgewählten Produktmerkmalen am ähnlichsten ist. Aus dieser Ähnlichkeit wird geschlossen, dass eine entsprechende Kostenverursachung sowie eine vergleichbare Kostenhöhe erwartet werden können. Die einfachste Variante der Suchkalkulation setzt sogar die realisierten Produktkosten des ähnlichsten Produkts als Kosten des zu konstruierenden Produkts an. In der Regel werden jedoch mehrere ähnliche, früher konstruierte und hergestellte Produkte in die Überlegung einbezogen. Aus deren Produktkosten werden die Produktkosten des zu konstruierenden Produkts durch **Inter- bzw. Extrapolation** entwickelt. Diese Variante der Suchkalkulation kann verfeinert werden, indem man über die realisierten Produktkosten der ähnlichen Produkte mit Hilfe einer Regressionsanalyse eine **mehrvariablige lineare Kostenfunktion** berechnet, die der Prognose der Produktkosten des neuen Produkts mit seinen spezifischen Merkmalsausprägungen zugrunde gelegt wird. Damit kommt man in der Regel zu einer präzisen Prognose der Produktkosten[199].

Nach dem **Differenzierungsgrad der Kostenprognose** lassen sich summarische und analytische Verfahren der Kostenvorhersage auseinander halten. In **summarischen Verfahren der Kostenvorhersage** werden die Produktkosten des zu konstruierenden Produkts undifferenziert berücksichtigt. Nach dem **analytischen Verfahren der Kostenvorhersage** werden die wichtigen Kostenarten oder spezifischen Kosten der Produktkomponenten bzw. Produktfunktionen berücksichtigt und separat prognostiziert bzw. geschätzt. Bei ihrem Einsatz sind daher in der Regel mehrere Prognoseverfahren bzw. Schätzverfahren erforderlich. Die prognostizierten Kosten werden in einem zweiten Kalkulationsschritt zu den gesamten Produktkosten des zu konstruierenden Produkts aggregiert.

---

[199] Vgl. PICKEL, H. (Kostenmodelle), S. 45 ff.

An die konstruktionsbegleitende Kalkulation wird ferner die Forderung nach **Flexibilität** gestellt. Hiermit ist gemeint, dass in jeder Phase des Konstruktionsprozesses der Informationszuwachs über das geplante Produkt ergänzend zur vorhergehenden Phase in die Prognose der Produktkosten einbezogen werden kann. Um eine derartige Flexibilität zu erreichen, gibt es prinzipiell zwei Vorgehensweisen:

- die Verwendung eines einzigen mehrvariabligen Vorhersageverfahrens sowie
- die Kombination mehrerer Vorhersageverfahren.

Wird von der Konzipierungsphase bis zur Ausarbeitungsphase ein **einziges Vorhersageverfahren** verwendet, muss dieses die Fähigkeit besitzen, auch in späteren Phasen des Konstruktionsprozesses hinreichend präzise Produktkosten zu berechnen. Um dieses Ziel zu erreichen, muss ein mehrvariabliges Verfahren entwickelt werden, das in der Lage ist, nicht nur konstruktionsspezifische, sondern auch fertigungstechnische Merkmale zu berücksichtigen. Diesen Anforderungen genügt u.a. das **flexible Kalkulationsmodell** nach PICKEL[200]. In ihm werden die jeweils noch fehlenden Ausprägungen kostenverursachender Produktmerkmale durch ein spezielles **wissensbasiertes Transformationsmodul** erzeugt. Anknüpfungspunkt sind die bereits festgelegten Ausprägungen bestimmter Produktmerkmale, aus welchen bei Verwendung mathematischer oder logischer Beziehungen auf die noch fehlenden Merkmalsausprägungen geschlossen wird. Soweit sich einzelne Merkmale dieser Berechnung entziehen, werden vereinfachend **Standardwerte** (Werte ähnlicher Produkte oder besonders häufig auftretende Werte) eingesetzt. Im Verlauf des Konstruktionsprozesses werden diese vorläufigen Ausprägungen durch endgültige ersetzt. Abweichungen zwischen den Prognoseergebnissen verschiedener Phasen des Konstruktionsprozesses können bei dieser Vorgehensweise auf Unterschiede zwischen vorläufigen und endgültigen Ausprägungen der Produktmerkmale zurückgeführt werden. Das flexible Kostenmodell genügt damit der Forderung nach Auswertbarkeit.

Die Flexibilisierung der Kostenvorhersage kann andererseits auch dadurch erreicht werden, dass **mehrere Vorhersageverfahren** kombiniert werden. Eine derartige Kombination ist nur zweckmäßig, wenn die Hintereinanderschaltung der einzelnen Verfahren genau diejenige Reihenfolge wiedergibt, in welcher im Konstruktionsprozess über die Ausprägung des jeweiligen Produktmerkmals befunden wird. Um diesen Weg zur Flexibilisierung beschreiten zu können, muss eine bestimmte **Standardisierung** des Konstruktionsprozesses vorausgesetzt werden. Das Problem, das sich bei einer derartigen Verfahrenskombination zur Kostenvorhersage ergibt, liegt in den Kostenabweichungen, die auch auf die unterschiedlichen Verfahren zurückzuführen sind. Darin ist der Grund zu sehen, dass derartige Kombinationen, die in einzelnen Phasen der Konstruktion unterschiedliche Vorhersageverfahren zulassen, nicht als auswertbar angesehen werden können.

---

[200] Vgl. PICKEL, H. (Kostenmodelle), S. 78 ff.

B. Systeme auf Vollkostenbasis

c) Grundrechnungen für die konstruktionsbegleitende Kostenrechnung

aa) Grenzplankostenrechnung als Grundlage einer konstruktionsbegleitenden Kostenrechnung

In der herkömmlichen **Grenzplankostenrechnung** werden nicht einzelne Produktmerkmale als Einflussgrößen berücksichtigt, sondern z.B. Fertigungs-, Rüst- oder Montagezeiten als Ersatzmaß für die Ausbringungsmengen einer Kostenstelle[201]. Es ist daher erforderlich, die Transformationsfunktionen der Grenzplankostenrechnung zunächst auf Produktmerkmale als Einflussgrößen abzuwandeln. Danach erweist es sich entsprechend Abbildung 3-54 als zweckmäßig, für die entwicklungsbegleitende Kostenrechnung zunächst eine entwicklungsbegleitende **Mengenkalkulation** durchzuführen. Die Grenzplankostenrechnung liefert dann für die vorausberechneten Mengenverbräuche Wertansätze und ermöglicht auf diese Weise die Vorausberechnung der Kosten der Gestaltungsalternative.

Ansätze der **entwicklungsbegleitenden Kostenrechnung auf der Grundlage der Grenzplankostenrechnung** sind von RICHARD LACKES und LOTHAR GRÖNER vorgeschlagen worden. Der **Ansatz von LACKES**[202] greift auf Prognosefunktionen zurück, in welchen die Abhängigkeit der Bezugsgrößen von den Produktmerkmalen erfasst wird. Für jede Bezugsgröße jeder Kostenstelle wird mit Hilfe von Regressionsanalysen eine solche Prognosefunktion bestimmt. Flexibilisierungsregeln für die Vorhersage einzelner Bezugsgrößen werden nicht formuliert. Im **Ansatz nach GRÖNER**[203] wird auf eine Suchkalkulation zurückgegriffen, mit deren Hilfe aus der Menge bereits gefertigter Produkte dasjenige ausgewählt wird, das dem zu konstruierenden Produkt am ähnlichsten ist. Materialbedarf und Bezugsgrößen des ähnlichsten Produkts sind bekannt, so dass dessen Herstellkosten mit den Wertinformationen der Grenzplankostenrechnung kalkuliert werden können. Aus den Herstellkosten des ähnlichsten Produkts werden dann die Herstellkosten des zu konstruierenden Produkts durch Inter- bzw. Extrapolation über die Produktmerkmale berechnet. Im Unterschied zum Ansatz von LACKES wird bei GRÖNER die Kostenprognose durch die Anwendung von zwei Regeln flexibilisiert: (1) Für Produktmerkmale, deren Ausprägungen im Kalkulationszeitpunkt nicht bekannt sind, gehen Werte des ähnlichsten Produkts in die Kostenprognose ein. (2) Die Kosten des zu konstruierenden Produkts werden mit zunehmender Konkretisierung differenziert nach einzelnen Produktkomponenten berechnet.

Gemeinsam ist beiden Ansätzen, dass in ihnen **proportionale Gemeinkosten** des indirekten Leistungsbereichs über Zuschlagssätze auf Einzel- oder Herstellkosten verrechnet werden. In beiden Fällen werden Abhängigkeiten zwischen den kostenverursachenden Produktmerkmalen und den Kosten des indirekten Leistungsbereichs nicht erfasst. Im Ergebnis werden daher bei der Konstruktion Gestaltungsalternativen bevorzugt, für welche niedrige Mate-

---

[201] Vgl. Kapitel 3., Abschnitt D.I.3.a)aa), S. 414.
[202] Vgl. LACKES, R. (Kosteninformationssystem), S. 322 f.
[203] Vgl. GRÖNER, L. (Vorkalkulation), S. 209 ff.

rial- und Lohnkosten anfallen, weil man deren tatsächliche Auswirkungen auf die proportionalen Kosten des indirekten Leistungsbereichs vernachlässigt. Des Weiteren fehlt in beiden Ansätzen eine Analyse von Wirkungen kostenverursachender Produktmerkmale auf die fixen Kosten des indirekten Leistungsbereichs. Die von den Gestaltungsalternativen auf die Kosten des indirekten Leistungsbereichs ausgelösten Wirkungen werden also nicht erfasst. Beide Ansätze sind daher eher dazu geeignet, eine **fertigungsorientierte Konstruktion** zu unterstützen.

bb) Prozesskostenrechnung als Grundlage einer konstruktionsbegleitenden Kostenrechnung

In jüngster Zeit wird in der betriebswirtschaftlichen Literatur auch die **Prozesskostenrechnung als Grundlage einer konstruktionsbegleitenden Kostenrechnung** vorgeschlagen[204]. Die Prozesskostenrechnung erfasst und verrechnet nur die Kosten des indirekten Leistungsbereichs[205]. Sie kann damit nur der zielorientierten Gestaltung der Gemeinkosten des indirekten Leistungsbereichs dienen. Um diesem Rechnungszweck zu genügen, müssen die bekannten Ansätze der Prozesskostenrechnung angepasst werden[206]. Die **Modifikationen** betreffen vor allem

- die Abgrenzung der Prozesse,
- den Verrechnungsumfang und
- die Auswahl der Prozessbezugsgrößen (Driver).

Zur Unterstützung der kostenorientierten Konstruktion sind Informationen über die **relevanten** Kosten bereitzustellen. Relevant sind die von den Produktmerkmalen abhängigen Kosten, über die in der Konstruktion entschieden wird. Die Prozesse im indirekten Leistungsbereich müssen deshalb nach der Abhängigkeit der Prozessmengen von **Produktmerkmalen** abgegrenzt werden. Da die Verrechnung auf die Produkte in diesem System der Prozesskostenrechnung jeweils über eine einzige Bezugsgröße erfolgt, müssen die Prozesse so abgegrenzt werden, dass die Prozesskosten allein von einer Prozessbezugsgröße abhängig sind. Nur die Kosten einflussgrößenabhängiger Prozesse sind für Konstruktionsentscheidungen relevant und durch die Konstruktion beeinflussbar. Deshalb dürfen nur die Kosten **einflussgrößenabhängiger Prozesse** auf die Produkte verrechnet werden. Eine **verursachungsgerechte Verrechnung** der Kosten einflussgrößenabhängiger Prozesse auf die Produkte setzt voraus, dass die Prozessbezugsgrößen zwei Anforderungen genügen:

> Die Produktmerkmale und die Prozessbezugsgrößen der Prozesse müssen durch einen **funktionalen Zusammenhang** verknüpft sein.

---

[204] Vgl. z.B. WÄSCHER, D. (Gemeinkosten-Management), S. 312; FOSTER, G./GUPTA, M. (Activity Accounting), S. 233; FRANZ, K.-P. (Konstruktion), S. 37 ff.
[205] Vgl. Kapitel 3., Abschnitt B.III.3.c), S. 365 ff.
[206] Vgl. hierzu auch BANKER, R.D./DATAR, S.K./KEKRE, S./MUKHOPADHYAY, T. u.a. (Complexity), S. 220 f.

> Zwischen den Prozessmengen und dem Produkt muss ein Zusammenhang bestehen (Prozesskoeffizient), der eine **eindeutige Zuordnung von Prozessmengen zu Produkten** ermöglicht.

Diese Anforderungen verlangen, dass die **Prozessbezugsgrößen** Maßgrößen der Kostenverursachung sind, durch welche sich die Unterschiede der Produkte in kostenbeeinflussenden Produktmerkmalen abbilden lassen. Nur wenn bei der Abgrenzung der Prozesse und der Auswahl der Prozessbezugsgrößen eine Vielzahl konstruktiver Produktmerkmale berücksichtigt werden kann, ist es möglich, die Produktkomplexität und die Heterogenität des Produktionsprogramms durch das Rechnungskonzept zu erfassen.

Mit der Prozesskostenrechnung werden überwiegend **beschäftigungsfixe Kosten** auf die Produkte verrechnet. In der Konstruktion wird neben den beschäftigungsvariablen Kosten und einigen Sondereinzelkosten (z.B. Werkzeugkosten) zunächst der Bedarf an Leistungsabgaben fixkostenverursachender Potentialgüter beeinflusst. Eine Verringerung des Bedarfs an Leistungsabgaben fixkostenverursachender Potentialgüter führt jedoch nur dann zu Kostenänderungen, wenn die Potentialgüter selbst abgebaut oder einer anderen Nutzung zugeführt werden können. In allen anderen Fällen kann die undifferenzierte Verrechnung beschäftigungsfixer Kosten zu Fehlurteilen führen.

Der **Prozesskostenrechnung** liegen u.a. folgende einschränkende **Annahmen** zugrunde:

- die Konstanz der Prozesskostensätze,
- die Proportionalität zwischen den Prozessbezugsgrößen und den Prozesskosten sowie
- lineare Kostenfunktionen.

Darüber hinaus können immer nur die Wirkungen einiger wichtiger Produktmerkmale abgebildet werden. Die Kosteninformationen der Prozesskostenrechnung sind deshalb nicht unmittelbar für die Bewertung von Gestaltungsalternativen geeignet. Sie bilden jedoch eine globale Grundlage für die Formulierung von **Konstruktionsrichtlinien** über die Kostenwirkungen von Produktmerkmalen[207]. Für die Zwecke der kostenorientierten Konstruktion muss die Prozesskostenrechnung deshalb nicht als laufende Rechnung ausgestaltet werden. Die kostenverursachenden Produktmerkmale müssen nur in bestimmten Zeitabständen identifiziert werden, um die Konstruktionsrichtlinien anzupassen.

5. Aussagefähigkeit betriebswirtschaftlicher Kostenrechnungssysteme für die Planung und Steuerung von Produktkosten in der Konstruktion

In den traditionellen Systemen der Kostenrechnung werden nur die Materialeinzelkosten sowie die fertigungszeitabhängigen Gemeinkosten nach kostenbeeinflussenden Produktmerkmalen auf die Produkte verrechnet. Sie sind deshalb für die Kostenplanung und -steuerung bei der Konstruktion nur

---

[207] Vgl. COOPER, R./TURNEY, P.B. (Activity-Based Cost Systems), S. 295 f.

dann aussagefähig, wenn ein homogenes Produktionsprogramm angeboten werden soll, das sich aus Produkten mit geringem Komplexitätsgrad zusammensetzt. Diese Merkmale weist das Produktionsprogramm einer Unternehmung in der Regel nur dann auf, wenn eine **Kostenführerschaftsstrategie** verfolgt wird.

Wird dagegen eine **Differenzierungsstrategie** verfolgt, ist das Produktionsprogramm durch hohe Programm- oder Produktkomplexität gekennzeichnet. Um deren Kosten gestalten zu können, müssen bei der Kostenplanung und -steuerung in der Konstruktion neben den Materialeinzelkosten und den fertigungszeitabhängigen Gemeinkosten die Kosten produkt- bzw. programmkomplexitätsabhängiger Prozesse des indirekten Leistungsbereichs berücksichtigt werden. Zur Unterstützung ist ein Kostenrechnungssystem zu konzipieren, das die Kosten dieser Prozesse nach kostenbeeinflussenden Produktmerkmalen auf die Produkte verrechnet. Die bisher vorgeschlagenen Ansätze der Prozesskostenrechnung genügen diesem Auswertungszweck jedoch nicht.

Die Produktkosten setzen sich damit aus Vorleistungs-, Leistungserstellungs- und Nachleistungskosten zusammen. Die traditionellen Verfahren der Kostenrechnung beziehen sich jedoch auf kalendermäßig abgegrenzte Abrechnungseinheiten. Bei mehrperiodigen Produktlebenszyklen hat das zur Folge, dass die Vorleistungs- und Nachleistungskosten einer Periode durch andere Produkte verursacht sein können als die Leistungserstellungskosten. Um die Vorleistungs- und Nachleistungskosten verursachungsgerecht auf Produkte verrechnen zu können, muss eine konstruktionsbegleitende Kostenrechnung als **lebenszyklusorientiertes Rechnungssystem** ausgestaltet sein, d.h., sie muss die drei folgenden Merkmale aufweisen:

- Die Nachleistungskosten werden als prognostisch antizipierte Größen erfasst und verrechnet.
- Die Vorleistungs-, Leistungserstellungs- und Nachleistungskosten werden getrennt erfasst, dokumentiert und verrechnet.
- Die Vorleistungs- und Nachleistungskosten werden über die Produktionsmenge im Produktlebenszyklus auf die Produkte verrechnet.

Zusammenfassend kann festgehalten werden, dass die bekannten Systeme der Kostenrechnung für die Unterstützung der Kostenplanung und -steuerung bei der Konstruktion nur begrenzt aussagefähig sind. Ein System der Kostenrechnung, dessen Rechnungsziel die Bereitstellung von Kosteninformationen für die Kostenplanung und -steuerung in der Konstruktion zum Inhalt hat, ist bis jetzt noch nicht entwickelt worden.

III. Systeme der Prozesskostenrechnung (Aktivitätskostenrechnung)

1. Entwicklung und Begriff der Prozesskostenrechnung

a) Entwicklung der Prozesskostenrechnung

Die **herkömmlichen Systeme der Kostenrechnung** sind unter den Bedingungen einer relativen Homogenität des Fertigungs- und Absatzprogramms entwickelt worden. Da bisher davon ausgegangen werden konnte, dass sich die Zusammensetzung der Fertigungs- und Absatzprogramme nur langsam über mehrere Perioden veränderte, richtete sich die Kostenrechnung an kurzfristigen Entscheidungen der Produktionsmengen aus und präzisierte dementsprechend ihre Rechnungsziele. So ist es zu verstehen, dass die bisherigen Systeme der Kostenrechnung an den kurzfristigen Entscheidungen der Planung und Steuerung der Produktionsmengen bzw. Produktionsprozesse orientiert sind. Die Programmhomogenität rechtfertigt auch die Annahme, dass die **Beschäftigung** in der Fertigung die wichtigste Einflussgröße für alle Einsatzgüterverbräuche darstellt. Folgerichtig greifen die herkömmlichen Systeme der Kostenrechnung bei der Gemeinkostenverrechnung auf die Beschäftigung bzw. auf beschäftigungsabhängige Ersatzgrößen zurück (z.B. Materialeinzelkosten, Fertigungseinzelkosten, Herstellkosten).

Die Entwicklung der Märkte zu **Käufermärkten** ist in den letzten Jahren dadurch gekennzeichnet, dass die Anforderungen der Nachfrage an die Unternehmungen gestiegen sind. Durch die Erhöhung des Wettbewerbsdrucks sind die Unternehmungen gezwungen, diesen Anforderungen gerecht zu werden und die Variantenzahl zu erhöhen, die Produktqualität zu verbessern, die Lieferzeiten zu senken, die Produktlebenszyklen zu verkürzen sowie die gesamten Aktivitäten zu internationalisieren. Insbesondere die steigende Zahl der Produktvarianten stellt erhöhte Anforderungen an die Flexibilität der Unternehmung und den Integrationsgrad des Material- und Informationsflusses. Diese Entwicklung verstärkt die Tendenz zum Ausbau von Planungs- und Steuerungssystemen. Außerdem sind international und national Umschichtungen aus der Sachgüterproduktion in die **Dienstleistungserstellung** zu beobachten. Während im Fertigungsbereich der Industrieunternehmungen die Aktivitäten durch Reduktion der Fertigungstiefe (outsourcing) eher vermindert werden, nehmen in den so genannten **indirekten Leistungsbereichen** die Aktivitäten zu. Zu diesen werden Forschung und Entwicklung, Konstruktion, Instandhaltung, Qualitätssicherung, Fertigungsvorbereitung, Auftragsabwicklung, Beschaffung, Logistik sowie Vertrieb gerechnet. Die gekennzeichnete Entwicklung führt dazu, dass im indirekten Bereich die Gemeinkosten deutlich ansteigen und dass ihr Anteil an den Gesamtkosten stetig zunimmt.

Die Veränderung der Kostenstruktur ist neben der Zunahme der Gemeinkosten des indirekten Leistungsbereichs durch einen **Anstieg der fixen Kosten** gekennzeichnet, d.h., der Anteil der kurzfristig beeinflussbaren Kosten wird immer geringer. Der Grund für diese Veränderung der Kostenstruktur ist darin zu sehen, dass im indirekten Bereich personalintensive Prozesse vollzogen werden, die den fixen Block der Gemeinkosten schneller ansteigen lassen als die Einzelkosten und die variablen Kosten der Fertigung. Verstärkt wird diese Entwicklung durch den Einsatz neuerer Fertigungstechniken mit steigendem Automatisierungsgrad. Mit ihm nehmen die Kapitalintensität der Anlagen und die Bedeutung von Vorlaufprozessen sowie von Lernprozessen zu.

In der beschriebenen Situation kann nicht mehr davon ausgegangen werden, dass die in der Fertigung hergestellten (relativ homogenen) Produktionsmengen die alleinige Bestimmungsgröße (Einflussgröße) für die Inanspruchnahme von Leistungen im indirekten Leistungsbereich bilden. Es muss vielmehr herausgefunden werden, welche anderen Einflussgrößen den Verbrauch an Einsatzgütern im indirekten Leistungsbereich bestimmen. Bei einer Analyse des indirekten Leistungsbereichs zeigt sich, dass dort weitere Kosteneinflussgrößen wirken. Zu diesen **neuen Kosteneinflussgrößen** sind zu rechnen: der Automatisierungsgrad, die Variantenzahl, die Teilevielfalt und die Produktkomplexität. Diesen Einflussgrößen mit eher mittel- und langfristigem Charakter muss bei einer produktions- und kostentheoretischen Analyse des indirekten Leistungsbereichs besser als bisher entsprochen werden. Damit stellt sich die Frage, welche neuen Produktions- bzw. Transformationsfunktionen und Kostenfunktionen formuliert werden müssen, in welchen die genannten Determinanten als Einflussgrößen auf die Einsatzgüterverbräuche im indirekten Bereich auftreten. Des Weiteren muss geklärt werden, welche dieser Einflussgrößen in einer zugehörigen Kostenrechnung als **Bezugsgröße** verwendet werden kann, um insbesondere für die anstehenden Entscheidungen über die artmäßige Zusammensetzung des Produktionsprogramms relevante Informationen bereitstellen zu können. Da in Zukunft damit zu rechnen ist, dass der indirekte Leistungsbereich der Unternehmung noch mehr an Gewicht gewinnen wird, müssen Systeme der Kostenrechnung so strukturiert werden, dass sie mit ihren Kosteninformationen mittel- und langfristige Entscheidungen über die genannten Kosteneinflussgrößen adäquat unterstützen und darüber hinaus eine umfassende Wirtschaftlichkeitskontrolle im indirekten Leistungsbereich zulassen.

Zur Bewältigung der Kostenrechnungsprobleme, die den geänderten Anforderungen genügen sollen, ist in den letzten Jahren ein neues Kostenrechnungssystem entwickelt worden, das als **Prozesskostenrechnung** (Aktivitätskostenrechnung, Vorgangskostenrechnung, aktivitätsorientierte Kostenrechnung) bezeichnet wird. Diesem liegt der Gedanke zugrunde, dass die Gemeinkosten nicht durch die Produktionsmenge verursacht werden, sondern durch die Aktivitäten (Prozesse), die zur Erreichung des Sachziels der Unternehmung ausgeführt werden.

Im deutschsprachigen Bereich finden sich erste Hinweise auf eine prozessorientierte Behandlung von Kosten bereits bei EUGEN SCHMALENBACH 1899[208], bei BRUNO HESSENMÜLLER 1964[209] sowie bei HERMANN BÖHRS 1973[210], der

---

[208] Vgl. SCHMALENBACH, E. (Buchführung), S. 5 ff.
[209] Vgl. HESSENMÜLLER, B. (Vertriebskosten), S. 534 und 537.
[210] Vgl. BÖHRS, H. (Kostenkalkulation), S. 13.

B. Systeme auf Vollkostenbasis 349

formuliert. "Da für die Erfüllung der Betriebsaufgabe von den Betriebsangehörigen ein ganzes System von Funktionen erfüllt werden muss, entstehen die Kosten primär bei Erfüllung der einzelnen Funktionen." Ende der 70er Jahre implementiert der Siemens-Konzern in einem seiner Werke einen Ansatz der Prozesskostenrechnung[211]. Im amerikanisch-englischen Sprachbereich ist die Idee der Prozesskostenrechnung als activity-based costing (transaction costing, cost-driver costing) von MILLER/ VOLLMANN 1985[212] formuliert und von JOHNSON/KAPLAN 1987[213] sowie von COOPER/KAPLAN 1988[214] systematisch fortgeführt worden.[215] Den Rechnungsansatz der Amerikaner haben HORVÁTH/MAYER 1989[216] modifiziert und weiterentwickelt.

b) Begriff der Prozesskostenrechnung

Das besondere **Merkmal einer Prozesskostenrechnung** bei den Komponenten eines Kostenrechnungssystems[217] liegt darin, dass die Verrechnung von Gemeinkosten nicht über Kostenstellen und die dort ermittelbaren wertmäßigen Bezugsgrößen erfolgt, sondern über abgegrenzte **Prozesse** (Vorgänge, Aktivitäten) und deren mengenmäßige Wiederholung.

> Eine **Prozesskostenrechnung** wird definiert als ein System der Kostenrechnung, das Gemeinkosten von Vorgängen (Aktivitäten) über quantitative Bezugsgrößen (driver) verrechnet, welche Maßausdrücke für die Vorgangs(Aktivitäts)mengen darstellen bzw. als solche definiert werden.

Kennzeichen der Prozesskostenrechnung ist, dass die Kostenstellen als Orte der Kostenverursachung in den Hintergrund treten und stellenübergreifende **Prozesse** als Größen der Kostenverursachung in den Mittelpunkt der Betrachtung rücken. Gelingt es dabei, den abgegrenzten Prozessen verursachungsgerecht anteilige Gemeinkosten zuzurechnen, erfolgt die weitere Verrechnung fixer und variabler Gemeinkosten über die genannten Prozessbezugsgrößen (driver) und Prozesskoeffizienten auf einzelne Produkte.

2. Struktur und Funktion einer Prozesskostenrechnung

a) Rechnungsziele einer Prozesskostenrechnung

Als **Rechnungsziele** der Prozesskostenrechnung werden genannt[218]:

---

[211] Vgl. ZIEGLER, H. (Kostenrechnung), S. 304 f.
[212] Vgl. MILLER, J.G./VOLLMANN, T.E. (Hidden Factory).
[213] Vgl. JOHNSON, T.H./KAPLAN, R.S. (Relevance Lost).
[214] Vgl. COOPER, R./KAPLAN, R.S. (Product Costs); COOPER, R./KAPLAN, R.S. (Costs).
[215] Für einen aktuellen Überblick vgl. DRURY, C. (Cost Accounting), S. 141 ff.
[216] Vgl. HORVÁTH, P./MAYER, R. (Kostentransparenz).
[217] Vgl. Kapitel 1., Abschnitt B.II., S. 47 ff.
[218] Vgl. HORVÁTH, P./MAYER, R. (Kostentransparenz), S. 216; FRANZ, K.-P. (Prozesskostenrechnung), S. 115 f.; GLASER, H. (Kritik), S. 275 f.

(1) detaillierte **Abbildung** des Unternehmungsprozesses (insbesondere im indirekten Leistungsbereich),
(2) Bereitstellung von Kosteninformationen für die mittel- und langfristige **Planung und Steuerung** zu deren Umsetzung sowie
(3) Bereitstellung von Informationen für die **Kontrolle und Sicherung der Wirtschaftlichkeit** im indirekten Leistungsbereich.

Die Rechnungsziele (2) und (3) setzen voraus, dass Rechnungsziel (1) erreicht wird, d.h. die möglichst strukturgleiche **Abbildung** der Teile des Unternehmungsprozesses quantitativ gelingt, welche sich im indirekten Leistungsbereich vollziehen. Diese Abbildung setzt jedoch voraus, dass im indirekten Leistungsbereich die realisierten Kosten präzise erfasst werden können und die Verteilung der realisierten bzw. zukünftigen Kosten verursachungsgerecht auf die Prozesse, die Kostenträger bzw. andere Bezugsobjekte vorgenommen werden kann. Aus den hergeleiteten Kosteninformationen sollen schließlich Hinweise für **Kostensenkungsmaßnahmen** im indirekten Leistungsbereich abgeleitet werden.

Soll Rechnungsziel (2) verfolgt werden, muss die Prozesskostenrechnung als **Prognosekostenrechnung** ausgestaltet werden. Durch die Prozesskostenrechnung sollen in erster Linie relevante Informationen für mittel- und langfristige Entscheidungen über die **Programm- und Preispolitik** sowie über die **Produktgestaltung** unterstützt werden. Hier sollen die Produktkosten diejenige Größe darstellen, um welche sich die Gesamtkosten mittel- bis langfristig ändern, wenn das betreffende Produkt aus dem Produktionsprogramm entfernt bzw. in dieses neu aufgenommen wird. Mit der traditionellen Zuschlagskalkulation wird bei paralleler Fertigung von Massenprodukten und komplexen Varianten mit kleinen Losgrößen in der Regel das Massenprodukt mit zu hohen Gemeinkosten belastet, die verursachungsgerecht nur den Varianten zugerechnet werden können. Diese Kostenverzerrung kann zu **Fehlentscheidungen** führen. Mit der Prozesskostenrechnung sollen derartige Kostenverzerrungen möglichst vermieden werden. Aus demselben Ansatz wird für die Preispolitik gefolgert, dass Varianten, die hohe Gemeinkostenanteile verursachen, vom Absatzmarkt mit höheren Verkaufspreisen bedacht werden müssen. Auch mittel- und langfristige Entscheidungen über **Eigenfertigung und Fremdbezug** sollen durch die Prozesskostenrechnung präziser als bisher gestützt werden. Das gleiche gilt für die Unterstützung der **Konstruktion**. Hier soll nicht nur erfasst werden, welche Wirkungen die Produktgestaltung auf die Material- und Fertigungslöhne hat, sondern es soll auch gezeigt werden, welche Einsparungen im indirekten Leistungsbereich erreicht werden können, wenn vorgesehen wird, dass in erster Linie Norm- und Wiederholteile verwendet werden sowie die Anzahl an Produktteilen und Arbeitsgängen reduziert wird.

Es wird deutlich, dass mit Informationen der Prozesskostenrechnung **unterschiedliche Entscheidungen** gestützt werden sollen. Es ist daher von besonderer Bedeutung, für jede spezifische Entscheidung die zugehörigen Kosteneinflussgrößen zu bestimmen und von diesen auf die Kostenbezugsgrößen zu schließen. Soll die Prozesskostenrechnung auch in den Dienst der mittel- und langfristigen Planung anderer Problembereiche (als der Programmplanung) gestellt werden, müssen nach dem Entsprechungsprinzip zwischen Entscheidung und Rechnungsansatz einzelne Komponenten der Rechnungskonzeption inhaltlich umgestaltet werden[219].

Das Rechnungsziel der **Kontrolle und Sicherung der Wirtschaftlichkeit** im indirekten Leistungsbereich beruht zum einen auf kostenmäßigen Soll-Ist-Vergleichen. Die Ergebnisse dieser Kostenkontrolle sollen die informatorische Grundlage für eine wirkungsvolle Kostensteuerung im indirekten Leistungsbereich bieten. Dieselbe Kontrolle soll zum anderen auch Informationen bereitstellen, durch welche das Arbeits- bzw. Entscheidungsverhalten der Mitarbeiter in den einzelnen Bereichen beeinflusst werden kann. Zur Erreichung dieser Ziele ist die Prozesskostenrechnung als **Standardkostenrechnung** auszugestalten.

b) **Komponenten einer Prozesskostenrechnung**

aa) Kostenartenrechnung

Die Prozesskostenrechnung besteht aus drei Teilrechnungen. Diese sind:
- die Kostenartenrechnung,
- die Kostenprozessrechnung und
- die Kostenträgerrechnung.

In der **Kostenartenrechnung** wird, wie dies in herkömmlichen Kostenrechnungssystemen auch geschieht, die Höhe der periodisch entstehenden Kosten differenziert nach einzelnen Kostenarten möglichst präzise erfasst. Die Gliederung dieser Kostenarten hängt in erster Linie von den Rechnungszielen ab, die (in der Kostenprozess- und) in der Kostenträgerrechnung verfolgt werden. Zu den grundsätzlichen Problemen der Kostenartenrechnung wird auf die Ausführungen zur Kostenartenrechnung in Kapitel *zwei* verwiesen[220].

Auch in der Prozesskostenrechnung wird nach dem Merkmal der Herkunft von Einsatzgütern zwischen Gütern unterschieden, die in einem Prozess selbst hergestellt oder von außerhalb der Unternehmung bezogen werden. Diese Klassifikation der Kostenarten hängt von der Abgrenzung der Prozesse ab. Analog zur stellenorientierten Differenzierung können hier Güter, die von außen in einen Prozess hineinfließen, originäre Einsatzgüter darstellen. Sie werden entsprechend **primäre Kosten** genannt. Werden dagegen die Güter in einem Prozess hergestellt und in einen anderen eingesetzt, handelt es sich entsprechend um derivative Einsatzgüter des empfangenden Prozesses mit **sekundärem Charakter**. Betrachtet man die gesamte Tätigkeit einer Unternehmung als geschlossenen Prozess, dann existieren nur **primäre Kostenarten**. Auch in der Prozesskostenrechnung zählen Güterverbräuche für selbstgefertigte Maschinen oder Reparaturleistungen zu den sekundären Kostenarten. Betrachtet man eine Teiltätigkeit des Unternehmungsprozesses als selbständigen Prozess, erhalten alle Einsatzgüter, die aus anderen Prozessen bezogen werden, den Charakter einer **sekundären Kostenart**.

---

[219] Vgl. SCHWEITZER, M. (Systematik), S. 186 f.
[220] Vgl. Kapitel 2., Abschnitt A.IV., S. 87 ff.

Die Unterscheidung von **Einzel- und Gemeinkosten** betrifft die Zurechenbarkeit von Kosten zu bestimmten Bezugsobjekten. Dabei hängt es von der Abgrenzung der Bezugsobjekte ab, welche Kosten jeweils als Einzelkosten und welche als Gemeinkosten zu klassifizieren sind. In der Prozesskostenrechnung sind die wichtigsten Bezugsobjekte Prozesse und Kostenträger. Einzel- und Gemeinkosten lassen sich daher folgerichtig für Prozesse, Produkte und Produktgruppen unterscheiden. Wird bei der Unterscheidung in Einzel- und Gemeinkosten das jeweilige Bezugsobjekt nicht explizit genannt, ist davon auszugehen, dass der Kostenträger gemeint ist und es sich um Kostenträgereinzel- bzw. -gemeinkosten handelt.

In der herkömmlichen Kostentheorie gilt die **Beschäftigung** als die wichtigste Kosteneinflussgröße. Sie ist die realisierte bzw. zu realisierende (prognostizierte oder geplante) Ausbringung (Leistung) der Unternehmung oder eines Teilbereichs während einer Abrechnungs- oder Planperiode[221]. Die Prozesskostenrechnung beschäftigt sich in erster Linie mit dem indirekten Leistungsbereich, in welchem überwiegend **fixe Kosten** anfallen. Deren Konstanz ist darauf zurückzuführen, dass sie Kosten des vorhandenen Leistungspotentials bzw. der gegebenen Leistungsbereitschaft darstellen. Nach der bisher formulierten Klassifikation handelt es sich bei ihnen um **beschäftigungsfixe Kosten**. Da diese den Produkteinheiten nicht direkt zugerechnet werden können, stellen sie unter verrechnungstechnischen Gesichtspunkten **Gemeinkosten** der Produkteinheiten dar. In diesem Sinne haben die meisten Kosten der Leistungsbereitschaft den Charakter von **fixen Gemeinkosten**. Bei den zugrunde liegenden verbrauchten Einsatzgütern handelt es sich um bewertete Leistungsabgaben einzelner Potentialgüter. Im Einkauf ist beispielsweise das verbrauchte Einsatzgut die von einem Sachbearbeiter erbrachte Leistung beim Vollzug des Einkaufsprozesses. Bei konstanter Intensität wird diese Leistung durch die Arbeitszeit gemessen, die für den Einkaufsprozess benötigt wird. Der Wertansatz für die Arbeitsminute bzw. -stunde des Einkäufers hängt von der Höhe des (gegebenen und fixen) Gehalts des Einkäufers ab. Die Umrechnung dieser fixen Kosten auf beispielsweise Arbeitsstunden stellt eine **Proportionalisierung von fixen Kosten** auf Zeiteinheiten bzw. auf die Einflussgröße dieser Zeiteinheiten dar. Eine unterschiedliche Beschäftigung des Einkäufers führt zwar zu einer unterschiedlichen Auslastung seines Leistungspotentials, verändert jedoch seine Potentialkosten, d.h. sein Gehalt, nicht. Eine unterschiedliche Auslastung führt hier zu keiner Veränderung der Höhe der fixen Gemeinkosten. Auf diese wirken in der Regel ganz andere Einflussgrößen als die Beschäftigung. In erster Linie sind es Investitions- bzw. Desinvestitionsentscheidungen, die das Leistungspotential bzw. die Leistungsbereitschaft tangieren und damit die Höhe der fixen Gemeinkosten bestimmen.

bb) Kostenprozessrechnung

Die Grundannahme der Prozesskostenrechnung besagt, dass die Gemeinkosten des indirekten Leistungsbereichs nicht unmittelbar durch Produkte, son-

---

[221] Vgl. Kapitel 3., Abschnitt B.I.2.a), S. 274 ff.

dem durch Prozesse verursacht werden. Die Gemeinkosten des indirekten Leistungsbereichs werden daher in ihr nicht über mengen- und wertabhängige Kalkulationsbezugsgrößen (z.B. Materialeinzelkosten, Herstellkosten) auf Produkte (Kostenträger) verrechnet, sondern über die jeweilige Prozessmenge, die vom Produkt beansprucht wird. Die Kostenstellenrechnung der traditionellen Kostenrechnung wird in der Prozesskostenrechnung deshalb durch eine Prozessgliederung zu einer Kostenprozessrechnung erweitert. Kostenstellen können als Abrechnungsbezirke zwar gebildet werden, sie spielen jedoch eine untergeordnete Rolle. Die auf die Kostenstellen verrechneten Gemeinkosten werden in der Prozesskostenrechnung stets auf Prozesse weiterverrechnet, die nach bestimmten Kriterien gebildet werden. Diese Rechnung wird **Kostenprozessrechnung** genannt.

Die Kostenprozessrechnung umfasst die folgenden vier Komponenten:

- die Prozessgliederung,
- die Kosteneinflussgrößen,
- die Prozessbezugsgrößen (driver) sowie
- die Prozesskostensätze.

> Ein **Prozess** ist dadurch gekennzeichnet, dass er eine Folge von Aktivitäten (Vorgängen, Tätigkeiten, Arbeitsgängen) umfasst, die sich auf ein bestimmtes Arbeitsobjekt beziehen und bei erneutem Arbeitsvollzug an einem neuen Arbeitsobjekt identisch wiederholt werden.

Grundlage für die Bildung der auftretenden Prozesse ist eine detaillierte Tätigkeitsanalyse. Die in ihr festgestellten Tätigkeiten werden in einem weiteren Schritt zu Prozessen zusammengefasst. Beispielsweise lassen sich die Tätigkeiten Transport, Einbau und Justieren des Werkzeugs, Programmierung sowie Transport und Kontrolle des Materials zum Prozess 'Rüsten' zusammenfassen[222].

Für die Prozesskostenrechnung ist kennzeichnend, dass die für einen Prozess anfallenden Kosten jeweils mit nur einer einzigen Kalkulationsbezugsgröße auf den jeweiligen Kostenträger verrechnet werden. Dieses Vorgehen setzt voraus, dass nur solche Tätigkeiten zu einem Prozess zusammengefasst werden, von welchen mit ausreichender Gewissheit feststeht, dass ihre Kosten von der gleichen Kosteneinflussgröße abhängen. In diesem Sinne umfasst ein **Prozess** stets Tätigkeiten, deren Kosten durch ein und dieselbe Kosteneinflussgröße verursacht werden. Bei der Produktion von Varianten kann es sich z.B. als zweckmäßig erweisen, nicht nur die Abhängigkeit der Kosten von der Produktionsmenge abzubilden, sondern auch ihre Abhängigkeit von der Variantenanzahl. Konsequent muss dann die zugehörige Prozessgliederung so vorgenommen werden, dass die abgegrenzten Prozesse mit ihren Kosten entweder produktionsmengen- oder variantenzahlabhängig sind. Nach der Abhängigkeit der Kosten eines Prozesses von den berücksichtigten Kosteneinflussgrößen kann dann zwischen einflussgrößenabhängigen und einfluss-

---

[222] Vgl. COOPER, R. (Activity-Based Costing), S. 345.

größenunabhängigen Kosten unterschieden werden. Die **einflussgrößenunabhängigen Kosten** sind dadurch gekennzeichnet, dass sie von keiner der berücksichtigten Kosteneinflussgrößen abhängen.

Bei der **programmorientierten Prozesskostenrechnung**, die das Rechnungsziel 'Bereitstellung von Kosteninformationen für die mittel- und langfristige Produkt- und Programmplanung' verfolgt, hängen die **Kosteneinflussgrößen** sehr eng mit dem Kostenträger zusammen. Sie erfassen Merkmale der Kostenträger, welche den Einsatzgüterverbrauch bestimmen, der im indirekten Leistungsbereich kurz-, mittel- oder langfristig durch den Kostenträger ausgelöst wird. Eine Besonderheit der programmorientierten Prozesskostenrechnung liegt darin, dass Produktteile und Produkte als Kostenträger berücksichtigt werden. Deshalb muss in diesem Rechnungsansatz die Abhängigkeit der Kosten von produkt- und programmbezogenen Merkmalen abgebildet werden. Auf deren Ausprägung nehmen die Entwicklung und Konstruktion, die Fertigungsplanung, die Programmplanung usw. eines einzelnen Produkts, einer Produktgruppe bzw. des gesamten Produktionsprogramms Einfluss. Beispielhaft lassen sich daher als Kosteneinflussgrößen der programmbezogenen Variante der Prozesskostenrechnung die Variantenzahl, die Produktionsmenge und die Produktkomplexität nennen. Die Produktkomplexität wiederum kann durch die Merkmale des Stückprozesses, die Anzahl der benötigten Einzelteile und die Qualitätsanforderungen präzisiert werden.

Die Heterogenität des Produktions- und Absatzprogramms kann durch die Berücksichtigung einer Vielzahl von Kosteneinflussgrößen präzise abgebildet werden. Welche dieser Kosteneinflussgrößen im Einzelfall zu berücksichtigen sind, hängt im Sinne des **Entsprechungsprinzips zwischen Entscheidung und Rechnungsansatz** vom vorliegenden Entscheidungsproblem ab, für dessen Lösung Kosteninformationen bereitgestellt werden sollen. Im Ergebnis können mit der programmorientierten Prozesskostenrechnung **relevante Kosteninformationen** nur für diejenigen produkt- und programmbezogenen Entscheidungen bereitgestellt werden, in welchen die Entscheidungsvariablen in einer möglichst engen Beziehung zu den Kosteneinflussgrößen stehen. Handelt es sich um isolierte Entscheidungen über einzelne Kosteneinflussgrößen, setzt die Bereitstellung relevanter Kosteninformationen die Unabhängigkeit der tangierten Kosteneinflussgröße voraus[223]. Die Zahl der berücksichtigten Kosteneinflussgrößen bestimmt die Komplexität der Prozesskostenrechnung. Eine Reduktion dieser Komplexität wird dadurch herbeigeführt, dass nur solche Kosteneinflussgrößen berücksichtigt werden, auf welche ein hoher Anteil der fixen Gemeinkosten zurückgeführt werden kann und welche erhebliche Kostenunterschiede zwischen den Produktarten determinieren. Welche Kosteneinflussgröße daher ausgewählt bzw. unterdrückt wird, hängt von einer gründlichen Untersuchung der Kostenabhängigkeiten ab. Werden viele Kosteneinflussgrößen berücksichtigt, ist davon auszugehen, dass bei den formulierbaren Kostenabhängigkeiten die Präzision der Gemeinkostenverrechnung zunimmt.

---

[223] Vgl. RAU, K.-H./RÜD, M. (Prozesskostenrechnung), S. 16.

B. Systeme auf Vollkostenbasis

Gemeinkosten, welche im indirekten Leistungsbereich einzelnen Prozessen verursachungsgerecht zugeordnet werden können, sollen letztlich den Kostenträgern ebenfalls möglichst verursachungsgerecht zugerechnet werden. Dies bedeutet, dass ein Kostenträger, für den ein bestimmter Prozess mehrfach durchgeführt wird, möglichst nach dieser Prozessbeanspruchung belastet werden soll.

> Die Häufigkeit, mit der ein Prozess in der Abrechnungsperiode wiederholt wird, ist die **Prozessmenge**.

Die Maßgröße der Prozessmenge wird **Prozessbezugsgröße** (cost driver) genannt. Sollen die Gemeinkosten eines Prozesses verursachungsgerecht auf Kostenträger verteilt werden, muss gefordert werden, dass zwischen der auftretenden Kosteneinflussgröße und der definierten Prozessbezugsgröße des betrachteten Prozesses eine funktionale Beziehung besteht, so dass zwischen der Prozessbezugsgröße (Kosteneinflussgröße) und den Kosten des Prozesses eine funktionale Beziehung besteht. Die Prozessbezugsgröße und die Kosteneinflussgröße eines Prozesses sind identisch, wenn die Prozessmenge mit der Kosteneinflussgröße direkt erfasst werden kann. Inhaltlich können Prozessbezugsgrößen nicht nur auf beschäftigungsabhängige Größen bezogen werden, sondern in gleicher Weise auf variantenzahlabhängige, komplexitätsabhängige u.a. Größen. Um das Arbeiten mit Prozessbezugsgrößen in der Praxis überhaupt zu ermöglichen, müssen diese leicht und einfach abgrenzbar und erfassbar sein.

In den gebildeten Prozessen darf keine heterogene Kostenverursachung auftreten. Ein zentrales Problem der Prozessbezugsgrößenfestlegung besteht daher darin, für jeden einflussgrößenabhängigen Prozess eine Einflussgröße (Prozessbezugsgröße) zu definieren, welche es ermöglicht, die jeweiligen Kosten des Prozesses mit einer einvariablen Kostenfunktion zu erfassen. Lässt sich eine derartige Prozessbezugsgröße nicht finden, weil z.B. auf die Kosten mehrere Kosteneinflussgrößen wirken, kann die gesamte Gemeinkostenverrechnung nicht verursachungsgerecht durchgeführt werden. Unter Umständen kann dieses Problem gelöst werden, indem der jeweils gebildete Prozess in mehrere **Teilprozesse** zerlegt wird, für die jeweils eine separate einvariable Kostenfunktion formuliert werden kann. In einer programmorientierten Prozesskostenrechnung muss die Prozessbildung solange variiert werden, bis ein programm- oder produktbezogenes Merkmal gefunden wird, das die gestellten Anforderungen erfüllt. Führt dieses Vorgehen auch bei einer tieferen Zerlegung in Teilprozesse nicht zum Auffinden angemessener Prozessbezugsgrößen, ist dennoch keine verursachungsgerechte Gemeinkostenverrechnung erreichbar. Auch die Kosten von Prozessen mit Tätigkeiten, die nicht repetitiv sind und überwiegend einmaligen sowie kreativen Charakter haben, können nicht verursachungsgerecht verrechnet werden, da sich diese Prozesse nicht identisch wiederholen.

Für jeden **einflussgrößenabhängigen Prozess** muss eine individuelle Prozessbezugsgröße festgelegt werden. Dagegen liegt dieser Sachverhalt bei **einflussgrößenunabhängigen Prozessen** anders. Die Kosten dieser sind nicht entscheidungsrelevant und werden deshalb auch nicht auf die Kostenträger verrechnet. Für sie sind daher keine Prozessbezugsgrößen zu definieren. Werden die Prozessbezugsgrößen zweckmäßig festgelegt und führen sie tatsächlich zu einer Kostenbeziehung, die dem Verursachungsprinzip genügt, dann können sie neben ihrer kalkulatorischen Aufgabe der Kostenplanung und -kontrolle dienen und Hinweise für Maßnahmen zur Sicherung der Wirtschaftlichkeit im indirekten Leistungsbereich geben.

Um schließlich zu einer **Prozesskostenkalkulation** zu gelangen, ist für jeden einflussgrößenabhängigen Prozess ein **Prozesskostensatz** zu berechnen. Er drückt die Gemeinkosten des Prozesses aus, die für eine Einheit der Prozessbezugsgröße entstehen.

> Der **Prozesskostensatz** wird ermittelt, indem die abgegrenzten Prozesskosten durch die zugehörige Ausprägung der Prozessbezugsgröße dividiert werden.

Da der größte Teil der Prozesskosten den Charakter fixer Gemeinkosten besitzt, handelt es sich bei der Berechnung von Prozesskostensätzen um die Ermittlung anteiliger Fixkosten pro Einheit der Prozessbezugsgröße. Damit ändert sich bei fixen Gemeinkosten eines Prozesses (Prozesskosten) der Prozesskostensatz mit veränderter Prozessbezugsgröße. In der Kostenrechnung nennt man dieses Vorgehen **Fixkostenproportionalisierung**.

cc) Kostenträgerrechnung

Einige Vertreter der Prozesskostenrechnung befürworten neben der Kostenartenrechnung und der Kostenstellenrechnung auch eine Kostenträgerrechnung[224]. In der Kostenträgerstückrechnung (Kalkulation) der Prozesskostenrechnung werden die Kosten eines Produkts bzw. eines Produktteils berechnet. Die zugerechneten Kosten umfassen neben den variablen Kosten auch **Fixkostenanteile**, die mittels der Prozesskostensätze auf das Stück verrechnet werden. Um die relevanten Kosten für eine Entscheidung zu erfassen, dürfen den Kostenträgern nur die **Kosten einflussgrößenabhängiger Prozesse** zugerechnet werden, deren Kosten von den jeweiligen Entscheidungsvariablen abhängen. Die Kosten einer Produkteinheit sind dann nicht totale Vollkosten. Das heißt, dass in diese Kalkulation nur Kosten übernommen werden dürfen, die von den Kosteneinflussgrößen abhängen, über die entschieden wird (Entscheidungsvariable). Die Kosten einflussgrößenunabhängiger Prozesse können in einer programmbezogenen Variante der Prozesskostenrechnung für Produkt- und Programmentscheidungen weder mittel- noch langfristig entscheidungsrelevant sein.

---

[224] Vgl. z.B. COENENBERG, A.G./FISCHER, T.M. (Prozesskostenrechnung), S. 28 ff.; COOPER, R. (Activity-Based Costing), S. 361 ff.; HORVÁTH, P. u.a. (Praxis), S. 612.

> Um Prozesskosten verursachungsgerecht auf eine Produktart zurechnen zu können, muss ein **Prozesskoeffizient** bestimmbar sein, der ausdrückt, wie viele Prozessbezugsgrößeneinheiten erforderlich sind, um eine Einheit der betrachteten Produktart zu bearbeiten.

Ist dieser Prozesskoeffizient ermittelbar, erfolgt die Zurechnung von Prozesskosten auf die Produkteinheit durch Multiplikation des zugehörigen Prozesskostensatzes mit dem Prozesskoeffizienten. Der Prozesskoeffizient postuliert eine präzise und empirisch gut bestätigbare Beziehung zwischen Prozessbezugsgrößeneinheit und Produkteinheit. Für jede unabhängige Prozessbezugsgrößeneinheit und für jedes Produkt ist ein besonderer Prozesskoeffizient zu definieren. Tritt der Fall auf, dass ein einflussgrößenabhängiger Prozess von mehreren Produktarten gemeinsam in Anspruch genommen wird (verbundene Produktion), dann können keine Prozesskoeffizienten definiert und damit keine anteiligen Prozesskosten auf Produkte zugerechnet werden. Ein Beispiel für einen solchen Prozess ist die Beschaffung eines Einzelteils, das für die Herstellung mehrerer Produktarten verwendet wird.

Die **gesamten Stückkosten** eines Kostenträgers werden ermittelt, indem die anteiligen Prozesskosten (Prozesskostensatz · Prozesskoeffizient) über alle involvierten einflussgrößenabhängigen Prozesse addiert werden. Nur wenn die Prozesskosten aller einflussgrößenabhängigen Prozesse von programmorientierten Kosteneinflussgrößen abhängig sind, kann diese Ermittlung der Stückkosten als verursachungsgerecht betrachtet werden. Schematisch lässt sich die Struktur der programmorientierten Prozesskostenrechnung in Abbildung 3-55 darstellen.

Die jeweils den Produkten nicht zugerechneten Kosten einflussgrößenunabhängiger Prozesse sind am Ende der Abrechnungsperiode direkt in die Periodenerfolgsrechnung zu übernehmen. Im Sinne der relativen Einzelkostenrechnung[225] können für diese Kostenanteile auch sog. **Deckungsbudgets** bestimmt werden. Die Stückkosten, die in der Prozesskostenrechnung berechnet werden, können Einzelkosten, variable Gemeinkosten, proportionalisierte fixe Fertigungsgemeinkosten und proportionalisierte fixe Gemeinkosten einflussgrößenabhängiger Prozesse des indirekten Leistungsbereichs enthalten. Durch diese Komponenten soll der Heterogenität des Produktions- und Absatzprogramms genügt und dem Prinzip der **Entscheidungsrelevanz** entsprochen werden.

Soweit in der Prozesskostenkalkulation Kosten von Prozessen verrechnet werden, für welche keine Prozessbezugsgrößen bzw. Prozesskoeffizienten bestehen oder definiert werden können, ergeben sich Kostenverzerrungen, die dem Relevanzprinzip widersprechen. Zur Vermeidung dieser Informationsverzerrung wird vorgeschlagen[226], die **Gemeinkostenverrechnung in zwei Stufen** durchzuführen. Dabei sollten in der **ersten Stufe** nur Gemeinkosten verrechnet werden, für welche Prozessbezugsgrößen und Prozess-

---

[225] Vgl. Kapitel 3., Abschnitt D.IV., S. 528 ff., insb. D.IV.3.a), S. 542 ff.
[226] Vgl. COENENBERG, A.G./FISCHER, T.M. (Prozesskostenrechnung), S. 28 ff.

358 3. Kapitel: Planungsorientierte Systeme der KER

koeffizienten definiert werden können. In der **zweiten Stufe** wären die restlichen Gemeinkosten zu verrechnen, für die keine Prozessbezugsgrößen bzw. Prozesskoeffizienten festgelegt werden können. In dieser zweiten Stufe werden zur Gemeinkostenverrechnung Kalkulationsgrößen herangezogen, die nicht mit den Prozessbezugsgrößen identisch sind, wie z.B. die Materialeinzelkosten und die Herstellkosten.

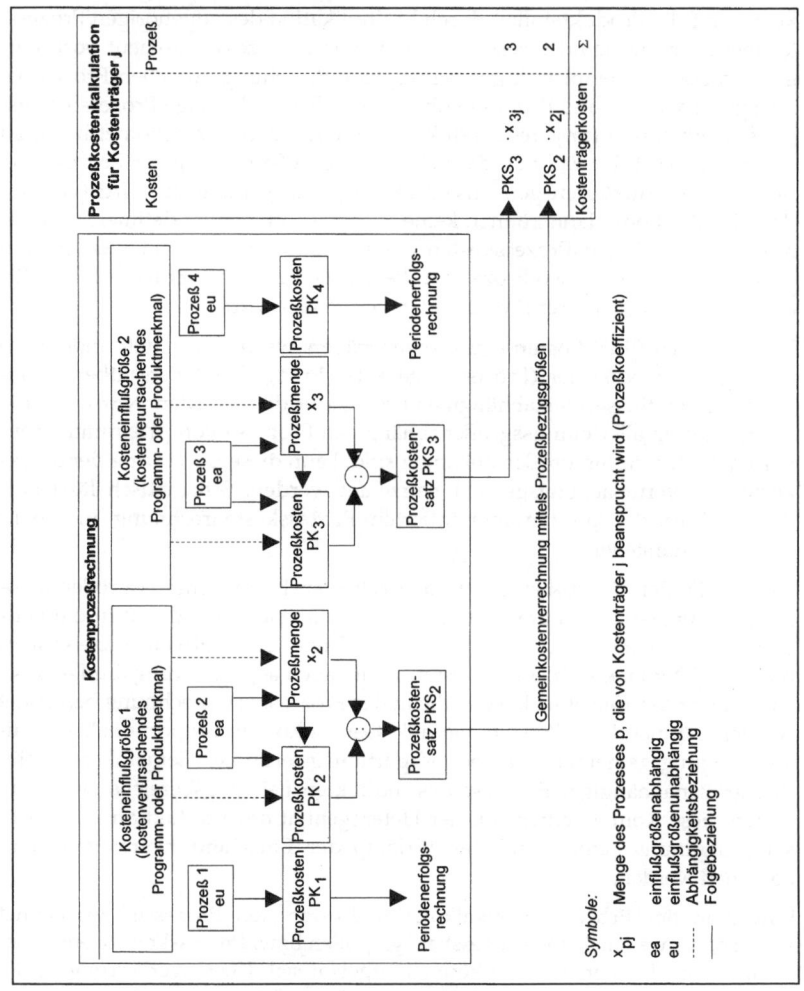

Abb. 3-55: Struktur der programmorientierten Prozesskostenrechnung

B. Systeme auf Vollkostenbasis

3. Darstellung und Analyse von Ansätzen der Prozesskostenrechnung

a) Abgrenzung der Ansätze

Gemeinsames Merkmal aller Ansätze der Prozesskostenrechnung ist die Verrechnung der Gemeinkosten von Prozessen über **Bezugsgrößen**, welche Maßgrößen für die Prozessmengen(-wiederholung) darstellen. Systeme der Kostenrechnung mit diesem Merkmal sind

- das activity-based costing,
- die Prozesskostenrechnung nach HORVÁTH u.a. sowie
- die prozessorientierte Kostenrechnung.

Obwohl sich frühe Ansätze zur Prozesskostenrechnung auch im deutschsprachigen Bereich nachweisen lassen, ist ein strukturiertes Konzept dieser Rechnung erst ab Mitte der achtziger Jahre in den USA entwickelt worden. Unter dem Namen 'activity-based costing' haben COOPER, JOHNSON und KAPLAN die wichtigsten Beiträge zu diesem Rechnungskonzept erbracht. Auslöser für die Entwicklung des activity-based costing war die Kritik an der in den USA weit verbreiteten traditionellen Zuschlagskalkulation, in welcher Gemeinkosten über die Fertigungslöhne verrechnet werden.[227] Das activity-based costing stellt dagegen den Versuch dar, die Gemeinkosten des direkten und indirekten Leistungsbereichs verursachungsgerecht auf die Produkte zu verrechnen. In den frühen Beiträgen wird als Rechnungsziel dieses Ansatzes die Bereitstellung von Prozesskosteninformationen für die **mittel- und langfristige Produkt- und Programmplanung** genannt[228]. Neuerdings wird aber auch die Unterstützung des **Ressourcenmanagements** als Rechnungsziel des activity based-costing betont[229]. Zur Erreichung dieser Rechnungsziele werden im activity-based costing sowohl der direkte als auch der indirekte Leistungsbereich abgebildet.

HORVÁTH u.a.[230] haben den Ansatz des activity-based costing gegen Ende der 80er Jahre aufgegriffen und modifiziert. Der Hauptkritikpunkt von HORVÁTH u.a. am Konzept des activity-based costing liegt darin, dass die dort verwendeten Prozessbezugsgrößen in keiner Beziehung zu den Kostenträgern stehen und dennoch über sie Gemeinkosten auf die Träger verrechnet werden. Weiterhin wird betont, dass z.B. mit der Grenzplankostenrechnung der direkte Leistungsbereich sehr viel genauer abgebildet werden kann als mit der Prozesskostenrechnung. Der Abbildungsgegenstand der **Prozesskostenrechnung nach HORVÁTH u.a.** ist deshalb auf den indirekten Leistungsbereich beschränkt. Neben Informationen für die mittel- und langfristige Produkt- und Programmplanung sollen mit diesem Ansatz auch Informationen für das Prozesskostenmanagement und das Gemeinkostenmanagement im indirekten Leistungsbereich bereitgestellt werden.

---

[227] Für einen Überblick zum aktuellen Stand der amerikanischen Kostenrechnung vgl. HORNGREN, C.T./DATAR, S.M./FOSTER, G.M. (Cost Accounting).
[228] Vgl. COOPER, R./KAPLAN, R.S. (Product Costs), S. 20.
[229] Vgl. COOPER, R./KAPLAN, R.S. (Ressourcenmanagement); COOPER, R./KAPLAN, R.S. (Systeme).
[230] HORVÁTH, P. u.a. (Praxis); HORVÁTH, P. u.a. (Konzeption).

Bei der **prozessorientierten Kostenrechnung**[231] handelt es sich um eine Modifikation der Grenzplankostenrechnung. In der Grenzplankostenrechnung werden die proportionalen Kosten des indirekten Leistungsbereichs über Kalkulationsbezugsgrößen auf die Produkte verrechnet, die nicht mit den Bezugsgrößen der jeweiligen Kostenstellen identisch sind. Diese Form der Gemeinkostenverrechnung ist nicht verursachungsgerecht. In der **prozesskonformen Grenzplankostenrechnung** werden die proportionalen Kosten des indirekten Leistungsbereichs deshalb über Prozesse auf die Produkte verrechnet[232].

b) Ansatz des Activity-Based Costing

Anknüpfungspunkt des activity-based costing ist die Bildung von Prozessen (activities) im direkten und indirekten Leistungsbereich. Die Prozesse müssen derart abgegrenzt werden, dass der Einsatzgüterverbrauch eines Prozesses durch eine einzige Prozessbezugsgröße (cost driver) abgebildet werden kann (determiniert wird). Bei der **Bestimmung bzw. Auswahl der Prozessbezugsgrößen** sind zu beachten[233]:

- die Erfassungskosten,
- die Verhaltenseffekte auf Mitarbeiter sowie
- die Präzision der Maßdimension (des cost drivers).

Die Entscheidungen, die durch relevante Kosteninformationen unterstützt werden sollen, spielen bei der Auswahl der Prozessbezugsgrößen in diesem Konzept keine Rolle. Das lässt erkennen, dass dieser Rechnungsansatz nicht dem Entsprechungsprinzip zwischen Rechnung und Entscheidung folgt.

Für jeden abgegrenzten Prozess wird unter Verwendung von Schlüsselgrößen ein so genannter **Kostenpool** gebildet, der alle Kosten umfasst, welche durch die Realisation der betrachteten Prozesse in der Abrechnungsperiode entstehen. Die Kostenpools werden in der Prozesskostenkalkulation u.a. unter Verwendung der Prozessbezugsgrößen auf die einzelnen Produkte zugerechnet. In diesem Ansatz der Prozesskostenrechnung werden die gesamten Periodenkosten auf die Kostenträger verrechnet. Von der Zurechnung werden lediglich

- die Leerkosten sowie
- die Forschungs- und Entwicklungskosten

ausgenommen. Das activity-based costing ist damit seiner Struktur nach eine **Vollkostenrechnung**.

Im activity-based costing liegt der Prozesskalkulation eine **Hierarchie von Prozessen** mit vier Ebenen zugrunde. Bei der ersten Ebene handelt es sich um die stückbezogenen Prozesse. Diesen folgen auf der zweiten Ebene die losgrößenbezogenen Prozesse und auf der dritten Ebene die produktbezogenen Prozesse, welche die Produktpflege betreffen. Die Prozesse zur Aufrechter-

---

[231] Vgl. Kapitel 3., Abschnitt D.II., S. 512 ff.
[232] Vgl. MÜLLER, H. (Grenzplankostenrechnung), S. 319 ff.
[233] Vgl. COOPER, R. (Activity-Based Costing), S. 277 f.

B. Systeme auf Vollkostenbasis

haltung der Betriebsbereitschaft, d.h. die unternehmungsbezogenen Prozesse, bilden die vierte Ebene[234]. Die Kosten der drei ersten Ebenen werden über Prozessbezugsgrößen auf die Produkte verrechnet. Zur Verrechnung der Kosten der vierten Ebene wird mit der Wertschöpfung (wie in der traditionellen Kostenrechnung) eine wertabhängige Hilfsgröße herangezogen. Einen Überblick über die Verrechnungsregeln des activity-based costing auf den verschiedenen Hierarchiebenen gibt Abbildung 3-56.

Hierarchieebene	Art des Prozesses	Kostenarten	Verrechnungsregel
4	Unternehmensbezogene Prozesse (Prozesse zur Aufrechterhaltung der Betriebsbereitschaft)	Kosten für die Werksleitung, Kosten für die Gebäude, Heizungs- und Beleuchtungskosten	Verrechnung über indirekte, wertmäßige Kalkulationsbezugsgröße (z.B. Wertschöpfung) auf die Produktionsmenge der Periode
3	Produktbezogene Prozesse	Kosten für die Verfahrenstechnik, Kosten für Konstruktionsänderungen	Verrechnung über Prozeßbezugsgrößen (z.B. Anzahl der Materialdispositionen, Anzahl der Varianten, Anzahl der Abweichungen zu einem Standardprodukt) auf die Produktionsmenge der Periode
2	Losgrößenbezogene Prozesse	Rüstkosten, Kosten für die Materialbereitstellung, Kosten für die Abwicklung eines Kundenauftrags	Verrechnung über Prozeßbezugsgrößen (z.B. Anzahl der Fertigungslose, Anzahl der Bestellungen, Anzahl der Bestellpositionen, Anzahl der Kundenaufträge) auf Losgrößen
1	Stückbezogene Prozesse	Fertigungsmaterial, Materialeinzelkosten, Abschreibungen, Energiekosten	Verrechnung über Prozeßbezugsgrößen (z.B. Produktionsmengen, Fertigungsstunden) auf Produkteinheiten

Abb. 3-56: Hierarchie der Prozesse im activity-based costing[235]

Schematisch lässt sich der Ansatz des activity-based costing durch die Abbildung 3-57 darstellen. Abbildung 3-58 zeigt ein Beispiel zur Prozesskostenkalkulation im activity-based costing. Sie gibt die Prozessbezugsgrößen, die Prozesskosten sowie die Prozesskostensätze der Prozesse in einer Unternehmung an. Für nicht repetitive Aktivitäten fallen weitere Kosten in Höhe von € 167.000 an. Diese werden zusammen mit den Kosten der unternehmungsbezogenen Prozesse über die sonstigen Prozesskosten auf die Produkte verrechnet. In der unteren Tabelle werden die Kosten eines Auftrags über 15 Stück eines Produkts berechnet, von dem in der Periode 240 Stück gefertigt werden.

---

[234] Vgl. COOPER, R./KAPLAN, R.S. (Ressourcenmanagement), S. 88 f.
[235] Vgl. COOPER, R./KAPLAN, R.S. (Ressourcenmanagement).

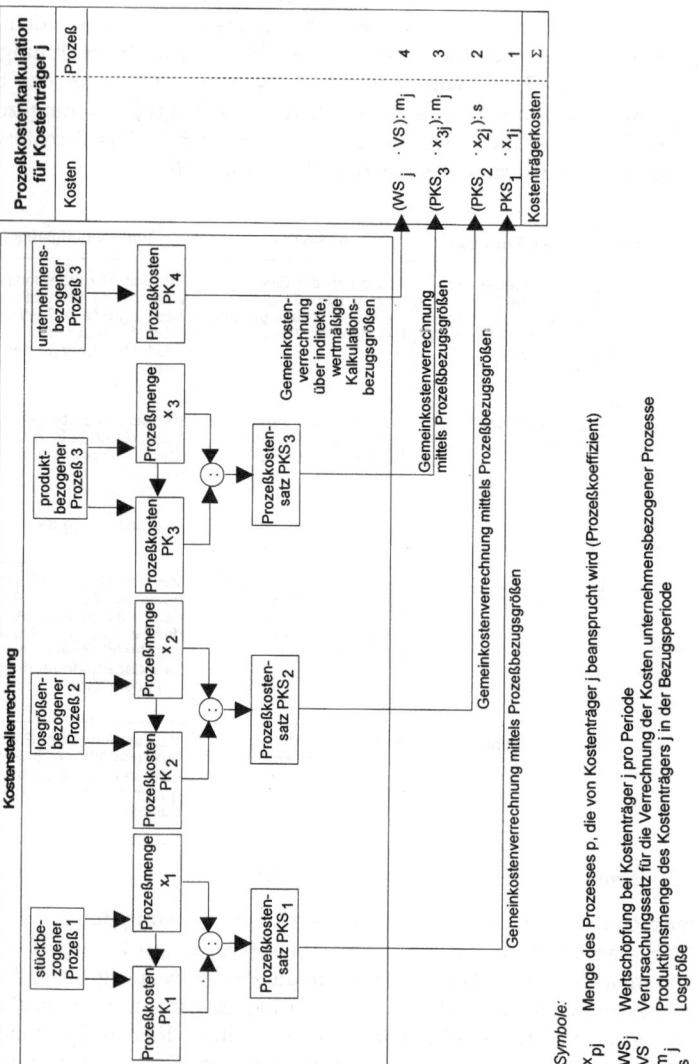

Abb. 3-57: *Struktur der Prozesskostenkalkulation im activity-based costing*

Zur Beurteilung der Aussagefähigkeit des activity-based costing für Programmentscheidungen muss analysiert werden, ob in diesem Rechnungssystem die entscheidungsrelevanten Kosten präzise abgegrenzt und verursachungsgerecht auf die Kostenträger als Bezugsobjekte (Entscheidungsvariable) sowie Komponente des Programms verrechnet werden. Zunächst ist festzustellen, dass im activity-based costing die **Prozessbezugsgrößen** (cost driver) unabhängig davon gebildet werden, welche Entscheidungen zu treffen sind. Die abgeleiteten Kosteninformationen haben daher einen geringen

B. Systeme auf Vollkostenbasis

oder gar keinen Entscheidungsbezug. Es wird keine Beziehung zwischen den Kosteneinflussgrößen, die bei der Entscheidung als Entscheidungsvariable berücksichtigt werden, und den Prozessbezugsgrößen hergestellt. Damit liegt ein deutlicher Verstoß gegen das Entsprechungsprinzip zwischen Entscheidung und Rechnungskonzept vor.

Den Produkten werden außerdem Vollkosten und damit auch einflussgrößenunabhängige Kosten zugerechnet. Die Stückkosten enthalten damit Kostenbestandteile, die für Programm- bzw. Produktentscheidungen nicht relevant sind. Sie können deshalb keine Auskunft darüber geben, welche Kosten bei der Hereinnahme eines Produkts in das Produktionsprogramm zusätzlich entstehen bzw. bei der Elimination abgebaut werden können. Ihr **Verrechnungsumfang** ist nicht entscheidungsbezogen. Diese Überlegungen lassen erkennen, dass das activity-based costing für Produktionsprogrammentscheidungen nicht aussagefähig ist. Für derartige Entscheidungen ist die Aussagekraft des activity-based costing zudem geringer als diejenige der mehrstufigen Deckungsbeitragsrechnung[236].

Fraglich ist auch, ob für die Beziehung zwischen den Prozessmengen und den Kostenträgern überhaupt eindeutige **Prozesskoeffizienten** bestehen bzw. ermittelt werden können. Wird z.B. die Anzahl der Bestellungen als Prozessbezugsgröße gewählt, kann es sich bei den Prozesskoeffizienten allenfalls um Durchschnittsgrößen oder um Schätzgrößen handeln. Ein Prozesskoeffizient wird mit Gewissheit dann fragwürdig, wenn Prozesskosten mit Hilfe der Prozessbezugsgrößen 'Zahl der stornierten Bestellungen' oder 'Anzahl der Arbeitsberichte' einzelnen Produkten zugerechnet werden sollen. Letztlich bedeutet dies eine nicht verursachungsgerechte Verrechnung der Prozesskosten auf Kostenträger.

Als Ergebnis kann festgehalten werden, dass auch im activity-based costing keine verursachungsgemäße Verteilung der gesamten Gemeinkosten auf Kostenträger erreicht wird. Damit liefert sie keine entscheidungsrelevanten Kosteninformationen für Produkt- und Programmentscheidungen.

---

[236] Vgl. SCHWEITZER, M./FRIEDL, B. (Kostenmanagement), S. 73 ff. Zur Kennzeichnung der mehrstufigen Deckungsbeitragrechnung vgl. Kapitel 3., Abschnitt D.I.5.c), S. 464 ff.

3. Kapitel: Planungsorientierte Systeme der KER

Prozesse		Prozeßbezugsgröße		Prozeß-kosten (Kostenpool)	Prozeß-kostensatz
Hierarchieebene	Bezeichnung	Art	Menge		
Stückbezogene Prozesse	Fertigungsprozeß I	Maschinenzeit in Minuten	1.382.400	2.764.800	2,00
	Fertigungsprozeß II	Arbeitszeit in Minuten	1.152.000	1.382.400	1,20
Losgrößenbezogene Prozesse	Material beschaffen über Rahmenverträge	Anzahl der Bestellungen	400	32.000	80,00
	Material beschaffen über Einzelverträge	Anzahl der Bestellungen	180	21.600	120,00
	Fertigungsauftragskommissionierung	Anzahl der Stücklistenpositionen	1.200	24.000	20,00
	Fertigungssteuerung	Anzahl der Fertigungsoperationen	2.000	30.000	15,00
	Auftragsabwicklung	Anzahl der Aufträge	380	53.200	140,00
Produktbezogene Prozesse	Teile verwalten	Anzahl der Einzelteile	800	100.000	125,00
	Varianten betreuen	Anzahl der Varianten	75	33.750	450,00
Unternehmensbezogene Prozesse	Lieferanten betreuen	Anzahl der Lieferanten	45	36.000	800,00
	Personal betreuen	Anzahl der Mitarbeiter	300	39.000	130,00
	Lohn- u. Gehaltsabrechnung	Anzahl der Abrechnungen	980	24.500	25,00
Summe				4.541.250	

Prozeßkostenkalkulation im activity-based costing			
Kostenkategorie	Prozeß-kostensatz	Prozeßkoeffizient	zugerechnete Kosten
Materialeinzelkosten	-	-	280,00
Kosten stückbezogener Prozesse			
Fertigungsprozeß I	2,00	320	640,00
Fertigungsprozeß II	1,20	180	216,00
Kosten losgrößenbezogener Prozesse			
Material beschaffen über Rahmenverträge	80,00	8 mit Losgröße 10 / 4 mit Losgröße 20	80,00
Material beschaffen über Einzelverträge	120,00	4 mit Losgröße 5	96,00
Fertigungsauftragskommissionierung	20,00	24 bei Losgröße 15	32,00
Fertigungssteuerung	15,00	28 bei Losgröße 15	28,00
Auftragsabwicklung	140,00	1 bei Losgröße 15	9,33
Kosten produktbezogener Prozesse			
Teile verwalten	125,00	24 bei Periodenstückzahl 240	12,50
Varianten betreuen	450,00	1 bei Periodenstückzahl 240	1,88
Kosten unternehmensbezogener Prozesse *			83,74
Stückkosten			1.479,45
Kosten des Auftrages (1.479,45 · 15)			22.191,75

* Verrechnungssatz 6 % auf 1.395,71 (=1.479,45 - 85,74)

Abb. 3-58: Beispiel zur Prozesskalkulation im activity-based costing

c) Ansatz von HORVÁTH u.a.

Einen modifizierten Ansatz der Prozesskostenrechnung entwickeln HORVÁTH u.a. Unter einem **Prozess** wird in ihrem System der Prozesskostenrechnung eine Kette von Aktivitäten zur Erstellung eines Leistungsoutputs verstanden. Zu Prozessen werden nur die Aktivitäten des indirekten Leistungsbereichs zusammengefasst, die repetitiver Art sind[237]. Dabei werden von ihnen zwei Arten von Prozessen unterschieden:

- Hauptprozesse sowie
- Teilprozesse.

HORVÁTH u.a. definieren hier einen **Hauptprozess** als "Kette homogener Aktivitäten, die demselben Kosteneinflussfaktor unterliegt"[238]. Aktivitäten sind homogen, wenn u.a. zwischen Arbeitsaufwand sowie Ressourceninanspruchnahme keine grundsätzlichen Unterschiede bestehen. **Prozessbezugsgrößen der Hauptprozesse** werden als 'Cost Driver' bezeichnet und sollen Maßgrößen der Kostenverursachung sein, mit denen die Prozessmenge erfasst werden kann[239]. Über die Prozessbezugsgrößen der Hauptprozesse werden Gemeinkosten auf die Bezugsobjekte verrechnet.

Ein **Teilprozess** ist eine Kette homogener Aktivitäten einer Kostenstelle, die einem oder mehreren Hauptprozessen zugeordnet werden kann. Ergänzt die Prozesskostenrechnung eine traditionelle flexible Plankostenrechnung, werden die fixen und variablen Kosten aus den Kostenstellenplänen über Schlüsselgrößen auf die Teilprozesse verrechnet. Nach dem Einfluss der Kostenstellenleistung auf die Prozessmenge, d.h. die Zahl der Wiederholungen eines Teilprozesses, wird zwischen leistungsmengenneutralen und leistungsmengeninduzierten Teilprozessen unterschieden. Von der Kostenstellenleistung sind lediglich die Prozessmengen **leistungsmengeninduzierter Prozesse** abhängig. Nur für diese Teilprozesse werden **Prozessbezugsgrößen** formuliert, die als 'Maßgrößen' bezeichnet werden. Die Kosten der leistungsmengenneutralen Prozesse werden auf die leistungsmengeninduzierten Prozesse umgelegt, wobei die Kosten der leistungsmengeninduzierten Prozesse als Schlüsselgröße dienen[240].

Die festgestellten Teilprozesse werden zu kostenstellenübergreifenden **Hauptprozessen** verdichtet. Kriterium für diese Zusammenfassung von Teilprozessen ist nicht die Prozessbezugsgröße, sondern die sachliche Zugehörigkeit der Teilprozesse zu einem Hauptprozess[241]. Ein Teilprozess kann entweder einem oder auch mehreren Hauptprozessen zugeordnet werden. Die verschiedenen Beziehungen zwischen Teil- und Hauptprozess zeigt Abbildung 3-59. Wird ein Teilprozess mehreren Hauptprozessen zugeordnet, werden die Kosten (einschließlich der Bestandteile von Kosten leistungsmengenneutraler Teilprozesse) im Verhältnis der Prozessmengen verrechnet, welche die verschiedenen Hauptprozesse vom betrachteten Teilprozess beanspru-

---

[237] Vgl. HORVÁTH, P./MAYER, R. (Konzeption), S. 16.
[238] Vgl. HORVÁTH, P./MAYER, R. (Konzeption), S. 16.
[239] Vgl. HORVÁTH, P./MAYER, R. (Konzeption), S. 18.
[240] Vgl. HORVÁTH, P./MAYER, R. (Kostentransparenz), S. 217.
[241] Vgl. HORVÁTH, P./GAISER, B. (Aufgaben), S. 56.

chen[242]. Abbildung 3-61 zeigt die Umlage der Kosten leistungsmengenneutraler Prozesse (lmn) auf leistungsmengeninduzierte Prozesse (lmi) sowie die Verrechnung von Kosten der Teilprozesse der Kostenstelle 'Einkauf'[243] auf Hauptprozesse. Der Teilprozess Wareneingangsprüfung erbringt hier für zwei Hauptprozesse Leistungen. Die Kosten dieses Teilprozesses werden im Verhältnis der für die beiden Hauptprozesse erbrachten Leistungen auf diese Hauptprozesse verrechnet.

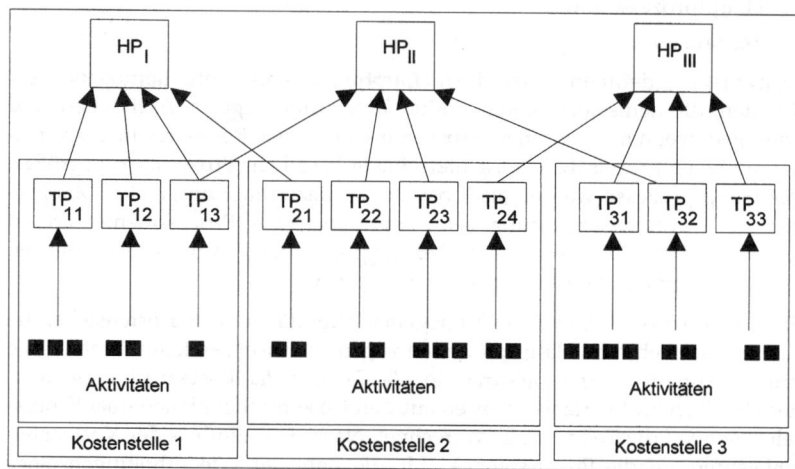

Abb. 3-59: Zusammenhang zwischen Teilprozessen und Hauptprozessen

Kostenstelle: Einkauf							
Teilprozesse		Prozeßbezugsgröße		Prozeß-kosten	Prozeßkostenansatz		Prozeß-mengen an Haupt-prozesse
Bezeichnung	Art	Art	Menge		lmi	gesamt	
Rahmenverträge abschließen	lmi	Anzahl der Rahmenverträge	60	1.680	28,00	34,04	60 an 1
Abrufe über Rahmenverträge	lmi	Anzahl der Abrufe	400	7.200	18,00	21,88	400 an 1
Einzelbestellungen tätigen	lmi	Anzahl der Einzelbestellungen	180	5.760	32,00	38,90	180 an 2
Wareneingangsprü-fung durchführen	lmi	Anzahl der Anlieferungen	620	27.900	45,00	54,71	440 an 1 180 an 2
Lieferanten überwachen	lmi	Anzahl der Lieferanten	45	27.000	600,00	729,42	45 an 8
Abteilung leiten	lmn	-----	-----	15.000	-----	-----	-----
Summe				84.540			

Abb. 3-60: Teilprozesse der Kostenstelle 'Einkauf'

Die Prozesskostenrechnung nach HORVÁTH u.a. ist insoweit keine Vollkostenrechnung, als die prozessunabhängigen Kosten nicht auf die Kostenträger

---

[242] Vgl. HORVÁTH, P. u.a. (Praxis), S. 613.
[243] Vgl. Abb. 3-60.

verrechnet werden. Zu diesen zählen die Kosten nichtrepetitiver Aktivitäten (z.B. Geschäftsleitung), für die keine Prozesse gebildet werden[244]. Weiterhin werden auch die Kosten von Hauptprozessen des sekundären Leistungsbereichs nicht auf die Objekte verrechnet[245].

Übersicht über Hauptprozesse		
	Berechnung der Kosten der Hauptprozesse	
Nr. Bezeichnung	lmi	gesamt
1 Material beschaffen über Rahmenverträge	1.680 + 7.200 + (440 · 45) = 28.680	(60 · 34,04) + (400 · 21,88) + (440 · 54,71) = 34.866,80
2 Material beschaffen über Einzelverträge	5.760 + (180 · 45) = 13.860	(180 · 38,90) + (180 · 54,71) = 16.849,80
. . .	. . .	. . .
8 Lieferanten betreuen	27.000	45 · 729,42 = 32.823,90
. .	.	.

Abb. 3-61: *Beispiel zur Verrechnung der Kosten von Teilprozessen auf Hauptprozesse*

Das System der Prozesskostenrechnung nach HORVÁTH u.a. umfasst entsprechend Abbildung 3-62 mehrere **Regeln zur Verrechnung** von Prozesskosten auf Produkte. Zur Abgrenzung des Anwendungsbereichs dieser Verrechnungsregeln müssen nach dem Produktbezug sowie dem Bezugsobjekt mehrere Prozessarten unterschieden werden. Nach dem **Produktbezug** werden in der Prozesskostenrechnung

- die **produktnahen Prozesse** des primären indirekten Leistungsbereichs sowie
- die **produktfernen Prozesse** des primären indirekten Leistungsbereichs

unterschieden. Über die Prozessbezugsgrößen der Hauptprozesse werden nur die Kosten von Prozessen verrechnet, die "in einem unmittelbaren Zusammenhang zur Materialbeschaffung, Materiallogistik oder zur Auftragsplanung und -abwicklung"[246] stehen. Diese Prozesse werden hier als '**produktnah**' bezeichnet. Die Kosten **produktferner Prozesse** des primären indirekten Leistungsbereichs werden dagegen über wertmäßige Kalkulationsbezugsgrößen (z.B. Herstellkosten, Materialeinzelkosten) auf die Objekte verrechnet, die nicht mit den Prozessbezugsgrößen identisch sind[247].

Nach dem **Bezugsobjekt** der Kostenzurechnung wird zwischen

- Vorleistungsprozessen,
- Betreuungsprozessen sowie
- Abwicklungsprozessen

---

[244] Vgl. HORVÁTH, P./MAYER, R. (Konzeption), S. 16; KÜTING, K./LORSON, P. (Überblick), S. 31.
[245] Vgl. HORVÁTH, P./MAYER, R. (Konzeption), S. 25.
[246] Vgl. HORVÁTH, P./MAYER, R. (Konzeption), S. 25.
[247] Vgl. HORVÁTH, P./GAISER, B. (Aufgaben), S. 58 f.

unterschieden. Die **Vorleistungsprozesse** umfassen alle Aktivitäten in der Entstehungsphase des Produktlebenszyklus, die nicht produktbezogen verrechnet werden. Die Kosten dieser Prozesse beziehen sich auf die gesamte Produktionsmenge während des Produktlebenszyklus. Sie werden in der Prozesskalkulation wie die Forschungs- und Entwicklungskosten behandelt, d.h., sie müssen nicht in der Plankalkulation einer Periode berücksichtigt werden. Aktivitäten, die durch die Existenz eines Einzelteils oder eines Produktes ausgelöst werden, bilden Bestandteile von **Betreuungsprozessen**. Bezugsobjekt dieser Prozesse sind die Produktionsmengen der Periode. Das Bezugsobjekt der **Abwicklungsprozesse** sind schließlich Lose. Zu diesen Prozessen zählen logistische und administrative Aktivitäten, um Objekte zu beschaffen, zu produzieren und Kundenaufträge abzuwickeln[248]. Die Verrechnungsregeln, nach denen die Kosten der hier abgegrenzten Prozessarten auf Produkte verrechnet werden, zeigt Abbildung 3-62. Die Struktur der Prozesskalkulation nach HORVÁTH u.a. gibt Abbildung 3-63 wieder.

Abbildung 3-64 enthält ein Beispiel zur Prozesskostenkalkulation nach HORVÁTH u.a. Die obere Tabelle zeigt darin die Hauptprozesse, die Prozessbezugsgrößen, die Kosten leistungsmengeninduzierter Prozesse (Prozesskosten) sowie die gesamten Prozesskosten der Unternehmung in einer Periode. In der unteren Tabelle werden die Kosten eines Auftrags über 15 Stück eines Produkts kalkuliert, von dem in der Periode 240 Stück hergestellt werden. Die Materialeinzelkosten sowie die Fertigungskosten des direkten Leistungsbereichs werden aus einer Grenzplankostenrechnung übernommen, welche durch die Prozesskostenrechnung ergänzt wird. Verrechnet werden sollen nur die leistungsmengeninduzierten Kosten. Die Kosten des Hauptprozesses 8 'Lieferanten betreuen' werden über die Materialeinzelkosten verrechnet. Es wird ein Verrechnungssatz in Höhe von 10 % angenommen.

Ein **Prozesskoeffizient** kann nach drei Verfahren bestimmt werden[249]:
- durch Einführung von Prozessplänen,
- durch Erweiterung der Kalkulation um Regeln zur Berechnung der Ressourcenbeanspruchung durch ein Produkt sowie
- durch eine Referenzkalkulation.

In den **Prozessplänen**, die den Arbeitsplänen im indirekten Leistungsbereich entsprechen, wird für jedes Teil festgelegt, welche Prozesse es im indirekten Leistungsbereich beansprucht. Als Beispiel für eine Regel zur Berechnung der **Ressourcenbeanspruchung** durch ein Produkt wird genannt: "Wenn es sich um ein Fremdbezugsteil handelt, dann addiere zu den Einstandskosten den Kostensatz (Teile beschaffen / Bestellosgröße) hinzu"[250]. Bei dem dritten Verfahren wird nur für **Referenzobjekte** eine prozessorientierte Kalkulation durchgeführt. Den anderen Objekten "wird der Prozesskostensatz eines Referenzteiles bzw. -projekts zugeordnet"[251].

---

[248] Vgl. HORVÁTH, P./MAYER, R. (Konzeption), S. 17.
[249] Vgl. HORVÁTH, P. u.a. (Praxis), S. 614.
[250] HORVÁTH, P. u.a. (Praxis), S. 614.
[251] HORVÁTH, P. u.a. (Praxis), S. 614.

Produktnähe		Bezugsobjekt	Vorleistungsprozesse	Betreuungsprozesse	Abwicklungsprozesse
primärer Leistungsbereich	produktnahe Prozesse	Verrechnungsregel • Kalkulationsbezugsgröße • Zurechnungsobjekt	Verrechnung über Prozeßbezugsgrößen auf die Gesamtproduktionsmenge im Produktlebenszyklus	Verrechnung über Prozeßbezugsgrößen auf die Produktionsmenge der Periode	Verrechnung über Prozeßbezugsgrößen auf Lose
		• Ermittlung der Stückkosten	zugerechnete Kosten : Gesamtproduktionsmenge im Produktlebenszyklus	zugerechnete Kosten : Produktionsmenge der Periode	zugerechnete Kosten : Losgröße
		Beispiele	Neuteile einführen, Neuprodukte einführen	Teile verwalten, Varianten verwalten	Beschaffung über Einzelverträge, Fertigungsauftragskommissionierung Auftragsabwicklung Inland
	produktferne Prozesse	Verrechnungsregel	Verrechnung über indirekte, wertmäßige Bezugsgrößen (Materialeinzelkosten, Herstellkosten)		
		Beispiele	Lieferanten betreuen, Kunden betreuen		
sekundärer Leistungsbereich	sekundäre Prozesse	Verrechnungsregel	keine Verrechnung auf Objekte		
		Beispiele	Personal betreuen, Lohn- und Gehaltsabrechnung, Kostenplanung und -steuerung		
	nicht repetitive Tätigkeiten, für die keine Prozesse gebildet werden	Verrechnungsregel	keine Verrechnung auf Objekte		
		Beispiele	Forschung und Entwicklung, Geschäftsführung		

Abb. 3-62: Regeln zur Verrechnung von Prozesskosten auf Produkte in der Prozesskostenrechnung nach HORVÁTH u.a.

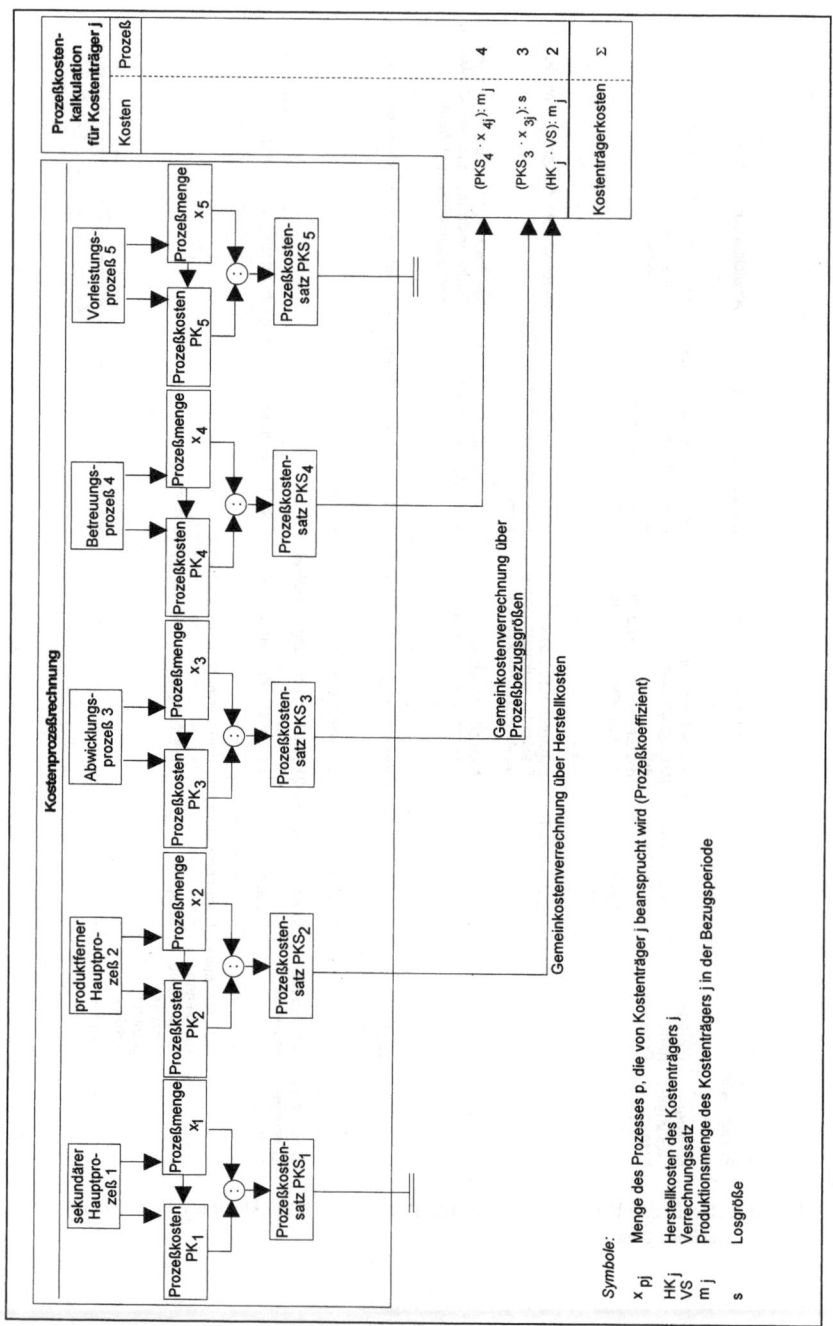

Abb. 3-63: Struktur der Prozesskostenkalkulation nach HORVÁTH u.a.

Übersicht über die Hauptprozesse

Nr.	Bezeichnung	Prozeßbezugsgröße Art	Menge	Prozeßkosten lmi	gesamt	Prozeßkostensatz lmi	gesamt
1	Material beschaffen über Rahmenverträge	Anzahl der Bestellungen	400	30.000	32.000	75,00	80,00
2	Material beschaffen über Einzelverträge	Anzahl der Bestellungen	180	20.700	21.600	115,00	120,00
3	Fertigungsauftragskommissionierung	Anzahl der Stücklistenpositionen	1.200	21.600	24.000	18,00	20,00
4	Fertigungssteuerung	Anzahl der Fertigungsoperationen	2.000	24.000	30.000	12,00	15,00
5	Auftragsabwicklung	Anzahl der Aufträge	380	43.700	53.200	115,00	140,00
6	Teile verwalten	Anzahl der Einzelteile	800	76.000	100.000	95,00	125,00
7	Varianten betreuen	Anzahl der Varianten	75	32.250	33.750	430,00	450,00
8	Lieferanten betreuen	Anzahl der Lieferanten	45	32.400	36.000	720,00	800,00
9	Personal betreuen	Anzahl der Mitarbeiter	300	28.500	39.000	95,00	130,00
10	Lohn- u. Gehaltsabrechnung	Anzahl der Abrechnungen	980	21.560	24.500	22,00	25,00
Summe				330.710	394.050		

Prozeßkostenkalkulation im Ansatz von Horváth u.a.

Kostenkategorie	Prozeßkostensatz	Prozeßkoeffizient	zugerechnete Kosten
Materialeinzelkosten			280,00
Materialgemeinkosten			
Kosten des Hauptprozesses 1	75,00	8 mit Losgröße 10	75,00
Kosten des Hauptprozesses 2	115,00	4 mit Losgröße 20	92,00
Kosten des Hauptprozesses 8 *	-	4 mit Losgröße 5	28,00
Fertigungskosten des direkten Leistungsbereichs	-	-	856,00
Fertigungskosten des indirekten Leistungsbereichs	-	-	
Kosten des Hauptprozesses 3	18,00	24 bei Losgröße 15	28,80
Kosten des Hauptprozesses 4	12,00	28 bei Losgröße 15	22,40
Kosten des Hauptprozesses 6	95,00	24 bei Periodenstückzahl 240	9,50
Kosten des Hauptprozesses 7	430,00	1 bei Periodenstückzahl 240	1,79
Auftragsabwicklungskosten (Hauptprozeß 5)	115,00	1 bei Losgröße 15	7,67
Kosten des Produktes			1.401,16
Kosten des Auftrages (1.401,16 · 15)			21.017,40

* Verrechnung über Materialeinzelkosten (Verrechnungssatz 10%)

Abb. 3-64: *Beispiel zur Prozesskalkulation im Ansatz von* HORVÁTH *u.a.*

Die Prozesskostenrechnung erlaubt durch die Abgrenzung von Vorleistungsprozessen eine genauere Erfassung von Vorleistungskosten als die traditionellen Systeme der Kostenrechnung. Letztere berücksichtigen nur projektbezogen erfasste Forschungs- und Entwicklungskosten als Vorleistungskosten. Weiterhin können die Wirkungen unterschiedlicher Losgrößen in Beschaffung und Fertigung auf die Kosten eines Produkts erfasst werden. Schließlich kann der Einfluss der Anzahl der Einzelteile und der Arbeitsgänge, d.h. Merkmale der Produktkomplexität, auf die Kosten eines Produkts abgebildet werden.

Mit diesem Ansatz sollen entscheidungsrelevante Kosteninformationen für Entscheidungen über Losgrößen im Fertigungs- und Beschaffungsbereich sowie die Produktkomplexität bereitgestellt werden. Die Aussagefähigkeit der bereitgestellten Kosteninformationen ist jedoch aus drei Gründen eingeschränkt:

(1) Hauptprozesse werden aus mehreren Teilprozessen mit **unterschiedlichen** Prozessbezugsgrößen zusammengesetzt. Es muss deshalb davon ausgegangen werden, dass zwischen den Prozessbezugsgrößen und den Prozesskosten der Hauptprozesse nur eine schwach begründete Beziehung besteht.

(2) Prozesskosten werden teilweise über Prozessbezugsgrößen verrechnet, die Produktmerkmale ausdrücken. Zu diesen Prozessbezugsgrößen zählen die Anzahl der Stücklistenpositionen und die Anzahl der Operationen im Arbeitsplan. Für Prozesse mit diesen Prozessbezugsgrößen können eindeutige Prozesskoeffizienten bestimmt werden. Die Kosten anderer Prozesse werden z.B. über die Anzahl aktiver Teilenummern oder die Anzahl an Bestellungen verrechnet. Diese Größen hängen nicht nur von Produktmerkmalen ab, sondern auch von der Zusammensetzung des Produktionsprogramms (z.B. Anteil der Gleichteile) und der Beschaffungspolitik (z.B. Anteil der Sammelbestellungen). Für diese Prozesse kann deshalb kein eindeutiger Prozesskoeffizient bestimmt werden.

(3) Durch die fehlende Trennung zwischen fixen und variablen Kosten wird nicht deutlich, in welchem Umfang die ausgewiesenen Kostenänderungen tatsächlich auftreten bzw. nur zu einer Verringerung der Nutzung von Potentialgütern führen.

Am Beispiel der **Variantenkalkulation** wird von HORVÁTH u.a. ein weiteres Verfahren der Gemeinkostenverrechnung auf Träger gezeigt, das durch folgende Merkmale gekennzeichnet ist:

(1) In einem ersten Schritt werden für alle abgegrenzten Teilprozesse einer Kostenstelle diejenigen Anteile an den Prozessmengen geschätzt, die von der Produktionsmenge bzw. der Variantenzahl abhängen.

(2) Diejenigen Prozesskosten, welche von der Produktionsmenge bzw. der Variantenzahl abhängen, werden berechnet, indem die Prozesskosten (Prozesskostensatz des Prozesses · Prozessbezugsgröße des Prozesses) mit dem Anteil der Prozessbezugsgröße multipliziert werden, der von der jeweils betrachteten Kosteneinflussgröße abhängt.

(3) Die von der jeweiligen Kosteneinflussgröße (Produktionsmenge, Variantenzahl) abhängigen Prozesskosten werden für jeden Prozess unter Bezug auf die betrachtete Kosteneinflussgröße auf die Kostenträger zugerechnet.

B. Systeme auf Vollkostenbasis

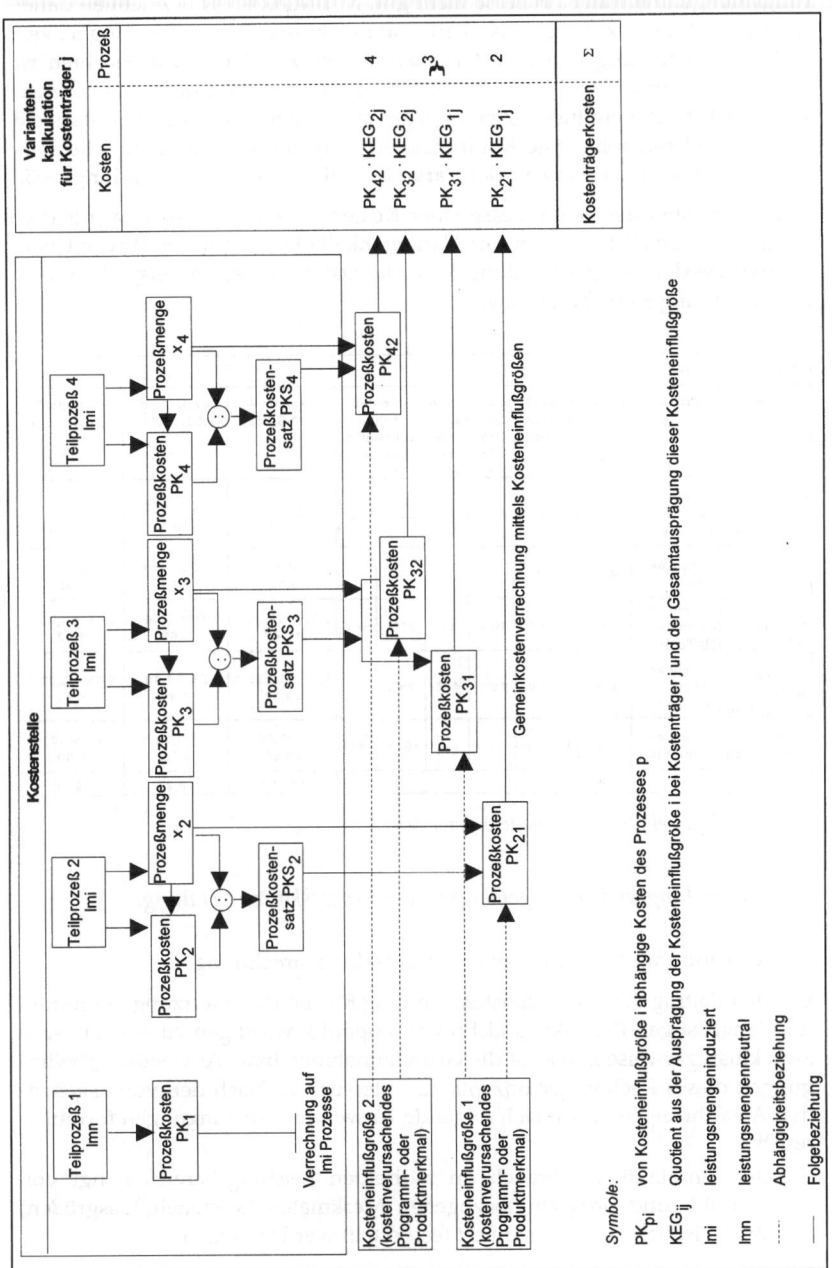

Abb. 3-65: Struktur der Variantenkalkulation

In der Variantenkalkulation werden die Kosten **leistungsmengeninduzierter** Prozesse auf die Kostenträger verrechnet, während dies für die Kosten **leis-**

tungsmengenneutraler Prozesse nicht gilt. KÜTING/LORSON bezeichnen daher dieses Rechnungskonzept als **Teilkostenrechnung**, das die Möglichkeit bietet, 'entscheidungsrelevante Grenzkosten' herzuleiten[252]. Zu beachten ist jedoch, dass für die leistungsmengeninduzierten Prozesse die Prozesskosten nicht nach Kosteneinflussgrößen abgegrenzt werden, was bedeutet, dass sie einflussgrößenunabhängige Komponenten enthalten können. Eine schematische Darstellung der Struktur der Variantenkalkulation zeigt Abbildung 3-65.

Wie die Kosten der Teilprozesse einer Kostenstelle, in der Material für drei Varianten beschafft wird, in der Variantenkalkulation auf ein Produkt verrechnet werden, zeigt Abbildung 3-66. Die Daten in diesem Beispiel werden aus Abbildung 3-60 übernommen[253].

Variantenkalkulation

Prozesse	Prozeßbezugsgröße		Prozeßkostensatza	produktionsmengenbhängige Prozeßmenge	variantenzahlabhängige Prozeßmenge	Variante A (100 Stück)	Variante B (2.000 Stück)	Variante C (1.000 Stück)
	Art	Menge						
Rahmenverträge abschließen	Anzahl der Rahmenverträge	60	28,00	80%	48	20%	12	0,43 + 1,12 = 1,55	0,43 + 0,06 = 0,49	0,43 + 0,11 = 0,54
Abrufe über Rahmenverträge	Anzahl der Abrufe	400	18,00	100%	400	-	-	2,32 + 0 = 2,32	2,32 + 0 = 2,32	2,32 + 0 = 2,32
Einzelbestellungen tätigen	Anzahl der Einzelbestellungen	180	32,00	10%	18	90%	162	0,19 + 17,28 = 17,47	0,19 + 0,86 = 1,05	0,19 + 1,73 = 1,92
Wareneingangsprüfung durchführen	Anzahl der Anlieferungen	620	45,00	75%	465	25%	155	6,75 + 23,25 = 30,00	6,75 + 1,16 = 7,91	6,75 + 2,33 = 9,08
Lieferanten überwachen	Anzahl der Lieferanten	45	600,00	-	-	100%	45	0 + 90,00 = 90,00	0 + 4,50 = 4,50	0 + 9,00 = 9,00
Summe								141,34	16,27	22,86

Abb. 3-66: Beispiel für eine Variantenkalkulation

4. Anwendung und Aussagefähigkeit der Prozesskostenrechnung

a) Anwendungsbedingungen der Prozesskostenrechnung

Um den Beitrag der Prozesskostenrechnung für die Unterstützung der mittel- und langfristigen Produkt- und Programmpolitik würdigen zu können, sind zweckmäßigerweise zunächst die Grundannahmen bzw. Anwendungsbedingungen dieses Rechnungskonzepts zu untersuchen. Nach den vorausgehenden Ausführungen lassen sich folgende Anwendungsbedingungen formulieren[254]:

(1) Der Einsatzgüterverbrauch im indirekten Leistungsbereich hängt von produkt- und programmbezogenen Merkmalen (Kosteneinflussgrößen) ab, die isoliert bzw. kombiniert festgestellt werden können.

---

[252] Vgl. KÜTING, K./LORSON, P. (Prozesskostenrechnung), S. 1426.
[253] Für weitere Beispiele und Aufgaben zu Prozesskostenrechnungen vgl. KÜPPER, H.-U., Friedl, G. und Pedell, B. (Übungsbuch), S. 67 ff.
[254] Vgl. FRIEDL, B. (Struktur), S. 46 ff.

B. Systeme auf Vollkostenbasis 375

(2) Im indirekten Leistungsbereich können Prozesse (activities) definiert und präzise abgegrenzt werden. Für jeden dieser Prozesse kann eine Prozessbezugsgröße (driver) eindeutig bestimmt werden, welche die zugehörige Prozessmenge quantitativ misst.

(3) Für die gebildeten Prozesse können zugehörige Gemeinkosten prozessbezogen erfasst bzw. geplant werden. Im Zweifelsfall existieren Verteilungsschlüssel, nach welchen den Prozessen die restlichen Gemeinkosten verursachungsgerecht zugerechnet werden können.

(4) Die Gemeinkosten eines Prozesses müssen nach den sie bestimmenden Kosteneinflussgrößen (Prozessbezugsgrößen) aufspaltbar sein, sofern man eine Variantenkalkulation durchführen will.

(5) Zwischen der Prozessbezugsgröße und der Kosteneinflussgröße des betrachteten Prozesses besteht eine funktionale Beziehung, die auch die Identität sein kann.

(6) Die Beziehung zwischen einer Prozessbezugsgröße und den Prozesskosten ist proportional.

(7) Für alle relevanten Produktmerkmale und für jede Produktart können eindeutig merkmalsspezifische Prozesskoeffizienten bestimmt werden.

Diese sieben Postulate sind Grundannahmen, unter welchen die Prozesskostenrechnung entscheidungsrelevante Kosteninformationen generieren könnte. Sie können auch als Strukturmerkmale der Prozesskostenrechnung interpretiert werden. Die Kosteninformationen der Prozesskostenrechnung sind jedoch für praktische Entscheidungen nur dann brauchbar, wenn diese Grundannahmen die realen Strukturen der Entscheidungsprozesse möglichst exakt widerspiegeln. Im Hinblick auf den praktischen Einsatz der Prozesskostenrechnung erhalten diese Grundannahmen daher den Charakter von Anwendungsbedingungen. Würden diese im praktischen Vollzug der Rechnung erfüllt, könnte man davon ausgehen, dass die Prozesskostenrechnung in der Lage ist, entscheidungsrelevante Informationen abzuleiten und bereitzustellen.

Im Zusammenhang mit der **Anwendungsbedingung (1)** wird darauf hingewiesen, dass die Produktkomplexität sowie die Variantenvielfalt wichtige Einflussgrößen auf die Kosten des indirekten Leistungsbereichs darstellen[255]. Diese Aussage ist zwar richtig, kann aber zu Teilen dadurch entkräftet werden, dass der Einsatz von PPS-Systemen bzw. von integrierten CIM-Konzepten die **Produktkomplexität** zunehmend beherrschbar und auflösbar macht. Damit sinkt der Einfluss der Produktkomplexität auf die Kosten im indirekten Leistungsbereich. Die Konsequenz daraus ist, dass unterschiedliche Grade der Produktkomplexität zu keinen größeren Kostenunterschieden zwischen einzelnen Produktarten führen[256]. Untersuchungen haben gezeigt, dass sich in den letzten Jahren die Zahl der Varianten, die von den Unternehmungen angeboten wird, deutlich erhöht hat. Trotz geringem Wachstum

---

[255] Vgl. COOPER, R./KAPLAN, R.S. (Costs), S. 97; FRANZ, K.-P. (Prozesskostenrechnung), S. 132; COENENBERG, A.G./FISCHER, T.M. (Prozesskostenrechnung), S. 21.
[256] Vgl. GLASER, H. (Prozesskostenrechnung), Sp. 1650; WILDEMANN, H. (Variantenmanagement), S. 37 f.

der Produktionsmengen sind in diesem Zeitraum die Kosten deutlich gestiegen. In den untersuchten Unternehmungen war eine Verdoppelung der Variantenzahl mit einer Kostensteigerung um 20-30 % verbunden. Im Zusammenhang mit der Anwendungsbedingung (1) ist auf jeden Fall von Bedeutung, produkt- und programmbezogene Merkmale systematisch herauszuarbeiten und den Einfluss dieser Merkmale auf den Einsatzgüterverbrauch im indirekten Leistungsbereich zu analysieren. Sollte sich zeigen, dass die genannten produkt- und programmbezogenen Merkmale keinen Einfluss auf den Einsatzgüterverbrauch im indirekten Leistungsbereich besitzen, ist eine Prozesskostenrechnung für die Produkt- und Programmpolitik ungeeignet.

Zur Erfüllung von **Anwendungsbedingung (2)** müssen die einzelnen Prozesse voneinander unabhängig und identisch bzw. sehr ähnlich wiederholbar sein. Die Gliederungsebene von Aufgaben, auf welcher Prozesse gebildet werden, hängt von betrieblichen Einflussgrößen ab. Die Anzahl der Prozesse und der zugehörigen Prozessbezugsgrößen muss betriebsindividuell festgelegt werden. Für eine angestrebte Genauigkeit der Kosteninformationen hängt die Zahl der Prozesse und der Prozessbezugsgrößen von der Unterschiedlichkeit der Produkte, den relativen Kosten der Aktivitäten sowie den Unterschieden in den Produktmengen ab[257].

Anwendungsbedingung (3) postuliert u.a., dass die Arbeitszeit von Mitarbeitern, die in bestimmten Prozessen mitwirken, auf diese Prozesse anteilig zugerechnet werden kann. Hier entstehen in der Regel aufwendige Erfassungs- und Schätzprobleme. Ist diese Datenerfassung und -zurechnung nicht möglich, haben die Lohnkosten des Mitarbeiters den Charakter von Prozessgemeinkosten. Prinzipiell tritt diese Frage bei allen Potentialgütern im indirekten Leistungsbereich auf, die für mehrere Prozesse genutzt werden[258].

Anwendungsbedingung (4) bezieht sich auf das Problem der Kostenauflösung bzw. -spaltung bei der Variantenkalkulation. Präzise lösbar ist dieses Problem nur, wenn es gelingt, mehrvariablige Kostenfunktionen mit additiver Separabilität zu formulieren. Soweit diese Kostenfunktionen nicht vorliegen, wird vorgeschlagen, die Kostenanteile für die einzelnen Kosteneinflussgrößen durch Experten schätzen zu lassen[259]. Zur Verbesserung des Schätzverfahrens wird empfohlen, Kostenabhängigkeiten früherer Perioden auf der Basis von Ist-Kostendaten zu analysieren. Herkömmliche Verfahren der Kostenauflösung sind für die hier verfolgte Kostenaufspaltung nur bedingt einsetzbar. Da im indirekten Leistungsbereich die Kosteneinflussgrößen erst mittel- bis langfristig Wirkungen zeigen, wird für die Analyse der Ist-Kostendaten das Vorliegen von Zahlenmaterial für einen entsprechend lange zurückliegenden Zeitraum vorausgesetzt, was dessen Aussagekraft im Zweifel mindert. Bei der Untersuchung von Kostenabhängigkeiten für eine Prozesskostenrechnung ist die Anwendung mehrvariabliger Verfahren zu fordern (z.B. lineare Mehrfachregression).

---

[257] Vgl. COOPER, R. (Costing), S. 373 ff.
[258] Vgl. REICHMANN, T./FRÖHLING, O. (Prozesskostenrechnung), S. 43.
[259] Vgl. HORVÁTH, P./MAYER, R. (Kostentranzparenz), S. 218.

Anwendungsbedingung (5) geht davon aus, dass die jeweils realisierte Prozessmenge quantitativ erfasst werden kann. Dies geschieht durch eine Prozessbezugsgröße, welche die Eigenschaft besitzen muss, die jeweilige Prozessmenge zu messen und sie mit der Kosteneinflussgröße funktional zu verknüpfen. Die Abgrenzung eines derartigen einflussgrößenabhängigen Prozesses bereitet bei der praktischen Anwendung der Prozesskostenrechnung häufig erhebliche Schwierigkeiten.

Anwendungsbedingung (6) fordert aus Gründen der einfachen Anwendung in der Praxis eine proportionale Beziehung zwischen Prozessbezugsgröße und Prozesskosten. Soweit Gemeinkosten für mehrere Prozesse gemeinsam auftreten, kann über die Beziehungsart keine Aussage formuliert werden. Es kommt hinzu, dass die Kapazitäten im indirekten Leistungsbereich nur begrenzt teilbar sind. Die unterstellte proportionale Beziehung gilt daher nur für eine abgegrenzte Leistungsbereitschaftsstufe. Sobald diese verlassen wird, treten sprungfixe Kosten auf, die bei der Bildung der Prozesskostensätze entsprechend proportionalisiert werden. Diese Schwäche teilt die Prozesskostenrechnung mit der herkömmlichen Vollkostenrechnung in vollem Umfang.

Anwendungsbedingung (7) geht davon aus, dass für jede Produktart Prozesskoeffizienten bestimmt werden können, welche eindeutig auf einzelne Produktmerkmale bezogen sind. Mit Hilfe dieser Prozesskoeffizienten und der vorab bestimmten Prozesskostensätze werden prozessbezogene Gemeinkostenanteile auf die Kostenträger zugerechnet.

Die beschriebene Kostenzurechnung kann nur verursachungsgerecht durchgeführt werden, wenn die formulierten Anforderungen (1) bis (7) an die Struktur der Prozesskostenrechnung erfüllt sind. In den meisten Fällen der praktischen Anwendung handelt es sich bei den Prozesskoeffizienten um geschätzte Größen, über welche proportionalisierte Fixkosten auf die Kostenträger zugerechnet werden. Die Kostenträgerstückkosten, die auf diese Weise ermittelt werden, haben daher für Entscheidungen, die auf Produktmerkmale bezogen sind, wenig Aussagekraft.

b) Aussagefähigkeit der Prozesskostenrechnung

aa) Aussagefähigkeit für das Abbildungsziel

Für die Beurteilung der Aussagefähigkeit der Prozesskostenrechnung ist es grundlegend, ob mit diesem Rechnungssystem die Rechnungsziele der

- Abbildung und Dokumentation des Unternehmungsprozesses,
- Bereitstellung von Informationen für dessen Planung und Steuerung sowie
- Bereitstellung von Informationen für die Verhaltenssteuerung

erfüllt werden können. In Bezug auf das erste Rechnungsziel ist zu prüfen, inwieweit mit ihr insbesondere der indirekte Leistungsbereich strukturgleich bzw. strukturähnlich abgebildet wird. In den einzelnen Rechnungsschritten müsste dazu dem Verursachungsprinzip in seiner weiten Fassung entsprochen werden. Für den indirekten Leistungsbereich werden Potentialgüter bereitgestellt, die unter Kostenabhängigkeitsaspekten fixe Kosten und unter Zurechnungsaspekten Gemeinkosten darstellen. Diese fixen Gemeinkosten des Leistungspotentials bzw. der Leistungsbereitschaft beruhen auf Investitionen, die von den Einflussgrößen der variablen Kosten weitestgehend unabhängig sind. Auf sie wirken vielmehr Einflussgrößen, welche die Investition bestimmen. Dies heißt auch, dass die fixen Gemeinkosten des indirekten Bereichs im Zeitablauf nur begrenzt abbaubar sind. Mit zunehmender zeitlicher Reichweite der Planung steigt jedoch deren Abbaufähigkeit.

Die Abgrenzung von Prozessen in Abhängigkeit von den Prozessbezugsgrößen (driver) bedeutet produktionstheoretisch, die Einsatzgütermengen eines Prozesses in Abhängigkeit von der jeweiligen Prozessbezugsgröße auszudrücken. Wird hierfür eine lineare Funktion angesetzt, stellt diese eine **Leontief-Transformationsfunktion** dar, in welcher die Einsatzgütermengen durch konstante Produktionskoeffizienten abgebildet werden. Bei Potentialgütern sind die Produktionskoeffizienten Schätzgrößen über den zeitlichen Einsatz (Potentialeinsatz) bei identischer Wiederholung eines Prozesses. Das Potential wird dabei in der Regel nicht verändert. Die Transformationsfunktion, die hier zu formulieren ist, besitzt den Charakter einer potentiellen Nutzungsfunktion. Die Linearität der Transformationsfunktion kann i.d.R. weder logisch noch technologisch begründet werden. Sie stellt eine Annahme dar, die nur einen gewissen Plausibilitätscharakter besitzt.

Sobald die Einsatzgüterverbräuche eines Prozesses z.B. mit Wiederbeschaffungspreisen bewertet werden, geht die beschriebene Transformationsfunktion in eine **lineare Kostenfunktion** über, in welcher die Prozessbezugsgröße die unabhängige Kosteneinflussgröße bildet. Für die Linearität dieser Kostenfunktion gilt die gleiche Plausibilitätsannahme. Werden die Gemeinkosten eines Prozesses als Prozesskostensatz auf die Einheit der Prozessbezugsgröße umgerechnet, ergeben sich die Stückgemeinkosten für eine Einheit der Prozessbezugsgröße. Dieses Vorgehen bedeutet, dass die auf die Kostenträger verrechneten Gemeinkosten **Nutzkosten** sind, wie sie in der Prognose- und der Standardkostenrechnung als Maß der Beschäftigung ermittelt werden[260]. Die nicht auf die Kostenträger zugerechneten Gemeinkosten des Leistungspotentials stellen entsprechend **Leerkosten** dar. Lässt man für die reale Transformation der fixen Kosten in Nutzkosten eine lineare Funktion zu, dann kann davon ausgegangen werden, dass diese Funktion dem Prinzip der Kostenverursachung entspricht. Bezweifelt man dagegen den empirischen Gehalt dieser Funktion, dann handelt es sich bei der Ermittlung von Prozesskostensätzen um eine fiktive Rechnung, für die es weder eine produktionstheoretische noch eine kostentheoretische Erklärung gibt. Die Aussagefähigkeit eines Prozesskostensatzes hängt auch davon ab, ob die Prozessbezugsgröße direkt oder indirekt mit einer Entscheidungsvariablen des jeweils zu lösenden Entscheidungsproblems in Beziehung steht. Sollte sich herausstellen, dass für die Prozesskostensätze keinerlei Beziehung zu einer Entscheidungsvariablen hergestellt werden kann, besitzen die ermittelten Prozesskostensätze keine Entscheidungsrelevanz und erübrigen sich als Kosteninformation sowie als Rechnungsgröße.

---

[260] Vgl. Kapitel 3., Abschnitt B.I.4.c), S. 314 f. und Kapitel 4., Abschnitt C.III.2., S. 679 ff.

B. Systeme auf Vollkostenbasis

Um anteilige Prozesskosten auf Kostenträger zu verrechnen, sind **Prozesskoeffizienten** erforderlich, die darüber informieren, wie viele Prozesseinheiten durch den betreffenden Kostenträger verursacht werden. Betrachtet man den jeweiligen Prozess als Einsatzgut, dann stellen die Prozesskoeffizienten Produktionskoeffizienten dar, die in der Prozesskostenrechnung als geschätzte, konstante Größen angenommen werden. Sie sind Ausdruck einer linearen Beziehung zwischen Prozessmenge und Kostenträger. Auf der mengenmäßigen Ebene wird daher für die Relation zwischen Prozess und Kostenträger ebenfalls eine Leontief-Transformationsfunktion unterstellt. Diese ist zwar plausibel, als Schätzgröße hat sie wiederum fiktiven Charakter. Über einen Prozesskoeffizienten werden letztlich Nutzkosten als proportionalisierte fixe Gemeinkosten den Kostenträgern zugerechnet. Die Höhe der dadurch den Kostenträgern zugerechneten fixen Gemeinkosten des indirekten Leistungsbereichs hängt jedoch von der Zahl der Prozesswiederholungen im Bezugszeitraum ab, d.h. von der Ausprägung der Prozessbezugsgrößen. Die auf diese Weise für die Kostenträger ermittelten 'Selbstkosten' sind nur aussagefähig, wenn es ein Entscheidungsproblem gibt, für welches diese Kosteninformation relevant ist. Geht man davon aus, dass die Prozessbezugsgrößen (driver) ein Maß für die Beschäftigung des Leistungspotentials im indirekten Bereich darstellen, dann sind letztlich die Prozessstückkosten (Prozesskostensätze) in ihrer Höhe von der Beschäftigung des indirekten Leistungsbereichs abhängig. Sie besitzen nur dann Aussagekraft, wenn das anstehende Entscheidungsproblem mit der Beschäftigung im indirekten Leistungsbereich zusammenhängt.

Es muss außerdem hervorgehoben werden, dass durch die Prozessanalysen, die für das Einrichten einer Prozesskostenrechnung erforderlich sind, der Einblick in die Zeit- und die Mengenstrukturen des indirekten Leistungsbereichs verbessert wird. Zudem kann bei Variantenfertigung die Zurechnung einzelner Kostenbestandteile des indirekten Leistungsbereichs verbessert werden.

bb) Aussagefähigkeit für das Planungsziel

Neben dem Abbildungsziel verfolgt die Prozesskostenrechnung auch Planungsziele. Sie hat hier die Aufgabe, Kosteninformationen für verschiedene Planungen und die Steuerung der Planrealisation bereitzustellen. Wie im vorangehenden Abschnitt gezeigt wurde, sind die Kosteninformationen der Prozesskostenrechnung für **kurzfristige Planungen** und damit für kurzfristige Entscheidungen ungeeignet. Da sich diese Rechnung hauptsächlich mit dem Zurechnen fixer Gemeinkosten befasst und diese kurzfristig kaum beeinflussbar sind, stellt sich die Frage, ob aus der Prozesskostenrechnung gewonnene Kosteninformationen für **mittel- und langfristige Planungen** (Entscheidungen) eine höhere Aussagefähigkeit besitzen. In der programmorientierten Prozesskostenrechnung rücken daher mittel- und langfristige Programmentscheidungen in das engere Blickfeld.

In den vorangehenden Abschnitten wurde bereits betont, dass die wichtigsten Einsatzgüter im indirekten Leistungsbereich menschliche Arbeitsleistungen sind. Daneben treten Maschinenleistungen (z.B. Leistungen von Prüfmaschinen, Computern und Betriebsdatenerfassungssystemen) auf. Die periodenbezogenen Kosten der zugehörigen Einsatzgüterpotentiale sind in kurzfristiger Sicht als fix zu betrachten (Gehälter, Abschreibungen). Kostenänderungen, die in der Prozesskostenrechnung ausgewiesen werden, drücken damit kurzfristig nur **Änderungen der Kapazitätsauslastung** aus. Strukturelle Kostenänderungen können dagegen allein mittels Potentialentscheidungen erreicht werden, durch welche die Kapazitäten an den veränderten Bedarf angepasst werden. Die zugehörigen Entscheidungsvariablen sind in mittel- und langfristiger Sicht jedoch zeitlich determiniert. Ihre zeitliche Variabilität drückt unter anderem die Auf- und Abbaufähigkeit der Kosten aus. Bindungsfristen der eingesetzten Potentiale und ihrer Leistungsabgaben spielen daher mittel- und langfristig eine besondere Rolle.

Mittel- und langfristig werden für Potentiale zielorientierte Anpassungsmaßnahmen geplant, von deren Art und Umfang zeitlich differenzierte Fixkostenveränderungen abhängen. Diese sind nur unter strikter Beachtung vorgegebener Fristen und meist in der Form diskreter Schübe möglich, die sich in Fixkostensprüngen ausdrücken. Nach ihrem bisherigen Entwicklungsstand ist die Prozesskostenrechnung jedoch nicht in der Lage, die angesprochenen Fristigkeitsprobleme angemessen zu erfassen und für die anstehenden mittel- und langfristigen Entscheidungen relevante Informationen bereitzustellen.

> Die **Aussagefähigkeit der Prozesskostenrechnung** für mittel- und langfristige Planungen bzw. Entscheidungen ist daher begrenzt.

cc) Aussagefähigkeit für das Steuerungs- und das Kontrollziel

Kernfunktion der Steuerung von Kosten im Sinne der Planrealisation ist deren Kontrolle. Ferner kann die **Kontrolle** als Instrument zur Verhaltensbeeinflussung dienen. Zur Durchführung von Soll-Ist-Vergleichen verwendet man als Soll-Prozesskosten die geplanten Gesamtprozesskosten bei der jeweils realisierten Prozessmenge. Bei kurzfristiger Betrachtung sind die Kosten des indirekten Leistungsbereichs fix. Kostenabweichungen, die in der Kostenkontrolle festgestellt werden, können daher nur auf die Abweichung der tatsächlichen von der geplanten Prozessmenge zurückgeführt werden. Diese Abweichung ist eine **Beschäftigungsabweichung** und gibt mit dem Ausweis der Leerkosten an, in welchem Umfang die Potentialgüter nicht genutzt und damit die geplanten fixen Gemeinkosten kalkulatorisch noch nicht verrechnet wurden. Die Vertreter der Prozesskostenrechnung leiten daraus ab, dass die Prozesskostenrechnung ein Instrument zur Sicherung eines **effizienten Ressourcenverbrauchs** ist.

Ein fortlaufender Ausweis von Leerkosten bringt zum Ausdruck, dass die geplante Prozessmenge und damit die Kapazität des indirekten Leistungsbereichs zu hoch ist. Soweit bei einem Ausweis von Leerkosten eine Erhöhung der Ist-Prozessmenge nicht möglich ist, wäre ein Kapazitätsabbau zweckmäßig. Damit werden die ausgewiesenen Leerkosten von den Vertretern der Prozesskostenrechnung als Indikator für einen mittel- bis langfristigen Kapazitätsabbau angesehen. Dem ist entgegenzuhalten, dass nicht die Unterbeschläftigung vergangener Perioden für einen Kapazitätsabbau maßgebend sein kann, sondern nur der Kapazitätsbedarf zukünftiger Perioden. Prinzipiell ist auch hier die Frage aufzuwerfen, ob für die langfristige Sicherung einer effizienten Ressourcennutzung Kosteninformationen überhaupt nötig sind und ob diese Entscheidung nicht zweckmäßiger mit Informationen auf der Ebene der Transformationsfunktionen unterstützt werden soll. Geht man nämlich den Weg von den Einsatzgüterverbräuchen in einem Prozess über die Prozessbezugsgröße und den Prozesskoeffizienten auf den Kostenträger, dann lässt sich über die aufgebaute Transformationsfunktion der Bedarf an Arbeitsstunden im indirekten Leistungsbereich in Abhängigkeit von der Ausbringungsmenge der Kostenträger formulieren. Bei gut bestätigten Prozessbezugsgrößen und Prozesskoeffizienten sind dann Prognosen über den Bedarf an Personalstunden bzw. an Mitarbeitern möglich. Vergleichbares gilt für weitere Leistungspotentiale im indirekten Leistungsbereich. Für diese Bedarfsprognosen ist ein Übergang von den Transformationsfunktionen zu den Kostenfunktionen überflüssig.

Kurzfristig sind die Leerkosten, welche durch den Soll-Ist-Vergleich ausgewiesenen werden, nur dann eine Kennzahl für erforderliche Anpassungsmaßnahmen, wenn sie eindeutig in den Verantwortungsbereich eines Kostenstellenleiters oder eines Prozessverantwortlichen (Process-Owner) fallen. Die Kompetenzen für kapazitive Anpassungsmaßnahmen dieses Personenkreises sind jedoch kurzfristig sehr begrenzt. Beispielsweise können der Aufbau bzw. Abbau von Überstunden in diesen Maßnahmenkatalog gehören[261]. Der Grund für diese Begrenzung liegt darin, dass kapazitive Anpassungsmaßnahmen i.d.R. nur mittel- bis langfristig durchführbar sind. Die Prozesskostenrechnung kann daher das Rechnungsziel einer Sicherung des effizienten Ressourcenverbrauchs mit der zugehörigen Kostenkontrolle nur bedingt verfolgen.

> Eine kurzfristige Kontrolle der Wirtschaftlichkeit mittels Informationen aus der Prozesskostenrechnung ist kein geeignetes Instrument zur Sicherung eines **effizienten Ressourcenverbrauchs**.

Eine **mittel- bzw. langfristige Kostenkontrolle** hätte für das angesprochene Problem eine höhere Aussagekraft. Dazu müssten jedoch mittel- bzw. langfristige Soll-Prozesskosten geplant und laufend mit den zugehörigen Ist-Prozesskosten im Zeitablauf verglichen werden. In diesem längerfristigen Betrachtungszusammenhang kann der Soll-Ist-Vergleich von Prozesskosten Informationen über die Wirtschaftlichkeit der Kapazitätsauslastung liefern.

Auch der Vergleich von Prozesskostensätzen für verschiedene Abteilungen, Sparten und Unternehmungen hat für die Beurteilung der Wirtschaftlichkeit im indirekten Leistungsbereich keine Aussagekraft. Ein derartiger Ist-Ist-Vergleich enthält als Betriebsvergleich alle Mängel, die dem letzteren angelastet werden können[262].

---

[261] Vgl. HORVÁTH, P./MAYER, R. (Kostentransparenz), S. 218; FRANZ, K.-P. (Prozesskostenrechnung), S. 123.
[262] Vgl. KÜTING, K./LORSON, P. (Prozesskostenrechnung), S. 1424.

Zusammenfassend kann gesagt werden, dass Kosteninformationen der Prozesskostenrechnung für die **kurzfristige Kontrolle der Wirtschaftlichkeit** von Stellen oder Prozessen nahezu bedeutungslos sind. In Fällen eines kurzfristig möglichen Kapazitätsabgleichs haben diese Informationen eine gewisse Steuerungsrelevanz. Für mittel- bzw. langfristige Kostenkontrollen wäre eine Berücksichtigung von Programm- und Potentialänderungen erforderlich, die es bisher nicht gibt.

Eine adäquate Weiterentwicklung ist jedoch denkbar. **Mittel- bzw. langfristig** sollte in der Prozesskostenrechnung der Sachverhalt berücksichtigt werden, dass für diesen Rechnungsansatz im indirekten Leistungsbereich umfassende Prozessanalysen und Analysen von Kosteneinflussgrößen durchgeführt werden. Aus diesen Analysen können zweckmäßige Informationen für eine längerfristige Kostenpolitik (Kostengestaltung) gezogen werden. Gelingt es, eine größere Zahl dieser Kosteneinflussgrößen in die Kostenpolitik einzubeziehen, werden Spielräume für Anpassungsmaßnahmen gewonnen, die sowohl eine quantitative bzw. dimensionale als auch eine zeitliche Anpassung[263] des indirekten Leitungsbereichs an geänderte Marktbedingungen erlauben. Soweit einzelne Prozesse Gegenstand dieser Gestaltungsmaßnahmen sind, ist es erforderlich, ergänzende Analysen durchzuführen, die sich auf Lager- und Transportzeiten beziehen, d.h. auch Aktivitäten, die nicht zur Wertsteigerung beim Produkt führen[264], oder Rationalisierungsinstrumente einzusetzen, die ihre relevanten Kosteninformationen aus der Prozesskostenrechnung beziehen können[265].

c) Allgemeine Würdigung der Prozesskostenrechnung

Letztlich leidet die Aussagefähigkeit der Prozesskostenrechnung darunter, dass sie dem **Entsprechungsprinzip** von Rechnungsystem und Entscheidung nur begrenzt genügt. Hinweise darauf, dass neben der programmorientierten Variante der Prozesskostenrechnung auch vertriebsorientierte und spartenorientierte Prozesskostenrechnungen entwickelt werden können, lassen erkennen, dass die wissenschaftliche Diskussion über ihre Struktur, Entscheidungsbezogenheit und Aussagefähigkeit weitergeführt werden muss. Für den Ausbau einer entscheidungsorientierten Prozesskostenrechnung liegt die wichtigste Anforderung im Entsprechungsprinzip zwischen Entscheidung und Rechnungsansatz. Nach diesem Postulat beginnt die Entwicklung eines Kostenrechnungssystems mit der Analyse aller Entscheidungsprozesse, die durch dieses System informatorisch bedient werden sollen. Insbesondere ist dabei zu berücksichtigen, ob die jeweilige Entscheidung potential-, programm- oder prozessbezogen ist. Die bisherigen Erfahrungen mit Kostenrechnungssystemen sprechen dafür, dass nicht alle betriebswirtschaftlichen Entscheidungen durch ein einziges Kostenrechnungssystem bedient werden können. Soweit die anstehenden Entscheidungen überhaupt nach Kosteninformationen verlangen, muss das zugehörige Kostenrechnungssystem durch dieselben Hypothesen fundiert werden, welche im Entscheidungsproblem

---

[263] Vgl. Kapitel 3., Abschnitt E.II., S. 576 ff.
[264] Vgl. JOHNSON, T.H. (Activity-Based Information), S. 26.
[265] Vgl. GLASER, H. (Prozesskostenrechnung), Sp. 1647.

die theoretischen Beziehungszusammenhänge abbilden. Treten im Entscheidungsproblem Produktions- und Kostenhypothesen auf, muss das zugehörige Kostenrechnungssystem entsprechend produktions- und kostentheoretisch fundiert werden. In welchem Umfang dann die Struktur des Kostenrechnungssystems durch Reduktionen und Relaxationen vereinfacht werden darf, um gerade noch entscheidungsrelevante Informationen für das Entscheidungsproblem zu liefern, bedarf umfassender und systematischer Analysen. Gerade unter diesem Aspekt der wissenschaftlichen Fundierung des Rechnungssystems hat die Prozesskostenrechnung ihre besonderen Schwächen.

Um dem **Verursachungsprinzip** besser zu genügen als andere Systeme der Vollkostenrechnung, genügt es nicht, Plausibilitätsannahmen zu unterstellen, sondern es müssen empirisch gut bestätigte Gesetzmäßigkeiten gefunden werden, auf welche die verwendeten Kostenabhängigkeiten zurückgeführt werden können. Auch Fragen der mehrdimensionalen Kostenauflösung und der Auf- bzw. Abbaufähigkeit fixer Kosten in dimensionaler und zeitlicher Hinsicht sind noch nicht angemessen untersucht worden.

C. Plankosten- und -erlösrechnung auf Einflussgrößenbasis

I. Merkmale der periodischen Planerfolgsrechnung

Die **periodische Planerfolgsrechnung** (Betriebsplankostenrechnung) ist ein umfassendes System der Kosten-, Erlös- und Erfolgsrechnung, das insbesondere von ROLF WARTMANN, VOLKMAR STEINECKE und GERT LAßMANN in der Eisen- und Stahlindustrie entwickelt wurde. In diesem Industriezweig sind umfangreiche praktische Erfahrungen mit ihm gesammelt worden. Die ihm zugrunde liegenden empirischen Hypothesen wurden in verschiedenen Untersuchungen herausgearbeitet und laufend empirisch überprüft[266].

> Die **periodische Planerfolgsrechnung** ist ein ausgebautes Konzept der **Prognosekostenrechnung** und gliedert sich in drei Teile: Betriebs(kosten)modelle, Absatz(erlös)modelle und Periodenerfolgs-(rechen)modelle.

Betriebsmodelle bilden auf der Einsatzseite die Kosten der Unternehmung ab und geben die wichtigsten Kostenfunktionen wieder. **Absatzerlösmodelle** erfassen auf der Ausbringungsseite die Entstehung sowie Verwertung der Produkte und bestehen aus Absatz-Einflussgrößen-Funktionen für Marktsegmente. Durch eine Verbindung beider Modelle gelangt man zu **Periodenerfolgsrechenmodellen**, mit denen sich der Periodenerfolg als zentrale Zielgröße des Systems planen und steuern lässt.

In der periodischen Planerfolgsrechnung geht man davon aus, dass Kosten und Erlöse in der Regel von verschiedenen Einflussgrößen abhängen. Die Beschäftigung wird nicht als herausragende und einzige Einflussgröße betrachtet. Vielmehr legt man ein **System von Einflussgrößen** der Kosten und der Erlöse zugrunde. Die Beziehungen zwischen diesen Einflussgrößen und den Kosten bzw. Erlösen werden (vereinfachend) als linear angenommen. Somit basiert die Planerfolgsrechnung auf mehrvariablen linearen Kosten- und Erlösfunktionen.

Die **Einflussgrößenfunktionen** werden vor allem mit Hilfe von Verfahren der statistischen Regressionsrechnung aus einer größeren Zahl von Vergangenheitswerten, aber auch durch Verfahren der analytischen Plankostenermittlung gewonnen. Daher besitzt die periodische Planerfolgsrechnung eine ausgeprägte **produktions- und kostentheoretische** Fundierung, die zumindest für die Eisen- und Stahlindustrie eine gute empirische Bestätigung erfahren hat.

An die Stelle der Ausrichtung auf Kostenstellen tritt in diesem Rechnungssystem die Abgrenzung von **Betrieben**, **Teilbetrieben** oder **Betriebsprozessen** sowie von **Absatzsegmenten**, für welche die wichtigsten Einflussgrößen und empirischen Beziehungen formuliert werden. Da man annimmt, dass Kosten

---

[266] Vgl. u.a. WARTMANN, R. (Erfassung); LAßMANN, G. (Erlösrechnung); LAßMANN, G. (Betriebsplankostenrechnung); FRANKE, R. (Betriebsmodelle); WITTENBRINK, H. (Erfolgsplanung); KOLB, J. (Erlösrechnung).

und Erlöse im Allgemeinen von mehreren Einflussgrößen abhängig sind, tritt die Bedeutung der Produktarten und der Kostenträgerrechnung stark zurück. Ferner werden Mengen- und Preiskomponenten weitgehend getrennt. Während man in anderen Kostenrechnungssystemen die Güterverbräuche spätestens auf der Ebene der Kostenstellen mit Preisen bewertet und nachfolgend z.b. in der Kostenumlage sowie der Kostenträgerrechnung stets mit Kostenbeträgen weiterrechnet, werden in der Planerfolgsrechnung zuerst die **Mengenbeziehungen** für die gesamte Periode und die Betriebe bzw. Betriebsteile erfasst. Mit Einflussgrößenfunktionen für Einsatz- und Absatzgüter lassen sich dann die gesamten Einsatz- und Absatzmengen des Betriebs in einer Periode bestimmen. Erst diese Gesamtmengen werden mit **Preisen** bewertet und damit in Kosten und Erlöse umgerechnet.

Die zulässigen Ausprägungen der Einflussgrößen und Variablen einer Unternehmung können begrenzt sein. Dies wird in der Planerfolgsrechnung über **Nebenbedingungen** erfasst. Zielgrößen des Erfolgs, Einflussgrößen der Kosten und Erlöse sowie Nebenbedingungen sind daher entsprechend Abbildung 3-67 die grundlegenden Komponenten der periodischen Planerfolgsrechnung.

II. Komponenten der periodischen Planerfolgsrechnungsmodelle

1. Einflussgrößen und Nebenbedingungen

> Grundlage für die Aufstellung sowie Überprüfung von Kosten- und Erlösfunktionen ist die Herausarbeitung ihrer wichtigsten **Einflussgrößen**.

Darunter versteht man unabhängige Variablen, die allein oder gemeinsam ein Geschehen bewirken und im mathematisch-statistischen Sinn "im Rahmen eines technisch-organisatorischen Prozesses mit anderen (abhängigen) Variablen in einem stochastischen oder deterministischen Zusammenhang stehen"[267].

Einflussgrößen können von der Unternehmung disponierbar oder extern bestimmt sein. Dementsprechend werden **disponierbare** und **nicht disponierbare Einflussgrößen** unterschieden. Zu den Einflussgrößen, über welche die Unternehmung disponieren kann, gehören auf der Kostenseite einmal Größen, die unmittelbar auf Produktmengen und Produktqualitäten zurückführbar sind. Diese bilden in anderen Kostenrechnungssystemen die zentrale und häufig einzig berücksichtigte Einflussgröße. Daneben werden in der Planerfolgsrechnung weitere Größen, wie Losgrößen, Auftragsreihenfolgen, Rohstoffmischungen, technologische Verfahren, Schichtzeiten, Überstunden, Kurzarbeitszeiten, Preise u.ä. explizit berücksichtigt. Die Einsatzmengen können auch durch Größen wie die Zahl der Arbeitstage in einem Kalendermonat, technisch bedingte Anlaufzeiten, jahreszeitliche Einflüsse, vorgege-

---

[267] LAßMANN, G. (Einflußgrößenrechnung), S. 428.

bene Marktpreise u.ä. bestimmt sein. Diese muss die Unternehmung als von ihr **nicht beeinflussbare Daten** hinnehmen. Sie sind nicht disponierbar und stellen von außen vorgegebene oder festgelegte Bedingungen des Produktionsablaufs dar.

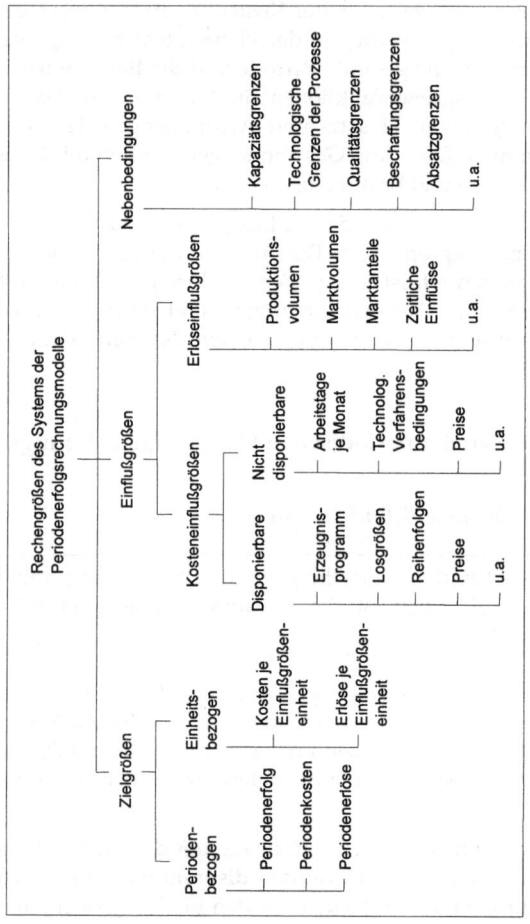

Abb. 3-67: *Rechengrößen des Systems der periodischen Planerfolgsrechnungsmodelle*[268]

Wichtige **disponierbare** Einflussgrößen der Erlöse können vor allem die absatzpolitischen Instrumente wie die Preispolitik, Werbung, die Absatzmengen und dergleichen sein. Beispiele für **nicht disponierbare** Einflussgrößen der Erlöse (Absatzseite) sind das Marktvolumen sowie seine Aufteilung auf Produktgruppen, Kundenvariablen, die Jahreszeit oder Saison u.ä.

Aus den beispielhaft genannten **primären Einflussgrößen** lassen sich andere wie die Erzeugnisgruppen, Einsatzgütermengen oder verfügbare Betriebszei-

---

[268] LAßMANN, G. (Gestaltungsformen), S. 6.

ten, Stillstandszeiten, Prozesszeiten u.ä. ableiten. So ergibt sich die verfügbare Betriebszeit, indem man von der Kalenderzeit die Stillstands-, Wartungs-, Reparaturzeiten usw. abzieht. Derartige Variablen werden als **sekundäre Einflussgrößen** bezeichnet, da sie von den primären unmittelbar abhängig sind und im Rechnungssystem als Zwischenwerte verwendet werden.

2. Herleitung der Kostenfunktionen

> In der periodischen Planerfolgsrechnung wird unterstellt, dass zwischen den Einsatzgütermengen und dem Erzeugnisprogramm in der Regel eine **zweistufige Beziehung** besteht.

Auf einer ersten Stufe wird die Abhängigkeit der Einsatzgütermengen r_i von den Einflussgrößen e_j in so genannten Kostengüter-Einflussgrößen-Funktionen der Art

$$r_i = a_i + \sum_j b_{ij} \cdot e_j \qquad (3\text{-}86)$$

bzw. in Matrixschreibweise:

$$\mathbf{r} = \mathbf{B} \cdot \mathbf{e} \qquad (3\text{-}87)$$

abgebildet. Bei den unabhängigen Variablen e_j kann es sich um sekundäre oder um primäre Einflussgrößen handeln. Konstante Summanden lassen sich in **B** berücksichtigen, indem man für sie $e_j = 1$ setzt. In Abbildung 3-68 sind verschiedene Kostengüter-Einflussgrößen-Funktionen beispielhaft wiedergegeben.

Auf einer zweiten Stufe werden die Beziehungen zwischen den Variablen e_j und dem Erzeugnisprogramm sowie den restlichen primären Einflussgrößen durch so genannte Einflussgrößen-Erzeugnisprogramm-Funktionen abgebildet:

$$e_j = \sum_{n=1}^{p} c_{j,n} \cdot x_n + c_{j,p+1} \cdot x_{p+1} + c_{j,p+2} \cdot x_{p+2} \qquad (3\text{-}88)$$

bzw. in Matrixschreibweise:

$$\mathbf{e} = \mathbf{C} \cdot \mathbf{x} \qquad (3\text{-}89)$$

In dem Beispiel von Abbildung 3-69 sind die Ausprägungen der Einflussgrößen e_j (z.B. der Schmelzzeit) von den verschiedenen Produktmengen sowie zwei produktunabhängigen Einflussgrößen, einem Monatsfaktor und der Anzahl Schmelzen, bestimmt. Die letzten beiden Einflussgrößen sind auch in der Kostengüter-Einflussgrößen-Funktion (3-87) als unabhängige Variablen enthalten. Sie stellen in dieser Funktion die einzigen **primären Einflussgrößen** dar. Die anderen Einflussgrößen sind auf Produktmengen zurückführbar und somit **sekundär**. Über den Monatsfaktor und die Anzahl der Schmelzen werden in diesem Beispiel fixe bzw. losgrößenfixe Einsatzmengen erfasst.

$$\begin{bmatrix} r_1 \\ r_2 \\ r_3 \\ r_4 \\ r_5 \\ r_6 \\ r_7 \\ r_8 \\ r_9 \\ r_{10} \\ r_{11} \\ r_{12} \\ r_{13} \end{bmatrix} = \begin{bmatrix} -67 & 3{,}330 & . & . & . & . & . \\ 50 & . & . & . & . & . & . \\ -9 & . & . & . & 13{,}574 & -0{,}120 & . \\ -144 & . & . & 6{,}261 & . & . & . \\ -144 & . & . & 6{,}261 & . & . & . \\ 20 & 0{,}861 & . & . & . & . & . \\ 20 & 0{,}861 & . & . & . & . & . \\ 3 & . & 0{,}060 & . & . & . & . \\ 15 & . & . & 0{,}806 & -2{,}909 & 0{,}039 & . \\ 42 & 0{,}050 & . & . & -0{,}294 & . & . \\ 3.500 & 15 & . & . & . & . & . \\ 2.000 & . & . & . & . & . & . \\ 89 & . & . & . & . & . & . \end{bmatrix} \begin{bmatrix} 1 \\ e_1 \\ e_2 \\ e_3 \\ e_4 \\ e_5 \\ e_6 \end{bmatrix}$$

r_1 = Betriebslöhne eig. Betrieb r_2 = Anlernen / Unfall r_3 = Mehrarbeitslohn
r_4 = Koksofengas r_5 = Koksofengas Nebenkosten r_6 = Heizöl
r_7 = Heizöl Nebenkosten r_8 = Drehrohrofendolomit r_9 = Sinterdolomit
r_{10} = Reparaturlöhne eig. Betrieb r_{11} = Kalkulatorische Abschreib. r_{12} = Kalkulatorische Zinsen
r_{13} = Betriebssteuern
e_1 = Schmelzzeit e_2 = Einschmelzzeit e_3 = Kochzeit
e_4 = Anzahl der Schmelzen e_5 = flüssige Erzeugung e_6 = Monatsfaktor

Abb. 3-68: Beispiel für Kostengüter-Einflussgrößen-Funktionen[269]

$$\begin{bmatrix} 1 \\ e_1 \\ e_2 \\ e_3 \\ e_4 \\ e_5 \\ e_6 \end{bmatrix} = \begin{bmatrix} 1 & 0 & 0 & 0 & 0 & \ldots & 0 & 0 & 0 \\ 0 & s_1 & s_2 & s_3 & s_4 & \ldots & s_p & 0 & 0 \\ 0 & z_1 & z_2 & z_3 & z_4 & \ldots & z_p & 0 & 0 \\ 0 & v_1 & v_2 & v_3 & v_4 & \ldots & v_p & 0 & 0 \\ 0 & 0 & 0 & 0 & 0 & \ldots & 0 & 0 & 1 \\ 0 & 1 & 1 & 1 & 1 & \ldots & 1 & 0 & 0 \\ 0 & 0 & 0 & 0 & 0 & \ldots & 0 & 1 & 0 \end{bmatrix} \begin{bmatrix} 1 \\ x_1 \\ x_2 \\ x_3 \\ . \\ . \\ . \\ x_p \\ x_{p+1} \\ x_{p+2} \end{bmatrix}$$

x_i = Erzeugniswert nach Sortengruppen in Tonnen $\forall i = 1,\ldots,p$
x_{p+1} = Monatsfaktor MF x_{p+2} = Anzahl der Schmelzen

Abb. 3-69: Matrizenschema der Einflussgrößen-Erzeugnisprogramm-Funktionen[270]

---

[269] Vgl. LAßMANN, G. (Erlösrechnung), S. 113.
[270] LAßMANN, G. (Erlösrechnung), S. 112.

C. Periodische Planerfolgsrechnung

Setzt man die Einflussgrößen-Erzeugnisprogramm-Funktionen in die Kostengüter-Einflussgrößen-Funktionen ein, so ergeben sich die Beziehungen zwischen den Einsatzgütermengen und den primären Einflussgrößen, zu denen die Produktmengen gehören. Dieser Zusammenhang lässt sich in Matrixschreibweise leicht verdeutlichen:

$$r = B \cdot e = B \cdot C \cdot x \tag{3-90}$$

Die benötigten Funktionen werden auf unterschiedliche Weise bestimmt. Da der betriebliche Produktionsprozess weitgehend technisch determiniert ist, lassen sich für ihn **technologisch begründete Funktionen** aufstellen. Durch **produktionstheoretische Aussagen** werden dabei die wichtigsten Einflussgrößen und Abhängigkeiten herausgearbeitet sowie empirisch überprüfbar formuliert[271]. Derartige technologisch begründete Funktionen werden vor allem mit der einfachen oder mehrfachen **linearen Regressionsrechnung** aus empirischen Daten der näheren Vergangenheit hergeleitet. Mit einer **Korrelationsanalyse** untersucht man, welche Einflussgrößen für die Einsatzmengen maßgebend sind. Ferner lässt sich angeben, in welcher Spannweite der Einflussgrößen die Regressionsfunktion gilt. Über ein Bestimmtheitsmaß für die Regressionsfunktion kann die Güte des gewählten Funktionszusammenhangs bewertet werden.

Eine zweite Klasse bilden **dispositionsbestimmte Funktionen**. Sie erfassen den Einfluss von innerbetrieblichen **Entscheidungen** auf die Einsatzgüter. Beispielsweise geben sie die Abhängigkeit der Betriebsstunden, der Mehrarbeitszeiten oder der Reparaturzeiten von Belegschaftsplänen und Arbeitsanweisungen wieder. Auch diese Funktionen werden mit Hilfe der Regressionsrechnung aus empirischen Daten hergeleitet.

Kalkulatorisch festgelegte Funktionen bilden eine dritte Klasse. Dieser Typ beruht auf Annahmen der Unternehmung und bezieht sich vor allem auf kalkulatorische Kosten, die aus Gründen der **Vergleichbarkeit** in das Rechnungssystem einbezogen werden. Ein typisches Beispiel dieser Klasse sind kalkulatorische Abschreibungen, deren periodische Höhe sich aus den von der Unternehmung festgelegten Abrechnungsverfahren ergibt.

Das mit den Einflussgrößenfunktionen ermittelte Gleichungssystem (3-90) zeigt die Abhängigkeit der gesamten Einsatzgütermengen einer Periode von den Produktmengen und den anderen primären Einflussgrößen der Unternehmung. Multipliziert man die Einsatzmengen mit ihren Einstandspreisen, so gelangt man zur **Kostenfunktion**. In Matrixschreibweise ist der Vektor r von links mit einem Preisvektor q' zu multiplizieren. Man erhält damit die Funktion der Gesamtkosten K eines Betriebs in einer Periode:

$$K = q' \cdot r = q' \cdot B \cdot C \cdot x \tag{3-91}$$

Die Ausprägungen der Einflussgrößen und der Einsatzgütermengen können durch Höchst- oder Mindestgrenzen beschränkt sein. Beispielsweise können für einzelne Produkte Absatzhöchstmengen oder -mindestmengen festgelegt sein. Derartige Beziehungen werden durch ein System von **Nebenbedingun-**

---

[271] Vgl. insb. FRANKE, R. (Betriebsmodelle).

gen erfasst. Damit ergibt sich ein umfassendes System von Gleichungen und Ungleichungen, das den Gütereinsatz und die Produktion einer Unternehmung abbildet. Es lässt sich durch eine Gliederung in Untermatrizen übersichtlich durch so genannte "Strukturmatrizen" darstellen und mit Hilfe der EDV berechnen. Abbildung 3-70 zeigt den grundlegenden Aufbau derartiger Strukturmatrizen und ihre Verbindung zu den Nebenbedingungen sowie den Kosten.

3. Bestimmung der Erlös- und der Periodenerfolgsfunktionen

> Während die Einsatz- und Kostenseite der periodischen Planerfolgsrechnung durch eine Vielzahl von Arbeiten eingehend untersucht und auf empirische Fälle angewandt worden ist, liegen für **Absatzerlösmodelle** nur begrenzte Erfahrungen vor.

		Einflußgrößen						Restriktionen		
		Vorgabegrößen			abhängige Größen					
		Perioden-länge	Losgröße Schicht etc.	Programm	Werkstoff-verbräuche	Betriebs-/Arbeits-systemzeiten	Kostengüter-verbräuche der Be- und Verarbeitung	Absatz	Beschaffung	Betrieb
Werkstoff-preise	Werkstoff-verbräuche	'Schwund-koeffizienten'		Werkstoff-verbrauchs-koeffizienten						
	Betriebs-/Arbeits-systemzeiten	perioden-bezogene Zeit-verbrauchs-koeffizienten	produktions-vollzugs-bedingte Zeit-verbrauchs-koeffizienten	programm-bedingte Zeit-verbrauchs-koeffizienten	werkstoff-bezogene Zeit-verbrauchs-koeffizienten					
Preise der Verarbei-tungs-kosten-güter	Kosten-güter-verbräuche der Be- und Ver-arbeitung	perioden-bezogene Kostengüter-verbrauchs-koeffizienten	produktions-vollzugs-bedingte Kostengüter-verbrauchs-koeffizienten	programm-bedingte Kostengüter-verbrauchs-koeffizienten	werkstoff-bezogene Kostengüter-verbrauchs-koeffizienten	betriebszeit-bezogene Kostengüter-verbrauchs-koeffizienten				
	Absatz-schlupf			negative Einheits-matrix				Höchst-/Mindest-mengen		
	Beschaf-fungs-schlupf				negative Einheits-matrix		negative Einheits-matrix		Höchst-/Mindest-mengen	
	Kapazitäts-schlupf					negative Einheits-matrix				Kapazi-tätsgren-zen

Abb. 3-70: Übersicht über Strukturmatrizen und Nebenbedingungen in der periodischen Planerfolgsrechnung[272]

Vernachlässigt man die Einflussgrößen der Absatzseite, so lässt sich der Periodenerfolg sehr einfach als Differenz zwischen den mit festen Absatzpreisen bewerteten Produktmengen **x** und den Kosten ermitteln. Erfasst man die Absatzpreise in einem Preisvektor **p'**, dann ergibt sich der Periodengewinn G durch die Beziehung:

$$G = \mathbf{p'} \cdot \mathbf{x} - \mathbf{q'} \cdot \mathbf{r} \tag{3-92}$$

---

[272] LAßMANN, G. (Einflußgrößenrechnung), S. 435.

C. Periodische Planerfolgsrechnung 391

In mehreren Untersuchungen[273] ist versucht worden, **Einflussgrößenfunktionen der Erlöse** ebenfalls mit Hilfe von Regressionsanalysen herzuleiten. Dabei hat es sich als notwendig erwiesen, Funktionen für verschiedene Erlösarten, z.B. bei unterschiedlichen Rabattformen, Preiszuschlägen, Forderungsverlusten u.ä., zu unterscheiden. Als wichtige **Einflussgrößen** werden das Produktionsvolumen, das Marktvolumen und seine Aufteilung auf Produktgruppen, die Marktanteile der Unternehmung sowie zeitliche Einflüsse genannt.

III. Einsatz der periodischen Planerfolgsrechnung

> Neben der Erfolgsrechnung kann das System der periodischen Planerfolgsrechnung auch für die operative **Produktions- und Kostenplanung**, die **Produktions- und Kostenüberwachung** sowie die **Kalkulation** eingesetzt werden.

Die **operative Produktions- und Kostenplanung** kann auf Monate oder Quartale bezogen werden. Ändern sich in diesen Zeiträumen bei kurzzyklischer Sorten- und Serienfertigung das Produktionsprogramm sowie die Bedingungen im Umfeld, dann sind im Fertigungsbereich ständig **Anpassungsmaßnahmen** zu treffen. Soweit für diese einzelnen Maßnahmen Alternativen zur Verfügung stehen, ist nach Möglichkeit die günstigste zu wählen. Für die **Prognose der Kostenwirkungen** aller Alternativen steht die Planerfolgsrechnung zur Verfügung. Sie ist auch in der Lage, **Kostendifferenzen** zu prognostizieren, die sich ergeben, wenn ein ganzes Maßnahmenbündel ins Auge gefasst wird, um die bisherige Kostensituation zu verändern[274]. Diese Rechnung ist besonders dann flexibel, wenn die Wirkungen von Datenveränderungen durchgerechnet werden sollen. So können mittels dieser Rechnung auch **Grenzkosten** für besondere Einzelmaßnahmen berechnet werden. Im Rahmen dieser Modellflexibilität ist es zudem möglich, **parametrische Analysen** durchzuführen, die auf die Verbesserung des Erfolgsziels gerichtet sind.

Im Rahmen der kurzfristigen Erfolgsrechnung lassen sich mit der periodischen Planerfolgsrechnung für unterschiedliche Detaillierungsgrade **Abweichungsanalysen** durchführen. Da die Zahl der erfassten Einflussgrößen in der Regel groß ist, können entsprechend viele Abweichungsarten ermittelt werden. Grundsätzlich sind auch **Planabweichungen** feststellbar, die daraus resultieren, dass während der Planperiode Planvorgaben bewusst geändert werden. Damit ist diese Rechnung zugleich in der Lage, bei flexibler Planung umfassende Abweichungsanalysen durchzuführen, die eine wirkungsvolle **Kostensteuerung** zulassen. Neben den Planabweichungen können die üblichen **Verbrauchsabweichungen** ermittelt werden. Die Planabweichungen werden als entscheidungsbedingt, die Verbrauchsabweichungen dagegen als ausführungsbedingt charakterisiert. Für die Berichterstattung an die Kosten-

---

[273] Vgl. WITTENBRINK, H. (Erfolgsplanung); KOLB, J. (Erlösrechnung).
[274] Vgl. LAßMANN, G. (Betriebsplankostenrechnung), S. 176.

verantwortlichen wird prinzipiell gefordert, dass nur **wesentliche Abweichungen** ermittelt werden. Darunter sind solche zu verstehen, die der Kostenverantwortliche verursacht (veranlasst) und daher zu verantworten hat.

In der periodischen Planerfolgsrechnung spielt die **Kostenträgerstückrechnung (Kalkulation)** eine untergeordnete Rolle. Durch **Zusatzrechnungen** bzw. Zusatzauswertungen können jedoch Kalkulationen mit Voll- oder Teilkosten durchgeführt werden. Insbesondere ist dabei eine umfassendere Differenzierung nach unterschiedlichen Primärkostenarten möglich. Bei diesen Kalkulationen handelt es sich um **Prognoserechnungen**, für welche wiederum eine Reihe von Einflussgrößen zu prognostizieren bzw. vorab festzulegen ist, z.B. erwartete Rohstoffmischungen, Verfahrenskombinationen, Losgrößenausprägungen usw. Auf diese Weise können **Prognoseverrechnungssätze** je Einflussgröße bzw. Bezugsgrößeneinheit vorausberechnet werden. Für den Fall, dass die genannten Größen nicht prognostiziert, sondern im Sinne minimaler Verbräuche normiert werden, lässt sich die Planerfolgsrechnung in eine **flexible Plankostenrechnung** überführen. Auch bei den Prognosekalkulationen sind **Alternativprognosen** (Alternativkalkulationen) durchführbar, wenn einzelne oder gebündelte Bedingungskalkulationen alternativ untersucht werden sollen. Auf diese Weise erhält man 'Erzeugniskostenbänder', die Kostenstrukturen bei ungünstiger, durchschnittlicher oder besonders günstiger Bedingungskalkulation erkennen lassen.

Die Trennung zwischen Betriebsmodellen und Bewertungsansätzen wird erst in der Endphase der Kostenermittlung bzw. -prognose aufgehoben. Daher können die **Auswirkungen von Preisänderungen** bei einzelnen Einsatzgüterarten auf die Herstellkosten übersichtlich und präzise ermittelt werden. Prognosekalkulationen der beschriebenen Art werden jedoch nicht monatlich durchgeführt, sondern nur dann, wenn ein Bedarfsfall vorliegt.

> Die periodische Planerfolgsrechnung ist wegen ihres Prognosecharakters ohne Schwierigkeiten in die **Gesamtplanung** der Unternehmung einzugliedern.

Außerdem lässt sich diese Rechnung durch eine zeitliche Differenzierung der Einflussgrößen ergänzen und damit insbesondere bei zunehmender automatisierter Produktion eine **operative Kennzahlenrechnung** aufbauen, die eine laufende Planung und Steuerung des Fertigungsgeschehens zulässt[275]. Der Weg dazu führt über eine explizite Berücksichtigung der Disponibilität von Einsatzgütern in den Einflussgrößenfunktionen. Für die beeinflussbaren Kosten und Erlöse bestimmter Planperioden können schließlich im Bildschirmdialog die unterschiedlichsten **Vergleiche** durchgeführt werden, die auf einzelne Schichten, Tage, Wochen oder Monate bezogen sind. Eingeschlossen sind dabei die jeweiligen Mengen- und Zeitgrößen, die dem periodischen Produktionsgeschehen zugrunde liegen[276].

---

[275] Vgl. KAISER, K. (Kosten- und Leistungsrechnung).
[276] Für weitere Beispiele und Aufgaben zur periodischen Planerfolgsrechnung (Betriebsplankostenrechnung) vgl. KÜPPER, H.-U. u.a. (Übungsbuch), S. 88 ff.

IV. Aussagefähigkeit der periodischen Planerfolgsrechnung

Das grundlegende Rechnungsziel der periodischen Planerfolgsrechnung besteht in der Ermittlung bzw. Prognose des gesamten **Periodenerfolgs** einer Unternehmung oder eines Teils davon. Ihm wird in diesem System aus praktischer Sicht eine sehr hohe Bedeutung als Steuerungs- und Beurteilungsgröße beigemessen[277]. Die Problematik einer Zurechnung von längerfristig gebundenen Einsatzgütern (z.B. Maschinen) auf Perioden wird gesehen. Dennoch wird es als notwendig erachtet, die Unternehmungsrechnung auf ein einziges Rechnungsziel auszurichten. Dies sei besser, als eine Vielzahl unterschiedlicher Zielgrößen beispielsweise in Form von Deckungsbeiträgen zu ermitteln. Damit werden alle Probleme einer periodengemäßen Zurechnung und Abgrenzung von Erfolgsgrößen wie Abschreibungen, Reparaturen, Werbekosten u.a. bewusst in Kauf genommen. Auf die **praktische Durchführbarkeit** wird mehr Gewicht als auf eine theoretisch-konzeptionelle Geschlossenheit gelegt.

In der Ausrichtung auf den Periodenerfolg und seine Berechnung über die periodenbezogenen Einsatz- und Absatzmengen liegt der zentrale Unterschied dieses Systems zu den stückbezogenen Rechnungssystemen der Voll- und Teilkostenrechnungen. Die **fixen Verbrauchsmengen** werden in der Planerfolgsrechnung eigenen Einflussgrößen (z.B. zeitbezogenen Größen wie Monatsfaktoren) zugerechnet oder sind als Absolutglieder in den Einflussgrößenfunktionen enthalten. Insoweit wird in diesem Rechnungssystem eine **Schlüsselung der Fixkosten** vermieden. Da im Regelfall keine stückbezogene Rechnung angestrebt wird, tritt das Problem nicht auf, ob Vollkosten oder lediglich Teilkosten auf die Produkte verteilt werden dürfen[278]. Dennoch ist es möglich, für bestimmte Zwecke, wie die **Bestandsbewertung**, produktbezogene Rechnungen auf Voll- oder Teilkostenbasis durchzuführen. Solche Rechnungen gelten aber nur für die jeweilige Betriebssituation. Dieses System vermeidet somit weitgehend die Probleme einer Zurechnung von Kosten und Erlösen auf Produkte.

Mit Hilfe der Kosten- und Erlösfunktionen ermöglicht die periodische Planerfolgsrechnung eine **Prognose des Periodenerfolgs** für vorgegebene Ausprägungen der primären Einflussgrößen und der Preise. Mit ihr kann dieser Erfolg für alternative Ausprägungen dieser Größen schnell ermittelt werden. So lassen sich beispielsweise die **Auswirkungen von Preisänderungen** durch Eingeben der neuen Preisvektoren leicht herleiten. Ferner kann man untersuchen, wie sich verschiedenartige Produktionsprogramme, Anpassungsformen der Produktionsprozesse oder unterschiedliche Einsatzgüterkombinationen auf den Periodenerfolg auswirken. Die von einer Alternative hervorgerufene Änderung des Periodenerfolgs kann ihr als **Grenzerfolg** zugerechnet werden. Man stellt also Alternativenüberlegungen an und ermittelt für sie periodenbezogene Grenzerfolge und **Erfolgsdifferenzen**. In der Planung dient die Planerfolgsrechnung dazu, die **erfolgsmäßigen Konsequenzen** verschiedener Handlungsalternativen zu prognostizieren und zu analysieren. Somit

---

[277] Vgl. LAßMANN, G. (Gestaltungsformen), S. 15.
[278] Vgl. LAßMANN, G. (Erlösrechnung), S. 162.

hat sie in erster Linie den Charakter einer **Prognoserechnung**. Durch die Formulierung von Zielfunktionen lässt sie sich aber zu einfachen **Optimierungsrechnungen** ausbauen. Die in ihr enthaltenen Gleichungen für Gütermengenbeziehungen und Ungleichungen für Nebenbedingungen liefern wichtige Bausteine zur Formulierung von **Optimierungsmodellen** beispielsweise der Programm- oder Verfahrensplanung. Jedoch wird es nur für zweckmäßig angesehen, Optimierungen für kleinere Teilprobleme vorzunehmen. Die Planerfolgsrechnung stellt daher ein aussagefähiges Instrument für die **kurzfristige und einperiodige** Planung der Unternehmung dar.

Für die **Kontrolle** von Unternehmensprozessen können durch Einsetzen der realisierten Isteinflussgrößen Sollwerte der Kosten und Erlöse ermittelt und den Istwerten gegenübergestellt werden. Die **Abweichungen** lassen sich mit Hilfe der Einflussgrößenfunktionen sehr genau und tiefgehend analysieren. Da die Einflussgrößenfunktionen die maßgeblichen Bestimmungsgrößen und Beziehungen abbilden, kann im Einzelnen untersucht werden, welche Einflussgrößenänderungen aufgetreten sind und welche Kosten-, Erlös- sowie Erfolgsabweichungen sie bewirkt haben. Diese **Abweichungsanalyse** kann sich entsprechend Abbildung 3-71 auf die Erlös- und die Kostenseite sowie auf Preis- und Mengenabweichungen erstrecken. Bei Vorliegen eines ausgebauten Betriebskostenmodells kann sie darüber hinaus verschiedene spezielle Abweichungen aufzeigen. Diese sind entweder als Differenz zwischen Plan- und Soll(richt)kosten auf betriebliche Entscheidungen oder als Differenz zwischen Soll- und Istkosten auf die Produktionsdurchführung und deren Wirtschaftlichkeit zurückzuführen.

Die periodische Planerfolgsrechnung stellt die betrieblichen Produktions- bzw. Absatzprozesse in den Mittelpunkt der Betrachtung und versucht, sie durch Aufstellung und **empirische Bestätigung** von Gleichungen sowie Ungleichungen relativ genau abzubilden. Die Gliederung in Kostenstellen tritt gegenüber der Analyse dieser Prozesse zurück. Kostenstellen- und Kostenträgerrechnung sind keine konstitutiven Komponenten dieses Rechnungssystems, sie können aber in Form zusätzlicher Rechnungen eingefügt werden. Das Rechnungsziel der **erfolgsbezogenen Planung** des gesamten Unternehmungsprozesses oder einzelner Betriebsbereiche und ihrer Umsetzung hat mehr Gewicht als die kostenbezogene Planung und Steuerung von Stellen.

Da die periodische Planerfolgsrechnung relevante Informationen für einperiodige Entscheidungsprobleme liefert, ist sie ein zweckmäßiges Instrument der **kurzfristigen Planung** und deren Realisation. Ihre Anwendungsgebiete sind Industrieunternehmungen "mit kurzzeitiger Sorten- und Serienfertigung – also Fertigungs- und Vertriebsprozessen, die weniger als ein Quartal oder sogar einen Monat in Anspruch nehmen"[279]. Für diesen Produktionstyp stellt sie ein geeignetes Informationsinstrument dar, das um ein umfassendes **Kennzahlensystem** ausgebaut werden kann. Bei ihm wird die periodische Erfolgsrechnung für wichtiger als stückbezogene Rechnungen angesehen. Dagegen benötigt man bei langzeitiger Einzelfertigung, wie der Erstellung von Großprojekten (z.B. Kraftwerken, Großanlagen u.a.), eine stückbezogene

---

[279] LAßMANN, G. (Gestaltungsformen), S. 16.

Auftrags- oder Produkterfolgsrechnung mit Planungs- und Steuerungscharakter. Auf derartige Produktionstypen sind periodische Planerfolgsrechnungsmodelle nicht ausgerichtet.

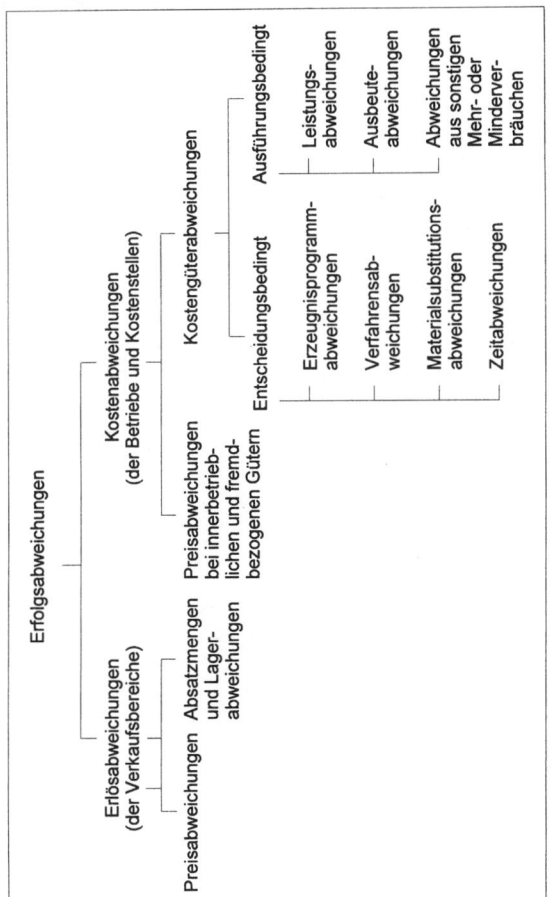

Abb. 3-71: *System der Abweichungsarten in der periodischen Planerfolgsrechnung*[280]

Eine weitere Grenze dieser Rechensysteme ist in dem **hohen Aufwand** für die Bestimmung der Einflussgrößenfunktionen zu sehen. In der praktischen Durchführung ist es häufig unumgänglich, Vereinfachungen (Reduktionen) vorzunehmen und sich mit einem begrenzten Präzisionsgrad zufrieden zu geben. Die Leistungsfähigkeit der automatisierten Datenverarbeitung verringert jedoch dieses Problem. Auch für die Bestimmung der Einflussgrößenfunktionen mit Hilfe statistischer Verfahren sind entsprechende Softwareprogramme verfügbar. Die Berechnungen der Kosten, Erlöse und Periodenerfolge für erwartete bzw. alternative Ausprägungen der Einflussgrößen

---

[280] Vgl. LAßMANN, G. (Gestaltungsformen), S. 14.

lassen sich ebenfalls mit Hilfe der EDV effizient und schnell durchführen. Dennoch erfordern insbesondere die Einführung, aber auch die laufende Anpassung und Pflege eines theoretisch fundierten Rechnungssystems dieser Art mit einer Vielzahl von Gleichungen bzw. Ungleichungen einen hohen Arbeitsaufwand.

D. Systeme der Plankosten- und -erlösrechnung auf Teilkostenbasis

I. Grenzplankosten- und Deckungsbeitragsrechnung

1. Grundprinzipien und Ausprägungen von Teilkosten- und -erlösrechnungen auf der Basis variabler Kosten

> Charakteristisch für alle Teilkostenrechnungen auf der Basis variabler Kosten ist die strikte Trennung in fixe und variable Kosten.

Sie erfordert eine Kostenaufspaltung, die in der Kostenartenrechnung vorzunehmen und auf die Kostenstellen zu beziehen ist. In beiden Komponenten werden die gesamten Kosten ausgewiesen, differenziert nach ihren variablen und fixen Anteilen. Das zentrale gemeinsame Merkmal dieser Rechnungssysteme besteht aber darin, dass lediglich die variablen Kosten bis auf die Kostenträgereinheiten zugerechnet werden. Darin zeigt sich ihr **Teilkostencharakter**. Die innerbetriebliche Leistungsverrechnung und die Kalkulation beschränken sich damit auf die variablen Kosten.

Die Periodenerfolgsrechnung ist in diesen Systemen meist zu einer Deckungsbeitragsrechnung ausgebaut. Das Wort **Deckungsbeitrag** gehört zu den Begriffen der Kosten- und Erlösrechnung, die von der Praxis besonders intensiv aufgegriffen wurden[281]. Mit ihm bezeichnet man im Allgemeinen die Differenz zwischen den Erlösen und den variablen sowie gegebenenfalls direkt zurechenbaren fixen Kosten. Deshalb verwendet man für diese Teilkostenrechnungssysteme häufig auch die Bezeichnung **Deckungsbeitragsrechnung**.

Um die Informationen für Planungs-, Steuerungs- und Kontrollzwecke zu nutzen, werden diese Systeme in der Regel als **Planrechnungen** konzipiert. Dies schließt entsprechend gestaltete Istrechnungen ein. Vor allem in der Einführungsphase können sie auch als bloße Istrechnungen aufgebaut werden.

Die Verrechnung allein der variablen Kosten bis auf die Kostenträgereinheiten führt dazu, dass in der Periodenerfolgsrechnung die Bestände an Halb- und Fertigerzeugnissen sowie deren Veränderungen lediglich mit den **Teilkosten** angesetzt werden. Dies wirkt sich auf die Höhe des Periodengewinns aus.

Je nach unterschiedlicher Gestaltung einzelner Komponenten bzw. des verfolgten Rechnungszwecks gibt es mehrere Ausprägungen von Kosten- und Erlösrechnungen auf der Basis variabler Kosten. Planungsorientierte Systeme stellen primär Informationen für die **Entscheidungsfindung** bereit. In ihnen spielt die **Prognose** von Kosten und Erlösen eine zentrale Rolle. Daher stellen

---

[281] Vgl. PLAUT, H.-G. (Flexible Plankostenrechnung), S. 357 ff.

sie Formen einer Prognoserechnung[282] auf Teilkostenbasis dar. Geht es hingegen um die Beeinflussung der mittleren und unteren Ebenen in der Unternehmung, so tritt der Verhaltenssteuerungszweck in den Vordergrund. Dann gelangt man u.a. zu einem System, das als Standardrechnung auf Teilkostenbasis bezeichnet werden kann[283]. Die bisher ausgebauten und in der Realität umgesetzten Systeme der Teilkostenrechnung auf Basis variabler Kosten enthalten Elemente beider Ausprägungen[284]. Da aber die Bereitstellung entscheidungsrelevanter Informationen im Vordergrund steht, werden sie in dieser Schrift den **planungsorientierten Systemen** zugerechnet.

Die in der Wissenschaft entwickelten und die in der Praxis vorfindbaren Ausprägungen der Teilkostenrechnung auf Basis variabler Kosten setzen unterschiedliche **Schwerpunkte**. In ihnen sind, ausgehend von den weitgehend übereinstimmenden Grundprinzipien, verschiedene Komponenten des Gesamtsystems weiter ausgebaut worden. So hat die vor allem von HANS-GEORG PLAUT und WOLFGANG KILGER[285] entwickelte **Grenzplankostenrechnung** das Instrumentarium für eine fundierte Planung und Kontrolle der Einzel- und Gemeinkosten geschaffen. Ihr Ansatzpunkt ist die **Kostenstellenrechnung,** für die produktions- und kostentheoretisch begründete Verfahren der kostenstellenweisen Gemeinkostenplanung und -kontrolle geschaffen und praktisch umgesetzt worden sind. Durch die Berücksichtigung mehrerer Planungsfristen lässt sich dieses System zu einer **dynamischen Grenzplankostenrechnung** erweitern.

Die Gestaltung der **Stück- und Periodenerfolgsrechnung** steht im Mittelpunkt von Systemen der ein- und mehrstufigen sowie mehrdimensionalen Deckungsbeitragsrechnung. Im einfachsten Fall, für den auch die amerikanische Bezeichnung 'Direct Costing' üblich ist, subtrahiert man von der Summe der produktbezogenen Deckungsbeiträge die gesamten Fixkosten der Unternehmung in einem Block. Um die Aussagefähigkeit zu erhöhen, wird der Fixkostenblock in der **mehrstufigen Deckungsbeitragsrechnung** aufgespalten. Da man hierbei nach der Zurechenbarkeit von Fixkosten z.B. auf Produktarten, Produktgruppen oder Bereiche vorgeht, wird das Verursachungsprinzip nicht verletzt. Dieses Konzept wird in **mehrdimensionalen Deckungsbeitragsrechnungen** verfeinert, indem die Zurechenbarkeit nach mehreren Dimensionen wie Produktgruppen, Kundengruppen und Absatzgebieten vorgenommen wird. Dann treten verschiedene mehrstufige Deckungsbeitragsrechnungen nebeneinander, aus denen sich jeweils andere Einblicke in die Kostenstruktur ergeben.

Die nach diesen Merkmalen unterschiedenen Ausprägungen der Teilkostenrechnung auf Basis variabler Kosten sind in Abbildung 3-72 überblickartig wiedergegeben. Da sich die Schwerpunkte von Grenzplankosten- und Deckungsbeitragsrechnungen gegenseitig ergänzen, lässt sich hieraus ein einheit-

---

[282] Vgl. Kapitel 3., Abschnitt B.I., S. 270 ff.
[283] Vgl. Kapitel 4., Abschnitt C., S. 661 ff.
[284] Vgl. KILGER, W. (Deckungsbeitragsrechnung⁹), S. 58.
[285] Vgl. PLAUT, H.-G. (Flexible Plankostenrechnung); KILGER, W. (Plankostenrechnung).

liches System schaffen[286]. In der Realität setzen die Unternehmungen jeweils die Teile daraus um, die für ihre Zwecke im Vordergrund stehen.

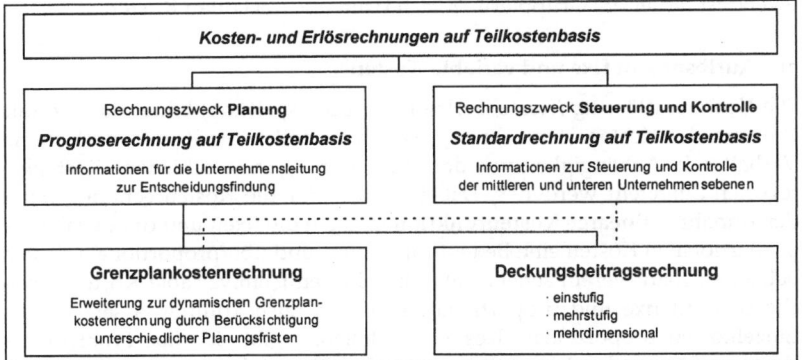

Abb. 3-72: *Ausprägungen von Teilkostenrechnungssystemen auf Basis variabler Kosten*

2. Artenrechnung in der Grenzplankosten- und Deckungsbeitragsrechnung

Sämtliche Systeme der Teilkostenrechnung auf der Basis von variablen Kosten nehmen in der **Kostenartenrechnung** die Erfassung aller Kosten gruppiert nach Kostenarten vor. Hierbei handelt es sich meist um die Erfassung aller Plankosten der jeweils betrachteten Rechnungsperiode. Zur Gegenüberstellung von Plan- und Istkosten sowie zur Durchführung von Abweichungsanalysen benötigt man ferner nach Ablauf der Rechnungsperiode die entsprechenden Istkosten.

Die Erfassung der Kosten erfolgt auf der Grundlage einer differenzierten **Kostenartengliederung**. Deren Art, Umfang und Tiefe werden im wesentlichen von den Gegebenheiten der Unternehmung sowie den angestrebten Rechnungszielen bestimmt. Die Gliederung der zu erfassenden Kosten nach den Merkmalen Güterart und Verbrauchscharakter entspricht grundsätzlich jener in den Systemen der Vollkostenrechnung[287]. Danach können Materialkosten, Personalkosten der Betriebsarbeit, Kosten der Fremddienste, Informationskosten, Kosten der Rechtsgüter, Abschreibungen, Wagniskosten, Abgaben und Zinsen als Kostenarten gebildet werden. Neben dieser Gruppierung erfolgt eine Differenzierung in **Einzel- und Gemeinkosten**, wobei bezüglich der Einzelkosten eine Unterscheidung von Kostenträger- und Kostenträgergruppeneinzelkosten vorgenommen werden kann. Sie ist insbesondere für die Planung der vorzugebenden bzw. erwarteten Kosten zweckmäßig. Die Planung der Materialeinzelkosten erfolgt für die Kostenträgereinheit, während die Planung der Gemeinkosten meist kostenstellenweise und ggf. prozessbezogen vorgenommen wird. Auch die Planung der Lohneinzelkosten wird häufig kostenstellenorientiert durchgeführt. Mit der kostenstel-

---

[286] Vgl. KILGER, W. (Plankostenrechnung).
[287] Vgl. Kapitel 3., Abschnitt B.I.3., S. 285 ff.

lenweisen Planung ist zugleich eine Gliederung der Gemeinkosten nach Kostenstellen (und -bereichen) zu verknüpfen. Häufig werden zu Kontrollzwecken auch die Einzelkosten für jede Kostenstelle vorgegeben. Grundlegend ist ferner die Gruppierung nach **fixen** und **variablen Kosten**.

a) Auflösung in fixe und variable Kosten

Die **Kostenauflösung** (Kostenzerlegung, Kostenspaltung) bildet das zentrale Problem der Kostenartenrechnung. Durch sie sollen die Kosten nach ihrem Verhalten in Abhängigkeit von der Beschäftigung in verschiedene Kostenkategorien aufgeteilt werden[288]. Dabei besitzen für die Kostenrechnung unter der Annahme **linearer Kostenfunktionen** allein die fixen und die variablen = proportionalen Kosten eine Bedeutung. Unter- und überproportionale Kosten behandelt man (vereinfachend) als Mischkosten (semivariable Kosten), welche sich auf fixe und proportionale Elemente zurückführen lassen. Da die Einzelkosten proportionale Kosten darstellen, ergibt sich das Problem der Kostenauflösung im Wesentlichen bei den Gemeinkosten. Ihre Zerlegung erfolgt gewöhnlich für jede Kostenart einer Kostenstelle. Ist dies unzweckmäßig oder nicht möglich, nimmt man die Auflösung des gesamten Kostenbetrages einer Kostenart bzw. in extremen Fällen die Auflösung der Gesamtkosten einer Unternehmung vor.

Zur Zerlegung (Auflösung) der Kosten können das buchtechnische, das mathematische und das planmäßige Verfahren angewandt werden. Das buchtechnische und das mathematische Verfahren legen bei der Kostenaufteilung tatsächlich entstandene Kosten zugrunde, während die planmäßige Kostenauflösung von erwarteten Kostenabhängigkeiten ausgeht.

Beim **buchtechnischen Verfahren**, das auch als buchtechnisch-statistische Methode[289] bezeichnet wird, stellt man das Verhalten jeder einzelnen Kostenart in Abhängigkeit von der Beschäftigung durch Beobachtung fest. Die Beurteilung, ob fixe oder proportionale Kosten vorliegen, basiert somit auf ermittelten und bereinigten Istkostenbeträgen vergangener Perioden und den für sie festgestellten Beschäftigungsgraden. Der Zuordnung zu den beiden Kostenkategorien durch Experten liegen häufig **Erfahrungen der Vergangenheit** zugrunde. Dabei werden zunächst die eindeutig fixen (z.B. Abschreibungen bei Fristablauf) und die eindeutig variablen Kosten (z.B. Hilfsstoffe) den entsprechenden Kostenkategorien zugeordnet. Sofern **Mischkosten** auftreten, erfolgt entweder eine Zuteilung zu einer der beiden Kategorien (z.B. lassen sich stark unterproportionale Kosten den fixen Kosten und schwach unterproportionale Kosten den variablen Kosten zuordnen), oder es wird eine Aufteilung vorgenommen. Die **Kostenaufspaltung** kann im Rahmen des buchtechnischen Verfahrens durch Auswertung der realisierten Größen mit Hilfe statistischer Methoden oder aufgrund von Schätzungen erfolgen. Durch Verwendung statistischer Methoden wird eine Präzisierung der Ergebnisse

---

[288] Vgl. KOSIOL, E. (Kostenauflösung), S. 345.
[289] Vgl. MELLEROWICZ, K. (Kalkulationsverfahren), S. 91.

des buchtechnischen Verfahrens erreicht. Dabei werden insbesondere Streupunktdiagramme und Trendberechnungen herangezogen[290].

Charakteristisch für das Verfahren der **mathematischen Kostenauflösung** ist eine rechnerische Aufteilung einzelner Kostenarten oder der Gesamtkosten in Grenz- und Residualkosten. Diese Form der Kostenauflösung geht auf EUGEN SCHMALENBACH[291] zurück. Sie kann für eine finitesimale Betrachtung (Schichtenbetrachtung) oder eine infinitesimale Betrachtung (Punktbetrachtung) erfolgen. Bei der finitesimalen Betrachtung werden die **Grenzkosten** als Differenzenquotient aus dem Kostenzuwachs einer Produktionsschicht und dem Produktionszuwachs dieser Schicht bestimmt, bei der infinitesimalen als Differentialquotient der Kostenfunktion $K' = dK/dx$. Ihre Multiplikation mit der zugehörigen Beschäftigung ergibt den **Grenzkostenbetrag** $K' \cdot x$. Bei linearen Kostenfunktionen entspricht dieser den variablen Kosten der jeweiligen Beschäftigung. Seine Differenz zu den Gesamtkosten führt zu den Residualkosten R ($R = K - K' \cdot x$). Der Residualkostenbetrag ist bei linearen Kostenfunktionen gleich den Fixkosten. Eine infinitesimale Betrachtung setzt die Kenntnis stetiger Kostenfunktionen voraus, welche die Abhängigkeit der Gesamtkosten von der Beschäftigung abbilden. Solche stetigen Funktionen erhält man beispielsweise durch Regressionsanalysen.

Bei der **Auflösung von Plankosten** geht man zweckmäßigerweise nicht davon aus, wie sich die Kosten(arten) in der Vergangenheit bei Beschäftigungsänderungen verhalten haben. Vielmehr stellt man durch genaue Kostenuntersuchungen fest, wie sie sich in Abhängigkeit von der Beschäftigung verhalten sollen bzw. werden. WOLFGANG KILGER[292] schlägt daher eine **planmäßige Kostenauflösung** vor. Bei dieser Form setzt man jene Plankosten als proportional an, bei denen erwartet wird, dass sie sich im gleichen Verhältnis wie die Beschäftigung ändern. Als (absolut) fixe Kosten werden diejenigen Plankosten eingestuft, deren Entstehung "... ganz oder zum Teil auch dann gerechtfertigt ist, wenn die Beschäftigung der betreffenden Kostenstelle gegen Null tendiert, aber die geplante Betriebsbereitschaft oder Kapazität dieser Stelle unverändert aufrecht erhalten werden soll."[293] Der Kostenansatz hängt maßgeblich von der **Fristigkeit** der Betrachtung ab. Je kürzer sie ist, umso mehr Kosten sind als fix einzustufen. Das zeigt sich besonders an den Personalkosten. Bei kurzfristiger Betrachtung (z.B. ein Monat) sind die Gehälter sowie ein großer Teil der Hilfslöhne als fixe Kosten anzusehen. Lediglich die Fertigungslöhne werden hier als voll proportional angesetzt. Im Falle einer längerfristigen Betrachtung lassen sich dagegen auch Fertigungslöhne, Teile der Hilfslöhne und sogar Gehälter als proportionale Kosten ansetzen[294].

b) Planung und Kontrolle wichtiger Einzelkosten

Die Planung und Kontrolle der Einzelkosten weist in der Grenzplankostenrechnung keine konzeptionellen Unterschiede gegenüber dem Vorgehen in

---

[290] Vgl. Kapitel 3., Abschnitt B.I.2.b), S. 282 ff.
[291] Vgl. SCHMALENBACH, E. (Selbstkostenrechnung), S. 294 ff.
[292] Vgl. KILGER, W. (Plankostenrechnung), S. 378.
[293] KILGER, W. (Plankostenrechnung), S. 378.
[294] Vgl. KILGER, W. (Plankostenrechnung), S. 379.

einer Prognosekostenrechnung auf Vollkostenbasis[295] auf. Einzelkosten als der Produkteinheit direkt zurechenbarer, bewerteter Güterverbrauch sind von der Anzahl der zu erzeugenden Kostenträger abhängig und damit variabel[296]. Ihre Planung und Kontrolle wurden in der Grenzplankostenrechnung in besonderem Maße ausgebaut und in ihrer theoretischen Struktur untersucht[297]. Deshalb werden sie im Folgenden für einige Kostenarten beispielhaft skizziert. Als wichtigste Einzelkostenarten sind das Fertigungsmaterial, die Fertigungslöhne, die Sondereinzel- und die Ausschusskosten zu unterscheiden.

aa) Planung und Kontrolle der Materialeinzelkosten

In einer Reihe von Branchen macht das Fertigungsmaterial einen **wesentlichen Teil der Gesamtkosten** aus. Sie können zum Beispiel im Automobilbau über 50 % der Herstellkosten betragen und Anteile bis zu 90 % erreichen. Dann gewinnt ihre Planung und Kontrolle ein hohes Gewicht, auch wenn sie nicht dieselben Zurechnungsprobleme wie die Gemeinkosten aufwerfen.

Bei der Planung der Materialeinzelkosten geht man davon aus, dass die Produktgestaltung, die Materialeigenschaften, der Fertigungsablauf und die Materialhandhabung dem Plan entsprechen. Die Ausprägung dieser wichtigen Einflussgrößen des Materialverbrauchs ergibt sich aus der Produktionsprogramm- und -prozessplanung. Die benötigten Materialmengen lassen sich anhand von technischen Berechnungen, Stücklisten oder Rezepturen ermitteln, welche von den Konstruktionsabteilungen, der Arbeitsvorbereitung, Werkstofflaboratorien oder entsprechenden Einheiten erstellt worden sind. Für die Bestimmung dieser Mengen kann man insbesondere die Verfahren der programmgebundenen Materialbedarfsvorhersage verwenden, denen statische oder dynamische Leontief-Funktionen zugrunde liegen[298]. Den Ausgangspunkt bilden dabei die sich aus der Programmplanung ergebenden End- bzw. Zwischenproduktmengen. Für sie ermittelt man die Netto-Planeinzelmaterialmengen, zu denen die ggf. nach Abfallursachen differenzierten geplanten Abfallmengen zu addieren sind. Diese sind nicht oder schwer vermeidbar, beispielsweise weil das Material in Form von Stoffballen geliefert wird, aus denen die Muster für Kleider nur so geschnitten werden können, dass Abfall entsteht. Die Höhe der Abfallkoeffizienten kann aus Abfallanalysen in Form von Abfallstatistiken u.ä. bestimmt werden. Die Addition der geplanten Nettomengen mit den ggf. unterschiedlichen Abfallmengen ergibt die Brutto-Planeinzelmaterialmengen. Sie entsprechen dem Materialverbrauch, der bei planmäßiger Produktion entsteht. Ihre Multiplikation mit den Planpreisen je Materialart führt zu den Brutto-Planmaterialeinzelkosten. Bezeichnet man die Planpreise je Materialart i mit $q_i^{(p)}$, den geplanten Nettoverbrauch der i-ten Materialart je Einheit der Produktart j mit $a_{ij}^{(p)}$ und einen prozentualen Abfallkoeffizienten mit $\alpha_{ij}^{(p)}$, so lassen sich die geplanten Materialeinzelkosten $k_{ai}^{(p)}$ der i-ten Materialart wie folgt bestimmen:

---

[295] Vgl. Kapitel 3., Abschnitt B.I.3., S. 285 ff.
[296] Anders werden Einzelkosten definiert bei SCHNEIDER, D. (Rechnungswesen), S. 347 ff.
[297] Vgl. KILGER, W. (Deckungsbeitragsrechnung[10]), S. 203 ff.
[298] Vgl. KÜPPER, H.-U. (Beschaffung), S. 221 ff.; SCHWEITZER, M. (Materialbedarfsplanung).

D. *Systeme auf Teilkostenbasis* 403

$$k_{ai}^{(p)} = q_i^{(p)} \cdot \sum_j a_{ij}^{(p)} \left(1 + \frac{1}{100} \cdot \alpha_{ij}^{(p)}\right)$$

Im Falle einer Berücksichtigung mehrerer Abfallursachen ist der Koeffizient α entsprechend zu differenzieren. Gegebenenfalls sind weitere Besonderheiten wie die planmäßige Mischung verschiedener Materialarten o.ä. zu berücksichtigen.

Die Festlegung der Planpreise hängt vom Rechnungszweck ab. Wenn der Planungszweck und damit die Fundierung von Entscheidungen im Vordergrund stehen, prognostiziert man die erwarteten Materialpreise. Will man laufende Änderungen vermeiden, so setzt man geplante jährliche Durchschnittspreise an. Häufig verwendet man auch gleitende Durchschnittspreise. Die Planpreise können durch die Einkaufsstelle geschätzt oder mit statistischen Verfahren der Zeitreihenanalyse[299] bestimmt werden.

Die Kontrolle der Materialeinzelkosten erstreckt sich wie ihre Planung auf zwei Komponenten, die Preise und die Mengen. Für **Preisabweichungen** tragen die innerbetrieblichen Kostenstellen keine Verantwortung. Deshalb bewertet man die Materialverbräuche mit Planpreisen. Hierdurch werden die Preisabweichungen aus den innerbetrieblichen Abweichungen eliminiert und die Mengenströme kontrollierbar. Für ihre Ermittlung ist eine größere Zahl von Verfahren entwickelt worden, die sich vor allem in Bezug auf

(1) den Zeitpunkt der Erfassung von Preisabweichungen und

(2) den Inhalt des Planpreises

unterscheiden[300].

Zur organisatorischen Durchführung setzt man EDV-gestützte Materialwirtschaftssysteme ein. Hinsichtlich des Erfassungszeitpunktes von Preisabweichungen besteht die Möglichkeit, die Umrechnung von Ist- auf Planpreise schon beim Materialzugang oder erst bei dessen Abgang vom Eingangslager vorzunehmen. Als Planpreis kann man den Einstands- oder den Verbrauchspreis wählen. Während der Einstandspreis neben dem Nettoeinkaufspreis die Beschaffungsnebenkosten z.B. für Transport und Versicherung umfasst, beinhaltet der Verbrauchspreis zusätzlich die Materialgemeinkosten für die Kostenstellen insbesondere des Einkaufs, der Warenannahme und des Lagers. Letzterer entspricht also dem Abgabepreis für das Material an die verbrauchenden Stellen.

Heute sind die Erfassung der Preisabweichung beim Abgang und der Ansatz von geplanten Einstandspreisen gebräuchlich[301]. Die Materialbestände werden zu gleitenden Durchschnittspreisen bewertet. Als Istwerte verwendet man die Einstandspreise beim Abgangszeitpunkt, deren Differenz zum Planpreis die Preisabweichung ergibt. Die Preisabweichungen können dabei für jede Materialart *positionsweise* oder nur für mehrere Materialarten gemeinsam *gruppenweise* erfasst werden. Bei entsprechender EDV-Unterstützung bereitet

---

[299] Z.B. gleitende Mittelwerte, Regressionsanalyse oder exponentielle Glättung. Vgl. KÜPPER, H.-U. (Beschaffung), S. 228 ff.
[300] Vgl. ausführlich KILGER, W. (Deckungsbeitragsrechnung^9), S. 219 ff.
[301] Vgl. KILGER, W. (Deckungsbeitragsrechnung^{10}), S. 222.

die exaktere positionsweise Ermittlung keine besonderen Schwierigkeiten. Die Preisabweichungen des Einzelmaterials werden meist differenziert nach Kostenträgern in die kurzfristige Erfolgsrechnung übernommen.

Die Kontrolle der verbrauchten Materialmengen sollte möglichst kurzfristig erfolgen, um Unwirtschaftlichkeiten frühzeitig zu erkennen. Kontrolleinheiten sind die Kostenstellen bzw. Arbeitsplätze, die einzelnen Aufträge und die Arbeitsgänge, in denen sie entstehen. Wichtig ist, dass die Abweichungen sowohl den Aufträgen und Produkten als auch den für ihre Entstehung verantwortlichen Personen zuordenbar sind, um sie künftig vermeiden zu können. Die Istkosten lassen sich am besten über Materialentnahmescheine erfassen, die nach Aufträgen und Stellen der Verwendung gekennzeichnet sein sollten. Die Sollkosten für die Materialart i können mit Hilfe der in der Planung bestimmten Brutto-Materialeinzelkosten je Produkteinheit $k_{miq}^{(p)}$ für die tatsächlich hergestellten Mengen $x_q^{(i)}$ der Produktarten p berechnet werden. Die Differenz zwischen den für die Materialart (oder -gruppe) ermittelten Istkosten und den produktweise bestimmten Sollkosten ergibt die Einzelmaterial-Verbrauchsabweichung ΔK_{mi} der Materialart i:

$$\Delta K_{mi} = K_{mi}^{(i)} - \sum_q x_q^{(i)} \cdot k_{miq}^{(p)}$$

In der Abweichungsanalyse will man herausfinden, inwieweit diese Abweichung auf innerbetriebliche Unwirtschaftlichkeiten oder auf spezifische andere Ursachen zurückzuführen ist. Dafür sind beim Material technologische Bedingungen der Produktion maßgebend. Zweckmäßigerweise gliedert man die Abweichungen nach Produktgruppen und Materialarten. Als spezifische Abweichungsarten können beim Einzelmaterial insbesondere auftrags-, material- und mischungsbedingte Abweichungen auftreten. Auftragsbedingte Einzelmaterialverbrauchsabweichungen entstehen durch eine nachträgliche Änderung der Produktgestaltung, aus der sich ein anderer Materialbedarf ergibt, so z.B. durch Berücksichtigung zusätzlicher Kundenwünsche. Sie stellen auftragsbedingte Mehrkosten dar, die vom Vertrieb ausgelöst wurden. Materialbedingte Abweichungen ergeben sich bei außerplanmäßigen Materialeigenschaften, wenn beispielsweise die Toleranzmaße oder sonstige Eigenschaften des Materials nicht mit den Planvorgaben übereinstimmen und daher abweichende Mengen verbraucht wurden. Sofern beim Materialeinsatz z.B. in der chemischen Industrie verschiedene Rohstoffe miteinander vermischt werden, kann sich die realisierte Mischungszusammensetzung von der geplanten unterscheiden. Der Grund hierfür liegt häufig in geänderten Preisen oder Qualitäten, an die man sich beim Kauf angepasst hat. Derartige mischungsbedingte Einzelmaterialverbrauchsabweichungen können wie die materialbedingten nicht den innerbetrieblichen Kostenstellen angelastet werden. Diese haben lediglich den nach Eliminierung der auftrags-, material- und mischungsbedingten Abweichungen verbleibenden Teil zu vertreten, der auf das Entstehen höherer Abfallmengen wegen Unachtsamkeit oder eine mangelnde Überwachung der Fertigung zurückzuführen ist.

D. Systeme auf Teilkostenbasis

bb) Planung und Kontrolle der Lohneinzelkosten

Die Fertigungslöhne werden in der Grenzplankostenrechnung üblicherweise wie die Gemeinkosten kostenstellenweise geplant und in die Plankostenverrechnungssätze der variablen Kosten einbezogen. Dies erleichtert vor allem die Kontrolle der Lohnkosten, die auch bei einer unmittelbaren Verrechnung auf die Kostenträger kostenstellenweise erfolgen muss, da sie dort verursacht werden. Zudem sind die für die Lohnbestimmung maßgeblichen Fertigungszeiten häufig eine zentrale Bezugsgröße für die Planung der variablen Kosten in den Kostenstellen.

Die Planung der Lohneinzelkosten richtet sich nach der jeweils angewandten Lohnform[302] und den für die Lohnbestimmung ermittelten Planarbeitszeiten. Bei der Bestimmung der geplanten Lohnsätze und der Lohnsatzabweichungen tritt das spezifische Problem der Abhängigkeit von den Tarifabschlüssen auf. Die Laufzeit von Tarifvereinbarungen stimmt in der Regel nicht mit dem Planjahr überein, ihre Ergebnisse liegen bei der Planung meist noch nicht vor. Deshalb gelten für ein Planjahr oft zwei verschiedene Tarifsätze, sie müssen also für einen Teil des Jahres geschätzt werden. Aus tarifpolitischen Gründen besteht zudem ein Interesse, die unbekannten Planwerte eher niedrig zu halten. Nach einer Tarifänderung kann man die bisher geplanten Lohnsätze beibehalten. Dann enthalten die Lohnsatzabweichungen die Abweichungen zwischen erwarteten und den tatsächlichen tariflichen Lohnsätzen. Will man dies vermeiden, so baut man die neuen Sätze ab ihrer Geltung in die Planung ein. Dies ist aufwendig und deshalb primär bei lohnintensiven Unternehmungen mit EDV-Unterstützung zweckmäßig. Eine andere Möglichkeit besteht darin, mit zeitlich gewogenen Mittelwerten für die Lohnsätze zu arbeiten.

Um die **Lohnsatzabweichungen** zu erfassen, müssen Erhöhungen gegenüber den Tariflöhnen in die Lohnkosten eingeplant werden. Hierbei sind insbesondere Zuschläge für Mehrarbeitszeiten, innerbetriebliche Lohnzulagen sowie geplante Sozialkostensätze zu berücksichtigen.

Aus den verschiedenen Arten der Planung der Lohnsätze folgen unterschiedliche Möglichkeiten zur **Erfassung der Lohnsatzabweichungen**. Neben der Planungsüberholung kann die Bruttolohnabrechnung mit den ursprünglichen und den neuen Werten durchgeführt werden, was ebenfalls aufwendig ist. Häufig werden zur Ermittlung der Lohnsatzabweichungen die tatsächlichen Lohn- und Gehaltskosten durch einen Erhöhungsfaktor dividiert, der sich aus der Tariferhöhung ergibt. Damit erhält man die auf die Tarifänderungen zurückgehende Lohnsatzabweichung. Führt man keine Anpassung der Planung durch, so sind die auf Tarifvereinbarungen zurückführbaren Änderungen in den Kostenstellenabweichungen enthalten, da diesen die effektiven Lohnkosten belastet werden. Dann eliminiert man die Lohnsatzabweichungen erst nach Ermittlung der Soll-Ist-Abweichungen je Kostenstelle.

Die Erfassung und Eliminierung der Lohnsatzabweichungen dient dazu, den mengenmäßigen Verbrauch an menschlicher Arbeit zu kontrollieren. Sie wird

---

[302] Vgl. Kapitel 3., Abschnitt B.I.3., S. 285 ff.; KILGER, W./PAMPEL, J./VIKAS, K. (Deckungsbeitragsrechnung[11]), S. 193 ff.

kostenstellenweise und im Allgemeinen monatlich vorgenommen. Die erforderlichen Daten erhält man aus der Brutto-Lohnabrechnung, ein wichtiges Informationsinstrument bilden hierbei die Akkordlohnscheine. Die **Kontrolle** richtet sich nach der jeweiligen Lohnform. Beim **Akkordlohn** treten keine Kostenabweichungen der Mengenkomponente auf, da bei ihnen Ist- und Solllohnkosten übereinstimmen. Stattdessen führt man eine Leistungsgradanalyse durch, bei der die Ist- mit den Sollarbeitszeiten verglichen werden. Man geht also unmittelbar auf die Einsatzmengen zurück. Als **Abweichungsarten** können beim Akkordlohn Rüstzeitabweichungen, Lohnsatzmischungsabweichungen sowie Zusatzlöhne auftreten. **Rüstzeitabweichungen** können entstehen, wenn die Rüstzeiten nicht über eigene Bezugsgrößen geplant werden und die Rüstkosten auf die Stückzeiten proportionalisiert sind. In diesem Fall führt eine Änderung der Auftragszusammensetzung oder der Losgrößen zu einer anderen als der geplanten Inanspruchnahme von Rüstzeiten. Deren Kosten werden als Rüstzeitabweichung bezeichnet und der Kostenart Rüstlohn zugerechnet. Zu **Lohnsatzmischungsabweichungen** kann es kommen, wenn gleichartige Arbeitsgänge von Arbeitnehmern mit unterschiedlichen Lohnsätzen durchgeführt werden. Die tatsächliche Mischung zwischen diesen Mitarbeitern und ihren Lohnsätzen weicht dann von der geplanten ab. **Zusatzlöhne** werden bei Akkordarbeitern bezahlt, wenn die vorgegebene Leistung aus Gründen, die nicht von ihnen zu vertreten sind, nicht erreicht werden kann. Für sie stellt man eigene Zusatzlohnscheine aus, wodurch sie sich klar erfassen lassen. Als wichtigste Formen lassen sich auftrags-, material-, ablauf-, kostenstellen- und vorgabebedingte Zusatzlöhne unterscheiden. Auftrags- und materialbedingte Abweichungen sind auf eine geänderte Produktgestaltung, z.B. Konstruktionsänderungen, bzw. außerplanmäßige Materialabmessungen oder -eigenschaften zurückzuführen, die nicht in den Vorgabezeiten berücksichtigt wurden. Ablauf- und kostenstellenbedingte Zusatzlöhne treten auf, wenn Störungen in anderen oder der eigenen Kostenstelle dazu führen, dass der Mitarbeiter warten muss. Liegen beispielsweise bei Einzel- und Kleinserienfertigung keine genauen und nicht treffend geschätzten Zeitstudien vor, so können die Vorgabezeiten fehlerhaft sein, was durch Zusatzlöhne auszugleichen ist.

Auch bei einer Vergütung von **Zeitlöhnen** bestimmt man häufig Planarbeitszeiten für die Plankalkulation und die Kontrolle. Wenn die tatsächlichen Arbeitszeiten von den geplanten abweichen, kommt es zu **Fertigungslohnabweichungen**, die als Arbeitszeit- oder Arbeitsleistungsabweichungen bezeichnet werden. Sie ergeben sich aus der mit dem geplanten Lohnsatz bewerteten Differenz zwischen der Istarbeitszeit und den mit der Istproduktmenge multiplizierten Planarbeitszeiten je Stück. In entsprechender Weise kann man Abweichungen bei **Prämienlöhnen** ermitteln, deren konkrete Ausprägung von der Struktur des jeweiligen Prämienlohnes abhängt.

cc) Planung und Kontrolle von Sondereinzel- sowie von Ausschusskosten

Die verschiedenen Arten von Sondereinzelkosten lassen sich unterschiedlich gut planen und kontrollieren. Keine besonderen Probleme werfen im allgemeinen Lizenzen, Verpackungskosten sowie Vertreterprovisionen auf.

D. *Systeme auf Teilkostenbasis* 407

Frachtkosten, die den Kunden nicht direkt in Rechnung gestellt werden, hängen von der jeweiligen Lieferung und dem Empfänger ab. Deshalb lassen sie sich nur durchschnittlich angeben, jedoch ist ihre Bedeutung meist nicht groß.

Schwieriger sind dagegen Planung und Kontrolle der Kosten für **Spezialwerkzeuge**, da es sich bei ihnen um Gebrauchsgüter handelt, deren Verzehr meist nicht exakt erfasst wird. Wenn sie laufend genutzt werden, rechnet man sie in der Grenzplankostenrechnung in die variablen Kosten ein. Die größten Probleme bereiten die Kosten für **Forschung und Entwicklung (FuE)**. Sie bilden nach KILGER eine wichtige Klasse von *Vorleistungskosten*, da sie "... dazu dienen, zeitungebundene Nutzungspotentiale zu schaffen ..."[303]. In dieser Kennzeichnung kommt zum Ausdruck, dass Vorleistungskosten Investitionsgüter sind. Deshalb lassen sie sich auch in das System der Grenzplankostenrechnung nur schwer einbeziehen. Zudem stellt sich bei den FuE-Kosten besonders deutlich die Frage nach dem verfolgten Rechnungszweck. Für die Beurteilung von FuE-Projekten sind Verfahren der Investitionsrechnung besser geeignet. Deren Bewertung ist in der Regel in eine längerfristige Planung eingeordnet, häufig hat sie strategischen Charakter. Auf kürzere Sicht steht der Steuerungscharakter im Vordergrund, aus dem sich andere Gesichtspunkte für die Kostenvorgabe als in planungsorientierten Systemen ergeben.

In der Grenzplankostenrechnung bemüht man sich darum, die projektvariablen Kosten projektbezogen zu planen und zu kontrollieren. Bei den FuE-Kosten spielt der Fristigkeitsgrad der Kostenplanung eine wichtige Rolle. Von ihm hängt vor allem die Aufteilung der Personalkosten in projektvariable und projektfixe Anteile auf.

"Die Planung, Kontrolle und Verrechnung der Ausschusskosten zählt zu den kompliziertesten Spezialproblemen der Kostenrechnung."[304] Im Unterschied zum Abfall handelt es sich beim **Ausschuss** um Ausbringungsmengen, die wegen Mängeln nicht zweckgemäß verwendet werden können. Ihre Kosten sind umso höher, je später der Fehler erkannt wird. In der Grenzplankostenrechnung wird ein unvermeidbarer Mindestausschuss in die Plankosten einbezogen. Die Ausschuss- und Nacharbeitskosten können entweder auftragsweise oder über Einsatzfaktoren erfasst werden. Die erste Form ist genau, aber aufwendig. Sie erfordert, dass möglichst nach jedem Arbeitsgang festgestellt wird, wie viele Einheiten eines Auftrages unbrauchbar geworden sind oder nachbearbeitet werden müssen.

c) **Planung und Kontrolle von Erlösen**

aa) Theoretische Grundlagen der Erlösplanung und -kontrolle

Die **Planung und Kontrolle von Erlösen** sollte wie die Kostenplanung auf der Grundlage empirisch bewährter Funktionen über die Beziehungen zwischen der Erlöshöhe und ihren Einflussgrößen erfolgen. Während jedoch die

---

[303] Vgl. KILGER, W./PAMPEL, J./VIKAS, K. (Deckungsbeitragsrechnung[11]), S. 211.
[304] Vgl. KILGER, W./PAMPEL, J./VIKAS, K. (Deckungsbeitragsrechnung[11]), S. 219.

Produktions- und Kostentheorie zu den weit ausgebauten Aussagensystemen der Betriebswirtschaftslehre gehört, weist die **Erlöstheorie** keinen vergleichbaren Erkenntnisstand auf.

Die **Erlösplanung** betrifft die innerbetrieblich wiedereinzusetzenden und die abzusetzenden Güter. Da sich die bewerteten innerbetrieblichen Leistungen, die man als **kalkulatorische Erlöse** bezeichnen kann, auf den Wiedereinsatz von Zwischen- und ggf. Endprodukten sowie innerbetriebliche Hilfsleistungen beziehen, leiten sie sich einerseits aus der Planung der Produktionsmengen und der sonstigen Prozesse her. Andererseits ist für sie die Kostenplanung maßgeblich, weil diese Mengen i.d.R. erfolgsneutral bewertet werden. Die Produktionsmengen werden im Rahmen der Produktionsprogrammplanung bestimmt, die beispielsweise mit linearen Planungsmodellen durchgeführt werden kann. Die erforderlichen Mengen an innerbetrieblichen Leistungen werden häufig auf Basis der geplanten Produktionsmengen ermittelt. Dieser Teil der Erlösplanung kann somit auf Systeme der Produktionsplanung zurückgreifen und wirft im Rahmen der Kosten- und Erlösrechnung insoweit keine spezifischen Probleme auf.

Wesentlich schwieriger ist die Planung der **Markterlöse**. Die Einflussgrößen des Absatzes sind zwar im Rahmen der Absatz- bzw. Marketingtheorie intensiv untersucht worden. Jedoch war das Bestreben mehr darauf gerichtet, z.B. in der Preistheorie das Zustandekommen der Marktpreise oder bei den anderen Marketinginstrumenten deren qualitative Wirkung und ihr Zusammenspiel zu erklären. Die Aufgabe der Forschung wurde weniger in der Bestimmung quantitativer Erlösfunktionen gesehen, mit denen die Planerlösrechnung durchgeführt werden kann. Auch innerhalb der Kosten- und Erlösrechnung hat man sich diesem Problembereich relativ wenig gewidmet. Die Arbeiten zur Erlösrechnung haben sich stärker mit den Grundfragen und der Istrechnung als mit Ansätzen der Erlösplanung befasst[305]. Allgemein kann man zwei **Stufen der Erlösplanung** unterscheiden. Auf der ersten werden die Absatzmengen sowie -preise als zentrale Bestimmungsgrößen behandelt und lediglich die verschiedenen unmittelbaren Erlöskomponenten berücksichtigt. Die Aufgabe der Erlösrechnung wird zunächst darin gesehen, den Einfluss von Rabatten, Boni, Preiszuschlägen, Wechselkursschwankungen, Forderungsverlusten und anderen Preisminderungen zu erfassen[306].

Eine umfassendere Stufe wird erreicht, wenn man zusätzlich nach den **Bestimmungsgrößen der Absatzmengen und der Absatzpreise** fragt. Während auf der Kostenseite[307] Einflussgrößen der Einsatzgüterpreise und der Einsatzmengen (z.B. die Beschäftigung oder das Produktionsprogramm) als weitgehend unabhängig voneinander angesehen werden, ist auf der Erlösseite mit einer **Abhängigkeit** zwischen Preis- und Mengenkomponenten zu rechnen. Dahinter stehen zwei Gründe. Zum einen hat die Unternehmung vielfach einen stärkeren Einfluss auf die Preisgestaltung ihrer Produkte als

---

[305] Vgl. Kapitel 2., Abschnitt A.III., S. 81 ff., Abschnitt B., S. 120 ff. und Abschnitt C.IV., S. 186 ff. Eine wichtige Ausnahme bildet KOLB, J. (Erlösrechnung).
[306] Die Grenzplankostenrechnung beschränkt sich i.d.R. auf diese Stufe. Vgl. KILGER, W./ PAMPEL, J./VIKAS, K. (Deckungsbeitragsrechnung[11]), S. 522 ff.
[307] Vgl. Kapitel 3., Abschnitt B., S. 270 ff.

bei den Einsatzgütern. Beispielsweise muss sie bei den Löhnen von den für sie i.d.R. nicht beeinflussbaren Tarifvereinbarungen ausgehen, über die sie lediglich durch individuelle Vereinbarungen hinausgehen kann. Zum andern wird der Preiseinfluss beim Gütereinsatz im Allgemeinen schon bei den Einkaufsstellen eliminiert, weil die innerbetrieblichen Stellen die Einsatzgüterpreise kaum beeinflussen können. Dagegen gehören die Absatzpreise zu den Entscheidungsvariablen der Absatzstellen. Darüber hinaus haben **externe Größen** in der Erlösrechnung mehr Gewicht als in der Kostenrechnung. In den Kosteneinflussgrößensystemen konzentriert man sich traditionellerweise auf die Handlungsvariablen der Unternehmung, über die sie die Kostenhöhe beeinflussen kann, obwohl auch über die Beschaffungsmärkte externe Größen auf die Kosten wirken. Für die Bestimmung der Erlöse ist die Bedeutung externer Markteinflüsse offensichtlicher, weshalb es zweckmäßig ist, zwischen internen und externen Einflussgrößen zu trennen. Als maßgebliche **externe Einflussgrößen** sind das jeweilige Marktvolumen und dessen Veränderung, d.h. das Marktwachstum anzusehen. Das Marktvolumen kann gegebenenfalls nach Produktgruppen gegliedert werden, die zu einem Geschäftsfeld zu rechnen sind. Ferner gehören zu den externen Bestimmungsgrößen das von der Unternehmung nicht beeinflussbare Preisniveau und dessen Änderungen. **Interne Einflussgrößen** liegen bei einer eher globalen Betrachtung in dem Marktanteil der Unternehmung und den von ihr durchschnittlich geforderten Preisen im Verhältnis zum Branchen- oder Marktpreis. Die Höhe des Marktanteils hängt aus **strategischer Sicht** von den Erfolgspotentialen der Unternehmung ab, die insbesondere in ihrer relativen Marktposition, dem relativen Produktions- sowie Forschungs- und Entwicklungspotential und der relativen Qualifikation ihrer Führungskräfte sowie Mitarbeiter gesehen werden können[308]. Aus **operativer Sicht**, wie sie für die Kosten- und Erlösrechnung vorherrscht, werden die aktuellen Absatzmengen und damit Marktanteile durch den Einsatz der absatzpolitischen Instrumente bestimmt. Neben der Preispolitik sind daher die verschiedenen Variablen bzw. Aktivitäten der Produkt- sowie Programm-, Kommunikations- und Distributionspolitik zu berücksichtigen. In eine theoretisch fundierte Aufstellung von Erlösfunktionen müssten die Erkenntnisse der Marketingtheorie über deren Wirkungen und Interdependenzen einfließen.

bb) Bestimmung von Erlösfunktionen

Ein wichtiges Instrument zur Planung der Erlöse E bilden analog zur Kostenseite quantitative **Erlösfunktionen**. Für deren Bestimmung bieten sich grundsätzlich dieselben Vorgehensweisen der analytischen Planung, statistischen Schätzung auf der Basis von Zeitreihen sowie der Expertenschätzung durch die jeweiligen (Erlös)Stelleninhaber oder durch Prognosespezialisten z.B. des Controlling an.

Zur Planung der Mengenkomponente **innerbetrieblicher Wiedereinsatzgüter** kann man auf Verfahren der programm- oder verbrauchsgesteuerten Be-

---

[308] Vgl. DUNST, K. (Portfolio Management); ZÄPFEL, G. (Strategisches Produktionsmanagement); BREID, V. (Erfolgspotentialrechnung); HOMBURG, C. (Unternehmensplanung); WEBER, J. (Kostenrechnung).

darfsplanung zurückgreifen. Erstere entsprechen einer analytischen Planung und lassen sich heranziehen, wenn selbsterstellte Einsatzgüter wie z.B. Strom, Dampf oder Verwaltungstätigkeiten (durchschnittlich) proportional zu den Zwischen- und/oder Endproduktmengen verbraucht werden. Dann erhält man ihre Erzeugungsmengen über Leontief-Produktionsfunktionen. Eine derartige Güterart w kann z.B. in mehreren Arbeitsgängen oder Produktionsprozessen mit den konstanten Produktionskoeffizienten a_{wp} proportional zur hergestellten Zwischenproduktmenge r_p eingehen. Ihr Gesamtbedarf lässt sich bei mehrstufiger Mehrproduktfertigung über Leontief-Funktionen[309] ermitteln. Eine mehrstufige Vernetzung der Prozesse verlangt dabei eine Multiplikation und ggf. Addition der Produktionskoeffizienten. Man gelangt zu Gesamtbedarfskoeffizienten a^*_{wp}, die sich über die Lösung eines Gleichungssystems oder bei zyklenfreier Struktur mit Hilfe von Gozintographen[310] berechnen lassen. Diese Koeffizienten geben an, welche Menge der Güterart w zur Herstellung einer Einheit des Produktes p erforderlich ist. Mit den kalkulatorischen Erlöswerten k_w erhält man die Erlösfunktion E_w des Wiedereinsatzgutes w bei unterschiedlichen absatzbestimmten Produktmengen x_p:

$$E_w = k_w \cdot \sum_p a^*_{wp} \cdot x_p$$

Verbrauchsgesteuerte Verfahren leiten die Bedarfsmengen über eine statistische Zeitreihenanalyse aus dem Bedarf der vergangenen Perioden her. Ihre Verwendung setzt voraus, dass sich die strukturellen Bestimmungsgrößen des Bedarfs und die Randbedingungen nicht wesentlich ändern werden (Zeitstabilitätshypothese). Zusätzlich muss eine grundlegende Hypothese über den zeitlichen Bedarfsverlauf aufgestellt werden. So kann man annehmen, dass ein linearer oder saisonaler Bedarf vorliegt, der im Prinzip konstant ist oder trendmäßig ansteigt bzw. fällt. Für jede dieser Verlaufshypothesen existieren Schätzverfahren beispielsweise der Mittelwertbildung oder der exponentiellen Glättung. Ferner gibt es Verfahren zur Klassifikation und Schätzung sporadischer Bedarfe. Der Typ der Prognosefunktion hängt von der zugrunde liegenden Verlaufshypothese ab. Im Fall eines linearen Verlaufs mit positivem Trend können die Koeffizienten g und m der Prognosefunktion z.B. mit Verfahren der exponentiellen Glättung zweiter Ordnung ermittelt werden. Bewertet man die Prognosemenge r_{wt} mit dem Erlöswert k_w je Einheit, so lässt sich für diese Güterart der kalkulatorische Erlös E_{wt} je Periode t (z.B. Monat) mit der Erlösfunktion

$$E_w = k_w \cdot r_{wt} = k_w \cdot (g_w + m_w \cdot t)$$

berechnen.

Die Verwendung von Erlösfunktionen, die als unabhängige Variablen Outputmengen in Form absatzbestimmter Produktmengen x_p oder innerbetrieblicher Leistungsmengen r_{wt} enthalten, hat den Vorteil, dass sich die kalkulatorischen Erlöse von den Plan- auf die jeweiligen Istmengen und damit die Ist-

---

[309] Vgl. SCHWEITZER, M./KÜPPER, H.-U. (Produktionstheorie), S. 64 ff.
[310] Vgl. z.B. KÜPPER, H.-U. (Beschaffung), S. 223 ff.

D. Systeme auf Teilkostenbasis

beschäftigung umrechnen lassen. Dies ist nicht der Fall, wenn sie unmittelbar aus anderen Planungen für die Periode abgeleitet oder direkt geschätzt werden. Dann fehlt eine derart klare und gut nachvollziehbare Basis für einen Übergang von Plan- auf Soll-Erlöse.

Um bei der Planung von **Markterlösen** die Auswirkungen von **Preisminderungen und -zuschlägen** in Erlösfunktionen zu erfassen, untergliedert man die Absatzprodukte zweckmäßigerweise nach den für sie relevanten Preiskomponenten. Hierzu differenziert man jede Produktart oder Produktgruppe danach, für welchen Anteil z.b. welche Funktionsrabatte, Boni, Skonti oder Preiszuschläge zu erwarten sind. Forderungsverluste sind als globaler Abschlag zu berücksichtigen, weil sie nur in Ausnahmefällen im Voraus für einzelne Aufträge bekannt sind. Da sich diese Preisminderungen und -zuschläge nach unterschiedlichen Bezugsgrößen wie Produktarten, Kundengruppen, Vertriebswegen usw. richten, verlangt ihre genaue Erfassung eine **mehrdimensionale Aufgliederung des gesamten Absatzprogramms**. Sofern diese im Rahmen der Istrechnung vorgenommen wird, erhält man eine Grundlage zur Abschätzung der jeweiligen Anteile für die Planperiode. Sie ermöglichen eine differenzierte Prognose dieser Erlöskomponenten.

Beispielsweise sind die Produktgruppen q danach zu untergliedern, welche **Funktionsrabatte** f jeweils gewährt werden und ob Mindermengenzuschläge z erhoben werden. Skonti werden i.d.R. nicht produktspezifisch gewährt und können daher wie die Forderungsverluste global für alle Produkte prognostiziert werden. Wenn man mit e_f die Höhe des Funktionsrabatts in der Rabattklasse f und mit z_{fq} den prozentualen Anteil der Erlöse bezeichnet, auf die innerhalb der Produktgruppe q ein Rabatt der Klasse f gewährt wird, so gilt für den Erlös E_q der Produktgruppe q in einer Periode die Gleichung:

$$E_q = p_q \cdot \sum_f e_f \cdot z_{fq} \cdot x_q$$

Dabei bezeichnen p_q die Grundpreise je Stück und Produktgruppe. Schätzt man, dass bei einem Anteil z_s der gesamten Erlöse **Skonti** von e_s Prozent in Anspruch genommen werden und insgesamt **Forderungsverluste** von e_v Prozent entstehen, lautet die **Erlösfunktion für alle Produktgruppen**:

$$E = \left(\frac{1-e_s}{100}\right) \cdot \left(\frac{1-e_s}{100}\right) \cdot \sum_q p_q \cdot \sum_f e_f \cdot z_{fq} \cdot x_q$$

Die Koeffizienten e_f, z_{fq}, e_s sowie e_v können im Hinblick auf die kommende Periode durch Experten ggf. unter Heranziehung der Vergangenheitsdaten geschätzt werden. Sofern eine Bestimmung dieser Koeffizienten für einzelne Produktgruppen zu anspruchsvoll oder aufwendig ist, wird man sie global für größere Produktbereiche oder den gesamten Erlös abschätzen. Die Differenzierung hängt auch davon ab, inwieweit sich die Rabattgewährung und das Zahlungsverhalten in den Produktgruppen unterscheiden, womit insbesondere bei einem Verkauf an verschiedene Kundengruppen zu rechnen ist.

Die anderen Formen von Preisminderungen bzw. -zuschlägen lassen sich in entsprechender Weise in die Erlösfunktion einbauen und in ihren Anteilen abschätzen. Dabei sind Informationen oder Erwartungen über künftige Entwicklungen beispielsweise bei den **Wechselkursen**, dem Einfluss der Konjunktur oder auf das **Zahlungsverhalten** weitestgehend zu berücksichtigen.

Die **Produktmengen** in den einzelnen Produktgruppen bzw. -arten können aus der Absatz(programm)planung übernommen werden. Für eine präzisere Planung sind deren Einflussgrößen als unabhängige Variablen in die Erlösfunktionen aufzunehmen. Eine derartige Bestimmung von Erlösfunktionen hat JÜRGEN KOLB[311] vorgenommen. Dabei ist er nicht analytisch vorgegangen, sondern hat die Funktionen entsprechend dem Konzept der **Einflussgrößenrechnung**[312] aus empirischen Daten mit statistischen Regressionsverfahren geschätzt.

Die zu berücksichtigenden Einflussgrößen sowie die Ausprägung der Funktionen hängen von den jeweiligen Produkten und Märkten ab. Deshalb ist der Ansatz von KOLB als Beispiel für ein grundsätzlich mögliches Vorgehen anzusehen. Er betrachtet als maßgebliche **Einflussgrößen der Absatzmengen** das Marktvolumen, dessen Aufteilung in verschiedene Produktgruppen und die jeweiligen Marktanteile der Unternehmung. Die Absatzmenge x_{qa} einer Produktgruppe q ergibt sich aus der Differenz zwischen dem Gesamtverbrauch x_{qv} dieser Produktgruppe und deren Wiedereinsatzmengen x_{qw} sowie Bestandserhöhungen x_{q_b} [313]:

$$x_{qa} = x_{qv} - x_{qw} - x_{ab}$$

In dem von ihm untersuchten Fall konnte er für den **Gesamtverbrauch** einer Stahlgruppe q eine direkte Abhängigkeit vom Produktions- oder **Marktvolumen** X_{qB} des betreffenden Industriezweiges unterstellen. Ferner war bekannt, dass sich die Produktionsbedingungen in der Zeit t stetig verändern. Deshalb ging er von der Hypothese aus, dass der Gesamtverbrauch vom Marktvolumen und der Zeit abhängt. Die Höhe der **Wiedereinsatzmengen** richtete sich nach dem Verbrauchsvolumen und nahm im Zeitablauf trendartig ab. Die **Bestandsänderungen** waren durch Bezugsstörungen, zufällige Faktoren und vornehmlich durch Preisänderungen beeinflusst. Aus diesen Einzelhypothesen ergab sich, dass für die Absatzmengen x_{qa} das Marktvolumen X_q, die Zeit t sowie die Preisänderungen bestimmend sind. Da hinsichtlich der Preisänderungen zu wenig empirische Daten vorlagen, wählte KOLB für den Regressionsansatz eine lineare Funktion mit den beiden unabhängigen Variablen X_q und t :

$$x_{qa} = a_0 + a_1 \cdot X_q + a_2 \cdot t$$

Deren Koeffizienten a_0, a_1 sowie a_2 konnte er mit einem relativ guten Bestimmtheitsmaß aus empirischen Daten schätzen. Für andere Produktgruppen wurden **zusätzliche Einflussgrößen** wie das Exportvolumen, Saisonfaktoren, periodenbezogene Ausweitungs- oder Schrumpfungsfaktoren berücksichtigt. Damit hat er einen Weg aufgezeigt, wie sich mit Hilfe statistischer Regressionsverfahren die **Absatzmengenfunktionen** mit verschiedenartigen

---

[311] Vgl. KOLB, J. (Erlösrechnung).
[312] Vgl. Kapitel 3., Abschnitt C., S. 384 ff.
[313] Vgl. KOLB, J. (Erlösrechnung), S. 144 ff.

Einflussgrößen aus empirischen Daten bestimmen lassen. Setzt man diese in die obige Erlösfunktion anstelle von x_q ein, so erhält man einen Ansatz, der über die theoretische Fundierung der Preis- und der Mengenkomponente eine ausgebaute empirische Grundlage für die Erlösplanung liefert.

3. Stellenrechnung in der Grenzplankosten- und Deckungsbeitragsrechnung

a) Konzeption der Gemeinkostenplanung in der Grenzplankosten- und Deckungsbeitragsrechnung

> Bei der mit **Grenzplankostenrechnung**[314] bezeichneten Form der Teilkostenrechnung auf der Basis von variablen Kosten bildet die Kostenstellenrechnung einen zentralen Bestandteil der gesamten Kostenrechnung.

Ihre Gestaltung ist in besonderer Weise auf die Rechnungszwecke der Planung und Kontrolle gerichtet. Für die Kostenplanung ergeben sich formal keine besonderen Unterschiede gegenüber einer flexiblen Plankostenrechnung mit getrenntem Ausweis der fixen und variablen Kosten. Differenzen treten bei der Zurechnung der Plankosten auf die Kostenstellen und Kostenträger auf, da in einer Planvollkostenrechnung sämtliche, in der Grenzplankostenrechnung aber nur die **proportionalen Kosten** weiterverrechnet werden.

Die **Planung der Kostenstellenkosten** ist in der Grenzplankostenrechnung besonders intensiv ausgebaut worden[315]. Durch sie wird ein Instrumentarium bereitgestellt, mit dem sich die Gemeinkosten möglichst genau planen lassen. Dabei liegt der Schwerpunkt auf dem **Fertigungsbereich**. Jedoch werden auch Verfahren zur genaueren Kostenplanung im Material- sowie im Verwaltungs- und Vertriebsbereich vorgeschlagen. Darüber hinaus wurden Ansätze zur vertieften Erfassung von Dienstleistungsbereichen sowie -unternehmungen entwickelt und eingesetzt, die eine enge Verwandtschaft zu Konzepten der Prozesskostenrechnung aufweisen[316], jedoch die Prinzipien der Teilkostenrechnung beachten.

Die Planung von **Erlösen** bildet keinen Schwerpunkt der Grenzplankostenrechnung. Insbesondere sind keine Konzepte für eine Verteilung von Markterlösen auf vorgelagerte Stellen und damit für den Ausbau einer Erlösstellenrechnung vorgeschlagen worden. Deshalb beschränkt sich die folgende Darstellung auf die Kostenseite.

---

314 Vgl. PLAUT, H.-G. (Grenz-Plankostenrechnung); PLAUT, H.-G. (Grundfragen); KILGER, W. (Plankostenrechnung), S. 98 ff.
315 Vgl. KILGER, W./PAMPEL, J./VIKAS, K. (Deckungsbeitragsrechnung[11]), S. 235 ff.
316 Vgl. Kapitel 3., Abschnitt C.II., S. 385 ff.; VIKAS, K. (Controlling); VIKAS, K. (Kostenmanagement); KÜPPER, H.-U. (Prozesskostenrechnung); KILGER, W. (Deckungsbeitragsrechnung[10]), S. 101 ff.

aa) Bezugsgrößenorientierte Gemeinkostenplanung

> Das **System der Grenzplankostenrechnung** hat eine relativ breite praktische Anwendung und eine intensive theoretische Fundierung erlangt. Der kostenstellenweisen Planung und Kontrolle liegt ein umfassendes System von Kosteneinflussgrößen und Kostenfunktionen zugrunde[317].

Die **Planung der Gemeinkosten** basiert in der Grenzplankostenrechnung auf dem von KILGER entwickelten produktionstheoretischen Konzept. Es geht von dem in Abbildung 3-73[318] wiedergegebenen System von Kosteneinflussgrößen aus. Für jede Kostenstelle und Kostenart werden auf der Grundlage einer **analytischen Kostenplanung**[319] Sollkostenfunktionen formuliert. Sie stellen lineare Kostenfunktionen dar, deren unabhängige Variablen als 'Bezugsgrößen' bezeichnet werden. Bei diesen handelt es sich um Maßgrößen der Kostenverursachung, durch welche die (ggf. unterschiedlichen) Ausbringungsmengen bzw. mengenmäßigen Leistungen gemessen werden können. "Als Bezugsgrößen kommen z.B. Fertigungszeiten, Maschinenlaufzeiten, Durchsatzgewichte sowie Längen-, Flächen- oder Kubikmaße in Frage."[320] Aus kostentheoretischer Sicht handelt es sich bei diesen 'Bezugsgrößen' um **Kosteneinflussgrößen**.

Durch eine Differenzierung nach unterschiedlichen Arten von **Bezugsgrößen** soll eine möglichst genaue Planung der variablen Gemeinkosten erreicht werden. Sie bilden daher ein zentrales Merkmal der Gemeinkostenplanung in der Grenzplankostenrechnung und haben zwei **Anforderungen** zu erfüllen:

(1) Als **Maßgrößen der Kostenverursachung** soll ihre Ausprägung b_j für die j-te Bezugsgröße die Höhe der variablen Gemeinkosten K_v einer Kostenstelle bestimmen und wegen der Annahme linearer Kostenfunktionen proportional zu deren Höhe sein:

$$K_v = k_v \cdot b_j$$

(2) Zugleich soll eine **proportionale Beziehung** zwischen ihnen und den hergestellten oder bearbeiteten **Leistungsmengen** x_p bestehen. Wenn in einer Stelle mehrere Produkte p gefertigt werden, ergibt sich also unter Verwendung des Koeffizienten $ß_{ip}$ die Ausprägung der Bezugsgröße b_i aus der Beziehung:

$$b_i = \sum_p ß_{ip} \cdot x_p$$

Für die Struktur der Kostenplanung sind in der Grenzplankostenrechnung zwei weitergehende Unterscheidungen charakteristisch:
- die Berücksichtigung von homogener und von heterogener Kostenverursachung sowie
- die Verwendung von direkten und von indirekten Bezugsgrößen.

---

[317] Vgl. KILGER, W./PAMPEL J./VIKAS, K. (Deckungsbeitragsrechnung[11]), S. 101 ff.
[318] KILGER, W. (Deckungsbeitragsrechnung [11]), S. 102.
[319] Vgl. Kapitel 3., Abschnitt B.I.2.a), S. 274 ff. und Abschnitt B.I.2.b), S. 282 ff.
[320] KILGER, W. (Deckungsbeitragsrechnung[9]), S. 141.

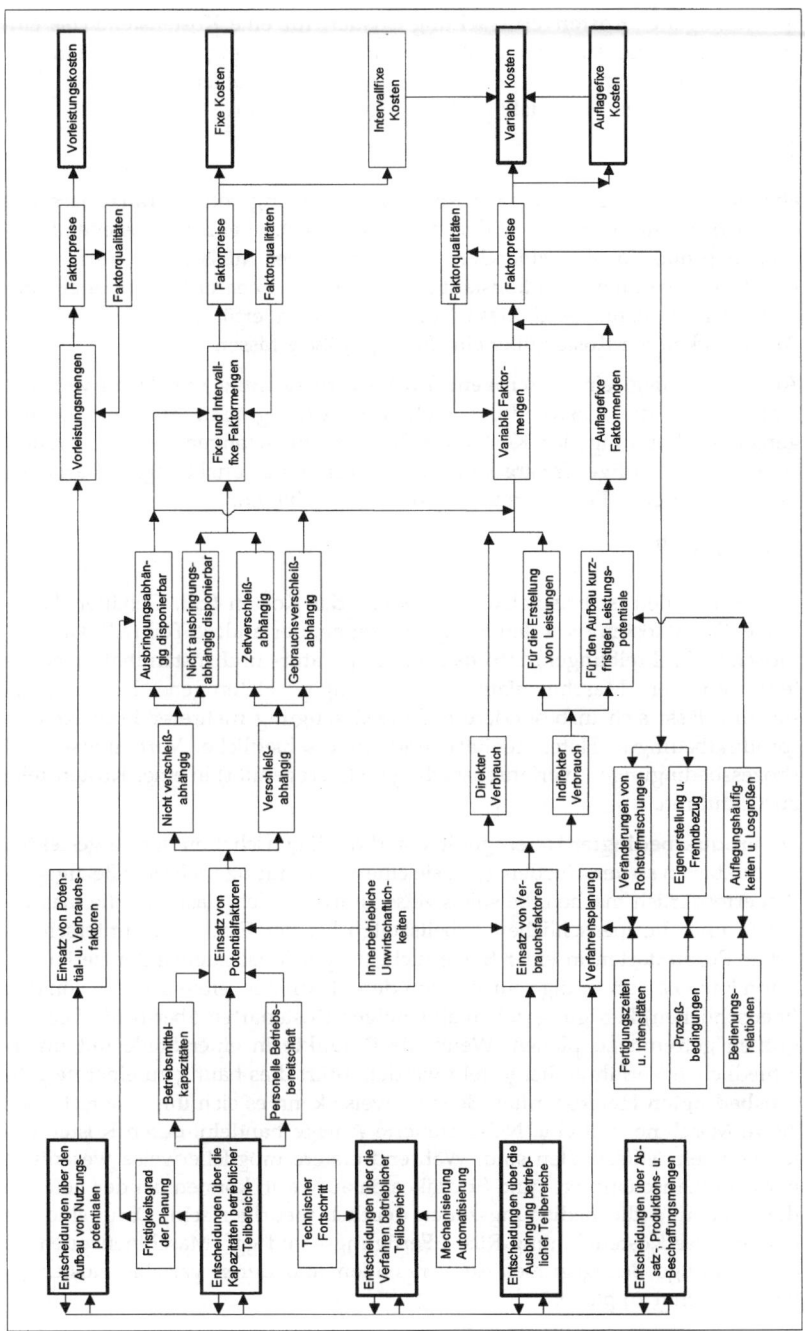

Abb. 3-73: System von Kostenbestimmungsfaktoren in der Grenzplankostenrechnung

Bei **homogener Kostenverursachung** existiert für eine Kostenstelle *eine* einzige Bezugsgröße, zu der sich alle ausbringungsabhängigen Kostenarten proportional verhalten. Dann können die gesamten variablen Kosten K_{vj} einer Stelle j durch eine einvariablige lineare Kostenfunktion

$$K_{v_j} = k_{vj} \cdot b_j$$

abgebildet werden. Homogene Kostenverursachung setzt voraus, dass nur eine Kosteneinflussgröße wirksam ist oder sich mehrere Kosteneinflussgrößen proportional zueinander verhalten. Ferner müssen die Verfahrens- und Prozessbedingungen konstant sein, damit ein linearer Verlauf angenommen werden kann. Sind diese Voraussetzungen erfüllt, so lässt sich die Abhängigkeit der Kosten über eine Bezugsgröße erfassen.

Andernfalls liegt eine **heterogene Kostenverursachung** vor. Dann versucht man, durch die Verwendung mehrerer Bezugsgrößen zu einer relativ genauen Abbildung der Kostenbeziehungen zu gelangen. Man formuliert eine **mehrvariablige lineare Kostenfunktion**, deren unabhängige Variablen die verschiedenen Bezugsgrößen b_{ij} der Stelle j bilden:

$$K_{vj} = \sum_i k_{vij} \cdot b_{ij}$$

In vielen Fällen ist beispielsweise ein Teil der Kosten (z.B. Gehälter, Hilfslöhne, Sozialkosten) von den Fertigungszeiten, der andere Teil (z.B. kalkulatorische Abschreibungen, Stromkosten, Reparatur- und Instandhaltungskosten) von den Maschinenlaufzeiten abhängig. Heterogene Kostenverursachung lässt sich insbesondere auf die Erzeugung mehrerer Produktarten (produktbedingte Heterogenität) und unterschiedliche Verfahrens- und Prozessbedingungen (verfahrensbedingte Heterogenität) in einer Kostenstelle zurückführen.

Bei **produktbedingter Heterogenität** sind die Eigenschaften der hergestellten Produktarten so verschieden, dass sie eine Verwendung mehrerer Bezugsgrößen erforderlich machen. Beispielsweise ist es möglich, dass sich die maschinellen und die menschlichen Arbeitszeiten bei der Erzeugung unterschiedlicher Produktarten in einer Stelle nicht proportional zueinander verhalten. Dann kann es notwendig sein, die von den Maschinenzeiten und die von den (menschlichen) Fertigungszeiten abhängigen Kostenarten über beide Bezugsgrößen getrennt zu planen. Wenn die Produkte in einer Stelle mit unterschiedlichen Verfahren hergestellt werden, führt dies häufig zu einer **verfahrensbedingten Heterogenität**. Beispielsweise kann es sich um eine technisch ältere Maschine und eine NC-gesteuerte Anlage handeln, deren Kostenwirkungen sehr verschieden sind. Während erstere möglicherweise wesentlich geringere Anschaffungs- und Stromkosten aufweist, können bei der neueren die Rüst- und die Bedienungszeiten deutlich niedriger sein. Dann sind für eine präzise Kostenplanung Rüst-, Fertigungs- und ggf. Maschinenzeiten als eigenständige Bezugsgrößen zu verwenden und deren variable Kosten jeweils getrennt zu planen.

Die Unterscheidung zwischen direkten und indirekten Bezugsgrößen richtet sich danach, ob die in einer Stelle erbrachte Leistung als Bezugsgröße verwendbar ist. Wenn die Leistung oder Ausbringung einer Stelle quantifizier-

D. *Systeme auf Teilkostenbasis* 417

bar ist und sich Maßgrößen für sie mit vertretbarer Wirtschaftlichkeit erfassen lassen, werden diese Maßgrößen als **direkte Bezugsgrößen**[321] bezeichnet. In diesen Fällen (z.B. bei der Fertigungszeit) besteht eine direkte Beziehung zwischen der Ausbringungsmenge einer Kostenstelle und der Bezugsgröße.

Art der Kostenstelle	Art der Bezugsgröße
Labor	Anzahl Proben Anzahl Analysen
Einkauf	Anzahl bearbeitete Angebote Anzahl Bestellungen Anzahl geprüfte Rechnungen
Materiallager / Fertigwarenlager	Anzahl Zugänge Anzahl Abgänge Mengenmäßiger durchschnittlicher Lagerbestand Wertmäßiger durchschnittlicher Lagerbestand Beanspruchte Lagerfläche in m^2 Beanspruchter Lagerraum in m^3, ltr. oder hltr.
Materialprüfung	Anzahl Proben Anzahl Analysen
Finanzbuchhaltung	Anzahl Buchungen
Kalkulation	Anzahl Vorkalkulationen Anzahl Nachkalkulationen
Lohnabrechnung	Anzahl Bruttolohnabrechnungen
Schreibbüro	Anzahl Anschläge
Verkaufsabwicklung	Anzahl bearbeitete Kundenaufträge
Fakturierung	Anzahl Rechnungen Anzahl Rechnungspositionen
Versand	Anzahl Versandaufträge

Abb. 3-74: Beispiele für direkte Bezugsgrößen außerhalb des Fertigungsbereichs[322]

Sind die genannten Voraussetzungen nicht erfüllt, werden **indirekte Bezugsgrößen** verwendet[323]. Sie stellen Hilfs- oder Verrechnungsbezugsgrößen dar. Obwohl sie den Umlageschlüsseln der Vollkostenrechnung ähnlich sind, wird ein zentraler Unterschied darin gesehen, dass sie sich am **Verursachungsprinzip** orientieren. Zu indirekten Bezugsgrößen kann man auf drei verschiedene Arten gelangen. Einmal kann man sie aus geplanten Kostenartenbeträgen wie Material- oder Lohnkosten ableiten. Beispielsweise lassen sich zur Verrechnung der Kosten einer Werksküche die gesamten Lohn- und Gehaltskosten heranziehen. Diese werden dann als Einflussgrößen für die variablen Kosten der Werksküche angesehen. Zweitens werden proportionale

---

[321] Beispiele für direkte Bezugsgrößen außerhalb des Fertigungsbereichs finden sich in Abbildung 3-74.
[322] Vgl. KILGER, W./PAMPEL, J./VIKAS, K. (Deckungsbeitragsrechnung[11]), S. 253.
[323] Vgl. KILGER, W. (Deckungsbeitragsrechnung[9]), S. 324 ff.

Herstellkosten der verkauften Produkte als indirekte Bezugsgrößen verwendet. Dies ist insbesondere bei Verwaltungs- und Vertriebskostenstellen üblich. Schließlich können indirekte Bezugsgrößen aus den Bezugsgrößen anderer Kostenstellen hergeleitet werden. Ein Beispiel für diese dritte Art ist die Planung von Kosten einer Leitungsstelle mit Hilfe von €-Deckungs-Bezugsgrößen. Hierbei wird durch eine **Funktionsanalyse** ermittelt, in welchem Umfang Leitungsstellen für andere Kostenstellen tätig werden. Aufgrund der Funktionsanalyse wird festgelegt, welcher Anteil der proportionalen Leitungskosten auf die betreuten Kostenstellen durchschnittlich entfällt.

Belastete Kostenstellen		Bezugsgrößen			Plankosten		Proportionale Sollkosten bei Istbeschäftigung
Nr.	Bezeichnung	Bezeichnung	Plan	Ist	€	€ je Bezugsgrößeneinheit	
(1)	(2)	(3)	(4)	(5)	(6)	(7)	(8)
401	Dreherei	Ftg.-Std.	2.400	2.500	408	0,17	425
504	Fräserei	Ftg.-Std.	3.000	2.975	360	0,12	357
505	Schleiferei	Ftg.-Std.	1.800	1.940	270	0,15	291
Summe proportionale Plan- bzw. Sollbelastungen					1.038	-	1.073
Istbeschäftigungsgrad					(1073 : 1038)·100%=		103,37%

Abb. 3-75: Beispiel für €-Deckungs-Bezugsgrößen einer Arbeitsvorbereitungsstelle[324]

In dem **Beispiel** von Abbildung 3-75 verteilen sich die geplanten proportionalen Kosten der Leitungsstelle Arbeitsvorbereitung aufgrund einer Funktionsanalyse im Verhältnis 4:5:3 auf die von ihr betreuten Stellen Dreherei, Fräserei, Schleiferei. Als indirekte Bezugsgrößen (in Form von €-Deckungs-Bezugsgrößen) für die Umrechnung von Plan- auf Sollkosten verwendet man die Fertigungsstunden dieser drei Stellen. Über die Division der Plankosten durch die Planbezugsgrößen der drei empfangenden Stellen erhält man die in Spalte (7) angegebenen €-Beträge je Bezugsgrößeneinheit. Mit ihnen lassen sich die proportionalen (variablen) Sollkosten bei Istbeschäftigung in Spalte (8) bestimmen, z.B. für die Dreherei 2.500 · 0,17 = 425 €. Da die Istleistungen der Arbeitsvorbereitung für die einzelnen Stellen nicht ermittelt werden, lassen sich keine Kostenstellenabweichungen für Leistungskosten bei den empfangenden Stellen ermitteln. Deshalb muss man für die Kosten der Arbeitsvorbereitung Soll gleich Ist verrechnen. Man kann lediglich die Abweichungen der Soll- gleich Istkosten von den Plankosten und daraus den Istbeschäftigungsgrad der leistenden Stelle (Leitungsstelle Arbeitsvorbereitung) ermitteln/bestimmen[325].

Über die indirekten Bezugsgrößen sollen in der Grenzplankostenrechnung anteilige variable Kosten der Stellen, deren Ausbringung in keinem direkten Zusammenhang zum Produktionsprogramm steht, auf andere Stellen und die Kostenträger verrechnet werden können. Auch in diesen Stellen wird eine Trennung zwischen variablen und fixen Kosten vorgenommen sowie eine

---

[324] In Anlehnung an KILGER, W. (Deckungsbeitragsrechnung[9]), S. 344.
[325] Vgl. KILGER, W. (Deckungsbeitragsrechnung [9]), S. 340 ff.

D. Systeme auf Teilkostenbasis

möglichst verursachungsgemäße Verrechnung aller variablen Kosten angestrebt.

> Durch die Vielzahl von direkten und indirekten Bezugsgrößen bei homogener und heterogener Kostenverursachung versucht man in der Grenzplankostenrechnung, eine **möglichst genaue Abbildung der vielfältigen Kostenbeziehungen** in einer Unternehmung zu erreichen.

Alle direkten und indirekten Bezugsgrößen sollen letztlich **Maßgrößen für die Ausbringung** der Unternehmung darstellen. Sie können damit auch als Beschäftigungsmaße interpretiert werden. Über das System der Bezugsgrößen wird versucht, die gesamten variablen Kosten aus allen Unternehmensbereichen bis auf die Kostenträgereinheiten verursachungsgemäß zu verrechnen.

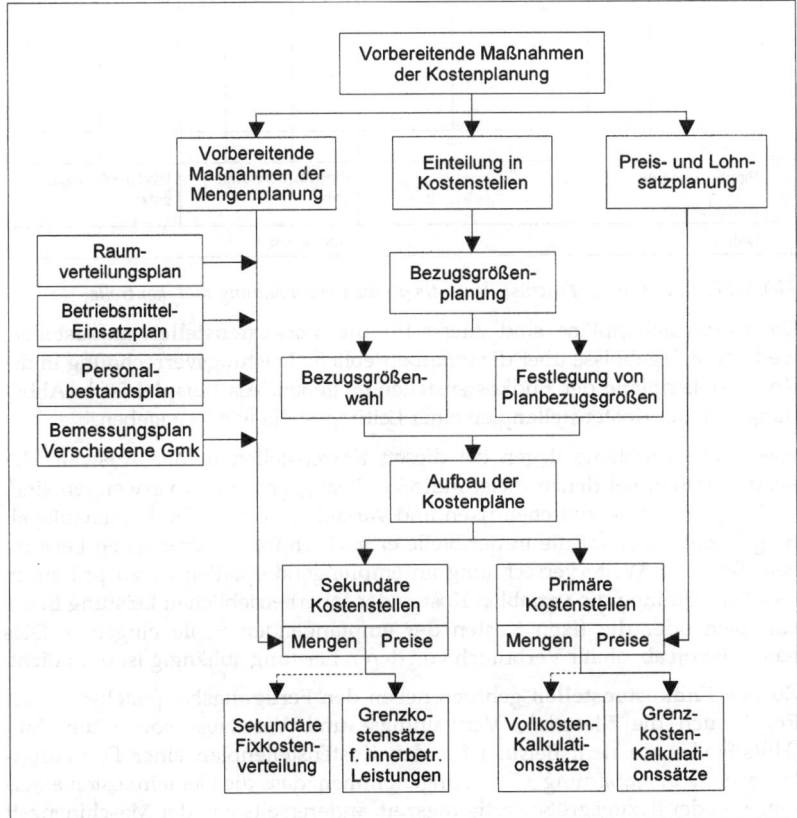

Abb. 3-76: *Organisatorischer Ablauf der Kostenplanung*[326]

---
[326] KILGER, W. (Deckungsbeitragsrechnung[10]), S. 302.

bb) Kostenstellenpläne und Betriebsabrechnungsbogen in der Grenzplankosten- und Deckungsbeitragsrechnung

Die **Kostenplanung** vollzieht sich entsprechend Abbildung 3-76 in mehreren Schritten. Wenn die Einteilung der Kostenstellen festliegt, bilden die Auswahl der Bezugsgrößen und die Festlegung der Planbezugsgrößen als **Planbeschäftigung** in jeder Stelle den Ausgangspunkt.

Das zentrale Instrument für die Durchführung der Planung sind auch in der Grenzplankostenrechnung **Kosten(stellen)pläne**[327]. Deren grundsätzlicher Aufbau ist beispielhaft in Abbildung 3-77 dargestellt.

Kostenstellenplan								
Rechnungsjahr:	Kostenstelle:							
	Kostenstellenleiter:							
Kostenarten		Einheit	Planverbrauchs-menge bei Plan-bezugsgröße	Planpreis [€/Einheit]	Plankosten			Variable Istkosten	Über- bzw. Unter-deckung
Nr.	Bezeichnung				gesamt	variabel	fix		
Summe									
Planbezugsgröße:					Planverrechnungs-satz:			Istverrechnungs-satz:	
Istproduktion:									
Datum:					Unterschrift:				

Abb. 3-77: Schema eines Kostenstellenblatts für die Kostenplanung und -kontrolle

Die Kostenstellenpläne sind zuerst für die **Vorkostenstellen** aufzustellen, weil deren Ergebnisse über die innerbetriebliche Leistungsverrechnung in die Kostenstellenpläne der Endkostenstellen eingehen. Als **Beispiel** ist in Abbildung 3-78 der Kostenstellenplan einer Leitungsstelle wiedergegeben.

Spezifische Probleme liegen bei diesen Kostenstellen in der Auswahl der Bezugsgrößen, bei denen meist indirekte Bezugsgrößen zu verwenden sind, und der Trennung zwischen fixen und variablen Kosten. Die Kostenaufspaltung bezieht sich auf die in der Stelle erbrachten innerbetrieblichen Leistungen. Bei ihrer Weiterverrechnung an empfangende Stellen ist zu prüfen, in welchem Umfang die variablen Kosten der innerbetrieblichen Leistung in die variablen oder die fixen Kosten der empfangenden Stelle eingehen. Dies hängt davon ab, ob ihr Verbrauch von deren Leistung abhängig ist oder nicht.

Zu den **Endkostenstellen** gehören neben den Fertigungshauptstellen in der Regel auch die Material-, Verwaltungs- und Vertriebs- sowie die FuE-(Hilfs)Stellen. In dem Beispiel für den Kostenstellenplan einer Fertigungshauptstelle in Abbildung 3-79 ist angenommen, dass die Gemeinkosten einerseits von der Bezugsgröße Fertigungszeit, andererseits von der Maschinenzeit abhängen.

---

[327] Vgl. Kapitel 3., Abschnitt B.I.3.c)cc), S. 296 ff.

Es liegt also eine **heterogene Kostenverursachung** vor. Plausibel erscheint, dass beispielsweise Hilfslöhne, -stoffe und Reparaturkosten durch die Maschinenzeiten, Fertigungs- und Zusatzlöhne sowie Personalneben- und Leitungskosten dagegen von den Fertigungszeiten bestimmt werden.

Kostenplan		Kostenstellenbezeichnung:				Ko.St. Nr. 110		Blatt
Zeitraum		Arbeitsvorbereitung				Bez. Gr. Nr.		
Planbezugsgröße je Ø Monat:						Ko. St. Leiter		
7620 € Deckung proportionale Kosten				Ø Schichtzahl		Stellvertreter		
Kostenarten		Relativ-	ME	Menge	€/ME	Plankosten [€/Monat]		
Nr.	Bezeichnung und Unterteilung	zahl				Gesamt	Variabel	Fix
4350	Gehälter					24.300	5.000	19.300
	1 Abteilungsleiter					5.900	-	5.900
	4 Arbeitsvorbereiter					13.800	3.450	10.350
	2 Schreibkräfte					3.100	1.550	1.550
	1 Bürohilfskraft					1.500	-	1.500
4911	Kalk. Personalnebenkosten für Angestellte		€	24.300	0,40	9.720	2.000	7.720
4510	Reparatur- und Instand-haltungskosten					74	20	54
	Reparaturwerkstatt		Std	1	25,00	25		
	Material und Fremdleistung					49		
4600	Verschiedene Gemeinkosten Gruppe 46					135	135	-
	Zeichen-, Paus-, und Verviel-fältigungsaufträge							
4700	Verschiedene Gemeinkosten Gruppe 47					1.670	438	1.232
	Büromaterial/Drucksachen					570	388	182
	Bücher und Zeitschriften					110	-	110
	Fahrtkosten					80	30	50
	Reisespesen/Übernachtung					60	20	40
	Beratungsleistung					850	-	850
4801	Kalk. Abschreibung Einrichtungsgegenstände (TW = 16.200 €)					270	-	270
4810	Kalk. Zinsen auf Anlage-vermögen (RW = 7.600 €)		100 €	76	0,50	38	-	38
4940	Kalk. Raumkosten		m²	100	10,35	1.035	-	1.035
4951	Kalk. Stromkosten (3,0 kW)		kWh	420	0.094	39	27	12
Geplant Geprüft Erfaßt			Plankostensumme			37.281	7.620	29.661
Name/Datum			Ko. St. Leiter einverstanden			Kalkulationssätze		

Abb. 3-78: Beispiel eines Kostenstellenplans einer Leitungsstelle Arbeitsvorbereitung[328]

---

[328] KILGER, W. (Deckungsbeitragsrechnung^9), S. 464.

Kostenplan		Kostenstellenbezeichnung:			Ko.St.Nr. 503		Blatt
Zeitraum		Fertigungsstelle C			Bez. Gr.	1	
Planbezugsgröße je Ø Monat:					Ko. St. Leiter		
1.800 Fertigungsstunden			Ø Schichtzahl		Stellvertreter		
Kostenarten		Relativ-	ME	Menge	€/ME	Plankosten [€/Monat]		
Nr.	Bezeichnung und Unterteilung	zahl				Gesamt	Variabel	Fix
4301	Fertigungslöhne		Std	1.800	13,10	23.580	23.580	-
4309	Zusatzlohn für Akkordarbeiter		Std	1.800	0,45	810	810	-
4910	Kalk. Personalnebenkosten für Arbeiter		€	24.390	0,745	18.171	18.171	-
4100	Werkzeuge und Geräte					116	99	17
4970	Kalk. Leitungskosten		Std	1.800	0,30	540	540	-
4999	Kalk. sekundäre Fixkosten					3.732	-	3.732
Geplant Geprüft Erfaßt			Plankostensumme			46.949	43.200	3.749
						26,08	24,00	
Name/Datum		Ko.St.Leiter einverstanden			Kalkulationssätze		

Kostenplan		Kostenstellenbezeichnung:			Ko.St.Nr. 503		Blatt
Zeitraum		Fertigungsstelle C			Bez. Gr.	2	
Planbezugsgröße je Ø Monat:					Ko. St. Leiter		
3.600 Maschinenstunden			Ø Schichtzahl		Stellvertreter		
Kostenarten		Relativ-	ME	Menge	€/ME	Plankosten [€/Monat]		
Nr.	Bezeichnung und Unterteilung	zahl				Gesamt	Variabel	Fix
4310	Hilfslöhne					6.036	5.676	360
	Einrichter		Std	240	14,70	3.528		
	Reinigung/Tranport		Std	240	10,45	2.508		
4910	Kalk. Personalnebenkosten für Arbeiter		€	6.036	0,745	4.497	4.229	268
4100	Werkzeuge und Geräte		Std	3.600	2,45	8.820	8.820	-
4110	Hilfs- und Betriebsstoffe					864	840	24
	Kühlmittel, Emulsionen		Std	3.600	0,24			
4510	Reparatur- und Instandhaltungskosten					4.272	2.861	1.411
	Reparaturwerkstatt		Std	85	25,00	2.125		
	Material					1.280		
	Fremdleistungen					867		
4801	Kalk. Abschreibungen 13 Maschinen (TW = 2.015.000 €) (8.396 Fix + 5.597 * 0,973)					13.842	5.446	8.396
4810	Kalk. Zinsen auf Anlagevermögen 13 Maschinen (RW = 801.800)		100 DM	8.018	0,50	4.009	-	4.009
4940	Kalk. Raumkosten		qm	395	10,35	4.088	-	4.088
4951	Kalk. Stromkosten (208 kW)		kWh	40.896	0,094	3.844	3.844	-
4960	Kalk. Transportkosten		Std	3.600	0,88	3.168	3.168	-
4970	Kalk. Leitungskosten		Std.	3.600	1,29	4.644	4.644	-
4999	Kalk. sekundäre Fixkosten					28.211	-	28.211
Geplant Geprüft Erfaßt			Plankostensumme			86.295	39.528	46.767
						23,97	10,98	
Name/Datum		Ko.St.Leiter einverstanden			Kalkulationssätze		

Abb. 3-79: Kostenstellenplan einer Fertigungshauptkostenstelle mit 2 Bezugsgrößen[329]

---

[329] Vgl. KILGER, W. (Deckungsbeitragsrechnung[9]), S. 483 f.

D. Systeme auf Teilkostenbasis 423

Während in den Fertigungshauptstellen im Allgemeinen direkte Bezugsgrößen verwendbar sind, muss man in den **Hilfsstellen** häufig mit **indirekten Bezugsgrößen** planen. So bilden in dem in Abbildung 3-80 enthaltenen Beispiel die Herstellkosten des Umsatzes die (indirekte) Bezugsgröße.

Bezeichnung	Verteilungs-grundlage	Kostenstelle In % Inland		Ausland		Kostenstelle laut Planung Gesamt	Variabel	Inlandverkäufe 1 Ges.	Prop.	2 Ges.	Prop.	Auslandverkäufe 1 Ges.	Prop.	2 Ges.	Prop.
		1	2	1	2										
Vertriebsleitung						(67.070)	(28.500)								
Personalkosten	Funktionsanalyse	10	30	27	33	32.480	11.830	3.248	1.183	9.744	2.568	8.770	3.194	10.718	3.904
Debitorenkosten	Plan-Umsatz	26	35	17	22	13.020	9.878	3.385	2.568	4.557	3.457	2.213	1.679	2.864	2.173
Versch. GK	Funktionsanalyse	19	31	22	28	9.305	5.092	1.768	967	2.885	1.579	2.047	1.120	2.605	1.426
Sonst. Kosten	wie Personalkosten	10	30	27	33	12.265	1.700	1.227	170	3.680	510	3.312	459	4.047	561
Werbung						(19.065)	(3.900)								
Personal- u. Bürokosten	Funktionsanalyse	15	31	22	32	11.465	100	1.720	15	3.554	31	2.522	22	3.669	32
Werbemittel-kosten	Werbeplanung	20	34	14	32	7.600	3.800	1.520	760	2.584	1.292	1.064	532	2.432	1.216
Fertigwarenlager u. Versand						(45.691)	(27.595)								
Personalkosten	Funktionsanalyse	17	27	19	37	25.932	17.019	4.408	2.893	7.002	4.595	4.927	3.234	9.595	6.297
Wertabh. Bestandskosten	Bestandsplanung €	16	32	24	28	7.811	6.668	1.250	1.067	2.500	2.134	1.875	1.600	2.187	1.867
Raumkosten	Bestandsplanung €	18	35	16	31	4.869	-	876	-	1.704	-	779	-	1.509	-
Sonst. Kosten	wie Personalkosten	17	27	19	37	7.079	3.908	1.203	664	1.911	1.055	1.345	743	2.619	1.446
Summe Vertriebsgemeinkosten						131.816	59.995	20.605	10.288	40.120	18.202	28.854	12.583	42.247	18.922
Plan-Herstellkosten in 100 €						13.700	11.152	2.305	1.919	3.174	2.525	1.184	984	2.005	1.608
Plan-Verrechnungssätze						(9,62%)	(5,38%)	8,94%	5,36%	12,64%	7,21%	24,37%	12,79%	21,07%	11,77%

Abb. 3-80: *Beispiel für die Verrechnungssatzplanung einer Vertriebskostenstelle*[330]

Man unterstellt damit, dass die variablen Kosten der geplanten Vertriebskostenstelle proportional zur Höhe des in ihr bearbeiteten Absatzes sind. Eine genauere Planung wird durch eine Differenzierung nach den Regionen Inland und Ausland sowie nach Produktgruppen erreicht. Dahinter steht die Hypothese, dass der Vertrieb für das Ausland andere Anstrengungen als für das Inland unternehmen muss und die Produktgruppen unterschiedliche Vertriebskosten (in Abhängigkeit vom Umsatz) verursachen. Die Ursachen für eine entsprechende **Differenzierung der Vertriebskosten** können vor allem bei den durchzuführenden Tätigkeiten (Auftragsbearbeitung, Lagerhaltung, Versand usw.), der Erzeugnisart (Konsum- oder Verbrauchsgut), der Art der Abnehmer (Handel, Endverbraucher) oder dem Absatzweg bzw. der Vertriebsorganisation liegen. Die Spalte 'Verteilungsgrundlage' lässt erkennen, anhand welcher Informationen die Planung für die verschiedenen Kategorien erfolgt. Besonders wichtig ist dabei die Durchführung von **Funktionsanalysen**. In ihnen schätzt man ab, welchen Zeitanteil die betreffenden Mitarbeiter beispielsweise für die verschiedenen Produktgruppen aufbringen. Damit differenziert man zumindest grob nach den Tätigkeiten oder **Prozessen**, die von ihnen vollzogen werden.

Der Aufbau des **Betriebsabrechnungsbogens** für Teilkostenrechnungen auf der Basis von variablen Kosten hängt von der Art des Ausweises der fixen Kosten, von der Einbeziehung der Istkosten und von der Ausgestaltung der Periodenerfolgsrechnung ab. Für den **Ausweis der fixen Kosten** gibt es zwei Möglichkeiten. Einmal können sie global für jede Kostenart in einer Vorspalte ausgewiesen werden. Unter den einzelnen Kostenstellen werden dann ledig-

---

[330] Vgl. KILGER, W. (Deckungsbeitragsrechnung[9]), S. 517.

lich die variablen Kosten aufgeführt. Die Betragsspalte weist in diesem Fall die gesamten, die variablen und die fixen Kosten jeder Kostenart aus. Üblich ist jedoch der kostenstellenweise Ausweis der fixen Kosten für jede Kostenart. Dabei werden in jeder Kostenstelle die gesamten, die variablen und die fixen Kosten wiedergegeben. In der Betragsspalte können entweder der gesamte Kostenbetrag jeder Kostenart oder zusätzlich auch die fixen und die variablen Kostenbeträge aufgezeichnet werden.

Werden in den Betriebsabrechnungsbogen allein die Plankosten (bzw. die Istkosten) aufgenommen und erfolgt ein Ausweis der fixen Kosten bei jeder Kostenstelle, so sind für sämtliche Kostenstellen **drei Spalten** für die gesamten, die fixen und die variablen (proportionalen) Kosten der Kostenstellen einzurichten[331].

Kostenarten	Gesamt-betrag (Σ Zeile)			Vorkostenstellen						Endkostenstellen											
				Allg. Hilfs-kostenstellen			Fertigungs-hilfsstellen			Fertigungs-hauptstellen			Material-hilfsstellen			Verwaltungs-hilfsstellen			Vertriebs-hilfsstellen		
	g	v	f	g	v	f	g	v	f	g	v	f	g	v	f	g	v	f	g	v	f
Rohstoffe																					
•																					
•																					
•																					
Sondereinzelkosten des Vertriebs																					
Summe: Einzelkosten																					
Hilfsstoffe Betriebsstoffe Hilfslöhne																					
•																					
•																					
Zinskosten																					
Summe: Primäre Kostenarten	g	v	f	g	v	f	•	•	•	•	•	•	•	•	•	•	•	•	•	•	•
Umlage Allgemeine Hilfskostenstellen				-v	-v		► v			► v			► v			► v			► v		
Zwischensumme	g	v	f			f	g	v	f	•	•	•	•	•	•	•	•	•	•	•	•
Umlage Fertigungs-hilfsstellen							-v	-v		► v											
Summe: Gesamtkosten	g	v	f			f			f	g	v	f	g	v	f	g	v	f	g	v	f
Bezugsbasis Zuschlagssätze										% bzw. Min/€			%			%			%		
Symbole:	g: Gesamte Kosten (Ist- oder Plankosten) v: Variable (proportionale) Kosten f: Fixe Kosten																				

Abb. 3-81: *Aufbau des Betriebsabrechnungsbogens in einer Teilkostenrechnung auf Basis variabler Kosten*

Bei einer gleichzeitigen Aufnahme von Plan- und Istkosten ist eine weitere Spalte für die variablen Istkosten einzurichten. Dabei kann gegebenenfalls auf den Ausweis der gesamten Kosten jeder Kostenstelle verzichtet werden. Die **Abweichungen** zwischen den variablen Plan- und Istkosten lassen sich bei einem Betriebsabrechnungsbogen mit dem geschilderten Aufbau mit jeweils drei Spalten bei sämtlichen Kostenstellen global für jede Kostenstelle aufführen. Ein detaillierter Ausweis der Kostenabweichungen kann erreicht werden,

---

[331] Vgl. Abbildung 3-81.

wenn man zusätzlich bei allen Kostenstellen eine Spalte für die Kostenüber- und -unterdeckungen aufnimmt[332]. Der detaillierte Ausweis der Abweichungen zwischen den variablen Plan- und den Istkosten für jede Kostenart einer Kostenstelle wird jedoch zweckmäßiger im Kostenstellenplan[333] vorgenommen. Die Kostenstellenpläne dienen auch der Kostenkontrolle.

Das folgende **Beispiel zur Kostenstellenrechnung**[334] geht von einem Betriebsabrechnungsbogen aus, der auch für die Durchführung einer **mehrstufigen Betriebsergebnisrechnung** geeignet ist. Dieses Beispiel wird bei der Darstellung der Teilkostenrechnung auf der Basis von relativen Einzelkosten, wieder herangezogen[335]. Durch dieses Vorgehen werden Gemeinsamkeiten und Unterschiede beider Teilkostenrechnungssysteme leichter erkennbar.

Der **Betriebsabrechnungsbogen** enthält in der Kopfzeile als Kostenstellen zwei Vorkostenstellen (Geschäftsleitung und Fertigungshilfsstelle) und acht Endkostenstellen. Für jede Kostenstelle und in den Summenspalten werden die gesamten, die proportionalen (variablen) und die fixen Kosten ausgewiesen. Die Endkostenstellen sind zu zwei Kostenstellenbereichen (1 und 2) zusammengefasst. Nach den Kostenstellenbereichen ist eine Summenspalte für die betreffenden Bereichskosten eingerichtet. Jeder Bereich besteht aus zwei Fertigungsstellen (F_{11}, F_{12}; F_{21}, F_{22}), einer Verwaltungsstelle (V_{13}; V_{23}) und einer Vertriebsstelle (V_{14}; V_{24}). Im Kostenstellenbereich 1 werden drei Produkte (I, II und III) gefertigt. Die Produkte I und II bilden die Produktgruppe (Kostenträgergruppe) A. Das Produkt III kann rechnungsmäßig auch als Produktgruppe behandelt werden und stellt dann die Produktgruppe B dar. Im Kostenstellenbereich 2 werden die Produkte IV und V produziert, welche eine weitere Produktgruppe C bilden.

Bei den in den ersten Zeilen zunächst ausgewiesenen Kostenarten Rohstoffe, Lizenzen und Provisionen handelt es sich um Kostenträgereinzel- und -sondereinzelkosten. Nach einer Summenzeile und vor den verschiedenen Gemeinkosten sind die Kosten für Werbung aufgeführt, da sie im Blick auf eine mehrfach gestufte Erfolgsrechnung eine Sonderstellung einnehmen. Die Kosten für Werbung lassen sich häufig einzelnen Produkten oder Produktgruppen, aber nicht den Produkteinheiten zurechnen. Sie werden durch absatzpolitische Entscheidungen festgelegt und besitzen den Charakter von Produkt- bzw. Produktgruppenfixkosten. Im Beispiel entstehen Kosten für Werbung in Höhe von € 500, wovon € 150 auf die Produktgruppe A, € 100 auf Produkt III (Produktgruppe B) und € 250 auf die Produktgruppe C entfallen. Anschließend folgen die verschiedenen **Gemeinkostenarten**, die nach der planmäßigen Kostenauflösung in ihre fixen und variablen Bestandteile zerlegt sind. Die Löhne umfassen hier alle Fertigungs- und Hilfslöhne einschließlich aller zugehörigen Sozialaufwendungen. Damit sind auch die Fertigungslöhne über die Kostenstellen verrechnet.

---

[332] Zum Aufbau von Betriebsabrechnungsbögen vgl. z.B. KILGER, W. (Plankostenrechnung), S. 520 ff.; MEDICKE, W. (Gemeinkosten), S. 98 ff.; WILLE, F. (Standardkostenrechnung), S. 96 ff.
[333] Vgl. Kapitel 3., Abschnitt D.I.3.a)bb), S. 420 ff.
[334] Vgl. Abbildung 3-82.
[335] Vgl. Kapitel 3., Abschnitt D.IV.2., S. 534 ff.

Kostenstellen / Kostenarten	Betrag			Vorkostenstellen						Kostenstellenbereich 1 (Produkte I, II, III)											
				Geschäftsleitung			Fertigungshilfsstelle			Fertigungsstelle F_{11}			Fertigungsstelle F_{12}			Verwaltungsstelle V_{13}			Vertriebsstelle V_{14}		
	ges	var.	fix	ges.	var.	fix	ges.	var.	fix	ges.	var.	fix	ges.	var.	fix	ges.	var.	fix	ges.	var.	fix
Rohstoffe	23.545	23.545																			
Lizenzen	1.004	1.004																			
Provisionen	2.858	2.858																			
Summe	27.404	27.404																			
Werbekosten	500		500																		
Strom	630	430	200	20		20				80	60	20	150	130	20	30		30	20	5	15
Hilfs- und Betriebsstoffe	480	280	200							100	60	40	130	70	60						
Büromaterial	570		570	30		30										180		180	120		120
Porti, Telefon	350	50	300	20		20										110	10	100	60	15	45
Löhne	7.450	5.050	2.400							1.600	1.050	550	1.700	1.130	570	200	170	30	150	130	20
Gehälter	2.800		2.800	300		300							200		200	500		500	300		300
Steuern	300		300	50		50										100		100			
Zinsen	1.060		1.060	20		20				200		200	300		300	20		20	30		30
Eigene Reparaturen	320	320					320	320													
Fremdreparaturen	470	470		10	10					80	80		130	130		10	10		15	15	
Abschreibung	2.050	250	1.800	100		100				400	60	340	300	45	225	100		100	50		50
Rückstellungen	150		150	150		150															
Ausgangsfrachten	230	230																	100	100	
Kosten der Auftragsabwicklung	120		120																50		50
Zwischensumme Kostenstellenumlage	16.980	7.200	9.780	700	10	690	320	320		2.660	1.310	1.350	2.810	1.505	1.305	1.250	190	1.060	895	315	580
				-10	-10		-320	-320		70	70		60	60		5	5				
Summe	16.980	7.200	9.780	690		690				2.730	1.380	1.350	2.870	1.565	1.305	1.255	195	1.060	895	315	580
Bezugsgrössen der Zuschlagssätze										19.600 Min.			21.600 Min.			19.558,- var. HK			19.558,- var. HK		
Zuschlagssätze										0,07041 €/Min.			0,07245 €/Min.			0,99703 Prozent			1,61059 Prozent		

Abb. 3-82: *Beispiel eines Betriebsabrechnungsbogens in der Teilkostenrechnung auf der Basis von variablen Kosten*

Bei der Rechnung mit variablen Kosten wird für die Personalkosten der Betriebsarbeit "... eine möglichst weitgehende Proportionalisierung"[336] angestrebt. Es ergibt sich ein relativ hoher Betrag an variablen Lohnkosten, weil die gesamten Fertigungslöhne und Teile der Hilfslöhne als proportional angesehen werden.

Die **Kostenstellenumlage** betrifft lediglich die **variablen Kosten der Vorkostenstellen**. Sie ist im betrachteten Beispiel einfach, weil die Leistungsbeziehungen zwischen den Vor- und Endkostenstellen einseitig sind und zwischen den Endkostenstellen keine Leistungen ausgetauscht werden. Nach ihrer Durchführung werden in einer Summenzeile die Beträge für die gesamten, die proportionalen und die fixen Gemeinkosten der Unternehmung ausgewiesen. In den Vorkostenstellen sind dann nur noch die fixen Kosten aufgeführt, während jede Endkostenstelle die gesamten proportionalen und fixen

---

[336] KILGER, W. (Plankostenrechnung), S. 380.

D. Systeme auf Teilkostenbasis

Endkostenstellen																			Produkt- und Produktgruppenfixkosten		
Summe Bereich 1			Fertigungsstelle F$_{21}$			Fertigungsstelle F$_{22}$			Verwaltungsstelle V$_{23}$			Vertriebsstelle V$_{24}$			Summe Bereich 2						
ges.	var.	fix	ges.	var.	fix	ges.	var.	fix	ges.	var.	fix	ges.	var.	fix	ges.	var.	fix	A	B	C
																		150	100	250
280	195	85	150	135	15	110	95	15	40		40	30	5	25	330	235	95			
230	130	100	120	70	50	130	80	50							250	150	100			
300		300							160		160	80		80	240		240			
170	25	145							90	10	80	70	15	55	160	25	135			
3.650	2.480	1.170	1.500	970	530	1.800	1.200	600	300	240	60	200	160	40	3.800	2.570	1.230			
1.100		1.100	150		150	250		250	600		600	400		400	1.400		1.400			
100		100							150		150				150		150			
550		550	150		150	300		300	25		15	15		15	490		490			
			120																		
235	235		120	90	510	90	90		5	5		10	10		225	225				
850	105	745	600			350	55	295	50		50	100		100	1.100	145	955			
100	100								130	130		130	130							
50	50								70	70		70	70							
7.615	3.320	4.295	2.790	1.385	1.405	3.030	1.520	1.510	1.420	255	1.165	1.105	390	715	8.345	3.550	4.795	150	100	250
5	5								5	5					5	5				
130	130					100	100		90	90					190	190				
7.750	3.455	4.295	2.880	*1.485*	1.405	3.120	*1.610*	1.510	1.425	*260*	1.165	1.105	*390*	715	8.540	3.745	4.795	150	100	250
			28.075 Min.			19.120 Min.			11.030,- var. HK			11.030,- var. HK								
			0,05289 €/Min.			0,08421 €/Min.			2,35721 Prozent			3,53581 Prozent								

Kosten zeigt. Die Summenspalten für die Bereiche 1 und 2 geben in gleicher Weise die Bereichskosten an.

Die Bestimmung der **Zuschlagssätze für die Endkostenstellen** ist auf Basis der proportionalen Kosten vorzunehmen. Bezugsgröße für die Zuschläge der Fertigungsstellen sind in diesem Beispiel die jeweils geplanten Fertigungszeiten. Sie sind in Abbildung 3-83 zusammen mit den sich ergebenden Zuschlagssätzen aufgeführt.

Bei den Verwaltungs- und Vertriebs(hilfs)stellen als Endkostenstellen bilden die variablen Herstellkosten der geplanten Absatzmengen des jeweiligen Kostenstellenbereichs die Bezugsgröße. Sie bieten sich hierfür an, weil die Bildung der Kostenstellenbereiche nach der Beanspruchung durch die Produkt(gruppen) erfolgt ist. Im betrachteten Beispiel wird vereinfachend davon ausgegangen, dass keine Bestandsänderungen bei den Zwischen- und Endprodukten auftreten, so dass die variablen Herstellkosten der geplanten Produktionsmengen mit den variablen Herstellkosten der geplanten Absatzmengen übereinstimmen. Die **Berechnung der variablen Herstellkosten** lässt sich in drei Stufen durchführen und wird in Abbildung 3-84 dargestellt.

Fertigungs-stelle	Fertigungs-zeiten [Min]	Proportionale Kosten [€]	Zuschlagssatz [€/Min]
F_{11}	19.600	1.380	0,07041
F_{12}	21.600	1.565	0,07245
F_{21}	28.075	1.485	0,05289
F_{22}	19.120	1.610	0,08421

Abb. 3-83: Berechnung der Fertigungsstellenzuschläge

Sie orientiert sich am Umsatzkostenverfahren mit einer Gliederung der variablen Herstellkosten nach Produktarten. Sie ist im betrachteten Beispiel Voraussetzung für die bereichsweise Feststellung der variablen Herstellkosten. Dafür werden zunächst, ausgehend von den Planungsdaten, die variablen Herstellkosten je Produkteinheit bestimmt. Danach erfolgt die Berechnung der variablen Herstellkosten je Produktart durch Multiplikation mit den geplanten Mengen. Anschließend fasst man die errechneten variablen Herstellkosten der einzelnen Produktarten zu den **variablen Herstellkosten** der beiden Kostenstellenbereiche zusammen. Insgesamt betragen die variablen Herstellkosten € 30.588. Geht man nach dem Gesamtkostenverfahren vor und addiert zu den Einzelkosten Rohstoffe (€ 23.545) und Lizenzen (€ 1.004) die variablen Gemeinkosten jeder Fertigungsstelle (€ 1.380, € 1.565, € 1.485 und € 1.610), so ergeben sich variable Herstellkosten in Höhe von € 30.589; die Differenz von € 1 geht auf Rundungen zurück. Mit ihnen ergeben sich für die Verwaltungs- und Vertriebsstellen die in Abbildung 3-85 festgestellten Zuschlagssätze.

D. Systeme auf Teilkostenbasis

Bereich	1			2	
Produkt	I	II	III	IV	V
Angaben zur Bestimmung der variablen Herstellkosten je Produkteinheit					
Rohstoffmenge je Produkteinheit	4,25	0,8	3,6	2,25	1,2
Planpreis je kg	4,2	4,2	4,2	4,2	4,2
Fertigungszeiten der Stelle 1	18	12	16	25	30
der Stelle 2	20	10	20	22	15
Zuschlagssätze der Stelle 1		0,07041			0,05289
der Stelle 2		0,07245			0,08421
Berechnung der variablen Herstellkosten je Produkteinheit					
Rohstoffplankosten je Produkteinheit	17,85	3,36	15,12	9,45	5,04
Variable Fertigungsgemeinkosten der Stelle 1	1,26738	0,84492	1,12656	1,32225	1,5867
der Stelle 2	1,449	0,7245	1,449	1,85262	1,26315
Sondereinzelkosten der Fertigung	0,50	0,40	0,50	0,40	0,40
Variable Herstellkosten je Produkteinheit	21,06638	5,32942	18,19556	13,02487	8,28985
Angaben zur Berechnung der variablen Herstellkosten je Produktart					
Planproduktmengen	440	360	460	535	490
Berechnung der variablen Herstellkosten je Produktart und Kostenstellenbereich					
Variable Herstellkosten je Produktart (gerundet)	9.269,00	1.919,00	8.370,00	6.968,00	4.062,00
Variable Herstellkosten je Bereich		19.558,00			11.030,00
Variable Kosten insgesamt			30.588,00		

Abb. 3-84: Berechnung der variablen Herstellkosten für zwei Kostenstellenbereiche

Kostenstelle	Variable Stellenkosten [in €]	Variable Herstellkosten [in €]	Zuschlagssatz [in %]
Bereich 1 Verwaltungsstelle V_{13}	195	19.558	0,99703
Vertriebsstelle V_{14}	315		1,61059
Bereich 2 Verwaltungsstelle V_{23}	260	11.030	2,35721
Vertriebsstelle V_{24}	390		3,53581

Abb. 3-85: Berechnung der Zuschlagssätze für die Verwaltungs- und Vertriebsstellen

3. Kapitel: Planungsorientierte Systeme der KER

cc) Spezifische Ansätze zur Planung von Gemeinkostenarten in der Grenzplankosten- und Deckungsbeitragsrechnung

Die **Planung der Gemeinkosten** bezieht sich vor allem auf die Kosten für Personal, Hilfs- und Betriebsstoffe, Werkzeuge, Abschreibungen, Reparaturen und Instandhaltungen, Zinsen sowie auf verschiedene Gemeinkostenarten wie Steuern, Beiträge, Post-, Reise- und Bewertungs- sowie Beratungskosten u.ä. Die Struktur ihrer Planung unterscheidet sich in der Grenzplankostenrechnung nicht grundsätzlich von einer Vollkostenrechnung, in der zur Bestimmung von **Sollkostenfunktionen** eine Aufspaltung in fixe und variable Kosten vorgenommen wird[337]. Diese Kostenspaltung gewinnt jedoch in der Grenzplankostenrechnung eine zentrale Bedeutung. Sie wird auf der Grundlage einer **analytischen Kostenplanung** vorgenommen, wobei sich vielfach Schätzungen nicht vermeiden lassen. Dabei besteht die Tendenz, Kosten schon dann als variabel anzusehen, wenn ein indirekter Zusammenhang zur Beschäftigung anzunehmen ist. Auch wenn man den exakten Zusammenhang zwischen der Bezugsgröße, die als Maß der Beschäftigung gesehen wird, und der betrachteten Kostenart nicht kennt, wird letztere zu den variablen gerechnet, sofern sie direkt oder indirekt durch die Veränderung der Bezugsgröße beeinflusst werden kann. Deshalb werden beispielsweise Rüst-, Werkzeug- und anteilige Reparatur- sowie Instandhaltungskosten **proportionalisiert**, auch wenn ihr Verbrauch im strengen Sinn nicht von der einzelnen Produkteinheit abhängt.

Für die **Planung von Zinskosten** geht man wie in anderen Systemen beim Anlagevermögen von der Restwert- oder der Durchschnittsverzinsung aus[338]. Grundlage der Zinsen auf das Umlaufvermögen ist eine nach Kostenstellen differenzierte **Bestandsplanung**. In ihr werden die monatlich durchschnittlich gebundenen Bestände an Material, Halb- und Fertigerzeugnissen sowie Debitoren ermittelt. Da die Anzahl der Positionen bei Hilfs- und Betriebsstoffen sowie Ersatzteilen sehr groß ist, kann man sie in Materialgruppen mit gleich langen Lagerdauern einteilen. Die Verweildauern ergeben sich jeweils aus der Bestellhäufigkeit unter Berücksichtigung der zeitlichen Verteilung des Verbrauchs. Bei kontinuierlichem Abgang führen z.B. 6 Bestellungen pro Jahr zu einer durchschnittlichen Lagerdauer von 2 Monaten bzw. 1/6 Jahr. Die Multiplikation der Plankosten pro Monat mit der geplanten Lagerdauer in Monaten führt entsprechend dem Beispiel von Abbildung 3-86[339] zum durchschnittlichen Planbestand. In ihm ist[340] berücksichtigt, dass in den Debitoren lediglich Kapital in Höhe der Selbstkosten und nicht des Umsatzes gebunden ist[341]. Die **Höhe der Zinsen** erhält man durch Multiplikation mit dem auch für die Investitionsrechnung verwendeten Kalkulationszinsfuß.

---

[337] Vgl. KILGER, W. (Deckungsbeitragsrechnung[11]), S. 279 ff.
[338] Vgl. KILGER, W. (Deckungsbeitragsrechnung[11]), S. 279 ff.
[339] Vgl. auch KILGER, W. (Deckungsbeitragsrechnung[11]), S. 319 ff.
[340] Hier besteht also ein Unterschied zu KILGER, W. (Deckungsbeitragsrechnung[11]), S. 320.
[341] Vgl. das modifizierte Verfahren der Zinsberechnung in Kapitel 3., Abschnitt A.IV.2.d), S. 248 ff.

D. Systeme auf Teilkostenbasis 431

Kostenstelle		Plankosten	Planlager-dauer	Durchschnittl. Planbestand	Kalk. Zinsen [€/Monat]		
Nr.	Bezeichnung	[€/Monat]	[Monate]	[€]	Gesamt	Prop.	Fix
302	Werkstofflager	360.000	1,60	576.000	4.608	4.147	461
305	Hilfs- und Betriebsstofflager	90.000	4,50	405.000	3.240	1.620	1.620
306	Ersatzteillager	12.000	10,00	120.000	960	288	672
501	Dreherei	1.400.000	0,30	420.000	3.360	2.688	672
601	Fräserei	1.211.000	0,40	484.400	3.875	3.294	581
900	Vertrieb (Debitoren)	3.200.000	1,50	4.800.000	38.400	38.400	0
916	Fertigwarenlager	1.670.000	1,70	2.839.000	22.712	18.170	4.542

Abb. 3-86: *Beispiel zur Planung der kalkulatorischen Zinsen auf das Umlaufvermögen*

Die **Planung der kalkulatorischen Abschreibungen** zählt KILGER[342] zu den vom theoretischen Standpunkt aus schwierigsten Aufgaben der Kostenrechnung. Er sieht die Notwendigkeit, zur Bestimmung entscheidungsrelevanter Abschreibungen die Interdependenzen zwischen kurzfristiger Anlagennutzung und längerfristigem Rahmenkonzept zu erfassen. Deshalb hat er vorgeschlagen, ein im Anschluss an JOE S. BAIN[343] entwickeltes Näherungsverfahren anzuwenden. Nach diesem ist für die Planung der Abschreibungen und ihre Aufspaltung in einen zeit- und einen nutzungsabhängigen Anteil maßgebend, welche Größen den Anlagenersatz bestimmen. Wie im investitionstheoretischen Ansatz[344] der Kostenrechnung gewinnt die Entscheidung über die **Investitionsdauer** damit eine maßgebliche Bedeutung. Man untersucht, ob und in welchem Umfang der Zeit- oder der Gebrauchsverschleiß den Anlagenersatz determinieren.

Ausgangspunkt für eine Aufspaltung in fixe und variable Abschreibungen ist die **'kritische' Beschäftigung**, bei der Zeit- und Gebrauchsverschleiß zu derselben Nutzungsdauer führen. Unterstellt man z.B. bei einem LKW eine vom Zeitverschleiß bestimmte Nutzungsdauer von 10 Jahren und eine maximale Gesamtleistung von 180.000 km, so liegt die kritische Beschäftigung x_c bei

$$x_c = \frac{180.000\,\text{km}}{10\,\text{Jahre} \cdot 12\,\text{Monate}} = 1.500\,\frac{\text{km}}{\text{Monat}}$$

Unter diesem Wert wären die Abschreibungen als fix, darüber als proportional anzusetzen. Um einen gebrochenen Kostenverlauf entsprechend Kurve ABC in Abbildung 3-87 zu vermeiden, geht man in der Praxis meist von der Kostenfunktion AD aus. Sie wählt die Abschreibungen bei Vorliegen von reinem Zeitverschleiß als Basis. Die Steigung der Kostenfunktion ergibt sich aus der über der kritischen Beschäftigung liegenden Planbeschäftigung x_p. Bezeichnet man die insgesamt abzuschreibende Summe mit A, die Nut-

---

[342] Vgl. zum Folgenden KILGER, W. (Deckungsbeitragsrechnung[10]), S. 305 ff.; KÜPPER, H.-U./ZHANG, S. (Verlauf), S. 110 ff.
[343] Vgl. BAIN, J.S. (Depression Pricing), S. 705 ff.; KILGER, W. (Deckungsbeitragsrechnung[9]), S. 399 ff.
[344] Vgl. Kapitel 3., Abschnitt A.IV., S. 238 ff.

zungsdauer (in Jahren) bei reinem Zeitverschleiß mit T_Z und bei reinem Gebrauchsverschleiß mit T_V sowie die monatliche Ist-Beschäftigung mit x_i, so gilt für die **Sollkosten der monatlichen Gesamtabschreibung** D:

$$K_{at} = \frac{A}{T_Z \cdot 12} + \left[\frac{A}{T_V \cdot 12} - \frac{A}{T_Z \cdot 12}\right] \cdot \frac{x_i}{x_p}$$

für $T_Z \geq T_V$ [345]

In ihr bestimmt der zweite Summand die **variable Abschreibungen**. Sie wird um so größer, je kürzer die Nutzungsdauer des Gebrauchsverschleißes ist und je mehr die tatsächliche die längerfristig geplante Beschäftigung übersteigt. Ist der Ausdruck in der Klammer kleiner als Null, so verrechnet man nur **fixe Abschreibungen**.

Wenn beispielsweise die als Ausgangswert angesetzten Anschaffungsauszahlungen A =120.000 betragen und bei einem rein zeitabhängigen Verschleiß mit einer Nutzungsdauer von 10 Jahren, bei einem rein gebrauchsabhängigen Verschleiß mit 6 Jahren gerechnet wird, ergibt sich in einem Monat mit Ist- gleich Planbeschäftigung eine **kalkulatorische Abschreibung** von:

$$K_{at} = \frac{120.000}{10 \cdot 12} + \left[\frac{120.000}{6 \cdot 12} - \frac{120.000}{10 \cdot 12}\right] \cdot 1 = 1.000 + 667 = 1.667$$

Man geht also davon aus, dass sich die monatliche Abschreibung aus einem **fixen Anteil** von € 1.000 und einem **variablen** von € 667 zusammensetzt. Wenn die Istbeschäftigung in allen Monaten der geplanten Beschäftigung x_p = 2.500 entspricht, erreicht man nach 6 Jahren die Anschaffungskosten (1.666,7·12·6 = 120.000). In diesem Fall enthalten die gesamten Abschreibungen einen fixen Anteil von € 72.000 und einen variablen von € 48.000, obwohl der Gebrauchsverschleiß die Nutzungsdauer bestimmt. Dies ist auf die mit der Sollkostenfunktion K_{at} in Abbildung 3-87 vorgenommene Approximation zurückzuführen.

---

[345] Ist $T_Z \leq T_V$, wird der Ausdruck in der Klammer gleich null gesetzt, also nur die fixe Abschreibung verrechnet.

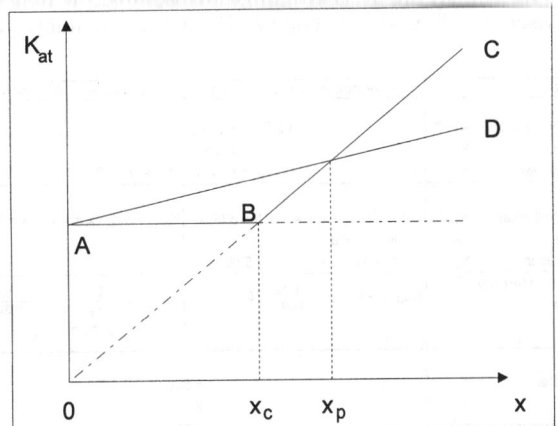

Abb. 3-87: *Sollkostenverlauf kalkulatorischer Abschreibungen beim Näherungsverfahren nach BAIN[346]*

Wird in einem Monat dagegen eine niedrige Istbeschäftigung von $x_i = 1.500$ realisiert, so ergibt sich eine monatliche kalkulatorische Abschreibung K_{at} von

$$K_{at} = 1.000 + 667 \cdot \frac{1.500}{2.500} = 1.400$$

Umgekehrt führt eine hohe Istbeschäftigung von z.B. $x_i = 4.500$ zu Abschreibungen von

$$K_{at} = 1.000 + 667 \cdot \frac{4.500}{2.500} = 3.000$$

Dieses Verfahren berücksichtigt mit der **Nutzungsdauer** eine wichtige Bestimmungsgröße der Abschreibungen. Die Beziehungen zwischen Beschäftigung, Nutzungsdauer und Abschreibungen kann es aber nicht genau erfassen. Hierzu ist der Übergang auf einen **investitionstheoretischen Ansatz** notwendig, wie er in Abschnitt A. dieses Kapitels[347] entwickelt worden ist.

b) **Kostenkontrolle und Abweichungsanalyse in der Grenzplankostenrechnung**

Im System der **Grenzplankostenrechnung** gehen nur die proportionalen Kosten in die innerbetriebliche Leistungsverrechnung und die Verrechnungssätze für die Stückkosten ein. Daraus ergibt sich bei der Abweichungsanalyse ein grundlegender Unterschied gegenüber einem System der Plankostenrechnung (Prognosekostenrechnung) auf Vollkostenbasis. In der Grenzplan-

---

[346] KÜPPER, H.-U./ZHANG, S. (Verlauf), S. 110.
[347] Vgl. Kapitel 3., Abschnitt A.IV., S. 238 ff.

kostenrechnung entfällt die Beschäftigungsabweichung, die üblicherweise als Differenz zwischen Soll- und verrechneten Plankosten definiert ist[348].

Rechnungsart		Prognosekostenrechnung	Grenzplankostenrechnung	Strecke
Plankosten				
Proportionale Plankosten	K_p^{prop}	$K_p^{prop} = k_p \cdot x_p = 40 \cdot 100 = 4.000$		$B_0 - F_0$
Fixe Plankosten	K_f	$K_f = 2.000$		$F_0 - E$
Gesamte Plankosten	K_p	$K_p = k_p \cdot x_p + K_f = 6.000$		$B_0 - E$
Sollkosten				
Proportionale Sollkosten	K_s^{prop}	$K_s^{prop} = k_p \cdot x_i = 40 \cdot 75 = 3.000$	$K_s^{(prop)} = k_p \cdot x_i = 40 \cdot 75 = 3.000$	$B_i - F'_0$
Fixe Sollkosten	K_f	$K_f = 2.000$		$F'_0 - D$
Gesamte Sollkosten	K_s	$K_s = k_p \cdot x_i + K_f = 5.000$		$B_i - D$
Verrechnete Plankosten bei Istbeschäftigung	K_{vp}	$K_{vp} = \frac{K_p}{x_p} \cdot x_i = \frac{6.000}{100} \cdot 75 = 4.500$	$K_{vp} = \frac{K_p^{prop}}{x_p} \cdot x_i = \frac{4.000}{100} \cdot 75$ $= 3.000 = k_p \cdot x_i$	$B_i - F'_0$
Istkosten				
Gesamte Istkosten	K_i	6.500		C - D
Fixe Istkosten	K_f	2.000		$F'_0 - D$
Proportionale Istkosten	K_i^{prop}	4.500		$C - F'_0$
Beschäftigungsabweichung: Sollkosten - Verr. Plankosten $K_s - K_{vp}$		5.000 - 4.500 = 500	Entfällt (3.000 - 3.000 = 0)	
Verbrauchsabweichung Istkosten - Sollkosten $K_i - K_s$ bzw. Prop. Istko. - Prop. Sollko. $K_i^{prop} - K_s^{prop}$		6.500 - 5.000 = 1.500	4.500 - 3.000 = 1.500	$C - B_i$ $C - B_i$
Zusätzliche Symbole: k_p = Proportionale Planstückkosten; x_p = Planbeschäftigung; x_i = Realisierte Beschäftigung				

Abb. 3-88: Vergleich der Abweichungsanalyse bei (flexibler) Plankostenrechnung und Grenzplankostenrechnung

Durch den **Verzicht auf die Proportionalisierung von Fixkosten** bei der Berechnung verrechneter Plankosten stimmen in der Grenzplankostenrechnung die (proportionalen) Sollkosten mit den sich für die Istbeschäftigung ergebenden verrechneten Plankosten überein. Aus diesem Grund tritt keine Beschäftigungsabweichung auf. Daher gestaltet sich die Abweichungsanalyse hier einfacher. In Abbildung 3-88 ist das Vorgehen anhand des in der Plankostenrechnung auf Vollkostenbasis zugrunde gelegten Beispiels[349] für beide Rechnungssysteme vergleichend einander gegenübergestellt. In Abbildung 3-89 wird die Verbrauchsabweichung der Grenzplankostenrechnung graphisch dargestellt.

---

[348] Vgl. Kapitel 3., Abschnitt B.I.4.c), S. 309 ff.
[349] Vgl. Kapitel 3., Abschnitt B.I.4 c), S. 309 ff. und Kapitel 4., Abschnitt C.III.2., S. 677 ff.

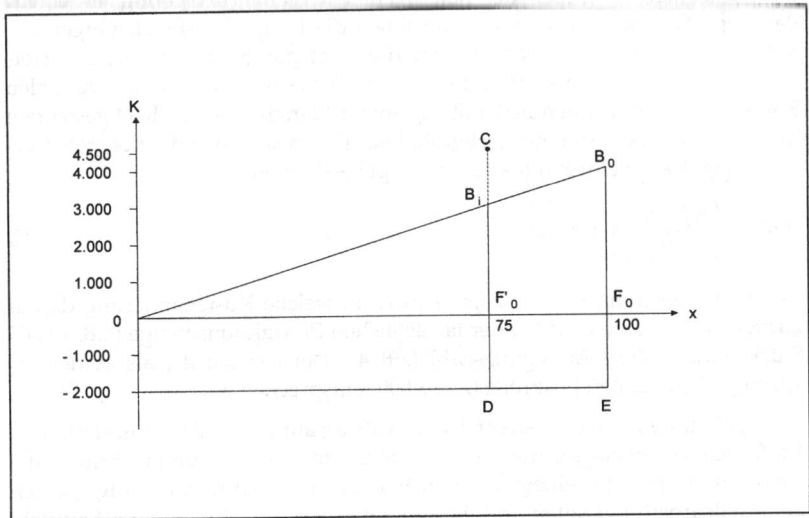

Abb. 3-89: *Verbrauchsabweichung in der Grenzplankostenrechnung*

Die gesamten Plankosten werden durch die Strecke $\overline{B_0E}$ wiedergegeben. Sie teilen sich in die proportionalen Plankosten (Strecke $\overline{B_0F_0}$) und die fixen Kosten (Strecke $\overline{F_0E}$) auf. Zur Bestimmung der verrechneten Plankosten werden nur die proportionalen Kosten zugrunde gelegt. Um dies zu verdeutlichen, sind in Abbildung 3-89 die fixen Kosten negativ eingetragen. Die verrechneten Plankosten werden durch die Gerade B_00 abgebildet. Für die Istbeschäftigung ($x_i = 75$) ergeben sich verrechnete Plankosten in Höhe der proportionalen Sollkosten (Strecke $\overline{B_iF_0'}$). Die gesamten Sollkosten werden durch den Abschnitt $\overline{B_iD}$ dargestellt. Die **Verbrauchsabweichung** als Differenz von Soll- und Istkosten entspricht daher der Strecke $\overline{CB_i}$. Das Fehlen einer Beschäftigungsabweichung zeigt sich graphisch im Zusammenfallen der Punkte B_i und O_i der Prognosekostenrechnung[350] im Punkt B_i. Da die **Beschäftigungsabweichung** entfällt, wird die Fixkostenauslastung häufig gesondert bestimmt, um einen Überblick über die Nutzung der betrieblichen Kapazitäten zu erlangen. Hierzu ermittelt man die Auslastungsgrade der Betriebsmittel.

Ferner werden in der Grenzplankostenrechnung zu Kontrollzwecken verschiedenartige **spezielle Abweichungsarten** bestimmt, durch welche weitere Einflussgrößen des Produktionsprozesses wie die Losgrößen, das Produktionsverfahren, die Bedienungsrelation bei Mehrstellenarbeit, intensitätsmäßige Anpassungen und dergleichen berücksichtigt werden können.

Losgrößenabweichungen sind darauf zurückzuführen, dass die tatsächliche Auflegungszahl nicht mit der geplanten übereinstimmt. Hierdurch weichen die tatsächlichen Rüstzeiten und -kosten von den geplanten ab. Wenn man

---

[350] Vgl. Abb. 3-50, S. 313.

die Rüstzeiten t_R wegen der heterogenen Kostenverursachung als eigene Bezugsgrößen plant, lassen sich mit ihnen die Losgrößenabweichungen unmittelbar ermitteln. Bezeichnet man die Auflegungszahl mit a, die Herstellmengen der Produktart q mit x_q, die Losgrößen mit s, die variablen Rüstkosten je Rüstzeiteinheit mit c_R sowie Plangrößen mit hochgestelltem Index (p) und Istwerte mit hochgestelltem (i), so lässt sich die Losgrößenabweichung ΔK_{sq} beim Produkt q wie folgt bestimmen:

$$\Delta K_{sq} = \left(\frac{a_q^{(i)} - x_q^{(i)}}{s_q^{(p)}} \right) \cdot t_R^{(p)} \cdot c_R^{(p)} \qquad (3\text{-}93)$$

In dieser Gleichung kommt zum Ausdruck, welche Kostenänderung darauf zurückzuführen ist, dass bei der tatsächlichen Produktionsmenge (z.B. 10.000 Stück) eine andere Auflegungszahl (z.B. 4) realisiert wurde, als es der ursprünglich geplanten Losgröße (z.B. 3.000) entsprechen würde.

In der Planung ist man bestrebt, jeden Auftrag auf den Anlagen und mit den Verfahren zu erzeugen, die zu den günstigsten Kosten führen. Erfolgt die Produktion dann mit einem anderen Verfahren, so hat dies im Allgemeinen andere Bearbeitungszeiten und -kosten zur Folge. Sie können darauf zurückzuführen sein, dass sich die Relationen der Einsatzgüter und gegebenenfalls das Verhältnis zwischen Eigenerstellung und Fremdbezug ändern. Zur Berechnung der **Verfahrensabweichung** ΔK_{vq} bei einer Produktart q werden die mit den Plankostensätzen $c^{(p)}$ bewerteten Stückzeiten $t^{(p)}$ des geplanten Verfahrens (Index P) von den entsprechenden Werten des im Ist verwendeten Verfahrens (Index A) subtrahiert und mit der Istlosgröße $s_q^{(i)}$ multipliziert:

$$\Delta K_{vq} = s_q^{(i)} \cdot \left(t_{qA}^{(p)} \cdot c_A^{(p)} - t_{qP}^{(p)} \cdot c_P^{(p)} \right) \qquad (3\text{-}94)$$

Der Übergang auf ein anderes Verfahren führt zu einer Veränderung der Zeit- und der Kostenkoeffizienten. Deshalb lässt sich diese Abweichung durch eine Erweiterung der Gleichung 3-94 in eine Kosten- und eine Fertigungszeitabweichung aufspalten:

$$\Delta K_{vq} = s_q^{(i)} \cdot \left[t_{qA}^{(p)} \cdot \left(c_A^{(p)} - c_P^{(p)} \right) + c_P^{(p)} \cdot \left(t_{qA}^{(p)} - t_{qP}^{(p)} \right) \right] \qquad (3\text{-}95)$$

In Abbildung 3-90 ist die Berechnung dieser Abweichung und ihrer Komponenten an einem Beispiel veranschaulicht.

In entsprechender Weise lassen sich weitere **spezielle Abweichungen** für geänderte Bedienungsrelationen, außerplanmäßige Mehrarbeitszeiten, Änderungen von Prozessbedingungen u.a. ermitteln[351]. Komplizierter ist die Bestimmung von Intensitätsabweichungen, da bei ihnen die Nichtlinearität der Produktionsfunktion zu berücksichtigen ist.

---

[351] Vgl. KILGER, W./PAMPEL, J./VIKAS, K. (Deckungsbeitragsrechnung[11]), S. 442 ff.

D. *Systeme auf Teilkostenbasis* 437

Größe		Wert	Einheit
ΔK_{vq}	Verfahrensabweichung bei der Produktart q	156	[€]
$s_q^{(i)}$	realisierte Losgröße	1600	[St.]
$c_A^{(p)}$	Plankostensatz des verwendeten Verfahrens	0,75	[€/St.]
$c_P^{(p)}$	Plankostensatz des geplanten Verfahrens	0,60	[€/St.]
$t_{qA}^{(p)}$	Planstückzeit des verwendeten Verfahrens	0,45	[Min/St.]
$t_{qP}^{(p)}$	Planstückzeit des geplanten Verfahrens	0,40	[Min/St.]

Berechnung:

$$\Delta K_{vq} = 1.600 \cdot (0,45 \cdot 0,75 - 0,40 \cdot 0,60) = 156 \quad \text{bzw.}$$

$$\Delta K_{vq} = 1.600 \cdot [0,45 \cdot (0,75 - 0,60) + 0,60 \cdot (0,45 - 0,40)] = 156$$

Abb. 3-90: *Beispiel zur Berechnung einer Verfahrensabweichung*

Mit derartigen speziellen Analysen kann man eine vertiefte Kontrolle durchführen. Durch sie werden die kostenmäßigen Auswirkungen der Änderung einzelner Bezugsgrößen berechnet, die ursprünglich in den **globalen Verbrauchsabweichungen** der Kostenstellen enthalten sind. Damit kann man sie aus diesen eliminieren, um die verbleibende und von der Stelle zu verantwortende Unwirtschaftlichkeit genauer zu erfassen. Bei der Berechnung spezieller Abweichungen zeigt sich deutlich das Problem der Zuordnung von **Abweichungen höherer Ordnungen**. Die Verwendung von Ist- oder Planwerten für die Stückzeiten, Kostenkoeffizienten und Produktmengen in Gleichung 3-94 bzw. Losgrößen in Gleichung 3-93 hängt von bei Anwendung der kumulativen Abweichungsanalyse[352] von der **Reihenfolge** ab, in welcher die speziellen Abweichungen berechnet werden. Will man eine reihenfolgeabhängige Zuordnung der Abweichungen höheren Grades vermeiden, so ist z.B. auf ein Verfahren der differenziert kumulativen Abweichungsanalyse überzugehen, bei dem die Abweichungen höheren Grades isoliert ausgewiesen werden.

c) **Kosten- und Erlösplanung bei unsicheren Erwartungen**

In der Regel besitzt man in der Planung **keine sicheren Erwartungen** über die wichtigsten Eingangsgrößen wie die Absatzmengen und -preise, die Einsatzgüterpreise, die Verfügbarkeit der eingesetzten Ressourcen usw. So können beispielsweise Störungen an Anlagen auftreten, die eine Instandhaltung notwendig machen, und Arbeitskräfte durch Krankheit ausfallen. Auch ist die Kenntnis über die Parameter der zur Planung von Werkstoffen[353], Be-

---

[352] Vgl. Kapitel 4., Abschnitt C.III.3., S. 685 ff.
[353] Vgl. Kapitel 3., Abschnitt B.I.2., S. 274 ff.

triebsstoffen, Energie, menschlicher und maschineller Arbeit sowie anderen Einsatzgütern verwendeten Produktions- und Kostenfunktionen nicht sicher. Obwohl die Kosten- und Erlösrechnung vorwiegend auf die kurzfristige Planung ausgerichtet ist und das Wissen auf kurze Sicht häufig weniger ungewiss als in der längerfristigen Perspektive ist, müsste in ihr aus diesen Gründen die **Unvollkommenheit der Information** Berücksichtigung finden[354]. Dem wird in der Kosten- und Erlösrechnung bisher noch wenig Rechnung getragen. Meist geht man in der Kosten- und Erlösplanung von den Erwartungswerten oder den häufigsten (Modal-) Werten aus und nimmt an, dass hiermit dem Problem bei kurzfristiger Betrachtung und Risikoneutralität genügend Rechnung getragen sei.

Eine vertiefte Analyse lässt erkennen, dass diese Annahme nicht gerechtfertigt sein muss. Daraus folgen **zwei Aufgaben**:

(1) Zum einen ist zu prüfen, welche **Auswirkungen** die **Unsicherheit** über die in die Planung eingehenden Mengen- und Wertgrößen auf die in der Kosten- und Erlösrechnung berechneten Ergebnisse der stück- und periodenbezogenen Kosten, Erlöse und Erfolge hat. Man muss also die Unsicherheit der Rechnungsergebnisse untersuchen, indem man beispielsweise deren Wahrscheinlichkeitsverteilungen bestimmt. Durch die Analyse der Unsicherheit der berechneten Größe erhält der Entscheidungsträger eine **Grundlage für eine Entscheidungsfindung**, welche seine unvollkommene Information berücksichtigt.

(2) Zum anderen muss sich der Entscheidungsträger darüber klar werden, **auf welche Weise** er trotz der Unsicherheit zu einer **rationalen Entscheidung** kommt.

Für das zweite Problem sind in der Entscheidungstheorie verschiedene Konzepte wie die Formulierung von Risikonutzenfunktionen oder die Anwendung unterschiedlicher Entscheidungsregeln (Erwartungswert-, $\mu - \sigma$ -, Maximinprinzip) bei Vorliegen oder Fehlen von (ggf. subjektiven) Wahrscheinlichkeiten entwickelt worden[355]. Diese Fragestellung wird im Abschnitt D aufgegriffen[356].

Im Rahmen der Kosten- und Erlösplanung ist vor allem die erste Aufgabe zu beachten. Eine praktisch realisierbare Möglichkeit besteht entsprechend dem Vorschlag von INGO KOCH[357] darin, das Konzept der **simulativen Risikoanalyse** auf die Kosten- und Erlösplanung anzuwenden. Er hat ein Simulationsprogramm *SIMRIKO* entwickelt, mit dem sich aus Verteilungen für die Eingangsgrößen der Planung die Plankosten der Kostenstellen und -träger sowie die Deckungsbeiträge und Periodenerfolge bestimmen lassen. Dessen wichtigste Komponenten werden im Folgenden skizziert.

---

[354] Vgl. auch Kapitel 3., Abschnitt D.I.6.d)aa), S. 476 ff.
[355] Vgl. u.a. LAUX, H. (Entscheidungstheorie), S. 114 ff.; SIEBEN, G./SCHILDBACH, T. (Entscheidungstheorie); BAMBERG, G./COENENBERG, A. (Entscheidungslehre), S. 66 ff.
[356] Vgl. Kapitel 3., Abschnitt D.I.6.d)aa), S. 476 ff.
[357] Vgl. zum Folgenden KOCH, I. (Kostenrechnung), S. 126 ff.

D. Systeme auf Teilkostenbasis

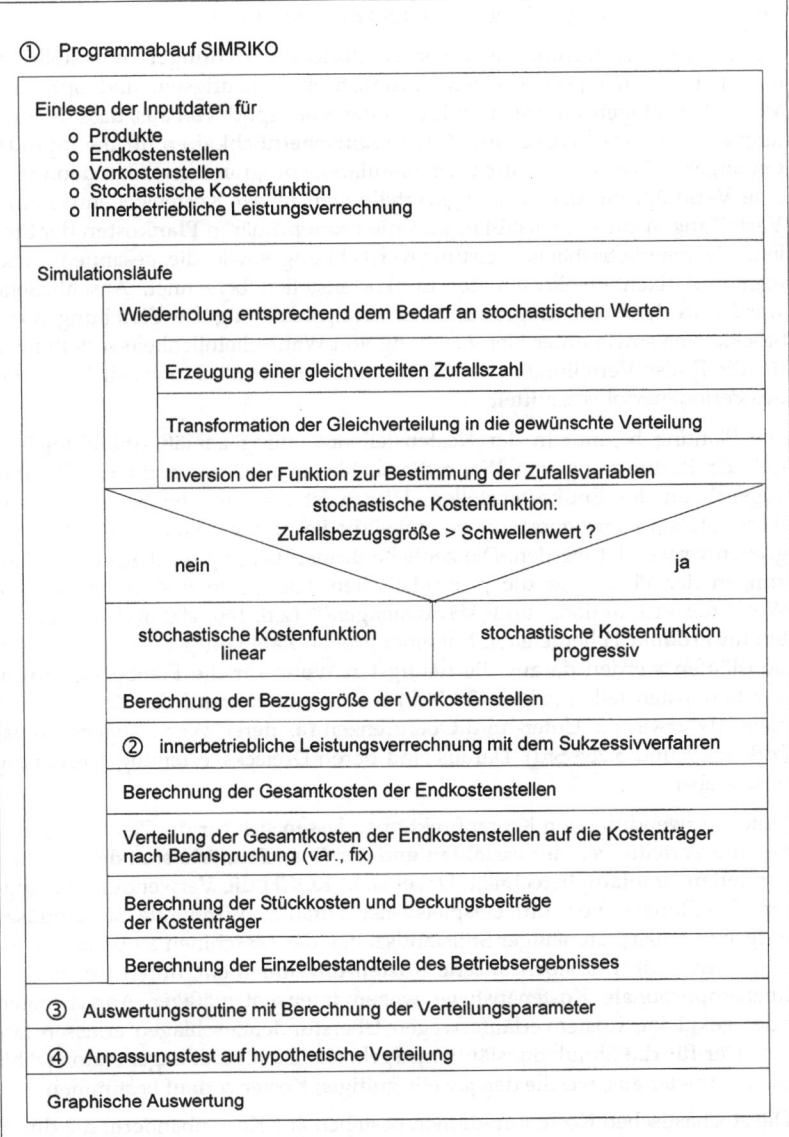

Abb 3-91: *Struktogramm zur Simulation in der Kostenplanung (SIMRIKO) nach I. KOCH*

Die **Kostenplanung** findet wie im deterministischen Fall zu einem wesentlichen Teil im Rahmen der Kostenstellenrechnung statt. Ihr **Ablauf** orientiert sich an dem Konzept der analytischen Kostenplanung. Die wichtigsten Schritte des von KOCH entwickelten Simulationsprogramms sind aus dem in Abbildung 3-91[358] wiedergegebenen Struktogramm ersichtlich.

Für die unsicheren **Inputdaten** werden **Dreiecksverteilungen** unterstellt, bei denen der Planer jeweils einen pessimistischen, häufigsten und optimistischen Wert eingeben muss. Damit geht das Konzept davon aus, dass die Kostenplaner in dieser Weise **subjektive Wahrscheinlichkeiten** für die Inputdaten angeben können[359]. Durch das Simulationsprogramm werden dann über eine Verknüpfung der Ausgangsverteilungen in der Kostenstellenrechnung **Verteilungen für die variablen und die fixen** primären **Plankosten** der Stellen, die innerbetriebliche Leistungsverrechnung sowie die gesamten variablen und fixen Plankosten der Endkostenstellen berechnet. Anschließend werden in der Kostenträger- und der Erfolgsrechnung die Verteilungen der Stückkosten sowie unter Heranziehung von Wahrscheinlichkeitsverteilungen für die Erlöse Verteilungen der Stück- und Periodendeckungsbeiträge sowie des Periodenerfolgs ermittelt.

Die Planung beginnt in der Kostenstellenrechnung gemäß Abbildung 3-92 mit der Bestimmung von Wahrscheinlichkeitsverteilungen für die **Planbezugsgrößen** der Endkostenstellen. Hierzu ist die zeitliche Beanspruchung dieser Stellen zu prognostizieren, wobei die Fertigungszeiten als Planbezugsgrößen verwendet werden. Die zeitliche Beanspruchung wird aus den Schätzungen der Planer für die pessimistischen, häufigsten und optimistischen Werte der Produktions- und Absatzmengen[360] (z.B. 160, 200 und 220 Einheiten für Produkt 1) hergeleitet. Mit einer großen Zahl von (z.B. 50.000) Simulationsläufen werden daraus die häufigsten Werte für die Planbezugsgrößen der Endkostenstellen (z.B. 2.430 Std.) berechnet, während der Kostenplaner subjektiv erwartete Unter- und Obergrenzen für deren Werte angeben muss (z.B. 1.807 und 3.258 Std). Daraus sind deren Dreiecksverteilung vollständig beschrieben.

Unter Verwendung von Kostenfunktionen lassen sich für die Planbezugsgrößen die Verteilungen der **variablen** und der **fixen Primärkosten der Endkostenstellen** simulativ berechnen. Dabei sieht KOCH die Verwendung bedingter Verteilungen vor, um beispielsweise zufällig auftretende Störeinflüsse aufgrund außerplanmäßiger Stillstandszeiten der Maschinen zu berücksichtigen. Ferner führt er **stochastische Kostenfunktionen** ein, durch welche sich überproportionale Kostenanstiege wegen intensitätsmäßiger Anpassungen oder geknickte Kostenverläufe wegen Überstundenzuschlägen erfassen lassen. Der für die Simulationsläufe maßgebliche Zufallszahlengenerator wählt die Parameter aus, welche den jeweils gültigen Kostenverlauf bestimmen.

Die stochastischen Kostenfunktionen bestehen aus Kostenbändern, die durch Kurven für die häufigsten Werte sowie die Ränder für die niedrigsten und die höchsten Verbräuche charakterisiert sind.

---

[358] KOCH, I. (Kostenrechnung), S. 127.
[359] Zur Problematik und zur Begründung einer Verwendung subjektiver Wahrscheinlichkeiten vgl. KOCH, I. (Kostenrechnung), S. 107 ff.
[360] Vgl. das Zahlenbeispiel bei KOCH, I. (Kostenrechnung), S. 202 ff.

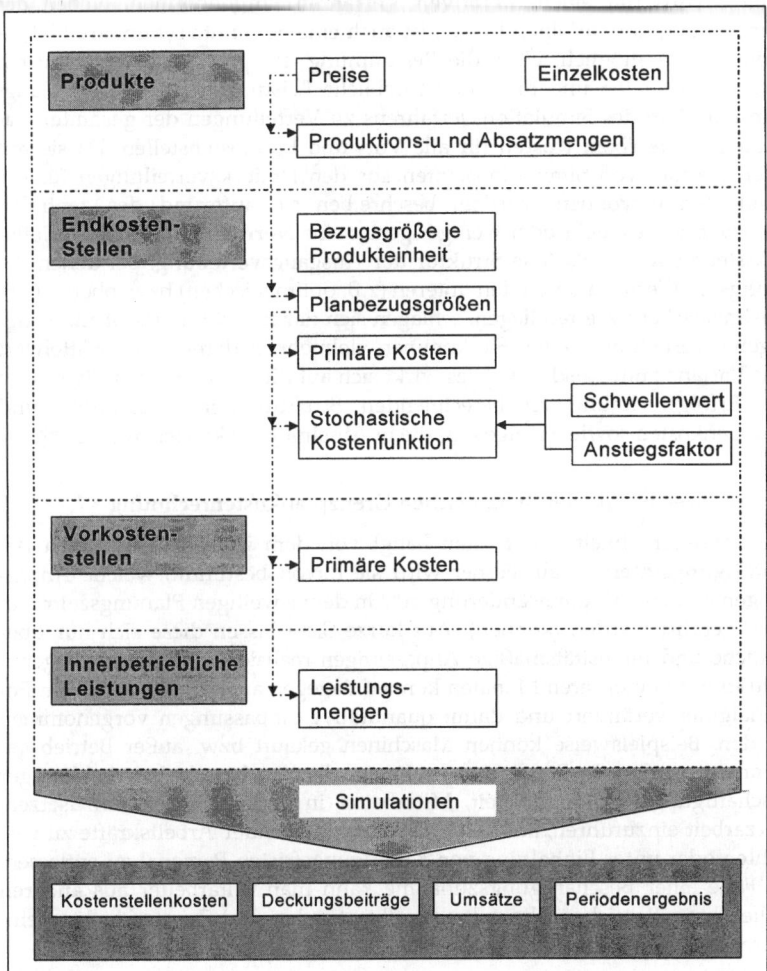

Abb. 3-92: *Übersicht über die zu planenden Inputverteilungen in SIMRIKO*[361]

Die Planung der **innerbetrieblichen Leistungen** wird ebenfalls mit bedingten Verteilungen vorgenommen. Die Leistungsbedarfe der abgebenden Vorkostenstellen werden in Abhängigkeit von den Ausprägungen der Planbezugsgrößen für die Endkostenstellen bestimmt. Dabei sind für jede Vorkostenstelle pessimistische, häufigste und optimistische Werte ihrer Leistungsabgaben für jeden der drei Werte der Planbezugsgrößen in den Endkostenstellen anzugeben. In jedem Simulationslauf werden aus diesen Dreiecksverteilungen Leistungsmengen für die innerbetrieblichen Güterströme ausgewählt, aus denen sich die gesamten Leistungsmengen je Vorkostenstelle bestimmen. Die von den innerbetrieblichen Austauschmengen abhängige Kostenstellen-

---

[361] KOCH, I. (Kostenrechnung), S. 128.

umlage wird mit einem **iterativen Verfahren** vorgenommen. Neben der Verrechnung der variablen Kosten ist auch eine getrennte sekundäre Fixkostenverteilung möglich. Über die Bestimmung der primären Gemeinkosten aller Kostenstellen und die innerbetriebliche Leistungsverrechnung gelangt man mit Hilfe des Simulationsverfahrens zu Verteilungen der **gesamten variablen sowie fixen Kosten** für alle Vor- und Endkostenstellen. Da sie mit einer Vielzahl von Simulationsläufen aus den Dreiecksverteilungen für die Inputdaten gewonnen wurden, beschreiben sie aufgrund des zentralen Grenzwertsatzes mehr oder weniger genau eine **Normalverteilung**. Eine eher linkssteile oder rechtssteile Struktur der Ausgangsverteilung, bei denen die häufigsten Werte näher an den unteren (z.b. optimistischen) bzw. oberen (z.B. pessimistischen) Werten liegen, schlagen sich daher nicht in der Struktur der Ergebnisverteilung nieder. Sie kommen vielmehr in deren Lage, Mittelwert und Varianz zum Ausdruck. Dies wirkt sich auf die in der Kostenträger- und der Erfolgsrechnung zu berechnenden Struktur der Stückkosten und Periodenkosten sowie -erfolge aus, die in Abschnitt D. skizziert werden[362].

d) Kennzeichnung der dynamischen Grenzplankostenrechnung

Die Veränderlichkeit von Kosten hängt von dem jeweils betrachteten **Beschäftigungsintervall** ab. Ferner wird sie davon bestimmt, welche Anpassungen an Beschäftigungsänderungen[363] in dem jeweiligen Planungszeitraum durchgeführt werden (können). Auf kurze Sicht lassen diese sich nur über zeitliche und intensitätsmäßige Anpassungen realisieren. In einem längeren Zeitraum von mehreren Monaten können dagegen auch die eingesetzten Potentialgüter verändert und damit quantitative Anpassungen vorgenommen werden. Beispielsweise können Maschinen gekauft bzw. außer Betrieb genommen werden. In Bezug auf die Personalkosten besteht bei rückläufiger Beschäftigung die Möglichkeit, Mitarbeiter in andere Stellen umzusetzen, Kurzarbeit einzuführen, auf den Ersatz ausscheidender Arbeitskräfte zu verzichten oder unter Einhaltung von Kündigungsfristen Personal zu entlassen. Im Falle einer Beschäftigungszunahme kann man Mitarbeiter aus anderen Stellen bzw. Bereichen übernehmen, Überstunden und Zusatzschichten einführen, Arbeitsverträge verlängern oder neue Mitarbeiter einstellen[364].

Die Aufspaltung der Kosten in fixe und variable Teile hängt daher von der **Fristigkeit der Planung** ab. Will man diesem Zusammenhang Rechnung tragen, so sind mehrere Planungen mit unterschiedlichen Fristigkeitsgraden vorzunehmen. Ein solches Vorgehen hat KILGER vorgeschlagen und als **'dynamische Grenzplankostenrechnung'** bezeichnet[365]. Der jeweilige Fristigkeitsgrad ist bestimmend dafür, in welchem Umfang Veränderungen bei den Potentialgütern und damit den Kosten für die Betriebsbereitschaft innerhalb einer Planungsperiode realisierbar sind. Am stärksten beeinflusst der Fristigkeitsgrad die Kostenauflösung bei den **Personalkosten**. Für deren Veränderungen gibt es von dem Austausch der Mitarbeiter zwischen Kostenstellen

---

[362] Vgl. Kapitel 3., Abschnitt D.I.5.a), S. 454 ff.
[363] Vgl. Kapitel 3., Abschnitt B.I.2.a), S. 274 ff.
[364] Vgl. KILGER, W./PAMPEL, J./VIKAS, K. (Deckungsbeitragsrechnung [11]), S. 278.
[365] Vgl. KILGER, W. (Deckungsbeitragsrechnung[10]), S. 96 ff., S. 355 ff. und S. 557 ff.

über Kurz- und Mehrarbeit usw. bis hin zu Einstellungen und Entlassungen eine größere Zahl an Anpassungsmaßnahmen, deren Realisierbarkeit von der Planungsfrist abhängt. So kann eine Umsetzung von Mitarbeitern innerhalb von wenigen Tagen durchführbar sein, während für Kurzarbeit und besonders für Einstellungen und Entlassungen längere Zeiträume beansprucht werden. Darüber hinaus hängt die Variabilität von der Art der Tätigkeiten und der Austauschbarkeit der Mitarbeiter ab. Spezialisten und Mitarbeiter mit dispositiver Tätigkeit sind meist weniger flexibel als Generalisten und objektbezogene Arbeitskräfte.

Entsprechende **zeitliche Beschränkungen** sind bei **Miet- und Pachtverträgen** zu beachten, die i.d.R. auf einen längeren Zeitraum abgeschlossen sind, jedoch unter Einhaltung von Fristen gekündigt werden können. Ein Zeitraum für die Beschaffung oder Außerdienststellung muss vielfach gleichermaßen bei Maschinen und anderen Betriebsmitteln in Betracht gezogen werden. Auch die Bestände des Umlaufvermögens lassen sich im Allgemeinen auf mittlere bis längere Sicht leichter anpassen, was sich insbesondere auf den Charakter der Zinskosten auswirkt. Ferner können sie die Höhe der Gewerbekapital- und der Vermögensteuer sowie der Versicherungsprämien beeinflussen. Eine Abhängigkeit von der Planungsfrist findet man darüber hinaus in der Klasse der verschiedenen Kostenarten, wo beispielsweise Zeitschriften, Wartungsverträge oder laufende Werbemaßnahmen über Verträge zeitlich gebunden sein können.

Kostenplan Zeitraum:	Kostenstellenbezeichnung: Automaten				Kostenstellennummer: 611			Kostenstellenleiter			Stellvertreter:		
Planbezugsgröße: Maschinenstunden je Monat	6.000	⌀ Schichtzahl 40 je Monat			€/Monat bei Fristigkeitsgrad I			€/Monat bei Fristigkeitsgrad II			€/Monat bei Fristigkeitsgrad III		
Bezeichnung	ME	Menge	€/ME										
			I	II	III	Ges	Var.	Fix	Ges	Var.	Fix	Ges	Var.	Fix
Fertigungslöhne	Std	2.000	14,50	14,50	14,50	29.000	29.000	0	29.000	19.140	9.860	29.000	9.570	19.430
Zusatzlöhne	Std	2.000	0,50	0,45	0,40	1.000	1.000	0	900	900	0	800	800	0
Hilfslöhne für Reinigung	Std	400	12,50	12,50	12,50	5.000	4.250	750	5.000	4.250	750	5.000	2.150	2.850
Transport	Std	520	13,00	13,00	13,00	6.760	6.760	0	6.760	6.760	0	6.760	2.704	4.056
Kalk. Personalnebenkosten für Arbeiter	€	I 42.000 II 41.500 III 41.000	0,80	0,74	0,68	33.600	31.920	1.680	30.710	22.111	8.599	27.880	8.922	18.958
Hilfs- u. Betriebsstoffkosten	Std	6.300	0,20	0,20	0,20	1.260	1.071	189	1.260	1.071	189	1.260	1.071	189
Reparatur u. Instandhaltungsko.	Std	80	68,00	57,00	45,00	5.440	4.080	1.360	4.560	3.420	1.140	3.600	2.700	900
Kalk. Raumko.	m²	520	12,60	12,60	12,60	6.552		6.552	6.552		6.552	6.552		6.552
Kalk. Stromko.	kWh	42.600	0,07	0,07	0,07	2.982	2.982		2.982	2.982		2.982	2.982	
Kalk. Leitungsko.	Std	6.800	0,75	0,52	0,38	5.100	5.100		3.536	3.536		2.584	2.584	
Kalk. sekundäre Fixkosten						29.360		29.360	33.540		33.540	37.280		37.280
Plankostensummen						126.054	86.163	39.891	124.800	64.170	60.630	123.698	33.483	90.215
€ pro Maschinenstunde						21,01	14,36	6,65	20,80	10,70	10,10	20,62	5,58	15,04
						Kalkulationssätze I			Kalkulationssätze II			Kalkulationssätze III		

Abb. 3-93: *Beispiel einer Kostenplanung mit mehreren alternativen Freiheitsgraden*[366]

Wenn man durch eine derartige zeitliche Differenzierung der Kostenarten zu drei Fristigkeitsgraden gelangt, erhält der Kostenstellenplan die aus Abbildung 3-93 ersichtliche Struktur. Die Planungsfrist I entspricht der üblichen Planung für das kommende Jahr, die zweite Frist reicht bis zu einem halben

---

[366] Vgl. KILGER, W. (Deckungsbeitragsrechnung[10]), S. 568.

Jahr, die kürzeste bis zu drei Monaten. Die im Kostenstellenplan enthaltenen Werte beziehen sich jeweils auf einen Monat, für den eine Planbezugsgröße von 6.000 Stunden angenommen wird. Für die verschiedenen Fristigkeitsgrade gelten dieselben zu berücksichtigenden Kostenarten und Maßgrößen ihrer Mengenkomponente. Da die geplanten Zusatzlöhne nur auf die beschäftigungsabhängigen Fertigungslöhne als prozentuale Zuschläge entfallen, sind ihre Werte (€/ME) nach den drei Fristen zu differenzieren. Diese Löhne gehen in die Basis für die Berechnung der kalkulatorischen Personalnebenkosten ein. Deshalb ist bei ihnen auch die Mengenkomponente nach den drei Planungsfristen differenziert. Unterschiedliche Kostenwerte werden schließlich bei den Personalkosten unter den Reparatur- und Instandhaltungs- sowie den Transport- und Leitungskosten angesetzt. Dies ist darauf zurückzuführen, dass bei der Jahresplanung häufig anteilige Gehaltskosten proportionalisiert und in die betreffenden variablen Kosten eingerechnet werden. Diese sollen die Beanspruchung von Führungskräften durch veränderliche Beschäftigungsgrade näherungsweise zum Ausdruck bringen. Mit abnehmender Fristigkeit müssen sie "... zunehmend und schließlich vollständig den fixen Kosten zugeordnet werden."[367]

Der Vergleich zwischen den variablen Kosten des Beispiels von Abbildung 3-93 für die verschiedenen Fristigkeitsgrade I, II und III spiegelt die Abhängigkeit der Personalkosten von der **Planungsfrist** wider. Bei den Fertigungs-, Zusatz- und Hilfslöhnen sowie den Personalnebenkosten verschiebt sich das Verhältnis mit **abnehmender Planungsfrist** hin zu den **fixen Kosten**. Im Beispiel ist angenommen, dass die gesamten Fertigungslöhne im Blick auf das Jahr variabel sind, in der Halbjahresfrist aber nur ein Drittel und im Vierteljahr zwei Drittel von ihnen fix sind. Als unveränderlich wird die Kostenspaltung dagegen bei den Werkzeug-, Hilfs- und Betriebsstoffkosten, kalkulatorischen Abschreibungen, Zinsen, Raum- und Stromkosten angesehen.

Die Berücksichtigung der Planungsfristen führt zu mehreren **Kalkulationssätzen** der Kostenstelle. Bei der Berechnung von Stückkosten ist daher zu beachten, in welche Planung die Kalkulationsergebnisse eingehen. Bei sehr kurzfristigen Entscheidungen, z.B. über alternative Produktionsverfahren, Maschinenbelegungen oder unerwartete Zusatzaufträge, sind die variablen Stückkosten des Fristigkeitsgrades III heranzuziehen. Dagegen sind beispielsweise bei einer auf einen Zeitraum von 4 Monaten gerichteten Losgrößenplanung die Werte des II. Fristigkeitsgrades und bei der für ein kommendes Jahr angestellten Produktionsprogrammplanung die Kalkulationssätze I zu verwenden. Mit dieser Erweiterung wird dem Tatbestand Rechnung getragen, dass die Aufspaltung in **fixe und variable Kosten** von verschiedenen Bedingungen, darunter auch der Fristigkeit der Betrachtung, abhängt. Die Ausrichtung auf die Beschäftigung als zentrale Einflussgröße stellt eine **vereinfachende Näherung** gegenüber der Realität dar. In Wirklichkeit wird die Höhe der Kosten und der Erlöse von einer Vielzahl von Größen bestimmt, die sich nicht vollständig auf eine einzige 'synthetische' Größe zurückführen lassen. Dieser Ansatz macht ferner deutlich, dass man für verschiedene Planun-

---

[367] KILGER, W. (Deckungsbeitragsrechnung[10]), S. 569.

gen unterschiedliche Erfolgsziffern benötigt. Durch die Verwendbarkeit von EDV-Verfahren bereitet eine Differenzierung der Werte nach Planungsfristen keine besonderen Probleme. Zusätzlichen Aufwand verursacht aber die mehrfache Durchführung der Kostenauflösung.

Problematisch an dem Konzept der dynamischen Grenzplankostenrechnung erscheint, dass sich die Differenzierung nur an der **zeitlichen Frist** (Bindung) orientiert. In Wirklichkeit ist die Kostenauflösung von den in den Teilplanungen berücksichtigten **Entscheidungstatbeständen** abhängig. Zudem wäre es zweckmäßig, wie im investitionstheoretischen Ansatz von den Wirkungen der einzelnen Variablen auf die Kosten sowie Erlöse und deren Dauer auszugehen. Die Gliederung der Planungsfristen sowie die Kostenauflösung werden herkömmlich einfach und ohne theoretischen Hintergrund vorgenommen. Des Weiteren wird nicht berücksichtigt, in welchem Ausmaß sich Variablen der verschiedenen Planungsfristen sowie die mit ihnen verbundenen Kosten beeinflussen. Da keine Verknüpfung zwischen Variablen oder Kosten unterschiedlicher Planungszeiträume vorliegt, ist die Bezeichnung 'dynamisch' irreführend. Insofern handelt es sich um ein praktisch leicht realisierbares Konzept, in dem die zeitliche Differenzierung der Planung und ihre Bedeutung für die Kosten- und Erlösrechnung **ohne explizite theoretische Fundierung** berücksichtigt werden.

4. Trägerstückrechnungen in der Grenzplankosten- und Deckungsbeitragsrechnung

Die **Kostenträgerstückrechnung** stellt im Rahmen der Teilkostenrechnung auf der Basis von variablen Kosten die Höhe der variablen Kosten fest, die auf eine Kostenträgereinheit bzw. ein -los entfallen. Die Bestimmung der auf eine Einheit entfallenden variablen Stückkosten ist für jede Produktart vorzunehmen. Konzipiert man das Rechnungssystem als Plankostenrechnung, dann umfasst die Stückrechnung eine **Plankalkulation** als Vorrechnung (Vorkalkulation) und eine **Istkalkulation** als Nachrechnung (Nachkalkulation). Die Kostenträgerstückrechnung liefert damit Informationen über die geplanten bzw. tatsächlich entstandenen variablen Stückkosten.

In der um die Erlöskomponente erweiterten Stückerfolgsrechnung wird für jede Kostenträgerart der Überschuss der Stückerlöse über die variablen Stückkosten bestimmt. Dieser Überschuss ist der **(Stück)Deckungsbeitrag** (Bruttogewinn), der in der anglo-amerikanischen Literatur als unit contribution margin, marginal income, marginal balance, profit contribution oder contribution to fixed costs bezeichnet wird[368]. Alle Informationen über die geplanten oder realisierten variablen Stückkosten und Stückdeckungsbeiträge können für mehrere Rechnungsziele nutzbar gemacht werden.

Zur Bestimmung der **variablen Stückkosten** sind grundsätzlich alle bekannten Verfahren der Kostenträgerstückrechnung verwendbar[369]. Der formale Aufbau der verschiedenen Kalkulationsverfahren ändert sich durch die

---

[368] Vgl. HORNGREN, C./FOSTER, G. (Cost Accounting), S. 40 und S. 308.
[369] Vgl. Kapitel 2., Abschnitt C., S. 156 ff.

Rechnung mit variablen Kosten nicht. Gegenüber einer Vollkostenrechnung ergeben sich inhaltliche Unterschiede, weil in Teilkostenrechnungen keine **Fixkostenproportionalisierung** vorgenommen wird. Kennt man die variablen Stückkosten, so ist der Ausbau zu einer (Stück-)Erfolgsrechnung einfach zu vollziehen.

a) Divisionsrechnung und Äquivalenzziffernrechnung mit variablen Kosten

Für die Feststellung der variablen Stückkosten nach der Divisionsrechnung und der Äquivalenzziffernrechnung werden die bei der Vollkostenrechnung zugrunde gelegten Zahlenbeispiele herangezogen[370]. Dabei ist es erforderlich, die Vollkosten in ihre fixen und variablen Komponenten aufzulösen.

In der **Divisionsrechnung** werden die variablen Stückkosten durch Division der variablen Periodenkosten durch die gefertigte Produktmenge bestimmt. Dies ist in Abbildung 3-94 für die einfache einstufige Divisionsrechnung gezeigt. Für geplante variable Kosten von € 1.245.000 und eine Planfertigungsmenge von 1.500 t erhält man variable Stückkosten in Höhe von 1.245.000 : 1.500 = 830 €/t.

Kostenarten	Gesamtkosten [in €]	Fixe Kosten [in €]	Variable Kosten [in €]	Variable Kosten je Tonne [in €]
Rohstoffe	750.000	-	750.000	500
Transportkosten	150.000	-	150.000	100
Löhne und Gehälter	600.000	300.000	300.000	200
Soziale Kosten	60.000	45.000	15.000	10
Hilfs- und Betriebsstoffe	15.000	6.000	9.000	6
Energiekosten	8.400	2.400	6.000	4
Versicherungen	1.980	1.980	-	-
Abschreibungen	105.000	90.000	15.000	10
Summe	1.690.380	445.380	1.245.000	$830 = \dfrac{1.245.000}{1.500}$

Abb. 3-94: *Beispiel für eine einfache einstufige Divisionsrechnung auf der Basis von variablen Kosten*

Bei einem geplanten Nettoerlös je Tonne von € 1.400 wird ein **Stückdeckungsbeitrag** von 1.400 - 830 = € 570 erreicht. Er trägt zur Deckung der fixen Kosten und zum Gewinn einer Abrechnungsperiode bei. Der **Gesamtdeckungsbeitrag** beläuft sich im besprochenen Beispiel auf 570 · 1.500 = € 855.000, so dass bei fixen Kosten von € 445.380 der Periodenerfolg € 409.620 beträgt.

Für die **einfache mehrstufige Divisionsrechnung**, die bei mehrstufiger Fertigung eines Produkts mit unterschiedlichem Produktionsniveau auf jeder Stufe anzuwenden ist, ergibt sich die in Abbildung 3-95 dargestellte Berechnung. Sie geht von der Form einer mehrstufigen Divisionsrechnung aus[371], welche durch die Weiterverrechnung der Kosten von wiedereingesetzten

---

[370] Vgl. Kapitel 2., Abschnitt C.III.1., S. 161 ff.
[371] Vgl. Kapitel 2., Abschnitt C.III.1., S. 163 f.

D. Systeme auf Teilkostenbasis 447

Zwischenprodukten gekennzeichnet ist. Die **mehrfache Divisionsrechnung** ist entsprechend durchzuführen.

Stufe	Kosten der Wiedereinsatzmengen [€]			Stufenkosten [€] gesamt	fix	variabel	Var. Kosten d. Stufen insges. [€]	Menge t	Var. Kosten je Einheit [€]
I	-		-	26.000	11.600	14.400	14.400,00	4.000	3,6000
II	3.840 · 3,6	=	13.824,00	15.040	6.080	8.960	22.784,00	3.200	7,1200
III	3.080 · 7,12	=	21.929,60	45.500	6.860	38.640	60.569,60	2.800	21,6318
IV	3.000 · 21,6318	=	64.895,40	26.400	11.280	15.120	80.015,40	2.400	33,3398
V	2.200 · 33,3398	=	73.347,55	9.900	8.800	1.100	74.447,56	2.200	33,8400
			Summe	122.840	44.620	78.220			

Abb. 3-95: *Beispiel für eine einfache mehrstufige Divisionsrechnung mit Weiterverrechnung der variablen Kosten von Zwischenprodukten*

Zur Kalkulation von Produkten, deren Kosten in einem proportionalen Verhältnis zueinander stehen, wird die **Äquivalenzziffernrechnung** herangezogen. Für sie wird in Abbildung 3-96 die Berechnung der variablen Stückkosten gezeigt.

Sorte	Äquivalenzziffer	Produktionsmenge [t]	Schlüsselzahl	Variable Stückkosten je Tonne [€]	Variable Gesamtkosten je Sorte [€]
I	0,5	12.000	6.000	13,5 · 0,5 = 6,75	81.000
II	0,8	5.000	4.000	13,5 · 0,8 = 10,80	54.000
III	1,0	19.000	19.000	13,5 · 1,0 = 13,50	256.500
IV	1,6	10.000	16.000	13,5 · 1,6 = 21,60	216.000
Summe der Schlüsselzahlen			45.000	Summe variable Kosten	607.500
				Fixe Kosten	292.500
Kosten je Schlüsseleinheit:				Gesamtkosten	900.000
Variable Kosten / Schlüsselzahlen = 607.500 / 45.000 = 13,50 €					

Abb. 3-96: *Beispiel für eine Äquivalenzziffernrechnung auf Basis von variablen Kosten*

Das proportionale Kostenverhältnis zwischen den verschiedenen Produktarten, das bei der Äquivalenzziffernrechnung zugrunde gelegt wird, gilt nur für die variablen Kosten, da die Fixkosten von der Ausbringungsmenge unabhängig sind.

b) Zuschlagsrechnung und Maschinensatzrechnung mit variablen Kosten

In der Teilkostenrechnung auf der Basis von variablen Kosten gehen in die Stückkosten das Fertigungsmaterial, die Fertigungslöhne, die Sondereinzelkosten und die variablen Gemeinkosten ein. Von den verschiedenen Varianten der **Zuschlagsrechnung** wird für die Veranschaulichung an einem Zahlenbeispiel diejenige gewählt, bei welcher die Gemeinkosten nach Stellenzuschlägen den Kostenträgern belastet werden. Das Beispiel zieht die Daten des in Abb. 3-82 wiedergegebenen Betriebsabrechnungsbogens sowie der Abbildung 3-84 heran[372], die in Abbildung 3-97 zusammengestellt sind.

---

[372] Vgl. Kapitel 3., Abschnitt D.I.3.a)bb), S. 420 ff.

Produkt	I	II	III	IV	V
Fertigungsmaterial	17,85	3,36	15,12	9,45	5,04
Variable Fertigungs-gemeinkosten					
· der Stelle 1	1,26738	0,84492	1,12656	1,32225	1,5867
· der Stelle 2	1,449	0,7245	1,449	1,85262	1,26315
Sondereinzelkosten der Fertigung	0,50	0,40	0,50	0,40	0,40
Variable Herstellkosten	21,06638	5,32942	18,19556	13,02487	8,28985
Variable Verwaltungsgemeinkosten	0,21004	0,05314	0,18142	0,30702	0,19541
Variable Vertriebsgemeinkosten	0,33929	0,08584	0,29241	0,46053	0,29311
Sondereinzelkosten des Vertriebes	1,70	0,80	1,50	1,20	1,00
Variable Kosten je Produkteinheit (gerundet)	23,31571 23,32	6,2684 6,27	20,16939 20,17	14,99242 14,99	9,77837 9,78

Abb. 3-97: Bestimmung der variablen Stückkosten je Produktart

Fertigungslöhne treten in diesem Kalkulationsschema nicht auf, weil diese Kostenart im vorliegenden Fall über die Gemeinkosten je Kostenstelle verrechnet wird und damit in den Fertigungsgemeinkostenzuschlag eingegangen ist.

Insbesondere bei der Produktion verschiedenartiger Güter sind die Feststellung des **Plan-** und des **Istdeckungsbeitrages** jeder Kostenträgereinheit wichtig. Daher ist die Kostenträgerstückrechnung zu einer Stückdeckungsbeitragsrechnung auszubauen. Für das betrachtete Beispiel wird diese Rechnung in Abbildung 3-98 dargestellt. Häufig drückt man dabei die Stückdeckungsbeiträge in Prozent der Nettoerlöse aus.

Produkt	I	II	III	IV	V
Bruttoerlös	42,50	20,00	37,50	30,00	25,00
- Erlösschmälerungen	8,50	4,00	7,50	6,00	5,00
Nettoerlöse	34,00	16,00	30,00	24,00	20,00
- Variable Stückkosten	23,32	6,27	20,17	14,99	9,78
Stückdeckungsbeitrag	10,68	9,73	9,83	9,01	10,22
in % des Nettoerlöses	31,41	60,81	32,77	37,54	51,10

Abb. 3-98: Bestimmung der Stückdeckungsbeiträge für jede Produktart

Auch die Struktur einer **Maschinensatzrechnung**[373] ändert sich innerhalb der Grenzplankostenrechnung nicht grundsätzlich. In ihr beschränkt sich ledig-

---

[373] Vgl. Kapitel 2., Abschnitt C.III.4., S. 175 f.

lich die Kalkulation im Unterschied zu Vollkostenrechnungen auf die **variablen Kosten**. Dabei ist im Einzelnen zu prüfen, welche maschinenabhängigen Kostenarten variabel sind oder in variable und fixe Anteile aufgespalten werden können. Das Vorgehen wird an dem in Abbildung 3-99 wiedergegebenen Beispiel, das auf den Angaben der Abbildungen 2-51 und 2-52 aufbaut, deutlich.

Kalkulation:	Vollkostensatz [€/Std]	davon variabel	Teilkostensatz [€/Std]
Kalkulatorische Abschreibung	30,00	40%	12,00
Kalkulatorische Zinsen	9,60	40%	3,84
Instandhaltungskosten	7,20	100%	7,20
Raumkosten	0,68	0%	0,00
Stromkosten	0,71	100%	0,71
Werkzeugkosten	3,80	80%	3,04
Restfertigungsgemeinkosten	5,70	20%	1,14
Maschinenstundensatz [FGK/Std.]	57,69		27,93

Abb. 3-99: Beispiel einer Maschinensatzrechnung

Durch dieses Verfahren können vor allem die Kosten genauer in die Kalkulation einbezogen werden, die von den **Bearbeitungszeiten** spezifischer Maschinen in den Kostenstellen abhängen. Diese Maschinenzeiten werden dann jeweils als eigenständige Bezugsgrößen behandelt.

Verknüpft man die Kalkulation der variablen Kosten mit einer zusätzlichen Fixkostenverteilung, um auch zu Kalkulationssätzen der vollen Kosten zu gelangen, so geht man von einer echten Teilkostenrechnung auf eine **kombinierte Rechnung** über, wie sie in Abschnitt E.[374] dieses Kapitels gekennzeichnet wird.

c) Teilkostenkalkulation bei Kuppelprodukten

Die variablen Stückkosten lassen sich auch bei **Kuppelproduktion** mit den Verfahren der Restwertrechnung oder der Verteilungsrechnung bestimmen[375]. Für die **Restwertrechnung** soll auf der Grundlage des bei der Vollkostenrechnung dargestellten Beispiels das Vorgehen im Rahmen der Teilkostenrechnung gezeigt werden. Die Kostenauflösung führt zu folgenden fixen und variablen Kosten:

---

[374] Vgl. Kapitel 3., Abschnitt E., S. 562 ff.
[375] Vgl. zu diesem Verfahren Kapitel 2., Abschnitt C.III.5., S. 176 ff.

	Betrag [€]	Fixe Kosten [€]	Variable Kosten [€]
Kosten des Kuppelprozesses	400.000	100.000	300.000
Kosten des Hauptprodukts A	110.000	13.000	97.000
Kosten des Nebenprodukts B	60.000	20.000	40.000
Kosten des Nebenprodukts C	35.000	10.000	25.000

Demnach ergibt sich nach der in Abbildung 3-100 dargestellten Restwertrechnung ein Betrag von € 19 an **variablen Kosten für eine Einheit** des Hauptprodukts. Bei einem **Stückerlös** von 585.000 : 13.000 = 45 €/t beträgt der **Stückdeckungsbeitrag** für das Hauptprodukt A 45 - 19 = € 26.

	€
Variable Kosten des Kuppelprozesses	300.000
- Deckungsbeitrag von Nebenprodukt B	
(100.000 - 40.000)	60.000
- Deckungsbeitrag von Nebenprodukt C	
(115.000 - 25.000)	90.000
Variable Kosten des Hauptprodukts A	
aus dem Kuppelprozeß	150.000
+ Variable Kosten des Hauptprodukts A	97.000
Gesamte variable Kosten des Hauptprodukts A	247.000
Variable Stückkosten von Hauptprodukt A:	$\frac{247.000}{13.000} = 19$ €/t
An fixen Kosten sind € 143.000 zu decken.	

Abb. 3-100: Beispiel für eine Kalkulation von Kuppelprodukten nach der Restwertrechnung auf der Basis von variablen Kosten

d) Preisbestimmung mit Hilfe von Soll-Deckungsbeiträgen

Ist der Stückerlös der Unternehmung nicht fest vorgegeben, so kann er im Rahmen einer Teilkostenrechnung auf der Basis von variablen Kosten nur dann kalkuliert werden, wenn die erwarteten Fixkosten K_f, der geplante Gewinn G_p und die geplanten Absatzmengen x_p je Produktart feststehen. Die Preisbestimmung lässt sich unter diesen Voraussetzungen mit Hilfe eines auf die variablen Stückkosten k_v zugeschlagenen **Solldeckungsbeitrags** je Einheit d_s vornehmen. Der Solldeckungsbeitrag kann als absolute oder als relative Größe auf die variablen Stückkosten gerechnet werden. Als **absolute Größe** ergibt sich der Solldeckungsbeitrag je Produkteinheit aus der Division der erwarteten Fixkosten K_f und des geplanten Gewinns G_p durch die geplante Absatzmenge x_p der betrachteten Produktart:

$$d_s = \frac{K_f + G_p}{x_p}$$

Betragen beispielsweise die erwarteten fixen Kosten € 2.022 sowie der geplante Gewinn € 2.500 und ist die Absatzmenge mit 460 Stück geplant, so ist

$$d_s = \frac{2.022,- + 2.500,-}{460} = € 9,83$$

Bei einem variablen Stückkostenbetrag von € 20,17 ergibt sich damit ein **Stückerlös** von € 30 (die Zahlenangaben entstammen dem Beispiel zur Teilkostenrechnung[376] und gelten für das Produkt III).

Bezugsgrößen für einen **relativen Solldeckungsbeitrag** können die variablen Stückkosten oder die Nettoerlöse sein[377]. Drückt man den Solldeckungsbeitrag d^* in Prozent der variablen Stückkosten k_v aus, also

$$d^* = \frac{d_s \cdot 100}{k_v}$$

so ergibt sich für das obige Beispiel:

$$d^* = \frac{9,83 \cdot 100}{20,17} = 48,74\,\%$$

Die Preiskalkulation gestaltet sich dann wie folgt:

Variable Stückkosten	€ 20,17
+ Solldeckungsbeitrag (48% von DM 20,17)	€ 9,83
= Geplanter Stückerlös	€ 30,00

Die von der Kostenträgerstückrechnung bereitzustellenden Informationen über die geplanten und realisierten Stückdeckungsbeiträge sowie die variablen Stückkosten lassen sich in einer Vielzahl von anschließenden **Auswertungsrechnungen** verwenden[378]. Für die Wahl des geeigneten Kalkulationsverfahrens sind die Ausprägungen des Produktionsprogramms und des Produktionsverfahrens maßgebend[379]. Die Bestimmung von Solldeckungsbeiträgen je Produkteinheit erfordert eine **Aufteilung der Fixkosten,** die sich aber nicht verursachungsgemäß durchführen lässt. Darüber hinaus muss bei Mehrproduktfertigung der geplante Gewinn auf die verschiedenen Produktarten verteilt werden. Aus diesen Gründen stellt eine Kalkulation mit Hilfe von Solldeckungsbeiträgen in Teilkostenrechnungen eher ein Element der **Budgetierung**[380] als der Kosten*rechnung* dar. Durch sie wird das Prinzip eines Verzichts auf die Fixkostenverteilung durchbrochen.

---

[376] Vgl. Kapitel 3., Abschnitt D.I.3.a)bb), S. 426 ff.
[377] Vgl. MELLEROWICZ, K. (Kalkulationsverfahren), S. 93 f.
[378] Vgl. Kapitel 3., Abschnitt D.I.6.c)bb), S. 487 ff.
[379] Vgl. zu diesen Einflussgrößen Kapitel 2., Abschnitt C.III.6., S. 182 ff.
[380] Vgl. DRURY, C. (Cost Accounting), S. 263 ff.

e) EDV-Umsetzung einer Zuschlagsrechnung

EDV-Lösungen zur Kostenträgerstückrechnung benötigen neben wertmäßigen Kostendaten auch Mengeninformationen. Dementsprechend müssen solche Lösungen auf Daten von EDV-Systemen im Produktionsbereich zurückgreifen. In diesem Fall bietet sich eine Integration der EDV-Systeme an. Im Folgenden wird beispielhaft die Umsetzung einer Zuschlagskalkulation nach dem in Abbildung 2-45 dargestellten Schema in SAP R/3 gezeigt.

Zur Ermittlung der Materialeinzelkosten ist hier ein Rückgriff auf Stücklisten aus dem SAP-Produktionsmodul notwendig.[381] Diese geben Aufschluss über die Menge an Einsatzmaterialien, die in ein Produkt einfließen. Abbildung 3-101 zeigt beispielhaft die Anlage einer Stückliste in SAP R/3, die aus zwei Komponenten besteht.

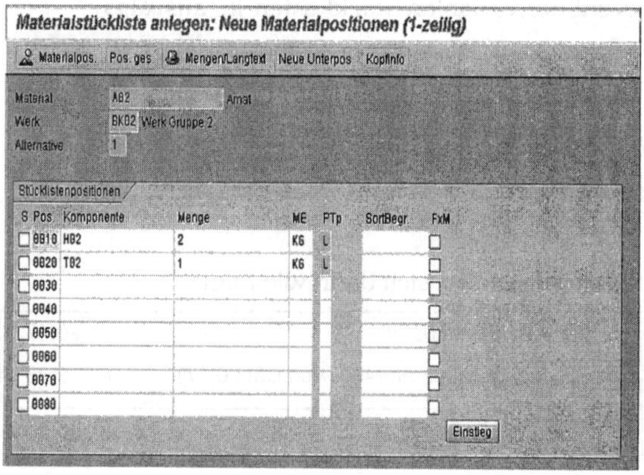

Abb. 3-101: Anlegen einer Materialstückliste in SAP R/3[382]

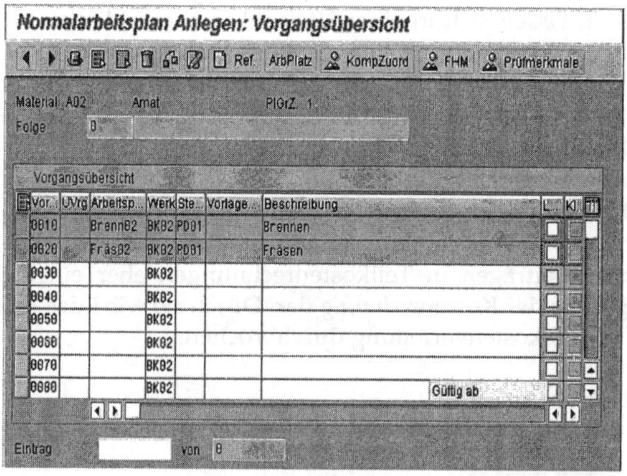

Abb. 3-102: Anlegen von Arbeitsplänen in SAP R/3 (Übersichtsmaske)[383]

---

[381] Vgl. hierzu und zum Folgenden FRIEDL, G./HILZ, C./PEDELL, B. (Controlling), S. 91 ff.
[382] FRIEDL, G./HILZ, C./PEDELL, B. (Controlling), S. 106.

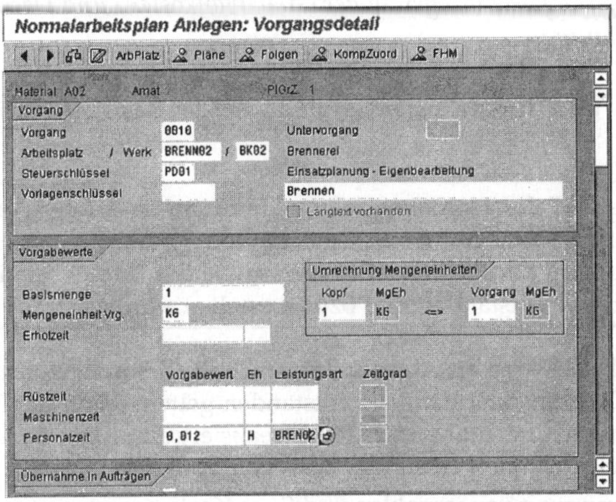

Abb. 3-103: Anlegen von Arbeitsplänen in SAP R/3 (Detailmaske)[384]

Die Bestimmung der Fertigungseinzelkosten erfolgt auf Grundlage der Stückfertigungszeit und der Lohnkosten. Die Stückfertigungszeit ist in Arbeitsplänen des Produktionsmoduls hinterlegt. Abbildung 3-102, und Abbildung 3-103, zeigen zwei Bildschirmmasken für das Anlegen von Arbeitsplänen für die Vorgänge „Brennen" und „Fräsen".

Über die Bewertung der Einsatzgüter und die Bestimmung der Höhe der Lohnkosten ergeben sich daraus die stückbezogenen Einzelkosten für Fertigungsmaterial und Fertigungslöhne. Zur Durchführung der Zuschlagskalkulation müssen in zuvor die Gemeinkostenzuschlagsbasen manuell festgelegt werden. Auf dieser Basis lassen sich dann die Kosten der einzelnen Produkte automatisch bestimmen. Abbildung 3-104, zeigt das Ergebnis einer Zuschlagskalkulation in SAP R/3.

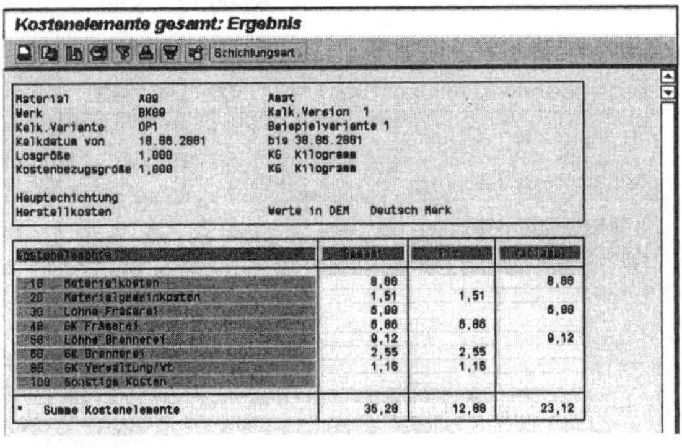

Abb. 3-104: Ergebnis einer Zuschlagskalkulation in SAP R/3[385]

---

[383] FRIEDL, G./HILZ, C./PEDELL, B. (Controlling), S. 119.
[384] FRIEDL, G./HILZ, C./PEDELL, B. (Controlling), S. 120.
[385] FRIEDL, G./HILZ, C./PEDELL, B. (Controlling), S. 133.

3. Kapitel: Planungsorientierte Systeme der KER

5. Periodenerfolgsrechnungen in der Grenzplankosten- und Deckungsbeitragsrechnung

a) Gesamt- und Umsatzkostenverfahren auf der Basis von variablen Kosten

> Gegenstand der Periodenerfolgs-, kurzfristigen Erfolgs- oder Betriebsergebnisrechnung auf der Basis von variablen Kosten ist die Bestimmung der Erlöse, der Kosten sowie des Erfolgs, die in einer Planperiode entstanden sind bzw. entstehen werden.

Sie wird üblicherweise als **Absatzerfolgsrechnung** durchgeführt, so dass Erfolge bzw. Gewinne erst dann als entstanden gelten, wenn die Produkte am Markt abgesetzt und die Erlöse damit realisiert sind. Die Unterschiede zu Periodenerfolgsrechnungen auf der Basis von Vollkosten liegen

- in der Trennung von variablen und fixen Kosten,
- dem gesonderten Ausweis der fixen Kosten und
- der Bewertung von Bestandsänderungen zu variablen Kosten.

Der letzte Aspekt führt zu einer Abweichung des ermittelten Periodengewinns gegenüber Vollkostenrechnungen, wo die Bestandsänderungen zu vollen Kosten angesetzt werden.

Die **Periodenerfolgsrechnung** wird im Allgemeinen als kurzfristige Rechnung für die einzelnen Monate oder Vierteljahre aufgestellt, um die Kosten- und Erlösentwicklungen laufend zu verfolgen und rasch Anpassungsmaßnahmen einleiten zu können. Sie lässt sich in der Form des Gesamt- oder des Umsatzkostenverfahrens durchführen.

	Produkt 1	Produkt 2
Produzierte Menge (Stck.)	6.000	3.500
Abgesetzte Menge (Stck.)	5.000	4.000
Lagerbestandsänderung (Stck.)	1.000	500
Herstellkosten (€/Stck.)	15	20
Absatzpreis (€/Stck.)	26	28
Verwaltungs- und Vertriebskosten (€/Stck.)	5	
Fixkosten (€)	37.500	

Abb. 3-105: *Ausgangsdaten für die in den Abbildungen 3-106 und 3-107 dargestellten Rechenbeispiele zum Gesamtkosten- und Umsatzkostenverfahren*

Beim **Gesamtkostenverfahren** stehen entsprechend dem in Abbildung 3-106 wiedergegebenen Beispiel den Umsatzerlösen auf der Kostenseite die artmäßig gegliederten variablen Einzel- und Gemeinkosten gegenüber. Die Bestandserhöhungen auf der Erlös- und die Bestandsminderungen auf der Kostenseite sind zu **variablen Kosten** bewertet. Die Fixkosten der Periode gehen als ein Block oder artmäßig untergliedert (z.B. als Gehaltskosten, Abschreibungen) auf der Kostenseite in die Rechnung ein. Die kurzfristige Erfolgsrechnung nimmt demnach wie bei Vollkostenrechnungen sämtliche Kosten der Periode auf, den Unterschied erkennt man in den abgesonderten Fixkosten und der andersartigen Bestandsbewertung. Letztere erfordert eine Kalkulation der variablen Herstellkosten pro Stück, die nach einem der in Abschnitt 4 gekennzeichneten Verfahren vorzunehmen ist.

Betriebsergebnis nach dem Gesamtkostenverfahren				
Variable Herstellkosten [(6.000· 15)+(3.500 · 20)]	160.000	Erlöse Produkt 1 [5.000 · 26] Produkt 2 [4.000 · 28]		130.000 112.000
Variable Verwaltungs- und Vertriebskosten [(5.000 + 4.000) · 5]	45.000			
Fixkosten	37.500			
Lagerbestandsabnahme Produkt 2 [500 · 20]	10.000	Lagerbestandszunahme Produkt 1 [1.000 · 15]		15.000
Gewinn	4.500			
	257.000			257.000

Abb. 3-106: *Beispiel für ein Gesamtkostenverfahren auf Basis variabler Kosten*

Für die Durchführung der Periodenerfolgsrechnung nach dem **Umsatzkostenverfahren** müssen die variablen Selbstkosten aller Produktarten kalkuliert werden. Diese werden entsprechend Abbildung 3-107 produkt-artenweise den Erlösen gegenübergestellt. Durch Berücksichtigung der Fixkosten auf der Kostenseite lässt sich der Periodengewinn bzw. -verlust berechnen, der mit dem über das Gesamtkostenverfahren ermittelten Erfolg übereinstimmt.

Betriebsergebnis nach dem Umsatzkostenverfahren				
Variable Selbstkosten Produkt 1 [5.000 · 20] Produkt 2 [4.000 · 25]	100.000 100.000	Erlöse Produkt 1 [5.000 · 26] Produkt 2 [4.000 · 28]		130.000 112.000
Fixkosten	37.500			
Gewinn	4.500			
	242.000			242.000

Abb. 3-107: *Beispiel für ein Umsatzkostenverfahren auf Basis variabler Kosten*

3. Kapitel: Planungsorientierte Systeme der KER

In Abbildung 3-107 wurde die Periodenerfolgsrechnung in Kontenform dargestellt. Sie kann auch in Tabellenform ausgeführt werden. Dann ordnet man gemäß Abbildung 3-109 die Umsatzerlöse, gegebenenfalls die Bestandsänderungen und die Kostenarten untereinander an, damit als Ergebnis der Betriebsgewinn bzw. -verlust ermittelt werden kann.

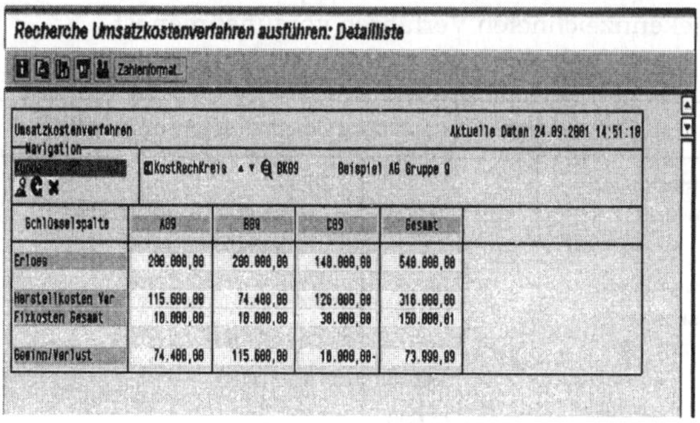

Abb. 3-108: Ergebnisbericht nach dem Umsatzkostenverfahren in SAP[386]

Abbildung 3-108 zeigt beispielhaft den Aufbau eines Ergebnisberichts nach dem Umsatzkostenverfahren auf Teilkostenbasis in SAP R/3. Der Bericht ist nicht in Kontenform, sondern in Staffelform aufgebaut. Für jedes der drei Produkte A09, B09 und C09 sind die Erlöse und die variablen Kosten untereinander ausgewiesen. Die Werte sind in der rechten Spalte jeweils aufsummiert. Der Fixkostenblock in Höhe von 150.000,01 sowie der sich ergebende Betriebsgewinn in Höhe von 73.999,99 sind in der Spalte Gesamt ausgewiesen. Eine Besonderheit ergibt sich dadurch, dass die Fixkosten nicht im Block, sondern getrennt nach Produktfixkosten und Unternehmensfixkosten erfasst wurden, und diese Information in den Bericht mit aufgenommen wurde. Die Produktfixkosten für die drei Produkte ergeben zusammen 50.000,-. Der auf 150.000,01 fehlende Betrag von 100.000,01 gibt Unternehmens- oder andere Fixkosten wieder, die sich, wie z.B. Produktgruppenfixkosten, nicht auf Produktebene zuordnen lassen.

---

[386] FRIEDL, G./HILZ, C./PEDELL, B. (Controlling), S. 195.

D. Systeme auf Teilkostenbasis   457

Gesamtkostenverfahren		
Erlöse		
Produkt 1	(5.000 · 26)	130.000
Produkt 2	(4.000 · 28)	112.000
+ Lagerbestandszunahme		
Produkt 1	(1.000 · 15)	15.000
- Lagerbestandsabnahme		
Produkt 2	(500 · 20)	10.000
- Variable Herstellkosten		160.000
- Variable Verwaltungs- und Vertriebskosten		45.000
- Fixkosten		37.500
= Gewinn		4.500

Umsatzkostenverfahren	
Erlöse	
Produkt 1 (5.000 · 26)	130.000
Produkt 2 (4.000 · 28)	112.000
- Variable Selbstkosten	
Produkt 1	100.000
Produkt 2	100.000
- Fixkosten	37.500
= Gewinn	4.500

Abb 3-109: *Tabellarischer Aufbau des Gesamt- und des Umsatzkostenverfahrens auf Basis variabler Kosten*

Der zentrale inhaltliche Unterschied gegenüber Vollkostenrechnungen liegt in dem **Einfluss der Bestandsbewertung** auf den Periodenerfolg. Fallen keine Bestandsänderungen an, dann stimmen die Periodenerfolge entsprechend Abbildung 3-110 in Voll- und Teilkostenrechnung überein. Unterschiedliche Gewinnausweise ergeben sich jedoch, wenn Bestandsänderungen auftreten, weil diese im einen System zu vollen Kosten und damit höher, im anderen dagegen nur zu Teilkosten bewertet werden. **Bestandserhöhungen** bedeuten eine Erhöhung der betrieblichen Leistung. Der Wert dieser Leistung entspricht bei einer Bewertung zu variablen Kosten genau dem Kostenbetrag, der durch die Produktion der Bestandsmehrung verursacht wird. Bei **Bestandsminderungen** liegt die tatsächliche Absatzmenge über der Fertigungsmenge. Zur Feststellung der variablen Kosten der abgesetzten Güter sind daher zu den variablen Kosten der hergestellten Güter die variablen Kosten der Bestandsminderungen zu addieren. Dabei wird unterstellt, dass für die vom Lager entnommenen Güter dieselben variablen Stückkosten verrechnet werden wie für die neu gefertigten Güter. Unter dieser Annahme verhält sich die Bestandsminderung erfolgsneutral. Daraus ergibt sich, dass in der Teilkostenrechnung der Periodenerfolg allein von der Höhe der **Absatzmenge** abhängig ist. Er wird durch die Fertigungsmenge nicht beeinflusst[387]. Dieser Zusammenhang von Kosten, Absatzvolumen und Periodenerfolg wird besonders in der anglo-amerikanischen Literatur betont und als cost-volume-profit relationship bezeichnet[388].

---

[387] Vgl. BUSSMANN, K. (Rechnungswesen), S. 139; KOSIOL, E. (Kalkulation), S. 166 ff.
[388] Vgl. HORNGREN, C./FOSTER, G. (Cost Accounting), S. 39 ff.

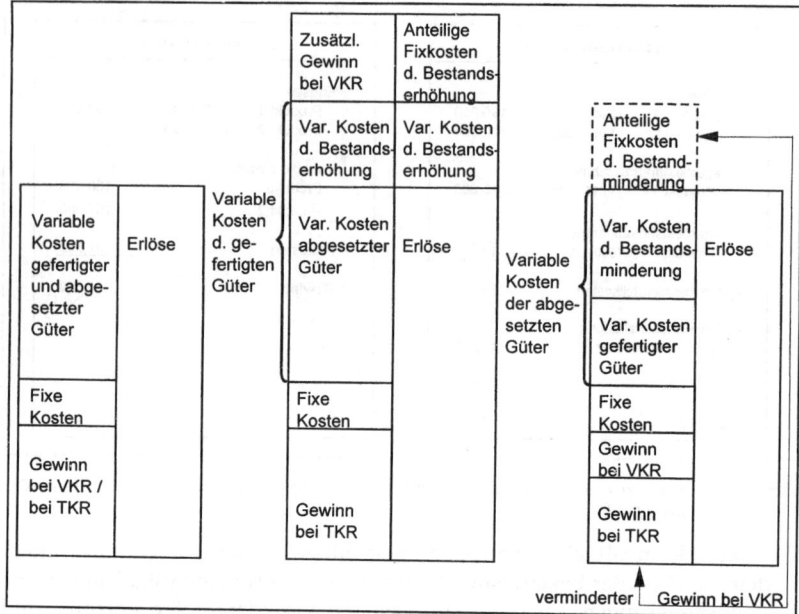

Abb. 3-110: *Einfluss der Fertigungsmenge (Bestandsänderung) auf den Gewinnausweis in der Vollkosten- und in der Teilkostenrechnung bei Anwendung des Gesamtkostenverfahrens*

In der **Vollkostenrechnung** besteht dagegen keine Erfolgsneutralität der Bestandsbewertung. Durch die Proportionalisierung der Fixkosten wirkt sich die Fertigungsmenge auf den Periodenerfolg aus. Wird über die Absatzmenge hinaus produziert, so entsteht ein **zusätzlicher Gewinnausweis** in Höhe der anteiligen Fixkosten der Bestandserhöhung. Liegt die Produktion unter der Absatzmenge und finden damit Bestandsminderungen statt, so **verringert sich der Gewinnausweis** um die anteiligen Fixkosten der Bestandsminderung. Aus diesen Gründen ist der Periodenerfolg in Teilkostenrechnungen bei Bestandserhöhungen niedriger, bei Bestandsminderungen höher als in Vollkostenrechnungen. Die Erfolgsunterschiede sind auf die unterschiedliche Belastung der Produkteinheiten mit **Fixkosten** zurückzuführen. Besondere Probleme können bei Saisonbetrieben und langfristiger Einzelfertigung auftreten[389].

Im Gegensatz zur Bewertung mit variablen Kosten fordern die **steuerlichen Bewertungsvorschriften** die Einbeziehung von **Fixkosten** bei der Ermittlung der **Herstellungskosten**, weil sie am Prinzip der Vollkostenrechnung festhalten. Um die Ergebnisse der Teilkostenrechnung auch für steuerliche Bewertungen nutzbar machen zu können, werden für die Berechnung der Fixkostenanteile das Verfahren der **positionsweisen Doppelbewertung** und das

---

[389] Vgl. KILGER, W. (Plankostenrechnung), S. 93 ff.; MELLEROWICZ, K. (Kalkulationsverfahren), S. 116 f.

D. Systeme auf Teilkostenbasis

Verfahren der globalen Umwertung der Halb- und Fertigerzeugnisse vorgeschlagen[390].

Während bei der bisher in diesem Abschnitt vorgenommenen Bestimmung der Periodenerfolge deterministische Werte unterstellt wurden, ist im Folgenden zu prüfen, welchen Einfluss eine Berücksichtigung **mehrwertiger Erwartungen** haben kann. Dazu wird davon ausgegangen, dass in der Kostenstellenrechnung entsprechend dem in Abschnitt D.[391] beschriebenen Verfahren einer **simulativen Risikoanalyse** Verteilungen der Plankosten bestimmt worden sind. Um zu den erwarteten Erfolgsgrößen zu gelangen, sind zusätzlich die Einzelkosten und die Erlöse zu prognostizieren. Ihre Werte werden in dem von KOCH[392] entwickelten Verfahren SIMRIKO aus Dreiecksverteilungen bestimmt, für welche die Kostenplaner jeweils optimistische, häufigste und pessimistische Werte z.B. der Einzelkosten und Einzelerlöse eines Kostenträgers angeben müssen.

Beispielsweise erhält man für eine entsprechend Abbildung 3-111 als linkssteil angenommene Verteilung der Preise für ein Produkt und eine linkssteile Verteilung seiner Absatzmengen die in Abbildung 3-112 dargestellte **Verteilung der Umsatzerlöse**.

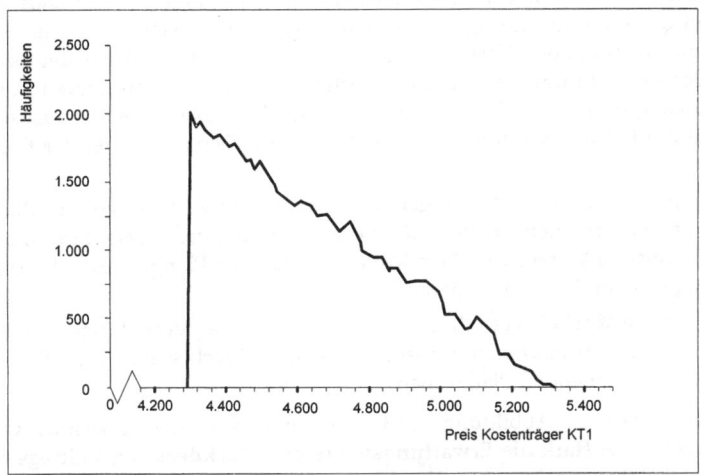

Abb. 3-111: Linkssteilverteilte Eingangsgröße Preis für den Kostenträger KT1[393]

Diese nähert sich aufgrund der zahlreichen Simulationsläufe einer Normalverteilung an.

---

[390] Vgl. BÖHM, H./WILLE, W. (Deckungsbeitragsrechnung), S. 364 ff.; KILGER, W. (Plankostenrechnung), S. 671 f.
[391] Vgl. Kapitel 3., Abschnitt D.I.3.c), S. 437 ff.
[392] Vgl. KOCH, I. (Kostenrechnung), S. 163 ff.
[393] Vgl. KOCH, I. (Kostenrechnung), S. 167.

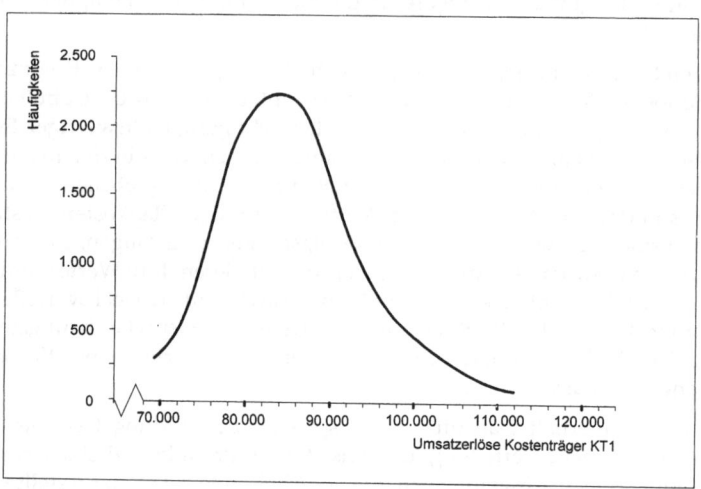

Abb. 3-112: *Umsatzerlöse des Kostenträgers KT1*[394]

Anhand der Verteilung der Einzelkosten und der Plankosten der Endkostenstellen lassen sich die gesamten variablen Stückkosten und die Stückdeckungsbeiträge der Kostenträger simulativ bestimmen. Die Bedeutung einer Berücksichtigung der Ausgangsverteilungen für die Inputdaten in einer Risikoanalyse anstelle ihrer erwarteten oder häufigsten (deterministischen) Werte zeigt sich besonders stark, wenn man zur Demonstration der **Extremfälle**

- pessimistische Verteilungen, d.h. rechtssteile Verteilungen für die kostenverursachenden Plangrößen (z.B. Einsatzgüterpreise, Einzelkosten) sowie linkssteile für alle erlösverursachenden Plangrößen (z.B. Absatzpreise und -mengen) bzw.
- optimistische Verteilungen, d.h. linkssteile Verteilungen für die kostenverursachenden Plangrößen sowie rechtssteile für alle erlösverursachenden Plangrößen

annimmt. Das in Abbildung 3-113 wiedergegebene Zahlenbeispiel veranschaulicht, wie stark die **Erwartungswerte des Stückdeckungsbeitrags** eines Produkts dabei **auseinanderfallen** können.

Derselbe Effekt zeigt sich im Hinblick auf die **Periodenerfolge**. Die Notwendigkeit, statt der Erwartungs- oder der häufigsten Werte die Verteilungen der Inputgrößen zu berücksichtigen, wird besonders klar an dem Vergleich der sich aus ihnen jeweils ergebenden Periodenerfolge. Um dies zu demonstrieren, hat KOCH[395] in einer Beispielrechnung **beliebige asymmetrische Verteilungen** für die Inputdaten mehrerer Produkte zugrunde gelegt. Aus deren häufigsten Werten hat er zum einen einen **deterministischen** Periodenerfolg in Höhe von € 216.850 berechnet. Zum anderen hat er den Periodenerfolg in

---

[394] Vgl. KOCH, I. (Kostenrechnung), S. 168.
[395] Vgl. KOCH, I. (Kostenrechnung), S. 176 f.

einer **simulativen Risikoanalyse** aus den Parametern der Eingangsverteilungen berechnet. Dieses Verfahren führte für dieselben Daten zu der in Abbildung 3-114 (Normal-)Verteilung des Periodenerfolgs, deren Erwartungswert bei € 71.557 liegt.

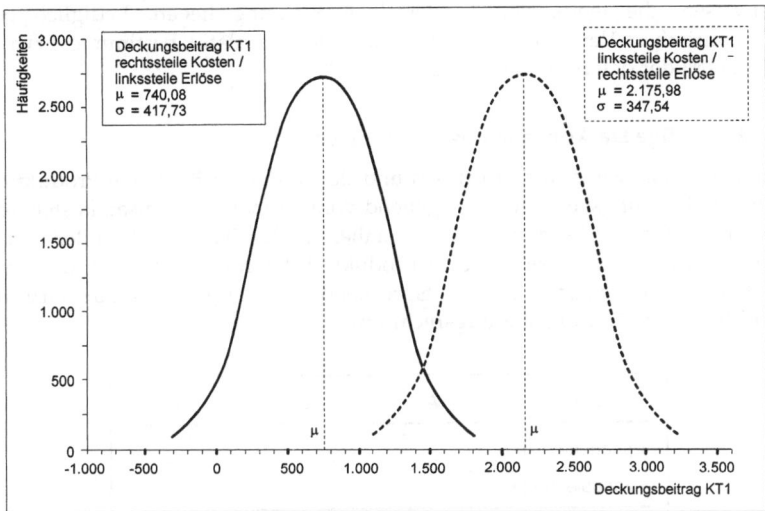

Abb. 3-113: *Resultierende Deckungsbeiträge des Kostenträgers KT1 nach der Simulation*[396]

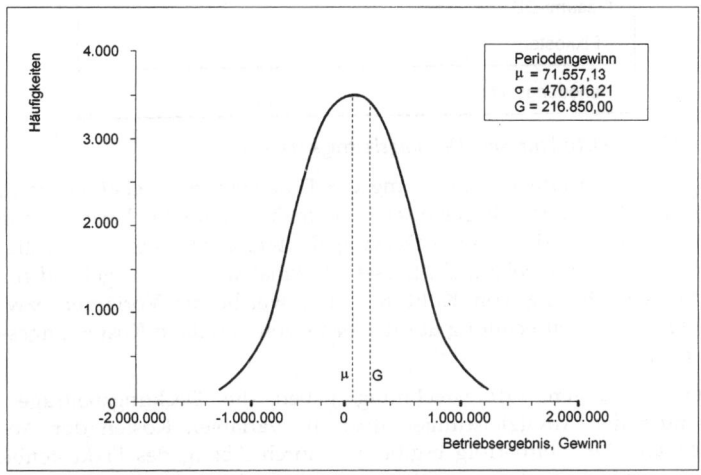

Abb. 3-114: *Wahrscheinlichkeitsdichte des Periodengewinns nach der Simulation (beliebige Eingangsverteilungen)*[397]

---

[396] Vgl. KOCH, I. (Kostenrechnung), S 169 ff.
[397] KOCH, I. (Kostenrechnung), S. 176.

Die große **Abweichung** gegenüber dem aus einwertigen Größen berechneten Gewinn macht ebenso wie die **Streuung** der Verteilung von € 470.216 deutlich, welcher **Informationsverlust** mit einer Reduktion der Ausgangsgrößen auf einwertige Erwartungen verbunden ist. Dieser Effekt wird noch wesentlich stärker, wenn die Eingangsdaten extrem schiefe Verteilungen aufweisen, die tendenziell in derselben Richtung liegen. Lediglich bei symmetrischen Verteilungen "nähert sich der simulativ bestimmte Erwartungswert der deterministischen Lösung an."[398]

b) Einstufige Deckungsbeitragsrechnungen

Die Differenz zwischen den Erlösen und den variablen Kosten je Produktart führt zu Deckungsbeiträgen. Ausgehend vom Aufbau des Umsatzkostenverfahrens in Tabellenform bietet es sich daher an, durch Subtraktion der variablen Kosten von den Erlösen jeder Produktart deren Deckungsbeitrag zu ermitteln. Damit gelangt man entsprechend Abbildung 3-115 zur **Grundstruktur einer Deckungsbeitragsrechnung**.

Produkte	A	B	C
Periodenerlöse			
- variable Kosten			
Perioden-DB (je Produktart)			
Gesamt-DB			
- Fixkosten			
Periodengewinn			

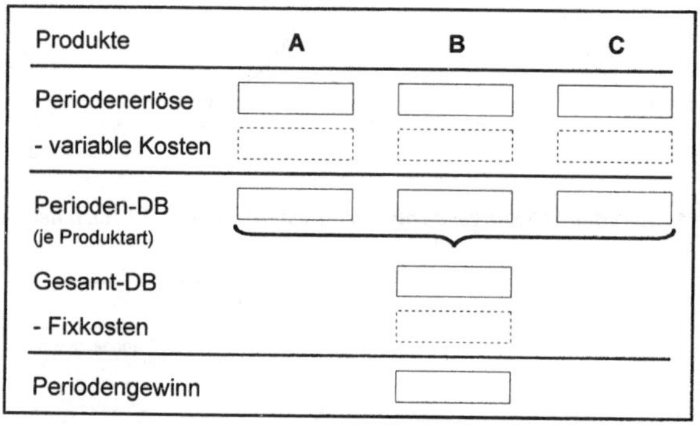

Abb. 3-115: *Grundstruktur einer Deckungsbeitragsrechnung*

Nach der rechnerischen Behandlung der Fixkosten unterscheidet man zwischen einstufiger (einfach gestufter) und mehrstufiger (mehrfach gestufter) Rechnung. Bei der **einstufigen Deckungsbeitragsrechnung** werden die Fixkosten als ein Block behandelt. Dieses Merkmal war namensgebend für die **Blockkostenrechnung** von KURT RUMMEL, welche als Vorläufer bzw. als Form der Teilkostenrechnung auf der Basis von variablen Kosten angesehen werden kann[399].

In der einstufigen Erfolgsrechnung geben die Deckungsbeiträge den Überschuss der Absatzleistungen über die variablen Kosten der Absatzmengen an. Der Nettoerfolg ergibt sich durch Abzug des Fixkostenblocks vom Gesamtdeckungsbeitrag. Die zur Erfolgsrechnung ausgebaute Teilkostenrechnung auf der Basis von variablen Kosten wird auch Direct Costing,

---

[398] KOCH, I. (Kostenrechnung), S. 177.
[399] Vgl. RUMMEL, K. (Kostenrechnung), S. 209 ff.

D. Systeme auf Teilkostenbasis

Deckungsbeitragsrechnung, Bruttogewinnrechnung oder Deckungs(erfolgs)-rechnung genannt[400].

Bei der **einstufigen Deckungsbeitragsrechnung** werden zunächst durch Multiplikation der festgestellten Nettoerlöse je Produkteinheit e^r mit den jeweiligen Absatzmengen x^r die von jeder Produktart r $(r = 1, bis\, s)$ zu erwartenden bzw. realisierten Nettoerlöse E^r $(= e^r \cdot x^r)$ festgestellt. Von diesen subtrahiert man die durch ihre Produktion anfallenden variablen Kosten K_v^r $(= k_v^r \cdot x^r)$ und erhält so den Deckungsbeitrag D^r $(= E^r - K_v^r)$ je Produktart. Er informiert über die Deckung der fixen Kosten K_f und den Beitrag jeder Produktart zum Betriebserfolg G. Durch Addition der Deckungsbeiträge D^r über alle Produktarten r ergibt sich der Gesamtdeckungsbeitrag D der Unternehmung $(D = \sum D^r)$. Er dient zur Deckung des gesamten Fixkostenblocks K_f, nach der sich die Höhe des kalkulatorischen Periodenerfolgs G ergibt:

$$G = \sum_r (e^r - k_v^r) \cdot x^r - K_f = \sum_r (e^r \cdot x^r - k_v^r \cdot x^r) - K_f$$
$$= \sum_r E^r - K_v^r - K_f = \sum_r D^r - K_f = D - K_f$$

Für das besprochene Beispiel wird die Bestimmung des kalkulatorischen Periodenerfolgs in Abbildung 3-116 dargestellt.

Produkte	I	II	III	IV	V
Bruttopreis je Produkteinheit	42,50	20,00	37,50	30,00	25,00
- Erlösschmälerungen (20% für Rabatte und Skonti)	8,50	4,00	7,50	6,00	5,00
Nettopreis	34,00	16,00	30,00	24,00	20,00
Nettoerlös der Periode je Produktart	14.960,00	5.760,00	13.800,00	12.840,00	9.800,00
- Variable Kosten je Produktart	10.259,00	2.257,00	9.278,00	8.021,00	4.791,00
Deckungsbeitrag je Produktart	4.701,00	3.503,00	4.522,00	4.819,00	5.009,00
(in % des Nettoerlöses)	(31,42%)	(60,82%)	(32,77%)	(37,53%)	(51,11%)
Gesamtdeckungsbeitrag der Unternehmung			22.554,00		
- Fixe Kosten			10.280,00		
Kalkulatorischer Periodenerfolg			12.274,00		

Abb. 3-116: Einstufige Erfolgsrechnung auf der Basis von variablen Kosten

Im Allgemeinen wird die Erfolgsrechnung detaillierter als in Abbildung 3-116 durchgeführt, indem die variablen Kosten in ihren einzelnen Bestandteilen in die Rechnung eingehen.

Dies ist in Abbildung 3-117 am betrachteten Beispiel veranschaulicht. Darin sind zusätzlich die gesamten Bruttoerlöse und die Erlösschmälerungen berücksichtigt. Deckungsbeitrag 1 ist der Überschuss der Nettoerlöse über die variablen Herstellkosten. Er dient zur Deckung der variablen Verwaltungs- und Vertriebsgemeinkosten, der Sondereinzelkosten des Vertriebs sowie der fixen Kosten. Deckungsbeitrag 2 ist der Überschuss der Nettoerlöse über alle variablen Kosten und dient zur Deckung der fixen Kosten. Bei beiden

---

[400] Vgl. KOSIOL, E. (Kalkulation), S. 162; MELLEROWICZ, K. (Kalkulationsverfahren), S. 51.

Ausprägungen der Erfolgsrechnung können zusätzlich die Deckungsbeiträge je Produktgruppe ausgewiesen werden. Häufig werden die Deckungsbeiträge auf die Nettoerlöse bezogen. Die sich ergebende dezimale Größe nennt man Deckungsfaktor[401], während der prozentuale Ausdruck des Verhältnisses von Deckungsbeitrag und Nettoerlös auch als **Deckungsbeitragsspanne** bezeichnet wird[402]. Diese Größen sind für die Preiskalkulation verwendbar[403].

Produkte	I	II	III	IV	V
Bruttoerlöse	18.700	7.200	17.250	16.050	12.250
- Erlösschmälerungen (20% für Rabatte und Skonti)	3.740	1.440	3.450	3.210	2.450
Nettoerlöse je Produktart	14.960	5.760	13.800	12.840	9.800
- Variable Herstellkosten je Produktart	9.269	1.919	8.370	6.968	4.062
Deckungsbeitrag 1	5.691	3.841	5.430	5.872	5.738
- Variable Verwaltungsgemeinkosten	92	19	84	164	96
- Variable Vertriebsgemeinkosten	149	31	135	246	144
- Sondereinzelkosten des Vertriebs	748	288	690	642	490
Deckungsbeitrag 2	4.702	3.503	4.521	4.820	5.008
Gesamtdeckungsbeitrag	22.554				
- Fixe Herstellkosten	5.570				
- Fixe Verwaltungskosten	2.225				
- Fixe Vertriebskosten	1.295				
- Fixe Werbungskosten	500				
- Unternehmensfixkosten	690				
Kalkulatorischer Periodenerfolg	12.274				

Abb. 3-117: Detaillierte einstufige Periodenerfolgsrechnung auf der Basis von variablen Kosten mit artenmäßiger Gliederung der variablen und fixen Kosten

c) Mehrstufige Deckungsbeitragsrechnungen

Die **mehrstufige Periodenerfolgsrechnung** geht von einem gegliederten Fixkostenblock aus und nimmt eine stufenweise Verrechnung der gebildeten Fixkostenanteile vom jeweils verbleibenden (Rest)Deckungsbeitrag vor[404]. Die **Gliederung des gesamten Fixkostenblocks** in einzelne Anteile bestimmt sich nach deren Zurechenbarkeit auf Bezugsgrößen, insbesondere Produkte und Abrechnungsbezirke. Bei einer Zurechnung auf Produkte bilden Produkte, Produktgruppen und das gesamte Produktionsprogramm die möglichen Bezugsgrößen. Die Bezugsgröße Produktionsprogramm wird meist nicht besonders hervorgehoben. Jedoch ist deren Berücksichtigung notwendig,

---

[401] Vgl. MELLEROWICZ, K. (Kalkulationsverfahren), S. 761.
[402] Vgl. CHMIELEWICZ, K. (Erfolgsrechnung), S. 153.
[403] Vgl. Kapitel 3., Abschnitt D.I.4.d), S. 450 f.
[404] Vgl. CHAMBERS, C. (Conversion); HEISER, H. (Direct Costing); AGTHE, K. (Fixkostendeckung), S. 406 ff.

weil sich fixe Kosten im Allgemeinen nicht vollständig Produkten oder Produktgruppen zurechnen lassen. Demnach kann man zwischen **Produktfixkosten, Produktgruppenfixkosten** und **Fixkosten des Produktionsprogramms** unterscheiden. Bei den Abrechnungsbezirken wird zwischen Kostenstellen, Kostenstellenbereichen und der Kostenstellengesamtheit (Unternehmung) mit entsprechenden Fixkosten differenziert. Durch eine weitergehende Aufgliederung der genannten Bezugsgrößen, durch Berücksichtigung zusätzlicher Merkmale wie Abbaufähigkeit[405] und Auszahlungswirksamkeit der Fixkosten[406] sowie durch Kombination der verschiedenen Bezugsgrößen lassen sich unterschiedlich ausgeprägte Fixkostenstufungen und -zurechnungen vornehmen. So können entsprechend Abbildung 3-118 z.B. **Produkt-, Produktgruppen-, Stellen-, Bereichs-** und **Unternehmensfixkosten**[407] unterschieden werden[408]. Ein zugehöriges Zahlenbeispiel gibt Abbildung 3-119 wieder.

Nettoerlös je Produktart	
- Variable Kosten je Produktart	
= Deckungsbeitrag I	
- Produktfixkosten	
= Deckungsbeitrag II	⇨ Zusammenfassung nach *Produktgruppen*
- Produktgruppenfixkosten	
= Deckungsbeitrag III	⇨ Zusammenfassung nach *Bereichen*
- Bereichsfixkosten	
= Deckungsbeitrag IV	⇨ Zusammenfassung *sämtlicher Deckungsbeiträge*
- Unternehmensfixkosten	
= Kalkulatorischer Periodenerfolg	

Abb. 3-118: Aufbau der mehrstufigen Periodenerfolgsrechnung auf der Basis von variablen Kosten

Für das besprochene Beispiel erhält man die in Abbildung 3-119 gezeigte gestufte Erfolgsrechnung. Die Kostenzahlen sind dem Betriebsabrechnungsbogen von Abbildung 3-82 zu entnehmen. Der jeweilige Deckungsbeitrag gibt an, welcher Betrag für die Deckung der noch nicht verrechneten Fixkosten und darüber hinaus zur Gewinnerzielung zur Verfügung steht.

---

[405] Vgl. SEICHT, G. (Grenzkostenrechnung), S. 703 ff.
[406] Vgl. AGTHE, K. (Fixkostendeckung), S. 410 ff.
[407] MELLEROWICZ, K. (Kalkulationsverfahren), S. 155; AGTHE, K. (Fixkostendeckung), S. 406 ff.
[408] Vgl. auch HEINE, P. (Direct Costing), S. 523 f.

Bereiche	1			2	
Produkte	I	II	III	IV	V
Produktgruppen	A		B	C	
Bruttoerlöse	18.700	7.200	17.250	16.050	12.250
- Erlösschmälerungen	3.740	1.440	3.450	3.210	2.450
Nettoerlöse	14.960	5.760	13.800	12.840	9.800
- Variable Kosten	10.259	2.257	9.278	8.021	4.791
Deckungsbeitrag I	4.701	3.503	4.522	4.819	5.009
- Produktfixkosten			100		
Deckungsbeitrag II	4.701	3.503	4.422	4.819	5.009
Deckungsbeitrag II jeder Produktgruppe	8.204		4.422	9.828	
- Produktgruppenfixkosten	150			250	
Deckungsbeitrag III	8.054		4.422	9.578	
Deckungsbeitrag III jedes Bereichs	12.476			9.578	
- Bereichsfixe Kosten	4.295			4.795	
Deckungsbeitrag IV	8.181			4.783	
Deckungsbeitrag IV der Unternehmung			12.964		
- Unternehmensfixkosten			690		
Kalkulatorischer Periodenerfolg			12.274		

Abb. 3-119: Mehrstufige Periodenerfolgsrechnung auf der Basis von variablen Kosten

Durch die stufenweise Verrechnung der Fixkosten ermittelt man zusätzliche **Informationen für betriebliche Entscheidungen**. Haben beispielsweise Produkte hohe Deckungsbeiträge und lassen sich ihrer Produktgruppe größere Anteile der Fixkosten zurechnen, dann erreicht die gesamte Gruppe lediglich einen niedrigen Deckungsbeitrag. Ziel wirtschaftlichen Handelns wird es daher sein, Maßnahmen z.B. auf dem Absatz- und dem Investitionsgebiet zu ergreifen, um diese Produktgruppe erfolgreicher zu machen. Die Deckungsbeiträge liefern daher u.a. wichtige **Informationen für die Absatz- und Investitionspolitik**. Erscheint eine Erfolgsverbesserung als nicht realisierbar, wird man gegebenenfalls die Produktgruppe in ihrem Ausstoß reduzieren oder aufgeben. Für **Entscheidungen über Stilllegungsmaßnahmen** benötigt man eine Unterscheidung der Fixkosten nach ihrer Abbaufähigkeit oder Bindungsdauer[409]. Jedoch lassen sich solche investitions- und programmpolitischen Vorhaben in der Regel nur **mittel- bis langfristig** vornehmen. Primäres Ziel der Periodenerfolgsrechnung ist die Feststellung des geplanten bzw. realisierten Erfolgs einer Periode. Diese Informationen sind daher als **Indikatoren** zu verwenden, die tiefergehende Analysen für die Fundierung längerfristiger Entscheidungen auslösen.

---

[409] Vgl. SEICHT, G. (Grenzkostenrechnung), S. 697 ff.; WILLE, F. (Direktkostenrechnung), S. 740; RIEBEL, P. (Einzelkostenrechnung[7]), S. 366 ff.

d) Mehrdimensionale Deckungsbeitragsrechnungen

Die Aussagefähigkeit lässt sich durch den Übergang auf **mehrdimensionale Erfolgsrechnungen** weiter verfeinern. Sie bieten sich an, wenn die Fixkosten nicht nur nacheinander, sondern auch nebeneinander verschiedenen Bezugsgrößen zurechenbar sind. Während die Bezugsgrößen in den mehrstufigen Rechnungen in einer einzigen Hierarchie angeordnet sind, gibt es bei den mehrdimensionalen Deckungsbeitragsrechnungen **mehrere Hierarchien** nebeneinander. Diese weitergehende Analysemöglichkeit rührt daher, dass Fixkosten je nach der Betrachtungsdimension einer einzelnen Ausprägung einer Bezugsgröße isoliert oder nur mehreren Ausprägungen dieser Bezugsgröße gemeinsam zurechenbar sein können.

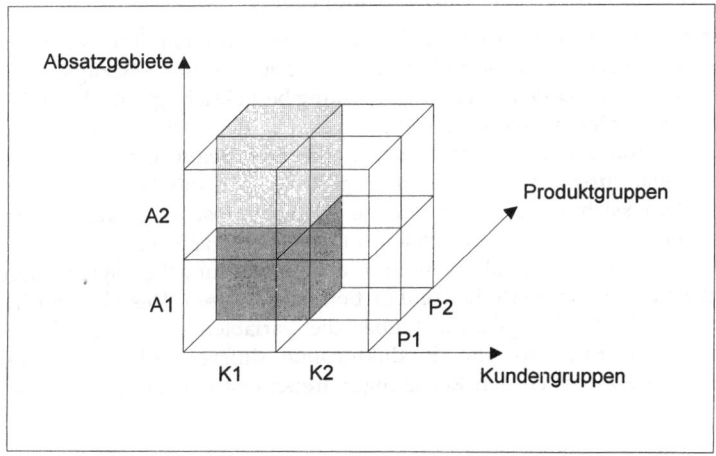

Abb. 3-120: Beispiel für eine mehrdimensionale Zerlegung des Absatzbereichs

Beispielsweise kann man bei einer Versandhandelsunternehmung entsprechend Abbildung 3-120 die Bezugsgrößen Produktgruppen, Absatzgebiete und Kundengruppen unterscheiden. Dann kann es Fixkosten geben, die in einem bestimmten Absatzgebiet bei einer Kundengruppe für eine einzelne Produktgruppe entstehen. Sie können z.B. durch eine Anzeigenwerbung in einer Verbandszeitschrift für die Produktgruppe P1 im Absatzgebiet A1 verursacht sein, welche lediglich die Kundengruppe K1 erreicht. Daneben entstehen Fixkosten für eine Produkt- und eine Kundengruppe z.B. für Werbeaktivitäten über alle Absatzgebiete hinweg. Diese sind dann zwar den Kunden- und den Produktgruppen einzeln zurechenbar, jedoch keinem bestimmten Absatzgebiet. Schließlich gibt es Fixkosten, die beispielsweise nur nach den Produktgruppen differenzierbar sind, jedoch für alle Kundengruppen und in allen Absatzgebieten anfallen. Hierzu gehören u.a. Kosten für die spezifische Lagerung (Temperierung, Kühlung o.ä.), wie sie eine einzelne Produktgruppe erfordern kann.

Für **mehrdimensionale Deckungsbeitragsrechnungen** sind deshalb die Fixkosten danach zu differenzieren, wie sie den berücksichtigten n Dimensionen (z.B. den n=3 Dimensionen Absatzgebiet, Kunden- oder Produktgruppe) zurechenbar sind:

- nach allen n Dimensionen einem einzelnen Element, d.h. im Beispiel mit n=3 Dimensionen einem Absatzgebiet, einer Kunden- *und* einer Produktgruppe;
- nach einer Kombination aus n−1 Dimensionen, d.h. im obigen Beispiel einem Absatzgebiet und einer Kundengruppe, aber keiner einzelnen Produktgruppe etc.;
- nach einer Kombination aus n−2 Dimensionen, sofern n>3 ist;
- ... oder
- nach einer einzigen Dimension, d.h. im Beispiel nur einem Absatzgebiet *oder* einer Kunden- *oder* einer Produktgruppe.

Wenn sich die Fixkosten in dieser Weise mehrdimensional differenzieren und zurechnen lassen, wird die **Reihenfolge**, in der man diese Bezugsgrößen in der mehrstufigen Deckungsbeitragsrechnung berücksichtigt, für die Höhe der Deckungsbeiträge maßgebend. Dies lässt sich an dem Beispiel der Abbildungen 3-121 und 3-122 veranschaulichen. Bei **drei Bezugsgrößen** mit mehrdimensional zurechenbaren Fixkosten gibt es 3! = 6 mögliche Reihenfolgen ihrer Berücksichtigung. Wenn keine Gemeinerlöse vorkommen, fallen Umsatzerlöse für jedes Einzelelement aus Absatzgebiet, Kunden- und Produktgruppe an. Deshalb werden in allen 6 Deckungsbeitragsrechnungen die gleichen Umsatzwerte je Kombination ausgewiesen. Dasselbe gilt in der Regel für die Deckungsbeiträge über die variablen Kosten sowie die je Absatzgebiet, Kunden- und Produktgruppe differenzierbaren Fixkosten. Unterschiede zwischen den Rechnungen treten erst auf den höheren Stufen auf.

Absatzgebiete	A 1				A 2			
Kundengruppen	K 1		K 2		K 1		K 2	
Produktgruppe	P 1	P 2	P 1	P 2	P 1	P 2	P 1	P 2
Umsatz	136.700	61.400	73.300	24.780	73.400	65.000	13.900	6.300
Variable Kosten	72.000	28.000	33.000	14.000	38.000	29.000	8.200	2.000
Versand-Ek.	1.700	1.900	870	820	890	1.780	170	150
DB I	63.000	31.500	39.430	9.960	34.510	34.220	5.530	4.150
Beratung	9.000		4.500		1.000		10.200	
DB II	85.500		44.890		67.730		-520	
Agenturen	12.000				7.000			
Verkaufssachbearbeiter	90.000				60.000			
DB III	28.390				210			
Montage	12.600							
Unternehmensfixe Kosten	16.800							
Gewinn/Verlust	-800							

Abb. 3-121: Beispiel einer mehrdimensionalen Deckungsbeitragsrechnung mit zwei möglichen Segmentierungen

Produktgruppe	P 1				P 2			
Absatzgebiete	A 1		A 2		A 1		A 2	
Kundengruppen	K 1	K 2	K 1	K 2	K 1	K 2	K 1	K 2
Umsatz	136.700	73.300	73.400	13.900	61.400	24.780	65.000	6.300
Variable Kosten	72.000	33.000	38.000	8.200	28.000	14.000	29.000	2.000
Versand-Ek.	1.700	870	890	170	1.900	820	1.780	150
DB I	63.000	39.430	34.510	5.530	31.500	9.960	34.220	4.150
Verkaufssach-bearbeiter	48.000		27.000		42.000		33.000	
DB II	54.430		13.040		-540		5.370	
Montage	3.200				9.400			
DB III	64.270				-4.570			
Agenturen	19.000							
Beratung	24.700							
Unternehmens-fixe Kosten	16.800							
Gewinn/Verlust	-800							

Abb. 3-122: *Beispiel einer mehrdimensionalen Deckungsbeitragsrechnung mit zwei möglichen Segmentierungen*

In den zwei von **sechs möglichen Deckungsbeitragsrechnungen** des Beispiels, die in den Abbildungen 3-121 und 3-122 wiedergegeben sind, führt die unterschiedliche Reihenfolge A-K-P bzw. P-A-K dazu, dass im ersten Fall auf der Stufe mit den Deckungsbeiträgen II für die Kundengruppe 2 im Absatzgebiet 2 ein Verlust erscheint. Sonst sind die Deckungsbeiträge auf allen Stufen und in allen anderen Zuordnungen positiv. Dagegen zeigt sich bei der anderen Reihenfolge sowohl auf der Stufe II als auch der Stufe III ein negativer Deckungsbeitrag, und zwar für die Produktgruppe 2 sowohl im Absatzgebiet 1 als auch für beide Absatzgebiete.

Durch die Berücksichtigung mehrerer Dimensionen und die Variation ihrer Reihenfolge in verschiedenen mehrstufigen Deckungsbeitragsrechnungen gewinnt man Einsichten, die wie 'Scheinwerfer' den Fixkostenblock durchleuchten. Hierdurch werden die **Zusammensetzung des Gesamtdeckungsbeitrags** und die Bereiche erkennbar, in denen man besonders erfolgreich oder wenig erfolgreich arbeitet. Vor allem Verluste können als Indikatoren gedeutet werden, die auf Probleme in einzelnen **Segmenten** hinweisen.

Mit der 'mehrdimensionalen Durchleuchtung' lässt sich die Aussagefähigkeit der Deckungsbeitragsrechnung in interessanter Weise erweitern. Sie wird sehr häufig im Vertriebsbereich sowie bei Handelsunternehmungen angewandt und dort auch als **Marktsegmentrechnung** bezeichnet[410]. Ferner findet man sie bei Banken, deren Erlöse und Kosten beispielsweise nach Geschäftstätigkeiten, Kundengruppen und Filialen differenzierbar sind[411]. Dieses Instrument ist aussagefähig und praxisnah, so dass es sich in vielen Unterneh-

---

[410] Vgl. KÖHLER, R. (Marketing-Management).
[411] Vgl. KÜPPER, H.-U. (Entwicklungslinien).

mungen und Branchen nutzen lässt. Zudem ist es vielfach in Softwarepakete integriert, so dass seine Durchführung relativ schnell realisierbar ist. Durch die EDV-Unterstützung ist es möglich, die Rechnungen in vielfältiger Weise durchzuführen und auszuwerten. Sie können so präzise vorgenommen werden, dass man die Analyse über hierarchische Abfragen bis auf die einzelnen Aufträge, Produkte und sonstigen Bezugsgrößen in feiner Aufspaltung vornehmen kann.

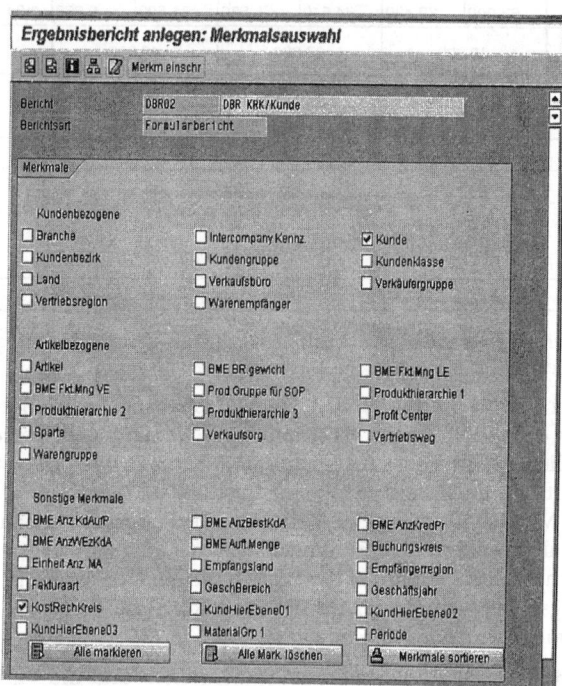

Abb. 3-123: *Segmentierungsmerkmale für eine mehrdimensionale Deckungsbeitragsrechnung in SAP*[412]

Abbildung 3-123 zeigt Merkmale für eine Segmentierung von Ergebnisberichten, die in SAP R/3 standardmäßig angelegt sind. Je nachdem, welche Merkmale ausgewählt werden, lässt sich der zu erstellende Ergebnisbericht später über Drilldown-Funktionen nach diesen Dimensionen herunterbrechen. In dem gezeigten Beispiel ist die Segmentierung nach den Dimensionen Kunde und Kostenrechnungskreis ausgewählt. Abb. 3-124 enthält ein Beispiel für eine mehrdimensionale Deckungsbeitragsrechnung, welche sich nach diesen Dimensionen auswerten lässt. Das Merkmal Kostenrechnungskreis ist bereits aktiviert, und der Kostenrechnungskreis BK09 ausgewählt. Hier werden die drei Produkte A09, B09 und C09 hergestellt und vermarktet. Die Produkte A09 und C09 werden zur Produktgruppe A+C zusammengefasst. Die Fixkosten sind mehrstufig nach Produktfixkosten, Produktgruppenfixkosten

---

[412] Vgl. FRIEDL, G./HILZ, C./PEDELL, B. (Controlling), S. 203.

und Unternehmensfixkosten gestaffelt. Der in Abb. 3-124 wiedergegebne Bericht umfasst Kunden die Kunden als Gesamtheit. Aktiviert man zusätzlich das Merkmal Kunde über die Navigation links oben, so erhält man eine Aufteilung der Deckungsbeiträge nach den einzelnen Kunden. Die Merkmale könnten auch in umgekehrter Reihenfolge aktiviert werden, so dass man zunächst die Deckungsbeiträge für die einzelnen Kunden über sämtliche Kostenrechnungskreise hinweg erhält.

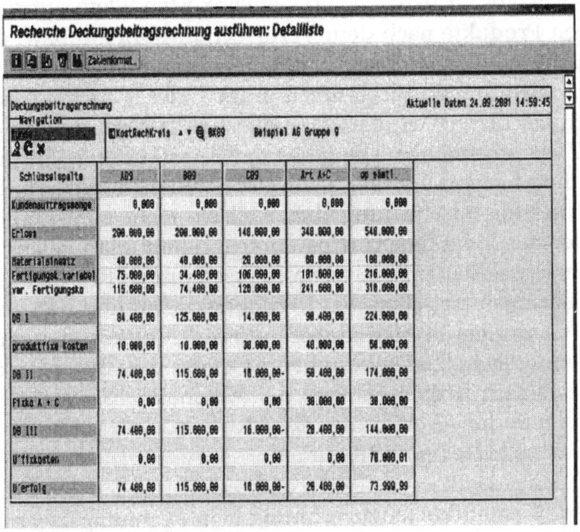
Recherche Deckungsbeitragsrechnung ausführen: Detailliste

Zahlenformat..

Deckungebeitragsrechnung — Aktuelle Daten 24.09.2001 14:59:45

Navigation — KostRechKreis 0K09 Beispiel AG Gruppe 9

Schlüsselspalte	A09	B09	C09	Art A+C	op sämtl.
Kundenauftragsmenge	0,000	0,000	0,000	0,000	0,000
Erlose	200.000,00	200.000,00	140.000,00	340.000,00	540.000,00
Materialeinsatz	40.000,00	40.000,00	20.000,00	60.000,00	100.000,00
Fertigungsk.variabel	75.000,00	34.400,00	106.000,00	181.000,00	216.000,00
var. Fertigungsko	115.600,00	74.400,00	126.000,00	241.600,00	316.000,00
DB I	84.400,00	125.600,00	14.000,00	98.400,00	224.000,00
produktfixe Kosten	10.000,00	10.000,00	30.000,00	40.000,00	50.000,00
DB II	74.400,00	115.600,00	16.000,00-	58.400,00	174.000,00
Fixko A + C	0,00	0,00	0,00	30.000,00	30.000,00
DB III	74.400,00	115.600,00	16.000,00-	28.400,00	144.000,00
U'fixkosten	0,00	0,00	0,00	0,00	70.000,01
U'erfolg	74.400,00	115.600,00	16.000,00-	28.400,00	73.999,99

Abb. 3-124: Beispiel einer Deckungsbeitragsrechnung mit mehrdimensionalen Auswertungsmöglichkeiten in SAP[413]

6. *Aussagefähigkeit der Grenzplankosten- und Deckungsbeitragsrechnung*

a) Grundsätzliche Unterschiede zwischen Voll- und Teilkostenrechnungen

Die Systeme der **Teilkostenrechnung** zeichnen sich in der Kostenarten- und Kostenstellenrechnung durch eine umfassende Gliederung der Kosten aus. Stets wird eine Auflösung der Gesamtkosten in (beschäftigungs)variable und fixe Teile durchgeführt. Die Teilkostenrechnungen weisen in der Kostenarten- und der Kostenstellenrechnung die gesamten geplanten bzw. realisierten Kosten einer Abrechnungsperiode aus. Auch in **Vollkostenrechnungen** können die Gesamtkosten z.B. im Hinblick auf die Abweichungsanalyse[414] in (beschäftigungs)variable und fixe Teile gegliedert sein. Dann vermindern sich unter Gliederungsgesichtspunkten die Unterschiede zwischen Voll- und Teilkostenrechnungen. Daran wird deutlich, dass die grundsätzlichen Unterschiede zwischen diesen Systemen der Kostenrechnung weniger in der Kos-

413 FRIEDL, G./HILZ, C./PEDELL, B. (Controlling), S. 207.

414 Vgl. Kapitel 3., Abschnitt B.I.3.c)cc), S. 299.

tenarten- und Kostenstellenrechnung, sondern vor allem in der **Kostenträgerrechnung** bestehen.

Als wichtiges Rechnungsziel von Vollkostenrechnungen wird die **Ermittlung der Selbstkosten** angesehen. Deshalb verteilt man die gesamten Periodenkosten auf die während der Periode zu erstellenden bzw. erstellten Produkte. Dabei schlüsselt man alle Gemeinkosten nach Bezugsgrößen. Diese Art der Kostenverteilung wird in den **Teilkostenrechnungen** abgelehnt, da eine Zurechnung von Fixkosten bzw. echten Gemeinkosten allein auf die erstellten oder geplanten Produkte nach dem Verursachungsprinzip bzw. dem Identitätsprinzip nicht möglich ist. Durch die Verwendung eines Systems von Kostenschlüsseln wird in **Vollkostenrechnungen** der Anschein erweckt, als handle es sich bei dieser Art der Gemeinkostenschlüsselung um eine Abbildung realer Zusammenhänge. Die Höhe der Selbstkosten je Produktart oder je Produkteinheit hängen von der Wahl der Schlüsselgrößen ab. Diese Wahl stellt eine Ermessensentscheidung dar, weil sie nicht aufgrund des Verursachungs- oder des Identitätsprinzips erfolgen kann. Man gelangt nur dann zu aussagefähigen Kostenziffern, wenn sie bestimmten Rechnungszielen dienen. Die Beziehungen zwischen den Rechnungszielen und den verwendeten Schlüsselgrößen werden in **planungsorientierten Vollkostenrechnungen** oft nicht explizit untersucht. Daher besteht die Gefahr, dass durch die Systematik der einmal gewählten Kostenschlüssel der Anschein einer realitätsgerechten oder zweckorientierten Abbildung erweckt wird, obwohl die Wahl der Schlüsselgrößen nicht frei von Willkür ist.

> Sofern der **Gemeinkostenzurechnung** kein Rechnungsziel explizit zugrunde liegt, lässt sich der Aussagegehalt der Selbstkosten nicht bestimmen.

In **Teilkostenrechnungen** werden die (beschäftigungs)variablen Kosten (bzw. die relativen Einzelkosten) der Produkte ermittelt. Sie lassen sich nach dem Verursachungsprinzip bzw. dem Identitätsprinzip den Produkten zurechnen und bilden reale Zusammenhänge ab. Die Notwendigkeit einer Deckung der Vollkosten durch die Gesamtheit der abgesetzten Produkte auf mittlere und längere Sicht wird auch in Teilkostenrechnungen berücksichtigt. Für bestimmte Rechnungsziele, insbesondere in der Preispolitik, werden die Fixkosten (bzw. die (echten) Gemeinkosten) in Form von Soll-Deckungsbeiträgen ebenfalls den Produkten zugeordnet. Diese Zurechnung wird vor allem nach dem Tragfähigkeitsprinzip oder dem Durchschnittsprinzip durchgeführt. Jedoch werden die sich ergebenden Beträge je Produkt, die man auch als Amortisations- und Deckungsraten interpretiert, streng von den variablen Kosten getrennt. Dadurch wird erkennbar, welche Kostenteile den Produkten aufgrund **empirischer Beziehungen** zugerechnet werden und bei welchen Kostenteilen die Zurechnung lediglich aufgrund einer Ermessensentscheidung erfolgt. Die Prinzipien der Verteilung von Fixkosten (bzw. echten Gemeinkosten) und ihre Abhängigkeit vom Rechnungsziel werden auf jeden Fall deutlicher als in Vollkostenrechnungen.

> Durch die konsequente Trennung zwischen verursachungsgemä
> ßer und nichtverursachungsgemäßer Kostenzurechnung werden
> die **realen Kostenzusammenhänge** in Teilkostenrechnungen präziser abgebildet.

b) Bezüge zwischen Grenzplankostenrechnung und Aktivitäts - sowie Prozesskostenrechnung

Während die **Grenzplankosten- und Deckungsbeitragsrechnung** in Deutschland nach 1950 entwickelt wurde und zunehmend industrielle Verbreitung gefunden hat[415], wurden in den USA bis nach 1980 weiter relativ einfache Kostenrechnungssysteme eingesetzt. Der zunehmende Anteil der Gemeinkosten führte dazu, dass die insbesondere auf Lohnkosten bezogenen Zuschlagssätze bis über 1000 % stiegen. Dadurch wirkten sich kleine Fehler bei der Ermittlung der Fertigungslöhne überproportional auf die kalkulierten Produktkosten aus. Darin liegt eine zentrale Ursache für die Entwicklung und Verbreitung des Activity Based Costing (ABC) ab 1985 in den USA[416]. Zentrale Merkmale dieses Konzepts wurden insbesondere von HORVÁTH/MAYER aufgegriffen, als **Prozesskostenrechnung** weiterentwickelt[417] und in deutschen Firmen eingeführt.

Da die Zielsetzung von (Aktivitäts- und) Prozesskostenrechnung wie bei der Grenzplankostenrechnung in einer genaueren Kostenplanung und -zurechnung liegt, sind die Bezüge zwischen beiden Systemen herauszuarbeiten[418]. Ein grundlegender Unterschied besteht darin, dass die **Grenzplankostenrechnung** von PLAUT und KILGER ausdrücklich als „Grenz"-Kostenrechnung konzipiert wurde. Deshalb sollen in ihr nur **variable (= Grenz-) Kosten** auf Kostenträger verrechnet werden. Demgegenüber werden in der Prozesskostenrechnung die gesamten Kosten gemäß Abb. 3-125125 auf die Produkte verrechnet. Deshalb gehören entsprechend Abb. 1-26[419] die Grenzplankosten- und Deckungsbeitragsrechnung zu den Teil-, die **Prozesskostenrechnungen** dagegen zu den **Vollkostenrechnungssystemen**. Bei näherer Betrachtung relativiert sich aber dieser Unterschied. So ist einerseits erstere in der praktischen Umsetzung schon frühzeitig um eine Verteilung der Fixkosten ergänzt worden, auch wenn dies „vom theoretischen Standpunkt" aus eigentlich nicht gerechtfertigt ist[420]. Andererseits wird in der von HORVÁTH u.a. empfohlenen Ausprägung der Prozesskostenrechnung zwischen leistungsmengeninduzierten und leistungsmengenneutralen Kosten unterschieden.

Aus der Konzentration auf die variablen bzw. die vollen Kosten folgt eine unterschiedliche Orientierung im Hinblick auf den **Planungszweck**. Während die Grenzplankosten- und Deckungsbeitragsrechnung relevante Informati-

---

[415] Vgl. KÜPPER, H.-U./MATTESSICH, R. (Accounting), S. 376 ff. sowie SCHWEITZER, M. (Theoretische Fundierung), S. 48 und S. 52 ff.
[416] Vgl. Kapitel 3., Abschnitt B.III.1., S. 347 ff.
[417] Vgl. Kapitel 3., Abschnitt B.III.3.c), S. 365 ff.
[418] Vgl. zum Folgenden insb. KÜPPER, H.-U. (Prozesskostenrechnung); FRIEDL, G./KÜPPER, H.-U./PEDELL, B. (ABC).
[419] Vgl. Kapitel 1., Abschnitt B., S. 70.
[420] Vgl. Kapitel 3., Abschnitt E., S. 561 ff.

onen für kurzfristige Entscheidungen bereitstellen, lassen sich diese höchstens aus der erweiterten Prozesskostenrechnung nach HORVÁTH u.a.[421] herleiten. Dagegen zielt die Prozesskostenrechnung darauf ab, mittel- bis längerfristige Entscheidungen beispielsweise der Gestaltung und der Auflegung von Produkten zu unterstützen. Über die Verteilung der fixen bzw. leistungsmengenneutralen Kosten, für die man nach Kriterien sucht, die einer verursachungsgemäßen Zuordnung möglichst nahe kommen, sollen zumindest näherungsweise für solche Entscheidungen geeignete Informationen bestimmt werden. Diesem Vorgehen entspricht, dass KILGER in seinem Konzept einer dynamischen Grenzplankostenrechnung[422] sowie im Hinblick auf die Behandlung von Rüstkosten u.ä. einen pragmatischen Standpunkt eingenommen und deren Verteilung bis auf Produkteinheiten empfohlen hat.

	Grenzplankostenrechnung	Prozesskostenrechnung bzw. Activity Based Costing
System der Kostenrechnung nach Art und Umfang der Verrechnung von Kosten	Teilkostenrechnung	Vollkostenrechnung
Entscheidungsrelevanz	kurzfristige Entscheidungen	mittelfristige Orientierung
Bezugsgröße/ Kostentreiber	beschäftigungsabhängig, d.h. Anzahl der Produkteinheiten	auch nicht-beschäftigungsabhängige Kostentreiber wie Produktkomplexität und Variantenanzahl
Zurechnung der Gemeinkosten auf Produkte erfolgt über	Kostenstellen	Abläufe und Prozesse
Kostenverantwortung	Kostenstellenleiter	Prozessverantwortlicher
implizierte Organisationsform	vertikal	horizontal

Abb. 3-125: *Vergleich von Grenzplankostenrechnung und Activity Based Costing*[423]

Vergleicht man die Struktur und Vorgehensweise beider Systemtypen, so zeigen sich noch deutlichere Bezüge. In der Grenzplankosten- und Deckungsbeitragsrechnung nehmen die **Kostenstellen** eine zentrale Rolle bei der Planung, Kontrolle sowie Weiterverrechnung von Kosten bis auf die Kostenträger ein. Diese Funktion wird in der Prozesskostenrechnung den Prozessen zugesprochen. Erstere rückt damit den organisatorischen Aspekt in den Vordergrund, während letztere mehr auf die kostenbestimmenden Tätigkeiten und ggf. ihre stellenübergreifenden Beziehungen abzielt. Die Verschiedenartigkeit dieser Betrachtungsweisen ist jedoch geringer, als es auf den ersten Blick erscheint. Sie hängt davon ab, wie die Gliederung nach Stellen bzw. **Prozessen** und der Organisation in einer Unternehmung vorgenommen werden. Beispielsweise kommen eine Differenzierung nach Kostenplätzen, nach mehreren Bezugsgrößen der Kostenplanung und die Funktionsanalyse in der Grenzplankostenrechnung einer Orientierung an Prozessen zumindest nahe.

---

[421] Vgl. Kapitel 3., Abschnitt B.III.3.c), S. 365 ff.
[422] Vgl. Kapitel 3., Abschnitt D.I.3.d), S. 442 ff.
[423] Vgl. FRIEDL, G./KÜPPER, H.-U./PEDELL, B. (ABC), S. 61.

D. Systeme auf Teilkostenbasis

Dies gilt erst recht, wenn eine Unternehmung nach Prozessen statt nach Funktionen oder Geschäftsbereichen organisiert ist. Dann ist die Organisation weniger vertikal als horizontal strukturiert und liegt die organisatorische Verantwortlichkeit für die Prozesse sowie die Kosten bei den process owners.

Die unabhängigen Variablen der Kostenfunktionen, mit denen die Kosten geplant und Kostenabweichungen analysiert werden, bilden in der Grenzplankostenrechnung die direkten und indirekten **Bezugsgrößen**. Diese werden in der Prozesskostenrechnung als Kostentreiber (cost drivers) bezeichnet. Vergleicht man bei Dienstleistungsprozessen in Einkauf, Lager, Buchhaltung usw. die in beiden Systemen hierfür verwendeten Größen, so zeigt sich ein hohes Maß an Übereinstimmung.[424] Insbesondere in dem erweiterten Konzept von HORVÁTH u.a. legt man den Schwerpunkt auf die genauere Erfassung von Dienstleistungsprozessen in der Beschaffung, im Vertrieb, der Forschung und Entwicklung sowie der Verwaltung und berücksichtigt dazu auch Einflussgrößen, die keine unmittelbare Beziehung zum Produktions- und Absatzprogramm mehr aufweisen. Dieser Weg wird bei KILGER mit den indirekten Bezugsgrößen sowie in Bezug auf den Beschaffungs- und den Vertriebsbereich begonnen und für die Grenzplankostenrechnung z.B. bei VIKAS für Dienstleistungsunternehmungen wie Sparkassen weitergeführt[425]. Insofern zeigt sich hier ein eher gradueller Unterschied zwischen den Systemen.

Zwischen der Grenzplankosten- sowie Deckungsbeitragsrechnung und der Prozesskostenrechnung bestehen somit enge strukturelle Bezüge[426]. Trotz ihres unterschiedlichen Hintergrunds als Teil- bzw. Vollkostenrechnungssysteme weisen sie vor allem in der konkreten Umsetzung eine Reihe ähnlicher Merkmale auf. Dabei ist erstere für den Fertigungsbereich wesentlich stärker ausgebaut, dafür ist das Konzept der Prozesskostenrechnung in Deutschland vor allem auf Gemeinkosten auslösende Dienstleistungsbereiche sowie -unternehmungen angewandt worden. Aus diesen Gründen bietet es sich an, beide miteinander zu kombinieren und primär bei Dienstleistungen auf die feinere **Prozessanalyse** überzugehen, sofern sich der damit verbundene Aufwand für den zusätzlichen Informationsgewinn lohnt.

Trotz der beschriebenen strukturellen Bezüge und Ähnlichkeiten zwischen Grenzplankosten- sowie Deckungsbeitragsrechnung und Aktivitäts- bzw. Prozesskostenrechnung bleibt zu beachten, dass mehrere Größen der Prozesskostenrechnung nur mit erheblichen Vergröberungen empirisch erfasst und in die Rechnung eingeführt werden können. Dazu zählen: die Abgrenzung des prozessbezogenen Gemeinkostenbudgets, die Anzahl der zu definierenden Prozesse, die identische Wiederholbarkeit der Prozesse und die Verwendung linearer Transformationsfunktionen für Gütereinsatzmengen und Prozessmengen[427].

---

[424] Vgl. Abb. 3-60 in Kapitel 3., Abschnitt B.III.3.c), S. 366 mit Abb. 3-74 in Kapitel 3., Abschnitt D.I.3.a)aa), S. 417. Vgl. auch den Vergleich der Beispiele aus COENENBERG, A. G./FISCHER, T. M. (Prozesskostenrechnung), Abb. 6 und Abb. 8 in KILGER, W. (Deckungsbeitragsrechnung⁹), S. 338 und S. 430.
[425] Vgl. VIKAS, K. (Controlling).
[426] Vgl. SCHWEITZER, M. (Prozessorientierung), S. 93.
[427] Vgl. SCHWEITZER, M. (Prozessorientierung), S. 98ff.

b) Theoretische Fundierung der Planung in der Grenzplankostenrechnung

Die Grundlage der Kostenplanung und -kontrolle bildet in der Grenzplankostenrechnung die auf ERICH GUTENBERG zurückgehende und von KILGER[428] für die Kostenrechnung ausgebaute betriebswirtschaftliche **Produktions- und Kostentheorie**. Der Vielzahl an verschiedenen Kosteneinflussgrößen wird durch die Verwendung eines Systems vielfältiger direkter und indirekter **Bezugsgrößen der Kostenplanung** Rechnung getragen. Eine zentrale Bedeutung besitzt die Prämisse **linearer Kostenfunktionen**[429]. KILGER sieht sie als gerechtfertigt an, weil nichtlineare Verläufe in erster Linie bei Intensitätsänderungen auftreten, die sich durch lineare Sollkostenfunktionen approximieren lassen. Die anderen Fälle produkt- oder prozessbedingter heterogener Kostenverursachung lassen sich einschließlich einer Änderung der Wertgrößen, z.B. bei Überstunden, durch ggf. geknickte lineare Kostenfunktionen für unterschiedliche Bezugsgrößen berücksichtigen. Deshalb kommt KILGER zu dem Schluss, "dass es in der Praxis keinen Fall heterogener Kostenverursachung gibt, bei dem es nicht möglich ist, die Kostenverursachung durch mehrere Bezugsgrößen zu erfassen, denen lineare Sollkostenkurven entsprechen."[430]

Charakteristisch für die Grenzplankostenrechnung ist damit (bei homogener Kostenverursachung in allen Kostenstellen j) ein **System mehrvariabliger linearer Kostenfunktionen** der Art

$$K = K_f + \sum_j K_{vj} = K_f + \sum_j k_{vj} \cdot b_j = K_f + \sum_j k_{vj} \cdot \sum_p \beta_{jp} \cdot x_p.$$

Da die Bezugsgrößen b_j sowohl zur Höhe der variablen Kosten K_{vj} als auch zu den Produktmengen x_p proportional sind, werden letztlich sämtliche variablen Kosten auf die Produktmengen zurückgeführt. Darin kommt zum Ausdruck, dass die **Beschäftigung als zentrale Kosteneinflussgröße** betrachtet wird, von der im Grunde alle variablen Kosten abhängen. Die anderen Kosten sind in den Fixkosten enthalten, für deren Planung und Kontrolle kein spezifisches kosten- oder investitionstheoretisches Instrumentarium entwickelt wird. Der Ansatz beschränkt sich zudem auf statische Funktionen; zeitlich übergreifende Aspekte werden in dem Vorschlag einer dynamischen Grenzplankostenrechnung nur exogen einbezogen. Der Schritt zu dynamischen Funktionen wird nicht vollzogen.

c) Verwendbarkeit der Informationen für Planungs- und Kontrollzwecke

aa) Der Grundsatz entscheidungsrelevanter Kosten bei sicheren und unsicheren Erwartungen

Die Teilkostenrechnungen auf der Basis von variablen Kosten verfolgen den Zweck, Informationen für die Planung und Kontrolle des Unternehmensprozesses zu liefern. Von grundlegender Bedeutung ist dabei die Abgrenzung der jeweils betrachteten Entscheidungsprobleme. Ihre Lösung hängt von der

---

[428] Vgl. KILGER, W./PAMPEL, J./VIKAS, K. (Deckungsbeitragsrechnung[11]), S. 101 ff.
[429] Vgl. KILGER, W./PAMPEL, J./VIKAS, K. (Deckungsbeitragsrechnung[11]), S. 115 ff.
[430] Vgl. KILGER, W./PAMPEL, J./VIKAS, K. (Deckungsbeitragsrechnung[11]), S. 124.

D. Systeme auf Teilkostenbasis

Menge realisierbarer Alternativen, den Begrenzungen des Handlungsspielraums und der verfolgten Zielvorstellung ab.

> Kosten und Erlöse treten vor allem als Konsequenzen der Alternativen in der Zielvorstellung auf. Neben ihnen können sonstige Größen für die Entscheidungsfindung herangezogen werden.

Der Einteilung der Gesamtkosten in fixe und variable Kosten entspricht eine Gliederung in kurz- und langfristige Entscheidungsprobleme. Als kurzfristig werden Entscheidungsprobleme bezeichnet, bei denen die Kapazität, Betriebs- oder Leistungsbereitschaft nicht verändert wird. Der Gebrauch jener Güter, die fixe Kosten begründen, wird von diesen Entscheidungen nicht beeinflusst. Dagegen kann man bei mittel- und langfristigen Entscheidungsproblemen auch die Ausstattung der Unternehmung mit Maschinen, Arbeitskräften und sonstigen Potentialgütern verändern, wodurch die fixen Kosten erhöht oder abgebaut werden. Aus den Teilkostenrechnungen auf der Basis von variablen Kosten lassen sich in erster Linie Kosteninformationen für kurzfristige Entscheidungen gewinnen. Zur Bestimmung der relevanten Kosten mittel- und langfristiger Entscheidungen müssen andere Rechnungen mit entsprechender Zeitbezogenheit, insbesondere Investitionsrechnungen, durchgeführt werden.

Maßgebend für die Auswahl der zieloptimalen Alternative sind im Fall **sicherer Informationen** aber nur diejenigen Kosten, die bei den verschiedenen realisierbaren Alternativen unterschiedlich hoch sind. Deshalb wird in Teilkostenrechnungen üblicherweise ein **Grundsatz der 'relevanten' Kosten und Erlöse** vertreten.[431] Er besagt, dass lediglich die von den Handlungsparametern (Entscheidungsvariablen) beeinflussbaren Kosten in die Entscheidungsfindung einzubeziehen sind. Die Art und die Höhe der zu berücksichtigenden Kosten wird daher vom jeweils zu lösenden Entscheidungsproblem bestimmt. "Welche Kosten für ein bestimmtes Entscheidungsproblem relevant sind, kann" nach KILGER[432] "nicht generell bestimmt werden, sondern hängt davon ab, welche Aktionsprogramme durch die betreffende Entscheidung verändert werden sollen und welche Kostenbestimmungsfaktoren diese Aktionsparameter beeinflussen." Nach einer Formulierung von SIEGFRIED HUMMEL lassen sich entscheidungsrelevante Kosten als *"erwartete zukünftige, noch beeinflussbare, alternativenspezifische Kosten"*[433] definieren. Maßgeblich für die Bestimmung der entscheidungsrelevanten Informationen sind das jeweils zu lösende Entscheidungsproblem, die konkrete Entscheidungssituation und die verfolgte Zielvorstellung, in der sich bei **unsicheren Erwartungen** auch die Risikoeinstellung des Entscheidungsträger niederschlagen muss. Obwohl zum Beispiel bei KILGER[434] deutlich wird, dass dieser Grundsatz wegen der Abhängigkeit von den jeweiligen Entscheidungsproblemen keine einfach anzuwendende Regel darstellt, wird er in Bezug auf Teilkostenrechnungen

---

[431] Vgl. KILGER, W./PAMPEL, J./VIKAS, K. (Deckungsbeitragsrechnung[11]), S. 151 ff.; RIEBEL, P. (Deckungsbeitragsrechnung[7]), S. 19 f.
[432] KILGER, W./PAMPEL, J./VIKAS, K. (Deckungsbeitragsrechnung[11]), S. 152.
[433] HUMMEL, S. (Forderung), S. 79, kursiv im Original.
[434] Vgl. KILGER, W. (Deckungsbeitragsrechnung[10]), S. 191 ff.

immer wieder in dieser Weise interpretiert und auf die Frage konzentriert, ob alternativenidentische Kosten für die Lösung eines Entscheidungsproblems irrelevant seien.

Die Bedeutung der Unsicherheit für die Beurteilung der Entscheidungsrelevanz von Kosten- und Erlösinformationen hat DIETER SCHNEIDER herausgestellt[435]. Mit einem von ihm entwickelten Beispiel und einem vehementen Plädoyer gegen eine Vernachlässigung unvollkommener Information in planungsorientierten Kosten- und Erlösrechnungen hat er eine intensive Diskussion ausgelöst[436].

In den planungsorientierten Systemen der Kosten- und Erlösrechnung wird das Problem unsicherer Erwartungen nur wenig berücksichtigt. Obwohl die **betrieblichen Wagnisse** in der unvollkommenen Information begründet sind, ist ihre Entstehung nicht auf deren Beachtung zurückzuführen. Sie lag vielmehr in den Kostenrechnungsrichtlinien der LSÖ, durch welche die Gewinne bei öffentlichen Aufträgen stark beschnitten wurden. Die Einführung von Wagniskosten sollte dem entgegenwirken[437]. Soweit in den gängigen Systemen der Kosten- und Erlösrechnung die Unsicherheit von Plandaten beachtet wird, unterstellt man ein Rechnen mit **Erwartungswerten** oder **wahrscheinlichsten (Modal-)Werten** und gelangt damit zu einwertigen Größen. Ferner finden sich Elemente einer Berücksichtigung der Unsicherheit insbesondere bei der Auswahl von zu analysierenden Abweichungen[438] sowie in Ansätzen der stochastischen Break-even-Analyse[439].

In dem von SCHNEIDER in die Diskussion gebrachten **Beispiel**[440] wird die Vermietung eines Ladenlokals betrachtet. Für Abschreibungen, Schuldentilgung, Zinsen u.ä. sollen dem Vermieter ausschließlich fixe Kosten F von € 500 pro Monat entstehen, während die variablen Kosten der Mieter zu tragen habe. Der Vermieter könne zwischen zwei Mietern A und B wählen. A ist lediglich bereit, eine umsatzunabhängige feste Miete von monatlich € 2.500 zu zahlen. Dagegen akzeptiert B eine umsatzabhängige Miete. Aus Vereinfachungsgründen werden im Beispiel zur Berücksichtigung der Unsicherheit nur zwei künftige Umweltzustände beachtet, eine gute und eine schlechte Umsatzentwicklung, die beide gleich wahrscheinlich seien. Die Mindestmiete beim schlechten Umsatz betrage € 600, beim guten Umsatz sei eine Monatsmiete von € 6.400 zu bezahlen. In Bezug auf alle anderen Eigenschaften wie Zahlungsfähigkeit u.ä. seien A und B gleichwertig.

---

[435] Vgl. SCHNEIDER, D. (Kosten).
[436] Vgl. SIEGEL, T. (Irrelevanz), S. 2157 ff.; SCHNEIDER, D. (Vollkostenrechnung), S. 2159 ff.; KETT, I./BRINK, A. (Relevanz), S. 1034 ff.; MALTRY, H. (Prospektivkostenrechnung), S. 101 ff.; BURGER, A. (Entscheidungsrelevanz); DYCKHOFF, H. (Fixkosten); MALTRY, H. (Entscheidungsrelevanz); SIEGEL, T. (Fixkosten); SCHIRRMEISTER, R. (Modell).
[437] Vgl. MÜHLENFELD, J. (Wagnis), S. 2; MELLEROWICZ, K. (Verfahren), S. 321.
[438] Vgl. Kapitel 3., Abschnitt B.I.4.a), S. 303 ff.
[439] Vgl. SCHWEITZER, M./TROßMANN, E. (Break-even-Analyse); SCHWEITZER, M. (Break--Even-Analyses), S. 224 ff.; SCHWEITZER, M. (Warteschlangenbasierte BEA), S. 633 ff.
[440] Vgl. auch SCHNEIDER, D. (Rechnungswesen), S. 369 ff.; auf denselben Tatbestand haben 1978 schon DILLON, R./NASH, J. (Relevance), S. 11 ff. hingewiesen. Vgl. ferner DOPUCH, N./BIRNBERG, J./DEMSKI, J. (Cost), S. 135 ff. sowie ROTHSCHILD, M./STIGLITZ, J. (Risk), S. 82 f.

	Deckungsbeiträge			Gewinne	
	S_1 (p = 0,5)	S_2 (p = 0,5)		S_1 (p = 0,5)	S_2 (p = 0,5)
a_1	2.500	2.500	a_1	2.000	2.000
a_2	600	6.400	a_2	100	5.900

Abb. 3-126: Beispiel zur deckungsbeitrags- und gewinnorientierten Planung bei Unsicherheit

Die Zielgröße des Vermieters liege in der Maximierung des Gewinns. Das betrachtete Problem besteht darin, ob für ihn die Maximierung des Deckungsbeitrags zu derselben gewinnoptimalen Alternative wie die Maximierung des Gesamtgewinns führt. Zu seiner Analyse sind die Deckungsbeiträge und Gewinne für beide Mieter in den zwei zu berücksichtigenden Umweltsituationen in Abbildung 3-126 im Überblick dargestellt.

Ist der Vermieter risikoneutral, so kann er den Erwartungswert seiner Zielgröße maximieren. In diesem Fall erhält man für den **Erwartungswert E** der beiden Alternativen folgende Werte:

Erwartungswert der Deckungsbeiträge D :

$E(A) = 0,5 \cdot 2.500 + 0,5 \cdot 2.500 = 2.500$

$E(B) = 0,5 \cdot 600 + 0,5 \cdot 6.400 = 3.500$

Erwartungswert der Gewinne G :

$E(A) = 0,5 \cdot 2.000 + 0,5 \cdot 2.000 = 2.000$

$E(B) = 0,5 \cdot 100 + 0,5 \cdot 5.900 = 3.000$

Bei beiden Zielgröße erweist sich also die Vermietung an B als bessere Alternative. Die fixen Kosten sind in diesem Fall nicht entscheidungsrelevant.

Handelt es sich hingegen um einen **risikoscheuen** Vermieter, wird er nicht nach dem Erwartungswert der Zielgröße entscheiden. Er kann seine Risikoneigung beispielsweise durch die Formulierung einer **Risikonutzenfunktion**[441] zum Ausdruck bringen. Hierfür verwendet SCHNEIDER in seinem Demonstrationsbeispiel eine Wurzelfunktion. Mit der Risikonutzenfunktion

$N = \sqrt{Z}$

wird angenommen, dass eine Verdoppelung der Zielgröße Z dem Entscheidungsträger keinen doppelt so großen Nutzen N, sondern einen Nutzen in Höhe der Quadratwurzel aus dem Zielbeitrag bringt. Bei einer derartigen Risikonutzenfunktion sinkt die absolute Risikoabneigung. Sie führt im betrachteten Beispiel für die **Deckungsbeiträge** zu folgenden Werten des Risikonutzens der beiden Alternativen:

---

[441] Vgl. hierzu BAMBERG, G./COENENBERG, A. (Entscheidungslehre); LAUX, H. (Entscheidungstheorie); SIEBEN, G./SCHILDBACH, T. (Entscheidungstheorie).

$N(A) = 0,5 \cdot \sqrt{2.500} + 0,5 \cdot \sqrt{2.500} = 50$

$N(B) = 0,5 \cdot \sqrt{600} + 0,5 \cdot \sqrt{6.400} = 52,247$

Wenn der Vermieter den Risikonutzen der Deckungsbeiträge maximiert, ist demnach ebenfalls B günstiger. Maximiert er den Risikonutzen der **Gewinne**, so ergibt sich

$N(A) = 0,5 \cdot \sqrt{2.000} + 0,5 \cdot \sqrt{2.000} = 44,721$

$N(B) = 0,5 \cdot \sqrt{100} + 0,5 \cdot \sqrt{5.900} = 43,406$

Die Berücksichtigung seiner **Fixkosten** führt damit zu einer **Umkehrung der Alternativenfolge**, da sich jetzt A als günstiger erweist. Dieses Beispiel sieht SCHNEIDER als Beweis dafür, dass Fixkosten bei Beachtung der Unvollkommenheit der Information entscheidungsrelevant sind. Da in der Planung stets unsichere Erwartungen bestehen und viele Entscheidungsträger risikoscheu oder ggf. auch risikofreudig sind, zieht er daraus den grundlegenden Schluss, dass Fixkosten in planungsorientierten Rechnungen zu berücksichtigen sind und bei Entscheidungen nicht als irrelevante Informationen behandelt werden dürfen[442].

Für eine Analyse dieser Fragestellung kann man entsprechend Abbildung 3-127[443] vier **Fälle** trennen, in denen Fixkosten in unterschiedlicher Weise auftreten. Sind die Fixkosten bei den betrachteten Alternativen verschieden hoch, so ist ihre Entscheidungsrelevanz unumstritten, unabhängig davon, ob man ihre Höhe sicher kennt oder nicht. Das betrachtete Problem betrifft die Fälle **alternativenidentischer Fixkosten** und stellt sich am klarsten in dem Fall, wo deren Höhe sicher ist. Die Entscheidung beispielsweise über den Kauf des Ladenlokals im obigen Beispiel durch den Vermieter, durch welche diese Fixkosten bewirkt werden, ist schon gefallen. Das Problem der Entscheidungsrelevanz der alternativenidentischen Fixkosten ist hier auf die Unsicherheit über die Höhe der *variablen* Kosten und Erlöse und nicht der Fixkosten zurückzuführen, durch welche der Entscheidungsträger seine Risikobereitschaft in einer entsprechenden Zielfunktion berücksichtigt.

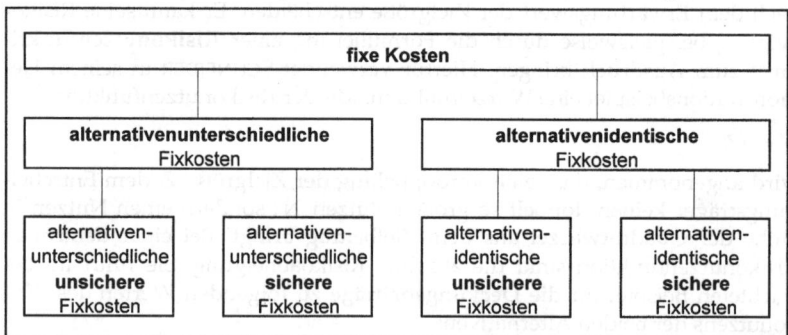

Abb.3-127: Unterschiedliche Situationen für das Auftreten fixer Kosten

---

[442] Vgl. SCHNEIDER, D. (Kosten), S. 2521 ff.
[443] SIEGEL, T. (Fixkosten), S. 484.

In der von DIETER SCHNEIDER ausgelösten Diskussion hat als erster WOLFGANG BALLWIESER[444] darauf hingewiesen, dass alternativenidentische Fixkosten bei Risikoscheu (-abneigung, -aversion) nicht bei allen Risikonutzenfunktionen entscheidungsrelevant sind. HARALD DYCKHOFF hat die allgemeinen **Bedingungen** für die Gestalt einer Risikonutzenfunktion formuliert, unter denen deterministische und unsichere Fixkosten **entscheidungsirrelevant** sind[445]. Diese Bedingungen sind bei Risikoaversion insbesondere Bernoulli-Nutzenfunktionen der Art

$$N(Z) = \frac{1-\lambda^z}{1-\lambda} = \frac{1-e^{-\alpha \cdot Z}}{1-e^{-\alpha}} \text{ wobei } \alpha = -\ln(\lambda)$$

erfüllt. Ihre für die Irrelevanz der Fixkosten wichtige Eigenschaft liegt darin, dass sie im gesamten Wertebereich eine **gleichbleibende absolute Risikobereitschaft** wiedergeben. Diese ist formal durch ein konstantes *Arrow-Pratt-Maß* $r(Z)$

$$r(Z) = -\frac{N''(Z)}{N'(Z)} = \frac{\alpha^2 \cdot e^{-\alpha \cdot Z} \cdot \frac{1}{1-e^{-\alpha}}}{\alpha \cdot e^{-\alpha \cdot Z} \cdot \frac{1}{1-e^{-\alpha}}} = \alpha$$

gekennzeichnet. Je höher dieses Maß ist, desto größer ist die Risikoprämie, die ein risikoscheuer Entscheidungsträger gegenüber einer sicheren Alternative verlangt.

Die Risikobereitschaft (Risikoneigung) stellt eine subjektive psychische Eigenschaft des Entscheidungsträgers dar. Inwieweit die Annahme einer konstanten absoluten Risikoabneigung zutrifft, müsste empirisch festgestellt werden. Diese Frage läuft darauf hinaus, ob die Risikoabneigung des einzelnen von seinem jeweiligen Vermögensstand unabhängig ist oder nicht. SCHNEIDER hält eine derartige Einstellung eher für einen weniger bedeutsamen Sonderfall[446]. Eine empirische Bestimmung derartiger Risikoeinstellungen ist äußerst schwierig. Dabei kommt hinzu, dass nach JOHANN PFANZAGL für eine empirische Ermittlung subjektiver Bernoulli-Nutzenfunktionen ein **Konsistenzaxiom** zu beachten ist. Nach diesem muss der Nutzen eines Individuums von dessen alternativenidentischem Geld bzw. Vermögen unabhängig sein, wenn die Nutzenfunktion empirisch durch Befragungen, Experimente oder Beobachtungen ermittelbar sein soll[447]. Für eine Bestimmung der in der Realität vorliegenden Bernoulli-Nutzenfunktion müsste demnach eine konstante absolute Risikoabneigung schon vorausgesetzt werden. Damit dürfte empirisch nicht prüfbar sein, ob für Entscheidungsträger Risikonutzenfunktionen mit konstanter oder veränderlicher absoluter Risikoabneigung (und daraus folgender Entscheidungsirrelevanz oder -relevanz von Fixkosten) maßgebend sind. Damit dürfte mit **empirischen** Argumenten keine generelle Irrelevanz von Fixkosten bei Unsicherheit belegbar sein.

Die Analyse und Lösung kurzfristiger Entscheidungsprobleme, für welche planungsorientierte Kosten- und Erlösrechnungen in erster Linie Informatio-

---

[444] Vgl. BALLWIESER, W. (Informationsökonomie).
[445] Vgl. DYCKHOFF, H. (Fixkosten), S. 257 ff.
[446] Vgl. SCHNEIDER, D. (Grundsatz), S. 711.
[447] Vgl. PFANZAGL, J. (Grundlagen), S. 39 ff.; MALTRY, H. (Entscheidungsrelevanz), S. 298 f.

nen bereitstellen, beruht auf einer Zerlegung oder **Separation** des gesamten Entscheidungsfelds der Unternehmung. Durch sie werden Interdependenzen z.B. bei längerfristigen Entscheidungsproblemen der Anlageninvestition, Personalausstattung usw. zerschnitten und deren Erfolgswirkungen nicht oder höchstens näherungsweise[448] berücksichtigt. Separationen sind unumgänglich, weil sich Totalmodelle nicht praktisch einsetzen lassen. In der Realität arbeitet man in vielen Fällen insbesondere aus Gründen der Praktikabilität, der organisatorischen Aufgabenverteilung und der Wirtschaftlichkeit mit vereinfachten Modellen für partielle Entscheidungsprobleme. Dabei stellt sich einmal die Frage, ob die Entscheidungsträger bereit und in der Lage sind, "... bei den täglichen operativen Problemen ständig (implizit oder explizit) auf der Basis von Unsicherheitsmodellen"[449] zu entscheiden. Zum andern ist generell zu prüfen, inwieweit ein Übergang auf ein vereinfachtes Entscheidungsproblem eine **Anpassung der Zielfunktion** erfordert. Dies schließt die Frage nach der Berücksichtigung von Unsicherheit und Risikoneigung ein. Dieser in der Kostenrechnung bisher meist vernachlässigte Aspekt ist durch SCHNEIDER zu Recht beleuchtet worden. Wenn der Gewinn als Ziel verfolgt wird und die Risikoneigung über eine Risikonutzenfunktion dieses Gewinns berücksichtigt wird, ist zu prüfen, ob bei dem Übergang auf ein vereinfachtes partielles Entscheidungsproblem die Risikonutzenfunktion in ihrer bisherigen Weise beibehalten werden kann. SIEGEL[450] hat dieses Problem anhand von Abbildung 3-128 verdeutlicht.

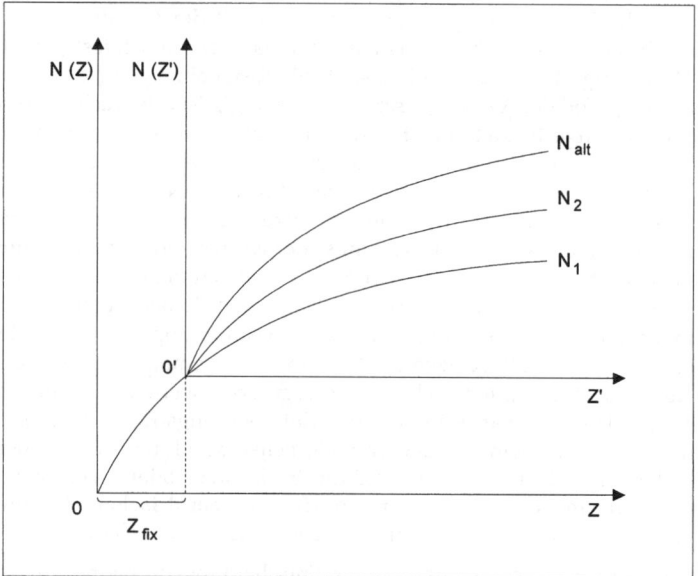

Abb. 3-128: *Anpassung der Risikonutzenfunktion an eine alternative Zielgröße*

---

[448] Vgl. Kapitel 3., Abschnitt A., S. 205 ff., insb. S. 238 ff.
[449] SIEGEL, T. (Diskussion), S. 718.
[450] Vgl. SIEGEL, T. (Irrelevanz), S. 2158 f.; SIEGEL, T. (Fixkosten), S. 485 ff.; SIEGEL, T. (Diskussion), S. 717 f.

Ursprünglich gelte für den Entscheidungsträger im umfassenden Entscheidungsfeld die Risikonutzenfunktion N_1 im Koordinatensystem mit der Abszisse Z und der Ordinate N(Z). Dabei könne Z einer übergreifenden Erfolgszielgröße (z.B. dem Vermögensendwert) entsprechen, die längerfristige Ein- und Auszahlungen aus dem Vermögen einschließt. Beschränkt man das Entscheidungsproblem auf partielle kurzfristige Entscheidungen wie z.B. das Produktions- und Absatzprogramm einer Periode und werden die aus den sonstigen Entscheidungen folgenden Ein- oder Auszahlungsüberschüsse vereinfachend als konstant unterstellt, so verlangt dies nach SIEGEL eine **Verschiebung des Koordinatensystems** entlang der Risikonutzenfunktion. Aufgrund von fixen Einzahlungsüberschüssen gelangt man dann beispielsweise zu dem neuen Koordinatenursprung 0'[451]. Für das partielle Entscheidungsproblem wird das $Z' - N(Z')$-Koordinatensystem relevant. Dann ist festzulegen, welche Risikonutzenfunktion in ihm für das partielle Entscheidungsproblem gilt, damit die übergeordnete Risikonutzenfunktion erfüllt wird.

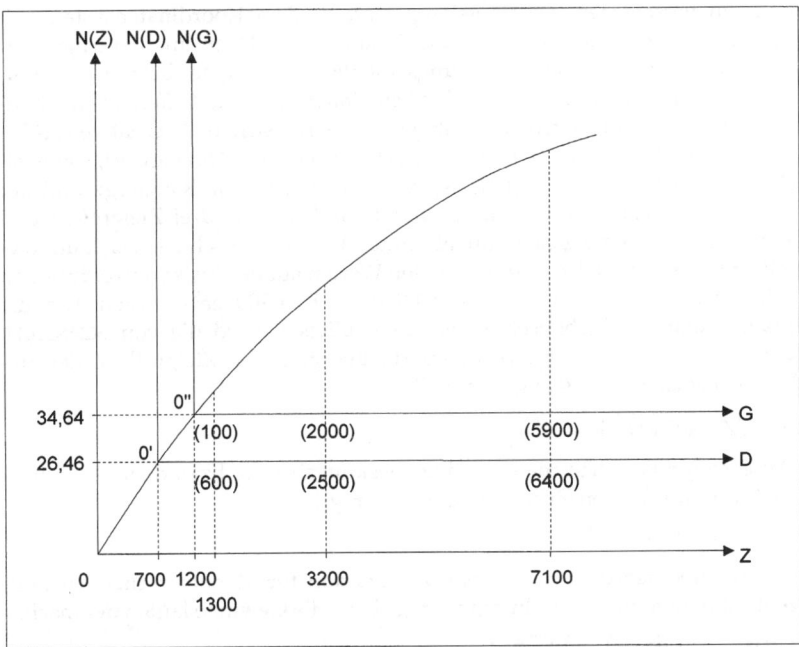

Abb. 3-129: *Beispiel für die Anpassung der Risikonutzenfunktion an unterschiedliche Zielgrößen*

Der von SCHNEIDER aufgedeckte Fehler tritt ein, sofern der Entscheidungsträger von 0' aus entsprechend der Kurve N_{alt} aus denselben Funktionsverlauf heranzieht, der vom ursprünglichen Ordinatenursprung 0 aus gilt. Wenn das umfassende Entscheidungsproblem zerlegt und hierdurch Wirkungen sowie

---

[451] Fixe Einzahlungsüberschüsse bewirken auf der Risikonutzenfunktion eine Verschiebung um einen entsprechenden Abszissenwert nach rechts, Auszahlungsüberschüsse nach links. Vgl. SIEGEL, T. (Irrelevanz), S. 2158.

Interdependenzen anderer Entscheidungsvariablen als konstant und somit fix unterstellt werden, muss der Funktionsverlauf dem angepasst werden, sofern die Risikonutzenfunktion keine konstante absolute Risikoabneigung aufweist. Dies lässt sich mit den Werten des Beispiels von SCHNEIDER an Abbildung 3-129[452] veranschaulichen.

Um den Bezug zum Vermögen des Vermieters noch deutlicher zu veranschaulichen, kann man unterstellen, dass er neben den oben genannten Zahlungen ein konstantes monatliches Einkommen E von € 1.200 erhalte[453]. Von dem ursprünglichen Koordinatensystem für das übergreifende Ziel $Z = E + D - F$ gelangt man zu dem Koordinatensystem des Gewinnziels $G = D - F$, indem man den Ursprung entlang der Risikonutzenfunktion auf der Abszisse um den fixen Einkommensbetrag $E = 1.200$ bis zu $0''$ nach rechts verschiebt. Dann ist $Z' = G$ und $N(Z') = N(G)$. Berücksichtigt man entsprechend dem ursprünglichen Beispiel nur den Deckungsbetrag $D = G + F$, so ist der Koordinatenursprung von dort aus um die Fixkosten $F = 500$ nach links zu verschieben. Damit gelangt man zu dem Koordinatensystem mit dem Ursprung $0'$ und den Achsen D und $N(D)$. Über eine derartige Verschiebung des Koordinatenursprungs, die dem Umfang des betrachteten Entscheidungsproblems entspricht, bleiben Rangfolge und Differenz der Nutzenwerte der betrachteten Alternativen gleich. Die sichere Alternative A führt zu dem mit $N_G(A)$, $N_D(A)$ bzw. $N_Z(A)$ bezeichneten Nutzenwert, die unsichere Alternative B zu $N_G(B)$, $N_D(B)$ bzw. $N_Z(B)$. Die Rangfolge und der Abstand zwischen diesen Nutzenwerten sind für alle drei Zielgrößen und Koordinatensysteme gleich. Ihre absoluten Werte unterscheiden sich um dieselben Beträge 26,46 bzw. 34,64, die den Werten auf der Risikonutzenfunktion $N(Z)$ beim Abszissenwert $E - F = 700$ bzw. $E = 1.200$ entsprechen. Um die **Transformation** algebraisch zu veranschaulichen, wird die von SCHNEIDER verwandte Risikonutzenfunktion auf die übergreifende Zielgröße Z der Einkommensmaximierung angewandt[454]:

$$N = \sqrt{Z} = \sqrt{E + D - F}$$

Diese Zielgröße erhält man aus dem Deckungsbeitrag bzw. dem Gewinn jeweils durch Addition eines konstanten Betrags:

$$Z = D + E - F \text{ bzw. } Z = G + E$$

Die der übergeordneten Risikonutzenfunktion für Z entsprechenden Nutzenfunktionen für die Deckungsbeiträge bzw. die Gewinne lauten demnach:

$$N(D) = \sqrt{D + (E - F)} - \sqrt{(E - F)} \text{ bzw.}$$

$$N(G) = \sqrt{G + E} - \sqrt{E}$$

oder allgemein für eine Teilzielgröße T und einen fixen Betrag F:

---

[452] SIEGEL, T. (Irrelevanz), S. 2158.
[453] Vgl. SIEGEL, T. (Irrelevanz), S. 2158.
[454] Die Wurzelfunktion kann nicht wie bei Schneider auf die Zielgröße Gewinn angewandt werden, da eine derartige Funktion für den negativen Bereich nicht definiert ist und sich deshalb eine Transformation für die Zielgrößen $D = Z - E + F$ sowie $G = Z - E$ nicht vornehmen lässt.

D. Systeme auf Teilkostenbasis

N(T) = N(T | F) · N(F)

Mit diesen Funktionen lassen sich die Nutzen- sowie Ordinatenwerte in Abbildung 3-128 entsprechend Abbildung 3-130 berechnen. Dabei zeigt sich, dass durch die Berücksichtigung eines konstanten positiven Einkommensstroms die Rangfolge auch beim Gewinnziel B vor A lautet. Durch das höhere Vermögen wird das Risiko dieser Alternative geringer gewichtet als bei der alleinigen Berücksichtigung von Fixkosten.

Z	N(Z)	D	N(D)	G	N(G)
1200	34,64	500	8,18 (=34,64-26,46)	0	0
3200	56,57	2500	30,11	2000	21,93
N(A)	56,57		30,11		21,93
1300	0,5 · 36,06 + 0,5 · 84,26	600 6400	0,5 · 9,60 + 0,5 · 50,80	100 5900	0,5 · 1,41 + 0,5 · 49,62
N(B)	60,16		33,7		25,52

Abb. 3-130: *Beispiel für die Nutzenwerte verschiedener Zielgrößen bei Transformation der Risikonutzenfunktion*

Diese Veranschaulichung unterstreicht die Notwendigkeit der **Anpassung der Risikonutzenfunktion** an die Zerlegung des Entscheidungsfeldes und damit an das jeweils ausgeschnittene Entscheidungsproblem. An der Transformation der Risikonutzenfunktion zeigen sich die Folgen und Probleme einer Zerlegung des Entscheidungsfeldes, wie sie z.B. auch an dem Übergang von deterministischen langfristigen auf deterministische kurzfristige Planungsprobleme auftreten[455], wenn man eine gesamtzieloptimale Lösung unter Beibehaltung der übergreifend gültigen Risikobereitschaft anstrebt. Man befindet sich in dem **Dilemma**, dass einerseits für eine gesamtzieloptimale Entscheidung von einem praktisch nicht anwendbaren Totalmodell auszugehen wäre und sich andererseits für partielle Entscheidungsmodelle die relevanten Informationen und Zielfunktionen nicht leicht bestimmen lassen.

In dieser Situation gewinnt aus pragmatischer Sicht ein von INGO KOCH vertretenes Argument an Gewicht. Soweit Informationen der Kosten- und Erlösrechnung **kurzfristige Entscheidungen** unterstützen sollen, "... kann man davon ausgehen, dass sie sich auf einer aggregierten Unternehmens-Risikonutzenfunktion unter Beachtung des Gesamtvermögens in einem nahezu linear verlaufenden Teilstück bewegen werden, da deren Krümmung bei der Unterstellung abnehmender Risikoscheu mit zunehmendem Vermögen ebenfalls abnimmt."[456] Sie betreffen daher lediglich einen geringen Bereich an Veränderung der übergeordneten Unternehmenszielgröße[457]. Eine **lineare An-**

---

[455] Vgl. die Verknüpfung ein- und mehrperiodiger deterministischer Planung mit Hilfe des investitionstheoretischen Ansatzes in Kapitel 3., Abschnitt A.IV.3., S. 253 ff.
[456] KOCH, I. (Kostenrechnung), S. 27.
[457] Dieser Effekt wird schon an dem betrachteten einfachen Beispiel deutlich. Während sich die Rangfolge im ursprünglichen Beispiel von SCHNEIDER umkehrt, führt die Berücksichtigung des zusätzlichen fixen Einkommensstroms E dazu, dass die Rangfolge der Erwartungswerte der Deckungsbeiträge mit der Rangfolge der Nutzenwerte übereinstimmt.

näherung an die nichtlineare Risikonutzenfunktion beinhaltet dann lediglich einen geringen Fehler. Innerhalb des linearen Verlaufs der Risikonutzenfunktion sind jedoch das Pratt-Arrow-Maß und damit die absolute Risikoabneigung konstant, so dass alternativenidentische Beträge (vereinfachend) als entscheidungsirrelevant behandelt werden können.

Die von SCHNEIDER ausgelöste Diskussion um die Entscheidungsrelevanz fixer Kosten bei Unsicherheit weist auf mehrere Gesichtspunkte eindrücklich hin:

(1) Der Tatbestand **unvollkommener Information** darf auch in der Kosten- und Erlösrechnung **nicht vernachlässigt** werden. Daraus erwächst eine für dieses Teilsystem der Unternehmungsrechnung erst in Ansätzen bewältigte Forschungsaufgabe.

(2) Der **Grundsatz relevanter Kosten und Erlöse**, wie er vor allem in Systemen der Teilkostenrechnung angewandt wird, muss jeweils sehr **genau geprüft** werden. Die bei der Lösung eines Planungsproblems zu berücksichtigenden Informationen hängen von der Abgrenzung und damit Separierung des Entscheidungsproblems, der Entscheidungssituation und der Zielvorstellung einschließlich der in sie aufzunehmenden Risikoeinstellung ab.

(3) Die Berücksichtigung der **Risikoeinstellung** bei unsicheren Erwartungen wirft schwirige Probleme für die **Separation** des Entscheidungsfeldes auf.

(4) Die Außerachtlassung oder Einbeziehung fixer Kosten und Erlöse in die Entscheidungsfindung ist auch von der Art der Berücksichtigung von Unsicherheit und Risikoeinstellung in der **Zielfunktion** abhängig. Ergebnisse deterministischer Modelle können nicht ohne nähere Prüfung der entsprechenden Zielfunktion auf den Fall unvollkommener Information übertragen werden.

Es erscheint problematisch, aus der Diskussion um die Berücksichtigung der Unsicherheit den Schluss zu ziehen, Systeme auf **Vollkostenbasis** seien solchen auf Teilkostenbasis generell überlegen. Mit ihm werden die in Vollkostenrechnungen zu lösenden Zurechnungsprobleme sehr bzw. zu gering gewichtet[458]. Die sich aus Verfahren der Vollkostenrechnung ergebenden Gefahren von Fehlentscheidungen sind zu großen Teilen auf eine **Schlüsselung** von Kosten und Erlösen zurückzuführen, durch die keine fundierte Separation zwischen den Entscheidungsproblemen erreicht wird, da sie vielfach ohne Zugrundelegung entsprechender Theorieansätze und Modelle vorgenommen wird[459]. Die Berücksichtigung der Unsicherheit lässt erkennen, dass die Notwendigkeit der **Zerlegung** des gesamten Entscheidungsfelds eine zentrale Ursache für die auftretenden Probleme ist. In Systemen auf Teilkostenbasis treten weniger **Zurechnungsprobleme** auf, dafür ist zur Berücksichtigung der Unsicherheit eine die Risikoneigung in geeigneter Weise beachtende Zielvorstellung zu finden bzw. zu begründen. Wenn man dagegen annimmt, dass sich die Risikoneigung in Systemen auf Vollkostenbasis leichter

---

[458] Vgl. SCHNEIDER, D. (Rechnungswesen) S. 372 ff.
[459] Vgl. KÜPPER, H.-U. (Unternehmensplanung), S. 28 ff.

einbeziehen lässt, so erweist sich das **Separationsproblem** in Bezug auf die Verteilung der Fixkosten als äußerst kompliziert. Die "Einzelkostenrechnung als nicht mit Zurechnungsproblemen belastete Technik für ein – wegen der Vernachlässigung der Planungsunsicherheit – falsch gestelltes Entscheidungsproblem oder Vollkostenrechnung als mit Zurechnungsschwierigkeiten belastete Technik für ein richtiger gestelltes Problem bedingter, mehrwertiger Prognosen ..."[460] zu bezeichnen, erscheint damit als zu grobe Vereinfachung. Die Darstellung und Handhabung von Vollkostenrechnungen spricht eher dafür, dass in ihnen weder die Probleme der Separierung von Entscheidungen noch der Berücksichtigung der Unsicherheit ausreichend beachtet und behandelt werden. Dagegen sollten in Systemen auf Teilkostenbasis die auf unvollkommene Information zurückgehenden Probleme und Konsequenzen stärker berücksichtigt werden.

bb) Optimales Produktions- und Absatzprogramm

Bei kurzfristigen Entscheidungsproblemen kann die Menge der realisierbaren Alternativen durch die verfügbare, aber nicht veränderliche Kapazität begrenzt sein. Die Lösung dieser Entscheidungsprobleme richtet sich danach, inwieweit keine, eine oder mehrere Kapazitätsbeschränkungen als Engpässe wirksam werden.

Einen wichtigen Problembereich stellt dabei die **Entscheidung über das Produktions- und Absatzprogramm** der Unternehmung dar. In Handelsunternehmungen (z.B. Warenhaus) können insbesondere die zu beschaffenden Güterarten, die Lagerkapazitäten, das einsetzbare Kapital und die Absatzmengen begrenzt sein. Darüber hinaus können in Industrieunternehmungen die Fertigungsverfahren vorgegeben sein und nur eine begrenzte Fertigungskapazität zur Verfügung stehen. Diese Beschränkungen lassen sich bei kurzfristigen Problemen (z.B. Entscheidung über das Produktions- und Absatzprogramm einer Woche oder eines Monats) vielfach nicht ändern. Wird in diesem Fall bei sicheren bzw. einwertigen Erwartungen, Risikoneutralität oder konstanter absoluter Risikoneigung als Zielvorstellung die **Maximierung des Gewinnes** verfolgt, so beeinflussen lediglich die variablen Erlöse und Kosten die Zielerreichung. Fixe Kosten (und Erlöse) sind für die Entscheidung nicht relevant. Daher führt bei gegebenen Einsatz- und Absatzpreisen die Maximierung des Deckungsbeitrags zum höchsten Gewinn, d.h., hier sind die Gewinn- und die Deckungsbeitragsfunktionen äquivalent.

In der Regel kann eine Unternehmung ihre Produkte nicht in beliebiger Menge am Markt absetzen, d.h. sie muss **Absatzbeschränkungen** beachten. Die exakte Bestimmung der Höchstmengen, die bei gegebenem Preis von jeder Produktart absetzbar sind, ist in der Wirtschaftspraxis häufig schwierig. Ist der Handlungsspielraum lediglich durch derartige Höchstmengen der Absatzgüter begrenzt, müssen zur Maximierung des Gesamtdeckungsbeitrags von allen Produkten mit positiven **Stückdeckungsbeiträgen** diese Höchstmengen produziert und **abgesetzt** werden. Liegt dagegen z.B. ein Fertigungsengpass vor, richtet sich die Bestimmung des optimalen Pro-

---

[460] SCHNEIDER, D. (Rechnungswesen), S. 373.

gramms nicht allein nach den Stückdeckungsbeiträgen. Zusätzlich ist zu berücksichtigen, in welchem Umfang jedes Produkt den Engpass in Anspruch nimmt. Deshalb sind in diesem Fall für alle Produkte die **relativen Deckungsbeiträge** je Engpasseinheit zu ermitteln[461].

Im Folgenden wird das auf S. 425 ff. dargestellte Beispiel zugrunde gelegt. Die Höhe der Stückerlöse und variablen Stückkosten soll konstant sein. Ferner wird angenommen, dass keine Bestände an Halb- bzw. Fertigerzeugnissen auf- oder abgebaut und die erzeugten Produktmengen auch abgesetzt werden. Zur Herstellung aller fünf Produkte werde ein Werkstoff benötigt, dessen verfügbare Einsatzmenge in der Planperiode auf 6000 kg begrenzt sei.

Produktart	I	II	III	IV	V
Absatzhöchstmenge [St.]	500	500	700	1000	800
Stückdeckungsbeitrag [€/St.]	10,68	9,73	9,83	9,01	10,22
Produktionskoeffizient (Werkstoffmenge je Stück) [kg/St.]	4,25	0,80	3,60	2,25	1,20
Deckungsbeitrag je Engpaßeinheit [€/kg]	2,51	12,16	2,73	4,00	8,52
Rang	5	1	4	3	2

Abb. 3-131: *Beispiel für die Ermittlung relativer Deckungsbeiträge je Engpaßeinheit*

Abbildung 3-131 gibt die Produktionskoeffizienten für diesen Werkstoff an. Sie kennzeichnen die Werkstoffmengen, die zur Erzeugung einer Einheit jeder Produktart eingesetzt werden müssen. Dividiert man die Stückdeckungsbeiträge durch die Produktionskoeffizienten, so erhält man die aus Abbildung Abbildung 3-131 ersichtbaren relativen Deckungsbeiträge je Engpasseinheit.

Für die Bestimmung des **optimalen Produktions- und Absatzprogramms** sind **bei einem Engpass** die Produktarten nach der Höhe ihrer relativen Deckungsbeiträge zu ordnen. Entsprechend dieser Rangfolge sind von den Produktarten mit den höchsten Deckungsbeiträgen je Engpasseinheit die absetzbaren Höchstmengen zu fertigen und abzusetzen, bis die verfügbare Kapazität erschöpft ist. Im betrachteten Beispiel können entsprechend der graphischen Veranschaulichung in Abbildung 3-132 von den Produktarten II, V und IV die Höchstmengen erzeugt werden. Von Produktart III sind lediglich 663 Stück herzustellen, während die Produktart I in der (kurzfristigen) Planungsperiode nicht erzeugt wird.

Meist ist die Produktion einer Unternehmung nicht nur durch eine, sondern durch **mehrere** Größen beschränkt, die als **Engpässe** wirksam werden. Für jede begrenzt verfügbare Kapazität kann sich eine andere Reihenfolge der Produktarten nach ihren Deckungsbeiträgen je Kapazitätseinheit ergeben. Dann müssen die verschiedenen Beschränkungen in einen **simultanen Lösungsansatz** gebracht werden, um das optimale Produktions- und Absatzprogramm bestimmen zu können. Hierfür eignen sich die Verfahren der **li-**

---

[461] Vgl. SWOBODA, P. (Preispolitik), S. 70.

nearen **Planungsrechnung**, wenn die Beziehungen zwischen den Gütereinsatz- und Güterausbringungsmengen aufgrund von **Leontief-Produktionsfunktionen** proportional und die Stückdeckungsbeiträge konstant sind.

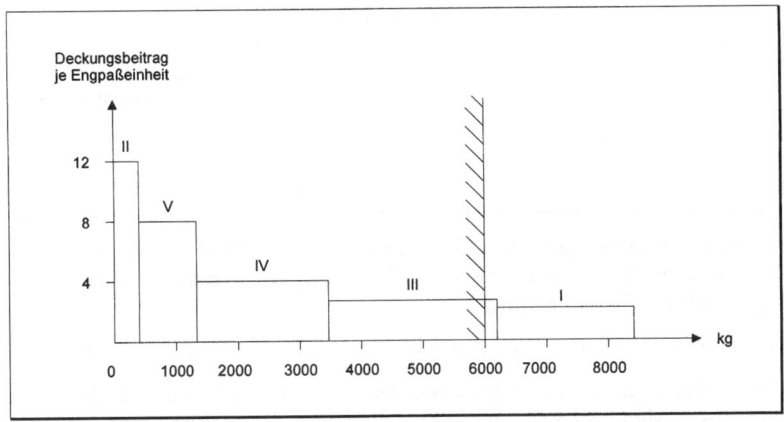

Abb. 3-132: *Beispiel für die Ermittlung des optimalen Produktions- und Absatzprogramms bei einem Engpass*

In einem **erweiterten Beispiel** sei zusätzlich die verfügbare Kapazität an Maschinen- und Arbeitsleistungen in zwei Fertigungsstufen mit je zwei Fertigungsstellen begrenzt. Die Produkte I, II und III durchlaufen lediglich die Fertigungsstellen F_{11} sowie F_{12} und die Produkte IV und V die Fertigungsstellen F_{21} und F_{22}. Die konstanten Produktionskoeffizienten und die maximal nutzbaren Fertigungszeiten sind aus Abbildung 3-133 ersichtlich.

	Produktionskoeffizient (benötigte Fertigungszeit je Produkteinheit) [Min/St.]					Maximal nutzbare Fertigungszeit
	Produkt I	Produkt II	Produkt III	Produkt IV	Produkt V	Min.
Fertigungsstufe I:						
- Fertigungsstelle F11	18	12	16			20.000
- Fertigungsstelle F21				25	30	30.000
Fertigungsstufe II:						
- Fertigungsstelle F12	20	10	20			22.000
- Fertigungsstelle F22				22	15	20.000

Abb. 3-133: *Beispiel für Produktionskoeffizienten und Produktionskapazität eines zweistufigen Produktionsprozesses mit fünf Produkten*

Aus diesen Daten lässt sich unter Verwendung der Beschaffungs- und Absatzbeschränkungen ein **lineares Entscheidungsmodell** formulieren. Bezeichnet man mit x_1 bis x_5 die zu bestimmenden Produktions- und Absatzmengen der fünf Produktarten, so ergibt sich folgendes System von Nebenbedingungen:

$$\begin{array}{rcrcrcrcrcl}
4{,}25 \cdot x_1 &+& 0{,}8 \cdot x_2 &+& 3{,}6 \cdot x_3 &+& 2{,}25 \cdot x_4 &+& 1{,}2 \cdot x_5 &\leq& 6.000 \quad \text{Beschaffungsbeschränkung} \\
18 \cdot x_1 &+& 12 \cdot x_2 &+& 16 \cdot x_3 & & & & &\leq& 20.000 \\
20 \cdot x_1 &+& 10 \cdot x_2 &+& 20 \cdot x_3 & & & & &\leq& 22.000 \\
& & & & & & 25 \cdot x_4 &+& 30 \cdot x_5 &\leq& 30.000 \\
& & & & & & 22 \cdot x_4 &+& 15 \cdot x_5 &\leq& 20.000 \\
x_1 & & & & & & & & &\leq& 500 \\
& & x_2 & & & & & & &\leq& 500 \\
& & & & x_3 & & & & &\leq& 700 \\
& & & & & & x_4 & & &\leq& 1.000 \\
& & & & & & & & x_5 &\leq& 800 \\
\end{array}$$

$$x_1, x_2, x_3, x_4, x_5 \geq 0$$

(Fertigungsbeschränkungen für die zweite bis fünfte Zeile; Absatzbeschränkungen für die letzten fünf Zeilen)

Der gesamte Deckungsbeitrag der Planungsperiode ist gleich der Summe aus den Deckungsbeiträgen der (hergestellten und) abgesetzten Produkte. Daher ergibt sich die Zielvorstellung:

$$D = 10{,}68 \cdot x_1 + 9{,}73 \cdot x_2 + 9{,}83 \cdot x_3 + 9{,}01 \cdot x_4 + 10{,}22 \cdot x_5 = \text{Max!}$$

Dieses lineare Entscheidungsmodell lässt sich mit Hilfe des **Simplexverfahrens** lösen. Man erhält für die optimale Lösung das in Abbildung 3-134 wiedergegebene Tableau.

Duale							w_1	w_2	w_3	w_4	w_5	w_6	w_7	w_8	w_9	w_{10}
c_j			10,68	9,73	9,83	9,01	10,22	0	0	0	0	0	0	0	0	0	0
c_i	Basis	Lösung	x_1	x_2	x_3	x_4	x_5	x_6	x_7	x_8	x_9	x_{10}	x_{11}	x_{12}	x_{13}	x_{14}	x_{15}
0	x_6	552,105263						1	-0,325	0,08	0,025789	-0,131579		2,3			
9,73	x_2	500		1					0	0	0	0		1,0			
9,83	x_3	650			1				-0,5	0,45	0	0		1,5			
9,01	x_4	526,315789				1			0	0	-0,052632	0,105263		0			
0	x_{15}	238,596491							0	0	-0,077193	0,087719		0			0
10,68	x_1	200	1						0,5	-0,4	0	0		-2,0			
0	x_{11}	300							-0,5	0,4	0	0	1	2,0			
0	x_{13}	50							0,5	-0,45	0	0		-1,5	1		
0	x_{14}	473,684211							0	0	0,052632	-0,105263		0		1	
10,22	x_5	561,403509					1		0	0	0,077193	-0,087719		0			
-	z_j	23.870,149123	10,68	9,73	9,83	9,01	10,22	0	0,425	0,1515	0,314702	0,051930	0	3,115	0	0	0
	z_j-c_j	-	0	0	0	0	0	0	0,425	0,1515	0,314702	0,051930	0	3,115	0	0	0

Abb. 3-134: *Endtableau bei der Bestimmung des optimalen Produktions- und Absatzprogramms nach dem Simplexverfahren*

Das optimale Produktions- und Absatzprogramm lautet:

$x_1 = 200$ Stück

$x_2 = 500$ Stück

$x_3 = 650$ Stück

$x_4 = 526{,}32$ Stück

$x_5 = 561{,}40$ Stück

Mit ihm wird ein **Gesamtdeckungsbeitrag** von € 23.870,15 erzielt. Da die Fixkosten der Periode € 10.280 betragen, ist der **maximal erzielbare Gewinn** somit € 13.590,15. Wenn dieses Programm erzeugt und abgesetzt wird, sind die Absatzhöchstmenge des Produktes II und die Fertigungskapazitäten aller Fertigungsstellen voll genutzt. Dagegen werden die verfügbare Werkstoffmenge und die Absatzhöchstmengen der Produkte I, III, IV und V nicht voll ausgelastet.

cc) *Unterstützung der Preispolitik*

Vielfach reichen Informationen über die Kosten für preispolitische Entscheidungen nicht aus. Bestimmend für die **Preispolitik** sind daneben insbesondere die Zielvorstellung sowie die Produktions- und Absatzmöglichkeiten einer Unternehmung.[462] Durch eine Bindung der Preisforderungen an bestimmte Kosten wird in der Regel keine zieloptimale Bildung der Angebotspreise erreicht. Deshalb ermittelt man in den Systemen der Teilkostenrechnung **Preisuntergrenzen** für Absatzgüter und **Preisobergrenzen** für Beschaffungsgüter[463]. Diese dienen als Grundlage für preispolitische Entscheidungen oder für Anpassungsentscheidungen am Markt.

> Eine **Preisuntergrenze (Preisobergrenze)** gibt den Preis an, bei dessen Unterschreitung (Überschreitung) Absatz- (Beschaffungs-) Maßnahmen im Hinblick auf das Unternehmensziel nicht mehr durchgeführt werden. Die Höhe der Preisgrenze hängt davon ab, welche Alternativen zur Produktion und zum Absatz bzw. zur Beschaffung des Gutes bestehen, für welches die Preisgrenze ermittelt wird.

Zur **Bestimmung einer Preisgrenze** müssen das jeweils anstehende Entscheidungsproblem, die Entscheidungssituation und die Zielvorstellung genau gekennzeichnet werden. Entsprechend der Ausprägung dieser Merkmale kann man entsprechend Abbildung 3-135 eine Vielzahl von Preisgrenzen unterscheiden. Nach der verfolgten Zielvorstellung lassen sich erfolgs- sowie liquiditäts- bzw. finanzwirksame Preisgrenzen ermitteln. **Erfolgswirksame Preisgrenzen** sind für das Gewinnziel relevant. Dagegen geben **liquiditätswirksame Preisgrenzen** an, ab welchem Preis Produktions- und Absatz- bzw. Beschaffungsmaßnahmen zur Sicherung der Zahlungsfähigkeit nicht mehr durchzuführen sind. Für kurzfristige Entscheidungen genügt die Bestimmung von **statischen Preisgrenzen**. Bei mittel- und langfristigen Entscheidungen muss die zeitliche Entwicklung berücksichtigt werden. Man berechnet dann **dynamische Preisgrenzen**[464]. Eine weitere Klassifizierung von Preisuntergrenzen kann nach Produktionsprogramm, Produktionsverfahren und Marktsituation vorgenommen werden.

Durch das Produktionsprogramm und das Produktionsverfahren wird die Kostenseite beeinflusst, während die Erlöse von der Marktseite abhängen. Im Fall von Mehrproduktfertigung ist es häufig zweckmäßig, für Absatzgüter eine **Erlösuntergrenze** zu berechnen. Aus ihr lässt sich die **Preisuntergrenze** einer Produktart ermitteln, sofern die Preise der anderen Absatzgüter gegeben sind. Wesentlich ist auch, ob es sich um Preisuntergrenzen für die gesam-

---

[462] Vgl. hierzu auch DRURY, C. (Cost Accounting), S. 175 ff.
[463] Vgl. RAFFÉE, H. (Preisuntergrenzen); REICHMANN, T. (Preisgrenzen); KILGER, W. (Plankostenrechnung), S. 673 ff.
[464] Vgl. LANGEN, H. (Preisuntergrenzen), S. 649 ff.

te, während einer Periode abzusetzende Produktmenge oder für einen einzelnen Zusatzauftrag handelt. Bei unveränderlichen Kapazitäten gehen in die Preisgrenzen keine Fixkosten ein. Wenn die Kapazitäten hingegen verändert werden können, sind abbaufähige oder zusätzlich entstehende **Fixkosten** entscheidungsrelevant und somit einzubeziehen. Ferner sind mögliche Wiederanlaufkosten bzw. gegebenenfalls **Anschaffungs- oder Liquidationswerte** zu erfassen. Die **Nutzungsdauer** der Gebrauchsgüter kann festliegen oder im Voraus nicht bekannt sein.

Klassifikationsmerkmal	Preisgrenzen
Beschaffungs- oder Absatzgüter	* Preisobergrenzen * Preisuntergrenzen
Unternehmungsziel	* Erfolgswirksame Preisgrenzen * Liquiditätswirksame Preisgrenzen
Fristigkeit des Entscheidungsproblems	* Statische Preisgrenzen * Dynamische Preisgrenzen
Art des Produktionsprogramms	* Preisgrenzen bei Einproduktfertigung * Preisgrenzen bei Mehrproduktfertigung
Umfang der Produktmenge	* Preisgrenzen für die gesamte Produktmenge * Preisgrenzen für Zusatzauftrag
Veränderlichkeit der Kapazität	* Preisgrenzen bei unveränderlicher Kapazität * Preisgrenzen bei veränderlicher Kapazität
Nutzungsdauer der Gebrauchsgüter	* Preisgrenzen bei im voraus bekannter Nutzungsdauer der Gebrauchsgüter * Preisgrenzen bei im voraus nicht bekannter Nutzungsdauer der Gebrauchsgüter
Lagerbildung	* Preisgrenzen bei Produktion mit Lagerbildung * Preisgrenzen bei Produktion ohne Lagerbildung
Produktionsverbundenheit	* Preisgrenzen bei Produkten mit Produktionsverbundenheit * Preisgrenzen bei Produkten ohne Produktionsverbundenheit
Angebots- bzw. Nachfragefunktion	* Preisgrenzen bei fixiertem Preis und fixierter Menge * Preisgrenzen bei fallender Preis-Absatzfunktion oder Preis-Beschaffungsfunktion * Preisgrenzen bei Mengenanpassung
Nachfrageentwicklung	* Preisgrenzen bei Nachfragerückgang * Preisgrenzen bei Nachfragesteigerung
Marktverbundenheit	* Preisgrenzen bei Produkten mit Marktverbundenheit * Preisgrenzen bei Produkten ohne Marktverbundenheit

Abb. 3-135: *Überblick über verschiedene Arten von Preisgrenzen*

Zur Ermittlung der Preisgrenzen ist zusätzlich zu berücksichtigen, ob die Fertigung mit oder ohne **Lagerbildung** vollzogen wird. Bei Mehrproduktfertigung haben des weiteren Grad und Art der **Produktionsverbundenheit** Einfluss auf die Kosten, welche in die Preisgrenze eingehen. Kennzeichnend für die Situation auf dem Absatz- bzw. dem Beschaffungsmarkt sind die Nachfrage- bzw. Beschaffungspreisfunktionen, die Entwicklung der Nachfrage sowie die Marktverbundenheit mehrerer Produktarten. Weitere Arten von Preisuntergrenzen ergeben sich vor allem für die Fälle **fixierter Absatzmengen und -preise**, einer **fallenden Preis-Absatzfunktion** und des **Mengenanpassers**.

D. Systeme auf Teilkostenbasis

Die variablen Kosten bilden einen Bestandteil aller **erfolgswirksamen Preisgrenzen**. Man betrachtet sie als absolute erfolgswirksame Preisuntergrenze für Absatzgüter, weil die Herstellung und der Vertrieb von Gütern den Erfolg auf keinen Fall erhöhen, wenn die variablen Kosten nicht gedeckt sind. Durch die Trennung von variablen und fixen Kosten liefern Teilkostenrechnungen auf der Basis von variablen Kosten wichtige Informationen für die Bestimmung von Preisgrenzen. Neben den variablen Kosten gehen in eine Reihe von erfolgswirksamen Preisgrenzen abbaufähige bzw. zusätzliche Fixkosten, Lagerkosten sowie Grenzdeckungsbeiträge oder Opportunitätskosten ein. Zur Ermittlung **dynamischer Preisgrenzen** muss die zeitliche Verteilung dieser Kosten berücksichtigt werden. Die über die variablen Kosten hinausgehenden Bestandteile von Preisgrenzen sind meist in Sonderrechnungen zu bestimmen. Es hängt vor allem von der Tiefe und Art der Fixkostengliederung ab, inwieweit diese Größen direkt aus der laufenden Kostenrechnung zu gewinnen sind.

Manchmal werden die variablen Kosten auch als Grundlage für die Ermittlung **liquiditätswirksamer Preisgrenzen** angesehen. Dann berücksichtigt man außer den als liquiditätswirksam betrachteten variablen Kosten die Teile der Fixkosten, die kurzfristig zu Auszahlungen führen. Hierzu ist es notwendig, die gesamten Kosten nach ihrer Auszahlungswirksamkeit zu gliedern. Die Liquidität der Unternehmung hängt jedoch von ihren Ein- und Auszahlungen ab. Die Zahlungsströme sind aus der Kosten- und Erlösrechnung schwer erkennbar. Insbesondere werden in ihr die Zahlungszeitpunkte, Ein- und Auszahlungen für Kredite, Steuerzahlungen und Gewinnausschüttungen nicht abgebildet.

> **Produktpreise**, die zur **Sicherung der Liquidität** erzielt werden müssen, sind daher aus der **Finanzrechnung** zu bestimmen.

An einigen **Beispielen** soll gezeigt werden, wie sich Preisuntergrenzen aus Teilkostenrechnungen auf der Basis von variablen Kosten ermitteln lassen. Dabei wird das auf S. 425 ff. und S. 484 ff. dargestellte Beispiel zugrunde gelegt. Die **absolute Preisuntergrenze** liegt für jedes der fünf Produkte dieses Beispiels bei den variablen Stückkosten[465], hier sind die Stückdeckungsbeiträge gleich Null.

Produktart	I	II	III	IV	V
Absolute Preisuntergrenze = variable Stückkosten [€]	23,32	6,27	20,17	14,99	9,78

Bei unveränderlichen und knappen Kapazitäten wird im Rahmen eines optimalen Produktions- und Absatzprogramms die **Preisuntergrenze für ein zusätzliches Produkt** aus den variablen Stückkosten und den Grenzdeckungsbeiträgen der voll ausgelasteten Kapazitäten gebildet. Die Grenzdeckungsbeiträge entsprechen der Höhe des Deckungsbeitrags, der einer Unternehmung durch die Verdrängung eines anderen Produkts entgeht. In dem betrachteten Beispiel sei die Preisuntergrenze für ein Zusatzprodukt mit variablen Stück-

---

[465] Vgl. Kapitel 3., Abschnitt D.I.4.b), S. 447.

kosten von € 15,20 zu bestimmen, wenn die verfügbare Werkstoffmenge von 6.000 kg den einzigen Engpass bildet. Zur Herstellung einer Einheit dieses Produkts müssen 5,2 kg des Werkstoffs eingesetzt werden. Durch die Aufnahme des Zusatzprodukts in das Produktionsprogramm werden ausschließlich Einheiten des Produkts III verdrängt, sofern nicht mehr als 459 Stück des Zusatzprodukts erstellt werden[466]. Der **relative Deckungsbeitrag** je Werkstoffeinheit für das verdrängte Produkt ist € 2,73. Somit ergibt sich als **Preisuntergrenze des zusätzlichen Produkts** wie folgt:

Variable Stückkosten des Zusatzprodukts	€ 15,20
+ (Produktionskoeffizient des Zusatzprodukts · Deckungsbeitrag je Engpaßeinheit des verdrängten Produkts) 5,2 kg/St. · 2,73 €/kg =	€ 14,20
Preisuntergrenze für das Zusatzprodukt bei einem Engpaß	€ 29,40

Ist die Produktionskapazität durch **mehrere Engpässe** begrenzt, können die Grenzdeckungsbeiträge der voll ausgelasteten Kapazitäten nur **simultan** bestimmt werden. Aus der optimalen Lösung des Produktions- und Absatzprogramms, die mit Hilfe der linearen Planungsrechnung bestimmt wird, erhält man die **Grenzdeckungsbeiträge als Dualwerte.** Sie sind für das auf S. 484 ff. beschriebene Beispiel aus der letzten Zeile des Tableaus in Abbildung 3-134 als w_j-Werte ersichtlich. Das zusätzliche Produkt werde 10 Minuten in Fertigungsstelle F_{21} und 18 Minuten in Fertigungsstelle F_{22} bearbeitet. Multipliziert man diese Produktionskoeffizienten sowie den Produktionskoeffizienten des Werkstoffeinsatzes mit den Dualwerten dieser Kapazitäten und addiert hierzu die variablen Stückkosten des Zusatzprodukts, so ergibt sich als Preisuntergrenze des Zusatzprodukts:

	Produktionskoeffizient des Zusatzprodukts	Dualwert	€
Variable Stückkosten des Zusatzprodukts			15,20
Beschränkter Werkstoffeinsatz	5,2 kg/St.	$w_1 = 0$	0,00
Beschränkte Fertigungszeit in Fertigungsstelle F_{21}	10 Min/St.	$w_4 = 0,3147$	3,15
Beschränkte Fertigungszeit in Fertigungsstelle F_{22}	18 Min/St.	$w_5 = 0,0519$	0,93
Preisuntergrenze für das Zusatzprodukt bei mehreren Engpässen			19,28

Wenn die Unternehmung als **Mengenanpasser** die Preise nicht beeinflussen kann, lassen sich Preisuntergrenzen für die im optimalen Produktions- und Absatzprogramm enthaltenen Produkte mit Verfahren der Sensitivitätsanalyse ermitteln[467]. Hierbei wird zunächst das optimale Produktions- und Absatzprogramm über die lineare Planungsrechnung für gegebene Absatzpreise

---
[466] Vgl. Abb. 3-132, S. 489.
[467] Vgl. DINKELBACH, W. (Sensitivitätsanalysen).

bestimmt. Dann kann man mit der **Sensitivitätsanalyse** Bandbreiten berechnen, innerhalb derer die Deckungsbeiträge eines Produkts schwanken dürfen, ohne dass die art- und mengenmäßige Zusammensetzung des optimalen Programms verändert wird[468]. Bei Produkt III des betrachteten Beispiels kann der Deckungsbeitrag zwischen € 9,49 und € 10,68 schwanken. Sinkt sein Deckungsbeitrag unter € 9,49, so lässt sich der Gesamtdeckungsbeitrag durch eine Änderung des Produktions- und Absatzprogramms erhöhen. Deshalb bildet die Summe aus den variablen Stückkosten und der unteren Schwankungsgrenze eine Preisuntergrenze von Produkt III.

Variable Stückkosten von Produkt III	€ 20,17
Untere Schwankungsgrenze des Deckungsbeitrags von Produkt III	€ 9,49
Preisuntergrenze für Produkt III im optimalen Produktions- und Absatzprogramm	€ 29,66

In dem Programm, das bei Unterschreiten dieser Preisuntergrenze optimal ist, kann Produkt III mit einer anderen Menge enthalten sein. Der Preis, bei dem eine Produktart gerade nicht mehr zum optimalen Programm gehört und damit seine Produktion eingestellt wird, bildet eine weitere wichtige Preisuntergrenze.

dd) Break-even-Analysen

Von besonderem Interesse ist für eine Unternehmung u.a. die Information, wann sie eine Deckung ihrer Gesamtkosten oder zusätzlich eines bestimmten Mindestgewinns erreicht. Derartige Untersuchungen sind schon frühzeitig von JOHANN FRIEDRICH SCHÄR[469] mit der Berechnung des 'toten Punktes' durchgeführt worden. Sie werden heute als Gewinnschwellen- oder Break-even-Analysen bezeichnet[470].

> Zweck der **Break-even-Analysen** ist in der ursprünglichen Fragestellung die Bestimmung derjenigen **Absatzmenge** oder desjenigen Erlöses bzw. Umsatzes, durch den die **Gesamtkosten gerade gedeckt** sind oder ein Mindestgewinn realisiert wird. Man nennt diesen Punkt **Gewinnschwelle, Deckungspunkt, kritische Menge** oder **Break-even-Punkt**.

Bei **Einproduktfertigung** lässt sich die Gewinnschwelle durch eine Gegenüberstellung der geplanten Gesamtkosten und Erlöse bestimmen. Wenn beispielsweise in einer Planperiode Fixkosten K_f in Höhe von € 12.000 und proportionale Stückkosten k_p von € 16 anfallen, lautet die **Kostenfunktion** in Abhängigkeit von der Produktions- und Absatzmenge x:

---

[468] Vgl. HAX, H. (Preisuntergrenzen), S. 434 ff.; REICHMANN, T. (Preisgrenzen), S. 90 ff.
[469] Vgl. SCHÄR, J. (Handelsbetriebslehre), S. 169 f.
[470] Vgl. SCHWEITZER, M./TROßMANN, E. (Break-even-Analysen).

$K = K_f + k_p \cdot x = 12.000 + 16 \cdot x$

Bei einem konstanten Nettoerlös p von € 40 je Stück ergibt sich die lineare **Erlösfunktion**:

$E = p \cdot x = 40 \cdot x$

Die Gewinnschwelle liegt bei der Absatzmenge x_0, bei welcher die Erlöse gerade mit den Gesamtkosten übereinstimmen:

$E(x_0) = K(x_0)$

$p \cdot x_0 = K_f + k_p \cdot x_0$

bzw.

$x_0 = \dfrac{K_f}{p - k_p} = \dfrac{K_f}{d}$

$= \dfrac{12.000}{40 - 16} = \dfrac{12.000}{24} = 500 \text{ Stück}$

Die Gewinnschwelle wird demnach ermittelt, indem die fixen Kosten K_f durch den Stückdeckungsbeitrag d dividiert werden. Graphisch liegt die Gewinnschwelle, wie in Abbildung 3-136 dargestellt, beim Schnittpunkt von Erlös- und Kostenkurve bzw. von Fixkostenkurve und Deckungsbeitragskurve.

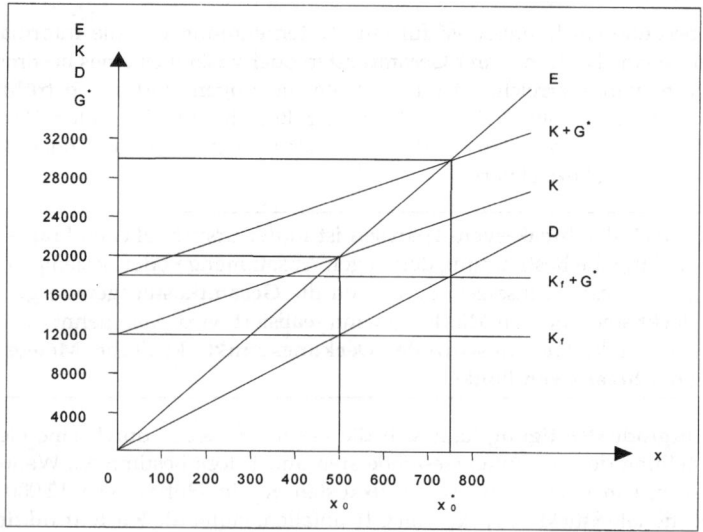

Abb. 3-136: *Beispiel für die Bestimmung der Gewinnschwelle bei Einproduktfertigung*

Die herkömmliche Gewinnschwellenanalyse lässt sich in mehrfacher Hinsicht modifizieren bzw. erweitern. Zwei Kategorien von Ausprägungsformen können dabei unterschieden werden[471]: Varianten des Grundmodells der Break-even-Analyse, welche von dem herkömmlichen Ansatz nur gering abweichen, sowie Erweiterungen der Break-even-Analyse, mit welchen eine Ausweitung des Anwendungsbereiches dieses Instruments bezweckt wird.

Im Einzelnen lassen sich folgende **Varianten** des Grundmodells unterscheiden:

(1) Es werden in der Break-even-Analyse besondere **Formen der Zielvorstellung** berücksichtigt. Dazu zählt der Fall, dass Mindestgewinne oder in bestimmter Weise untergliederte Deckungsbudgets vorgegeben werden. Ferner gehören Ansätze in diese Kategorie, die mit Einzahlungen und Auszahlungen anstelle von Kosten und Erlösen arbeiten, im Übrigen aber das Grundmodell unverändert beibehalten. Die Berücksichtigung von Steuern, die Verwendung der Zeit als Bezugsgröße sowie die Orientierung an der Rentabilität statt am absoluten Gewinn sind weitere Ansatzpunkte für derartige Variationen.

(2) Es wird untersucht, wie sich ein errechneter Break-even-Punkt verschiebt, wenn seine **Bestimmungsgrößen** verändert werden. Mögliche Untersuchungsgegenstände sind Änderungen im Deckungsblock, besonders der Fixkosten, Änderungen im Deckungsbeitrag pro Einheit sowie eine gleichzeitige Änderungen beider Größen.

(3) Es wird ein **Auseinanderfallen von Fertigungs- und Absatzmengen** in der Break-even-Analyse zugelassen. Damit ist die Wirkung von Lagerbestandsänderungen auf den Break-even-Punkt zu untersuchen.

(4) Die Break-even-Analyse wird um eine Sonderrechnung ergänzt, mit der Risikomaße zur Erfassung des **Absatzrisikos** ermittelt werden. Sie sollen angeben, wie risikobehaftet die Break-even-Analyse bei unsicheren Absatzinformationen ist.

Von den Varianten der Break-even-Analyse werden hier als Beispiele besondere Formen der Zielvorstellung, die Veränderung von Bestimmungsgrößen sowie die Berücksichtigung des Absatzrisikos dargestellt.

Strebt die Unternehmung einen **befriedigenden Mindestgewinn** G^* von € 6.000 an, so muss in der Gleichung zur Bestimmung der kritischen Absatzmenge dieser Mindestgewinn zu den Fixkosten addiert werden. Dieser wird bei einer höheren Absatzmenge x_0^* erreicht[472]:

$$x_o^* = \frac{K_f + G}{d} = \frac{12.000 + 6.000}{24} = \frac{18.000}{24} = 750 \text{ Stück}$$

Ferner können ein **proportionaler Gewinnsteuersatz** und **feste Periodenerlöse** aufgrund langfristiger Lieferverträge berücksichtigt werden. Statt eines absoluten Mindestgewinns kann die Unternehmung auch eine **Mindestrentabilität** des Erlöses anstreben. Durch entsprechende Umformung der Bestimmungsgleichung für die notwendige Absatzmenge lässt sich auch in diesen Fällen die Gewinnschwelle bestimmen[473]. Weitere Verfeinerungen erge-

---

[471] Vgl. SCHWEITZER, M./TROßMANN, E. (Break-even-Analysen).
[472] Vgl. Abb. 3-136.
[473] Vgl. CHMIELEWICZ, K. (Erfolgsrechnung), S. 211 ff.

ben sich durch eine Aufteilung der variablen und fixen Kosten nach Kostenarten.

Für die Interpretation der Gewinnschwelle ist es weiter von Bedeutung, wie sich Veränderungen der **Bestimmungsgrößen** auf die Gewinnschwelle auswirken. Die Konsequenzen von Änderungen der Stückerlöse p, der proportionalen Stückkosten k_p sowie der Fixkosten K_f bzw. einzelner Kostenarten lassen sich an der Bestimmungsgleichung für die Gewinnschwelle zeigen. Eine Erhöhung der abzusetzenden Produktmenge x_0 tritt bei einer Senkung der Stückerlöse, einer Zunahme der variablen Stückkosten und/oder einer Fixkostensteigerung ein. Sofern feste Periodenerlöse, ein Mindestgewinn, eine Mindestumsatzrentabilität oder ein Gewinnsteuersatz in die Berechnung der Gewinnschwelle einbezogen werden, kann man ermitteln, in welchem Ausmaß die abzusetzende Produktmenge bei einer bestimmten Variation dieser Größe zu- oder abnimmt.

Eine weitere Variante der Break-even-Analyse liegt in der Berücksichtigung des **Absatzrisikos**. Herstellung und Vertrieb einer Produktart führen nur dann zu einem Gewinn, wenn die absetzbare Menge die Gewinnschwelle aus den ihr zurechenbaren Erlösen und Kosten überschreitet. Da die zukünftige Absatzmenge in der Regel nicht mit Sicherheit bekannt ist, muss das Absatzrisiko in der Break-even-Analyse berücksichtigt werden. Ein geeignetes Maß dieses Risikos stellen die Unsicherheitskosten dar. Sie entsprechen dem Betrag, der höchstens für die Gewinnung vollkommener Information über die absetzbare Menge des Produkts bezahlt werden sollte. Liegt z.B. die Absatzerwartung über der kritischen Menge, so sind die **Unsicherheitskosten** gleich Null, sofern die tatsächliche Absatzmenge gleich oder größer der kritischen Menge ist. Wenn der tatsächliche Absatz dagegen kleiner als die kritische Menge ist, erhält man die Unsicherheitskosten, indem man die Differenz zwischen kritischer Menge und tatsächlichem Absatz mit dem Stückdeckungsbeitrag multipliziert[474].

Wesentlich größere Modifikationen des herkömmlichen Grundansatzes als die beschriebenen Varianten verlangen **Erweiterungsformen** der Break-even-Analyse. Hierzu zählt man Ansätze, mit denen die einschränkenden Anwendungsbedingungen des Grundmodells überwunden werden. Dazu gehören vor allem[475]:

(1) Break-even-Analysen für die **ein- und mehrstufige Mehrproduktfertigung**,

(2) Break-even-Analysen bei **mehrdimensionalen Produktions-** und damit **Kostenfunktionen**,

(3) **dynamische** Break-even-Analysen,

(4) **nichtlineare** Break-even-Analysen,

(5) **stochastische** Break-even-Analysen,

(6) Break-even-Analysen für die gleichzeitige Berücksichtigung **mehrerer Ziele**.

---

[474] Vgl. COENENBERG, A. (Berücksichtigung), S. 345 ff.
[475] Vgl. SCHWEITZER, M./TROßMANN, E. (Break-even-Analysen), S. 122 ff.

Im Folgenden sollen die Mehrproduktanalyse sowie die Break-even-Analyse bei mehreren Zielen besprochen werden[476].

Die Bestimmung eines Break-even-Punktes bei **Mehrproduktfertigung** erweist sich deshalb als schwierig, weil für jede Produktart eine eigene Variable vorzusehen und somit auf eine **mehrdimensionale Analyseform** überzugehen ist. Eine Deckung der Gesamtkosten ist bei den Absatzmengen der verschiedenen Produktarten erreicht, deren Gesamterlös gerade betragsmäßig den Kosten entspricht. Im Fall der Herstellung von zwei Produktarten lassen sich Break-even-Punkte in einem dreidimensionalen Koordinatensystem graphisch bestimmen.

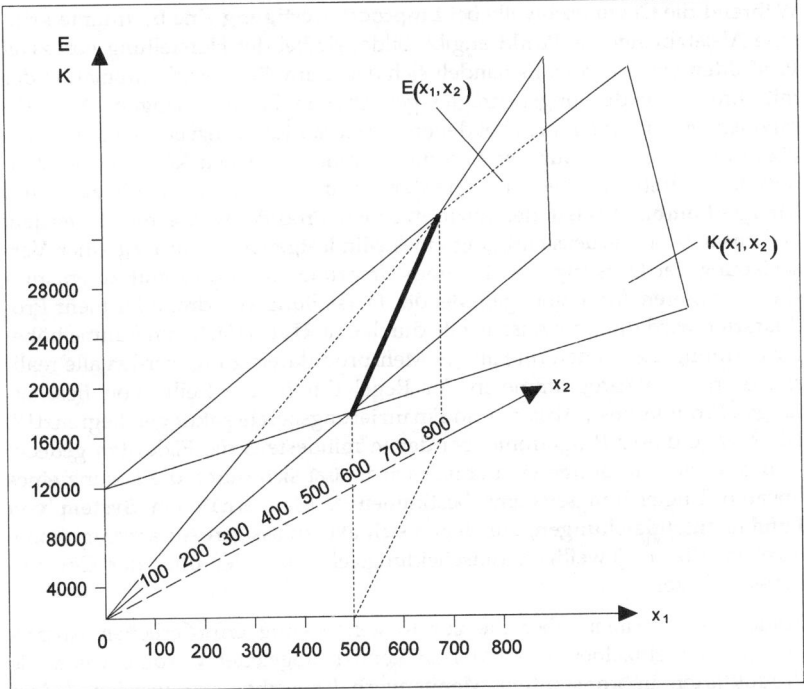

Abb. 3-137: *Beispiel für die Bestimmung von Break-even-Punkten bei Zweiproduktfertigung*

Entsprechend Abbildung 3-137 wird angenommen, dass die Fixkosten € 12.000 betragen. Die beiden Produkte verursachen proportionale Stückkosten $k_p^{(1)}$ von € 16 und $k_p^{(2)}$ von € 12. Ihre Nettostückerlöse betragen $p_1 = €\,40$ und $p_2 = €\,28$.

Die Kosten- und die Erlösfunktion stellen Flächen im dreidimensionalen Raum dar:

---

[476] Zu Einzelheiten und anderen Erweiterungen der Break-even-Analyse vgl. SCHWEITZER, M./TROßMANN, E. (Break-even-Analysen); SCHWEITZER, M. (Break-Even-Analyses), S. 224 ff. und (Warteschlangenbasierte BEA), S. 633 ff.

$K = K_f + k_p^{(1)} \cdot x_1 + k_p^{(2)} \cdot x_2 = 12.000 + 16 \cdot x_1 + 12 \cdot x_2$

$E = p_1 \cdot x_1 + p_2 \cdot x_2 = 40 \cdot x_1 + 28 \cdot x_2$

Die Bestimmungsgleichung für Break-even-Punkte lässt sich durch das Gleichsetzen von Gesamtkosten und Erlösen herleiten:

$K_f + k_p^{(1)} \cdot x_1 + k_p^{(2)} \cdot x_2 = p_1 \cdot x_1 + p_2 \cdot x_2$

Hieraus erhält man:

$$K_f = \left(p_1 - k_p^{(1)}\right) \cdot x_1 + \left(p_2 - k_p^{(2)}\right) \cdot x_2 = d_1 \cdot x_1 + d_2 \cdot x_2$$
$$= (40-16) \cdot x_1 + (28-12) \cdot x_2 = 24 \cdot x_1 + 16 \cdot x_2$$

Während die Gewinnschwelle bei **Einproduktfertigung** eine bestimmte kritische Absatzmenge als **Punkt** angibt, bildet sie bei der Herstellung von **zwei Produkten** eine **Gerade**. Es handelt sich dabei um die Linearkombination der mit ihren Stückdeckungsbeiträgen gewichteten Produktmengen. Alle Absatzmengenkombinationen, bei denen der Gesamtdeckungsbeitrag gleich den Fixkosten ist, liegen auf der Gewinnschwelle. Demnach kann die Kostendeckung durch verschiedene Absatzprogramme, d.h. eine **Vielzahl von Mengenkombinationen** der abzusetzenden Produktarten erreicht werden. Die zusätzliche Berücksichtigung eines Mindestgewinns führt zu einer Verschiebung der Deckungsgeraden vom Ursprung weg und somit zu entsprechend größeren Absatzmengen. Bei der Herstellung von drei oder mehr Produktarten wird die Gewinnschwelle durch eine **Hyperfläche** im Raume höherer Ordnung abgebildet. Im Fall der Mehrproduktfertigung werden alle realisierbaren Absatzprogramme in der Regel durch eine Reihe von Beschaffungs-, Produktions-, Absatz- und Finanzierungsbeschränkungen begrenzt[477]. Die Menge dieser Programme, bei denen mindestens die Fixkosten gedeckt sind bzw. ein Mindestgewinn erzielt wird, lässt sich durch die Lösung eines linearen Ungleichungssystems bestimmen[478]. Man erhält ein **System von Fundamentalgleichungen**, aus denen sich alle zulässigen Absatzprogramme ergeben, die im jeweiligen Entscheidungsfeld auf oder über der Gewinnschwelle liegen.

Eindeutige Aussagen über die zur Kostendeckung erforderlichen Absatzmengen der einzelnen Produktarten können abgeleitet werden, wenn die Produktarten in **konstantem Mengenverhältnis** abgesetzt werden. Jedem Gesamtdeckungsbeitrag entspricht dann eine ganz bestimmte Kombination der Absatzmengen. Deshalb lässt sich dem Gesamtdeckungsbeitrag, der mit den Fixkosten (ggf. zusätzlich einem Mindestgewinn) übereinstimmt, eine eindeutige Kombination der von jeder Produktart abzusetzenden Menge zuordnen.

Ferner kann bei Mehrproduktfertigung versucht werden, **für jede Produktart eine eigene Break-even-Analyse durchzuführen**. Dabei stellt man den Erlösen jeder Produktart die von ihr verursachten variablen und fixen Kosten gegenüber. Eine derartige Analyse ist nur möglich, wenn in der Kostenrech-

---

[477] Vgl. Kapitel 3., Abschnitt D.I.6.d)bb), S. 487 f.
[478] Vgl. TSCHERNIKOW, S. (Ungleichungen), S. 106 ff.

D. Systeme auf Teilkostenbasis

nung fixe Kosten jeder Produktart ermittelt werden (können). Es ergeben sich die Absatzmengen, bei denen jede Produktart ihre fixen Kosten deckt. Darüber hinaus können die nicht den einzelnen Produktarten zurechenbaren restlichen Fixkosten auf sie verteilt werden. Man ordnet jeder Produktart entsprechend einem Verteilungsprinzip einen Betrag zur Deckung der restlichen Fixkosten zu. Bei Verwendung dieses Verteilungsschlüssels lässt sich für jede Produktart eine Gewinnschwelle berechnen. In dem obigen Beispiel mögen den beiden Produkten Fixkosten von $K_f^{(1)} = €1.560$ und $K_f^{(2)} = €840$ direkt zurechenbar sein. Die restlichen Fixkosten $K_f^* = €9.600$ werden im Verhältnis der Stückdeckungsbeiträge auf die beiden Produkte verteilt. Dann sind vom ersten Produkt entsprechend Abbildung 3-138 mindestens

$$x_1 = \frac{K_f^{(1)} + \frac{d_1}{d_1 + d_2} \cdot K_f^*}{d_1} = \frac{1.560 + \frac{24}{24 + 16} \cdot 9.600}{24}$$

$$= \frac{1.560 + 5.760}{24} = 305 \text{ Stück}$$

und vom zweiten Produkt mindestens

$$x_2 = \frac{K_f^{(2)} + \frac{d_2}{d_1 + d_2} \cdot K_f^*}{d_2} = \frac{840 + \frac{16}{24 + 16} \cdot 9.600}{16}$$

$$= \frac{840 + 3.840}{16} = 292,5 \text{ Stück}$$

abzusetzen.

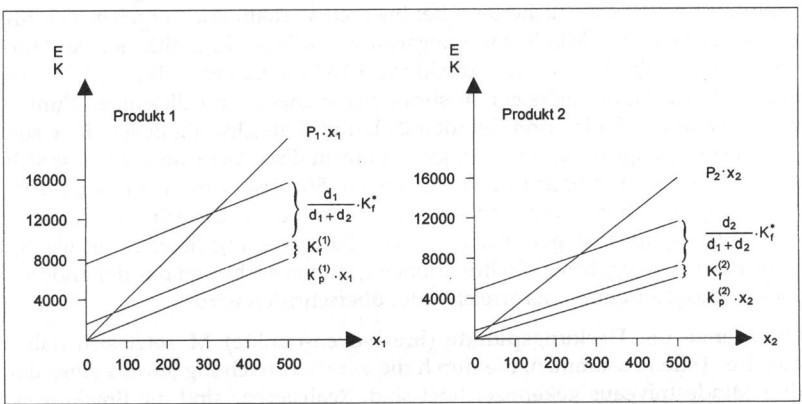

Abb. 3-138: Beispiel für die Bestimmung der Break-even-Punkte bei Mehrproduktfertigung

Die Break-even-Analyse führt demnach bei Mehrproduktfertigung nur dann zu eindeutigen Informationen über die abzusetzenden Mengen, wenn bestimmte **Anwendungsbedingungen** erfüllt sind oder die **Fixkosten** geschlüsselt werden. Die Aussagefähigkeit der Break-even-Analyse wird weiter dadurch vermindert, dass sie lediglich die **Ausbringungsmengen** als Bestimmungsgrößen der Kosten und der Erlöse berücksichtigt. Die Höhe der Kosten und Erlöse wird in der Realität zusätzlich durch eine Reihe anderer Größen beeinflusst. Für eine exakte Break-even-Analyse müsste untersucht werden, wie diese verschiedenen Bestimmungsgrößen der Kosten und Erlöse ausgeprägt sein müssen[479], um zumindest eine Kostendeckung oder einen befriedigenden Gewinn zu erzielen.

Neben der Erreichung eines vorgegebenen Deckungsbeitrags können im Zielsystem der Unternehmung **weitere Ziele** eine wichtige Rolle spielen, die häufig **gemeinsam verfolgt** werden sollen. Das Anstreben eines satisfizierenden Liquiditätssaldos, eines bestimmten Marktanteils, einer angemessenen Höhe des Erlöses, einer geplanten Kostenhöhe, einer erwünschten Kapazitätsauslastung, einer bestimmten Produktqualität sowie einer erwünschten Arbeitszufriedenheit sind Beispiele für eine derartige Zielkombination. Je bedeutender eine Zielvorstellung im Zielsystem der Unternehmung ist, um so dringlicher scheint es, sie in Break-even-Analysen einzubeziehen. Die entsprechenden Überlegungen seien am **Beispiel einer Mehrproduktunternehmung** skizziert[480]. Produzierbar seien zwei Produkte, deren realisierbare Produktionsmengen durch drei Kapazitätsrestriktionen beschränkt werden. In der graphischen Darstellung von Abbildung 3-139 ergibt sich daher der durch die drei Beschränkungsgeraden I, II, III eingegrenzte, schraffierte Raum R der realisierbaren Produktionsprogramme (zulässiger Bereich). Neben dem Ziel der Erreichung eines **Mindestdeckungsbeitrags** in Höhe der fixen Kosten werden zwei weitere Ziele berücksichtigt: Das Anstreben einer **bestimmten Mindestliquidität** sowie die Erzielung eines bestimmten **Mindesterlöses**. In der Break-even-Analyse sollen Ausbringungsmengen festgestellt werden, die diese Zielsetzungen gleichzeitig erfüllen. Hierzu bedarf es Informationen über die Stückdeckungsbeiträge, die stückbezogenen Einzahlungen und Auszahlungen sowie die Stückerlöse. Bei linearen Verhältnissen ergeben sich für das Erreichen von Mindestdeckungsbeitrag, Mindestliquidität sowie Mindesterlös jeweils Geraden (in Abbildung 3-139 die Geraden D, L, E). Dies bedeutet, im Raum zulässiger Ausbringungsmengen sind diejenigen Punkte zu finden, die auf allen drei Geraden D, L und E gleichzeitig liegen. Eine solche Ausbringungsmenge existiert jedoch nur in dem Ausnahmefall, dass sich alle drei Geraden in einem Punkt schneiden. Für den Normalfall ist die Fragestellung der Break-even-Analyse umzuformulieren: Gesucht sind diejenigen Ausbringungsmengen, bei denen das Satisfizierungsniveau von wenigstens einer der gegebenen Zielfunktionen genau erreicht und das der anderen Zielfunktionen mindestens erreicht oder überschritten wird.

Die **Menge der Deckungspunkte** (Break-even-Punkte) M setzt sich daher aus drei Teilen zusammen, die durch die exakte Erreichung jeweils eines der drei Mindestniveaus gekennzeichnet sind. Realisierbar sind die Break-even-Punkte, die gleichzeitig im Raum R liegen. Abbildung 3-139 zeigt den Fall, dass solche Punkte existieren. Die Linie der realisierbaren Break-even-Punkte bildet hier einen geknickten Kantenzug (P_5 - P_6 - P_7 - P_8).

---

[479] Vgl. Kapitel 3., Abschnitt D.I.2.c)bb), S. 409 ff.
[480] Vgl. SCHWEITZER, M./TROßMANN, E. (Break-even-Analysen), S. 163 ff.

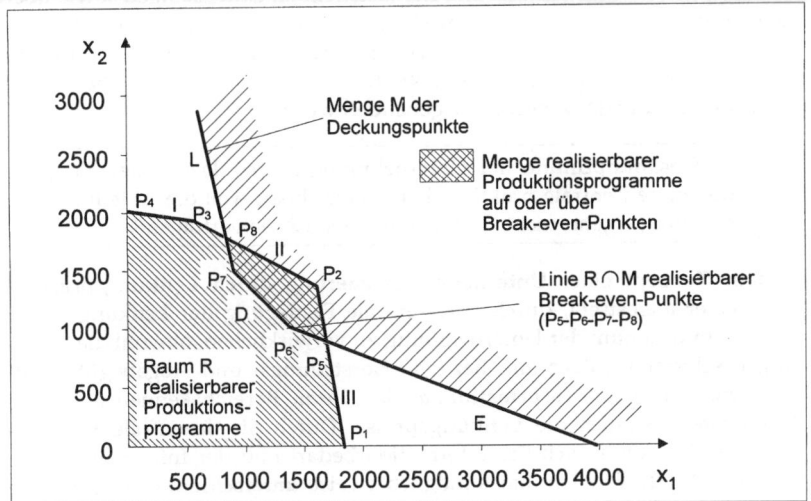

Abb. 3-139: Graphische Darstellung der Menge realisierbarer Break-even-Punkte bei mehreren Zielvorstellungen

ee) Bildung von Lenkungspreisen

Schon frühzeitig ist der Versuch unternommen worden, eine **optimale Lenkung der Unternehmung** durch die Festlegung geeigneter **Verrechnungspreise** für die betrieblichen Einsatzgüter, Zwischen- und Endprodukte zu erreichen. SCHMALENBACH hat ein System der **pretialen Lenkung** vorgeschlagen, nach dem als Preise der Güter **optimale Geltungszahlen** anzusetzen sind[481].

Den Ansatzpunkt des **Systems der pretialen Lenkung** bilden die Güter- bzw. Leistungsströme, die zwischen den Abteilungen oder Stellen einer Unternehmung fließen. Für jede Planperiode muss festgelegt werden, welche Güter von den einzelnen Abteilungen erzeugt und in welche anderen Abteilungen sie zur Weiterbearbeitung bzw. zum Vertrieb weitergegeben werden sollen. Die **Planung dieser Güterströme** kann auf verschiedene Weise erfolgen. Bei einer **zentralen Planung** entscheidet die Unternehmensspitze über die herzustellenden und weiterzugebenden Gütermengen. Da der zentrale Plan den Abteilungen ihre Bezugs-, Herstellungs- und Abgabemengen direkt vorgibt, sind bei dieser Art der Planung Verrechnungspreise lediglich für eine abteilungsweise Erfolgsrechnung und die Bewertung von Lagerbeständen erforderlich. Für die Lenkung der Güterströme werden die Verrechnungspreise nicht benötigt.

Die Funktion von Lenkungspreisen erhalten sie nur bei **dezentraler Planung**. Ein derartiges Planungssystem liegt vor, wenn die Abteilungen selbst über

---

[481] Vgl. SCHMALENBACH, E. (Pretiale Wirtschaftslenkung), S. 28 ff., SCHMALENBACH, E. (Kostenrechnung), S. 150 ff.

die von ihnen zu beziehenden und herzustellenden Gütermengen sowie über deren Weitergabe oder Verkauf entscheiden können. Hierbei können die Verrechnungspreise der zwischen den Abteilungen fließenden Güter entweder von der Zentrale vorgegeben oder zwischen den Abteilungen gegebenenfalls unter Mitwirkung der Zentrale ausgehandelt werden.

Das **Gesamtoptimum** der Unternehmung ist bei dezentraler Planung ohne Zentrale praktisch kaum erreichbar, weil die Abteilungen häufig eigene, nicht übereinstimmende Ziele verfolgen[482].

In dem Konzept einer **Unternehmenssteuerung durch Lenkungspreise**[483] wird daher angestrebt, durch eine zentrale Festlegung der Lenkungspreise das Gesamtoptimum der Unternehmung zu verwirklichen, obwohl die Abteilungen selbständig über ihre Bezugs-, Herstellungs- und Abgabegüter entscheiden. Neben den **Informationen über ihren Bereich** kennen dabei die Abteilungen lediglich die **Lenkungspreise**. Durch die dezentrale Entscheidung werden somit auch der Informationsbedarf und der Informationsfluss vermindert. Das Problem eines möglicherweise **unterschiedlichen Informationsstandes** von Zentrale und Bereichen wird dabei in den planungsorientierten Ansätzen nicht beachtet, es wird erst in steuerungsorientierten Ansätzen explizit aufgegriffen[484].

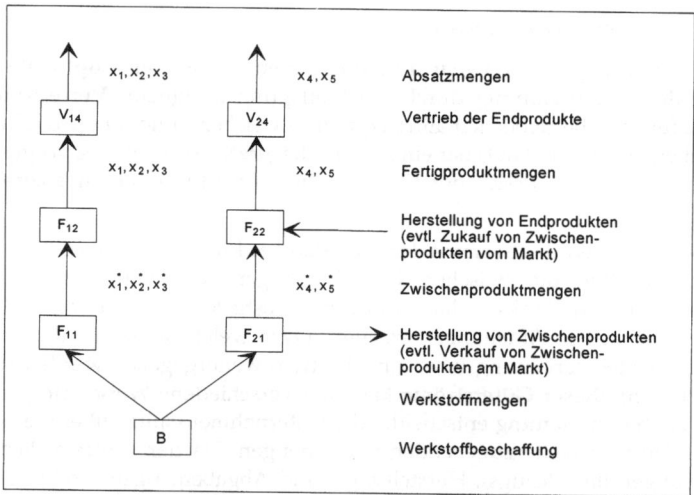

Abb. 3-140: Beispiel für eine Organisationsstruktur bei dezentraler Planung

Zur Veranschaulichung des Vorgehens wird angenommen, dass entsprechend dem in Abbildung 3-140 dargestellten Beispiel die Planung dezentral durchgeführt wird. Die Beschaffungsstelle, die vier Fertigungsstellen sowie die beiden Vertriebsstellen sollen selbständige organisatorische

---

[482] Vgl. DRUMM, H. (Lenkung durch Preise), S. 255.
[483] Vgl. KÜPPER, H.-U. (Controlling), S. 378 ff.
[484] Vgl. Kapitel 4., Abschnitt B.II.3., S. 633 ff.

D. Systeme auf Teilkostenbasis

Abteilungen bilden. Aus Vereinfachungsgründen werden die Verwaltungsstellen nicht in das Planungssystem einbezogen. Von der Beschaffungsstelle werde der Werkstoff für die Erzeugung von fünf Produkten bereitgestellt. In der Fertigungsstelle F_{11} (F_{21}) können aus diesem Werkstoff die Zwischenproduktmengen x_1^*, x_2^* und/oder x_3^* (x_4^* und/oder x_5^*) erzeugt werden. Aus diesen Zwischenprodukten werden in der Fertigungsstelle F_{12} (F_{22}) die Endproduktmengen x_1, x_2, x_3 (x_4, x_5) hergestellt, die von der Vertriebsstelle V_{14} (V_{24}) verkauft werden. Sieht man von einer Lagerbildung ab, so stimmen die Zwischenproduktmengen mit den Fertigprodukt- und den Absatzmengen der Planperiode überein. Während die Beschaffungsstelle über die Einkaufsmenge des Werkstoffs entscheidet, werden von den Fertigungsstellen die Herstellungsmengen und von den Vertriebsstellen die Absatzmengen der Zwischen- bzw. Fertigprodukte festgelegt. Ferner muss zwischen den Stellen abgestimmt werden, welche Mengen des Werkstoffes, der Zwischen- und Fertigprodukte an die nachgelagerten Stellen zu liefern seien.

Jeder Stelle wird als **Teilziel** die **Maximierung ihres Deckungsbeitrags** vorgegeben. Für den Werkstoff, die Zwischen- und Fertigprodukte sind **zentrale Lenkungspreise** zu bestimmen, die eine **Maximierung des Deckungsbeitrags der gesamten Unternehmung** gewährleisten. Die Höhe dieser Lenkungspreise und die Möglichkeiten ihrer Ermittlung hängen von den Bedingungen der Entscheidungssituation ab. Man kann entsprechend Abbildung 3-141 drei typische Fälle von Entscheidungssituationen unterscheiden[485].

Fall	Anwendungsbedingungen der Entscheidungssituation	Lenkungspreise
1	Nur interner Markt: - keine Beschaffungs- und Produktionsbeschränkungen - lineare Kostenfunktionen	Grenzkosten (= variable Stückkosten)
2	Wahlmöglichkeiten zwischen internem und externem Markt:	
a)	- für Einsatzgüter	Beschaffungspreis auf externem Markt + Beschaffungsnebenkosten
b)	- für Ausbringungsgüter	Absatzpreis auf externem Markt - Absatznebenkosten
3	Nur interner Markt mit Beschränkungen:	
a)	- nur eine Beschränkung bei konstanten Deckungsbeiträgen	Ableitung aus Deckungsbeiträgen je Engpaßeinheit
b)	- mehrere Beschränkungen bei konstanten Deckungsbeiträgen	Ableitung aus Dualwerten der Planungsrechnung

Abb. 3-141: Typische Fälle für die Ermittlung von Lenkungspreisen

Im **Fall 1** existiert nur ein unternehmensinterner Markt. Hier können die Fertigungs- und Vertriebsstellen die Einsatzgüter und Zwischenprodukte lediglich von anderen Stellen in der Unternehmung beziehen. Die Ausbringungsgüter der Beschaffungs- und der Fertigungsstellen werden nur innerhalb der Unternehmung weitergegeben. Die Beschaffungs- und Produktionsmöglichkeiten sind nicht beschränkt. Bei linearen Kostenfunktionen sind die **Grenz-**

---
[485] Vgl. DRUMM, H. (Lenkung durch Preise), S. 255 ff.

kosten als Lenkungspreise anzusetzen. Jede Stelle wird unter diesen Bedingungen bestrebt sein, die höchstmöglichen Produktmengen herzustellen und weiterzugeben. Daher werden die von den Vertriebsstellen absetzbaren Höchstmengen und damit die Nachfrage der Vertriebsstellen für die Entscheidungen der vorgelagerten Stellen maßgebend. Sofern die Kostenfunktionen nichtlinear verlaufen, lassen sich die Lenkungspreise nur unter engen Bedingungen ermitteln, ohne dass zugleich das Produktions- und Absatzprogramm zentral bestimmt wird[486].

Fall 2a ist gegeben, wenn die selbständigen Stellen frei wählen können, ob sie ein Einsatzgut intern von einer anderen Stelle der Unternehmung oder extern vom Markt beziehen. Entsprechend besteht im **Fall 2b** die Wahlmöglichkeit, Zwischenprodukte innerhalb der Unternehmung weiterzugeben oder am Markt zu verkaufen. Diese Möglichkeiten einer Wahl zwischen internem und externem Markt sind in Abbildung 3-140 durch gestrichelte Pfeile angedeutet.

Als Lenkungspreise sind hier die um Nebenkosten bereinigten **Beschaffungs-** bzw. **Absatzpreise** auf den **externen Märkten** zu verwenden. Jedoch müssen die internen und externen Güter voll substitutiv und die externen Märkte den betroffenen Stellen der Unternehmung zugänglich sein.

Als schwieriges Problem erweist sich die Bestimmung der Lenkungspreise im **Fall 3**, bei dem die Unternehmung Beschränkungen unterworfen ist. Lediglich bei Vorliegen einer einzigen Beschaffungs- oder Produktionsbeschränkung und unbegrenzten Absatzmöglichkeiten lassen sich die Lenkungspreise aus den **Deckungsbeiträgen der Engpasseinheit** direkt ermitteln (**Fall 3a**). In der Praxis sind fast immer die Kapazitäten der Beschaffung, der Produktion und des Absatzes sowie der Finanzierung beschränkt (**Fall 3b**). Die exakte Berechnung der Lenkungspreise ist für diesen Fall durch die Entwicklung der linearen und der nichtlinearen Planungsrechnung möglich geworden. Es hat sich gezeigt, dass zu jedem Mengenproblem der Bestimmung des optimalen Produktions- und Absatzprogramms ein **duales Wertproblem** existiert, das als Problem der Bestimmung von **Verrechnungspreisen** für knappe und voll ausgelastete Kapazitäten aufgefasst werden kann. Als Lösung dieses Preisproblems erhält man **Dualwerte**. Diese ermöglichen bei der aufgeworfenen Frage die Verteilung des optimalen Gesamtdeckungsbeitrags auf die im Optimum voll ausgelasteten Kapazitäten. Sie lassen sich als **Grenzdeckungsbeiträge, Schattenpreise, Grenzerfolgssätze** oder **Opportunitätskosten** je Einheit der in der optimalen Lösung voll ausgenutzten Kapazitäten interpretieren. Alle nicht ausgelasteten Beschränkungen haben einen Dualwert von Null. Aufgrund des **Preistheorems der linearen Planungsrechnung** und der **Kuhn-Tucker-Bedingungen**[487] **der nichtlinearen Planungsrechnung** stimmen die optimalen Lösungen des primalen Mengenproblems und des dualen Preisproblems überein. Deshalb ist die Höhe der Dualwerte auch aus der Lösung des Mengenproblems ersichtlich. In dem auf S. 490 bestimmten optimalen Produktions- und Absatzprogramm erkennt man die Dualwerte w_j

---

[486] Vgl. HAX, H. (Koordination), S. 132 ff.; DRUMM, H. (Lenkung durch Preise), S. 256 f.
[487] Vgl. KISTNER, K. (Optimierungsmethoden), S. 108 ff.; NEUMANN, K./MORLOCK, M. (Operations Research), S. 548 ff.

aus der letzten Zeile des Endtableaus[488]. Multipliziert man entsprechend Abbildung 3-142 die verfügbaren Mengeneinheiten der Beschaffungs-, Fertigungs- und Absatzbeschränkungen mit ihren Dualwerten und addiert diese Beträge, so erhält man den **optimalen Gesamtdeckungsbeitrag**. Diese Aufstellung zeigt die Verteilung des erwirtschafteten Gesamtdeckungsbeitrags auf die voll ausgelasteten Kapazitäten.

Nebenbedingungen	Verfügbare Kapazität		Dualwerte		€
Werkstoff	6.000	kg	w_1 =	0,000000 €/kg	0,00
Fertigungsstelle F_{11}	20.000	min	w_2 =	0,425000 €/min	8.500,00
Fertigungsstelle F_{12}	22.000	min	w_3 =	0,151500 €/min	3.333,00
Fertigungsstelle F_{21}	30.000	min	w_4 =	0,317020 €/min	9.441,06
Fertigungsstelle F_{22}	20.000	min	w_5 =	0,051930 €/min	1.038,60
Absatzhöchstmenge von x_1	500	St.	w_6 =	0,000000 €/St.	0,00
Absatzhöchstmenge von x_2	500	St.	w_7 =	3,115000 €/St.	1.557,50
Absatzhöchstmenge von x_3	700	St.	w_8 =	0,000000 €/St.	0,00
Absatzhöchstmenge von x_4	1.000	St.	w_9 =	0,000000 €/St.	0,00
Absatzhöchstmenge von x_5	800	St.	w_{10} =	0,000000 €/St.	0,00
Gesamtdeckungsbeitrag					23.870,16

Abb. 3-142: Verteilung des Gesamtdeckungsbeitrags auf die voll ausgelasteten Kapazitäten

Die **Dualwerte** bilden die Grundlage zur Ermittlung der exakten planungsorientierten Lenkungspreise knapper Kapazitäten in Beschaffung, Fertigung und Absatz. Sie können den selbständigen Abteilungen als Preise für den Verbrauch einer Einheit der voll ausgelasteten Kapazität vorgegeben werden. Dann legen die Abteilungen diese Preise ihren Kalkulationen der Ausbringungsgüter zugrunde. Für die begrenzt verfügbare **Fertigungszeit** der Fertigungsstelle F_{11} erhält man in dem betrachteten Beispiel den **Lenkungspreis**, indem man entsprechend Abbildung 3-143 zu den Grenzkosten ihren Dualwert als Grenzdeckungsbeitrag addiert.

Grenzkosten (= variable Kosten je Minute)	0,07 €/Min
+ Dualwert (Grenzdeckungsbeitrag)	0,43 €/Min
Lenkungspreis je Fertigungsminute	0,50 €/Min

Abb. 3-143: Beispiel für die Bestimmung des Lenkungspreises

Die verfügbare Werkstoffmenge ist im Optimum nicht vollständig eingesetzt. Deshalb ist ihr Dualwert gleich Null und somit der Lenkungspreis gleich den Grenzkosten. Da in diesem Beispiel nur konstante Produktionskoeffizienten und konstante Preise gelten, sind die Grenzkosten gleich den jeweiligen variablen Stückkosten.

---

[488] Vgl. Abb. 3-134, S. 490.

Zur Kalkulation der **Lenkungspreise von Zwischenprodukten** müssen die Grenzdeckungsbeiträge je Produkteinheit berechnet werden. Sofern in dem Optimalmodell zur Bestimmung des Produktions- und Absatzprogramms die Zwischenprodukte als selbständige Variable neben den Fertigprodukten und die Lieferströme zwischen den Stellen als zusätzliche Nebenbedingungen aufgenommen sind, ergeben sich diese **Grenzdeckungsbeiträge** ebenfalls als **Dualwerte** der optimalen Lösung des Mengenproblems[489]. Bei dem oben dargestellten Modell sind die Zwischenproduktmengen nicht gesondert aufgeführt. Sie stimmen mit den Endproduktmengen überein, weil keine Lager gebildet werden. Man erhält in diesem Fall die Grenzdeckungsbeiträge je Produkteinheit, indem man die Grenzdeckungsbeiträge je Kapazitätseinheit (die Dualwerte) mit den für eine Produkteinheit verbrauchten Kapazitätseinheiten (den Produktionskoeffizienten) multipliziert. Zu diesem Betrag sind die Grenzkosten des Produkts zu addieren.

Die Fertigungsstelle F_{11} des betrachteten Beispiels kann die Zwischenproduktmengen x_1^*, x_2^* und x_3^* fertigen. Zu ihrer Herstellung werden der knappe Werkstoff und die begrenzte Fertigungszeit dieser Fertigungsstelle eingesetzt. Ferner sind die Produktionsmengen dieser Zwischenprodukte wegen der Absatzbeschränkungen begrenzt. Aus den Grenzkosten, den Produktionskoeffizienten und den Dualwerten lassen sich die Lenkungspreise dieser Zwischenprodukte entsprechend Abbildung 3-144 berechnen[490].

	x_1^*			x_2^*			x_3^*		
	Wert je Einheit	Produktionskoeffizient	€	Wert je Einheit	Produktionskoeffizient	€	Wert je Einheit	Produktionskoeffizient	€
Grenzkosten je Produkteinheit:	Kosten			Kosten			Kosten		
* variable Werkstoffkosten	4,20	4,25	17,85	4,20	0,80	3,36	4,20	3,60	15,12
* variable Fertigungskosten in F_{11}	0,07	18,00	1,26	0,07	12,00	0,84	0,07	16,00	1,12
Grenzdeckungsbeiträge je Produkteinheit:	Dualwert			Dualwert			Dualwert		
* für Werkstoffbeschränkung	0,000	4,250	0,000	0,000	0,800	0,000	0,000	3,600	0,000
* für Fertigungskapazität in F_{11}	0,425	18,000	7,650	0,425	12,000	5,100	0,425	16,000	6,800
* für Absatzbeschränkungen	0,000		0,000	3,120		3,120	0,000		0,000
Lenkungspreis je Produkteinheit			26,76			12,42			23,04

Abb. 3-144: *Beispiel für die Bestimmung des Lenkungspreises von Zwischenprodukten*

Mit Hilfe der **linearen Planungsrechnung** gelingt es somit, die Lenkungspreise zur Erreichung des maximalen Gesamtdeckungsbeitrags exakt zu berechnen. Bei Vorliegen nichtlinearer Beziehungen, wie sie z.B. bei Geltung einer fallenden Preis-Absatzfunktion auftreten, können die Dualwerte mit Verfahren der nichtlinearen Planungsrechnung ermittelt werden[491]. Bislang stehen derartige Verfahren aber nur für ganz bestimmte Funktionstypen zur Verfügung. Die Bestimmung der Lenkungspreise setzt jedoch die **Lösung des Mengenproblems** der optimalen Produktions- und Absatzplanung voraus.

---

[489] Vgl. HAX, H. (Koordination), S. 164 ff.
[490] Vgl. SWOBODA, P. (Anpassung), S. 123.
[491] Vgl. LAUX, H./LIERMANN, F. (Grundlagen[5]), S. 385 ff.

D. Systeme auf Teilkostenbasis

Mit ihr kennt man die Gütermengen, die von den einzelnen Abteilungen bezogen, hergestellt und weitergegeben werden sollen. Eine dezentrale Planung in den Abteilungen wird damit überflüssig. Man steht also dem folgenden **Dilemma** gegenüber: Einerseits ist eine Bestimmung der exakten Lenkungspreise ohne zentrale Planung der Beschaffungs-, Produktions- und Absatzmengen nicht möglich, andererseits ist dann eine dezentrale Planung mit vorgegebenen Lenkungspreisen nicht mehr erforderlich. Auch die Versuche, durch eine **Dekomposition** der Entscheidungsmodelle die Lenkungspreise zu bestimmen, ohne das gesamte Entscheidungsmodell zentral zu lösen, haben bisher zu keinen praktisch anwendbaren Ergebnissen geführt[492].

Deshalb hat man nach Wegen gesucht, derartige Lenkungspreise näherungsweise zu ermitteln. Die vorgeschlagenen **Faustregeln zur Bestimmung der Lenkungspreise** gewährleisten aber nicht, dass die deckungsbeitragsmaximalen Lenkungspreise erreicht werden[493]. In der Praxis verwenden nur wenige Unternehmungen **Knappheitspreise**. Am weitesten verbreitet ist die Ableitung von Lenkungspreisen aus **Marktpreisen** oder **Vollkosten**[494]. Im ersten Fall werden aber die Beschaffungs- bzw. Absatznebenkosten häufig nicht berücksichtigt und auch Lenkungspreise für nicht voll substitutive Güter angesetzt. Die Möglichkeit der Bestimmung von Lenkungspreisen ist ferner durch die Unsicherheit der Daten und durch die Ganzzahligkeit einzelner Planungsgrößen beeinträchtigt. Vor allem besitzt die Unternehmung in der Regel keine Gewissheit über die Entwicklung der Nachfrage und der Marktpreise[495]. Die Unsicherheit bei der Zentrale und/oder den Bereichen kann dazu führen, dass neben den Lenkungspreisen **Transferregeln** vorgegeben werden müssen, damit es innerbetrieblich zu einem Ausgleich zwischen Angebot und Nachfrage unter den Bereichen kommt[496].

Die Auslastung der Produktionskapazitäten, die nachgefragten Absatzhöchstmengen sowie die Preise der Einsatz- und Ausbringungsgüter sind vielfach **Schwankungen** unterworfen. Daraus kann folgen, dass immer wieder andere Beschränkungen voll ausgenutzt und damit knapp sind sowie starke **Änderungen der Lenkungspreise** auftreten. Um die Unternehmung optimal zu steuern, müssten die vorzugebenden Lenkungspreise diesen Schwankungen laufend angepasst werden. Auch für Entscheidungen über **Zusatzaufträge** oder den **Zukauf von Zwischenprodukten** vom Markt besitzen die Lenkungspreise nur begrenzte Bedeutung. Mit ihnen lässt sich angeben, ob die Annahme eines Zusatzauftrags oder der Zukauf von Zwischenprodukten den Gesamtdeckungsbeitrag erhöht. Jedoch muss zur Bestimmung der zusätzlichen Produktions- bzw. Zukaufsmengen oder bei der Entscheidung über mehrere Aufträge eine **Sensitivitätsanalyse** der zentral berechne-

---

[492] Vgl. DANTZIG, G./WOLFE, P. (Decomposition), S. 101 ff., MÜLLER-MERBACH, H. (Dekomposition), S. 311 ff.; ADAM, D. (Kostenbewertung), S. 196 ff.; SCHMIDT, A. (Controlling), S. 209 ff.
[493] Vgl. KILGER, W. (Plankostenrechnung), S. 713.
[494] Vgl. KÜPPER, H.-U. (Controlling), S. 383.
[495] Vgl. DRUMM, H. (Lenkung durch Preise), S. 259 f. und S. 262 ff.
[496] Vgl. LAUX, H./LIERMANN, F. (Grundlagen[5]), S. 413.

510   3. Kapitel: Planungsorientierte Systeme der KER

ten optimalen Lösung durchgeführt oder ein neues optimales Programm berechnet werden[497].

> Das größte Gewicht besitzt aus **planungsorientierter Sicht** der **Einwand**, dass es bislang in den meisten praktischen Anwendungsfällen nicht möglich ist, ohne zentrale Programmplanung die Lenkungspreise zu bestimmen, die eine optimale Steuerung der Unternehmung gewährleisten[498].

Deshalb scheint das System einer dezentralen Planung unter Verwendung von Lenkungspreisen nur dann zweckmäßig, wenn man zugunsten anderer Ziele auf das Verfolgen bzw. Erreichen des Extremwertes wirtschaftlicher Ziele verzichtet und sich mit **zweitbesten, drittbesten** oder **satisfizierenden Lösungen** begnügt. Die Auswertung der praktizierten dezentralen Planungssysteme spricht für ein derartiges Verhalten von Unternehmungen.

Die dargestellten Ansätze zur Bestimmung von Lenkungspreisen sollen eine **Steuerung dezentraler Bereiche** ermöglichen. Sie gehen dabei von planungsorientierten Konzepten aus, ohne die spezifische Bedeutung des Zwecks der Verhaltenssteuerung stärker in Betracht zu ziehen. Deshalb stellt sich die Frage, ob mit ihnen diese Zielsetzung überhaupt erreichbar ist. Konzepte der Agencytheorie, wie sie in Kapitel *vier*[499] gekennzeichnet werden, lassen erkennen, dass seine explizite und verhaltensbezogene Beachtung zu anderen Einsichten und Ansätzen führen.

d) Wirtschaftlichkeit und Anpassungsfähigkeit der Grenzplankostenrechnung

Die **Grenzplankosten- und Deckungsbeitragsrechnung** gehört zu den am weitesten ausgebauten Systemen der Teilkostenrechnung. Für die stellenweise Planung und Kontrolle bietet sie ein ausgefeiltes Instrumentarium an, das vielfach in der Praxis eingesetzt wird. Dies hat aber zur Konsequenz, dass ihre Einführung aufwendig ist. Vor allem die analytische Kostenplanung mit der Analyse homogener oder heterogener Kostenverursachung, der Bestimmung geeigneter Bezugsgrößen und der Ermittlung von Kostenbeziehungen sowie Kostenfunktionen **verursacht relativ hohe Kosten**. Dazu muss nicht nur eine entsprechende Hard- und Software für die EDV-Unterstützung verfügbar sein bzw. neu angeschafft werden. Die Einführung einer Grenzplankosten- und Deckungsbeitragsrechnung verlangt meist auch einen **hohen personellen Einsatz** sowie die **Hinzuziehung externer Berater**. Ein besonders umfassendes Beispiel hierfür bildet die Einführung eines dezentralen Leistungs- und Kostenrechnungssystems *DELKOS* bei der Deutschen Bundespost Ende der achtziger Jahre[500], das wesentliche Komponenten der Grenzplankostenrechnung aufnahm. Seine flächendeckende

---

[497] Vgl. KILGER, W. (Plankostenrechnung), S. 712.
[498] Vgl. HAX, H. (Koordination), S. 144 f.
[499] Vgl. Kapitel 4., Abschnitt B., S. 619 ff.
[500] Vgl. DETJEN/STROHBACH/SCHMIDT (Bundespost).

D. Systeme auf Teilkostenbasis

Einführung bei der Bundespost dürfte Kosten in Höhe von einigen hundert Millionen Euro betragen haben.

Dem steht der **Nutzen für die Informationsbereitstellung** zur kurzfristigen Entscheidungsfindung sowie für die Kontrolle aller Stellen gegenüber. Vom Gewicht dieser Probleme für die Unternehmung hängt es ab, wie das Nutzen-Kosten-Verhältnis und damit die Wirtschaftlichkeit des Systems einzuschätzen sind. Für ihre Beurteilung ist auch maßgebend, dass die Grenzplankosten- und Deckungsbeitragsrechnung meist zu einer **kombinierten Rechnung** ausgebaut wird, die zusätzlich Kosten- und Erlösinformationen für längerfristige Entscheidungsprobleme liefert[501].

Die Trennung zwischen fixen und variablen Kosten ist Basis für die **Anpassungsfähigkeit der Rechnung**. Durch sie bereitet die Erweiterung um eine Fixkostenverteilung keine besonderen Schwierigkeiten. Soweit dies vor allem unter pragmatischen Gesichtspunkten als zweckmäßig angesehen wird, gelangt man dann zu einem System, das die Möglichkeiten einer Teil- und einer Vollkostenrechnung bietet.

Eine Verwendung von direkten Bezugsgrößen außerhalb des Fertigungsbereichs ermöglicht die **Erfassung der Leistungsprozesse in den Verwaltungsbereichen**. Damit lassen sich ohne Änderung des Gesamtkonzepts Komponenten aufnehmen, wie sie in der **Prozesskostenrechnung** in analoger Weise entwickelt und noch stärker umgesetzt worden sind. Ein wesentlicher Vorteil der Grenzplankostenrechnung liegt aber darin, dass die Trennung von variablen und fixen Kosten beibehalten wird und man damit sowohl Voll- als auch Teilkosteninformationen erhält. Die Möglichkeit der Einbindung einer **Prozesskostenrechnung auf Teilkostenbasis** ist ein wichtiger Aspekt für die Anpassungsfähigkeit der Grenzplankosten- und Deckungsbeitragsrechnung. Diese zeigt sich des weiteren an den Möglichkeiten der kurzfristigen Periodenerfolgsrechnung, die von einfachen Ansätzen bis zu **mehrstufigen** sowie **mehrdimensionalen Deckungsbeitragsrechnungen** unterschiedliche Gestaltungsformen bereitstellt, aus denen man Informationen für **längerfristige Entscheidungen** erhalten kann. Hier liegt ebenso wie in der bei den Abschreibungen und der Preisuntergrenzenbestimmung erkennbaren **Verknüpfung zu investitionstheoretischen Ansätzen**[502] eine Brücke zur **Investitionsrechnung**.

---

[501] Vgl. Kapitel 3., Abschnitt E.I., S. 562 ff.
[502] Vgl. Kapitel 3., Abschnitt A.IV.2.b), S. 240 ff. und Abschnitt A.IV.3.b), S. 259 ff.

II. Prozessorientierte Kostenrechnung

1. Problemstellung der prozessorientierten Kostenrechnung

Die prozessorientierte Kostenrechnung ist von JENS KNOOP[503] als ein Modell der kostenorientierten **Prozessplanung und -steuerung** entwickelt worden.

> Bei näherer Betrachtung zeigt sich, dass das vorgelegte Konzept weniger eine Kostenrechnung darstellt, sondern ein **Modell der kurzfristigen Planung und Steuerung** von Fertigungsprozessen in flexiblen Fertigungssystemen.

Als **Zielvorstellung** der Prozessplanung und -steuerung wird bei diesem Modell die Kostenoptimierung verfolgt. Von anderen Modellen unterscheidet es sich dadurch, dass es die Prozessplanung und -steuerung nicht nur unter mengen- und zeitmäßigen Zielvorstellungen, wie Minimierung der Durchlaufzeiten, Maximierung der Kapazitätsauslastung, Minimierung der Bestände, Minimierung der Terminüberschreitung usw. verfolgt, sondern unter dem wertmäßigen Ziel der **Kostenoptimierung**. Vom Bezugszeitraum her ist dieses Modell in der Regel auf **einen Arbeitstag** bezogen und daher als kurzfristiges Planungs- und Steuerungsmodell anzusehen. Für alle Prozessentscheidungen, welche dieses Modell unterstützt, werden **entscheidungsrelevante Kosteninformationen** benötigt, die von einer **Grenzplankostenrechnung** bereitgestellt werden. Die Grenzplankostenrechnung ist in diesem Rechnungsansatz jedoch nur eine Modellkomponente neben anderen. Da die Grenzplankostenrechnung eine Teilkostenrechnung auf der Basis von variablen Kosten ist, sollen vom Ansatz her für die angesprochenen Entscheidungen relevante Teilkosteninformationen in der Gestalt von variablen bzw. proportionalen Kosten hergeleitet werden.

Das Modell der prozessorientierten Kostenrechnung ist für ein **Arbeitssystem** zur Bearbeitung von Produkten in vielen Varianten bei niedrigen Losgrößen entwickelt worden. Derartige Arbeitssysteme weisen einen hohen Mechanisierungs- bzw. Automatisierungsgrad sowie eine hohe Fertigungsflexibilität auf. Im Hinblick auf die Entwicklung neuer CIM-Strukturen soll dieses Modell außerdem einen Beitrag zu einer umfassenden Orientierung dieser Strukturen an der Kostenwirtschaftlichkeit liefern.

> Als **flexibles Fertigungssystem** wird ein Aggregat von automatisierten Fertigungseinrichtungen bzw. CNC-Maschinen bezeichnet, welches die Aufgabe hat, gleichzeitig an verschiedenen Werkstücken und in einer Arbeitsfolge, die nicht durch Umrüsten unterbrochen wird, verschiedene Arbeitsgänge auszuführen[504].

---

[503] Vgl. KNOOP, J. (Online-Kostenrechnung).
[504] Vgl. NIESS, P.S. (Fertigungssystem), S. 595 ff.

D. *Systeme auf Teilkostenbasis* 513

Die Verknüpfung einzelner Fertigungseinrichtungen im flexiblen Fertigungssystem erfolgt durch ein automatisches Transport- sowie ein gemeinsames Steuerungssystem. Außerdem gehören zu ihm Werkzeugmagazine und Werkstücklager. Begrenzte Möglichkeiten von Zwischenlagern bestehen darin, dass Handhabungsgeräte (beispielsweise Palettenwechsler) Bestände aufnehmen. Das verwendete Fertigungsteuerungssystem lenkt alle Systemkomponenten zentral und ist in der Lage, alle aktuellen Systemzustände zu erfassen. Im gesamten flexiblen Fertigungssystem werden die anfallenden Arbeitsgänge automatisch gesteuert. Lediglich bei der Wartung und Bedienung des Systems, beim Aufspannen von Werkstücken auf Werkstückträger und bei der Versorgung der Werkzeugmagazine treten noch manuelle Arbeitsgänge auf. Demnach ist die prozessorientierte Kostenrechnung auf folgende **Anwendungsbedingungen** eines flexiblen Fertigungssystems gerichtet[505]:

(1) Eine bestimmte Maschine im System kann an verschiedenen Werkstücken unterschiedliche Arbeitsgänge durchführen.

(2) Innerhalb gegebener technischer Grenzen lässt sich die Zuordnung von Arbeitsgängen zu Maschinen variabel gestalten.

(3) Einzelne Maschinen im flexiblen Fertigungssystem können sich sowohl ersetzen als auch ergänzen.

(4) Innerhalb eines Auftrags ist die Reihenfolge der Arbeitsgänge in bestimmten technischen Grenzen variabel.

(5) Sowohl die Anzahl der Werkstückträger als auch die Kapazitäten für Zwischenlagerung und Transport sind innerhalb des flexiblen Fertigungssystems begrenzt.

2. *Rechnungsziele der prozessorientierten Kostenrechnung*

Als **Rechnungsziele** der prozessorientierten Kostenrechnung formuliert KNOOP[506]:

(1) die Unterstützung des Berichtswesens,

(2) die Unterstützung der Ablaufplanung (Fertigungssteuerung),

(3) die Unterstützung von Maßnahmen zur Störungsbeseitigung sowie

(4) die Unterstützung der technischen Investitionsplanung.

Zentrale Aufgabe des **Berichtswesens** ist zur Erfüllung des **ersten Rechnungsziels** die Bereitstellung von Informationen über das Auftreten von Abweichungen vom Ablaufplan. Es soll sicherstellen, dass unmittelbar nach dem Erkennen von Abweichungen entsprechende Maßnahmen zur Anpassung des Ablaufplans ausgelöst werden. Deshalb muss dieses Berichtswesen sehr **flexibel** und **aktuell** sein. Der Entscheidungsträger bzw. die zuständige Abteilung benutzt das Berichtswesen, um die während des Produktionsvollzugs anfallenden Entscheidungen schnell und mit zeitnahen Kosteninformationen

---

[505] Vgl. KNOOP, J. (Online-Kostenrechnung), S. 26 ff.; KUHN, H. (Einlastungsplanung), S. 18; SCHWEITZER, M. (Kostenrechnung), S. 618.
[506] Vgl. KNOOP, J. (Online-Kostenrechnung), S. 111 ff.

zu treffen. Jede Abweichung vom Ablaufplan des täglichen Fertigungsprogramms kann auf diese Weise unmittelbar nach ihrem Erkennen bereinigt werden. Das Rechnungsziel einer Unterstützung des Berichtswesens wird durch die online arbeitende, mitlaufende Kalkulation erfüllt. Im einzelnen bedeutet dies, dass jedem Kostenträger (Werkstück) unmittelbar nach Erledigung eines Arbeitsganges die jeweils angefallenen Kosten der Bearbeitung belastet werden. Jedem Kostenträger werden entlang seines Arbeitsweges (Arbeitsplanes) für die Beanspruchung der jeweiligen Systemkomponenten Kosten zugerechnet.

Das **zweite Rechnungsziel** der prozessorientierten Kostenrechnung wird in der **Unterstützung der Ablaufplanung** gesehen. Die bei der Steuerung von Fertigungsprozessen anfallenden Entscheidungen werden in diesem Modell nicht auf der Basis von mengen- und zeitorientierten Teilzielen, sondern auf der Basis eines Kostenziels getroffen. An diesem Rechnungsziel wird deutlich, dass dieser Ansatz der kostenoptimalen Steuerung von Planrealisationen dient.

Die Ablaufplanung hat hier die Aufgabe, für ein Fertigungsprogramm, das täglich eingeplant und vorgegeben wird, eine kostenoptimale Belegung des flexiblen Fertigungssystems bzw. seiner Komponenten (Arbeitsplätze, Kostenplätze) zu bestimmen. Im Wesentlichen handelt es sich um die Lösung eines Reihenfolgeproblems bei Verwendung von Prioritätsregeln für die Einschleusung der Aufträge in das System sowie für die Abfertigung der Aufträge im System. Mit Hilfe eines **Simulationsmodells** werden die verschiedenen Kombinationen von Einschleusungs- und Abfertigungsregeln für ein gegebenes Tagesfertigungsprogramm untersucht. Damit wird es ermöglicht, die Kostenwirkungen für alle denkbaren Belegungspläne zu ermitteln. Bei gegebener Fertigungszeit für das Tagesfertigungsprogramm ist der Belegungsplan auszuwählen, der zu den geringsten variablen Kosten führt.

Für den Fall, dass die Gesamtdurchlaufzeit des ursprünglichen Tagesfertigungsprogramms reduziert werden soll, um freie Kapazität für Eil- oder Zusatzaufträge zu erhalten, schlägt KNOOP vor, den Belegungsplan auszuwählen, der zu den geringsten Gesamtkosten führt. Dazu werden die bisher auf einen Tag bezogenen Fixkosten auf die verkürzte Gesamtdurchlaufzeit des Fertigungsprogramms bezogen. Die Gesamtkosten setzen sich demnach aus variablen Kosten und anteiligen, reduzierten Fixkosten des Fertigungsprogramms zusammen.

Der Ansatz der prozessorientierten Kostenrechnung ermöglicht ferner die Formulierung von **kostenorientierten Prioritätsregeln** auf der Basis online ermittelter Kostenabweichungen. Im Fertigungsprozess konkurrieren mehrere Werkstücke um freie Puffer, Werkzeuge, Transportmittel oder Bearbeitungsstationen. Für jedes Werkstück lässt sich in dieser Situation online eine Kostenabweichung berechnen. Diese zeigt die Differenz zwischen bisher aufgelaufenen Istkosten und den entsprechenden Plankosten. Aus den online ermittelten Kostenabweichungen soll durch lineare Interpolation eine Gesamtkostenabweichung prognostiziert werden. Auf der Basis der erwarteten relativen bzw. absoluten Kostenabweichung können nach KNOOP Prioritätsregeln formuliert werden, die eine kostenoptimale Realisierung des Fertigungsprozesses sicherstellen sollen.

Ein **drittes Rechnungsziel** der prozessorientierten Kostenrechnung liegt in der Unterstützung der Auswahl von Maßnahmen zur **Störungsbeseitigung**. In jedem flexiblen Fertigungssystem können an den verschiedenen Arbeitsplätzen bzw. Maschinen Störungen auftreten. Deren Beseitigung führt zu Instandsetzungs- und Ausfallfolgekosten. Die entstehenden **Ausfallkosten** lassen sich online mittels der Mitlaufkalkulation berechnen, die **Ausfallfolgekosten** müssen dagegen näherungsweise simuliert bzw. geschätzt werden. Werden außerdem simulierte variable Kosten für den geänderten Ablaufplan berücksichtigt, lassen sich alternative **Strategien zur Störungsbeseitigung** nach ihrer Kostenwirkung beurteilen. Fallen in einem flexiblen Fertigungssystem beispielsweise drei Maschinen gleichzeitig aus, kann auch darüber entschieden werden, in welcher Reihenfolge die Störungsbeseitigung durchzuführen ist, wenn die ganze Entstörung kostenoptimal erfolgen soll.

Als **viertes Rechnungsziel** der prozessorientierten Kostenrechnung formuliert KNOOP die **Unterstützung der technischen Investitionsplanung**. Diesem liegt eine Unterscheidung zwischen wirtschaftlicher und technischer Investitionsplanung zugrunde. Die **wirtschaftliche Investitionsplanung** beantwortet die Frage, welches Investitionsprogramm bei Beachtung einer wirtschaftlichen Zielfunktion unter gegebenen Nebenbedingungen optimal ist. Das Anliegen der **technischen Investitionsplanung** besteht dagegen darin, alternative technische Ausstattungskonstellationen des flexiblen Fertigungssystems nach ihren Kostenwirkungen zu beurteilen. Die Prognosen der Kostenwirkungen denkbarer Ausstattungskonstellationen werden durch Simulation gestützt. Eine Bewertung der zulässigen Ausstattungsalternativen erfolgt dabei mit relevanten Kosten, die sowohl ablaufabhängige variable Kosten als auch fixe Kosten einschließen[507]. Zu wählen ist diejenige Ausstattungskonstellation, welche die genannten relevanten Kosten minimiert. Das angesprochene Ausstattungsproblem flexibler Fertigungssysteme ist primär eine technische Investitionsfrage, die unter Kostengesichtspunkten beantwortet werden soll. Mit dieser Unterstützung der technischen Investitionsplanung verlässt die prozessorientierte Kostenrechnung die operative Ebene und liefert Informationen für die Lösung eines **taktischen** Problems, wobei sich die Frage stellt, ob die zur Alternativenbewertung berücksichtigten Kosten relevant sind.

3. *Komponenten der prozessorientierten Kostenrechnung*

a) **Grenzplankostenrechnung als Basissystem**

Das Planungs- und Steuerungsmodell der prozessorientierten Kostenrechnung ist bisher nur für die Anwendung in flexiblen Fertigungssystemen industrieller Unternehmungen entwickelt worden.

---

[507] Vgl. KNOOP, J. (Online-Kostenrechnung), S. 126.

3. Kapitel: Planungsorientierte Systeme der KER

> Das Modell besteht aus den folgenden Komponenten (Modulen):
> Grenzplankostenrechnung,
> Simulationsmodell,
> online Betriebsdatenerfassungssystem und
> Mitlaufkalkulation.

Die **erste Komponente des Modells** der prozessorientierten Kostenrechnung ist eine **Grenzplankostenrechnung**[508]. Ihr Grundgedanke liegt darin, dass kurzfristig für Einzelentscheidungen nur variable bzw. proportionale Kosten entscheidungsrelevant sind und fixe Kosten aus dem Entscheidungszusammenhang ausgeklammert werden können.

Die zugrunde liegende Grenzplankostenrechnung setzt sich aus einer Kostenarten-, Kostenstellen- und Kostenträgerrechnung zusammen.

> In der **Kostenartenrechnung** der prozessorientierten Kostenrechnung werden alle bewerteten Güterverbräuche periodengenau abgegrenzt und vollständig sowie überschneidungsfrei nach Güterarten gegliedert.

Bereits in der Kostenartenrechnung wird festgehalten, in Bezug auf welche Bezugsgröße Einzelkosten oder Gemeinkosten vorliegen. Zu den Kostenträgereinzelkosten wird dabei lediglich der bewertete Materialverbrauch gerechnet. Personalkosten werden als Kostenstelleneinzelkosten des gesamten flexiblen Fertigungssystems aufgefasst, was bedeutet, dass sie in Bezug auf die Kostenträger Gemeinkostencharakter besitzen. Denselben Charakter haben Kosten der EDV und Kosten der zentralen Werkzeugvorbereitung. Zur Ermittlung der einzelnen Kostenarten wird ein Verrechnungspreissystem festgelegt, das mit folgenden Annahmen arbeitet:

(1) Für die Bewertung von **Abschreibungen** werden Wiederbeschaffungspreise angesetzt.

(2) Für den **Verbrauch von Energie** sowie Hilfs- und Betriebsstoffen werden außerbetriebliche Tageswiederbeschaffungspreise angesetzt.

(3) Zur Bestimmung der **Zinsen** wird der durchschnittliche Zinssatz des langfristig gebundenen Kapitals herangezogen.

(4) Für **Kosten der Raumnutzung** und Instandhaltung werden Verrechnungspreise verwendet, die sich aus der innerbetrieblichen Leistungsverrechnung ergeben.

> In der **Kostenstellenrechnung** wird davon ausgegangen, dass das gesamte flexible Fertigungssystem eine umfassende Kostenstelle darstellt[509].

Die Kostenverantwortung wird sowohl räumlich als auch organisatorisch und rechnungstechnisch präzise abgegrenzt. Die Kostenstelle "Flexibles Ferti-

---

[508] Vgl. Kapitel 3., Abschnitt D.I., S. 397 ff.
[509] Vgl. KNOOP, J. (Online-Kostenrechnung), S. 90 ff.

D. Systeme auf Teilkostenbasis

gungssystem" gliedert man weiter in einzelne Arbeitsplätze (Kostenplätze), deren Kosteneinflussgrößen analysiert werden. Diesen Einflussgrößen werden Kostenkategorien verursachungsgerecht, einfach und präzise zugerechnet. Aus den Kosteneinflussgrößen werden für den Fall der Kostenzurechnung Kostenbezugsgrößen. Dabei wird dem Postulat gefolgt, dass an jedem Arbeitsplatz eine **homogene Kostenverursachung** feststellbar sein sollte, also eine Kosteneinflussgröße existiert, zu der sich alle anderen Kosteneinflussgrößen proportional verhalten. Einzelne Systemkomponenten (NC-Maschinen, Transportsystem, Puffer) ergeben in diesem Sinne einzelne Arbeitsplätze. Für diese definiert KNOOP als homogene Kosteneinflussgröße und damit als Kostenbezugsgröße die jeweilige **Inanspruchnahmezeit** des Arbeitsplatzes (Systemkomponente). Anschließend sind die auftretenden Kostenarten in inanspruchnahmezeitvariable und inanspruchnahmezeitfixe Kostenkategorien zu trennen.

Nach den Analysen von KNOOP gelten Zins- und Raumkosten der Arbeitsplätze als fix. Kosten des Hilfs- und Betriebsstoffverbrauchs werden als vollständig proportional (variabel) betrachtet. Energiekosten, Instandhaltungskosten und Abschreibungen können sowohl fixe als auch variable Komponenten enthalten. Alle als fix herausgestellten Kosten werden nach dem Vorschlag von KNOOP auf einen Tag als Planperiode umgerechnet. Danach können für alle Arbeitsplätze sowohl Sollkostenfunktionen als auch Plankalkulationssätze pro Einheit der Inanspruchnahmezeit berechnet werden. Mit Hilfe der **Plankalkulationssätze** lassen sich kostenorientierte Belegungssimulationen der Arbeitsplätze durchführen. Für alle Arbeitsplätze und Kostenarten können damit Abweichungen zwischen Sollkosten und Istkosten ermittelt werden. Als spezielle Abweichungsarten sind Verfahrens- und Ausbeutegradabweichungen ermittelbar. Intensitätsabweichungen treten in der Regel in diesem Modell nicht auf, weil aus Kostengründen Intensitätsanpassungen nicht vorteilhaft erscheinen. Auf der Basis dieser Kostenabweichungen können schließlich umfassende Abweichungsanalysen für das flexible Fertigungssystem und seine Arbeitsplätze durchgeführt werden.

> Die **Kostenträgerstückrechnung** wird sowohl als Vorkalkulation als auch als Mitlaufkalkulation realisiert. Im Einzelnen dient sie dem Erreichen der oben beschriebenen Rechnungsziele.

b) Simulationsmodell

Die **zweite Komponente des Modells** einer prozessorientierten Kostenrechnung ist ein **Simulationsmodell**. Bei der tagesbezogenen Steuerung des Fertigungsprozesses treten komplizierte Reihenfolgeprobleme auf. Sie sind darauf zurückzuführen, dass in flexiblen Fertigungssystemen sowohl sich ersetzende als auch sich ergänzende Maschinen verwendet werden und auf jeweils einer Maschine verschiedene Arbeitsgänge durchgeführt werden können. Dabei lassen die Arbeitspläne innerhalb bestimmter technischer Grenzen Vertauschungen von Arbeitsgängen zu. Wie bei allen Reihenfolgeproblemen zeigt sich auch hier, dass eine exakt optimale Lösung wegen der großen Zahl der Belegungs- bzw. Durchlaufalternativen in einer angemessenen Rechenzeit nicht gefunden werden kann. Man ist daher gezwungen, mit **satisfizierenden Lösungen** zu arbeiten, die mit Hilfe eines Simulationsmodells ermittelt werden können.

> Die wichtigsten Elemente dieses Simulationsmodells sind **Prioritätsregeln** für die Bestimmung von Bearbeitungsreihenfolgen an allen Maschinen im System.

Es kommt hinzu, dass auch für die Freigabe der Aufträge **Regeln** formuliert werden müssen. Diese sind im Simulationsmodell isoliert oder kombiniert auf ihren Beitrag zur Sicherung kostengünstiger Alternativen zu testen. Für alternative Reihenfolgen der Einschleusung von Aufträgen und für alternative Bearbeitungsreihenfolgen der Aufträge, d.h. alternative Belegungspläne, werden im Simulationsmodell Warte- und Bearbeitungszeiten der Belegungspläne bestimmt und mit den Plankalkulationssätzen aus der Grenzplankostenrechnung bewertet. Die berechneten Kosten eines Belegungsplanes drücken seine Vorzugswürdigkeit aus. Alternative Simulationsläufe sind sowohl für gegebene Produktionsprogramme pro Tag als auch für wechselnde Produktionsprogramme bei variierter Systemkonfiguration auf taktischer Planungsebene möglich[510].

c) Online Betriebsdatenerfassungssystem

Die **dritte Komponente des Modells** ist ein **online Betriebsdatenerfassungssystem**. Um den Produktionsprozess im flexiblen Fertigungssystem während des Tages kostenoptimal steuern zu können, wird der Kostenzuwachs für jeden durchlaufenden Auftrag möglichst unmittelbar nach der Kostenentstehung an jeder einzelnen Maschine präzise und schnell ermittelt. Dies bedeutet, dass die entscheidungsrelevanten Einsatzgüterverbräuche und die Zustandsänderungen des flexiblen Fertigungssystems EDV-gestützt durch ein online Betriebsdatenerfassungssystem ermittelt bzw. prognostiziert werden müssen.

> Maschinell betriebene **Betriebsdatenerfassungssysteme** erlauben nicht nur eine präzise und schnelle Erfassung des Mengengerüsts der anfallenden Kosten, sondern auch eine systematische Bewertung der angefallenen Güterverbräuche und eine Abgrenzung der auftretenden Kostenabweichungen.

Die erfassten Daten reichen von den Laufzeiten der jeweiligen Maschine bis zur Erfassung der Maschinenintensitäten. Auf diese Weise wird eine zügige Analyse verschiedener Abweichungsarten ermöglicht. Eine weitere positive Wirkung des Einsatzes von Online Betriebsdatenerfassungssystemen liegt darin, dass die erhobenen Daten für verschiedene Anwendungssysteme der EDV weiterverwendbar und mögliche Fehler in der Datenerfassung früh erkennbar sind. Die online Gestaltung eines entsprechenden Betriebsdaten-

---

[510] Vgl. KNOOP, J. (Kostenrechnung), S. 47 f.

erfassungssystems ist für die kurzfristige Planungs- und Steuerungsaufgabe der prozessorientierten Kostenrechnung unverzichtbar.

d) Mitlaufkalkulation

Die vierte Komponente des Modells ist eine **Mitlaufkalkulation**.

> Die für alle Maschinen verursachungsgerecht erfassten Kosten müssen pro Auftrag bzw. Werkstück im Sinne des Arbeitsplanes systematisch verknüpft und fortgeschrieben werden, um jederzeit in Abhängigkeit vom Bearbeitungszustand den **Kostenstatus eines Auftrags** abfragen zu können.

Außerdem kann es sich als erforderlich erweisen, die Kostenentstehung bis zum Einzelbeleg oder zur Einzelberechnung zurückzuverfolgen. Für diesen Zweck ist es unerlässlich, eine Mitlaufkalkulation zu entwickeln. Bei einem entsprechenden Ausbau kann diese zu einem Prognoseinstrument der erwarteten Istkosten für den Durchlauf eines Auftrags durch das flexible Fertigungssystem verwendet werden. In dieser Ausbaustufe ist die Mitlaufkalkulation eine zweckmäßige Ausprägung der **Kostenträgerstückrechnung**.

4. Aussagefähigkeit der prozessorientierten Kostenrechnung

Die Beurteilung der Aussagefähigkeit der prozessorientierten Kostenrechnung kann unter zwei Aspekten durchgeführt werden. Der erste lässt sich mit der Frage nach der **verursachungsgerechten Kostenzurechnung** kennzeichnen. Der zweite Aspekt hat eine Antwort auf die Frage zu geben, in welchem Umfang dieser Rechnungsansatz in der Lage ist, mit seinen Kosteninformationen dem **Prinzip der Entscheidungsrelevanz** zu genügen. Unter diesem Aspekt ist zu erkunden, ob die definierten Rechnungsziele den Zielfunktionen der Entscheidungsmodelle äquivalent sind. Außerdem ist zu klären, ob die durch Kosteninformationen zu versorgenden Entscheidungsprobleme formal richtig modelliert wurden und durch die herleitbaren Kosteninformationen effizient unterstützt werden können.

In der **Kostenartenrechnung** ist ein Verrechnungspreissystem zu definieren, mit dessen Hilfe sich Mengenabweichungen ausweisen lassen. Die einzelnen Verrechnungspreise müssen zur Erfüllung dispositiver Aufgaben auf das zu lösende Entscheidungsproblem ausgerichtet sein. Bereits KILGER[511] hat darauf hingewiesen, dass ein Verrechnungspreis am Planungshorizont des jeweiligen Entscheidungsproblems orientiert sein muss. Für die prozessorientierte Kostenrechnung ist festzustellen, dass insbesondere die Entscheidungen, die in der Ablaufplanung und in der technischen Investitionsplanung getroffen werden sollen, in ihren Planungshorizonten erheblich divergieren. Ein einheitliches Verrechnungspreissystem kann daher keine Entscheidungsrelevanz für beide Entscheidungsproblemgruppen besitzen. Das in diesem Rechnungs-

---

[511] Vgl. KILGER, W. (Plankostenrechnung), S. 210.

konzept gewählte Preissystem ist in erster Linie auf die Planungs- und Steuerungsprobleme der Ablaufplanung zugeschnitten.

Um in der **Kostenstellenrechnung** dem Prinzip der Kostenverursachung zu genügen, wird das gesamte flexible Fertigungssystem in einzelne Arbeitsplätze (Kostenplätze) untergliedert. Das geschieht in der Absicht, an jedem Arbeitsplatz einer homogenen Kostenverursachung zu entsprechen. Dieses Vorgehen läuft darauf hinaus, für die variablen Kosten eines Kostenplatzes eine einzige Kosteneinflussgröße bzw. eine einzige Kostenbezugsgröße zu bestimmen, die in der **Inspruchnahmezeit** des jeweiligen Arbeitsplatzes gesehen wird. Ist jedoch davon auszugehen, dass artverschiedene Arbeitsplätze (NC-Maschinen, Transportsystem, Puffer) unterschiedliche Aktivitätszustände realisieren können, müsste für jeden dieser Zustände eine selbständige Einflussgröße bestimmt werden. Mindert man jedoch die Zahl der festgestellten Einflussgrößen, handelt es sich um eine Variablenreduktion, die bei der Analyse der Kostenabhängigkeiten Kostenverzerrungen und bei der Zurechnung von Kosten auf Bezugsgrößen erhebliche Unschärfen nach sich zieht. Hier liegt eine unübersehbare Schwäche der prozessorientierten Kostenrechnung. Außerdem werden alle Kostenkategorien, die sich zur gewählten Kosteneinflussgröße nicht proportional verhalten, in Bezug auf diese als fix definiert. Wird im nächsten Schritt diese Kosteneinflussgröße zur Kostenbezugsgröße gewählt und werden Teile der fixen Kosten auf diese Bezugsgröße proportionalisiert, dann sind diese nicht entscheidungsrelevant. Sie haben zur Konsequenz, dass die zugehörigen Plankalkulationssätze pro Zeiteinheit der Inanspruchnahme des jeweiligen Arbeitsplatzes keine optimale Lösung des kostenplatzbezogenen Entscheidungsproblems zulassen[512]. Eine Fixkostenproportionalisierung der beschriebenen Art kann daher dem Postulat nach Entscheidungsrelevanz nur genügen, wenn die auf einen Tag als Planungszeitraum aufgespalteten Teile der fixen Kosten von Tag zu Tag (durch Investitionsentscheidungen) neu festgelegt werden können, was weder in der Realität noch in diesem Modell zutrifft. Dieses Problem wird besonders deutlich bei der Berücksichtigung von Zusatzaufträgen im Tagesfertigungsprogramm[513].

Durch die vorgeschlagenen Komponenten der prozessorientierten Kostenrechnung wird ein aktuelles und flexibles **Berichtssystem** aufgebaut. Die mitlaufende Kalkulation und die online Datenerfassung ermöglichen eine rechtzeitige Kostenkontrolle der einzelnen Arbeitsplätze und der Kostenträger (Werkstücke, Aufträge). Durch diese online Kostenkontrollen werden Kostenabweichungen rechtzeitig erkannt[514].

Der Beitrag der prozessorientierten Kostenrechnung zur **Unterstützung der Ablaufplanung** (Fertigungssteuerung) hängt u.a. davon ab, ob die bereitgestellten Kosteninformationen dem Prinzip der Entscheidungsrelevanz genügen. KNOOP geht bei der Kostenspaltung in fixe und variable Kostenkategori-

---

[512] Vgl. WEBER, W. (Rezension), S. 77.
[513] Vgl. SCHWEITZER, MARCUS (Kostenrechnung), S. 621.
[514] Vgl. KNOOP, J. (Kostenrechnung), S. 51.

en teilweise sehr großzügig vor. Diese Schwäche ließe sich durch eine präzisere Aufspaltung vermeiden.

Zum anderen ist zu prüfen, ob im Bereich der Ablaufplanung flexibler Fertigungssysteme ein angemessenes **Potential beeinflussbarer Kosten** vorliegt und ob dieses Potential durch eine prozessorientierte Kostenrechnung erkannt werden kann. Durch die zunehmende Automatisierung und Flexibilisierung nimmt der Anteil der direkten Fertigungskosten an den Gesamtkosten ab. Demgegenüber wachsen die Kosten für indirekte Tätigkeiten. Ferner ist der Anteil der Fixkosten an den Gesamtkosten bei flexiblen Fertigungssystemen deutlich höher als bei konventioneller Fertigung. Der Ansatz von KNOOP bezieht sich im Wesentlichen auf die variablen Fertigungskosten. Ferner muss berücksichtigt werden, dass die Fertigungskosten zu einem erheblichen Teil durch die Konstruktion festgelegt wurden. Im Rahmen der Steuerung flexibler Fertigungssysteme kann daher nur noch ein begrenzter Teil der Kosten beeinflusst werden.

Die Eignung der prozessorientierten Kostenrechnung zur Unterstützung der Ablaufplanung wurde von KNOOP im Rahmen einer umfangreichen **Simulationsstudie** unter realitätsnahen Bedingungen getestet[515]. Diese ergab, dass durch die kostenoptimale Wahl der Einschleusungs- und Abfertigungsregeln die variablen Fertigungskosten des gegebenen Tagesfertigungsprogramms reduziert werden. In ihr beeinflusste vor allem die Wahl der Einschleusungsregel die variablen Fertigungskosten erheblich. Die beste Einschleusungsregel führte zu einer Kosteneinsparung von 16 % der durchschnittlichen variablen Kosten. Die Simulationsstudie zeigte jedoch auch Fälle mit geringerem Einfluss der Abfertigungsregeln auf die variablen Fertigungskosten. Der Unterschied zwischen der besten und der schlechtesten Abfertigungsregel lag (bei unterschiedlichen Einschleusungsregeln) zwischen 3 % und 10 % der durchschnittlichen variablen Herstellkosten.

Die Vorteilhaftigkeit **kostenorientierter Prioritätsregeln** auf der Basis online ermittelter Kostenabweichungen konnte im Rahmen der Simulationsstudie nicht bestätigt werden[516]. Ihre Anwendung führte sogar unter bestimmten Bedingungen zu ungünstigen Belegungsplänen mit überhöhten Wartezeiten. Es zeigte sich, dass die werkstückbezogenen Kostenabweichungen keine geeigneten Kriterien zur Bildung von Prioritätsregeln liefern.

Im Modell der prozessorientierten Kostenrechnung können durch die Anwendung des Simulationsmodells die Auswirkungen von **Störungen** auf den Belegungsplan und damit auf die variablen Fertigungskosten abgeschätzt werden. Die durch eine Simulation gewonnenen Informationen sind insoweit bei der Wahl der **Störungsbeseitigungsstrategien** bzw. -maßnahmen hilfreich. Die Unterstützung der Störungsbeseitigung wird jedoch durch eine unklare Abgrenzung der Instandsetzungskosten und die unzureichende Erfassung von Ausfallfolgekosten beeinträchtigt. Fehlmengenkosten, Ausschusskosten und Kosten für Nacharbeit müssen durch zusätzliche Berechnungen geschätzt werden. Das vorgestellte Modell liefert daher nur in einem

---

[515] Vgl. KNOOP, J. (Online-Kostenrechnung), S. 205 ff.
[516] Vgl. KNOOP, J. (Online-Kostenrechnung), S. 205.

begrenzten Umfang relevante Informationen zur Unterstützung der Störungsbeseitigung.

Auch bei der **Unterstützung der technischen Investitionsplanung** treten Probleme auf. Da diese nach ihrer zeitlichen Struktur ein taktisches Entscheidungsproblem darstellt, ergibt sich die Frage, ob ein tagesbezogenes Kostenrechnungssystem Kosteninformationen bereitstellen kann, die in Bezug auf die Entscheidungsvariablen der technischen Investitionsplanung verursachungsgerecht sind. Entscheidungsrelevant sind hier alle Kosten, die in Bezug auf die alternativen technischen Ausstattungskonstellationen des flexiblen Fertigungssystems sowohl kurzfristige variable Kosten als auch mittelfristige fixe Kosten umfassen, die in ihrer Höhe durch die jeweilige Ausstattungskonstellation bestimmt werden. Eine Zurechnung anteiliger fixer Kosten auf die alternativen Ausstattungskonstellationen ist nur zulässig, wenn eine verursachungsgerechte Abgrenzung gelingt. Diese Fixkostenanteile sind nur entscheidungsrelevant, wenn sie sich in ihrer Höhe für unterschiedliche Ausstattungskonstellationen unterscheiden.

> Es kann gesagt werden, dass die **Stärken des Modells** der prozessorientierten Kostenrechnung darin liegen, für eine tagesbezogene Fertigungsplanung und -steuerung flexibler Fertigungssysteme die wichtigsten Modellkomponenten herausgearbeitet zu haben.

Das vorgestellte Modell zeigt deutlich, dass insbesondere für die Bewältigung von Aufgaben der kurzfristigen Fertigungsplanung und -steuerung in flexiblen Fertigungssystemen die von KNOOP formulierten Modellkomponenten erforderlich sind. Deren Integration kann vom Ansatz her als gelungen betrachtet werden. Außerdem ist hervorzuheben, dass sich die prozessorientierte Kostenrechnung an der Struktur moderner PPS-Systeme orientiert. Unter diesem Blickwinkel ermöglicht sie es insbesondere, die bisher in ihren Zielvorstellungen zeit- und mengenmäßig orientierte Fertigungsplanung und -steuerung unter der Zielvorstellung einer zufrieden stellenden Kostenwirtschaftlichkeit zu realisieren. Das Erreichen dieser Zielvorstellung wird durch eine enge Verbindung zum Betriebsdatenerfassungssystem und zu einer aufgebauten Simulationsumgebung gut unterstützt. Auch die zeitnahe Erfassung wichtiger Produktionsdaten und deren Kontrolle sind für die kostenwirtschaftliche Planung und Steuerung des gesamten flexiblen Fertigungssystems wichtige Komponenten.

> Die **Schwächen der prozessorientierten Kostenrechnung** liegen in der Behandlung von Teilen der fixen Kosten im Modell.

Der Ursprung dieser Schwäche liegt darin, dass das beschriebene Modell auf der Grundlage einer einzigen homogenen Einflussgröße bzw. Bezugsgröße der Kosten aufgebaut wird und ohne theoretisch hinreichende Begründung Fixkostenproportionalisierungen vornimmt. Dieses Vorgehen mindert die Aussagefähigkeit des Modells im Hinblick auf die gesetzten Rechnungs- bzw. Entscheidungsziele.

Die dargestellten Schwächen des Modells können jedoch durch **weitere Forschung** beseitigt werden. In diesem Zusammenhang wäre es wichtig zu klären, wie die einzelnen Komponenten des Modells gestaltet (modifiziert, reduziert oder erweitert) werden müssen, wenn das Planungs- und Steuerungsmodell von den flexiblen Fertigungssystemen auf andere Arbeitssysteme bzw. Programm-, Organisations- und Vergenztypen der Fertigung übertragen wird. Die gleiche Frage ist auch in Bezug auf die Veränderung des Planungshorizonts zu beantworten. So gesehen ist das Modell der prozessorientierten Kostenrechnung durchaus als eine Grundlage für die Weiterentwicklung und Beurteilung neuerer Konzepte der Fertigungskostenrechnung geeignet.

III. Prozesskonforme Grenzplankostenrechnung

1. Aufgaben der prozesskonformen Grenzplankostenrechnung

Die „Prozesskonforme Grenzplankostenrechnung" ist ein System des internen Rechnungswesens, das von HEINRICH MÜLLER (PLAUT-Gruppe)[517] entwickelt wurde. Sie umfasst u. a. die herkömmliche Grenzplankostenrechnung nach PLAUT und KILGER. Das Hauptanliegen der prozesskonformen Grenzplankosten-rechnung besteht in einer präziseren Abbildung der direkten sowie indirekten Leistungsbereiche einer Unternehmung und in der Entwicklung einer **Plattform** für ein umfassendes und entwicklungsfähiges internes Rechnungssystem (Kosten- und Erlösrechnung). Der Anspruch MÜLLERs geht so weit, dass seine prozesskonforme Grenzplankostenrechnung alle bisherigen Systeme der Voll- und Teilkostenrechnung umfassen und für einen weiteren Ausbau offen sein soll.

Gegenstand der Abbildung ist die gesamte Prozesskette einer Unternehmung von der Produktentwicklung über den Produktionsvollzug bis zur Leistungsverwertung von Gütern in den Märkten. Diese Abbildung soll möglichst zeitnah, isomorph und numerisch erfolgen.[518] Außerdem sollen alle möglichen technischen, ökonomischen und ökologischen Entwicklungstrends durch die neue Rechnungsplattform erfasst werden können.

Nach Müller kann das innerbetriebliche Rechnungswesen aus zwei verschiedenen Perspektiven gesehen werden. Die erste ist eine **funktionale Sicht** mit den Aufgaben:

- Bereitstellung von Instrumenten für die Kostenkontrolle und -beeinflussung,
- Bereitstellung von Instrumenten und Verfahren zur Erfolgskontrolle und Rentabilitätsmessung,
- Bereitstellung von relevanten Zahlen für Entscheidungsrechnungen.

Die zweite ist eine ganzheitliche, strategische und **prozessorientierte Sicht**.

---

[517] Vgl. MÜLLER, H. (Grenzplankostenrechnung), S. 127
[518] Vgl. MÜLLER, H. (Plattform), S. 113.

3. Kapitel: Planungsorientierte Systeme der KER

Im Mittelpunkt der Betrachtung stehen hier die Geschäftsprozesse, die sich jeweils aus unterschiedlichen Funktionen zusammensetzen können. Ziele, Eigenschaften und Wesensmerkmale eines Kostenrechnungssystems müssen daher stets „bei der Definition der betriebswirtschaftlichen Grundlagen der Funktionsinhalte beginnen und sollten bei der Darstellung der Prozesse enden"[519]. Abbildung 3-145 zeigt die beiden Sichtweisen in vereinfachter Form.

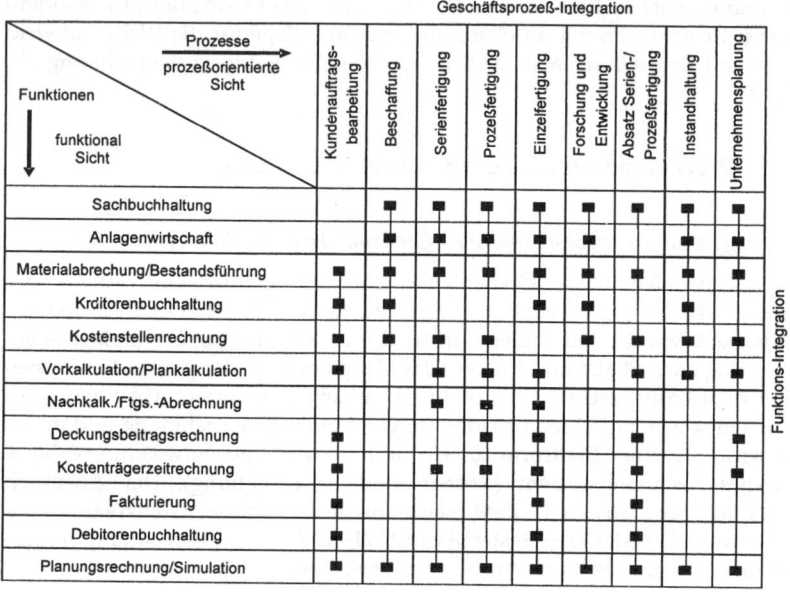

Abb. 3-145: *Prozess- und Funktionsgliederung [nach H. MÜLLER (Plattform) S.114]*

2. Kennzeichnung der Prozesskonformität

MÜLLERs modifizierte Grenzplankostenrechnung ist keine Prozesskostenrechnung im Sinne der Rechnungssysteme, wie sie in Kapitel 3., Abschnitt B.III. und Abschnitt D.II. dargestellt werden, sondern ein Rechnungssystem, das sowohl mit der herkömmlichen Grenzplankostenrechnung als auch mit den verschiedenen Prozesskostenrechnungen „konform" ist. Gewöhnlich ist zwischen zwei Rechnungssystemen Konformität gegeben, wenn sie in ihren Strukturen und Komponenten **gleichgerichtet** sind. Da MÜLLER jedoch zwischen den Attributen „prozesskonform" und „prozessorientiert" mehrfach wechselt, ist anzunehmen, dass seine Grenzplankostenrechnung deshalb „prozesskonform" ist, weil sie neben der funktionalen auch die prozessorientierte Sicht einschließt. Die von ihm selbst gegebene semantische Interpretation der Prozesskonformität unterstreicht einerseits eine „unmittelbare gegenseitige Durchdringung des Mengen- (Leistungs-) und des Werteflusses" und weist „andererseits auf die Bewertung der betrieblichen Prozess-

---

[519] Vgl. MÜLLER, H. (Plattform), S. 114.

D. *Systeme auf Teilkostenbasis*

ketten bzw. der Geschäftsprozesse" hin. In diesem Sinne sei Prozesskonformität ein Wesensmerkmal der Plankostenrechnungen schlechthin[520].

3. Komponenten der prozesskonformen Grenzplankostenrechnung

a) Struktur der Bewertungsmatrix

Da nach der Vorstellung Müllers alle Kostenrechnungssysteme auf denselben Daten des betrieblichen Mengen- und Leistungsflusses beruhen, kann daraus abgeleitet werden, dass Unterschiede in den Kostenrechnungssystemen im Wesentlichen auf die Bewertung dieses Güterflusses zurückgeführt werden können. Sein „**Bewertungsschirm**" ist so weit gespannt, dass er neben den betrieblichen auch die kameralistischen und preisrechtlichen Bewertungsvorschriften abdeckt. Das Gleiche gilt für alle Rechnungssysteme auf Plan- und Istkostenbasis sowie auf Voll- und Teilkostenbasis in jeder gewünschten Differenzierung. Auch die Bewertungsansätze der Prozesskostenrechnung haben unter diesem Schirm ihren Platz.

Schematische Darstellung

	Plan	Abweichung
prop. Kosten	x	x
fixe Kosten	x	x

Datensatz Praktische Darstellung

Plan	Abweichungen
Rohmaterial	Preisabweichung
Bezugsteile	Preisabweichung
Beschaffungskosten [1] (Material-Gemeinkosten)	Prozeßabweichung [1] (MGK.-Abweichungen)
Fertigungskosten Mech. Fertigung	Kostenst.-Abweichung Mech. Fertigung
Fertigungskosten Montage	Kostenst.-Abweichung Montage
Fertigungs [1] unterstützung	Prozeßabweichung
SEK Fertigung	Abw. SEK Fertigung
Vorlauf-Kosten [2]	Vorlauf-Kosten Abweichung
Beschaffungskosten [1]	Prozeßabweichung
Fertigungskosten Mech. Fertigung	Kostenst.-Abweichung Mech. Fertigung
Fertigungskosten Montage	Kostenst.-Abweichung Montage
Fertigungs [1] unterstützung	Prozeßabweichung [1]
SEK Fertigung	Abw. SEK Fertigung

Anmerkungen:
1) Bei Zuschlagsrechnung: Zuschläge; bei Prozeßkostenrechnung: Prozeßkosten
2) Lebenszyklusbezogene Kosten
3) Die genannten Abweichungen sind Beispiele

Abb. 3-146: Bewertungsmatrix [nach H. MÜLLER (Plattform) S.115)]

---

[520] Vgl. MÜLLER, H. (Plattform), S. 113.

Abbildung 3-146 zeigt eine **Bewertungsmatrix** mit den Dimensionen fixe/proportionale Kosten und Plankosten/Abweichungen, wobei sich die Istkosten aus der Summe von Plankosten plus Abweichungen ergeben. In dieser Matrix sind die Bewertungsansätze für die Prozesskostenrechnung noch nicht enthalten. Im Falle einer Erweiterung der prozesskonformen Grenzplankostenrechnung um Lösungsansätze der Prozesskostenrechnung müssen die funktionalen Gemeinkostenzuschlagssätze durch die jeweiligen Prozesskostensätze ersetzt werden. Dies gilt für alle definierten Prozesse mit ihren spezifischen Prozesskostensätzen. Dem Benutzer wird mit der Bewertungsmatrix ein Instrument in die Hand gegeben, das es ihm erlaubt, in jeder Phase der Planung oder Abrechnung die erforderlichen Elemente aus der Matrix auszuwählen und in seine Rechnung einzubeziehen. Bemerkenswert ist, dass die in der Bewertungsmatrix berücksichtigten Fixkosten durchweg auf der Basis der Planbeschäftigung proportionalisiert sind. So sind auf dem Umweg über die Fixkostenabweichungen auch „echte" Vollkosten darstellbar[521].

Die Bewertung aller Gütereinsatzmengen erfolgt, wie es in der Plankostenrechnung üblich ist, mit **Fest- oder Verrechnungspreisen** (bei mitgeführten Preisdifferenzen)[522]. Formal ist daher jeder Soll-Ist-Vergleich ein **Mengenvergleich**. Die Steuerung der Kostenwirtschaftlichkeit in den Kostenstellen erfolgt also im Kern über Einsatzgütermengen, wobei das Soll und das Ist mit denselben Festpreisen angesetzt werden. Alle Abweichungen sind somit **Mengenabweichungen**.

Wie ebenfalls aus der Grenzplankostenrechnung bekannt, müssen die Plankosten für jede Kostenart je Kostenstelle/Bezugsgröße analytisch berechnet (geplant) werden. Dies erfolgt auf der Basis von **Verbrauchsfunktionen**. Treten in einer Kostenstelle mehrere separierbare Bezugsgrößen auf, ist für jede eine Verbrauchsfunktion zu formulieren. Auch die analytische Kostenplanung ist daher im Kern eine Mengenplanung, die über Festpreise in eine Kostenplanung überführt wird. Die Feststellung des beschäftigungsunabhängigen Anteils der Kosten, d.h. der **fixen Kosten**, erfolgt über die Aufspaltung der geplanten Kosten[523].

b) Softwaresysteme für die Anwendung

Nach der Vorstellung Müllers ist die prozesskonforme Grenzplankostenrechnung sowohl für die Erfassung der funktionalen als auch der prozessualen Sicht der Leistungserstellung die geeignete Plattform. Für beide Sichten ist jedoch eine Integration (Klammer) erforderlich. Diese Klammer sieht er für die funktionale Sicht im Basissystem der integrierten Software und für die prozessorientierte Sicht in einem prozessübergreifenden einheitlichen Berichtswesen[524]. Bereits heute sind für die Realisierung der prozesskonformen Grenzplankostenrechnung mehrere Softwaresysteme entwickelt, von denen

---

[521] Vgl. MÜLLER, H. (Grenzplankostenrechnung), S. 157; (Plattform), S. 115.
[522] Vgl. MÜLLER, H. (Plattform), S. 116.
[523] Zu Einzelheiten der Kostenplanung vgl. Kapitel 3., Abschnitt D.I.3.a)bb), S. 420 ff.
[524] Vgl. MÜLLER, H. (Plattform), S. 114.

MÜLLER die SAP-Systeme R/2 und R/3 sowie das System M 120 der PLAUT-Gruppe nennt.

4. Aussagefähigkeit der prozesskonformen Grenzplankostenrechnung

Da es noch keine empirischen Untersuchungen zur Aussagefähigkeit der prozesskonformen Grenzplankostenrechnung gibt, ist man bislang auf die Aussagen des Entwicklers, des Softwareherstellers und der Anwender angewiesen. Wie zu vermuten, sind deren Aussagen überwiegend positiv. Dennoch soll abschließend auf einige Sachverhalte hingewiesen werden, die aus theoretischer Sicht klärungsbedürftig sind:

- Bereits in der Grenzplankostenrechnung der PLAUT-Gruppe werden Anteile der (beschäftigungs)fixen Kosten in Bezug auf die Beschäftigung proportionalisiert. Dies führt dazu, dass der Anteil der rechnerisch ausgewiesenen „proportionalen Kosten" an den Gesamtkosten relativ hoch ist und virtuell ein Kostenvolumen darstellt, das über die Beschäftigung kurzfristig beeinflussbar sein soll. Für die **proportionalisierten Fixkosten** gilt dies auf der operativen Planungs- und Steuerungsebene jedoch nicht. Allenfalls auf der taktischen und strategischen Ebene ist eine Proportionalisierung von Fixkosten unter Verwendung ihrer Auf- und Abbaubarkeit als Bezugsgröße überhaupt zulässig[525].

- In die prozesskonforme Grenzplankostenrechnung kann auch eine **Prozesskostenrechnung** einbezogen werden. Dies erfolgt durch eine Erweiterung des Systems. Die Abbildung der Bezugsgrößen (driver) einzelner Prozesse (insbesondere im indirekten Bereich) wird allerdings sehr grob vorgenommen. Da in der Regel im indirekten Bereich der Anteil der auf die Beschäftigung bezogenen Fixkosten an den Gesamtkosten sehr hoch ist, wird in Bezug auf die neu eingeführten Bezugsgrößen in einem erheblichen Umfang eine Proportionalisierung fixer Kosten vorgenommen, die allenfalls taktisch oder strategisch zulässig ist.

- Bei näherer Hinsicht erweist sich, dass die prozesskonforme Grenzplankostenrechnung wegen der angesprochenen Fixkostenproportionalisierungen weitestgehend vom **Vollkosten-Denken** beherrscht wird[526] und im Grunde jede Konfigurierung eines Rechnungssystems – von einer reinen Teilkostenrechnung bis zu einer Vollkostenrechnung – zulässt. Sowohl der Controller als auch der verantwortliche Entscheidungsträger des jeweiligen Entscheidungsproblems müssen in eigener Verantwortung aus der Plattform diejenige Bezugsgrößen- und Kostenkonfiguration bestimmen, die für das anstehende Problem entscheidungsrelevant ist. Damit werden an die Anwender der Plattform außerordentlich hohe Anforderungen gestellt.

- In der Wissenschaft müssen Begriffe zweckmäßig sein und operational definiert werden. Für die prozesskonforme Grenzplankostenrechnung

---

[525] Vgl. SCHWEITZER, M. (Prozeßorientierung), S. 98 ff.
[526] Vgl. MÜLLER, H. (Grenzplankostenrechnung), S. 319.

stellt sich jedoch die Frage, ob es zweckmäßig ist, wenn sie als umfassende Rechnungsplattform, die das Generieren aller Konfigurationen der Kostenrechnung, insbesondere auch aller **Vollkosten**rechnungen, zulässt, in ihrem Namen den Term „**Grenzplan**" verwendet. Bisher wurde jedenfalls mit einer Grenzplankostenrechnung stets die Vorstellung einer Teilkostenrechnung verbunden.

Der Gedanke, für die gesamte Kosten- und Erlösrechnung eine umfassende **Rechnungsplattform** zu entwickeln, ist trotz der formulierten klärungsbedürftigen Fragen eine interessante theoretische und anwendungsbezogene Interpretation der Schmalenbachschen Idee von einer **Grundrechnung**[527] mit diversen **Auswertungsrechnungen** (Entscheidungsrechnungen). Diese Idee wird auch bei RIEBEL[528] und SCHWEITZER[529] im selben Zusammenhang aufgegriffen. An dieser Stelle sei auch auf den Beitrag Scheers[530] zur **Prozessarchitektur** hingewiesen, die als formales Gerüst für die Entwicklung einer prozesskonformen Rechnungsplattform erforderlich ist.

IV. Relative Einzelkosten- und Deckungsbeitragsrechnung

1. Konzeption der relativen Einzelkosten- und Deckungsbeitragsrechnung

Die **Teilkostenrechnung auf der Basis von relativen Einzelkosten** ist von PAUL RIEBEL entwickelt worden. Sie kann mit Ist- oder Prognosekosten durchgeführt werden. Im Allgemeinen wird sie als Prognosekosten- und -erlösrechnung aufgebaut. Folgende **sechs Prinzipien** können als grundlegend für dieses System der Kosten- und Erlösrechnung angesehen werden[531]:

Prinzipien der relativen Einzelkosten- und Deckungsbeitragsrechnung:
(1) Gesamtkosten und Erlöse sind nach dem **Identitätsprinzip** den betrieblichen Entscheidungen zuzurechnen.
(2) Sämtliche Kosten sollten als **(relative) Einzelkosten der Bezugsgrößen** erfasst und ausgewiesen werden, die in der Hierarchie betrieblicher Bezugsobjekte möglichst weit unten stehen.
(3) Die Gesamtkosten und -erlöse sind nach zweckabhängigen Merkmalen in einer **Grundrechnung** umfassend zu gliedern.
(4) Auf eine **Schlüsselung** und Überwälzung echter Gemeinkosten sowie auf eine Schlüsselung verbundener Erlöse ist **völlig zu verzichten**.

---

[527] Vgl. SCHMALENBACH, E. (Wirtschaftslenkung), S. 66.
[528] Vgl. RIEBEL, P. (Einzelkostenrechnung), S. 149 ff.
[529] Vgl. SCHWEITZER, M. (Anforderungen), S. 195 ff.
[530] Vgl. SCHEER, A.-W. (ARIS).
[531] Vgl. RIEBEL, P. (Einzelkostenrechnung7), S. 239 f. und 285 ff.

D. Systeme auf Teilkostenbasis

> (5) In **Auswertungsrechnungen** sind für Kontrollzwecke geeignete Kennzahlen und für die betrieblichen Entscheidungstatbestände **relevante Deckungsbeiträge** zu ermitteln.
>
> (6) Für die nicht den Produkten und Aufträgen zurechenbaren Kosten und für den Erfolg einer Periode können **Deckungsbudgets** bestimmt werden, welche den Unternehmungsbereichen (bzw. -abteilungen) vorgegeben werden können.

Nach RIEBEL stellen die betrieblichen **Entscheidungen** die Quellen der Kosten und Erlöse sowie des Erfolgs einer Unternehmung dar. Er geht von dem **Identitätsprinzip** aus, nach dem Kosten und Erlöse auf die **Entscheidungen** zurückzuführen sind, von denen sie ausgelöst werden[532]. Nach diesem Prinzip sollen jeweils nur die Kosten und Erlöse einander gegenübergestellt werden, die durch dieselbe **identische Entscheidung** verursacht worden sind. Unter Kosten versteht er dabei entsprechend einem 'entscheidungsorientierten' Kostenbegriff "die mit der Entscheidung über das betrachtete Objekt ausgelösten Ausgaben"[533] (Auszahlungen).

Die **Zurechenbarkeit von Kosten auf Bezugsgrößen** bildet das Unterscheidungsmerkmal von Einzel- und Gemeinkosten. Neben den Produkteinheiten und Produktarten können jedoch auch Produktgruppen, Kostenstellen, Kostenbereiche, die Unternehmung u.a. als **Bezugsgrößen** verwendet werden. Eine Kostenart ist dann einer Bezugsgröße zurechenbar, wenn sie für diese Bezugsgröße direkt erfasst oder ihr aufgrund einer **realtheoretischen Kostenfunktion** eindeutig zugeordnet werden kann[534]. Für die einzelne Produkteinheit lassen sich z.B. die Werk- und Hilfsstoffe, aus denen sie gefertigt wird, häufig direkt erfassen. Ist der Energieverbrauch einer Maschine mit konstanter Intensität nach einer Leontief-Produktionsfunktion allein von der Ausbringungsmenge der Maschine abhängig, so kann er den erzeugten Produkteinheiten ebenfalls zugerechnet werden. In diesem Fall erfolgt die Zurechnung aufgrund eindeutiger **produktionstheoretischer Beziehungen** zwischen den Produkteinheiten und dem Einsatzgut.

Vielfach wird der Verbrauch einer Reihe von Einsatzgütern nicht direkt erfasst, obwohl dies technisch möglich wäre. Insbesondere aus Wirtschaftlichkeitsgründen verzichtet man beispielsweise bei Hilfsstoffen und Kleinmaterial wie Schrauben, Nägeln, Leim oder Lack auf eine direkte Messung ihres Verbrauchs für jede Produkteinheit. Daher sind unechte und echte Gemeinkosten zu unterscheiden[535]. **Unechte Gemeinkosten** könnten für die betrachtete Bezugsgröße direkt erfasst und ihr als Einzelkosten zugerechnet werden. Die Unternehmung führt bei ihnen jedoch keine direkte Erfassung durch. Dagegen lassen sich **echte Gemeinkosten** weder bei Anwendung exakter Erfassungsmethoden noch aufgrund realtheoretischer Kostenfunktionen der Bezugsgröße zurechnen. Charakteristisches Beispiel echter Gemeinkosten sind

---

[532] Vgl. Kapitel 1., Abschnitt B.II.2.a)bb), S. 56 ff.
[533] RIEBEL, P. (Einzelkostenrechnung[7]), S. 81.
[534] Vgl. RIEBEL, P. (Einzelkostenrechnung[7]), S. 274 ff.
[535] Vgl. RIEBEL, P. (Einzelkostenrechnung[7]), S. 14 f. und 28 f.

die Kosten von Kuppelprozessen, die sich dem einzelnen Kuppelprodukt nicht zurechnen lassen[536].

Zur Kennzeichnung verschiedener Systeme der Teilkostenrechnung ist es vor allem erforderlich, die Gemeinsamkeiten und Differenzen zwischen der Einteilung in fixe bzw. variable Kosten und in Einzel- bzw. Gemeinkosten darzustellen. Beide Arten einer Auflösung der gesamten Periodenkosten hängen von den zugrunde gelegten Kosteneinflussgrößen bzw. Bezugsgrößen ab. Jede Kosteneinflussgröße kann zugleich als Bezugsgröße der Kostenzurechnung gewählt werden. Die Unterschiede zwischen beiden Arten der Kostenauflösung werden deutlich, wenn man sie auf dieselbe Größe bezieht. Zweckmäßig wählt man die **Beschäftigung als Kosteneinflussgröße** für die Gliederung in fixe bzw. variable Kosten sowie die **Produkteinheiten als Bezugsgröße** der Gliederung in Einzel- bzw. Gemeinkosten. Misst man die Beschäftigung in der Zahl hergestellter Produkteinheiten, so stimmen beide Größen überein. Die gesamten Periodenkosten sind dann entsprechend Abbildung 3-147 zum einen nach ihrem **Verhalten bei Beschäftigungsänderungen** in **(beschäftigungs)variable** und **(beschäftigungs)fixe Kosten** und zum anderen nach ihrer **Zurechenbarkeit auf die Produkteinheiten** in **Einzelkosten, unechte** und **echte Gemeinkosten** einzuteilen.

Zurechenbarkeit auf Produkteinheit	Einzelkosten	Gemeinkosten	
		unechte Gemeinkosten	echte Gemeinkosten
Veränderlichkeit bei Beschäftigungs- änderungen	variable Kosten		fixe Kosten
Beispiele	Kosten für Werkstoffe (außer bei Kuppelprozessen) Verpackungskosten Provisionen	Kosten für Hilfsstoffe Kosten für Energie und Betriebsstoffe bei Leontief- Produktions- funktionen	Kosten des Kuppelprozesses Kosten für Energie und Betriebsstoffe bei mehr- dimensionalen Kostenfunktionen	Kosten der Produktart und Produktgruppe Kosten der Fertigungs- vorbereitung und Betriebsleitung Abschreibungen Lohnkosten

Abb. 3-147: Übersicht über die Einteilung der Gesamtkosten in Einzel- und Gemeinkosten sowie in variable und fixe Kosten

Die **Höhe von (Kostenträger)Einzelkosten** hängt direkt von der Zahl erzeugter Produkteinheiten ab. Sie stellen daher (beschäftigungs)variable Kosten dar. Zu ihnen können z.B. Werkstoffe und Sondereinzelkosten des Vertriebs

---

[536] Vgl. auch DIEDERICH, H. (Betriebswirtschaftslehre), S. 507 f.

D. Systeme auf Teilkostenbasis

wie Verpackungskosten und Provisionen gehören. Da der Verbrauch je Produkteinheit bei unechten Gemeinkosten direkt gemessen werden könnte, ist auch ihre Höhe von der Ausbringungsmenge abhängig. Demnach bilden sie ebenfalls variable Kosten.

Die **Höhe der (beschäftigungs)fixen Kosten** wird durch andere Bestimmungsgrößen als die Zahl erstellter Produkteinheiten beeinflusst. Somit sind (beschäftigungs)fixe Kosten echte Gemeinkosten. Bei ihnen kann es sich zum Beispiel um Entwicklungskosten der Produktart oder Produktgruppe und die Kosten übergeordneter Stellen sowie Bereiche wie Fertigungsvorbereitung oder Betriebsleitung handeln. Die **Abschreibungen** werden als fixe Kosten und echte Gemeinkosten angesehen, soweit der Verschleiß durch Zeitablauf verursacht ist. Über die Einordnung der **Lohnkosten** werden unterschiedliche Auffassungen vertreten. Häufig rechnet man den Teil der Lohnkosten zu den (variablen) Einzelkosten, bei dem die genutzte Arbeitszeit von der Ausbringungsmenge abhängig ist. Von mehreren Autoren werden jedoch die gesamten Lohnkosten als fix bzw. sprungfix betrachtet, weil sie auf Arbeitsverträgen beruhen, die nicht kurzfristig gekündigt werden können. Die Arbeitskräfte werden in der Regel nicht für einzelne Produkte oder Aufträge, sondern für die Herstellung des gesamten Produktionsprogramms eingestellt[537].

Charakteristisch für die unterschiedliche Betrachtungsweise der beiden Arten einer Kostenauflösung sind insbesondere die **variablen echten Gemeinkosten**. Zu dieser Klasse gehören die Kostenarten, welche der Produkteinheit nicht zurechenbar sind, deren Höhe aber bei Variation der Zahl erstellter Produkteinheiten schwankt. Derartige Kosten können vor allem bei **mehrdimensionalen Kostenfunktionen** mit mehreren gemeinsam wirksamen Kosteneinflussgrößen auftreten. Beispielsweise kann der Verbrauch an Betriebsstoffen und Energie an einer Maschine von deren Laufzeit und Intensität bestimmt werden. Wenn eine bestimmte Ausbringungsmenge durch verschiedene Kombinationen von Laufzeit und Intensität erzeugt werden kann, bestehen zwischen Betriebsstoff- bzw. Energieverbrauch und der Ausbringungsmenge keine (ein)eindeutigen Beziehungen. Deshalb können diese Kosten nicht den Produkteinheiten zugerechnet werden. Andererseits verändert sich ihre Höhe in der Regel bei einer Steigerung oder Verminderung der Ausbringungsmenge. Derartige mehrdimensionale Kostenfunktionen liegen z.B. bei **Kuppelprozessen** vor. Vielfach rechnet man auch die durch Gebrauchsverschleiß verursachten Abschreibungen zu den variablen Gemeinkosten. Sofern die Anlagennutzung aber gemäß Leontief-Produktionsfunktionen allein von der bearbeiteten Ausbringungsmenge beeinflusst wird, erscheint eine Zurechnung der Abschreibungen auf die Produkteinheiten möglich. Man könnte diese Art der Abschreibung wie die Fertigungslöhne den Einzelkosten zurechnen. Neben dem Gebrauchsverschleiß sind jedoch in der Regel weitere Abschreibungsursachen wirksam. Dann stellen diese Abschreibungen ebenfalls variable echte Gemeinkosten dar, denen eine mehrdimensionale Kostenfunktion zugrunde liegt.

---

[537] Vgl. RIEBEL, P. (Einzelkostenrechnung[7]), S. 22 und 279 ff.

Abbildung 3-147 gibt eine Übersicht über die **Gliederung** in Einzel- und Gemeinkosten sowie in variable und fixe Kosten. Für jede Teilklasse der Gesamtkosten werden Beispiele angegeben. Die Zuordnung dieser Beispiele gilt aber nicht in allen Fällen. Es muss stets aufgrund der tatsächlichen Bedingungen geprüft werden, zu welcher Teilklasse die verschiedenen Kostenarten gehören.

Eine Unterscheidung von Einzel- und Gemeinkosten kann nicht absolut vorgenommen werden, sondern sie ist relativ, da sie von der jeweils betrachteten Bezugsgröße abhängt. Gemäß dem Identitätsprinzip sind als Bezugsgrößen die Entscheidungen der Unternehmung zu verwenden. In diesem Sinne lässt sich eine entscheidungsbezogene **Hierarchie von Bezugsgrößen** aufstellen, auf deren unterster Ebene in der Regel die (kurzfristigen Entscheidungen über die) Produktionsmengen der Kostenträger stehen. Dagegen bilden die (Entscheidungen der) Kostenstellen und Bereiche sowie die (Entscheidungen über die) Betriebsbereitschaft hierarchisch übergeordnete Bezugsgrößen.

> Nach RIEBEL lassen sich sämtliche Kosten einer dieser Bezugsgrößen als **Einzelkosten** zurechnen. Die Einzelkosten einer übergeordneten Bezugsgröße (z.B. Kostenstelleneinzelkosten) sind dann stets **Gemeinkosten** der untergeordneten Bezugsgrößen (z.B. der Kostenträger).

Soweit es aus wirtschaftlichen Gründen vertretbar ist, sind sämtliche Kosten als Einzelkosten zu erfassen und auszuweisen, und zwar "an der untersten Stelle in der jeweiligen Hierarchie betrieblicher Bezugsobjekte, an der man sie gerade noch als Einzelkosten erfassen kann."[538] Dieses Prinzip soll nur in Ausnahmefällen durchbrochen werden (z.B. wenn die Erfassung des Güterverbrauchs als Einzelkosten durchführbar, aber zu kostspielig wäre). Durch einen Verzicht auf die Erfassung als Einzelkosten entstehen **unechte Gemeinkosten**. Beispielsweise ist eine Messung des Verbrauchs an Strom, Dampf oder Kleinmaterial (z.B. Schrauben und Nägel) in jeder Kostenstelle technisch möglich, die Einrichtung der notwendigen Messgeräte bzw. das Zählen des Materialverbrauchs ist aber vielfach unwirtschaftlich.

Das System der relativen Einzelkosten- und Deckungsbeitragsrechnung wird von RIEBEL in **Grundrechnungen** der Erlöse, der Kosten sowie der Potentiale und in **Auswertungsrechnungen** gegliedert. In der **Grundrechnung der Erlöse** werden die Erlöse, Erlösschmälerungen und Erlösberichtigungen entsprechend einer vieldimensionalen Umsatzstatistik nach den für die Planung und Kontrolle des Absatzes relevanten Merkmalen gegliedert. Die **Grundrechnung der Kosten** nimmt die geplanten bzw. realisierten Kosten auf, die den Kalkulationsobjekten bzw. einzelnen Zeitabschnitten eindeutig zugerechnet werden können. Die nicht direkt zurechenbaren Kosten werden in einer **Zeitablaufrechnung** aufgeführt. Die **auf Kosten bezogene Grundrechnung** stellt eine kombinierte Kostenarten-, Kostenstellen- und Kostenträgerrechnung dar. Die Kosten sind nach den Bezugsgrößen der Kostenzurech-

---

[538] RIEBEL, P. (Einzelkostenrechnung^7), S. 239.

nung und nach weiteren Merkmalen, welche für die betrieblichen Entscheidungstatbestände von Bedeutung sind, in Kostenarten und Kostenkategorien zu gliedern. Hierdurch sollen sich für alle laufenden und wichtigen Entscheidungstatbestände der Unternehmung die **relevanten Kosten** aus der Grundrechnung ermitteln lassen. Aufgabe der **Grundrechnung der Potentiale** ist die Abbildung der Bestände an personellen, sachlichen und finanziellen Nutzungspotentialen sowie ihrer geplanten bzw. realisierten Inanspruchnahme durch die verschiedenen 'Leistungsträger'.

An den Systemen der Vollkostenrechnung und an den Systemen der Teilkostenrechnung auf der Basis von variablen Kosten kritisiert RIEBEL vor allem die **Verteilung von echten Gemeinkosten**. Durch sie würden die Kostenstruktur der Unternehmung verschleiert und Fehlentscheidungen verursacht. Daher fordert RIEBEL für die relative Einzelkosten- und Deckungsbeitragsrechnung den völligen Verzicht auf die Schlüsselung und Überwälzung echter Gemeinkosten und die Proportionalisierung von Fixkosten. Im Gegensatz zu den Teilkostenrechnungen auf der Basis von variablen Kosten werden bei RIEBEL auch die variablen Gemeinkosten nicht verteilt. Lediglich bei unechten Gemeinkosten kann eine Verteilung auf die Bezugsgrößen, denen sie direkt zurechenbar sind, durchgeführt werden. Jedoch sollen unechte Gemeinkosten auch nach einer Schlüsselung stets gesondert von den direkt erfassten Einzelkosten ausgewiesen werden. Auf der Erlösseite gilt entsprechend, dass verbundene Erlöse nicht aufgeschlüsselt werden dürfen.

Die jeweiligen Rechnungsziele der Kosten- und Erlösrechnung werden durch eine Auswertung der Grundrechnung erreicht. Für unterschiedliche Rechnungsziele und verschiedenartige Entscheidungstatbestände sind jeweils **eigene Auswertungsrechnungen** vorzunehmen. Zur Lösung einer Reihe von Entscheidungsproblemen muss die Kostenrechnung durch die Einbeziehung der betrieblichen Erlöse zu einer **Deckungsbeitragsrechnung** ausgebaut werden. Die Differenz zwischen den einer Entscheidung zurechenbaren Erlösen und Kosten ergibt einen Deckungsbeitrag. Dieser kann für Zeitabschnitte, Produkte und eingesetzte Gütereinheiten ermittelt werden. Die Art der zu berücksichtigenden Erlöse und Kosten hängt von dem anstehenden Entscheidungstatbestand und den realisierbaren Entscheidungsalternativen ab.

> Nach dem Identitätsprinzip ist der **Deckungsbeitrag** jeweils aus den Ein- und Auszahlungen zu bestimmen, welche durch diese Entscheidung hinzukommen bzw. wegfallen. "Bei allen diesen Entscheidungen sind stets nur die relevanten Kosten und Erlöse bzw. Deckungsbeiträge zu berücksichtigen, d.h. die mit der jeweiligen Alternative verbundenen Änderungen der Kosten, Erlöse und Deckungsbeiträge"[539].

Für die **Zwecke der Praxis** empfiehlt RIEBEL die Aufstellung von kosten-, aufwands- und auszahlungsorientierten Deckungsbudgets. **Kostenorientierte**

---

[539] RIEBEL, P. (Einzelkostenrechnung[7]), S. 302 und S. 481 ff.; vgl. auch HORNGREN, C.T. (Accounting), S. 391 ff.

Deckungsbudgets umfassen die den Produkteinheiten und Aufträgen nicht zurechenbaren Periodeneinzelkosten sowie einen angemessenen Anteil an den Periodengemeinkosten und ggf. an dem angestrebten Periodenerfolg. Die **aufwandorientierten Deckungsbudgets** sind auf die Beurteilung des Jahreserfolges und die Jahresabschlusspolitik ausgerichtet. Sie enthalten "die nicht den Aufträgen zugerechneten Teile des Gesamtaufwands ..., die durch die Auftragsbeiträge in der Periode hereingeholt werden sollen"[540]. Besondere Bedeutung misst RIEBEL den **auszahlungs- oder finanzorientierten Deckungsbudgets** bei. In sie werden lediglich die Teile der gesamten Auszahlungen einbezogen, welche die den Produkten zurechenbaren Auszahlungen (Leistungskosten) übersteigen und durch Umsatzbeiträge erwirtschaftet werden sollen. Nach unternehmungspolitischen Gesichtspunkten können den Unternehmungsbereichen angemessene **Teile am gesamten Deckungsbudget** vorgegeben werden[541].

2. *Grundrechnung als kombinierte Kostenarten-, Kostenstellen- und Kostenträgerrechnung*

Die **Grundrechnung der Kosten** erfasst systematisch die gesamten relativen Einzelkosten (und ggf. die unechten Gemeinkosten) einer Unternehmung, die während einer zukünftigen oder abgelaufenen Abrechnungsperiode anfallen[542]. Die Gesamtkosten sind einerseits in **Kostenarten** und nach weiteren relevanten Merkmalen in **Kostenkategorien** gegliedert, andererseits werden sie als **relative Einzelkosten** der Kostenstellen und Kostenträger sowie weiterer Bezugsgrößen angegeben. Eine Überwälzung von Kosten auf Kostenstellen und Kostenträger erfolgt nicht. Somit schließt die Grundrechnung sowohl die Kostenarten- als auch die Kostenstellen- und Kostenträgerrechnung ein. Möglichst viele Kosten sind in ihr direkt zu erfassen und dort auszuweisen, wo sie erfasst worden sind. Schon bei der Erfassung ist anzugeben, zu welcher Kostenart und Kostenkategorie die jeweiligen Kosten gehören.

> Die in der Kostenrechnung ausgewiesenen **Kostenziffern** lassen sich in vielfältiger Weise kombinieren. Daher bildet die **Grundrechnung** eine Grundlage für **Auswertungsrechnungen**, durch welche unterschiedliche Rechnungsziele erreicht werden können.

Von Bedeutung für den **Aufbau der Grundrechnung** ist die Gliederung der Gesamtkosten. Sie hängt von der Betriebsstruktur und den verfolgten Rechnungszielen ab. Die **Struktur des Unternehmungsprozesses** im Beschaffungs-, Fertigungs- und Absatzbereich sowie in der Verwaltung hat Einfluss auf die Gliederung, weil die Kosten denjenigen Entscheidungen bzw. Bezugsgrößen entsprechend den vorliegenden empirischen Beziehungen zugeordnet werden sollen, welche sie verursacht haben. Ferner müssen zur Erreichung unterschiedlicher **Rechnungsziele** verschiedenartige Kostenanteile

---
[540] RIEBEL, P. (Deckungsbeitragsrechnung im Handel), Sp. 449.
[541] Vgl. RIEBEL, P. (Einzelkostenrechnung⁷), S. 475 ff. und (Deckungsbeitragsrechnung), Sp. 397 f.
[542] Vgl. zum folgenden RIEBEL, P. (Einzelkostenrechnung⁷), S. 149 ff.

D. Systeme auf Teilkostenbasis

zusammengefasst werden. Deshalb richten sich die Art und Zahl der zu berücksichtigenden Gliederungsmerkmale nach den verfolgten Rechnungszielen. Da die Betriebskontrolle ein besonders wichtiges Rechnungsziel darstellt, ist in der Regel auch eine Gliederung entsprechend den betrieblichen Verantwortungsbereichen notwendig. Die **Gliederung der Gesamtkosten** erfolgt in der Grundrechnung der Kosten auf zwei Arten. Zum einen wird eine Gliederung nach den **Zurechnungsobjekten bzw. Bezugsgrößen** vorgenommen. Zum anderen werden die Kosten nach **relevanten Merkmalen** in Kostenarten und Kostenkategorien unterteilt.

Bei der Durchführung der Grundrechnung in einem **tabellarischen Kostensammelbogen**, der dem Betriebsabrechnungsbogen entspricht, geben entsprechend Abbildung 3-150 die Spalten die Gliederung nach Bezugsgrößen und die Zeilen die Gliederung nach Kostenarten und Kostenkategorien wieder. Die wichtigsten Bezugsgrößen der Unternehmung bilden die **Endprodukte** der Unternehmung als Kostenträger, die **Kostenstellen** sowie übergeordnete **Kostenbereiche**. Das **Produktionsprogramm** kann so gegliedert werden, dass sich die den Kostenträgern zurechenbaren Kosten nach Produkteinheiten, Produktarten und Produktgruppen differenzieren lassen. Neben Kostenträgern, Kostenstellen und Bereichen kann man zusätzliche Bezugsgrößen berücksichtigen, durch die eine genauere Kostenzurechnung erreichbar ist. Beispielsweise lassen sich Teile der Fertigungskosten dem **Sortenwechsel**, dem **Anlernen** von Arbeitskräften, **Betriebsstörungen** usw. und Teile der Absatzkosten einzelnen **Kunden** oder **Kundengruppen**, **Kundenbesuchen**, **Kundenanfragen** und **-aufträgen**, **Verkaufsbezirken** usw. zuordnen[543].

In Abbildung 3-148 ist ein Beispiel für eine **Bezugsgrößenhierarchie** wiedergegeben, bei der die Gesamtkosten einer Periode den Produkteinheiten und Produktgruppen sowie den in zwei Bereiche gegliederten Kostenstellen und der gesamten Unternehmung zugeordnet werden.

---

[543] Vgl. RIEBEL, P. (Einzelkostenrechnung[7]), S. 37 ff., S. 158 ff. und S. 168 ff.

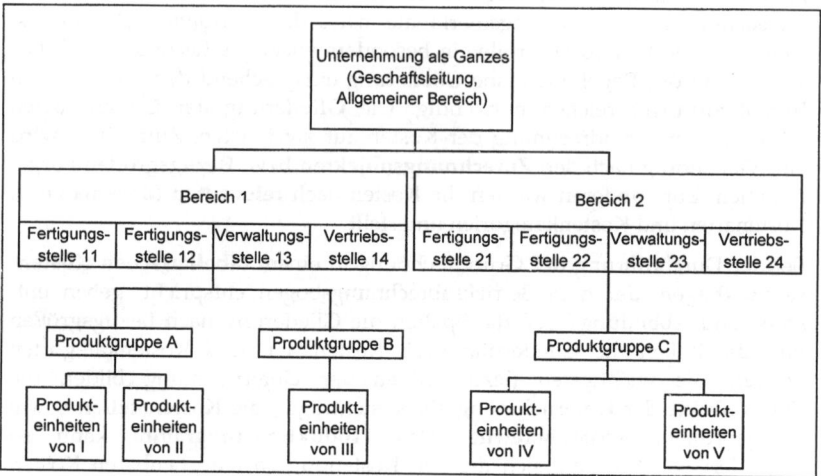

Abb. 3-148: *Beispiel einer Bezugsgrößenhierarchie*

Die Rangfolge und damit die hierarchische Ordnung der Bezugsgrößen richten sich nach den verfolgten **Rechnungszielen**. Für die Zwecke der **Erfolgsanalyse** steht eine Gliederung der Bezugsgrößen nach dem Leistungsfluss im Vordergrund, bei der z.b. die Kosten von eigenen Erzeugnissen und von Handelswaren getrennt werden. Dagegen kann für eine **Umsatzanalyse** eine primäre Gliederung nach Absatzmärkten zweckmäßig sein. Dabei würden die Kosten von eigenen Produkten und Handelswaren je Absatzmarkt zusammengefasst[544]. Aus den verschiedenen Gruppierungsmöglichkeiten der Bezugsgrößen und dem sich hieraus ergebenden unterschiedlichen Ausweis direkter Kosten (Einzelkosten) gewinnt man unterschiedliche Einblicke in die **Kostenstruktur der Unternehmung**. Daher kann es zur Erreichung verschiedener Rechnungsziele erforderlich sein, die Kosten nach mehreren Bezugsgrößenhierarchien zu differenzieren.

Als Merkmale zur (Unter-)Gliederung der Kostenarten nach **Kostenkategorien** verwendet RIEBEL insbesondere das Verhalten gegenüber wichtigen Kosteneinflussgrößen, die Disponierbarkeit und die Erfassungsgenauigkeit von Kosten, ihre Zurechenbarkeit auf Abrechnungsperioden und die Bindungsdauer, die Aktivierungspflichtigkeit in der externen Rechnungslegung sowie die Speicherbarkeit von Nutzungspotentialen.

Das **Verhalten der Kosten** gegenüber ihren Einflussgrößen wird durch empirische Kostenfunktionen abgebildet. Für die Kostenhöhe kann nach den Erkenntnissen der betriebswirtschaftlichen Kostentheorie eine Vielzahl von Kosteneinflussgrößen bestimmend sein. RIEBEL schlägt entsprechend diesem Merkmal eine Gliederung in die Klassen der Leistungskosten, der Mischkosten und der Bereitschaftskosten vor. **Leistungskosten** sind vom tatsächlich realisierten Beschaffungs-, Fertigungs- und Absatzprogramm abhängig

---

[544] Vgl. RIEBEL, P. (Einzelkostenrechnung⁷), S. 158 ff.

D. Systeme auf Teilkostenbasis

"und ändern sich 'automatisch' mit Art, Menge und Wert der Leistungen und 'Leistungsproportionen' (Aufträge, Chargen, Lose, Partien usw.) sowie den Bedingungen des Beschaffungs-, Produktions- und Absatzprozesses"[545]. Sie werden in absatz-, erzeugungs- und beschaffungsabhängige Kosten eingeteilt. **Absatz- und beschaffungsabhängige Leistungskosten** lassen sich nach ihrer Abhängigkeit von speziellen Einflussgrößen in wertabhängige, mengenabhängige sowie von sonstigen Faktoren abhängige Kosten untergliedern. Die erzeugungsabhängigen Leistungskosten können insbesondere in erzeugungsmengenabhängige und von sonstigen Faktoren abhängige (losgrößenabhängige, sortenwechsel- und sortenfolgeabhängige Kosten sowie auftragsindividuelle Sonderkosten) differenziert werden[546].

Bereitschaftskosten werden aufgrund "von Erwartungen und Planungen der Unternehmung disponiert, um die institutionellen und technischen Voraussetzungen für die Realisierung des Leistungsprogramms zu schaffen."[547] Sofern sich bei einzelnen Kostenarten deren Werteverzehre nicht in leistungsabhängige und leistungsunabhängige getrennt erfassen lassen, werden diese in die Klasse der **Mischkosten** eingeordnet.

Auch die Bereitschaftskosten können nach mehreren Merkmalen untergliedert werden. Als wichtige Merkmale nennt RIEBEL die **Disponierbarkeit**, die **Zurechenbarkeit auf Abrechnungsperioden** und die **Bindungsdauer** sowie die **Speicherbarkeit von Nutzungspotentialen**. Potentiale mit fester Bindungsdauer führen zu Kosten, die bestimmten Perioden eindeutig zurechenbar sind. Sie stellen daher **Bereitschaftskosten geschlossener Perioden** dar. Ist dagegen die Dauer des zugrunde liegenden Güterverbrauchs und damit die Dauer der Ausgabenbindung ungewiss, so spricht RIEBEL von **Bereitschaftskosten offener Perioden**. Die einer Periode eindeutig zurechenbaren Kosten bilden deren (disponible) **Periodeneinzelkosten**. Die Einteilung in Periodeneinzel- und Periodengemeinkosten hängt von der Länge der gewählten Abrechnungsperiode ab. Je kürzer die jeweils betrachtete Periode ist, desto kleiner ist der Anteil der Periodeneinzelkosten an den Gesamtkosten. Beispielsweise gehören Weihnachtsgratifikationen und Urlaubslöhne zu den **Periodengemeinkosten**, wenn der Monat die Abrechnungsperiode bildet. Sie sind jedoch **Periodeneinzelkosten** eines Jahres. Aufgrund dieses Merkmals der **Bindungsdauer** lässt sich eine Hierarchie von Stunden-, Tages-, Monats-, Quartals- und Jahres-Einzel- bzw. -Gemeinkosten aufstellen.

Die **Bereitschaftskosten offener Perioden** sind stets Periodengemeinkosten. Sie können nach RIEBEL in **aktivierungs- und nicht aktivierungspflichtige Bereitschaftskosten** eingeteilt werden. Darüber hinaus schlägt er vor, sie nach der **Speicherbarkeit von Nutzungspotentialen** in zeitelastische und zeitunelastische Bereitschaftskosten zu zerlegen. Potentiale nennt er zeitunelastisch, wenn die Nutzung keinen Einfluss auf den Wertverzehr des Potentials hat.

---

[545] RIEBEL, P. (Deckungsbeitrag), Sp. 1145.
[546] Vgl. RIEBEL, P. (Einzelkostenrechnung[7]), S. 167 und 452 f.
[547] RIEBEL, P. (Deckungsbeitrag), Sp. 1144.

Das Merkmal der **Erfassungsgenauigkeit** betrifft die unechten Gemeinkosten. Der Verzicht auf ihre Erfassung als Einzelkosten führt zu einer verminderten Genauigkeit der Kostenrechnung. Deshalb ist nach der Erfassungsgenauigkeit zwischen direkt erfassten Einzelkosten und unechten Gemeinkosten zu differenzieren.

Für die Gliederung der Kostenarten in **Kostenkategorien** ist ebenfalls eine Rangfolge der berücksichtigten Merkmale festzulegen. Abbildung 3-149 gibt ein mögliches Gliederungsschema wieder[548]. In ihm bildet das **Verhalten der Kosten** gegenüber wichtigen Einflussgrößen das oberste Gliederungsmerkmal. Anschließend werden die Leistungs- und die Bereitschaftskosten weiter unterteilt. Aus der Rangfolge ergibt sich, welche Zwischensummen in der Grundrechnung der Kosten ermittelt werden können. Bei der im Beispiel angenommenen Rangfolge lassen sich entsprechend dem Beispiel in Abbildung 3-150 Zwischensummen für die gesamten **Leistungskosten**, die gesamten **Periodeneinzelkosten** eines Jahres und die **Bereitschaftskosten** geschlossener sowie offener Perioden berechnen. Die Summe der Bereitschaftskosten kann über eine Sonderrechnung leicht bestimmt werden. Wird eine andere Rangfolge der Merkmale zugrunde gelegt, so erhält man andere Zwischensummen. Die Art und die Tiefe der verwendeten **Gliederung in Kostenkategorien** sind von den **Rechnungszielen** abhängig, die in der Kostenrechnung verfolgt werden.

---

[548] Vgl. RIEBEL, P. (Deckungsbeitragsrechnung im Handel), Sp. 437 f.

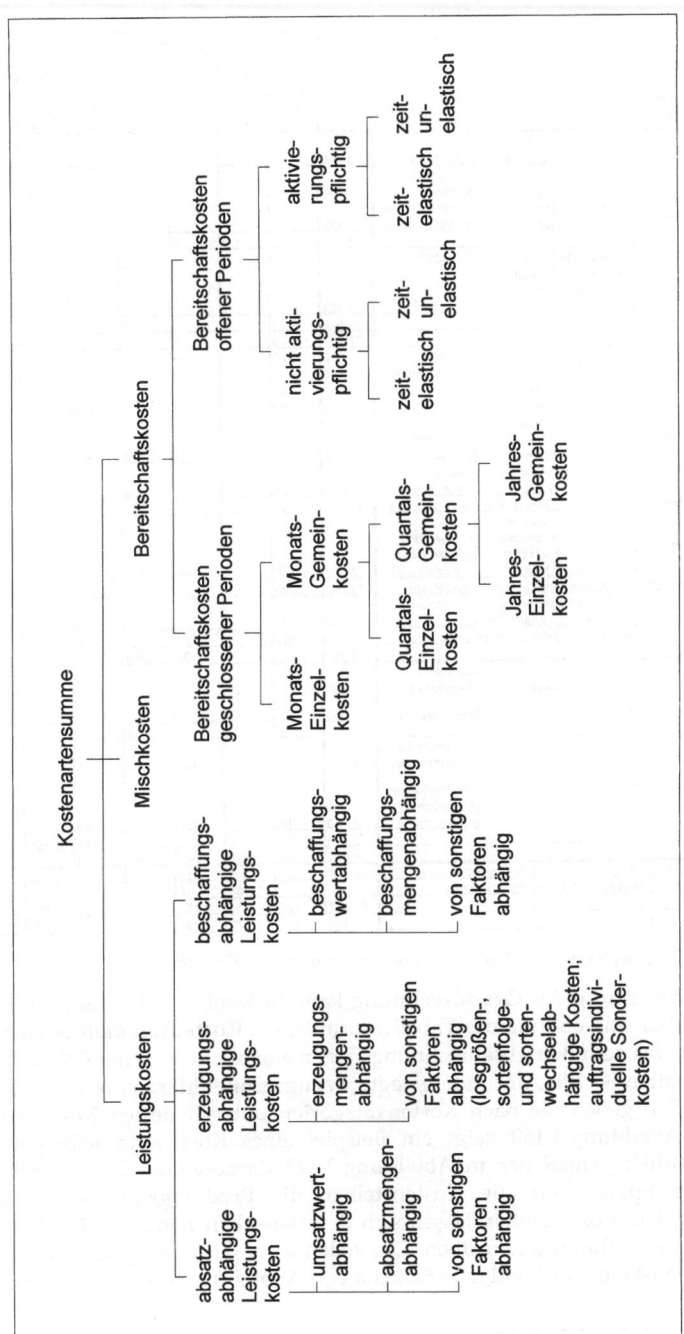

Abb. 3-149: Beispiel für eine Gliederung der Kostenarten in Kostenkategorien

Kostenkategorien und Kostenarten				Zurechnungsobjekte	Gesamt summe	Kostenstellen						
						Geschäftsleitung	Fertigungshilfsstelle	Bereich 1				Summe Bereich 1
								Fertigungsstelle F11	Fertigungsstelle F12	Verwaltungsstelle V13	Vertriebsstelle V14	
Periodenkosten	Leistungskosten	absatzabhängige Leistungskosten	umsatzwertabhängig	Provisionen	2.858							
			von sonstigen Faktoren abhängig	Ausgangsfrachten	230						100	100
				Kosten der Auftragsabwicklung	120						50	50
					3.208	0	0	0	0	0	150	150
		erzeugungsabhängige Leistungskosten	erzeugungsmengenabhängig	Rohstoffe	23.545							
				Lizenzen	1.004							
					24.549	0	0	0	0	0	0	0
					27.757	0	0	0	0	0	150	150
Kosten geschlossener Perioden	Einzel-	Bereitschaftskosten	stundenschicht- tages- bzw. monatsdisponible Bereitschaftskosten	Strom	630	20		80	150	30	20	280
				Betriebsstoffe	480			100	130			230
				Büromaterial	570	30				180	120	300
				Porti, Telefon	350	20				110	60	170
				Löhne (monatliche Kündigung)	7.450			1.600	1.700	200	150	3.650
				Zinsen für Tagegelder	1.060	20		200	300	20	30	550
			Aggregierte Monats-Einzelkosten		10.540	90	0	1.980	2.280	540	380	5.180
			quartalsdisponible Bereitschaftskosten	Gehälter (vierteljährl. Kündigung)	2.800	300		200	100	500	300	1.100
			Aggregierte Quartals-Einzelkosten		13.340	390	0	2.180	2.380	1.040	680	6.280
			jahresdisponible Bereitschaftskosten	Steuern	300	50				100		100
			Aggregierte Jahres-Einzelkosten		13.640	440	0	2.180	2.380	1.140	680	6.380
					41.397	440	0	2.180	2.380	1.140	830	6.530
Bereitschaftskosten offener Perioden	nicht aktivierungspflichtig			Eigene Reparaturen	320		320					
				Werbeausgaben	500							
					820	0	320	0	0	0	0	0
	aktivierungspflichtig			Ausgaben für Großreparatur	1.410	30		220	380	40	55	695
				Anschaffungsausgaben für Anlagegüter	2.300	250		450	300	150	50	950
					3.710	280	0	670	680	190	105	1.645
					4.530	280	320	670	680	190	105	1.645
Gesamtkosten vor innerbetrieblicher Leistungsverrechnung					45.927	720	320	2.850	3.060	1.330	935	8.175
Umlage der Einzelkosten eigener Reparaturleistungen						60		10	20			30
Gesamtkosten					45.927	720	260	2.860	3.080	1.330	935	8.205
Bereitschaftskosten					18.170	720	260	2.860	3.080	1.330	785	8.055

Abb. 3-150: *Beispiel eines Kostensammelbogens der relativen Einzelkostenrechnung*

Die **Durchführung der Grundrechnung** kann in Konten- oder Tabellenform erfolgen. Bei Anwendung der Tabellenform ist ein **Kostensammelbogen** aufzustellen, der dem Betriebsabrechnungsbogen entspricht. Aus der Gliederung seiner Spalten ist die zugrunde gelegte **Bezugsgrößenhierarchie** ersichtlich. Seine Zeilen geben die nach Kostenkategorien untergliederten Kostenarten wieder. Abbildung 3-150 zeigt ein Beispiel eines Kostensammelbogens[549]. Dieser enthält gemäß der in Abbildung 3-148 dargestellten Bezugsgrößenhierarchie Spalten für die Kostenstellen, die Produktgruppen und die Produkte. Die Kostenstellen lassen sich den Bereichen 1 und 2 oder der gesamten Unternehmung zuordnen. Die zeilenweise Gliederung nach Kostenkategorien ist entsprechend dem Schema von Abbildung 3-149 vorgenommen

---

[549] Vgl. RIEBEL, P. (Einzelkostenrechnung[7]), S. 165 ff. und (Deckungsbeitragsrechnung im Handel), Sp. 453 f.

D. Systeme auf Teilkostenbasis 541

Ferti-gungs-stelle F21	Ferti-gungs-stelle F22	Bereich 2 Verwal-tungs-stelle V23	Ver-triebs-stelle V24	Summe Bereich 2	Kostenträger Produkt I	Produkt II	Produkt-gruppe A	Produkt III	Produkt-Gruppe B	Produkt IV	Produkt V	Produkt-Gruppe C	Kosten-träger-summe
					748	288		690		642	490		2.858
			130	130									
			70	70									
0	0	0	200	200	748	288	0	690	0	642	490	0	2.858
					7.854	1.210		6.955		5.056	2.470		23.545
					220	144		230		214	196		1.004
0	0	0	0	0	8.074	1.354	0	7.185	0	5.270	2.666	0	24.549
0	0	0	200	200	8.822	1.642	0	7.875	0	5.912	3.156	0	27.407
150	110	40	30	330									
120	130			250									
		160	80	240									
		90	70	160									
1.500	1.800	300	200	3.800									
150	300	25	15	490									
1.920	2.340	615	395	5.270	0	0	0	0	0	0	0	0	0
150	250	600	400	1.400									
2.070	2.590	1.215	795	6.670	0	0	0	0	0	0	0	0	0
		150		150									
2.070	2.590	1.365	795	6.820	0	0	0	0	0	0	0	0	0
2.070	2.590	1.365	995	7.020	8.822	1.642	0	7.875	0	5.912	3.156	0	27.407
							150		100			250	500
0	0	0	0	0	0	0	150	0	100	0	0	250	500
340	280	25	40	685									
600	350	50	100	1.100									
940	630	75	140	1.785	0	0	0	0	0	0	0	0	0
940	630	75	140	1.785	0	0	150	0	100	0	0	250	500
3.010	3.220	1.440	1.135	8.805	8.822	1.642	150	7.875	100	5.912	3.156	250	27.907
15	15			30									
3.025	3.235	1.440	1.135	8.835	8.822	1.642	150	7.875	100	5.912	3.156	250	27.907
3.025	3.235	1.440	935	8.635			150		100			250	500

worden. Da in der Abrechnungsperiode keine beschaffungsabhängigen Leistungskosten und keine Mischkosten anfallen, fehlen die entsprechenden Zeilen. Als Zwischensummen können die Leistungskosten, die Periodeneinzelkosten eines Jahres und die Bereitschaftskosten geschlossener sowie offener Perioden direkt ermittelt werden. Die Summe der Bereitschaftskosten wird in der letzten Zeile gesondert berechnet.

Von den **Kosten für innerbetriebliche Leistungen** werden in der relativen Einzelkosten- und Deckungsbeitragsrechnung nur die Teile auf empfangende Kostenstellen verrechnet, welche durch diese Leistungen zusätzlich entstehen. Ferner wird eine Verrechnung lediglich bei messbaren Leistungen durchgeführt. Beispielsweise werden die Kosten einer Hilfsstelle für deren Arbeitskräfte, Maschinen und Werkzeuge nicht umgelegt. Dagegen können z.B. Materialkosten der innerbetrieblichen Leistungen den empfangenden Kostenstellen belastet werden. Die verrechneten Kosten innerbetrieblicher Leistungen sind bei den **empfangenden Kostenstellen** in die entsprechende

542 3. Kapitel: Planungsorientierte Systeme der KER

Kostenkategorie einzuordnen. In dem Beispiel von Abbildung 3-150 werden von einer Fertigungshilfsstelle Reparaturleistungen an den Aggregaten der Fertigungs(haupt)stellen ausgeführt. Auf die Fertigungs(haupt)stellen werden lediglich die direkt zurechenbaren **Einzelkosten der Reparaturleistungen** umgelegt. Diese entstehen z.B. für Material und Aggregatteile wie Motoren, die an den Aggregaten der Fertigungsstellen zu ersetzen sind.

Unechte Gemeinkosten sollten nach RIEBEL in der Grundrechnung nicht umgelegt werden. Sie können in Sonderrechnungen auf die Bezugsgrößen verteilt werden, denen sie grundsätzlich zurechenbar sind. Die Umlage sollte nach Kostenschlüsseln erfolgen, bei denen die Abweichungen gegenüber einer direkten Erfassung möglichst gering sind. RIEBEL hält eine Umlage unechter Gemeinkosten nur dann für zweckmäßig, "... wenn einwandfreie Schlüssel, die aufgrund von Stichproben, technischen Berechnungen oder Korrelationsanalysen gewonnen worden sind, zur Verfügung stehen"[550].

3. Auswertung der Grundrechnung für Planungs- und Kontrollprobleme

In der relativen Einzelkostenrechnung werden **mehrere Rechnungsziele** mit Hilfe von unterschiedlichen Auswertungsrechnungen erfüllt. Für die unterschiedlichen Rechnungsziele sind die jeweils relevanten Kostenziffern aus der Grundrechnung zusammenzustellen. Die Struktur derartiger Auswertungsrechnungen wird im Folgenden für eine Reihe von Kontroll- und Planungsproblemen gekennzeichnet.

a) Lösung von Planungsproblemen

Für die Lösung betrieblicher **Planungs- und Steuerungsprobleme** sind aus der Grundrechnung jeweils die Teile der Gesamtkosten und der Erlöse zu berücksichtigen, die bei den Alternativen der anstehenden Entscheidung variieren. Die Verwendbarkeit des Systems der relativen Einzelkosten- und Deckungsbeitragsrechnung wird von RIEBEL für eine Reihe betrieblicher Planungs- und Steuerungsprobleme dargestellt. Das Schwergewicht liegt auf **kurzfristigen Entscheidungsproblemen**. Jedoch gibt er auch Hinweise auf die Verwendung bei **langfristigen Entscheidungen** wie Investitionen und betont, dass sie "... für alle Entscheidungen über Aufbau, Anpassung und Abbau der statischen und dynamischen Betriebsbereitschaft besonders gut geeignet (ist)"[551].

Kurzfristige Entscheidungen liegen nach RIEBEL vor, wenn die gegebene Kapazität und die Betriebsbereitschaft nicht beeinflusst werden. Als Entscheidungsgrundlagen werden aus den relevanten Erlösen und Kosten der betrachteten Entscheidungsprobleme Deckungsbeiträge gebildet. Diese geben an, wie sich das verfolgte Ziel (i.d.R. der Periodenerfolg) bei Durchführung der jeweiligen Alternative verändert. RIEBEL geht in seinen Beispielen von bekannten und **konstanten Erlösen** je Produkteinheit aus und berücksichtigt nur **lineare Kostenfunktionen**. Neben der Fristigkeit sind für die Bestand-

---

[550] RIEBEL, P. (Einzelkostenrechnung⁷), S. 170.
[551] RIEBEL, P. (Einzelkostenrechnung⁷), S. 291.

teile der Deckungsbeiträge, die als Grundlage der Entscheidungen herangezogen werden sollen, die Zielvorstellung und die Entscheidungssituation maßgebend. Bei Verfolgung des Gewinnziels bilden i.d.R. die kurzfristig variablen Einzelkosten geeignete Entscheidungsgrundlagen. Das wichtigste Merkmal der Entscheidungssituation besteht darin, ob eine oder mehrere **Beschränkungen** den Raum realisierbarer Handlungen begrenzen. Wenn lediglich ein Engpass die herstellbaren Produktmengen begrenzt, ist eine Entscheidung aufgrund spezifischer Deckungsbeiträge möglich.

Im Fertigungsbereich haben Programm- und Verfahrensentscheidungen häufig kurzfristigen Charakter. Die **Programmpolitik** umfasst Entscheidungen über die herzustellenden Produktarten und Produktmengen. Hierzu können auch Entscheidungen über die Weiterverarbeitung oder den Absatz von Zwischenprodukten gerechnet werden. Sofern in der Fertigung keine Engpässe bestehen, ist die Entscheidung über die Fertigungsmengen an den Deckungsbeiträgen je Leistungseinheit auszurichten. Zur Ermittlung dieses **Stückdeckungsbeitrags** sind entsprechend Abbildung 3-151 von den erzielbaren Preisen der Produkte die Erlösminderungen und die Stückabsatz- sowie erzeugnisabhängigen Leistungskosten je Produkteinheit zu subtrahieren[552]. Aus den Stückdeckungsbeiträgen ergibt sich eine Rangfolge der Produkte. Der Periodenerfolg wird am größten, wenn die Erzeugungs- und Absatzmengen der Produkte mit den höchsten Stückdeckungsbeiträgen maximiert werden. Die Stückdeckungsbeiträge bilden auch das Auswahlkriterium, wenn die absetzbaren Mengen begrenzt sind. Eine Herstellung von absetzbaren Produkten erhöht den Periodenerfolg, solange die Stückdeckungsbeiträge positiv sind.

Wird ein Teil der Produkteinzelkosten nicht direkt erfasst, lassen sich zwei verschiedene Stückdeckungsbeiträge bestimmen. Ohne Berücksichtigung der **unechten Gemeinkosten** erhält man einen genauen, aber unvollständigen Deckungsbeitrag. Nach Schlüsselung der unechten Gemeinkosten ergibt sich ein ungenauer, aber vollständiger Deckungsbeitrag.

Fallen in der Unternehmung Kosten an, die lediglich der **Produktart** oder der **Produktgruppe** zurechenbar sind, so ist bei der Entscheidung über die herzustellenden Produktarten von den Deckungsbeiträgen über die kurzfristig variablen Produktarten- bzw. Produktgruppeneinzelkosten auszugehen. Wenn die Produktionskapazität nicht begrenzt ist, erhöht eine Herstellung der Produktarten bzw. Produktgruppen mit positivem Deckungsbeitrag den Periodenerfolg. Da die Einzelkosten der Produktart bzw. der Produktgruppe nicht auf die Produktmenge verteilt werden sollen, müssen zur Bestimmung dieser Deckungsbeiträge die geplanten bzw. die absetzbaren Mengen je Produktart bzw. Produktgruppe bekannt sein.

In der Realität sind meist nicht nur die absetzbaren Produktmengen beschränkt. Auch die **Produktionskapazität** der Unternehmung begrenzt das Produktions- und Absatzprogramm. Besteht lediglich ein Produktionsengpass, so bilden die **spezifischen Deckungsbeiträge** die Entscheidungs-

---

[552] Vgl. Abb. 3-151, S. 544 f.

grundlage. Für das in Abbildung 3-151 betrachtete Beispiel wird im Folgenden angenommen, dass in jedem der beiden Bereiche lediglich **ein Engpass** vorliege. Die Kapazität der Fertigungsstelle F_{11} im Bereich 1 sei auf 20.000 Minuten und die Kapazität der Fertigungsstelle F_{21} im Bereich 2 auf 30.000 Minuten begrenzt. Dividiert man die Stückdeckungsbeiträge der fünf Produkte durch ihre Produktionskoeffizienten, dann erhält man die spezifischen Deckungsbeiträge A bzw. B. Innerhalb eines jeden Bereiches lassen sich die Produkte nach ihnen ordnen. Um den Periodenerfolg zu maximieren, ist in jedem Bereich von den Produkten mit den höchsten spezifischen Deckungsbeiträgen die höchstmögliche Menge herzustellen, bis die Kapazität voll genutzt ist.

Produkte		Produkt I	Produkt II	Produkt III	Produkt IV	Produkt V
Bruttopreis	€/St.	42,50	20,00	37,50	30,00	25,00
./. Erlösschmälerungen (Rabatte und Skonti)	€/St.	8,50	4,00	7,50	6,00	5,00
Nettopreis	€/St.	34,00	16,00	30,00	24,00	20,00
./. absatzabhängige Kosten	€/St.	1,70	0,80	1,50	1,20	1,00
Reduzierter Nettopreis	€/St.	32,30	15,20	28,50	22,80	19,00
./. erzeugungsabhängige Kosten	€/St.	18,35	3,76	15,62	9,85	5,44
Stückdeckungsbeitrag	€/St.	13,95	11,44	12,88	12,95	13,56
Kapazität von Fertigungsstelle F_{11}	Min.		20000			
Produktionskoeffizienten für Fertigungsstelle F_{11}	Min./St.	18	12	16		
Kapazität von Fertigungsstelle F_{21}	Min.				30000	
Produktionskoeffizienten für Fertigungsstelle F_{21}	Min./St.				25	30
Spezifische Deckungsbeiträge A je Fertigungsminute von F_{11}	€/Min.	0,78	0,95	0,81		
Spezifische Deckungsbeiträge B je Fertigungsminute von F_{21}	€/Min.				0,52	0,45
Rang der Produkte je Bereich nach spezifischen Deckungsbeiträgen A bzw. B		3	1	2	1	2
Verfügbare Werkstoffmenge	kg		6000			
Werkstoffeinsatz	kg/St.	4,25	0,80	3,60	2,25	1,20
Spezifische Deckungsbeiträge C je kg Werkstoffeinsatz	€/kg	3,28	14,30	3,58	5,76	11,30
Rang der Produkte nach spezifischen Deckungsbeiträgen C		5	1	4	3	2

Abb. 3-151: *Bestimmung der Stückdeckungsbeiträge und der spezifischen Deckungsbeiträge*

Der **Engpass** kann auch durch ein einzelnes Aggregat innerhalb einer Stelle, die Zahl verfügbarer Arbeitskräfte, begrenzt verfügbare Werkstoffe und dergleichen gebildet werden. Wenn z.B. in alle fünf Produkte ein **Werkstoff** eingeht, der nur in **beschränkter Menge** beschafft werden kann, lassen sich aus den Stückdeckungsbeiträgen und den Produktionskoeffizienten des Werk-

D. Systeme auf Teilkostenbasis

stoffeinsatzes die spezifischen Deckungsbeiträge C von Abbildung 3-151 bestimmen. Nach diesen ergibt sich eine andere Reihenfolge der Produkte. Jede Verlagerung des Engpasses führt zu anderen spezifischen Deckungsbeiträgen und möglicherweise zu einer anderen Rangfolge der Produkte.

Sofern **mehrere Engpässe** gleichzeitig wirksam sind, lassen sich die Programmentscheidungen nicht mehr anhand der spezifischen Deckungsbeiträge treffen. Neben Probierverfahren auf der Basis spezifischer Deckungsbeiträge kommen vor allem die **Verfahren der linearen und nichtlinearen Planungsrechnung** zur Anwendung. Mit ihnen kann das optimale Produktions- und Absatzprogramm bei einer großen Zahl von Produkten und Beschränkungen in den verschiedenen Bereichen der Unternehmung bestimmt werden[553]. Soweit die Betriebsbereitschaft nicht variiert wird, gehen in die Zielfunktion derartiger Entscheidungsmodelle die **Stückdeckungsbeiträge** als Gewichtungsfaktoren der Produkteinheiten ein. Somit bildet die relative Einzelkosten- und Deckungsbeitragsrechnung bei diesen Entscheidungssituationen ebenfalls eine Grundlage der Entscheidungsfindung.

Die **kurzfristige Verfahrensplanung** gehört zu den laufenden Aufgaben der Fertigungsvorbereitung. Wenn die quantitative und qualitative Kapazität sowie die Auftragsgrößen gegeben sind, muss insbesondere entschieden werden, mit welchen technischen Verfahren die Produkte erzeugt werden. Hieraus ergibt sich, welche Werkstoffe, Vorformen und Energiearten eingesetzt werden müssen. Ferner ist die Verteilung der Aufträge auf die verschiedenen Produktionsmittel und Arbeitskräfte festzulegen. Als Sonderfall der Verfahrenswahl ist die Entscheidung zwischen Fremdbezug, Lohnarbeit oder Eigenfertigung anzusehen.

Bei den Problemen der **Verfahrensplanung** ist die Begrenzung des Entscheidungsspielraumes für die Art der Entscheidungsfindung wesentlich. Im Fall der **Unterbeschäftigung**, bei der keine Engpässe vorliegen, lässt sich das gewinngünstigste Verfahren durch einen Vergleich derjenigen Kosten bestimmen, die bei den alternativ möglichen Verfahren zusätzlich entstehen bzw. wegfallen. Dabei kann es sich vor allem um die unmittelbar von den Fertigungsmengen abhängigen Kosten für Werkstoffe, Energie und schnell abgenutzte Werkzeuge, um Kosten für Sonderwerkzeuge, Formen und Vorrichtungen sowie um Kosten für die Umrüstung, das Einrichten und Anlaufen der Maschinen handeln. Aus der Gegenüberstellung dieser Kosten der Verfahrensalternativen kann die kosten- und damit gewinnoptimale Lösung ermittelt werden. Der Fremdbezug von materiellen Einsatzgütern und die Vergabe von Lohnarbeit sind günstiger als die Eigenfertigung, wenn ihre Preise unter den zusätzlichen Kosten der Eigenfertigung liegen. Durch die Gliederung der Kosten in der Grundrechnung nach ihrer Bindungsdauer können bei Verfahrensentscheidungen auch Liquiditätsgesichtspunkte berücksichtigt werden.

Bei **Überbeschäftigung** werden die Fertigungsmöglichkeiten durch einen oder mehrere Engpässe begrenzt. Deshalb können meist nicht die gesamten

---

[553] Vgl. Kapitel 3., Abschnitt D.I.6.d)bb), S. 487 ff.

absetzbaren Produktmengen hergestellt werden. Mit der Entscheidung über das Produktionsverfahren ist zugleich die Entscheidung über das Produktionsprogramm zu treffen. Für die Lösung dieser Entscheidungsprobleme reicht ein Kostenvergleich nicht aus. Vielmehr ist zu bestimmen, welche Kombination von Verfahren und Programm den höchsten Deckungsbeitrag erzielt. Besteht lediglich **ein Engpass**, kann eine schrittweise Problemlösung durchgeführt werden. Dagegen ist bei Vorliegen **mehrerer Engpässe** eine simultane Entscheidungsfindung mit Verfahren der mathematischen Planungsrechnung oder der Simulation notwendig.

Die **Preiskalkulation** befindet sich in einem Dilemma. Einerseits müssen Preise gefordert werden, durch welche die Gesamtkosten der Unternehmung und der Gewinn gedeckt werden. Andererseits lassen sich fixe und variable echte Gemeinkosten den Produkteinheiten nicht objektiv zurechnen[554]. Das interne Rechnungswesen soll für **Preisentscheidungen** Informationen über die zusätzlichen Kosten der anzubietenden Produkte, die bei ihrer Herstellung und ihrem Vertrieb wegfallenden Leistungskosten alternativer Produkte und abbaufähigen Bereitschaftskosten sowie den Deckungsbedarf für die verbleibenden Kosten liefern. Daneben soll die Absatzplanung Informationen über die am Markt erzielbaren Erlöse und die entgehenden Erlöse zur Verfügung stellen, die bei anderweitiger Nutzung der technischen, personellen und finanziellen Kapazität der Unternehmung erzielt werden könnten.

Aus der Grundrechnung lässt sich ermitteln, welche Kosten durch die geplanten Produkte zusätzlich entstehen. Des Weiteren kann wegen der Zurechnung auf Bezugsgrößen und der Gliederung in Kostenkategorien in Sonderrechnungen bestimmt werden, welche Kosten kurzfristig und längerfristig wegfallen, wenn einzelne der geplanten Produkte nicht erzeugt und abgesetzt werden. Die Gemeinkosten der Produkte, die sich aus Einzelkosten der Produktarten, Produktgruppen, der Bereiche und der Unternehmung zusammensetzen können, und der geplante Gewinn ergeben den **gesamten Deckungsbedarf**. Dieser lässt sich nach Kostenkategorien, nach der Zurechenbarkeit auf die Bezugsgrößen und nach preispolitischen Verantwortungs- und Entscheidungsbereichen zerlegen. Soweit der Deckungsbedarf den Produktgruppen, Verkaufsabteilungen, Teilmärkten bzw. sonstigen Entscheidungsbereichen nicht direkt zurechenbar ist, sollte er nicht nach schematischen Schlüsseln verteilt werden. Seine Verteilung auf Verantwortungs- oder Entscheidungsbereiche sollte vielmehr nach unternehmungspolitischen und besonders nach absatzpolitischen Gesichtspunkten erfolgen[555]. Maßgebliche **Verteilungsprinzipien** sind insbesondere die Dringlichkeit der Deckung einzelner Kostenkategorien, der Deckung des Finanzbedarfs und die Tragfähigkeit der Produkte. Durch die Trennung zwischen Einzelkosten der Produkte und einem vorzugebenden Anteil je Produkt am Deckungsbedarf wird eine bewegliche Preispolitik erreicht. Die Entscheidung über die Verteilung des Deckungsbedarfs und die Höhe des Angebotspreises hängt dann auch von Marktgegebenheiten ab. Wird verschiedenen Vertriebsabteilungen jeweils ein **Anteil am gesamten Deckungsbedarf** vorgegeben, so kann jede

---

[554] Vgl. RIEBEL, P. (Einzelkostenrechnung⁷), S. 235 ff. und S. 269 ff.
[555] Vgl. RIEBEL, P. (Einzelkostenrechnung⁷), S. 191 ff., S. 279 und S. 726 ff.

Abteilung über die Verteilung ihres Deckungsbudgets auf ihre Produkte und Kunden selbst entscheiden. Ferner kann jede Vertriebsabteilung durch die kumulierte Erfassung der bisher realisierten Deckungsbeiträge in einer periodischen Übersicht entsprechend Abbildung 3-152 feststellen, inwieweit das vorgegebene **Deckungsbudget** schon erwirtschaftet ist.

In der **Preispolitik** treten verschiedenartige Entscheidungsprobleme auf. Die Höhe der zusätzlich entstehenden und wegfallenden bzw. abbaufähigen Kosten eines Produkts oder Auftrags hängt von der Art des Entscheidungsproblems und der Entscheidungssituation ab. Wenn z.B. der **Angebotspreis für einen zusätzlichen einmaligen Auftrag** bei Unterbeschäftigung festzulegen ist, bilden die direkt zurechenbaren Kosten dieses Auftrags die **Preisuntergrenze**. Eine Annahme des Auftrags erhöht den Periodenerfolg, sofern der erzielbare Preis über dieser Preisuntergrenze liegt. Handelt es sich um einen langfristigen Liefervertrag, so ist zu prüfen, ob die Unterbeschäftigung während dessen Geltungsdauer anhalten wird. Steigt die Nachfrage an, muss man untersuchen, inwieweit durch eine Hereinnahme anderer Aufträge ein höherer Deckungsbeitrag erzielt werden könnte. Darüber hinaus ist bei längerfristigen Aufträgen zu berücksichtigen, welche Bereitschaftskosten durch die Ausführung der Aufträge nicht abgebaut werden. Bei voll ausgelasteten Kapazitäten ergibt sich die **Preisuntergrenze** aus den **direkt zurechenbaren Kosten** und den **spezifischen Deckungsbeiträgen**, welche durch die Hereinnahme des betreffenden Auftrags verdrängt werden.

Die Entscheidung über den **Angebotspreis neuer Produkte** setzt eine genaue Analyse der Marktverhältnisse und der betrieblichen Alternativen bei der Herstellung und dem Vertrieb dieser Produkte voraus. RIEBEL zeigt an einem Beispiel, welche Deckungsbeiträge zu ermitteln sind, wenn nach dem Ergebnis einer Marktuntersuchung mehrere **Preisalternativen** zur Auswahl stehen[556]. Die während einer Periode absetzbaren Mengen sind bei diesen Alternativen verschieden hoch. Daher bilden die mit der Stückzahl multiplizierten Stückbeiträge das Auswahlkriterium. Davon sind die verdrängten Deckungsbeiträge abzusetzen, wenn die Produktionskapazität beschränkt ist. Dann erhält man den **zusätzlichen Periodenbeitrag**, der bei den betrachteten Preisalternativen durch das neue Produkt erzielt wird. Die Herstellung und der Vertrieb des neuen Produkts können Investitionen für zusätzliche Vorrichtungen usw. sowie für die Markterschließung verursachen, durch welche sich die Produktionskapazität nicht ändert. Als weitere Entscheidungsalternativen können der Fremdbezug von Zwischenprodukten und die Erweiterung der Kapazität berücksichtigt werden, durch die eine Verdrängung anderer Produkte vermieden wird.

Für die verschiedenen **Investitionsauszahlungen** führt RIEBEL eine **Amortisationsrechnung** durch. Das Verhältnis zwischen den einmaligen Investitionsauszahlungen und dem jeweiligen zusätzlichen Periodenbeitrag jeder Preisalternative gibt an, in welchem Zeitraum die zusätzlichen Investitionsauszahlungen durch das neue Produkt gedeckt werden. Erst nach diesem Zeitraum leistet es einen Beitrag zu den mit anderen Produkten

---

[556] Vgl. RIEBEL, P. (Einzelkostenrechnung⁷), S. 249 ff.

gemeinsamen Kosten und zum Gewinn. Diese Amortisationsdauer kann als Maß für das Risiko bei der Einführung eines neuen Produkts interpretiert werden. Aus der Gegenüberstellung der zusätzlichen Periodenbeiträge der Preisalternativen bei den verschiedenen Produktions- und Investitionsmöglichkeiten, den Amortisationsdauern der Investitionsauszahlungen und der Entwicklung der kumulierten Deckungsbeiträge lässt sich die **günstigste Preisalternative** unter Beachtung des Risikos bestimmen.

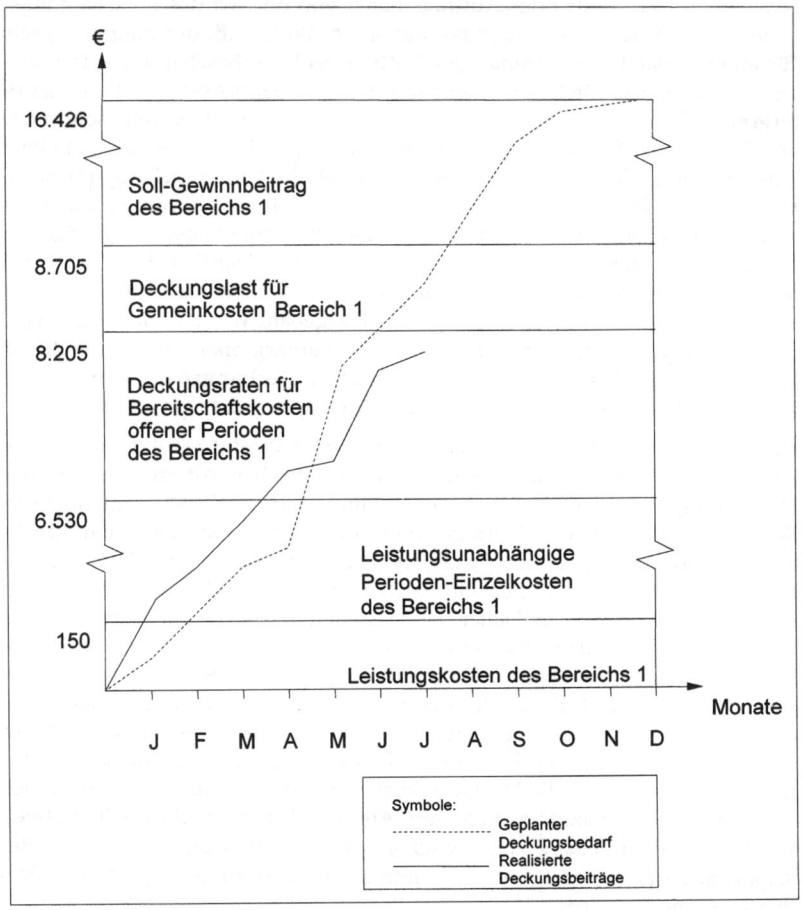

Abb. 3-152: Beispiel für die Gegenüberstellung von Deckungsbedarf und kumulierten Deckungsbeiträgen

Langfristige Entscheidungsprobleme der Wirtschaftspraxis sind durch die Unsicherheit der Daten und das hieraus resultierende Risiko gekennzeichnet. RIEBEL schlägt für **Investitionsentscheidungen** vor, auf eine Schlüsselung von Gemeinkosten und fixen Kosten zu verzichten und einen Vergleich der kumulativen Einzahlungen und Auszahlungen vorzunehmen[557]. Den Investitionsvorhaben werden lediglich die zusätzlich entstehenden Ausgaben bzw. Kosten zugerechnet. Aufgrund dieses Vergleichs lässt sich die Dauer zur Deckung der direkt zurechenbaren Bereitschaftskosten bestimmen. Diese ist für das Risiko der Investition relevant. Die danach erwirtschafteten Einzahlungsüberschüsse stellen hinausgeschobene Beiträge zur Deckung der Gemeinkosten und des Gewinns dar. Beim Vergleich alternativer Investitionsvorhaben sind die kumulierten Ein- und Auszahlungen nicht nur bis zum Amortisationszeitpunkt, sondern über die gesamte Nutzungsdauer hinweg zu vergleichen.

b) Kontrolle des Unternehmungsprozesses

Die **Betriebskontrolle** umfasst in der relativen Einzelkosten- und Deckungsbeitragsrechnung lediglich **beeinflussbare Kosten**[558]. Es werden jeweils nur die Plan- und Istkosten einander gegenübergestellt, welche von der betrachteten Entscheidung bzw. von den Entscheidungen der kontrollierten Kostenstelle abhängig sind. Deshalb lassen sich in der Kostenträgerrechnung ausschließlich jene Einzelkosten kontrollieren, "... die unmittelbar und zusätzlich durch den Kostenträger verursacht werden."[559] Zur Kontrolle von Kostenstellen müssen die **geplanten und die realisierten Stelleneinzelkosten** verglichen werden, deren mengenmäßiger Verbrauch in diesem Verantwortungsbereich direkt beeinflusst werden kann. Durch die direkte Zurechnung sämtlicher Kosten auf die zugrunde gelegten Bezugsgrößen und den Verzicht auf die Verteilung echter Gemeinkosten ist es nicht erforderlich, aus der Gesamtabweichung einer Kostenstelle einzelne Abweichungsarten zu eliminieren, die nicht vom Kostenstellenleiter zu vertreten sind. Ferner bezieht sich die Kontrolle der Kostenstellen nur auf die **Kostenstelleneinzelkosten**, deren Verbrauchsmengen wirklich gemessen werden. Aus diesem Grund können z.B. Abschreibungen nicht in diese Kontrolle einbezogen werden. Auch im Falle leistungsproportionaler Mengenabschreibungen hängt die Höhe des Abschreibungsbetrages einer Periode in der Regel von übergeordneten Entscheidungen und nicht vom Kostenstellenleiter ab. Bei unechten Gemeinkosten wird der Güterverbrauch nicht gemessen, obwohl dies technisch möglich wäre. Ihre Höhe je Kostenstelle richtet sich nach den verwendeten Schlüsseln. Die tatsächlichen Verbrauchsursachen können von diesen Schlüsseln abweichen. Daher ist nach RIEBEL eine Kontrolle unechter Gemeinkosten kaum durchführbar.

Eine Reihe von Güterverbräuchen unterliegt **zufälligen Einflüssen**. Beispielsweise sind der Ausfall von Maschinen bzw. Maschinenteilen und die entsprechenden Reparaturkosten häufig zufallsverteilt. Derartige Kosten lassen sich nach RIEBEL kontrollieren, wenn die Zahl der zugrunde liegenden Verbrauchsvorgänge so groß ist, dass sich die Zufallseinflüsse ausgleichen.

---

[557] Vgl. RIEBEL, P. (Einzelkostenrechnung^7), S. 60 ff.
[558] Vgl. RIEBEL, P. (Einzelkostenrechnung^7), S. 12 ff.
[559] RIEBEL, P. (Einzelkostenrechnung^7), S. 14.

Dann können entsprechend dem Gesetz der großen Zahl zufällige Schwankungen durch die Anwendung statistischer Methoden ausgeschaltet werden. Für die **Beurteilung** der realisierten Kostenhöhen und der Kostenabweichungen müssen diese auf geeignete Größen bezogen werden. "Zwischen Kostenart und Bezugsgröße muß ... entweder eine kausale oder finale Beziehung oder zumindest ein sachlogisch sinnvolles Entsprechungsverhältnis (bestehen)"[560]. Man kann die Kostenhöhen bzw. die Abweichungen insbesondere zu den Ausprägungen der Haupteinflussgrößen in Beziehung setzen. Es kann z.B. sinnvoll sein, Leistungskosten einer Kostenstelle auf einzelne Arbeitszeiten, die Zahl der (verschiedenen) Aufträge, der Konstruktionszeichnungen, der Buchungen, der Kundenbesuche und dergleichen zu beziehen. Hierdurch erhält man **Kennzahlen**, mit denen sich die Wirtschaftlichkeit beurteilen lässt. Die Bereitschaftskosten wie Abschreibungen oder Personalkosten sollten nach RIEBEL **periodenweise kontrolliert** werden. Bei ihnen kann die zeitliche Inanspruchnahme beobachtet werden. Durch die Wahl geeigneter Maßgrößen für die Beschäftigung der Kostenstellen erhält man Aufschluss über ihre Kapazitätsausnutzung.

Da eine Reihe von Kosteneinflussgrößen zeitabhängigen Schwankungen unterworfen ist, kommt der **Dauer der Kontrollperiode** eine wichtige Bedeutung zu. Diese Schwankungen lassen sich nur bei entsprechend kurzen Kontrollperioden erfassen. Des Weiteren fallen z.B. Lohnzahlungen und Gehaltszahlungen häufig für verschieden lange Teilperioden an. Daher kann es auch zweckmäßig sein, für einzelne Kostenarten verschieden lange Kontrollperioden zu wählen.

Zur **Kontrolle und Analyse des Betriebsergebnisses** müssen die Auswertungsrechnungen als **Deckungsbeitragsrechnungen** aufgebaut sein. Neben den relativen Einzelkosten sind die in einer Periode erzielten Erlöse zu berücksichtigen. Die Differenz zwischen Erlösen und relativen Einzelkosten ergibt Deckungsbeiträge, welche über den Beitrag der jeweils betrachteten Bezugsgröße Kostenträger, Kostenstelle, Bereich u.a. zur Deckung ihrer Gemeinkosten und zum Periodengewinn informieren[561].

RIEBEL fordert für die **laufende Betriebserfolgsrechnung** der abgesetzten Produkte, dass lediglich realisierte Deckungsbeiträge ausgewiesen und die Bestände an Halb- und Fertigprodukten nur mit (kurzfristig variablen) Leistungskosten bewertet werden. Eine Erfolgsanalyse lässt sich durch die Ermittlung verschiedener Deckungsbeiträge vornehmen. Der Aufbau der Erfolgsanalyse entspricht weitgehend der Betriebsergebnisrechnung bei mehrstufiger Deckungsbeitragsrechnung auf der Basis variabler Kosten[562]. Wenn entsprechend dem Kostensammelbogen in Abbildung 3-150 die Produkteinheiten, die Produktgruppen sowie die Kostenstellen der Bereiche und die Gesamtunternehmung als Bezugsgrößen der Kostenzurechnung angesehen werden, lassen sich Deckungsbeiträge der Produkte, der Produktgruppen und der Bereiche ermitteln. In Abbildung 3-153 werden die Deckungsbeiträge

---

[560] RIEBEL, P. (Einzelkostenrechnung⁷), S. 16.
[561] Vgl. RIEBEL, P. (Einzelkostenrechnung⁷), S. 46 ff. und 176 ff.
[562] Vgl. Kapitel 3., Abschnitt D.I.5.c), S. 464 ff.

D. Systeme auf Teilkostenbasis 551

über die (kurzfristig variablen) Leistungskosten errechnet. Aus diesen wird ersichtlich, in welchem Umfang die Bereitschaftskosten und der Gewinn durch die verschiedenen Produkte, Produktgruppen und Bereiche zu erwirtschaften sind. Die Deckungsbeiträge sind insbesondere im Hinblick auf das Gewinnziel und dessen kurzfristige Beeinflussbarkeit relevant. Bei einem Vergleich dieser Deckungsbeiträge mit dem gleichen Beispiel für die Betriebsergebnisrechnung auf der Basis variabler Kosten in Abbildung 3-98[563] wird deutlich, dass der Begriff der variablen Einzelkosten bei RIEBEL enger gefasst ist, da als Maß der Beschäftigung lediglich Art, Menge und Wert der Produkte verwendet werden. Des Weiteren werden die Kosten der Betriebsarbeit und alle Abschreibungen in der relativen Einzelkostenrechnung nicht den Produkten zugerechnet. Daher sind die Deckungsbeiträge über die kurzfristig variablen Kosten in der relativen Einzelkosten- und Deckungsbeitragsrechnung **höher** als in der Deckungsbeitragsrechnung auf der Basis von variablen Kosten.

Bereiche	1			2	
Produktgruppen	A		B	C	
Produkte	I	II	III	IV	V
Nettoerlöse der Produkte	14.960	5.760	13.800	12.840	9.800
- kurzfristig variable Produkteinzelkosten	8.822	1.642	7.875	5.912	3.156
	6.138	4.118	5.925	6.928	6.644
- kurzfristig variable Gruppeneinzelkosten	150		100	250	
	10.106		5.825	13.322	
- kurzfristig variable Bereichseinzelkosten	150			200	
	15.781			13.122	
- Bereitschaftskosten der Unternehmung	16.630				
Periodenergebnis	12.273				

Abb. 3-153: *Beispiel einer mehrfach gestuften Erfolgsrechnung mit Deckungsbeiträgen über die kurzfristig variablen Einzelkosten*

Die Bedeutung der ermittelten Deckungsbeiträge kann durch die Bildung geeigneter Kennzahlen näher gekennzeichnet werden. Aussagefähige **Verhältniszahlen** können z.B. die Deckungsbeiträge je Produkteinheit, je Umsatzeinheit sowie je Einheit eines Einsatzgutes darstellen. Besonderen Informationsgehalt besitzen die auf Engpassgüter bezogenen Deckungsbeiträge. Diese "spezifischen" bzw. "engpaßbezogenen"[564] Deckungsbeiträge geben den Betrag an, welcher durch den Verbrauch einer Einheit des knappen Einsatzgutes für die Erzeugung eines Produktes geleistet wird[565].

Die **Entwicklung des Betriebsergebnisses** während einer Abrechnungsperiode lässt sich verfolgen, indem man die bis zu jedem Zeitpunkt erwirtschafteten Deckungsbeiträge kumuliert und dem geplanten Deckungsbedarf der Periode gegenüberstellt[566]. Letzterer setzt sich aus dem direkten Deckungsbe-

---
[563] Vgl. Kapitel 3., Abschnitt D.I.4.b), S. 448.
[564] RIEBEL, P. (Einzelkostenrechnung[7]), S. 192 ff. und S. 316 ff.
[565] Vgl. Abb. 3-151, S. 544 f.
[566] Vgl. RIEBEL, P. (Einzelkostenrechnung[7]), S. 54 ff. und 191 ff.

darf, der den geplanten Einzelkosten der Periode entspricht, sowie einem Deckungsbudget für anteilige Gemeinkosten und einem Soll-Gewinnbetrag zusammen. Eine solche kumulative Ergebnisrechnung kann für jede Bezugsgröße durchgeführt werden. Dabei sind jeweils nur die Einzelkosten, das Deckungsbudget und die Deckungsbeiträge dieser Bezugsgröße zu berücksichtigen.

In Abbildung 3-152 sind der Deckungsbedarf und die kumulierten Deckungsbeiträge für den Bereich 1 aus dem Kostensammelbogen von Abbildung 3-150 aufgezeichnet. Es wird hierbei davon ausgegangen, dass der Kostensammelbogen die geplanten Kosten der Abrechnungsperiode enthält. Der **direkte Deckungsbedarf** des Bereichs 1 ist gleich der Summe aller Einzelkosten der Kostenstellen F_{11}, F_{12}, V_{13} und V_{14} in der Höhe von € 8.205. Er lässt sich in kurzfristig nicht variable Periodeneinzelkosten (€ 6.380) sowie Deckungsraten für Periodengemeinkosten (€ 1.675) aufteilen. Dem Bereich 1 ist ein Deckungsbudget von € 500 für anteilige Gemeinkosten (d.h. Einzelkosten der Unternehmung) und von € 7721 für einen Soll-Gewinnbeitrag vorgegeben. Dieser Deckungsbedarf wird während des Ablaufs der Rechnungsperiode mit den realisierten Deckungsbeiträgen verglichen. Man erhält diese Deckungsbeiträge, indem man von den erzielten Erlösen die kurzfristig variablen Einzelkosten der Produkteinheiten und der Produktgruppen subtrahiert.

Die **kumulierten Deckungsbeiträge** zeigen an, inwieweit der geplante Deckungsbedarf bzw. einzelne seiner Teile schon gedeckt sind. Dieser Betrachtung liegt die Vorstellung zugrunde, dass die geplanten Kostenteile nacheinander und der Gewinn erst am Periodenende erwirtschaftet werden. Entsprechend dem dargestellten Beispiel lässt sich die Entwicklung des Betriebsergebnisses während einer Periode auch für Produkte, Produktgruppen, Absatzgebiete usw. verfolgen. Ferner kann bei Vorliegen eines Engpasses der Beitrag verschiedener Produkte bzw. Produktgruppen zum Betriebsergebnis durch eine Gegenüberstellung von Deckungsbedarf und kumulierten spezifischen Deckungsbeiträgen analysiert werden. Die Produkte oder Produktgruppen werden dabei nach der Höhe ihres spezifischen Deckungsbeitrages geordnet. Dann wird erkennbar, welche Teile der Gesamtkosten und des Gewinns bei Absatz des geplanten Programms gedeckt werden und durch welche Produkte eine Kostendeckung bzw. Gewinnsteigerung erzielbar ist[567].

4. Aussagefähigkeit der relativen Einzelkosten- und Deckungsbeitragsrechnung

a) Abbildung unterschiedlicher Kostenmerkmale in den verschiedenen Teilkostenrechnungen

Der gesamte bewertete Güterverbrauch einer Unternehmung kann durch eine Vielzahl von Merkmalen beschrieben werden. In der Kostenrechnung werden bestimmte Merkmale abgebildet und die Gesamtkosten nach diesen Merkma-

---

[567] Vgl. RIEBEL, P. (Einzelkostenrechnung^7), S. 54 und 194 f.

D. Systeme auf Teilkostenbasis

len gegliedert. Die **Aussagefähigkeit** und die Verwendbarkeit der Kosteninformationen hängen von den abgebildeten Merkmalen ab. Deshalb ist die Kostengliederung nach denjenigen Merkmalen vorzunehmen, welche für die Ausprägung der Rechnungsziele maßgebend sind.

Als wichtige Abbildungsmerkmale werden in den Teilkostenrechnungen die Zurechenbarkeit von Kosten auf die Produkte und die Veränderlichkeit der Kosten bei Beschäftigungsschwankungen angesehen. Beide Merkmale werden weitestgehend in allen Systemen der Teilkostenrechnung berücksichtigt. Der Gesichtspunkt der **Zurechenbarkeit** steht in der relativen Einzelkostenrechnung im Vordergrund der Überlegungen und wird strenger und konsequenter angewandt, während in der Grenzplankosten- und Deckungsbeitragsrechnung die **Abhängigkeit der Kosten vom Beschäftigungsgrad** das grundlegende Merkmal bildet. Dabei wird in der Grenzplankostenrechnung besonders beachtet, dass die variablen oder proportionalen Kosten bei linearem Kostenverlauf zugleich Grenzkosten darstellen. Nach den Merkmalen der Zurechenbarkeit auf weitere Bezugsgrößen und der Abbaufähigkeit von Fixkosten werden in der mehrfach gestuften Deckungsbeitragsrechnung und in der relativen Einzelkostenrechnung die Fixkosten bzw. die Gemeinkosten unterteilt. Durch die Kennzeichnung der Zurechenbarkeit auf Produktarten, Produktgruppen, Kostenstellen, Bereiche und die gesamte Unternehmung wird die Abhängigkeit der Fixkosten bzw. der Gemeinkosten von wichtigen Einflussgrößen wiedergegeben. Die Abbildung dieser Merkmale zeigt entsprechend dem **Verursachungsprinzip** bzw. dem **Identitätsprinzip** Möglichkeiten der Kostenbeeinflussung und bietet damit Grundlagen für Kostenentscheidungen. Die Berücksichtigung zusätzlicher Kosteneinflussgrößen wie Zahl der Lose, Arbeitsverteilung, Betriebsstörungen usw. ermöglicht eine genauere Abbildung der Kostenabhängigkeiten. Die Zahl der zu berücksichtigenden Kosteneinflussgrößen wird einerseits durch den geforderten **Genauigkeitsgrad** sowie andererseits durch die geforderte **Übersichtlichkeit** und **Wirtschaftlichkeit** der Kostenrechnung bestimmt. Auch das Merkmal der **Abbaufähigkeit** von Fixkosten bezieht sich auf die Beeinflussbarkeit der Kosten. Es gibt an, wie lange die realisierten bzw. geplanten Fixkosten gebunden sind. Damit wird erkennbar, zu welchen Zeitpunkten die einzelnen Fixkosten verändert werden können.

Die **Zurechenbarkeit von Gemeinkosten** auf Abrechnungsperioden stellt ein rechnungstechnisches Merkmal dar. Seine Ausprägung hängt von der Einteilung und Dauer der Abrechnungsperioden ab. Das Wissen über die Verteilung des Güterverbrauchs auf verschiedene Abrechnungsperioden kann unvollkommen sein. Dann sind auch die **Erwartungen** der Unternehmung maßgebend für die Zurechnung der entsprechenden Kosten auf Abrechnungsperioden.

Durch eine Berücksichtigung des Auszahlungsbezugs sollen Informationen der relativen Einzelkostenrechnung für das **Liquiditätsziel** auswertbar werden. Jedoch werden die Zahlungszeitpunkte der Kosten in den Systemen der Teilkostenrechnung nur unvollständig abgebildet. Deshalb lassen sich aus ihnen keine umfassenden Aussagen über die Beeinflussbarkeit der Liquidität gewinnen. Hierzu muss man auf eine entsprechend ausgebaute **Finanzrechnung** zurückgreifen.

b) Unterschiede zwischen Teilkostenrechnungen auf der Basis von variablen Kosten und von relativen Einzelkosten

Zwischen der relativen Einzelkosten- und Deckungsbeitragsrechnung und den Teilkostenrechnungen auf der Basis von variablen Kosten besteht zunächst eine Reihe von **Übereinstimmungen**. In beiden Rechnungsformen sind die Kosten nach den Größen gegliedert, welche sie verursachen. Die Zurechnung der Gesamtkosten auf mehrere Bezugsgrößen und die Unterscheidung von Kostenkategorien bei RIEBEL finden ihre Entsprechung in den mehrstufigen Deckungsbeitragsrechnungen mit variablen Kosten. Eine stärkere Ausrichtung der Kostenrechnung auf typische **Kontroll- und Entscheidungsprobleme** ist charakteristisch für alle Formen von Teilkostenrechnungen.

Als wichtigste **Unterschiede** zwischen Teilkostenrechnungen auf der Basis von variablen Kosten und von relativen Einzelkosten können der verwendete Kostenbegriff, der Maßstab der Beschäftigung, die Zuordnung von Lohnkosten und Abschreibungen und die Zurechnung der variablen echten Gemeinkosten angesehen werden. Während RIEBEL einen entscheidungsorientierten Kostenbegriff vertritt, wird in den anderen Systemen der Teilkostenrechnung üblicherweise vom wertmäßigen Kostenbegriff ausgegangen. Deshalb ist für RIEBEL der Kostencharakter von kalkulatorischen Kosten umstritten, so dass sich Unterschiede im Umfang der abgebildeten Kosten ergeben[568].

In der relativen Einzelkosten- und Deckungsbeitragsrechnung werden **kurzfristig variable Kosten** der Produkte ermittelt. Diese unterscheiden sich von den variablen Kosten der anderen Teilkostenrechnungen nicht nur in Bezug auf die variablen Gemeinkosten. Darüber hinaus wird von RIEBEL der **Beschäftigungsmaßstab** strenger gefasst. Probleme der Beschäftigungsmessung treten vor allem in Mehrproduktunternehmungen auf, da die Ausbringungsmenge sich hier in der Regel nicht als Maßstab der Beschäftigung eignet. Den beschäftigungsvariablen Kosten entsprechen in der relativen Einzelkosten- und Deckungsbeitragsrechnung die (kurzfristig variablen) Leistungskosten. RIEBEL zählt nur diejenigen Kosten zu den beschäftigungsabhängigen Leistungskosten, deren Höhe sich bei kurzfristigen Schwankungen des realisierten Produktionsprogramms ändert. Dagegen wird in den anderen Teilkostenrechnungen eine Reihe verschiedener **Bezugsgrößen** zur Messung der Beschäftigung herangezogen. Durch die Wahl geeigneter Bezugsgrößen wie Arbeitszeit, Maschinenlaufzeit, bearbeitete Einzelteile, erstellte innerbetriebliche Leistungen, Anzahl der durchgeführten Produktionsbeiträge u.a. sollen die indirekten Beziehungen zwischen Kostenhöhe und geplantem bzw. realisiertem Produktionsprogramm umfassend abgebildet werden[569]. Die auf indirekten Beziehungen begründeten Kosten lassen sich bei RIEBEL nur dann als

---

[568] Vgl. RIEBEL, P. (Einzelkostenrechnung⁷), S. 151 f.
[569] Vgl. KILGER, W. (Plankostenrechnung), S. 128, 131 und 325 ff.

Produkteinzelkosten bestimmen und einordnen, wenn sie aufgrund kostentheoretischer Beziehungen eindeutig und allein von den Produkten abhängig sind. Demnach ist ihre Zurechnung auf die Produkte bei RIEBEL nicht grundsätzlich ausgeschlossen, aber an strengere Voraussetzungen gebunden.

In engem Zusammenhang zum verwendeten Beschäftigungsmaßstab steht die **Zurechnung von Lohnkosten und Abschreibungen**. Sie hat die größte Bedeutung für die unterschiedliche Höhe der relativen Produkteinzelkosten und der variablen Stückkosten. Aufgrund der strengen Interpretation des Identitätsprinzips und des engen Beschäftigungsmaßstabs rechnet RIEBEL auch die häufig als Einzelkosten erfassten Fertigungslöhne und die gesamten Abschreibungen im Normalfall zu den kurzfristig nicht variablen **Bereitschaftskosten** der Kostenstellen[570]. Dagegen bilden die Fertigungslöhne in den Teilkostenrechnungen auf der Basis von variablen Kosten einen wesentlichen Bestandteil der variablen Kosten. Vielfach werden in diesen Rechnungssystemen auch Zusatz- und Hilfslöhne sowie die lohnabhängigen Sozialkosten den beschäftigungsvariablen Kosten zugerechnet[571]. Abschreibungen werden als variabel betrachtet bzw. in einen variablen und einen fixen Teil aufgespalten, sofern der Gebrauchsverschleiß die alleinige bzw. die überwiegende Abschreibungsursache darstellt.

Aus der Gliederung in (beschäftigungs)variable und fixe Kosten einerseits sowie Einzel- und Gemeinkosten andererseits folgt die unterschiedliche **Zurechnung der variablen Gemeinkosten**. Diese Differenz ist nur bei den variablen echten Gemeinkosten maßgeblich, weil **unechte Gemeinkosten** auch in der relativen Einzelkostenrechnung geschlüsselt werden können. Da die variablen **echten Gemeinkosten** nicht auf die Produkte verteilt werden, lassen sich in der relativen Einzelkosten- und Deckungsbeitragsrechnung die Grenzkosten einer isolierten Beschäftigungsvariation nicht ermitteln. Variable echte Gemeinkosten treten vor allem bei Kuppelprodukten auf. Meist ist ihr Anteil an den Gesamtkosten bei anderen Fertigungstypen nicht hoch. Deshalb hat dieser systembedingte Unterschied zwischen beiden Formen der Teilkostenrechnung bei den Unternehmungen, die keine Kuppelprodukte herstellen, einen begrenzten Einfluss auf die Höhe der Stückkosten und der Deckungsbeiträge.

c) **Theoretische Fundierung der relativen Einzelkosten- und Deckungsbeitragsrechnung**

In den Teilkostenrechnungen auf der Basis von variablen Kosten wird vor allem die **Abhängigkeit der Kosten von Beschäftigungsänderungen** abgebildet. Dagegen wird in der relativen Einzelkostenrechnung die **Zurechenbarkeit der Kosten auf mehreren Bezugsgrößen** herausgearbeitet. Diese können vielfach als Kosteneinflussgrößen interpretiert werden. Dies spricht dafür, dass für die relative Einzelkosten- und Deckungsbeitragsrechnung auf **mehrdimensionalen Kostenabhängigkeiten** maßgeblich sind. In ihr soll erkennbar werden, durch welche unterschiedlichen Entscheidungen die Höhe

---
[570] Vgl. Kapitel 3., Abschnitt D.IV.4.c), S. 555.
[571] Vgl. KILGER, W. (Plankostenrechnung), S. 388 ff.

der Gesamtkosten bestimmt wird. Der Schwerpunkt liegt auf dem rechnungstechnischen Merkmal der eindeutigen Zuordenbarkeit von Kosten und Erlösen auf Entscheidungen, weniger auf der Analyse empirischer Zusammenhänge.

In wesentlich **geringerem Umfang** als in der Grenzplankostenrechnung oder der periodischen Planerfolgsrechnung formuliert RIEBEL **Produktions- und Kostenfunktionen.** Auch wenn die Berücksichtigung eines umfassenden, hierarchisch strukturierten Systems von Bezugsgrößen die Grundlage für die Entwicklung mehrdimensionaler Kostenfunktionen liefern könnte, werden derartige Funktionen von ihm nicht aufgestellt und anhand empirischer Daten überprüft. Die **Beziehungen zwischen den verschiedenen Einflussgrößen** und die Separierbarkeit ihrer Einflüsse werden **nicht untersucht.** Der Blick ist vielmehr darauf gerichtet, welcher Bezugsgröße Kosten oder Erlöse gerade noch zurechenbar sind. Soweit mehrere Bezugsgrößen gemeinsam wirksam sind und damit eine eindeutige Aufspaltung und Zurechnung verhindern, sollen die entsprechenden Kosten bzw. Erlöse einer höheren Bezugsgröße zugeordnet werden, bei der **keine Mehrdeutigkeit** mehr besteht. Auf diesem Weg gelangt man zu übergeordneten Einflussgrößen wie z.B. Bereichen oder Gesamtunternehmung, die so umfassend sind, dass sich mit ihnen kaum eine präzise Planung einzelner Kosten vornehmen lässt.

d) **Verwendbarkeit der relativen Einzelkosten- und Deckungsbeitragsrechnung für Planungs- und Steuerungszwecke**

Für die Verwendbarkeit von Informationen der relativen Einzelkosten- und Deckungsbeitragsrechnung zur Planung und Steuerung in der Planrealisation spielt die Orientierung an der Zurechenbarkeit eine zentrale Rolle. Durch die Systematisierung der gesamten Erlös- und Kostendaten nach diesem Kriterium wird einerseits deren Entscheidungsbezug herausgearbeitet. Andererseits führt die Anforderung der eindeutigen Zurechenbarkeit dazu, dass die **Interdependenz** zwischen den Wirkungen verschiedener Einflussgrößen zu wenig beachtet wird. Für die Entscheidungsrelevanz ist bei deterministischer Planung sowie unter Berücksichtigung der Unsicherheit zumindest bei Risikoneutralität die Abhängigkeit der Kosten und Erlöse von den Handlungsvariablen maßgebend. Soweit diese mit der Zurechenbarkeit übereinstimmt, führen variable und relative Einzelkosten zu denselben Informationen. Soweit jedoch interdependente Einflüsse mehrerer Einflussgrößen bei **mehrdimensionalen nichtlinearen Kostenfunktionen** eine eindeutige Zurechnung verhindern, besteht die Gefahr, dass derartige Wirkungen außer Ansatz bleiben. Eine zumindest näherungsweise Berücksichtigung variabler Gemeinkosten erscheint im Hinblick auf die Bestimmung optimaler Handlungsalternativen entsprechend dem **Grenzkostenprinzip** für die Entscheidungsfindung besser als ein Verzicht auf die Beachtung derartiger Einflüsse.

In beiden Systemen der Teilkostenrechnung wird eine **proportionale Beziehung** zwischen den variablen Kosten und der Beschäftigung bzw. den relativen Produkteinzelkosten und den Produktarten sowie Produktmengen vorausgesetzt. Diese Bedingung ist erfüllt, wenn die Preise der Einsatzgüter konstant und ihre Verbrauchsmengen entsprechend Leontief-Produktionsfunktionen von der Ausbringung abhängig sind. Die Annahme proportionaler Kostenbeziehungen erscheint insbesondere bei Überbeschäftigung problematisch, wenn **intensitätsmäßige Anpassungen** zu überproportionalen Kostensteigerungen führen. Das Problem der kostenrechnerischen Abbildung und Anwendung nichtlinearer und mehrdimensionaler Kostenfunktionen ist bislang nicht voll gelöst. Bei derartigen Kostenfunktionen geben die variablen Stückkosten nicht die Grenzkosten wieder. Diese können nur durch Sonderrechnungen ermittelt werden. Deshalb legt man vielfach vereinfachend **stückweise linearisierte Kostenfunktionen** zugrunde, durch welche der Genauigkeitsgrad und die Verwendbarkeit der Kosteninformationen für Planungs- und Steuerungsmaßnahmen vermindert werden. Während man in der Grenzplankostenrechnung bemüht ist, nichtlineare Beziehungen durch Näherungsverfahren oder pragmatische Regeln zumindest ansatzweise einzubeziehen, verhindert die strenge Forderung nach eindeutiger Zurechenbarkeit dies in der relativen Einzelkosten- und Deckungsbeitragsrechnung. Für die Bestimmung optimaler Alternativen scheint jedoch eine lediglich annähernd richtige Berücksichtigung von Wirkungen angemessener als ihre eindeutige und alleinige Zurechenbarkeit auf die betreffende Entscheidung.

Die Planrealisation in der **Steuerung** des Unternehmungsprozesses muss sich bei begrenzt verfügbaren und ausgelasteten Einsatzgütern sowie bei dem Verfolgen eines Deckungsbeitragsziels nicht nur nach den **Stückdeckungsbeiträgen**, sondern auch nach den **relativen oder Grenzdeckungsbeiträgen** richten. Diese Größen können nur bei äußerst einfachen Entscheidungsproblemen ohne Mengenplanung exakt bestimmt werden. Für die Optimierungsrechnungen der Mengenplanung, in denen z.B. unter Beachtung begrenzter Kapazitäten der Gesamtdeckungsbeitrag maximiert oder die Kosten minimiert werden sollen, liefern ebenfalls Teilkostenrechnungen zumindest unter Sicherheit bzw. Risikoneutralität relevante Informationen. Deshalb sind sie auch bei ausgelasteten Kapazitäten für die kurzfristige **Planung und Steuerung** des Unternehmungsprozesses verwendbar. Wenn die Absatzpreise nicht konstant sind, stellen Teilkostenrechnungen geeignete Informationen für die Preispolitik zur Verfügung. Durch die Ermittlung geeigneter **Preisgrenzen** wird der Spielraum preispolitischer Entscheidungen von der Kostenseite her abgesteckt. Darüber hinaus wird die **Marktbezogenheit** der Preispolitik deutlicher hervorgehoben als in der Vollkostenrechnung.

Bei **mittel- und langfristigen Planungs- und Entscheidungsproblemen** kann der Bestand an Gebrauchsgütern als veränderlich angenommen werden. Daher erfordert die mittel- und langfristige Planung der Unternehmung eine Berücksichtigung der Veränderungen bei den Fix- und den Gemeinkosten. Ein Teil der hierfür benötigten Informationen wird in **mehrstufigen Deckungsbeitragsrechnungen** ermittelt. Für diese Entscheidungsprobleme ist in erster Linie die Gliederung der Fixkosten nach ihrer **Bindungsdauer** relevant. In der relativen Einzelkosten- und Deckungsbeitragsrechnung wird die Beeinflussbarkeit der Gemeinkosten durch ihre Zurechnung auf die sie verursachenden Entscheidungen erkennbar. Die Verwendbarkeit der Informationen kann durch eine zusätzliche Kennzeichnung der Abbaufähigkeit von Gemeinkosten erhöht werden. Ferner müssen bei mittel- und langfristigen Entscheidungen häufig auch die (leistungsmengenabhängigen) Produkteinzelkosten sonstiger Alternativen einbezogen werden.

Es hängt vom zu lösenden **Entscheidungsproblem**, der konkreten **Entscheidungssituation** und der verfolgten **Zielvorstellung** ab, welche Teilkosten einer Entscheidungsfindung zugrunde zu legen sind. Bei unsicheren Daten muss dabei die Zielvorstellung die **Risikoeinstellung** des Entscheidungsträgers beispielsweise über eine Risikonutzenfunktion berücksichtigen. Die laufende Grundrechnung der relativen Einzelkosten- und Deckungsbeitragsrechnung bildet lediglich die Kosten und Erlöse der geplanten oder realisierten Entscheidungen und bei entsprechender Gliederung die Möglichkeiten des Abbaus von Fix- oder Gemeinkosten ab. Kosten, die bei Durchführung anderer Alternativen entstehen, sind in gesonderten **Auswertungsrechnungen** zu bestimmen. Demnach liefert sie eine Reihe von Informationen, die für mittel- und langfristige Planungsprobleme verwendbar sind. Systematische Konzepte zur Lösung derartiger Entscheidungen stellt sie nicht bereit. Diese sind den Auswertungsrechnungen zugrunde zu legen. Zudem wird die auf längere Sicht noch wichtigere **Ungewissheit der Informationen nicht explizit berücksichtigt**.

Die **Kontrolle der Kostenstellen** ist auch in der relativen Einzelkosten- und Deckungsbeitragsrechnung einfacher als in Systemen der Vollkostenrechnung. Da man die jeweiligen relativen Einzelkosten ermittelt, müssen zur Bestimmung der von den Kostenstellen zu vertretenden Kostenabweichungen keine Beschäftigungsabweichungen eliminiert werden. Für die Kontrolle der Bereitschaftskosten ist eine zusätzliche Analyse der Kapazitätsausnutzung in den Kostenstellen und der gesamten Unternehmung durchzuführen. Die von RIEBEL vorgeschlagene Gliederung der Fixkosten nach ihrer Bindungsdauer lässt erkennen, inwieweit ihre Höhe aufgrund nicht voll ausgenutzter Kapazitäten verändert werden könnte.

> Das System der relativen Einzelkosten- und Deckungsbeitragsrechnung erscheint für die Zwecke der **Betriebskontrolle** besonders geeignet, weil die wichtigsten Entscheidungen und Einflussgrößen, welche die Kosten verursachen, explizit sichtbar gemacht werden.

Durch die Ermittlung verschiedener **Kennzahlen** aus den nach Bezugsgrößen und Kostenkategorien gegliederten Gesamtkosten lassen sich die Kosten und die Abweichungen zwischen Plan- und Istkosten vielseitig analysieren.

Die ermittelten Deckungsbeiträge stellen aussagefähige Größen zur **Analyse des Betriebsergebnisses** dar. Die Deckungsbeiträge über die leistungsmengenabhängigen Produkteinzelkosten geben im Gegensatz zu den Selbstkosten der Vollkostenrechnung den kurzfristigen Einfluss von Produktmengenänderungen auf den Gesamtgewinn an. Eine vertiefte Ergebnisanalyse wird in den mehrstufigen Deckungsbeitragsrechnungen der relativen Einzelkostenrechnung vorgenommen. Sie sind für die Analyse des Betriebsergebnisses besonders geeignet. Dabei lässt sich das Betriebsergebnis um so umfassender unter-

D. *Systeme auf Teilkostenbasis* 559

suchen, je tiefer die Gesamtkosten nach relevanten Bezugsgrößen und **Kostenkategorien** gegliedert sind.

Durch die Bewertung der Bestände wird die Höhe des ausgewiesenen Periodengewinns beeinflusst. Wenn die Bestände lediglich zu leistungsmengenabhängigen Einzelkosten angesetzt werden, müssen die gesamten Bereitschaftskosten einer Periode von den in ihr abgesetzten Produkten getragen werden. Übersteigen die Absatzmengen die hergestellten Produktmengen, so ist der ausgewiesene Periodengewinn höher als bei Vollkostenrechnungen. Umgekehrt ist der in Teilkostenrechnungen ermittelte Gewinn niedriger, sofern die Herstellungsmengen größer als die abgesetzten Produktmengen sind und positive Lagerbestandsänderungen auftreten. Im Grenzfall, dass nur produziert und nicht abgesetzt wird, entsteht ein Verlust in Höhe der Fixkosten. Die Bewertung der Bestände an Halb- und Fertigerzeugnissen zu leistungsmengenabhängigen Einzelkosten wird zum Teil als nicht vertretbar angesehen[572]. Eine Beurteilung dieser Frage hängt von der exakten **Abgrenzung des Gewinnbegriffs** ab. Hierzu ist auch in der Kostenrechnung die Definition eines **Realisationsprinzips** notwendig, aus dem sich ergibt, wann Kosten und Leistungen als realisiert gelten und damit die Höhe des ausgewiesenen Periodengewinns beeinflussen.

Aspekte der **Verhaltensbeeinflussung** werden in dem Systemen der relativen Einzelkosten- und Deckungsbeitragsrechnung bei der Bestimmung von **Deckungsbudgets** erkennbar. Durch ihre Vorgabe sollen insbesondere die Vertriebsbereiche auf ein gesamtzielorientiertes Handeln hin gesteuert werden. Damit wird ein eher pragmatisches Instrument der Verhaltenssteuerung vorgeschlagen, das nicht weiter theoretisch begründet ist. Weitergehende Erkenntnisse über die Determinanten menschlichen Verhaltens oder den Einfluss abweichender Individualziele und Informationsstände finden in diesem System bislang keine nähere Beachtung. Deshalb ist seine Verwendbarkeit im Hinblick auf das Rechnungsziel der Verhaltenssteuerung begrenzt.

e) **Wirtschaftlichkeit und Ausbaufähigkeit der relativen Einzelkosten- und Deckungsbeitragsrechnung**

Die Schaffung der von RIEBEL vorgeschlagenen Grundrechnung der Erlöse und Kosten sowie der sie ergänzenden Grundrechnung der Potentiale erfordert eine **umfangreiche Erfassung und Ordnung der Daten**. Um sie in vielfältigen Auswertungsrechnungen nutzen zu können, müssen zahlreiche Einzelmerkmale dieser Daten aufgenommen und gespeichert werden. Die Datenerfassung und ihre Systematisierung sind daher aufwendig. Ihre effiziente Gestaltung macht die Entwicklung und den Einsatz entsprechender **Datenbanken** notwendig. Als Konzeptionen werden hierfür das Hierarchie-, das Netzwerk- und das **Relationen-Modell** vorgeschlagen. In Hierarchie- und Netzwerkmodellen erfolgt der Zugriff auf die Daten nur über Zugriffspfade, die im Vorhinein festgelegt und eingehalten werden müssen. Eine auf dem Relationenmodell aufgebaute Datenbank arbeitet zugriffspfadunabhängig und hat deshalb gegenüber den anderen beiden Modellen einen Flexibilitäts-

---

[572] Vgl. WEBER, H.K. (Rechnungswesen), S. 242 ff.

vorteil[573]. Deshalb ist damit zu rechnen, dass sich dieses Konzept trotz mancher Nachteile weiter durchsetzt. Dafür sprechen auch die für das Relationenmodell besonders gut einsetzbaren Datenmanipulationssprachen, mit denen beliebige Extraktionen und Verarbeitungen von Daten vorgenommen werden können[574]. Datenbanksysteme bieten für die Verwendung der relativen Einzelkosten- und Deckungsbeitragsrechnung eine Reihe neuer Möglichkeiten. Dabei lässt sich ein **Datenbankkonzept** nutzen, wie es von SINZIG[575] für dieses System der Kosten- und Erlösrechnung mit dem relationalen Datenbankmodell entwickelt worden ist. Innerhalb eines solchen Systems besteht auch die Möglichkeit, eine hohe **Aktualität** der Daten zu gewährleisten.

Die Entwicklung derartiger Konzepte für die Grundrechnung und ihre praktische Umsetzung in Datenbanken verursacht hohe **Kosten**. Dem steht gegenüber, dass die relative Einzelkosten- und Deckungsbeitragsrechnung eine Grundlage für **vielfältige Auswertungsmöglichkeiten** bietet. Deren tatsächliche Ausgestaltung und Verwendung ist bestimmend für den Nutzen des Systems. Wenn man dessen hohe **Flexibilität** in Anspruch nimmt, kann es sich trotz der hohen Kosten für die Entwicklung und Pflege der Grundrechnung als wirtschaftlich erweisen.

In den Konzepten von RIEBEL zur relativen Einzelkosten- und Deckungsbeitragsrechnung steht die Gestaltung der Grundrechnung im Vordergrund. Durch die in ihr angestrebte Zweckneutralität erweist sich das System als nach vielen Richtungen verwendbar. Seine **Ausbaufähigkeit** ist deshalb sehr hoch. Dazu benötigt man jedoch Konzepte für die Struktur der einzelnen Auswertungsrechnungen, wie sie bei RIEBEL eher in Ansätzen und für einzelne, vielfach konkrete Probleme gezeigt werden. Insofern erscheint es notwendig, seine Überlegungen zur Gestaltung von Grundrechnungen mit Konzepten der Planungs- und Verhaltenssteuerung zu verbinden, wie sie in anderen Systemen der Kosten- und Erlösrechnung entwickelt worden sind.

---

[573] Vgl. SCHEER, A.-W. (Datenbanksysteme), S. 491 f.
[574] Vgl. WEDEKIND, H./ORTNER, E. (Datenbank), S. 534; RIEBEL, P./SINZIG, W. (Datenbanken), S. 110 ff.; SCHEER, A.-W. (Datenbanksysteme), S. 500 ff. und S. 478.
[575] Vgl. SINZIG, W. (Grundzüge).

E. Systeme der Plankosten- und -erlösrechnung auf der Basis von Teil- und Vollkosten

Die Diskussion um die Aussagefähigkeit und Anwendbarkeit der Voll- und der Teilkostenrechnung hat zu keinem eindeutigen Ergebnis zugunsten eines Systems geführt. Während in der Wissenschaft die Gefahr von Fehlentscheidungen auf der Basis von Vollkosteninformationen bei kurzfristigen Entscheidungen herausgearbeitet und betont wurde, haben sich Systeme der Teilkostenrechnung in der Praxis nur begrenzt durchgesetzt. Die Übersicht über die Anwendung der verschiedenen Systeme in Abbildung 3-154 belegt dies anhand mehrerer empirischer Erhebungen. In vielen Unternehmungen ist man auf Rechnungen übergegangen, die sowohl Voll- als auch Teilkosteninformationen bereitstellen.

Systeme der KER	Marner (Informationsversorgung)	Frost/ Meyer (Untersuchung)	Küpper (Erhebung)	Becker (Untersuchung)	Küpper/ Hoffmann (Ergebnisse)	Witt (Praxis)
Ist-KR		54,9%	52,6%		43,7%	
Reine Ist-KR		32,1%			7,7%	
Normal-KR		6,7%	17,0%			
Plan-KER		57,6%	32,6%		56,8%	65,0%
als reine VKR	12,5%	34,4%		47,5%		
Reine TKR	62,5%	10,7%		5,0%		
Einstufige DBR	12,5%	9,8%	9,6%		11,5%	
Mehrstufige DBR	56,3%	25,0%	51,9%		33,9%	85,0%
Grenzplan-KR			17,8%		18,6%	
Relative Einzel-KR	18,8%					60,0%
Kombinierte Voll- und Teil-KR	28,6%	51,3%	38,5%	23,5%	55,2%	

DBR = Deckungsbeitragsrechnung
KER = Kosten- und Erlösrechnung
KR = Kostenrechnung
TKR = Teilkostenrechnung
VKR = Vollkostenrechnung

Abb. 3-154: Ergebnisse empirischer Untersuchungen zur Verbreitung von Systemen der Kosten- und Erlösrechnung in der BRD

Der in der Praxis geäußerte Bedarf an Voll- und Teilkosteninformationen hat auch die Gestaltung der Grenzplankosten- und Deckungsbeitragsrechnung beeinflusst. Im Hinblick auf das Handeln und den Informationsbedarf der Praxis sind ihre Vertreter dazu übergegangen, die reine Teilkostenrechnung um eine **Verteilung der Fixkosten** zu ergänzen. Dies berichtet HANS-GEORG PLAUT, durch den die Verbreitung der Grenzplankostenrechnung stark gefördert wurde: "Später haben wir dann die Grenz- und Vollkostenrechnung in einer Parallelrechnung, wie es heute fast in allen Unternehmungen gehandhabt wird, durchgeführt"[576]. Die Problematik dieses "fauxpas gegen die reine Lehre der Grenzkostenrechnung" wird aus folgender Begründung von WOLFGANG KILGER sehr deutlich: "Vom theoretischen Standpunkt halten wir die Ergänzung der kurzfristigen Erfolgsrechnung durch eine Bestandsab-

---

[576] PLAUT, H.-G. (Flexible Plankostenrechnung), S. 364.

grenzung der fixen Herstellkosten nicht für richtig. Da diese Verfahren aber in der Praxis angewandt werden, wollen wir dennoch auf ihre Darstellung nicht verzichten"[577].

I. Kombination isolierter Systeme auf Teil- und Vollkostenbasis

Das Konzept einer **kombinierten Teil- und Vollkostenrechnung**[578] besteht darin, eine Teilkostenrechnung auf Basis variabler Kosten um eine Verteilung der Fixkosten zu ergänzen. Vollkosteninformationen treten dann **neben** die Teilkosteninformationen und nicht an deren Stelle. Maßgeblich ist, dass die Trennung zwischen fixen und variablen Kosten über alle Bestandteile der Kosten- und Erlösrechnung hinweg bestehen bleibt. Besonderheiten gegenüber den in Abschnitt D behandelten Systemen treten bei einem solchen System nur in dieser Erweiterung auf.

1. Arten- und Stellenrechnung auf der Basis kombinierter Teil- und Vollkosten

Bei einer kombinierten Rechnung erfolgt bei allen **Kostenarten** eine Auflösung in fixe und variable Kosten. Da auch in den Systemen der Teilkostenrechnung in der Artenrechnung die Fixkosten in voller Höhe ausgewiesen werden und in diesem Teil der Kostenrechnung keine Kostenverteilung vorzunehmen ist, stimmen die reine Teilkostenrechnung auf Basis variabler Kosten und kombinierte Systeme hier überein.

In der **Kostenstellenrechnung** werden in beiden Systemen fixe und variable Kosten jeder Stelle ausgewiesen. Für die Planung und die Isterfassung der Gemeinkosten ergeben sich keine Besonderheiten gegenüber der Teilkostenrechnung. Aus jeder Kostenstellenplanung erkennt man die **vollen primären Kosten** der betreffenden Stelle, aufgespalten nach fixen und variablen bzw. proportionalen und gegebenenfalls Gesamtkosten.

Unterschiede treten erst bei der **innerbetrieblichen Leistungsverrechnung** und den Kalkulations- bzw. Plankostenverrechnungssätzen auf. Während in der reinen **Grenzplankosten- und Deckungsbeitragsrechnung** die fixen Kosten unmittelbar in die kurzfristige Erfolgsrechnung eingehen, werden sie in der **kombinierten Rechnung** auf Endkostenstellen und Kostenträger weiterverrechnet. Neben der innerbetrieblichen Leistungsverrechnung der variablen Kosten wird also eine davon separierte eigenständige Sekundärkostenverrechnung der fixen Kosten durchgeführt[579].

Da die Höhe der Fixkosten durch mittel- bis längerfristige Entscheidungen über die bereitzustellende Kapazität für innerbetriebliche Leistungen und nicht durch deren jeweilige Inanspruchnahme bestimmt ist, gibt es kein Prinzip, nach dem sie eindeutig und verursachungsgemäß auf die Endkostenstel-

---

[577] KILGER, W./PAMPEL, J./VIKAS, K. (Deckungsbeitragsrechnung[11]), S. 560.
[578] Zum Vorschlag einer differenzierten Vollkostenrechnung vgl. CHMIELEWICZ, K. (Erfolgsrechnung), S. 169.
[579] Vgl. KILGER, W./PAMPEL, J./VIKAS, K. (Deckungsbeitragsrechnung[11]), S. 364 ff.

E. *Systeme auf Voll- und Teilkostenbasis* 563

len verrechnet werden könnten. KILGER schlägt für die Kostenplanung vor, "... dass die fixen Kosten der Sekundärstellen den leistungsempfangenden Stellen im Verhältnis ihrer planmäßig durchschnittlichen Leistungsinanspruchnahme belastet werden"[580]. Dies ist bei gegenseitigen Leistungsbeziehungen in exakter Weise durch die Lösung eines simultanen Gleichungssystems, näherungsweise über das iterative und das Gutschrift-Lastschrift-Verfahren möglich[581]. Die Vorgehensweise kann an einem Beispiel für das Gleichungsverfahren veranschaulicht werden. Dabei wird der interdependente Leistungsaustausch zwischen den Kostenstellen in gleicher Weise wie bei der Anwendung des Verfahrens in der Voll- oder der Teilkostenrechnung berücksichtigt.

Die variablen Plankosten einer Vorkostenstelle i bestimmen sich aus dem Produkt ihrer geplanten Leistungsmenge B_i und ihren variablen Plankosten pro Leistungseinheit c_i^v. Sie ergeben sich aus der Summe der primären variablen Kosten $B_i \cdot k_i^v$ und den variablen Kosten $a_{ij} \cdot c_j^v$ für die von den Stellen j bezogenen Leistungen:

$$B_i \cdot c_i^v = B_i \cdot k_i^v + \sum_{j=1}^{J} a_{ij} \cdot c_j^v \qquad (3\text{-}96)$$

Zum Aufstellen des Gleichungssystems der fixen Kosten wird ein anderes Gleichungssystem formuliert. Nach diesem erhält man die gesamten Fixkosten einer Stelle aus der Summe ihrer primären Fixkosten K_i^c und zugerechneten anteiligen Fixkosten $a_{ij} \cdot c_j^c$ der Stellen j, von denen sie Leistungen empfängt. Dieser Betrag entspricht dem Produkt aus ihrer geplanten Leistungsmenge B_i und ihren verrechneten fixen Plankosten pro Leistungseinheit c_i^c:

$$B_i \cdot c_i^c = K_i^c + \sum_{j=1}^{J} a_{ij} \cdot c_j^c \qquad (3\text{-}97)$$

Die **innerbetrieblichen Leistungsströme** sind nach diesem Vorgehen für die Verteilung sowohl der variablen als auch der fixen Kosten maßgebend. Jedoch wird die Verteilung getrennt für die variablen und die fixen (bzw. die vollen) Kosten durchgeführt. Das Beispiel der Abbildung 3-155 enthält mehrere Vor- und Endkostenstellen mit fixen und variablen Kosten, andere umfassen dagegen nur fixe Kosten. Unter den variablen Kosten sind die Kostenanteile zu verrechnen, deren Höhe mit dem Umfang der innerbetrieblichen Leistung schwankt. Dies bedeutet noch nicht, dass sie auch proportional zum Output der empfangenden Stellen sein müssen. Deshalb ist für jede leistende Stelle zu prüfen, inwieweit ihre Kosten von ihrer eigenen Leitungserstellung und ob sie auch von derjenigen der empfangenden abhängig sind. Die Planbeschäftigung der Endkostenstellen E6, E7 bzw. E8 betragen 18.000, 12.000 bzw. 14.000 Einheiten (z.B. Fertigungsminuten).

---

[580] KILGER, W./PAMPEL, J./VIKAS, K. (Deckungsbeitragsrechnung[11]), S. 364.
[581] Vgl. Kapitel 2., Abschnitt B.III., S. 128 ff.

Kostenstellen	fixe Kosten	variable Kosten je Leistungseinheit	Empfangene Leistungseinheiten von				
			1	2	3	4	5
Vorkostenstelle 1	8.400	25	-	20	180	1.250	50
Vorkostenstelle 2	3.200	18	12	-	250	1.200	45
Vorkostenstelle 3	1.500	22	15	25	10	1.400	60
Vorkostenstelle 4	2.000	-	8	-	200	600	80
Vorkostenstelle 5	3.100	-	-	35	170	950	75
Summe Vorkostenstellen			35	80	810	5.400	310
Endkostenstelle 6	12.500	33	120	60	700	8.000	650
Endkostenstelle 7	14.000	27	180	80	600	2.500	320
Endkostenstelle 8	6.500	16	100	130	900	1.500	320
Summe Endkostenstellen			400	270	2.200	12.000	1.290
Summe			435	350	3.010	17.400	1.600

Abb. 3-155: *Primäre Kosten und Leistungsaustausch zwischen den Vor- und Endkostenstellen*

In diesem **Beispiel** ist vereinfachend angenommen, dass die variablen Kosten sowohl in Bezug auf die jeweiligen innerbetrieblichen Leistungen als auch im Hinblick auf den Output der empfangenden Stellen veränderlich sind. Damit können sie bei diesen den **variablen Kosten** zugerechnet werden. Das Gleichungssystem zur Verteilung der sekundären Fixkosten enthält für die Stellen, in denen sowohl fixe als auch variable Kosten anfallen, dieselben Koeffizienten, da für die Verteilung von beiden die gleiche geplante Leistungsinanspruchnahme bestimmend ist. Dies veranschaulichen die Gleichungen (3-98) für die variablen bzw. die fixen Kosten der ersten Vorkostenstelle.

$$435 \cdot c_1^c = 8.400 + 20 \cdot c_2^c + 180 \cdot c_3^c + 1.250 \cdot c_4^c + 50 \cdot c_5^c$$
$$435 \cdot c_1^v = 435 \cdot 25 + 20 \cdot c_2^v + 180 \cdot c_3^v + 1.250 \cdot c_4^v + 50 \cdot c_5^v$$
(3-98)

Sie unterscheiden sich lediglich bei den primären Kosten je Stelle, da einmal die fixen, das andere Mal die variablen Kosten eingesetzt werden. Das Gleichungssystem zur Verteilung der sekundären Fixkosten enthält zusätzlich Gleichungen für die Stellen, in denen nur fixe Kosten entstehen (3-99). Beispielsweise ergibt sich für die fünfte Vorkostenstelle:

$$1600 \cdot c_5^c = 3100 + 35 \cdot c_2^c + 170 \cdot c_3^c + 950 \cdot c_4^c + 75 \cdot c_5^c$$
$$1600 \cdot c_5^v = 1600 \cdot 0 + 35 \cdot c_2^v + 170 \cdot c_3^v + 950 \cdot c_4^v + 75 \cdot c_5^v$$
(3-99)

Nach Lösung der simultanen Gleichungssysteme erhält man die aus Abbildung 3-156 ersichtlichen variablen und fixen Kostensätze der Vorkostenstellen. Mit diesen lassen sich die Beträge für die erhaltenen primären und sekundären variablen bzw. fixen Kosten der Endkostenstellen bestimmen (Abbildung 3-157). Sie gehen in die einzelnen Kostenstellenpläne sowie in deren Zusammenfassung zum (Plan-)Betriebsabrechnungsbogen ein. Setzt man die Summe der primären und sekundären variablen bzw. fixen Plangemeinkosten ins Verhältnis zur Planbeschäftigung bzw. zu den Planbezugsgrößen jeder Endkostenstelle, so erhält man die **Kalkulations-** bzw. **Plankostenverrechnungssätze** für die variablen und die fixen Kosten jeder

E. Systeme auf Voll- und Teilkostenbasis

Endkostenstelle (Abbildung 3-158). Diese gehen in die Kostenträgerrechnung ein.

Fixkostensätze	variable Kostensätze
$c_1^c = 20,8846$	$c_1^v = 37,4233$
$c_2^c = 11,2778$	$c_2^v = 37,0672$
$c_3^c = 0,8188$	$c_3^v = 22,7838$
$c_4^c = 0,1505$	$c_4^v = 0,3061$
$c_5^c = 2,4766$	$c_5^v = 3,5813$

Abb. 3-156: Variable und fixe Kostensätze der Vorkostenstellen

		Vorkostenstellen				
		1	2	3	4	5
E6	fixe Kosten	2.506,15	676,69	573,16	1.204,00	1.609,79
	variable Kosten	4.490,79	2.224,03	15.948,66	2.448,80	2.327,85
E7	fixe Kosten	3.759,23	902,22	491,28	376,25	792,51
	variable Kosten	6.736,19	2.965,38	13.670,28	765,25	1.146,02
E8	fixe Kosten	2.088,46	1.466,11	736,92	225,75	792,51
	variable Kosten	3.742,33	4.818,74	20.505,42	459,15	1.146,02

Abb. 3-157: Sekundäre variable und fixe Kosten der Endkostenstellen

	Summe fixe Kosten	Kalkulationssatz fixe Kosten	Summe variable Kosten	Kalkulationssatz variable Kosten
E6	24.569,791,	3650	621.440,13	34,5245
E7	18.321,491,	5268	349.283,12	29,1069
E8	19.309,751,	3793	254.671,66	18,1908

Abb. 3-158: Kalkulations- bzw. Plankostenverrechnungssätze der variablen und fixen Kosten

2. **Trägerstückrechnung auf der Basis kombinierter Teil- und Vollkosten**

a) **Teil- und Vollkostenausweis in den verschiedenen Kalkulationsverfahren**

Die Kalkulationsverfahren der Divisions-, Äquivalenzziffern- und Zuschlagsrechnung sind **systemunabhängige Methoden** zur Bestimmung von Stückkosten. Deshalb ist ihr Aufbau bei Teil- und Vollkostenrechnung gleich, man setzt nur jeweils andere Kostenbeträge ein. Dies bedeutet bei **Divisions-** und

Äquivalenzziffernkalkulationen, dass die Bestimmung der Stückkosten einmal nur mit den variablen, zum anderen mit den vollen Kosten vorgenommen wird. Abbildung 3-159 zeigt das Volumen und die Ausbringungsmenge dreier in einer Wachsgießerei gefertigten Kerzensorten. Die Kerzen bestehen jeweils aus dem gleichen Wachs. Die im Fertigungsprozess anfallenden Materialkosten in Höhe von € 3.335.000 seien proportional zum Kerzenvolumen. Die fixen Herstellkosten betragen € 1.250.000. Wie man an dem **Beispiel** von Abbildung 3-160 nachvollziehen kann, betreffen die Unterschiede nur die Höhe der entweder variablen oder vollen Gesamtkosten, welche durch die Schlüsselzahl als fiktiver Gesamtmenge der Grundsorte dividiert werden.

Kerzensorte	klein	mittel	groß
Volumen [cm³]	100	200	800
Ausbringungsmenge [Stück]	200.000	225.000	100.000

Abb. 3-159: *Volumen und Ausbringungsmengen der gefertigten Kerzensorten*

Produktart	Menge [Stück]	Äquivalenzziffer	Schlüsselzahl [RE]	variable Stückkosten	volle Stückkosten
klein	200.000	1	200.000	2,30	3,16
mittel	225.000	2	450.000	4,60	6,32
groß	100.000	8	800.000	18,40	25,30
Summe			1.450.000		

Abb. 3-160: *Variable und fixe Stückkosten der Kerzensorten*

Da Einzelkosten der Produkteinheiten zugleich variabel sind, stimmen sie in **Zuschlagsrechnungen** bei Voll- und Teilkostenrechnungen überein. Die Unterschiede betreffen allein die Zuschläge für Material-, Fertigungs- sowie Verwaltungs- und Vertriebsgemeinkosten. Diese umfassen einmal lediglich die variablen Gemeinkosten, zum anderen die vollen Gemeinkosten einschließlich der fixen Anteile. In den letzteren sind dann beispielsweise Kosten für Regale, sonstige Einrichtungen und Gebäude des Lagers, Meistergehälter sowie Zeitabschreibungen auf Maschinen, Büroausstattungen usw. enthalten.

	Kostenstellen				
	Material	Fertigung 1	Fertigung 2	Verwaltung	Vertrieb
Materialeinzelkosten	148.750				
Fertigungslohn		36.752	43.648		
Variable Gemeinkosten	36.248	18.474	25.638	46.457	13.648
Fixe Gemeinkosten	12.312	24.167	32.212	12.250	6.548

Abb. 3-161: *Einzel- und Gemeinkosten der Endkostenstellen*

E. *Systeme auf Voll- und Teilkostenbasis* 567

Der Zuschlagsrechnung des im Folgenden betrachteten Beispiels liegen die in Abbildung 3-161 wiedergegebenen Kosten von fünf Endkostenstellen zugrunde. Für das in Abbildung 3-162 bei Teilkostenrechnung kalkulierte Produkt fallen Materialeinzelkosten in Höhe von € 12,48 an. Als Bezugsgröße zur Verrechnung der Materialgemeinkosten werden die Materialeinzelkosten herangezogen. Die Zurechnung der Fertigungslöhne auf das Produkt basiert auf geplanten Maschinenzeiten mit 346.000 Maschinenminuten in der Fertigungsstelle 1 und 248.500 Maschinenminuten in der Fertigungsstelle 2. Die Maschinenzeiten je Produkteinheit betragen 3 bzw. 1,5 Minuten in den beiden Fertigungsstellen. Die Fertigungsgemeinkosten werden ebenfalls unter Verwendung der Maschinenzeiten verrechnet. Für die Fertigungsgemeinkosten der Fertigungsstelle 1 ergeben sich somit 18.474 : 346.000 = 0,16 €/Stk. Die Berechnung der Verwaltungs- und Vertriebsgemeinkosten erfolgt auf Basis der Herstellkosten.

Kalkulationsschema bei Teilkostenrechnung:		Kalkulationsschema bei Vollkostenrechnung:	
Materialeinzelkosten	12,48	Materialeinzelkosten	12,48
Materialgemeinkosten (24,4%)	3,05	Materialgemeinkosten (32,6%)	4,07
Summe Materialkosten	15,53	Summe Materialkosten	16,55
Fertigungslöhne I	0,32	Fertigungslöhne I	0,32
Fertigungslöhne II	0,26	Fertigungslöhne II	0,26
Fertigungsgemeinkosten I	0,16	Fertigungsgemeinkosten I	0,37
Fertigungsgemeinkosten II	0,15	Fertigungsgemeinkosten II	0,35
Summe Fertigungskosten	16,42	Summe Fertigungskosten	17,85
Verwaltungs- und Vertriebsgemeinkosten (19,4%)	3,18	Verwaltungs- und Vertriebsgemeinkosten (20,9%)	3,73
Stückkosten	19,60	Stückkosten	21,58

Abb. 3-162: Kalkulationsschema bei Teil- und Vollkostenrechnung

Bei der Zuschlagsrechnung auf Vollkostenbasis bestimmt sich der Zuschlagssatz für die Materialgemeinkosten aus der Summe der variablen und fixen Gemeinkosten zu (36.248 + 12.312) : 148.750 = 32,6 %. Zudem verändern sich die Zuschläge für die Fertigungsgemeinkosten der beiden Fertigungsstellen und der Zuschlagssatz für die Verwaltungs- und Vertriebsgemeinkosten. Abbildung 3-162 zeigt die Stückkosten auf der Basis von Vollkosten.

b) **Fixkostendeckungsrechnung als tragfähigkeitsorientiertes Kalkulationsverfahren**

Ein wesentlicher **Mangel von Teilkostenkalkulationen** wird darin gesehen, dass die mit ihnen berechneten Stückkosten häufig nur einen begrenzten Anteil der Gesamtkosten enthalten. Wenn zum Beispiel in modernen Fertigungssystemen mit einem hohen Automatisierungsgrad die variablen Kosten lediglich 20-30 % der Gesamtkosten ausmachen, lassen sich die Stückkosten höchstens für spezifische Preisentscheidungen bei einzelnen Zusatzaufträgen heranziehen. Als Grundlage für die allgemeine Preispolitik erscheinen sie wenig geeignet, da die variablen Kosten eine kleine und wenig begründete

Basis für die Bestimmung von Soll-Deckungsbeiträgen bieten. Zudem besteht die Tendenz, dass man im Vertriebsbereich bei starkem Marktdruck geneigt ist, in den Preisen nachzugeben, weil der Abstand bis zu den variablen Kosten als absoluter Preisuntergrenze[582] immer noch groß ist[583].

Deshalb waren Vertreter der Teilkostenrechnung bemüht, Verfahren der Kalkulation zu entwickeln, die sich in die Struktur der Teilkostenrechnung einfügen. Auf diesem Ansatz beruht die **Fixkostendeckungsrechnung**[584]. Sie ist von KLAUS AGTHE[585] und KONRAD MELLEROWICZ[586] in Anlehnung an das amerikanische Vorbild[587] konzipiert worden. Als **Erweiterung der Teilkostenrechnung** soll sie deren Vorzüge mit denjenigen der Vollkostenrechnung verbinden. Vom Grundaufbau entspricht sie weitgehend einer Teilkostenrechnung auf der Basis von variablen Kosten. In der Kalkulation werden jedoch Fixkosten nach dem **Tragfähigkeitsprinzip** geschlüsselt. Damit wird ein Grundprinzip der reinen Teilkostenrechnung verletzt. Da in ihr eine Verbindung zwischen beiden Systemtypen versucht wird, kann man sie als besondere Spielart einer kombinierten Rechnung innerhalb der Kostenträgerrechnung interpretieren. Die **Kostenarten- und Kostenstellenrechnung** dieses Rechnungssystems stimmen in ihrer Zwecksetzung und in ihrem Aufbau mit jener der mehrfach gestuften Teilkostenrechnung auf der Basis von variablen Kosten überein. Sie umfasst ebenfalls eine Kostenträgerzeitrechnung und eine Kostenträgerstückrechnung und kann retrograd sowie progressiv aufgebaut sein[588]. Unterschiede treten nur bei der **Kostenträger-(stück-)rechnung** auf. Diese bildet den wichtigsten Teil der Fixkostendeckungsrechnung, welcher durch Einbeziehung der Erlöskomponente zu einer Erfolgsrechnung ausgebaut wird.

Die **retrograde Form der Periodenerfolgsrechnung** entspricht der mehrstufigen Erfolgsrechnung auf der Basis von variablen Kosten. Für die Zurechnung der Fixkosten werden als Bezugsgrößen in der Regel ebenfalls Produkte und Abrechnungsbezirke herangezogen. Eine Aufteilung der Fixkosten auf die Produktarten (ausgenommen Produktfixkosten) wird in der retrograden Rechnung nicht vorgenommen, obwohl über das Direct Costing hinaus jeder Fixkostenanteil auf den unmittelbar vorausgehenden (Rest-)Deckungsbeitrag bezogen und entsprechend Abbildung 3-163 als prozentuale Größe dieses Deckungsbeitrags ausgedrückt wird. Die auf diese Weise berechneten Prozentsätze sind die Grundlage für eine **progressive Kostenträgerrechnung** zur Feststellung der gesamten Kosten je Produktart. Sie geben an, wie viel Prozent des jeweiligen Fixkostenanteils vom (noch verbleibenden) Deckungsbeitrag auf die jeweilige Produktart entfallen bzw. verrechnet werden sollen. Durch dieses Vorgehen wird eine Zurechnung von Fixkosten auf die Produktarten nach dem **Tragfähigkeitsprinzip** vorgenommen, weil Deck-

---

[582] Vgl. Kapitel 3., Abschnitt D.I.6.d), S. 476 ff.
[583] Vgl. PLINKE, W. (Erlösplanung), S. 73 ff.
[584] In der Literatur wird diese Bezeichnung auch für mehrstufige Deckungsbeitragsrechnungen verwendet. Hier wird ihre Bedeutung enger gefasst.
[585] Vgl. AGTHE, K. (Fixkostendeckung).
[586] Vgl. MELLEROWICZ, K. (Kalkulationsverfahren), S. 154 ff.
[587] Vgl. den vom RKW herausgegebenen Band zum Direct Costing.
[588] Vgl. MELLEROWICZ, K. (Kalkulationsverfahren), S. 173 ff.

ungsbeiträge die Bezugsgröße darstellen. Eine verursachungsgemäße Zurechnung liegt nicht vor.

Produkte	I	II	III	IV	V
Deckungsbeitrag I je Produktart	4.701	3.503	4.522	4.819	5.009
- Produktfixkosten (in % vom DB I)	-	-	100 (2,21%)	-	-
Deckungsbeitrag II a	4.701	3.503	4.422	4.819	5.009
Produktgruppe	A		B	C	
Deckungsbeitrag II a	8.204		4.422	9.828	
- Produktgruppenfixkosten (in % vom DB II a)	150 (1,83%)		-	250 (2,54%)	
Deckungsbeitrag II b	8.054		4.422	9.578	
Kostenstellenbereiche	1			2	
Deckungsbeitrag II b	12.476			9.578	
- Bereichsfixkosten (in % vom DB II b)	4.295 (34,43%)			4.795 (50,06%)	
Deckungsbeitrag III	8.181			4.783	
Deckungsbeitrag III insgesamt	12.964				
- Unternehmensfixkosten (in % vom DB III)	690 (5,32%)				
Kalkulatorischer Periodenerfolg	12.274				

Abb. 3-163: *Kostenträgerzeitrechnung in der Fixkostendeckungsrechnung mit Ausweis von Zuschlagssätzen für die Fixkostenanteile*

Die **Kostenträgerstückrechnung** ist das spezifische Kernstück der Fixkostendeckungsrechnung. In ihrer Ausprägung als **retrograde Rechnung** wird vom Stückerlös ausgegangen. Davon werden die variablen Stückkosten subtrahiert, und es ergibt sich ein Stückdeckungsbeitrag I. Anders als in der Teilkostenrechnung auf der Basis von variablen Kosten werden von diesem Deckungsbeitrag entsprechend Abbildung 3-164 noch nacheinander die von der Produkteinheit zu tragenden Fixkosten jedes betroffenen Fixkostenanteils abgezogen, so dass eine **Vollkostenrechnung** vorliegt. Grundlage für die Berechnung des jeweils abzuziehenden Fixkostenbetrags sind die in der Kostenträgerzeitrechnung für den jeweiligen Fixkostenanteil errechneten Prozentsätze und der bis zum betrachteten Fixkostenanteil noch verbliebene Stückdeckungsbeitrag. Beispielsweise ist aus Abbildung 3-164 erkennbar, dass sich nach Abzug der anteiligen Produktgruppenfixkosten bei Produkt V ein Stückdeckungsbeitrag II b von € 9,96 ergibt. Abbildung 3-163 ist zu entnehmen, dass die Bereichsfixkosten im Kostenstellenbereich 2 50,06 % des nach Abzug der Produktgruppenfixkosten verbleibenden Deckungsbeitrags ausmachen. Demnach hat jede Einheit von Produkt V 50,06 % von € 9,96 oder € 4,99 als anteilige Bereichsfixkosten zu tragen. Nach Abzug der variablen Kosten und sämtlicher anteiliger Fixkosten vom Nettoerlös ergibt sich der **(Netto-)Gewinn je Produkteinheit**. Durch Multiplikation der berechneten Stückgewinne mit den zugehörigen Absatzmengen und Addition dieser

3. Kapitel: Planungsorientierte Systeme der KER

Produktgewinne ergibt sich der **gesamte Periodenerfolg**. Er ist in Abbildung 3-164 infolge von Rundungen um € 9 niedriger als in der mehrstufigen Deckungsbeitragsrechnung von Abbildung 3-163.

Produkt	I		II		III		IV		V	
	%	€	%	€	%	€	%	€	%	€
Nettoerlös		34		16		30		24		20
- variable Stückkosten		23,32		6,27		20,17		14,99		9,78
Stückdeckungsbeitrag I		10,68		9,73		9,83		9,01		10,22
- Produktfixkosten (in % vom Stückdeckungsbeitrag I)	-		-		2,21		0,22		-	-
Stückdeckungsbeitrag IIa		10,68		9,73		9,61		9,01		10,22
- Produktgruppenfixkosten (in % vom Stückdeckungsbeitrag IIa)	1,83	0,20	1,83	0,18	-		2,54	0,23	2,54	0,26
Stückdeckungsbeitrag IIb		10,48		9,55		9,61		8,78		9,96
- Bereichsfixkosten (in % vom Stückdeckungsbeitrag IIb)	34,43	3,61	34,43	3,29	34,43	3,31	50,06	4,40	50,06	4,99
Stückdeckungsbeitrag III		6,87		6,26		6,30		4,38		4,97
- Unternehmungsfixkosten (in % vom Stückdeckungsbeitrag III)	5,32	0,37	5,32	0,33	5,32	0,34	5,32	0,23	5,32	0,26
Nettogewinn je Produkteinheit		6,50		5,93		5,96		4,15		4,71
Gewinn je Produktart	6,50 · 440 = 2.860		5,93 · 360 = 2.135		5,96 · 460 = 2.742		4,15 · 535 = 2.220		4,71 · 490 = 2.308	
Kalkulatorischer Periodenerfolg	12.265									

Abb. 3-164: *Retrograde Kalkulation im System der Fixkostendeckungsrechnung*

> Für Planungszwecke ist die Information über den Gewinn je Produkteinheit nicht brauchbar.

Will man beispielsweise das **optimale Absatzprogramm** bestimmen, welches zu einem maximalen Erfolg (Gewinn) führt, dann ermittelt man die Zielerreichung durch Gewichtung der Gütermengen mit ihrem jeweiligen Stückdeckungsbeitrag. Der in der Fixkostendeckungsrechnung bestimmte Stückdeckungsbeitrag ist jedoch an die Absatzgütermengen gebunden, die seiner Berechnung zugrunde liegen. Denn als Bezugsgröße für die Fixkostenbelastung werden die Stückdeckungsbeiträge und Absatzmengen herangezogen. Der Stückdeckungsbeitrag ist daher als Produktgewichtung ungeeignet. Auch für Zwecke der **Steuerung** sind die Stückgewinne der Fixkostendeckungsrechnung wenig aussagekräftig, weil kein Bezug zu einer Planumsetzung oder dem Mitarbeiterverhalten hergestellt wird.

Die progressiv aufgebaute Kostenträgerstückrechnung geht von den variablen Stückkosten aus und addiert entsprechend Abbildung 3-165 schrittweise die anteiligen Fixkosten. Hierfür werden die Fixkostenanteile in Prozent der variablen Stückkosten umgerechnet[589]. Die Belastung der Kostenträgereinheiten mit Fixkosten erfolgt nach deren **Tragfähigkeit**. Der **Stückgewinn** wird als Differenz zwischen dem Nettoerlös und den Stückkosten ermittelt. Zur Kalkulation neuer Produkte kann man auf sie die ermittelten Zuschläge anwenden. Lässt sich ein solches Produkt beispielsweise der Produktgruppe A zuordnen und ist es dort dem Produkt I ähnlich, so lassen sich dessen Zuschlagssätze zur Kalkulation seiner Selbstkosten nutzen. Auf die für das neue Produkt I anfallenden variablen Stückkosten von € 30 sind dann 17,9 % aufzuschlagen, um seine Selbstkosten von € 35,38 zu ermitteln.

Produkt	I	II	III	IV	V
Variable Stückkosten	23,32	6,27	20,17	14,99	9,78
+ Produktfixkosten	-	-	0,22	-	-
+ Produktgruppenfixkosten	0,20	0,18	-	0,23	0,26
+ Bereichsfixkosten	3,61	3,29	3,31	4,40	4,99
+ Unternehmungsfixkosten	0,37	0,33	0,34	0,23	0,26
Summe der Zuschläge	4,18	3,80	3,87	4,86	5,51
in % der Stückkosten	17,92%	60,61%	19,19%	32,42%	56,34%
Gesamte Stückkosten	27,50	10,07	24,04	19,85	15,29
Nettogewinn	6,50	5,93	5,96	4,15	4,71
Erlös	34,00	16,00	30,00	24,00	20,00

Abb. 3-165: *Progressive Kalkulation im System der Fixkostendeckungsrechnung*

Eine zusätzliche Information gegenüber der retrograden Rechnung liefert allenfalls der Ausweis der (gesamten) **Stückkosten**. Sie könnte ohne Schwierigkeiten auch aus der retrograden Rechnung gewonnen werden, so dass auf die umständliche und aufwendige Umrechnung verzichtet werden kann. Man könnte aus dem Aufbau der progressiven Stückkostenrechnung den Schluss ziehen, dass sie für die Preiskalkulation geeignet sei. Denn um den festzusetzenden Absatzpreis eines Produkts zu ermitteln, müsste lediglich zu den Stückkosten der gewünschte Gewinnaufschlag zugerechnet werden. Jedoch ist bei einem derartigen Vorgehen zu berücksichtigen, dass die Stückkostenrechnung bereits Preisansätze bei den zugrunde gelegten Deckungsbeiträgen voraussetzt. Strebt man eine Deckung über die voll kalkulierten Stückkosten hinaus an, setzt man also einen positiven Gewinnaufschlag an, dann ergeben sich unter Berücksichtigung dieser Gewinnaufschläge andere Deckungsbeiträge. Sie bedeuten veränderte Bezugsgrößen und machen eine erneute Rechnung erforderlich, die gewöhnlich zu anderen Stückkosten führt, als sie der Preiskalkulation zugrunde gelegt wurden.

---

[589] Vgl. MELLEROWICZ, K. (Kalkulationsverfahren), S. 179.

> Die bei der **Teilkostenrechnung auf der Basis von variablen Kosten** beschriebenen Arten der Preiskalkulation sind daher wesentlich zweckmäßiger und auch einfacher.

Eine Verwendungsmöglichkeit der im Rahmen der Fixkostendeckungsrechnung bereitgestellten Informationen könnte sich im Hinblick auf die **Bestandsbewertung** ergeben, wenn anteilige Fixkosten in den Wertansatz einzubeziehen sind (z.b. aus steuerlichen Gründen). Insgesamt gesehen liefert die Kalkulation in der Fixkostendeckungsrechnung **kaum brauchbare Informationen**, während der Informationsgehalt ihrer Kostenträgerzeitrechnung jenem der mehrstufigen Deckungsbeitragsrechnung entspricht.

3. *Periodenerfolgsrechnung auf der Basis kombinierter Teil- und Vollkosten*

In der **kombinierten Rechnung** wird der Periodenerfolg üblicherweise über eine ein- oder mehrstufige Deckungsbeitragsrechnung ermittelt[590]. Sie wird um eine Fixkostenverrechnung mit Bestandsabgrenzung ergänzt, was eine Bestandsermittlung voraussetzt. In ihr werden auf die Bestände und die abgesetzten Produkteinheiten anteilige fixe Herstellkosten verrechnet. Dies wird vor allem dann als aussagefähig angesehen, wenn Fertigungs- und Absatzmengen stark voneinander abweichen, was insbesondere für **Saisonbetriebe** gilt.

Die Verrechnung der fixen Herstellkosten lässt sich mit unterschiedlichem Genauigkeitsgrad vornehmen. Dementsprechend unterscheidet man zwischen **summarischer** und **kostenträgerweiser Bestandsabgrenzung**. Charakteristisch ist in beiden Fällen, dass die Fixkostenverrechnung nach der Deckungsbeitragsrechnung erfolgt. Bei der **ersten Form** teilt man die gesamten fixen Herstellkosten in zwei Anteile auf, die einerseits den Bestandsänderungen bei Zwischen- und Endprodukten, andererseits den abgesetzten Produktmengen zugerechnet werden. Für die Periodenerfolgsrechnung ist nur der zweite Teil von Bedeutung, da in ihr der Erfolg der abgesetzten Produkte ermittelt wird. Die fixen Herstellkosten werden nicht nach Kostenträgern aufgespalten, sondern in einem Betrag von dem in der Deckungsbeitragsrechnung berechneten Gesamt-Deckungsbeitrag subtrahiert. Zieht man hiervon die restlichen Unternehmensfixkosten ab, so ergibt sich der Periodenerfolg.

Bei der **zweiten Form** benötigt man zur kostenträgerweisen Bestandsabgrenzung die auf eine Produktgruppe oder Produktart entfallenden Fixkosten. In vereinfachender Weise kann man die mit geplanten variablen Kosten bewerteten Bestände und Verbräuche jeder Produktart oder -gruppe durch einen prozentualen Zuschlag für die fixen Herstellkosten ergänzen. Sofern eine **ausführliche** kombinierte Rechnung vorgenommen wurde, lassen sich dagegen die Kalkulationsergebnisse heranziehen. Dann kann man unmittelbar für jede Produktart aus diesen berechnen, welche anteiligen fixen Herstellkosten auf sie entfallen. Durch Multiplikation der Absatzmengen jeder Produktart

---

[590] Vgl. KILGER, W. (Deckungsbeitragsrechnung[9]), S. 698 ff.

E. *Systeme auf Voll- und Teilkostenbasis*

mit den fixen Herstellkosten je Stück ergibt sich der Fixkostenbetrag, welcher von den zugehörigen Deckungsbeiträgen abzuziehen ist.

In Abbildung 3-167 ist dieses Vorgehen für eine einstufige und in Abbildung 3-168 für eine mehrstufige Deckungsbeitragsrechnung veranschaulicht. Diesem Beispiel werden die Produktdaten und Kosten der Wachsgießerei des vorhergehenden Abschnitts[591] zugrunde gelegt. Zusätzlich zeigt Abbildung 3-166 die abgesetzten Mengen und die Verkaufspreise der drei Kerzensorten. In jeder Rechnung lässt sich ein Deckungsbeitrag über die variablen und die vollen Kosten je Produktart ausweisen. Der zentrale Unterschied zur ursprünglichen Deckungsbeitragsrechnung liegt in der **Höhe des Periodengewinns**. Je nach dem Überwiegen von Bestandsmehrungen oder Bestandsminderungen ist er in der Voll- oder der Teilkostenrechnung höher[592]. Dies ist darauf zurückzuführen, dass bei Vollkostenrechnungen über die Bestandsabgrenzung anteilige fixe Herstellkosten nicht in das Periodenergebnis einfließen, sondern den Beständen zugerechnet werden. Haben diese zugenommen, so werden Teile dieser Fixkosten, die bei der Teilkostenrechnung in den anderen Fixkosten enthalten sind, auf die Bestandserhöhung verlagert. Sie belasten die nachfolgenden Perioden. Damit nimmt der Gewinn der betrachteten Periode gegenüber demjenigen der Teilkostenrechnung zu. Dieser Fall besteht in dem hier betrachteten Beispiel für die mittlere Kerzensorte. Überwiegen dagegen die Bestandsminderungen, so werden den abgesetzten Produkten in den fixen Herstellkosten höhere Fixkosten zugerechnet, als sie bei Teilkostenrechnung in den Fixkosten enthalten sind. Deshalb ist der Gewinn in der Vollkostenrechnung niedriger. Dies zeigt sich an dem Gewinn der großen Kerzensorte. **Durch die kombinierte Berechnung ermittelt man beide Werte.** Damit erhält man eine Grundlage, um die Auswirkungen von Bestandsänderungen sowie unterschiedlicher Bestandsbewertungen größenmäßig einzuordnen und in ihrer Bedeutung zu analysieren.

	klein	mittel	groß
Absatzmenge	200.000	250.000	80.000
	= gefertigte Menge	< gefertigte Menge	> gefertigte Menge
Verkaufspreis	4,20	7,30	26,-

Abb. 3-166: *Absatzmengen und Verkaufspreise der drei Kerzensorten*

---

[591] Vgl. Abb. 3-158, S. 566.
[592] Vgl. Kapitel 3., Abschnitt D.I., S. 397 ff.

574   3. Kapitel: Planungsorientierte Systeme der KER

Teilkosten

	klein	mittel	groß
Erlöse	840.000	1.825.000	2.080.000
variable Kosten	460.000	1.150.000	1.472.000
DB je Sorte	380.000	675.000	608.000
DB gesamt		1.663.000	
fixe Kosten		1.154.000	
Periodenerfolg		509.000	

Vollkosten

	klein	mittel	groß
Erlöse	840.000	1.825.000	2.080.000
variable Kosten	460.000	1.150.000	1.472.000
DB je Sorte	380.000	675.000	608.000
DB gesamt		1.663.000	
fixe Kosten		1.250.000	
Periodenerfolg		413.000	

Abb. 3-167: *Einstufige Deckungsbeitragsrechnung auf Teil- und Vollkostenbasis*

Teilkosten

	klein	mittel	groß
Erlöse	840.000	1.825.000	2.080.000
variable Kosten	460.000	1.150.000	1.472.000
DB I (über die variablen Kosten)	380.000	675.000	608.000
Erzeugnisfixkosten	172.000	430.000	552.000
DB II (über die Erzeugniskosten)	208.000	245.000	56.000
Summe der DB II (= Periodenerfolg)		509.000	

Vollkosten

	klein	mittel	groß
Erlöse	840.000	1.825.000	2.080.000
variable Kosten	460.000	1.150.000	1.472.000
DB I (über die variablen Kosten)	380.000	675.000	608.000
Erzeugnisfixkosten	172.000	387.000	690.000
DB II (über die Erzeugniskosten)	208.000	288.000	-82.000
Summe der DB II (= Periodenerfolg)		413.000	

Abb. 3-168: *Mehrstufige Deckungsbeitragsrechnung auf Teil- und Vollkostenbasis*

4. Aussagefähigkeit einer Plankosten- und -erlösrechnung auf der Basis kombinierter Teil- und Vollkosten

Die parallele Durchführung von Teil- und Vollkostenrechnung liefert die Informationen beider Systeme. Damit schafft man die Möglichkeit, die Vorteile beider Systeme zu nutzen. Es handelt sich um eine **'additive' Kombination**, durch welche die wichtigsten Merkmale von jedem Typ erhalten bleiben. Die **Beurteilung ihrer Aussagefähigkeit** beinhaltet insofern lediglich die Zusammenstellung der für jedes der Systeme geltenden Gesichtspunkte. Zudem gibt es eine Reihe von Alternativen in der Ausgestaltung der Teilkostenrechnung und der ergänzten Fixkostenverteilung, um zu Vollkosteninformationen zu gelangen. Deshalb bietet dieser Ansatz eine große **Flexibilität**. Hierauf dürfte seine relativ hohe Verbreitung mit zurückzuführen sein. Die strikte Trennung zwischen variablen und fixen Kosten ermöglicht im Unterschied beispielsweise zur Prozesskostenrechnung eine Vielzahl von Auswertungsrechnungen im Hinblick auf **kurz- und längerfristige Entscheidungen**. Mit ihr ist einerseits die Basis für verschiedene Verwendungsmöglichkeiten von Teilkosteninformationen zur Programmplanung, für die Berechnung von Preisuntergrenzen, Break-even-Analysen u.ä. gegeben. Andererseits kann man **Näherungswerte der vollen Kosten** bestimmen, die für mittel- bis längerfristige Entscheidungen zumindest erste Hinweise geben. Zudem lassen sich Entscheidungen im Zwischenbereich von Teil- und Vollkosten untermauern, bei denen einzelne Kapazitäten verändert werden. Eine solche Notwendigkeit wird am Beispiel von Preisuntergrenzen deutlich, bei denen ein beschränkter Auf- oder Abbau zusätzlicher Kapazität zu berücksichtigen ist. Im Unterschied zu einfachen Formen der Vollkostenrechnung wird die Kostenaufspaltung über alle Bestandteile hinweg durchgehalten. Die Vollkosteninformationen erhält man erst durch eine Addition von variablen und fixen Kosten.

Mit zwei möglichen **Nachteilen** muss man sich bei der Einführung eines kombinierten Systems auseinandersetzen. **Erstens** erfordert die ergänzende Fixkostenverteilung in der Kostenstellenrechnung, den Kalkulationen und der kurzfristigen Erfolgsrechnung einen über die Teilkostenrechnung hinausgehenden **Aufwand**. Gegenüber einer reinen Vollkostenrechnung fällt die vorzunehmende und häufig **teure Kostenaufspaltung** ins Gewicht. Diese zusätzlichen Tätigkeiten gegenüber den beiden reinen Formen können in nicht geringem Umfang EDV-gestützt durchgeführt werden. Dies gilt vor allem für die laufende Rechnung. Nur in begrenztem Maße lassen sich dagegen die Kostenaufspaltung und die Festlegung der Verteilungsschlüssel für Fixkosten automatisieren, da sie i.d.R. den Einsatz von Fachpersonal erfordern. Liegen die Rechenverfahren fest, dann bereitet die Berechnung von Teil- *und* Vollkosteninformationen mit der EDV keine besonderen Schwierigkeiten und zusätzlichen Kosten. Die angebotene Software ist im Normalfall hierfür eingerichtet[593].

Mehr Gewicht hat der **zweite Problemkreis**. Die Bereitstellung der Teil- und Vollkosteninformationen bietet jedem Anwender mit der Berechtigung auf den Datenzugriff die Auswahl, welche Information er seinen Entscheidungen zugrunde legt. Damit steht jeder einzelne vor dem Problem, aus den angebotenen Informationen die **relevanten** auszuwählen und Fehlentscheidungen zu vermeiden. Dessen Lösung ist nicht durch das Kostenrechnungssystem vorgegeben. Der erhöhte Spielraum kann aber auch als Vorteil gewertet werden, weil sich die Informationsverwendung dem jeweils vorliegenden Tatbestand anpassen lässt. Wenn die verschiedenen Anwender in der Unternehmung nicht durchweg in der Lage sind, die Relevanz von Teil- oder Vollkosteninformationen zu beurteilen, kann man auch allgemeine **Regeln der Informationsverwendung** vorgeben. Beispielsweise über Handbücher oder andere organisatorische Regeln ist dann festzulegen, in welchen Entscheidungs- und Handlungssituationen welche Informationen heranzuziehen sind. Man kann so weit gehen, die Zugriffsberechtigung der unterschiedlichen Hierarchieebenen und ihrer Entscheidungsträger zu bestimmen und ggf. im EDV-System zu verankern. Diese organisatorische Lösung verlangt einen höheren Aufwand bei der Ausgestaltung des Kostenrechnungssystems und ihrer organisatorischen Umsetzung. Dafür lässt sich die Vielfalt der freien Informationsauswahl mit einer klaren Vorgabe von Planungs-, Entscheidungs- und Kontrollverfahren für bestimmte Handlungsträger kombinieren.

---

[593] Vgl. HORVÁTH, P./PETSCH, M./WEIHE, M. (Anwendungssoftware); BÖHLER, W. (Standardsoftware); MÜLHAUPT, E. (Ergebnisrechnung).

II. Integration von prozessorientierter Teilkostenrechnung und Fixkostenstufung

1. Anforderungsprofil für eine mehrstufige Periodenrechnung auf der Basis von Prozesskosten

a) Anforderungen an den Aufbau einer mehrstufigen Periodenrechnung auf der Basis von Prozesskosten

Die Darstellung und Analyse der Prozesskostenrechnung[594] sowie der mehrstufigen Deckungsbeitragsrechnung[595] lassen erkennen, dass beide Rechnungsansätze in isolierter Form den Anforderungen für die Herleitung relevanter Kosteninformationen zur Unterstützung von produkt- und programmbezogenen Entscheidungen nicht genügen. Die aufgezeigten Schwächen und Stärken beider Rechnungsansätze werfen die Frage auf, ob diesen Anforderungen durch eine zweckmäßige **Integration** der Grundgedanken der Prozesskostenrechnung und der mehrstufigen Deckungsbeitragsrechnung zu einem neuen Rechnungskonzept besser entsprochen werden kann. Diese Integration wird nachfolgend unter der Bezeichnung "**mehrstufige Periodenrechnung auf der Basis von Prozesskosten**"[596] dargestellt und analysiert.

> Die **mehrstufige Periodenrechnung auf der Basis von Prozesskosten** beruht auf den Gedanken der Fixkostenstufung aus der mehrstufigen Deckungsbeitragsrechnung.

Die Erlöskomponente wird jedoch in dieser Rechnung nicht berücksichtigt, da für produkt- und programmbezogene Entscheidungen des programmorientierten Kostenmanagements primär Informationen über die Wirkungen der Produkt- und Programmentscheidungen auf die proportionalen Kosten und den Verbrauch an Potentialgüterleistungen bereitgestellt werden müssen. Die Auswahl der **Kalkulationsobjekte** für die Kostenstufung wird durch die zu treffenden Entscheidungen bestimmt. Entscheidungen über Produktionsmengenvariationen können durch die traditionelle Deckungsbeitragsrechnung auf der Basis variabler Kosten hinreichend unterstützt werden, so dass hier auf Produkteinheiten als Kalkulationsobjekte verzichtet werden kann. Im Folgenden wird davon ausgegangen, dass Entscheidungen über Produktvarianten und -arten unterstützt werden sollen. In der mehrstufigen Periodenrechnung auf der Basis von Prozesskosten müssen deshalb Produktvarianten und Produktarten als Kalkulationsobjekte berücksichtigt werden.

Um den formulierten Rechnungszielen zu genügen, müssen die Informationen aus der mehrstufigen Periodenrechnung auf der Basis von Prozesskosten die Wirkungen von Produkt- und Programmentscheidungen auf die variablen Kosten sowie den Verbrauch an Potentialgüterleistungen zum Ausdruck

---
[594] Vgl. Kapitel 3., Abschnitt B.III., S. 347 ff.
[595] Vgl. Kapitel 3., Abschnitt D.I.5.c), S. 464 ff.
[596] Vgl. SCHWEITZER, M./FRIEDL, B. (Kostenmanagement), S. 83 ff.

bringen. Die Kosten sind dazu in ihre variablen und fixen Bestandteile aufzulösen. In der herkömmlichen Fixkostendeckungsrechnung werden die gesamten **variablen Kosten** auf der untersten Ebene verrechnet, d.h. bei den Produktvarianten, auch wenn sie auf den höheren Ebenen für Produktarten oder Unternehmungsbereiche anfallen. Um auch die variablen Gemeinkosten verursachungsgerecht verrechnen zu können, werden in der hier vorgestellten mehrstufigen Periodenrechnung auf der Basis von Prozesskosten nach der Zurechenbarkeit auf die Kalkulationsobjekte

- variable Gemeinkosten der Produktvarianten,
- variable Gemeinkosten der Produktarten sowie
- variable Gemeinkosten des Programms

abgegrenzt und auf das jeweilige Kalkulationsobjekt verrechnet. Gemeinkosten, die nicht verursachungsgerecht auf Produktvarianten und -arten verrechnet werden können bzw. nicht relevant sind, bilden die **Programmkosten**. Es handelt sich bei diesen nur um eine Restgröße an Gemeinkosten. Bei den genannten Kalkulationsobjekten und der eingeführten Stufung der variablen Gemeinkosten ergibt sich für die mehrstufige Periodenrechnung auf der Basis von Prozesskosten das in Abbildung 3-169 gezeigte Rechenschema.

Produktarten	1		2		3		4	
Produktvarianten	1.1	1.2	2.1	2.2	3.1	3.2	4.1	4.2
Einzelkosten jeder Produktvariante + variable Gemeinkosten jeder Produktvariante + Variantenfixkosten								
Kosten jeder Produktvariante								
aggregierte Kosten der Produktvarianten + variable Gemeinkosten jeder Produktart + Produktartenfixkosten								
Kosten jeder Produktart								
aggregierte Kosten der Produktarten + variable Gemeinkosten des Programms + Programmfixkosten								
Periodenkosten								

Abb. 3-169: Aufbau der mehrstufigen Periodenrechnung auf der Basis von Prozesskosten

Die **Einzelkosten** werden den Produktvarianten in der mehrstufigen Periodenrechnung direkt zugerechnet. Die den Produktvarianten nicht direkt zurechenbaren Kosten, d.h. die **Gemeinkosten**, werden dagegen indirekt über eine Sonderform der Prozesskostenrechnung auf die verschiedenen Kalkulationsobjekte in der mehrstufigen Periodenrechnung verrechnet. Diese unterstützende Prozesskostenrechnung, die hier als **programmorientierte Prozesskostenrechnung** bezeichnet wird, muss an die Kalkulationsobjekte angepasst werden, die in der mehrstufigen Periodenrechnung auf der Basis von Prozesskosten berücksichtigt sind.

b) Anforderungen an eine programmorientierte Prozesskostenrechnung

Die **programmorientierte Prozesskostenrechnung** ist durch zwei Merkmale gekennzeichnet:
- die Auflösung der Kosten in ihre fixen und variablen Bestandteile sowie
- die Abgrenzung der Prozesse.

> In der mehrstufigen Periodenrechnung auf der Basis von Prozesskosten werden fixe und variable Kosten getrennt ausgewiesen. In der zugrunde liegenden programmorientierten Prozesskostenrechnung müssen die Kosten deshalb in ihre **fixen und variablen Bestandteile** aufgelöst werden.

Damit die verrechneten fixen Kosten der Prozesse und Produkte den jeweiligen Verbrauch an Potentialgüterleistungen abbilden, müssen die Nutzkosten in der programmorientierten Prozesskostenrechnung proportional zu den Leistungen der fixkostenverursachenden Potentialgüter auf die Prozesse und Produkte verrechnet werden, d.h., sie müssen proportionalisiert werden.

Die programmorientierte Prozesskostenrechnung unterscheidet sich vor allem in der Abgrenzung der Prozesse von allen bisher vorgeschlagenen Ansätzen der Prozesskostenrechnung. Bei einem Prozess handelt es sich allgemein um die Aggregation von Tätigkeiten nach einem bestimmten Kriterium. Die programmorientierte Prozesskostenrechnung ist nun dadurch gekennzeichnet, dass die Prozesse nach der **Abhängigkeit der Prozessmengen von den programmorientierten Kosteneinflussgrößen** abgegrenzt werden. Nach diesem Kriterium muss zwischen einflussgrößenabhängigen und einflussgrößenunabhängigen Prozessen unterschieden werden. Nur die Kosten der (programm-) **einflussgrößenabhängigen Prozesse** können für Produkt- und Programmentscheidungen relevant sein. Sie werden vereinfachend proportional zu den Prozessmengen auf die verschiedenen Kalkulationsobjekte verrechnet. Eine verursachungsgerechte Verrechnung der Kosten dieser Prozesse auf die verschiedenen Kalkulationsobjekte setzt jedoch voraus, dass die Prozessbezugsgrößen zwei Anforderungen genügen:

(1) Die wirksamen Kosteneinflussgrößen und die gewählte Prozessbezugsgröße des jeweiligen Prozesses müssen durch einen funktionalen Zusammenhang verknüpft sein.

(2) Zwischen der Prozessmenge und dem jeweiligen Kalkulationsobjekt muss ein logisch oder technologisch begründbarer Zusammenhang bestehen.

Nach Anforderung (1) muss es sich bei den Prozessbezugsgrößen um Maßgrößen der Kostenverursachung handeln, durch welche die Prozessmengen quantitativ erfasst werden können. Die Kosten der einflussgrößenabhängigen Prozesse werden jeweils mit nur einer Prozessbezugsgröße auf die Kalkulationsobjekte verrechnet. Die Prozesse müssen deshalb so abgegrenzt werden, dass die Prozesskosten von nur einer Prozessbezugsgröße abhängig sind. Kann keine Prozessbezugsgröße gefunden werden, die dieser Anforderung genügt, muss der Prozess in Teilprozesse aufgegliedert werden. Für jeden

E. *Systeme auf Voll- und Teilkostenbasis* 579

einflussgrößenabhängigen Prozess muss eine Prozessbezugsgröße festgelegt werden, welche es erlaubt, die beschriebene Abhängigkeit der Kosten mit einer **einvariabligen Kostenfunktion** der folgenden Struktur abzubilden:

$$K_p = f_p(x_p) \quad \text{mit } x_p = g_p(y_{p1},...y_{pn}) \qquad (3\text{-}100)$$

bzw.

$$K_p = f_p[g_p(y_{p1},...y_{pn})]$$

wobei K_p = Kosten des Prozesses p
 x_p = Prozeßbezugsgröße des Prozesses p
 y_{pi} = programmorientierte Kosteneinflußgröße i (i = 1...n)
 des Prozesses p

$(3\text{-}101)$

Prozessbezugsgröße und programmorientierte **Kosteneinflussgröße** sind identisch, wenn nur eine Kosteneinflussgröße wirksam ist, mit welcher die Prozessmenge direkt erfasst werden kann. So ist es aber z.B. nicht möglich, mit der Kosteneinflussgröße 'Anteil der Normteile' die Leistungsmenge des Prozesses 'Qualitätskontrolle bei Einsatzgütern durchführen' zu erfassen. Als Prozessbezugsgrößen eignen sich in diesem Fall vielmehr die 'Zahl der Proben' oder die 'Prüfzeit'. Erfordert die Eingangskontrolle für speziell gefertigte Teile längere Kontrollzeiten als für Normteile, ist die Prüfzeit eine geeignete Prozessbezugsgröße. Sind andererseits mehrere Kosteneinflussgrößen wirksam, die sich nicht proportional zueinander verhalten, muss eine sonstige Prozessbezugsgröße gesucht werden, welche die genannten Anforderungen erfüllt.

> Zur Verrechnung der Kosten auf die Kalkulationsobjekte muss für jeden einflussgrößenabhängigen Prozess ein **erster Prozesskostensatz** für die variablen und ein **zweiter Prozesskostensatz** für die fixen Kosten berechnet werden.

Die **Prozesskostensätze** bringen die variablen bzw. fixen Kosten für eine Einheit der Prozessmenge zum Ausdruck und werden durch Division der variablen bzw. fixen Prozesskosten durch die zugehörige Prozessmenge ermittelt. Beispielsweise haben die Prozesskostensätze des Prozesses 'Qualität prüfen' mit der Prozessbezugsgröße 'Anzahl der Proben' die Dimension 'variable bzw. fixe Kosten pro Probe'. Einen zusammenfassenden Überblick über die Struktur der programmorientierten Prozesskostenrechnung gibt Abbildung 3-170.

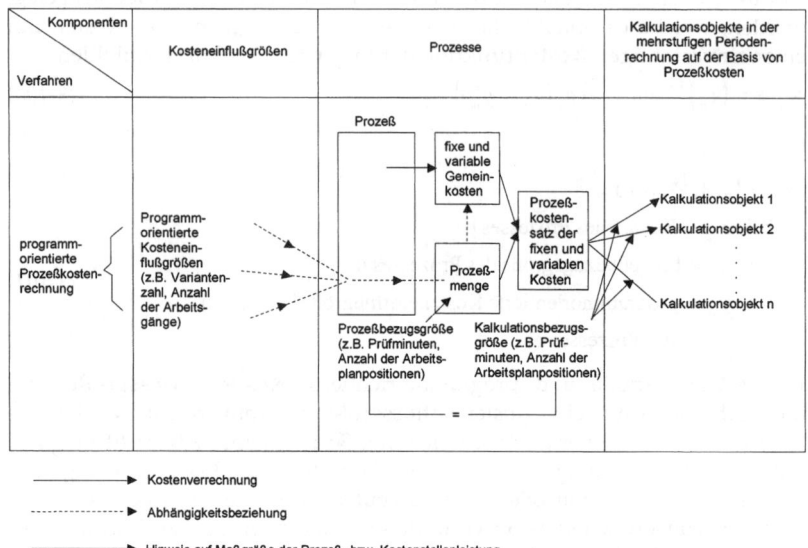

Abb. 3-170: *Verrechnung der Gemeinkosten in der programmorientierten Prozesskostenrechnung*

c) Anforderungen an die Verrechnung der Gemeinkosten auf die Kalkulationsobjekte

Die in der programmorientierten Prozesskostenrechnung erfassten Prozesskosten können nur dann verursachungsgerecht auf die Produktvarianten bzw. -arten verrechnet werden, wenn zwischen der jeweiligen Prozessbezugsgröße und den Produktvarianten bzw. -arten ebenfalls ein logisch oder technologisch begründbarer Zusammenhang besteht[597]. Es gibt jedoch eine Reihe einflussgrößenabhängiger Prozesse, für die keine Prozessbezugsgröße gefunden werden kann, welche dieser Anforderung genügt. Eine direkte Verrechnung der entsprechenden Prozesskosten auf die Produktarten bzw. -varianten ist dann nicht verursachungsgerecht möglich. Um auch die Kosten dieser Prozesse verursachungsgerecht auf die Kalkulationsobjekte der mehrstufigen Periodenrechnung verrechnen zu können, muss ein indirektes Verrechnungsverfahren herangezogen werden. Es müssen damit **zwei Verrechnungsverfahren** unterschieden werden:

(1) die direkte Verrechnung der Gemeinkosten auf die Kalkulationsobjekte der mehrstufigen Periodenrechnung sowie

(2) die indirekte Verrechnung der Gemeinkosten über sekundäre Kalkulationsobjekte auf die Kalkulationsobjekte der mehrstufigen Periodenrechnung.

---

[597] Vgl. Anforderung 2 an die Formulierung der Prozessbezugsgrößen.

Zu (1): Beim **direkten Verrechnungsverfahren** werden die Kosten der einflussgrößenabhängigen Prozesse unmittelbar auf die Kalkulationsobjekte der mehrstufigen Periodenrechnung verrechnet, d.h. auf die Produktvarianten bzw. -arten. Nach diesem Verfahren können jedoch nur die Kosten

- der variantenbezogenen Prozesse und
- der artenbezogenen Prozesse

verursachungsgerecht verrechnet werden. Bearbeitungsobjekt bei der Durchführung eines **variantenbezogenen Prozesses** ist immer eine einzelne Produktvariante. Bei einer Wiederholung des Prozesses kann sich dieser Prozess jedoch auch auf eine andere Variante beziehen. Beispiele für diese Prozessform sind Fertigungsprozesse, Qualitätsprüfungsprozesse, Prozesse der Variantenkonstruktion, Rüstprozesse und Prozesse zur Anpassung von Arbeitsplänen. Bilden bei der Durchführung eines Prozesses mehrere Varianten einer Produktart **gemeinsam** das Bearbeitungsobjekt, handelt es sich um einen **artenbezogenen Prozess**. Die Stücklistenverwaltung kann als Beispiel für diese Prozessform genannt werden. Für diese Prozesse können im allgemeinen Prozessbezugsgrößen gefunden werden, die in einem logischen oder technologischen Zusammenhang zu den Produktvarianten bzw. -arten stehen. Zur Verrechnung der Kosten dieser Prozesse auf die primären Kalkulationsobjekte müssen für jeden Prozess die Prozessmenge, die das betreffende Kalkulationsobjekt beansprucht, mit den jeweils zugehörigen Prozesskostensätzen multipliziert und die Ergebnisse dieser Multiplikationen über die Prozesse summiert werden.

Zu (2): Im indirekten Leistungsbereich bezieht sich eine Vielzahl einflussgrößenabhängiger Prozesse nicht auf einzelne Produktvarianten oder -arten, sondern z.B. auf Kaufteile. Zwischen ihren Prozessbezugsgrößen und den Kalkulationsobjekten der mehrstufigen Periodenrechnung kann somit kein logischer oder technologischer Zusammenhang bestehen. Die Kosten dieser Prozesse können deshalb mit dem direkten Verrechnungsverfahren nicht verursachungsgerecht auf die Kalkulationsobjekte der mehrstufigen Periodenrechnung verrechnet werden. Zur Verrechnung dieser Kosten muss das indirekte Verrechnungsverfahren gewählt werden. Beim indirekten Verrechnungsverfahren werden die Kosten dieser Prozesse zunächst auf geeignete Kalkulationsobjekte (z.B. Kaufteil) verrechnet, die hier als **sekundäre Kalkulationsobjekte** bezeichnet werden. Von diesen sekundären Kalkulationsobjekten werden die Kosten anschließend auf die Kalkulationsobjekte der mehrstufigen Periodenrechnung (primäre Kalkulationsobjekte) verrechnet, d.h. auf die Produktvarianten, die Produktarten bzw. das Programm. Die indirekte Verrechnung muss zwei Anforderungen genügen: Zum einen muss zwischen den Prozessbezugsgrößen der betreffenden Prozesse und dem sekundären Kalkulationsobjekt eine logisch oder technologisch begründbare Beziehung bestehen. Zum anderen muss auch zwischen dem sekundären Kalkulationsobjekt und den primären Kalkulationsobjekten eine solche Beziehung bestehen.

Die Kosten von Prozessen der Materialbereitstellung, die sich auf Kaufteile beziehen, können z.B. nach dem indirekten Verfahren auf die primären Kalkulationsobjekte verrechnet werden. Als Beispiele für diese Prozesse können genannt werden: Kaufteil disponieren, Bedarfsprognose durchführen, Bestellung durchführen und Qualität prüfen. Ein Kaufteil kann in eine Produktvariante, in mehrere Produktvarianten einer Produktart oder in mehrere Produktarten eingehen. Es kann deshalb in der Regel kein eindeutiger Zusammenhang zwischen den Prozessbezugsgrößen dieser Prozesse und den primären Kalkulationsobjekten hergestellt werden, der eine direkte Verrechnung erlaubt. Zur indirekten Verrechnung müssen die Kaufteile zunächst als sekundäre Kalkulationsobjekte definiert und die zugehörigen **kaufteilbezogenen Prozesse** bestimmt werden. Bei diesen Prozessen existiert in der Regel ein logisch oder technologisch begründbarer Zusammenhang zwischen der Prozessbezugsgröße und den Kaufteilen. Es kann aber verschiedene Arten von Kaufteilen geben, welche bei der Materialbereitstellung die fixkostenverursachenden Potentialgüter in unterschiedlichem Umfang in Anspruch nehmen. Eine verursachungsgerechte Kostenverrechnung verlangt in diesem Fall, dass die verschiedenen Kaufteile jeweils als ein sekundäres Kalkulationsobjekt definiert werden. Bei der Formulierung der zugehörigen **Prozessbezugsgrößen** müssen dann neben der Anzahl der Kaufteile auch die kostenverursachenden Merkmale berücksichtigt werden, in denen sich die Kaufteile unterscheiden. Für die Produkt- und Programmentscheidungen sind nur solche Kaufteilmerkmale von Bedeutung, die durch programmorientierte Kosteneinflussgrößen (z.B. Anteil der Normteile, Produktionsmenge) determiniert werden. Kaufteilmerkmale, die nicht strikt produktbezogen sind (z.B. Anzahl der Lieferanten), dürfen nicht berücksichtigt werden. Die Kosten kaufteilbezogener Prozesse werden mittels der Prozessbezugsgrößen auf die Kaufteile verrechnet, d.h., die Kosten, die ein Kaufteil in der Bezugsperiode verursacht hat, werden ermittelt. Kosten von Kaufteilen, die nur in eine Produktvariante eingehen, werden in der Prozessdeckungsrechnung den Gemeinkosten der **Produktvarianten** zugerechnet. Gehen die Kaufteile in mehrere Varianten einer Produktart ein (Gleichteile), können ihre Kosten der übergeordneten **Produktart** zugerechnet werden. Bilden die Einsatzgüter schließlich Bestandteile verschiedener Produktarten, werden die Kosten des Kaufteils in der mehrstufigen Periodenrechnung als Kosten des übergeordneten **Programms** verrechnet. In der Literatur wird vorgeschlagen, auch Kosten von **Fertigungsteilen und Baugruppen** auf diesem Wege zu verrechnen[598].

Unterscheiden sich die Produktvarianten bzw. -gruppen in vertriebstechnischen Merkmalen, wie Kundengruppen bzw. Vertriebskanälen, können auch verschiedene Arten von **Absatzaufträgen** als sekundäre Kalkulationsobjekte definiert werden. Zur Berechnung der Kosten, die eine Auftragsart im Bezugszeitraum verursacht, müssen in diesem Fall **auftragsbezogene Prozesse** gebildet werden (z.B. Auftragsabwicklung, Versandpapiere erstellen). Bei der Auswahl der zugehörigen Prozessbezugsgrößen sind die kostenverursachenden Auftragsmerkmale zu berücksichtigen, in denen sich die Aufträge unterscheiden. Tritt eine Auftragsart nur bei einer Produktvariante auf, werden die Kosten dieser Auftragsart den Produktvariantenkosten zugerechnet. Bei den Kosten einer Auftragsart handelt es sich dagegen um Pro-

---

[598] Vgl. FRANZ, K.-P. (Wirtschaftlichkeitskontrolle), S. 181.

duktartenkosten, wenn die Auftragsart nur bei einer einzigen Produktart auftritt. Die Kosten aller anderen Auftragsarten zählen zu den Programmkosten.

Einflussgrößenunabhängige Prozesse oder Prozesse, welche sich auf kein primäres oder sekundäres Kalkulationsobjekt beziehen, werden hier als programmbezogene Prozesse bezeichnet. Zu ihnen zählen Prozesse in der Personalverwaltung, im Rechnungswesen usw. Aber auch Prozesse, die sich auf Gruppen von Kaufteilen oder Kundenaufträgen beziehen, werden den programmbezogenen Prozessen zugeordnet. Die Kosten dieser Prozesse bilden die Programmkosten. Sie gehen ohne jede Proportionalisierung in die mehrstufige Periodenrechnung ein. Einen zusammenfassenden Überblick über die Verrechnung der Prozesskosten auf die Kalkulationsobjekte gibt Abbildung 3-171.

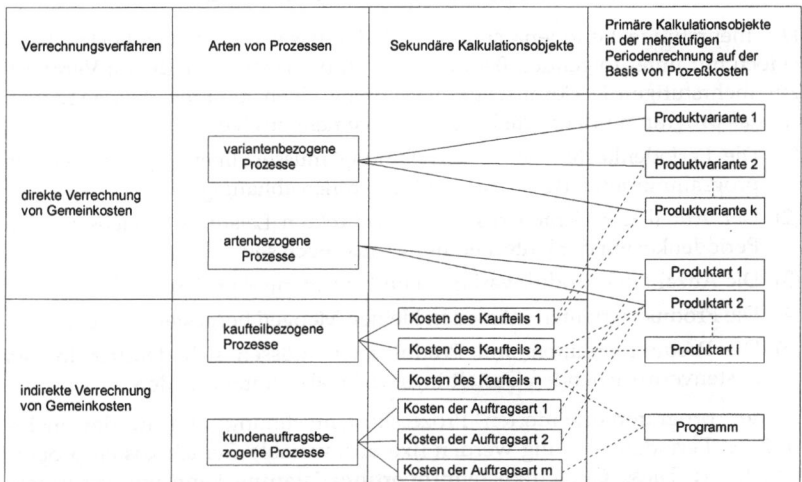

Abb. 3-171: *Direkte und indirekte Verrechnung der Gemeinkosten auf die Kalkulationsobjekte der mehrstufigen Periodenrechnung (k = Anzahl der Produktvarianten, l = Anzahl der Produktarten, m = Anzahl der Auftragsarten, n = Anzahl der Kaufteile)*

3. Kapitel: Planungsorientierte Systeme der KER

2. Aussagefähigkeit der vorgeschlagenen mehrstufigen Periodenrechnung auf der Basis von Prozesskosten

a) Anwendungsbedingungen einer mehrstufigen Periodenrechnung auf der Basis von Prozesskosten

> Die mehrstufige Periodenrechnung auf der Basis von Prozesskosten erweitert die mehrstufige Deckungsbeitragsrechnung um zwei Bestandteile: Bei dem ersten Bestandteil handelt es sich um die **Analyse der fixen Kosten** und ihrer Abhängigkeit von programmorientierten Kosteneinflussgrößen. Die zweite Erweiterung bildet die **differenzierte Verrechnung der variablen Gemeinkosten** des indirekten Leistungsbereichs.

Die mehrstufige Periodenrechnung auf der Basis von Prozesskosten führt jedoch nur unter folgenden Bedingungen zu Informationen, die im Vergleich zur mehrstufigen Deckungsbeitragsrechnung einen **höheren Aussagegehalt** für das programmorientierte Kostenmanagement besitzen[599]:

(1) Die Periodenkosten der Unternehmung müssen überwiegend von den programmorientierten Kosteneinflussgrößen abhängig sein.

(2) Der Anteil der Gemeinkosten des indirekten Leistungsbereichs an den Periodenkosten der Unternehmung muss hoch sein.

(3) Die Anzahl der Produktvarianten und -arten muss groß sein.

(4) Die Produktvarianten müssen in kleinen Mengen hergestellt werden.

(5) Die Produktvarianten und Produktarten müssen sich deutlich in den kostenverursachenden Gestaltungsmerkmalen unterscheiden.

In der programmorientierten Prozesskostenrechnung und in der mehrstufigen Periodenrechnung werden fixe und variable Gemeinkosten proportionalisiert. Diese **Gemeinkostenproportionalisierung** kann nur verursachungsgerecht durchgeführt werden, wenn die folgenden Bedingungen erfüllt sind:

(1) Es müssen einflussgrößenabhängige Prozesse abgegrenzt werden können, deren Kosten von nur einer Prozessbezugsgröße abhängig sind.

(2) Die Kosten müssen den Prozessen verursachungsgerecht zugerechnet werden können.

(3) Die Prozessbezugsgrößen dieser Prozesse müssen von programmorientierten Kosteneinflussgrößen abhängig sein.

(4) Zwischen den Prozessbezugsgrößen und den Kalkulationsobjekten muss ein logisch oder technologisch begründeter Zusammenhang bestehen.

Darüber hinaus liegen der Gemeinkostenproportionalisierung Annahmen zugrunde, die nicht immer den Gegebenheiten in der Unternehmungspraxis entsprechen. Zu diesen Annahmen zählt z.B. die Konstanz der Prozesskostensätze. Das macht deutlich, dass nur unter sehr einschränkenden Bedin-

---

[599] Vgl. SEICHT, G. (Prozesskostenrechnung), S. 251.

gungen Informationen gewonnen werden können, die für Produkt- und Programmentscheidungen aussagefähig sind.

b) Aussagefähigkeit einer mehrstufigen Periodenrechnung auf der Basis von Prozesskosten für das programmorientierte Kostenmanagement

In der programmorientierten Prozesskostenrechnung bildet die Abhängigkeit der Prozessmengen von den programmorientierten Kosteneinflussgrößen das zentrale Kriterium der Prozessgliederung, d.h., die Prozessbezugsgrößen bilden Maßgrößen der Kostenverursachung. Damit können die für die Produkt- und Programmentscheidungen relevanten Kosten abgegrenzt werden.

> Durch die Kostenstufung in der mehrstufigen Periodenrechnung sowie die Anforderungen, die an die Auswahl der Prozessbezugsgrößen und die Gemeinkostenverrechnung gestellt werden, kann erreicht werden, dass den Kalkulationsobjekten die **gesamten relevanten Kosten** zugerechnet werden, die sie verursacht haben.

Sind die formulierten Anforderungen erfüllt, weist die **mehrstufige Periodenrechnung auf der Basis von Prozesskosten** sowohl gegenüber der Prozesskostenrechnung als auch gegenüber der mehrstufigen Deckungsbeitragsrechnung Vorteile auf, die zu einer höheren Aussagefähigkeit für die Aufgabenstellungen des programmorientierten Kostenmanagements führen.

Eine mehrstufige Periodenrechnung auf der Basis von Prozesskosten, welche den in (a) formulierten Anforderungen genügt, hat gegenüber den bisherigen Ansätzen der **Prozesskostenrechung** drei Vorteile: (1) Durch die Kostenstufung können die Schwächen der Prozesskostenrechnung vermieden werden, die dadurch entstehen, dass in der Prozesskostenrechnung Gemeinkosten auf Produkteinheiten und Kosten der Betriebsbereitschaft auf Produktvarianten bzw. -arten verrechnet werden. (2) Da in der mehrstufigen Periodenrechnung auf der Basis von Prozesskosten mehrere Kalkulationsobjekte berücksichtigt werden, ist die Bereitstellung von Informationen nicht auf die Entscheidungen über die Einführung, Variation oder Elimination von Produktvarianten begrenzt. (3) Durch die Auflösung der Kosten in ihre variablen und fixen Bestandteile kann zwischen unmittelbaren Kostenänderungen und Veränderungen des Verbrauchs an Potentialgüterleistungen unterschieden werden, die durch Produkt- und Programmentscheidungen ausgelöst werden.

Im Vergleich zur **mehrstufigen Deckungsbeitragsrechnung** weist eine mehrstufige Periodenrechnung auf der Basis von Prozesskosten, welche die in (a) formulierten Anforderungen erfüllt, folgende Vorteile auf: (1) Die variablen Gemeinkosten des indirekten Leistungsbereichs werden verursachungsgerecht auf die Kalkulationsobjekte verrechnet. (2) Die Wirkungen von Produkt- und Programmentscheidungen können unabhängig von den nachfolgenden Potentialabbauentscheidungen bzw. Potentialaufbauentscheidungen erfasst werden. (3) Durch die Analyse der Abhängigkeit fixer Kosten von programmorientierten Kosteneinflussgrößen können Hinweise auf Kostenbeeinflussungspotentiale sowie Produkt- und Programmalternativen zur zielorientierten Kostengestaltung abgeleitet werden.

> Es ist zu beachten, dass die mit der mehrstufigen Periodenrechnung auf der Basis von Prozesskosten ausgewiesenen **proportionalisierten fixen Gemeinkosten der Produktvarianten und -arten** nur darüber Auskunft geben, welche Wirkungen verschiedene Produkt- und Programmentscheidungen auf den Verbrauch an Potentialgüterleistungen haben.

Die Konsequenz für die Höhe der fixen Kosten wird nicht zum Ausdruck gebracht. Das ist zweckmäßig, da die Höhe der fixen Kosten nicht unmittelbar von den Produkt- und Programmentscheidungen abhängig ist, sondern von den Entscheidungen über die Anpassung der Kapazitäten an den veränderten Verbrauch von Potentialgüterleistungen. Nur wenn die Potentialgüter tatsächlich angepasst werden, verändern sich die fixen Kosten. Um die Höhe dieser Kostenveränderungen zu ermitteln, müssen die fixen Kosten zusätzlich nach ihrer Auf- und Abbaufähigkeit differenziert werden. Da in der mehrstufigen Periodenrechnung auf der Basis von Prozesskosten fixe Kosten für gegebene Kapazitäten proportionalisiert werden, können mit diesem Rechnungsansatz keine Informationen über Kostenwirkungen bei Kapazitätsabbau bereitgestellt werden. Die mehrstufige Periodenrechnung auf der Basis von Prozesskosten ist deshalb nur dann für Produkt- und Programmentscheidungen geeignet, wenn die frei werdenden Kapazitäten nicht abgebaut, sondern einer anderen (effizienteren) Nutzung zugeführt werden sollen. Der Hauptzweck dieses Rechnungsansatzes kann daher in der Bereitstellung von Informationen für die Suche nach programmorientierten Maßnahmen zur Gemeinkostenbeeinflussung gesehen werden, wodurch eine Teilaufgabe des programmorientierten Kostenmanagements erfüllt wird.

Höhe, Verhalten und Struktur der fixen Kosten verändern sich meist diskret sowie mittel- und langfristig. Die mehrstufige Periodenrechnung auf der Basis von Prozesskosten braucht deshalb nicht als laufende Rechnung geführt werden. Zur Unterstützung kurzfristiger Produktionsmengenentscheidungen genügt eine **Grenzplankostenrechnung**, die lediglich in bestimmten Abständen durch Kostenanalysen mit dem Instrumentarium der mehrstufigen Periodenrechnung auf der Basis von Prozesskosten ergänzt werden sollte.

Die Ergebnisse der durchgeführten Analyse können in folgenden **Thesen** zusammengefasst werden:

(1) Im funktionalen Sinne bedeutet programmorientiertes Kostenmanagement die **Einflussnahme auf die Produkt- und Programmplanung** zur zielorientierten Beeinflussung der Kostensituation der Unternehmung.

(2) Mit den Produkt- und Programmentscheidungen können nur die variablen Kosten beeinflusst werden. Für die Gestaltung der fixen Kosten werden durch die Veränderung des Verbrauchs an Potentialgüterleistungen lediglich die notwendigen Voraussetzungen geschaffen. Die Fixkostenveränderungen können erst durch gesonderte Entscheidungen über die Anpassung der Kapazitäten an den veränderten Bedarf an Po-

tentialgüterleistungen realisiert werden. Das programmorientierte Kostenmanagement muss deshalb für derartige Entscheidungen um ein **potentialorientiertes Kostenmanagement** erweitert werden.

(3) Zur Unterstützung des programmorientierten Kostenmanagements müssen zunächst **Informationen über die Wirkungen** der Einführung, Variation und Elimination von Produktvarianten, -arten und -gruppen auf die variablen Kosten sowie die Beanspruchung fixkostenverursachender Potentialgüter bereitgestellt werden.

(4) Um Informationen zur Unterstützung von Produkt- und Programmentscheidungen bereitzustellen, ist die programmorientierte Prozesskostenrechnung um folgende Punkte gegenüber der Prozesskostenrechnung **modifiziert**:

(a) Die Prozessbezugsgrößen dürfen nicht nur Maßgrößen für die quantitative Erfassung der Prozessmengen sein. Es muss sich bei ihnen vielmehr um Maßgrößen der Kostenverursachung handeln.

(b) Die programmorientierten Kosteneinflussgrößen müssen bei der Abgrenzung der Prozessgliederung das zentrale Abgrenzungskriterium bilden und in den Prozessbezugsgrößen ihre Entsprechung finden.

(c) Die fixen und variablen Kosten sind getrennt auszuweisen und zu verrechnen.

(d) Die Kostenträgerstückrechnung muss durch eine mehrstufige Periodenrechnung ersetzt werden. Die Produkt- und Programmentscheidungen, die unterstützt werden sollen, bestimmen die Kalkulationsobjekte, die in dieser Rechnung zu berücksichtigen sind. Den Kalkulationsobjekten auf den verschiedenen Verrechnungsstufen dürfen nur die relevanten Kosten zugerechnet werden, die sie jeweils verursacht haben.

(5) In der programmorientierten Prozesskostenrechnung und der mehrstufigen Periodenrechnung werden fixe Kosten proportionalisiert. Die differenziert über Prozesse auf Produktvarianten und -arten verrechneten fixen Kosten informieren daher nur über die **Beanspruchung** der fixkostenverursachenden Potentialgüter durch die verschiedenen Kalkulationsobjekte.

Zusammenfassend kann festgehalten werden, dass mit Ansätzen der Prozesskostenrechnung nur unter sehr einschränkenden Bedingungen Kosteninformationen bereitgestellt werden können, die für Produkt- und Programmentscheidungen relevant sind. Der Zweck der vorgeschlagenen mehrstufigen Periodenrechnung auf der Basis von Prozesskosten liegt deshalb vor allem in der Bereitstellung von Informationen zur Unterstützung der Suche nach Kostenbeeinflussungspotentialen und programmorientierten Kostenbeeinflussungsmaßnahmen.

4. Kapitel: Darstellung und Analyse verhaltenssteuerungsorientierter Systeme der Kosten- und Erlösrechnung

In den vergangenen Jahren sind das Gewicht und die eigenständige Bedeutung des Rechnungsziels der Verhaltenssteuerung klarer erkannt worden. In vermehrtem Umfang hat man Ansätze entwickelt, mit denen sich Erkenntnisse und Informationen zu seiner Erfüllung ableiten lassen. Die Notwendigkeit einer speziellen Beachtung dieses Rechnungszwecks liegt darin, dass die Bestimmung optimaler Handlungsalternativen nicht ausreicht, die erarbeiteten Pläne müssen auch umgesetzt werden. Dazu sind die betroffenen Mitarbeiter so zu beeinflussen, dass sie die in der Planung ausgewählten Maßnahmen durchführen.

> Um dies zu erreichen, ist es erforderlich, im Rechnungssystem die **Verhaltenseigenschaften** der betroffenen Menschen, ihre **individuellen Ziele** sowie ihre jeweiligen **Informationsstände** zu berücksichtigen und die Informationsbereitstellung auf diese auszurichten.

In den planungsorientierten Systemen geht man explizit oder implizit davon aus, dass die Entscheidungen von **einem** einzigen **Entscheidungsträger** oder von Entscheidungsträgern mit **übereinstimmenden Zielen und Informationen** getroffen werden. Darüber hinaus nimmt man an, dass deren Durchführung keine Probleme aufwirft, die sich aus individuellem und nicht plankonformem Verhalten der Mitarbeiter ergeben.

Diese vereinfachenden Prämissen werden in den Systemen aufgehoben, die auf eine Verhaltenssteuerung gerichtet sind. Bei ihnen treten die als Entscheidungsträger oder Ausführende tätigen Personen in den Mittelpunkt der Betrachtung. Man untersucht, welche Größen für deren Verhalten bestimmend sind und wie sich dieses Verhalten mit Informationen der Kosten- und Erlösrechnung beeinflussen lässt. Sie sind auf die Durchführung der Planung gerichtet. Im Unterschied zu der im *dritten* Kapitel berücksichtigten Steuerung der Planrealisation liegt der Schwerpunkt jedoch nicht auf den in dieser Phase des Führungsprozesses zu treffenden Sachentscheidungen, sondern auf den Verhaltensinterdependenzen. In diesen Systemen bestimmt man daher Ziel- oder Vorgabegrößen, deren Wirkung auf das Verhalten durch eine Verknüpfung mit monetären Anreizsystemen verstärkt werden kann. Damit gewinnt die Frage eine Bedeutung, wie sich das Unternehmensziel erreichen lässt, auch wenn die untergeordneten Entscheidungsträger und die Ausführenden individuelle oder Bereichsziele verfolgen und über einen anderen Informationsstand als die zentrale Unternehmensleitung verfügen.

A. Verhaltenswissenschaftliche Ansätze einer verhaltenssteuerungsorientierten Kosten- und Erlösrechnung (Behavioral Accounting)

I. Gegenstand und Zwecksetzungen des Behavioral Accounting

1. Verhaltenswirkungen als Gegenstand des Behavioral Accounting

Seit ca. 1960 ist in den angelsächsischen Ländern das Behavioral Accounting zu einer wichtigen Forschungsrichtung der Unternehmungsrechnung geworden. Sein Ausgangspunkt weicht zumindest in zweifacher Hinsicht von den bisher dargestellten Untersuchungen zur Kosten- und Erlösrechnung ab.

Beim Behavioral Accounting

- stehen die Wirkungen von Informationen auf das Verhalten von Menschen im Zentrum der Betrachtung und
- bilden Theorien sowie Methoden der Verhaltenswissenschaften die Grundlage der Erkenntnisgewinnung.

Die Informationsgewinnung und -bereitstellung in der Unternehmungsrechnung dient der Entscheidungsfindung und -durchsetzung. Planung und Steuerung im Sinne einer Planumsetzung sowie Verhaltensbeeinflussung sind daher ihre maßgeblichen Zwecksetzungen. Dies bedeutet vor allem, dass mit ihnen bei der Nutzung von Informationen für das Treffen eigener Entscheidungen und mit der Verwendung von Vorgabe- sowie Kontrollinformationen gegenüber Bereichen, Stellen und Mitarbeitern eigenes und fremdes menschliches Verhalten beeinflusst wird.

Deshalb befasst sich das Behavioral Accounting mit den **Beziehungen zwischen dem menschlichen Verhalten und der Unternehmungsrechnung**[1]. Es rückt die hierbei auftretenden ein- und wechselseitigen Wirkungen in den Mittelpunkt der Untersuchung.

Die Art derartiger Wirkungen lässt sich durch eine Betrachtung der verschiedenen Informationsarten[2] veranschaulichen. **Faktische Informationen** wie Istkosten oder Isterlöse geben realisierte Tatbestände wieder. Sie vermitteln daher ein Wissen über Gegebenheiten der Wirklichkeit. Durch ihre Weitergabe wird der Kenntnisstand des Empfängers verändert. Soweit er die entsprechenden Inhalte akzeptiert, geht er bei seinen Entscheidungen von einer anderen Einschätzung der relevanten Fakten als vor dem Erhalt der Information aus. **Prognostische Informationen** beziehen sich auf künftige Tatbestände und bringen Erwartungen zum Ausdruck. Durch sie wird Verhalten insbesondere dann beeinflusst, wenn sie sich auf Wirkungen in Form von Belohnungen oder Bestrafungen beziehen, die den zu Beeinflussenden unmit-

---

[1] Vgl. SIEGEL, G./RAMANAUSKAS-MARCONI, H. (Behavioral Accounting), S. 13 ff.
[2] Vgl. hierzu WILD, J. (Unternehmungsplanung), S. 122 ff.

telbar betreffen. Damit informieren sie über positive oder negative Anreize. Ganz offensichtlich und bewusst ist der Beeinflussungscharakter bei **Vorgabeinformationen**. Als Handlungsanweisungen sollen sie das Verhalten des Betroffenen unmittelbar bestimmen. Sie stellen **präskriptive Informationen** dar. In diese Klasse gehören auch Wertungen, mit denen der Informierende eine Beurteilung zum Ausdruck bringt. Vielfach will er damit beim anderen eine entsprechende Bewertung erreichen, die sich auf dessen Verhalten auswirkt. Schließlich kann eine Verhaltensbeeinflussung mit **konjunktiven Informationen** bezweckt werden. Diese zeigen lediglich Möglichkeiten auf, ohne einen Tatbestand fest zu behaupten oder vorauszusagen. Mit ihnen kann der zu Informierende auf denkbare Entwicklungen hingewiesen werden, damit er ggf. in seiner bisherigen Haltung verunsichert oder zu weiterer Informationseinholung veranlasst wird.

Diese skizzenhaften Aussagen basieren auf **Plausibilitätsüberlegungen**. Sie nehmen höchstens indirekt Bezug auf typische Eigenschaften des Menschen und lassen wichtigere andere Einflussgrößen des Verhaltens außer Acht. Sie sind weder durch formale oder empirische Theorien, noch durch Ergebnisse empirischer Erhebungen untermauert. Daran wird deutlich, wie wichtig die weitere Forschung auf dem Gebiet des Behavioral Accounting ist.

2. Empirische Erkenntnisgewinnung als allgemeine Zwecksetzung des Behavioral Accounting

> Die **allgemeine Zwecksetzung des Behavioral Accounting** kann darin gesehen werden, empirisch prüfbare und nach Möglichkeit bestätigte Erkenntnisse über die Beziehungen zwischen Unternehmungsrechnung und menschlichem Verhalten zu gewinnen.

Sie ist damit allgemeiner und grundsätzlicher als die in den vorigen Kapiteln gekennzeichneten Rechnungszwecke verschiedener Systeme. Die Arbeiten im Bereich des Behavioral Accounting haben zu keinem spezifischen System der Kosten- und Erlösrechnung geführt. Vielmehr bilden sie eine **Basis**, welche für die Gestaltung insbesondere verhaltenssteuerungsorientierter Systeme genutzt werden kann. Zudem handelt es sich um kein geschlossenes Aussagensystem, sondern um eine Vielzahl von Untersuchungen und Ansätzen, die sich auf verschiedenartige Problemstellungen beziehen. Die Arbeiten zu diesem Forschungsgebiet liefern kein einheitliches Bild[3].

3. Spezifische Zwecksetzungen des Behavioral Accounting

Aus der allgemeinen Zwecksetzung des Behavioral Accounting lassen sich mehrere konkretere Zwecke ableiten. Ihre Gemeinsamkeit besteht darin, empirische Hypothesen und **Realtheorien über die Verhaltenswirkungen von Informationen** zu formulieren und zu überprüfen. Hierzu ist es erforderlich,

---

[3] Vgl. BIRNBERG, J.G. (Trends); SCHOENFELD, H.-M. (Behavioral Accounting).

die wichtigsten **Einflussgrößen** für diese Verhaltenswirkungen sowie die **Wirkungsformen** von Informationen herauszufinden. Mit ihnen lassen sich dann Aussagen über das Verhalten der Benutzer von Rechnungsweseninformationen begründen.

Soweit man derartige Kenntnisse besitzt, können diese zur **Verhaltensbeeinflussung** herangezogen werden. Für die Kosten- und Erlösrechnung liegt deshalb ein maßgeblicher Zweck darin, die Erkenntnisse zur Verhaltenssteuerung zu nutzen. Hierbei "... geht es darum, das Verhalten von Managern nachgeordneter Ebenen und von Mitarbeitern dahingehend zu beeinflussen, dass durch Benutzung geeigneter Informationen Kongruenz mit der Zielsetzung der Unternehmensleitung gesichert wird."[4] Die Untersuchungen des Behavioral Accounting sollen danach zu einem wesentlichen Teil dazu dienen, das Handeln der in einer Unternehmung tätigen Personen auf die Unternehmensziele auszurichten. In dieser Zwecksetzung besteht eine **Übereinstimmung** mit den im nachfolgenden Abschnitt B beschriebenen Principal-Agent-Ansätzen. Jedoch geht man methodisch anders vor. Während man im Behavioral Accounting **verhaltenswissenschaftliche Konzepte** anwendet, sind die auf die Kosten- und Erlösrechnung angewandten Principal-Agent-Modelle **formal entscheidungsorientiert**. In ersteren stehen die Gewinnung **empirischer Erkenntnisse** und deren Überprüfung an der Realität im Zentrum. Dagegen sind für Principal-Agent-Ansätze eine strenge, eher **normative Prämissensetzung** und die **logische Überprüfbarkeit** der aus den Modellen abgeleiteten Ergebnisse maßgebend.

Wenn man den Einfluss der Unternehmungsrechnung in der Realität beobachtet, wird rasch erkennbar, dass sie vielfach nicht die gewünschten Wirkungen auslöst. So kann es sein, dass ausführende Mitarbeiter auf anspruchsvolle Kostenvorgaben nicht mit einer Leistungssteigerung reagieren, sondern gleich schnell wie vorher arbeiten oder ihre Leistung sogar reduzieren. **Kontrollen** können dazu führen, dass Menschen eingeschüchtert werden und sich mehr auf eine Absicherung gegen Fehler als ein intensiveres Arbeiten konzentrieren. Man muss daher die **Bestimmungsgrößen** für das Auftreten **'dysfunktionaler'** Wirkungen kennen, um sie durch eine entsprechende Gestaltung verhaltenssteuerungsorientierter Rechnungssysteme so weit wie möglich zu vermeiden.

II. Verhaltenswissenschaftliche Grundlagen und wichtige Untersuchungsbereiche des Behavioral Accounting

1. Verhaltenswissenschaftliche Wurzeln des Behavioral Accounting

Das Behavioral Accounting nutzt verhaltenswissenschaftliche Methoden und Theorien. Dabei greift es auf drei Nachbardisziplinen zurück, die Psychologie, die Soziologie und die Sozialpsychologie[5]. Diese verhaltenswissenschaftlichen Disziplinen versuchen, menschliches Verhalten zu beschreiben und zu

---

[4] Vgl. SCHOENFELD, H.-M. (Behavioral Accounting), Sp. 282.
[5] Vgl. SIEGEL, G./RAMANAUSKAS-MARCONI, H. (Behavioral Accounting), S. 16 ff.

lichen Disziplinen versuchen, menschliches Verhalten zu beschreiben und zu erklären, betrachten es aber aus verschiedenen Perspektiven. Die **Psychologie** beschäftigt sich mit dem individuellen Denken, Erleben und Verhalten. Sie fragt nach den Antrieben, Motiven und Beweggründen für das Denken, Handeln und Empfinden des einzelnen. Dabei untersucht sie z.B., wie der einzelne auf äußere Reize oder Stimuli reagiert. Die Sozialpsychologie und die Soziologie untersuchen dagegen das Verhalten von Gruppen und Gesellschaften, d.h. soziale Beziehungen. In der **Sozialpsychologie** liegt der Schwerpunkt auf den Erlebens- und Verhaltensweisen von Menschen, die in soziale Strukturen eingebunden sind. Sie analysiert Fragen der Interaktion zwischen den Mitgliedern von Gruppen, der interpersonalen Konflikte, der Kommunikation, der Führung u.ä. Demgegenüber befasst sich die **Soziologie** mit sozialen Strukturen und sozialem Verhalten. Erstere beziehen sich auf Haushalte oder Unternehmungen. Zum sozialen Verhalten zählt man das gesellschaftlich geprägte oder sozial orientierte Verhalten, wie es sich beispielsweise im Einfluss von Familie, Kirche u.a. zeigt. Dabei spielt eine wesentliche Rolle, dass der Mensch in einen sozialen Kontext eingebunden ist.

2. Wichtige Untersuchungsbereiche und Ansätze des Behavioral Accounting

Die Verhaltensorientierung wird in dem Konzept des **Responsibility Accounting** deutlich. Damit wird ein System der Unternehmungsrechnung bezeichnet, bei dem sich die Datenermittlung, Planung und Steuerung an der Verantwortlichkeit von Bereichen, Stellen und Personen orientiert[6]. Während die Kosten- und Erlösinformationen sonst insbesondere nach Produkten, Prozessen und Bezugsgrößen der Planung erhoben und verknüpft werden, sind sie in diesem System so zu bestimmen, dass sich das Handeln des einzelnen Entscheidungsträgers beurteilen lässt. Um dies zu erreichen, sind diese Informationen hierzu nach deren Verantwortungsbereichen zusammenzufassen. Damit rückt die Abhängigkeit der Kosten und Erlöse von Personen, Stellen und Bereichen in den Vordergrund. Kosten und Erlöse sind jeweils demjenigen zuzurechnen, der ihre Entstehung ausgelöst hat und damit für ihre Höhe bestimmend ist. Hierzu wird die gesamte Organisation einer Unternehmung in ein **Netzwerk von Verantwortlichkeiten** heruntergebrochen, ausgehend von der Unternehmensleitung über die Bereiche und deren Einheiten bis zu den Entscheidungsträgern und Ausführenden auf den untersten Ebenen. Die **Zwecksetzung der Rechnung** besteht darin, für jeden Verantwortlichen auf den verschiedenen Hierarchieebenen die von seinem Handeln abhängigen Kosten und Erlöse anzugeben. Die durch die Organisation festgelegte Aufgaben-, Kompetenz- und Verantwortungsverteilung wird daher zum Kriterium für die Gliederung sowie den Ausweis der Kosten und Erlöse. Hierzu müssen die organisatorische Struktur der Unternehmung genau analysiert, die Zuständigkeit sowie die Verantwortlichkeit für Entscheidungen und Handlungen zugeordnet und ihr Einfluss auf die Kosten und Erlöse genau untersucht werden. Um insbesondere eine klare Zurechnung der Verantwortlichkeit zu schaffen, sollte sie nach Möglichkeit Einzelpersonen zugewiesen werden.

---

[6] Vgl. SIEGEL, G./RAMANAUSKAS-MARCONI, H. (Behavioral Accounting), S. 96 ff.

A. Behavioral Accounting

Ein derartiges Rechnungssystem hängt in hohem Maße von der Organisation der Unternehmung ab. Es lässt sich um so eher einrichten, je stärker Entscheidungen auf Bereiche und Stellen delegiert werden. Als wichtige **Typen von Verantwortungsbereichen** kann man Kosten- (Cost), Erlös- (Revenue), Gewinn- (Profit) und Investment-Bereiche (Center) einrichten. Sie unterscheiden sich nach den **Kompetenzen** ihrer Entscheidungsträger, die von Beschaffungs-, Fertigungs- oder Marketingentscheidungen bis zu Investitionsentscheidungen reichen können. Je nach deren Ausprägung sind die Bereiche lediglich für die von diesen Entscheidungen abhängigen Kosten bzw. Erlöse, die Gewinne oder mehrperiodige Erfolgsgrößen wie die erzielbaren Kapitalwerte verantwortlich[7]. Derartige Systeme lassen sich mit Führungskonzepten des **Management by Exception** oder des **Management by Objectives** verbinden. Das erste ermöglicht eine effiziente Verhaltenssteuerung, weil sich die Kontrolle auf maßgebliche Abweichungen konzentriert. Mit dem letzteren wird über die Vereinbarung von Zielen auf allen Hierarchieebenen eine Ausrichtung der gesamten Unternehmung auf ein einheitliches Zielsystem angestrebt.

Für die **Leistungsfähigkeit eines Responsibility Accounting** ist bedeutsam, inwieweit die Entscheidungsträger die Zurechnung der Verantwortlichkeit akzeptieren. Sie müssen die Ergebnisse des Rechnungsystems anerkennen und bereit sein, ihr Verhalten darauf einzustellen. Dafür ist es notwendig, dass sie den entsprechenden Entscheidungsspielraum besitzen. Ihre **Akzeptanzbereitschaft** hängt davon ab, ob sie nach ihrer eigenen Wahrnehmung in die Lage versetzt sind, die ihnen zugewiesenen Aufgaben zu erfüllen. Wenn sie den Eindruck haben, dass ihre Möglichkeiten oder die ihnen verfügbaren Ressourcen zu stark eingeschränkt sind, werden sie nicht zur Übernahme der Verantwortlichkeit bereit sein. Da durch das Rechnungssystem positive und negative Ergebnisse aufgedeckt werden, ist es notwendig, deren Wirkungen auf die Beziehungen zwischen den Verantwortlichen und ihren Vorgesetzten zu beachten. Die Bereitschaft zur Aufdeckung weniger günstiger Ergebnisse sowie zur Erkundung und Vermeidung ihrer Ursachen setzt ein positives Verhältnis und die Bereitschaft zur Kommunikation voraus. Empirische Untersuchungen haben gezeigt, dass diese Bereitschaft mit der Akzeptanz der Verantwortlichkeit korreliert ist.

Ein Schwerpunkt in der **Forschung zum Behavioral Accounting** liegt auf der Wirkung von Managementsystemen[8]. Ausgehend von den Untersuchungen von ANDREW C. STEDRY[9] standen im Anschluss an GEERT H. HOFSTEDE[10] vor allem vier Problemkreise im Mittelpunkt:

(1) Wie beeinflusst die relative Höhe und Schwierigkeit von Vorgaben die Leistung?

---

[7] Vgl. KÜPPER, H.-U. (Controlling), S. 219 ff. und S. 375 ff.
[8] Vgl. zum folgenden BIRNBERG, J.G. (TRENDS).
[9] Vgl. STEDRY, A.C. (Budget).
[10] Vgl. HOFSTEDE, G.H. (Budget Control).

(2) Welchen Einfluss hat eine Partizipation bzw. Mitwirkung der Betroffenen auf den Vorgabeprozess, die Höhe der Vorgaben und die Leistung?

(3) Wirkt sich der Führungsstil auf die Haltung und die Leistung von Untergebenen aus?

(4) Welche Einflussgrößen beeinflussen die Wahl des geeigneten Führungs- und Steuerungssystems?

Erkenntnisse zu den Fragestellungen (1) bis (4) versucht man sowohl aus theoretischen Konzepten als auch über empirische Erhebungen zu gewinnen. Als Beispiel für einen theoretischen Ansatz kann das **Erwartungsmodell der Psychologie** dienen, das von JOSHUA RONEN und JOHN LESLIE LIVINGSTONE dazu genutzt wurde, verschiedene Ergebnisse der Forschung zum Behavioral Accounting zu ordnen[11]. Diesem Modell liegt die Hypothese zugrunde, dass die Leistungsbereitschaft eines Untergebenen bei einer vorgegebenen Aufgabe abhängig ist von seiner **erwarteten Zufriedenheit**, die sich in einem Anreizsystem aus dem Erfolg und der Arbeit selbst ergibt[12]. Die Zufriedenheit kann intrinsisch oder extrinsisch sein. **Anreize** werden als **intrinsisch** bezeichnet, wenn sie aus der Person selbst kommen. Es handelt sich um Antriebe, die der einzelne von sich aus verspürt und deren Befolgung ihm Befriedigung verschafft. Beispielsweise kann das Erreichen eines schwierigen Zieles, z.B. die besonders gute oder rasche Fertigstellung einer Arbeit, bei Menschen ein positives Empfinden hervorrufen, ohne dass sie hierfür eine besondere Belohnung erhalten. **Extrinsische Anreize** kommen dagegen von außen. Bei ihnen handelt es sich z.B. um finanzielle Prämien, verbesserte Aufstiegsmöglichkeiten oder ähnliches, die mit einer Leistung verbunden sind. Die grundlegende Hypothese kann in Anlehnung an JACOB G. BIRNBERG in die Beziehung[13]

$$M = U_I + P_s \cdot \sum_i p_i \cdot U_i \qquad (4\text{-}1)$$

gefasst werden. Sie bringt zum Ausdruck, dass sich die in Nutzeneinheiten gemessene Motivation M additiv aus dem Nutzen intrinsischer und extrinsischer Anreize ergibt. In ihr kennzeichnet U_I den Nutzen der intrinsischen Anreize für ein gegebenes Anstrengungsniveau. Extrinsisch können ggf. mehrere Anreize i wirksam werden. Deren Nutzen U_i hängt davon ab,

- mit welcher Wahrscheinlichkeit p_i ein bestimmtes Leistungsergebnis zu dem Anreiz bzw. der Belohnung i führt und
- mit welcher Wahrscheinlichkeit P_s das betrachtete Anstrengungsniveau dieses Leistungsergebnis bewirkt.

Ähnlich aufgebaute Modelle der **Erwartungs-Valenz-Theorie** konnten durch empirische Studien nicht signifikant bestätigt werden[14]. Ihre Überprüfung weist eine Reihe von Problemen auf. Schwierig ist insbesondere die Messung

---

[11] Vgl. RONEN, J./LIVINGSTONE, J.L. (Budgets).
[12] Vgl. BIRNBERG, J.G. (TRENDS), S. 7.
[13] Vgl. BIRNBERG, J.G. (TRENDS), S. 7.
[14] Zum Überblick WUNDERER, R./GRUNWALD, W. (Führungslehre 1), S. 195 ff.; vgl. auch KÜPPER, H.-U. (Controlling), S. 248 ff.

Die Bedeutung einer **Mitwirkung der Betroffenen** an der Festlegung von Vorgabewerten kann über derartige Theorieansätze untersucht werden. Sie ermöglichen die Formulierung von Hypothesen über die Wirkung der Partizipation auf Bestimmungsgrößen der Zufriedenheit und der Anstrengungsbereitschaft. Ferner hat man in einer größeren Zahl von empirischen Erhebungen versucht, ihre Leistungswirkung zu erfassen. Deren Ergebnisse wurden vor allem in Laborexperimenten erzielt und machen deutlich, dass weitere Bestimmungsgrößen des Leitungsverhaltens wie der Führungsstil und die Art der Aufgaben zu berücksichtigen sind.

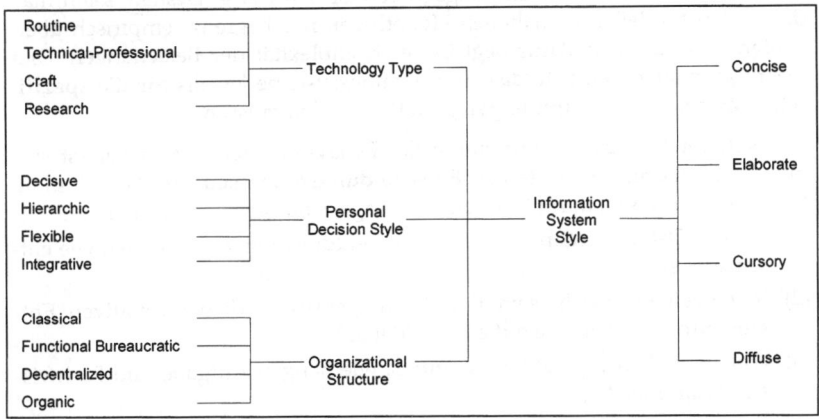

Abb. 4-1: MACINTOSHS *Modell der auf ein Informationssystem einwirkenden Variablen*

Mit den Beziehungen zwischen Manangementsystemen und den organisatorischen sowie Umfeldbedingungen befassen sich die **Contingency-Ansätze**. In ihnen untersucht man die Wirkung derartiger Systeme sowie der in ihnen ermittelten Daten und fragt danach, von welchen Einflussgrößen diese Wirkung abhängig ist. Ein Schwerpunkt liegt dabei auf dem Zusammenhang zwischen der Organisationsstruktur und dem geeigneten Informationssystem[15]. Als weitere wichtige Einflussgrößen werden z.B. die Technologie, Kontrollsysteme und die Vorhersagbarkeit von Umfeldeinflüssen angesehen. Ein Beispiel ist das Modell von N.B. MACINTOSH, in dem als maßgebliche Bestimmungsgrößen für den Stil des Informationssystems die Technologie, das Entscheidungsverhalten und die Organisationsstruktur postuliert werden[16]. Das Informationssystem wird dabei durch das Vorliegen eines knappen, sorgfältig ausgearbeiteten, oberflächlichen oder mehrdeutigen Stils gekennzeichnet. Die Betrachtung konzentriert sich in diesem Ansatz auf Merkmale der Informationsübermittlung, wie sie für die aus dem System erhältlichen Berichte typisch sind. Die drei Einflussgrößen Technologie, Entscheidungsverhalten

---

[15] Vgl. OTLEY, D.T. (Contingency Theory).
[16] Vgl. MACINTOSH, N.B. (Information Systems).

und Organisationsstruktur werden entsprechend Abbildung 4-1 nach weiteren Komponenten differenziert.[17]

Diese Beispiele für Contingency-Modelle lassen erkennen, dass vor allem Bestimmungsgrößen für verschiedenartige Merkmale von Informationssystemen herausgearbeitet werden. Die Unterschiedlichkeit der jeweiligen Sichtweisen, der betrachteten Eigenschaften des Informationssystems und der behaupteten Bestimmungsgrößen lässt kein einheitliches Aussagesystem über die zentralen Einflussgrößen und Abhängigkeiten erkennen. Zudem erweist sich eine Operationalisierung der Elemente und Eigenschaften des Informationssystems wie ihrer Bestimmungsgrößen als schwierig. Deshalb kann man die in den Modellen enthaltenen Hypothesen nur begrenzt empirisch überprüfen. Eine Ursache dafür liegt in der Komplexität der Beziehungen. Dies macht aber auch deutlich, dass Informationssysteme jeweils für die **spezifischen Zwecke und Bedingungen** gestaltet werden müssen.

Ein weiterer Bereich der Forschung des Behavioral Accounting befasst sich mit der **Nutzung von Daten in Entscheidungsprozessen**. Im Anschluss an BIRNBERG lassen sich darin drei zentrale Fragestellungen unterscheiden[18]:

(1) Welche Daten werden von dem Entscheidungsträger verwendet, wie entscheidet er?

(2) Inwieweit entspricht sein Entscheidungsprozess dem normativen Entscheidungsmodell, wie gut entscheidet er?

(3) Welche Bedeutung hat Sachkenntnis, wie hängen Aufgabe und Fachwissen zusammen?

Für die **erste Frage** hat man Modelle entwickelt, die dem menschlichen Entscheidungsverhalten entsprechen und für einen gegebenen Satz an Daten zu demselben Ergebnis führen sollten. Diese Modelle vermitteln keinen Einblick in die Art und Weise, wie das Individuum zu seiner Entscheidung gelangt. Sie arbeiten vielmehr als eine Art Entscheidungsregel. Häufig führte das Modell zu besseren Entscheidungen als die Person, für deren Problem und Daten es formuliert war. Daraus ist zu schließen, dass sich Menschen in einer weniger mechanistischen Weise entscheiden.

Die Datenverwendung im menschlichen Entscheidungsprozess selbst versucht man anhand von **Protokollanalysen** zu durchleuchten. Dazu werden Protokolle geführt, in denen die betreffenden Personen alle Gedanken niederschreiben, die ihnen während der Aufgabenausführung bewusst werden. Derartige Versuche wurden vor allem mit Prüfern durchgeführt. Durch die Auswertung der Protokolle werden nicht nur die verwendeten Daten ermittelt. Man will auch die Regeln erkennen, welche der Entscheidungsträger zur Datenverknüpfung verwendet[19]. Um zu Ergebnissen zu gelangen, möchte man eine große Zahl an Daten über die Tätigkeiten der jeweils beobachteten Personen erhalten. Auf diesem Weg sollen soviel Erkenntnisse wie möglich über die individuellen Prozesse gewonnen werden,

---

[17] Vgl. MACINTOSH, N.B. (Information Systems); SCHOENFELD, H.-M. (Behavioral Accounting), Sp. 283.
[18] Vgl. BIRNBERG, J.G. (TRENDS), S. 11 ff.
[19] Vgl. BOUWMAN, R./FRISHKOFF, P. A./FRISHKOFF, P. (Decisions).

A. Behavioral Accounting

die für das Handeln bestimmend sind. Die gewonnenen Erkenntnisse werden auch dazu herangezogen, Expertensysteme zu entwickeln, welche die Entscheidungsträger ersetzen oder zumindest unterstützen können.

Die **zweite Frage** geht von der Beobachtung aus, dass viele Entscheidungsträger **Heuristiken** u.ä. benützen, statt dem formalen Modell der Entscheidungslogik zu folgen. Deshalb wird untersucht, wie gut deren Verwendung für die Entscheidungsfindung ist und warum die Entscheidungsträger nicht dem normativen Modell folgen. Eine Begründung kann in der erstmals von HERBERT A. SIMON betonten **'begrenzten' Rationalität**[20] liegen, die daraus folgt, dass die Denkkapazität des Menschen beschränkt ist. Mit der Qualität der über vereinfachte Regeln getroffenen Entscheidungen haben sich noch wenige Untersuchungen auseinandergesetzt. Ihre Ergebnisse sind widersprüchlich. In einzelnen Fällen wichen die über einfache Heuristiken, wie z.B. das Kontrollkartenmodell, gefundenen Lösungen nur wenig von der optimalen Lösung ab, während sich in anderen deutliche Unterschiede zeigten. Man kann vermuten, dass der Erfolg von der Kenntnis geeigneter Regeln abhängt. Wenn dem Entscheidungsträger systematische und von ihm beherrschbare Verfahren bekannt sind, führen diese eher zu guten Entscheidungen, als wenn er selbst seine Regeln zu entwickeln hat. Deshalb scheint der **Lernprozess** für die Entscheidungsprozesse von Bedeutung zu sein. Eine weitere Erklärung für die mangelnde Bereitschaft, formalen Entscheidungsmodellen zu folgen, kann in der vom Betreffenden empfundenen geistigen Anspannung liegen. Möglicherweise stellt er Kosten-Nutzen-Überlegungen über die Anwendung von Heuristiken oder formalen Modellen an und fragt, welche ihm höhere 'Denkkosten' verursachen. Aus den bisherigen Forschungsergebnissen lassen sich noch keine gesicherten Erkenntnisse ableiten, unter welchen Bedingungen heuristische Regeln zu (ausreichend) guten Ergebnissen im Vergleich zur Verwendung formaler Modelle führen.

Ferner versucht man herauszufinden, welche **Ursachen für nicht optimale Entscheidungen** maßgebend sein könnten. Wichtige Gründe liegen möglicherweise in Fehleinschätzungen des Entscheidungsträgers und in individuellen Erfahrungen. Im sogenannten **Functional bzw. Data Fixation-Ansatz** wurde ein Festhalten an früher verwendeten Regeln beobachtet[21]. Beispielsweise sind Entscheidungsträger, die mit bestimmten Methoden des Rechnungswesens vertraut sind, nicht ohne weiteres in der Lage, neue Abrechnungs- und Bewertungsmethoden zu berücksichtigen. Die verschiedenen empirischen Untersuchungen lassen erkennen, dass eine **Fixierung auf vertraute Begriffe und Methoden** durch weitere Größen wie die Menge zusätzlich bereitgestellter Informationen, den Streß in der Untersuchungssituation u.a. beeinflusst wird. Aufgrund der widersprüchlichen Ergebnisse weiß man nicht, wie stark eine solche Fixierung ist und in welchem Maße sie zu Abweichungen von optimalen Entscheidungen führt.

Zu der **dritten Fragestellung** versucht man unter anderem, den unterschiedlichen **Einfluss von Erfahrung und Fachkenntnis** herauszufinden. In empiri-

---

[20] Vgl. SIMON, H.A. (Behaviour); SIMON, H.A. (Models).
[21] Vgl. JAEDICKE, R.K./IJIRI, Y./NIELSEN, O. (Accounting).

schen Tests hat man beispielsweise Praktiker anstelle von Studenten eingesetzt, um das Verhalten von Wirtschaftsprüfern in genau bestimmten Prüfungsaufgaben systematisch zu analysieren und deren typisches Verhalten zu erkennen. Ihnen wurden theoretisch geschulte Personen gegenübergestellt, welche dieselben Aufgaben als 'Experten' zu lösen hatten. Durch diese Untersuchungen möchte man insbesondere die Prozesse und das spezifische Wissen für die Entwicklung von Expertensystemen herausfinden, welche die Aufgaben auf hohem Niveau lösen können. Ferner möchte man die Erkenntnisse zur Ausbildung von Entscheidungsträgern nutzen. Jedoch befindet sich auch dieser Forschungszweig noch in einem sehr frühen Stadium.

Die Analyse von Erfahrung und Fachkenntnis macht deutlich, welch hohe Bedeutung das **Wissen** für die Lösung komplizierter Aufgaben besitzt. Da dieses Wissen im Langzeitgedächtnis gespeichert ist, versucht man dessen Gestalt und Organisation zu erkennen[22]. Dabei erweist sich die Beziehung zu der Art der Aufgaben als wichtig. Unterschiedlich charakterisierte Aufgaben dürften zu unterschiedlichen Gedächtnisstrukturen führen[23]. Diesen Tatbestand muss die empirische Forschung bei der Auswahl von Testpersonen genau im Auge behalten. Sie kann nur dann zuverlässige Ergebnisse aus Tests erhalten, wenn die im Labor zu lösende Aufgabe derjenigen der Realität entspricht. Ansonsten paßt das Wissen der Versuchspersonen über Fakten und Prozesse nicht für das zu analysierende Phänomen.

Weitere Untersuchungsbereiche des Behavioral Accounting betreffen u.a. die Rolle von Rechnungsweseninformationen auf Märkten, die Wirkung von Anreizen, den Einfluss der Unternehmungsrechnung auf die Entwicklung von Institutionen sowie ihre Bedeutung innerhalb von diesen. Beispielsweise fragt man danach, inwiefern Rechnungswesensysteme dazu dienen, bestimmte Verhaltensweisen in Unternehmungen zu rechtfertigen oder die zugrunde liegenden Werte zu repräsentieren. Dazu betrachtet man u.a. die Verknüpfung zwischen den Zielen der eine Unternehmung dominierenden Personengruppen und dem internen Berichtssystem oder die Konsequenzen einer Diskrepanz zwischen diesen Zielen und der Unternehmungsrechnung. Darüber hinaus werden die Entwicklung von Systemen der Unternehmungsrechnung innerhalb von Institutionen oder deren organisatorischen Teileinheiten, gesellschaftliche und politische Einflüsse auf Regeln der Rechnungslegung sowie deren Harmonisierung zwischen den Ländern untersucht.

III. Verhaltenswirkungen von Steuerungsinformationen der Kosten- und Erlösrechnung

Die skizzierten Untersuchungsbereiche des Behavioral Accounting beziehen sich zu großen Teilen auf umfassendere Fragen der Wirkung und Gestaltung von Informationssystemen. Sie gehen über die spezifischen Zwecksetzungen und Verfahren der Kosten- und Erlösrechnung hinaus. Insoweit bilden sie eine Grundlage für die Nutzung von Erkenntnissen zur Gestaltung verhaltenssteuerungsorientierter Systeme der Kosten- und Erlösrechnung. Obwohl in

---

[22] Vgl. FREDERICK, D. (Auditors).
[23] Vgl. BIRNBERG, J.G. (Trends), S. 17.

der Forschung bei vielen Fragestellungen noch keine gesicherten Ergebnisse erzielt wurden, weist sie dennoch auf **Aspekte** hin, die im Hinblick auf die Erfüllung von Steuerungszwecken in Betracht zu ziehen sind.

1. Verhaltenswirkungen von Kosten- und Erlösvorgaben

> In Bezug auf die **Verhaltenswirkungen von Vorgaben** werden im Behavioral Accounting mehrere Problembereiche untersucht. Sie betreffen insbesondere die Anforderungen an Standards, die Gestaltung von Vorgaben und mögliche Widerstände gegen den Vorgabeprozess sowie dysfunktionale Wirkungen, die sie auslösen können.

Unmittelbar auf die Kostenrechnung ist die Frage bezogen, in welchem Umfang Gemeinkosten in eine Vorgabe einbezogen werden sollen. Ein wichtiger Gegenstand ist die Analyse verschiedener Einflussgrößen, von denen die Wirkung von Vorgaben abhängig ist. Dabei ist die Bedeutung einer Partizipation der Betroffenen an der Kosten- bzw. Erlösvorgabe intensiv behandelt worden. Schließlich hat das Phänomen der Organizational oder Budgetary Slacks, d.h. einer überhöhten Schätzung von Ressourcenbedarf bzw. einer Unterschätzung der realisierbaren Leistungen, eine starke Beachtung gefunden.

An Vorgaben oder Standards kann eine Reihe von **Anforderungen** gestellt werden, die als allgemeine Voraussetzungen für die mit ihnen angestrebten Verhaltenswirkungen angesehen werden[24]. Sie sind auf eine Weise zu bestimmen, durch die sie von den Aufgabenträgern als realistisch und nicht als beliebig akzeptiert werden. Diese sollten das Empfinden haben, Einfluss auf die Festlegung der eigenen Ziele zu besitzen. Sie sollten ferner glauben, dass sie für normale Zufallsschwankungen bestraft werden, und die Rückmeldung über die Ausführung muss ebenso zur Verbesserung wie zur Bewertung dienen.

Die Berücksichtigung von Gemeinkosten zentraler Bereiche in deren Kostenvorgaben gehört zu den zentralen Problemen einer verhaltenssteuerungsorientierten Kosten- und Erlösrechnung. Sie löst in der Praxis bei den betroffenen Bereichen vielfach intensive Diskussionen aus, weil diese die Tatsache und vor allem die Art der Beteiligung an Kosten zentraler Bereiche nicht akzeptieren wollen. Dabei kann es sich einmal um Kosten für zentrale Dienstleistungen wie Forschung und Entwicklung, Datenverarbeitung, Rechnungswesen u.ä. handeln, die einen relativ engen Bezug zu Aktivitäten der Bereiche aufweisen. Zum anderen betreffen sie allgemeinere Verwaltungskosten beispielsweise der Unternehmensleitung. Aus verhaltensorientierter Sicht scheint auf den ersten Blick die Forderung einzuleuchten, dass die Bereiche primär nur für die Kosten verantwortlich sein sollten, deren Höhe sie selbst verändern können. Dem steht der empirische Befund entgegen, dass die meisten Unternehmungen die Bereiche auch mit übergeordneten Gemeinkosten

---

[24] Vgl. SIEGEL, G./RAMANAUSKAS-MARCONI, H. (Behavioral Accounting), S. 167 ff.

anteilig belasten. Das Behavioral Accounting hat sich mit diesem konkreten Problem bislang nicht so intensiv befasst und keine derart übereinstimmenden Ergebnisse herausgefunden, dass sich mit ihnen eine Hypothese zu den Verhaltenswirkungen einer Verteilung von Gemeinkosten empirisch gestützt begründen ließe. Diese Fragestellung ist wesentlich stärker in der normativen Agency-Theorie aufgegriffen worden[25].

Genauere Erkenntnisse über die **Verhaltenswirkungen von Vorgaben** lassen sich sowohl aus theoretischen Ansätzen als auch aus empirischen Tests gewinnen, wie sie im Behavioral Accounting durchgeführt worden sind. Beispiele, bei denen ein besonders enger Bezug zur Vorgabe von Kosten und Erlösen herstellbar ist, sind die Erwartungs-Valenz-Modelle und die im Anschluss an Laborexperimente von STEDRY entwickelten Hypothesen über die Beziehungen zwischen Vorgabehöhe, Anspruchsniveau und Leistung[26].

a) Ableitung von Aussagen aus einem Erwartungs-Valenz-Modell

Die in der Organisationspsychologie entwickelten Erwartungs-Valenz-Modelle können als ausgebaute Formen der auf S. 555 skizzierten Erwartungsmodelle verstanden werden[27]. Sie greifen auf das Handlungsprinzip der Maximierung des Erwartungsnutzens zurück, das in der Psychologie in der Theorie des Anspruchsniveaus ausgebaut worden ist[28]. Das grundlegende Erwartungs-Valenz-Modell von VICTOR H. VROOM wurde in verschiedener Weise weiterentwickelt[29]. Im Folgenden wird seine von LYMAN W. PORTER und EDWARD E. LAWLER vorgeschlagene Konzeption zugrunde gelegt[30].

> Nach diesem Modell ist die **Arbeitsleistung eines Individuums** von drei Größen abhängig[31]:
> - der Motivation,
> - seinen Fähigkeiten und
> - seinem Problemlösungsansatz.

Die **Motivation** bezeichnet die Energie, die ein Individuum zur Erbringung einer Leistung einzusetzen bereit ist. Sie schlägt sich damit in seiner Anstrengung und seinem Leistungswillen in einer bestimmten Situation nieder. Demgegenüber kennzeichnen die **Fähigkeiten,** die physischen sowie geistigen Fertigkeiten und die Persönlichkeitsmerkmale seine relativ situationsunabhängigen Leistungsmöglichkeiten. Der **Problemlösungsansatz** erfasst die Methode, wie das Individuum eine Aufgabe angeht und zu lösen versucht.

---

[25] Vgl. Kapitel 4., Abschnitt B., S. 619 ff..
[26] Vgl. STEDRY, A.C. (Budget).
[27] Vgl. v. ROSENSTIEL, L. (Zufriedenheit), S. 171 f.; WUNDERER, R./GRUNWALD, W. (Führungslehre 1), S. 195 ff.
[28] Vgl. LEWIN, K. ET AL. (Aspiration).
[29] Vgl. VROOM, V.H. (Motivation).
[30] Vgl. LAWLER, E.E./PORTER, L.W. (Performance); PORTER, L.W./LAWLER, E.E. (Attitudes); LAWLER, E.E. (Motivation); LAWLER, E.E. (Pay).
[31] Vgl. zum Folgenden GRIMMER, H. (Budgets), S. 39 ff.

Die Verhaltenstheorie beschäftigt sich vor allem mit den Bestimmungsgrößen der Motivation, für die drei Komponenten als maßgeblich angesehen werden:

- die Wahrscheinlichkeit, Handlungsergebnisse mit einer bestimmten Anstrengung zu erreichen,
- die Wahrscheinlichkeit, dass die Handlungsergebnisse bestimmte Anreize bzw. Belohnungen auslösen und
- der Nutzen dieser Anreize bzw. Belohnungen.

Die **Wahrscheinlichkeitskomponente** setzt sich bei PORTER und LAWLER aus zwei Teilerwartungen zusammen, welche die Zusammenhänge zwischen **Anstrengungen und Handlungsergebnissen** sowie zwischen **Handlungsergebnissen und Anreizen** erfassen[32]. Erstere gibt die Erwartung des Individuums wieder, mit welcher Wahrscheinlichkeit W es durch eine bestimmte Anstrengung A verschiedene Handlungsergebnisse E_i verwirklichen kann. In Abbildung 4-2 wird diese Erwartung durch $W(A \to E_i)$ symbolisiert. Die zweite Erwartung betrifft die Wahrscheinlichkeit, mit der das Individuum annimmt, dass die Handlungsergebnisse zur Gewährung bestimmter Anreize B (z.B. in Form einer monetären Belohnung B_{ik}, führen. Sie wird durch $W(E_i \to B_{ik})$ ausgedrückt. Beides sind **subjektive Wahrscheinlichkeiten**, deren Werte zwischen Null und Eins liegen. Im Normalfall betrachtet man sie als voneinander unabhängig.

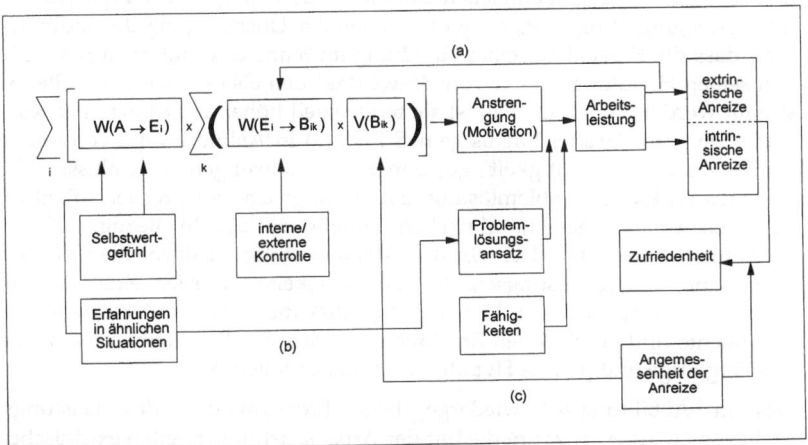

Abb. 4-2: Das Erwartungs-Valenz-Modell nach PORTER/LAWLER

Die **zweite Einflussgröße der Motivation** wird als Valenz $V(B_{ik})$ bezeichnet. Sie beinhaltet die vom Individuum antizipierte Wünschbarkeit oder Attraktivität der mit einer Anstrengung künftig erwarteten Anreize bzw. Belohnung B_{ik}. Ihre Werte können positiv oder negativ sein. Der Motivationsprozess lässt sich so vorstellen, dass ein Individuum zuerst die Wahrscheinlichkeit abschätzt, mit der es durch eine bestimmte Anstrengung A ein Handlungser-

---

[32] Vgl. PORTER, L.W./LAWLER, E.E. (Attitudes), S. 19 ff.

gebnis E_i erreichen kann. Dann bildet es seine Erwartung, welche Anreize bzw. Belohnungen B_{ik} mit den jeweiligen Ergebnissen erreicht werden und bewertet deren Attraktivität $V(B_{ik})$. Ein wesentliches Merkmal dieses theoretischen Ansatzes liegt darin, dass die Komponenten multiplikativ miteinander verknüpft sind. Deshalb ist einmal die Wahrscheinlichkeit der Anreizerzielung mit der Valenz der Anreize zu gewichten. Zum andern ergibt sich die gesamte Anstrengung über eine Multiplikation der Anstrengungs-Ergebnis-Wahrscheinlichkeit mit der Summe aller Anreizwirkungen.

Die formale Darstellung des Modells in Abbildung 4-2 darf nicht in dem Sinn mißverstanden werden, dass es sich um eine quantitative Theorie handle. Vielmehr werden mit ihr **komparative Hypothesen über Verhaltenstendenzen** ausgedrückt, die sich durch Plausibilitätsüberlegungen verdeutlichen lassen[33]. Anhand dieses Modells wird behauptet, dass die Motivation umso größer ist, je höher die Erwartungen bezüglich der Erreichbarkeit der Ziele und der Anreize und/oder die Attraktivität der Anreize sind. Die multiplikative Verknüpfung bedeutet, dass jede der drei Einflussgrößen für sich wichtig ist. Erhält eine von ihnen den Wert Null, so wird sich das Individuum nicht anstrengen. Darüber hinaus kann eine negative Valenz von Anreizen zu einer negativen Motivation führen, wodurch sich eine Vermeidungshaltung erklären lässt. Die Ausprägung dieser Komponenten wird entsprechend Abbildung 4-2 durch mehrere Größen beeinflusst. So unterstellt man, dass die Zielerreichungserwartung $W(A \to E_i)$ vom Selbstwertgefühl des Individuums und seiner Erfahrung in ähnlichen Situationen abhängig ist. Die Ergebnis-Anreiz-Erwartung $W(E_i \to B_{ik})$ ergibt sich aus der Überzeugung des Individuums, dass die Ergebnisse seiner Handlung im Sinne einer internen Kontrolle von seinen Handlungen oder von Umweltfaktoren als externer Kontrolle bestimmt werden. Im ersten Fall ist sie tendenziell höher als bei externer Kontrolle. Sie wird darüber hinaus gemäß Pfeil (a) in Abbildung 4-2 von seinen bisher durch die Tätigkeit gewonnenen Erfahrungen beeinflusst. Der ebenfalls wirksame Problemlösungsansatz hängt u.a. entsprechend Pfeil (b) von den Erfahrungen in ähnlichen Situationen ab. In Bezug auf das Zusammenwirken der drei für die Arbeitsleistung maßgeblichen Größen Motivation, Problemlösungsansatz und Fähigkeiten werden eine multiplikative und eine additive Verknüpfung diskutiert. Die unterschiedlichen Argumente und empirischen Ergebnisse machen deutlich, dass sich eine allgemeingültige und präzise Hypothese kaum aufstellen lässt.

Das in Abbildung 4-2 wiedergegebene Prozessmodell des Leistungsverhaltens wird ergänzt um die mit der Arbeitsleistung erzielten extrinsischen und intrinsischen Anreize. Diese wirken zusammen mit ihrer Angemessenheit auf die Zufriedenheit des Individuums. Die Angemessenheit betrifft die erlebte Bedeutung der Anreize nach deren Realisierung. Diese ex-post-Attraktivität wirkt auf die ex-ante-Valenz der erwarteten Anreize entsprechend Pfeil (c) zurück. Tendenziell führt eine hohe Zufriedenheit zu einer Steigerung der Anstrengungsbereitschaft in künftigen Situationen und umgekehrt. Aus dem dargestellten Modell kann man eine Reihe von **Aus**-

---

[33] Vgl. GRIMMER, H. (Budgets), S. 44.

sagen über die Wirkung von Planvorgaben herleiten und mit den Ergebnissen empirischer Erhebungen vergleichen[34]. Eine erste Gruppe bezieht sich auf die **Art der Planvorgaben**. Nach dem Erwartungs-Valenz-Modell spielt für den Handelnden die **Beeinflussbarkeit** eine zentrale Rolle. Er muss der Auffassung sein, dass die Erreichung der Planvorgaben, d.h. der vorgegebenen Handlungsergebnisse, primär von seiner Anstrengung abhängt. Dies gilt auch für die Wirkung auf die Anreize. Deren Ausprägung muss sich durch seine Handlungen bestimmen lassen. Unter dem Aspekte der Verhaltenssteuerung kommt es daher in der Kostenrechnung weniger auf die Beschäftigungs- als auf die **Dispositionsabhängigkeit** von Kosten und Erlösen an. Dies spricht dafür, die Kostenvorgabe und -kontrolle auf die in der jeweiligen Stelle beeinflussbaren Größen zu beschränken, zumindest müsste das Anreizsystem an diesen ansetzen.

Starre Vorgaben sind wenig geeignet, weil sie keine Elimination externer Einflüsse zulassen. Soweit sich Einflussgrößen wie die Beschäftigung, das Preisniveau, die Fertigungsentscheidungen u.ä. in Funktionen zur Bestimmung des Vorgabewertes (z.B. Sollkostenfunktionen) abbilden lassen, kann der Planwert flexibel an die Istausprägung dieser Einflussgrößen angepasst werden. Damit lässt sich die Ergebnis-Anreiz-Beziehung besser beurteilen. Wesentlich schwieriger ist eine Anpassung, wenn die Wirkungen von Größen außerhalb des Verantwortungsbereichs des Betroffenen nicht präzise erfassbar sind. Eine allzu häufige Änderung der Vorgabewerte kann aber die Kenntnis der Ergebnis-Anreiz-Beziehung schwächen und die Vorgaben unglaubwürdig machen. Dann führen sie eher zu negativen Verhaltenswirkungen. Deshalb erscheint es zweckmäßig, nur bei starken Änderungen der Situationsbedingungen Anpassungen vorzunehmen[35].

> Aus dem Zusammenspiel zwischen Problemlösungsansatz, Fähigkeiten und der Beeinflussbarkeit folgt die Anforderung, eine hohe **Kongruenz zwischen Aufgabe, Kompetenz und Verantwortung** anzustreben. Dieser aus der Organisationslehre bekannte Grundsatz lässt sich demnach auch sozialpsychologisch begründen.

Damit der Ausführende die Wirkung seiner Handlungen auf das Ziel und dessen Verknüpfung mit den Anreizen möglichst gut abschätzen kann, muss dasselbe möglichst präzise formuliert sein. Dies spricht für eine genaue inhaltliche und zeitliche **Abgrenzung der Planvorgabe**. Ungenaue und nicht meßbare Vorgaben können schwer mit Anreizen verbunden werden. Bei ihnen wird die Anstrengungs-Ergebnis-Erwartung unbestimmt oder Null und damit für sein Verhalten bedeutungslos. Deshalb sind nach Möglichkeit **quantitative Werte** vorzugeben. Qualitative Größen sind im Hinblick auf die Verhaltenswirkung wenig geeignet, da sie kaum meßbar sind. Der Betroffene kann nicht klar beurteilen, wann ihm der Anreiz gewährt wird und wann nicht.

---

[34] Vgl. GRIMMER, H. (Budgets), S. 67.
[35] Vgl. GRIMMER, H. (Budgets), S. 141 ff.

Das Bemühen um messbare und beeinflussbare Vorgabewerte trägt die **Gefahr dysfunktionaler Verhaltenswirkungen** in sich, wenn wichtige Unternehmensziele mit ihm nicht oder zu wenig abgedeckt sind[36]. So ist es schwierig, nicht quantifizierbare Ziele z.B. in Bezug auf die Marktposition oder die qualitative Kapazität in operationalen Vorgaben auszudrücken. Demzufolge könnten direkt beeinflussbare und messbare Wirkungen zu stark beachtet und Handlungen mit schwer erfassbaren negativen Konsequenzen zu Lasten anderer Bereiche durchgeführt werden. Diesem Problem ist zum einen durch eine **Differenzierung der Vorgaben** entsprechend den Planungshorizonten und -bereichen zu begegnen. Mit zunehmendem Entscheidungsbereich und Zeithorizont nimmt zwangsläufig die Präzision der Erwartungen und Vorgaben ab. Zum andern kann es für die Motivation zweckmäßig sein, **Hilfsgrößen in Form von Indikatoren** heranzuziehen, deren Erreichbarkeit und Wirkung auf die Anreize sich vom Handelnden abschätzen lassen, auch wenn ihr Bezug zu übergeordneten Zielen nicht eindeutig ist[37].

Eine **Gewichtung** verschiedener Ziele oder Plangrößen widerspricht der Forderung nach Präzision. Sie macht den Zusammenhang zur Anreizgewährung undurchsichtiger, da sie sich über eine Vielzahl von Kombinationen an Zielausprägungen erreichen lässt. Entsprechend der additiven Verknüpfung verschiedener Ziele im Erwartungs-Valenz-Modell erscheint es zweckmäßiger, Planwerte für mehrere Ziele vorzugeben und die Erfüllung eines jeden von ihnen mit einem eigenen Anreiz zu versehen[38].

Um die Erreichbarkeit und Anreizwirkung beurteilen zu können, muss sich die Planvorgabe auf einen genau abgegrenzten **Zeitraum** beziehen. Dies ist um so eher möglich, je besser die Reichweite der Entscheidungen diesem Zeitraum entspricht. Da mit dem Planungshorizont die Ungewissheit zunimmt, können längerfristige Vorgaben nicht so genau wie kurzfristige sein. Ansonsten verringert sich für den Ausführenden die Wahrscheinlichkeit ihrer Realisierbarkeit. Zugleich nimmt mit der Fristigkeit vielfach die Beeinflussbarkeit der Variablen und Ziele zu. Der darin zum Ausdruck kommende Konflikt zwischen Beeinflussbarkeit und Präzision der Planvorgabe spricht dafür, auf längere Sicht Wertebereiche anstelle von Einzelwerten vorzugeben.

Empirische Erhebungen haben gezeigt, dass präzise **Ziele** häufig positiv auf die Leistung wirken[39]. Dieses Ergebnis ergab sich vor allem bei hoher Leistungsmotivation, entscheidungsfreudigen Personen und solchen, die wenig Unterstützung durch den Vorgesetzten erhielten. Die empirischen Befunde lassen erkennen, dass „... mit einer Präzisierung von Zielvorgaben sehr unterschiedliche Verhaltenswirkungen verbunden (sind)"[40]. Sie hatte nie eine leistungsmindernde und bei bestimmten personellen und situativen Bedingungen eine leistungssteigernde Wirkung.

---

[36] Vgl. HÖLLER, H. (Verhaltenswirkungen), S. 205 ff.
[37] Vgl. GRIMMER, H. (Budgets), S. 111.
[38] Vgl. GRIMMER, H. (Budgets), S. 112.
[39] Vgl. HÖLLER, H. (Verhaltenswirkungen), S. 89 ff.
[40] Vgl. HÖLLER, H. (Verhaltenswirkungen), S. 92.

Aus dem **Erwartungs-Valenz-Modell** lassen sich mehrere Aussagen zum Einfluss der Vorgaben ableiten[41]. In Bezug auf intrinsische Anreize kann man annehmen, dass leicht erreichbare Vorgaben zwar eine hohe Ziel- bzw. Ergebniswahrscheinlichkeit $W(A \rightarrow E_i)$ besitzen, jedoch zu wenig als Herausforderung empfunden und daher mit einer niedrigen Valenz versehen werden. Sehr hohe Vorgaben erscheinen dagegen unerreichbar, was sich in einer niedrigen Ergebniswahrscheinlichkeit $W(A \rightarrow E_i)$ niederschlägt. Das spricht dafür, dass mittlere Vorgabewerte in Bezug auf intrinsische Anreize zur höchsten Motivation führen. Bei extrinsischen Anreizen dürften demgegenüber die Wahrscheinlichkeiten für die Erreichung des vorgegebenen Handlungssolls bis zu mittleren Werten, diejenigen für den Erhalt der Belohnung $W(E_i \rightarrow B_{ik})$ im Gesamtbereich steigen. Damit könnten auch niedrige Vorgaben motivieren. Fasst man die Wirkungen beider Anreiztypen zusammen, so überwiegt bei **niedrigen Vorgaben** das Ausbleiben intrinsischer Anreize. Bei **mittelschweren Vorgaben** verstärken sich extrinsische und intrinsische Motivation gegenseitig, während bei **sehr schwierigen Vorgaben** weder in- noch extrinsische Anreize eine Leistungsbereitschaft auslösen.

b) Ableitung von Aussagen über Verhaltenswirkungen von Vorgaben aus empirischen Erhebungen

In Untersuchungen des Behavioral Accounting wird anhand empirischer Tests und unter Verwendung verhaltenstheoretischer Hypothesen analysiert, welche Größen die Wirkungen von Vorgabe- und Kontrollinformationen beeinflussen. Schon früh hat hierfür die Studie von STEDRY Bedeutung erlangt, der in einem Laborexperiment den Einfluss der **Höhe von Zielvorgaben** auf das Anspruchsniveau und die Leistung von Aufgabenträgern untersuchte[42]. Er bildete zum einen Versuchsgruppen, denen eine niedrige, eine mittlere und eine hohe Zielvorgabe bzw. die allgemeine Aufforderung höchstmöglicher Leistung (implizite Zielvorgabe) genannt wurden. Zum anderen wurden die Gruppen danach unterschieden, ob sie nur eine Zielvorgabe erhielten oder sie vor bzw. nach der Mitteilung der Zielvorgabe aufgefordert wurden, ein eigenes Anspruchsniveau festzulegen. Dabei zeigte sich, dass die von den Gruppen erreichte Leistung sowohl von der Art der Anspruchsniveaubildung als auch von der Höhe der Zielvorgabe abhing.

Die Festlegung eines **Anspruchsniveaus** hatte eine deutlich positive Wirkung auf die Durchschnittsleistungen der Gruppen, wobei die höchste Leistung bei einer Anspruchsbildung nach Bekanntgabe der Zielvorgabe eintrat. Die explizite Anspruchsbildung scheint demnach einen günstigen Effekt auf die Leistung auszuüben und von einer zuvor erfolgten Zielvorgabe beeinflusst zu werden.

---

[41] Vgl. GRIMMER, H. (Budgets), S. 117 ff.
[42] Vgl. STEDRY, A.C. (Budget); vgl. auch HÖLLER, H. (Verhaltenswirkungen), S. 114 ff.

> Die Ergebnisse deuten weiter darauf hin, dass ein niedriger Vorgabewert zu einer geringen Leistung führt. **Zwischen der Vorgabehöhe und der erzielten Leistung ist eine positive Beziehung zu beobachten.** Ferner scheinen hohe Vorgabewerte die Leistungserbringung zu fördern, und es wird ein Zusammenhang zwischen Vorgabehöhe und Anspruchsniveau erkennbar. Die Höhe der Zielvorgabe beeinflusste die Höhe des individuellen Anspruchsniveaus positiv. Letzteres wurde um so mehr angehoben, je schwerer die Vorgabe erfüllt werden konnte.

Andere **Labor- und Feldexperimente** ließen bei sehr hohen Zielvorgaben ein Absinken der Leistungen bzw. extreme Leistungsschwankungen erkennen[43]. Sie deuten auf die Existenz eines Schwellenwertes hin, bei dessen Überschreiten es zu einem Leistungsabfall kommt. Dies könnte auf eine Resignation des Mitarbeiters oder eine Streßreaktion bei Überforderung zurückzuführen sein.

Aus diesen Ergebnissen empirischer Experimente kann man im Anschluss an GEERT H. HOFSTEDE[44] die in Abbildung 4-3[45] wiedergegebenen **Hypothesen über die Beziehungen zwischen (Kosten-) Vorgabehöhe, Anspruchsniveau und Leistung** formulieren. In ihr sind in Abhängigkeit von der Vorgabehöhe v Kurven für das Anspruchsniveau a und die Leistung l eingezeichnet. Ausgehend von der Vorgabe v_0, die zu einer Leistung l_0 führt, welche auch ohne Vorgabe erreicht würde und der Vorgabe v_1 bei Erreichen der Maximalleistung, lassen sich vier Fälle unterscheiden. Wenn entsprechend Fall I die Vorgabe unter v_0 liegt, wird die Leistung unter den normalerweise realisierten Wert gesenkt. Eine Steigerung der Vorgabe über v_0 hinaus führt entsprechend Fall II zu einer Leistungssteigerung. Damit nimmt zugleich das Anspruchsniveau zu, jedoch möglicherweise in geringerem Ausmaß als die Vorgabe. Vorgabewerte über v_1 bei maximaler Leistungshöhe hinaus führen zu einem Abfall der Leistung und (wahrscheinlich) auch des Anspruchsniveaus.

Die formulierten Hypothesen können jedoch nur **tendenzielle Beziehungen** wiedergeben. Vor allem lassen sich keine allgemeinen Aussagen über einen genauen Kurvenverlauf und das Leistungsmaximum aufstellen. Wesentlich für die Bestimmung von Informationen zu Verhaltenssteuerung erscheinen folgende Erkenntnisse:

- Sie sollten das individuelle Anspruchsniveau berücksichtigen,
- zu niedrige Vorgaben wirken leistungssenkend,
- übermäßig hohe Vorgaben wirken leistungsmindernd,
- die höchste Steigerung wird bei mittleren Vorgaben erreicht, die etwas über dem individuellen Anspruchsniveau liegen.

---

[43] Vgl. DEY, M.K./KAUR, G. (Facilitation); STEDRY, A.C./KAY, E. (Effect); HOFSTEDE, G.H. (Budget Control).
[44] Vgl. HOFSTEDE, G.H. (Budget Control), S. 148.
[45] Vgl. HÖLLER, H. (Verhaltenswirkungen), S. 122.

A. Behavioral Accounting

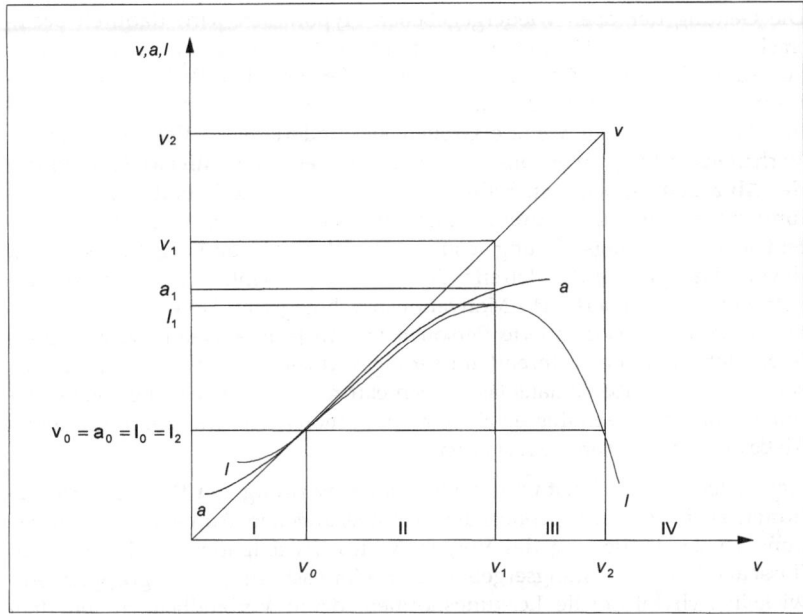

Abb. 4-3 Beziehungen zwischen Vorgabehöhe, Anspruchsniveau und Leistung

Danach sind Vorgabewerte an **individuellen Leistungsvorstellungen** auszurichten, wie sie sich im jeweiligen Anspruchsniveau niederschlagen. Dem steht einmal die Forderung nach **Gleichbehandlung** entgegen. Ob im betrieblichen Umfeld eine Festlegung von Vorgabewerten, die ggf. mit monetären oder nicht-monetären Anreizen verknüpft sind, entsprechend dem Grundsatz 'suum cuique' durchsetzbar ist, erscheint zumindest fraglich. Dies spricht dafür, dass man vielfach von einem **durchschnittlichen Verhalten** und entsprechenden Anspruchsniveaus bei den Mitarbeitern eines Bereichs ausgeht. Zum anderen wird argumentiert, dass aus verhaltensorientierten Vorgabewerten technisch mögliche Einsparungsmöglichkeiten nicht erkennbar werden. Deshalb wird eine Differenzierung zwischen Vorgabewerten zur Motivation und am Optimum orientierten Kontrollwerten diskutiert. Da man letztere schwer geheimhalten kann, dürfte eine solche Differenzierung die Motivationswirkung der Vorgabewerte so beeinträchtigen, dass sie kaum realisierbar erscheinen. Die der traditionellen Standardkostenrechnung[46] zugrunde liegende Vorstellung, optimale Vorgabewerte ohne Berücksichtigung ihrer Verhaltenswirkung zu bestimmen, ist jedoch in sich problematisch, da sie diese wichtigen Ergebnisse vernachlässigt.

> **Optimale Richtgrößen** sind aus diesem Grund erst jene Werte, die auch die Verhaltenskomponente einschließen.

---

[46] Vgl. Kapitel 4., Abschnitt C., S. 661 ff.

Die Geltung der oben wiedergegebenen Hypothesen wird dadurch beeinträchtigt, dass sie sich weitgehend auf **Laborexperimente** stützen. Deshalb ist zu prüfen, inwieweit sie auf die jeweiligen betrieblichen Bedingungen übertragbar sind. Zudem werden neben der Vorgabenhöhe und dem individuellen Anspruchsniveau weitere Größen als moderierende Variablen für die Verhaltenswirkung wirksam[47]. Hierzu gehören **Persönlichkeitsmerkmale des Mitarbeiters**, wie sein Selbstbewusstsein, seine Reife und seine Einstellung zur Arbeit[48]. Diese drei Eigenschaften dürften einen verstärkenden Effekt auf die Leistungswirkung ausüben. Die Wirkung von Vorgaben ist weiter davon abhängig, ob der Betreffende eher erfolgsorientiert oder misserfolgsvermeidend motiviert ist[49]. Motivationspsychologische Untersuchungen belegen, dass erfolgsorientierte Personen ihr Anspruchsniveau meist in mittlerer Höhe fixieren, während misserfolgsvermeidende zwischen Extremen schwanken. Darüber hinaus lassen sich extrinsisch motivierte Personen eher durch Vorgaben beeinflussen als intrinsisch motivierte, weil sie in stärkerem Maße auf externe Anreize reagieren.

Neben der Persönlichkeit wird die **Verhaltenswirkung von Vorgabeinformationen** auch von Gruppennormen, der übertragenen Aufgabe, der Mitwirkung an der Festlegung des Vorgabewertes (Partizipation) und der Beeinflussbarkeit des Leistungsergebnisses beeinflusst. In **Arbeitsgruppen** entwickeln sich informelle Leistungsnormen, deren Verbindlichkeit mit dem Gruppenzusammenhalt steigt. Diese können sowohl leistungsmindernd als auch leistungsfördernd ausgerichtet sein. Wenn der einzelne die Normen über- bzw. unterschreitet, muss er mit Sanktionen der Gruppe rechnen. Hinsichtlich der **Aufgabe** dürfte deren Schwierigkeit für den Aufgabenträger und die hierbei empfundene Unsicherheit bedeutsam sein[50]. Dies steht in enger Beziehung zu dem Einfluss, den er auf ihre Lösung und die Erreichung des Vorgabewertes hat.

c) **Verhaltenswirkungen der Partizipation an der Festlegung von Vorgaben**

Die Motivationswirkung der Partizipation, d.h. der **Mitwirkung des Ausführenden** an der Festlegung der Planvorgabewerte, wird intensiv und kontrovers diskutiert[51]. Sie führt zu einer Informationsverbesserung bei der Planung sowie bei dem Ausführenden. Mit ihr besteht die Möglichkeit, das höhere Fachwissen vor Ort zu nutzen und damit die Informationsasymmetrie zumindest teilweise auszugleichen. Ferner dürfte sie sich positiv auf die Zusammenarbeit und das Arbeitsklima auswirken. Jedoch besteht auch die Gefahr der bewussten und unbewussten Manipulation von Informationen durch den Betroffenen.

---

[47] Vgl. HÖLLER, H. (Verhaltenswirkungen), S. 124 ff.
[48] Vgl. JEHLE, E. (Plankosten), S. 208 ff.
[49] Vgl. ATKINSON, J.W. (Motivationsforschung), S. 391 ff.; HÖLLER, H. (Verhaltenswirkungen), S. 124.
[50] Vgl. BIRNBERG, J.G. (TRENDS), S. 9 f.
[51] Vgl. GRIMMER, H. (Budgets), S. 124 ff.; BECKER, S.W./GREEN, D. (Budgeting); STEDRY, A.C. (Budgeting); BECKER, S.W./GREEN, D. (Rejoinder); LOWIN, A. (Decisions); STEERS, R.M./PORTER, L.W. (Attributes), S. 438f.; HÖLLER, H. (Verhaltenswirkungen), S. 151.

A. Behavioral Accounting

Anhand des Erwartungs-Valenz-Modells in Abbildung 4-2 lassen sich mehrere **positive Konsequenzen** der Partizipation ableiten. Sie erhöht die Zielerreichungswahrscheinlichkeit $W(A \to Z)$, weil die Kenntnisse des Ausführenden über das Ziel zunehmen und er sein Wissen über dessen Erreichbarkeit in die Festlegung einbringen kann. Damit wird seine Erfahrung in ähnlichen Situationen wirksam. Ferner wirkt die Beteiligung positiv auf sein Selbstwertgefühl. All diese Größen erhöhen seine Erwartung, mit seiner Leistung das Ziel erreichen zu können. Zudem kann er den Bezug zu den Anreizen durch die Mitwirkung an der Zielfestlegung besser abschätzen, wodurch auch die zweite relevante Wahrscheinlichkeit $W(A \to B)$ steigt. Schließlich kann die Valenz der Anreize $V(B_{ik})$ positiv verändert werden, weil die Partizipation die Bedeutung der Aufgabe für den Betroffenen und seine Autonomie erhöht. Dies kann sich vor allem auf seine intrinsischen Anreize auswirken.

> Damit kann man aus dem Erwartungs-Valenz-Modell die Hypothese ableiten, dass **Partizipation** die Anstrengungsbereitschaft erhöht.

Dem stehen eher **widersprüchliche Ergebnisse empirischer Erhebungen** gegenüber. Eine Reihe von Untersuchungen hat eine leistungssteigernde Wirkung der Partizipation an der Festlegung finanzieller Vorgaben festgestellt. In Experimenten konnte dieser Effekt nicht bestätigt werden[52]. Die nicht eindeutigen empirischen Untersuchungen sprechen dafür, dass die Hypothese einer leistungssteigernden Wirkung der partizipativen Ziel- bzw. Planvorgabe nicht undifferenziert vertreten werden darf.

> Gut bestätigt erscheint nur die Hypothese, dass die partizipative Vorgabe im Allgemeinen nicht leistungsmindernd wirkt.

Für eine Bestätigung präziserer Hypothesen, die sich auch der Frage stellen, wie der Partizipationsgrad zu messen ist, muss der Einfluss weiterer Bestimmungsgrößen berücksichtigt werden. Diese können vor allem in **Persönlichkeitseigenschaften** und in **situativen Merkmalen** liegen. Zu ersteren gehören neben dem Selbstwertgefühl das Partizipationsbedürfnis, das Unabhängigkeitsstreben, die autoritäre oder nicht-autoritäre Persönlichkeitsstruktur sowie die Leistungsmotivation des einzelnen. So zeigte beispielsweise eine empirische Feldstudie nur bei etwa der Hälfte der Befragten ein Bedürfnis nach Mitentscheidung. Die Wirkung einer Beteiligung scheint bei nicht-autoritären Personen stärker als bei autoritären und wenig leistungsmotivierten zu sein. Das Unabhängigkeitsstreben und das Selbstwertgefühl sind daher positiv mit der Partizipation korreliert, während deren Wirkung bei Personen mit niedriger Leistungsmotivation größer als bei solchen mit hoher zu sein scheint. Unter den situativen Einflussgrößen dürfte der jeweiligen Aufgabe als dem Partizipationsobjekt und dem Umfang der Beteiligung ein besonderes Gewicht zukommen.

---

[52] Vgl. die Übersicht bei HÖLLER, H. (Verhaltenswirkungen), S. 152 ff.

d) Bestimmungsgrößen für das Auftreten von Vorgabereserven (Budgetary Slack)

In diesen Zusammenhang gehört auch das Phänomen des Organizational oder **Budgetary Slack**, das in der amerikanischen Organisationswissenschaft seit langem untersucht wird und für die Gestaltung verhaltenssteuerungsorientierter Systeme der Kosten- und Erlösrechnung relevant erscheint[53]. Es bezeichnet den Tatbestand, dass Vorgaben unter dem vom Aufgabenträger selbst für realisierbar gehaltenen und ggf. akzeptierbaren Wert liegen. Dies bedeutet vielfach, dass ihm mehr Ressourcen zur Verfügung stehen, als zur Durchführung seiner Aufgaben notwendig wären. Die **Höhe derartiger Slacks** hängt von der Einstellung der Manager, dem auf sie ausgeübten Druck, der Erreichbarkeit vorgegebener Ziele, deren Relevanz, der Beteiligung an der Planvorgabe und der Verwendung von Abweichungen für finanzielle Anreize ab. Es wurde beobachtet, dass eine Tendenz besteht, einmal bestehende Slacks zu institutionalisieren. Dies ist vor allem möglich, wenn sich die Planvorgabe an den bisherigen Werten orientiert. Derartige 'Reserven' führen zu **verminderter Wirtschaftlichkeit** und schleichender Ineffizienz. Andererseits haben die Untersuchungen gezeigt, dass sie auch positive Verhaltenswirkungen auslösen. So können sie **stabilisierend** wirken, weil man beispielsweise auf **Störungen** rasch reagieren kann. Sie ermöglichen die **Erfüllung von Individualzielen**, die durch formale Anreize zu wenig befriedigt werden, und können daher motivieren. Ferner kann der mit ihnen geschaffene Spielraum **innovatives Handeln** fördern.

Die Neigung zur Bildung von Slacks ist in der Regel groß. Die Betroffenen können sie durch eine überhöhte Schätzung des Ressourcenbedarfs und eine Unterschätzung realisierbarer Leistungen erzielen. Slacks lassen sich insbesondere bei guter wirtschaftlicher Lage der Unternehmung durchsetzen. Ihre Existenz ist ein Indiz dafür, dass die Ressourcenallokation nicht zieloptimal vollzogen wurde.

Empirische Erhebungen deuten darauf hin, dass die Tendenz zur Bildung von Slacks durch eine Partizipation und in technologischen Umfeldern mit geringerer Unsicherheit eher abnimmt. Nach weiteren Untersuchungen wird ihre Höhe zudem von der Risikoeinstellung der Beteiligten und dem Wahrheitsgehalt der Informationen beeinflusst[54].

2. Verhaltenswirkungen von Kontrollinformationen

Die Erreichung der mit Kontrollen beabsichtigten Zwecke hängt in hohem Maße von den **Reaktionen des Kontrollierten** ab. Häufig werden Kontrollen von den Betroffenen als Beurteilung ihrer Persönlichkeit empfunden. Daraus resultiert eine vielfach vorhandene bewusste oder unbewusste Abneigung gegen Kontrollen. Deshalb sind sie im Allgemeinen mit einem hohen **Konfliktpotential** belastet[55]. Dies führt dazu, dass sie unerwünschte, dysfunktionale

---

[53] Vgl. zum Überblick SCHOENFELD, H.-M. (Behavioral Accounting), Sp. 286 ff.; HÖLLER, H. (Verhaltenswirkungen), S. 228 ff.
[54] Vgl. WALLER, W.S. (Slack).
[55] Vgl. THIEME, H.-R. (Verhaltensbeeinflussung), S. 68 ff.

Reaktionen beim Kontrollierten auslösen können. Um solche zu vermeiden, benötigt man Kenntnisse über die Verhaltenswirkungen von Kontrollen als Grundlage für die Formulierung von Aussagen über die Wirkungen von Kontrollinformationen.

Die **Bestimmungsgrößen von Kontrollen** lassen sich danach unterscheiden, ob sie unmittelbar zum Kontrollsystem gehören oder von anderen Führungsteilsystemen vorgegeben werden. Zu den letzteren gehören entsprechend Abbildung 4-4 die dem Kontrollierten übertragenen Aufgaben, seine Arbeitssituation und die für ihn relevanten Bezugsgruppen. Demgegenüber können nach Abbildung 4-5 die Eigenschaften des Kontrollierten, die Eigenschaften und das Verhalten des Kontrollträgers sowie die Gestaltungsmerkmale des Kontrollprozesses als wichtigste Bestimmungsgrößen aus dem Kontrollsystem angesehen werden.

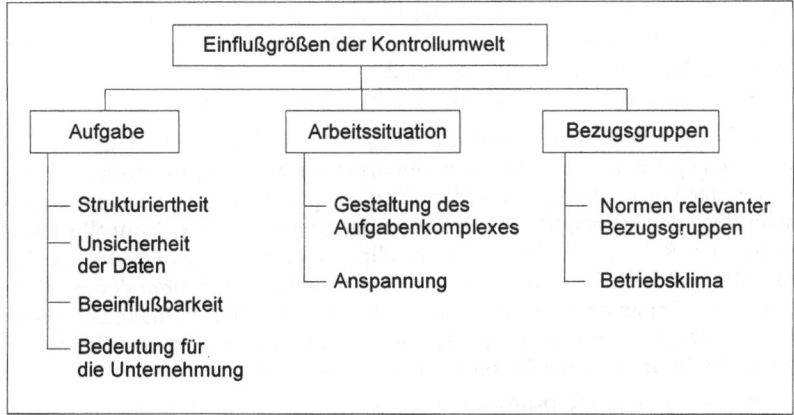

Abb. 4-4 *Einflussgrößen der Kontrollumwelt auf das Verhalten des Kontrollierten*

Die vom Kontrollierten auszuführenden **Aufgaben** leiten sich aus der Organisation ab und bestimmen sein fachbezogenes Handeln. Sie haben einen zentralen Einfluss darauf, welche Möglichkeiten der Kontrolle bestehen[56]. Zugleich spricht viel für die Hypothese, dass sie in hohem Maße für die Akzeptanz von Kontrollen durch den Aufgabenträger bestimmend sind. Bei der Vielfalt an betrieblichen Aufgaben lassen sich deren kontrollrelevante Merkmale nur mit begrenzter Präzision erfassen. Wichtig erscheinen vor allem ihre Strukturiertheit, die Verfügbarkeit und Zuverlässigkeit von Lösungsverfahren, die Beeinflussbarkeit der Lösung und ihre Bedeutung für die Unternehmung. Jeder Aufgabenträger befindet sich in einer bestimmten **Arbeitssituation**. Sie lässt sich vor allem durch den **Komplex der Aufgaben**, die einer Stelle im Rahmen der Aufgabenverteilung zugeordnet sind, und die jeweiligen Situationsbedingungen kennzeichnen. Je einheitlicher die Aufgaben sind, die ein Mitarbeiter zu erfüllen hat, desto mehr Erfahrungen kann er für ihre Lösung sammeln. Mit der Spezialisierung wachsen seine Kenntnisse in Bezug

---

[56] Vgl. SIEGWART, H./MENZL, I. (Kontrolle), S. 246 f.

auf den Komplex. Um so eher nimmt seine Unsicherheit über die Konsequenzen seines Handelns auf die Ergebnisse ab. Unter den Situationsbedingungen wirken sich vor allem die Tatbestände auf die Kontrollwirkung aus, die besondere Anforderungen an den Aufgabenträger stellen. Sie betreffen die sachliche und persönliche Anspannung.

Die **Anspannung der Situation** verlangt von dem Aufgabenträger i.d.R eine größere Aufmerksamkeit und mehr Einsatz. Hierdurch steigt auch seine persönliche Anspannung, die seine emotionale Empfindlichkeit und Verletzlichkeit steigert. Dies bewirkt eine zunehmende Sensibilität gegenüber Kontrollen. Deshalb kommt es trotz einer grundsätzlichen Akzeptanz von Kontrollen verstärkt auf die Art ihrer Durchführung an.

Jeder Aufgabenträger steht in Beziehungen zu sozialen Gruppen in- und außerhalb der Unternehmung. Dabei kann es sich um gesellschaftliche, landsmannschaftliche und religiöse Vereinigungen, Berufsverbände, Gewerkschaften u.ä. handeln. Deren Normen und Einstellungen beeinflussen sein Verhalten in der Unternehmung umso mehr, je stärker er sich mit ihnen identifiziert und je größer der Zusammenhalt in ihnen ist[57]. Damit wirken sie sich auf seine grundsätzliche Einstellung gegenüber Kontrollen aus.

Eine spezielle Bezugsgruppe ist die Belegschaft der Unternehmung. Ihre Einstellung gegenüber der Unternehmung drückt sich im **Betriebsklima** aus, das sich in der Verbundenheit und Identifikation der Mitarbeiter mit ihrer Unternehmung niederschlägt[58]. Die Bestimmungsgrößen aus der **Kontrollumwelt** bilden den Rahmen, in dem die Kontrollprozesse vollzogen werden. Sie haben Einfluss darauf, wie die Eigenschaften sowie das Verhalten der an ihnen beteiligten Personen und die Gestaltung der Kontrollen verhaltenswirksam werden. Damit betreffen sie eine Reihe von Merkmalen des Kontrollsystems, die in Abbildung 4-5 im Überblick wiedergegeben sind.

Bei Kontrollen wie z.B. Prüfungen kann man beobachten, dass der eine durch sie angespornt wird, während sie den anderen lähmen. Für diese Unterschiedlichkeit der Wirkungen sind u.a. die **Persönlichkeitsmerkmale** der Kontrollierten maßgeblich. Diese Eigenschaften eines Menschen sind relativ dauerhaft und daher schwer und höchstens auf längere Sicht veränderbar. Da extrinsisch motivierte Personen auf Belohnungen und andere externe Anreize reagieren, ist anzunehmen, dass sich Kontrollen deutlich auf ihr Verhalten auswirken. Sie lassen sich durch die Androhung von Kontrollen und durch deren Ergebnisse beeinflussen. In welchem Umfang die Kontrollen die beabsichtigte Wirkung erzielen, hängt von dem Kontrollergebnis und weiteren Persönlichkeitsmerkmalen ab. Während positive Ergebnisse in der Regel die Leistungsbereitschaft verstärken, können negative Ergebnisse sowohl eine Verstärkung als auch eine Absenkung der Anstrengung zur Folge haben. Bei den aus eigenem Antrieb heraus handelnden intrinsischen Personen dürfte die (erwünschte oder dysfunktionale) Wirkung von Kontrollen geringer sein.

---

[57] Vgl. MARCH, J.G./SIMON, H.A. (Organizations).
[58] Vgl. KÜPPER, H.-U. (Mitbestimmung), S. 189.

Sie werden die Motivation fördern, wenn die individuellen Ziele des Kontrollierten mit den Unternehmenszielen weitgehend übereinstimmen[59].

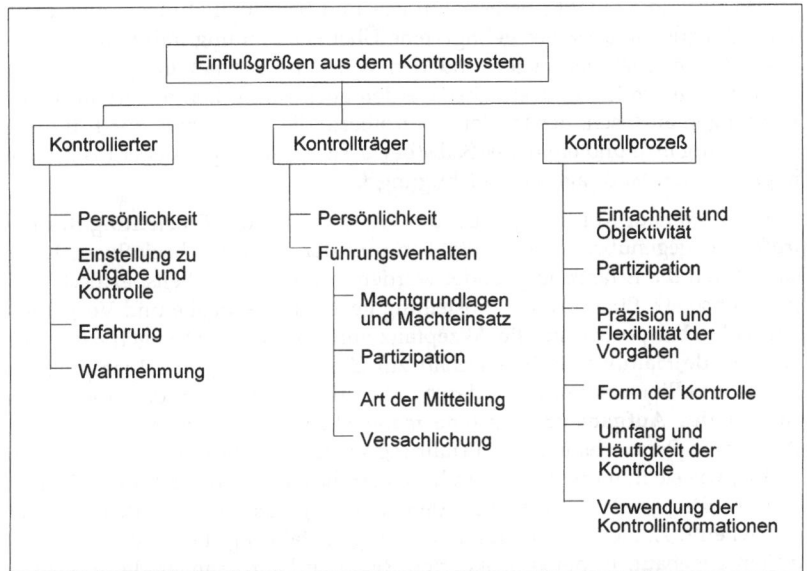

Abb. 4-5 Einflussgrößen des Kontrollsystems auf das Verhalten des Kontrollierten

Ein weiteres Persönlichkeitsmerkmal liegt in der grundlegenden **Handlungstendenz**. Viele Menschen sind eher durch ein Streben zur Erfolgserzielung und zur Entfaltung der eigenen Fähigkeiten sowie Vorstellungen oder zur Vermeidung von Mißerfolgen geprägt[60]. Kritik und Tadel empfinden misserfolgsmeidende Typen in höherem Maße negativ als erfolgsorientierte. Da sie sich vor Fehlern fürchten und diese ihren Selbstwert mindern, können Kontrollen und besonders deren negative Ergebnisse bei ihnen ein übervorsichtiges und sich stets rechtfertigendes Verhalten fördern. Dagegen tragen Lob und Unterstützung zu einem Abbau von Vermeidungsreaktionen bei[61]. Vermeidungstypen neigen auch dazu, extreme Anspruchsniveaus festzulegen, während sich erfolgsorientierte Menschen eher auf mittlere Schwierigkeitsgrade ausrichten[62]. Aus diesen Gesichtspunkten ergibt sich, dass die beabsichtigten Verhaltenswirkungen bei erfolgsorientierten Typen leichter erreichbar sind, während man bei Misserfolgsvermeidungstypen durch Kontrollen schnell dysfunktionale Wirkungen auslöst. Andererseits ist bei erfolgsorientierten Personen der Wunsch nach Autonomie im allgemeinen stärker ausgeprägt, während misserfolgsvermeidende Menschen vielfach geführt werden wollen.

---

[59] Vgl. SIEGWART, H./MENZL, I. (Kontrolle), S. 192 ff.; THIEME, H.-R. (Verhaltensbeeinflussung), S. 81.
[60] Vgl. ATKINSON, J.W. (Motivationsforschung), S. 391 ff.
[61] Vgl. THIEME, H.-R. (Verhaltensbeeinflussung), S. 81 f.
[62] Vgl. HECKHAUSEN, H. (Leistungsmotivation), S. 652 ff.

Eine weitere Bestimmungsgröße des Handelns sind die **Motive** des einzelnen. In der Regel haben für extrinsisch motivierte Menschen die Grundbedürfnisse sowie die Sicherheits- und Statusmotive mehr Gewicht, während für intrinsisch Motivierte Kontakt-, Selbstachtungs- und Selbstentfaltungsmotive maßgebend sind[63]. Je besser es gelingt, eine Übereinstimmung individueller Motive mit Unternehmenszielen und den von der Unternehmung gewährten Anreizen zu erreichen, desto eher werden auch Kontrollen die erwünschten Wirkungen auslösen. Besitzt der Kontrollierte die Fähigkeiten zur Erfüllung seiner Aufgaben und ein hohes Selbstbewusstsein, so empfindet er Kontrollen in geringerem Maße als Beeinträchtigung[64].

Die Reaktion auf Kontrollen wird des Weiteren von der **Einstellung des Betroffenen** gegenüber seinen Aufgaben und der Kontrolle beeinflusst. Diese sind durch die Erfahrung gebildet worden und können rollenspezifisch ausgebildet sein[65]. Eine positive Einstellung gegenüber Aufgabe und Vorgesetzten wirkt eher positiv auf die Akzeptanz von Kontrollen. Dagegen kann eine ablehnende Haltung die Bereitschaft zur Zurückhaltung oder Manipulation von Kontrollinformationen fördern[66]. Hieran wird deutlich, dass die **Erfahrungen des Aufgabenträgers** eine maßgebliche Einflussgröße darstellen[67]. Wenn eine Person eine große Erfahrung in der Bewältigung von Aufgaben besitzt, wie sie ihm übertragen sind, steigert dies sein Selbstvertrauen. Zudem kann er die jeweils zu bewältigenden Schwierigkeiten besser erkennen und beurteilen[68]. Zugleich wird durch vielfältige Erfahrung die Furcht vor Kontrollen abgebaut. In der umgekehrten Richtung kann mangelnde Erfahrung die Unsicherheit des Aufgabenträgers erhöhen. Er empfindet schneller Stress, wodurch impulsive negative Reaktionen ausgelöst werden können. Eine spezifische Bedeutung haben die bisher aus Kontrollen gezogenen Konsequenzen. Wenn der Kontrollierte die Erfahrung gemacht hat, dass sie zu keinen Veränderungen führten, wird er ihnen nur begrenzte Bedeutung beimessen. Waren sie mit Konsequenzen verbunden, die er für sich und/oder die Unternehmung nicht positiv einschätzt, steigt seine Abneigung gegenüber Kontrollen. Hat er hingegen den Eindruck gewonnen, dass Kontrollen zu von ihm als gut beurteilten Änderungen führten, wird er deren Ernsthaftigkeit, Zweckmäßigkeit und Bedeutung positiv einschätzen.

Maßgebend für das Verhalten des Aufgabenträgers sind nicht primär die tatsächlichen Gegebenheiten, sondern deren **Wahrnehmung**[69]. Deshalb ist bestimmend, wie er sein Handeln und dessen Ergebnisse im Vergleich zu den Kontrollwerten sieht[70].

---

[63] Vgl. STEINLE, C. (Leistungsverhalten), S. 51 ff.
[64] Vgl. THIEME, H.-R. (Verhaltensbeeinflussung), S. 120 f.; HÖLLER, H. (Verhaltenswirkungen), S. 125 f.
[65] Vgl. THIEME, H.-R. (Verhaltensbeeinflussung), S. 104 ff.
[66] Vgl. HÖLLER, H. (Verhaltenswirkungen), S. 111 ff.
[67] Vgl. auch ihre Bedeutung in der Erwartungs-Valenz-Theorie, S. 562 f.
[68] Vgl. HÖLLER, H. (Verhaltenswirkungen), S. 181 ff.
[69] Vgl. V. ROSENSTIEL, L. (Grundlagen), S. 368 f.
[70] Vgl. HÖLLER, H. (Verhaltenswirkungen), S. 189 ff.; THIEME, H.-R. (Verhaltensbeeinflussung), S. 115 ff.

Die Wirkung von Kontrollen wird auch durch die **Eigenschaften und das Verhalten des Kontrollträgers** beeinflusst. Dabei erscheint wichtig, ob er stärker sachlich oder emotional veranlagt ist. Ferner kann er mehr praktisch-handelnd oder geistig-intellektuell ausgerichtet sein. Emotional orientierte Personen können durch ihre Begeisterung mitreißen, aber auch zu Aggressionen neigen. Dann hängt es davon ab, welches Maß sie erreichen und wie der Kontrollierte aufgrund seiner eigenen Persönlichkeitsstruktur und seiner Selbstsicherheit hiermit umgehen kann. Die Wirksamkeit und Akzeptanz von Kontrollen wächst, wenn der Untergebene die fachliche Qualifikation des Kontrollträgers anerkennt oder sich emotional mit ihm identifiziert. Die Führungseigenschaften des Kontrollträgers zeigen sich darin, wie er den Untergebenen beeinflussen und für sich sowie seine Ziele einnehmen kann.

Kontrollen sind Ausdruck einer **Machtbeziehung**. Deshalb wird für das Verhalten des Kontrollträgers bestimmend, über welche Machtgrundlagen er verfügt und wie er diese einsetzt. Seine legitimierte Macht verschafft ihm beim Kontrollierten eine gewisse Akzeptanz, soweit sich die Kontrolle in dem durch die formale Organisation festgelegten Rahmen bewegt. In der Regel wird sie aber durch eine Betonung dieser Machtgrundlage kaum gefördert. Sie lässt sich eher durch den Einsatz anderer Machtgrundlagen stärken. Hierzu gehören die Belohnungs- oder Bestrafungsmöglichkeiten sowie das Wissen des Machthabers und die Identifikation des Kontrollierten mit ihm[71].

Der Kontrollträger kann des Weiteren die Beziehungen zum Kontrollierten verbessern, indem er ihn **am Kontrollprozess mitwirken** lässt. Hierdurch zeigt er dem Kontrollierten seine Wertschätzung. In enger Beziehung zu diesem Aspekt des Führungsverhaltens stehen die **Art der Mitteilung** und die **Versachlichung** des Kontrollprozesses. Unterstützende Kommentare und aufbauende Kritik bieten einen Anreiz zur Überwindung von Mißerfolgen und können daher leistungsfördernd wirken[72]. In dieselbe Richtung zielt die Versachlichung des Kontrollprozesses. Sie besteht unter anderem in dem Einhalten sozialer Regeln im Umgang mit dem Kontrollierten, der strikten Trennung zwischen Arbeits- und Privatbereich sowie der Beschränkung auf das Arbeitsverhalten[73].

Für die Akzeptanz von Kontrollen spielen die **Einfachheit** des Kontrollsystems und die wahrgenommene **Objektivität** von Kontrollen eine Rolle. Das Kontrollsystem sollte nachvollziehbar und zuverlässig sein. Auch muss es eine Gleichbehandlung gewährleisten. Die **Partizipation** am Kontrollprozess hängt nicht nur vom individuellen Verhalten des Kontrollträgers ab, sondern kann durch das Kontrollsystem geregelt sein. Mit der Präzision von Normwerten steigt die **Eindeutigkeit von Kontrollergebnissen**[74]. Deshalb kann man unterstellen, dass sie die Verhaltenswirkungen in der Regel verstärkt.

---

[71] Vgl. FRENCH, J.R./RAVEN, B. (Social Power).
[72] Vgl HÖLLER, H. (Verhaltenswirkungen), S. 193 f.; THIEME, H.-R. (Verhaltensbeeinflussung), S. 138 f.
[73] Vgl. SIEGWART, H./MENZL, I. (Kontrolle), S. 161 ff. und S. 200 ff.
[74] Vgl. HÖLLER, H. (Verhaltenswirkungen), S. 89 ff.

In dieselbe Richtung wirkt die **Flexibilität** von Vorgaben. Da bei flexiblen Vorgaben die Verantwortlichkeit des Kontrollierten mehr zum Ausdruck kommt, kann seine Akzeptanzbereitschaft gegenüber der Kontrolle gefördert werden.

Ähnliche Gesichtspunkte erscheinen für den Einfluss der **Kontrollform** relevant. Die Einsicht in die Zuverlässigkeit und Aussagefähigkeit von Kontrollen dürfte eher zunehmen, je mehr die Handlungsmöglichkeiten des Aufgabenträgers unter den jeweiligen Bedingungen berücksichtigt werden und je zuverlässiger die Vergleichswerte sind.

Die Konflikträchtigkeit von Kontrollen ist für den Einfluss der **Kontrollintensität** von Bedeutung. Umfangreiche und häufige Kontrollen erhöhen den Druck auf den Kontrollierten und verstärken daher eher seine Abwehrhaltung[75]. Sie können bei ihm den Eindruck hervorrufen, dass die Kontrollen um ihrer selbst willen durchgeführt werden und gegen seine Person gerichtet sind. Da Kontrollen für die Einhaltung von Vorgaben vielfach unumgänglich sind, spricht dies in vielen Fällen für eine mittlere Kontrollintensität. Aus demselben Grund dürften regelmäßige Kontrollen leichter akzeptiert werden, da ihnen der Charakter des Außergewöhnlichen genommen ist.

Das Gewicht von Kontrollmaßnahmen hängt für den Kontrollierten auch von der **Verwendung der Kontrollinformationen** ab[76]. Dies gilt sowohl im Hinblick auf ihre Bedeutung für ihn selbst als auch für die Unternehmung. Ihre Verknüpfung mit formalen Anreizen wie Prämien und Tantiemen oder längerfristigen Aufstiegsmöglichkeiten wird vor allem von extrinsisch orientierten Personen beachtet.

Erfolgsorientierte und intrinsisch motivierte Personen werden durch die Informationen über Ergebnisse eigenen Handelns angeregt. Empirische Untersuchungen haben die Hypothese eingehend bestätigt, nach der die "Kenntnis der eigenen Leistung bei Leistungsmotivierten eine signifikante Steigerung ihrer Arbeitseffizienz bewirkt."[77]

Neben den genannten Persönlichkeitsmerkmalen sind für die Wirkung von Kontrollinformationen der **zeitliche Abstand** zwischen der Handlung und der Information, die **Häufigkeit der Rückkoppelung** und die **Konsequenzen** maßgeblich, die aus der Abweichungsermittlung gezogen werden[78]. Je schneller die Information erfolgt, desto unmittelbarer ist sie mit dem verursachenden Ereignis verbunden und desto besser wirkt sie auf den Mitarbeiter ein. Häufige Rückkoppelungen dürften ebenso wie die Präzision die Akzeptanz der Kontrollinformation erhöhen. Die Haltung des Mitarbeiters hängt ferner davon ab, welche Erfahrung er bisher mit den Konsequenzen gewonnen hat, die aus Kontrollinformationen gezogen worden sind. Wenn sie beispielsweise über entsprechende Abweichungsanalysen und Anpassungsmaßnahmen zu Verbesserungen geführt haben, werden sie seine

---

[75] Vgl. THIEME, H.-R. (Verhaltensbeeinflussung), S. 196 ff.
[76] Vgl. HÖLLER, H. (Verhaltenswirkungen), S. 198 ff.
[77] JEHLE, E. (Plankosten), S. 211.
[78] Vgl. SCHANZ, G. (Ansätze), Sp. 2008.

Leistungsbereitschaft fördern. Haben sie dagegen zu für ihn nachteiligen Sanktionen geführt, gewinnt er eher eine negative Einstellung. In enger Beziehung dazu steht, inwieweit Mißerfolgserlebnisse durch positive Ergebnisse ausgeglichen werden, so dass zumindest ein ausgewogenes Verhältnis besteht. Ferner kann die Verhaltenswirkung von Kontrollinformationen durch zusätzliche Angaben, geeignete Vergleichsgrößen und unterstützende Kommentare sowie Hilfen gefördert werden. Schließlich kommt es darauf an, dass die Information bei komplizierten Zusammenhängen die Leistungsstruktur möglichst gut widerspiegelt. Dies gilt um so eher, je mehr formale Anreize an die Kontrollinformationen geknüpft werden. Vielfach besteht die Tendenz, dass derartige Anreize sich deutlich auswirken, je nach ihrer Richtung und den Ausprägungen der anderen Einflussgrößen leistungsfördernd oder leistungsmindernd.

IV. Aussagefähigkeit des Behavioral Accounting für die Gestaltung verhaltenssteuerungsorientierter Systeme der Kosten- und Erlösrechnung

Die Ansätze des Behavioral Accounting liefern keine Komponenten für ein System der Kosten- und Erlösrechnung. Sie gewinnen daher eine völlig andere Bedeutung als die meisten der in Kapitel *zwei* und *drei* beschriebenen Ansätze. Sie bilden vielmehr eine wichtige Grundlage verhaltenssteuerungsorientierter Systeme der Kosten- und Erlösrechnung. Die in ihr entwickelten Hypothesen können in eine Theorie der Kosten- und Erlösrechnung einfließen.

Durch das Behavioral Accounting wird eine Problemstellung beleuchtet, die in der Kostenrechnung zu wenig Beachtung gefunden hat. Es macht sichtbar, wie wichtig menschliche Verhaltensreaktionen für die Wirkung von Kosten- und Erlösrechnungen sind. Deren Kenntnisse sind von zentraler Bedeutung für eine Erfüllung des Rechnungszwecks der Verhaltenssteuerung. Insofern besitzt der Gegenstand des Behavioral Accounting ein großes Gewicht für die **Gestaltung verhaltenssteuerungsorientierter Systeme**. Die in ihm bisher erarbeiteten Hypothesen, Modelle und Aussagen weisen auf die Vielzahl an relevanten Problemsituationen, Einflussgrößen und Zusammenhängen hin. **Menschliches Verhalten** ist von vielen Größen abhängig. Zudem sind die jeweils betrachteten Personen individuell geprägt und ihre Handlungssituationen in den Unternehmungen nur begrenzt vergleichbar. Dies führt dazu, dass theoretische Modelle die Wirklichkeit nur näherungsweise erfassen können. Die Vielfalt und Widersprüchlichkeit der Ergebnisse empirischer Erhebungen deutet darauf hin, dass die **Komplexität der menschlichen Realität** vor allem dort, wo sie sich auf das Verhalten von einzelnen bezieht, theoretisch nicht leicht zu erfassen ist.

In dieser Komplexität ist ein Grund dafür zu sehen, dass die bisherige Forschung auf dem Gebiet des Behavioral Accounting auch nicht annäherungsweise ein geschlossenes Bild, sondern eher **Bruchstücke an Einzelerkenntnissen** liefert. Man kann auf kein durch Psychologie, Soziologie und/oder Sozialpsychologie fundiertes theoretisches Aussagensystem bauen. Statt eines oder weniger einheitlicher Grundmodelle zur **Erklärung von Verhaltenswir-**

kungen gibt es eine größere Zahl von **Einzelmodellen** mit höchstens geringer empirischer Bestätigung. Auch sind die im Behavioral Accounting entwickelten Ansätze auf sehr unterschiedliche Fragestellungen gerichtet, so dass sie sich nicht ohne weiteres verknüpfen lassen.

In entsprechender Weise ergeben die Ergebnisse **empirischer Erhebungen** kein unmittelbar verwertbares Bild. Aus ihnen lassen sich nur **Einzelergebnisse** ableiten, die jeweils spezifische Probleme und Situationsbedingungen betreffen. Die Gründe für widersprüchliche Ergebnisse sind wenig geklärt. Zudem sind sie vorwiegend in Labortests insbesondere mit Studenten erarbeitet worden, die nicht der realen Situation entsprechen. Sie sind deshalb nur in eingeschränktem und genau zu prüfendem Maß auf Unternehmungen übertragbar.

Die Aussagefähigkeit der bisherigen Ansätze des Behavioral Accounting ist aus diesen Gründen begrenzt. Dennoch lassen sich aus ihnen zumindest wichtige **Einflussgrößen und Tendenzen der Verhaltenswirkungen** von Informationen ableiten. Die mehrdeutigen Ergebnisse der theoretischen und empirischen Forschung weisen auf die **Individualität und Vielfalt menschlichen Verhaltens** hin. Sie sind einerseits ein Anlass für die Forschung, zu besser bestätigten Hypothesen zu gelangen, deren Anwendungsbereich klarer bestimmt ist und damit vielfach enger sein dürfte.

Zum andern weisen sie den in der Praxis Handelnden darauf hin, dass **keine deterministischen Zusammenhänge** vorliegen und er sich nicht auf eindeutige Erkenntnisse verlassen kann. Er muss abwägen, welche von ihnen für seinen Handlungsrahmen Geltung haben dürften. Deshalb ist eine zentrale Funktion der bisher entwickelten Ansätze des Behavioral Accounting darin zu sehen, dass sie den Blick auf **wichtige Probleme der Verhaltensbeeinflussung** lenken und deutlich machen, welche **Einflussgrößen** wirksam sein könnten. Deren Beachtung erscheint für eine fundierte Gestaltung verhaltenssteuerungsorientierter Systeme der Kosten- und Erlösrechnung unumgänglich. An der Erarbeitung und Überprüfung empirischer Erkenntnisse führt für diese Systeme kein Weg vorbei.

B. Institutionenorientierte Ansätze einer verhaltenssteuerungsorientierten Kosten- und Erlösrechnung (Principal-Agent-Ansätze)

I. Zwecksetzungen und Struktur von Principal-Agent-Modellen

1. Zwecksetzungen von Principal-Agent-Modellen für die Kosten- und Erlösrechnung

> Die Agencytheorie ist ein Teil der Institutionentheorie, zu der neben ihr die Property-Rights- und die Transaktionskostentheorie gerechnet werden.

Ein gemeinsames Merkmal dieser Theoriekonzepte liegt darin, dass sie Institutionen aus einem **Netz verschiedenartiger Verträge** heraus erklären und analysieren. Die Agency- oder Principal-Agent-Theorie erfasst Beziehungen zwischen einem oder mehreren **Auftraggebern**, den Principals, und einem oder mehreren **Beauftragten** oder Auftragnehmern, den Agents. Man fragt danach, wie das Verhalten des bzw. der Beauftragten durch die vertraglichen Regelungen gestaltet wird bzw. werden kann, die der Auftraggeber mit ihm schließt.

In der **positiven Agencytheorie** ist man bestrebt, die institutionelle Gestaltung von Auftragsbeziehungen zu beschreiben und zu erklären. Diese Richtung hat einen starken empirischen Bezug. Kostenrechnerische Fragestellungen werden mit ihr kaum untersucht. Dagegen wird die **normative Agencytheorie** in zunehmendem Maße zur Analyse kostenrechnerischer Probleme der Verhaltenssteuerung herangezogen[79]. In dieser versucht man über formal-analytische Modelle herzuleiten, wie die Verträge zwischen Principal und Agent bei unterschiedlichen Bedingungen optimal zu gestalten sind. Dabei geht man in den Prämissen, der mathematischen Formulierung und der Ableitung von Modellergebnissen sehr streng vor. Durch die klare Angabe von Verhaltens- sowie Situationsprämissen und die Deduktion anhand mathematischer Modelle lassen sich formal abgesicherte Erkenntnisse herleiten. Im Unterschied zu verhaltenswissenschaftlichen Ansätzen besitzen der empirische Gehalt und die empirische Überprüfung der Prämissen sowie Ergebnisse dieser Modelle zumindest bislang kein zentrales Gewicht. Vielmehr handelt es sich um ein Konzept mikroökonomischer Analyse, bei dem die logische Analyse anhand **formaler Modelle** im Vordergrund steht.

Mit der Betrachtung der Beziehungen zwischen Auftraggeber und Auftragnehmer sind Principal-Agent-Modelle vor allem auf Probleme der Verhaltenssteuerung gerichtet. Deshalb lassen sie sich für die Kosten- und Erlösrechnung im Hinblick auf diesen Rechnungszweck nutzen. Mit ihnen erhält man ein Instrumentarium zur theoretischen Analyse von Ansätzen und Verfahren der Kosten- und Erlösrechnung. Daher handelt es sich nicht im eigent-

---

[79] Zum Überblick EWERT, R./WAGENHOFER, A. (Unternehmensrechnung), S. 423 ff.

lichen Sinn um Systeme der Kosten- und Erlösrechnung, sondern um Ansätze für ihre **theoretische Fundierung**.

2. Prämissen und Problemstellungen von Principal-Agent-Modellen

Den Ausgangspunkt für die Formulierung von Principal-Agent-Modellen bilden verschiedene **Prämissen** über die Eigenschaften der Vertragspartner. Sie betreffen vor allem

- deren Nutzenfunktionen einschließlich
- ihrer Einsatzbereitschaft und
- ihrer Risikobereitschaft sowie
- die Unvollkommenheit der Information und
- die Informationsstände.

Man geht in der Agencytheorie strikt davon aus, dass jeder Vertragspartner seinen **individuellen Nutzen** verfolgt. Dieser betrifft primär monetäre Größen wie den (Bereichs)Gewinn oder das Gehalt, kann sich aber auch auf nicht-monetäre Nebeneinkünfte (fringe benefits, perquisites) wie Dienstwagen, Arbeitszimmer u.ä. erstrecken. Das 'egoistische' Nutzenstreben geht im Grenzfall so weit, dass man auch zu Normverletzungen bereit ist. Dies bezeichnet man als 'opportunistisches' Verhalten.

Für die Vertragsgestaltung ist die **Einsatzbereitschaft des Agent** von Bedeutung, weil der Principal ihn steuern will. Deshalb wird für den Principal maßgebend, mit welchem Anstrengungsniveau sich der Agent einsetzt. Im Grundmodell der Principal-Agent-Theorie nimmt man an, dass der Agent **Arbeitsleid** oder Arbeitsaversion empfindet. Deshalb wird er nur insoweit im Sinne des Principal tätig, wie dies unvermeidlich ist und seinen eigenen Nutzen steigert. Mit dieser Prämisse unterstellt man wie in Bezug auf die individuelle Nutzenmaximierung eine extreme Verhaltensorientierung, wie sie in der Realität zwar zu finden ist, von der man allerdings nicht behaupten kann, dass sie allgemeingültig sei. Die konkrete Ausprägung bzw. Messung des Anstrengungs- oder Aktivitätsniveaus bleibt in den meisten Modellen offen. Sie kann z.B. am Umfang der Arbeitszeit, der Arbeitsgeschwindigkeit, der Sorgfalt oder an der Zahl der Aktivitäten ansetzen. Diese Vielfalt der Interpretierbarkeit erschwert die empirische Prüfung von Prämissen und Ergebnissen der Modelle.

Die in der Agencytheorie untersuchten Probleme haben einen wesentlichen Grund in der **Unvollkommenheit der Information**. Zum Zeitpunkt des Vertragsabschlusses und danach kann ein unvollständiges Wissen über die Umwelt, die Konsequenzen der Handlungen des Agent und/oder dessen Eigenschaften, Absichten sowie Handlungen bestehen. Daraus ergeben sich verschiedene Konsequenzen. Bei unvollkommener Information kann ein Entscheidungsträger nicht mit Sicherheit die für ihn beste Alternative auswählen. Ferner wird für seine Entscheidungsfindung die eigene **Risikobereitschaft** oder Risikoeinstellung wichtig. Deshalb wird für das Handeln und die Vertragsgestaltung bestimmend, ob der Principal sowie der Agent risikoneutral, risikoscheu (risikoavers) oder risikofreudig sind.

B. Principal-Agent-Ansätze

Die unvollkommene Information hat weiter zur Folge, dass eine Informationsdivergenz zwischen ihnen auftreten kann. Die Informationsasymmetrie zwischen Principal und Agent bildet eine Prämisse und einen zentralen Untersuchungsgegenstand der Agencytheorie. Im Normalfall besitzt der Agent einen Informationsvorsprung in Bezug auf die von ihm zu treffenden Entscheidungen. Er kann deren Ergebnisse besser abschätzen und kennt seine eigenen Eigenschaften, Absichten sowie das von ihm realisierte Anstrengungsniveau besser.

Die individuelle Nutzenverfolgung, die Arbeitsaversion des Agent und ihre Risikoeinstellungen führen in der Regel zu einer **Interessendivergenz** zwischen Principal und Agent. Der Principal kann nicht damit rechnen, dass der Agent ohne weiteres im Sinne des Principal handelt. Hierfür muss er ihm einen speziellen Anreiz bieten. Durch die Unsicherheit über den Agent und die Umwelt entstehen **Risiken**, die zwischen Principal und Agent aufzuteilen sind. Für beide Vertragspartner unterstellt man, dass sie die Maximierung ihres jeweiligen Risiko-Nutzens im Sinne der Bernoulli-Theorie anstreben und ihre Nutzenfunktionen gegeben sind. Der Interessenkonflikt zwischen ihnen und die Unsicherheit führen damit zu *zwei* Problemen, einem **Anreiz-** und einem **Risikoteilungsproblem**. Mit dem zu schließenden Vertrag wird einerseits festgelegt, in welchem Ausmaß jeder von beiden das Risiko über die Ergebnisse (mit)trägt. Andererseits soll durch den Vertrag ein Anreiz- oder Belohnungssystem eingerichtet werden, das den Agent motiviert, z.B. durch einen intensiven Arbeitseinsatz zu hohen Ergebnissen im Sinne des Principal zu gelangen. Ein Kernproblem liegt darin, dass der Principal in den meisten Fällen nicht gleichzeitig eine für ihn optimale Risikoteilung oder Risikoallokation und eine maximale Anreizfunktion erreichen kann. Zwischen beiden Zielsetzungen muss ein Ausgleich gefunden werden.

Vergleichskriterium \ Typ	hidden characteristics	hidden information	hidden action
Entstehungszeitpunkt	vor Vertragsabschluß	nach Vertragsabschluß vor Entscheidung	nach Vertragsabschluß nach Entscheidung
Entstehungsursache	ex-ante verborgene Eigenschaften des Agents	nicht beobachtbarer Informationsstand des Agents	nicht beobachtbare Aktivitäten des Agents
Problem	Eingehen der Vertragsbeziehung	Ergebnisbeurteilung	Verhaltens- (Leistungs-) beurteilung
Resultierende Gefahr	adverse selection	moral hazard	moral hazard shirking
Lösungsansätze	signalling screening self selection	Anreizsysteme Kontrollsysteme self selection	Anreizsysteme Kontrollsysteme

Abb. 4-6: Formen der Informationsasymmetrie

Unterschiedliche Problemtypen werden erkennbar, wenn man die Art der asymmetrischen Informationsverteilung zwischen Principal und Agent näher betrachtet. Dabei ist zu beachten, worauf sich die Unvollkommenheit der Information jeweils bezieht. Für die logisch exakte Analyse ist darüber hinaus

4. Kapitel: Verhaltenssteuerungsorientierte Systeme der KER

bedeutsam, ob die Informationsasymmetrie vor oder nach Vertragsabschluss zwischen Principal und Agent sowie vor oder nach der Entscheidung des Agents auftritt. Berücksichtigt man diese Aspekte, so lassen sich die in Abbildung 4-6 wiedergegebenen typischen Problemstellungen unterscheiden, die in den Fällen der **hidden characteristics**, **hidden information** und **hidden action** gesehen werden können.

In der Situation der **hidden characteristics** kennt der Principal die Eigenschaften des Agent vor Vertragsabschluss nicht. Ihm sind beispielsweise dessen Begabung und Fähigkeiten, Risikoeinstellung und Grad der Arbeitsaversion verborgen. Deshalb läuft er Gefahr, Verträge anzubieten, auf die sich nicht die geeigneten Personen z.B. für die Übernahme eines Bereichs oder einer Kostenstelle bewerben. Dieses Problem ist auf Informationsasymmetrien zurückzuführen, die schon ex ante, d.h. vor Vertragsabschluss bestehen. Sie werden als **adverse selection**-Risiken (Risiken einer nachteiligen Auslese) bezeichnet. Beide Vertragspartner können diesen Risiken entgegensteuern. So kann der Principal z.B. Personaleinstellungstests vorsehen, die seinen Informationsstand verbessern. Derartige Maßnahmen werden als **screening**, d.h. als Wissenserarbeitung, bezeichnet. Ferner kann er dem Agent mehrere Verträge anbieten, um von der Auswahl des Agent auf dessen Eigenschaften zu schließen. Dann erfolgt die Lösung über eine **self selection**, d.h. eine Selbstauslese. Beispielsweise wird ein in hohem Grade risikoscheuer Agent eher ein fixes als ein ergebnisabhängiges Gehalt bevorzugen. Auch der Agent kann ein Interesse daran haben, den Principal über seine Eigenschaften zu informieren. Solange nämlich der Principal seine Fähigkeiten nicht kennt, muss er sie als durchschnittlich einschätzen und ihm ein entsprechendes Vertragsangebot unterbreiten. Kann er dagegen von der höheren Qualifikation des Agent überzeugt werden, so ist ein für diesen besserer Vertrag erzielbar. Um dies zu erreichen, kann der Agent im Sinne eines **signalling**, d.h. einer Wissensübertragung, Informationen aussenden, durch die er den Principal von seinen Qualitätseigenschaften überzeugt. Eine solche Signalling-Funktion kann u.a. Zeugnissen (über Erfahrungen im Rechnungswesen anderer Firmen) zukommen.

Die **hidden information**-Situation zielt auf das Problem ab, dass der Agent im Zeitpunkt der Entscheidung einen Informationsvorsprung gegenüber dem Principal besitzt, den er zu seinem eigenen Vorteil gegen den Principal nutzen kann. Beim Vertragsabschluss weisen beide noch denselben Informationsstand auf. Danach erlangt der Agent zusätzliche Kenntnisse über die verfügbaren Entscheidungsalternativen beispielsweise bei Programm-, Verfahrens- und Preisentscheidungen oder die Wahrscheinlichkeitsverteilung der für sie relevanten Umweltzustände bzw. der mit ihnen erzielbaren Ergebnisse. Sie können sich u.a. aus den Erfahrungen ergeben, die er nach Vertragsabschluss durch seine Tätigkeit im betreffenden Bereich gewinnt, oder aus einer aktiven Suche nach Informationen für die anstehende Entscheidung. Da für ihn allein seine individuelle Nutzenmaximierung bestimmend ist, wird er sich lediglich in dem Ausmaß um Informationen bemühen und dem Principal nur solche Informationen weitergeben, wie es diesem Ziel dient. Deshalb kann der Principal nicht ohne weiteres mit einer aktiven

B. Principal-Agent-Ansätze

Informationssuche sowie einer wahrheitsgemäßen Berichterstattung rechnen. Er muss das mit der Entscheidung des Kosten- oder Erlösverantwortlichen erzielte Ergebnis beurteilen, ohne zu wissen, ob mit dessen Informationsstand bzw. durch die Suche nach weiteren Informationen niedrigere Kosten bzw. höhere Erlöse erreichbar gewesen wären. Das für ihn hieraus erwachsende Risiko betrifft eine bestehende Vertragsbeziehung und resultiert aus seinem Informationsnachteil gegenüber dem Agent. Derartige **ex post-Risiken** in Bezug auf den Vertragsabschluss bezeichnet man als **moral hazard**-Risiken, die ein verborgenes Handeln betreffen. Um ihnen zu begegnen, muss der Principal Anreize vereinbaren, welche den Agent zu intensiven Informationsanstrengungen und wahrheitsgemäßer Information veranlassen. Diese führen im Sinne der **self selection** dazu, dass der Agent von sich aus auch zum Nutzen des Principal handelt. Ferner kann der Principal **Kontrollsysteme** einrichten, mit denen er den Informationsstand des Agent besser erkennen kann, was jedoch Kosten verursacht.

Ein weiteres Problem kann darin liegen, dass der Principal zwar die Ergebnisse, aber nicht das **Handeln des Agent** beobachten kann. Er kann daher nicht feststellen, inwieweit z.B. die Höhe von Kosten bzw. Erlösen auf Umwelteinflüsse oder auf die Anstrengungen des betreffenden Bereichs- bzw. Stellenleiters zurückzuführen sind. In dieser **hidden action-** Situation sind der Informationsstand von Principal und Agent bei Vertragsabschluss und bis zum Entscheidungszeitpunkt gleich. Erst danach kommt es zu einer Informationsasymmetrie, weil der Principal im Unterschied zum Agent dessen Aktivitätsniveau nicht erkennen kann. Deshalb kann der Kosten- oder Erlösverantwortliche behaupten, unbefriedigende Ergebnisse seien auf die Umwelt und nicht auf seine mangelnden Anstrengungen zurückzuführen. Der Principal ist nicht in der Lage, das Verhalten beispielsweise eines Kostenstellenleiters und damit dessen Leistung zuverlässig zu beurteilen. Es besteht die Gefahr, dass sich der Agent um seine Arbeit 'drückt' (**shirking**). Ihr kann der Principal wiederum durch geeignete Anreiz- oder durch Kontrollsysteme entgegenwirken. Die Anreize müssen hierbei vertraglich so vereinbart werden, dass der Kosten- oder Erlösverantwortliche ein Interesse an Aktivitäten hat, die zu einem für den Principal besseren Ergebnis führen. Die mangelnde Beobachtbarkeit des Handelns und/oder des Informationsstands bewirkt das Risiko, dass der Agent individuelle Ziele zu Lasten des Principal im Sinne eines moral hazard verfolgt. Ihr muss der Prinicpal im Vertrag zu begegnen versuchen.

3. Standardmodell der Principal-Agent-Theorie

Für die Herleitung von Aussagen zur optimalen Gestaltung von Verträgen über Systeme zur Verhaltenssteuerung mit Hilfe von Anreizen, Kontrollen u.a. formuliert man in der Principal-Agent-Theorie Entscheidungsmodelle, die auf genau gekennzeichneten Prämissen beruhen. Das grundsätzliche Vorgehen kann an einem Standardmodell verdeutlicht werden, das sich auf eine **hidden action**-Situation bezieht. In ihr soll das **optimale Anreiz- oder Belohnungssystem** ausgewählt werden. Da der Principal nur das Ergebnis der Handlung des Agent, aber nicht diese selbst beobachten kann, versucht er, den Agent durch das Anreizsystem zu einem hohen Anstrengungsniveau zu veranlassen.

Der **Nutzen des Principal** G hängt ausschließlich von dem erzielten finanziellen Erfolg x (z.B. Zahlungsüberschuss, Cash Flow, Gewinn) abzüglich des an den Agent zu zahlenden Anteils s(x) ab:

$$G(x - s(x))$$

In dieser Nutzenfunktion des Principal schlägt sich die **Risikoeinstellung** nieder. Sofern der Principal risikoneutral oder risikoscheu ist, gilt[80]

$$G'(x - s(x)) > 0$$

und

$$G''(x - s(x)) \leq 0.$$

Vielfach geht man von einem risikoneutralen Principal mit einer linearen Nutzenfunktion aus.

Für die **Nutzenfunktion H des Agent** unterstellt man im Allgemeinen, dass sie in zwei Bestandteile U und V additiv separierbar ist. Sein Nutzen H hängt von der erhaltenen monetären Belohnung s(x) ab und wird durch das von ihm empfundene **Arbeitsleid** a vermindert. Wenn U und V die jeweilige Nutzenwirkung angeben, erhält man für den Agent die Nutzenfunktion:

$$H(s(x), a) = U(s(x)) - V(a)$$

Der Nutzen aus der Belohnung nimmt linear oder unterlinear zu (U'> 0 und U''≤ 0), das Arbeitsleid mit wachsender Anstrengung überlinear (V'> 0 und V''> 0). Der Agent wird als risikoneutral oder in den meisten Fällen als risikoscheu angenommen.

Der **Principal** muss für die Bestimmung eines optimalen Anreizsystems ein **Entscheidungsproblem** lösen. Dabei will er seinen Erwartungsnutzen

$$\max_{s(x)} E[G(x - s(x))]$$

maximieren, muss jedoch das erwartete Handeln des Agent über Nebenbedingungen einbeziehen. Diese betreffen zum einen dessen Bereitschaft zum Vertragsabschluss und damit zur Mitwirkung. Man bringt sie in einer **Kooperationsbedingung** oder *participation constraint* zum Ausdruck, nach welcher der Erwartungsnutzen E[H] des Agent zumindest so groß wie ein anderweitig erzielbarer *Reservationsnutzen* H sein muss:

$$E[H(s(x), a)] \geq H$$

Durch sie wird eine Mindestentlohnung des Agent festgelegt, die durch den Arbeitsmarkt für dieselbe Qualifikation bestimmt sein kann. Über sie wird ansatzweise ein Marktbezug hergestellt.

Zum anderen muss der Principal beachten, dass der Agent dasjenige Anstrengungsniveau a' realisiert, bei dem er seinen individuellen Nutzen maximiert. Deshalb gilt die weitere Nebenbedingung[81]

---

[80] Vgl. HOLMSTRÖM, B. (Moral Hazard), S. 76.

B. Principal-Agent-Ansätze

$$a = \operatorname*{argmax}_{a' \in A} E[H(s(x), a')]$$

Diese Nebenbedingung ist notwendig, weil der Principal nur das Ergebnis, aber nicht die es bewirkende Anstrengung des Agent beobachten kann. Sie gibt die moral hazard-Situation wieder und wird auch als **incentive compatibility constraint** bezeichnet. Der Principal muss dem Agent einen Anreiz geben, das unter diesen beiden Nebenbedingungen beste Anstrengungsniveau zu wählen.

Für die von beiden zu treffenden Entscheidungen und damit den Vertragsabschluss sind ihre **Erwartungen** maßgebend. Der zu diesem Zeitpunkt gleiche Informationsstand drückt sich darin aus, dass beide dasselbe Wahrscheinlichkeitsurteil für die Abhängigkeit des Ergebnisses von Arbeitsleid bzw. Anstrengung a besitzen. Diese wird durch die bedingte Dichtefunktion $f(x|a)$ wiedergegeben, die bezüglich a differenzierbar sei. Dabei wird unterstellt, dass sich die zugehörige Verteilungsfunktion $F(x|a)$ mit zunehmendem a nach rechts verschiebt. Mit der Dichte $f(x|a)$ kann man die jeweiligen Erwartungswerte bestimmen und das **Optimierungsproblem** wie folgt formulieren:

$$\max_{s(x)} \int G(x - s(x)) \cdot f(x|a) \, dx$$

unter den Nebenbedingungen

$$\int H(s(x), a) \cdot f(x|a) \, dx \geq H$$

und

$$a = \operatorname*{arg\,max}_{a' \in A} \int H(s(x), a') \cdot f(x|a') \, dx$$

Zur Analyse des Modells und seiner Lösung fragt man, welchen Erfolg der Principal im besten Fall erzielen kann. Dieser wäre erreichbar, wenn der Principal die Anstrengung des Agent beobachten könnte und damit die zweite Nebenbedingung nicht berücksichtigt werden müsste. Diese Lösung wird als **First-Best-Lösung** bezeichnet und kann mit Hilfe eines Lagrange-Ansatzes hergeleitet werden. Man erhält dann

$$G'(x - s(x)) = \lambda U'(s(x)) . \qquad (4\text{-}2)$$

Die **incentive compatibility constraint** erfordert, dass $s(x)$ streng monoton wachsend in x ist. Daher wird nach (4-2) der Agent umso besser bezahlt und erhält der Principal umso mehr, je höher der Erfolg ausfällt.

Der Lagrange-Multiplikator λ kann als Opportunitätskostensatz interpretiert werden, den der Principal wegen des Vertragsverhältnisses bezahlen muss. Er könnte nämlich sein Ergebnis verbessern, wenn er den Vertrag nicht eingehen müsste. Hierbei handelt es sich um spezielle Transaktionskosten.

---

[81] Der Operator $\operatorname{argmax}_{a' \in A}$ liefert dasjenige Argument $a' \in A$, das den Operand (hier den erwarteten Nutzen) maximiert.

Da der Principal jedoch die Handlungen des Agent nicht beobachten kann, wird auch die zweite Nebenbedingung wirksam. Damit gelangt man zu der **Second-Best-Situation**. Die Lösung dieses Optimierungsproblems hängt von der Art der Risikonutzenfunktionen G, U und V sowie der Anreizfunktion s ab. Für sie werden verschiedene algebraische und graphische Verfahren[82] herangezogen.

Ein wichtiges **qualitatives Ergebnis** für das Modell der hidden-action-Situation liegt darin, dass in den Fällen, in denen einer von beiden risikoscheu und der andere risikoneutral ist, das Risiko eher von dem risikoneutralen Vertragspartner zu tragen ist. Deshalb nimmt das optimale Anreizsystem im Fall eines **risikoneutralen Agent** bei risikoscheuem Principal die Gestalt

$$s(x) = x - F$$

an. Dann erhält der Principal ein vereinbartes Fixum in Höhe von F, während dem Agent der risikobehaftete Überschuss zufließt. Dies entspricht beispielsweise der **Verpachtung** oder dem **Verkauf** einer (Teil-) Unternehmung an Manager sowie der Vereinbarung eines **Festpreises** bei Auftragsfertigung[83]. Im umgekehrten Fall muss der risikoneutrale Principal dem **risikoscheuen Agent** eine **fixe Vergütung** in Höhe des Mindestreservationsnutzens H bezahlen. Dafür übernimmt er das volle Risiko und steht ihm der Überschuss x - H zu. Jedoch gehen von einem Fixum keine Anreizwirkungen auf den Agent aus. Damit ist in diesem Fall wie bei **Risikoscheu** beider Vertragspartner **keine perfekte Risikoteilung** möglich ist. Dem Agent muss ein Anreiz dafür gewährt werden, dass er sich anstrengt und hierdurch ein für beide besseres Ergebnis x erzielt. Damit ist die Second-Best- schlechter als die First-Best-Lösung. Deshalb muss es zu einem **Ausgleich** zwischen **Risikoteilung** und **Motivation** kommen.

> Die Risikoneigung beider Vertragspartner beeinflusst somit die Struktur des optimalen Anreizsystems.

Je geringer die Risikoscheu des Agent, desto eher sind ergebnisbezogene Anreize geeignet, seine Anstrengung zu steigern. Mit zunehmender Risikoscheu des Agent gewinnen dagegen verhaltensbezogene Bestandteile in Anreizsystemen an Bedeutung, weil dann ergebnisbezogene Anreize die Risikoteilung für den Principal verteuern. In umgekehrter Weise wirkt die Risikobereitschaft des Principal. Ferner hängt die Lösung von der Beeinflussbarkeit des Ergebnisses durch die Anstrengung des Agent ab.

II. Anwendung von Principal-Agent-Modellen auf wichtige Verhaltenssteuerungsprobleme der Kosten- und Erlösrechnung

Eine mit Modellen der Agencytheorie intensiv behandelte Fragestellung besteht darin, ob und wie sich das Verhalten von Bereichsleitern über die Zurechnung von Gemeinkosten steuern lässt. Dabei geht man von einer divisio-

---

[82] Vgl. HOLMSTRÖM, B. (Moral Hazard), S. 77; LAUX, H. (Risiko), S. 42 ff.
[83] Vgl. LAUX, H. (Risiko), S. 78.

nalen Organisation aus, bei der eine Zentrale (Principal) einem oder mehreren Bereichen gegenübersteht. Die Entlohnung der Bereichsleiter als den Agents ist an die Bereichsgewinne gekoppelt. Sie müssen in der Regel in ihren Divisionen zumindest ein Gut einsetzen, das von der Zentrale bereitgestellt wird. Dabei kann es sich einmal um 'private' Güter wie begrenzt verfügbare EDV-Kapazität, Kapital usw. handeln, deren Verwendung auf einzelne Bereiche begrenzbar ist (Ausschlussprinzip) und bei denen jede Einheit nur von einem Bereich genutzt werden kann (Rivalität im Verbrauch). Zum andern können die Bereiche 'öffentliche' Güter wie z.B. F&E-Erkenntnisse oder Marktinformationen beziehen, die allen frei zur Verfügung stehen. Hier beeinträchtigt die Verwendung in einem Bereich die Nutzbarkeit im anderen nicht.

Die Steuerung kann vor allem auf zwei Verhaltensweisen der Bereichsleiter und damit der Bereiche gerichtet sein:
- die Informationen der Bereiche an die Zentrale sowie
- den Verbrauch der zentral bereitgestellten Einsatzgüter.

Wegen ihrer unvollkommenen Information und der Informationsasymmetrie benötigt die Zentrale bei ihren Entscheidungen über die von ihr zu beschaffenden und bereitzustellenden Güter **Informationen** über den Bedarf **der Bereiche**. Da Interessendivergenzen bestehen, kann sie nicht ohne weiteres damit rechnen, dass die Bereiche wahrheitsgemäß über ihren Bedarf bzw. ihre darauf gerichteten Erwartungen berichten. Deshalb ist das Belohnungssystem so zu gestalten, dass es eine korrekte Berichterstattung fördert. Ferner sollen die Anreize die Entscheidungen der Bereiche über ihre Produktion und den Gütereinsatz beeinflussen, insbesondere auch den Einsatz der zentral verfügbaren Faktoren. Man will sie nach Möglichkeit so steuern, dass die Verfolgung der Bereichsgewinne zugleich zum Optimum der Gesamtunternehmung führt.

> Die Suche nach geeigneten Anreizmechanismen wird vielfach mit der Frage nach der **Zweckmäßigkeit von Voll- oder Teilkosteninformationen** verbunden. Die abgeleiteten Ergebnisse werden dann als Gesichtspunkte interpretiert, welche die Anwendung von Systemen der Vollkostenrechnung erklären und stützen könnten.

Ein wichtiger Auslöser für diese Untersuchungen war ein Beitrag von JEROLD L. ZIMMERMAN, der 1979 erschienen ist. Im Folgenden werden die in ihm enthaltenen Modelle sowie ein Ansatz von DIETER PFAFF als Beispiele für die Vorgehensweise dargestellt.

1. Gemeinkostenumlage zur Reduktion überhöhter Gütereinsätze

In dem ersten Modell unterstellt ZIMMERMAN, dass der Leiter eines Bereichs in Abhängigkeit von dessen monetärem Erfolg entlohnt wird. Dieser Agent entscheidet über die Einsatzmenge eines Gutes, das nicht über die Zentrale bezogen werden muss. Die Besonderheit liegt vielmehr darin, dass dieses Einsatzgut dem Bereichsleiter gleichzeitig die Möglichkeit zum **Konsum**

nicht-monetärer Vorteile bietet. Beispielsweise könnten die im Bereich eingesetzten finanziellen Mittel, die Zahl der Mitarbeiter oder die Ausstattung mit Anlagen das im Modell betrachtete Einsatzgut bilden. Die Finanzierungsmittel kann der Bereichsleiter auch dazu verwenden, um sein Büro entsprechend zu gestalten. Die Ausstattung mit Personal und/oder Anlagen können dem Streben des Managers nach Bedeutung entgegenkommen und hierdurch seinen Nutzen steigern. Wenn ein derartiger Konsum für ihn außerhalb der Unternehmung unmöglich oder im Vergleich zum internen Konsum wesentlich teurer ist, wird der Bereichsleiter gegenüber der für den Bereich (und die Gesamtunternehmung) gewinnmaximalen Menge das Gut in zu großem Maß einsetzen, es 'überkonsumieren'.

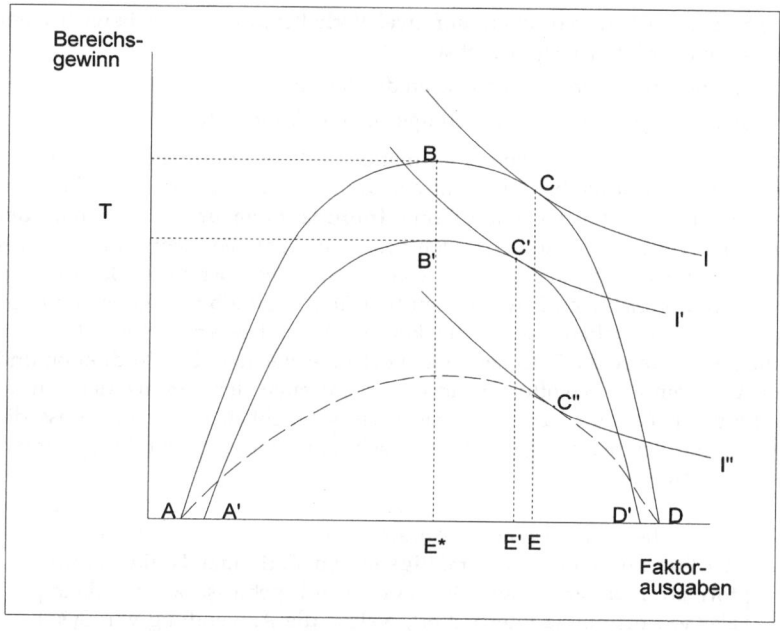

Abb. 4-7: Gemeinkostenumlage und Managerverhalten

Dieser Zusammenhang lässt sich anhand von Abbildung 4-7 formalisieren. Die **Gewinnfunktion des Bereichs** wird durch die Kurve ABCD in Abhängigkeit von den Auszahlungen für das Einsatzgut wiedergegeben. Ihr könnten z.B. eine aus einer fallenden Preis-Absatzfunktion hergeleitete Erlösparabel und eine lineare Funktion der variablen Kosten zugrunde liegen. Das Gewinnmaximum für den Bereich und die Unternehmung liegt dann bei der Einsatzmenge E*. Maßgebend für das am individuellen Nutzen orientierte Verhalten des Bereichsleiters ist der Verlauf der Indifferenzkurven, welche die Gewichtung seines monetären Nutzens aus der gewinnabhängigen Entlohnung und seines nicht-monetären Nutzens aus dem Einsatzgut wiedergeben. Da der Konsum aus dem Einsatzgut nicht außerhalb der Unternehmung getätigt werden kann, sind Bereichsgewinn und Einsatzgut in der Nutzenfunktion des Agent substituierbar. Deshalb sind die Indifferenzkurven nicht

B. Principal-Agent-Ansätze

waagrecht, sondern dürften konvex zum Ursprung verlaufen. Daraus folgt, dass die für den Nutzen des Bereichsleiters optimale Menge des Einsatzgutes größer als diejenige für die Unternehmung ist. Sein Optimum liegt in Abbildung 4-7 bei Punkt C, die zugehörige Einsatzmenge bei E.

Um den Bereichsleiter stärker auf das Gewinnziel auszurichten, schlägt ZIMMERMAN eine **Verteilung von Gemeinkosten** der Zentrale vor. Durch eine Umlage in Höhe des konstanten Betrags von T verringert sich der Bereichsgewinn entsprechend der Kurve A'B'C'D'. Für den Bereichsleiter ist jetzt der Punkt C' optimal, wodurch die Einsatzmenge auf E' zurückgeht. Damit ist ein für die Gesamtunternehmung besseres Ergebnis erreicht. Ein Zuschlag, der den Bereichsleiter zur Optimallösung B mit der Einsatzmenge E* führt, ist nicht möglich[84].

Die Verschiebung der Lösung in Richtung auf B hängt vom Verlauf der Indifferenzkurven des Bereichsleiters ab. Wären sie genau parallel, so würde sich der Tangentialpunkt nur senkrecht nach unten verschieben, und die Einsatzmenge E bliebe konstant. Würden die Indifferenzkurven zum Ursprung hin steiler fallen, käme es sogar zu einer Erhöhung der Einsatzmenge (Punkt C"). Maßgeblich für die Steuerungswirkung der Umlage ist daher die Annahme, dass die Indifferenzkurven zum Ursprung hin flacher verlaufen. Dies wird als plausibel angesehen, weil mit abnehmendem Indifferenzkurvenniveau der Bereichsgewinn sowie die davon abhängige Entlohnung sinken und damit gegenüber den nicht-monetären Aspekten an Bedeutung gewinnen.

Eine **gewinnabhängige Gemeinkostenumlage** entsprechend dem **Tragfähigkeitsprinzip** führt zu einer Funktion der Bereichsgewinne, die entsprechend der gestrichelten Kurve AC"D verläuft. Ist die für sie relevante Indifferenzkurve I" parallel zur ersten Indifferenzkurve I', erhöht sich die Menge des Einsatzgutes. Mit einem solchen Anreizsystem wird also möglicherweise sogar eine Verschlechterung erreicht. Eine konstante Umlage erscheint auch bei nach unten flacher werdenden Indifferenzkurven überlegen. Die aus diesem Modell abgeleitete Begründung einer pauschalen Gemeinkostenumlage kann aus verschiedenen Gründen nicht überzeugen[85]. Sie untermauert nur qualitativ die Zweckmäßigkeit einer solchen Umlage und ihre Vorteilhaftigkeit gegenüber einer am Tragfähigkeitsprinzip orientierten Umlage. Das Modell kann aber nicht zeigen, wie hoch die Umlage sein sollte. Auch wird nicht gezeigt, warum die Anreizwirkung durch eine Gemeinkostenumlage erfolgen sollte. Durch eine beliebige Sollvorgabe oder den Abzug eines festen Betrags vom Gehalt des Managers könnte dieselbe Wirkung erzielt werden. Zudem ist die direkte und ausschließliche Verknüpfung seines nicht-monetären Nutzens mit dem Einsatzgut eine zu enge Annahme.

2. Gemeinkostenumlage für die Inanspruchnahme einer zentralen Leistung

Ein mehrfach untersuchtes Problem liegt darin, welche Kosten dezentralen Einheiten für die Nutzung einer zentral bereitgestellten Leistung berechnet

---

[84] Vgl. ZIMMERMAN, J.L. (Allocation), S. 509.
[85] Vgl. PFAFF, D. (Kostenrechnung), S. 101 f.

4. Kapitel: Verhaltenssteuerungsorientierte Systeme der KER

werden sollen. Während man zu ihrer Beantwortung in planungsorientierten Rechnungen nach Möglichkeiten einer verursachungsgemäßen Zurechnung und einer Berücksichtigung von Interdependenzen in Opportunitätskosten wie variablen Abschreibungen, Zinsen u.ä.[86] sucht, geht es in verhaltenssteuerungsorientierten Systemen um die Frage, mit welchem Anreizsystem die Bereiche zu einer gesamtzieloptimalen Nutzung derartiger Güter veranlasst werden können.

Das methodische Vorgehen kann an einem mikroökonomischen Modell verdeutlicht werden, das ebenfalls von ZIMMERMAN entwickelt worden ist[87]. Er unterstellt in ihm eine divisionale Organisation, deren Bereiche einen gemeinschaftlichen Produktionsfaktor nutzen. Seine Grundidee liegt darin, die **Opportunitätskosten** dieses Gutes, für das keine variablen Kosten anfallen, **durch eine Gemeinkostenumlage zu approximieren**[88].

Bei dem über die Zentrale beschafften und den Bereichen bereitgestellten Einsatzgut kann es sich z.B. um eine von der Zentrale für einen festen Betrag zu mietende Telefonleitung handeln. Die Opportunitätskosten ihrer Nutzung durch die Bereiche lassen sich nur schwer exakt prognostizieren und ermitteln. Sie sind dann größer als Null, wenn die Leitung durch einen Bereich so ausgelastet wird, dass andere Bereiche mit ihren Gesprächen warten oder wegen Ausweichen auf das öffentliche Netz reguläre Telefongebühren bezahlen müssen. Daraus kann man schließen, dass sie zwischen Null bei Unterauslastung und den regulären Gebühren bei Vollauslastung liegen.

Zur Analyse dieses Problems wird eine Unternehmung unterstellt, die in verschiedenen Bereichen i mehrere Produkte erzeugt. Für die Fertigung sind zwei unmittelbar outputabhängige Güter, z.B. **menschliche Arbeit** r_1 und Material r_2, und ein gemeinsam genutztes Gut S, z.B. die Nutzung der Telefonleitung, einzusetzen. Die Preise seien bei allen Gütern gegeben, so dass eine kostenminimale Produktion angestrebt wird. Die Menge des zentral bereitgestellten Gutes, die ein Bereich benötigt, sei proportional zur benötigten Arbeitsmenge. Beispielsweise kann die Notwendigkeit von Telefonaten ansteigen, je mehr und je intensiver Mitarbeiter in dem Bereich beschäftigt sind. Die verfügbare Menge des gemeinschaftlich genutzten Gutes sei kurzfristig fix, seine Kapazität könne nur über die Perioden hinweg verändert werden.

Da die Zentrale auch für den Absatz zuständig ist, gibt sie den Bereichen die von ihnen zu fertigenden Mengen vor. Diese versuchen auf Basis ihrer Produktionsfunktionen

$$x_i = f_i(r_{1i}, r_{2i})$$

und der Einsatzgüterpreise q_1 und q_2 ihre jeweiligen Bereichskosten K_i zu minimieren. Wenn die Produktionsfunktion für die beiden Einsatzgüter Arbeit und Material substitutional ist, versuchen die Bereiche jeweils ihre **Minimalkostenkombination** zu erreichen. Die Verfolgung dieser Zielsetzung

---

[86] Vgl. Kapitel 3., Abschnitt A.IV., S. 238 ff.
[87] Vgl. ZIMMERMAN, J.L. (Allocation).
[88] Vgl. auch PFAFF, D. (Kostenrechnung), S. 82 ff.

B. Principal-Agent-Ansätze

wird unterstellt, auch wenn in dieses Modell keine an den Bereichsgewinn gekoppelte Anreizfunktion der Bereichsleiter explizit eingebaut ist.

Der Zentrale stellt sich damit die Frage, ob die Bereiche durch den Ansatz von Kosten für das gemeinschaftlich genutzte Gut auf die für die gesamte Unternehmung optimale Einsatzgüterkombination hin gesteuert werden können. Hierfür bieten sich als typische Fälle die **kostenlose Bereitstellung** des Gemeinschaftsgutes und ein zur eingesetzten Arbeitsmenge proportionaler Zuschlag an. Im ersten Fall minimieren die Bereiche Kostenfunktionen der Art

$$K_i = q_1 r_{1i} + q_2 r_{2i}.$$

Bei einer **Gemeinkostenumlage** kommt zu dem Preis q_1 für die menschliche Arbeit ein Zuschlag z für das Gemeinschaftsgut. Er hängt von der im Voraus festzulegenden Kapazität dieses Gutes ab, also beispielsweise der zu mietenden Telefonleitung. Wenn die Unternehmung den Kapazitätsbedarf α je Arbeitseinheit kennt, richten sich ihre Kapazitätsentscheidung und die Gemeinkosten nach den Summen der geplanten Arbeitsmengen r_{1i}^p der Bereiche. Der Zuschlag ergibt sich, indem man die hier vereinfachend als zur gesamten Arbeitsmenge proportional angenommenen Gemeinkosten durch diese Planmenge dividiert:

$$z = \frac{q_z \alpha \sum_i r_{1i}^p}{\sum_i r_{1i}^p} = q_z \alpha \qquad (4\text{-}3)$$

Dabei sei q_z der Preis für eine Kapazitätseinheit des zentral beschafften Gutes. Über die Höhe des Zuschlagssatzes werden die Bereichsleiter zu Periodenbeginn informiert. Bei ihren Entscheidungen gehen sie dann von der zu minimierenden Kostenfunktion

$$K_i = (q_1 + z) r_{1i} + q_2 r_{2i}$$

aus. Die **unterschiedlichen Verhaltenssteuerungswirkungen** lassen sich an Abbildung 4-8 veranschaulichen, welche die Bestimmung der Minimalkostenkombination aus der Isoquante (x*) und Isokostenlinien wiedergibt[89].

Da bei konstanten Preisen im Optimum das Verhältnis der Grenzproduktivitäten dem Verhältnis der Preise entsprechen muss, orientieren sich die Bereiche **ohne Umlage** an der Bedingung (Punkt S)

$$\frac{df_i/dr_{1i}}{df_i/dr_{2i}} = \frac{q_1}{q_2}.$$

Im Falle eine **Gemeinkostenumlage** ist diese Bedingung lediglich um den Zuschlag z als Preisbestandteil für Arbeit erweitert:

$$\frac{df_i/dr_{1i}}{df_i/dr_{2i}} = \frac{q_1 + z}{q_2} \qquad (4\text{-}4)$$

---

[89] Vgl. auch SCHWEITZER, M./KÜPPER, H.-U. (Produktionstheorie), S. 98 ff.

4. Kapitel: Verhaltenssteuerungsorientierte Systeme der KER

Der Zuschlag für das Gemeinschaftsgut wirkt wie eine **Preiserhöhung des Faktors Arbeit**. Da dieses Modell von substituierbaren Einsatzgütern ausgeht, werden die Bereiche also im Falle einer Gemeinkostenumlage Arbeit durch Material ersetzen (Punkt T).

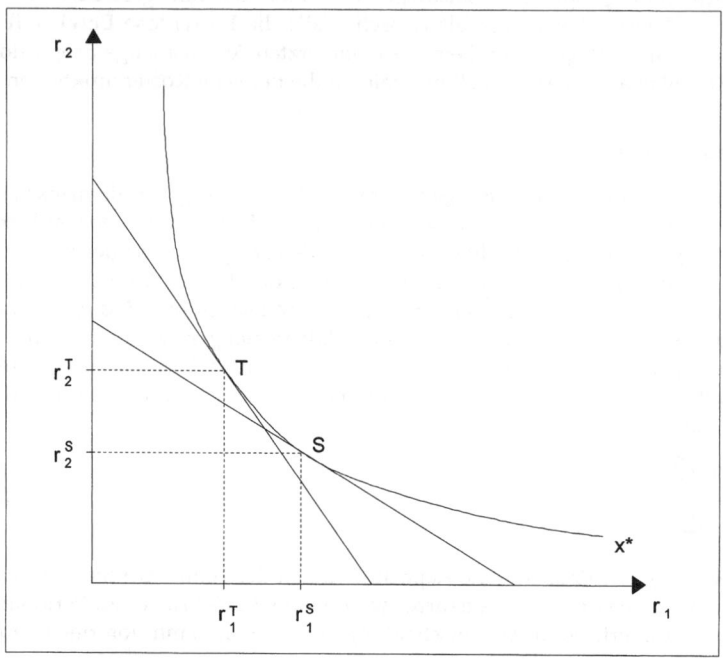

Abbildung 4-8: Minimalkostenkombination mit und ohne Zuschlagskalkulation

Um die **Zweckmäßigkeit der beiden Verfahren** zu beurteilen, sind ihre Lösungen, die Punkte T und S in Abbildung 4-8, mit der aus Sicht der Zentrale optimalen Lösung zu vergleichen. Hierzu unterstellt man **vollkommene Information der Zentrale**. Diese minimiert die Kosten aller Bereiche und des Gemeinschaftsgutes

$$K = \sum_i q_1 r_{1i} + \sum_i q_2 r_{2i} + q_z a \sum_i r_{1i}$$

unter Beachtung der Produktionsfunktionen

$$x_i^* = f_i(r_{1i}, r_{2i}) \quad \text{für alle Bereiche } i.$$

Als Ergebnis erhält man eine Optimalitätsbedingung, welche sich mit Hilfe von Gleichung (4-3) in die Bedingung (4-4) bei Gemeinkostenumlage überführen lässt:

$$\frac{df_i/dr_{1i}}{df_i/dr_{2i}} = \frac{q_1 + q_z \alpha}{q_2} = \frac{q_1 + z}{q_2}$$

An die Stelle des Zuschlagssatzes z ist die Ableitung der Kostenfunktion für das Gemeinschaftsgut nach der Arbeitsmenge getreten, die bei konstantem

B. Principal-Agent-Ansätze

Einsatzpreis und proportionaler Abhängigkeit von der Absatzmenge dem Produkt $q_z \alpha$ entspricht. Diese Bedingung enthält damit die tatsächlichen **Grenzkosten von Arbeit** und nicht die durchschnittlichen Kapazitätskosten. Sie liefert die **First-best-Lösung** im Sinne der Agency-Theorie.

Besitzt die Zentrale jedoch **keine vollkommene Information**, so wird die optimale Lösung nur dann erreicht, wenn sie den Arbeitseinsatz der Bereiche richtig prognostiziert. Andernfalls stimmen Grenz- und Durchschnittskosten für die eingesetzte Arbeit einschließlich dem Gemeinschaftsgut nicht überein. Dabei können **zwei Fälle** auftreten:

(1) Die bei vollkommener Information optimale Menge ist größer als in der Prognose der Zentrale.

Dann sind die Grenzkosten für den Gemeinschaftsfaktor höher als der Zuschlagssatz z. Da der gesamte Preis $q_1 + z$ auf Arbeit zu niedrig ist, werden im Vergleich zur First-best-Lösung zuviel Arbeit eingesetzt und das zentrale Gut überbeansprucht. Dieser **'Überkonsum'** ist aber geringer als bei einer kostenlosen Bereitstellung des Gemeinschaftsgutes. Insofern führt eine Verteilung der Gemeinkosten zu einer besseren Lösung als ein Verzicht auf jede Umlage.

(2) Die bei vollkommener Information optimale Menge ist kleiner als in der Prognose der Zentrale.

Dann ist der Zuschlag im Vergleich zur First-best-Lösung zu hoch und wird Arbeit zu sehr durch Material substituiert. Das zentrale Gut wird **zu wenig ausgelastet**. Jedoch führt auch der Verzicht auf jede Umlage nicht zur optimalen Lösung, da bei ihm der Preis für die eingesetzte Arbeit zu niedrig ist. Welche der beiden Extremlösungen besser ist, hängt vom Verlauf der Grenzkosten für das Gemeinschaftsgut ab. In diesem Fall wäre es zweckmäßig, lediglich einen Teil der Gemeinkosten umzulegen.

Diese Modellüberlegungen sprechen dafür, dass eine Verteilung von Gemeinkosten bei unvollkommener Information und dezentraler Entscheidung als Approximation von Opportunitätskosten interpretierbar ist. Sie ermöglicht jedoch nur zufällig die bei vollkommener Information optimale Lösung. Mit diesem Modell lassen sich demnach lediglich **erste qualitative Einsichten** gewinnen. Es liefert keinen Ansatzpunkt dafür, wie eine gesamtzielorientierte Verteilung von Gemeinkosten oder ggf. eine Vorgabe von Soll-Deckungsbeiträgen vorzunehmen wäre. Der Zusammenhang zwischen den Kosten der Kapazitätserrichtung, also der Investition, und den Kosten der Kapazitätsnutzung wird nicht abgebildet.

3. Gemeinkostenumlage zur Beeinflussung der Informationsübermittlung dezentraler Bereiche

Bei dezentralisierter Entscheidungsfindung und asymmetrischer Information tritt das Problem auf, welche Informationen die Bereiche über ihre genauere Kenntnis beispielsweise der Marktentwicklung und die eigenen Erwartungen an die Zentrale übermitteln. Unter den in der Agencytheorie üblichen Prämissen ist ihre **Informationspolitik** auf die Maximierung des **eigenen Nutzens** gerichtet, wobei sie im Sinne eines opportunistischen Verhaltens auch zum 'Schummeln' bereit sind. Deshalb wird untersucht, welche Anreizsysteme eine wahrheitsgemäße Berichterstattung bewirken könnten[90]. Die Problemstellung und die Vorgehensweise lassen sich an einem **Ein-Perioden-Modell** von PFAFF nachvollziehen[91].

In ihm wird eine Unternehmung betrachtet, in der die Zentrale wie im obigen Fall über die Beschaffung eines Gutes entscheidet, das von den Bereichen genutzt wird. Dabei soll es sich um ein öffentliches Gut handeln[92]. Die Untersuchung betrifft weniger die Frage der Nutzung des **Gemeinschaftsgutes**, sondern konzentriert sich auf das Informationsproblem. Für die Investitionsentscheidung ist die Zentrale auf Informationen der Bereiche angewiesen, die aufgrund eigener Beobachtungen (z.B. durch Marktforschung) die Wahrscheinlichkeiten ihrer künftigen Gewinne besser abschätzen können. Jedoch muss die Zentrale damit rechnen, dass die Bereiche falsch berichten, um den eigenen Gewinn zu erhöhen. Deren Zielsetzung liegt in der Maximierung der Bereichsgewinne, von denen die Prämienzahlungen an die Bereichsleiter abhängen. Zur Vereinfachung der Analyse wird daneben unterstellt, dass die Bereichsleiter kein Arbeitsleid empfinden und wie die Zentrale risikoneutral sind. Deshalb rechnen beide mit den Erwartungswerten der Gewinne.

Im Modell bezeichnet r die von der Zentrale beschaffte Menge (Kapazität) des Gemeinschaftsgutes, die allen Bereichen zur Verfügung steht, K die Kosten dieses Gemeinschaftsgutes und Z_i die dem Bereich i zugerechneten Gemeinkosten für das Gemeinschaftsgut. Vereinfacht wird angenommen, dass sowohl die Kosten K des Gemeinschaftsgutes als auch die erwarteten Bereichsgewinne g_i von der insgesamt beschafften Menge des öffentlichen Gutes abhängen. Die Kostenfunktion habe eine positive Steigung ($K'(r) > 0$). Die Erwartungswerte der Gewinne $g_i(r)$ sollen mit steigender Einsatzmenge r degressiv wachsen, ihre erste Ableitung ist also fallend.

Ein wichtiger Tatbestand liegt darin, dass nur die Bereiche die **tatsächlichen** Gewinnerwartungen $g_i(r)$ kennen, während die Zentrale annahmegemäß von den **gemeldeten** Gewinnerwartungen $\hat{g}_i(r)$ ausgeht. Da ein öffentliches Gut vorliegt, hängen die Bereichsgewinne von der Gesamtmenge r und nicht von ihren jeweils genutzten Teilmengen ab.

Um die Anreizwirkungen unterschiedlicher Verfahren zur Behandlung der Kosten des Gemeinschaftsgutes zu untersuchen, sind die Entscheidungsprobleme der Zentrale und der Bereiche abzubilden. Die **Zentrale** maximiere im Vertrauen auf die Bereichsmeldungen den **Gewinnerwartungswert der gesamten Unternehmung**:

$$\max_r \sum_i \hat{g}_i(r) - K(r) \qquad (4\text{-}5)$$

Für die **optimale Beschaffungsmenge** des Gemeinschaftsgutes r* ergibt sich hieraus als **notwendige Bedingung**:

---

[90] Vgl. u.a. EWERT, R. (Controlling); KRAHNEN, J.P. (Kostenschlüsselung); KÜPPER, H.-U. (Controlling), S. 203 ff.
[91] Vgl. PFAFF, D. (Kostenrechnung), S. 182 ff.
[92] Vgl. Kapitel 4., Abschnitt B.I.3., S. 624 ff.

B. Principal-Agent-Ansätze

$$\sum_i \hat{g}_i{}'(r^*) = K'(r^*) \qquad (4\text{-}6)$$

Sie besagt, dass im Optimum die Summe der auf Basis der Bereichsinformationen erwarteten **Grenz-Bereichsgewinne** vor anteiligen Kosten für das Gemeinschaftsgut dessen **Grenzkosten** gleich sind. Nimmt man zwei Bereiche an, so lässt sie sich entsprechend Abbildung 4-9 veranschaulichen.

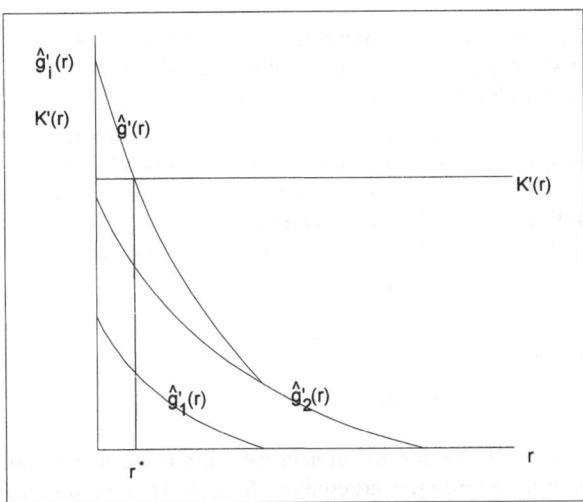

Abb. 4-9: Ermittlung der Faktormenge r* auf Basis der Managerberichte

In ihr sind die Kurven der an die Zentrale gemeldeten erwarteten Grenzgewinne der Bereiche vertikal addiert. Aus dem Schnittpunkt der sich ergebenden Kurve für $\hat{g}'(r) = \sum_i \hat{g}_i{}'(r)$ mit der Grenzkostenkurve $K'(r)$ erhält man die **optimale Menge** r^*.

Jeder **Bereich** i maximiert entsprechend den Prämissen die Differenz zwischen erwartetem Bereichsgewinn $g_i(r)$ und der Umlage für das Gemeinschaftsgut $Z_i(r)$. Seine einzige **Entscheidungsvariable** ist dabei die **Meldung des erwarteten Gewinnes** $\hat{g}_i(r)$. Antizipiert der Bereichsmanager das Verhalten der Zentrale, kann er durch seine Meldung die bereitgestellte Menge r des Gemeinschaftsgutes beeinflussen. Die Formulierung des Optimierungsproblems des Bereichs i geht von einer direkten Beeinflussbarkeit von r aus:

$$\max_r g_i(r) - Z_i(r) \qquad (4\text{-}7)$$

In dieser Schreibweise bringt $Z_i(r)$ zum Ausdruck, dass die Gemeinkostenzurechnung in Abhängigkeit von der bereitgestellten Gesamtmenge des öffentlichen Gutes erfolgt. Im Unterschied zur Zentrale betrachtet jeder Bereich also nur seinen Gewinn sowie die Umlage. Dabei verwendet er seine Informationen über die tatsächlichen Gewinnerwartungen $g_i(r)$, während die Zentrale annahmegemäß möglicherweise verfälschte Gewinnerwartungen $\hat{g}_i(r)$ zugrunde legt. Bei der Meldung ihrer Gewinnerwartungen antizipieren die Bereichsleiter das Entscheidungsverhalten der Zentrale. Deshalb maximieren sie ihre Zielfunktion (4-7) unter Beachtung der Nebenbedingung:

$$\sum_i \hat{g}_i'(r) = K'(r) \qquad (4\text{-}8)$$

Als notwendige Bedingungen für die Bereichsmaxima erhält man aus (4-8):

$$g_i'(r^*) = Z_i'(r^*) \qquad (4\text{-}9)$$

Für Bereich i ist also die Einsatzmenge r* optimal, bei der sein tatsächlich erwarteter Grenzgewinn der Grenzumlage für das Gemeinschaftsgut unter Einhaltung der Nebenbedingung (4-8) entspricht.

Im Hinblick auf den **Anreiz der Bereiche zur Falschberichterstattung**, also zum 'Schummeln', ist zu analysieren, wann es im Bereichsoptimum zu **Differenzen** zwischen den an die Zentrale **gemeldeten Gewinnerwartungen** $\hat{g}_i(r)$ und den **tatsächlichen Gewinnerwartungen** $g_i(r)$ kommt. Hierzu kann man Gleichung (4-9) von der Nebenbedingung (4-8) subtrahieren:

$$\sum_i \hat{g}_i'(r^*) - g_i'(r^*) = K'(r^*) - Z_i'(r^*) \qquad (4\text{-}10)$$

Formt man dies zu

$$\hat{g}_i'(r^*) - g_i'(r^*) = K'(r^*) - \sum_{j \neq i} \hat{g}_j'(r^*) - Z_i'(r^*) \qquad (4\text{-}11)$$

um, wird die Differenz der im Bereichsoptimum gemeldeten und der tatsächlichen Gewinnerwartungen erkennbar. Aus (4-11) wird deutlich, "dass das Informationsverhalten der einzelnen Manager grundsätzlich auch vom Verhalten der jeweils anderen Manager abhängt"[93]. Zu einem **Nash-Gleichgewicht** kommt es, wenn kein Bereichsleiter einen Anreiz besitzt, von seiner Gleichgewichtsstrategie abzugehen, sofern die anderen ebenfalls ihre entsprechenden Strategien beibehalten. Um zu prüfen, ob die wahrheitsgemäße Meldung der erwarteten Bereichsgewinne durch alle Bereichsleiter ein solches Gleichgewicht darstellt, reicht es, die Anreize eines Bereichsleiters zu Fehlinformationen bei **korrekter** Berichterstattung der anderen Manager zu untersuchen. Dafür sind in Gleichung (4-11) in Bezug auf die anderen Bereiche j die tatsächlichen Gewinnerwartungen $g_i(r)$ einzusetzen. Deshalb sind die Zurechnungsverfahren daraufhin zu überprüfen, ob sie den Bereichsleiter so steuern, dass er die Differenz

$$\hat{g}_i'(r^*) - g_i'(r^*) = K'(r^*) - \sum_{j \neq i} g_j'(r^*) - Z_i'(r^*) \qquad (4\text{-}12)$$

und damit die Fehlinformation der Zentrale null werden lässt. In diesem Fall erhält man:

$$\sum_{j \neq i} g_j'(r^*) = K'(r^*) - Z_i'(r^*) \qquad (4\text{-}13)$$

Setzt man in (4-13) die Optimierungsbedingung (4-9) für den Bereich i ein, so erhält man die **Optimierungsbedingung für die Gesamtunternehmung** unter Berücksichtigung der tatsächlichen Erwartungen.

---

[93] PFAFF, D. (Kostenrechnung), S. 144.

B. Principal-Agent-Ansätze

An der Bedingung (4-12) wird unmittelbar erkennbar, dass der völlige **Verzicht auf eine Gemeinkostenumlage** einen Anreiz zur Fehlinformation der Zentrale zur Folge hat.

Da bei diesem Verfahren $Z_i(r) = 0$ gilt und somit auch $Z_i'(r) = 0$ wird, zeigt sich unter Verwendung von (4-8), dass der Bereichsleiter einen Anreiz zur Fehldarstellung hat:

$$\hat{g}_i'(r^*) - g_i'(r^*) = K'(r^*) - \sum_{j \neq i} g_j'(r^*) = \sum_j g_j'(r^*) - \sum_{j \neq i} g_j'(r^*) = g_i'(r^*) > 0$$

Er wird daher den Grenzgewinn des öffentlichen Gutes zu günstig darstellen:

$$\hat{g}_i'(r^*) > g_i'(r^*)$$

Der Verzicht auf eine Gemeinkostenumlage führt unter diesen Bedingungen zu einer Überinvestition in das Gemeinschaftsgut.

Der methodische Gegenpol liegt in der **gleichmäßigen Verteilung der Gemeinkosten** auf die $i = 1,...,I$ Bereiche. Dann hat jeder Bereich einen Anteil an den Gesamtkosten in Höhe von

$$Z_i(r) = K(r)/I$$

zu tragen. Setzt man die sich hieraus ergebende Grenzumlage $Z_i'(r) = K'(r)/I$ in die Gleichung (4-12) ein, so erhält man

$$\hat{g}_i'(r^*) - g_i'(r^*) = K'(r^*) - \sum_{j \neq i} g_j'(r^*) - \frac{K'(r^*)}{I}. \qquad (4\text{-}14)$$

Der Anreiz zu einer Fehlinformation mit $\hat{g}_i'(r^*) \neq g_i'(r^*)$ verschwindet daher lediglich für

$$\sum_{j \neq i} g_j'(r^*) = K'(r^*)\frac{I-1}{I}. \qquad (4\text{-}15)$$

Aus (4-9) folgt $g_i'(r^*) = K'(r^*)/I$. Im Fall homogener Grenzgewinne aller Bereiche ($g_i'(r^*) = g_j'(r^*)$ für alle i, j) ist daher (4-15) stets erfüllt. Im allgemeinen Fall inhomogener Bereiche gibt es dagegen einen Anreiz zur Informationsmanipulation.

Ein häufig untersuchtes Anreizsystem bildet das **Groves-Schema**[94]. Nach diesem Konzept erhält der Leiter eines Bereichs einen Anteil am Gewinn seines eigenen Bereiches und den *berichteten* Gewinnen der anderen Bereiche. Bezogen auf das hier betrachtete Problem der Zurechnung eines Gemeinschaftsgutes ergibt sich dann die Umlage aus den Kosten des Bereiches und den von allen anderen Bereichen gemeldeten Gewinnerwartungen:

$$Z_i(r) = K(r) - \sum_{j \neq i} g_j(r) + C \qquad (4\text{-}16)$$

Dabei ist C eine konstante reelle Zahl. Setzt man die erste Ableitung von (4-16),

---

[94] Vgl. GROVES, T. (Incentives).

$$Z_i{}'(r) = K'(r) - \sum_{j \neq i} g_j{}'(r),$$

in Gleichung (4-11) ein, so ergibt sich im Bereichsoptimum eine Differenz zwischen tatsächlichen und gemeldeten Gewinnerwartungen von Null:

$$\hat{g}_i{}'(r^*) - g_i{}'(r^*) = 0.$$

Daher ist bei diesem Anreizsystem die **wahrheitsgemäße Berichterstattung** die dominante Strategie. Der Anreiz zu einem solchen Verhalten wird letztlich dadurch erreicht, dass man die Bereichsleiter an dem durch das Gemeinschaftsgut verursachten Gewinn der Gesamtunternehmung beteiligt und dieser nicht den Bereichen zugerechnet wird. Deshalb könnte man ihre Prämie auch unmittelbar an den Gesamtgewinn binden. Das gewünschte Ergebnis einer wahrheitsgemäßen Berichterstattung wird aber mit der Vernachlässigung eines anderen wichtigen *Anreizproblems* erkauft. Eine Orientierung des Gehalts der Bereichsleiter am Gesamtgewinn der Unternehmung hat zur Folge, dass für den einzelnen Bereichsleiter ein zu geringer Anreiz zu intensivem Arbeitseinsatz besteht und damit seine Neigung stärken kann, sich um Arbeit zu drücken, also ein **Shirking-Problem** beinhaltet.

In entsprechender Weise lassen sich die **Anreizwirkungen anderer Verteilungsverfahren** untersuchen. Beispielsweise führt eine Verteilung anhand der gemeldeten Grenz-Gewinnerwartungen in der Regel zu keinem Nash-Gleichgewicht, wenn die Zentrale die tatsächlichen Grenzgewinne nicht kennt. Dagegen kann PFAFF zeigen, dass eine Schätzgröße, die von dem als konstant angenommenen Verhältnis der beobachteten Gewinne ausgeht, ein Gleichgewicht im Unternehmensoptimum erreichen lässt[95]. Diese 'ideale' Schätzgröße orientiert sich an dem Tragfähigkeitsprinzip. Ihre Wirkung ist darauf zurückzuführen, dass das Verhältnis der beobachtbaren Bereichsgewinne "das Verhältnis der *tatsächlichen* Grenzgewinnerwartungen ideal approximiert"[96]. Sie beruht aber auf der Prämisse eines konstanten Verhältnisses zwischen den Bereichsgewinnen. Jeder Bereich könnte die von ihm zu tragende Umlage dadurch verringern, dass er deren Bezugsgröße mindert. Da dies jedoch seinen eigenen Gewinn betrifft, läuft er Gefahr, sich selbst zu schädigen, was durch die Verminderung der Umlage nicht ausgeglichen wird.

An diesem Modell von PFAFF wird die enge Verbindung zwischen **Kosten- und Investitionsrechnung** deutlich[97]. Es geht nämlich von der Annahme aus, dass Informationen über Periodengewinne, also Informationen der Kosten- und Erlösrechnung, für die Investition der Zentrale in das Gemeinschaftsgut maßgebend sei. Problematisch an seiner Konzeption erscheint jedoch, dass keine Reaktion der Zentrale auf das zu erwartende Verhalten der Bereiche einbezogen wird. Im Unterschied zum üblichen Vorgehen in der Spieltheorie wird nur ein an den eigenen Zielen orientiertes rationales Verhalten der Bereiche, jedoch keine entsprechende Rationalität der Zentrale berücksichtigt.

---

[95] Vgl. PFAFF, D. (Kostenrechnung), S. 191 ff.
[96] PFAFF, D. (Kostenrechnung), S. 192.
[97] Vgl. Kapitel 3., Abschnitt A.IV., S. 238 ff.

B. Principal-Agent-Ansätze

4. Anreizorientierte Erfolgsgrößen und Periodenerfolgsrechnungen

a) Auswahl von Erfolgsgrößen als Bemessungsgrundlagen von Anreizsystemen

Wenn man Bereiche, Abteilungen und Stellen über Systeme der Erfolgsrechnung steuern will, tritt die Frage in den Vordergrund, welche Zielgrößen für die Verhaltensbeeinflussung geeignet sind. Durch die Wahl der Bemessungsgrundlage für eine Belohnung der Verantwortlichen will man sie auf die Unternehmensziele verpflichten. Die als Bemessungsgrundlage der Belohnung verwendete Zielgröße sollte nach Möglichkeit drei Anforderungen erfüllen. Sie sollte:

- auf die Zielsetzung der Unternehmung gerichtet,
- von den Entscheidungen des Agent abhängig und
- nicht vom Agent manipulierbar sein.

Die erste Anforderung des **Zielbezugs** verlangt, dass eine Prämiensteigerung nur eintritt, wenn sich durch die Handlung des Agent die Erfüllung des Unternehmensziels erhöht[98]. Eine Anreizwirkung entsprechend der zweiten Anforderung des **Entscheidungsbezugs** ist lediglich zu erwarten, falls der Agent die Prämienerhöhung durch seine Entscheidungen verursacht. Sie ist besonders groß, wenn die Prämienerhöhung schon in einem möglichst frühen Zeitpunkt der Erfolgsverursachung, z.B. im Entscheidungszeitpunkt, vorgenommen wird[99]. Mit der dritten Anforderung der **Manipulationsfreiheit**[100] wird eine überprüfbare Ermittlung der Bemessungsgrundlage angestrebt. Die Analyse möglicher Prämienbemessungsgrundlagen muss zeigen, ob und inwieweit alle drei Forderungen gleichzeitig zu erfüllen sind.

b) Anreizsysteme mit marktwertorientierten Bemessungsgrundlagen

Nach der ersten Anforderung bildet das in der Planung konkret verfolgte Unternehmensziel den Ausgangspunkt für die Wahl der Prämienbemessungsgrundlage. Seine Ausprägung hängt von der grundsätzlichen Orientierung an langfristigen Oberzielen und von der Fristigkeit der Planung ab. Als ökonomischem Ziel kommt der Kapitalwertmaximierung[101] eine besondere Bedeutung zu. In der Form der Marktwertmaximierung stellt sie für börsennotierte Aktiengesellschaften eine plausibel begründbare Zielsetzung dar. Deshalb wird im Folgenden von ihr als Unternehmenszielsetzung ausgegangen.

Die Prämienbemessungsgrundlage muss sich nach der Position und dem Entscheidungsfeld des jeweils betrachteten Entscheidungsträgers als Agent richten. Betrachtet man den Vorstand einer börsennotierten Aktiengesellschaft, so bietet es sich an, den **Marktwert der Aktien** als Unternehmensziel zugrunde

---

[98] Vgl. LAUX, H./LIERMANN, F. (Grundlagen⁵), S. 586.
[99] Vgl. KAH, A. (Profitcenter), S. 85 ff.
[100] Vgl. LAUX, H./LIERMANN, F. (Grundlagen⁵), S. 586; HAX, H. (Investitionsrechnung), S. 163 f. und S. 165-168.
[101] Vgl. Kapitel 3., Abschnitt A.IV.2., S. 239 ff.

zu legen. LAUX/LIERMANN[102] untersuchen die Zweckmäßigkeit mehrerer Bemessungsgrundlagen im Hinblick auf diese Zielsetzung. Sie zeigen, dass der Marktwert der Aktien selbst, die Dividende und insbesondere der aktienrechtliche Jahresüberschuss die oben aufgestellten Anforderungen verletzen. Deshalb empfehlen sie einen 'residualen Marktwertzuwachs', bei dem der Anreiz zu Manipulationen geringer als bei einer unmittelbaren Verwendung des Marktwertes ist. Er entspricht der Differenz zwischen dem Marktwert der Periode M_t unmittelbar vor der Dividendenausschüttung und der aufgezinsten Differenz zwischen dem Marktwert M_{t-1} und der Dividendenausschüttung D_{t-1} der Vorperiode. Bezeichnet man den Zinssatz mit i und gewährt man eine mit dem Faktor f proportionale Prämie auf diese Bemessungsgrundlage, so ergibt sich die Prämie P_t in der Periode t nach der Beziehung:

$$P_t = f \cdot [M_t - (M_{t-1} - D_{t-1}) \cdot (1+i)] \qquad (0 < f < 1) \qquad (4\text{-}17)$$

Für die Bestimmung der Prämienbemessungsgrundlage von Bereichsleitern erscheint es angemessen, den Kapitalwert als Unternehmenszielsetzung zugrunde zu legen. Deren Entscheidungen sind so zu steuern, dass die Kapitalwerte der von ihnen ausgewählten und durchgeführten Projekte maximiert werden[103]. Die Prämie P_t sollte dann mit der Differenz zwischen diesem Kapitalwert und dem Barwert der Prämie monoton steigen.

c) **Anreizsysteme mit gewinnorientierten Bemessungsgrundlagen**

In der Praxis findet man häufig einen aus der Buchhaltung abgeleiteten Bereichserfolg sowie den Return on Investment (ROI) als Prämienbemessungsgrundlagen. Wegen der Bewertungswahlrechte des Handelsrechts und der Bewertungsmöglichkeiten in der Kostenrechnung lässt sich der buchhalterische Gewinn manipulieren, sofern die Unternehmensleitung nicht äußerst präzise Regeln vorgibt und deren Einhaltung absichern kann.

Die systematische **Abweichung buchhalterischer Gewinne** vom Kapitalwert lässt sich an der Wirkung von Abschreibungen aufzeigen. Ein vom Bereichsleiter geplantes Investitionsprojekt verursache eine Anschaffungsauszahlung A_0 und erbringe während seiner Nutzungsdauer von $t = 1,...,T$ einen Zahlungsstrom mit den Einzahlungsüberschüssen $ü_t$. Es sei voll eigenfinanziert, die Überschüsse werden in anderen Realinvestitionen angelegt oder ausgeschüttet. Dann ist sein Kapitalwert K bei einem Zinssatz i:

$$K = \sum_{t=1}^{T} ü_t \cdot (1+i)^{-t} - A_0 \qquad (4\text{-}18)$$

Der Periodengewinn entspricht vereinfachend der Differenz zwischen den Zahlungsüberschüssen $ü_t$ und den Periodenabschreibungen a_t. Deshalb ergibt sich für den Barwert der Gewinne G* über die Laufzeit des Projekts:

---

[102] Vgl. LAUX, H./LIERMANN, F. (Grundlagen[5]), S. 587 ff.
[103] Zur genauen Spezifizierung der Prämissen: vgl. LAUX, H./LIERMANN, F. (Grundlagen[3]), S. 547.

$$G^* = \sum_{t=1}^{T}(\ddot{u}_t - a_t)\cdot(1+i)^{-t} = \sum_{t=1}^{T} \ddot{u}_t \cdot (1+i)^{-t} - \sum_{t=1}^{T} a_t \cdot (1+i)^{-t} \qquad (1\ 19)$$

Wenn man davon ausgeht, dass die Summe der Abschreibungen gemäß dem handelsrechtlichen Vorgehen mit den Anschaffungsauszahlungen übereinstimmt, ist die Summe der abgezinsten Abschreibungen für alle positiven Zinssätze kleiner als die Anschaffungsauszahlung. Damit ist der Barwert der Gewinne G* größer als der Kapitalwert K des Projekts. Der Unterschied wird umso deutlicher, je weiter die Abschreibungen in der Zukunft liegen. Verwendet man G* als Bemessungsgrundlage der Prämie, so besteht "die Tendenz, das Investitionsvolumen in einer für die Anteilseigner nachteiligen Weise zu vergrößern"[104] (**Überinvestition**). Zudem wird ein Anreiz gegeben, Projekte mit späten Abschreibungen gegenüber solchen mit frühen oder Sofortabschreibungen vorzuziehen. Dies kann sich insbesondere auf immaterielle Investitionen wie Forschungs- und Entwicklungsprojekte auswirken, die nicht aktiviert werden dürfen.

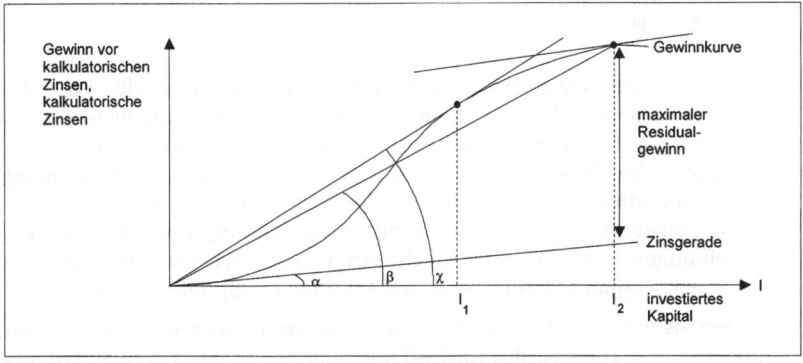

Abb. 4-10: *Zur Problematik der ROI-Kennziffer*

Eine umgekehrte Wirkung kann der **Return on Investment** auslösen, was sich am Ein-Perioden-Fall (T = 1) besonders leicht veranschaulichen lässt. Für den Anteilseigner und damit die Gesamtunternehmung liegt das Optimum bei der Differenz zwischen dem Gewinn G, der hier mit dem Zahlungsüberschuss übereinstimmt und den zum Kalkulationszinsfuß i angesetzten Zinsen. Demgegenüber richtet sich der Bereichsleiter nach dem Verhältnis zwischen dem Gewinn (vor oder nach kalkulatorischen Zinsen) und dem investierten Kapital I. Unterstellt man in Abhängigkeit vom Kapitaleinsatz den in Abbildung 4-10 wiedergegebenen Verlauf der Gewinnkurve und der Zinsgerade, so ist das für den Bereichsleiter optimale Investitionsvolumen (bei I_1 für G/I = max) in der Regel kleiner als das für die Gesamtunternehmung (bei I_2 für dG/dI = i). Dementsprechend wird mit dem ROI-Konzept tendenziell eher zu wenig Kapital durch die Bereiche angefordert.

---

[104] LAUX, H./LIERMANN, F. (Grundlagen⁵), S. 595.

Aufgrund dieser Einwände gegen traditionelle Bemessungsgrundlagen schlagen LAUX/LIERMANN eine Orientierung an einem so genannten **Residualgewinn** vor. Wie bei ihrem Ansatz des 'Residualen Marktwertzuwachses' für den Vorstand liegt diesem Konzept die Erkenntnis des 'Lücke-Theorems'[105] zugrunde[106]. Der Residualgewinn R_t berechnet sich als Differenz zwischen dem laufenden Einzahlungsüberschuss $ü_t$ eines Bereichs in einer Periode t vor den Investitionsauszahlungen und seinen Abschreibungen a_t sowie den Zinsen auf das Periodenanfangskapital C_{t-1}:

$$R_t = ü_t - a_t - i \cdot C_{t-1} \qquad (4\text{-}20)$$

Sind die Prämissen des Lücke-Theorems eingehalten, so steigt der Barwert B_t des Prämienstroms für eine mit dem Faktor f zum Residualgewinn proportionale Prämie in gleicher Weise wie bei ihrer Anbindung an den Kapitalwert K:

$$\Delta B_t = \sum_{\tau=t+1}^{T} f \cdot R_\tau \cdot (1+i)^{t-\tau} = \sum_{\tau=t+1}^{T} f \cdot (ü_\tau - a_\tau - i \cdot C_{\tau-1}) \cdot (1+i)^{t-\tau}$$
$$= f \cdot \sum_{\tau=t+1}^{T} ü_\tau \cdot (1+i)^{t-\tau} + ü_t = f \cdot K_t \qquad (4\text{-}21)$$

Damit ist der Zielbezug für diese Bemessungsgrundlage erfüllt. Weil die Kapitalwerte von den Entscheidungen über die Investitionsprojekte abhängen, ist auch der Entscheidungsbezug gegeben. Ein Nachteil liegt jedoch darin, dass die Prämie zum Zeitpunkt der Investitionsentscheidung höchstens mit einem kleinen Anteil für die erste Periode wirksam wird. Da der Residualgewinn R_t einer Periode aus deren Zahlungsüberschüssen, den Abschreibungen und den Restbuchwerten der Investitionsprojekte als gebundenem Kapital bestimmt wird, scheint seine Manipulierbarkeit gering.

Die Übereinstimmung mit dem Kapitalwertansatz ist jedoch nur gewährleistet, wenn die **Prämissen des Lücke-Theorems** über die gesamte Nutzungsdauer hin eingehalten werden. Ist dies z.B. wegen Datenänderungen nicht möglich, so wirkt sich das Abschreibungsverfahren auf die Prämienhöhe aus. Werden die Abschreibungen stärker gegen Ende der Nutzungsdauer verrechnet, hat der Bereichsleiter Prämien erhalten, obwohl seine Schätzungen für die spätere Zeit gegebenenfalls zu optimistisch waren. Umgekehrt können sich hohe Abschreibungen zu Beginn der Nutzungsdauer als für ihn nachteilig erweisen. Zudem ist die konkrete Bestimmung der Residualgewinne wegen der Vielzahl an Projekten und ihren Verflechtungen aufwendig und nicht ohne weiteres eindeutig nachprüfbar.

d) Anreizsysteme mit kapitalwertorientierten Bemessungsgrundlagen

Der Zielbezug wird gewahrt, wenn man die Prämie unmittelbar an den **Kapitalwert K_t der Investitionsprojekte** bindet. Diese Bemessungsgrundlage hat den Vorteil, dass man nur von Zahlungsgrößen ausgeht und damit die Probleme der Bestimmung von Abschreibungen sowie gebundenem Kapital

---

[105] Vgl. hierzu KÜPPER, H.-U. (Controlling), S. 126 ff.
[106] Vgl. LAUX, H./LIERMANN, F. (Grundlagen⁵), S. 597 ff.

B. Principal-Agent-Ansätze

vermeidet. Ferner würde ein Anreiz darin liegen, die Prämie schon zum Zeitpunkt der Investitionsentscheidung zu erhalten. Der zentrale Nachteil liegt darin, dass sich der Kapitalwert weitestgehend aus Prognosewerten errechnet. Damit ist die **Manipulationsfreiheit** nicht gewahrt. Der Bereichsleiter kann durch eine optimistische Schätzung der Zahlungsüberschüsse eine hohe Prämie erzielen. Besteht zudem die Tendenz, dass er nur eine begrenzte Zeitdauer in seiner Position bleibt, ist er für später abweichende Verläufe oft nicht mehr zur Verantwortung zu ziehen.

Um die hohe Anreizwirkung der Kapitalwertkonzeption zu nutzen, aber zugleich die Manipulationsmöglichkeiten einzuschränken, hat ARND KAH[107] ein **modifiziertes kapitaltheoretisches Anreizsystem** vorgeschlagen. Dessen maßgebliche Begründungen werden aus Ansätzen der Principal-Agent-Theorie hergeleitet. Die zentralen Grundgedanken bestehen in

- einer Bindung der Prämie an den **Kapitalwert** und die realisierten Zahlungsüberschüsse sowie
- einer Verteilung der Prämie als **Annuität** auf die Nutzungsdauern der Projekte.

KAH geht von einer rollierenden Investitionsplanung aus, in welcher der Bereichsleiter für alle von ihm aufgenommenen Investitionsprojekte die geplanten und die realisierten Zahlungen ausweist. Wenn er sich für die Durchführung eines Projektes entscheidet, erhält er zu diesem Zeitpunkt eine zu dessen Kapitalwert proportionale Prämie gutgeschrieben. Durch diesen frühen Zeitpunkt der Prämiengewährung sollen seine Anstrengungen zur Suche nach Investitionsalternativen sowie Informationen gefördert und belohnt werden. Jedoch wird die Prämie in eine Annuität umgerechnet, deren Einzelbeträge man ihm periodisch auszahlt.

In dem in Abbildung 4-11 wiedergegebenen **Beispiel** führt die Prämie von 155 (15 % auf den Kapitalwert des Projekts von 1.032) bei einem Zinssatz von 10 % zu einer Annuität von 44. Da die Auszahlung auf die Nutzungsdauer des Projekts verteilt ist, kann die Prämie bei Eintritt anderer Zahlungswerte und Erwartungsänderungen angepasst werden. Damit ist das Risiko der Manipulation durch den Bereichsleiter nicht ausgeschaltet, aber deutlich verringert. Beträgt zum Beispiel der Zahlungsüberschuss in t_2 lediglich 500 anstelle der geplanten 1.000, so reduziert sich (bei gleicher Erwartung für t_3) der Kapitalwert auf 619. Da zu den ersten beiden Zeitpunkten schon Prämien von zusammen 88 ausgezahlt wurden, verringert sich die Annuität für die letzten beiden Jahre auf 5 (gezahlte Prämie in t_2 bzw. Guthaben für t_3). Ergibt sich in der letzten Periode ein Zahlungsüberschuss von 1.500 anstelle der geplanten 1.000, erhält der Bereichsleiter entsprechend Abbildung 4-12 in t_3 eine Prämie von 80. Man berechnet sie durch Aufzinsen der Differenz zwischen den gezahlten Prämien und den Beträgen, die er aufgrund der tatsächlichen Zahlungsüberschüsse hätte bekommen sollen.

---

[107] Vgl. KAH, A. (Profitcenter), S. 136 ff.

4. Kapitel: Verhaltenssteuerungsorientierte Systeme der KER

	t_0	t_1	t_2	t_3
Auszahlung a_0	-1.000			
Überschüsse $Ü_t$		500	1.000	1.000
Kapitalwert K_0	1.032			
Prämie: 15 % auf K_0	155			
Prämienannuität a	44	44	44	44
gezahlte Prämie P	44			
Guthaben		44	44	44

Abb. 4-11: Ausgangsbeispiel der rollierenden Investitionsrechnung

	t_0	t_1	t_2	t_3
Auszahlung a_0	-1.000			
Überschüsse $Ü_t$		500	500	1.500
Kapitalwert K_0	995			
Prämie: 15 % auf K_0	149			
Prämien alt	93			
Prämienabweichung ΔP	56			
Aufzinsung der Abweichung				75
Guthaben				5+75=80
Gezahlte Prämie P	44	44	5	80

Abb. 4-12: Prämienanpassung bei abgelaufener Investition

Dieses Konzept unterscheidet sich vom Residualgewinn durch die **abweichende Verteilung der Prämie** auf die Perioden der Nutzungsdauer. Während beim Residualgewinn das Abschreibungsverfahren die Periodenaufteilung bestimmt, ist es im modifizierten Kapitalwertkonzept die **Annuitätenbildung**. Ferner erhält der Bereichsleiter schon im Zeitpunkt t_0 der Entscheidungsfindung eine Prämie, während ein Residualgewinn erst nach Eintritt von Zahlungsüberschüssen entsteht. Das modifizierte Kapitalwertkonzept führt tendenziell zu **früheren Prämienzahlungen** als der Residualgewinn. Das Ausmaß dieses Effekts hängt von dem Verlauf der Zahlungsüberschüsse und des Abschreibungsverfahrens ab. Schwankungen in den Zahlungsüberschüssen werden über die Annuitätenbildung geglättet. Stattdessen führen Planabweichungen zu deutlichen Ausschlägen, wie das Zahlenbeispiel veranschaulicht hat. Damit erhält die Zuverlässigkeit der Planung ein starkes Gewicht.

Alle vorgeschlagenen Bemessungsgrundlagen für Anreizsysteme erfüllen die aufgestellten Anforderungen nicht vollständig. Ihre **praktische Handhabbarkeit** ist noch nicht umfassend untersucht und getestet worden. So fehlen Regeln, wie verschiedene Projekte und deren Rechnungsgrößen gegeneinander abzugrenzen sind, wie zusammenhängende Projekte behandelt und wie die laufenden Prozesse einbezogen werden sollen[108]. Ferner ist zu analysieren, wie man die benötigten Daten aus der Unternehmungsrechnung ermitteln bzw. prognostizieren kann.

e) Konzept einer anreizverträglichen innerbetrieblichen Periodenerfolgsrechnung

Bei dezentraler Organisation bietet die Einrichtung **bereichsbezogener Erfolgsrechnungen** einen Ansatz zur Steuerung der weitgehend selbständigen Bereiche. Eine entsprechende Wirkung auf die dezentralen Entscheidungsträger wird vor allem erreicht, wenn die ermittelte Erfolgsgröße für sie mit Anreizen z.B. in Form von Entlohnung, Prämien, Karrierechancen usw. verbunden ist.

Grundsätze für eine anreizverträgliche innerbetriebliche Erfolgsrechnung bei dezentraler Organisation sind von DIETER SCHNEIDER vorgeschlagen worden. Durch sie sind die Einflüsse längerfristig wirksamer Entscheidungen so in den Bereichserfolgsrechnungen zu berücksichtigen, dass man "eine bessere freiwillige Abstimmung der unterschiedlichen Entscheidungsfelder"[109] von Unternehmensleitung (als Principal) und Bereichsleitung (als Agent) erreicht. Sie sind ein Ansatz, um die strategischen Vorgaben der Zentrale mit den operativen Entscheidungen der Bereiche zu koordinieren. Die vorgeschlagene Wirtschaftsrechnung bezeichnet er als anreizverträglich, weil sie die Stellung am Markt sowie künftige Ertragschancen zumindest tendenziell richtig wiedergibt, Manipulationsspielräume vermindert und die Leistungen der Bereichsleiter am Erfolg gemessen werden können.

Da eine solche Bereichserfolgsrechnung möglichst leicht umsetzbar sein soll, schlägt SCHNEIDER vor, sie zumindest in einer ersten Ausbaustufe als **Anhang-Lösung** zur gängigen Betriebsbuchhaltung zu verwirklichen[110]. Nach seinem Konzept umfasst die Bereichserfolgsrechnung Nebenrechnungen für die Bestimmung

- des Wirtschaftsergebnisses,
- des zweckgebundenen Risikokapitals und
- der Planabweichungen,

die sich als Salden bzw. Endbestände der internen Wirtschaftsrechnung, des Fonds für zweckgebundenes Kapital und des Fonds für Planabweichungen ergeben. Deren Aufbau und wichtigste Positionen sind aus Abbildung 4-13 ersichtlich. Die Fonds treten an die Stelle einer Verrechnung kalkulatorischer Wagnisse.

---

[108] Zu ersten Überlegungen hierzu vgl. KAH, A. (Profitcenter), S. 148 ff.
[109] SCHNEIDER, D. (Grundsätze), S. 1183.
[110] Vgl. SCHNEIDER, D. (Wirtschaftsrechnung), S. 1371 ff.

Bereichserfolgsrechnung als Anhang zur Betriebsbuchhaltung

A.	Interne Wirtschaftsrechnung (Wirtschaftsergebnis)	
A.1	Ergebnis der Betriebsbuchhaltung	€
A.2	Korrekturen wegen Vorwegnahme drohender Verluste	
A.3	Außerplanmäßige Gewinne und Verluste (Einstellungen in den Fonds für Planabweichungen)	
A.4	Vermietete Erzeugnisse A.4a Neutralisierung der Betriebsbuchhaltung A.4b Ertragspotential	
A.5	Annuität des Ertragspotentials mehrjähriger Auftragsproduktionen	
A.6	Planmäßige Abschreibungen auf FuE-Investitionen	
A.7	Goodwill in zu konsolidierenden Beteiligungen	
A.8	Nicht im Ergebnis der Betriebsbuchhaltung vorweggenommene Zuführungen zum Fonds zweckgebundenen Risikokapitals	
A.9	Wirtschaftsergebnis (Saldo)	

B. Fonds für zweckgebundenes Risikokapital			C. Fonds für Planabweichungen		
B.1	Anfangsbestand	€	C.1	Anfangsbestand	€
B.2	Korrekturen zum Ergebnis der betrieblichen Erfolgsrechnung (A.2) B.2a Neutralisierung B.2b Umbewertung		C.2	Realisierte außerplanmäßige Gewinne und Verluste	
			C.3	Änderungen des Ertragspotentials aufgrund Neuzugangs von Wissen	
B.3	Zuführungen aus dem Wirtschaftsergebnis (A.8)		C.4	Planabweichungen bei FuE-Investitionen	
B.4	Neutralisierung von Planabweichungen wegen Ablaufs einer Planperiode (C.5)		C.5	Neutralisierung wegen Ablaufs einer Planperiode (B.4)	
B.5	Endbestand		C.6	Endbestand	

Abb. 4-13: Bereichserfolgsrechnung als Anhang zur Betriebsbuchhaltung

Die Abzinsung künftig anfallender Zahlungen soll mit einem einheitlichen, nicht nach Risikoklassen differenzierten Kalkulationszinssatz vorgenommen werden. Dafür wird unterstellt, dass die Finanzierung zentral erfolgt. Ferner nimmt man an, dass die Planvorgaben der Zentrale auf Investitionsrechnungen mit Kapitalwerten oder entsprechenden Zielgrößen basieren.

Die Koordination zwischen Zentrale und Bereich erfordert eine stärkere Beachtung der längerfristigen Wirkungen dezentraler Entscheidungen. Hierzu muss man sich insbesondere vom handelsrechtlichen Realisationsprinzip und vom Vorsichtsprinzip lösen. In der dezentralen Rechnung sollen sich die Konsequenzen der Entscheidungen und Einschätzungen des Bereichs niederschlagen.

B. Principal-Agent-Ansätze

Hierzu formuliert SCHNEIDER vier **Grundsätze der internen Wirtschaftsrechnung** zur
- Erfolgsrealisation,
- Periodisierung,
- Verlustvorwegnahme und
- zur imparitätischen Behandlung von Ermessensspielräumen.

Mehrperiodige Vermietung von Erzeugnissen

Auszahlung für Herstellung	-10.000
Fremdkapitalzinsen auf Herstellung	-600
Zinszahlungen während der Vermietungsphase	10 % des Restbuchwertes

Gewinnwirkung in der Handelsbilanz

Jahr	1	2	3
Abschreibung		-5.000	-5.000
Zinsen	-600	-1.000	-500
Einzahlungsüberschüsse		+9.000	+9.000
Gewinnwirkung	-600	+3.000	+3.500

Gewinnwirkung in der Wirtschaftsrechnung

Jahr	1	2	3
Zahlungsstrom	-10.600	+9.000	+9.000
Ertragswert	+15.620	+8.182	
Ertragswertabschreibung		-7.438	-8.182
Ökonomischer Gewinn	+5.020	+1.562	+818

Fonds für zweckgebundenes Risikokapital Neutralisierung (B.2a) an Wirtschaftsergebnis	5.620
Neutralisierung der Betriebsbuchhaltung (A.4a)	600
Ertragspotential (A.4b)	5.020

Abb. 4-14: Mehrperiodige Vermietung von Erzeugnissen

Nach dem **internen Realisationsprinzip** sollen Erfolge dann ausgewiesen werden, wenn die unternehmerische Marktleistung erbracht ist. Dies ist der Zeitpunkt des Vertragsabschlusses mit dem Nachfrager. Dabei muss man unterscheiden, ob in ihm die Produktion vollzogen ist oder nicht. Im ersten Fall, z.B. bei mehrperiodiger Lieferung oder Leistung, soll zu diesem Zeitpunkt ein Ertragspotential in Form des Kapitalwertes verrechnet werden. Die Abfolge der Periodengewinne ergibt sich dann aus dem Kapitalwert in der Periode des Vertragsabschlusses und dem ökonomischen Gewinn[111]. Das Vorgehen ist beispielhaft aus Abbildung 4-14 ersichtlich, in welcher der Zahlungs-

---

[111] Vgl. FRANKE, G./HAX, H. (Finanzwirtschaft), S. 81 ff.

strom bei einem Zins von 10 % zu den angegebenen Ertragswerten und ökonomischen Gewinnen führt. Das Ergebnis der Wirtschaftsrechnung lässt sich dabei als Summe des Kapitalwertes im Jahr 1 und der ökonomischen Gewinne der Jahre 2 und 3 ermitteln. Diese wiederum erhält man durch eine Verzinsung des Ertragswertes zu Beginn eines betrachteten Jahres. Die Ertragswertabschreibung berechnet sich dann als Differenz von Einzahlungen und ökonomischem Gewinn.

Die interne Wirtschaftsrechnung geht entsprechend Abbildung 4-13 von dem Ergebnis der betrieblichen Erfolgsrechnung aus. Dieses ist um Positionen zu neutralisieren, die durch den neuen Erfolgswert, den Kapitalwert, ersetzt werden. Deshalb ist in dem betrachteten Beispiel das Ergebnis der Betriebsbuchhaltung nicht nur um den Kapitalwert, sondern auch um den Zinsaufwand der ersten Periode zu erhöhen. Der Gesamtbetrag wird gleichzeitig in den Fonds für zweckgebundenes Risikokapital gebucht. Dort bringt er zum Ausdruck, dass die erwartete Gewinnrealisation noch mit Risiko behaftet ist. In den Folgeperioden sind die auf diesen Prozess zurückzuführenden handelsrechtlichen Gewinnwirkungen beim Wirtschaftsergebnis zu neutralisieren. Stattdessen können die ökonomischen Gewinne angesetzt werden[112]. Mit der Einnahmenrealisierung nimmt das Risiko für den Kapitaleinsatz ab. Deshalb liegt es nahe, das zweckgebundene Risikokapital im entsprechenden Fonds zu verringern.

Ist die Produktion demgegenüber (z.B. bei mehrjähriger Auftragsproduktion) noch nicht vollständig durchgeführt, kann das Potential nicht insgesamt angesetzt werden. Vielmehr soll es durch Umwandlung des Kapitalwerts in eine Annuität verrentet werden. Die Berechnung wird in dem Beispiel von Abbildung 4-15 veranschaulicht.

Die Verrentung des Kapitalwerts von +3.215 aus der Zahlungsreihe -11.000 im Jahr 1, +2.000 im Jahr 2 und +15.000 im Jahr 3 führt mit Hilfe des Wiedergewinnungsfaktors für eine dreijährige Rente bei einem Zinssatz von 10 % (= 0,4021) zu Periodengewinnen von jeweils 1.175.

Das **interne Periodisierungsprinzip** sorgt dafür, dass alle immateriellen Wirtschaftsgüter, also nicht nur die entgeltlich erworbenen, gleichmäßig auf die Dauer ihrer Nutzung verteilt werden. Ein derartiges Vorgehen ist insbesondere für die als Investitionsvorhaben eingestuften Forschungs- und Entwicklungsprojekte wichtig. Dabei sieht SCHNEIDER vor, dass die Rechnung nur für solche immateriellen Wirtschaftsgüter vorgenommen wird, die eine zu definierende Größenordnung erreichen. Wenn bei ihnen Planänderungen auftreten, sollen sich diese nicht im Wirtschaftsergebnis, sondern im Fonds für Planabweichungen niederschlagen.

---

[112] DIETER SCHNEIDER bietet mehrere denkbare Alternativen.

Mehrjährige Auftragsproduktion

Leistungswirtschaftlicher Zahlungsstrom

Jahr	1	2	3
Auftragsbezogene Ausgaben	-10.000	-10.000	
Zinszahlung	-1.000		
Einzahlungen		+12.000	+15.000
Zahlungssaldo	-11.000	+2.000	+15.000

Kapitalwert am Ende des 1. Jahres: +3.215

Gewinnwirkung in der Wirtschaftsrechnung

Dreijährige Rente $\quad \dfrac{3.215}{1,1} \cdot \dfrac{0,1 \cdot (1+0,1)^3}{(1+0,1)^3 - 1} = 2.923 \cdot 0,4021 = 1.175$

Jahr	1	2	3
Gewinnwirkung	+1.175	+1.175	+1.175

Abb. 4-15: Mehrjährige Auftragsproduktion

Dies lässt sich an dem in Abbildung 4-16 dargestellten Beispiel veranschaulichen. In ihm wird neben den laufenden FuE-Ausgaben von 400 eine Anfangsinvestition von 1.200 auf die Jahre bis zur Marktreife verteilt. Das Wirtschaftsergebnis wird zusätzlich um die laufenden Ausgaben in diesen Jahren und um die Abschreibungen für die anteilige Anfangsinvestition verringert, um die es im ersten Jahr erhöht werden muss. Die Anfangsinvestition wird in der ersten Periode als zweckgebundenes Risikokapital gebucht, das während der Laufzeit um die entsprechenden Abschreibungen vermindert wird. Erweist sich die Investition beispielsweise im 3. Jahr als erfolglos, so bleibt die ursprüngliche Abschreibung bis zur 4. Periode bestehen. Sie wird nun jedoch in dem Fonds für Planabweichungen gegengebucht, der damit zeigt, dass sich der Bereich getäuscht hat. Diesen negativen können positive Planabweichungen gegenübertreten, die aus einer Unterschätzung positiver Entwicklungen folgen.

FuE-Investitionen mit vorzeitiger Einstellung

Gewinnwirkung in der Handelsbilanz

Jahr	1	2	3	4
Gewinnwirkung	-1.600	-400	-400	

Gewinnwirkung in der Wirtschaftsrechnung

Jahr	1	2	3	4
Laufende Ausgaben	-400	-400	-400	
Abschreibungen	-300	-300	-300	-300
Gewinnwirkung	-700	-700	-700	-300

Jahr 1

Fonds für zweckgebundenes Risikokapital		
FuE-Investitionen (B.2b)	1.200	
an Wirtschaftsergebnis		
Planmäßige Abschreibungen auf FuE-Investitionen (A.6)	1.200	
Wirtschaftsergebnis (A.6)	300	
an Fonds für zweckgebundenes Risikokapital (B.2b)		300

Jahr 3

Wirtschaftsergebnis (A.6)	300	
an Fonds für zweckgebundenes Risikokapital (B.2b)		300
Fonds für Planabweichungen		
Planabweichungen bei FuE-Investitionen (C.4)	300	
an Wirtschaftsergebnis (A.6)		300

Jahr 4

Wirtschaftsergebnis (A.6)	300	
an Fonds für Planabweichungen (C.4)		300

Abb. 4-16: FuE-Investitionen mit vorzeitiger Einstellung

Der **interne Grundsatz der Verlustvorwegnahme** besagt, dass Aufwendungen zur Vorwegnahme drohender Verluste beispielsweise bei kalkulatorischen Wagnissen und der Bildung von Rückstellungen nicht das Wirtschaftsergebnis, sondern das zweckgebundene Risikokapital berühren sollen. Im Unterschied zum Imparitätsprinzip soll die Wirtschaftsrechnung realisierte Gewinne **und** Verluste ausweisen, um sie von Schätzungsermessen frei zu halten. Dagegen werden drohende Verluste im Fonds für zweckgebundenes Kapital gesondert dargestellt. Dieser ist z.B. aus Investitionen gebildet und wird als Risikokapitalvorsorge begriffen. Sind beispielsweise die Wiederbeschaffungskosten von Beständen unter die Anschaffungskosten gesunken, so ist die in der Buchhaltung vorgenommene Abschreibung durch eine entsprechende Belastung des zweckgebundenen Risikokapitals zu neutralisieren. Das Wirtschaftsergebnis und demgemäß das zweckgebundene Risikokapital werden erst verringert, wenn der Verlust tatsächlich eintritt. Wurde er falsch

B. Principal-Agent-Ansätze

prognostiziert, so ist eine entsprechende Buchung in den Fonds für Planabweichungen vorzunehmen[113].

Die Neutralisierung der Wirtschaftsrechnung von Fehleinschätzungen ist der Zweck des **internen Grundsatzes einer imparitätischen Behandlung von Ermessensentscheidungen**. Deshalb sind Planabweichungen für realisierte außerplanmäßige Verluste und Gewinne oder aufgrund eines neuen Wissensstandes in den Fonds für Planabweichungen einzubringen. Durch diese Regel wird das Wirtschaftsergebnis von vorsichtigen Wertansätzen freigehalten, da betonte Vorsicht zwar für die externe Rechnungslegung, aber nicht für unternehmerisches Handeln maßgebend sein sollte. Der Bereichsleiter hat dann nicht die Möglichkeit, sein Wirtschaftsergebnis in schlechten Jahren durch die Auflösung stiller Reserven aus guten Jahren zu verbessern. Ist beispielsweise eine außerplanmäßige Abschreibung vorzunehmen, so wird sie dem Fonds für Planabweichungen belastet und das Wirtschaftsergebnis in entsprechendem Umfang erhöht.

In dem Konzept von SCHNEIDER ist eine Reihe von Regelungen enthalten, welche die Bedeutung des Verhaltenssteuerungsaspekts für die Erfolgsrechnung aufzeigen. Die Aufspaltung in drei verschiedene Rechnungen führt zu Größen, die als **Indikatoren für** unterschiedliche **Entscheidungsaspekte** interpretierbar sind. Das Wirtschaftsergebnis gibt die realisierten Gewinne oder Verluste wieder, an denen der Bereichsleiter besser zu messen ist, da er sie weniger manipulieren kann. Der Fonds für zweckgebundenes Risikokapital ist ein Hinweis auf die in längerfristigen Geschäften enthaltenen Risiken, die im Wirtschaftsergebnis als Erfolge ausgewiesen werden. Durch den Fonds für Planabweichungen, dessen Höhe sich entsprechend der positiven und negativen Fehleinschätzungen verändert, erhält man einen Hinweis darauf, wie zuverlässig die Prognosen des Bereichs sind und inwieweit sie sich gegenseitig ausgleichen.

Mit der Bemessung von künftigen Erfolgswirkungen am Kapitalwert wird ein Bezug zur internen längerfristigen Investitions- und Erfolgsrechnung hergestellt. Damit wird das **investitionstheoretische Konzept**[114] in eine recht einfache, pragmatisch aufgebaute Nebenrechnung eingeführt. Hieran wird deutlich, dass sich zur Verknüpfung mit längerfristigen Wirkungen ein Übergang auf dieses Konzept anbietet.

Die anreizverträgliche Wirtschaftsrechnung erweist sich als Konzept, das grundlegende Einsichten der **Investitionstheorie** und der **Principal-Agent-Theorie** in praktikable Regelungen umzuformen sucht. Es zeigt damit den Weg, wie man von theoretischen Ansätzen zu konkret umsetzbaren Instrumenten gelangen kann. Dennoch scheint der Vorschlag in einer Zahl von Komponenten noch nicht genügend fundiert und konkretisiert. So lässt sich die Anreizwirkung der drei Nebenrechnungen und ihrer Endgrößen ohne genauere Spezifizierung eines Anreizsystems lediglich schwach abschätzen. Die vier allgemeinen Grundsätze sind bisher nur auf Einzelfälle angewandt

---

[113] Zur Analyse der verschiedenen Möglichkeiten und ihrer Erfassung im Wirtschaftsergebnis und den verschiedenen Fonds vgl. SCHNEIDER, D. (Wirtschaftsrechnung), S. 1380 f.
[114] Vgl. Kapitel 3., Abschnitt A.IV., S. 238 ff.

worden, die teilweise - wie die Vermietung von Erzeugnissen - begrenzt repräsentativ sind. Wichtige Probleme wie die Behandlung von Sachinvestitionen sollten analysiert werden. Auch leuchtet die pragmatische Aufzählung unterschiedlicher Regelungsmöglichkeiten für denselben Vorgang nicht durchweg ein. Deshalb ist in diesem Vorschlag noch kein direkt realisierbares Konzept einer verhaltenssteuerungsorientierten Bereichserfolgsrechnung, sondern im Sinne von SCHNEIDER ein Denkanstoß zu sehen.

5. Bestimmung von Lenkungspreisen

Durch die Agencytheorie werden bei dem in der Kostenrechnung intensiv diskutierten Problem der Bestimmung von Lenkungspreisen neue Aspekte deutlich. Während im Rahmen planungsorientierter Betrachtungen gefragt wird, wie die Interdependenzen zwischen den verschiedenen Bereichen erfasst werden können[115], wird mit Principal-Agent-Modellen der Blick auf die **Verhaltenswirkungen** gelenkt. Das konzeptionelle Vorgehen und die primär untersuchten Fragestellungen lassen sich an einem Modell in Anlehnung an ALFRED WAGENHOFER[116] kennzeichnen. In ihm wird eine Unternehmung mit einer Zentrale und zwei Profit Centern, einem *Produktionsbereich* P und einem *Vertriebsbereich* V angenommen. Der Produktionsbereich liefert ein (Zwischen-) Produkt an den Vertriebsbereich, das dort ggf. weiterbearbeitet und am Markt abgesetzt wird. Der Marktpreis p für das Endprodukt ist bei vollständiger Konkurrenz gegeben. Für das Zwischenprodukt gibt es keinen unmittelbaren externen Markt, seine gesamte Herstellungsmenge x wird daher vom Vertriebsbereich übernommen. Ein Lager wird nicht gebildet. Die Zentrale will für dieses Produkt einen Verrechnungs- und Lenkungspreis q bestimmen, durch den die Unternehmung ihren Gewinn maximiert.

Die Leiter der **Bereiche** treffen ihre Entscheidungen selbständig auf der Grundlage des von der Zentrale festgelegten Lenkungspreises. Ihre Entlohnung ist an die Höhe der **Bereichsgewinne** gekoppelt. Vereinfachend werde sie diesen gleichgesetzt. Deshalb streben sie danach, ihre jeweiligen Gewinne G_P bzw. G_V zu maximieren. Damit die Bereichsleiter überhaupt zur Tätigkeit in der Unternehmung bereit sind, muss ihnen ein Mindestgehalt H als Reservationsnutzen im Sinne der Agencytheorie gewährt werden. Zur Vereinfachung wird H = 0 angenommen. Die Bereichsleiter sind ebenso wie die Zentrale risikoneutral, wodurch Probleme der Risikoteilung außer Betracht bleiben. Sie besitzen jedoch einen besseren Informationsstand in Bezug auf die in ihrem Bereich zu fällenden Entscheidungen als die Zentrale.

Um das Problem der Informationsasymmetrie und der individuellen Nutzenverfolgung zu modellieren, wird das Expertenwissen des Produktionsleiters wie folgt berücksichtigt. Man unterstellt vereinfacht, dass es mehrere **Typen von Managern** mit jeweils anderem Wissen z.B. über Produktionsverfahren oder die Umweltsituation gibt, die durch einen Parameter t gekennzeichnet werden. Je besser das Wissen des Produktionsleiters ist, umso kosten-

---

[115] Vgl. Kapitel 3, Abschnitt D.I.6.d)ee), S. 503 ff.
[116] Vgl. WAGENHOFER, A. (Verrechnungspreise).

B. Principal-Agent-Ansätze

günstiger wird produziert. Die Zentrale kennt wegen ihrer unvollkommenen Information den Typ des Bereichsleiters nicht. Man betrachtet also ein *hidden characteristics*-Problem.

Für die beiden Bereiche werden spezielle **Kostenfunktionen** unterstellt. Die Herstellkosten $K_P(x,t)$ des Produktionsbereichs seien strikt konvex entsprechend der Funktion:

$$K_P(x,t) = x^2/t$$

Der Einfachheit halber gebe es nur **zwei Managertypen** mit den Parametern $t=1$ und $t=2$. Das höhere Expertenwissen des effizienten Managers ($t=2$) führt also zu einer Halbierung der Herstellkosten gegenüber dem ineffizienten Manager ($t=1$). Im Vertriebsbereichs V sollen lediglich konstante Stückkosten k_V auftreten, seine Kostenfunktion laute daher

$$K_V(x) = k_V x.$$

Fixkosten bleiben in beiden Bereichen außer Betracht.

a) Lenkungspreis bei vollkommener, symmetrischer Information

Als Vergleichsfall kann zuerst die Lösung bei vollkommener und damit zugleich symmetrischer Information bestimmt werden. Sie bildet die **First-best-Lösung** des zu analysierenden Problems. In ihr kennt die Zentrale den Typ des Produktionsleiters. Daher kann sie das Entscheidungsproblem selbst lösen. Dazu maximiert sie den **Gewinn der Unternehmung** G_U, wobei zur Vereinfachung $d = p - k_V$ gesetzt wird:

$$\max_x G_U = p \cdot x - K_P(x,t) - K_V(x) = p \cdot x - \frac{x^2}{t} - k_V \cdot x = d \cdot x - \frac{x^2}{t}.$$

Über die Ableitung der Gewinnfunktion erhält man die **optimale Fertigungs- und Absatzmenge** x^*:

$$\frac{dG_U}{dx} = d - 2\frac{x^*}{t} = 0.$$

Da $d^2G_U/dx^2 \leq 0$ ist, folgt $x^* = d \cdot t/2$.

Der zugehörige **Maximalgewinn** ist $d^2t/4$. Wenn die Zentrale über alle Informationen verfügt, kann sie die optimale Lösung selbst ermitteln und deren Umsetzung anordnen. Dann zeigt sich das auch im Hinblick auf die Planung[117] aufgetretene Problem, dass eine dezentrale Lösung eigentlich überflüssig wird. Die innerbetriebliche Lenkung über Preise erscheint nur vorteilhaft, wenn nicht alle Informationen aus den Bereichen an die Zentrale fließen bzw. fließen müssen und/oder die Bereichsleiter durch sie besser motiviert werden können. Während diese Erkenntnis aus planungsorientierter Sicht nur allgemein zur Beurteilung von Lenkungspreisansätzen angeführt wird, kann sie mit Principal-Agent-Ansätzen modellendogen hergeleitet werden. Letztere weisen darüber hinaus auf die besondere Bedeutung der unvoll-

---

[117] Vgl. Kapitel 3., Abschnitt D.I.6.d)ee), S. 503 ff.

kommenen Information, der asymmetrischen Informationsverteilung und des Beeinflussungs- bzw. Motivationsproblems hin.

Zum Vergleich mit den Lösungen bei asymmetrischer Information ist zu ermitteln, welche **Lenkungspreise** q die Zentrale **bei vollkommener Information** zur Erreichung des berechneten Gewinnmaximums ansetzen müsste. Bei symmetrischer Information kann die Zentrale die Verrechnungspreise so wählen, dass sich der Produktionsbereich bei Maximierung seines Gewinnes

$$G_P = q \cdot x - \frac{x^2}{t} = 0$$

für die First-best-Menge x* entscheidet. Dies ist z.B. erreichbar, indem man q = d setzt, da dann die Zielfunktion des Produktionsbereiches mit derjenigen der Unternehmung übereinstimmt. Jedoch fließt dabei der gesamte Gewinn dem Bereichsleiter zu. Da die Zentrale aber nur sicherstellen muss, dass der Bereichsleiter das Mindestgehalt H = 0 erhält, kann sie den Lenkungspreis auf

$$q = d - \frac{d^2 \cdot t}{4x}$$

setzen. In diesem Fall ist ebenfalls die Menge x* = d·t/2 für den Produktionsbereich optimal, jedoch fließt der Gewinn an die Zentrale und damit die Gesamtunternehmung. Die sich ergebenden Werte für die Produktionsmengen, die Verrechnungspreise sowie die Gewinne der Unternehmung und des Produktionsbereiches sind in Abbildung 4-17 für den Wert d = 1 berechnet.

		optimale Menge x*(t)	Verrechnungspreis q(x,t)	q(x*(t),t)	Gewinn $G_U(x^*(t),t)$	$G_P(x^*(t),t)$
First best-Lösung	t=1	0,5	1-0,25/q	0,5	0,25	0
	t=2	1	1-0,5/q	0,5	0,5	0
Zentrale Entscheidung	t=1	0,667		0,667	0,222	0
	t=2	0,667		0,667	0,222	0,222
Verpachtung	t=1	0,5	1-0,25/q	0,5	0,25	0
	t=2	1	1-0,25/q	0,75	0,25	0,25
Second best-Lösung	t=1	0,333		0,333	0,222	0
	t=2	1		0,555	0,444	0,056

Abb. 4-17: Auswirkungen alternativer Verrechnungspreise für d = 1

b) Zentrale Entscheidung bei asymmetrischer Information

Für die Analyse des Problems bei asymmetrischer Information wird unterstellt, dass der Bereichsleiter seinen eigenen Typ kennt. Er ist nur bereit, einen Vertrag mit der Unternehmung zu schließen und die Position zu übernehmen, wenn er mindestens das Gehalt H (hier als 0 gesetzt) erhält. Die **Zentrale** könnte selbst die Produktionsmenge festlegen und vorgeben. Diese Entscheidung ist von ihr durchsetzbar, so dass sich die tatsächliche Menge beobachten lässt. Bei ihrer Entscheidung muss sie aber berücksichtigen, dass der

B. Principal-Agent-Ansätze

Bereichsleiter entweder effizient ($t=2$) oder ineffizient ($t=1$) ist. Sie besitzt keine genauere Information hierüber und schätzt die Wahrscheinlichkeit w_t für beide gleich $1/2$ ein. Die Maximierung ihres **Gewinnerwartungswertes**

$$\max_x E(G_U) = \sum_{t=1}^{2}(d \cdot x - \frac{x^2}{t})w_t = d \cdot x - \frac{3x^2}{4}$$

führt zu der **optimalen Produktionsmenge** $x^* = 2d/3$.

Man kann nun fragen, welcher Lenkungspreis den Produktionsbereich dazu führen würde, die Menge x^* herzustellen. Der gesuchte Preis kann nicht von dem für die Zentrale unbekannten t abhängen. Er ist so zu wählen, dass der Bereichsleiter sein Mindestgehalt $H = 0$ erhält, unabhängig davon, welcher Typ bei ihm vorliegt. Da sein Gehalt dem **Bereichsgewinn** entspricht, muss also gelten:

$$G_P(x,t) = q \cdot x - \frac{x^2}{t} \geq H = 0 \qquad (4\text{-}22)$$

Setzt man $x^* = 2d/3$ in (4-22) ein, so erhält man die Bedingungen für

$t = 1: 2q \cdot d/3 - 4d^2/9 \geq 0$ bzw. $q \geq 2d/3$ sowie

$t = 2: 2q \cdot d/3 - 2d^2/9 \geq 0$ bzw. $q \geq d/3$.

Da die Zentrale bestrebt ist, dass jeder Typ den Vertrag akzeptiert, muss sie den **Lenkungspreis** auf den höheren Wert $q = 2d/3$ festsetzen. Dies hat entsprechend dem Beispiel in Abbildung 4-17 zur Folge, dass der Unternehmensgewinn G_U gegenüber der First-best-Lösung auf 0,222 sinkt und ein effizienter Bereichsleiter ein höheres Gehalt als $H = 0$, d.h. einen Informationsgewinn bekommt. Da die Zentrale sicherstellen muss, dass auch ein ineffizienter Manager den Vertrag akzeptiert, muss sie einem effizienten Manager eine Informationsrente von $G_P = 0,222$ bezahlen.

Die Unternehmung kann aber einen **höheren Gewinn** erzielen, wenn sie das Entscheidungsproblem **delegiert** und den Produktionsleiter die Produktionsmenge x festlegen lässt. An diesem Principal-Agent-Modell lässt sich damit zeigen, dass sich die Verhaltenssteuerung über Lenkungspreise für die Unternehmung lohnen kann. Eine bei Agency-Problemen häufig betrachtete Lösung besteht darin, dass der Agent den vollen Gewinn erhält, der Zentrale daraus jedoch einen festen Betrag bezahlen muss. In diesem Fall wird die Unternehmung sozusagen an ihn **'verpachtet'**.

Für die Festlegung des Lenkungspreises kann die bei symmetrischer Information in Abschnitt (a) angestellte Überlegung herangezogen werden. Setzt man dementsprechend den Lenkungspreis mit

$$q = d - \frac{d^2 \cdot t}{4x}$$

an, so führt die **Maximierung des Bereichsgewinns**

$$G_P(x,t) = q \cdot x - \frac{x^2}{t} = (d - \frac{d^2 \cdot t}{4x})x - \frac{x^2}{t} \qquad (4\text{-}23)$$

gleichzeitig zur Maximierung des **Unternehmensgewinns**. Dieser ist bei einem effizienten Bereichsleiter höher, da er über bessere Kenntnisse verfügt und eine kostengünstigere Lösung realisiert. Sein Gewinn ist gemäß Gleichung (4-23) größer als bei einem ineffizienten Manager. Da auch der ineffiziente Typ zur Zusammenarbeit gewonnen werden soll, bildet er den Grenzfall. Ihm ist ein Lenkungspreis für $t = 1$, also

$$q = d - \frac{d^2}{4x} \qquad (4\text{-}24)$$

zu setzen. Derselbe Preis muss auch für den effizienten Manager gelten, da die Zentrale den Typ des Bereichsleiters nicht kennt. Unter Verwendung des Lenkungspreises aus (4-24) bestimmt der Produktionsbereich durch Maximierung seiner Gewinnfunktion (4-22) die **optimale Menge**, indem er

$$\frac{dG_P}{dx} = d - \frac{2x}{t} = 0$$

bzw.

$$x^*(t) = \frac{d \cdot t}{2}$$

setzt.

Der an den Bereich zu zahlende **Festbetrag** G_U entspricht der Differenz zwischen dem Marktgewinn der Unternehmung und dem Bereichsgewinn bei der optimalen Produktionsmenge:

$$G_U = (d-q)x = \left[d - \left(d - \frac{d^2}{4x}\right)\right]x = \frac{d^2}{4}$$

Die Höhe des Bereichsgewinns hängt im Unterschied zu diesem festen Unternehmensgewinn vom Typ seines Leiters ab:

$$G_P = q \cdot x - \frac{x^2}{t} = \frac{d^2 t}{t} - \frac{d^2}{4} - \frac{d^2 t^2}{4t} = \frac{d^2}{4}(t-1)$$

Aus den Werten für $d = 1$ in Abbildung 4-17 erkennt man, dass bei Verpachtung nur der effiziente Bereichsleiter einen Gewinn (von 0,25) für sich erwirtschaftet.

Die in diesem Fall gewählte Lösung eines Festbetrags für die Unternehmung, d.h. der **Verpachtung bei Informationsasymmetrie**, führt dazu, dass der Bereichsgewinn und damit die Entlohnung des Produktionsleiters gegenüber einer zentralen Bestimmung der Produktionsmenge ansteigen. Die Delegation der Mengenentscheidung hat aber gleichzeitig eine **Erhöhung des Unternehmensgewinnes** G_U (von 0,222 auf 0,25) zur Folge. Der Übergang auf ein solches Steuerungssystem lohnt sich also unter den gegebenen Bedingungen für beide Seiten.

Jedoch ist es möglich, durch die **Vorgabe eines Lenkungspreises** einen Anreiz zu anderen Produktionsmengen als $x^*(t)$ zu geben, die zu einer noch besseren Lösung führen. Hierzu optimiert die Zentrale den Erwartungswert

B. Principal-Agent-Ansätze

des **Unternehmensgewinns** in Abhängigkeit von dem festzulegenden Lenkungspreis:

$$\max_{q(x)} E(G_U) = \sum_{t=1}^{2} [d - q(x(t))] \cdot x(t) \cdot w_t \qquad (4\text{-}25)$$

Der **Bereichsleiter** maximiert seinen Gewinn bei einem vorgegebenen Verrechnungspreis in Bezug auf die Produktionsmenge x:

$$\max_x G_P = q(x) \cdot x - \frac{x^2}{t} \quad \text{für } t = 1,2$$

Die Zentrale muss einen effizienten Bereichsleiter dazu bringen, dass er die Menge x_2 (für $t = 2$) produziert und nicht durch die Wahl der Menge x_1 einen Manager des anderen Typs nachahmt. Er muss daher durch die Produktion von x_2 einen mindestens so hohen Gewinn erreichen wie bei Produktion von x_1:

$$q(x_2)x_2 - \frac{x_2^2}{2} \geq q(x_1)x_1 - \frac{x_1^2}{2}. \qquad (4\text{-}26)$$

Das dem Gewinn entsprechende **Gehalt des Bereichsleiters** muss bei den optimalen Produktionsmengen für beide Typen so groß sein, dass deren Mindestnutzen H = 0 gewährleistet ist. Wird diese Bedingung für einen ineffizienten Manager erfüllt, d.h. gilt

$$q(x_1)x_1 - \frac{x_1^2}{1} \geq 0, \qquad (4\text{-}27)$$

so stellt die Ungleichung (4-26) sicher, dass der Mindestnutzen auch für einen effizienten Manager gewährleistet ist. Ein ineffizienter Manager kann auf seinem Mindestnutzen von H = 0 gehalten werden. Daher ergibt sich aus (4-27)

$$q(x_1)x_1 - x_1^2 = 0 \quad \text{bzw. } q(x_1) = x_1. \qquad (4\text{-}28)$$

Wenn dem effizienten Manager nur die Mindestentlohnung bezahlt werden soll, kann die Ungleichung (4-26) als Gleichung behandelt werden. Setzt man in sie den erhaltenen Ausdruck (4-28) ein, so ergibt sich die weitere Bedingung

$$q(x_2)x_2 - \frac{x_2^2}{2} = x_1^2 - \frac{x_1^2}{2} = \frac{x_1^2}{2}. \qquad (4\text{-}29)$$

Man kann zeigen[118], dass in dieser Modellstruktur die optimale Lösung für einen effizienten Manager bei der optimalen Produktionsmenge $x_2 = x^*(t = 2)$ und für einen ineffizienten unter der optimalen Menge, also bei $x_1 < x^*(t = 1)$ liegt. Die Zentrale maximiert ihre Gewinnfunktion (4-25) in Bezug auf den Verrechnungspreis q(x). Beachtet man für $t = 2$ die optimale Produktionsmenge $x_2 = d \cdot t/2 = d$ und setzt die Gleichungen (4-28) und (4-29) ein, dann lässt sich diese Funktion auch schreiben als

---

[118] Vgl. SAPPINGTON, D.E.M. (Contracts), DEMSKI, J.S./SAPPINGTON, D.E.M. (Multiple Agents).

$$E(G_U) = \sum_{t=1}^{2} w_t[d - q(x(t))] \cdot x(t)$$

$$= \frac{1}{2}(d \cdot x_1 - q(x_1)x_1 + d \cdot x_2 - q(x_2)x_2)$$

$$= \frac{1}{2}(d \cdot x_1 - x_1^2 + d^2 - \frac{x_1^2}{2} - \frac{d^2}{2})$$

$$= \frac{1}{2}(d \cdot x_1 - 3\frac{x_1^2}{2} + \frac{d^2}{2}).$$

Die Optimierung dieses Ausdrucks in Bezug auf x_1 mit der Bedingung erster Ordnung

$$\frac{dG_U}{dx_1} = \frac{1}{2}(d - 3x_1^2) = 0$$

führt zu $x_1 = d/3$. Damit lassen sich als **Second-best-Lösung** die in Abbildung 4-17 angegebenen Verrechnungspreise (0,333 für $t=1$ und 1 für $t=2$) und Gewinne bei Vorliegen beider Typen von Bereichsleitern ermitteln. Durch diese Lösung steigt der **Erwartungswert des Unternehmensgewinns** auf $G_U = (0{,}222 + 0{,}444)/2 = 0{,}333$. Er ist damit größer als bei den anderen Formen der Steuerung, erreicht jedoch nicht die First-best-Lösung.

III. Aussagefähigkeit agencytheoretischer Ansätze für die Kosten- und Erlösrechnung

Die Ansätze der normativen Agencytheorie vermitteln strukturelle Einsichten in Verhaltenssteuerungsprobleme. Durch ihre Übertragung auf die Kosten- und Erlösrechnung wird der Blick auf wichtige Tatbestände der Realität wie die unvollkommene Information, die asymmetrische Informationsverteilung sowie den Einfluss subjektiver Ziele auf die Berichterstattung gelenkt, die sonst in der Kosten- und Erlösrechnung wenig beachtet werden. Damit haben sie eine bedeutende Funktion in der **Problemerkennung** und **-analyse**. Sie machen deutlich, dass im Hinblick auf das Rechnungsziel der Verhaltenssteuerung andere Konzepte und Verfahren notwendig sind als bei der Ermittlung planungsrelevanter Informationen. Daran zeigt sich, wie stark der Rechnungszweck die Struktur einer Rechnung bestimmt. Unterschiedliche Rechnungszwecke verlangen in der Regel auch verschiedenartige Rechnungssysteme.

Die Strenge in der Formulierung von Prämissen sowie in der Ableitung von Ergebnissen stärkt ihre logische Geltung. Im Gegensatz zu den Ansätzen des Behavioral Accounting liegt ihnen ein einheitlicher Strukturkern zugrunde. Es deutet sich an, dass man auf dem beschrittenen Wege zu einem relativ geschlossenen theoretischen Aussagensystem gelangen kann. Die für eine solche Klarheit wohl unvermeidliche **Enge der Prämissen** schränkt zugleich die Übertragbarkeit auf Gegebenheiten der oft vielfältigeren und komplexeren Realität ein. Die Präzision der Aussagen gilt nur im Rahmen der engen Modellannahmen, sie gelten so nicht ohne weiteres für die Realität.

B. Principal-Agent-Ansätze

Zudem gehen die Principal-Agent-Ansätze von dem äußerst **engen Rationalitätsverständnis** der individuellen Nutzenmaximierung aus[119]. Dies entspricht nicht der Vielfalt an Verhaltensweisen, wie sie in der Realität zu beobachten sind, und ist daher eher als **methodisches Konstrukt** denn als empirische Verhaltenshypothese zu verstehen. So kann gefragt werden, in welchem Umfang tatsächlich eine Nutzenmaximierung angestrebt wird oder eher ein auf befriedigende Zielerreichung gerichtetes Verhalten verbreitet ist. Bezieht man darüber hinaus die Nutzenmaximierung auf ein weitgehend monetäres Eigeninteresse, so ist ein beachtlicher Teil beobachtbaren Handelns mit ihr nicht abgedeckt. Fasst man den Nutzenbegriff hingegen so weit, dass er beispielsweise altruistisches Verhalten einschließt, werden die Modelle inhaltsarm. Zudem stellt eine Berücksichtigung verschiedener quantitativer und qualitativer Größen in der Nutzenfunktion deren kardinale **Messbarkeit** in Frage. Auch ist zu fragen, in welchem Umfang die Modellprämissen für Verhaltensweisen von dem jeweiligen **Kulturbereich** beeinflusst werden. So kann für bestimmte Bereiche ein eher kollektivistisches statt individualistisches Verhalten maßgeblich sein.

Eine nur begrenzte empirische Plausibilität kommt der **Arbeitsleidhypothese** zu[120]. Bei Führungskräften spricht der Augenschein häufig eher für die umgekehrte Hypothese. Dahinter verbirgt sich zudem das Problem, was konkret mit Arbeitsleid bezeichnet und wie die Anstrengung bzw. das Aktivitätsniveau gemessen wird. Zudem deutet dieses Problem darauf hin, dass bislang viele Führungsfragen nur in sehr vereinfachter Form in Principal-Agent-Modellen erfasst werden können. Einflüsse, die sich aus der z.B. sozialen Struktur einer Marktwirtschaft oder aus Mitbestimmungsregelungen, dem Abschluss kollektiver Arbeitsverträge, einer Differenzierung der Verhaltensweisen nach Hierarchieebenen u.a. ergeben, bedürfen der genaueren Analyse. Daran wird erkennbar, dass die Agencytheorie über ihre spezifischen Denkmuster neue Fragen aufwirft. Ihr kann hierdurch eine wichtige **heuristische Funktion** für weitere Forschungsaufgaben auf dem Weg zu einer realwissenschaftlichen Fundierung einer Führungstheorie zukommen.

Mit der Agencytheorie lassen sich in erster Linie **qualitative Einsichten** gewinnen. Praktisch anwendbare Systeme der Verhaltenssteuerung mit Kosten- und Erlösgrößen sind bislang kaum ableitbar. Wie das Behavioral Accounting weist sie auf spezifische Probleme hin, die bei der Gestaltung verhaltenssteuerungsorientierter Rechnungssysteme zu beachten sind. Die Betonung der logischen Geschlossenheit und die geringe Hinterfragung oder Prüfung der empirischen Geltung der zugrunde gelegten Prämissen stehen in deutlichem Gegensatz zur Methodik der Verhaltenswissenschaften. Logische Strenge der agencytheoretischen und empirische Ausrichtung verhaltenswissenschaftlicher Ansätze könnten sich letztlich aber gegenseitig ergänzen. Deshalb ist vorstellbar, dass man über eine **Verbindung** von Ansätzen der **Principal-Agent-Theorie** mit Ansätzen sowie Erkenntnissen des **Behavioral**

---

[119] Vgl. LEVINTHAL, D. (Survey), S. 154.
[120] Vgl. LEVINTHAL, D. (Survey), S. 181 f.

Accounting zu einer Fundierung verhaltenssteuerungsorientierter Systeme der Kosten- und Erlösrechnung gelangt.

Die zu kostenrechnerischen Problemen entwickelten Principal-Agent-Modelle werden vielfach dafür herangezogen, Gesichtspunkte für eine Anwendung von Systemen der **Voll- oder Teilkostenrechnung** zu begründen. Die in Abschnitt B.II.1. dieses Kapitels analysierten Beispiele haben beispielsweise gezeigt, dass ein Verzicht auf Gemeinkostenumlagen Verhaltenssteuerungszwecken meist zuwiderläuft, weil er zu einer Überbeanspruchung zentral bereitgestellter Güter führen kann. Jedoch lassen sich die beabsichtigten Steuerungswirkungen über einfache Schlüsselungsverfahren der Vollkostenrechnung nur in Ausnahmefällen erreichen. Diese Modelle deuten deshalb eher an, dass man spezifische, am jeweiligen Problem und der betrachteten Entscheidungssituation orientierte Verfahren benötigt, als dass Verfahren der Vollkostenrechnung den Verfahren der Teilkostenrechnung überlegen seien.

Auch in den Systemen der **Teilkostenrechnung** hat man erkannt, dass eine Beschränkung auf die variablen bzw. die Einzelkosten für Planungs- und vor allem für Verhaltenssteuerungszwecke oft nicht ausreicht. Deshalb wird es in ihnen als wichtige Aufgabe angesehen, Konzepte zur Vorgabe von **Deckungsbudgets**[121] oder **Soll-Deckungsbeiträgen** bzw. speziellen Verrechnungspreisen[122] zu entwickeln und anzuwenden. Eine Reihe der mit Hilfe von Principal-Agent-Modellen analysierten Verfahren der Gemeinkostenzurechnung lässt sich auch als derartige Ansätze zur Bestimmung von Vorgabewerten interpretieren. Zudem bietet es sich an, die Umlage nicht nur von Gemeinkosten, sondern auch von Deckungsbeiträgen anhand von Principal-Agent-Modellen auf ihre Verhaltenssteuerungswirkungen hin zu prüfen.

Diese Gründe sprechen ebenso wie die engen Prämissen dafür, nicht vorschnell auf eine generelle Vorzugswürdigkeit von (Voll-) Kostenrechnungssystemen bei der Verhaltenssteuerung zu schließen. Zulässig erscheint es aber, die mit Principal-Agent-Modellen gewonnenen Erkenntnisse als einen Hinweis auf intuitive Gründe zu sehen, welche neben anderen die vielfache Verwendung von Vollkostenrechnungen in der Praxis plausibel machen.

---

[121] Vgl. Kapitel 3., Abschnitt D.IV.3.a), S. 542 ff.
[122] Vgl. z.B. HIROMOTO, T. (Management Accounting).

C Flexible Standardkostenrechnung als traditionelles System einer verhaltenssteuerungsorientierten Kosten- und Erlösrechnung

I. Zwecksetzungen der flexiblen Standardkostenrechnung

Neben dem **Behavioral Accounting**, dem **Target Costing** und **Principal-Agent-Ansätzen** gehört auch die traditionelle **flexible Standardkostenrechnung** zu den Systemen der verhaltenssteuerungsorientierten Kosten- und -erlösrechnung. Bei ihr stehen die Rechnungsziele der am Prinzip der Technizität ausgerichteten Steuerung im Vordergrund[123]. Die Vergleichsrechnung (Kontrolle), welche für die Steuerung unterstellt wird, ist eine Soll-Ist-Rechnung mit der Funktion einer kurzfristigen Ergebniskontrolle. Unter Führungsaspekten dient die Standardkostenrechnung als Instrument zur **Verhaltenssteuerung** von Mitarbeitern. Die geplanten Kosten werden dann als Verhaltensnorm oder Standard vorgegeben, an dem die mengenmäßige Wirtschaftlichkeit der Planrealisation bzw. des Mitarbeiterverhaltens gemessen wird. Standardkostenrechnungen stellen in erster Linie Instrumente zur Verhaltensbeeinflussung **mittlerer und unterer Instanzen** der Unternehmung dar. Sie sind innerbetrieblich orientiert. Um dieses Rechnungsziel erfüllen zu können, müssen die Plankosten jene Kosten umfassen, deren Höhe von den Entscheidungen und dem Handeln dieser Instanzen abhängig ist. Einflüsse auf die Kostenhöhe von außerhalb der Unternehmung sind weitgehend auszuschalten. Aus diesem Grund werden Marktpreisschwankungen eliminiert, indem die Verbrauchsgüter mit **Festpreisen** bewertet werden. Dabei bewertet man sowohl den geplanten als auch den tatsächlichen Güterverbrauch mit Festpreisen. Durch die Konstanz der Preise werden Plan- und Istverbrauchsmengen über einen längeren Zeitraum hinweg vergleichbar gemacht. Damit lässt sich die zeitliche Entwicklung der Technizität erkennen.

Durch die Bewertung des Güterverbrauchs mit Festpreisen wird in der Standardkostenrechnung die **Mengenkomponente** der Kosten besonders hervorgehoben. Die Festpreise erfüllen dabei eine doppelte Funktion. Sie machen zum einen die Mengen verschiedener Güterarten addierbar und **vergleichbar**. Deshalb kann jeder Kostenstelle (jedem Kostenstellenleiter) ein Plankostenbetrag vorgegeben werden, der eine Zusammenfassung verschiedener Planverbrauchsmengen bildet. Zum anderen bringen Festpreise eine **Gewichtung** der Verbrauchsgüter zum Ausdruck[124]. Aus den Preisen wird ersichtlich, bei welchen Gütern ein erhöhter Verbrauch zu starken Kostensteigerungen führt. Deshalb werden Festpreise häufig in Anlehnung an die Marktpreise festgelegt, so dass sie die Relationen zwischen den Marktpreisen der Güter annähernd widerspiegeln[125]. Da Festpreise über längere Zeit hinweg konstant gehalten werden, treten laufend Differenzen zu den tatsächlichen Marktpreisen auf. Im Hinblick auf das Rechnungsziel der Verhaltenssteuerung sind diese Differenzen jedoch nicht störend.

---

[123] Vgl. KOSIOL, E. (Standardkostenrechnung), S. 22 ff.
[124] Vgl. KÄFER, K. (Standardkostenrechnung), S. 73 ff.
[125] Vgl. MELLEROWICZ, K. (Planung), S. 86.

Aus diesem Rechnungszweck ergibt sich, dass in der Standardkostenrechnung das Hauptgewicht auf der Kostenstellenrechnung liegt[126]. Die Gliederung in Abrechnungsbezirke (Kostenstellen) richtet sich vor allem nach organisatorischen Gesichtspunkten. Die Kostenstellen sind nicht nur rechnungstechnisch, sondern auch kompetenzmäßig abgegrenzte Bezirke, in welchen kostenverantwortliche Kostenstellenleiter Entscheidungen treffen. Für jede Kostenart wird jeder Kostenstelle ein bestimmter Kostenbetrag als Plankosten vorgegeben. Der Kostenstellenleiter ist dann für alle Abweichungen von den Plankosten verantwortlich, die durch sein Entscheidungsverhalten in seinem Bereich verursacht worden sind. Abweichungen, die außerhalb seines Bereichs ihre Ursache finden, fallen nicht unter seine Verantwortung und können nicht auf sein **Entscheidungsverhalten** zurückgeführt werden.

Eine Vorgabe von Plankosten setzt voraus, dass man **Hypothesen** über die Beziehungen zwischen Kostenhöhe und ihren wesentlichen Einflussgrößen kennt bzw. entsprechende **Annahmen** zugrunde legt. Mit Hilfe dieser Hypothesen (oder Annahmen) lässt sich der vorzugebende Kostenbetrag für eine bestimmte Ausprägung der Kosteneinflussgrößen ableiten. Als wichtigste Einflussgröße der Kosten wird in der Standardkostenrechnung die Beschäftigung angesehen.

Für die Vorgabe von Plankosten können verschiedene Beschäftigungsgrade herangezogen werden. Nach ERICH KOSIOL lassen sich dementsprechend Standardkostenrechnungen auf der Basis von Optimalbeschäftigung und Standardkostenrechnungen auf der Basis von Normalbeschäftigung als zwei grundlegende Formen unterscheiden[127]. Bei der Standardkostenrechnung auf der Basis einer **Optimalbeschäftigung** wird zur Bestimmung von Plankosten die kostengünstigste Beschäftigung zugrunde gelegt. Sie liegt vielfach nicht bei der technisch möglichen Maximalausnutzung der Kapazität, weil dort die Überbeanspruchung von Einsatzgütern zu überproportionalen Kosten führt. Vielmehr sind die Kosten je Produkteinheit häufig bei einer Ausnutzung etwas unterhalb der Kapazitätsgrenze am niedrigsten. Die Optimalbeschäftigung ist dann "die wirtschaftlich vertretbare, real mögliche Höchstausbringung ... ."[128] Die Potentialgüter, welche in der Unternehmung eingesetzt werden, weisen meist nicht dieselben Kapazitäten auf. Die Teilkapazitäten der Kostenstellen sind in der Regel nicht voll aufeinander abgestimmt. Beispielsweise kann in der Kostenstelle A eine Produktionsmenge von 1.000 Stück je Tag realisierbar sein, während in Kostenstelle B die Höchstausbringung 800 Stück je Tag beträgt. Sofern in diesen Kostenstellen aufeinander folgende Arbeitsgänge durchgeführt werden, bildet die Kostenstelle B einen Engpass. Dieser bewirkt, dass auch in Kostenstelle A lediglich 800 Stück je Tag bearbeitet werden können, wenn kein Lager an Zwischenprodukten aufgebaut werden soll. Als **Optimalbeschäftigung** kann zum einen die Höchstausbringung der Engpassstelle und damit die Optimalbeschäftigung des Gesamtbetriebes angesehen werden. Zum anderen kann für jede Kostenstelle von der Opti-

---

[126] Vgl. KOSIOL, E. (Standardkostenrechnung), S. 37.
[127] Vgl. KOSIOL, E. (Gegenüberstellung), S. 59 ff.
[128] KOSIOL, E. (Gegenüberstellung), S. 61.

C. Flexible Standardkosten- und -erlösrechnung 663

malbeschäftigung ihrer Teilkapazität ausgegangen werden. Dann enthalten die Abweichungen zwischen Plan- und Istkosten auch Beträge, die ihre Ursache in der mangelnden Abstimmung der Teilkapazitäten haben. In den Abweichungen werden in diesem Falle die gesamten Leerkosten[129] jeder Kostenstelle ausgewiesen, die durch eine bessere Ausnutzung ihrer Kapazität abgebaut werden könnten.

Die Standardkostenrechnung auf der Basis einer **Normalbeschäftigung** geht von einer durchschnittlich erzielbaren, mittleren Ausnutzung der Kapazität aus. Als 'normal' können jedoch verschiedene Beschäftigungen angesehen werden. "Von der in der Vergangenheit erzielten Beschäftigungslage über die kurzfristig erwarteten Ausbringungsmöglichkeiten bis zum Ausgleich der Konjunkturschwankungen auf lange Sicht lassen sich Absatz- und Engpassperspektiven beliebig konstruieren."[130] Die Kostenabweichungen geben bei dieser Form der Standardkostenrechnung nicht alle Leerkosten an, die ihre Ursache in mangelnder Kapazitätsausnutzung haben.

Die beiden Formen der Standardkostenrechnung führen in den meisten Fällen nicht zu denselben Differenzen zwischen Plan- und Istkosten. Vielmehr werden in der Regel nach beiden Verfahren unterschiedlich hohe Kostenabweichungen ausgewiesen. Eine Standardkostenrechnung auf der Basis der **Optimalbeschäftigung** lässt für Maßnahmen der Verhaltenssteuerung alle Möglichkeiten sichtbar werden, durch eine bessere Auslastung der Kapazitäten wirtschaftlicher zu produzieren. Sie macht deutlich, in welchem Umfang eine Steigerung der Ausbringungsmengen und ggf. eine bessere Abstimmung der Teilkapazitäten zu einer Senkung der Kosten je Ausbringungseinheit führen kann. Dagegen muss in einer Standardkostenrechnung auf der Basis der **Normalbeschäftigung** eine zusätzliche Analyse der Leerkosten vorgenommen werden, um diese Rationalisierungsmöglichkeiten zu erkennen.

Die Plankosten, welche für die Optimalbeschäftigung vorgegeben werden, stellen die niedrigsten erzielbaren Kosten dar, wenn auch für die anderen Kosteneinflussgrößen die kostengünstigsten Ausprägungen angegeben werden. Dann können alle realisierten Istkosten nicht unter diesen Plankosten liegen. Bei der Zugrundelegung einer Normalbeschäftigung ist dagegen die Differenz zwischen Plan- und Istkosten in der Regel kleiner als bei Unterstellung der Optimalbeschäftigung. Hier kann auch der Fall eintreten, dass die Istkosten niedriger als die Plankosten sind. Für den Kostenstellenleiter und sein **Entscheidungsverhalten** kann der Anreiz zur Einsparung von Kosten stärker sein, wenn die Differenz zwischen Plankosten und praktisch erzielbaren Istkosten nicht zu groß ist und er die Plankosten möglicherweise sogar unterschreiten kann. Andererseits kann das Streben nach Kostenwirtschaftlichkeit gebremst werden, wenn die Plankosten kaum erfüllt werden können und die Kostenabweichungen sehr groß sind. Die leichter erfüllbaren Plankosten der Standardkostenrechnung auf der Basis von Normalbeschäftigung

---

[129] Vgl. Kapitel 3., Abschnitt B.I.4.c), S. 315.
[130] KOSIOL, E. (Gegenüberstellung), S. 61.

können deshalb unter den Gesichtspunkten einer **Verhaltensbeeinflussung** besser geeignet sein[131].

> Es kann gesagt werden, dass mit einer **Standardkostenrechnung auf der Basis der Normalbeschäftigung** das Rechnungsziel der **Verhaltenssteuerung** zur Steigerung der Wirtschaftlichkeit wirksamer und einfacher erfüllt werden kann.

In der Praxis wird bisher die Standardkostenrechnung häufiger als die Prognosekostenrechnung angewendet. Vielfach werden auch Elemente beider Rechnungsformen verbunden. Dann kann das **Schwergewicht der Beeinflussung** bei jenen Kostenarten liegen, die wie der Verbrauch an Stoffen und Arbeitsleistungen in den einzelnen Kostenstellen disponierbar sind. Andere Kostenarten wie Abschreibungen, Zinsen, Wagniskosten und die Kosten für Rechtsgüter sind dagegen in erster Linie durch Entscheidungen der Unternehmungsleitung beeinflussbar. Bei diesen Kostenarten können die Rechnungsziele der Prognose und der Planung im Vordergrund stehen. Jedoch trägt eine Verbindung der beiden Erscheinungsformen einer Plankostenrechnung auf Vollkostenbasis die Gefahr in sich, dass keines der Rechnungsziele zufrieden stellend verwirklicht wird[132]. Deshalb ist in einem System der Plankostenrechnung, das beide Formen umfasst, eine strenge Unterscheidung zwischen den jeweils verfolgten Rechnungszielen und den sich aus ihnen ergebenden Ansätzen der Plankosten zweckmäßig.

II. Struktur und Funktion der flexiblen Standardkostenrechnung

1. *Theoretische Grundlagen und empirische Ansätze zur Bestimmung von Standardkosten*

Mit Hilfe von Produktions- und Kostenfunktionen können die Kosten einer zukünftigen Abrechnungsperiode geplant werden. In der **Standardkostenrechnung**, bei welcher der mengenmäßige Einsatz oder Verbrauch von Gütern im Vordergrund steht, sind Produktionsfunktionen eine wesentliche Planungsgrundlage. Die Überführung der Produktionsfunktionen in Kostenfunktionen ist ohne weiteres möglich, wenn die Einsatzgüter mit Festpreisen bewertet werden. Durch die Ausschaltung der Preiseinflüsse vom Markt ergeben sich hierbei Kostenfunktionen, die nur hinsichtlich der Mengenkomponente empirischen Charakter haben. Dagegen werden in der **Prognosekostenrechnung** auch die Einflüsse von Beschaffungspreisen und deren Änderungen berücksichtigt.

Eine Feststellung des Kostenminimums als Standard setzt ein Wissen über produktions- und kostentheoretische Zusammenhänge voraus. Wenn eine Unternehmung die für sie geltenden Produktions- und Kostenfunktionen nicht kennt, muss sie ihrer Planung entsprechende **Annahmen** über die Be-

---

[131] Vgl. KÄFER, K. (Standardkostenrechnung), S. 93 f.
[132] Vgl. KOSIOL, E. (Gegenüberstellung), S. 74 ff.

Ziehungen zwischen Gütereinsatz (sowie Kostenhöhe) und Güterausbringung zugrunde legen. Die Planung ist um so zuverlässiger, je genauer ihre Kenntnis der produktions- und kostentheoretischen Beziehungen ist und je besser die verwendeten Produktions- und Kostenfunktionen empirisch bestätigt sind.

In der **Standardkostenrechnung** tritt bei einer Reihe von Kosteneinflussgrößen an die Stelle der Prognose ihrer Ausprägungen die Zielvorstellung einer **günstigsten Technizität**. Zu diesen Kosteneinflussgrößen können vor allem der Leistungseinsatz von Arbeitskräften, der Ausschuss, die Beschäftigung, die Teilkapazitäten der Maschinen, die Auflagengrößen, das Produktionsverfahren, die Arbeits- und Maschinenbelegung sowie die Intensität der Maschinenleistungen gehören. Aufgrund dieser Zielvorstellung sind bei der Kostenvorgabe die kostenminimalen Ausprägungen dieser Kosteneinflussgrößen vorzugeben. Abweichungen zwischen Plan- und Istkosten sind dann darauf zurückzuführen, dass eine oder mehrere dieser Größen bei der Durchführung des Produktionsprozesses andere Ausprägungen angenommen haben, als sie geplant waren.

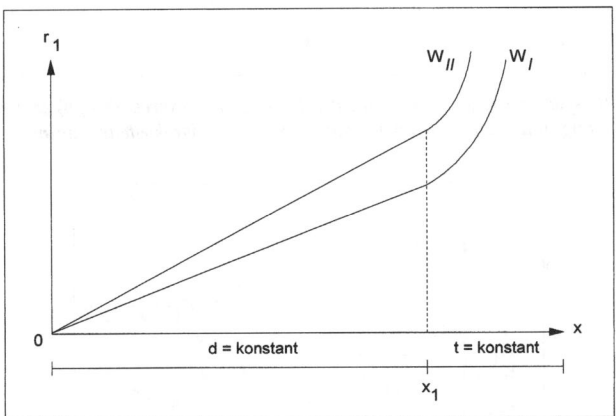

Abb. 4-18: *Beispiel für eine Produktionsfunktion des Werkstoffeinsatzes*

Zur **Bestimmung von Plankosten** in der Standardkostenrechnung ist von Produktionsfunktionen auszugehen, die durch eine Bewertung der Einsatzgüter mit vorgegebenen Festpreisen in Kostenfunktionen transformiert werden. Wenn die Standardkostenrechnung auf der Basis der Optimalbeschäftigung konzipiert wird und Leerkosten wegen mangelnder Abstimmung der Teilkapazitäten ausgewiesen werden sollen, ist für jede Kostenstelle das Minimum ihrer Kosten je Produkteinheit (Stückkosten) zu ermitteln. Aus der Kostenfunktion der Kostenstelle wird die Funktion ihrer Stückkosten hergeleitet und deren Minimum festgestellt. Die Gesamtkosten, die bei diesem **Minimum** auftreten, gibt man als **Plankosten** vor. Bei einer Standardkostenrechnung auf der Basis von Normalbeschäftigung ist der 'normale' Beschäftigungsgrad in die Kostenfunktion einzusetzen. Dann können für diese Planbeschäftigung die zugehörigen Kosten als Plankosten vorgegeben werden. In der Praxis werden häufig neben der Beschäftigung auch die Verbrauchsmengen normalisiert.

Das Vorgehen wird anhand der Abbildungen 4-19 und 4-20 an einem einfachen Beispiel veranschaulicht, das analog zu dem bei der Prognosekostenrechnung entwickelten Beispiel[133] aufgebaut ist. In ihm ergeben sich die betrachteten Kosten einer Stelle aus dem Einsatz eines Werkstoffs, einer im Akkord entlohnten Arbeitskraft und dem Einsatz einer Maschine mit zeitabhängigen Abschreibungen.

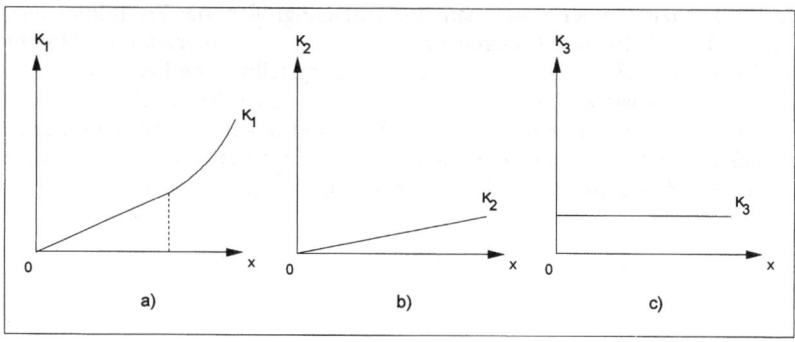

Abb. 4-19: Beispiele für Kostenkurven für den Einsatz a) an Werkstoffen, b) an Arbeitsleistung und c) an Maschinenleistung in der Standardkostenrechnung

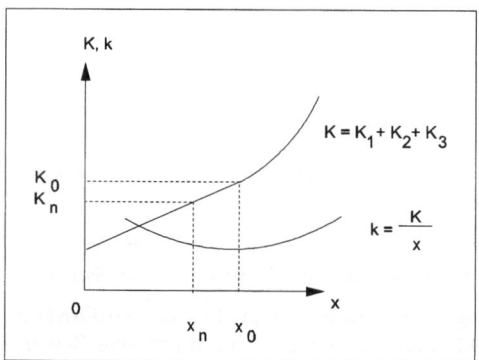

Abb. 4-20: Beispiel für die Gesamtkostenkurve einer Kostenstelle in der Standardkostenrechnung

In der Standardkostenrechnung werden die Verbrauchsmengen r_1 des Werkstoffes mit einem konstanten Festpreis p_1 bewertet, indem jeder Punkt der Produktionsfunktion mit p_1 multipliziert wird. Dabei ist in Abbildung 4-18 die Kurve w_1 zu verwenden, welche den **günstigsten Werkstoffverbrauch** abbildet. Man erhält die Kostenfunktion K_1 des Werkstoffverbrauchs (vgl. Abbildung 4-19a). Beim Arbeitskräfteeinsatz wird ein konstanter Akkord-

---

[133] Vgl. Kapitel 3., Abschnitt B.I.2.a), S. 274 ff.

C. Flexible Standardkosten- und -erlösrechnung

lohnsatz l_1 je Ausbringungseinheit festgelegt. Die Kosten K_2 des Arbeitseinsatzes verlaufen deshalb proportional zur Ausbringungsmenge x (vgl. Abbildung 4-19b). Dagegen sind die Kosten K_3 des Maschineneinsatzes unabhängig von der Ausbringung. Sie verlaufen als Fixkosten parallel zur Abszisse (vgl. Abbildung 4-19c). Addiert man die Kostenfunktionen K_1, K_2 und K_3 für den Einsatz an Werkstoffen, Arbeitsleistung und Maschinenleistung, so ergibt sich die Gesamtkostenkurve K der Kostenstelle (vgl. Abbildung 4-20).

Aus der Gesamtkostenkurve K ist die Kurve k der Kosten je Ausbringungseinheit (Stückkosten) herzuleiten, indem jeder Punkt durch die dazugehörige Ausbringungsmenge x dividiert wird (vgl. Abbildung 4-20). Das Minimum dieser Stückkostenkurve gibt die Optimalbeschäftigung x_0 an. Die bei dieser Ausbringung entstehenden Gesamtkosten K_0 werden in der Standardkostenrechnung auf der Basis der Optimalbeschäftigung als **Plankosten** vorgegeben. Abweichungen der Istkosten, bei denen dieselben Festpreise anzusetzen sind, können durch eine andere Ausbringungsmenge und/oder einen Mehrverbrauch des Werkstoffes verursacht sein. Beispielsweise kann eine Unachtsamkeit bei der Einstellung der Maschine einen erhöhten Ausschuss bewirken. Wenn dagegen im anderen Falle der Kostenvorgabe eine Normalbeschäftigung von x_n zugrunde gelegt wird, stellen die Gesamtkosten K_n bei dieser Ausbringung die Plankosten dar.

Nach den Erkenntnissen der betriebswirtschaftlichen Produktions- und Kostentheorie ist der Verbrauch bei einer Reihe von Einsatzgütern **direkt** von der erstellten Menge an Zwischen- oder Endprodukten abhängig. Vielfach besteht dabei eine proportionale Beziehung zwischen Verbrauchs- und Ausbringungsmengen, d.h. es liegen konstante Produktionskoeffizienten vor[134]. Derartige Beziehungen sind in der Regel beim Einsatz von Roh- und Hilfsstoffen sowie von Arbeitskräften gegeben, wenn die Entlohnung im Akkord erfolgt. Sie gelten vor allem für Einzelkosten. Der Verbrauch von Betriebsstoffen wird häufig von den technischen Eigenschaften der eingesetzten Maschinen und deren Intensität bestimmt. Die Ergebnisse der Produktionstheorie machen deutlich, dass in vielen Fällen auch für diese Stoffe eine proportionale Abhängigkeit von der Ausbringungsmenge angenommen werden kann, sofern die Maschinenintensität konstant gehalten wird[135]. Die technischen Eigenschaften der Maschinen, die Beziehungen zwischen dem Verbrauch an Betriebsstoffen und der Maschinenintensität sowie die günstigste Maschinenintensität lassen sich vielfach den Berechnungen des Maschinenherstellers entnehmen. Der Kostenverlauf ergibt sich des Weiteren daraus, welche Kosteneinflussgrößen bei Beschäftigungsänderungen variiert werden[136].

Die Art der Kostenplanung ist davon abhängig, inwieweit eine Unternehmung die maßgeblichen Kosteneinflussgrößen und die Kostenfunktionen für ihre Kostenarten und Kostenstellen kennt, sie durch eine Analyse der Zusammenhänge herausfinden kann oder aufgrund von Annahmen Kostenschätzungen durchführen muss. Für die Höhe der Kosten können technische

---

[134] Vgl. SCHWEITZER, M. (Geltung), S. 247 f.
[135] Vgl. GUTENBERG, E. (Produktion), S. 324; KILGER, W. (Produktions- und Kostentheorie), S. 63 ff.
[136] Vgl. Kapitel 3., Abschnitt B.I.2.a), S. 279 ff.

Gesetzmäßigkeiten des Produktionsprozesses sowie das **Verhalten** von in der Unternehmung tätigen Personen und von Marktpartnern bestimmend sein. Des Weiteren hängen mehrere Kostenarten wie Steuern, Beiträge, Abgaben sowie Löhne und Gehälter (auch) von festgelegten Normen ab.

Bei der Planung werden stets **Hypothesen** oder Annahmen über die Beziehungen zwischen den Kosten und ihren Einflussgrößen explizit oder implizit berücksichtigt. Wenn einer Unternehmung die erforderlichen Produktions- und Kostenfunktionen nicht bekannt sind, kann sie versuchen, die empirischen Kostenfunktionen durch Kostenanalysen oder statistische Schätzverfahren zu bestimmen. Ferner ist es auch möglich, die Plankosten ohne explizite Berücksichtigung kostentheoretischer Zusammenhänge zu schätzen[137].

2. Planung der Einzel- und Gemeinkosten

Den Ausgangspunkt für die **Planung der Einzelkosten** (Materialeinzelkosten, Lohneinzelkosten, Sondereinzelkosten der Fertigung und des Vertriebs sowie Ausschusskosten) bildet das geplante Produktionsprogramm einer Periode. Vor allem den Materialeinzel- und Lohneinzelkosten kommt dabei eine wichtige Bedeutung zu, da sie oft einen wesentlichen Teil der Gesamtkosten ausmachen. Dann liegt auf ihrer Planung und ihrer Kontrolle in der Standardkostenrechnung ein hohes Gewicht.

Materialeinzelkosten sind Kosten verbrauchter Stoffe, die in der Kostenträgerrechnung den Kostenträgereinheiten (Stücken, Losen) **direkt** zugerechnet werden können. Die Bruttomaterialmengen sind aus den Nettoplanmengen der Materialarten, welche in die Kostenträger eingehen, und den geplanten Abfallmengen zu bestimmen und mit Festpreisen zu bewerten. Die Materialmengen lassen sich anhand von Fertigungsunterlagen wie Stücklisten und Rezepturen ermitteln. Diese geben an, welche Mengen an Fertigungs-, Bezugs- und Normteilen für die Produktion benötigt werden. Die in Stücklisten und Rezepturen enthaltenen Produktionskoeffizienten gelten in der Standardkostenrechnung für einen günstigen Verbrauch dieser Teile. Sofern die benötigten produktionstheoretischen Aussagen über den Materialeinsatz nicht vorliegen, kann er mit statistischen oder sonstigen Verfahren geschätzt werden[138]. Die geplanten Abfallmengen können nach verschiedenen Abfallursachen untergliedert werden. Die Planung von Abfallmengen bezieht sich in der Standardkostenrechnung lediglich auf technisch unvermeidbare Abfälle. Vermeidbare Materialabfälle werden als Abweichungen vom wirtschaftlichsten Materialverbrauch ausgewiesen. Dagegen sind in der Prognosekostenrechnung die erwarteten Materialverbräuche einschließlich der erwarteten vermeidbaren Abfälle anzusetzen. Die geplanten Einzelmaterialkosten sind eine wichtige Grundlage für die Erstellung von Plankalkulationen und für die laufende Kostenkontrolle des Einzelmaterials. Sie werden in der Regel nicht für die verschiedenen Kostenstellen, sondern für die einzelnen Kostenträger und gegebenenfalls für Aufträge oder Prozesse bestimmt. **Lohneinzelkosten** können in der Kalkulation den Kostenträgereinheiten direkt zugerechnet

---

[137] Vgl. Kapitel 3., Abschnitt B.I.2.b), S. 282 ff.
[138] Vgl. MELLEROWICZ, K. (Planung), S. 174 ff.

werden. Sie beziehen sich auf die an den Kostenträgern durchgeführten menschlichen Arbeitsleistungen. Die **Planung der Arbeitszeiten** ist vielfach zugleich die Grundlage für die Entlohnung. Inbesondere bei Stück- oder Akkordlöhnen werden Arbeitszeitvorgaben mit REFA-Verfahren der Zeitmessung[139] oder mit Hilfe von Verfahren der Systeme vorbestimmter Zeiten (z.B. Work Factor oder Methods Time Measurement) bestimmt, die sich für die Kostenplanung nutzen lassen. Die Bewertung der Planarbeitszeiten erfolgt in der Regel mit **Minutenfaktoren**. Dabei wird für jede Arbeitsminute ein Geldbetrag (€ je Minute) vorgegeben, der aus einem verrechneten oder erwarteten Lohnsatz abgeleitet ist. Die Lohneinzelkosten werden häufig für jede Kostenstelle vorgegeben. Damit wird eine kostenstellenweise Kontrolle dieser Kosten ermöglicht, deren Höhe von den Kostenstellenleitern beeinflusst wird. Ferner werden die Fertigungszeiten vielfach als Bezugsgrößen von Fertigungsgemeinkosten gewählt. Dann kann die kostenstellenweise Planung der Fertigungszeiten sowohl für die Planung der Fertigungsgemeinkosten einer Kostenstelle als auch für die Bestimmung von Zuschlagssätzen in der Plankalkulation erforderlich sein[140]. Somit kann die Planung der Lohneinzelkosten Grundlage für eine kostenstellenweise Beeinflussung der Einzellöhne, die Planung der Gemeinkosten in der Fertigung, die Erstellung von Plankalkulationen und die Lohnbestimmung bei Akkordlohn sein.

Die **Sondereinzelkosten der Fertigung** (z.B. für Spezialwerkzeuge, Lizenzen, Forschung und Entwicklung sowie Energiekosten) lassen sich häufig nur für Produktarten oder -gruppen und nicht für Produkteinheiten unmittelbar planen. Die für eine Produktart oder -gruppe anfallenden Sonderkosten werden dann vielfach auf die Produkteinheit geschlüsselt, um möglichst viele Kostenarten als Einzelkosten zu erfassen. Besondere Probleme bildet die Planung der Kosten für Forschung und Entwicklung, da sich die Ergebnisse dieser Tätigkeiten höchstens begrenzt mit ausreichender Sicherheit voraussagen lassen. Mit der Vorgabe von Standardkosten will man aber die in diesen Bereichen tätigen Mitarbeiter motivieren und lenken. Die Schwierigkeiten der Verhaltensbeeinflussung und die Informationsasymmetrie sind in ihnen besonders hoch.

Die Höhe der **Sondereinzelkosten des Vertriebs** z.B. für Verpackungsmaterial, Vertreterprovision, Fracht und Steuern kann vom Preis der Absatzgüter abhängen. Daneben können sie anhand von Auftragswerten, Rabattgruppe der Kunden, der Verpackungs- und der Lieferungsart zu planen sein.

Durch die Bestimmung von Standardkosten für den **Ausschuss** versucht man, die Mitarbeiter zu einer möglichst fehlerfreien Durchführung von Fertigungsprozessen zu bewegen. Anhand von produktionstheoretischen Untersuchungen und Analysen ist herauszufinden, welcher Ausschuss auch bei wirtschaftlicher Produktionsweise unvermeidlich ist und deshalb in die Standardkosten einbezogen werden muss. In Form von Sondereinzelkosten werden die Ausschusskosten vor allem bei Einzel- und Kleinserienfertigung besonders geplant. Dagegen rechnet man sie bei größeren Serien oft in die Fer-

---

[139] Vgl. Kapitel 3., Abschnitt B.I.3.a), S. 285 ff.
[140] Vgl. KILGER, W. (Deckungsbeitragsrechnung[11]), S. 212.

tigungsgemeinkosten ein und berücksichtigt sie bei Massenfertigung durch Ausschusskoeffizienten. Dies hat zur Folge, dass die bei ihnen auftretenden Abweichungen in der Kontrolle nicht unmittelbar ermittelt werden können.

Die **Planung der Gemeinkostenarten** erfolgt in den Kostenstellen. Sie bildet neben der Steuerung und Beeinflussung die wesentliche Aufgabe der Kostenstellenrechnung in der Standardkostenrechnung. Die Gliederung der Kostenarten und der Kostenstellen richtet sich nach den Erfordernissen der Verhaltenssteuerung und -kontrolle. Besondere Bedeutung besitzt in der Standardkostenrechnung die **Kostenstellengliederung**. Im Vordergrund steht dabei die Einteilung nach organisatorischen Gesichtspunkten. Jede Kostenstelle muss einen **selbständigen Verantwortungsbereich** bilden. Dann ist der jeweilige Kostenstellenleiter für die Kostenabweichungen seines Abrechnungsbezirks verantwortlich und soll lernen, seine Kostenstelle zielorientiert zu lenken. Daneben muss die Abgrenzung der Abrechnungsbezirke so erfolgen, dass der Kostenplanung **geeignete Bezugsgrößen** zugrunde gelegt werden können. Insbesondere ist zu prüfen, ob durch eine entsprechend tiefgehende Einteilung in Abrechnungsbezirke erreichbar ist, dass zwischen der Kostenhöhe und ihren Einflussgrößen eindeutige Beziehungen bestehen.

Die **Beschäftigung** der Kostenstellen wird in der Standardkostenrechnung als wichtigste Einflussgröße der Kosten angesehen. Für die Kostenplanung ist wesentlich, wie die verschiedenen Gemeinkostenarten von der Beschäftigung abhängig sind. Die Berücksichtigung der Beschäftigung ist in der Standardkostenrechnung notwendig, weil Beschäftigungsänderungen in der Regel nicht von den Kostenstellenleitern verursacht werden und daher von diesen auch nicht zu verantworten sind.

Die verschiedenen Gemeinkostenarten sind im Rahmen der Standardkostenrechnung ferner daraufhin zu untersuchen, inwieweit ihre Höhe von den Kostenstellen beeinflussbar ist. Zu den **nicht beeinflussbaren Gemeinkosten** gehören neben den beschäftigungsfixen Kosten auch kalkulatorische Kosten und Schlüsselgemeinkosten, deren Verteilung nicht nach leistungsabhängigen Bezugsgrößen erfolgt. Zum Beispiel kann die Planung der Stromkosten für den Gesamtbetrieb global vorgenommen werden, wenn Maßgrößen zur Erfassung des Istverbrauchs je Kostenstelle fehlen. Eine Ermittlung von Kostenabweichungen ist dann bei den Kostenstellen nicht zweckmäßig, wenn die Plan- und die Istkosten des Stromverbrauchs je Kostenstelle mit Hilfe leistungsunabhängiger Verteilungsschlüssel wie Rauminhalt bestimmt werden. Die Höhe der **kalkulatorischen Kosten** ist in der Regel ebenfalls vom Verhalten der Kostenstellenleiter unabhängig. Im Normalfall hat der Kostenstellenleiter keinen Einfluss auf die Höhe der **kalkulatorischen Abschreibungen**, da die zugrunde liegende Investitionsentscheidung von der Unternehmungsleitung getroffen wird. Auch der Gebrauchsverschleiß unterliegt nicht der Entscheidung des Kostenstellenleiters, sondern er hängt von der Beschäftigung der Kostenstelle ab, auf die der Kostenstellenleiter in der Regel keinen Einfluss nehmen kann. Bei **kalkulatorischen Zinsen** ist eine gewisse Einflussnahme durch den Kostenstellenleiter und damit eine Verantwortbarkeit möglich. Kann der Kostenstellenleiter beispielsweise Bearbeitungsreihenfolgen von Aufträgen durch Entscheidungen beeinflussen oder die Menge an gelagerten Stoffen bzw. Zwischenprodukten disponieren, dann müssen die relevanten Zinsen berechnet und der Verantwortung des Kostenstellenleiters unterworfen werden. Allgemein gilt, dass bei Kostenarten, deren Höhe von den Kostenstellenleitern nicht beeinflusst werden kann, auch keine dezentrale kostenstellenbezogene Kostenkontrolle durchführbar ist. Deshalb kann man in der Standardkostenrechnung unter dem Gesichtspunkt der Verhaltensbeeinflussung auf die Vorgabe nicht beeinflussbarer Kosten verzichten. Ihre Vorgabe ist in der Standardkostenrechnung aber dann notwendig, wenn diese als vollständige Plankostenrechnung mit Erfolgsrechnung und Plankalkulation konzipiert wird[141].

Zu den **Gemeinkosten der Betriebsarbeit** gehören vor allem Hilfslöhne, Zusatzlöhne, Gehälter und Sozialkosten. Sie beziehen sich auf Hilfstätigkeiten bei Transport, Kontrolle, Reinigung und dergleichen. Für die Kostenplanung von **Hilfslöhnen,** beispielsweise für Transport- oder Wartungsarbeiten, ist zu untersuchen, in welchem Umfang derartige Arbeitsleistungen bei den berücksichtigten Beschäftigungsgraden und effizienter Durchführung eingesetzt werden müssen. **Zusatzlöhne** für Anlauf-, Anlern- und Wartezeiten oder Störungen im Arbeitsablauf u.a. sind in der Standardkostenrechnung lediglich in ihrer unvermeidbaren Höhe in den Vorgaben enthalten. Die Planung von **Gehaltskosten** richtet sich nach der Zahl der Angestellten und gegebenenfalls nach ihren Arbeitszeiten. Die Kosten sind dann auf die Stellen zu verteilen, in denen sie tätig sind. **Sozialkosten** werden wie in anderen Kostenrechnungssystemen meist proportional auf die Lohn- und Gehaltskosten der Kostenstellen zugerechnet.

Der **Verbrauch an Hilfsstoffen** sollte nur dann als Gemein- und nicht als Einzelkosten behandelt werden, wenn ihm keine spezielle Bedeutung zukommt. Für die Planung von **Betriebsstoffen** wie Öl, Kraftstoff u.a. sind die produktionstheoretischen Kenntnisse über die Input-Output-Beziehungen an den Anlagen maßgebend. Aus entsprechenden Verbrauchsfunktionen oder Verbrauchsanalysen für die Abhängigkeit des Betriebsstoffverbrauchs von den technischen Eigenschaften, der Intensität sowie der Laufzeit und damit der Beschäftigung von Anlagen lassen sich Standardmengen bestimmen, die mit Festpreisen zu bewerten sind. **Gemeinkosten des Werkzeugverbrauchs** für Handwerkzeuge, Maschinenwerkzeuge, Messwerkzeuge und Kleinbetriebsmittel unterliegen vielfach lediglich einem Gebrauchsverschleiß. Dessen Abhängigkeit von der Gebrauchsdauer, der Bearbeitungsintensität oder der Qualität der zu bearbeitenden Güter muss für eine exakte Planung und Vorgabe untersucht werden. Dann kann man seine kostengünstigste Ausprägung für den in den einzelnen Stellen vorgesehenen Werkzeugeinsatz bestimmen.

Bei der **Abschreibungsplanung** muss in einer verhaltenssteuerungsorientierten Standardkostenrechnung das Schwergewicht auf dem von den Kostenstellen beeinflussbaren Verschleiß, d.h. dem Gebrauchsverschleiß liegen. Dieser ergibt sich aus der Beschäftigung der Anlage. Soweit Anlagen sowohl dem Zeit- als auch dem Gebrauchsverschleiß unterliegen, muss die Gesamtabschreibung in einen beschäftigungsfixen und einen beschäftigungs-

---

[141] Vgl. KOSIOL, E. (Standardkostenrechnung), S. 31; MELLEROWICZ, K. (Planung), S. 232 f.

variablen Teil aufgespalten werden. Für die Planung der **Kosten von Instandhaltungen und Reparaturen** ist wesentlich, in welchem Umfang diese Leistungen aufgrund der technischen Beschaffenheit der Anlagen sowie der geplanten Laufzeiten notwendig sind. Häufig können der Planung von Instandhaltungskosten systematische Wartungspläne zugrunde gelegt werden, während Reparaturen bei unvermutet aufgetretenen Schäden erforderlich werden und daher nicht in gleicher Weise geplant werden können.

Die Planung der **kalkulatorischen Zinsen** muss von dem in der Planungsperiode gebundenen **betriebsnotwendigen Kapital** ausgehen. Aus der Anlagenrechnung lässt sich der Wert der Anlagegüter bestimmen, die in einer Kostenstelle eingesetzt sind. Die Höhe des gebundenen Kapitals ergibt sich aus den Restwerten der Anlagen. Man erhält diese **Restwerte**, indem man von den Anschaffungskosten (-auszahlungen) die Abschreibungen vergangener Perioden abzieht. Setzt man aus Vereinfachungsgründen einen im Durchschnitt gebundenen Kapitalbetrag an, wird die tatsächliche Kapitalbindung nicht sichtbar. Die Planung des in Umlaufgütern wie Roh-, Hilfs- und Betriebsstoffen, Zwischen- und Endprodukten sowie Debitoren gebundenen Kapitals muss auf einer genauen Planung der Beschaffungs-, Fertigungs- und Absatzprozesse aufbauen. Wenn man sich mit einer globalen Planung des hier gebundenen Kapitals zufrieden gibt, ist eine effiziente Steuerung dieser Kosten kaum möglich. Sie besitzen jedoch vielfach kein geringes Gewicht. Deshalb sollte eine genauere Planung berücksichtigen, inwieweit der Umfang der Güterbestände von der Beschäftigung der Unternehmung und in welchem Umfang er von der Wirtschaftlichkeit in den einzelnen Kostenstellen abhängt.

Die Planung von **Steuern, Beiträgen und Versicherungen** richtet sich nach deren Bemessungsgrundlagen. Insbesondere bei **Werbungskosten** können detaillierte Kostenanalysen notwendig sein, um in diesem Bereich einen wirtschaftlichen Umgang mit den zur Verfügung stehenden Mitteln sicherzustellen. Eine fundierte Planung von Standardwerbekosten bildet einen Ausgangspunkt, um zu tiefergehenden Werbeerfolgskontrollen hinsichtlich der Wirksamkeit der einzelnen Aktivitäten zu gelangen.

Für die Durchführung von **Wirtschaftlichkeitskontrollen** muss der Einfluss von Beschäftigungsänderungen berücksichtigt werden, weil die Kostenstellenleiter für jene Kostenabweichungen, die auf Beschäftigungsänderungen beruhen, nicht verantwortlich sind. Deshalb ist die Standardkostenrechnung als **flexible Plankostenrechnung** durchzuführen. Wenn die Kostenkurve eine proportionale Beziehung zwischen Kosten und Beschäftigung ausdrückt, erhält man die Kosten eines Abrechnungsbezirks durch die Multiplikation der Kosten je Beschäftigungseinheit mit dem Beschäftigungsgrad. Dagegen sind beschäftigungsfixe Kosten bei allen Beschäftigungsgraden gleich hoch. Setzen sich die Kosten aus beschäftigungsfixen und beschäftigungsvariablen Teilen zusammen, so sind dieselben Verfahren zur Verrechnung der Kostenvorgabe auf alternative Beschäftigungsgrade wie in der Prognosekostenrech-

C. Flexible Standardkosten- und -erlösrechnung 673

nung[142] anwendbar. In Systemen der Vollkostenrechnung sind insbesondere die Umrechnung mit Hilfe von **Variatoren**, das Aufstellen von **Stufenplänen** sowie eine **Trennung von variablen und fixen Kosten** gebräuchlich. Aus den mit einer dieser Methoden aufgebauten Kostenstellenplänen sämtlicher Haupt-, Neben- und Hilfskostenstellen lässt sich der Betriebsabrechnungsbogen bilden. Dieser vermittelt einen Überblick über die geplanten Gemeinkosten der Unternehmung und ihre Aufteilung auf Kostenstellen.

Auf der Basis des geplanten innerbetrieblichen Leistungsaustausches lässt sich eine **Umlage der Plankosten** von Vorkostenstellen auf Endkostenstellen durchführen, so dass Planzuschlagssätze für die Kalkulation ermittelt werden können. Der **Betriebsabrechnungsbogen mit Plankosten** stellt in der Standardkostenrechnung die Grundlage für die Abweichungsanalyse dar. Er bildet eine Basis der Wirtschaftlichkeitskontrolle und der Verhaltensbeeinflussung. Ferner ist der Betriebsabrechnungsbogen mit Plankosten Grundlage für die Erstellung von Planerfolgsrechnungen und Plankalkulationen. In der Prognosekostenrechnung ermöglicht er dagegen die Analyse von Differenzen zwischen vorausgesagten und realisierten Kosten und damit die Überprüfung der Kostenprognose und der Erfolgsrealisation.

3. Planerfolgsrechnung und Plankalkulation

Im formalen Aufbau stimmen Planperiodenrechnungen und Plankalkulationen mit den entsprechenden Istkostenrechnungen überein. Dabei werden im Rahmen der Vollkostenrechnung die gesamten Plankosten einer Planungsperiode den Kostenträgern zugerechnet.

Die Planerfolgsrechnung kann auch in der Standardkostenrechnung nach dem Gesamtkosten- oder dem Umsatzkostenverfahren erfolgen[143]. Vielfach wird sich das **Umsatzkostenverfahren** als zweckmäßiger erweisen, weil die meisten Gemeinkostenarten nicht global für die gesamte Unternehmung, sondern für jede Kostenstelle geplant werden. Zu seiner Durchführung müssen Plankalkulationen der Endprodukte vorliegen. Ferner ist eine Planung der Absatzmengen und Absatzpreise notwendig.

Als **Standardrechnung** kann die Planerfolgsrechnung der mengenmäßigen Erfolgskontrolle und dem innerbetrieblichen Zeitvergleich dienen. In ihr beruhen die Plankosten auf wirtschaftlichsten Güterverbräuchen und auf Festpreisen. Die geplanten Absatzgüter sind ebenfalls mit Festpreisen zu bewerten. Hierdurch wird die Vergleichbarkeit mit den Erfolgen anderer Perioden erheblich verbessert. Eine Standardisierung der Absatzmengen erscheint nur dann zweckmäßig, wenn die vorgegebenen Absatzmengen Zielgrößen für den Vertriebsbereich darstellen. Somit ist auch in der Standarderfolgsrechnung vom erwarteten Güterabsatz auszugehen.

Im Rahmen der **Kostenträgerstückrechnung** (Kalkulation) werden in Systemen der Plankostenrechnung **Plankalkulationen** erstellt. In diesen werden die Kosten je Kostenträgereinheit bestimmt, die in einer künftigen Abrech-

---
[142] Vgl. Kapitel 3., Abschnitt B.I.3.c), S. 290 ff.
[143] Vgl. Kapitel 2., Abschnitt D.II.1., S. 191 ff.

nungsperiode entstehen werden. Diesen Vorkalkulationen können Nachkalkulationen gegenübergestellt werden, welche die tatsächlich angefallenen Kosten je Kostenträgereinheit ermitteln. Aus den Abweichungen zwischen Vor- und Nachkalkulation lassen sich Schlüsse über die Zuverlässigkeit und Genauigkeit der Prognose oder die Wirtschaftlichkeit der Produkterzeugung ziehen.

Plankalkulationen sind als **Standardkalkulationen** konzipiert. Plankalkulationen (Vorkalkulationen, Angebotskalkulationen) auf der Basis normalisierter Istkosten reichen für eine wirksame Verhaltenssteuerung und -kontrolle nicht aus, da bei Normalkalkulationen die Kosteneinflussgrößen und ihre kostengünstigsten bzw. zu erwartenden Ausprägungen nicht analysiert werden. Für die Plankalkulation der Stückkosten lassen sich in der Standardkostenrechnung alle Kalkulationsverfahren verwenden[144]. In ihrer formalen Struktur und in ihrer Anwendbarkeit gleichen sie den Istkalkulationen. Die Unterschiede bestehen im Kostenansatz und damit im materiellen Inhalt der Kalkulation. Die enthaltenen Kostenzahlen müssen durch eine Bewertung von wirtschaftlichsten Güterverbräuchen mit Festpreisen bestimmt werden.

Sofern eine Analyse und Planung der Gemeinkosten je Kostenstelle und der Einzelkosten vorgenommen wird, kann die **Plankalkulation** auf den Ergebnissen der Kostenarten- und Kostenstellenplanrechnung aufbauen. Grundlage der Plankalkulation in der Standardkostenrechnung sind die **geplanten Einzelkosten je Kostenträgereinheit**. Es ist deshalb zu ermitteln, welche Einzelkostenarten in welcher Höhe durch eine Kostenträgereinheit verursacht werden. Wenn die Lohneinzelkosten in der Plankostenrechnung je Kostenstelle geplant werden, verrechnet man sie häufig nicht als Einzelkosten, sondern als Fertigungsgemeinkosten[145]. Bei Durchführung einer Zuschlagsrechnung ergeben sich die Zuschlagssätze für Gemeinkosten aus den Kostenstellenplänen und dem Betriebsabrechnungsbogen der Plankosten. Die **geplanten Gemeinkosten je Kostenträgereinheit** werden mit Hilfe der Bezugsgrößen den geplanten Einzelkosten zugeschlagen, welche in der Kostenstellenrechnung zur Planung der Gemeinkosten herangezogen worden sind. Da in Systemen der Plankostenrechnung umfangreiche Kostenanalysen vorgenommen werden müssen, zeichnen sich Standard- und Prognosekalkulationen in der Regel durch mehr und genauere Bezugsgrößen aus als Kalkulationen in Systemen der Istkostenrechnung[146]. Aufgrund der Kostenanalysen lässt sich in Systemen der Plankostenrechnung zusätzlich eine genauere Zurechnung der realisierten Istkosten auf die Kostenträgereinheiten vollziehen. Die Ergebnisse der Kostenanalysen werden nicht nur für Vorkalkulationen, sondern auch für Nachkalkulationen ausgewertet.

Besondere Probleme der Plankalkulation treten bei der **Kalkulation neuer Produkte** auf. Die Unternehmung kann bei ihnen lediglich in begrenztem Maße auf Erfahrungen in der Fertigung zurückgreifen. Deshalb muss sich die Planung auf Musterfertigungen und Probeläufe sowie Ergebnisse externer

---

[144] Vgl. Kapitel 2., Abschnitt C.III., S. 159 ff.
[145] Vgl. MELLEROWICZ, K. (Planung), S. 192; KILGER, W. (Deckungsbeitragsrechnung^{10}), S. 580.
[146] Vgl. KILGER, W. (Deckungsbeitragsrechnung^{10}), S. 581 ff.

Institutionen stützen. Vielfach ist es hier üblich, die Höhe der Stückkosten auftragsweise zu planen, da eine Reihe von Gemeinkosten von Auftragsumfang und Auftragszusammensetzung abhängig ist.

Eine **Standardkalkulation** ist insbesondere für die Kosten- und Erfolgskontrolle der Produkte geeignet. Aus ihr wird ersichtlich, inwieweit bei einzelnen Produkten durch eine wirtschaftlichere Fertigung Kosten eingespart werden können. Für die Preispolitik vermittelt die Standardkalkulation auch Informationen darüber, ob sich Preisnachlässe durch eine wirtschaftlichere Herstellung auffangen lassen.

III. Abweichungsanalysen in der Standardkostenrechnung

1. Bedeutung und Inhalt der Kostenkontrolle

In der Standardkostenrechnung sollen durch Soll-Ist-Abweichungen unwirtschaftliche Güterverbräuche festgestellt und das Mitarbeiterverhalten im Sinne einer Verbesserung der Wirtschaftlichkeit beeinflusst werden.

> Unter den Aspekten der **Verhaltenssteuerung** von Mitarbeitern soll die Standardkostenrechnung die Aufgaben der Durchsetzung (Veranlassung) geplanter (standardisierter) Kosten erfüllen.

Da die Standardkostenrechnung auf eine möglichst wirtschaftliche Lenkung des Unternehmungsprozesses ausgerichtet ist, haben die Durchsetzung von Plankosten und die Kostenkontrolle in ihr eine besonders große Bedeutung. Im Mittelpunkt der Steuerung stehen hier die kostenmäßige **Durchsetzung von Planvorgaben** und die **Kontrolle der Kostenstellen**. Jedoch können in der Standardkostenrechnung auch eine Durchsetzung von Planvorgaben und die Kostenkontrolle der **Kostenarten** und der **Kostenträger** durchgeführt werden. Die Erkennung und Ausschaltung exogener Einflüsse wie Preisänderungen auf die Kostenhöhe kann als Gegenstand einer Durchsetzung sowie Kostenkontrolle in der Kostenartenrechnung angesehen werden.

Grundsätzlich kann eine Durchsetzung sowie Kontrolle der Kosten als Zeitvergleich, Soll-Ist-Vergleich oder Betriebsvergleich erfolgen[147]. In Plankostenrechnungen wird ein **Soll-Ist-Vergleich** durchgeführt, indem man zu erreichende Plankosten den tatsächlich realisierten Istkosten gegenüberstellt. Dabei unterscheidet man zwischen einem geschlossenen (vollständigen) und einem partiellen (teilweisen) Soll-Ist-Vergleich[148]. Der geschlossene Soll-Ist-Vergleich umfasst alle Kostenarten, während in einem partiellen Soll-Ist-Vergleich lediglich die von den Kostenstellenleitern beeinflussbaren Kostenarten einbezogen werden. In letzterem Fall steht die zielführende Verhaltensbeeinflussung der Kostenstellenleiter im Mittelpunkt der Kostengestaltung.

---

[147] Vgl. Kapitel 1., Abschnitt A.III.4., S. 34 ff.
[148] Vgl. KILGER, W. (Deckungsbeitragsrechnung [11]), S. 411.

Voraussetzung der Durchsetzung sowie Kostenkontrolle ist die **Vergleichbarkeit** der ermittelten Plan- und Istkosten. Die Kostenzahlen haben sich auf dieselben Kostenarten, Kostenstellen oder Kostenträger zu beziehen, wobei die Kostenzurechnung nach gleichen Prinzipien vorgenommen werden muss. Die verschiedenen Kosteneinflussgrößen müssen bei beiden Kostenkategorien in gleichem Umfang berücksichtigt sein. Da in der Standardkostenrechnung Preiseinflüsse durch Festpreise ausgeschaltet werden, müssen bei der Ermittlung der vergleichbaren Istkosten dieselben Festpreise angesetzt werden. Eine wirksame Kostendurchsetzung und eine aussagefähige Kostenkontrolle verlangen ferner die Übereinstimmung der Verantwortungs-, Planungs- und Kontrollbereiche. Aus Vereinfachungsgründen werden die Istkosten manchmal für größere Abrechnungsbezirke erfasst, als sie der Kostenplanung zugrunde liegen. Damit gehen Möglichkeiten der Erkennung und Analyse von Abweichungsursachen verloren. Deshalb ist es zweckmäßiger, die Abrechnungsbezirke bei der Erfassung von Istkosten ebenso tief zu gliedern wie bei der Kostenplanung[149].

An die Durchsetzung und Kontrolle der Kosten sind mehrere **Anforderungen** zu stellen. Während die Durchsetzung von Plankosten möglichst früh vor Beginn der Planperiode eingeleitet werden sollte, muss die Kostenkontrolle möglichst **schnell** nach Abschluss der Planungsperiode erfolgen, um Prognosefehler oder Unwirtschaftlichkeiten früh erkennen und Verbesserungen einleiten zu können. Des Weiteren müssen möglichst alle **Ursachen** der Kostenabweichungen herausgefunden werden. Die Verantwortlichkeit für fehlerhafte Vorgaben oder unwirtschaftliche Güterverbräuche lässt sich nur dann Personen zuordnen, wenn die verschiedenen Ursachen und ihre Wirkungen präzise bestimmt werden. Auf die Abweichungsanalyse müssen Sicherungen im Sinne von **Anpassungsmaßnahmen** folgen, die zur Verbesserung künftiger Vorgaben bzw. zur Senkung künftiger Kosten führen. Weiter können die Kostenabweichungen in der Standardkostenrechnung mit einem **Prämiensystem** als Sicherungsmaßnahme gekoppelt werden. Dann erhalten die Kostenstellenleiter bzw. die in den Kostenstellen tätigen Personen Prämien vergütet, wenn sie die vorgegebenen Kosten möglichst genau erreichen oder unterschreiten. Mit dieser Verhaltensbeeinflussung kann der Anreiz zur Verwirklichung der Kostenvorgabe und zur Kosteneinsparung erhöht werden. Durch das damit eingeleitete **Lernen** sollte die Zielvorstellung einer **wirtschaftlichen Kostengestaltung** verfolgt werden.

Aufgrund der erwähnten Anforderungen vollzieht sich die Verhaltensbeeinflussung der Mitarbeiter in mehreren Schritten. Nachdem die geplanten Kosten vorgegeben und die Kostenstellenleiter bzw. die Mitarbeiter fähig und willens sind, die Planvorgaben zu realisieren, werden die realisierten Kosten ermittelt. Der nächste Schritt besteht in der Gegenüberstellung von Standard- und Istkosten zur **Ermittlung der Kostenabweichungen**. In einem weiteren Schritt werden die **Abweichungen analysiert**. Hierbei sind in der Standardkostenrechnung die Ursachen der Kostenabweichungen festzustellen und die nicht von den Kostenstellenleitern zu verantwortenden Abweichungen zu

---

[149] Vgl. KILGER, W. (Deckungsbeitragsrechnung [11]), S. 412 ff.; MELLEROWICZ, K. (Planung), S. 245 f.

C. Flexible Standardkosten- und -erlösrechnung

eliminieren. Dann werden in einem nachfolgenden Schritt die Kostenabweichungen mit den für sie verantwortlichen Mitarbeitern **durchgesprochen**. Man sucht dabei herauszufinden, welche Gründe für die Abweichungen maßgebend waren. Schließlich sind in einem letzten Schritt **Anpassungsmaßnahmen** zu formulieren, die zu einer Verbesserung der Wirtschaftlichkeit führen und deren Umsetzung in den nachfolgenden Planperioden abgesichert werden soll.

2. Ermittlung der Abweichungsarten

Einen wesentlichen Bestandteil der Verhaltensbeeinflussung der Mitarbeiter bildet die **Analyse der Abweichungsursachen und ihrer Auswirkungen auf die Kostenhöhe**. Sofern keine Planungsfehler oder Planungsungenauigkeiten vorliegen, sind Abweichungen zwischen geplanten und realisierten Kosten darauf zurückzuführen, dass die verwirklichten Ausprägungen von Kosteneinflussgrößen nicht mit den bei der Planung zugrunde gelegten übereinstimmen. Als Ursache von Kostenabweichungen sind demnach Änderungen von Kosteneinflussgrößen anzusehen.

> In der **Abweichungsanalyse** sucht man herauszufinden, welche Kosteneinflussgrößen in der Planungsperiode anders als geplant ausgeprägt waren und in welchem Umfang die einzelne Änderung eine Kostenabweichung zur Folge gehabt hat.

Ferner ist zu untersuchen, welche Tatbestände und welches Verhalten für die aufgetretenen Änderungen verantwortlich sind. Änderungen in den Ausprägungen von Kosteneinflussgrößen können durch unternehmensexterne Einflüsse, durch Entscheidungen der Unternehmensleitung und untergeordneter Instanzen, durch Entscheidungen des jeweiligen Kostenstellenleiters und durch das Verhalten der in einer Kostenstelle tätigen Personen hervorgerufen werden. Die Erkennung der Ursachen von Kostenabweichungen und der verantwortlichen Personen mit ihren Verhaltensformen ist eine Voraussetzung für die Einleitung und Sicherung von Maßnahmen zur Verbesserung der künftigen Prognosen bzw. der künftigen Wirtschaftlichkeit.

Auch in der Standardkostenrechnung unterscheidet man mehrere **Abweichungsarten**[150], die auf der obersten Ebene in Preis- und Mengenabweichungen aufgegliedert werden. Zur Kennzeichnung der wichtigsten **Abweichungsarten** werden die Einsatzgüterpreise mit q, die Verbrauchsmengen der Güter mit r und die Ausbringungsgütermengen mit x bezeichnet. Die Ausbringungsmenge x wird vor allem dann als Maß der Beschäftigung verwendet, wenn in einer Kostenstelle lediglich eine Produktart gefertigt wird. Geplante Größen werden mit dem Index p und realisierte Größen mit dem Index i versehen. Demnach bedeuten:

---

[150] Vgl. Kapitel 3., Abschnitt B.I.4.c), S. 311.

678 4. Kapitel: Verhaltenssteuerungsorientierte Systeme der KER

	Geplante Größen	Realisierte Größen
Einsatzgüterpreise	Planpreise: q_p	Istpreise: q_i
Verbrauchsmengen	Planverbrauchsmengen: r_p	Istverbrauchsmengen: r_i
Ausbringungsmengen	Planausbringungsmengen: x_p	Istausbringungsmengen: x_i

Der Informationsgehalt von Preisabweichungen ist in der Standardkostenrechnung gering, weil die Planpreise auf einen bestimmten Zeitpunkt bezogene (eingefrorene) **Festpreise** darstellen. Bei ihr lassen sich aus Preisabweichungen keine Schlüsse für Lenkungsmaßnahmen ziehen. Deshalb dient die Ermittlung von Preisabweichungen hier lediglich dazu, diese Abweichungsart vor der eigentlichen Abweichungsanalyse zu eliminieren. Dadurch wird ein einheitlicher Maßstab für die Verrechnung der verschiedenen Kostengüter festgelegt.

Als Preisabweichung[151] bezeichnet man in Prognose- und Standardkostenrechnung üblicherweise die Differenz zwischen den zu Planpreisen (erwarteten Preisen bzw. Festpreisen) und den zu Istpreisen bewerteten realisierten Verbrauchsmengen:

Preisabweichung: $(q_p - q_i) \cdot r_i = \Delta q \cdot r_i$

Es ist auch möglich, zur Definition der Preisabweichung die geplanten Verbrauchsmengen r_p heranzuziehen.

Die in Standardkostenrechnungen am häufigsten verwendeten **Mengenabweichungen** lassen sich am Beispiel einer linearen Kostenfunktion für die Gemeinkosten einer Stelle veranschaulichen. Dabei wird unterstellt, dass die Verbrauchsmengen zu Festpreisen bewertet und Preisabweichungen somit ausgeschaltet sind. Die Beschäftigung wird durch die Ausbringungsmenge x an (Zwischen- oder End-)Produkten gemessen. Sofern die erstellte Produktmenge kein geeignetes Maß der Beschäftigung bildet, wird meist die **Fertigungszeit** als Maß verwendet. Für die Kennzeichnung verschiedener Abweichungsarten ist die Wahl der Planbeschäftigung von Bedeutung. Bei einer Standardkostenrechnung wird die **Optimalbeschäftigung** oder eine **Normalbeschäftigung** als Planbeschäftigung gewählt. Durch einen Vergleich der Kosten der Istbeschäftigung mit den Kosten der Planbeschäftigung (und ggf. zusätzlich mit den Kosten der Optimalbeschäftigung) lassen sich mehrere Abweichungsarten erkennen[152].

---

[151] Vgl. Kapitel 3., Abschnitt B.I.4.c), S. 312.
[152] Vgl. KOSIOL, E. (Kostenabweichungen), Sp. 983 ff.

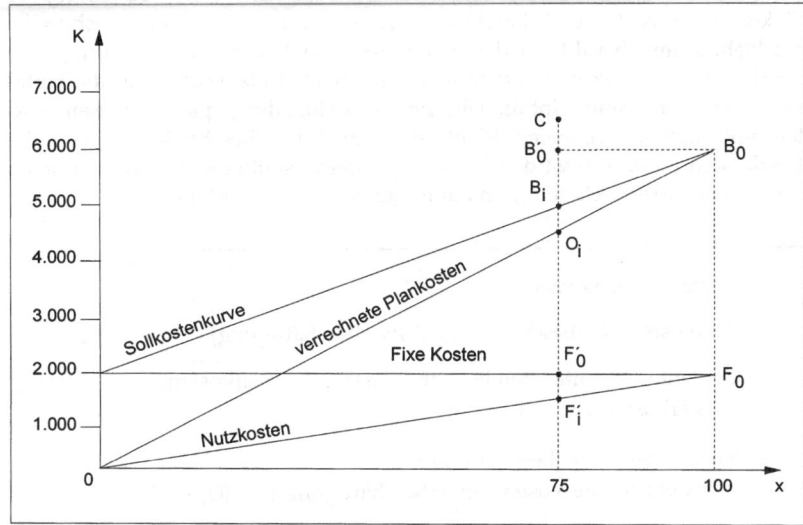

Abb. 4-21: *Abweichungsanalyse bei linearer Kostenfunktion*

Die folgende Kennzeichnung von Abweichungsarten ist auf eine Gegenüberstellung der Kosten bei Plan- und Istbeschäftigung beschränkt. Es wird die **Optimalbeschäftigung** als Planbeschäftigung zugrunde gelegt. Die in Abbildung 4-21 wiedergegebene Kostenfunktion

$$K = 2.000 + 40 \cdot x \qquad (4\text{-}30)$$

setzt sich aus Fixkosten von € 2.000 und proportionalen Kosten je Stück von € 40 zusammen. Die Kapazitätsgrenze liege bei einer Ausbringung von $x = 100$ und stelle die Planbeschäftigung als Optimalbeschäftigung dar. In diesem Fall betragen die geplanten Gesamtkosten (Plankosten) bei Planbeschäftigung (= 100 %) € 6.000. In der Planungsperiode sei eine tatsächliche Beschäftigung von $x = 75$ realisiert worden, somit beträgt der Istbeschäftigungsgrad 75 %. Für diese Istbeschäftigung ergibt die angenommene Kostenfunktion einen Sollkostenbetrag von € 5.000. Aus der Kostenfunktion lässt sich die Kurve der Sollkosten in Abbildung 4-21 aus den geplanten Kosten der jeweiligen Istkosten bestimmen. In dem betrachteten Beispiel sollen die tatsächlich entstandenen Istkosten bei der Istbeschäftigung von $x = 75$ € 6.500 betragen.

Die geplanten Gesamtkosten der Planbeschäftigung (**Plankosten**) werden in der Vollkostenrechnung proportionalisiert, indem man sie durch die Planbeschäftigung dividiert. Multipliziert man den sich ergebenden Betrag je Beschäftigungseinheit mit dem jeweiligen Beschäftigungsgrad, so erhält man **verrechnete Plankosten**. Deren Höhe wird grafisch durch die Verbindungslinie zwischen dem Nullpunkt und den geplanten Gesamtkosten der Planbeschäftigung (Gerade OB_0 in Abbildung 4-21) wiedergegeben. Bei jedem Beschäftigungsgrad setzen sie sich aus den proportionalen Kosten und den Nutzkosten zusammen.

Fixkosten lassen sich in Nutz- und Leerkosten aufteilen[153]. Die Aufteilung der Fixkosten in Nutz- und Leerkosten ist eine rein verrechnungstechnische Maßnahme und beruht auf der **Annahme** einer linearen Umwandlung von Leerkosten in Nutzkosten. Da in den verrechneten Plankosten nur die Nutzkosten enthalten sind, gibt die Differenz zwischen den geplanten Gesamtkosten und den verrechneten Plankosten für jeden Beschäftigungsgrad die **Leerkosten** an und misst damit die Kapazitätsausnutzung. Die verrechneten Plankosten lassen sich demnach auf folgende Weise ermitteln:

Verrechnete Plankosten

= Plankosten · (Istbeschäftigung / Planbeschäftigung)

= Geplante Gesamtkosten bei Istbeschäftigung (Sollkosten)
 − Leerkosten $(B_i - (B_i - O_i))$

= Nutzkosten bei Istbeschäftigung
 + Proportionale Kosten bei Istbeschäftigung $(F_i' + (O_i - F_i'))$

Abbildung 4-22 zeigt für das betrachtete Beispiel die Kostenbeträge bei Plan- und bei Istbeschäftigung.

Kostengrößen \ Beschäftigungsgrößen	Planbeschäftigung (x = 100) [€]	Istbeschäftigung (x = 75) [€]
Geplante Gesamtkosten	(Plankosten) 6.000	(Sollkosten) 5.000
Fixkosten	2.000	2.000
Proportionale Kosten	4.000	3.000
Nutzkosten	2.000	1.500
Leerkosten	0	500
Verrechnete Plankosten	6.000	4.500
Istkosten	0	6.500

Abb. 4-22: *Kostenbeträge bei Plan- und Istbeschäftigung*

Als Mengenabweichungen unterscheidet man auch in der Standardkostenrechnung Beschäftigungs- und Verbrauchsabweichung. Die **Beschäftigungsabweichung** entspricht den Leerkosten der Istbeschäftigung. Sie ist gleich der Differenz zwischen den Sollkosten und den verrechneten Plankosten bei Istbeschäftigung (Abstand $B_i - O_i$ bzw. $F_0' - F_i'$ in Abbildung 4-21). Da die Kostenstellenleiter in der Regel keinen oder nur geringen Einfluss auf die Beschäftigung ihrer Kostenstelle bzw. ihres Kostenbereichs besitzen, sind sie für das Ausmaß der nicht genutzten Kapazität und die Leerkosten nicht verantwortlich. Deshalb sind Beschäftigungsabweichungen zu eliminieren, bevor man die von den Kostenstellenleitern zu vertretenden und zu beeinflussenden Kostenabweichungen ermitteln kann. Die Differenz zwischen den zu Festpreisen bewerteten Istkosten und den Sollkosten ergibt die **Verbrauchs-**

---

[153] Vgl. Kapitel 3., Abschnitt B.I.4.c), S. 315.

C. Flexible Standardkosten- und -erlösrechnung

abweichung (Abstand $C - B_i$ in Abbildung 4-21). Sofern keine Planungsfehler vorliegen und keine Veränderungen sonstiger Kosteneinflussgrößen aufgetreten sind, ist die Verbrauchsabweichung durch das **Verhalten** der in einer Kostenstelle tätigen Personen verursacht. Deshalb wird sie üblicherweise als diejenige Abweichung ausgewiesen, die vom Kostenstellenleiter zu vertreten und zu beeinflussen ist. Abbildung 4-23 zeigt am betrachteten Beispiel die Bestimmung der Beschäftigungs- und der Verbrauchsabweichung.

Beschäftigungs-abweichung	=	Geplante Gesamtkosten bei Istbeschäftigung ('Sollkosten')	−	Verrechnete Plankosten bei Istbeschäftigung	=	Leerkosten bei Istbeschäftigung
	=	5.000	−	4.500	=	500
Verbrauchs-abweichung	=	Istkosten	−	Geplante Gesamtkosten bei Istbeschäftigung ('Sollkosten')		
	=	6.500	−	5.000	=	1.500
Gesamte Mengen-abweichung	=	Beschäftigungs-abweichung	+	Verbrauchs-abweichung		
	=	500	+	1.500	=	2.000

Abb. 4-23: Bestimmung der Beschäftigungs- und Verbrauchsabweichungen

Weitere Abweichungsarten lassen sich durch einen Vergleich der Kostenbeträge bei Istbeschäftigung mit den Kostenbeträgen bei anderen Beschäftigungsgraden bestimmen. Dabei ist vor allem ein Vergleich mit den Kosten bei Planbeschäftigung aussagefähig. Die Differenz zwischen den geplanten Gesamtkosten bei Planbeschäftigung und bei Istbeschäftigung kann als **budgetbezogene Plan-Ist-Abweichung** bezeichnet werden (Abstand $B_0' - B_i$ in Abbildung 4-21). Sie stellt die Veränderung der geplanten Gesamtkosten dar, die durch eine Variation des Beschäftigungsgrades hervorgerufen wird. Diese Abweichung beruht auf einer Änderung der proportionalen Kosten bei variierter Beschäftigung, während die Beschäftigungsabweichung die nicht genutzten Fixkosten angibt. Die Höhe der budgetbezogenen Plan-Ist-Abweichung ist im betrachteten Beispiel:

| Budgetbezogene Plan/Ist-Abweichung | = | Geplante Gesamtkosten bei Planbeschäftigung (Plankosten) = € 6.000 | − | Geplante Gesamtkosten bei Istbeschäftigung (Sollkosten) − € 5.000 | = € 1.000 |

Berücksichtigt man neben der Optimalbeschäftigung eine Normalbeschäftigung, so lassen sich zusätzliche Abweichungsarten durch einen Vergleich der Kostenbeträge bei Ist-, Normal- und Optimalbeschäftigung kennzeichnen[154].

---

[154] Vgl. KOSIOL, E. (Kostenabweichungen), Sp. 986 ff.

4. Kapitel: Verhaltenssteuerungsorientierte Systeme der KER

Nach der Zahl und Reihenfolge der berücksichtigten Abweichungsarten erhält man verschiedene Methoden der Abweichungsanalyse.

Eine tiefergehende Analyse der Abweichungen lässt sich vornehmen, wenn man die Abhängigkeit der hergestellten Menge von der Fertigungszeit und von der Intensität berücksichtigt. Geht man jedoch im Unterschied zu Gutenberg-Transformationsfunktionen[155] davon aus, dass die Kostenhöhe allein von der Fertigungszeit und nicht von der Intensität beeinflusst wird, so kann eine so genannte **Effizienzabweichung** bestimmt werden. Nimmt man eine proportionale Beziehung zwischen der Ausbringungsmenge x und den Arbeitseinheiten b der eingesetzten Arbeitskräfte oder Maschinen an, so gilt bei konstantem Produktionskoeffizienten α die Beziehung[156]:

$$x = \frac{b}{\alpha} \qquad (4\text{-}31)$$

Eine Arbeitseinheit b, bei der es sich z.B. um einen Arbeitsgang handeln kann, ist gleich dem Produkt aus der Intensität d der Arbeitskraft bzw. Maschine und der Fertigungszeit t:

$$b = d \cdot t \qquad (4\text{-}32)$$

Zwischen der Ausbringungsmenge x, der Intensität d und der Fertigungszeit t besteht somit der Zusammenhang:

$$x = \frac{d \cdot t}{\alpha} \qquad (4\text{-}33)$$

Wenn mit einer Arbeitseinheit eine Produkteinheit erzeugt wird, ist der Faktor α gleich eins. In diesem Fall gilt:

$$x = d \cdot t \qquad (4\text{-}34)$$

Eine bestimmte Ausbringungsmenge x kann demnach durch unterschiedliche Kombinationen von Intensität und Fertigungszeit erzeugt werden. Für eine bestimmte Fertigungszeit t, die als Maß der Beschäftigung verwendet wird, kann daher nur bei gegebener Intensität d die Zahl der hergestellten Produkte x ermittelt werden. Neben der Planfertigungszeit t_0 für die optimale, normale oder erwartete Beschäftigung wird eine Standardintensität d_s vorgegeben. Die Ausbringungsmenge x_0 bei der Planbeschäftigung t_0 ist somit:

$$x_0 = t_0 \cdot d_s \qquad (4\text{-}35)$$

Bei einer Standardintensität d_s von 0,5 Produkten je Zeiteinheit werden bei einer Optimalbeschäftigung von t_0 = 200 Stunden x_0 = 100 Produkteinheiten hergestellt. Wenn die realisierte Ausbringungsmenge entsprechend dem vorigen Beispiel x_i = 75 Produkteinheiten beträgt, ist bei einer Standardintensität d_s von 0,5 die erforderliche Standardfertigungszeit t_s = 150 Stunden. Die tatsächliche Fertigungszeit sei jedoch t_i = 175 Stunden, so dass sich für die realisierte Intensität

---

[155] Vgl. SCHWEITZER, M./KÜPPER, H.-U. (Produktionstheorie), S. 53 ff. und 107ff.
[156] Vgl. KILGER, W. (Produktions- und Kostentheorie), S. 65.

$$d_i = \frac{x_i}{t_i} = \frac{75}{175} = \frac{3}{7} \approx 0{,}43 \qquad (4\text{-}36)$$

Produkteinheiten je Stunde ergeben. Durch einen Vergleich der Kostenbeträge bei der Standardfertigungszeit von 150 Stunden und der Istfertigungszeit von 175 Stunden erhält man mehrere Abweichungsarten. Diese sind in Abbildung 4-24 berechnet und in Abbildung 4-25 grafisch wiedergegeben.

Abweichungsart	Ermittlung der Abweichung	Strecke in Abbildung 4-25	Kostenbetrag in €
Verbrauchsabweichung	Istkosten - geplante Gesamtkosten bei Istfertigungszeit	$C - B_i$	6.500 - 5.500 = 1.000
Variable Effizienzabweichung	Geplante Gesamtkosten bei Istfertigungszeit - geplante Gesamtkosten bei Standardfertigungszeit	$B_i - B_s'$	5.500 - 5.000 = 500
Beschäftigungsabweichung	Geplante Gesamtkosten bei Istfertigungszeit - verrechnete Plankosten bei Istfertigungszeit	$B_i - O_i$	5.500 - 5.250 = 250
Gesamte Effizienzabweichung	Verrechnete Plankosten bei Istfertigungszeit - verrechnete Plankosten bei Standardfertigungszeit	$O_i - O_s'$	5.250 - 4.500 = 750

Abb. 4-24: *Abweichungsarten*

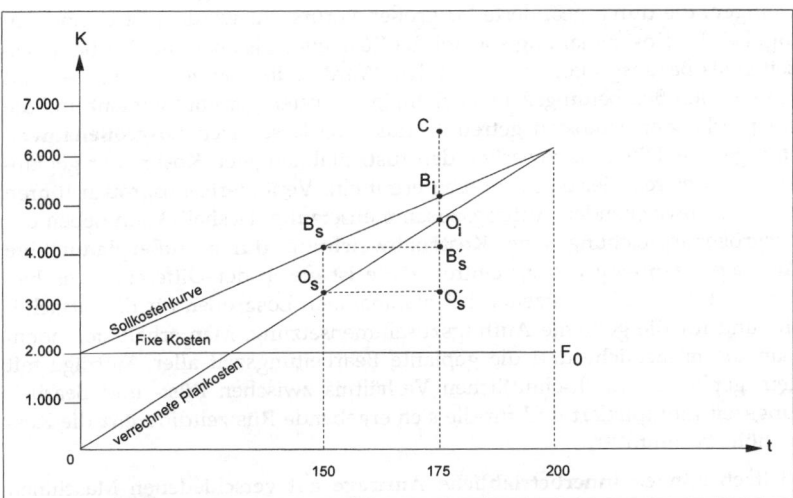

Abb. 4-25: *Abweichungsanalyse bei von Fertigungszeit abhängiger Kostenfunktion und Berücksichtigung der Intensität*

Die Abweichung der Intensität von der vorgegebenen Standardintensität hat eine Verlängerung (oder Verkürzung) der Fertigungszeit gegenüber der Standardfertigungszeit zur Folge. Hierauf sind die **Variable** und die **Gesamte Effizienzabweichung** zurückzuführen. Sie geben den Einfluss dieser durch die Intensitätsänderung bedingten Zeitabweichung auf die Änderung der proportionalen (Variable Effizienzabweichung) und der Nutzkosten (Gesamte Effizienzabweichung) an[157].

Neben diesen wichtigsten Abweichungsarten können in der Plankostenrechnung **spezielle Kostenabweichungen** ermittelt werden. Sie beziehen sich auf weitere Kosteneinflussgrößen, deren Änderungen Differenzen zwischen Plan- und Istkosten verursachen. Sofern die Änderungen dieser Kosteneinflussgrößen nicht vom Kostenstellenleiter hervorgerufen werden, müssen die speziellen Kostenabweichungen eliminiert werden, um diejenige Abweichung zu erhalten, die er zu verantworten hat. Hierzu gehören insbesondere **Intensitätsabweichungen, Losgrößenabweichungen, Kostenabweichungen durch außerplanmäßige Auftragszusammensetzung** und **Verfahrensabweichungen**[158].

Durch die Los- oder Seriengröße werden insbesondere die Rüstkosten an Maschinen beeinflusst. Je mehr Produkte in einem Los auf einer Maschine ohne Umrüsten gefertigt werden, desto geringer sind die gesamten Rüstkosten einer Abrechnungsperiode und die Rüstkosten je Ausbringungseinheit. Die Losgröße wird üblicherweise von der Fertigungs- oder Arbeitsvorbereitung festgelegt und ist nicht vom Kostenstellenleiter zu verantworten. Bei ihrer Planung geht man von einem bestimmten Verhältnis zwischen den Rüstzeiten und den Bearbeitungszeiten der Aufträge aus. Variationen (z.B. Splitting) der Losgrößen führen zu einer Änderung dieses Verhältnisses und der gesamten Rüstkosten einer Periode. Zur Ermittlung der Kostenabweichungen, die durch geänderte Losgrößen verursacht werden, ist es notwendig, bei der Kostenplanung sowohl die Rüstzeiten als auch die Bearbeitungszeiten als Bezugsgrößen zu verwenden. Werden die von den Rüstzeiten und die von den Bearbeitungszeiten abhängigen Kosten getrennt geplant und die entsprechenden Istkosten getrennt erfasst, so lassen sich **Losgrößenabweichungen** als Differenz zwischen den rüstzeitabhängigen Kosten der geplanten und der realisierten Losgrößen ermitteln. Veränderte Losgrößen führen zu einer abweichenden Auftragszusammensetzung. Deshalb kann neben der Losgrößenabweichung eine **Kostenabweichung durch außerplanmäßige Auftragszusammensetzung** eintreten. Sie ist gleich der Differenz zwischen den Kosten der Planrüstzeiten bei planmäßigen Losgrößen für die tatsächliche und für die geplante Auftragszusammensetzung. Man erhält sie, indem man die tatsächliche und die geplante Bearbeitungszeit aller Aufträge mit dem geplanten durchschnittlichen Verhältnis zwischen Rüst- und Bearbeitungszeit multipliziert und für die sich ergebende Rüstzeitdifferenz die Kostenhöhe bestimmt[159].

Vielfach können **innerbetriebliche Aufträge** auf verschiedenen Maschinen bearbeitet werden, die gleiche oder ähnliche Arbeitsgänge ausführen. Diese Maschinen können unterschiedliche technische Eigenschaften und ein unterschiedliches Alter besitzen. Beispielsweise kann ein Schleifvorgang, bei dem

---

[157] Vgl. dazu auch KOSIOL, E. (Kostenabweichungen), Sp. 986 ff.
[158] Vgl. Kapitel 3., Abschnitt D.I.3.b), S. 435 ff.
[159] Vgl. KÄFER, K. (Standardkostenrechnung), S. 400 ff.; KILGER, W. (Deckungsbeitragsrechnung[11]), S. 382 ff.

keine engen Toleranzen einzuhalten sind, sowohl auf einer älteren Maschine mit mittlerem Genauigkeitsgrad als auch auf einer neuen Maschine, die mit sehr hoher Präzision arbeitet, vollzogen werden. In der Standardkostenrechnung wird bei der Planung die kostengünstigste Maschinenbelegung vorgegeben. Jeder Auftrag soll auf der Maschine bearbeitet werden, bei welcher unter Einhaltung der Qualitätsbedingungen die Stückkosten am günstigsten sind. Durch Terminänderungen, Planungsfehler oder Störungen kann die tatsächliche Maschinenbelegung von der geplanten abweichen und höhere Kosten verursachen. Diese Kostenabweichungen stellen **Verfahrens- oder Arbeitsablaufabweichungen** dar. Die Gegenüberstellung der geplanten Gesamtkosten der geplanten Maschinenbelegung und der realisierten Maschinenbelegung ergibt die Verfahrensabweichungen. Sie sind in der Regel von der Fertigungsvorbereitung und nicht vom Kostenstellenleiter zu vertreten. Man zieht sie auch zur Terminüberwachung heran.

Weitere spezielle Kostenabweichungen können Mischungsabweichungen, Leistungs- oder Ausbeuteabweichungen sowie Abweichungen infolge außerplanmäßiger Bedienungsrelationen sein. **Mischungsabweichungen** beruhen auf Änderungen in der qualitativen oder quantitativen Zusammensetzung des Materialeinsatzes. **Leistungs- oder Ausbeuteabweichungen** können auftreten, wenn als Bezugsgrößen der Kostenplanung Maschinenzeiten verwendet werden und die tatsächliche Ausbringungsmenge je Maschinenzeiteinheit von der geplanten abweicht. Beispielsweise kann der Ausschuss produktionsbedingt zunehmen. Dann ist der Ausbeutegrad je Maschinenzeiteinheit geringer als geplant. **Kostenabweichungen infolge außerplanmäßiger Bedienungssysteme** werden aus dem Verhältnis zwischen Fertigungszeiten von Maschinen und Arbeitskräften abgeleitet. Sofern beide Arten von Fertigungszeiten als Bezugsgrößen der Planung herangezogen werden, geht man bei der Planung von einem bestimmten Verhältnis zwischen diesen Zeiten aus. Das tatsächlich realisierte Verhältnis kann sich vom geplanten unterscheiden. Hierdurch ergibt sich eine Kostenabweichung infolge außerplanmäßiger Bedienungssysteme. Mögliche Ursachen einer Veränderung der Relation zwischen Maschinen- und Arbeiterzeit sind außerplanmäßige Bedienungsverhältnisse an den Maschinen und eine außerplanmäßige Auftragszusammensetzung[160].

3. Abweichungsanalyse bei mehrvariablen Kostenfunktionen

Die Kennzeichnung der gebräuchlichsten Abweichungsarten macht deutlich, dass eine Reihe verschiedener Einflussgrößen für die Kostenhöhe und die Kostenabweichungen bestimmend sein kann. Deshalb ist es bei exakter Kostenplanung wie im Beispiel der Effizienzabweichung notwendig, alle wichtigen Kosteneinflussgrößen zu berücksichtigen und von **mehrvariabligen Kostenfunktionen** auszugehen[161]. Eine verursachungsgemäße Aufspaltung der Gesamtabweichung in **Teilabweichungen**, welche auf die Änderungen der verschiedenen Kosteneinflussgrößen zurückzuführen sind, setzt

---

[160] Vgl. KILGER, W. (Deckungsbeitragsrechnung [10]), S. 385 ff.
[161] Vgl. SCHWEITZER, M./KÜPPER, H.-U. (Produktionstheorie), S. 18f., 227 ff., 277 ff. und 213 f.

die Kenntnis der mehrvariabligen Kostenfunktionen voraus. Dabei ist wesentlich, ob die verschiedenen Kosteneinflussgrößen auf die Höhe der Kosten **unabhängig** voneinander einwirken. Das ist der Fall, wenn sich die Gesamtkosten aus Teilbeträgen additiv zusammensetzen und für die Höhe eines jeden Teilbetrags nur **eine Kosteneinflussgröße** maßgebend ist. Zum Beispiel können sich die Kosten der Fertigung eines **Loses** in einer Kostenstelle aus rüstzeitabhängigen Kosten K_r und bearbeitungszeitabhängigen Kosten K_a zusammensetzen. Als Kosteneinflussgrößen werden die Zeitdauer t_r der Umrüstung und die Zeitdauer t_a der Bearbeitung des gesamten Loses angesehen (die Bearbeitungszeit soll proportional von der Ausbringungsmenge abhängen). Dann gilt die **zweidimensionale (zweivariablige) Kostenfunktion**:

$$K = K_r + K_a = f(t_r) + g(t_a) \tag{4-37}$$

Eine Abweichung der realisierten von den geplanten Kosten des Loses lässt sich bei dieser Form einer additiven Verknüpfung der Kostenbeträge eindeutig in **Teilabweichungen** aufspalten, die durch geänderte Rüstzeiten bzw. geänderte Bearbeitungszeiten verursacht sind. Wenn der Index i realisierte und der Index p geplante Größen angeben, erhält man für die Abweichung:

$$\begin{aligned}\Delta K &= K_i - K_p = \left(K_{ri} - K_{rp}\right) + \left(K_{ai} - K_{ap}\right) \\ &= \left(f(t_{ri}) - f(t_{rp})\right) + \left(g(t_{ai}) - g(t_{ap})\right)\end{aligned} \tag{4-38}$$

Besteht zwischen dem Einfluss verschiedener Kosteneinflussgrößen eine andere Art der Verknüpfung oder sind diese Größen gegenseitig abhängig, so ist keine verursachungsgemäße Aufspaltung der Gesamtabweichung möglich. Es lässt sich dann nicht angeben, welcher Teilbetrag der Gesamtabweichung durch die jeweilige Änderung einer Kosteneinflussgröße verursacht worden ist. Dieses Problem der **Abweichungsinterdependenz** kann am einfachsten an der **Preisabweichung** verdeutlicht werden. Zur Ermittlung der Preisabweichung ist die Gesamtabweichung in eine Preis- und eine Mengenabweichung aufzuspalten. Ursache der Preisabweichung sind Änderungen der Beschaffungspreise, während die Mengenabweichungen durch Beschäftigungsänderungen, unwirtschaftliche Güterverbräuche und dergleichen hervorgerufen sein können. Diese Einflussgrößen der Mengenabweichung sollen im Hinblick auf die Darstellung des Grundproblems nicht explizit berücksichtigt werden. Bezeichnet man den Beschaffungs- oder Festpreis eines betrieblichen Einsatzgutes mit q und seine Einsatzmenge mit r, so gilt die Kostenfunktion:

$$K = q \cdot r \tag{4-39}$$

Die Kosteneinflussgröße Beschaffungspreis ist mit dem Gütermengenverbrauch multiplikativ verknüpft. Als Abweichung der betrachteten Kostenart erhält man:

$$\Delta K = K_i - K_p = q_i \cdot r_i - q_p \cdot r_p \tag{4-40}$$

Ferner gelten folgende Beziehungen:

$$q_i = q_n + \Delta q$$
$$r_i = r_p + \Delta r \tag{4-41}$$

Somit kann man für die Kostenabweichung schreiben[162]:

$$\begin{aligned}\Delta K &= (q_p + \Delta q)\cdot(r_p + \Delta r) - q_p \cdot r_p = \\ &= q_p \cdot r_p + \Delta q \cdot r_p + q_p \cdot \Delta r + \Delta q \cdot \Delta r - q_p \cdot r_p \\ &= \Delta q \cdot r_p + q_p \cdot \Delta r + \Delta q \cdot \Delta r\end{aligned} \tag{4-42}$$

Dieser Zusammenhang ist in Abbildung 4-26 graphisch wiedergegeben.

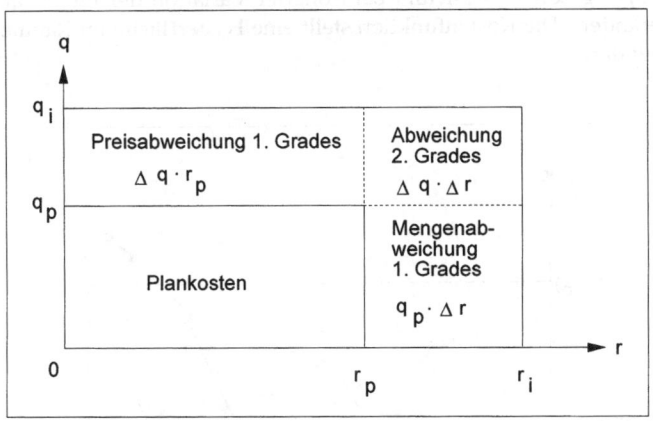

Abb. 4-26: Preis- und Mengenabweichungen 1. und 2. Grades

Die Gesamtabweichung setzt sich aus drei Teilbeträgen zusammen:

(1) Preisabweichung 1. Grades = Preisdifferenz Δq · Planmenge r_p

(2) Mengenabweichung 1. Grades = Planpreis q_p · Mengendifferenz Δr

(3) Abweichung 2. Grades = Preisdifferenz Δq · Mengendifferenz Δr

Während die beiden Abweichungen 1. Grades lediglich durch Preis- bzw. Mengenänderungen verursacht sind, ergibt sich die Abweichung 2. Grades aus der Preis- wie aus der Mengendifferenz. Sie lässt sich nicht verursachungsgemäß in eine Preis- und eine Mengenabweichung aufteilen. In der Praxis wird die Abweichung 2. Grades meist der **Preisabweichung** zugerechnet. Dieses Vorgehen ist vor allem für die Standardkostenrechnung typisch, in der geplante und realisierte Verbrauchsmengen mit Festpreisen bewertet werden.

---

[162] Vgl. KILGER, W. (Deckungsbeitragsrechnung [10]), S. 136.

Die Bedeutung **mehrdimensionaler Kostenfunktionen**, bei denen keine additive Verknüpfung des Einflusses verschiedener Kostenbestimmungsgrößen vorliegt, lässt sich auch am Beispiel von **Intensitätsabweichungen** charakterisieren. Es soll davon ausgegangen werden, dass für den Verbrauch eines Betriebsstoffes (wie Strom) in einer Kostenstelle lediglich die Fertigungszeit t und die Intensität d der Maschine maßgebend seien. Die Zahl der eingesetzten Maschinen und sonstige mögliche Einflussgrößen sollen konstant sein. Bewertet man den Güterverbrauch mit Festpreisen, so soll die in Abbildung 4-27 wiedergegebene Kostenfunktion $K = K(t,d)$ gelten. Ihr liegt die Hypothese zugrunde, dass sich der Stromverbrauch bei isolierter Variation der Fertigungszeit t linear und bei isolierter Variation der Intensität überlinear verändert. Die Kostenfunktion stellt eine **Hyperfläche** im Raume dritter Ordnung dar.

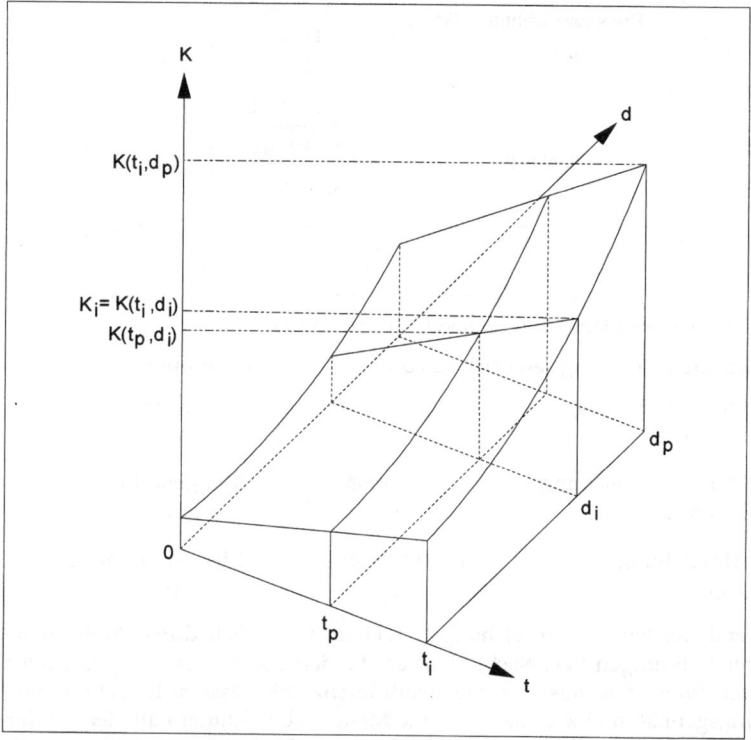

Abb. 4-27: *Beispiel einer mehrdimensionalen Kostenfunktion mit interdependent wirksamen Kosteneinflussgrößen*

Die Plankosten K_p sollen beispielsweise bei einer Planfertigungszeit $t_p = 40$ Stunden und einer Planintensität $d_p = 0.5$ Stück je Stunde € 8.000 betragen. Für die tatsächliche Intensität $d_i = 0.45$ Stück seien Istkosten von $K_i = €\ 8.500$ entstanden. Auch in diesem Beispiel können Abweichungen 1. Grades für die Änderung der Fertigungszeit $t_i - t_p = 2$ Stunden bei einer Planintensität von

0,5 Stück je Stunde und die Änderung der Intensität $d_i - d_p = -0{,}05$ bei einer Planfertigungszeit von 40 Stunden ermittelt werden. Jedoch ist eine verursachungsgemäße Aufspaltung der Abweichung 2. Grades und damit der Gesamtabweichung in eine Fertigungszeit- und eine Intensitätsabweichung nicht durchführbar.

Für die Zwecke der Kostensteuerung und -kontrolle wird eine Ermittlung von **Teilabweichungen** auch **bei gemeinsam wirksamen Kosteneinflussgrößen** als notwendig angesehen. Hierzu können insbesondere die Verfahren der alternativen, der kumulativen sowie der differenziert kumulativen Abweichungsanalyse herangezogen werden. Diese Verfahren ermöglichen aber lediglich eine verrechnungsmäßige und keine verursachungsgemäße Erfassung der Teilabweichungen[163]. Bei der **alternativen Abweichungsanalyse** wird die einer Kosteneinflussgröße zuzuordnende Abweichung bestimmt, indem man nur die betrachtete Einflussgröße mit der geplanten Ausprägung und alle anderen Einflussgrößen mit den tatsächlichen Ausprägungen ansetzt. Soll z.B. die Intensitätsabweichung ermittelt werden, so sind von den Istkosten die Kosten zu subtrahieren, die bei Planintensität entstehen, wenn die Ausprägungen der anderen Kosteneinflussgrößen den realisierten Ausprägungen entsprechen. Beispielsweise gelte eine Kostenfunktion, nach welcher die Kostenhöhe einer Kostenart in einer Kostenstelle von dem Beschaffungspreis q, der Fertigungszeit t, der Intensität d und der Zahl eingesetzter Maschinen m abhängig ist:

$$K = f(q, t, d, m) \tag{4-43}$$

Nach der **alternativen Abweichungsanalyse** erhält man dann folgende Teilabweichungen:

$$\begin{aligned}
\Delta K_1 &= f(q_i, t_i, d_i, m_i) - f(\mathbf{q_p}, t_i, d_i, m_i) \\
\Delta K_2 &= f(q_i, t_i, d_i, m_i) - f(q_i, \mathbf{t_p}, d_i, m_i) \\
\Delta K_3 &= f(q_i, t_i, d_i, m_i) - f(q_i, t_i, \mathbf{d_p}, m_i) \\
\Delta K_4 &= f(q_i, t_i, d_i, m_i) - f(q_i, t_i, d_i, \mathbf{m_p})
\end{aligned} \tag{4-44}$$

Die Summe der Teilabweichungen ist bei diesem Verfahren größer als die Gesamtabweichung, da die Abweichungen 2. Grades mehrfach erfasst werden.

Dieser Nachteil des alternativen Verfahrens wird bei der **kumulativen Abweichungsanalyse** vermieden. Bei diesem Verfahren legt man eine Reihenfolge fest, in der die Teilabweichungen ermittelt werden. Dabei ordnet man die Abweichungen 2. Grades immer den zuerst ermittelten Abweichungen zu[164]. Man verteilt die Gesamtabweichung nach einem Zuordnungsprinzip auf die wirksamen Veränderungen der Kosteneinflussgrößen. Für das angeführte Beispiel ergeben sich bei kumulativer Abweichungsanalyse folgende Teilabweichungen:

---

[163] Vgl. KILGER, W./PAMPEL, J./VIKAS, K. (Deckungsbeitragsrechnung[11]), S. 138 ff.
[164] Vgl. KILGER, W./PAMPEL, J./VIKAS, K. (Deckungsbeitragsrechnung[11]), S. 140.

$$\Delta K_1 = f(q_i, t_i, d_i, m_i) - f(q_p, t_i, d_i, m_i)$$
$$\Delta K_2 = f(q_p, t_i, d_i, m_i) - f(q_p, t_p, d_i, m_i)$$
$$\Delta K_3 = f(q_p, t_p, d_i, m_i) - f(q_p, t_p, d_p, m_i) \quad (4\text{-}45)$$
$$\Delta K_4 = f(q_p, t_p, d_p, m_i) - f(q_p, t_p, d_p, m_p)$$

Die **Gesamtabweichung** ist hier gleich der Summe der Teilabweichungen. In der Praxis ist es üblich, zuerst Beschaffungspreis- und Lohnabweichungen sowie Beschäftigungsabweichungen zu ermitteln und zu eliminieren, bevor die Verbrauchsabweichung berechnet wird. Die Reihenfolge für die Ermittlung der Teilabweichungen wird so festgelegt, dass die vom Kostenstellenleiter zu verantwortenden Abweichungsarten zuletzt bestimmt werden.

Im Fall der **differenziert kumulativen Verfahren** ergänzt man die nach dem alternativen Verfahren bestimmten Teilabweichungen um die explizit ausgewiesenen Abweichungen höheren Grades. Entsprechend ihrem Grad sind diese abwechselnd zu subtrahieren und zu addieren. Sie ergeben aus diesem Grund wiederum die Gesamtabweichung. Sofern in der beispielhaft unterlegten Kostenfunktion die drei Einflussgrößen e multiplikativ miteinander verknüpft sind und

$$e_i - e_p = \Delta e \quad (4\text{-}46)$$

geschrieben wird, setzt sich die Gesamtabweichung ΔK wie folgt zusammen:

$$\Delta K = \Delta q \cdot t_p \cdot d_p \cdot m_p + q_p \cdot \Delta t \cdot d_p \cdot m_p + q_p \cdot t_p \cdot \Delta d \cdot m_p + q_p \cdot t_p \cdot d_p \cdot \Delta m$$
(Abweichungen ersten Grades)
$$+ \Delta q \cdot \Delta t \cdot d_p \cdot m_p + \Delta q \cdot t_p \cdot \Delta d \cdot m_p + \Delta q \cdot t_p \cdot d_p \cdot \Delta m + \ldots$$
$$\ldots + q_p \cdot \Delta t \cdot \Delta d \cdot m_p + q_p \cdot \Delta t \cdot d_p \cdot \Delta m + q_p \cdot t_p \cdot \Delta d \cdot \Delta m$$
(Abweichungen zweiten Grades)
$$+ \Delta q \cdot \Delta t \cdot \Delta d \cdot m_p + \Delta q \cdot \Delta t \cdot d_p \cdot \Delta m + \Delta q \cdot t_p \cdot \Delta d \cdot \Delta m + q_p \cdot \Delta t \cdot \Delta d \cdot \Delta m$$
(Abweichungen dritten Grades)
$$+ \Delta q \cdot \Delta t \cdot \Delta d \cdot \Delta m \quad (4\text{-}47)$$
(Abweichungen vierten Grades)

Der Planverbrauch eines Produktionsprozesses betrage **beispielsweise** $r_p = 5000 \, \text{kg}$, der Istverbrauch $r_i = 6000 \, \text{kg}$, der Planpreis $q_p = 2 \, \text{€/kg}$ und der tatsächliche Einstandspreis $q_i = 2{,}20 \, \text{€/kg}$. Dann ergibt sich bei einem Ist-Soll-Vergleich über die **alternative Abweichungsanalyse** die folgende Gesamtabweichung:

$$\Delta K^{\text{Preis}} = q_i \cdot r_i - q_p \cdot r_i = 2{,}20 \cdot 6000 - 2{,}00 \cdot 6000 = 1200 \, \text{€}$$
$$\Delta K^{\text{Menge}} = q_i \cdot r_i - q_i \cdot r_p = 2{,}20 \cdot 6000 - 2{,}20 \cdot 5000 = 2200 \, \text{€}$$
$$\Delta K^{\text{Gesamt}} = \phantom{q_i \cdot r_i - q_p \cdot r_i = 2{,}20 \cdot 6000 - 2{,}00 \cdot 6000 =} 3400 \, \text{€}$$

Über die **kumulative Abweichungsanalyse** erhält man eine Gesamtabweichung von

$\Delta K^{Preis} = q_i \cdot r_i - q_p \cdot r_i = 2{,}20 \cdot 6000 - 2{,}00 \cdot 6000 = 1200\ €$

$\Delta K^{Menge} = q_p \cdot r_i - q_p \cdot r_p = 2{,}00 \cdot 6000 - 2{,}00 \cdot 5000 = 2000\ €$

$\Delta K^{Gesamt} = = 3200\ €$

Die **differenziert kumulative Abweichungsanalyse** führt schließlich zu einer Gesamtabweichung von

$\Delta K^{Preis} = \Delta q \cdot r_p = 0{,}20 \cdot 5000 = 1000\ €$

$\Delta K^{Menge} = q_p \cdot \Delta r = 2{,}00 \cdot 1000 = 2000\ €$

$\Delta K^{Menge,Preis} = \Delta q \cdot \Delta r = 0{,}20 \cdot 1000 = 200\ €$

$\Delta K^{Gesamt} = 3200\ €$

Das Instrumentarium der Abweichungsanalyse ist um zusätzliche Aufteilungsregeln[165], die Berücksichtigung einer negativen Differenz zwischen Plan- und Istgröße[166] u.ä. erweitert worden. Ferner kann man danach unterscheiden, ob die Abweichungen wie in der bisherigen Darstellung über Ist-Soll- oder als Soll-Ist-Differenzen ermittelt werden.

Für die Auswahl des Analyseverfahrens ist eine Reihe von **Anforderungen** vorgeschlagen worden[167]. Zu ihnen gehört insbesondere die Vollständigkeit, mit der eine Erklärung der Gesamtabweichung durch die ausgewiesenen Teilabweichungen gefordert wird. Die Willkürfreiheit zielt auf den Ausweis verantwortbarer Abweichungen ersten Grades ab, während die Invarianz auf die Unabhängigkeit von der Reihenfolge der Abweichungsermittlung abstellt.

Es besteht keine einheitliche Auffassung darüber, welchen **Anforderungen** die Abweichungsanalyse genügen muss. Die Art der Abweichungsermittlung z.B. in Form von Ist-Soll- oder Soll-Ist-Differenzen sowie auf Soll- oder Ist-Bezugsbasis und das Verfahren zur Analyse und Aufspaltung von Gesamtabweichungen hängen von den **Zwecken der Kontrolle** ab. Dabei erscheint es wesentlich, ob die Analyse empirischer Zusammenhänge für künftige Prognosen oder die Verhaltensbeeinflussung der Mitarbeiter im Vordergrund stehen. Im ersten Fall kommt es auf eine genaue Erfassung der Zusammenhänge und damit einen unverfälschten Ausweis verschiedener Abweichungen höheren Grades an. Auch dürfte es für die künftige Planung wichtig sein, Rationalisierungspotentiale zu erkennen, wie sie zum Beispiel über Istbezugsbasen sichtbar werden. Dagegen kann es für die Verhaltenssteuerung zweckmäßig sein, Abweichungen höheren Grades verantwortlichen Stellen insgesamt entsprechend dem alternativen oder kumulativen Verfahren oder anteilsweise zuzurechnen. Dem entspricht ein Ausweis der Abweichungen als Differenz zu den Planwerten, d.h. auf Sollbezugsbasis. Damit wird deutlich, wer für eine bessere Erreichung der Planwerte zu sorgen hat.

---

[165] Vgl. z.B. LINK, J. (Erfolgskontrolle), S. 786 f.
[166] Vgl. WILMS, S. (Abweichungsanalysemethoden), S. 96 ff.
[167] Vgl. KLOOCK, J./BOMMES, W. (Kostenabweichungsanalyse), S. 230 ff.; BOMMES, W. (Kostenabweichungsanalyse), S. 72 ff.; LINK, J. (Erfolgskontrolle), S. 784 f.; KLOOCK, J. (Erfolgskontrolle), S. 427; WILMS, S. (Abweichungsanalysemethoden), S. 13 ff.

4. Erfassung und Beeinflussung der Abweichungen

Die Erfassung und Beeinflussung der Abweichungen bei **Einzelkosten** erstreckt sich auf Preis- und Mengenabweichungen. Zu den **Preisabweichungen** gehören Abweichungen der Beschaffungspreise von den Planpreisen bei Materialien sowie **Lohnabweichungen**. Die Erfassung der Preisabweichungen bei Material kann entweder beim Zugang oder beim Verbrauch erfolgen[168]. In der Praxis erfasst man diese Abweichungen üblicherweise beim Materialzugang. Man bildet ein **Preisdifferenzbestandskonto**. Dieses Konto nimmt entsprechend Abbildung 4-28 einerseits die Gegenbuchungen des zu Istpreisen bewerteten Materialzugangs auf den Lieferantenkonten (€ 10.500) und andererseits die Gegenbuchung des Materialbestandskontos (€ 10.000) auf. Auf dem Materialbestandskonto werden die Zugänge und die einzelnen Materialverbräuche zu Planpreisen bewertet. Der Saldo des Preisdifferenzbestandskontos (€ 500) ergibt die Preisabweichung bei den Materialeinzelkosten. Mit ihm lässt sich ein Preisdifferenzprozentsatz des Materialzugangs ermitteln.

Lieferantenkonto		Preisdifferenzbestandskonto		Materialbestandskonto	
EB 10.500	Material- 10.500 zugang	Material- 10.500 zugang	Material- 10.000 zugang (Planpreis) Preisabweichung 500	Material- 10.000 zugang (Planpreis)	Verbrauch I 3.000 Verbrauch II 4.000 Verbrauch II 2.000 EB 1.000
10.500	10.500	10.500	10.500	10.000	10.000

Abb. 4-28: Beispiel der Ermittlung von Preisabweichungen beim Materialeingang

Die auf den Materialverbrauch einer Abrechnungsperiode entfallenden Preisabweichungen können am Periodenende als Materialeinzelkosten auf die hergestellten Halb- und Fertigerzeugnisse verteilt werden. Im Falle einer Erfassung der Preisabweichungen des Materials beim Verbrauch werden die Preisabweichungen auf dem Materialbestandskonto ermittelt, indem man die Zugänge des Materialbestands zu Istpreisen und die Materialverbräuche zu Planpreisen bewertet. In die Bewertung der Materialverbräuche werden in der Praxis bei beiden Verfahren gelegentlich die Materialgemeinkosten einbezogen. Hierdurch wird in der Kostenstellenrechnung und in der Kalkulation eine spezielle Verrechnung von Materialgemeinkosten vermieden.

Die **Höhe der Beschaffungspreise** und ihre Schwankungen sind von Markteinflüssen abhängig. Sie lassen sich nur in beschränktem Umfang vom Einkauf der Unternehmung beeinflussen. Daher können Preisabweichungen nur bedingt als Maß für den Erfolg der Einkaufsabteilung betrachtet werden[169].

Als Preisabweichungen bei den Kosten der Betriebsarbeit können verschiedene Arten von **Lohnabweichungen** auftreten. Die Höhe der Tariflöhne wird meist außerbetrieblich festgelegt. Die einzelne Unternehmung kann auf Tarifvereinbarungen kaum einwirken. Es können jedoch auch Lohnabweichun-

---

[168] Vgl. Kapitel 3., Abschnitt D.I.2.b)aa), S. 403.
[169] Vgl. HORNGREN, C.T. (Cost Accounting), S. 265.

gen entstehen, die durch innerbetriebliche Maßnahmen verursacht sind. Derartige Lohnabweichungen treten durch die Zahlung übertariflicher Löhne sowie durch Mehrarbeitszuschläge für Überstunden und dergleichen auf. Ferner ergeben sich Lohnabweichungen, wenn die Arbeitskräfte anders als geplant eingesetzt werden und die jeweiligen Lohnsätze nicht übereinstimmen. In der Standardkostenrechnung kann es zweckmäßig sein, die innerbetrieblich verursachten Lohnabweichungen gesondert zu ermitteln. Ihre Analyse zeigt dann, inwieweit die Preiskomponente der Lohnkosten durch innerbetriebliche Maßnahmen erhöht worden ist.

Die Ermittlung und Beeinflussung der **Mengenabweichungen bei Einzelmaterial** und Einzellöhnen ist von großer Bedeutung, weil die Einzelkosten häufig einen beachtlichen Teil der Gesamtkosten bilden. Der mengenmäßige Verbrauch von Material und Löhnen ist in viel stärkerem Maße durch **Entscheidungen und Ausführungshandlungen** innerhalb der Unternehmung bestimmt als die Höhe der Preise. Da die Materialeinzelkosten in der Regel nicht kostenstellenweise erfasst werden, müssen die Plankosten des Einzelmaterials für jede Kostenstelle retrograd aus ihren Herstellungsmengen bestimmt werden. Durch eine Gegenüberstellung der entstandenen Istmaterialeinzelkosten mit den geplanten Materialeinzelkosten erhält man die **Verbrauchsabweichung des Fertigungsmaterials**. Zweckmäßig ist es, wenn man die Einzelmaterialverbrauchsabweichung einer Kostenstelle nach Produktarten, Materialarten und Abweichungsursachen gliedert.

Ursachen von Verbrauchsabweichungen der Materialeinzelkosten können vor allem Änderungen der Produktgestaltung, der Mischungsverhältnisse, der Materialeigenschaften und Unwirtschaftlichkeiten sein. **Änderungen der Produktgestaltung** können z.B. durch Kundenwünsche hervorgerufen werden. Sie werden als auftragsbedingte Abweichungen bezeichnet[170]. Sofern in ein Produkt mehrere Rohstoffe eingehen, wird bei der Kostenplanung ein bestimmtes **Mischungsverhältnis** zwischen diesen Materialarten vorgegeben. Weicht die tatsächliche Materialzusammensetzung von der geplanten ab, so sind auftretende Kostenabweichungen auf die veränderten Mischungsverhältnisse zurückzuführen. Man spricht dann von **Mischungsabweichungen** des Einzelmaterials. Ferner kann es vorkommen, dass die **technischen Eigenschaften** des tatsächlich eingesetzten Materials wie die Härte, das spezifische Gewicht, die Toleranzen u.a. nicht der Planung entsprechen. Zum Beispiel kann der Einsatz von höherwertigem Fertigungsmaterial notwendig werden, weil die Beschaffung des geplanten Materials nicht rechtzeitig erfolgen konnte. Schließlich können Mengenabweichungen der Materialeinzelkosten durch **unwirtschaftliches Verhalten** in den Kostenstellen entstehen. Allein diese Abweichungsart fällt in die Verantwortlichkeit des Kostenstellenleiters.

Um das Mitarbeiterverhalten in die Richtung eines kostengünstigen **Materialverbrauchs** zu lenken und auf Dauer zu sichern, kann die Abweichungsanalyse mit einem **Prämiensystem** gekoppelt werden. Bei der Vorgabe kostengünstigster Verbrauchsmengen werden Prämien bezahlt, wenn die tatsächlichen mit den geplanten Verbrauchsmengen (annähernd) übereinstim-

---

[170] Vgl. PLAUT, H. (Plankostenrechnung), S. 540.

men. Werden dagegen normalisierte Verbrauchsmengen vorgegeben, beziehen sich die Prämien in der Regel auf Materialeinsparungen gegenüber den Planverbrauchsmengen. Die Prämien können einem einzelnen Mitarbeiter, einer Gruppe von Mitarbeitern oder einer Kostenstelle bezahlt werden[171].

Mengenabweichungen bei Einzellöhnen treten auf, wenn die Vorgabemengen an bezahlter menschlicher Arbeit mit den tatsächlichen Mengen nicht übereinstimmen. Bei der Entlohnung im Stücklohn (Akkordlohn) wird die Lohnhöhe nach der realisierten Leistungsmenge berechnet. Deshalb sind bei dieser Lohnform vorgegebene und tatsächliche Verbrauchsmengen an bezahlter menschlicher Arbeit gleich. Ein Vergleich zwischen den geplanten und den realisierten Arbeitszeiten gibt dann lediglich Aufschlüsse über den Leistungsgrad der Mitarbeiter. Für Rüstzeiten angefallene Lohneinzelkosten sind von den Losgrößen der innerbetrieblichen Aufträge und ggf. von der Reihenfolge abhängig, in welcher die Maschinen für die nachfolgenden Aufträge umgerüstet werden. Abweichungen bei den rüstzeitabhängigen Lohneinzelkosten können demnach durch Losgrößenvariationen oder Änderungen des Produktionsablaufs hervorgerufen sein. Weitere mögliche Ursachen für Mengenabweichungen der Lohneinzelkosten stellen Änderungen in der Produktgestaltung sowie der Materialeigenschaften dar. Durch sie können zusätzliche Arbeitsleistungen notwendig werden, die zu einer Überschreitung der Vorgabezeiten führen. Ferner entstehen Kostenabweichungen, wenn ein Mindestlohn garantiert wird und der tatsächliche Leistungsgrad unter den geplanten sinkt. Auch fehlerhafte Vorgabezeiten, durch die Nacharbeiten erforderlich werden, führen zu Lohnabweichungen. Schließlich können kostenstellenbedingte Abweichungen der Lohneinzelkosten durch Störungen, Maschinenschäden, Arbeitsverzögerungen durch Einarbeitung u.ä. verursacht werden.

Häufig werden in den einzelnen Kostenstellen Mitarbeiter beschäftigt, deren Arbeit mit unterschiedlichen Lohnsätzen entgolten wird. In der Planung wird ein bestimmtes Verhältnis zwischen den Arbeitsmengen dieser Mitarbeiter an den einzelnen Aufträgen vorgegeben. Wenn das tatsächliche Verhältnis der eingesetzten Arbeitsleistungen nicht der Vorgabe entspricht, ergeben sich **Lohnsatzmischungsabweichungen**.

Die Lohneinzelkosten werden vielfach kostenstellenweise geplant. Dann lassen sich ihre Preis- und Mengenabweichungen für jede Kostenstelle direkt bestimmen. Durch die Analyse dieser Abweichungen ist zu ermitteln, welcher Teil der Abweichungen durch das Verhalten der Mitarbeiter einer Kostenstelle verursacht wurde und damit vom Kostenstellenleiter zu vertreten ist.

Um eine **Beeinflussung der Gemeinkosten** zu erreichen, sind aus den **Gemeinkostenabweichungen** mit den in den vorigen Abschnitten gekennzeichneten Methoden alle Abweichungen zu eliminieren, die auf andere Einflüsse zurückzuführen sind. Deshalb sind Preisabweichungen und jene Mengenabweichungen auszuschalten, welche durch Entscheidungen übergeordneter Instanzen oder durch unternehmungsexterne Einflüsse hervorgerufen wer-

---

[171] Vgl. KILGER, W./PAMPEL, J./VIKAS, K. (Deckungsbeitragsrechnung[11]), S. 204 ff.

C. Flexible Standardkosten- und -erlösrechnung   695

den Neben Beschäftigungsabweichungen handelt es sich dabei insbesondere um spezielle Kostenabweichungen durch Variationen des Produktionsprogramms, der Losgrößen und der Produktionsverfahren. Des Weiteren müssen Kostenabweichungen ausgeschaltet werden, die auf Fehlern bei der Kostenplanung oder bei der Istkostenerfassung beruhen. Die **Verbrauchsabweichungen der Gemeinkosten** können wie die Einzelkostenabweichungen durch verschiedene Größen hervorgerufen werden. Vor allem können Änderungen der Materialeigenschaften, Störungen der eingesetzten Betriebsmittel sowie Änderungen im Leistungseinsatz der Mitarbeiter die Verbrauchsabweichungen bewirkt haben. Durch eine exakte Analyse der Verbrauchsabweichungen und ihre Durchsprache mit den Kostenstellenleitern sind die maßgeblichen Abweichungsursachen festzustellen. Ferner ist die Bedeutung der einzelnen Abweichungen zu untersuchen und zu prüfen, wie diese Kostenabweichungen in Zukunft durch ein zweckmäßiges Mitarbeiterverhalten vermieden werden können. In der Standardkostenrechnung ist es zweckmäßig, die Beeinflussung der Gemeinkosten mit einem **Prämiensystem** zu koppeln. Durch die Zahlung von Prämien wird den Mitarbeitern ein Anreiz geschaffen, die Kostenvorgaben möglichst genau einzuhalten oder zusätzlich Kosten zu vermeiden.

5. Verteilung der Kostenabweichungen

In der **Kostenträgerrechnung** kann eine Verteilung der Abweichungen zwischen Plan- und Istkosten vorgenommen werden. In der Standardkostenrechnung wendet man üblicherweise das **gemischte Verfahren** an, bei dem Vor- und Nachrechnung eng verzahnt sind. Bei ihm werden Kostenstellenkonten geführt, auf welchen man einerseits die Plankosten und andererseits die Istkosten bucht. Der Saldo dieser Konten gibt die gesamten Kostenabweichungen der Kostenstellen an. Sofern die Kostenstellenrechnung im Betriebsabrechnungsbogen durchgeführt wird, trägt man entsprechend für jede Kostenstelle die Plan- und die Istkosten der Kostenarten ein und ermittelt die Abweichungen.

Beim gemischten Verfahren ist eine **Verteilung der Kostenabweichungen** erforderlich[172]. Die in der Kostenstellenrechnung ermittelten Kostenabweichungen können entweder direkt in die Betriebserfolgsrechnung übernommen oder auf die Kostenträger der Unternehmung verteilt werden. Im Falle einer direkten **Übernahme in die Betriebserfolgsrechnung** werden die Kostenabweichungen von den Kostenstellenkonten bzw. vom Betriebsabrechnungsbogen auf das Betriebsergebniskonto gebucht. Dieses Vorgehen ist sehr einfach. Ihm liegt der Gedanke zugrunde, dass die Kostenabweichungen nicht unmittelbar von den Kostenträgern verursacht werden. Jedoch ist in ihm keine Kontrolle der Erfolge von Produktarten und Produktgruppen durchführbar. Eine Erhöhung der Genauigkeit lässt sich erreichen, indem man die Kostenabweichungen zeitlich abgrenzt. Dann werden die Abweichungen einer Abrechnungsperiode nicht allein den abgesetzten Produkten dieser Periode zugerechnet. Man aktiviert die gesamten Kostenabweichungen

---

[172] Vgl. KOSIOL, E. (Kostenrechnung), S. 254 ff.

und verteilt sie auf die abgesetzten Produkte und die Bestände an Halb- und Fertigprodukten[173].

IV. Aussagefähigkeit der Standardkostenrechnung für die Verhaltenssteuerung

Die flexible Standardkostenrechnung, wie sie bisher wissenschaftlich erarbeitet und in der Wirtschaftspraxis auch angewendet wird, ist eine Form der Plankostenrechnung, die an der **mengenmäßigen Wirtschaftlichkeit (Technizität)** orientiert ist. Nach ihrer zeitlichen Reichweite ist sie als **kurzfristige Rechnung** und nach ihrer Kontrollart als eine Soll-Ist-Vergleichsrechnung, d.h. als eine **Ergebniskontrollrechnung** zu kennzeichnen, in deren Mittelpunkt die **Kostenstellenrechnung** steht. Insbesondere für die Kostenstellen der Fertigung hat sie sich als Instrument der Kostensteuerung bewährt. Dies ist mit darauf zurückzuführen, dass in diesem Bereich technische Zusammenhänge großes Gewicht besitzen und individuelle Verhaltenseigenschaften dagegen oft zurücktreten. Dabei verfolgt sie die Teilaufgaben der Durchsetzung, Kontrolle und Sicherung minimierter bzw. normalisierter Vorgaben für die Gemeinkosten.

Da der handelnde Mensch auf das Kostengebaren Einfluss nehmen kann und soll, sind Informationen dieses Rechnungssystems auch dafür zu verwenden, das menschliche Verhalten im Sinne höherer Kostenwirtschaftlichkeit in den Stellen zu beeinflussen. Bei entsprechendem Ausbau der Steuerungsfunktion kann die flexible Standardkostenrechnung zu einer zielführenden **Verhaltensbeeinflussung** eingesetzt werden. Sie erhält damit den Charakter eines Führungsinstruments für mittlere und untere Instanzen der Leitungshierarchie. In der beschriebenen Form ist die Standardkostenrechnung jedoch in erster Linie an der Steuerung der Mengenwirtschaftlichkeit orientiert und versucht, das Rechnungsziel der Verhaltensbeeinflussung damit zu verknüpfen. Sie berücksichtigt dabei die das menschliche Verhalten bestimmenden Einflussgrößen und Zusammenhänge nicht explizit. Verhaltenswissenschaftliche Erkenntnisse, wie man sie im Behavioral Accounting[174] untersucht, werden in ihr kaum herangezogen. Deshalb erscheint es fraglich, ob mit ihr in den nicht technisch bestimmten Bereichen die angestrebten Verhaltenswirkungen erreichbar sind. Empirische Erkenntnisse wecken insbesondere Zweifel an der motivierenden Wirkung von Vorgaben, die sich ohne Berücksichtigung der Eigenschaften und Anspruchsniveaus der Mitarbeiter an den kostengünstigsten Werten orientieren. Vom Verrechnungsumfang her ist diese Rechnung eine **Vollkostenrechnung**.

Grundlage für die Standardkostenrechnung ist ein System von **Transformations- und Kostenfunktionen** der einzelnen Kostenstellen. Obwohl diese Funktionen aus den umfangreichen Analysen als mehrvariablige Funktionen hervorgehen, werden sie meist auf **einvariablige Funktionen** reduziert, um in der praktischen Rechnung leicht anwendbar zu sein. Es kann jedoch davon

---

[173] Vgl. Kapitel 3., Abschnitt B.I.4.c), S. 316 f.
[174] Vgl. Kapitel 4., Abschnitt A.

C. Flexible Standardkosten- und -erlösrechnung

ausgegangen werden, dass diese Funktionen in den meisten Fällen empirisch gehaltvoll sind.

Kosteninformationen, die mit Hilfe dieser Funktionen hergeleitet werden, besitzen daher empirische Geltung. Da diese Kostenfunktionen für jede Gemeinkostenart getrennt formuliert werden, ist für jeden Kostenstellenleiter sehr gut erkennbar, welche Kostenart mit welchem Anteil in Bezug auf welche Einflussgröße fix bzw. variabel ist.

Am Anfang jeder **Verhaltensbeeinflussung** von Kostenstellenleitern ist zunächst die **Zielvorstellung** festzulegen, in Bezug auf welche das Verhalten gelenkt werden soll. In einem zweiten Schritt sind die **relevanten variablen Kosten** auf den Teil zu reduzieren, der durch den Kostenstellenleiter tatsächlich beeinflusst werden kann. Dazu muss auch bekannt sein, von welchen Einflussgrößen diese Kosten abhängen und in welchem Umfang der Kostenstellenleiter auf diese Einflussgrößen einwirken kann. In der Standardkostenrechnung wird davon ausgegangen, dass der Kostenstellenleiter den Beschäftigungsgrad seiner Kostenstelle nicht beeinflussen kann. Die zugehörige Beschäftigungsabweichung wird daher aus den Beeinflussungsüberlegungen ausgeklammert. Es verbleibt die **globale Verbrauchsabweichung**, die in verschiedene Teilabweichungen für einzelne Einflussgrößen aufgespaltet werden kann. Als Ergebnis können z.B. eine Intensitäts-, Verfahrens-, Losgrößen-, Mischungs- und Programmabweichung ausgewiesen werden, auf die der Kostenstellenleiter Einfluss nehmen könnte. Für den Fall, dass der Kostenstellenleiter das Produktionsprogramm oder kostenstellenübergreifende Prozesse auch nicht beeinflussen kann, verbleiben die restlichen Abweichungsarten als Lenkungsgröße.

Eine Verhaltensbeeinflussung im Sinne der mengenmäßigen Wirtschaftlichkeit im Bereich der Kostenstelle kann dann dadurch angestrebt werden, dass dem Kostenstellenleiter vor Beginn der Abrechnungsperiode die Plankosten bzw. die Sollkosten seiner Kostenstelle bekannt gegeben werden. Diese **Vorgabeinformation** kann ihn bewegen, sich bei seinen Einzelentscheidungen zielentsprechend zu verhalten. Nach Ablauf der Abrechnungsperiode können ihm aber auch als **Kontrollinformation** einzelne Abweichungsarten bekannt gegeben werden, die ihn differenziert darüber informieren, bei welcher Kosteneinflussgröße er gute bzw. weniger gute Entscheidungen getroffen hat. Dieses Erfahrungswissen kann sein Entscheidungsverhalten so beeinflussen, dass er in den nachfolgenden Perioden bessere Handlungsalternativen wählt und dem Erreichen der Zielvorgabe besser genügen kann. In diesem Falle erhält der Kostenstellenleiter sowohl Vorgabe- als auch Kontrollinformationen, die einen individuellen **Lernprozess** zur Verbesserung der Wirtschaftlichkeit nach sich ziehen können. Auf diese Art der **Verhaltensbeeinflussung** ist die flexible Standardkostenrechnung von ihrem Grundansatz her konzipiert. Das tatsächliche Verhalten des Kostenstellenleiters hängt in diesem Falle jedoch davon ab, wie präzise es gelingt, die von ihm beeinflussbaren Kostenkategorien abzugrenzen, deren Einflussgrößen zu bestimmen sowie die zugehörigen Entscheidungskompetenzen und die entsprechende Verantwortung zu determinieren. Ferner sind seine individuellen Verhaltenseigenschaften, die für sein Handeln maßgeblichen persönlichen Ziele und sein Informationsstand von Bedeutung. Außerdem muss herausgefunden werden, ob Kostenstellenleiter durch normalisierte oder minimierte Kostenvorgaben nachhaltig in ihrem Verhalten beeinflusst werden können. Der Ausweis einer globalen Verbrauchsabweichung pro Kostenstelle kann dabei wirksamer sein als ein differenzierter Ausweis von **Teilabweichungen** für unterschiedliche Einflussgrößen, auf die sich Einzelentscheidungen des Kostenstellenleiters beziehen können. Schließlich kann der Kostenstellenleiter neben der Bekanntgabe von Vorgabe- und Kontrollinformationen auch in ein **Prämiensystem** eingebunden werden, das ihn motiviert, seine Einzelentscheidungen systematisch zielorientiert durchzuführen. Eine Verhaltens- bzw. Entscheidungsbeeinflussung über diesen monetären Anreiz ist in der Wirtschaftspraxis oft erfolgreich. Voraussetzung ist jedoch auch hier, dass es gelingt, die vom Kostenstellenleiter zu beeinflussenden und zu verantwortenden Kostenkategorien präzise abzugrenzen. Für ihre Analyse bieten sich Konzepte der Principal-Agent-Theorie an[175].

Beim konsequenten Verfolgen einer stellenorientierten Abgrenzung der vom Kostenstellenleiter beeinflussbaren Kostenkategorien könnte darauf verzichtet werden, alle nicht beeinflussbaren variablen und fixen Gemeinkosten den Kostenstellen überhaupt zuzurechnen. Auf diesem Wege würde am besten sichtbar, dass die Standardkostenrechnung auf das Rechnungsziel der kostenoptimalen Verhaltensbeeinflussung zugeschnitten wird. Das rechnungstechnische Problem bestünde dann darin, alle nicht auf Stellen zugeordneten Gemeinkosten, die vom Kostenstellenleiter nicht beeinflusst werden können, direkt aus der Kostenartenrechnung in die Kostenträgerrechnung einfließen zu lassen. Damit könnte jedoch die Kostenstellenrechnung ihre Funktion als Vorstufe zur Kostenträgerstückrechnung nicht mehr erfüllen, und es wäre im System der Standardkostenrechnung nicht mehr möglich, für **Plankalkulationen** der Kostenträger stellenbezogene, globale Gemeinkostenzuschlagssätze zu bilden. Will man im System einer geschlossenen Vollkostenrechnung nicht auf die genannte Kalkulationsfunktion der Stellenrechnung verzichten, könnten die durch den Kostenstellenleiter kurzfristig beeinflussbaren variablen Gemeinkosten als **Sonderrechnung** erfasst und speziellen Rechenoperationen unterzogen werden. Die gesamte Analyse der globalen Verbrauchsabweichung könnte dann außerhalb des rechnungstechnischen Zusammenhangs erfolgen und den Anforderungen einer **Verhaltensbeeinflussung der Kostenstellenleiter** am besten angepasst werden. Da derartige Sonderrechnungen im System der Standardkosten- und -erlösrechnungen in der Regel nicht durchgeführt werden, sondern lediglich globale Verbrauchsabweichungen für die Kostenstellen ausgewiesen werden, liegen gerade darin **Grenzen ihrer Aussagekraft** für das Verfolgen und Erreichen des Rechnungsziels einer kostenoptimalen Verhaltensbeeinflussung.

Die Möglichkeit einer nachhaltigen Verhaltensbeeinflussung der Kostenstellenleiter im Rahmen der geschlossenen flexiblen Standardkostenrechnung wird auch dadurch begrenzt, dass dieses Rechnungskonzept kurzfristig

---

[175] Vgl. Kapitel 4., Abschnitt B., S. 619 ff.

C. Flexible Standardkosten- und -erlösrechnung

orientiert ist. Soll erreicht werden, auch die **längerfristigen Entscheidungen** der Kostenstellenleiter kostenoptimal zu beeinflussen, versagt dieses Instrument. Bei längerfristiger Orientierung müsste das Rechnungssystem insbesondere bei den **Vorgabeinformationen** alle im Zeitablauf möglichen Veränderungen der Kostenstrukturen berücksichtigen und diese unter dem Gesichtspunkt analysieren, inwieweit die zugrunde liegenden **längerfristigen Einflussgrößen** in den Kostenstellen durch Entscheidungen des Kostenstellenleiters beeinflusst werden können[176]. Die zugrunde liegenden Lernvorgänge der Kostenstellenleiter würden dadurch langfristig orientiert und würden verhindern, dass Kostenstellenleiter kurzfristig Entscheidungen treffen, die ihnen zwar monatlich Vorteile bei ihren Kostenersparnisprämien bringen, die längerfristige Wirtschaftlichkeit sowohl der Kostenstellen als auch der ganzen Unternehmung jedoch nicht verfolgen. In der bisher entwickelten Form kann die flexible Standardkosten- und -erlösrechnung diesen Anforderungen jedoch nicht genügen.

Fragt man nach weiteren Ausbaumöglichkeiten der flexiblen Standardkostenrechnung im Rahmen ihres Rechnungsziels der Verhaltensbeeinflussung, ist auch zu prüfen, ob ein stellenbezogenes **Einbeziehen der Prognosekostenrechnung** zweckmäßig wäre[177]. Durch dieses Vorgehen könnten für jeden Kostenstellenleiter prognostische Stelleninformationen (Wirdkosten) zur Verfügung gestellt werden, die sich auf den Planfortschritt beziehen und eine Planfortschrittskontrolle (Soll-Wird-Kontrolle) ermöglichen. Zweckmäßig wäre es dann, auch die periodischen Erlöse, soweit dies möglich ist, stellenbezogen herunterzubrechen und damit zu einer **Stellen-Planerfolgsrechnung** zu gelangen. Eine Planfortschrittskontrolle würde das vorgegebene Ziel (Soll) laufend mit den prognostizierten Größen (Wird-Größen) der späteren Zielerreichung (Planerfolg) vergleichen. Mit Hilfe einer systematischen Abweichungsanalyse könnte in dieser Rechnungskombination das Entscheidungsverhalten der Kostenstellenleiter am Teilerfolgsziel seiner Kostenstelle bemessen werden. Der Orientierungsmaßstab für seine Einzelentscheidungen wäre nicht nur die mengenmäßige, sondern auch die **wertmäßige Wirtschaftlichkeit** der Unternehmung. Wenn dieser Weg jedoch beschritten wird, wäre es auch zweckmäßig, neben der beschriebenen Planfortschrittskontrolle eine **Prämissenkontrolle** (Wird-Ist-Kontrolle) durchzuführen. Zu befürchten ist jedoch, dass dieser kombinierte Rechnungsansatz zu komplex wird, um vom einzelnen Kostenstellenleiter noch beherrscht zu werden. Außerdem setzt eine derartige Rechnungskombination voraus, dass sowohl die stellenbezogene als auch die periodenbezogene **Abgrenzung periodenübergreifender Kosten** angemessen gelöst wird. Bei einer Umsetzung dieses Gedankens kommt außerdem hinzu, dass die Prognosekostenrechnung bei ihrer Stellenorientierung eine viel robustere Gliederung der Kostenarten vornimmt als die Standardkostenrechnung. Natürlich könnte die Standardkostenrechnung gleichsinnig vergröbert werden. Die Entscheidungsfreiheit des Kostenstellenleiters würde dadurch zwar erhöht, ihm würde aber eine ökonomische Denkweise abverlangt, der er im Regelfall kaum gewachsen wäre. Der Vorteil

---

[176] Vgl. hierzu KÜPPER, H.-U. (Controlling), S. 225 ff.
[177] Vgl. dazu Kapitel 3., Abschnitt B.I., S. 270 ff.

der beschriebenen Verknüpfung beider Rechnungssysteme läge darin, dass der verantwortliche Kostenstellenleiter sein Verhalten nicht nur an den Mengenstrukturen der Kosten in seiner Kostenstelle, sondern auch am Erfolg orientieren könnte, zu welchem er über seine Kostenstelle beiträgt. Die Verknüpfung der beiden Rechnungssysteme hätte ihre größte Bedeutung für die **mittlere Ebene der Unternehmungsführung**. Für die **unterste Ebene** verspricht die reine Standardkostenrechnung dagegen größere Bedeutung zu haben.

Die **oberste Führungsebene** hat in der Regel weniger Interesse an den Mengenstrukturen der Kosten, sondern vielmehr am Erfolg und seiner Entwicklung im Zeitablauf, wobei noch zu prüfen ist, ob die oberste Führungsebene ihre Entscheidungen auf Informationen aus einer Kosten- und Erlösrechnung oder auf Informationen aus einer Aufwands- und Ertragsrechnung stützen sollte[178]. Von der Beantwortung dieser Frage hängt es ab, welche Kosteninformationen welchen verantwortlichen Entscheidungsträgern auf der jeweiligen hierarchischen Ebene in seinem Entscheidungsverhalten auf das Unternehmensziel hin beeinflussen können. Außerdem ist zu erforschen, wie Kosten- und Erlösinformationen strukturiert werden müssen, wenn die fixen Gemeinkosten im indirekten Leistungsbereich im Vergleich zu den variablen Einzelkosten erheblich ansteigen. In dieser Situation ist herauszufinden, welche neuen Einflussgrößen auf den fixen Gemeinkostenblock wirken und wie dieser durch verantwortliche Entscheidungsträger mittel- und langfristig zielorientiert beeinflusst werden kann. Dieser Ansatz führt in die Richtung einer **Dynamisierung** und Prozessorientierung[179] des internen Rechnungswesens als Informationsgenerator. Damit rückt die Analyse von Beeinflussungsmöglichkeiten des Entscheidungsverhaltens in taktischer und strategischer Sicht in den Mittelpunkt der Betrachtung.

Die traditionelle flexible Standardkostenrechnung kann in dem beschriebenen größeren Zusammenhang der Verhaltensbeeinflussung von Entscheidungsträgern nur einen begrenzten Beitrag liefern. Ihre Weiterentwicklung zu einem komplexeren Informationsgenerator lässt sich gegenwärtig trotz der hohen Datenintensität der Kosten- und Erlösrechnung systematisch vorantreiben, da insbesondere relationale Datenbanken die Realisierung dieser Weiterentwicklung eher fördern. Für eine zielorientierte Verhaltensbeeinflussung von Entscheidungsträgern ist es von Bedeutung, ein wohlstrukturiertes Rechnungssystem aufzubauen, bei welchem interaktive Datenbankanfragesprachen verwendet werden, um einen dezentralen und auswertungsflexiblen Dialog zu ermöglichen. Die Faszination bzw. Motivation, die von einem derartigen Rechnungssystem in der Regel ausgeht, kann durchaus zur zielführenden Verhaltensbeeinflussung der Entscheidungsträger genutzt werden. An die Lernfähigkeit bzw. Lernbereitschaft der betroffenen Mitarbeiter werden jedoch höhere Anforderungen gestellt als in der Vergangenheit.

---

[178] Vgl. KÜPPER, H.-U. (Unternehmensplanung), S. 44 ff.
[179] Vgl. Kapitel 3., Abschnitt B.III., S. 347 ff.

D. Target Costing als Ansatz zur erfolgsorientierten Planung und Steuerung von Produktkosten

I. Grundlagen des Target Costing

1. Grundfrage des Target Costing

Das *Target Costing (Zielkostenrechnung)* ist ein Ansatz der erfolgsorientierten Planung und Steuerung von Produktkosten.

> Die **Grundfrage**, die mit Hilfe des Target Costing beantwortet werden soll, lautet: Wie hoch dürfen Kosten eines Produkts unter gegebenen wirtschaftlichen und technischen Bedingungen sein, wenn ein gewünschter Gewinn (Rentabilität) realisiert werden soll?

In der engsten Version des Target Costing zählen zu den gegebenen Bedingungen ein **dominierender Nachfragermarkt**, der die Erlöse determiniert, und ein unternehmungsinternes **Rationalisierungspotential**, das auf der Kostenseite steuernde Anpassungsmaßnahmen zulässt. Obwohl das Target Costing in den letzten Jahren für die Gestaltung der Kosten eines Produkts (Projekts) in seiner Entstehungsphase (Entwicklung und Konstruktion) konzipiert wurde, kann die formulierte Grundfrage auch für die Planung und Steuerung des **Periodengewinns** auf Unternehmungsebene gestellt werden.

Im Falle der Planung und Steuerung des **Periodengewinns** auf Unternehmungsebene wird zunächst der realisierbare Periodenumsatz geschätzt, von welchem retrograd der gewünschte Periodengewinn subtrahiert wird. Die Differenz zeigt die Periodenkosten (Vollkosten) als **Kostenobergrenze**, die nicht überschritten werden darf, wenn der gewünschte Periodengewinn realisiert werden soll. Erweist sich in einer progressiven internen Gegenrechnung, dass die unter den tatsächlich gegebenen Produktionsbedingungen kalkulierten (geschätzten) Periodenkosten höher sind als die Kostenobergrenze, muss das Kostenmanagement nach **Kostensenkungsmöglichkeiten** für die ganze Unternehmung suchen. Der gewünschte Periodengewinn muss schließlich reduziert werden, sofern alle Möglichkeiten der Kostensenkung ausgeschöpft sind und die prognostizierten Periodenkosten immer noch über der Kostenobergrenze liegen. In dieser Situation verbleibt als Kostensenkungsmaßnahme eine durchgreifende **Rationalisierungskampagne** für die ganze Unternehmung. Grundsätzlich kann dieser Ansatz des Target Costing von der Unternehmungsebene auf die Ebenen der Werke, Funktionsbereiche, Profit Center, Produktgruppen usw. „heruntergebrochen" werden. Dabei ergeben sich aber zahlreiche Separationsprobleme fixer Gemeinkosten.

Soweit die festen Angebotsmengen (Produktionsmengen) und die festen Angebotspreise (Erlöse) für mehrere Perioden bekannt sind, kann der beschriebene Ansatz als eine **flexible Planung des Periodengewinns** für mehrere Planperioden durchgeführt werden.

> Der eigentliche Ansatz des Target Costing ist nicht periodenbezogen, sondern produktbezogen. Nachfolgend wird nur der **produktbezogene Ansatz** dargestellt und analysiert.

Ein dominierender Nachfragermarkt lässt der anbietenden Unternehmung nur einen minimalen Spielraum für die Gestaltung der Angebotsmenge (Produktionsmenge) und des Angebotspreises (Erlös). Beide Größen gelten daher für ihre **Erfolgsplanung** approximativ als fest. Aus diesem Grunde setzt die Erfolgplanung bei den festen Größen an und versucht, die eigene Kostenstruktur retrograd mengen- und wertmäßig zu optimieren. Ein dominierender Nachfragermarkt ist beispielsweise für mehrere tausend Zulieferunternehmungen der Automobilindustrie gegeben, die sowohl für die Planung ihres Periodengewinns als auch für die Planung des Stückgewinns ihrer Produkte den Target-Costing-Ansatz wählen. Planungstechnisch handelt es sich in beiden Fällen um die Anwendung eines **Outside-In-Planungsansatzes**.

Im Falle der Planung und Steuerung des **Stückgewinns** eines einzelnen Produkts bzw. Projekts (der geschätzte Stückerlös wird wieder als fest betrachtet) werden die Stückkosten berechnet, indem vom Stückerlös der gewünschte Stückgewinn abgezogen wird. Soll dieser Stückgewinn realisiert werden, dürfen die berechneten Stückkosten nicht überschritten werden. Sie stellen eine **Kostenobergrenze** des Produkts (Projekts) dar. Eine Kostenobergrenze kann für die Herstellung eines Produkts als einmaliger Wert vorgegeben werden oder bei Produktionswiederholung als eine Reihe fallender Werte, die als sinkende Kostenobergrenzen durch kontinuierliche Kostensenkungsprogramme erreicht werden sollen. Im letzteren Falle wird der Ansatz **"Kaizen Costing"**[180] genannt. Die Erweiterung des Target Costing um die Idee der Rationalisierung bzw. des Continuous Improvement führt zu einem dynamischen, zeitlich differenzierten System der Kostenplanung und Kostensteuerung, das von YASUHIRO MONDEN und KAZUKI HAMADA als **Total Cost Management** bezeichnet wird.

2. Anmerkungen zum Begriff "Target Costing"

Der Term 'Target Costing' wird ins Deutsche meist mit „**Zielkostenrechnung**" übersetzt. Diese Wortwahl ist zwar kurz und plausibel, sie ist jedoch aus mehreren Gründen irreführend: (1) Beim Target Costing handelt es sich nicht um eine Kostenrechnung im herkömmlichen Sinne, sondern um einen **Planungs- und Steuerungsansatz**, in welchen Erlöse, Erfolge (Gewinne) und Kosten eingebunden sind. Informationen aus der Kostenrechnung sind zwar eine Komponente dieses Ansatzes, die Kostenrechnung selbst ist jedoch kein Bestandteil des Target Costing. (2) Zentrale Zielgrößen des Target Costing sind **Erfolge** und nicht Kosten. Die

---

[180] MONDEN, Y./HAMADA, K. (Kaizen Costing), S. 17.

Kosten haben in diesem Ansatz vielmehr den Charakter restriktiver Obergrenzen. Erfolgsorientiert ist dieser Ansatz, weil er nicht nur an der Kostenkomponente, sondern auch an der Erlöskomponente orientiert ist. Damit wird die wirtschaftliche Ergiebigkeit, d.h. der **Erfolg**, zum Leitziel des gesamten Ansatzes. Letztlich soll im Ansatz des Target Costing das Erreichen des gewünschten Erfolgs (Gewinns) gesichert werden. (3) Da allen Systemen der Planung und Steuerung ein Ziel bzw. Zielsystem zugrunde liegt, ist der Term „Ziel" zur Kennzeichnung des Target Costing kein unterscheidendes Merkmal, das diesen Ansatz auszeichnet. Es kann daher gesagt werden, dass die Bezeichnung „Zielkostenrechnung" **unzweckmäßig** ist.

> Das Target Costing wird nach den obigen Bemerkungen in seiner produktbezogenen Version als Ansatz einer **erfolgsorientierten Planung und Steuerung der Produktkosten** verstanden.

3. Vergleich der Kostenplanung im Target Costing mit der Kostenplanung in traditionellen Kostenrechnungssystemen

Durch einen kurzen Vergleich der Kostenplanung im Target Costing mit der Kostenplanung in traditionellen Kostenrechnungssystemen sollen die begrifflichen Anmerkungen des vorangehenden Abschnitts erhärtet werden.

Die Unterstützung der Kostenplanung durch herkömmliche Systeme der Vollkostenrechnung geht von einer **anderen Marktstruktur** aus als die Kostenplanung des Target Costing. Während die herkömmlichen Systeme der Vollkostenrechnung einen **Anbietermarkt** unterstellen, postuliert das Target Costing einen **Nachfragermarkt**. Bei einem Anbietermarkt gelangt man zu einem (beeinflussbaren) Preis (Erlös), indem auf die kalkulierten Selbstkosten eines Produkts ein gewünschter Gewinnzuschlag verrechnet wird. Bei einem Nachfragermarkt geht man dagegen von einem festen Preis (Erlös) sowie von einem gewünschten Gewinn aus und gelangt zu einer (beeinflussbaren) Kostenobergrenze, die als Kostenvorgabe einzuhalten ist, wenn der gewünschte Gewinn realisiert werden soll.

Während herkömmliche Kostenplanungen ihren Beitrag zur Berechnung des Unternehmungserfolgs dadurch erbringen, dass sie, wie es z.B. in der flexiblen Standardkostenrechnung geschieht, progressive **Plankalkulationen** nach dem Muster „Selbstkosten plus Gewinnzuschlag" durchführen, setzt die Kostenplanung des Target Costing retrograd beim geschätzten Erlös sowie beim **geplanten Erfolg eines Produkts** an und berechnet erfolgsorientierte Kostenvorgaben für die Produktgestaltung. Ziel des Target Costing ist es, die Entstehung der Produktkosten im Produktlebenszyklus so früh wie möglich erfolgsorientiert zu steuern.

Ein weiterer Unterschied der Kostenplanung im Target Costing zu herkömmlichen Kostenplanungen liegt in der Fokussierung auf die Produktkosten in der Entstehungsphase des Produktlebenszyklus. Die herkömmlichen Kostenplanungen gehen davon aus, dass die Kostensteuerung im Produktlebenszyklus erst **nach Abschluss der Entste-**

hungsphase (Entwicklung und Konstruktion) beginnt. Heute weiß man jedoch, dass bereits in der Entstehungsphase eines Produkts bis zu 70 % der Selbstkosten und bis zu 90 % der Lebenszykluskosten festgelegt werden. Folgerichtig schließt das Target Costing die Entstehungsphase eines Produkts in ihren Planungs- und Steuerungsansatz ein und erschließt damit für die Realisation des geplanten Produkterfolgs ein wichtiges Rationalisierungspotential.

Abschließend sei noch auf einen grundsätzlichen Unterschied zwischen der Kostenplanung im Target Costing und der herkömmlichen Kostenplanung hingewiesen. Während die traditionellen Vollkostenrechnungssysteme die Aufgabe haben, kurzfristige Stück- und Periodenkosten laufend zu ermitteln bzw. zu prognostizieren und zu kontrollieren, ist das Target Costing als ein Ansatz der mittel- bis langfristigen, produktbezogenen Kostenplanung und Kostensteuerung konzipiert. Das Target Costing berücksichtigt zudem in besonderem Maße die **technischen Gestaltungsfragen** eines Produkts in seiner Entstehungsphase unter wirtschaftlichen Aspekten.

4. Modifikationen des Target Costing

Der oben beschriebene Grundansatz des Target Costing ist bislang mehrfach modifiziert worden. Die einzelnen Modifikationen unterscheiden sich im Wesentlichen durch ihre Annahmen zu den Produkt- und Marktstrukturen sowie zum verrechneten Kostenumfang.

In einer ersten Modifikation des Ansatzes werden beispielsweise in die Planung und Steuerung nicht die gesamten Produktkosten (Vollkosten) einbezogen, sondern nur die **Einzelkosten**. Eine zweite Modifikation berücksichtigt auch **produktnahe Gemeinkosten**, wenn der gesamte Gemeinkostenblock sehr hoch ist. Hierzu gehören beispielsweise Gemeinkosten des Material- und Logistikbereichs[181]. In einer dritten Modifikation werden in die Produktkosten neben den Einzelkosten und neben den produktnahen Gemeinkosten **Nutzungskosten** einbezogen, die dem Benutzer bei der Anwendung des Produkts entstehen. Hierzu zählen Betriebs-, Instandhaltungs- und Entsorgungskosten[182]. Die Nutzungskosten sind jedoch nur über die Preise erfolgswirksam, die für das geplante Produkt erzielbar sind. Sie müssen deshalb in einer anderen Form als die Einzelkosten und die produktnahen Gemeinkosten in die Kostenplanung einbezogen werden.

5. Zwischenergebnis

Folgende Merkmale sind für das Target Costing kennzeichnend:
- Es ist ein **erfolgsorientiertes Planungs- und Steuerungssystem** der Produktkosten unter den Bedingungen eines Nachfragermarktes.
- Die Zielvorstellung für die Kostensteuerung ist ein **fest geplanter Unternehmungserfolg**.

---

[181] Vgl. FRANZ, K.-P. (Target Costing), S. 126.
[182] Vgl. z.B. TANAKA, M. u. a.: (Cost Management), S. 39.

D. Target Costing

- In der produktbezogenen Version liegt der Schwerpunkt der Planung und Steuerung der Produktkosten in den Bereichen **Entwicklung und Konstruktion** unter Berücksichtigung der Phasen des Produktlebenszyklus.
- Produktkosten werden einem **kontinuierlichen Anpassungsprozess** zur Sicherung einer effizienten und effektiven Produktion unterworfen.

II. Planung von Kostenobergrenzen im Target Costing

1. Unterscheidung von Drifting Costs und Allowable Costs

Im deutschsprachigen Bereich ist eine Steuerung der Produktkosten über die Planung von Kostenobergrenzen keineswegs neu[183]. Insbesondere im Anlagen- bzw. Großprojektbau ist dieser Ansatz zur Kostensteuerung seit langem bekannt[184]. Dieser Ansatz kann als Vorläufer des unternehmungsorientierten Ansatzes angesehen werden, wie er in Abschnitt II.2. beschrieben wird.

> Bei der **Planung von Kostenobergrenzen** sind im Target für die Produktentwicklung zwei Kostengrößen von Bedeutung:
> - die Drifting Costs
> - die Allowable Costs

Die **Drifting Costs** sind die geschätzten Kosten eines geplanten Produkts bei **gegebenen** Potential-, Produkt-, Programm- und Prozessstrukturen. Bei der Berechnung dieser Kosten orientiert man sich an vergleichbaren Vorgängerprodukten, deren Kosten fortgeschrieben werden. Diese Kostenfortschreibung kann auf Kostenfunktionen basierend auf Produktionsfunktionen, auf Verfahren der Suchkalkulation oder auf Kostentabellenkatalogen beruhen[185]. Ihre Berechnung ist vom Ansatz her stets **unternehmensintern** orientiert. In der Wirtschaftspraxis werden als Drifting Costs häufig (fortgeschriebene) Standardkosten angesetzt.

Die Berechnung der **Allowable Costs** setzt beim Marktpreis des geplanten Produkts ein. Dessen Schätzung erfolgt unter der Annahme einer **erwarteten Absatzmenge** bei erwartetem Produktlebenszyklus und expliziter Berücksichtigung besonderer Kundenanforderungen sowie erwarteter Wettbewerbsbedingungen. Die Allowable Costs für das Produkt werden als Differenz zwischen dem geschätzten Marktpreis und dem geplanten (gewünschten) Produkterfolg berechnet.

---

[183] Vgl. VDI (Entscheidungen), S. 15 ff.
[184] Vgl. HÖFFKEN, E./SCHWEITZER, M. (Anlagenbau).
[185] Vgl. TANAKA, M. (Target Costing), S. F1-4 f.

2. Ansätze zur Planung der Kostenobergrenze

Nachfolgend wird die Planung der Kostenobergrenze eines Produkts etwas differenzierter dargestellt als in Abschnitt I.1.

> Die Planung der verbindlichen **Kostenobergrenze für ein geplantes Produkt** kann nach drei Ansätzen erfolgen:
> - dem unternehmungsorientierten Ansatz,
> - dem marktorientierten Ansatz und
> - dem integrierten Ansatz (Kompromissansatz).

Der **unternehmungsorientierte Ansatz** zur Planung der Kostenobergrenze baut auf den **Drifting Costs** auf, die meistens (fortgeschriebene) Standardkosten sind. Wegen dieses Vorgehens wird er auch als Bottom-Up-Ansatz bezeichnet. Von der Idee her steht dieser Ansatz der herkömmlichen Kostenplanung sehr nahe und ist begrenzt an **kurz- bis mittelfristig** ausschöpfbaren Kostenbeeinflussungspotentialen ausgerichtet. Prinzipiell fehlen ihm das Merkmal der langfristigen Erfolgsorientierung und die Ausrichtung am Produktlebenszyklus.

Der **marktorientierte Ansatz** zur Planung der Kostenobergrenze basiert auf den **Allowable Costs**. Die wichtigsten Bestimmungsgrößen für die Planung der Allowable Costs sind der geschätzte Marktpreis und der geplante (gewünschte) Produkterfolg. Kostenvorgaben, die mit den Allowable Costs übereinstimmen (oder darunter liegen), werden bei diesem Ansatz von der obersten Führungsebene getroffen und orientieren sich an der verfolgten Marktstrategie der Unternehmung. Wegen seiner Vorgaberichtung wird dieser Ansatz auch als Top-Down-Vorgehensweise gekennzeichnet. Im Gegensatz zum unternehmungsorientierten haben beim marktoientierten Ansatz die erwarteten Potential-, Programm-, Produkt- und Prozessstrukturen einen Einfluss auf die Berechnung der Kostenobergrenze. Die Realisierbarkeit der Kostenvorgaben ist damit nicht sichergestellt. Der Ansatz zielt auf die **mittel- bis langfristig** ausschöpfbaren Kostenbeeinflussungspotentiale.

In der Praxis des Target Costing werden zur Vermeidung der Nachteile des unternehmungsorientierten und des marktorientierten Ansatzes beide Ansätze zum sog. **integrierten Ansatz** zusammengeführt. In diesem Ansatz bilden die Allowable Costs und die Drifting Costs die Anknüpfungspunkte für **Verhandlungen**, die auf der Grundlage der eingebrachten Expertenerfahrungen einen **Kompromiss** bei der Bildung der Kostenobergrenze bezwecken. An diesen Verhandlungen nehmen qualifizierte Mitarbeiter aus verschiedenen Funktionsbereichen und Leitungsebenen teil, wodurch sichergestellt werden soll, dass die gefundene Kostenobergrenze als Kompromissgröße von möglichst vielen Mitarbeitern der betroffenen Bereiche und Ebenen akzeptiert wird.

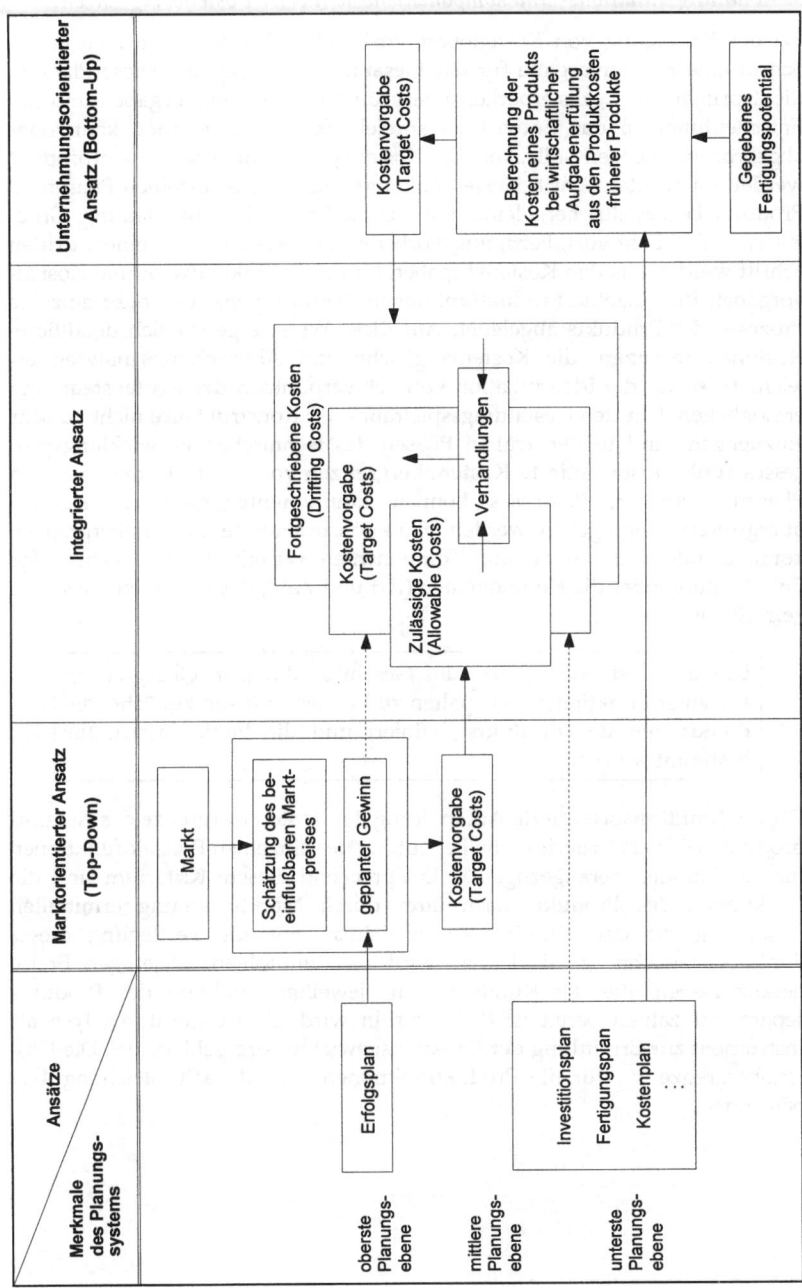

Abb. 4-29: Planungsansätze für Kostenobergrenzen im Target Costing

4. Kapitel: Verhaltenssteuerungsorientierte Systeme der KER

3. Planung funktions- und komponentenorientierter Kostenobergrenzen

Bei der Festlegung von Kostenobergrenzen eines Produkts wird im ersten Schritt eine **Kostenvorgabe für das Gesamtprodukt** geplant. Diese Planung dient primär der Realisierbarkeitsüberprüfung der Kostenvorgaben und der Entscheidung, ob das Entwicklungsprojekt fortgesetzt werden kann oder abgebrochen werden soll. Aus der Kostenvorgabe für das Gesamtprodukt werden im zweiten Schritt Kostensenkungsziele für die einzelnen Phasen im Produktlebenszyklus hergeleitet (z.b. für die Phasen Produktplanung, Grobentwurf, Detailentwurf, Fertigungsvorbereitung, Fertigung). In einem dritten Schritt werden aus den Kostenvorgaben für die Produktentwicklung Kostenvorgaben für einzelne Produktfunktionen, Baugruppen/Teile oder einzelne Prozesse des Produkts abgeleitet. Auf diese Weise ergeben sich detaillierte **Kostenobergrenzen**, die Kostenvergleiche und Abweichungsanalysen erleichtern sowie die Identifikation von Schwerpunkten der Kostensteuerung ermöglichen. Um den Gestaltungsspielraum der Konstrukteure nicht zu sehr einzuengen, sind in den frühen Phasen des technischen Entwicklungsprozesses **funktionsorientierte Kostenobergrenzen** vorteilhaft. In den späteren Phasen desselben Prozesses können **komponentenorientierte Kostenobergrenzen** vorgegeben werden. Funktionsorientierte Kostenobergrenzen können zudem erst dann auf Komponenten verteilt werden, wenn eine Entscheidung über die Komponenten (Art und Zahl) des geplanten Produkts getroffen wurde.

> Um die Kostenobergrenze des Gesamtprodukts in Obergrenzen einzelner Funktionen aufspalten zu können, müssen zunächst die **Funktionen des Produkts** definiert und die Funktionsstruktur bestimmt werden.

Für die **funktionsorientierte Aufspaltung** der Kostenobergrenze des Gesamtprodukts wird als Kriterium die Bedeutung der einzelnen Produktfunktionen für den Kunden herangezogen[186]. Entsprechend diesem Kriterium sind die Funktionen des Produkts nach ihrer durch Marktforschung ermittelten Bedeutung für den Kunden zu gewichten. Für die Festlegung dieser Funktionsgewichte g_i $(i = 1,...,N)$ wird u.a. empfohlen, diejenigen Preise heranzuziehen, die der Kunde für die jeweilige Funktion des Produkts separat zu zahlen bereit ist[187]. Weiterhin wird die **Conjoint Analyse** als Instrument zur Ermittlung der Funktionsgewichte vorgeschlagen[188]. Die Kostenobergrenze v_{Fi} für die Produktfunktionen i wird nach Gleichung 4-48 berechnet:

---

[186] Vgl. TANAKA, M. (Design Phase), S. 52, SCHNEIDER, H. (Zielkostenmanagement), S. 252 ff.
[187] Vgl. TANAKA, M. (Cost Management), S. 51.
[188] Vgl. COENENBERG, A.G. (Kostenanalyse), S. 456 ff.; SEIDENSCHWARZ, W. (Target Costing), S. 199 ff.

$\mathbf{v}_F = \mathbf{V} \cdot \mathbf{g}$

(4-48)

$$\begin{pmatrix} v_{F1} \\ \vdots \\ v_{FN} \end{pmatrix} = V \cdot \begin{pmatrix} g_1 \\ \vdots \\ g_N \end{pmatrix}$$

Legende: V = Kostenobergrenze des Gesamtprodukts
$\mathbf{v}_F$ = Vektor der Kostenobergrenzen für die i Produktfunktionen
v_{Fi} = Kostenobergrenze für die Produktfunktion i $(i=1,...,N)$
$\mathbf{g}$ = Vektor der Funktionsgewichte
g_i = Funktionsgewicht der Funktion i $(i=1,...,N)$.

Für die **komponentenorientierte Aufspaltung** der Kostenobergrenze nach den j **Komponenten** bedarf es einer Gewichtungsmatrix **H** mit den Elementen h_{ij}, welche die geschätzte Bedeutung der Komponente j $(j=1,...,M)$ für die Erfüllung der Funktion i zum Ausdruck bringen.

Die Multiplikation der Gewichtungsmatrix **H** mit dem Vektor **g** der Funktionsgewichte führt zum Vektor **w**, der als Elemente die Komponentengewichte w_j enthält. Ein Komponentengewicht w_j drückt aus, welche Bedeutung diese Komponente für die Anwendung des Produkts beim Kunden hat. Der Vektor **w** wird nach Gleichung 4-49 berechnet[189]:

$\mathbf{w} = \mathbf{H} \cdot \mathbf{g}$

(4-49)

$$\begin{pmatrix} w_1 \\ \vdots \\ w_M \end{pmatrix} = \begin{pmatrix} h_{11} & \cdots & h_{1N} \\ \vdots & \ddots & \vdots \\ h_{M1} & \cdots & h_{MN} \end{pmatrix} \cdot \begin{pmatrix} g_1 \\ \vdots \\ g_N \end{pmatrix}$$

Legende: $\mathbf{w}$ = Vektor der Komponentengewichte
w_j = Komponentengewicht der Komponente j
$\mathbf{H}$ = Gewichtungsmatrix
h_{ij} = Gewicht der Komponente j $(j=1,...,M)$ für die Erfüllung der Funktion i $(i=1,...,N)$

Für jede Komponente j kann nach Berechnung des Vektors **w** die Kostenobergrenze v_{Kj} der Komponente j nach Gleichung 4-50 ermittelt werden:

$\mathbf{v}_K = \mathbf{V} \cdot \mathbf{w}$

(4-50)

$$\begin{pmatrix} v_{K1} \\ \vdots \\ v_{KM} \end{pmatrix} = V \cdot \begin{pmatrix} w_1 \\ \vdots \\ w_M \end{pmatrix}$$

Legende: $\mathbf{v}_K$ = Vektor der komponentenorientierten Kostenobergrenzen
v_{Kj} = Kostenobergrenze für Komponente j

---

[189] Vgl. TANAKA, M. (Design Phase), S. 56 ff.

4. Beispiel zur Planung funktions- und komponentenorientierter Kostenobergrenzen

Das Beispiel in Abbildung 4-30 erläutert die Berechnung **funktions- und komponentenorientierter Kostenobergrenzen**. Für die Konstruktion eines neuen Produkts sollen komponentenorientierte Kostenobergrenzen berechnet werden. In diese Berechnung werden fünf Funktionen und drei Komponenten eines neuen Produkts einbezogen. Die Kostenvorgabe V (Kostenobergrenze) für das Gesamtprodukt betrage € 100.000.

Im **ersten Rechenschritt** lässt sich entsprechend Abbildung 4-30 der Betrag V auf die Funktionen 1 bis 5 unter Verwendung der Funktionsgewichte g_i in funktionsorientierte Kostenobergrenzen v_{Fi} aufspalten, indem die Kostenobergrenze für das Gesamtprodukt V mit dem jeweiligen Funktionsgewicht multipliziert wird. Für die Funktion 1 ergibt sich beispielsweise eine funktionsorientierte Kostenobergrenze v_{F1} von € 10.000.

Funktionen i	Funktionsgewichte g_i	Funktionsorientierte Kostenvorgabe v_{Fi} ($\mathbf{v}_F = V \cdot \mathbf{g}$)
1	0,10	€ 100.000 · 0,10 = € 10.000
2	0,25	€ 100.000 · 0,25 = € 25.000
3	0,30	€ 100.000 · 0,30 = € 30.000
4	0,20	€ 100.000 · 0,20 = € 20.000
5	0,15	€ 100.000 · 0,15 = € 15.000
	1,00	€ 100.000

Abb. 4-30: *Aufspaltung auf funktionsorientierte Vorgaben als erster Schritt*

Im **zweiten Rechenschritt** werden die komponentenorientierten Kostenobergrenzen berechnet. Um diese Rechnung durchführen zu können, müssen gemäß dem Vorgehen in Abbildung 4-31 zunächst (a) die Gewichtungsfaktoren h_{ij} als Elemente der Matrix **H** ermittelt werden. Die Gewichtungsfaktoren h_{ij} drücken aus, welchen Beitrag die Komponente j zur Erfüllung der Funktion i erbringt. Im Sinne dieser Beiträge sind die funktionsorientierten Kostenobergrenzen v_{Fi} auf die Komponenten 1 bis 3 zu verteilen. Das Ergebnis dieser Verteilungsrechnung ist die komponentenorientierte Kostenobergrenze v_{Kj} der Komponente j (j = 1 bis 3). Die Ermittlung der komponentenorientierten Kostenobergrenzen v_{Kj} erfolgt, indem (b) die Matrix **H** von rechts mit dem Spaltenvektor $\mathbf{v}_F$ multipliziert wird. Aus dieser Berechnung ergibt sich beispielsweise für die Komponente 1 eine komponentenorientierte Kostenobergrenze in Höhe von € 35.500 usw. Die Summe der komponentenorientierten Kostenvorgaben muss die Kostenobergrenze für das Gesamtprodukt V in Höhe von € 100.000 ergeben.

(a) Festlegung der Gewichtungsfaktoren h_{ij}:

Komponente j \ Funktion i	1	2	3	4	5
1	0,4	1	0	0,1	0,3
2	0,5	0	0,5	0,3	0
3	0,1	0	0,5	0,6	0,7

(b) Berechnung der komponentenorientierten Kostenvorgaben (Kostenobergrenzen) v_{Kj} mittels Gewichtungsfaktoren h_{ij}:

$$\begin{pmatrix} v_{K1} \\ v_{K2} \\ v_{K3} \end{pmatrix} = \begin{pmatrix} 0,4 & 1,0 & 0 & 0,1 & 0,3 \\ 0,5 & 0 & 0,5 & 0,3 & 0 \\ 0,1 & 0 & 0,5 & 0,6 & 0,7 \end{pmatrix} \cdot \begin{pmatrix} 10.000 \\ 25.000 \\ 30.000 \\ 20.000 \\ 15.000 \end{pmatrix}$$

v_{K1} = € 35.500
v_{K2} = € 26.000
v_{K3} = € 38.500

(c) Berechnung der Komponentengewichte w_j:
$\mathbf{w} = \mathbf{H} \cdot \mathbf{g}$

$$\begin{pmatrix} w_1 \\ w_2 \\ w_3 \end{pmatrix} = \begin{pmatrix} 0,4 & 1,0 & 0 & 0,1 & 0,3 \\ 0,5 & 0 & 0,5 & 0,3 & 0 \\ 0,1 & 0 & 0,5 & 0,6 & 0,7 \end{pmatrix} \cdot \begin{pmatrix} 0,10 \\ 0,25 \\ 0,30 \\ 0,20 \\ 0,15 \end{pmatrix} = \begin{pmatrix} 0,355 \\ 0,260 \\ 0,385 \end{pmatrix}$$

(d) Berechnung der komponentenorientierten Kostenvorgaben (Kostenobergrenzen) v_{Kj} aus den Komponentengewichten w_j:

$\mathbf{v}_K = \mathbf{V} \cdot \mathbf{w}$

v_{K1} = € 100.000 · 0,355 = € 35.500
v_{K2} = € 100.000 · 0,260 = € 26.000
v_{K3} = € 100.000 · 0,385 = <u>€ 38.500</u>
= € 100.000

Abb. 4-31: Aufspaltung auf kompopnentenorientierte Kostenvorgaben als zweiter Schritt

Rechnerisch lässt sich die Lösung alternativ auf dem Wege finden (c), dass zunächst die Komponentengewichte w_j berechnet werden, die sich aus der Multiplikation der Matrix **H** und den Funktionsgewichten g_i ergeben. Für die Komponente 1 ergibt sich beispielsweise ein Komponentengewicht von w_1 = 0,355. Werden die drei ermittelten Komponentengewichte jeweils mit der Kostenobergrenze für das Gesamtprodukt von € 100.000 multipliziert (d), gelangt man auch auf diesem Wege zu den komponentenorientierten Kostenobergrenzen, wie sie unter (b) bereits berechnet wurden. Diese dürfen bei der Entwicklung der Komponenten nicht überschritten werden. Für die Steuerung der Produktkosten stellen sie Kostenvorgaben dar.

III. Steuerung der Kosten im Target Costing

Die **Steuerung der Kosten** im Target Costing umfasst die **Veranlassung** (Durchsetzung) der geplanten Kostenobergrenzen als Handlungssoll, die **Kontrolle** der Kostenabweichungen und die **Sicherung** der gewählten Gestaltungsmaßnahmen. Die geplante Kostenobergrenze (Kostenvorgabe) v_{Kj} für die Produktkomponente j kann dem Konstrukteur, der für die Komponente j zuständig ist, als Bedingung vorgegeben werden. An dieser Kostenobergrenze hat er sich bei seiner gesamten Konstruktionstätigkeit zu orientieren und für sie übernimmt er die Kostenverantwortung. Dabei muss er die Produktmerkmale so gestalten, dass er die vorgegebene Kostenobergrenze einhält.

Der Konstruktionsprozess selbst beansprucht meist längere Zeit. Während der fortschreitenden Konstruktion erhöht sich der Informationsstand über die Produkteigenschaften zunehmend, und über die Ausprägung der einzelnen Produktmerkmale wird in verschiedenen Teilprozessen entschieden. Je weiter das Produkt im Konstruktionsprozess konkretisiert wird, desto zeit- und kostenintensiver werden nachträgliche konstruktive Änderungen.

> Es erweist sich als zweckmäßig, bereits in frühen Konstruktionsphasen mit geringeren Konkretisierungsgraden des Produktentwurfs für die vorgegebenen Kostenobergrenzen **Kostenkontrollen** durchzuführen und möglichst früh Änderungs- bzw. Anpassungsmaßnahmen einzuleiten.

Um Kostenkontrollen durchzuführen, muss der Konstrukteur in der Lage sein, die Kostenwirkungen seines jeweiligen Entwurfs zu prognostizieren bzw. zu schätzen. Diese Vorrechnungen hat er laufend mit den vorgegebenen Kostenobergrenzen zu vergleichen. Für eine gute Prognose benötigt er eine produktionstheoretisch fundierte **Kostenfunktion**, die ihn darüber informiert, wie einzelne Kostenkategorien von der Ausprägung der von ihm festgelegten Produktmerkmale abhängen. Fehlen ihm derartige Kenntnisse, muss er auf Schätzverfahren, z.B. eine Art der **Suchkalkulation** zurückgreifen[190].

Bei der beschriebenen Kostenkontrolle handelt es sich um eine **Planfortschrittskontrolle**, die als Soll-Wird-Vergleich durchgeführt wird. Die Planfortschrittskontrolle dient sowohl einer Stärkung des Kostenbewusstseins der Konstrukteure als auch einer erfolgsorientierten Produktgestaltung während der gesamten Konstruktionsarbeit. Um sie effektiv zu gestalten, sind vorab **Toleranzgrenzen** festzulegen, in welchen sich auftretende Abweichungen bewegen dürfen. Beim Überschreiten dieser Toleranzgrenzen sind Abweichungsanalysen durchzuführen, die darauf abzielen, vorteilhaftere Lösungsalternativen zu entwickeln. Bei der Suche nach einer verbesserten Lösung kann als Steuerungsinstrument beispielsweise die **Wertgestaltung** (Value Engineering) eingesetzt werden.

---

[190] Vgl. dazu Kapitel 3., Abschnitt B.II., S. 326 ff.

D. Target Costing

Das Objekt einer Wertgestaltung ist stets eine **kritische Produktkomponente**, deren Bestimmung (Identifikation) durch das **Value Control Chart** unterstützt werden kann[191]. Als Kriterium für die Identifikation kritischer Produktkomponenten wird ein Wertindex z_j herangezogen. Dieser wird für eine Komponente j als Quotient aus w_j und k_j definiert. Während w_j die Komponentengewichte darstellen, sind k_j die Anteile der jeweiligen Komponente an den Prognosekosten des geplanten Produkts.

$$z_j = \frac{w_j}{k_j} \qquad (4\text{-}51)$$

Definiert man ein Koordinatensystem mit den Kostenanteilen k_j und den Komponentengewichten w_j als Achsen, lassen sich die festzulegenden Toleranzgrenzen für die Abweichungen zwischen Kostenanteil und Komponentengewicht durch die durchgezogenen Kurven in Abbildung 4-3232323232 darstellen. Die obere Grenze des Toleranzbereichs wird durch die Funktion $k_o = f_o(w_j)$ und die untere Grenze durch die Funktion $k_u = f_u(w_j)$ angegeben. In das gebildete Koordinatensystem (Value Control Chart) werden für alle kritischen Komponenten das jeweilige Komponentengewicht w_j und der Kostenanteil k_j eingetragen.

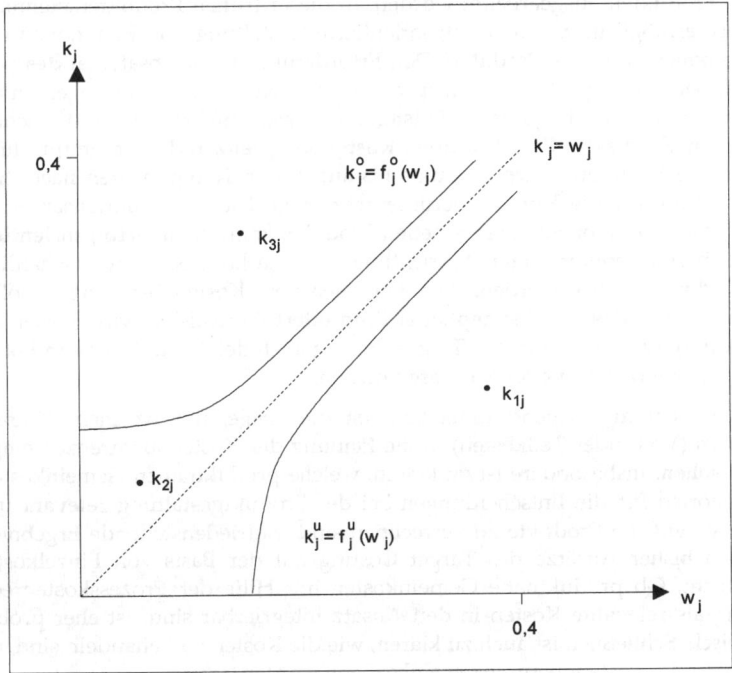

Abb. 4-32: *Value Control Chart*

---

[191] Vgl. TANAKA, M. (Design Phase), S. 60 ff.

Abbildung 4-32 zeigt die Koordinatenwerte für drei Komponenten, von welchen die Komponenten 1 und 3 kritisch sind, weil sie sich außerhalb des Toleranzbereichs befinden. Da k_{3j} oberhalb des Toleranzbereichs liegt, überschreiten die zugehörigen Prognosekosten der Komponente 3 die Kostenobergrenze. In diesem Falle muss durch Wertgestaltung versucht werden, für Komponente 3 einen niedrigeren Kostenanteil zu erreichen. Bei der Komponente 1, deren Koordinaten unterhalb des Toleranzkorridors liegen, stellt sich die Situation umgekehrt dar. Hier muss überprüft werden, ob diese Komponente unter Berücksichtigung der Kundenanforderungen verbessert werden kann. Das Value Control Chart bezweckt in erster Linie, Komponenten mit hohem Komponentengewicht und mit Überschreitung der Kostenobergrenze zu identifizieren, um sie einer Wertgestaltung zu unterziehen. Damit erweist sich die **Wertgestaltung** als ein wichtiges Instrument zur Realisation der geplanten Kostenobergrenzen und damit zur **Kostensteuerung** im Target Costing.

IV. Aussagefähigkeit des Target Costing

Das Target Costing als Ansatz zur erfolgsorientierten Planung und Steuerung von Produktkosten ist bisher intensiv für die Entwicklung und Konstruktion von Produkten ausgearbeitet worden. In dieser frühen Produktentstehungsphase ermöglicht es eine erfolgsorientierte Gestaltung von Funktionen und Komponenten neuer Produkte. Den Erfordernissen des Absatzmarktes wird in diesem Konzept dadurch entsprochen, dass Kundenanforderungen an das Produkt bereits in dessen Entstehungsphase umfassend berücksichtigt werden. Zu diesem Zweck werden **Kostenobergrenzen** des Gesamtprodukts über die Funktionen des Produkts bis auf dessen Komponenten nach ihrer Bedeutung für die Kunden heruntergebrochen. Die Konstruktionsarbeit an einzelnen Komponenten eines neuen Produkts kann damit **erfolgsorientiert**, d.h. marktorientiert, unter Ausrichtung auf eine hohe Kostenwirtschaftlichkeit durchgeführt werden. Die vorgegebenen Kostenobergrenzen sollen sicherstellen, dass ein fest **geplanter Produkterfolg** realisiert wird. Neben der Produktgestaltung kann das Target Costing auch der **Gestaltung von Potentialen, Programmen oder Prozessen** dienen.

Noch nicht ausreichend untersucht ist die Frage, mit welchem Umfang Kosten (Voll- oder Teilkosten) in die Planung der Kostenobergrenzen eingehen sollen. Insbesondere ist zu klären, welche produktnahen Gemeinkostenkategorien für die Entscheidungen bei der Produktgestaltung **relevant** und wie sie auf die Produkte zu verrechnen sind. Zufriedenstellende Ergebnisse haben bisher Ansätze des Target Costing auf der Basis von Einzelkosten erbracht. Ob produktnahe Gemeinkosten mit Hilfe der Prozesskostenrechnung als relevante Kosten in den Ansatz integrierbar sind, ist eher problematisch. Schließlich ist auch zu klären, wie die Kosten zu behandeln sind, die nicht in die Kostenobergrenzen einbezogen werden.

Bei der Planung von Kostenobergrenzen wird davon ausgegangen, dass ein **mittel- bis langfristiger Planungshorizont** zugrunde gelegt wird. Jedoch bleibt offen, mit welcher Präzision Kostenwirkungen der taktischen Investitions- und Programmplanung in das Konzept einbezogen werden

D. Target Costing

können. Die Anwendung dieses Konzepts auf die Potential-, Programm-, Produkt- und Prozessgestaltung ist jeweils auf unterschiedliche Planungshorizonte auszurichten.

Im produktbezogenen Ansatz werden bei der Aufspaltung in funktionsorientierte und komponentenorientierte Kostenobergrenzen **Gewichtungen (Bewertungen)** vorgenommen, die in Bezug auf ihre Präzision Fragen aufwerfen. Als Instrument zur Bestimmung der Funktionsgewichte wird u. a. die **Conjoint-Analyse** vorgeschlagen. Mit diesem Verfahren können jedoch nur einige wenige Produktfunktionen bzw. -merkmale erfasst und gewichtet werden[192]. Die Zerlegung der Gewichtungsfaktoren, die mit dieser Analyse ermittelt wurden, in Gewichte für Produktfunktionen kann zu erheblichen Verzerrungen führen. Die Funktions-Komponenten-Gewichte h_{ij} und damit auch die Komponentengewichte w_j sind allenfalls Schätzwerte, die mehr auf subjektiven Erfahrungen des Konstrukteurs als auf physikalischen (produktionstheoretischen) Gesetzmäßigkeiten beruhen. Daher haben sowohl die funktionsorientierten als auch die komponentenorientierten Kostenvorgaben den Charakter von Schätz- bzw. Tendenzgrößen, die nur einen groben Orientierungsmaßstab darstellen können.

Die Konstruktion eines Produkts ist ein **„reifender" Prozess**, der durch Wissenszuwachs und zahlreiche Änderungen im Zeitablauf gekennzeichnet ist. Während des Konstruktionsprozesses können (beispielsweise im Anlagenbau) vom Kunden an das Projekt neue Anforderungen gestellt werden, der Entwicklungsumfang kann erweitert oder reduziert werden, mit dem Kunden kann der Preis (Erlös) nachverhandelt werden, und im Entwicklungsbereich können sachliche sowie personelle Engpässe auftreten. Zur Erfassung dieser Veränderungen muss das Target Costig so flexibel gestaltet werden, dass es mitlaufend mit dem Konstruktionsprozess seine Planungs- und Steuerungsaufgabe erfüllen kann, d.h., es muss **dynamisch konzipiert** werden. Hier bieten sich mehrere Formen der **Konstruktionsbegleitenden Kalkulation** an[193]. Diese Rechnungen beruhen häufig auf empirisch gut bestätigten **Kostenfunktionen**, in denen die unterschiedlichsten Produktmerkmale als Kosteneinflussgrößen auftreten. Zu diesen Einflussgrößen zählen: Die Funktionsstruktur, die Wirkstruktur, die Geometrie, die Werkstoffe, das Fertigungsverfahren, die Anzahl und die Art der verwendeten Teile (Kauf-, Norm-, Gleichteile) sowie die Art und Anzahl der verwendeten Baugruppen. Aber auch Merkmale des Fertigungspotentials, der Prozessstruktur und des Prozessablaufs, über die in der Fertigungsvorbereitung entschieden wird, werden in den Kostenfunktionen als Einflussgrößen berücksichtigt. Gelingt die Formulierung derartiger Kostenfunktionen nicht, muss man sich im Target Costing mit groben **Schätzverfahren** begnügen.

Neben der **Produktbezogenheit** wird dem Target Costing gelegentlich auch eine **Verhaltensbezogenheit** und damit die Funktion der Verhaltenssteuerung zugesprochen. Dabei ist jedoch zu beachten, dass die Steuerungsfunktion des Target Costing wesentlich stärker an konstruktiven Prozessen

---

[192] Vgl. SEIDENSCHWARZ, W. (Target Costing), S. 211 ff.
[193] Vgl. Kapitel 3., Abschnitt B.II., S. 326 ff.

sowie an Produktkosten als am menschlichen Verhalten orientiert ist. Daher kann das Target Costing unter dem Aspekt der erfolgsorientierten Verhaltenssteuerung allenfalls als ein indirekt wirkendes Instrument angesehen werden.

5. Kapitel: Weiterentwicklung der Kosten- und Erlösrechnung

A. Einbindung der Kosten - und Erlösrechnung in die Unternehmungsrechnung

Die Systeme der Kosten- und Erlösrechnung haben in den vergangenen Jahren durch die Verknüpfung mit der Investitionsrechnung, die Konzeptionen der Prozesskostenrechnung und der konstruktionsbegleitenden Kostenrechnung sowie die Ansätze des Target Costings erneut Erweiterungen erfahren. Nachdem sie mit der Schaffung teilkostenorientierter Systeme und deren Kombination mit Vollkosteninformationen ausgereift erschienen, sind die Diskussionen um die Gestaltung der internen Rechnung sowie die Entwicklung neuer Systeme seit den achtziger Jahren in Wissenschaft und Praxis deutlich in Bewegung geraten.[1] Die Entwicklung der Kosten- und Erlösrechnung ist eingebunden in den **Ausbau der Unternehmungsrechnung** zu einem umfassenden **Informationsinstrument** zur Unternehmensführung.

I. Entwicklungsperspektiven der Unternehmungsrechnung

1. Übergang vom Rechnungswesen zur Unternehmungsrechnung

Die Begriffe **Rechnungswesen** und **Unternehmungsrechnung** werden häufig synonym verwendet. Durch den Übergang auf den Begriff der Unternehmungsrechnung werden die Ausweitung der Rechnungsteilsysteme und deren stärkere Ausrichtung auf die Unternehmensführung zum Ausdruck gebracht. Daran lassen sich mehrere Linien in der Entwicklung der Unternehmungsrechnung aufzeigen. Diese liegen einmal im Ausbau[2] von rein vergangenheitsbezogenen **Istrechnungen** (Finanzbuchhaltung, Bilanzrechnung, Istkostenrechnung) über operative **Planrechnungen** (Plankostenrechnung, Liquiditätsplanung) bis zu strategischen **Erfolgspotentialrechnungen**[3] und Früherkennungssystemen. Eine weitere Linie besteht in der stärkeren Berücksichtigung von Finanz- und Investitionsrechnungen, indem diese auch zu Kernsystemen der Unternehmungsrechnung werden. Schließlich wird die Unternehmungsrechnung auf die Ermittlung und Fundierung anderer als rein ökonomischer Ziele ausgeweitet.

---

[1] Für eine Kennzeichnung der Entwicklungen der Kostenrechnung während des 19. und 20. Jahrhunderts in verschiedenen Ländern vgl. MATTESSICH, R. (Research).
[2] Vgl. Abb. 1-5 auf S. 10.
[3] Vgl. Kapitel 3., Abschnitt A.II.1., S. 210 ff.

2. Ausrichtung der Unternehmungsrechnung auf die Unternehmensführung

Diese Entwicklungen sind davon getrieben, die Unternehmungsrechnung als wichtiges **Führungsinstrument** zu nutzen. Das Instrumentarium der Unternehmensführung ist z.B. im Hinblick auf die Planung und Kontrolle, die Organisation, die Personalführung und das Controlling[4] wesentlich ausgebaut worden. Dabei gewinnt die Unternehmungsrechnung den Charakter eines Basissystems der Führung, das alle anderen Führungsteilsysteme mit Informationen zu versorgen hat.

Für die Ausrichtung der Unternehmungsrechnung auf die anderen Führungsteilsysteme treten drei Aufgaben in den Vordergrund[5]: (1) Die **Bestimmung ihres Informationsbedarfs**, (2) die **Strukturierung der Unternehmungsrechnung** sowie (3) der **Aufbau des Berichtswesens**, in dem die Informationen den anderen Führungsteilsystemen bereitgestellt werden. Während die zweite Aufgabe in der Wissenschaft stets intensiv bearbeitet wurde, erfordern die beiden anderen zusätzliche Beachtung im Hinblick auf eine führungsorientierte Gestaltung und effiziente Nutzung der Unternehmungsrechnung. Die erste Aufgabe lässt sich mit induktiven und deduktiven Methoden angehen, die einerseits am empirisch z.B. durch Befragungen feststellbaren Bedarf ansetzen, andererseits z.B. anhand von Modellen den Bedarf aus den Aufgaben und Zielen der Führungskräfte systematisch herleiten. Für die Datenübermittlung durch das Berichtswesen stehen vor allem durch die EDV-Unterstützung äußerst leistungsfähige Instrumente in Form von Datenbanken, Data Warehouse Systemen u.a. zur Verfügung. Daran wird die enge Beziehung zwischen der Struktur der Unternehmungsrechnung und dem Einsatz moderner Software-Anwendungsarchitektur ersichtlich. Durch die EDV-Unterstützung sind die Gestaltungsmöglichkeiten und die Verwendbarkeit der Unternehmungsrechnung z.B. über die Nutzung des Internets deutlich ausgeweitet worden. Umgekehrt zeigt sich aber auch, dass die (z.B. für erwerbswirtschaftliche Unternehmungen entwickelten) verfügbaren und am Markt verbreiteten Anwendungsprogramme die Struktur der Unternehmungsrechnung in einer Weise beeinflussen oder begrenzen können, welche die beste Erfüllung ihrer Rechnungszwecke (z.B. im nicht erwerbswirtschaftlichen Hochschulbereich) behindert.

3. Ausweitung der Anwendungsbereiche der Unternehmungsrechnung

Die Einsicht in die Bedeutung der Unternehmungsrechnung für eine effiziente Unternehmensführung hat eine Ausweitung ihres Anwendungsbereichs zur Folge. Eine wichtige Aufgabe bildet hierbei ihre spezifische Gestaltung entsprechend den Strukturmerkmalen und Bedingungen **unterschiedlicher Wirtschaftszweige**. Ferner erhält die Unternehmungsrechnung zunehmendes Gewicht in öffentlichen Institutionen, beispielsweise von ihrer Bedeutung für die Krankenhausfinanzierung bis hin zur Einführung in Hochschulen und Kulturbetrieben.

---

[4] Vgl. KÜPPER, H.-U. (Controlling), S. 28-32.
[5] Vgl. KÜPPER, H.-U. (Controlling), S. 127 ff.

Eine andere Ausweitung ihres Bereichs liegt in dem Bestreben, **strategische Entscheidungen** zunehmend durch die Entwicklung geeigneter Rechnungssysteme zu unterstützen. Ansätze hierzu bieten Vorschläge für Erfolgspotenzialrechnungen und Früherkennungssysteme. In dieser Perspektive gewinnen die Analyse der Unsicherheit und die Berücksichtigung der Risikoneigung bei der Entscheidung eine herausragende Bedeutung. Eine Erweiterung der Unternehmungsrechnung auf die strategische Ebene beinhaltet den Versuch, ursprünglich als qualitativ angesehene Sachverhalte auch quantitativ zu erfassen. Da diese Grenze nicht sachlich eindeutig vorgegeben ist, bietet sie ein breites Feld für künftige Entwicklungen.

II. Theoretische Grundlagen der Kosten- und Erlösrechnung

1. Bedeutung der Kapitaltheorie für die Unternehmungsrechnung

Viele Vorschläge und Entwicklungen im Bereich der internen Unternehmungsrechnung sind von hoher Pragmatik gekennzeichnet. Häufig kommen die Konzepte aus der Praxis und sollen vor allem unmittelbar anwendbar sein. Dafür lassen sie sich in ihrer Wirkung oft nicht genau durchschauen. Ihre Anwendungsbedingungen sind selten klar herausgearbeitet und die dahinter stehenden theoretischen Hypothesen schwer erkennbar, sofern sie überhaupt bestehen.

Demgegenüber hat die **Kapitaltheorie** klar herausgearbeitet[6], unter welchen Voraussetzungen es berechtigt ist, den **Markt- bzw. Kapitalwert** als Erfolgsziel zugrunde zu legen. Ein Anwender kann damit prüfen, inwieweit er als Komponente seiner individuellen Nutzenfunktion auf seine eigene Handlungssituation zutrifft. Ihm bleibt es überlassen, ob er seine Entscheidungen an diesem Ziel ausrichtet. Es dürfte jedoch unmöglich sein, Konzepte für alle realen Bedingungen des Kapitalmarktes und individuellen Nutzenfunktionen zu entwickeln. Deshalb liefert eine in ihrer Ausprägung und ihren Anwendungsvoraussetzungen klare Konzeption bessere Anhaltspunkte für die **praktische Umsetzung** als eine unklare Konzeption, die möglicherweise einen breiteren **Geltungsbereich** besitzen könnte, den man aber nicht genauer angeben kann.

Aus diesem Grund bietet die Kapitaltheorie zumindest gegenwärtig den **am besten geeigneten Ausgangspunkt für eine Fundierung der Unternehmungsrechnung**. Sie setzt mit den Zahlungen an den zentralen Basisgrößen ökonomischer Erfolge an, die im Unterschied zu den anderen Größen des Rechnungswesens wie Ertrag und Aufwand sowie Erlösen und Kosten[7] in der Wirklichkeit unmittelbar beobachtbar und messbar sind. Damit wird dem Tatbestand Rechnung getragen, dass in einem marktwirtschaftlichen System zumindest für erwerbswirtschaftliche Unternehmungen die Zahlungen und die sie bestimmenden Märkte auch für Entscheidungen und Handlungen im internen Bereich maßgebend sind. Ferner lassen sich die Bezie-

---

6 Vgl. Kapitel 3., Abschnitt A.I.1., S. 205 ff.
7 Zur Abgrenzung dieser Basisgrößen vgl. Kapitel 1., Abschnitt A.II., S. 11 ff.

hungen zwischen Erfolgs- und Liquiditätszielen besser berücksichtigen; es wird erkennbar, wie die Einhaltung der Liquidität eine längerfristige Erfolgserzielung bedingt.

Die kapitaltheoretische Fundierung der Unternehmungsrechnung bedeutet, dass deren auf das Erfolgsziel gerichtete Rechnungssysteme von gleichen Basisgrößen, den **Ein- und Auszahlungen**, und einer einheitlichen Erfolgsgröße, dem **Markt- bzw. Kapitalwert**, ausgehen. Mit deren **mehrperiodiger** Orientierung wird dem Rationalitätsargument gefolgt, nach welchem im Normalfall die langfristige Perspektive die kurzfristige dominiert. Betrachtet man den Aufbau der verschiedenen internen Rechnungssysteme in der Praxis, gewinnt man häufig den umgekehrten Eindruck. Der vielfach vorfindbaren, durch ein Übergewicht der Kosten- und Erlösrechnung unterstützten Tendenz zur kurzfristigen Erfolgsoptimierung wird durch eine solche kapitaltheoretische Fundierung entgegengewirkt. Zudem eröffnet sie die Möglichkeit, Modelle und Erkenntnisse der modernen Entscheidungs- und Finanzierungstheorie für die Unternehmungsrechnung zu nutzen. Dies erscheint sinnvoller als Versuche, eine pragmatische, unklare Kostenrechnung über ihren bisherigen kurzfristigen Geltungsbereich hinaus auszudehnen.

2. *Die investitionstheoretische Kostenrechnung als Grundlage der planungsorientierten Kosten- und Erlösrechnung*

Obwohl die externe Bilanzrechnung am Vermögen ansetzt, ist in der bilanztheoretischen Literatur frühzeitig ihr Bezug zu den Zahlungen gesehen und hergestellt worden[8]. Die Bilanzrechnung wird dementsprechend auch als pagatorische Rechnung bezeichnet. Demgegenüber wurde die Kosten- und Erlösrechnung in ihrem rein „kalkulatorischen" Charakter als (weitgehend) unabhängig von den Zahlungen aufgefasst. Die gebräuchlichen Definitionen von Kosten (und Erlösen)[9] beziehen sich explizit nicht auf Zahlungen, sondern auf den Realgüterprozess, indem man sie als „bewerteten sachzielbezogenen Güterverbrauch bzw. -entstehung" definiert. In der internen Rechnung sollen vor allem die innerbetrieblichen Prozesse beispielsweise einer mehrstufigen Produktion geplant und beeinflusst werden, mit denen Zahlungen oft nicht unmittelbar verbunden sind. So scheint sich diese Rechnung von der Zahlungs-Rechnung weitestgehend zu lösen. Man geht, beispielsweise über eine produktionstheoretische Fundierung von den realen Gütereinsatz- und der Güterausbringungsmengen aus.

Um zu einer monetären Rechnung zu gelangen, müssen diese Mengen bewertet werden. Hierzu orientiert man sich entsprechend der wertmäßigen Kostenkonzeption[10] an dem jeweils verwendeten Erfolgsziel und der vorliegenden Entscheidungssituation. Lediglich mit der **pagatorischen Konzeption des Kostenbegriffs**, die lange mehr als Außenseiterposition angesehen wurde, stellt man explizit die Verbindung zu den Zahlungen her.

---

[8] Vgl. insb. SCHMALENBACH, E. (Dynamische Bilanz); KOSIOL, E. (Pagatorische Bilanz), S. 2085 ff.; SCHWEITZER, M. (Bilanz), S. 64 ff.
[9] Vgl. Kapitel 1., Abschnitt A.II.2. und 3., S. 12 ff.
[10] Vgl. Kapitel 1., Abschnitt A.II.2.a), S. 15.

A. Angleichung von externem und internem Rechnungswesen 721

Die Abkehr von den tatsächlichen realisierten oder erwarteten Zahlungen gibt der Kosten- und Erlösrechnung den Freiraum, um sie für die **spezifischen Zwecke** der jeweiligen Unternehmung zu gestalten. Jeder Unternehmer kann sie auf sein individuell präzise definiertes Erfolgsziel und seine anstehenden Planungs- und Steuerungsprobleme sowie Situationsbedingungen ausrichten. Die Kehrseite dieses Handlungsspielraums ist die Manipulierbarkeit der Informationen durch die an der Informationserstellung Beteiligten[11]. Im Hinblick auf ein beliebig definierbares Erfolgsziel lassen sich nur wenige Gesichtspunkte für die Gestaltung des darauf gerichteten Rechnungssystems angeben. Zu diesen gehören grundlegende Prinzipien, die sich aus wissenschafts- und entscheidungstheoretischer Sicht allgemein begründen lassen:

(1) Klare Kennzeichnung und Trennung der Daten nach ihrer Zuverlässigkeit

Entsprechend diesem Kriterium sind vor allem empirisch prüfbare Daten wie faktische und prognostische Informationen von solchen Größen zu unterscheiden, die auf normativ festzulegende Verteilungsverfahren zurückgehen. Erstere geben vergangene oder künftige empirische Sachverhalte wieder. Daher kann ihre Geltung mit bekannten wissenschaftlichen Methoden an der Realität überprüft werden. Letztere beruhen dagegen auf Verfahren der Zurechnung (beispielsweise von Gemeinkosten) o.ä., die für das Rechnungssystem durch Entscheidungen festgelegt werden müssen. Deshalb sind sie von derartigen Entscheidungen abhängig, für die es letztlich keine eindeutige Prüfinstanz gibt.

(2) Trennung zwischen Grundrechnung und Auswertungsrechnung(en)

Aus der Zweckmäßigkeit einer solchen Unterscheidung folgt die bis auf Schmalenbach zurückgehende Empfehlung, zwischen einer Grundrechnung und (ggf. mehreren) Auswertungsrechnungen zu trennen. Erstere nehmen die an der Realität überprüfbaren und damit in hohem Maße zuverlässigen Daten auf. Diese Rechnung bildet die Basis, mit deren Daten dann Auswertungen vorgenommen werden können, deren Verfahren von dem jeweils verfolgten Zweck abhängen[12].

(3) Ausrichtung der Rechnung am langfristigen Erfolgsziel

Mit den durch ein Rechnungssystem bereitgestellten Informationen sollen im Hinblick auf den Planungszweck Entscheidungen getroffen oder im Sinne der (Verhaltens-) Steuerung Mitarbeiter beeinflusst werden, um einen möglichst hohen Erfolg zu erreichen. Die Entscheidungslogik erfordert dabei, von der langfristigen Zielsetzung einer Unternehmung auszugehen, aus der ggf. mittel- und kurzfristige Ziele abzuleiten.

Der Bezug zu den **Zahlungen** tritt in den Vordergrund, wenn man entsprechend der **kapitaltheoretischen Fundierung** das längerfristige Erfolgsziel im Kapital- oder Endwert sieht. Da sich dieses Ziel aus den erwarteten, ab- bzw. aufgezinsten Zahlungen ergibt, führt es zu einer Anbindung auch der Kos-

---

[11] Vgl. KÜPPER, H.-U. (Unternehmensplanung), S. 24 ff.
[12] Vgl. SCHWEITZER, M. (Theoretische Fundierung), S. 49 ff.

ten- und Erlösrechnung an die Aus- und Einzahlungen. Diese Art der Erfolgszielorientierung macht es erforderlich, in der Rechnung den empirischen Bezug zwischen den Realgüterbewegungen des beispielsweise zu lösenden Planungsproblems und den Wirkungen seiner Alternativen auf die Zahlungen zu erfassen.

Die **investitionstheoretische Kostenrechnung** setzt die aufgestellten allgemeinen Prinzipien für erfolgsorientierte Rechnungssysteme um. Sie geht bei der Ableitung planungsorientierter Informationen vom kapitaltheoretischen Konzept der unendlichen Investitionskette aus. Auf diese Weise gelingt die Anbindung der (eher) kurzfristigen Kosten- und Erlösrechnung an die (eher) längerfristige Investitionsrechnung. Zur Beurteilung der Erfolgswirksamkeit von Entscheidungen wird die Sicht des Investors eingenommen, der sein Kapital in der Unternehmung anlegt, um auf diesem Weg in Zukunft finanzielle Überschüsse zu erzielen. Diese Art der Betrachtung gilt im Prinzip für alle Finanz- und Realgüterprozesse der Unternehmung und für kurzfristig gebundene Verbrauchsgüter (z.B. Fertigungsmaterial oder Zwischenprodukte) ebenso wie für langfristig gebundene Gebrauchsgüter (z.B. Maschinen und Gebäude). Deshalb muss für die Bereitstellung von Informationen für kurzfristige und längerfristige Entscheidungen letztlich dasselbe Konzept gelten und es können im Hinblick auf diesen Rechnungszweck zwischen Investitions- und Kosten- sowie Erlösrechnung nur graduelle Unterschiede bestehen. Da Zinsen bei kurzfristiger Betrachtung nur eine begrenzte Wirkung auf das Erfolgsziel haben, kann es gerechtfertigt sein, von den Zahlungszeitpunkten und ihren Wirkungen auf die Zinsen abzusehen oder diese Wirkungen nur näherungsweise zu berücksichtigen. Kosten- und Erlösrechnungen können dann als vereinfachte Investitionsrechnungen durchgeführt und verstanden werden.

Die investitionstheoretische Kostenrechnung bietet ein Konzept und stellt Verfahren bereit, mit denen dies konkret möglich ist. Wie in Abschnitt A.IV. von Kapitel *drei* am Beispiel mehrerer Kostenarten und Entscheidungsprobleme veranschaulicht, erfüllt dieser Ansatz vor allem drei wichtige Funktionen:

- Er erlaubt eine **Beurteilung von** (vereinfachten) **Verfahren der Kosten- und Erlösrechnung** im Hinblick auf ihre Verwendbarkeit für kurzfristige Entscheidungen. Mit ihm können die Anwendungsbedingungen und Grenzen dieser Verfahren analysiert und herausgearbeitet werden. Dies zeigt sich unter anderem für die lineare Abschreibung[13], das Grundmodell der optimalen Bestellmenge[14] und Fertigungslosgröße sowie der Bestimmung von Preisuntergrenzen[15].

- Er zeigt Wege auf, wie sich **wichtige längerfristige Wirkungen in kurzfristigen bzw. einperiodigen Entscheidungen** (näherungsweise) einbeziehen lassen. Damit ermöglicht er die Berücksichtigung der Interdependenzen zwischen operativen und taktisch (-strategischen)

---

[13] Vgl. Kapitel 3., Abschnitt A.IV.2.b), S. 240.
[14] Vgl. Kapitel 3., Abschnitt A.IV.3.b), S. 259 ff.
[15] Vgl. Kapitel 3., Abschnitt A.IV.3.c), S. 262 ff.

Entscheidungstatbeständen. Dies wird u.a. an dem Einfluss von Reinvestitionsentscheidungen auf die einperiodige Produktionsprogrammplanung deutlich[16].

- Er liefert damit ein **Denkkonzept**, auf welche Weise die über den Planungshorizont des jeweils betrachteten Entscheidungsproblems hinausgehenden Wirkungen und Interdependenzen zumindest approximativ berücksichtigt werden können. Damit bietet er die Ansatzpunkte, um ein grundlegendes Problem der Kosten- und Erlösrechnung, die Behandlung von Fix- bzw. Gemeinkosten, einer konzeptionell begründeten Lösung näher zu bringen. Dieses geht nämlich auf die Beziehungen zwischen kurz- und längerfristigen Entscheidungen zurück.

An diesem Konzept (theoretischer Gestaltungsrahmen) wird ersichtlich, dass sich auch die Kosten- und Erlösrechnung nicht von den Zahlungen lösen kann, wenn sie im Hinblick auf ihren Planungszweck auf ein **zahlungsbasiertes mehrperiodiges Erfolgsziel** ausgerichtet ist. Die bei innerbetrieblichen Handlungen betrachteten Einsätze von Vermögensgegenständen sowie die dadurch hervorgebrachten materiellen oder immateriellen Güter müssen in ihren Wirkungen auf die Zahlungen untersucht werden.

3. Bedeutung der Produktions- und Kostentheorie für die Kosten- und Erlösrechnung

Üblicherweise wird die theoretische Grundlage der Kosten- und Erlösrechnung in der Produktions- und Kostentheorie gesehen. Insbesondere WOLFGANG KILGER hat herausgearbeitet, welche Bedeutung sie als theoretisches Gerüst der **Grenzplankosten- und Deckungsbeitragsrechnung** besitzt[17]. Dies zeigt sich anschaulich in dem von ihm vorgeschlagenen und in Abbildung 3-73[18] wiedergegebenen System von Kostenbestimmungsfaktoren in der Grenzplankostenrechnung.

Damit stellt sich die Frage, wie das **investitionstheoretische Konzept** und die Produktions- sowie Kostentheorie zueinander stehen. Als theoretische Grundlagen der Kosten- und Erlösrechnung erfüllen beide verschiedene, jeweils wichtige Funktionen. Der investitionstheoretische Ansatz stellt die Verbindung zur Investitionsrechnung und zu den längerfristig wirksamen Entscheidungen her. Damit liefert er vor allem eine Konzeption zur Behandlung von Fixkosten bei Planungsproblemen in der eher kurzfristig angelegten Kosten- und Erlösrechnung.

Demgegenüber bietet die **Produktions- und Kostentheorie** in erster Linie die Grundlage für die Prognose und Kontrolle variabler Einzel- und Gemeinkosten. Dies zeigt sich insbesondere an den in Prognose-, Standard-, Prozess-, Planerfolgs- und Grenzplankostenrechnungen verwendeten Produktions-

---

[16] Vgl. Kapitel 3., Abschnitt A.IV.3.a), S. 253 ff.
[17] Vgl. Kapitel 3., Abschnitt D.I.2. und 3. sowie KILGER, W. (Deckungsbeitragsrechnung[8]), S. 135 ff. bzw. KILGER, W./PAMPEL, J./VIKAS, K. (Deckungsbeitragsrechnung[12]), S. 109 ff.
[18] Vgl. Kapitel 3., Abschnitt D.I.3.a), S. 415.

und Kostenfunktionen. Am weitesten ist die Kostenplanung und -kontrolle in der Grenzplankosten- und Deckungsbeitragsrechnung ausgebaut[19]. Sie umfasst dort schon ein breites Instrumentarium zur Planung und Kontrolle der Einzelkosten. Da sie sich auf kurzfristig genutzte Verbrauchsgüter wie Material, Personaleinsatz usw. beziehen, sind diese Kosten stets variabel. In der Stellenrechnung werden zwar auch die Fixkosten in die Kostenplanung einbezogen. Das Instrumentarium der bezugsgrößenorientierten Gemeinkostenplanung über direkte und indirekte Bezugsgrößen bei homogener und heterogener Kostenverursachung[20] ermöglicht jedoch nur eine theoretisch fundierte Planung und Kontrolle der variablen Kosten. Die Grenzplankostenrechnung verwendet indirekte Bezugsgrößen als unabhängige Variablen der Gemeinkostenplanung, wenn die Leistung einer Kostenstelle nicht quantifizierbar ist oder sich Maßgrößen für sie nicht mit vertretbarer Wirtschaftlichkeit erfassen lassen. Diese stellen Hilfs- oder Verrechnungs-Bezugsgrößen dar und orientieren sich am Verursachungsprinzip. Beispielsweise können sie für eine Leitungs- oder eine Vertriebsstelle als Euro-Deckungs-Bezugsgrößen über Funktionsanalysen ermittelt werden[21]. Mit ihnen werden jedoch auch anteilige variable Gemeinkosten der Stellen geplant, deren Leistung wie zum Beispiel in der Arbeitsvorbereitung, im Lager oder im Vertrieb in keinem direkten Zusammenhang zu Produktionsprogramm steht.

Auf Basis der Produktions- und Kostentheorie kann man **Kostenfunktionen** bestimmen, mit denen sich künftige Kosten prognostizieren und die Ursachen von Abweichungen der Istkosten von den Prognose- oder Standardkosten ermitteln lassen[22]. Diese theoretische Grundlage stellt vor allem Erkenntnisse über die wichtigsten Kosteneinflussgrößen bzw. -treiber und den Verlauf der Kostenfunktionen bereit. Als unabhängige Variablen der Prognose- bzw. Soll-Kostenfunktionen spielen erstere nicht nur in Prognose-, Standard- und in Grenzplankostenrechnung, sondern auch in Prozess- und Planerfolgsrechnungen eine zentrale Rolle. Im Hinblick auf den Kostenverlauf geht man in allen Systemen meist von linearen Beziehungen aus. Während dabei in Prognose- und Standardkostenrechnung i.d.R. die Beschäftigung als einzige Kosteneinflussgröße unterstellt wird, legen Prozess-, Periodenerfolgs- und Grenzplankostenrechnung mehrvariablige lineare Kostenfunktionen zugrunde. An die Stelle der (synthetischen) Kosteneinflussgröße Beschäftigung treten dabei mehrere Bezugsgrößen oder Kostentreiber wie menschliche und maschinelle Arbeitszeiten usw. sowie ggf. weitere Einflussgrößen, die wie z.B. die Jahreszeit ohne Bezug zur Beschäftigung sind.

Ein linearer Verlauf der Kostenfunktionen kann produktionstheoretisch damit begründet werden, dass der Verbrauch von Roh- und Hilfsstoffen Leontief-Funktionen folgt oder im Fall des Verbrauchs von Betriebsstoffen, Werkzeugen u.ä. an Maschinen Gutenberg-Funktionen mit konstanten Intensitäten vorliegen. Auch für den Verbrauch an menschlicher und maschineller Arbeit nimmt man (zumindest als pragmatische Näherung) konstante Inten-

---

[19] Kapitel 3., Abschnitt D.I.2. und 3.
[20] Vgl. hierzu Kapitel 3., Abschnitt D.I.3.a)aa), S. 414 ff.
[21] Vgl. S. 418.
[22] Vgl. hierzu Kapitel 3., Abschnitt B.I.2., S. 274 ff.

sitäten an und gelangt dadurch zu konstanten Produktionskoeffizienten. Derartige Input-Output-Beziehungen können sogar bei substitutionalen Produktionsfunktionen auftreten, wenn diese linear-homogen sind und man annimmt, dass jeweils die minimale Kostenkombination realisiert wird. Geht man ferner, wie es in den verschiedenen Systemen der Kosten- und Erlösrechnung üblich ist, von konstanten Einsatzgüterpreisen aus, so erhält man lineare Kostenfunktionen[23].

Nach den Erkenntnissen der Produktionstheorie sollten nichtlineare Kostenfunktionen vor allem in den Fällen nicht linear homogener substitutionaler Prozesse und bei Intensitätsänderungen herangezogen werden. Erstere dürften lediglich in begrenzten Bereichen beispielsweise in der chemischen Industrie auftreten. Letztere dürften nach KILGER in der Industrie eher die Ausnahme bilden[24]. Formal lassen sich beide Fälle durch den Übergang auf mehrere Prozesse mit konstanten Produktionskoeffizienten für unterschiedliche Substitutions- bzw. Intensitätsstufen in eine Kostenplanung mit einem ausreichenden Präzisionsgrad einbeziehen[25]. Auf entsprechende Weise lassen sich auch Fälle variabler Einsatzgüterpreise erfassen.

4. Principal-Agent-Modelle als Instrumente für die Erfassung von Problemen der Verhaltenssteuerung

Während der investitionstheoretische Ansatz ein Konzept für die Gewinnung planungsorientierter Kosteninformationen liefert und sich mit der Produktions- und Kostentheorie die Struktur der Kostenfunktionen für variable Kosten begründen lässt, dient die Agencytheorie dem anderen Rechnungszweck der **Verhaltenssteuerung**. Mit den in ihr entwickelten Principal-Agent-Modellen[26] wurde ein Instrumentarium entwickelt und zunehmend genutzt, durch das sich Erkenntnisse ableiten lassen, mit welchen Informationen das Verhalten von in einer Unternehmung tätigen Personen im Hinblick auf das Erfolgsziel beeinflusst werden kann. Die Bereitstellung von Informationen für die Steuerung wurde zwar seit langem als wichtiger Rechnungszweck oder bedeutendes Ziel der Kosten- und Erlösrechnung betont, in ihrer spezifischen Bedeutung zur Mitarbeitersteuerung bei der Umsetzung von Entscheidungen aber nicht in dieser Klarheit gesehen. Ausgehend von der **Informationsökonomie**[27] wurde die Agencytheorie damit zuerst in den USA und inzwischen auch in Deutschland[28] zu einer weiteren wichtigen theoretischen Grundlage der Kosten- und Erlösrechnung.

Charakteristisch für die Agencytheorie sind wie bei der investitionstheoretischen Kostenrechnung eine klare Kennzeichnung der **Modellprämissen** und die analytische Herleitung von Ergebnissen. Während man in der Produkti-

---

23 Vgl. SCHWEITZER, M. (Geltung), S. 231 ff.
24 Vgl. KILGER, W. (Deckungsbeitragsrechnung[10]), S. 155 ff.
25 Vgl. KÜPPER, H.-U. (Interdependenzen), S. 118 f.
26 Vgl. Kapitel 4., Abschnitt B.II., S. 626 ff.
27 Vgl. insb. DEMSKI, J.S./FELTHAM, G.A. (Cost Determination).
28 Vgl. z.B. EWERT, R./WAGENHOFER, A. (Unternehmensrechnung[6]) und SCHILLER, U. (Kostenrechnung).

ons- und Kostentheorie zu einem wesentlichen Teil empirische Zusammenhänge über Input-Output- sowie Kostenbeziehungen erfassen und überprüfen möchte[29], steht sowohl im investitionstheoretischen Ansatz als auch in der (normativen) Agencytheorie die formal-analytische Herleitung von Erkenntnissen aus den Modellprämissen im Vordergrund. Diese Prämissen beziehen sich im Allgemeinen auf Problemstellungen der Realität; jedoch erhebt man nicht den Anspruch allgemeiner empirischer Geltung. Ferner gehen auch die meisten Principal-Agent-Modelle von Zahlungen als den Basisgrößen und im Mehrperiodenfall vom Kapital- oder Endwert als Erfolgsziel aus. Insoweit steht bei Ihnen das kapitaltheoretische Konzept ebenfalls im Hintergrund.

Wie der investitionstheoretische Ansatz stellen Principal-Agent-Modelle Konzepte zur Herleitung von Informationen zur Erfüllung eines bestimmten Rechnungszwecks, der Verhaltenssteuerung, bereit. Deshalb sind auch sie weniger auf die Entwicklung unmittelbar praktisch anwendbarer Verfahren als auf die **Ableitung qualitativer Erkenntnisse** gerichtet. Dies wird bislang vor allem an drei Problemen deutlich, die in der Kosten- und Erlösrechnung seit langem diskutiert werden, der Allokation bzw. Verteilung von Fix- und Gemeinkosten, der Bestimmung von Lenkungspreisen sowie der Wahl von Abschreibungsverfahren.

Die Diskussion um die Entscheidungsrelevanz von Fix- und Gemeinkosten hatte nach dem Aufkommen der Teilkostenrechnungssysteme zu der weithin anerkannten Ansicht geführt, bei kurzfristigen Entscheidungen lediglich die variablen oder Grenzkosten zu berücksichtigen[30]. Mit Principal-Agent-Modellen, wie sie in Abschnitt B.II.1. bis 3.[31] von Kapitel *vier* dargestellt sind, wurde dagegen herausgearbeitet, dass im Hinblick auf die Verhaltenssteuerung eine Umlage von Gemeinkosten zweckmäßig sein kann und sie damit eine **Steuerungsrelevanz** besitzen können. Für diese sind im Allgemeinen nicht die einfachen Schlüssel geeignet, wie sie in traditionellen Systemen der Vollkostenrechnung angewandt werden. Vielmehr benötigt man rechnungszweckbezogene Verteilungsverfahren, die insbesondere von den verhaltensbestimmenden Nutzenfunktionen der beteiligten Personen (z.B. der Unternehmensleitung als Principal und dem ausführenden Manager oder Mitarbeiter als Agent) und deren Informationsstand abhängen. Allgemein liefern Principal-Agent-Modelle für die jeweils analysierte Problemstellung Konzepte, wie die Informationsversorgung und das Anreizsystem gestaltet werden sollten, um die angestrebte Umsetzung der Entscheidungen sicherzustellen.

An den in Abschnitt B.II.5. von Kapitel *vier* wiedergegebenen Ansätzen zur Bestimmung von Lenkungspreisen wird ersichtlich, wie das agencytheoretische Modellkonzept zusätzliche formale Einsichten vermittelt. Zwar wurde die **Dezentralisierung von Entscheidungen** seit langem u.a. mit dem besse-

---

[29] Dies gilt besonders für SCHWEITZER, M./KÜPPER, H.-U. (Produktionstheorie). Demgegenüber steht in der produktionstheoretischen Aktivitätsanalyse die systematische Konstruktion und Begründung von Produktionsbeziehungen im Vordergrund. Vgl. dazu u.a. FANDEL, G. (Produktion[5]), S. 25 ff. und DYCKHOFF, H. (Neukonzeption), S. 714 ff.
[30] Vgl. beispielsweise die Diskussionen in CHMIELEWICZ, K. (Entwicklungslinien).
[31] Vgl. S. 627 ff.

A. Angleichung von externem und internem Rechnungswesen

ren Informationsstand der dezentralen Manager begründet. Erst mit dieser Theorie wird dies jedoch explizit modelliert. Durch die Einbeziehung der unvollkommenen sowie asymmetrischen Information wird das Steuerungsproblem realistischer erfasst. Es wird berücksichtigt, dass die Bereiche und ihre Leiter über sich wesentlich besser informiert sind als die Unternehmensleitung. Sie kennen insbesondere ihre eigenen Fähigkeiten, Produkte kostengünstiger herzustellen oder mit höheren Erlösen am externen Markt abzusetzen. Für die Bestimmung des Verrechnungspreises, der zu einer gesamtzieloptimalen **Verhaltenssteuerung** und **Koordination** führt, müsste die Zentrale diesen „Typ" der Bereiche kennen. Um diese Information von dem bzw. den Bereichen wahrheitsgemäß zu erhalten, muss sie eine Informationsrente bezahlen. In dieser liegt (neben der Knappheit von Ressourcen) ein Grund dafür, dass Lenkungspreise häufig über den variablen bzw. Grenzkosten der innerbetrieblichen Güter liegen. Trotz der Erfassung der asymmetrischen Informationsverteilung kann aber noch nicht modellendogen gezeigt und damit eine Erklärung dafür geliefert werden, warum eine dezentrale Planung in der Praxis vielfach als vorteilhaft angesehen wird.

Eine intensiv diskutierte weitere Frage liegt darin, mit welchen **Bemessungsgrundlagen** ihres Anreizsystems sich Bereichsleiter im Hinblick auf das Erfolgsziel der Unternehmensleitung steuern lassen[32]. Geht man davon aus, dass die dezentralen Manager den Barwert der an sie fließenden (Gehalts-) Zahlungen maximieren wollen und damit in ihrer Nutzenfunktion das Kapitalwertkonzept internalisiert haben, scheint der **Residualgewinn** eine geeignete Bemessungsgrundlage für ihre Entlohnung zu bieten[33]. Dieser wird als Differenz zwischen den Zahlungsüberschüssen und den Kapitalkosten aus Abschreibungen und den Zinsen auf das eingesetzte Kapital ermittelt. Erhält der Manager jeweils einen Anteil an dem in einer abgelaufenen Periode realisierten Residualgewinn, so kann er diese Größe nicht manipulieren. Entsprechend dem LÜCKE-Theorem führt die Orientierung an dieser Erfolgsgröße zugleich zur Maximierung des von der Unternehmensleitung verfolgten Kapitalwerts. Das gilt aber nur, wenn der Manager mit keinem anderen, insbesondere höheren Zinssatz wie die Unternehmensleitung rechnet, weil er (als „ungeduldiger" Manager) mit einem baldigen Stellenwechsel oder Ausscheiden aus der Unternehmung rechnet. Nun haben WILLIAM ROGERSON[34] und STEFAN REICHELSTEIN[35] gezeigt, dass der Zielbezug bzw. die Anreizkompatibilität mit der Unternehmensleitung trotz unterschiedlicher Zinssätze auch besteht, wenn letztere die Struktur der Zahlungsüberschüsse kennt und für den Residualgewinn ein Abschreibungsverfahren verwendet wird, durch das die Kapitalkosten proportional zu den Zahlungsüberschüssen sind[36].

---

[32] Vgl. hierzu Kapitel 4., Abschnitt B.II.4., S. 639 ff.
[33] Vgl. Kapitel 4., Abschnitt B.II.4.c), S. 642.
[34] Vgl. ROGERSON, W.P. (Allocation).
[35] Vgl. REICHELSTEIN, S. (Decisions).
[36] Zur näheren Veranschaulichung vgl. KÜPPER, H.-U. (Controlling), S. 252-255.

Dieses Ergebnis ist inzwischen in der agencytheoretischen Literatur vielfältig analysiert und genutzt worden[37]. Es macht deutlich, dass es im Hinblick auf die Verhaltenssteuerung

- zweckmäßig sein kann, von rein **zahlungsbasierten Bemessungsgrundlagen** für monetäre Anreize auf kostenorientierte (accrual based) überzugehen und
- dabei Abschreibungen auf Investitionsgüter eine wichtige Funktion übernehmen können.

Darüber hinaus zeigt sich, dass **Kostenverteilungsverfahren** wie die Abschreibungen von der jeweiligen Zwecksetzung abhängen. Dies untermauert die allgemeine Erkenntnis, dass Auswertungsrechnungen der Kosten- und Erlösrechnung nicht allgemeingültig zu gestalten sind, sondern ihre jeweilige Struktur von dem für sie relevanten Rechnungszweck und -ziel bestimmt werden[38]. Deshalb sind zum Beispiel für die Berücksichtigung von Interdependenzen in der Planung andere Abschreibungsverfahren heranzuziehen als im Rahmen von Anreizsystemen zur Verhaltenssteuerung dezentraler Bereichsleiter. Aus diesen Gründen ist systematisch zu prüfen, wie eine Grundrechnung zu strukturieren ist, die eine Reihe zielabhängiger Auswertungsrechnungen mit relevanten Informationen zu versorgen vermag.

Aus der Beziehung zwischen Grundrechnung und Auswertungsrechnungen wird ersichtlich, dass die verschiedenartigen theoretischen Grundlagen der Kosten- und Erlösrechnung unterschiedliche Funktionen erfüllen und sich dadurch ergänzen. Die Weiterentwicklung der Kosten- und Erlösrechnung kann insbesondere durch Auswertung der theoretisch gewonnenen Erkenntnisse und deren Umsetzung in praktisch anwendbare Verfahren gelingen. Dabei ist zu prüfen, welche Anforderungen alternative Planungstypen (Bezugssysteme) mit ihren Zielen, Strategien und Anwendungsbedingungen die Struktur der praktisch anwendbaren Verfahren bestimmen[39].

III. Angleichung von externem und internem Rechnungswesen

Das Rechnungswesen besteht aus unterschiedlichen Rechnungssystemen, von der Finanzbuchhaltung über die Handels- und Steuerbilanz bis hin zu verschiedenartigen Kosten- und Erlösrechnungen. Diese Rechnungsvielfalt wirkt vielfach verwirrend. Deshalb sind vor allem in der Praxis Tendenzen erkennbar, zu einer Angleichung des externen und internen Rechnungswesens zu kommen. Beispielsweise ist die Siemens AG schon vor Jahren in diese Richtung gegangen[40].

---

[37] Vgl. u.a. PFEIFFER, TH. (Concepts) sowie FRIEDL, G. (Preisregulierung).
[38] Vgl. SCHWEITZER, M. (Theoretische Fundierung), S. 49 ff. und 62 ff.
[39] Vgl. SCHWEITZER, M. (Theoretische Fundierung), S. 64.
[40] Vgl. hierzu ZIEGLER, H. (Neuorientierung), S. 175 ff.

1. Handlungsspielräume der externen und internen Rechnung

Ein spezifisches Merkmal der heutigen externen wie der internen Rechnung liegt darin, dass beide nicht nach eindeutigen Regeln durchgeführt werden, obwohl sie u.a. **Messinstrumente** zur Ermittlung der Ergebnisse abgelaufener Perioden darstellen sollen. Die sich aus den Ansatz- und Bewertungswahlrechten der externen Rechnung bei Rückstellungen, immateriellen Vermögensgegenständen, Herstellungskosten, Abschreibungen usw. ergebenden Probleme werden intensiv diskutiert. Weniger Aufmerksamkeit finden dagegen die Handlungsspielräume der internen Rechnung[41] (vgl. Abbildung 5-1). Sie sind besonders offensichtlich bei den **kalkulatorischen Kosten**. So kann über die Abschreibungssumme, die Nutzungsdauer und das Abschreibungsverfahren die Höhe der Abschreibungen je Periode sowie je Stück beeinflusst werden. Entsprechendes gilt für die kalkulatorischen Zinsen mit der Bestimmung des betriebsnotwendigen Vermögens bzw. des durchschnittlich gebundenen Kapitals, des Abzugskapitals sowie des Kalkulationszinssatzes und für die Berechnung verschiedenartiger Wagniskosten. Nach dem wertmäßigen Kostenbegriff geht man bei wichtigen Kostenarten, wie Materialverbrauch und Abschreibungen, von Wiederbeschaffungspreisen aus. Diese werden mit der Notwendigkeit einer Berücksichtigung von **Opportunitätskosten** sowie dem Zweck einer Substanzerhaltung begründet[42]. Dem liegt jedoch in den wenigsten Fällen ein entscheidungstheoretisch fundiertes Konzept zugrunde.

Handlungsspielräume bei der Kostenermittlung	
Festlegung der kalkulatorischen Kosten:	Abschreibungsbetrag, Abschreibungsverfahren, Nutzungsdauer, durchschnittlich gebundenes Kapital, betriebsnotwendiges Vermögen, Abzugskapital, Kalkulationszinssatz, Berechnung von Wagniskosten
Festlegung der Wiederbeschaffungswerte:	Ermittlung und Prognose bzw. Schätzung von Tageswerten
Verteilung von Gemein- und Fixkosten:	einflussgrößenabhängige Zerlegung in fixe und variable Bestandteile, Verteilungsprinzipien und -maßstäbe, insbesondere Fixkostenproportionalisierungen
Bestimmung von Plankosten:	erwartete Preise, Verbrauchsmengen, Kostenbeträge
Ablauf der Kostenplanung:	dezentrale Planung der Verbrauchsmengen, Bestimmung der Planbeschäftigung bzw. Planbezugsgrößen

Abb. 5-1: *Handlungsspielräume bei der Kostenermittlung*

Soweit in **Vollkostenrechnungen** keine **verursachungsgerechte Zurechnung** der Gemein- bzw. Fixkosten möglich ist, orientiert man sich an mehr oder weniger präzisen Ersatzprinzipien, die sich i.d.R. nicht ohne Willkür auswählen lassen. Deshalb bieten sie einen Ansatzpunkt zur Kritik an der Kostenverteilung auf Bereiche, Stellen und Träger. In Teilkostenrechnungen treten diese Spielräume nur noch bei der Zerlegung in fixe und variable Kosten

---

[41] Vgl. KÜPPER, H.-U. (Unternehmensplanung), S. 24 ff.
[42] Vgl. PFAFF, D. (Notwendigkeit), S. 1072 ff.

sowie bei der Wahl von Zurechnungsmaßen für variable und unechte Gemeinkosten auf. Jedoch ergänzt man sie häufig um eine Fixkostenverteilung.

Plankostenrechnungen werfen zusätzliche Wahlprobleme gegenüber Istkostenrechnungen auf. Die in ihnen eingesetzten Prognoseverfahren und die **Kostenprognosen** lassen sich im Zeitablauf überprüfen. Ein spezifisches Wahlproblem betrifft die **Planbeschäftigung** bzw. **Planbezugsgröße**. Sie kann sich an der erwarteten, einer normalen, optimalen oder maximalen Auslastung sowie an einem für die Gesamtunternehmung relevanten Engpass oder an der Kapazität je Stelle orientieren. Bei Vollkostenrechnungen und bei ergänzenden Fixkostenverrechnungen in Teilkostenrechnungen ist dieser Parameter maßgebend für die Plankostenverrechnungssätze.

Spielräume bei der Bestimmung von Kosteninformationen sind auch auf den Ablauf der **Kostenplanung** zurückzuführen. Die Planung der Verbrauchsmengen, die Bestimmung von Planbeschäftigung bzw. Planbezugsgrößen, die Kostenbewertung sowie die Aufspaltung in fixe und variable Kosten erfolgen häufig dezentral in den Kostenstellen oder zumindest unter deren Mitwirkung.

Die in Abbildung 5-1 skizzierten Handlungsspielräume der Kostenbestimmung lassen sich dafür nutzen, **unterschiedliche Rechnungsziele** zu erfüllen. Dieser Vorteil kehrt sich in einen Nachteil um, wenn sie statt für eine sachgemäße Zweckpluralität zur **Manipulierbarkeit** genutzt werden. Die hierin liegende Gefahr ist um so größer, je mehr Personen an der Bestimmung von Kostendaten mitwirken. Das spricht dafür, die Handlungsspielräume soweit wie möglich einzuschränken und nur insoweit zu belassen, wie es im Hinblick auf unterschiedliche Rechnungsziele unvermeidlich ist.

Die skizzierten Handlungsspielräume lassen sich entsprechend Abbildung 5-2 vor allem auf **drei** grundlegende Probleme zurückführen, mit denen man sich bei der Gestaltung innerbetrieblicher Erfolgsrechnungen auseinandersetzen muss: Entscheidungsinterdependenz, unvollkommene Information sowie asymmetrische Informationsverteilung.

Die in Kostenrechnungen auftretenden Zurechnungsprobleme ergeben sich in erster Linie aus der intern notwendigen sachlichen und zeitlichen Zerlegung des Entscheidungsfelds der Unternehmung. Mit ihr werden **Interdependenzen** zerschnitten, deren Wirkungen durch den Ansatz von Opportunitätskosten berücksichtigt werden sollen. Beispielsweise sollen Zinssätze zum Ausdruck bringen, welche Deckungsbeiträge durch den Verzicht auf einen anderweitigen Einsatz des Kapitals entgehen. Durch die Verteilung von Fixkosten sowie die Verrechnung kalkulatorischer Zinsen will man **sachliche** Interdependenzen, über Abschreibungen und das Rechnen mit Wiederbeschaffungspreisen **zeitliche** Interdependenzen approximativ erfassen. Die hierzu in der Kostenrechnung angewendeten Verfahren orientieren sich im Allgemeinen an einfachen pragmatischen Regeln und reichen für eine präzise Abstimmung zwischen verschiedenen Entscheidungen bzw. für eine Erfassung der tatsächlichen Interdependenzen nicht aus. Eine verursachungs-

A. Angleichung von externem und internem Rechnungswesen

gemäße Fixkostenverteilung ist daher nur in sehr eingeschränktem Umfang möglich.

Ursachen	Folgen	Probleme
Interdependenzen: - sachliche - zeitliche	Kostenwirkungen als Opportunitätskosten (z. B. kalkulatorische Zinsen)	Fehlinterpretationen, Fehlentscheidungen
unvollkommene Information:	mehrdeutige Kostenprognosen, Chancen und Risiken	Fehlentscheidungen, Täuschung der Informationsempfänger
asymmetrische Informationsverteilung:	Wissen bei zentralen bzw. dezentralen Einheiten, Top-down-Planung bzw. Bottom-up-Planung	Principal-Agent-Probleme

Abb. 5-2: *Ursachen und Problematik von Handlungsspielräumen bei der Kostenermittlung*

Eine weitere Ursache der Handlungs- und Manipulationsmöglichkeiten liegt in der **unvollkommenen Information**, die bei zukunftsgerichteten Rechnungen unvermeidlich ist. Sie zeigt sich unmittelbar bei der Kostenprognose in Plankostenrechnungen. Aber auch schon zur Ermittlung einzelner Istkosten sind Prognose- und Schätzprobleme zu lösen. So sind zur Bestimmung von Abschreibungen die Nutzungsdauern einzelner Anlagen auf Basis von Erwartungen über Produktionsmengen, Anzahl der Schichten, laufende Betriebskosten sowie Liquidationserlöse vorauszusagen.

Für die konkrete Bestimmung der Kostenfunktionen sowie der Plankosten ist von Bedeutung, dass häufig die Kenntnis über die Input-Output-Beziehungen (Transformationsfunktionen) und die Kostenbeziehungen (Kostenfunktionen) in den **dezentralen Einheiten** am größten ist bzw. nur dort empirisch erhoben werden kann. Wegen dieser **Informationsasymmetrie** geht man in der Kostenplanung von den Kostenstellen aus, um die Kostenzusammenhänge relativ genau zu erfassen. Dieser "Bottom-up"-Verlauf eröffnet den dezentralen Einheiten aber zugleich Einflussmöglichkeiten auf die Bestimmung der Kostendaten. Es liegt nahe, dass sie bewusst oder unbewusst die Spielräume der Informationsermittlung entsprechend ihrer Individualziele und Vorstellungen nutzen werden. Spielen dagegen Prognosen des gesamten Periodenabsatzes für die Kostenplanung eine vorrangige Rolle, ist die Kenntnis darüber im zentralen Vertrieb am größten, und die Informationsasymmetrie gegenüber den Kostenstellen (z.B. der Fertigung) sowie die Einflussmöglichkeiten auf die Bestimmung der Kostendaten kehrt sich um.

Die Handlungsspielräume der externen und der internen Rechnung können außerdem zu einer **fehlerhaften Interpretation** der Daten führen. Dadurch wird die Eignung der Rechnungen als Informationsinstrumente gemindert. Soweit der Informationsempfänger die Daten für seine Entscheidungsfindung heranzieht, können sie **fehlerhafte Entscheidungen** bewirken. Darüber hinaus kann der Informationslieferant versuchen, zu "schummeln" und den Datenempfänger zu **täuschen**. Dies mindert die Verwendbarkeit der Informationen für Zwecke der Rechnungslegung und Kontrolle gegenüber den externen Anteilseignern, Gläubigern oder sonstigen Bilanzadressaten ebenso wie zwischen internen Bereichen und der Unternehmensleitung. Aus den Handlungsspielräumen ergibt sich extern wie intern eine ähnliche **Problematik**. In beiden Bereichen lassen sich die Beziehungen zwischen Informationslieferant und -empfänger nach dem Muster der Agencytheorie interpretieren. In der externen Rechnung ist die Unternehmensleitung der **Agent**, der die Verhältnisse in der Unternehmung genauer kennt und durch die Freiheitsgrade, welche ihm die externe Rechnung eröffnet, deren Adressaten als **Principale** täuschen kann. Bei der internen Rechnung haben die Stellen und Bereiche in der Unternehmung als Agents gegenüber dem Principal Unternehmensleitung ebenfalls die Möglichkeit, über die Datenermittlung die Entscheidungen des Principals zu ihren Gunsten zu beeinflussen. Da sie die zu liefernden Daten manipulieren können, kann er sich auf diese häufig nicht verlassen. Seine Möglichkeiten zur zielgerichteten Steuerung der Unternehmung nehmen damit ab.

2. Entwicklungstendenzen einer Angleichung von externer und interner Rechnung

Gegenwärtig sind Entwicklungen erkennbar, die auf eine Angleichung der Rechnungsziele der externen und internen Rechnungssysteme hinwirken. Durch die Integration der Volkswirtschaften in Europa und die zunehmende **Internationalisierung** von Unternehmungen werden im internationalen Vergleich die nationalen Unterschiede der externen und internen Rechnungssysteme deutlicher sichtbar. Deren Vielfalt steigert die **Komplexität** des Rechnungswesens noch mehr als bisher; dies ist in zweifacher Hinsicht relevant. Zum einen wirft bei international tätigen Unternehmungen die Konsolidierung sowohl der verschieden strukturierten externen Rechnungslegung als auch des internen Rechnungswesens zahlreiche Probleme auf. Wichtiger erscheint jedoch zum anderen, dass hinter den Differenzen zwischen den Rechnungssystemen verschiedenartige Konzepte über die relevanten Rechnungsziele und deren Realisierung in Planung und Steuerung stehen. Diese unterschiedlichen **Denkmuster** beeinflussen das Handeln der jeweiligen Entscheidungsträger grundlegend. Wenn Unternehmungen international bzw. global zu einer zielgerichteten Führung gelangen wollen, ist eine **Vereinheitlichung der Erfolgsrechnungen** für sie von großer Bedeutung. Durch die Internationalisierung wird die Komplexität des Rechnungswesens so groß, dass die Differenzen innerhalb sowie zwischen den externen und den internen Rechnungen von Land zu Land kaum mehr zu handhaben sind. Aus der pragmatischen Sicht des internationalen Controllings dürfte deshalb die Bedeutung einer Angleichung der Systeme zunehmen[43]. Darauf sind die gegenwärtigen Bemühungen um eine Vereinheitlichung der externen Rechnungslegung in Europa und weltweit zurückzuführen. Von ihnen

---

[43] Vgl. SCHWEITZER, M. (Theoretische Fundierung), S. 63 f.

A. Angleichung von externem und internem Rechnungswesen

wird vermutlich, zumindest bei international tätigen Unternehmungen, eine Tendenz zur Verminderung der Diskrepanzen zwischen internen und externen Systemen ausgehen. Wenn Unternehmungen in verschiedenen Ländern tätig sind und ihre Führungskräfte sowie Mitarbeiter keine Rechnungswesenspezialisten sind oder aus verschiedenen Kulturkreisen stammen, wird die Notwendigkeit eines möglichst einheitlichen und einfachen Rechnungswesens dringlicher[44].

Je stärker der Einfluss internationaler bzw. amerikanischer, externer Rechnungsgrundsätze[45] auf die europäische und besonders die deutsche Rechnungslegung wird, desto mehr dürfte die in den USA dominierende **Informationsfunktion** des Jahresabschlusses in den Vordergrund treten. Die Öffnung von Unternehmungen gegenüber den **Kapitalmärkten** verlangt außerdem eine stärkere Beachtung der **Anteilseigner**, ihrer Informationsbedarfe und ihrer Ziele. Die Wirkung des Jahresabschlusses auf die Kapitalmarktteilnehmer ist von den Unternehmungen zunehmend zu berücksichtigen, da sie deren Verhalten beeinflussen kann. Hier tritt ebenfalls die **Informationsfunktion** des Jahresabschlusses stärker als bisher in den Vordergrund. Zugleich gewinnen **kapitaltheoretische Konzepte** an Bedeutung, wie sie im Shareholder Value zum Ausdruck kommen. Dem entspricht intern der Versuch, die **längerfristige Ausrichtung** sowie die Beachtung von Anteilseignerzielen in entsprechende Erfolgsrechnungskonzepte umzusetzen, wie sie mit dem Begriff **Wertsteigerungsmanagement** verbunden werden. Auch für die interne Rechnung wird dadurch die bisher auf den Finanzbereich beschränkte **kapitaltheoretische** Sichtweise bestimmend.

Da in Deutschland zahlreiche Entscheidungsprozesse durch Mitbestimmungsrechte tangiert werden, ist zu prüfen, inwieweit auch Erfolgskonzepte für eine Stakeholderorientierung des externen und internen Rechnungswesens relevant sind. Grundsätzliche Probleme für die Gestaltung beider Konzepte des Rechnungswesens wirft die Frage auf, welche Kombinationen oder Mittelwege zwischen einer Shareholder- und Stakeholderorientierung systemkonform, gangbar bzw. zweckmäßig sind. Letztlich ist auch zu prüfen, in welchem Umfang das externe und interne Rechnungswesen strukturell anpassungsfähig sind. Ohne Zweifel ist die Anpassungsfähigkeit des externen Rechnungswesens wegen seiner rechtlichen Normierung geringer als die Anpassungsfähigkeit des weitgehend frei strukturierbaren internen Rechnungswesens. Wo der Mittelweg zwischen beiden Rechnungssystemen liegen kann, ist deshalb weitgehend vom internen und externen Informationsbedarf der potenziellen Entscheidungsträger und des Planungs- und Steuerungssystems des Unternehmens abhängig[46].

---

[44] Vgl. SCHWEITZER, M. (Theoretische Fundierung), S. 63.
[45] Z.B. nach den International Accounting Standards (IAS) bzw. den US-Generally Accepted Accounting Principles (US-GAAP).
[46] Vgl. SCHWEITZER, M. (Theoretische Fundierung), S. 63.

3. Möglichkeiten einer Angleichung der Rechnungen

Den Ausgangspunkt für eine Angleichung von externer und interner Rechnung bildet die Fundierung des gesamten Rechnungswesens auf Zahlungsgrößen, wie sie schon in der pagatorischen Bilanzauffassung gefordert wird[47]. Aus den Ein- und Auszahlungen als den Grundbegriffen des Rechnungswesens sind für die externe Rechnung **Erträge** und **Aufwendungen**[48] als periodisierte Größen nach eindeutigen Regeln herzuleiten. Für ein zusätzliches, davon abweichendes Begriffspaar Einnahmen und Ausgaben besteht keine Notwendigkeit[49]; es sollte vermieden oder synonym zu Ein- und Auszahlungen verwandt werden. **Kosten** und **Erlöse** sind im Hinblick auf die Rechnungsziele der Planung und Steuerung bzw. Entscheidungsfindung und der Verhaltenssteuerung aus den erwarteten Zahlungsströmen herzuleiten. Über die Anbindung der internen Rechnungen an die Zahlungen und eine konzeptionell nachvollziehbare Herleitung von Kosten und Erlösen für die Prozesse, die nicht unmittelbar mit Zahlungen verbunden sind, lässt sich die interne Rechnung vereinfachen und auf ein einheitliches, längerfristiges Erfolgsziel der externen Rechnung ausrichten. Jedoch bleibt das Problem einer hinreichend präzisen Prognostizierbarkeit der Zahlungsströme bestehen.

Ein sehr enger Bezug besteht zwischen externer und interner Rechnung in den Periodenerfolgsrechnungen. Soweit sich diese auf abgelaufene Zeiträume beziehen, stellen sie **Messinstrumente**[50] dar. In ihnen wird die Zuverlässigkeit der ermittelten Daten gesichert. Die im externen Rechnungswesen für eine abgelaufene Periode ermittelten Informationen weisen bei einem Minimum an Manipulationen (z.B. Bewertungswahlrechten) einen höheren Grad an Zuverlässigkeit als kalkulatorische Werte auf, weil erstere explizit von Zahlungsgrößen ausgehen und das Handels- sowie Steuerrecht ihnen eine Vielzahl von Ermittlungsregeln vorgibt. Zudem unterliegen sie einer stärkeren Überprüfung durch die interne Revision und die Wirtschafts- sowie Betriebsprüfer als die Kostenrechnung. Aus diesem Grund bietet es sich an, die externe Gewinn- und Verlustrechnung bei einer weiteren Präzisierung der Ermittlungsregeln und Einengung der Manipulationsspielräume zur Grundlage interner Periodenerfolgsrechnungen zu wählen, die für einzelne Entscheidungen, Bereiche und ggf. kürzere Zeiträume erstellt werden. Damit werden die Möglichkeiten der internen Bereiche verringert, ihre Ergebnisse über die Nutzung kostenrechnerischer Manipulationsspielräume zu beeinflussen. Differenzen zwischen der extern relevanten Rechnungslegung und internen Kontrollrechnungen werden auf diese Weise abgebaut. Diese Orientierung der internen an der externen Periodenerfolgsrechnung macht allerdings nur Sinn, wenn die Manipulationsspielräume der externen Rechnung (auf ein Minimum) reduziert werden.

Solange die bilanzielle Rechnung noch eine Vielzahl von **Ermessensspielräumen** enthält, ist sie daher für die interne Steuerung entsprechend zu

---

[47] Vgl. KOSIOL, E. (Buchhalung), S. 159 ff.; SCHWEITZER, M. (Bilanz), S. 64 ff.
[48] Vgl. KOSIOL, E. (Buchhaltung), S. 113 ff.; SCHNEIDER. D. (Rechnungswesen²), S. 59.
[49] Vgl. CHMIELEWICZ, K. (Finanzrechnung), S. 78.
[50] Vgl. SCHWEITZER, M. (Bilanz), S. 67 ff.

modifizieren[51]. Beispielsweise ist die SIEMENS AG diesen Weg einen ersten Schritt gegangen, indem bei den internen Rechnungen auf das Imparitätsprinzip verzichtet wird[52]. Die Verwendbarkeit auf diese Weise gewonnener Rechnungsgrößen zur internen Kontrolle würde erhöht, wenn es auch zu einem **Abbau von Wahlrechten** bei der Bilanzierung kommen würde[53]. Im Hinblick auf das für beide Teile des Rechnungswesens geltende Rechnungsziel der **Verhaltenssteuerung** wäre eine solche Erhöhung der Zuverlässigkeit der Rechnungen vorteilhaft und damit ein wichtiger Schritt zur Angleichung der Periodenerfolgsrechnungen getan.

Eine Verminderung der Manipulationsspielräume beinhaltet für die interne Rechnung vor allem einen weitgehenden Verzicht auf den Ansatz kalkulatorischer Kosten. Bei planmäßigen **Abschreibungen** erscheint die Übernahme handelsrechtlicher Ansätze für Periodenerfolgsrechnungen gerechtfertigt, soweit sie auf klaren und zielorientierten Regeln beruhen. Über eine gleichmäßige Verteilung der Anschaffungs- oder Herstellungsauszahlungen würde „wenigstens die Willkür durch die Wahl zwischen verschiedenen Abschreibungsverläufen begrenzt"[54]. Die Verwendung von Wiederbeschaffungswerten als Abschreibungsausgangswerten der Istrechnung führt bei gleichzeitigem Ansatz kalkulatorischer Kosten auf das abnutzbare Vermögen zur Einbeziehung von Gewinnanteilen in die Kosten.

Für Prognoserechnungen zur **Entscheidungsfindung** ist in der internen Rechnung auf spezifische Konzepte überzugehen. In diesen sind die Wirkungen der zur Auswahl stehenden Alternativen auf ein längerfristiges Erfolgsziel (wie den Kapital- oder Endwert, soweit er in der Wirtschaftspraxis relevant ist) zu bestimmen. **Entscheidungsrelevante Abschreibungen** lassen sich dann beispielsweise mit Hilfe investitionstheoretischer Ansätze den Handlungsvariablen zurechnen[55]. Dabei zeigt sich, dass Abschreibungen, Instandhaltungen und Zinskosten in einem Kapitaldienst zusammenfallen[56].

Kalkulatorische **Wagniskosten** dienen in der internen Rechnung nicht zur systematischen Berücksichtigung der unvollkommenen Information. Ihre Entstehung liegt eher in den Kostenrechnungsrichtlinien der LSP/LSÖ begründet, um die Beschneidung von Gewinnen zu kompensieren[57]. Deshalb erscheint es zweckmäßig, in internen Kontrollrechnungen (wie in der externen Rechnung) lediglich die für eingetretene Wagnisse durchschnittlich angefallenen Zahlungen auszuweisen[58]. In den Entscheidungsrechnungen der Planung sollte die **Unsicherheit der Daten** nicht durch den Ansatz grob geschätzter, eher willkürlicher, kalkulatorischer Kosten, sondern über entscheidungstheoretische Konzepte auf der Grundlage empirisch fundierter

---

[51] Vgl. SCHWEITZER, M. (Theoretische Fundierung), S. 63.
[52] Vgl. ZIEGLER, H. (Neuorientierung), S. 179.
[53] Vgl. SCHWEITZER, M. (Bilanz), S. 135 ff.; BALLWIESER, W. (Chancen), S. 41 und S. 43.
[54] Vgl. SCHNEIDER, D. (Rechnungswesen²), S. 131.
[55] Vgl. KÜPPER, H.-U. (Fundierung), S. 798 ff.; KÜPPER, H.-U.(Kostenrechnung), S. 86 ff.
[56] Vgl. SCHNEIDER, D. (Rechnungswesen²), S. 440 ff.
[57] Vgl. KOCH, I. (Kostenrechnung), S. 3. Das gilt in erster Linie für die Verrechnung des allgemeinen Unternehmerwagnisses. Vgl. SCHWEITZER, M. (Controlling unter Risiko), S. 520.
[58] So geht auch die Siemens AG vor. Vgl. ZIEGLER, H. (Neuorientierung), S. 179 f.

Zahlungsprognosen erfasst werden. So können die Wirkungen unsicherer Erwartungen beispielsweise mit Verfahren der simulativen **Risikoanalyse**[59] fundiert geschätzt werden. Darüber hinaus stellt sich die in den vergangenen Jahren intensiv diskutierte Frage, inwieweit die **Risikoneigung des Entscheidungsträgers** durch den Übergang auf entsprechende Zielgrößen sowie Risikonutzenfunktionen berücksichtigt werden sollte[60].

Am Beispiel der angesprochenen kalkulatorischen Kostenarten zeigt sich, dass eine Angleichung der auf Planung und Steuerung gerichteten internen an die externe Periodenerfolgsrechnung berechtigt erscheint. Für interne Entscheidungsrechnungen sollten an die Stelle kalkulatorischer Kosten theoretisch fundierte Konzepte treten, um das anstehende Entscheidungsproblem mit hinreichender Genauigkeit abzubilden. Entsprechende Überlegungen lassen sich auch für die kalkulatorischen Mieten und die kalkulatorischen Unternehmerlöhne anstellen.

Analoge Überlegungen lassen sich auch für die externe Rechnung anstellen. Als Istrechnung sollte sie konsequent mit hoher Messgenauigkeit auf das jeweils relevante Informationsziel ausgerichtet werden und auf realisierten Zahlungen aufbauen[61]. Zur Entscheidungsfindung bzw. -unterstützung externer Entscheidungsträger sind empfängerspezifische **Sonder-** bzw. **Auswertungsrechnungen** (wie z.B. Kapitalflussrechnungen) anzubieten, die dem Informationsempfänger entscheidungsrelevantes Wissen bereitstellen.

Eine spezielle Funktion nehmen **kalkulatorische Zinsen** wahr[62]. Mit ihnen wird die alternative Verwendbarkeit von Kapital zum Ausdruck gebracht. Soweit die einzelnen Bereiche keinen Einfluss auf die Finanzierungspolitik der Unternehmung haben, erscheint ihre Berücksichtigung als kalkulatorische Kostenart in der internen Rechnung berechtigt. Ihr Ansatz lässt sich anhand theoretischer Konzepte fundieren. Für ihre Beibehaltung spricht auch, dass sie beispielsweise in kapitaltheoretischen Konzepten die Brücke zur Verknüpfung der Periodenerfolge im Sinne eines Residualgewinns mit den Kapital- oder Endwerten bilden[63].

4. Grenzen einer Angleichung externer und interner Rechnungen

Eine Angleichung von internem und externem Rechnungswesen kann jedoch nicht zu einer einzigen, vollständig integrierten Rechnung führen, weil für die einzelnen Rechnungsziele der Entscheidungsfindung bei verschiedenartigen Planungs- und Steuerungsproblemen sowie der Verhaltenssteuerung dezentraler Einheiten **spezifische Rechnungen** erforderlich sind[64]. Für deren Erstellung sollten theoretische Konzepte genutzt werden, wie sie heute bereits verfügbar sind.

---

[59] Vgl. KOCH, I. (Kostenrechnung), S. 126 ff.
[60] Vgl. Kapitel 3., Abschnitt D.I.6.c)aa), S. 476 ff.
[61] Vgl. SCHWEITZER, M. (Bilanz), S. 141 ff.
[62] Sie werden bei der SIEMENS AG als einzige kalkulatorische Kostenart beibehalten.
[63] Vgl. LAUX, H. (Erfolgssteuerung), S. 164.
[64] Vgl. KÜPPER, H.-U. (Unternehmensplanung), S. 42 f.

A. Angleichung von externem und internem Rechnungswesen

Die Notwendigkeit der internationalen Angleichung, die zunehmende Bedeutung kapitaltheoretischer Konzepte durch den Einfluss des Kapitalmarkts, die klare Orientierung an den Rechnungszielen Planung, Steuerung und Verhaltenssteuerung sowie der Einsatz des Controllings mit innerbetrieblichen Informations- und Koordinationsfunktionen könnten zu einer weitergehenden Angleichung in den Grundlagen des Rechnungswesens führen. Für sie würden **langfristige Unternehmensziele**, wie **Marktwert**, Kapital- bzw. Endwert oder **Shareholder Value**, die Grundlage und realisierte bzw. prognostizierte **Zahlungen** die Basisgrößen bilden. Im Hinblick auf Planungszwecke könnte die Bereitstellung von Prognoseinformationen für externe Adressaten ausgeweitet werden, die insbesondere auf erwartete Zahlungsströme der Unternehmung gerichtet wären. Interne Planungs- und Steuerungsrechnungen müssten in ein Gesamtkonzept des **Controllings** eingebunden sein. Eine **Angleichung** externer und interner Rechnungen bei gleichzeitiger **zielorientierter Differenzierung** und konzeptioneller **Fundierung** spezifischer interner Rechnungen kann ein Weg sein, um das Rechnungswesen zu einem leistungsfähigen Controllinginstrument zu entwickeln.

B. Ausbau der Kosten- und Erlösrechnung für Dienstleistungsbereiche

I. Besonderheiten dienstleistungsbezogener Kosten- und Erlösrechnungen

Die traditionelle Kosten- und Erlösrechnung orientiert sich weitestgehend an **industriellen Sachgüterproduktionen**. Bei genauerer Hinsicht zeigt sich allerdings, dass in Industrieunternehmungen sowohl als Einsatzgüter als auch als Zwischenprodukte und Ausbringungsgüter nicht nur materielle Güter (Sachgüter) auftreten, sondern auch immaterielle Güter (Dienstleistungen). Als Beispiele für derartige **Dienstleistungsproduktionen** lassen sich nennen: Beschaffungsförderung, Forschung und Entwicklung, Konstruktion, Organisation, Rechnungswesen, Planung, Verkauf, Werbung, Kundenschulung, Inspektionen und Reparaturen. Diese Dienstleistungen sind für die Sachgüterproduktion der Industrieunternehmung unverzichtbar, weil sie letztere planend und steuernd begleiten. Ohne sie wäre eine moderne Sachgüterproduktion nicht möglich. Für Industrieunternehmungen ist jedoch kennzeichnend, dass die Sachgüterproduktion als Kernfunktion im Mittelpunkt der gesamten Leistungserstellung steht und die Struktur ihrer Entscheidungsprozesse determiniert. Wird verlangt, dass eine Kosten- und Erlösrechnung diese Entscheidungsprozesse mit quantitativen Informationen unterstützt, muss sich diese Rechnung an den Bedingungen und Strukturen der industriellen Sachgüterproduktion orientieren. Dazu gehört insbesondere, dass sie die jeweils gegebene Relation von Sachgüter- und Dienstleistungsproduktion berücksichtigt. Verschiebt sich diese Relation von Unternehmung zu Unternehmung, muss die Kosten- und Erlösrechnung dieser Veränderung realitätsnah folgen.

Eine „reziproke" Ausprägung hat die erwähnte Relation für eine **Dienstleistungsproduktion**. Bei ihr steht als Kernfunktion die Dienstleistungsproduktion im Mittelpunkt der gesamten Leistungserstellung. Vergleichbar zur Sachgüterproduktion ist bei ihr zu beobachten, dass es sich bei der Produktion von Dienstleistungen keineswegs nur um die Kombination und Transformation immaterieller Einsatzgüter zu immateriellen Ausbringungsgütern handelt. Vielmehr finden in fast jeder Dienstleistungsproduktion neben zahlreichen immateriellen auch materielle Einsatzgüter Verwendung.[65] Dies gilt beispielsweise für alle Handels-, Bank-, Versicherungs- und Verkehrsunternehmungen, ebenso für (öffentliche und private) Hochschulen, Theater, Kirchen, Gymnasien, Versorgungsbetriebe und Krankenhäuser. Keiner dieser „Dienstleister" kann bei der Erstellung seiner (überwiegend) immateriellen Ausbringungsgüter (Dienstleistungen) auf den Einsatz materieller Güter verzichten. So benötigt ein **Krankenhaus** für die Erstellung seiner Leistungen Gebäude, Betten, medizinische Apparaturen, Operationsbestecke, Verbandstoffe u.a. Eine **Hochschule** kann bei ihren Prozessen der

---

[65] Vgl. SCHWEITZER, MARCUS (Dienstleistungskapazitäten), S. 61.

B. Kosten- und Erlösrechnung für Dienstleistungsbereiche

Forschung und Lehre weder auf eine räumliche Ausstattung noch auf Apparaturen, Maschinen, Labore, Hörsäle, Computer, Bücher u.a. verzichten. Von Bedeutung ist jedoch, dass in Dienstleistungsunternehmungen die Dienstleistungsproduktion als Kernfunktion im Mittelpunkt der gesamten Leistungserstellung steht und die Struktur ihrer Entscheidungsprozesse determiniert. Der besonderen Struktur der jeweiligen Dienstleistungs-produktion muss eine Kosten- und Erlösrechung bestmöglich angepasst werden. Eine einfache Übertragung einer Kosten- und Erlösrechnung aus dem Industriebereich auf den Dienstleistungsbereich ist daher nicht ohne weiteres möglich. Vielmehr muss diese Rechnung unter Berücksichtigung der Besonderheiten der Dienstleistungsproduktion und der sie begleitenden Entscheidungen umgestaltet werden. In einigen Fällen sollte die modifizierte Rechnung zusätzlich ethischen Grundsätzen (z.B. in der Biotechnologie), bildungspolitischen Anforderungen (z.B. in der akademischen Lehre) oder rechtlichen Normen (z.B. in der Rechtsberatung) entsprechen. Diese wenigen Beispiele lassen bereits erkennen, wie groß die Vielfalt realer Dienstleistungsproduktionen ist, und wie vielen Bedingungen zugehörige Kosten- und Erlösrechnungen genügen müssen.

In der beschriebenen **Erscheinungsvielfalt** der Dienstleistungsproduktionen hängen die Bedeutung und das Gewicht einer Kosten- und Erlösrechnung u.a. von der **Rangordnung der verfolgten Ziele** ab. Beispielsweise haben in einer Universität der Neuheitswert der Forschungsergebnisse und die Qualität der Lehrveranstaltungen einen höheren Rang als ihre Wirtschaftlichkeit. Das bedeutet jedoch nicht, dass die **Wirtschaftlichkeit** dieser Prozesse aus dem Auge verloren werden darf, weil sie als „zweitrangig" verstanden wird. Schrumpfende **Globalhaushalte** sprechen hier eine eindeutige Sprache. Für eine Hochschulkostenrechnung ergibt sich daraus die Anforderung, dass sie die in Wissenschaft und Verwaltung anstehenden wirtschaftlichen Entscheidungsprozesse mit präzisen und entscheidungsrelevanten Informationen unterstützen muss, auch wenn ihre ökonomischen Ziele dem Range nach niedriger angesetzt werden als die Ziele der wissenschaftlichen Prozesse.

Eine weitere **Besonderheit der Dienstleistungsproduktion** liegt darin, dass bei ihr meist sog. „externe Faktoren" beteiligt sind[66]. Ein **externer Faktor** tritt als Reisender bei der Personenbeförderung, als Patient bei der ärztlichen Behandlung, als Student in akademischen Veranstaltungen, als Ladung im Stückgutverkehr, als Fahrzeug im Verkehrsnetz usw. auf. Das Besondere liegt hier darin, dass der externe Faktor an der Dienstleistungsproduktion in verschiedener Art und mit verschiedener Intensität mitwirken kann. Dies beinhaltet, dass er beispielsweise als Reisender Wünsche zur Fahrplangestaltung äußert, als Patient durch vernünftiges Verhalten den Genesungsprozess unterstützt, als Student ein intensives Eigenstudium betreibt, als Kunde einer Spedition Termine und Transportart vorgibt oder als Autofahrer Anforderungen an die Sicherheit von Verkehrsmittel und Verkehrsweg stellt. Da die **Qualität einer Dienstleistung** u.a. von der Intensität der Mitwirkung des externen Faktors abhängt und dieselbe Dienstleistung au-

---

[66] Vgl. CORSTEN, H. (Dienstleistungsmanagement), S. 28; DYCKHOFF, H. (Grundzüge), S. 46 f.; SCHWEITZER, MARCUS (Dienstleistungskapazitäten), S. 47 ff.

ßerdem auf unterschiedliche Weise und nach unterschiedlichen Verfahren erbracht werden kann, ist sie stärker von individuellen menschlichen Eigenschaften, Wünschen und Verhaltensweisen abhängig als das materielle Ergebnis einer technisch determinierten Sachgüterproduktion. Aus diesen Eigenschaften ergibt sich, dass sich Dienstleistungen oft nur schwer präzise messen und vergleichen lassen. Dies kann für eine Kosten- und Erlösrechnung zu schwierigen Problemen führen.

Für mehrere Dienstleistungsproduktionen sind bereits unter Berücksichtigung ihrer Produktionsbesonderheiten spezifische Kosten- und Erlösrechnungen entwickelt worden, die als **Rechnungstypen der Dienstleistungsproduktion** bezeichnet werden können. Das gilt insbesondere für Handels-[67], Banken-[68], Versicherungs-[69] und Transportunternehmungen[70]. Auch für Krankenhäuser, öffentliche Verwaltungen und öffentliche Unternehmungen[71] sowie kommunale Einrichtungen[72] gibt es bereits eigene Kosten- und Erlösrechnungen. Für einzelne Handwerkszweige[73] und verschiedene Beratungsberufe[74] gilt Entsprechendes.

Darüber hinaus werden bestimmte Dienste von Dienstleistungsunternehmungen auch in Unternehmungen anderer Wirtschaftszweige erbracht. So sind in der Regel in Industrieunternehmungen für die Sachgüterproduktion Transport- und Verwaltungsprozesse erforderlich. In ihren Personalbereichen werden Aufgaben der Aus- und Weiterbildung durchgeführt, und in ihren Finanzabteilungen werden Finanzpläne erstellt. Wegen dieser Parallelität bzw. **Ähnlichkeit der Dienstleistungsproduktionen** bestehen Beziehungen zwischen der Gestaltung der Kosten- und Erlösrechnung bestimmter Dienstleistungszweige und der Kosten- und Erlösrechnung für besondere Unternehmungsbereiche der Industrie, in welchen vergleichbare Dienstleistungen erbracht werden. Ein typischer Fall dieser Art ist die **Logistik**. In einer Industrieunternehmung bildet sie eine Querschnittsfunktion der raum-zeitlichen Gütertransformation und umfasst als Dienstleistung innerbetriebliche Transport-, Lager- und Güterumschlagsprozesse. Hier können die Logistikprozesse eine so große Bedeutung gewinnen, dass zur Unterstützung ihrer Planungs- und Steuerungsaufgaben eine **Logistikkostenrechnung**[75] eingeführt werden muss. Entsprechende Aussagen lassen sich für die **Qualitätskostenrechnung**[76] formulieren. Die Dienstleistung der Qualitätssicherung ist wie die Logistik eine phasenübergreifende Querschnittsfunktion. Sie kann über alle Wertschöpfungsphasen von der Beschaffung bis zum Absatz reichen. Besondere Beschaffungs-, Fertigungs- und Absatzkostenrechnungen sind dagegen nur auf eine einzige Phase der indu-

---

[67] Vgl. RÖHRENBACHER, H. (Handelsbetrieb).
[68] Vgl. GERKE, W. (Bankbetrieb).
[69] Vgl. KLENGER, F./CHRISTOPH, A. (Versicherungsunternehmen).
[70] Vgl. RIEBEL, P. (Verkehrsbetriebe).
[71] Vgl. GORNAS, J. (Verwaltung).
[72] Vgl. BESIER, K. (Einrichtungen).
[73] Vgl. GRATZKE, J. (Handwerk).
[74] Vgl. KLUG, A. (Steuerberatungsbetriebe).
[75] Vgl. WEBER, J. (Logistikkostenrechnung); TEICHMANN, S. (Untersuchung).
[76] Vgl. RAUBA, A. (Qualitätskostenrechnung).

B. Kosten- und Erlösrechnung für Dienstleistungsbereiche

striellen Produktion bezogen. Sowohl für eine phasenbezogene als auch für eine phasenübergreifende Gestaltung der Kosten- und Erlösrechnung in Industrieunternehmungen bedeutet dies, dass für beide durchaus konzeptionelle Anleihen bei den Rechnungssystemen der entsprechenden Dienstleistungsproduktionen gemacht werden können.

II. Grundzüge einer Kosten- und Erlösrechnung für das Krankenhaus

1. Krankenhaus als moderne Dienstleistungsunternehmung

Ein **Krankenhaus** (Klinik, Sanatorium, Spital) hat einen gesellschaftlichen Auftrag (Heil- und Pflegeauftrag) zur allgemeinen Versorgung von Kranken zu erfüllen. Nach dem Grad ihrer Spezialisierung lassen sich allgemeine Krankenhäuser und Fachkrankenhäuser unterscheiden, nach ihrem Träger öffentliche und private Krankenhäuser. Ihre organisatorischen Gliederungsebenen bestehen aus **Abteilungen** (z.B. chirurgische und internistische Abteilungen) sowie aus einzelnen **Stationen** (Pflegeeinheiten). Ein modernes Krankenhaus ist ein komplexer Dienstleistungsbetrieb mit baulich und technisch hoch entwickelten, diagnostischen, pflegerischen, chirurgischen, radiologischen sowie intensivtherapeutischen Einrichtungen. Dazu kommen Einrichtungen wie Küchen, Wäschereien, Apotheken, Desinfektionsanlagen und Verwaltungsbereiche. Mit dem rapiden Erkenntnisfortschritt und dem zunehmenden Zwang zur Wirtschaftlichkeit auf dem Gebiet der medizinischen Krankenversorgung steigen auch die Anforderungen an das **Krankenhausmanagement** und an seine Führungs- und Controllinginstrumente.

Da Krankenhäuser, unabhängig von ihrer Trägerschaft, gesetzlich zu einer Jahresabschluss- und Kostenrechnung verpflichtet sind, ist die Entwicklung eines **leistungsfähigen Kosten- und Erlösrechnungssystems** für sie unverzichtbar. Diese Entwicklung wird noch dadurch verstärkt, dass vorangetriebene Deregulierungen, gestiegene Patientenerwartungen, demographische Strukturen und der medizinische Fortschritt zu einer deutlichen Veränderung des Wettbewerbs zwischen Krankenhäusern führen. Im Ergebnis drängt diese Entwicklung zu einer angemessenen Integration betriebswirtschaftlicher Erkenntnisse in das Wissen des Krankenhausmanagements. Entscheidungsprozesse im Krankenhaus verlangen mit steigender Dringlichkeit nach einer **ökonomischen Fundierung**. Daher müssen die Informationsversorgung des Managements und die Koordination der Managemententscheidungen, d. h. das **Krankenhauscontrolling**[77], nach betriebswirtschaftlichen Grundsätzen gestaltet werden. Ohne Zweifel nimmt mit dieser Entwicklung die Bedeutung des betriebswirtschaftlichen Denkens und Handelns in Krankenhäusern zu.

---

[77] Vgl. HENTZE, J./HUCH, B./KEHRES, E. (Krankenhaus-Controlling).

742   5. Kapitel: Weiterentwicklung der Kosten- und Erlösrechnung

2. Rechtliche Grundlagen des Rechnungswesens im Krankenhaus

Die Struktur der Kosten- und Erlösrechnung eines Krankenhauses ist weitestgehend rechtlich normiert. Durch eine Reihe von Gesetzen und Verordnungen wird versucht sicherzustellen, dass der Versorgungsauftrag auf dem Stand der medizinischen Erkenntnis, transparent, vergleichbar und wirtschaftlich erfüllt wird. Die wichtigsten **rechtlichen Grundlagen** für die Gestaltung ihrer Kosten- und Erlösrechnung sind enthalten:

- im Krankenhausfinanzierungsgesetz (KHG),
- in der Krankenhausbuchführungsverordnung (KHBV),
- in der Bundespflegesatzverordnung (BPflV),
- in der Abgrenzungsverordnung (AbgrV),
- im Krankenhausentgeltgesetz (KHEntG),
- im (neuen) Fallpauschalengesetz (FPG) und
- in der (neuen) Verordnung zum Fallpauschalensystem für Krankenhäuser (KFPV).

3. Rechnungsziele der Kosten- und Erlösrechnung im Krankenhaus

a) Ermittlung DRG-relevanter Kosten

Die Krankenhauskostenrechnung verfolgt mehrere Rechnungsziele. Ein erstes Rechnungsziel ist die Ermittlung pflegesatzfähiger Kosten (nach KHBV, BPflV und KHG), welche ab 2003 **DRG-relevante Kosten** (DRG = Diagnosis-Related-Groups) heißen. Diesem Rechnungsziel wird entsprochen, indem für DRG-relevante Leistungen (allgemeine voll- und teilstationäre Krankenhausleistungen) DRG-relevante Kosten von DRG-irrelevanten Kosten getrennt werden. Dabei werden als DRG-relevant solche Kosten verstanden, deren Berücksichtigung in der DRG-Fallpauschale nicht ausgeschlossen wird (KHG § 2). Zu den Kosten, die nicht durch Fallpauschalen zu decken sind, die also „ausgeschlossen" und daher DRG-irrelevant sind, gehören:

- Kosten der ambulant erbrachten Leistungen von Ärzten des Krankenhauses,
- Kosten der ambulanten Leistungen des Krankenhauses selbst,
- Kosten vorstationärer Leistungen, die nicht zu einem vollstationären Aufenthalt führen,
- Kosten der Leistungen des Krankenhauses an Dritte,
- Kosten der Personalunterkunft und -verpflegung,
- Teile der Kosten für wissenschaftliche Forschung und Lehre,
- Kosten psychiatrischer, psychosomatischer und psychotherapeutischer Leistungen.

B. Kosten- und Erlösrechnung für Dienstleistungsbereiche

b) Ermittlung von Kostenstellenkosten

Ein zweites Rechnungsziel liegt in der **Ermittlung der Kostenstellenkosten** (Kostenstelleneinzelkosten; nach KHBV). Für die Gliederung der Kostenstellen wird ein verbindlicher **Kostenstellenrahmen** vorgegeben (KHBV § 8). Die Kostenstelleneinzelkosten[78] werden in der Kostenstellenrechnung den nach dem Kostenstellenrahmen abgegrenzten Orten/Bezirken der Kostenentstehung möglichst präzise (verursachungsgerecht) zugerechnet.

c) Beurteilung der Wirtschaftlichkeit

Die **Beurteilung der Wirtschaftlichkeit und der Leistungsfähigkeit** ist ein drittes Rechnungsziel. Ihre Durchführung erfolgt nach KHBV und BPflV und besteht in verschiedenen Vergleichen (Kontrollen):

- periodischen Vergleichen,
- kostenstellenbezogenen Soll-Ist-Vergleichen,
- Betriebs- oder Abteilungsvergleichen.

d) Ermittlung von Größen für die betriebsinterne Steuerung

Das vierte Rechnungsziel der Krankenhauskostenrechnung liegt in der Ermittlung kostenbasierter **Steuerungsgrößen**. Bei ihnen handelt es sich um Kosten- und Leistungsdaten nach KHBV. Diese Daten dienen der Personalbedarfsplanung und der Personaleinsatzplanung. Insbesondere für zukünftige Leistungsstrukturen sind relevante Kostenplanungen durchzuführen. Da die interne Steuerung des Krankenhauses im Wesentlichen auf **Abweichungsanalysen** beruht, können mit ihren Ergebnissen wirtschaftliche Ziele durch Kostensteuerung verfolgt werden. Die interne Steuerung ist damit ein Instrument des **Kostenmanagements**.

4. Struktur der Kosten- und Erlösrechnung im Krankenhaus

a) Verwendung pagatorischer Wertansätze

Bei der Erläuterung der Rechnungsziele sind bereits einzelne Komponenten der Kosten- und Erlösrechnung im Krankenhaus angesprochen worden. Diese Komponenten werden nachfolgend in einen systematischen Zusammenhang gebracht, damit die Struktur der Kosten- und Erlösrechnung erkennbar wird. Nach KHBV § 8 sind die Kosten aus dem Aufwand der Finanzbuchhaltung, d.h. aus der Gewinn- und Verlustrechnung des testierten Jahresabschlusses, abzugrenzen. Im Prinzip stellen die aus dem Aufwand hergeleiteten DRG-relevanten Kosten **Grundkosten**[79] für die Krankenhauskostenrechnung dar. Da **kalkulatorische Kosten** nicht DRG-relevant sind[80], entsprechen die Grundkosten dem **Zweckaufwand**[81]. Damit handelt es sich bei

---

[78] Vgl. Kapitel 2., Abschnitt B.III., S. 128 ff.
[79] Vgl. Kapitel 1., Abschnitt A.II.2.b), S. 17 f.
[80] Vgl. DKG/GKV/PKV (Kalkulation), S. 44.
[81] Vgl. Kapitel 1., Abschnitt A.II.2.b), S. 17 f.

der Kostenbewertung um einen Ansatz des Einsatzgüterverbrauchs zu Anschaffungsausgaben bzw. um die Anwendung **pagatorischer Kosten**. Daran wird deutlich, dass die Abgrenzung zwischen pagatorischer und kalkulatorischer Rechnung sowie damit zwischen Ausgaben und Kosten im Krankenhaus eine geringere Rolle als in Industrieunternehmungen spielt.

b) Kennzeichnung des operativen Rechnungssystems

Das operative System der Kosten- und Erlösrechnung im Krankenhaus ist eine Vollkostenrechnung. Sie verkörpert in ihren ersten Entwicklungsstadien eine **Istkostenrechnung** sowie in reiferer Form eine **Plankostenrechnung** auf der Basis von Normalkosten. Sie umfasst die üblichen Komponenten einer Kostenrechnung: Arten-, Stellen- und Trägerrechnung[82]. In der Kostenartenrechnung werden für differenzierte Einsatzgüter einzelne Kostenarten gebildet, während in der Kostenstellenrechnung Orte bzw. Bezirke der Kostenentstehung (und der Kosteneinwirkung) abgegrenzt werden. Nach rechnungstechnischen Gesichtspunkten unterscheidet man direkte und indirekte Kostenstellen. In der Kostenträgerrechnung werden Kostenträgereinzelkosten den Kostenträgern (Fällen) direkt und Kostenträgergemeinkosten indirekt über Kostenstellen zugerechnet.

Abbildung 5-3 zeigt den Datenfluss von der Finanzbuchhaltung bis zur Kostenträgerrechnung.

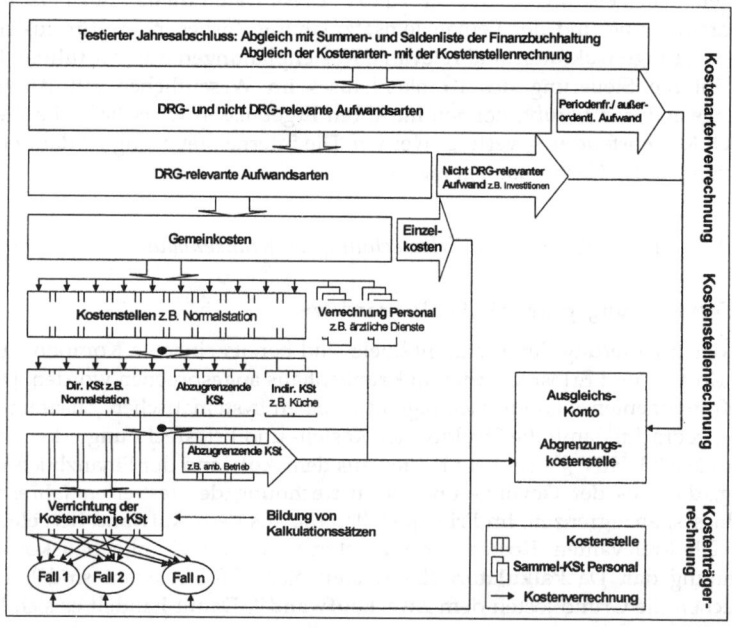

Abb. 5-3: *Kalkulationsschritte zur Ermittlung der DRG-relevanten Fallkosten*[83]

---

[82] Vgl. Kapitel 2., Abschnitt A., S. 77 ff.
[83] In Anlehnung an DKG/GKV/PKV (Kalkulation), S. 4.

c) Komponenten der Kosten- und Erlösrechnung

aa) Kostenartenrechnung

In der **Kostenartenrechnung**[84] werden die differenzierten Einsatzgüterverbräuche zu Anschaffungsausgaben (KHBV § 8) bewertet. Die **Gliederung der Kostenarten** beruht auf einem einheitlichen **Kontenrahmen**. Eine tiefere Differenzierung kann für einzelne Auswertungsrechnungen vorgenommen werden, insbesondere für die Personalbedarfsplanung und die Personaleinsatzplanung.

bb) Kostenstellenrechnung

In der **Kostenstellenrechnung**[85] werden alle Kostenträgergemeinkosten (Kostenstelleneinzelkosten) den Orten/Bezirken ihrer Entstehung, d. h. den **Kostenstellen**, zugerechnet. Nach altem Recht liefen auch alle Kostenträgereinzelkosten über die Stellenrechnung. Danach diente die Kostenstellenrechnung der **stellenbezogenen Budgetkontrolle**. Diese Kontrollkonzeption wurde in jüngster Zeit um eine **kostenträgerbezogene Erfolgskontrolle** erweitert. Die im Kostenstellenrahmenplan festgelegte Gliederung der Kostenstellen wird als Mindestanforderung verstanden und gibt eine **Kostenstellenhierarchie** mit „indirekten Kostenstellen" (Vorkostenstellen) und „direkten Kostenstellen" (Endkostenstellen) sowie ggf. „Abzugrenzenden Kostenstellen" vor. In dieser rechnungstechnischen Unterteilung der Stellen spiegelt sich die Absicht wieder, alle Gemeinkosten möglichst präzise (verursachungsgerecht) den Orten bzw. Bezirken ihrer Entstehung zuzurechnen. Prinzipiell kann die Untergliederung der Kostenstellen bis zu einzelnen Arbeitsplätzen vorangetrieben werden. Mit dieser Differenzierungsmöglichkeit liefert der Kostenstellenrahmen die Grundlage für den Ausbau der Kostenrechnung zu einer **Platz- sowie Prozessstenrechnung**.

In der Kostenstellenrechnung für Krankenhäuser wird auch eine **Verrechnung** innerbetrieblicher **Leistungen** durchgeführt, die den Austausch von (Sachgütern und) Dienstleistungen zwischen verschiedenen Stellen erfasst[86]. Nach KHBV § 8 werden **leistungsliefernde** und **leistungsempfangende** (leistungsanfordernde) **Kostenstellen** unterschieden. Mit dieser Unterscheidung wird eine Verrechnung der Kosten innerbetrieblicher Leistungen nach der tatsächlichen Leistungsinanspruchnahme durch empfangende Stellen angestrebt. Bei dieser Verrechnung werden liefernde Stellen für ihre Leistungen kostenmäßig entlastet und empfangende Stellen entsprechend belastet. Die **Bezugsgrößen** für die erforderlichen Verrechnungssätze sind beispielsweise Punkte nach der Gebührenordnung für Ärzte (GOÄ) oder/und Pflegetage, die Anzahl der Fälle nach dem Fallpauschalenkatalog u.a. Die Verrechnung innerbetrieblicher Leistungen hat beispielsweise für den ärztlichen Dienst bettenführender Abteilungen große Bedeutung, weil dieser Dienst für zahlreiche andere Stellen (Stationen) diagnostische und therapeutische Dienst-

---

[84] Vgl. DKG/GKV/PKV (Kalkulation), S. 26 ff.
[85] Vgl. DKG/GKV/PKV (Kalkulation), S. 72 ff.
[86] Vgl. Kapitel 2., Abschnitt B.III.4.c), S. 137 ff.

leistungen erbringt. Vergleichbar ist die Situation in der Radiologie, die mit ihren Dienstleistungen ebenfalls zahlreiche andere Stellen bedient.

In den Kostenstellen werden auch die Berechnungen der **Kalkulationssätze** (Gemeinkostenzuschlagssätze) vorbereitet, welche für die Kalkulation von Behandlungsfällen benötigt werden. Diese Kalkulationssätze sind nach Fallgruppen zu differenzieren. Für die Bezugsgrößen der Kalkulationssätze wird gefordert, dass zwischen ihnen und den in den Stellen ausgewiesenen Kosten eine proportionale Beziehung besteht. Kostentheoretisch werden also für die Kalkulationen **lineare Kostenfunktionen** unterstellt.

Die **stellenbezogene Wirtschaftlichkeitskontrolle** kann entweder auf der Basis einzelner Kostenarten, auf der Basis von Leistungsmengen oder als Budgetkontrolle durchgeführt werden.

cc) *Kostenträgerrechnung (Kalkulation und Erfolgsrechnung)*

Die wichtigsten Aufgaben der **Kostenträgerrechnung**[87] im Krankenhaus sind:

- die Kalkulation von Selbstkosten für Leistungen, die über Fallpauschalen und Sonderentgelte vergütet werden,
- die Durchführung von Wirtschaftlichkeitskontrollen,
- die Planung und Steuerung des Leistungsprogramms.

Die Kostenträgerrechnung umfasst eine Kostenträgerstückrechnung (Kalkulation) und eine Kostenträgerzeitrechnung (Kurzfristige Erfolgsrechnung). Die **Kostenträgerstückrechnung** kann für verschiedene Kalkulationsobjekte vorgenommen werden. Diese führen zur Kalkulation fallbezogener, tagesbezogener, patientenbezogener oder entscheidungsobjektbezogener Kosten. Fall- und tagesbezogene Kosten werden auch zu Vergleichen mit Referenzkostensätzen anderer Krankenhäuser herangezogen.

DRG-relevante Einzelkosten (Kostenträger-Einzelkosten) werden in der Kalkulation einem Behandlungsfall direkt (unter Umgehung der Kostenstellenrechnung) zugerechnet. Typische Einzelkosten sind:

- Herzschrittmacher,
- Prothesen,
- Transplantate,
- Implantate,
- Blutprodukte,
- Besondere Fremdleistungen u.a.

DRG-relevante Gemeinkosten (Kostenträger-Gemeinkosten) werden in der Kalkulation einem Behandlungsfall indirekt über die Kostenstellen mittels stellenbezogener Kalkulationssätze (Gemeinkostenzuschlagssätze) zugerechnet. In diesem Sinne sind Gemeinkosten alle Kosten, die in der Kostenarten-

---

[87] Vgl. Kapitel 2., Abschnitt C., S. 156 ff.

B. Kosten- und Erlösrechnung für Dienstleistungsbereiche

und Kostenstellenrechnung erfasst bzw. verteilt werden und über die Kalkulationssätze der direkten Kostenstellen (Endkostenstellen) dem jeweiligen Behandlungsfall zugeordnet werden. Die Grundlage der Berechnung dieser Kalkulationssätze bilden die (vorgegebenen) **Bezugsgrößen**. Als **Kalkulationsverfahren** für die fallbezogene Kostenzurechnung kommen sowohl ungewichtete als auch gewichtete **Bezugsgrößenkalkulationen**[88] infrage.

Die **Kostenträgerzeitrechnung** (Kurzfristige Erfolgsrechnung) stellt den periodischen Gesamtkosten die Gesamterlöse gegenüber und weist als deren Differenz den (kurzfristigen, kalkulatorischen) **Periodenerfolg** aus[89]. Nach altem Recht war der Erfolg eines Krankenhauses an der Bedarfsdeckung orientiert. Bisher hatte das Krankenhaus aus der Sicht seiner Finanzierung eine sog. **Selbstkostendeckungsgarantie** und strebte daher nach Kostendeckung (wirtschaftlicher Erfolg = 0). Der „bedarfsorientierte Erfolg" des Krankenhauses drückte in dieser Situation aus, wie gut es ihm gelang, den Bedarf nach Krankenhausleistungen zu decken[90]. Durch die Einführung von Fallpauschalen/Sonderentgelten sowie durch den Ausbau der Kostenträgerrechnung wird in Zukunft dagegen ein „wirtschaftliches Erfolgskonzept" verwirklicht, das sowohl eine fall- als auch eine periodenbezogene Erfolgsermittlung, -planung und -steuerung ermöglicht. Dieses Konzept liefert die Grundlage für eine **wirtschaftliche Leistungspolitik** des Krankenhauses. Ein Krankenhaus kann fortan dasjenige Leistungsprogramm planen und steuern, das über die Kostendeckung hinaus einen geplanten Gewinn verspricht. Mit dieser **Neuorientierung der Leistungspolitik** wird der allgemeine und kostendeckende Versorgungsauftrag des Krankenhauses aufgegeben und in einen „erfolgsorientierten Versorgungsauftrag" überführt. Der Patient als Nachfrager nach Krankenhausleistungen muss sich zukünftig (mit seinem Hausarzt) eine größere Marktübersicht über Krankenhausleistungen (und -preise) verschaffen und seine Mobilität bei der Inanspruchnahme der von ihm gewünschten bzw. benötigten Leistungen erhöhen.

Den Datenfluss und die Struktur des Kosten- und Erlösrechnungssystems im Krankenhaus verdeutlicht die obige Abbildung 5-3.

5. Zur Weiterentwicklung der Kosten- und Erlösrechnung im Krankenhaus

Betrachtet man die Entwicklung der Kosten- und Erlösrechnung im Krankenhaus während der letzten Jahre aus betriebswirtschaftlicher Sicht, ist ihr eine positive Tendenz zu bestätigen. Ein Vergleich zwischen ihrem gegenwärtigen Stand und dem gegenwärtigen Stand der industriellen Kosten- und Erlösrechnung deckt einige **Defizite** der Krankenhauskostenrechnung auf:

- Die **Entscheidungsrelevanz** ermittelter Kosten sollte problemspezifisch vorangetrieben werden[91].

---

[88] Vgl. DKG/GKV/PKV (Kalkulation), S. 107 ff.
[89] Vgl. Kapitel 2., Abschnitt D., S. 188 ff.
[90] Vgl. KEUN, F. (Einführung), S. 106.
[91] Vgl. OTT, R. (Lösungsansätze)

748 5. Kapitel: Weiterentwicklung der Kosten- und Erlösrechnung

- Der hohe Dokumentationsaufwand in Stationen und Abteilungen sollte nachhaltig durch ein einfach zu handhabendes und sicheres **Betriebsdatenerfassungssystem** unterstützt werden.

- Anspruchsvollere Entscheidungsrechnungen (Auswertungsrechnungen) sollten als **Sonderrechnungen** konzipiert werden (z. B. durch die Berechnung von **Opportunitätskosten** des jeweiligen Entscheidungsproblems).

- Die neue **Fallpauschalenregelung** legt den Gedanken nahe, eine theoretisch gut fundierte **Prozessorientierung**[92] vorzunehmen und in wichtigen Bereichen auf eine Prozesskostenrechnung überzugehen[93].

- Das bisher verwendete Umlageverfahren und das Mischverfahren zur **Verrechnung innerbetrieblicher Leistungen** arbeiten relativ ungenau. Sie sollten durch ein präziseres Verfahren ersetzt bzw. ergänzt werden[94].

- Bisher wird die Kostenrechnung des Krankenhauses als **operatives Steuerungsinstrument** auf der Basis von Istkosten verstanden. Zukünftig sollte der Schritt von der Istkostenrechnung auf Vollkostenbasis zu einer **flexiblen Prognosekostenrechnung**[95] sowie zu einem Instrument theoretisch fundierter Verhaltenssteuerung erwogen werden[96].

- Da wichtige Entscheidungen in Krankenhäusern langfristigen Charakter haben, sollte die operative Kosten- und Erlösrechnung in die **taktische** und **strategische Erfolgs- und Finanzplanung** integriert werden[97]. Diese Integration verspricht am ehesten erfolgreich zu sein, wenn die operative Kosten- und Erlösrechnung als Prognosekostenrechnung konzipiert wird.

Die Kosten- und Erlösrechnung des Krankenhauses lässt unschwer eine strukturelle Parallelität bzw. Ähnlichkeit zu **traditionellen Systemen** der industriellen Kosten- und Erlösrechnung erkennen. Dabei darf nicht übersehen werden, dass sowohl die Dienstleistungen des Krankenhauses als auch die einschlägigen Rechtsnormen zur Gestaltung seines Rechnungswesens so viele Sonderfragen aufwerfen, dass diese Rechnung als **selbständiger Rechnungstyp** begriffen werden kann. Für viele Einzelfragen rechnungstheoretischer und rechnungstechnischer Art besteht für diesen Rechnungstyp jedoch noch Forschungsbedarf. Diese Aussage gilt in abgewandelter Form auch für die Entwicklung einer **Hochschulkostenrechnung**, auf die im nächsten Abschnitt eingegangen wird. Für beide Rechnungstypen wird u. a. neben der Ausrichtung auf die **taktische** und **strategische Planung** auch eine Ausrichtung auf das **Kostenmanagement** zu verlangen sein.

---

[92] Vgl. SCHWEITZER, M. (Prozeßorientierung), S, 85 ff.
[93] Vgl. zu Ansätzen hierfür vgl. GREULICH, A.; GÜSSOW, J.; OTT, R. (Prozeßkostenrechnung), S. 179 ff.
[94] Vgl. Kapitel 2., Abschnitt B.III.4., S. 133 ff.
[95] Vgl. Kapitel 3., Abschnitt B., S. 270 ff.
[96] Vgl. hierzu FRIEDL, G./OTT, R. (Entgeltsysteme), S. 186 ff.
[97] Vgl. KÜPPER, H.-U. (Fundierung), S. 26 ff .

III. Struktur einer Kosten- und Leistungsrechnung für Hochschulen

Ein weiteres Beispiel einer dienstleistungsbezogenen Rechnung bezieht sich auf Hochschulen. Erste Konzepte zu deren Ausbau wurden zwar vor ca. 30 Jahren entwickelt, in der Praxis jedoch nur sehr begrenzt umgesetzt[98]. Inzwischen sind viele Universitäten und Fachhochschulen dabei, Kostenrechnungen einzurichten. Mehrere Bundesländer wie Niedersachsen und Hessen haben Modellversuche[99] eingerichtet sowie Gesetze bzw. Verordnungen zum Übergang auf ein kaufmännisches Rechnungswesen erlassen. Die Kanzler der deutschen Universitäten haben einen Arbeitskreis zur Einführung und Vereinheitlichung des Hochschulrechnungswesens gebildet[100], der Konzepte entwickelt, durch die eine hohe Vergleichbarkeit zwischen den Universitäten geschaffen werden soll. An diesen Entwicklungen wird erkennbar, dass der Ausbau des Rechnungswesens von Hochschulen zu einer umfassenden und leistungsfähigen Hochschulrechnung als äußerst wichtig angesehen wird.

Hochschulen sind wie Krankenhäuser Dienstleistungsunternehmungen, haben einen gesetzlich bestimmten öffentlichen Auftrag und befinden sich in hohem Maße in staatlicher Trägerschaft. Deshalb gibt es zwischen ihnen eine Vielzahl ähnlich ausgeprägter Merkmale. Diese sind bei Hochschulen teilweise noch schärfer ausgeprägt, weil deren Leistungen bei den meisten voll durch den Staat finanziert werden. Daraus ergeben sich spezifische Anforderungen an die Gestaltung von Hochschulrechnungen und entfernen sich diese noch mehr vom Rechnungswesen industrieller Unternehmungen.

1. Merkmale und Rechnungszwecke von Hochschulrechnungen

Die Struktur funktions- und bereichsbezogener Kosten- und Erlösrechnungen lässt sich in diesem Buch nicht ausführlich darstellen. Deshalb werden die Probleme und die daraus notwendigen Anpassungen an einem Beispiel skizzenhaft veranschaulicht. Hierfür eignet sich die Kostenrechnung für Hochschulen nicht nur, weil ihre Entwicklung gegenwärtig in verschiedenen Ländern und Universitäten als dringlich angesehen wird. Sie betrifft mit Ausbildung und Forschung eine auch in anderen Wirtschaftsbereichen wichtige Funktion, bezieht sich aber auf Betriebe, die in Deutschland vorwiegend der öffentlichen Verwaltung angehören.

Hochschulen sind Dienstleistungsunternehmungen, die verschiedenartige Dienstleistungen der Forschung und der Lehre erstellen. Dies wird durch eine Reihe von Serviceprozessen des Bibliothekswesens, Rechenzentrums, Einkaufs usw. unterstützt. Die **Leistungen** oder "Produkte" von Hochschulen in Lehre und Studium sowie Forschung zeichnen sich durch eine große **Individualität, Verschiedenartigkeit** und **Vielfalt** aus. Ferner ist der persönliche

---

[98] Vgl. z. B. BOLSENKÖTTER, H./WIBERA-PROJEKTGRUPPE (Ökonomie); ANGERMANN, A./ BLECHSCHMIDT, U. (Hochschulkostenrechnung); LOITLSBERGER, E./RÜCKLE, D./KNOLMAYER, G. (Hochschulplanungsrechnung); SCHWEITZER, M. (Kostenrechnung); SCHWEITZER, M./HETTICH, G. O. (System).
[99] Vgl. KÜPPER, H.-U. (Hochschulrechnung), KÜPPER, H.-U. (Rechnungslegung).
[100] Vgl. AK Hochschulrechnungswesen (Schlußbericht).

Einfluss der Leistungsträger (Dozenten, Studierende und Forscher) auf die Prozesse und deren Ergebnis groß. Aus diesen Gründen lassen sich die Leistungsprozesse von Hochschulen weniger gut standardisieren. Dazu kommt die Bedeutung und verfassungsrechtlich gesicherte Einordnung der Hochschulen als **öffentliche Lehr- und Forschungseinrichtungen**. Diese charakteristischen Merkmale haben zur Konsequenz, dass es für Hochschulen **nicht einen** einzigen und einfachen **Erfolgsmaßstab** geben kann. Die Vielfalt, Verschiedenartigkeit und Individualität ihrer Leistungen kann nicht in eine Größe münden, an der man ihren Erfolg messen könnte. Daraus folgt, dass sich die Konzepte und Verfahren der für Wirtschaftsunternehmungen entwickelten Kostenrechnungen nicht ohne weiteres auf Hochschulen übertragen lassen, weil in ihnen die Ausrichtung auf das ökonomische Erfolgsziel eine zentrale Rolle spielt.

Umgekehrt ist aber auch nicht der Schluss zu ziehen, dass die Leistungen der Hochschulen keinerlei Erfolgsmessung zu unterwerfen seien und man daher nur eine inputbezogene Rechnung einsetzen sollte. Den spezifischen Merkmalen ihrer Leistungen ist vielmehr in **doppelter** Hinsicht zu begegnen, durch eine **größere Zahl von Erfolgsgrößen** und durch die Schaffung von **Anreizsystemen** für die Leistungsträger. Statt eines (relativ) einheitlichen Erfolgsmaßstabes, wie sie Periodengewinn, Marktwert u.ä. in der Wirtschaft bilden, werden mehrere Erfolgs- oder Ergebnisgrößen benötigt, durch die man die verschiedenartigen Leistungen in Studium/Lehre und Forschung in den unterschiedlichen Fächern abbildet. Wegen der spezifischen Merkmale ihrer Leistungen sind sie in einem **System von Kennzahlen** zu erfassen[101].

Die Informationsadressaten von Hochschulen sind zum einen die Entscheidungsträger in den Hochschulen, zu denen die Hochschulleitungen, die Dekane und deren Mitglieder der Fachbereichsräte, die Professoren, die Studierenden sowie wissenschaftlichen Mitarbeiter und die Angehörigen der Verwaltung gehören. Zum anderen benötigen die zuständigen Ministerien sowie Landtage Informationen über die von ihnen getragenen Hochschulen. Darüber hinaus hat die Öffentlichkeit einen Informationsanspruch.

Wenn Hochschulen ihre Leistungen in Forschung, Lehre und Studium sowie Service effektiv erbringen sollen, hat dies Bedeutung für das Gewicht der von einer Hochschulrechnung zu erfüllenden Rechnungsziele. Die Bedeutung der Verwendbarkeit ihrer Informationen für Planung und Verhaltenssteuerung nimmt bei ihnen zu, das Gewicht des Kontrollziels eher ab. Die Basis zur Erfüllung dieser Ziele ist wie im wirtschaftlichen Bereich der Rechnungszweck der **Abbildung und Dokumentation**. Bei dem gegenwärtigen Stand der Informationssysteme von Hochschulen sowie des Wissens über die in ihnen ablaufenden Prozesse kommt diesem Rechnungszweck eine herausragende Bedeutung zu. Für Hochschulen bedeutet er die Schaffung von **Transparenz**, deren Wirkung bisher zu wenig beachtet wird, aber die Grundlage für die Verfolgung der anderen Zwecke bildet[102]. Das Wissen über die

---

[101] Vgl. SCHWEITZER, M. (Kostenrechnung für Hochschulen), S. 19 ff.; SCHWEITZER, M./ HETTICH, G. O. (System), S. 72 ff., TROPP, G. (Kennzahlensysteme).
[102] Vgl. Kapitel 1., Abschnitt A.III.1., S. 27 ff.

Prozesse der Lehre ist vielfach gering. Hierzu müssen Informationen beispielsweise über den Studienverlauf, die Lehrveranstaltungsplanung, Prüfungsarbeiten und -ergebnisse usw. durch Informationssysteme ermittelt und gespeichert sowie über geeignete Berichtssysteme bereitgestellt werden.

Das zunehmende Gewicht von **Planung** und **Verhaltenssteuerung** hat zur Folge, dass sich eine Hochschulrechnung sowohl auf der Ebene der Hochschulleitung als auch in den Fakultäten nach deren **Entscheidungstatbeständen** zu richten hat. In einer Hochschulrechnung sind die Daten über Inputgrößen wie Auszahlungen, Kosten u.a. und über Output- bzw. Leistungsgrößen zu erfassen, die man für die Planung benötigt. Ihre Gliederung und Zurechnung auf Bezugsgrößen richtet sich nach der Art der Planung, die auf Hochschul- und Fakultätsebene durchgeführt wird.

Das Rechnungswesen von Hochschulen ist bisher i.d.R. als **kameralistische Rechnung** den öffentlichen Haushalten eingegliedert. Durch ihren Ausbau zu einem Führungsinstrument nimmt das Gewicht der betriebswirtschaftlichen Rechnungszwecke gegenüber den Prinzipien des kameralistischen Haushaltswesens zu. Transparenz, Planung und Verhaltenssteuerung werden wichtiger als Jährlichkeit, Vorherigkeit, Deckungsfähigkeit u.a. Konzepte und Verfahren der Kostenrechnung zur Erfassung, Verteilung, Planung und Steuerung lassen sich daher auch in Hochschulen anwenden.

Betriebliche Kostenrechnungen entfernen sich von den Zahlungen vor allem durch die **kalkulatorischen Kosten** und die Verteilung der Kosten auf Stellen und Träger. Beide Verrechnungsvorgänge sind zu wesentlichen Teilen darauf gerichtet, Wirkungen von (partiellen) Entscheidungen und Prozesse auf das (Perioden-)Erfolgsziel abzubilden. Deshalb wird für den Ansatz kalkulatorischer Kosten (z.B. bei Zinsen) der Opportunitätskostencharakter wichtig. Da sich für Hochschulen kein entsprechendes einheitliches Erfolgsziel definieren lässt, fehlt die Basis für die Fundierung derartiger Rechnungen.

Die **Leistungsstruktur** von Hochschulen hat zudem zur Folge, dass sich nur ein sehr begrenzter Anteil ihrer Auszahlungen und Kosten einzelnen Leistungen verursachungsgerecht zurechnen lässt. Der Anteil nicht zurechenbarer und nicht beschäftigungsabhängiger Zahlungen bzw. Kosten ist hoch. Deren Höhe muss durch mittel- bis längerfristige Entscheidungen festgelegt werden. Für diese Entscheidungen ist ein Übergang von Auszahlungs- auf Kostengrößen meist nicht erforderlich.

2. Einordnung der Kosten- und Leistungsrechnung in eine umfassende Hochschulrechnung

a) Grundsätze für die Gestaltung von Hochschulrechnungen

Wie in erwerbswirtschaftlichen Unternehmungen ist die Kosten- und Leistungsrechnung von Hochschulen in eine umfassendere Unternehmungsrechnung eingebunden, die als „Hochschulrechnung" bezeichnet werden kann. Wegen der Vielfalt ihrer Adressaten ist die Trennung zwischen externer und interner Rechnungslegung in Hochschulen weniger stark als in der

Privatwirtschaft. Aufgrund der in Abschnitt 1 gekennzeichneten spezifischen Merkmale von Hochschulen in staatlicher Trägerschaft kann man die für die Unternehmungsrechnung erwerbswirtschaftlicher Unternehmungen geltenden Grundsätze und Systeme nicht ohne deutliche Anpassungen auf sie anwenden[103]. So gelten die Vorschriften des HGB zu Buchführung und Jahresabschluss nach §§ 238 und 242 HGB in Verb. mit §§ 1 und 6 HGB für Kaufleute und Handelsgesellschaften. Hochschulen in staatlicher Trägerschaft fallen nicht darunter; dies ist ein Indiz für einen anderen **Gegenstand ihrer Rechnungslegung**. Der zentrale Unterschied besteht darin, dass staatliche Hochschulen nicht mit der Absicht betrieben werden, Gewinne zu erzielen. Das Hochschulrahmengesetz und in gleicher Weise die Hochschulgesetze der Bundesländer legen vielmehr fest: "Die Hochschulen dienen entsprechend ihrer Aufgabenstellung der Pflege und der Entwicklung der Wissenschaften und der Künste durch Forschung, Lehre, Studium und Weiterbildung ..."[104]. Zur Erfüllung dieser Aufgaben werden sie vom Staat mit finanziellen und anderen Ressourcen ausgestattet. Daher benötigen Hochschulen eigenständige Konzepte und Instrumente der Rechnungslegung, die sich an die kaufmännischen Systeme erwerbswirtschaftlicher Unternehmungen anlehnen können, aber für die Bedingungen und Aufgaben staatlicher Hochschulen spezifisch gestaltet werden müssen.

Für die Formulierung von Grundsätzen und die Einrichtung von Systemen einer derartigen Rechnung kommt dem Zusammenhang zwischen den aus den Aufgaben von Hochschulen ableitbaren Rechnungszielen und den für deren Erfüllung geeigneten Rechnungssystemen eine besondere Bedeutung zu. Gegenwärtig sind die Aufgaben und Ziele der Hochschulen durch den Gesetzgeber recht weit formuliert[105]. Weder an den Hochschulen noch in der Gesellschaft besteht Einigkeit über die Größen, mit denen sich die Leistungen sowie Erfolge von Hochschulen messen lassen. Dies spricht dafür, in einer Phase der Erkenntnissammlung die Rechnungslegung eher breit zu gestalten und die Entwicklung unterschiedlicher Systeme offen zu halten. Dann besteht die Chance, dass sich über die Diskussion bestimmte Konzepte und Rechnungsgrößen als besonders aussagefähig herausschälen und es zumindest zu einer gewissen Vereinheitlichung der Auffassungen kommt.

Um einen solchen Prozess zu ermöglichen, erscheint eine Reihe von allgemeinen **Grundsätzen** für die Gestaltung von Hochschulrechnungen zweckmäßig[106]. Ein erster Grundsatz ist darin zu sehen, dass die Informationen möglichst **eindeutig interpretierbar** sein sollten. Ansonsten sind die Transparenz und die Vergleichbarkeit beeinträchtigt. Daraus folgt die Notwendigkeit einer klaren und **eindeutigen Definition der zu ermittelnden Größen**. Je tiefer man in die Praxis der Hochschulen eindringt, desto erkennbarer werden die hinter diesem Grundsatz stehenden Probleme. Trotz einer umfassenden, auf Gesetzen beruhenden Datenerfassung für die statistischen Landesämter gibt es schon bei den Grunddaten wie der Zahl der Studierenden,

---

[103] Vgl. KÜPPER, H.-U. (Hochschulen), 583 ff.
[104] § 2 Abs. 1 HRG; analog Art. 2 BayHSchG.
[105] Vgl. § 2 Abs. 1 HRG.
[106] Vgl. AK Hochschulrechnungswesen (Schlußbericht).

der Absolventen oder der Personalstellen große Differenzen. Ferner erfordert die eindeutige Interpretierbarkeit eine **Differenzierung der Daten nach ihrer Zuverlässigkeit und Überprüfbarkeit.** Es sollte klar erkennbar sein, bei welchen Daten es sich um beobachtbare Istgrößen (faktische Informationen[107]) handelt, welche auf Prognosen beruhen (prognostische Informationen) und welche unter Nutzung theoretischer Aussagen (explanatorische Informationen) oder aufgrund von Bewertungs-, Verteilungs- oder Zuordnungsregeln (normative bzw. instrumentale Informationen) ermittelt wurden. Während faktische Informationen in hohem Maße prüfbar und damit zuverlässig sind, muss man für die Einschätzung prognostischer sowie explanatorischer Informationen die dahinter stehenden Hypothesen und deren Grad an empirischer Bestätigung kennen. Normative und instrumentale Informationen kann man nur interpretieren und nutzen, wenn man die zugrunde liegenden, normativ gesetzten Regeln kennt und diese akzeptiert.

> Aus der Bedeutung der Informationsart für die Interpretierbarkeit und Vergleichbarkeit der Daten folgt der Grundsatz einer Trennung zwischen **Grund- und Auswertungsrechnungen.**

In erstere sollten die möglichst objektiven **Basisdaten** eingehen. Sie sind daher auf faktische, prognostische und ggf. explanatorische Daten zu beschränken und sollten keine Bewertungen oder Verteilungen enthalten. Nur dann ermöglichen sie eine unverfälschte Nutzung im Hinblick auf verschiedene Rechnungszwecke. Diese kann in eigenen **Auswertungsrechnungen** erfolgen, die als solche erkennbar sein sollten. Deren Zwecke und die zu ihrer Erreichung genutzten Hypothesen sowie Bewertungs- oder Verteilungsregeln sollten weitgehend offen gelegt werden.

b) Struktur einer umfassenden Hochschulrechnung

Für eine an ihren spezifischen Merkmalen und Aufgaben sowie diesen Grundsätzen ausgerichtete Rechnungslegung sowie Informationsbereitstellung benötigen Hochschulen ein ausgebautes Rechnungswesen. Das bisherige kameralistische System reicht dafür nicht aus. Das nachfolgende Konzept einer umfassenden Hochschulrechnung hat Eingang in die "Greifswalder Grundsätze zum Hochschulwesen"[108] der deutschen Universitätskanzler gefunden. Ausgehend vom Rechnungsziel der Transparenz in Bezug auf Finanzen, Vermögen und Erfolgsgrößen einer Hochschule bietet sich eine Trennung in Systeme für eine **finanz- sowie vermögensorientierte** Rechnungslegung und eine **erfolgsorientierte** Rechnung an. Ein Grund für diese Differenzierung liegt darin, dass sich die handelsrechtliche Rechnungslegung nicht für eine Erfolgsermittlung in Hochschulen nutzen lässt. Diese ist vielmehr anhand von Konzepten der internen Rechnung zu entwickeln. Dabei lassen sich die wichtigsten Inputgrößen aus den Zahlungen und damit der Finanzrechnung (bzw. -buchhaltung) herleiten, während die nichtmonetären

---

[107] Zur Unterscheidung der Informationsarten vgl. WILD, J. (Unternehmungsplanung), S. 122.
[108] KRONTHALER, L. (Grundsätze), S. 583.

Leistungsdaten aus eigenständigen Erfassungssystemen gewonnen werden müssen.

Die wesentlichen ökonomischen Grunddaten liegen auch bei Hochschulen in den Zahlungen. Deshalb sollte eine ausgebaute **Finanzrechnung** die Basis für die Rechnung bilden, die sich durch eine zweckbezogene Gliederung und Ordnung aus der kameralistischen Rechnung heraus entwickeln lässt, aber aus einer doppelten Buchführung ebenfalls herleitbar ist. Es wäre falsch, wenn die Bedeutung der Zahlungsrechnung durch den Übergang von Hochschulen auf ein kaufmännisch orientiertes Rechnungswesen zurückgedrängt würde. Das Informationsdefizit hinsichtlich der Vermögenswerte kann durch die Aufstellung einer **Bilanz** im Sinne einer Vermögensübersicht beseitigt werden. Um darüber hinaus die Wertänderungen des Vermögens zu erkennen, bietet es sich an, entsprechend Abbildung 5-4 daneben eine **Vermögensänderungsrechnung** als eigenständige Rechnung auszuweisen. Man gelangt damit zu einem dreiteiligen Rechnungssystem mit den Salden Zahlungsüberschuss (ZÜ) und Vermögenswertänderung (VÄ)[109].

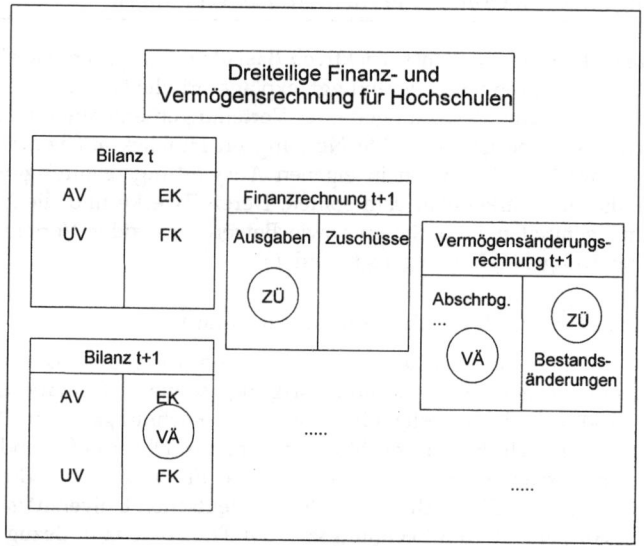

Abb. 5-4: *Dreiteilige Finanz- und Vermögensrechnung*

Die zentralen Entscheidungen in Hochschulen über die Einrichtung von Fakultäten, die Berufung von Professoren u.ä. haben strategischen Charakter. Dem entspricht der hohe Anteil ihrer Fixkosten mit einer vielfach langen Bindungsdauer. Deshalb benötigen Hochschulen als **erfolgsorientierte Systeme** eigentlich in erster Linie Rechnungssysteme zur Planung und Steuerung dieser Entscheidungen. Operative Erfolgsgrößen und zu ihrer Messung einzurichtende Rechnungssysteme müssten konzeptionell aus den strategischen Erfolgsgrößen und Rechnungssystemen hergeleitet werden. Beim ge-

---

[109] Vgl. KÜPPER, H.-U. (Hochschulrechnung), S. 361 ff.

B. Kosten- und Erlösrechnung für Dienstleistungsbereiche

gegenwärtigen Entwicklungsstand der Hochschulrechnung scheint ein solcher Weg aber nicht gangbar. Auch strategische Rechnungen müssen auf einer Kenntnis vielfältiger Istgrößen und deren Entwicklung in der Vergangenheit basieren. Daher setzt die Entwicklung von Rechnungssystemen zur Fundierung von Investitions- und strategischen Entscheidungen in Hochschulen das Vorliegen einer leistungsfähigen Rechnung in der operativen Ebene voraus. Deren Systeme liefern die Basisdaten und die Erkenntnisse für die Gestaltungsmöglichkeiten, die Grenzen sowie die Durchführung weiterreichender Rechnungen.

Aus diesem Grund liegt der Schwerpunkt gegenwärtig in dem Ausbau der operativen **Periodenerfolgsrechnung**. Diese hat einperiodigen Charakter und kann sich zum Teil am Aufbau von Kostenrechnungen erwerbswirtschaftlicher Unternehmungen orientieren. Als operative Systeme erstrecken sich diese Rechnungen im Allgemeinen auf ein Jahr für einen abgelaufenen Zeitraum sowie im Fall eines Ausbaus zu einer Planungs- und Kontrollrechnung die bevorstehende kurzfristige Periode. Aufgrund der unterschiedlichen Erfassbarkeit des Inputs und des Outputs von Hochschulen bietet es sich entsprechend der Abbildung 5-5 an, dabei einer monetären **Ausgaben- und Kostenrechnung** eine **Leistungsrechnung** mit weitgehend nicht-monetären Mengengrößen gegenüberzustellen[110]. An die Stelle einer Ergebnis- oder Erfolgsrechnung tritt deshalb in Hochschulrechnungen die zweckmäßige Verknüpfung von Leistungsgrößen mit Kosten- oder anderen Inputgrößen. Auf diese Weise gelangt man in einer **Erfolgs-Kennzahlenrechnung** als drittem Teilsystem zu Indikatoren für den Erfolg von Hochschulprozessen. Die Auswahl der als wichtig angesehenen Kennzahlen ist wegen des Fehlens einer Marktbewertung nicht eindeutig möglich. Dennoch erscheint es unumgänglich, auch diese Prozesse anhand von Erfolgskriterien zu beurteilen. Ein breiter Diskurs über die Eignung bzw. Problematik verschiedener Leistungskennzahlen kann zu einer einheitlicheren Vorstellung über die als maßgeblich erachteten Größen führen, die man als Indikatoren des "Erfolgs" universitärer Prozesse interpretieren kann.

---

[110] Vgl. auch KÜPPER, H.-U./ZBORIL, N. A. (Kennzahlenrechnung).

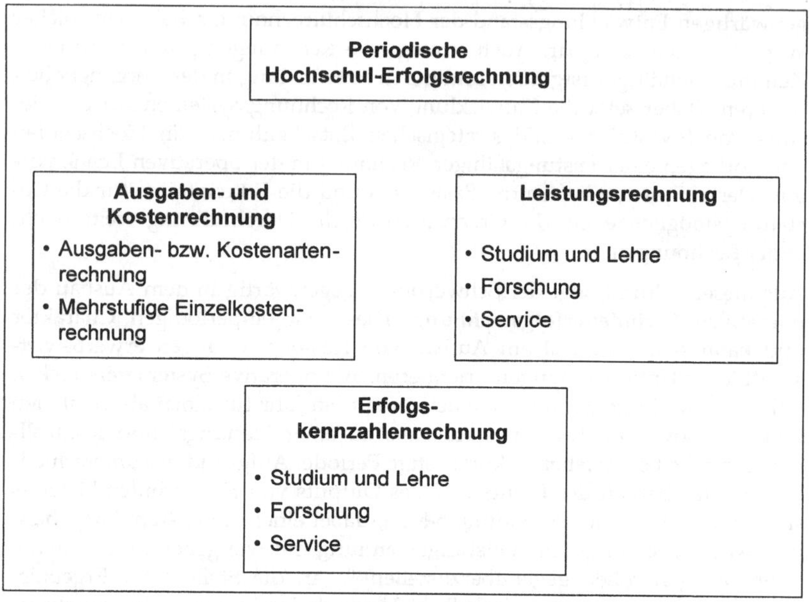

```
┌─────────────────────────────────────────────────────────────┐
│                    Periodische                              │
│              Hochschul-Erfolgsrechnung                      │
│                                                             │
│  ┌───────────────────────┐    ┌──────────────────────────┐  │
│  │  Ausgaben- und        │    │  Leistungsrechnung       │  │
│  │  Kostenrechnung       │    │                          │  │
│  │ • Ausgaben- bzw.      │    │  • Studium und Lehre     │  │
│  │   Kostenarten-        │    │  • Forschung             │  │
│  │   rechnung            │    │  • Service               │  │
│  │ • Mehrstufige         │    │                          │  │
│  │   Einzelkosten-       │    │                          │  │
│  │   rechnung            │    │                          │  │
│  └───────────────────────┘    └──────────────────────────┘  │
│                                                             │
│            ┌───────────────────────────┐                    │
│            │       Erfolgs-            │                    │
│            │   kennzahlenrechnung      │                    │
│            │                           │                    │
│            │  • Studium und Lehre      │                    │
│            │  • Forschung              │                    │
│            │  • Service                │                    │
│            └───────────────────────────┘                    │
└─────────────────────────────────────────────────────────────┘
```

Abb. 5-5: *Konzept einer periodischen Hochschul-Erfolgsrechnung*

Neben diese periodische Erfolgsrechnung müssen längerfristig ausgerichtete Rechnungen treten. Ein Schwerpunkt hat dabei auf der **Investitionsplanung** zu liegen, da ein wesentlicher Teil der Entscheidungen in Hochschulen mittel- bis langfristigen Charakter hat. Entscheidungen über die Einführung von Studiengängen, die Festlegung und Aufnahme von Studierenden, die Einrichtung, Ausstattung und Besetzung von Professuren u.ä. sind in ihren Auswirkungen auf die Auszahlungen zu prognostizieren. Wegen des Fehlens eines rein ökonomischen Erfolgsziels können für sie keine Investitionsrechnungen im üblichen Sinne durchgeführt werden. Dem für sie erforderlichen Input können jedoch wie in der kurzfristigen Rechnung die mit ihnen angestrebten nicht-monetären Leistungen gegenübergestellt werden, die zumindest teilweise in quantitativen Größen ausdrückbar sind. Aus der Verknüpfung von Input- und Outputgrößen kann man auch in dieser Planungsebene zu Erfolgsindikatoren gelangen, anhand derer sich die jeweiligen Vorhaben analysieren und bewerten lassen.

Hochschulen wird als Forschungs- und Lehreinrichtungen eine große Bedeutung für die künftige Entwicklung eines Landes beigemessen. Ihre grundlegenden Entscheidungen in Forschung und Lehre können daher eine über sie hinausreichende strategische Bedeutung besitzen. Um diese fundiert zu treffen, sollte man beispielsweise das (Erfolgs-) Potential einzelner Institute, Fakultäten, Forschungsverbünde, Serviceeinheiten oder anderer Einrichtungen kennen. Dies spricht dafür, dass es notwendig wäre, Systeme zu entwickeln, mit denen sich ihre Erfolgspotentiale erfassen und prognostizieren lassen. Für die Entwicklung derartiger **Erfolgspotentialrechnungen** könnten sich

B. Kosten- und Erlösrechnung für Dienstleistungsbereiche

Konzepte zur Erfassung des Intellectual Capital[111] als hilfreich erweisen. Es muss sich zeigen, inwieweit sich auch Komponenten kapitaltheoretischer Konzepte[112] sowie der Humanvermögensrechnung[113] nutzen und für Hochschulen zweckentsprechend anpassen lassen.

3. Komponenten der periodischen Hochschul-Erfolgsrechnung

a) Grundrechnung der Ausgaben bzw. Kosten und der Einnahmen

aa) Ausgaben- und Kostenartenrechnung

Die finanziellen Daten einer Hochschule ergeben sich aus den an sie fließenden und von ihr getätigten Zahlungen[114]. Deshalb bildet die monetäre Rechnung, die im bisher weitgehend angewandten kameralistischen System zugrunde liegt, auch die Basis einer umfassenderen Hochschulrechnung. Eine Differenzierung nach dem Kriterium der Sachzielbezogenheit in zweckbezogene und neutrale Vorgänge[115] im Sinne der Finanzbuchhaltung besitzt in Hochschulen praktisch keine, die Periodenabgrenzung bei Verbrauchsgütern nur begrenzte Bedeutung. Daher stimmen in der Grundrechnung die Ausgaben[116] für Verbrauchsgüter weitgehend mit den Kosten überein, und lässt sich die Abgrenzung zwischen dem durch Ausgaben bewirkten Bestand und dem zu Kosten führenden Verbrauch dieser Güter unproblematisch vornehmen.

Die Ausgaben bzw. Kosten fallen für Einsatzgüter an, die in den organisatorischen Einheiten der Hochschule genutzt werden. Dementsprechend bietet sich wie im traditionellen Rechnungswesen die Durchführung einer periodischen Arten- und Stellenrechnung an. In der Artenrechnung werden die Ausgaben zweckmäßigerweise in laufende Ausgaben oder Kosten für Verbrauchs- oder Umlaufgüter und **Investitionsausgaben** für Gebrauchs- oder Anlagegüter getrennt. Für die Gliederung der **laufenden Ausgaben und Kosten** lassen sich die entsprechenden Kriterien wie in erwerbswirtschaftlichen Unternehmungen heranziehen[117]. Da eine Reihe von Hochschulen die kaufmännische Finanzbuchhaltung übernommen hat und eine hohe Vergleichbarkeit zwischen den Hochschulen ermöglicht werden soll, empfiehlt der Arbeitskreis Hochschulrechnungswesen einen einheitlichen Kon-

---

[111] Vgl. z. B. EDVINSSON, L./MALONE, M. S. (Brainpower); ROOS, J. u.a. (Capital); WIIG, K. M. (Knowledge).
[112] Vgl. BREID, V. (Erfolgspotentialrechnung).
[113] Vgl. ASCHOFF, C. (Humanvermögen); STREIM, H. (Accounting); STREIM, H. (Humanvermögen).
[114] Vgl. zum Folgenden KÜPPER, H.-U. (Konzeption), 934 ff.
[115] Vgl. Kapitel 1., Abschnitt A.II., S. 11 ff.
[116] Ausgaben und Auszahlungen sollen nicht unterschieden werden, da hierdurch die Komplexität unnötig erhöht wird. Zur allgemeinen Begründung vgl. SCHNEIDER, D. (Rechnungswesen), S. 58; KÜPPER, H.-U. (Angleichung), S. 156; KÜPPER, H.-U. (Unternehmensplanung), S. 46.
[117] Vgl. HUMMEL, S./MÄNNEL, W. (Kostenrechnung¹), KILGER, W. (Kostenrechnung), vgl. Kapitel 2., Abschnitt A.II, S. 77 ff.

tenrahmen für Hochschulen[118]. Auch wenn diese auf den Industriekontenrahmen zurückgehende Systematik ursprünglich nicht auf Hochschulen bezogen ist, dient ihre Übernahme der Einheitlichkeit und Vergleichbarkeit, also dem Rechnungszweck einer hohen Transparenz. An dieser Systematik orientiert sich die aus Abbildung 5-6 ersichtliche Unterteilung der laufenden Ausgaben und Kosten sowie Einnahmen und Erlöse.

Ausgabenarten	Einnahmenarten
Laufende Ausgaben für:	Einnahmen aus Zuweisungen und für eigene Leistungen:
Material und bezogene Waren (einschl. Schrifttum, Lehr- und Lernmaterial)	Zuweisungen für Lehre, Studium und Forschung (allg.) für Lehre und Studium
Bezogene Leistungen (einschl. Binden von Büchern, Gutachten usw.)	zur Förderung des wiss. und künstl. Nachwuchses für weiterbild. Studium und Weiterbildung
Personal unbefristet Beschäftigte befristet Beschäftigte Sozialausgaben und Altersversorgung Unterstützung im wissenschaftl. Bereich Sonstige Personalausgaben für Einstellung usw. Fahrtkosten, Trennungsgeld Aus- und Weiterbildung	für soziale Förderung der Studierenden ... Einnahmen aus internationaler Zusammenarbeit, Kooperationen u.a. Einnahmen aus Forschung und Technologietransfer Zuweisungen für Forschung - Land, Bund, DFG Einnahmen für Forschung - private Wirtschaft Forschungsaufträge Privater, der Industrie und Technologietransfer
Inanspruchnahme von Rechten und Diensten Kommunikation Beiträge, sonstiges u.a. Steuern Zinsen u.a.	Einnahmen aus Öffentlichkeitsarbeit, Verlagstätigkeit Einnahmen aus besonders übertragenen Aufg. Einnahmen aus Lizenzen, Patenten, und Provisionen ...
Investitionsausgaben für: grundstücksgleiche Rechte und Bauten technische Anlagen und Maschinen andere Anlagen, Betriebs- und Geschäfts- Ausstattung (einschl. Computer und Möbel)	Einnahmen aus Beteiligungen Einnahmen aus anderen Wertpapieren und Ausleihungen des Finanzvermögens Sonstige Zinsen u.ä.

Abb. 5-6: *Grundstruktur der Ausgaben- und Einnahmenrechnung*

Hält man sich streng an das Prinzip, auf Schlüsselungen in der Grundrechnung zu verzichten, dann sind in ihr keine Abschreibungen für mehrperiodig genutzte Gebrauchsgüter enthalten. An deren Stelle treten in diesem Fall die in der betrachteten Periode anfallenden **Investitionsausgaben**; daran wird deutlich, dass es sich um eine **Ausgabenartenrechnung** handelt. Um einen zumindest näherungsweisen Überblick über die einer Periode zuzurechnenden Beträge zu erhalten, kann man diesem Prinzip weniger streng folgen und zusätzlich zu den Investitionsausgaben in einer **Kostenartenrechnung** die periodisierten Abschreibungen aufzeigen. Deren Bestimmung kann sich an einfachen Regeln und Verfahren orientieren[119]. Die Gliederung der Investitionsausgaben und der Abschreibungen kann entsprechend den Abschreibungen im Industriekontenrahmen erfolgen (vgl. Abbildung 5-6).

---

[118] Vgl. AK Hochschulrechnungswesen (Schlußbericht).
[119] Vgl. Kapitel 2., Abschnitt B.III.4., S. 133.

Die Zuweisungen des Staates bilden für die meisten deutschen Hochschulen die wichtigste Einnahmenquelle. Da ein Großteil der Mittel für Forschung und Lehre gemeinsam zugewiesen werden, lassen sich die **Einnahmen** nur teilweise in die Bereiche Studium und Lehre sowie Forschung trennen[120]. Bei Drittmitteln erscheint eine Differenzierung nach ihrer Herkunft von der Deutschen Forschungsgemeinschaft (DFG) und ähnlichen Forschungsinstitutionen, von Bundes- und Landesministerien oder von privaten Einrichtungen zweckmäßig[121]. Zusätzlich kann eine Hochschule Markterlöse durch die Vermietung von Räumen, den Verkauf von Dienstleistungen u.a. erzielen. Weitere Einnahmenarten können sich im Hinblick auf (mögliche) Aktivitäten der Hochschule am Kapitalmarkt ergeben. Will man (entsprechend dem Konzept des Gesamtkostenverfahrens) zusätzlich Bestands(ver)änderungen und aktivierte Eigenleistungen ausweisen, muss man von der Einnahmen- auf eine **Erlösrechnung** übergehen, in welcher diese Posten als kalkulatorische Erlöse[122] erscheinen.

Im Hinblick auf eine klare Begriffsbildung und Interpretierbarkeit der Daten wäre es zweckmäßig, weitestgehend Ausgaben sowie Einnahmen auszuweisen und als solche zu bezeichnen. Problematisch erscheint insbesondere die Übernahme der Begriffe Aufwendungen und Erträge aus den in der Wirtschaft gebräuchlichen Kontenrahmen, obwohl und solange man keine echte Gewinn- und Verlustrechnung für die Hochschule erstellt.

bb) Ausgaben- und Kostenstellenrechnung als mehrstufige Einzelkostenrechnung

Im Rahmen der Stellenrechnung sind die Ausgaben und Kosten bei den organisatorischen Einheiten auszuweisen, denen sie unmittelbar zuzurechnen sind[123]. Hierfür bieten sich die zentralen sowie die dezentralen wissenschaftlichen und sonstigen Einrichtungen an.

Folgt man für die Grundrechnung der Forderung nach eindeutiger Zurechenbarkeit, so sind hochschulinterne Leistungen in ihr nach dem **Einzelkostenverfahren**[124] zu verrechnen. Eine Verteilung der Gemeinkosten dieser Stellen würde das Prinzip eindeutiger Zurechenbarkeit verletzen. Aus diesem Grund sind insbesondere die Kosten für den Lehrexport sowie den Lehrimport zwischen den Fächern und Fakultäten erst in Auswertungsrechnungen[125] zu verteilen.

Die Problematik der **Gemeinkostenverteilung** ist darauf zurückzuführen, dass unterschiedliche organisatorische Einheiten Leistungen beispielsweise der zentralen Verwaltung gemeinsam nutzen, ihre jeweilige Beanspruchung die Höhe der Gemeinkosten aber nicht unmittelbar verändert. Will man willkürbehaftete Schlüsselungen vermeiden und dennoch zu aussagefähigeren Informationen gelangen, bedarf es einer zweckentsprechenden Aggre-

---

[120] Vgl. die Vorschläge von ALBACH, H./FANDEL, G./SCHÜLER, W. (Hochschulplanung) S. 90 ff.
[121] So auch der Wissenschaftsrat (Drittmittel), S.57 ff.; vgl. auch HARNIER, L. V. (Drittmittel).
[122] Vgl. hierzu Kapitel 3., Abschnitt D.I.2., S. 399.
[123] Vgl. ALBACH, H./FANDEL, G./SCHÜLER, W. (Hochschulplanung), S. 153.
[124] Vgl. Kapitel 2., Abschnitt B.III.4.a), S. 135.
[125] Vgl. ALBACH, H./FANDEL, G./SCHÜLER, W. (Hochschulplanung), S. 90 ff.

gation der Ausgaben- und Kostendaten. Damit gelangt man zu mehrstufigen Rechnungen, wie sie in erwerbswirtschaftlichen Unternehmungen große Verbreitung gefunden haben. Da – bzw. solange – in Hochschulen bei den Fakultäten und Professoren keine Markterlöse entstehen, sind diese nicht als Deckungsbeitragsrechnungen, sondern als **mehrstufige Einzelausgaben- bzw. Einzelkostenrechnung** durchzuführen[126].

Als Aggregationsstufen bieten sich die Professuren, Fächer, Departments oder Institute, Fakultäten bzw. zentralen Verwaltungseinheiten und die gesamte Hochschule an. Ein charakteristisches Problem besteht dabei darin, dass einerseits die organisatorische Gliederung von Hochschulen vielfältig ist und andererseits ihre Einheiten in Forschung sowie Lehre in unterschiedlichster Weise zusammenwirken. So können beispielsweise Fächer oder Institute innerhalb einer Fakultät angesiedelt sein, aber auch Fakultätsgrenzen überschreiten. In noch deutlicherem Maße gilt dies für Studiengänge. Je nach Gestaltung und Reihenfolge der Aggregationsstufen gelangt man daher zu anderen Einsichten in die Ausgaben- und Kostenstruktur. Dann sind entsprechend dem Konzept der mehrdimensionalen Rechnungen[127] verschiedenartige mehrstufige Einzelkostenrechnungen nebeneinander zu erstellen. Um Aussagen im Hinblick auf die Führung der Hochschule, die Lehre und die Forschung zu gewinnen, kann sich eine derartige **mehrdimensionale Einzelkostenrechnung** einmal an der Aufbauorganisation (Professuren, Fakultäten und zentrale Einrichtungen, Hochschule), zum anderen an Einrichtungen für Studium und Lehre (Professuren, Lehreinheiten[128], Fächer, Studiengänge, Hochschule) sowie der Forschung (Professuren, Institute/Departments, Hochschule) orientieren.

Auch in den mehrstufigen Rechnungen kann es zweckmäßig sein, die wichtigsten Ausgaben- und Kostenarten sichtbar zu machen. Beispielsweise können die Unterscheidung zwischen laufenden sowie Investitionsausgaben beibehalten und diese ggf. nach den maßgeblichen Einsatzgüterarten sowie deren **Bindungsdauer** (insb. kurz- und langfristig beschäftigtes Personal) differenziert werden. Zumindest sollte die Datenbank, in welcher die Grundrechnung niedergelegt ist, eine solche Differenzierung ermöglichen.

---

[126] Da die Höhe der Einnahmen nur in begrenztem Umfang von den Aktivitäten der einzelnen Einheit abhängig ist und die Differenz zwischen Einnahmen und Ausgaben lediglich einen periodischen Ausgaberest angibt, wäre ein Ausbau zu einer Deckungsbeitragsrechnung eher irreführend.
[127] Vgl. Kapitel 3., Abschnitt D.I.5.d), S. 467; RIEBEL, P. (Einzelkostenrechnung⁷), S. 622 ff.; KÜPPER, H.-U. (Controlling), S. 277 ff. und die dort angegebene Literatur.
[128] „Eine Lehreinheit ist eine für Zwecke der Kapazitätsermittlung abgegrenzte fachliche Einheit, die ein Lehrangebot bereitstellt." § 7 KapVO. Vgl. hierzu auch LESZCZENSKY, M. et al. (Kostenvergleich) S. 53 ff.

B. Kosten- und Erlösrechnung für Dienstleistungsbereiche

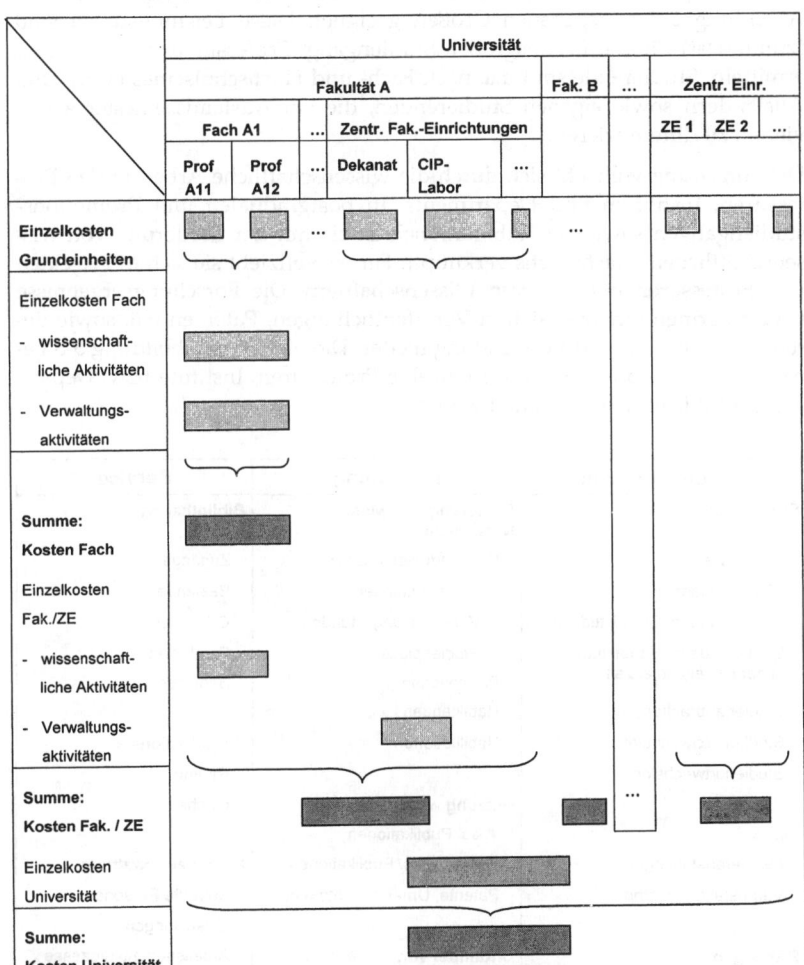

Abb. 5-7: Mehrstufige Einzelkostenrechnung einer Universität

b) Grundrechnung der Leistungen

Da (und solange) Hochschulen vielfältige Leistungen erbringen, die nicht über einen Markt monetär bewertet werden, muss ihre Leistungsrechnung unterschiedliche Leistungsarten erfassen[129]. **Studium und Lehre** lassen sich in erster Linie durch die Studierenden (als externe Faktoren[130]) sowie die von

---

[129] Vgl. zum Folgenden AK Hochschulrechnungswesen (Schlußbericht), S. 39 ff.; FANDEL, G. (Funktionalreform), S. 245 f.; ALBERS, S. (Allokation), S. 585 ff.
[130] Vgl. CORSTEN, H. (Dienstleistungsproduktion), Sp. 766 f. ; SCHWEITZER, M. (Dienstleistungskapazitäten), S. 47 ff.

diesen besuchten Veranstaltungen und absolvierten Prüfungen abbilden. Als Rechnungsgrößen zu ihrer Kennzeichnung erscheinen daher vor allem die in Abbildung 5-7 angegebenen Größen geeignet. Diese Leistungsdaten sind (zumindest) für die Bezugsgrößen Studiengang, Professur und Fakultät zu ermitteln. Studierende sind u.a. nach Fach- und Hochschulsemester, In- und Ausländern sowie eigenen Studierenden, die ein Auslandssemester absolvieren, zu differenzieren.

Die **Forschung** vollzieht sich durch die wissenschaftliche Arbeit in den Professuren, Instituten und Departments. In postgradualen und Promotionsstudiengängen sowie bei Habilitationen ist sie mit der Förderung von wissenschaftlichem Nachwuchs verknüpft. Ferner vollzieht sie sich in Projekten von Professoren und anderen Wissenschaftlern. Die Forschungsergebnisse beider Formen schlagen sich in Veröffentlichungen, Patenten u.ä. sowie deren Anerkennung und Verwendung nieder. Die hierfür in Abbildung 5-8 genannten Indikatoren sollten für einzelne Professuren, Institute bzw. Departments und Fakultäten ermittelt werden.

Studium und Lehre	Forschung	Service
Studierende	**Förderung von wiss. Nachwuchs**	**Bibliotheken**
Studienplätze	Postgraduales Studium	Zugänge
Studienanfänger	Veranstaltungen	Bestände
Studierende im Grundstudium	Veranstaltungsstunden	Ortsleihen
Studierende im Hauptstudium - in der Regelstudienzeit	Studienplätze	Fernleihen
	Promotionen	Benutzer
Studienabbrecher	Habilitanden	
Studienfachwechsler	Habilitationen	**Betriebsdienste**
Studienortwechsler		Räume
	Nutzung wiss. Ergebnisse	Flächen
Lehre	Wiss. Publikationen	
Lehrveranstaltungen	Zitation wiss. Publikationen	**Personalverwaltung**
Veranstaltungsstunden	Patente, Urheberrechte u.a.	Betreute Personen
		Einstellungen
Prüfungen	**Drittmittel von**	Arbeitsgerichtsprozesse
Prüfungen im Grundstudium	Öffentlichen Institutionen	...
Prüfungsfälle im Hauptstudium	Stiftungsinstitutionen	Studentenverwaltung
Prüfungen im Hauptstudium	Industrie.	Prüfungsverwaltung
Diplomarbeiten	Privaten u.a.	Finanzverwaltung
	Forschungskooperationen	Liegenschaften
Absolventen	Herausgeber- und Gutachtertätigkeiten	...
	Wiss. Auszeichnungen und Rufe	

Abb. 5-8: Rechnungsgrößen der Leistungsrechnung

B. Kosten- und Erlösrechnung für Dienstleistungsbereiche

Leistungsgrößen für **Serviceeinheiten**[131] sind in Abbildung 5-8 beispielhaft für wichtige Bereiche angegeben. Ausgehend von den durchgeführten Prozessen kann man für die anderen Serviceprozesse z.B. der Studenten-, Prüfungs-, Finanzverwaltung, Liegenschaften, Materialwirtschaft, EDV, Öffentlichkeitsarbeit, Akademisches Auslandsamt, Wahlamt, Forschungs- und Technologietransfer sowie Akademische Gremien entsprechende Leistungsgrößen bestimmen.

c) Kennzahlenrechnung als Auswertungsrechnung des periodischen Erfolgs von Hochschulen

Wie im erwerbswirtschaftlichen Bereich liefert die Gegenüberstellung von Output- oder Leistungsgrößen und Einsatz- oder Ausgaben- bzw. Kostendaten die Grundlage für eine Beurteilung der Effizienz sowie des Erfolgs der betrachteten Institution. Die Ermittlung von Kennzahlen als Erfolgsindikatoren erfordert i.d.R. eine Zuordnung bestimmter Leistungs- und Inputgrößen. Dabei können schon bei nichtmonetären Größen Zurechnungsprobleme z.B. wegen der Lehrverflechtungen zwischen verschiedenen Studiengängen auftreten. Dies spricht dafür, die periodische Kennzahlenrechnung den Auswertungsrechnungen zuzuordnen.

Da die Hochschulen vielfältige Leistungen erbringen und über die wichtigsten Kennzahlen zumindest bisher keine **einheitliche** Auffassung besteht, ist der Katalog an Kennzahlen eher breit anzulegen. Auf Basis eines Vorschlags des Arbeitskreises Hochschulrechnungswesen sind in Abbildung 5-9 beispielhaft **mengenmäßige Indikatoren** für die Bereiche Studium und Lehre, Forschung, Förderung des wissenschaftlichen Nachwuchses sowie Service aufgeführt[132].

Grundlage für die Interpretierbarkeit von Kennzahlen sind die Angabe ihrer exakten Definition und ihres Bezugsbereichs (z.B. Hochschule, Fakultät). Im Hochschulbereich kommt dem besondere Bedeutung zu, weil zahlreiche Größen wie Absolvent, Drittmittel u.a. unterschiedlich gemessen werden. Zudem geben Kennzahlen häufig nur erste Hinweise darauf, wo tiefere Analysen vorzunehmen sind.

Die Informationsadressaten auf den verschiedenen Ebenen haben ein Interesse daran, die für sie relevanten Daten in aussagefähigen Berichten zu erhalten. Deshalb sollte die Vielzahl an Daten aus den Grundrechnungen der Ausgaben bzw. Kosten und Einnahmen, der Leistungen und der Kennzahlen in **Erfolgsübersichten** münden, welche den jeweiligen Einheiten von den Professuren über die Fakultäten bis zur Hochschulleitung zur Verfügung gestellt werden.

---

[131] Vgl. AK Hochschulrechnungswesen (Schlußbericht), S. 42 ff. und S. 71 ff.
[132] Vgl. auch FANDEL, G. (Funktionalreform), S. 245 f.

764   5. Kapitel: Weiterentwicklung der Kosten- und Erlösrechnung

Studium und Lehre	Forschung	Förderung wiss. Nachwuchs
Bewerber je Studienplatz - bzw. je Student im 1. FS Studierende je Professor Studierende je wiss. Personal - im 1. Fachsemester - in Regelstudienzeit Prüfungsfälle je Professor Prüfungsfälle je wiss. Personal Absolventenquote (bezogen auf Studienanfänger)	Publikationen je Prof. - Monographien - referierte Zeitschriften - Beiträge und sonstige Zeitschriften Publikationen je wiss. Pers. - Monographien - referierte Zeitschriften - Beiträge und sonstige Zeitschriften	Postgraduale Studierende je Prof Postgraduale Stud./Absolventen Promotionen je Professor Ø Promotionsdauer Ø Alter der Promovenden Habilitationen je Professor Ø Habilitationsdauer Ø Alter der Habilitanden Ø Verbleibezeit nach Habilitation
Absolventen je Professor	Drittmittel je Professor	**Service**
Absolventen je wiss. Personal Ø Fachstudiendauer je Studiengang. Ø Alter der Absolventen Absolventenqualität (Anteil der Absolventen mit adäquater Beschäftigung nach best. Zeitraum) Anteil ausländischer an Studenten Gesamtzahl der Studenten	Drittmittel je wiss. Personal Drittmittel zu Gesamtbudget Wiss. Auszeichnungen je wiss. Personal Patente je wiss. Personal	*Bibliothek:* Zugang an Bänden je Personalstelle in Bibliothek (PS) Ortsleihen je PS Fernleihen je PS Lesesaalbenutzer je PS *Sonstiges:* ...

Abb. 5-9: *Beispiele für Erfolgsindikatoren der verschiedenen Leistungsbereiche*

Für die oberste Ebene hat der Arbeitskreis Hochschulrechnungswesen den Vorschlag einer **universitären Erfolgsrechnung** erarbeitet[133]. In ihm werden die mengenmäßigen Erfolgsindikatoren deutlich von den Zahlungsgrößen getrennt und zumindest im ersten Schritt auf eine Verteilung nicht direkt zurechenbarer Kosten verzichtet. Entsprechend Abbildung 5-10 enthält er in den Zeilen die **Erfolgsindikatoren der Lehre**, der **Förderung wissenschaftlichen Nachwuchses** und der **Forschung**[134]. Diesen "nichtmonetären Erfolgsgrößen" werden die Einnahmen als **verfügbare Budgetsumme** und die **Einzelkosten** sowie die **Gemeinkosten** als Bestandteile des "monetären Erfolgs" gegenübergestellt. In den Spalten sind diese Daten für die dezentralen und die zentralen Einheiten ausgewiesen. Mit einem solchen Konzept erhält man eine Übersicht der wichtigsten Daten, die für eine Analyse des Erfolgs von Hochschulen herangezogen werden können. Ihre konkrete Nutzung hängt vom jeweiligen Rechnungszweck ab und lässt sich für verschiedenartige tiefergehende Auswertungsrechnungen heranziehen.

---

[133] Vgl. AK Hochschulrechnungswesen (Schlußbericht); KRONTHALER, L. (Neuorientierung).
[134] Vgl. AK Hochschulrechnungswesen (Schlußbericht).

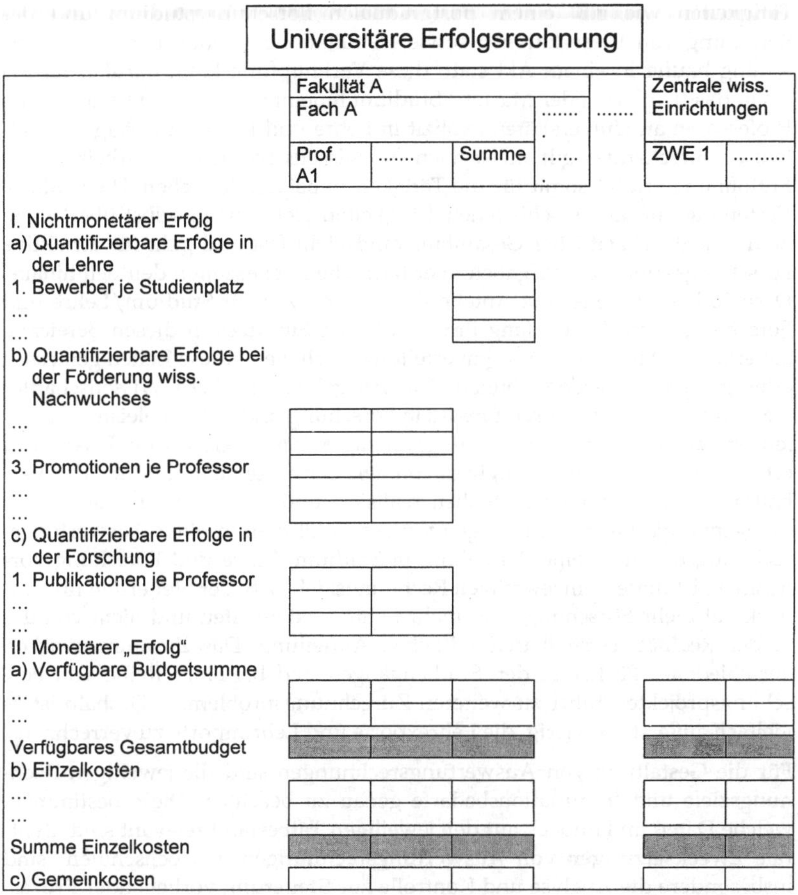

B. Kosten- und Erlösrechnung für Dienstleistungsbereiche 765

	Universitäre Erfolgsrechnung					
	Fakultät A Fach A			....	Zentrale wiss. Einrichtungen	
	Prof. A1	....	Summe	....	ZWE 1	....
I. Nichtmonetärer Erfolg a) Quantifizierbare Erfolge in der Lehre 1. Bewerber je Studienplatz						
b) Quantifizierbare Erfolge bei der Förderung wiss. Nachwuchses ... ... 3. Promotionen je Professor ...						
c) Quantifizierbare Erfolge in der Forschung 1. Publikationen je Professor						
II. Monetärer „Erfolg" a) Verfügbare Budgetsumme						
Verfügbares Gesamtbudget b) Einzelkosten						
Summe Einzelkosten						
c) Gemeinkosten						

Abb. 5-10: Konzept einer universitären Erfolgsübersicht

d) Auswertungsrechnungen zur Analyse von Fakultäten

Auswertungsrechnungen stoßen in Hochschulen auf spezifische Schwierigkeiten. Besonderes Gewicht hat dabei die **Zurechnungsproblematik**. Die enge Verknüpfung von Forschung und Lehre führt dazu, dass die Gütereinsätze sowie die Kosten nicht willkürfrei den grundlegenden beiden Hauptprozessen Studium/Lehre und Forschung zurechenbar sind. Die in Hochschulen erbrachten Leistungen stellen in hohem Maße Kuppelprodukte dar[135]. Die wissenschaftlich tätigen Personen, für die der größte Ausgabenanteil anfällt, sind sowohl in der Lehre als auch in der Forschung tätig und übernehmen dazu noch (Service-)Aufgaben in der Selbstverwaltung. Bei einer Reihe ihrer

---

[135] Vgl. ALBACH, H./FANDEL, G./SCHÜLER, W. (Hochschulplanung), S. 19. Anderer Meinung HEISE, S. (Hochschulkostenrechnung), S. 119 ff., der die Problematik der Kuppelproduktion zu Unrecht auf starre Mengenverhältnisse reduziert (S. 124).

Tätigkeiten wie z.B. einem postgradualen Forschungsstudium und der Betreuung von Dissertationen sowie Habilitationen finden Lehre und Forschung häufig in einem Akt statt; diese Verknüpfung kann darüber hinaus bis in das (Diplom- oder Master-) Studium hineinreichen. Dazu kommt, dass Professoren an Universitäten explizit in Lehre und Forschung tätig sein sollen; entsprechendes gilt meist auch für wissenschaftliche Mitarbeiter. Ihre Entlohnung erfolgt somit für die Tätigkeit in beiden Bereichen. Die zeitliche Verteilung auf die verschiedenen Tätigkeiten bleibt ihnen selbst überlassen; häufig liegt ihr zeitlicher Gesamtaufwand nicht fest und geht für attraktive Forschungs- und Lehraufgaben über tarifliche Arbeitszeiten deutlich hinaus. Deshalb liefern weder die Anteile ihrer Arbeitszeit für Studium/Lehre und Forschung noch der Umfang ihres zeitlichen Einsatzes in diesen Bereichen zuverlässige Maße einer Kostenverteilung, auch wenn diese Zeiten gemessen oder geschätzt werden können. Die Ausgaben für diese Wissenschaftler werden vom Staat für ihren Einsatz in Forschung und Lehre geleistet; sie sollen entsprechend dem Einstellungsvertrag[136] beide Arten von Leistungen erbringen. Dies gilt unabhängig davon, wie der einzelne individuell das Verhältnis zwischen diesen Aufgaben realisiert und damit kein für alle festes Mengenverhältnis der Leistungen vorliegt. Will man in einer Auswertungsrechnung trotzdem eine Aufteilung in Studium/Lehre und Forschung vornehmen, ist diese vom jeweiligen Rechnungsziel – z.B. der Steuerung im Hinblick auf mehr Forschung oder mehr Lehre – herzuleiten und nicht von der in der Realität feststellbaren zeitlichen Aufteilung. Das Zusammenwirken verschiedener Fächer in den Studiengängen und bei einer Reihe von Forschungsprojekten führt zu weiteren Zurechnungsproblemen. Deshalb ist es vielfach äußerst schwierig, die Lehrexporte und Lehrimporte zu verrechnen.

Für die Gestaltung von Auswertungsrechnungen sind die jeweiligen Rechnungsziele und Informationsbedarfe genau zu beachten. Diese bestimmen, welche Daten im Hinblick auf den jeweiligen Tatbestand relevant sind. Zentrale **Zwecksetzungen von Auswertungsrechnungen** in Hochschulen sind insbesondere die Analyse und Kontrolle zur **Steuerung** vorliegender Prozesse. So richtet sich gegenwärtig ein besonderes Informationsbedürfnis auf die Analyse und Beeinflussung der Qualität und Effizienz von Studiengängen sowie Fakultäten, Forschungsinstituten und Hochschulen. Dies zeigt sich an einer Reihe von Evaluationsverfahren, wie sie in verschiedenen Ländern[137] und im Auftrag privater Presseorgane[138] durchgeführt werden.

Um die ökonomische Effizienz einer Fakultät zu bestimmen, sind den von ihr erbrachten Leistungen ihre Kosten gegenüberzustellen und Kennzahlen als monetäre Erfolgsindikatoren zu bestimmen. Da die wesentlichen Einsatzgüter wie Personal und Einrichtungen längerfristig gebunden sind, muss man eine **mittel- bis langfristige Perspektive** zugrunde legen. Deshalb bietet

---

[136] Insoweit liegt eine „Zwangsläufigkeit" wie bei industriellen Produktionsprozessen vor. Die vertragliche Regelung tritt an die Stelle der technischen Unvermeidlichkeit. Zur Kennzeichnung von Kuppelprozessen vgl. insb. RIEBEL, R. (Kuppelproduktion), S. 27 ff.
[137] Vgl. z.B. Verbund Norddeutscher Universitäten (Evaluation).
[138] Vgl. die Rankings von Spiegel (1989, 1999), Focus (1993, 1997), CHE/Stiftung Warentest (1998), Stern (1993, 2001) usw.

B. Kosten- und Erlösrechnung für Dienstleistungsbereiche

es sich an, die Auswertungsrechnung zwar auf ein Jahr zu beziehen, die Daten jedoch als **Kosten-Durchschnittswerte** mehrerer Jahre zu ermitteln. Hierbei lassen sich nach der Zurechenbarkeit auf die Betrachtungseinheit Fakultät und den Betrachtungszeitraum Jahr vier zentrale Kostenarten unterscheiden: Einzelkosten, Abschreibungen, Gemeinkosten der Nutzung übergeordneter Einheiten sowie Kosten der hochschulinternen Leistungsverrechnung.

Einzelkosten sind die durchschnittlichen laufenden Ausgaben, die für eine Fakultät und in einem Jahr anfallen. Zu ihnen gehören vor allem die Ausgaben bzw. Kosten für Personal und für Verbrauchsgüter, die unmittelbar aus den Grundrechnungen der Jahre ableitbar sind. Dazu kommen anteilige Kosten für die mehrperiodisch genutzten Anlagegüter, die nur von der betrachteten Fakultät genutzt werden und daher der Fakultät, jedoch nicht der Periode direkt zurechenbar sind. Diese **Abschreibungen** müssen aus den (Investitions-) Ausgaben der Grundrechnung hergeleitet werden und können den Werteverzehr dieser Güter nur näherungsweise wiedergeben[139]. Deshalb bieten sich einfache Abschreibungsmethoden wie das lineare Verfahren und eine Verwendung normierter Nutzungsdauern an, wie sie beispielsweise im Geräteschlüssel der Deutschen Forschungsgemeinschaft (DFG) niedergelegt sind. In Bezug auf die Nutzung von Gebäuden kann man anstelle von Abschreibungen kalkulatorische ortsübliche Mietwerte[140] ansetzen, damit die Kosten nicht von der Zeitabhängigkeit der Anschaffungskosten beeinflusst werden.

Hochschulen stellen eine Reihe von Einrichtungen wie Hörsäle, Bibliotheken, Rechenzentren, zentrale Verwaltungen usw. zur Verfügung, die von mehreren Fakultäten genutzt werden. Will man die **Gemeinkosten** der Nutzung dieser Leistungen einer Hochschule möglichst präzise auf die Fakultäten verrechnen, kann man sich vor allem bei den zentralen Verwaltungstätigkeiten an dem Konzept der Prozesskostenrechnung[141] orientieren. Die Aufnahme der entsprechenden Aktivitäten ist aufwendig und daher nur in Sonderanalysen für einzelne Prozesse durchführbar; sie kann jedoch zugleich die Basis für eine genaue Analyse und Verbesserung der Prozesse liefern[142]. In einer ersten vereinfachten Rechnung könnte man sich auch an plausiblen Schlüsseln wie dem Zeitanteil der Nutzung gemeinsamer Ressourcen durch eine Fakultät u.ä. orientieren.

Mit das schwierigste Problem bildet die **Verrechnung der Leistungsströme** zwischen den Fakultäten, weil die betreffenden Veranstaltungen und Prüfungen vielfach auch ohne eine Beteiligung fakultätsfremder Studenten durchgeführt würden[143]. Dann nehmen die Ausgaben durch den Lehrexport nicht bzw. nur geringfügig zu. Auch wenn die Mehrfachnutzung der Lehre

---

[139] Vgl. KÜPPER, H.-U. (Hochschulrechnung), S. 360 f.
[140] Vgl. AK Hochschulrechnungswesen (Schlußbericht), S. 29.
[141] Vgl. z.B. HORVÁTH, P./MAYER, R. (Kostentransparenz), MAYER, R. (Prozesskostenrechnung), COENENBERG, A. G./FISCHER, T. M. (Prozeßkostenrechnung).
[142] In dem Projekt „Optimierung von Universitätsprozessen" wurden wichtige Prozesse erhoben. Die hiervon dokumentierten Ergebnisse könnten die Basis für derartige Analysen bilden; vgl. KÜPPER, H.-U./SINZ, E. (Gestaltungskonzepte).
[143] Vgl. FANDEL, G./PFAFF, A. (Kostenrechnung), S. 193 ff.

deren Effizienz erhöht, erscheint eine Aufteilung der Kosten gerechtfertigt. Nahe liegend wäre es, hierfür die für die Berechnung von Curricular-Normwerten verwendeten Verteilungsschlüssel heranzuziehen[144]. Hiermit würden jedoch die insbesondere auf politische Interessen zurückgehenden Fehler ihrer Bestimmung (z.B. offensichtlich zu niedrige Curricular-Normwerte für BWL und Jura) auf den Effizienzvergleich übertragen und deren problematische Wirkung weiter verschärft. Deshalb sind in derartigen Auswertungsrechnungen realitätsgerechte Curricularwerte zugrunde zu legen.

Als **Indikatoren des monetären Lehrerfolgs** könnten sich vor allem die durchschnittlichen Kosten je Absolvent[145] anbieten. Daneben kann man die Kosten je Studienplatz und je Studierendem heranziehen[146], wodurch auch die Ausbildungsleistungen bei den Studierenden berücksichtigt werden, die ohne erfolgreichen Abschluss abgehen. Für die Ermittlung derartiger Kostenkennzahlen sind mehrere Verteilungsprobleme zu lösen, für die es keine allgemein gültigen und daher von allen einheitlich anzuwendenden Zuordnungskriterien gibt. Dadurch werden ihre Aussagekraft und ihre Vergleichbarkeit zwischen verschiedenen Fakultäten und Hochschulen deutlich eingeschränkt. Derartige Kennzahlen erscheinen für eine Fakultät nur dann aussagefähig, wenn sie (im Wesentlichen) einen Studiengang betreut. Werden von ihr mehrere Studiengänge angeboten, stellt sich die Frage, ob deren Absolventen sowie Studierende vergleichbar und addierbar sind. Andernfalls sind zusätzliche Auswertungsrechnungen erforderlich, in denen eine Aufteilung der Kosten auf die verschiedenen Studiengänge vorgenommen wird. Wegen des Verbundcharakters der Lehrprozesse erfordert eine solche Rechnung eine tiefergehende Schlüsselung der Kosten, die lediglich eine approximative Beurteilung der Effizienz erlaubt.

Da sich die Kosten für Forschung und Lehre höchstens mit willkürlichen Schlüsseln aufteilen lassen[147], liegt es nahe, bei der Bestimmung dieser Kennzahlen von den gesamten Kosten der Fakultät auszugehen. Dem liegt implizit die Annahme zugrunde, dass der Anteil des Gütereinsatzes für die Forschung über ihre Mitglieder hinweg im Schnitt relativ gleich ist. Andernfalls muss man tiefergehende Auswertungen beispielsweise auf der Grundlage einer präzisen Prozessanalyse vornehmen.

Während Kennzahlen für die Kosten je Absolvent, Studierendem (in der Regelstudienzeit) und Studienplatz für eine Fakultät, soweit sie einen oder eng verwandte, vergleichbare Studiengänge durchführt, einen gewissen Informationsgehalt besitzen, gilt dies für kostenorientierte Kennzahlen der Forschung nicht in gleicher Weise. Zum Beispiel stellen die Kosten je wissenschaftlicher Publikation kaum eine aussagekräftige Information dar, weil die Publikationen sowie die anderen Forschungsleistungen zu unterschiedlich sind.

---

[144] Vgl. z.B. FLOß, B. (Controlling), Abschnitt 6.3.1.
[145] Vgl. ALBACH, H. (Hochschul-Kostenrechnung), S. 221; FANDEL, G./PFAFF, A. (Kostenrechnung), S. 201 f.
[146] Zu derartigen Kalkulationen vgl. ALBACH, H./FANDEL, G./SCHÜLER, W. (Hochschulplanung), S. 153 ff.; MERTENS, P./BACK-HOCK, A./SLUKA, K. (Kostenkalkulation).
[147] Zur Begründung vgl. KÜPPER, H.-U. (Konzeption), S. 939 ff.

Je mehr Studiengänge von einer Fakultät betreut werden, je weniger man diese vergleichen kann und je breiter ihre Forschungsleistungen sind, desto weniger lassen sich aussagefähige kostenorientierte Erfolgskennzahlen für sie ermitteln. Der Prozess zur Leistungserstellung der Fakultät ist in diesem Fall so komplex, dass aufgrund der fehlenden monetären Bewertung ihres Outputs eine mehrdimensionale qualitative Bewertung des Erfolgs unumgänglich ist, wie sie in Evaluationen durchgeführt wird.

Für eine Beurteilung der jeweiligen Ausprägung der verschiedenen Erfolgsgrößen benötigt man Maßstäbe, die sich am ehesten über einen Vergleich mit entsprechenden Einheiten gewinnen lassen. Deshalb sind die Einsatz-, Leistungs- und Erfolgsgrößen einer Fakultät den entsprechenden Daten anderer Fakultäten mit einem gleichen oder zumindest ähnlichen Leistungsprogramm gegenüberzustellen. Für Fakultäten ist deshalb der hochschulübergreifende (Betriebs-) Vergleich aussagefähiger als der hochschulinterne[148]. Orientiert man sich hierbei an Fakultäten mit herausragenden Werten, so liefert der Vergleich die Basis für ein **Benchmarking**[149]. Durch eine nähere Analyse der untersuchten und der Vergleichsfakultät kann man versuchen, Gründe für die Ausprägung der Erfolgsgrößen in der untersuchten Fakultät herauszufinden.

e) **Auswertungsrechnungen zur Entscheidung über die Organisation von Hochschuleinrichtungen**

Ein anderer Typ von Auswertungsrechnung ist notwendig, um den Entscheidungsträgern in Ministerien und Hochschulen die verfügbaren quantitativen Informationen für die **Planung** wichtiger Entscheidungstatbestände bereitzustellen. In diesen Bereich gehören insbesondere Entscheidungen über das Leistungsprogramm und die Organisation der Hochschule. Erstere schlagen sich z.B. in der Einrichtung oder Schließung von Studiengängen, Fakultäten sowie ihren Teileinheiten nieder. Letztere betreffen die Gliederung in (große oder kleine) Fakultäten, deren Untergliederung nach Departments und/oder Instituten, die Zentralisierung oder Dezentralisierung von Prüfungsämtern, Bibliotheken, Rechenzentren, Computer-Laboren (CIP-Labor), Verwaltungsleistungen u.a.

Während sich Effizienzanalysen primär auf realisierte Daten stützen können, müssen in Planungsrechnungen **Prognosedaten** eingehen. Diese basieren i.d.R. auf den Erfahrungen und Zeitreihen der Vergangenheit. Jedoch ist im Einzelnen zu prüfen, inwieweit deren Übertragung in die Zukunft gerechtfertigt ist und wo Strukturänderungen zu anderen Erwartungen führen.

Als Beispiel kann die Entscheidung über eine Zusammenfassung dezentraler Prüfungsämter betrachtet werden. Da derartige Veränderungen nur in größeren Zeitabständen vorgenommen werden, erfordern sie Auswertungsrechnungen, in denen neben qualitativen Merkmalen auch die Gütereinsätze sowie Kosten und die Leistungen der alternativen Organisationsformen einander gegenübergestellt werden. Aus der Grundrechnung erhält man die

---

[148] Vgl. SCHODER, T. (Budgetierung), S. 149 ff.
[149] Vgl. hierzu z.B. CAMP, R. C. (Benchmarking).

Grunddaten der bisher realisierten, dezentralen Organisationsform, soweit Ausgaben und Leistungen unmittelbar zurechenbar sind. Auf der Kostenseite sind diese zu erweitern um anteilige Gemeinkosten beispielsweise der Verwaltung und des Rechenzentrums, die von den Prüfungsämtern genutzt werden.

Schwieriger ist die Bestimmung der Kosten- und Leistungsgrößen der alternativen Organisationsform einer Zentralisierung der Prüfungsämter. Deren Ausprägungen sind durch eine genaue Analyse des benötigten Einsatzes an Personal und Sachmitteln einschließlich des EDV-Bedarfs (z.B. Veränderungen in Hard- und Software) sowie der zu erbringenden Leistungen zu prognostizieren. Dabei sind neben der Leistungsmenge Änderungen in der Art und Qualität der Leistungen, der Dauer von Prozessen, der Anpassungsfähigkeit an die Prüfungsstrukturen verschiedener Studiengänge und Fakultäten u.ä. zu untersuchen.

Bei einer Bereitstellung von Prognosedaten für Planungszwecke durch Auswertungsrechnungen sind grundsätzlich dieselben Input-, Output- und Erfolgsgrößen zu berücksichtigen und entsprechende Zurechnungsprobleme zu lösen wie in steuerungsorientierten Rechnungen. Die von den Istdaten ausgehenden Analysen liefern wichtige Erkenntnisse und Basisdaten, die für eine Prognose der relevanten Daten der Entscheidungsalternativen genutzt werden können.

C. Spezifische Anforderungen und Konzepte der Kosten- und Erlösrechnung bei öffentlicher Preisregulierung

I. Bedeutung kostenrechnerischer Konzepte bei der Preisregulierung

In einer Reihe von Wirtschaftsbereichen vollziehen sich gegenwärtig Prozesse, durch die eine **Liberalisierung** von Märkten erreicht werden soll. Sie sind unter anderem ausgelöst durch die in verschiedenen Ländern zu beobachtende Privatisierung staatlicher Unternehmungen, die europäische Einigung sowie eine höhere Akzeptanz marktwirtschaftlicher Konzepte. Die Politik der Europäischen Union und insbesondere der Europäischen Kommission zielt explizit auf eine stärkere Liberalisierung der Märkte beispielsweise bei Telekommunikation, Wasser, Entsorgung, Energie (Strom und Gas), Bahn, Straßen oder Versicherungen ab. Eine Regulierung ist primär dort unumgehbar, wo monopolistische Engpassbereiche dauerhaft erhalten bleiben. Aber auch die Prozesse der Liberalisierung erfordern eine **Regulierung**, vor allem beim Übergang von staatlicher Verwaltung zu kommerziellen Wirtschaftsunternehmen. Für die mit der Regulierung aufgeworfenen Probleme kommt der Unternehmungsrechnung eine besondere Bedeutung zu. Dies liegt einmal darin begründet, dass eine Regulierung Transparenz erfordert und die Regulierungsprozesse nachprüfbar sein müssen. Zum anderen steht bisher häufig die kostenorientierte Preisregulierung im Vordergrund. Dafür soll die Kostenrechnung der betroffenen Unternehmungen die wesentlichen Informationen liefern. Begriffe und Konzepte der Kostenrechnung rücken in das Zentrum der Auseinandersetzung um die Entgeltfestsetzung.

II. Determinanten der Preisregulierung

1. Form der Preisregulierung

Die Bestimmung der Preise auf regulierten Märkten richtet sich nach der vom Gesetzgeber gewählten Regulierungsform. Als wichtigste Formen unterscheidet man ‚Price cap'[150], ‚Revenue cap' und ‚Price cap with cost pass-through' Regulierung sowie das ‚Rate-of-return'-System. Den deutlichsten Eingriff nimmt ein Regulierer bei der **Einzelgenehmigung** bzw. **-festlegung von Entgelten** vor[151]. Dazu muss die einer Regulierung unterliegende Unternehmung einen Antrag auf Entgeltgenehmigung bei der Regulierungsbehörde stellen und durch entsprechende Unterlagen begründen. Mit der Entscheidung der Regulierungsbehörde liegt ein bestimmter Preis fest, der von der Unternehmung höchstens über eine Klage und einen darauf erfolgenden

---

[150] Vgl. hierzu ALEXANDER, I./MAYER C./WEEDS H. (Structure), S. 11 f.; KNIEPS, G. (Wettbewerbsökonomie), S. 83 ff.
[151] Vgl. REGULIERUNGSBEHÖRDE FÜR TELEKOMMUNIKATION UND POST (Tätigkeitsbericht), S. 153.

Gerichtsbeschluss geändert werden kann. Gesteht der Regulierer in dem Preis eine bestimmte Kapitalverzinsung zu, dann kann man die Einzelgenehmigung zur ‚**Rate-of-return'** **Regulierung** zählen, nach der die Preise so festgelegt werden, dass eine bestimmte Verzinsung zu erwarten ist.

Der deutsche Gesetzgeber hat bisher insbesondere im Telekommunikationsbereich eine Regulierung eingeführt und dazu die Regulierungsbehörde für Telekommunikation und Post (RegTP) eingerichtet. Er hat sich dafür entschieden, dass marktbeherrschende Anbieter z.B. von Telekommunikationsdienstleistungen wie die Deutsche Telekom AG Entgelte durch die Regulierungsbehörde genehmigen lassen müssen[152]. Dies erfolgt für die meisten Dienste durch Einzelgenehmigung, während beim Sprachtelefondienst die Form des Price Cap[153] angewandt wird. Da in diesem Bereich die Regulierung in Deutschland am weitesten vorangeschritten und bei ihr die Probleme einer kostenorientierten Preisregulierung besonders deutlich werden, steht sie im Folgenden im Vordergrund. Für die Bereiche Strom und Gas sind dieselben Konzepte relevant, weil sie entweder in freiwillige Verbändevereinbarungen[154] oder eine möglicherweise von einer Behörde durchgeführte Regulierung eingehen.

2. Wichtige Rahmenbedingungen der Preisregulierung

In marktwirtschaftlichen Systemen besteht das Bestreben, die Erzeugung und den Verkauf von Gütern möglichst weitgehend über Wettbewerbsmärkte zu steuern, um eine hohe Effizienz zu erreichen. Bei einer Reihe von Gütern ist dies nicht oder nur schwer möglich. Hierzu gehören **öffentliche Güter** wie die Sicherheit eines Landes, bei der einzelne Individuen nicht vom Konsum ausgenommen werden können. Ferner kann eine Leistungsbereitstellung mit derart ausgeprägten Größenvorteilen verbunden sein, dass zu wenige Anreize für die Erzeugung derartiger Güter durch mehrere Unternehmungen bestehen[155]. Solche **natürlichen Monopole** bestehen insbesondere bei öffentlichen Netzstrukturen der Wasserversorgung, Abwasserbeseitigung, des Straßen- und Schienenverkehrs sowie bei Post, Telekommunikation und Energieversorgung.

Neben der bestehenden Marktstruktur spielen die beobachtbare und die erwünschte **Marktentwicklung** eine wichtige Rolle. Für die in der EU zu liberalisierenden Märkte besteht die explizite Absicht, von einer monopolistischen zu einer Wettbewerbsstruktur zu gelangen. Eine Regulierung hat sich

---

[152] § 25 Abs. 1 i.V.m. § 39 TKG.
[153] Price-Cap-Regulierung Telefondienst, veröffentlicht als Mitteilung Nr. 202/97 im Amtsblatt des BMPT Nr. 34/1997 vom 17.12.1997. Bei diesem Verfahren wird eine Preisobergrenze für einen Korb von Dienstleistungen festgelegt, die sich an den gewichteten Preisen der einbezogenen Güter in der Vorperiode orientiert, die um den Konsumentenpreisindex abzüglich einem Produktivitätsfaktor erhöht werden. Damit verringern es die Informationsprobleme zwischen Regulierer und regulierten Unternehmungen und bietet letzteren Anreize zu Effizienzsteigerungen.
[154] Für den Gasbereich vgl. Verbändevereinbarung Erdgas (VV Erdgas) und Verbändevereinbarung Erdgas II (VV Erdgas II).
[155] Vgl. KNIEPS, G. (Wettbewerbsökonomie), S. 21 ff.

an anderen Prinzipien zu orientieren, wenn ein Markt durch zunehmenden Wettbewerb gekennzeichnet ist, als wenn eine marktbeherrschende Stellung beispielsweise aufgrund eines unveränderlichen natürlichen Monopols bestehen bleibt.

Schließlich liegt eine maßgebliche Rahmenbedingung im **Geltungsbereich der Regulierung**. Durch die europaweite Öffnung der Märkte kommt es zu Regulierungen auf europäischer Ebene. Gegenwärtig besitzen die nationalen Gesetzgeber und Regulierungsbehörden noch ein großes Gewicht. Diese sollen die Richtlinien der EU in nationales Recht umsetzen und die Empfehlungen der EU-Kommission beachten, besitzen aber auch eigene Handlungsspielräume.

3. Zwecksetzungen und Prinzipien der Regulierung

Grundlegende Zwecksetzungen einer Preisregulierung sind (1) auf die **Kontrolle von Marktmacht**, (2) den **Umfang und die Qualität der Güterversorgung** sowie (3) **gesellschaftliche Ziele** ausgerichtet[156]. Die auch als ökonomische Regulierung bezeichnete **erste** Zwecksetzung soll insbesondere den Missbrauch von Monopolmacht, wettbewerbsfeindliches Verhalten und die Diskriminierung von Konkurrenten verhindern. Die **zweite** Zwecksetzung ist auf die Kunden der regulierten Leistung gerichtet. Sie kann darin bestehen, eine ausreichende Versorgung mit bestimmten Gütern wie Wasser, Krankenversorgung u.ä. oder die Einhaltung von Qualitätsanforderungen an die betreffenden Güter sicherzustellen und externe Effekte zu korrigieren. Schließlich kann das Ziel einer Regulierung darin liegen, gesellschaftliche Gesichtspunkte wie die Rechte sozial schwacher Menschen (zum Beispiel Kranke, Behinderte, Rentner) oder die Interessen bestimmter Gruppen (zum Beispiel Landwirtschaft) zu berücksichtigen.

Neben diesen spezifischen Zwecksetzungen sind auch allgemeine ökonomische und rechtliche Ziele eines Staates für die Ausgestaltung einer Regulierung von Bedeutung. Von diesen erscheinen insbesondere wirtschaftliches **Wachstum**, die Sicherung der staatlichen **Haushaltsziele** und die **Rechtmäßigkeit** staatlichen Handelns bedeutsam.

Aus diesen Zwecksetzungen lassen sich konkrete **Prinzipien** herleiten, wie sie insbesondere für eine kostenorientierte Preisregulierung maßgebend sind. Um die Zwecksetzung einer Kontrolle von Marktmacht zu erreichen, sind Entgelte festzusetzen, die den Preisen auf Märkten mit funktionierendem Wettbewerb nahe kommen. Dies gilt insbesondere, wenn die Marktentwicklung auf die Schaffung von mehr Wettbewerb gerichtet ist. Deshalb sind die Entgelte so festzulegen, dass sie den Eintritt von Wettbewerbern in den betreffenden Markt fördern. Das Ziel einer **Förderung von Wettbewerb** hat auch zur Konsequenz, dass allen Marktteilnehmern ein diskriminierungsfreier Zugang zu monopolistischen Engpässen zu gewähren ist.

Die Zwecksetzung einer an Umfang und Qualität orientierten Güterversorgung bedeutet, dass sich die Preisbestimmung an **effizienter Produktion** zu

---
[156] Vgl. BROMWICH, M./VASS, P. (Accounting), Sp. 1678.

orientieren bzw. diese zu bewirken hat[157]. Man geht davon aus, dass ein hohes Maß an Effizienz unter gegebenen Realbedingungen um so eher erreichbar ist, je vollkommener ein Markt funktioniert und je besser der Wettbewerb ist. Qualität und Effizienz werden ebenso wie Wachstum durch **Innovationen** und **technischen Fortschritt** gesteigert. Zugleich zwingt ein funktionierender Wettbewerb die Unternehmungen zu Maßnahmen der Forschung sowie Entwicklung in allen relevanten Funktionsbereichen und deren Umsetzung in **Investitionen**. Daraus folgt, dass kostenorientierte Entgelte Anreize für die Suche nach Innovationen und die Durchführung von Investitionen bieten sollten. Um den Staatshaushalt nicht zusätzlich zu belasten, ist eine Regulierung in der Regel darauf gerichtet, dass die betroffenen Unternehmungen sich selbst finanzieren[158] und eigenwirtschaftlich tätig sein können. Hierzu müssen die regulierten Preise eine ausreichende Rendite zur Deckung der Kapitalkosten enthalten.

Da sich die Regulierung an der Rechtmäßigkeit zu orientieren hat und ihre Maßnahmen gegebenenfalls einer gerichtlichen Überprüfung standhalten müssen, spielt die **Nachprüfbarkeit** der Preisbestimmung eine herausragende Rolle. Damit erhalten Kostennachweise eine besondere Bedeutung. Sie lassen sich im Hinblick auf tatsächliche, das heißt in der Vergangenheit entstandene Kosten in hohem Maße erfüllen. Dagegen ist die Nachprüfbarkeit sowohl bei prognostizierten Kosten als auch bei Kostenverrechnungen zwangsläufig geringer. Kostenprognosen sind mit Unsicherheit behaftet, Kostenverrechnungen sind in Form von Kostenschlüsselungen anhand von Verteilungskriterien vorzunehmen, die nicht willkürfrei wählbar sind und daher höchstens auf plausibel begründbaren Normen und Konventionen beruhen können.

III. Rechtliche Vorgaben für die Bestimmung kostenorientierter Preise

1. Bestimmungen der EU für die Preisregulierung auf dem Telekommunikationsmarkt

Die Kommission der Europäischen Gemeinschaften hat bislang insbesondere Richtlinien und Empfehlungen zum Telekommunikationsmarkt erlassen, aus denen Prinzipien und Konzepte für die Bestimmung regulierter Preise deutlich werden. Schon die Richtlinie 90/38/EWG vom 28.6.1990 verlangt, auf dem Telekommunikationsmarkt einen wirklichen Wettbewerb zu gewährleisten und fordert Transparenz bezüglich der Kostenrechnung. Nach der Richtlinie 95/62/EG vom 13.12.1995 sollen Telefontarife den **Grundsätzen der Kostenorientierung** und der **Transparenz** entsprechen. Ferner soll nach der Richtlinie 97/33/EG[159] das Kostenrechnungssystem ermöglichen, „die Beziehung zwischen Kosten und Entgelten im Zusammenhang mit den

---

[157] Vgl. BROMWICH, M./VASS, P. (Accounting), Sp. 1678.
[158] Vgl. BROMWICH, M./VASS, P. (Accounting), Sp. 1679.
[159] Art. 7 Abs. 5.

C. Kosten- und Erlösrechnung bei öffentlicher Preisregulierung   775

Netzkomponenten und Netzdiensten zu verdeutlichen". Die Europäische Kommission empfiehlt, „die Zurechnung von Kosten, eingesetztem Kapital und Erträgen gemäß den **Grundsätzen der Kostenverursachung** (zum Beispiel der aktivitätsorientierten Kostenerfassung „ABC") vorzunehmen"[160]. Die Kostenerfassung solle dazu ausreichend detailliert sein. Nach Auffassung der Kommission ermöglicht „ein gut definiertes Kostenzurechnungssystem ... eine Zuweisung von mindestens 90 % der Kosten auf Grundlage direkter oder indirekter Kostenverursachung"[161]. Um das Verursachungsprinzip zu befolgen, empfiehlt sie eine **Differenzierung der Buchführung** und gibt Leitlinien für die Gliederung der Buchführung[162] sowie der Kostenarten vor.

Für die Umsetzung dieser Prinzipien empfiehlt die Kommission eine ‚**mehrschichtige' Kostenzurechnung**. In ihr sollen direkte Kosten den Diensten, Netzkomponenten, den mit den Diensten verwandten Funktionen (zum Beispiel Gebührenabrechnung) und sonstigen Funktionen (zum Beispiel allgemeine Finanzierungskosten) unmittelbar zugeordnet, und anschließend schrittweise die Kosten sonstiger Funktionen, verwandter Funktionen und der Netzkomponenten bis auf die Dienste umgelegt werden[163]. Das Netzanlagevermögen soll mit „zukunftsrelevanten beziehungsweise Wiederbeschaffungswerten für einen effizienten Betreiber"[164] bewertet werden, auf deren Basis auch die Abschreibungen zu berechnen seien. Explizit wird die auf **Wiederbeschaffungskosten** beruhende Methodik des ‚**Current Cost Accounting'** empfohlen. Um sich an einem effizienten Betreiber zu orientieren, könnten Effizienzfaktoren zugrunde gelegt werden. Die Bestimmung der Kapitalkosten soll mithilfe des WACC-Ansatzes auf das durchschnittliche Betriebskapital erfolgen, wobei die nationalen Regulierungsbehörden globale Kapitalkosten oder unterschiedliche Risikoprämien in spezifischen WACC-Werten für die verschiedenartigen Tätigkeiten vorsehen können. Soweit Netzbetreiber eine getrennte Buchführung vornehmen müssen, sollen sie für jedes Geschäft eine GuV-Rechnung sowie Bilanz vorlegen und diese Einzelabschlüsse für die Unternehmung als Ganzes konsolidieren.

2. *Deutsche Regelungen für die Entgeltbestimmung von Telekommunikationsleistungen*

Vom deutschen Gesetzgeber ist der Bereich der Telekommunikation durch das **Telekommunikationsgesetz** vom 25. Juli 1996 (TKG) und die **Telekommunikations-Entgeltregulierungsverordnung** (TEntgV) vom 1. Oktober 1996 geregelt worden. Das TKG schreibt in § 24 Abs. 1 vor: „Entgelte haben sich an Kosten der effizienten Leistungsbereitstellung zu orientieren." Aufgrund von § 3 Abs. 1 der TEntgV hat die Regulierungsbehörde zu prüfen, ob und inwieweit dies erfüllt ist. Nach § 3 Abs. 2 TEntgV ergeben sich „die Kos-

---

[160] KOMMISSION (Empfehlung), S. L 141/8.
[161] KOMMISSION (Empfehlung), S. L 141/8.
[162] Nach Kernnetz, Ortsanschlußnetz, Einzelkundengeschäft und sonstigen Tätigkeiten, KOMMISSION (Empfehlung), S. L 141/8 und S. L 141/10.
[163] Vgl. KOMMISSION (Empfehlung), S. L 141/12 f.
[164] KOMMISSION (Empfehlung), S. L 141/9.

ten der effizienten Leistungsbereitstellung ... aus den langfristigen zusätzlichen Kosten der Leistungsbereitstellung und einem angemessenen Zuschlag für leistungsmengenneutrale Gemeinkosten, jeweils einschließlich einer angemessenen Verzinsung des eingesetzten Kapitals, soweit diese Kosten jeweils für die Leistungsbereitstellung notwendig sind." Unter bestimmten Bedingungen können nach § 3 Abs. 4 TEntgV darüber hinausgehende Kosten in das Entgelt einfließen, „soweit und solange hierfür eine rechtliche Verpflichtung besteht oder das beantragende Unternehmen eine sonstige sachliche Rechtfertigung nachweist". Neben die grundsätzliche Orientierung an den Kosten der effizienten Leitungsbereitstellung tritt entsprechend § 3 Abs. 3 der TEntgV eine Vergleichsmarktorientierung.

Die Festlegung regulierter Entgelte erfolgt also grundsätzlich kostenorientiert mit den Begriffskomponenten der

- Kosten der effizienten Leistungsbereitstellung
- langfristigen zusätzlichen Kosten der Leistungsbereitstellung sowie einem
- Zuschlag für leistungsmengenneutrale Gemeinkosten
- einschließlich einer angemessenen Verzinsung des eingesetzten Kapitals.

Im Hinblick auf die Entwicklung der Kosten ist nach §2 TEntgV Abs. 2 zwischen Einzel- und Gemeinkosten zu trennen. Für letztere ist anzugeben und zu begründen, wie sie der jeweiligen Dienstleistung zugeordnet werden[165]. Ferner sind die Kosten nach der Höhe der Personalkosten, Abschreibungen, Zinskosten und Sachkosten zu differenzieren. Des Weiteren sind die Ermittlungsmethode der Kosten, die Kapazitätsauslastungen sowie die der Leistungserbringung zugrunde liegenden Einsatzmengen und Preise darzulegen.

Auffallend sind einzelne Abweichungen, welche die am 22.11.1999, also drei Jahre später erlassene Entgeltregulierungsverordnung für die Post bei ansonsten wörtlich übereinstimmenden Anforderungen aufweist. Sie erlaubt[166] bei Entgeltanträgen von geringer wirtschaftlicher Bedeutung, den Umfang der Kostennachweise angemessen zu reduzieren. Ferner sei[167] insbesondere zu prüfen, „ob bei der Ermittlung, Berechnung und Zuordnung der Kosten ... allgemein anerkannte betriebswirtschaftliche Grundsätze zugrunde liegen". Zudem werden in ihr[168] spezielle, vor allem soziale Gründe für nicht effiziente Kosten aufgeführt.

Eine weitere Konkretisierung liefern die 2001 von der RegTP erlassenen „Verwaltungsvorschriften im Bereich Kostenrechnung"[169]. Diese gliedern

---

[165] Hierbei sind die Maßstäbe zu berücksichtigen, die durch die Richtlinien des Rates entsprechend Artikel 6 der Richtlinie 90/387/EWG des Rates vom 28. Juni 1990 zur Verwirklichung des Binnenmarktes für Telekommunikationsdienste erlassen werden.
[166] § 2 Abs. 1 PEntgV.
[167] § 3 Abs. 3 PEntgV.
[168] § 3 Abs. 4 PEntgV.
[169] Amtsblatt 5/2001 der Regulierungsbehörde für Telekommunikation und Post, S. 647 f. Diese Vorschriften wurden von der RegTP auf Basis von § 31 Abs. 1 Satz 1 Nr. 2 TKG erlassen, und den der Regulierung unterworfenen Unternehmen die Einführung eines

C. Kosten- und Erlösrechnung bei öffentlicher Preisregulierung

sich in grundsätzliche Leitlinien der Regulierungspraxis und allgemeine sowie spezifische Vorgaben für das Kostenrechnungssystem. Zentrale Leitlinien der Ermittlung regulierter Entgelte sind für die Regulierungsbehörde die Grundsätze der Transparenz und der Kostenorientierung. Sie stellt damit die Nachprüfbarkeit der Kalkulationen und das Konzept kostenorientierter Preise in den Vordergrund, nicht das Vergleichsmarktprinzip oder andere Konzepte zur Bestimmung regulierter Preise.

Aus diesen Grundsätzen und § 31 Abs. 1 Satz 1 Nr. 2 TKG leitet sie die Forderung her, dass marktbeherrschende Unternehmungen über ein **geeignetes und hinreichend detailliertes Kostenrechnungssystem** verfügen müssen. Dieses müsse so gestaltet sein, dass es die Transparenz der internen Kostenzuordnung auf einzelne Dienstleistungen gewährleiste und unzulässige Quersubventionierungen verhindere. Die allgemeinen Vorgaben lassen erkennen, dass die Regulierungsbehörde besonderes Gewicht auf die Nachprüfbarkeit der eingereichten Kostennachweise legt. Deshalb sind die Kostennachweise unmittelbar aus dem unternehmensintern angewandten Kostenrechnungssystem und seiner Kostenstellen- sowie Kostenträgerrechnung herzuleiten. Dabei sollen bei den Ist-Kosten die tatsächlichen Mengengerüste zugrunde gelegt werden, um die reale Kostensituation abzubilden. Für die Folgejahre sind die tatsächlichen Plankosten anzugeben. Die Kalkulationen von Produkten/Diensten sollen auf den tatsächlich vorhandenen und nachprüfbaren Anlagegüter- und Mengenstrukturen basieren, die unter Beachtung des Grundsatzes der Verfahrensökonomie über Vollerhebungen ermittelt sind.

Im Hinblick auf die Nachprüfbarkeit der Kostennachweise wird besonderer Wert auf ihre Einbindung in die in der Unternehmung geltende Kostenrechnung sowie auf die Transparenz der Verteilung der Gesamtkosten gelegt. Daher müssen die **Kostenrechnungsmethoden einheitlich** sowie stetig angewandt werden und haben der unternehmensintern geltenden Kostenrechnung zu entsprechen. Änderungen sind gesondert zu begründen und mit Hilfe von Überleitungsrechnungen transparent sowie nachvollziehbar zu machen. Ferner sollen eine **Gesamtschau der Kostensituation** ermöglicht werden und hierzu eine **integrierte Kostenträgerrechnung** bestehen, bei der die Kosten in sachlicher und zeitlicher Hinsicht möglichst verursachungsgerecht den einzelnen Leistungen zugeordnet werden. Darüber hinaus ist die jährliche Schlüsselung der Gesamtkosten für die Unternehmung insgesamt vorzulegen.

Das strenge Erfordernis der Einbindung in die unternehmensinterne Kostenrechnung ist insoweit problematisch, als für unterschiedliche kurz- und längerfristige Planungs- und Entscheidungsprobleme, Steuerungs- sowie Kontrollzwecke verschiedene Kostenrechnungsmethoden anzuwenden sind. Die Form einer Preisregulierung kann zu für diesen Rechnungszweck speziell eingerichtete Kostenrechnungsmethoden zwingen, welche die Unterneh-

---

geeigneten Kostenrechnungssystems im Sinne der Richtlinien 97/33/EG und 98/10/EG vorgeschrieben.

mung nicht für ihre eigenen anderen Kostenrechnungszwecke verwenden kann.

Die Einzelvorgaben betreffen die Anlagenkosten, prozessorientierte Kalkulationen und die leistungsmengenneutralen Gemeinkosten. Für die Anlagen wird unter anderem verlangt, dass die **Investitionswerte** im Normalfall über Vollerhebungen und die Nettoinvestitionswerte auf Basis der tatsächlichen Planungs- und Investitionsentscheidungen ermittelt werden. Damit sollen der Zusammenhang zu den intern verwendeten Berechnungsgrundlagen und -daten gewährleistet, ggf. verwendete Wiederbeschaffungspreise durch aktuelle Vertragspreise eindeutig belegt und Preisindices eindeutig hergeleitet sein.

Für die **leistungsmengenneutralen Gemeinkosten** wird entsprechend den EU-Empfehlungen gefordert, sie soweit als möglich auf der Basis von hinreichend verursachungsgerechten Mengenschlüsseln zu verrechnen, die restlichen Gemeinkosten nach dem allgemeinen Gesamtkostenschlüssel zu verteilen und die Gemeinkostenstellen so zu sortieren bzw. aufzuteilen, dass eine eindeutige **Trennung von regulierten und nicht-regulierten Bereichen** erfolge.

IV. Wichtige Problemfelder einer kostenorientierten Preisregulierung

1. Bedeutung der Abgrenzung von Grundbegriffen der Unternehmungsrechnung

Die Bestimmungen in der EU und in Deutschland machen deutlich, welches Gewicht die Kosten- und Erlösrechnung gewinnen kann. Ein spezifischer Aspekt liegt hierbei darin, dass ihre Begriffe und Konzepte aufgrund der Verankerung in Richtlinien, Gesetzen und Verordnungen Rechtscharakter erlangen. Da die Entscheidungen der Regulierungsbehörde aus der Verknüpfung von wirtschaftlicher und juristischer Argumentation heraus erfolgen, sollten die Konzepte einer Überprüfung durch Gerichte standhalten.

Schon die Richtlinien und Empfehlungen der EU lassen erkennen, welche Bedeutung der **Trennung zwischen Einzel- und Gemeinkosten** zukommt. In der für ihre Unterscheidung maßgeblichen Zurechenbarkeit wird ein wesentliches Merkmal für die Begründung eines genehmigungspflichtigen Preises gesehen. Einzelkosten sind die Kosten, die einer Bezugsgröße direkt zurechenbar sind. Bezugsgrößen können unter anderem Produkteinheiten, einzelne Zwischen- oder End-Produktarten, Produktgruppen, Kostenstellen, Unternehmensbereiche, die gesamte Unternehmung und einzelne Perioden sein. Damit hängt es von der jeweils betrachteten Bezugsgröße ab, welche Kosten als Einzelkosten und welche als Gemeinkosten zu klassifizieren sind. Im Zusammenhang der Zurechnung von Kosten auf verschiedene Dienste bildet im Normalfall die Dienstleistungsart die Bezugsgröße.

C. Kosten- und Erlösrechnung bei öffentlicher Preisregulierung

Von Bedeutung ist, wie streng das **Kriterium der Zurechenbarkeit** angewandt wird. Versteht man es im engen Sinn von PAUL RIEBEL[170], so wird sich ein wesentlicher Anteil der Kosten regulierter Unternehmungen nicht auf deren einzelne Dienstleistungsarten zurechnen lassen. Die in den Empfehlungen der EU vertretene Auffassung einer weitgehenden Zurechenbarkeit von bis zu 90 % der Kosten ist dann irreführend. Interpretiert man es dagegen in einem pragmatischen Sinn weit(er), so muss man Schlüsselungen vornehmen, die nicht frei von Willkür sein können. Entsprechendes gilt für die Forderung einer Zurechnung nach den Grundsätzen der Kostenverursachung, wie sie von der EU-Kommission empfohlen wird[171]. In der Nutzung eines Netzes für verschiedene Leistungen liegt eine wesentliche wirtschaftliche Chance, um zu höherer Effizienz zu gelangen. Sie hat aber zur Konsequenz, dass eine Zurechnung der Kosten des Netzes auf einzelne Leistungsarten nicht verursachungsgemäß und damit nicht eindeutig möglich ist. Die Kostenverrechnung muss dann nach anderen Kriterien erfolgen, deren Auswahl von einem zu wählenden Zweck abhängig und damit normativ ist.

Mit der Verwendung des Begriffs ‚leistungsmengenneutraler' Gemeinkosten nimmt die TEntgV darüber hinaus einen Begriff auf, der innerhalb der Prozesskostenrechnung eingeführt worden ist[172]. Er deutet auf den Unterschied zwischen Zurechenbarkeit und Beschäftigungsabhängigkeit hin[173]. Leistungsmengenneutrale Gemeinkosten sind von der Herstellungsmenge unabhängig. Als echte Gemeinkosten sind sie weder der Leistungseinheit noch der Leistungsart zurechenbar.

2. Regulierungsrelevante Konzepte für die Preisbestimmung

Die Preisfestlegung eines Regulierers betrifft einen künftigen Zeitraum. Deshalb sind für ihre Fundierung lediglich zukünftig anfallende Zahlungen relevant. Hieraus folgt, dass für die kostenorientierte Begründung von Entgelten die **Prognosekosten** oder ‚forward looking costs' heranzuziehen sind. Diese erwarteten zukünftigen Kosten[174] müssen nicht mit Plankosten im Sinne von Vorgabekosten übereinstimmen. Ein Zusammenhang zwischen den Prognosekosten und den historischen Zahlungen bzw. Ist-Kosten der Vergangenheit besteht insoweit, als man vielfach aus der Kostenentwicklung der Vergangenheit aufgrund kausaler oder statistischer Zusammenhänge auf diejenige in der Zukunft schließen kann.

Eine wichtige Bedeutung in der Regulierung kommt dem Konzept der ‚**langfristigen zusätzlichen Kosten der Leistungsbereitstellung**' (long run incremental costs LRIC) zu. Während hinter dem Konzept der Prognosekosten die zeitliche Perspektive steht, zielt dieses Konzept auf die Entscheidungsperspektive ab. Bei der Bestimmung der Kosten eines Produkts bzw. einer Leistung kann man fragen, welche Einsatzgüter insgesamt erforderlich sind, um

---

[170] Vgl. RIEBEL, P. (Einzelkostenrechnung⁷), S. 36 ff. und S. 274 ff.
[171] Vgl. Fn. 118, S.757.
[172] Vgl. z.B. HORVÁTH, P./MAYER, R. (Konzeption).
[173] Kapitel 3., Abschnitt D.III.1., S. 523 ff.
[174] Kapitel 3., Abschnitt B.I.1., S. 270 ff.

sie zu erstellen. Das beinhaltet die Überlegung, welche Investitionen für diesen Produktionsprozess notwendig sind. Die Ermittlung des Entgelts erfordert eine Umrechnung der gesamten Investitionsausgaben auf den Zeitraum der Erstellung dieser Produktart und dessen einzelne Perioden. Damit gelangt man zu den Gesamtkosten, die für den Geltungszeitraum auf die in ihm erstellten Leistungseinheiten zu verteilen sind.

Hierbei lassen sich weiter zwei verschiedene Entscheidungsperspektiven unterscheiden. Zum einen kann man unterstellen, dass die Investitionen völlig neu zur Erstellung der betreffenden Leistung getätigt werden, was einem ‚Greenfield-Ansatz' entspricht. Mit ihm soll der Bezug zu einem effizienten Wettbewerber simuliert werden. Zum anderen kann man von der konkret betrachteten Unternehmung, deren Produktionsprogramm und deren historischer Entwicklung ausgehen. Dann liegt der Betrachtung der Pfad zugrunde, welcher zu der Entscheidungssituation geführt hat, in der das Entgelt zu bestimmen ist.

Der **Greenfield-Ansatz** ist in hohem Grade fiktiv, weil für die Bestimmung der Kosten eine Vielzahl von Annahmen getroffen werden muss. Nur in den äußerst seltenen Fällen eines Neueinstiegs in einen Markt dürfte er in dieser Weise real vorliegen. Deshalb kann dieser Ansatz höchstens als Vergleichskonzept herangezogen werden und ist dabei mit einem hohen Grad an Unzuverlässigkeit und mangelnder Prüfbarkeit verbunden. Aussagen über Ineffizienzen sind konkret anhand der tatsächlichen Verhältnisse oder einem Vergleich mit beobachtbaren anderen Unternehmungen sowie Produktionsprozessen zu begründen. Dies spricht dafür, dass entsprechend dem Ansatz einer **Pfadabhängigkeit** von der konkreten Unternehmung und den nachprüfbaren Entwicklungen auszugehen ist, die zu ihrer Leistungs- und Kostenstruktur geführt haben.

Ist die Produktart, für die das Entgelt zu bestimmen ist, in umfassendere Prozesse zur Erstellung auch anderer Leistungen eingebunden, so bleibt das Problem, welche Kostenanteile in das festzulegende Entgelt eingehen sollen. Auf ihre konzeptionell begründbare Isolierung ist das Grenzkostenkonzept gerichtet. Da die Entgeltbestimmung auf regulierten Märkten nicht auf eine einzelne zusätzliche Leistung und nicht auf einen derart kurzfristigen Zeitraum bezogen ist, kann für sie nur ein Ansatz **langfristiger Grenz- oder Zusatzkosten** in Betracht kommen. Bei dieser Perspektive untersucht man, welche Kosten entstehen (würden), wenn die entgeltrelevante Leistung zusätzlich zum sonstigen Programm der Unternehmung zumindest für den Geltungszeitraum bereitgestellt wird und die hierfür erforderliche Kapazität zusätzlich geschaffen werden müsste. Zusätzlich sind dabei alle die Zahlungen und Kosten, die für eine längerfristige Bereitstellung des betreffenden Dienstes zu erbringen sind.

Für die Isolierung sowie Zurechnung der durch eine bestimmte Leistungsbereitstellung verursachten Kosten stellt der Ansatz langfristiger Grenz- bzw. Zusatzkosten ein theoretisch einleuchtendes Konzept bereit. Seine Zweckmäßigkeit hängt jedoch davon ab, inwieweit er sich konkret und mit ausreichender Zuverlässigkeit anwenden lässt oder eine im Normalfall in der Realität nicht vorfindbare Entscheidungssituation unterstellt. Wenn die Nach-

C. Kosten- und Erlösrechnung bei öffentlicher Preisregulierung

frage nach der betrachteten Leistung im Verhältnis zur vorhandenen Leistungskapazität nur in begrenztem Umfang zunimmt, sind die aus den tatsächlich geplanten Erweiterungsinvestitionen ableitbaren Werte kaum repräsentativ für das Gesamtnetz. Dann kann es an der Grundlage für eine begründete Bestimmung von Kostenwerten fehlen. Zudem ist zu berücksichtigen, dass mit diesem Ansatz nicht historische, sondern prognostizierte Werte zugrunde gelegt werden. Eine mangelnde Anwendbarkeit und Zuverlässigkeit des Konzepts der langfristigen Zusatzkosten führt dazu, dass man doch von den Gesamtkosten ausgehen muss. Dann bilden sie die zuverlässigste Grundlage zur entscheidungstheoretisch fundierten Bestimmung der Kosten als Preisuntergrenze für die auf einem solchen Markt tätigen Investoren.

In der Regulierungsdiskussion spielt die Diskussion um den Ansatz von historischen Anschaffungs- oder von Wiederbeschaffungswerten (current costs) eine wichtige Rolle[175]. Die Begründung für das insbesondere in Großbritannien angewandte Konzept des ‚**current cost accounting**' (**CCA**)[176] liegt vor allem in der Entscheidungsperspektive. In einem funktionierenden Markt richtet ein Entscheidungsträger seine Handlungen an den auf diesem geltenden Preisen und Wertänderungen aus. Für die Übertragung eines solchen Konzepts auf eine Regulierung kommt es daher maßgeblich auf die erwünschte und tatsächliche Entwicklung dieses Marktes an. Soll sich auf dem bisher monopolistischen Markt (mehr) Wettbewerb entwickeln und sind auf ihm Konkurrenten tätig bzw. ist mit ihnen zu rechnen, erscheint es gerechtfertigt, für die Preisbestimmung die Sichtweise eines Entscheidungsträgers im Wettbewerb zugrunde zu legen.

Dieser ist exemplarisch als Investor zu sehen, dessen Handlungen davon bestimmt sind, ob er durch die Anlage seiner Mittel auf dem regulierten Markt eine dem Risiko entsprechende Rendite erzielen kann. Bei seinen Entscheidungen geht er von den in der Antragsperiode, für welche die regulierten Preise festgelegt werden, geltenden sowie den zukünftig zu erwartenden Marktpreisen, dem Verhalten der nicht der Regulierung unterworfenen Wettbewerber sowie der Nachfrager und den hieraus folgenden Preisentwicklungen am Markt aus. Insoweit sind für ihn auf einem regulierten Markt mit (zunehmendem) Wettbewerb die current costs maßgebend.

Dabei lassen sich die Kosten für Arbeitstätigkeiten lassen sich beispielsweise mithilfe von methodisch fundierten **Prozesskostensätzen** bestimmen. Die Zurechnungsprobleme auf nicht-regulierte und regulierte Bereiche und deren verschiedene Dienste lassen sich durch eine ausreichend präzise und detaillierte Kostenrechnung reduzieren, hinsichtlich der verbleibenden Gemeinkosten aber nicht ohne Willkür, also nur zweckbezogen und pragmatisch lösen. Deshalb betreffen die konzeptionellen Fragen zum Kostenansatz vor allem die Kapitalkosten. Diese machen bei Netzbetreibern im allgemeinen den wesentlichen Anteil der Gesamtkosten aus und beziehen sich vor-

---

[175] Vgl. BUSSE V. COLBE, W. (Entgeltregulierung); SCHNEIDER, D. (Substanzerhaltung), S. 39; WHITTINGTON, G. (Cost Accounting).
[176] Vgl. BROMWICH, M./VASS, P. (Accounting), Sp. 1682. Das Konzept des CCA geht dabei teilweise von einem Greenfield-Ansatz aus und legt so genannte Modern Equivalent Assets (MEA) zugrunde.

nehmlich auf Güter, die eine äußerst lange Nutzungsdauer aufweisen, weshalb die für sie angesetzten Werte besonders auf die Entgelte durchschlagen. Die **Kapitalkosten** umfassen die Abschreibungen des in Anlagen gebundenen Kapitals und die auf dieses Kapital anfallenden Zinskosten. Die Höhe der Abschreibungen bestimmt den Umfang des noch gebundenen Kapitals. Sie haben damit Einfluss auf die Kapitalbasis für die Berechnung von Zinsen. Daher hängen Abschreibungs- und Zinskosten eng zusammen. Dies hat die konkrete Konsequenz, dass die über die Abschreibungen ermittelten Kapitalbestände auch der Zinsberechnung zugrunde gelegt werden müssen. Ansonsten kommt man zu fehlerhaften Ergebnissen.

3. Wahl des Abschreibungsverfahrens

Für den Ansatz von Abschreibungen[177] ist die geplante Entwicklung zu einem Wettbewerbsmarkt bestimmend, in dem schon andere, nicht regulierte Unternehmungen tätig sind bzw. eintreten sollen. Ferner ist die Sicht des Investors maßgeblich, der in diesem Markt nur bei angemessener Rendite tätig wird, weil sich auch die regulierte Unternehmung selbst finanzieren soll. Um unterschiedliche Abschreibungsverfahren zu beurteilen, sind Abschreibungen und Zinsen zusammen zu betrachten.

Aufgrund der investorbezogenen Sicht und der gesetzlichen Vorgabe, kostenorientierte Preise zu ermitteln, müssen Abschreibungen das Prinzip der **kapitaltheoretischen Erfolgsneutralität**[178] erfüllen. Dann entsprechen die geplanten Rückflüsse genau den Kosten der eingesetzten Anlagen, die – ohne Berücksichtigung weiterer Kosten für den laufenden Betrieb, Instandhaltung u.a. – mit den Abschreibungen und den Zinsen auf das eingesetzte Kapital übereinstimmen.

Für die Ermittlung kostenorientierter Entgelte von Abschreibungen bei regulierten Unternehmungen wird die lineare Abschreibung von *Anschaffungs-* (bzw. Herstellungs-) *Werten* (**AW-Abschreibung**), von *Tagesneuwerten* (**TNW-Abschreibung**)[179] und von *Tagesgebrauchtwerten* (**TGW-Abschreibung**) verwendet[180]. Das charakteristische Merkmal und der wichtigste Unterschied zwischen diesen Verfahren liegen in der *Bezugsgröße* für die Abschreibungen in jeder Periode. Bei der AW-Abschreibung ist dies der historische Anschaffungswert, bei der TNW-Abschreibung der sich aus der Preisänderung ergebende Tagesneuwert und bei der TGW-Abschreibung der auf das jeweilige Anlagenalter umgerechnete Tagesneuwert. Dies bedeutet, dass bei der Anschaffungswertabschreibung die Preisänderung der Anlage außer

---

[177] Vgl. zum Folgenden KNIEPS, G./KÜPPER, H.-U./LANGEN, R. (Abschreibungen); BUSSE V. COLBE, W. (Entgeltregulierung); SCHNEIDER, D. (Substanzerhaltung); SIEGEL, T. (Leistungserstellung).
[178] Vgl. Kapitel 2., Abschnitt A.IV.4.c), S. 100.
[179] Sie ist nach den in Deutschland gültigen § 6 Abs. 2 der Verordnung über die Entgelte für den Zugang zu Elektrizitätsversorgungsnetzen (StromNEV) vom 25.7.2005 (BGBl. I, 2005 Nr. 46) sowie § 6 Abs. 2 der Verordnung über die Entgelte für den Zugang zu Gasversorgungsnetzen (GasNEV) vom 25.7.2005 (BGBl. I, 2005 Nr. 46) im Rahmen der sog. Nettosubstanzerhaltung auf den Eigenkapitalanteil von Altanlagen anzuwenden
[180] Vgl. Kapitel 2., Abschnitt A.IV.4.d), S.102 ff.

C. Kosten- und Erlösrechnung bei öffentlicher Preisregulierung

Acht bleibt, während sie in die beiden anderen Verfahren eingeht. Für die AW-Abschreibung und die TGW-Abschreibung stimmt die *Summe* der geplanten *Abschreibungsbeträge* mit den historischen Anschaffungs- bzw. Herstellungswerten ggf. abzüglich eines Liquidationserlöses überein. Dagegen ist diese Summe bei der TNW-Abschreibung im Fall von Preissteigerungen (-minderungen) größer (kleiner) als die historischen Anschaffungs- bzw. Herstellungswerte.

Der Vergleich an einem *Beispiel*[181] entsprechend Abbildung 5-11 dokumentiert, dass bei Einhaltung des Kompatibilitätsprinzips alle drei Verfahren für einen vollständigen Investitionszyklus zu demselben *Barwert* und *Endwert* führen. Damit erfüllen sie mit der **kapitaltheoretischen Erfolgsneutralität** das grundlegende Kriterium für regulierte Unternehmungen. Darüber hinaus stimmt der Barwert bei allen drei Verfahren mit den historischen Anschaffungswerten überein. Zu beachten ist hierbei, dass dabei der spezifische Realzins r als das Verhältnis zwischen der Differenz von Nominalzinssatz i und Preisänderungsrate p zu der um 1 erhöhten Preisänderungsrate p, also $r=(i-p)/(1+p)$, und die für die Anlagenwertänderung maßgebliche Preisänderungsrate anzusetzen sind. Dieses Ergebnis gilt unabhängig von den Zinssätzen und der Preisänderungsrate, wie sich beweisen lässt[182]. Man erkennt ferner, dass die *Periodenentgelte* bei TNW- und TGW-Abschreibung identisch sind. Dagegen ergeben sich trotz übereinstimmender Bar- und Endwerte für die AW-Abschreibung andere Periodenentgelte. Im Fall steigender (fallender) Preise sind diese in den ersten Perioden der Nutzungsdauer höher (niedriger), in den letzten Perioden niedriger (höher) als diejenigen der tageswertabhängigen Abschreibungen. Dieser Unterschied wirkt sich vor allem bei einem vorzeitigen Verkauf der Anlagen aus. Wenn die Entgelte auf Basis der AW-Abschreibung ermittelt wurden, ergibt sich bei fallenden Anlagenpreisen und vorzeitigem Verkauf ein Defizit. Dies spricht für die Wahrung des **Marktbezugs** durch ein von Tageswerten ausgehendes Abschreibungsverfahren. Dabei weist die TGW-Abschreibung den Vorzug auf, dass die Buchwerte der Anlagen der Preisentwicklung folgen und ein vorzeitiger Anlagenverkauf zumindest nahe an diesem Wert erfolgen könnte.

Ein mit den **Kapital- und Substanzerhaltungskonzeptionen** lange diskutiertes Problem liegt darin, wie in Zeiten mit Preisänderungen die Ersatzanlage finanziert wird. Weit verbreitet ist die Vorstellung, das Abschreibungsverfahren müsste so gestaltet sein, dass über die Abschreibungsbeträge und deren Verzinsung deren *Finanzierung* erreicht wird. Diese Vorstellung sollte ursprünglich auch in die deutschen Netzentgeltverordnungen für Strom und Gas eingehen. Der Sinn einer entsprechenden Vorschrift, die zum Zeitpunkt der Ersatzbeschaffung einen Ausgleich zwischen deren Anschaffungsausgaben und den aufgezinsten Entgelten verlangen würde, könnte darin liegen, die Unternehmungen zu einer korrekten Prognose der Wiederbeschaffungswerte zu zwingen.

---

[181] In allen Beispielen wird davon ausgegangen, dass die Abschreibung jeweils genau am Periodenende erfolgt und damit das am Periodenanfang eingesetzte Kapital während der gesamten Periode in dieser Höhe gebunden ist.
[182] Vgl. den Beweis bei KNIEPS, G./KÜPPER, H.-U./LANGEN, R. (Abschreibungen), S. 776.

Anschaffungswert	4.000
Preisänderungsrate	10,00%
Nominalzins	16,60%
Realzins	6,00%
Nutzungsdauer	5

Anschaffungskostenabschreibung (Realkapitalerhaltung)

Nutzungs- periode Zeitpunkt	Tages- neuwert	Abschrei- bung	Geb. EK zum Perio- denbeginn	Zinsen nominal	Perioden- summe / Entgelt	Endwert
0	4.000					
1	4.400	800	4.000	664	1.464	2.706
2	4.840	800	3.200	531	1.331	2.110
3	5.324	800	2.400	398	1.198	1.629
4	5.856	800	1.600	266	1.066	1.242
5	6.442	800	800	133	933	933
Summen		4.000				8.621
					Barwert	4.000

Tagesneuwertabschreibung (Nettosubstanzerhaltung)

Nutzungs- periode Zeitpunkt	Tages- neuwert	Abschrei- bung	Geb. Kap. zum Perio- denbeginn	Zinsen real	Perioden- summe / Entgelt	Endwert
0	4.000					
1	4.400	880	4.400	264	1.144	2.115
2	4.840	968	3.872	232	1.200	1.903
3	5.324	1.065	3.194	192	1.256	1.708
4	5.856	1.171	2.343	141	1.312	1.530
5	6.442	1.288	1.288	77	1.366	1.366
Summen		5.372				8.621
					Barwert	4.000

Tagesgebrauchtwertabschreibung

Nutzungs- periode Zeitpunkt	Tages- gebraucht- wert	Abschrei- bung	Geb. Kap. zum Perio- denbeginn	Zinsen nominal	Perioden- summe / Entgelt	Endwert
0	4.000					
1	3.520	480	4.000	664	1.144	2.115
2	2.904	616	3.520	584	1.200	1.903
3	2.130	774	2.904	482	1.256	1.708
4	1.171	958	2.130	354	1.312	1.530
5	0	1.171	1.171	194	1.366	1.366
Summen		4.000				8.621
					Barwert	4.000

Abb. 5-11: Vergleich der Abschreibungsverfahren bei reiner Eigenfinanzierung

C. Kosten- und Erlösrechnung bei öffentlicher Preisregulierung

Das zentrale *Kriterium* für den korrekten **Ansatz der Tagesneu- bzw. Wiederbeschaffungswerte** bietet die Übereinstimmung des *Barwertes der Periodenentgelte* aus den angesetzten Abschreibungen und Zinsen mit den (historischen) Anschaffungs- bzw. Herstellungswerten entsprechend dem Prinzip der *kapitaltheoretischen Erfolgsneutralität*. In einer solchen Analyse sind die Zahlungen an die Eigen- und die Fremdkapitalgeber sowie für die Wiederanlage der Entgelte und deren Verzinsung exakt zu verfolgen. Für das eingesetzte *Eigenkapital (EK)* kann man annehmen, dass dieses Kapital in der Unternehmung verbleibt[183]. Wenn der Kapitalgeber das eingesetzte Kapital in der Unternehmung belässt, erwartet er, dass es entsprechend der Preisänderung[184] erhalten bleibt. Dann kann er jedoch für seinen Kapitaleinsatz von der Unternehmung lediglich den Realzins verlangen. Also ist in diesem Fall davon auszugehen, dass die Unternehmung dem (Eigen-) Kapitalgeber in jeder Periode den Realzins auf das bereitgestellte Kapital ausbezahlt. Dabei bezieht sich dieser Realzins auf einen jeweils der Preisänderungsrate angepassten Kapitalbestand. Entsprechend dem Vorgehen in Abbildung 5-12 ist also der Realzinssatz mit dem Tagesneuwert der Anlage zum jeweiligen Zeitpunkt zu multiplizieren, um den an die EK-Geber auszuzahlenden Realzins auf das jeweils eingesetzte (Gesamt-) Kapital zu erhalten. Die verbleibenden Resterlöse sollte die Unternehmung entweder auf der Bank oder in der Unternehmung zum Nominalzinssatz anlegen. Aus dem hierdurch angesammelten Kapital steht den EK-Gebern wiederum der reale Zins zu, der sich für die kumulierte Differenz zwischen dem Periodenentgelt und dem Realzins auf das jeweils noch gebundene Anlagenkapital ergibt. Wie das Beispiel in Abbildung 5-12 für die TNW-Abschreibung zeigt, führen die zum Nominalzinssatz verzinsten, in der Unternehmung verbleibenden Überschüsse exakt zum *Wiederbeschaffungswert der Ersatzanlage*.

Wenn die erwarteten bzw. von der Unternehmung zugrunde gelegten (spezifischen) Preisänderungen von der tatsächlichen Entwicklung *abweichen*, hängen deren Konsequenzen von der Einhaltung der kapitaltheoretischen Erfolgsneutralität ab. Wurde diese bei der **Entgeltbestimmung** gewahrt, so werden zu hohe (niedrige) Abschreibungsbeträge durch entsprechend geringere (höhere) Realzinsen ausgeglichen. Daher betrifft eine derartige Wertdifferenz allein die Kapitalgeber. Ein Ausgleich in den Periodenentgelten würde die Kunden ungerechtfertigt ent- oder belasten. *Anreize* zur unverzerrten Abschätzung der Preisänderungen sollten daher durch eine Verankerung des Prinzips der **kapitaltheoretischen Erfolgsneutralität** angestrebt werden.

---

[183] Ein anderer Fall ergibt sich für die Annahme, dass in der Anlage gebundene Eigenkapital würde während des Investitionszyklus getilgt. Für diesen lassen sich die analogen Ergebnisse herleiten.

[184] Für die Herausarbeitung der Zusammenhänge wird hierfür nachfolgend die spezifische Preisänderungsrate unterstellt, obwohl für den Eigenkapitalgeber i.d.R. eine allgemeine Preisänderungsrate maßgebend sein dürfte.

Tagesgebrauchtwertabschreibung						
Anschaffungskosten	4.000					
Nutzungsdauer	5					
Preissteigerungsrate	10,00%					
Nominalzinssatz	16,60%					
Realzinssatz	6,00%					
Zeitpunkt (Periode)	0	1	2	3	4	5
Tagesneuwert	4.000	4.400	4.840	5.324	5.856	6.442
TGW- Abschreibung		480	616	774	958	1.171
Kapitalbindung am Periodenanfang nominal		4.000	3.520	2.904	2.130	1.171
Periodenanfang real		4.400	3.872	3.194	2.343	1.288
Nominalzins auf Anlagenkapital		664	584	482	354	194
Periodenentgelt		1.144	1.200	1.256	1.312	1.366
Barwerte	4.000	981	883	793	710	634
Endwerte	8.621	2.115	1.903	1.708	1.530	1.366
Verteilung der Zahlungsströme						
Keine Tilgung gegenüber Kapitalgeber						
EK-Geber erhält Realzins auf eingesetztes Realkapital						
Kapital für Ersatzanlage wird in Unternehmung angesammelt						
Periodenentgelt für Unternehmung		1.144	1.200	1.256	1.312	1.366
Realzins auf Gesamtkapital (an EKG)		264	290	319	351	387
Resterlöse		880	910	937	960	979
Kum. Nominalverzinsung der Resterlöse			1.026	2.257	3.725	5.463
Realzins auf gebundenes Anlagenkapital		264	232	192	141	77
Periodenentgelt - Realzins auf geb. Anl.kap.		880	968	1.065	1.171	1.288
davon Realzins an EK-Geber			58	128	211	309
Verbleib in Unternehmung			1.936	3.194	4.685	6.442

Abb. 5-12: Erwirtschaftung des Wiederbeschaffungswerts der Ersatzanlage bei TGW-Abschreibung

Wie diese Beispiele verdeutlichen, ist die kapitaltheoretische Erfolgsneutralität bei allen Verfahren gewahrt, wenn bei einer Berechnung aller Abschreibungen vom

- **Anschaffungswert** die Zinskosten zum **Nominalzins**
- **Wiederbeschaffungsneuwert** die Zinskosten zum **spezifischen Realzins**

C. Kosten- und Erlösrechnung bei öffentlicher Preisregulierung

gerechnet werden. Dies lässt sich allgemein zeigen[185], wenn man dieses Prinzip zur Beurteilung unterschiedlicher Ansätze für die Ausgangsbasis der Abschreibungsberechnung (Anschaffungs- oder Wiederbeschaffungswerte) und den Abschreibungsverlauf (linear, degressiv, usw) verwendet. Damit führt die Forderung nach kapitaltheoretischer Erfolgsneutralität zu einem Prinzip der **Kompatibilität der Zinssätze**.

Folgt man dieser Erkenntnis, verliert die Diskussion um Anschaffungs- oder Wiederbeschaffungswerte an Gewicht. Beide Konzepte führen dann zu demselben Entgelt. Deshalb können andere Gesichtspunkte für die Wahl des Abschreibungsverfahrens maßgebend werden. Zu diesen gehört insbesondere die Frage, inwieweit sich Abschreibungen auch an Marktentwicklungen orientieren können und damit ein **Marktbezug** herzustellen ist. Diese Frage ist im Telekommunikationsbereich durch die bei wichtigen Anlagen zu beobachtenden anhaltenden Preissenkungen besonders deutlich geworden und hat der Diskussion um die Abschreibung von Anschaffungs- oder Wiederbeschaffungswerten eine bisher nicht beachtete Dimension gegeben. Wenn in einem preisregulierten Markt Wettbewerber auftreten, die keiner Preisregulierung unterliegen, werden diese ihre Abschreibungen und die von ihnen geforderten Preise auch an den jeweils gültigen spezifischen Anlagenpreisen orientieren. Fallen diese, ist damit zu rechnen, dass auch die Preise für Telekommunikationsdienste sinken und die regulierte Unternehmung „ein Defizit an Nominalkapitalerhaltung als Verlust zu tragen hat."[186] Sind Preissenkungen auf den Anlagenmärkten zum Beispiel aufgrund der bisherigen Entwicklung mit ausreichender Wahrscheinlichkeit zu erwarten, wird sich kaum ein unabhängiger Investor finden. Eine derartige „unangemessene Benachteiligung des bisherigen Monopolanbieters"[187] ist nicht zumutbar. Man kann auch schwerlich annehmen, dass der Kapitalmarkt oder der Regulierer den zu erwartenden Verlust durch einen höheren Risikofaktor in den Eigenkapitalkosten erfasst[188].

Deshalb bietet es sich an, auf ein Abschreibungsverfahren überzugehen, das die historischen Anschaffungswerte als Ausgangswerte verwendet, den Abschreibungsverlauf jedoch an den jeweiligen Wiederbeschaffungswerten ausrichtet. Diese Forderung erfüllt die ‚**ökonomische oder Tagesgebrauchtwert-Abschreibung**'[189], bei der in jeder Periode die Differenz zwischen Tagesgebraucht- oder Wiederbeschaffungsrestwerten abgeschrieben wird. Da bei ihr die Summe der Abschreibungen dem historischen Anschaffungswert (gegebenenfalls abzüglich Liquidationswert) entspricht, ist damit die kapitaltheoretische Erfolgsneutralität beim Ansatz von Nominalzinsen eingehalten[190]. Bei fallenden Anlagepreisen werden dann in den ersten Perioden höhere und

---

[185] Vgl. KNIEPS, G./KÜPPER, H.-U./LANGEN, R. (Abschreibungen), S. 762 ff.
[186] SIEGEL, T. (Leistungserstellung), S. 251.
[187] SIEGEL, T. (Leistungserstellung), S. 249.
[188] Die Gültigkeit dieser von BUSSE V. COLBE, W. ((Accounting), S. 57) vertretenen Hypothese wird auch von SIEGEL, T. ((Leistungserstellung), S. 251 f.) bestritten.
[189] Vgl. hierzu KNIEPS, G./KÜPPER, H.-U./LANGEN, R. (Abschreibungen), S. 764 ff. sowie Kapitel 2., Abschnitt A.IV.4.d), S. 102 ff.
[190] Zur allgemeinen Geltung dieses Zusammenhangs vgl. den Beweis in KNIEPS, G./KÜPPER, H.-U./LANGEN, R. (Abschreibungen), S. 776.

in den späten Perioden geringere Abschreibungen verrechnet, weil man damit rechnet, dass auch die Absatzpreise marktbedingt sinken. Dabei ist eine Berücksichtigung von Preissenkungen bei den Anlagegütern nur bis zu dem Anteil der Nutzungsdauer möglich, für den sich die Preisänderungen mit ausreichender Zuverlässigkeit prognostizieren lassen. Bei äußerst langen Nutzungsdauern kann dies bedeuten, dass man lediglich für einen begrenzten Zeitraum zuverlässige Erwartungen besitzt und von fallenden Preisen ausgeht, für die darauf folgende Restnutzungsdauer mangels besseren Wissens jedoch konstante Preise ansetzt.

In der Berücksichtigung des Marktbezugs liegt der wichtigste Vorteil der ökonomischen Abschreibung[191] gegenüber den rein schematischen Verfahren der linearen oder degressiven Abschreibung. Im Vergleich zur Abschreibung von Wiederbeschaffungsneuwerten hat sie den Vorzug, dass man keinen spezifischen Realzins auf das gebundene Kapital ansetzen muss. Die Gefahr manipulierter Preisprognosen[192] ist nicht größer als bei der Abschreibung von Wiederbeschaffungsneuwerten. Zusätzlich kann eine Regulierungsbehörde bei dem in kurzen Abständen (z.B. 2 Jahre) wiederholten Preissetzungsprozess die Zuverlässigkeit der Preisprognosen prüfen. Die Tagesgebrauchtwert-Abschreibung verknüpft die Orientierung an den Wiederbeschaffungswerten mit der historischen Anschaffungsauszahlung und dem Ansatz von Nominalzinsen. Das Netzanlagevermögen und das in ihm gebundene Kapital werden entsprechend den Empfehlungen der Europäischen Kommission von 1998.[193] auf Basis der Wiederbeschaffungswerte im Sinne der Tagesgebraucht- bzw. Sachzeitwerte angesetzt. Das erscheint angemessener als die sich bei der Abschreibung von Wiederbeschaffungsneuwerten ergebenden Buchwerte des Kapitals.

4. Bestimmung von Zinskosten

Die Zinskosten hängen von der Höhe des gebundenen Kapitals und dem Zinssatz ab. Auch in der Regulierung setzt sich dabei immer stärker die Erkenntnis durch, dass ihre Bestimmung aus **kapitaltheoretischer** und **marktwertorientierter Sicht** zu erfolgen hat[194]. Für die Höhe der Zinsen sind bei jeder Rechtsform das Angebot und die Nachfrage auf dem Kapitalmarkt maßgebend. Sowohl in Bezug auf das Fremd- als auch das Eigenkapital muss man von den Ansprüchen der jeweiligen Kapitalgeber ausgehen. Daraus folgt insbesondere, dass Anteilseigner eine marktgerechte Verzinsung auf das von ihnen eingesetzte Kapital erhalten müssen, wenn sie ihr Kapital in die Unternehmung investieren und dort ggf. belassen sollen.

Dem entspricht, dass man im Hinblick auf die Höhe des gebundenen Kapitals und dessen Aufteilung in Eigen- und Fremdkapital nicht von den Buchwerten, sondern den **Marktwerten** ausgeht. Für die Buchwerte spricht aber

---

[191] Vgl. Kapitel 2., Abschnitt A.IV.4.d), S. 102 ff.
[192] Vgl. SCHNEIDER, D. (Substanzerhaltung), S. 43.
[193] Vgl. KOMMISSION (Empfehlung), S. L 141/9.
[194] Vgl. zu dieser Sichtweise Kapitel 3., Abschnitt A. sowie für regulierte Preise insb. GERKE, W. (Eigenkapitalverzinsung).

C. Kosten- und Erlösrechnung bei öffentlicher Preisregulierung

ihre eindeutige Erfass- und Nachprüfbarkeit. Sie unterliegen keinen raschen Schwankungen, wie sie bei Marktwerten auftreten. Jedoch enthalten Buchwerte den ‚Systemfehler', dass „Aktionäre ... ihre geforderten Aktienrendite nicht auf den Bilanzansatz des Eigenkapitals (beziehen), sondern ... diese aus Annahmen über künftige Zahlungsströme, bezogen auf die jeweiligen Börsenkurse, (schätzen)"[195]. Dies spricht für den Ansatz von Marktwerten zumindest für das Eigenkapital, weil sie die Bewertung der Unternehmung durch die Anteilseigner wiedergeben. Zinsen auf Basis von Marktwerten kennzeichnen im Sinne der EU-Kommission „die Eigenkapitalkosten, gemessen an den Renditen, die den Anteilseignern geboten werden müssen, damit diese angesichts der damit zusammenhängenden Risiken Investitionen in das Netz tätigen"[196].

Bei einem Ansatz von Marktwerten wäre konsequenterweise davon auszugehen, dass die Ansprüche der Anteilseigner auf einer **Kapitalbasis** beruhen, die gemäß dem **Marktwert-Buchwert-Verhältnis** proportional zum nominal gebundenen Eigenkapital ist[197]. Folgerichtig wäre deshalb das nominal gebundene Kapital entweder mit dem Verhältnis zwischen Markt- und Buchwert zu multiplizieren oder der Zinssatz entsprechend umzurechnen[198], weil sich die Zinsforderungen der Anteilseigner auf diesen Marktwert beziehen. Liegt beispielsweise der Marktwert des Eigenkapitals um 50 % über dem Buchwert, so sind bei einem für die Entgeltbestimmung zugrunde gelegten Gesamtkapital von 100 Millionen und einem Eigenkapitalanteil von 40 % Eigenkapitalzinsen auf $100 \cdot 0{,}4 \cdot 1{,}5 = 60$ Millionen zu berücksichtigen.

Mit diesem kapitaltheoretisch konsequenten Ansatz ist jedoch eine Reihe gravierender **Probleme** verbunden. Ein erstes Problem liegt darin, dass sich lediglich ein **Marktwert für die gesamte Unternehmung**, nicht jedoch für ihre einzelnen Dienste ermitteln lässt, auf die sich die festzulegenden Preise beziehen. Aus diesem Gesamtwert ist nicht erkennbar und herleitbar, ob und inwieweit sich die Ansprüche der Anteilseigner gegenüber dem jeweils betrachteten Unternehmensbereich und dem anderer Bereiche unterscheiden. Solange man jedoch keine deutlichen Anhaltspunkte für eine Differenzierung der Einschätzung verschiedener Bereiche hat, erscheint eine übereinstimmende Marktwert-Buchwert-Relation die am besten begründete Annahme.

Zu berücksichtigen ist ferner ein **Zirkularitätsproblem**[199]. Die Einschätzung der jeweiligen Unternehmung am Markt und damit die Erwartungen über die zukünftigen Zahlungsströme an die Anteilseigner hängen auch von den darin berücksichtigten Eigenkapitalkosten ab, für deren Bestimmung wieder die Erwartungen maßgebend sein sollen. Das kann dazu führen, dass sich die Marktwerte deutlich verändern, wenn sich die Politik der Regulierungsbe-

---

[195] SCHNEIDER, D. (Substanzerhaltung), S. 56.
[196] KOMMISSION (Empfehlung), S. L 141/18 (Für den Bereich der Kommunikationsbranche).
[197] Vgl. zu dieser Auffasssung BUSSE VON COLBE, W. (Kapitalkosten), S. 15 f.
[198] Diese Form der Berücksichtigung präferiert BUSSE VON COLBE, W. (Kapitalkosten), S. 15 f. Im Ergebnis führen beide Wege zu demselben Ergebnis.
[199] Vgl. KÜPPER, H.-U. (Preisbestimmung), S. 52 f.

hörde zum Beispiel durch einen niedrigen Ansatz von Eigenkapitalkosten anders entwickelt als vom Markt erwartet[200].

Diese Gesichtspunkte sprechen trotz des Bedarfs von Marktwerten für die Investoren dafür, bei einer Regulierung **die Zinskosten** auf der Basis von *Buchwerten* anzusetzen[201]. Letztlich müssten sich die Erwartungen der Investoren den Buchwerten annähern, soweit nicht andere Faktoren wie eine zeitliche Begrenzung der Regulierung, Unvollkommenheiten oder Anreizsetzungen der Entgeltregulierung zu einem Auseinanderfallen von Buch- und Marktwerten führen.

Bei der Bestimmung des **Zinssatzes** wird i.d.R. ein **gewogener Kapitalkostensatz** zugrunde gelegt, der aus den für Eigen- und für Fremdkapital geforderten Zinssätzen ermittelt wird. Im **WACC-Modell (Weighted Average Cost of Capital)** wird der gewogene Durchschnittszinssatz aus den risikoangepassten Zinssätzen für Eigen- und Fremdkapital bestimmt. Die von einer Unternehmung zu tragenden Wagnisse sind zu berücksichtigen, da deren Abdeckung durch die Kapitalgeber verlangt wird. Die Ermittlung eines Durchschnittszinssatzes ist insofern plausibel, als die Zuordnung einzelner Finanzierungsanteile zu bestimmten Investitionen mit Willkür behaftet ist. Für die Gewichtung von Eigen- und Fremdkapitalverzinsung ist dafür die langfristige Zielkapitalstruktur maßgeblich. Entscheidend sind die langfristig zu erwartenden Zinssätze.

Für die Bestimmung des **Wagniszuschlags** vor allem beim Eigenkapital ist zu untersuchen, mit welchen Risiken die Leistungserstellung und -verwertung durch den Betreiber eines Netzes verbunden sind[202]. Während in der traditionellen Kostenrechnung postuliert wurde, dass das allgemeine Unternehmerwagnis aus dem Gewinn zu decken sei, hat die moderne Kapitaltheorie zu der Erkenntnis geführt, dass eine angemessene Verzinsung des gesamten eingesetzten Kapitals einen Zuschlag für das Unternehmerwagnis enthält.[203]

Risiken entstehen immer dann, wenn eine Unternehmung für einen bestimmten Zeitraum irreversibel investiert und die Rückflüsse auf das eingesetzte Kapital nicht mit Sicherheit feststehen. Je länger Kapital durch Investitionen gebunden wird, desto größer sind in der Regel die daraus resultierenden Risiken. Diese müssen letztlich von den Kapitalgebern des Netzbetreibers getragen werden. Die Eigenkapitalgeber profitieren zwar umgekehrt auch von den Chancen, die sich aus dem Netzbetrieb ergeben. Selbst wenn Risiken und Chancen ausgeglichen sind, gewichten die Kapitalgeber Risiken vielfach stärker als Chancen. Sie verlangen daher einen Aufschlag auf die Verzinsung des von ihnen eingesetzten Kapitals gegenüber einer risikolosen

---

[200] Dieser Zusammenhang könnte mit dazu beigetragen haben, dass in Großbritannien der Marktwert einer Reihe von privatisierten Firmen nach dem ersten Handel an der Börse deutlich unter ihren CCA-Wert für das gesamte Unternehmen gefallen ist. Vgl. BROMWICH, M./VASS, P. (Accounting), Sp. 1683.
[201] Vgl. ausführlich *Pedell* (2006), S. 119 – 161.
[202] Für die Bestimmung des Zinssatzes im Strombereich vgl. GERKE, W. (Eigenkapitalverzinsung).
[203] Vgl. auch § 3 I (2) TEntgV sowie Kapitel 2., Abschnitt A.IV.5.b), S. 110 ff.

C. Kosten- und Erlösrechnung bei öffentlicher Preisregulierung

Anlageform, um ihr Kapital in der betreffenden Unternehmung zu belassen oder einzusetzen.

Für die **Bemessung dieses Risikozuschlags** ist grundsätzlich die subjektive Risikoeinschätzung der einzelnen Kapitalgeber maßgeblich. Eine **Objektivierung** der Risikoquantifizierung kann jedoch über das Abstellen auf **Kapitalmarktdaten** erreicht werden. Diese weisen den Vorteil auf, dass sie auf empirisch beobachtbarem Verhalten der Kapitalmarktteilnehmer beruhen. Ferner werden private Kapitalgeber ihren Renditeforderungen stets die Verzinsung von risikoäquivalenten Alternativanlagen auf dem Kapitalmarkt als Vergleichsmaßstab zugrunde legen.

Die angemessene Eigenkapitalverzinsung kann mit Hilfe des **CAPM** (Capital Asset Pricing Model) aus Kapitalmarktdaten hergeleitet werden[204]. Trotz der Vielzahl von Einwänden, die gegen das CAPM-Modell[205] bestehen, bleibt nach *Dieter Schneider* „... der Eigenkapitalkostenterm aus dem CAPM mangels besseren Wissens eine zumindest erwägenswerte Lösung für die Erfassung des Risikozuschlags"[206]. Zudem beziehe dieser das leistungswirtschaftliche Risiko ein. Maßgebend ist also die Auffassung, dass man bis jetzt kein besseres Konzept kennt, über das sich der Zinssatz einigermaßen willkürfrei herleiten lässt[207]. Über den Marktwert des Eigenkapitals wird die Verzinsungserwartung der Eigenkapitalgeber abgebildet. Bei nicht börsennotierten Netzbetreibern lässt sich die Marktkapitalisierung nicht ohne weiteres bestimmen. Hier können in der Vergangenheit gehandelte Anteilspakete einen Hinweis auf den Marktwert des Eigenkapitals geben.

Darüber hinaus werden im gewichteten durchschnittlichen Kapitalkostensatz **steuerliche Effekte** für die von einer Unternehmung zu zahlenden Definitivsteuern berücksichtigt[208]. Dazu gehört insbesondere, dass von einer Unternehmung gezahlte Fremdkapitalzinsen die Steuerbemessungsgrundlagen verringern. Definitivsteuer auf Unternehmensebene ist zunächst einmal die Gewerbesteuer. Dabei ist zu berücksichtigen, dass nur die Hälfte der Zinsen auf Dauerschulden die gewerbesteuerliche Bemessungsgrundlage erhöhen und daher lediglich der halbe effektive Gewerbesteuersatz anzusetzen ist. Bei dem seit 2001 geltenden Halbeinkünfteverfahren führt darüber hinaus die Körperschaftsteuer in Höhe von 25% bzw. 19% ab 2008 zuzüglich Solidaritätszuschlag auf diese Körperschaftsteuer zu einer definitiven Steuerbelastung auf Unternehmensebene[209].

---

[204] Vgl. BALLWIESER, W. (Unternehmensbewertung), S. 85.
[205] Vgl. SCHNEIDER, D. (Investition), S. 511 ff.; SCHNEIDER D. (Substanzerhaltung), S. 48 f.
[206] SCHNEIDER, D. (Substanzerhaltung), S. 49.
[207] Deshalb akzeptiert auch einer der schärfsten Kritiker des CAPM seine Anwendung für die Ableitung kostenorientierter Entgelte. SCHNEIDER, D. (Substanzerhaltung), S. 56.
[208] Zur Schwierigkeit einer präzisen Erfassung der Steuereffekte vgl. SIEGEL, T. (Leistungserstellung), S. 252 ff.
[209] Vgl. SCHNEIDER, D. (Substanzerhaltung), S. 14; zu Kapitalkosten und Halbeinkünfteverfahren vgl. auch AUGE-DICKHUT, S./MOSER, U./WIDMANN, B. (Unternehmensbesteuerung), S. 366 f.; FEHR, H. (Kapitalnutzungskosten), S. 665 ff.
RING, S./CASTEDELLO, M./SCHLUMBERGER, E. (Unternehmensbewertung), S. 360 f.; SCHÜLER (Unternehmensbewertung), S. 1534.

5. Kapitel: Weiterentwicklung der Kosten- und Erlösrechnung

Diese stellt aus Sicht des Eigenkapitalgebers eine Kostenbelastung dar, die zu berücksichtigen ist[210]. Sie wird zweckmäßigerweise durch einen Kapitalkostensatz vor Steuern erfasst, der beinhaltet, dass die im Preis entgoltene Verzinsung auf das Eigenkapital auch diese von der Unternehmung zu tragende definitive Körperschaftsteuer umfassen muss[211].

---

[210] SCHNEIDER, D (Substanzerhaltung), S. 14. Vgl. auch BUSSE VON COLBE, W (Entgeltregulierung), S. 13.
[211] Vgl. hierzu auch SIEGEL, T. (Leistungserstellung).

Betriebswirtschaftliches Kurzlexikon

Absatzerfolgsrechnung: → Kurzfristige Erfolgsrechnung, bei der die Differenz zwischen den → Erlösen und → Kosten der abgesetzten Produkte als → Betriebserfolg ermittelt wird.

Absatzerlösmodell: Strukturgleiche (-ähnliche) Abbildung der Entstehung und Verwertung der Leistungen einer Unternehmung mit Absatz-Einflussgrößenfunktionen für Marktsegmente.

Abschreibungen: Rechnerische Erfassung der Wertminderung von → Anlagegütern.

Abschreibungsquote: Anteil vom Gesamtwert des → Anlagegutes, der in den einzelnen Rechnungsabschnitten des → Abschreibungszeitraums als Wertminderung angesetzt wird.

Abschreibungssumme: Gesamtwert eines → Anlagegutes oder einer Gesamtheit von Anlagegütern, der auf die Nutzungsdauer zu verteilen ist.

Abschreibungsverfahren: Verfahren zur Verteilung der → Abschreibungssumme auf den → Abschreibungszeitraum entsprechend dem (vermuteten) Verbrauchsvorgang des jeweiligen → Anlagegutes im Zeitablauf. Sie stellen gewöhnlich Setzungen (Konstatierungen) dar.

Abschreibungszeitraum: (Geschätzte) Technisch-wirtschaftliche Nutzungsdauer des → Anlagegutes bzw. verfügbare Zeitdauer bei zeitlich begrenzter Nutzungsmöglichkeit des Gebrauchsgutes.

Abweichung zweiten Grades: Multiplikation von Preisdifferenz mal Mengendifferenz. Sie lässt sich nicht verursachungsgemäß in eine → Preis- und eine → Mengenabweichung aufteilen.

Abweichungsanalyse: Untersuchung der Ursachen von Kostenabweichungen und ihrer Auswirkungen auf die Kostenhöhe.

Abweichungsanalyse, alternative: Verfahren der Ermittlung von Teilabweichungen für → mehrdimensionale Kostenfunktionen, bei dem die betrachtete → Kosteneinflussgröße mit der Planausprägung und alle anderen Kosteneinflussgrößen mit der Istausprägung angesetzt werden.

Abweichungsanalyse, kumulative: Verfahren der → Abweichungsanalyse für → mehrdimensionale Kostenfunktionen, bei dem die Teilabweichungen den verschiedenen → Kosteneinflussgrößen in einer bestimmten Reihenfolge zugeordnet werden und die Summe der Teilabweichungen mit der Gesamtabweichung übereinstimmt.

Abweichungsursache: Abweichung der Istausprägung einer → Kosteneinflussgröße von der Planausprägung.

Acivity-based Costing: System der → Prozesskostenrechnung.

Äquivalenzziffer: Verhältniszahl zur Umrechnung der Fertigungsmengen verschiedenartiger Produkte auf einen einheitlichen Maßstab (Grundsorte) in der → Äquivalenzziffernrechnung. In der Regel wählt man eine Produktart zur Grundsorte mit der Äquivalenzziffer 1.

Äquivalenzziffernrechnung: → Kalkulationsverfahren zur Bestimmung der → Stückkosten eng verwandter Produkte bei dem die verschiedenartigen Fertigungsmengen mit Hilfe von → Äquivalenzziffern auf einen einheitlichen Maßstab umgerechnet werden.

Allowable Costs: Differenz zwischen dem geschätzten Marktpreis und dem geplanten Stückerfolg eines Produkts als mögliche Kostenobergrenze.

Anlagegut (Potentialgut, Gebrauchsgut): Gegenstand, welcher der Unternehmung für längere Dauer dient bzw. zu dienen bestimmt ist und durch einmalige Nutzung nicht verbraucht wird.

Anlagenrechnung: Nebenbuchhaltung zur Erfassung der Bestände und Bewegungen an → Anlagegütern nach Art, Menge und Wert einschließlich der Bemessung der → Abschreibungen.

Anpassungsform (Variationsform): Möglichkeit der Unternehmung, auf Änderungen der → Beschäftigung durch Variation einer (oder mehrerer) → Kosteneinflussgrößen zu reagieren.

Aufwand: Erfolgswirksamer → Güterverbrauch einer Periode, der mit → Auszahlungen verbunden ist. Aufwand, der (nicht) zugleich → Kosten darstellt, wird als Zweckaufwand (neutraler Aufwand) bezeichnet.

Ausbringungserfolgsrechnung: → Kurzfristige Erfolgsrechnung, bei der die Differenz zwischen den → Erlösen und → Kosten der in einer Periode hergestellten Produkte als → Betriebserfolg ermittelt wird.

Ausbringungsgut (Produkt, Erzeugnis): Von der Unternehmung hergestelltes und im Markt oder in der Unternehmung verwertbares Realgut.

Ausgliederungsstelle: Rechnungsmäßige Stelle im → Betriebsabrechnungsbogen für zu aktivierende Eigenleistungen (z.B. selbsterstellte Maschinen), die in der Bilanz zu aktivieren sind.

Ausschusskosten: → Kosten, die für den Ersatz oder die Nacharbeit mangelhafter (schlechter) Zwischen- oder Endprodukte anfallen.

Auswertungsrechnung: Rechnung, in welcher Informationen aus der → Grundrechnung im Hinblick auf einzelne → Rechnungsziele ausgewertet werden. So werden beispielsweise geeignete Kennzahlen für Kontrollzwecke und relevante → Deckungsbeiträge für betriebliche Entscheidungstatbestände ermittelt.

Auszahlungen: Von der Unternehmung an Dritte gezahlte Geldbeträge.

Befundrechnung: Verfahren der indirekten Erfassung des Verbrauchs an Sachgütern mit Hilfe ihrer Bestandsaufnahme.

Behavioral Accounting: Verhaltenswissenschaftlicher Ansatz einer → verhaltenssteuerungsorientierten Kosten- und Erlösrechnung. Befasst sich mit den Beziehungen zwischen dem menschlichen Verhalten und der → Unternehmensrechnung, wobei die hierbei auftretenden ein- und wechselseitigen Wirkungen in den Mittelpunkt der Untersuchung gerückt werden.

Bereitschaftskosten: Kurzfristig nicht veränderliche → Kosten, die nicht von Art, Menge und Wert der tatsächlich erzeugten bzw. abgesetzten Produkte abhängen.

Beschäftigung: Die während einer Periode realisierte bzw. zu realisierende Leistung. Sie wird in der Kostentheorie als wichtigste → Kosteneinflussgröße hervorgehoben und kann u. a. durch Ausbringungsmengen, Fertigungszeiten oder Einsatzmengen gemessen werden.

Beschäftigungsabweichung (Capacity Variance): → Leerkosten der Istbeschäftigung = → Sollkosten - → verrechnete Plankosten bei Istbeschäftigung.

Beschreibungsmodell: Strukturgleiche (-ähnliche) Abbildung eines Betrachtungsgegenstands, die nur singuläre Aussagen enthält und keine Gesetzmäßigkeiten wiedergibt (Beispiele: Bilanz, Kapitalflussrechnung, → Betriebsabrechnungsbogen, → Kalkulation).

Betriebsabrechnungsbogen (BAB): Tabellarische Übersicht über die → Verteilung der Gemeinkosten einer Periode. Diese ist zeilenmäßig nach → Kostenarten und spaltenmäßig nach → Kostenstellen gegliedert. Zusätzlich können die → Einzelkosten aufgezeichnet sein. Im BAB werden die Verteilung der Gemeinkosten auf Kostenstellen, die → innerbetriebliche Leistungsverrechnung, die Ermittlung der Gemeinkostenzuschlagssätze sowie ggf. die → Kalkulation und die kurzfristige Erfolgsrechnung durchgeführt.

Betriebsdatenerfassungssystem, online: Maschinell betriebenes System zur zeitnahen Erfassung von → Güterverbräuchen und Bewertungsansätzen u.a.

Betriebserfolg (Kalkulatorischer Erfolg): Differenz zwischen → Erlösen und → Kosten einer Periode unter Berücksichtigung von Bestandsveränderungen.

Betriebsmodell: Strukturgleiche (-ähnliche) Abbildung der → Kosten und deren → Einflussgrößen (→ Kostenfunktionen).

Betriebsstoffe: Einsatzgüter zur Durchführung und Inganghaltung des Produktionsprozesses; sie gehen nur mittelbar in die Erzeugnisse ein (z.B. Schmierstoffe, Heizöl, Putzwolle u.a. in Maschinenfabriken).

Betriebsvergleich: Gegenüberstellung der Kosten- (oder sonstiger) Größen verschiedener Unternehmungen zu einem Zeitpunkt zur Beurteilung ihrer wirtschaftlichen Lage. Eine neue Form allgemeinen → Betriebsvergleichs ist das Benchmarking.

Bewertung: Zielorientierte Zuordnung eines Preises zu einem wirtschaftlichen Sachverhalt. Sie stellt eine Abbildung des → Güterverbrauchs bzw. der → Güterentstehung in Geld dar, durch die eine Verrechnung und ggf. Lenkung verschiedenartiger → Güterverbräuche und -entstehungen möglich wird.

Bezugsgröße: Größe (z.B. Produkteinheit, Planungsperiode), auf die → Kosten, → Erlöse und Erfolge im Rechnungssystem zugerechnet werden.

Bezugsgrößen, direkte: Maßgrößen der Leistung oder Ausbringung einer Stelle, bei der eine direkte Beziehung zwischen der Ausbringungsmenge einer → Kostenstelle und der → Bezugsgröße besteht.

Bezugsgrößen, indirekte: Hilfs- und Verrechnungsbezugsgrößen, die nicht den Voraussetzungen der → direkten Bezugsgrößen entsprechen. Zentraler Unterschied zu Umlageschlüsseln der → Vollkostenrechnung ist, dass sich die indirekten Bezugsgrößen am → Verursachungsprinzip orientieren.

Bezugsgrößenhierarchie: Rangordnung von → Bezugsgrößen, denen die gegliederten Gesamtkosten als → relative Einzelkosten zugerechnet werden können.

Break-even-Analyse (Gewinnschwellenanalyse): Ermittlung und Untersuchung der Absatzmenge oder des → Erlöses, von dem ab die Gesamtkosten gerade gedeckt sind oder ein Mindestgewinn gerade erzielt wird.

Budgetary Control: → Prognosekostenrechnung.

Budgetkostenrechnung: → Prognosekostenrechnung.

Controlling: Koordination des gesamten Führungssystems der Unternehmung, d.h. des Informations-, des Kontroll-, des Personalführungs-, des Planungssystems sowie der Organisation.

Cost Driver: → Prozessbezugsgröße.

Dauerverbrauch (Gebrauch): Verbrauchsart der Wirtschaftsgüter, die wiederholt zur Herstellung und Verwendung von → Ausbringungsgütern verwendet werden können.

Deckungsbeitrag: Differenz zwischen → Erlösen und → variablen Kosten oder → relativen Einzelkosten.

Deckungsbeitrag, relativer: → Deckungsbeitrag je Engpasseinheit.

Deckungsbeitragsrechnung: Zur Erfolgsrechnung ausgebautes System der → Teilkostenrechnung, bei der die Differenz zwischen → Erlösen und → variablen Kosten bzw. relativen Einzelkosten als → Deckungsbeitrag ermittelt wird.

Deckungsbeitragsspanne: Prozentuales Verhältnis von → Deckungsbeitrag zu Nettoerlös.

Dienstleistungen: Güter, die durch die drei Merkmale Immaterialität, Synchronität von Produktion und Verbrauch sowie der Notwendigkeit zur Aufrechterhaltung eines Leistungspotentials für ihre Erstellung gekennzeichnet sind.

Direct Costing (Variable Costing): Systeme der → Teilkostenrechnung auf der Basis variabler Kosten. Bei einfach gestuftem Direct Costing werden die gesamten → Fixkosten als ein Block behandelt, beim mehrfach gestuften Direct Costing werden sie nach rechnungszielabhängigen Merkmalen in verschiedene Anteile gegliedert.

Divisionsrechnung: → Kalkulationsverfahren bei der Erzeugung eines oder weniger homogener Produkte, bei dem die anfallenden Gesamtkosten einer Produktart durch die Zahl der Leistungseinheiten des → Kostenträgers dividiert werden. Sie kann als einfache oder mehrfache sowie als einstufige oder mehrstufige Divisionsrechnung durchgeführt werden.

Drifting Costs: Kosten eines Produkts bei gegebenen bzw. geplanten Potential-, Produkt-, Prozess- und Programmstrukturen (häufig die Standard-Stückkosten) als mögliche Kostenobergrenze.

Dualwerte (Duale, Schattenpreise): Lösungswerte des zu einem linearen oder nichtlinearen Mengenproblem dualen Preisproblems, die als Grenzdeckungsbeiträge, Schattenpreise, Grenzerfolgssätze oder → Opportunitätskosten je Einheit der im Optimum voll ausgenutzten Kapazitäten interpretiert werden können.

Durchschnittsprinzip: Prinzip einer nicht verursachungsgemäßen → Kosten- bzw. Erlösverteilung, bei dem die → Gemeinkosten bzw. -erlöse durchschnittlich auf Leistungseinheiten oder sonstige → Bezugsgrößen aufgeteilt werden.

Einflussgröße (Bestimmungsgröße): → Kosteneinflussgröße.

Einsatzgut (Produktor, Anfangsprodukt, Produktionsfaktor): Ein zur Herstellung und Verwertung von → Ausbringungsgütern verbrauchtes Realgut.

Einwirkungsprinzip: → Kosteneinwirkunsprinzip.

Einzahlungen: Von Dritten an eine Unternehmung gezahlte Geldbeträge.

Einzelkosten: → Kosten, die einer → Bezugsgröße (im Normalfall Kostenträgereinheit) direkt zurechenbar sind.

Einzelkosten, relative: Einer bestimmten→ Bezugsgröße (Kostenträgereinheit, Produktart, Produktgruppe, Kostenstelle, Bereich, Unternehmung) direkt zurechenbare → Kosten. Sie bilden die Grundlage der → Teilkostenrechnung auf der Basis relativer Einzelkosten.

Endkostenstelle: Nach rechnungstechnischen Gesichtspunkten gebildete → Kostenstelle, deren → Gemeinkosten mit Hilfe eines → Zuschlagssatzes auf die → Kostenträger verteilt werden.

Entscheidungsmodell: Strukturgleiche (-ähnliche) Abbildung einer Entscheidungssituation, die einen Lösungsraum (realisierbare Alternative und deren Beschränkungen) sowie eine Zielvorstellung (Zielfunktion und Entscheidungskriterium) enthält.

Entsprechungsprinzip: Grundsatz für die Gestaltung von → Kosten- und Erlösrechnungen, der die Äquivalenz zwischen den Entscheidungsvariablen des Entscheidungsmodells (bzw. -problems) und den → Bezugsgrößen des Rechnungssystems verlangt.

Erfolg, kalkulatorischer: Differenz zwischen → Erlösen und → Kosten.

Erfolgsermittlung, kalkulatorische: → Rechnungsziel der → Kostenträgerrechnung, nach dem die Differenz zwischen → Erlösen und → Kosten für eine Periode (kalkulatorischer Periodenerfolg) oder für eine Kostenträgereinheit (kalkulatorischer Stückerfolg) zu bestimmen ist.

Erfolgspotential: Zentrale Zielgröße der strategischen → Planung, die als langfristig wirksame Voraussetzung für die Erfolgsrealisierung das Ausmaß der Deckung von Stärken (Fähigkeiten) der Unternehmung und markt-/umfeldbezogenen Chancen zum Ausdruck bringt. Durch systematische Erschließung bestehender und Schaffung neuer Erfolgspotentiale sollen Wettbewerbsvorteile gesichert bzw. neu geschaffen und damit die langfristige Existenzsicherung der Unternehmung gewährleistet werden.

Erfolgswirksamkeit: Eigenschaft der Input- und Outputbewegungen von Wirtschaftsgütern einer Unternehmung, welche die Höhe des Periodenerfolgs beeinflussen.

Erklärungsmodell: Strukturgleiche (-ähnliche) Abbildung eines Betrachtungsgegenstandes, die singuläre Aussagen über Randbedingungen und generelle Aussagen über Gesetzmäßigkeiten (theoretische Aussagen) enthält.

Erlös: Bewertete, sachzielbezogene → Güterentstehung einer Abrechnungsperiode.

Erlösart: Teil von Erlösen, bei denen ein bestimmtes Merkmal (z.B. Art der Ausbringunsgüter, → Bezugsgröße, Wertansatz, Zurechenbarkeit, Veränderlichkeit, Erlösbereich, -stelle, -träger) gleich ausgeprägt sind.

Erlösarlenrechnung: Teilsystem der → Erlösrechnung, bei dem die → Erlöse einer Periode isomorph und exakt nach getrennten Erlösgütern erfasst werden.

Erlösfunktion (Erlöshypothese): Generelle Aussage (nomologische Hypothese) über die gesetzmäßige Beziehung zwischen der Erlöshöhe und den Ausprägungen der Erlöseinflussgrößen.

Erlösrechnung: Feststellung der Höhe der faktisch angefallenen bzw. geplanten sachzielbezogenen bewerteten Güterentstehung. Sie ist outputorientiert und damit als Gegenstück zur inputorientierten → Kostenrechnung konzipiert.

Erlösstellen: Stellen, in denen für Absatzgüter Markterlöse erzielt werden. Ihre Abgrenzung sollte so erfolgen, dass zum einen erkennbar wird, welche Größen und Bedingungen für die Erlösentstehung maßgeblich sind und zum anderen die Bestimmung von → Erlösfunktionen, welche die Beziehung zwischen Markterlösen und ihren Bestimmungsfaktoren erfasst, ermöglicht wird.

Erlösstellenrechnung: Teilsystem der → Erlösrechnung, in dem die für jede → Erlösstelle entstehenden → Erlöse einer Abrechnungsperiode ermittelt werden.

Erlösträger: In der Regel die von der Unternehmung erstellten Absatzgüter oder innerbetrieblichen Leistungen, denen → Erlöse zugerechnet werden.

Ermittlungsmodell: Quantitatives → Beschreibungsmodell.

Ertrag: Erfolgswirksame → Güterentstehung einer Periode, die mit → Einzahlungen verbunden ist.

Fallkosten: → Einzel- und → Gemeinkosten eines Behandlungsfalles im Krankenhaus, die nach dem Fallpauschalengesetz (FPG) als DRG-relevant bestimmt werden (DRG = Diagnosis – Related – Groups). Für die fallbezogene Kostenzurechnung wird in der Regel eine Bezugsgrößenkalkulation verwendet.

Fertigungskosten: Summe aus Fertigungslohn, Fertigungsgemeinkosten und Sondereinzelkosten der Fertigung im Schema der → Zuschlagsrechnung.

Fertigungsstellen: → Kostenstellen des Fertigungsbereichs, in denen Arbeitsgänge an Haupt- und Zwischenprodukten (Fertigungshauptstellen), an Hilfsprodukten (Fertigungshilfsstellen) oder an Nebenprodukten (Fertigungsnebenstellen) vollzogen werden.

Finanzrechnung: Rechnung in → Ein- und → Auszahlung zur Ermittlung eines periodischen Liquiditätssaldos.

Fixkosten: → Kosten, fixe.

Fixkostendeckungsrechnung: System der → Teilkostenrechnung auf der Basis variabler Kosten, bei dem eine mehrfach gestufte → Deckungsbeitragsrechnung durchgeführt und in der progressiven → Kalkulation die gestuften → Fixkosten als prozentuale Anteile nach dem → Tragfähigkeitsprinzip entsprechende den unmittelbar vorausgehenden → Deckungsbeiträgen der jeweiligen Produktart zugeschlagen werden.

Fixkostenstufung: Gliederung des Fixkostenblocks in mehrfach gestuften → Deckungsbeitragsrechnungen nach rechnungszielabhängigen Merkmalen. Vor allem wird nach der Zurechenbarkeit auf → Bezugsgrößen (z.B. Produkte, Produktarten, Produktgruppen), Abrechnungsbereiche (z.B. Kostenstellen und Bereiche) oder nach der Abbaufähigkeit gegliedert.

Fristablauf: Ursache für → Abschreibungen, bei der die Wertminderung durch den Ablauf einer fixierten Frist bestimmt wird.

Gemeinkosten: → Kosten, die einer Bezugsgröße (im Normalfall Kostenträgereinheit) nicht direkt zurechenbar sind.

Gemeinkosten, unechte: → Kosten, die für eine → Bezugsgröße direkt erfasst und ihr als → Einzelkosten direkt zugerechnet werden könnten, bei denen jedoch (i.d.R. aus Wirtschaftlichkeitsgründen) auf eine direkte Erfassung verzichtet wird (z.B. Kosten für → Hilfsstoffe und Energie).

Gesamtkostenverfahren: Verfahren der → kurzfristigen Erfolgsrechnung, bei dem der → Betriebserfolg einer Periode durch die Gegenüberstellung von nach → Kostenarten gegliederten Gesamtkosten der Periode und → Herstellkosten der Bestandsminderungen sowie Periodenerlösen, → Herstellkosten der Bestandsmehrungen und zu aktivierenden Eigenleistungen an Halb- und Fertigprodukten ermittelt wird.

Gesamtzuschlag der Gemeinkosten: Zuschlag der → Gemeinkosten zu den → Einzelkosten in der → Zuschlagsrechnung, der nicht nach → Kostenstellen, jedoch ggf. nach → Kostenarten gegliedert wird.

Gewinnschwellenanalyse: → Break-even-Analyse.

Grenzkosten: Ausmaß der Kostenänderung bei Variation einer → Kosteneinflussgröße um eine (unendlich kleine) Einheit.

Grenzkostenrechnung: System der → Kostenrechnung, das auf → Grenzkosten basiert. Bei der Annahme linearer Kostenverläufe und der Gestaltung als Planungsrechnung entspricht ihm die → Grenzplankostenrechnung.

Grenzplankostenrechnung: System der → Teilkostenrechnung auf der Basis von geplanten variablen Kosten, in dem lineare Kostenverläufe unterstellt werden und die → Rechnungsziele der → Plankostenrechnung sowie die Bedeutung von → Grenzkosten für die Entscheidungsfindung besonders betont werden.

Grenzplankostenrechnung, dynamische: Grenzplankostenrechnung, in welcher mehrere → Kostenplanungen mit unterschiedlichen Fristigkeitsgraden vorgenommen werden. Durch dieses Vorgehen ist es möglich, → Anpassungsformen an Beschäftigungsänderungen in Abhängigkeit vom jeweiligen Fristigkeitsgrad des Planungszeitraums zu bestimmen.

Grenzplankostenrechnung, prozesskonforme: Modifikation der → Grenzplankostenrechnung, in der die → proportionalen Kosten des indirekten Leistungsbereichs wie in der → Prozesskostenrechnung über → Prozesse auf → Kostenträger verrechnet werden.

Grundrechnung: Im Rahmen der → relativen Einzelkosten- und Deckungsbeitragsrechnung werden regelmäßig erhobene Daten und die laufend durchzuführenden Rechnungen in einer Grundrechnung zusammengefasst. Sie beziehen sich auf angefallene und/oder geplante → Kosten und → Erlöse und können zusätzlich Teilsysteme zur Erfassung der → Ein- und Auszahlungen und ggf. der Potentiale enthalten.

Güterentstehung: Wertschöpfung, die durch Kombination und Transformation von → Einsatzgütern zu werthaften → Ausbringungsgütern entsteht.

Güterverbrauch: Ein Güterverbrauch liegt vor, wenn Güter im Rahmen eines Kombinations- und Transformationsprozesses zu neuen (halbfertigen bzw. fertigen) Ausbringungsgütern führen und damit ganz oder teilweise ihre Fähigkeit verlieren, zu einer weiteren betrieblichen Gütererstellung/-verwertung beizutragen.

Herstellkosten: Summe aus Materialkosten (Fertigungsmaterial + Materialgemeinkosten) und Fertigungskosten (Fertigungslohn + Fertigungsgemeinkosten + Sondereinzelkosten der Fertigung) im Schema der → Zuschlagsrechnung.

Herstellungskosten: Umfassen nach dem Handels- und Steuerrecht neben den → Einzelkosten und den variablen → Gemeinkosten der Fertigung angemessene Teile der Betriebs- und → Verwaltungskosten. Nach den §§ 252-256 des HGB und § 6 EStG sind in der jeweiligen Bilanz Bestände an fertigen bzw. halbfertigen Erzeugnissen sowie eigenerstellte Vermögens-gegenstände zu diesen Kosten zu bewerten.

Hilfsstoffe: Stoffe, welche direkt in die Produkte eingehen, ohne zu einem wesentlichen Bestandteil der Produkte zu werden (z.B. die Druckfarben in einer Druckerei).

Identitätsprinzip: Prinzip der → Kostenverteilung, nach dem → Kosten bestimmten → Leistungen nur dann zugerechnet werden können, wenn Kosten und Leistungen durch dieselbe (identische) Entscheidung ausgelöst werden.

Informationsbedarf: Von einem Entscheidungs- bzw. Aufgabenträger benötigte Menge an Informationen über Entscheidungsproblem, Zielvorstellung, Erfolgsgröße und deren Komponenten, die durch eine spezielle Entscheidung bzw. Aufgabenerfüllung ausgelöst wird.

Informationskosten: Kosten für die Gewinnung, Speicherung und Verarbeitung von Informationen (zweckorientiertem Wissen).

Intensitätsabweichung: Kostenabweichung, die auf die Differenz zwischen Plan- und Istintensität zurückzuführen ist.

Istkosten (realisierte Kosten): Für eine realisierte Produktion (Istbeschäftigung) tatsächlich entstandene → Kosten.

Istkosten- und -erlösrechnung: System der → Kosten- und -erlösrechnung, bei dem lediglich eine → Nachrechnung realisierter → Kosten und → Erlöse durchgeführt wird.

Kalkulation: Ermittlung von → Kosten, die für die Herstellung und Verwertung einer Mengeneinheit (bzw. Los, Partie, Charge) eines → Kostenträgers entstehen.

Kalkulation, konstruktionsbegleitende: Verfahren zur Ermittlung der → Kosten von Produkten, die noch nicht in allen Produktmerkmalen festliegen. Es dient der Planung und Steuerung der Produktkosten in der Konstruktion.

Kalkulationsverfahren: System von Regeln, nach dem die → Kosten je Kostenträgereinheit (Stückkosten) zu ermitteln sind. Als wichtigste Kalkulationsverfahren unterscheidet man → Divisionsrechnung, → Äquivalenzziffernrechnung und → Zuschlagsrechnung.

Kameralistische Rechnungslegung: Innerhalb der öffentlichen Verwaltung gebräuchlicher Rechnungsstil mit grundsätzlicher Orientierung an kassenmäßig relevanten Vorgängen. Das Rechnungsziel besteht in der Ermittlung eines finanzwirtschaftlichen Ergebnisses. Hierin liegt der zentrale Unterschied zur kaufmännischen Rechnungslegung begründet, deren Ziel in der Bestimmung eines erfolgswirtschaftlichen Ergebnisses besteht.

Kapital, betriebsnotwendiges: Das zur Erfüllung des Sachziels der Unternehmung erforderliche Kapital. Zur Bestimmung der kalkulatorischen Zinsen wird es um das zinsfrei zur Verfügung stehende Abzugskapital vermindert.

Kapitalwert: Wert der zum Kalkulationszinsfuß abgezinsten Zahlungen einer Zahlungsreihe.

Kapitalwertfunktion: Abbildung der → Einflussgrößen, von welchen der → Kapitalwert einer → Investition abhängig ist.

Kontrolle (Überwachung): Coordneter, informationsverarbeitender → Prozess zur Ermittlung und Analyse von Abweichungen zwischen Plan- und Vergleichsgrößen. Allgemeine Vergleiche sind: → Zeitvergleich, → Soll-Ist-Vergleich (Ergebniskontrolle), → Betriebsvergleich. Besondere Vergleichsarten: Soll-Wird-Kontrolle (Planfortschrittskontrolle), Wird-Ist-Vergleich (Prämissenkontrolle), Wird-Wird-Vergleich (Prognosekontrolle).

Kosten: Bewerteter, sachzielbezogener (leistungsbezogener) → Güterverbrauch einer Abrechnungsperiode. Beim wertmäßigen Kostenbegriff soll der → Kostenwert die Funktion der Lenkung der Wirtschaftsgüter in ihre zieloptimale Verwendung übernehmen, während beim pagatorischen Kostenbegriff der Anschaffungspreis als Kostenwert verwendet wird.

Kosten, fixe: → Kosten, deren Höhe bei der Variation einer → Kosteneinflussgröße (im Normalfall der → Beschäftigung) konstant (in Bezug auf diese Einflussgröße) bleibt.

Kosten, kalkulatorische: → Kosten, die keinen → Aufwand darstellen (Zusatzkosten) bzw. nicht mit Aufwand übereinstimmen (Anderskosten). Als wichtigste kalkulatorische → Kostenarten werden kalkulatorische → Abschreibungen, kalkulatorische Zinsen, kalkulatorische Wagnisse und der kalkulatorische Unternehmerlohn unterschieden.

Kosten, primäre: → Kostenart für originäre → Einsatzgüter, die von außerhalb des jeweiligen Abrechnungsbezirks bezogen werden.

Kosten, proportionale: → Kosten, deren Höhe sich bei Variationen einer → Kosteneinflussgröße im gleichen Verhältnis wie die Kosteneinflussgröße ändert. Bei linearer → Kostenfunktion stimmen sie mit den → variablen Kosten überein

Kosten, relevante: Kosten, die von den jeweiligen Entscheidungsvariablen abhängen.

Kosten, sekundäre: → Kostenart für derivative → Einsatzgüter, die innerhalb des Abrechnungsbezirks erstellt und wiedereingesetzt werden.

Kosten, sprungfixe: → Kostenarten, die bei bestimmten Ausprägungen der → Kosteneinflussgröße(n) sprunghafte Veränderungen aufweisen und zwischen diesen Ausprägungen konstant sind.

Kosten, variable: → Kosten, deren Höhe sich bei Variation der Ausprägung einer → Kosteneinflussgröße verändert.

Kosten- und Erlösrechnung:

- funktionale Sicht:
Bereitstellung von Informationen über sachzielbezogene, bewertete → Güterverbräuche und → Güterentstehungen.

- instrumentale Sicht (Kosten- und Erlösrechnungssystem):
Intern orientiertes Rechnungssystem (Informationsgenerator), das einen spezifischen, strukturellen Aufbau (Kalkülstruktur) besitzt und die Aufgabe hat, Kosten, Erlöse und Erfolge nach bestimmten Prinzipien und Regeln (Deduktions- oder Transformationsregeln) unter spezifischen Zielsetzungen bestimmten Bezugsgrößen zuzurechnen.

- instituionelle Sicht:
organisatorische Einheit (Stelle, Abteilung, Bereich) der Unternehmung mit der oben beschriebenen Aufgabe der Informationsbereitstellung über Kosten und Erlöse.

Kosten- und Erlösrechnung, verhaltensteuerungsorientierte: Rechnungssystem, in dem die Verhaltenseigenschaften von Mitarbeitern, ihre individuellen Ziele sowie ihre jeweiligen Informationsstände zu berücksichtigen und die Informationsbereitstellung auf diese auszurichten sind. Es dient der zielführenden Beeinflussung des Mitarbeiterverhaltens.

Kostenanalyse: Untersuchung der Beziehungen zwischen Kostenhöhe und der für sie bestimmenden Ausprägungen von → Kosteneinflussgrößen zur Durchführung der → Kostenplanung.

Kostenart: → Kosten, bei denen ein bestimmtes Merkmal in gleicher Weise ausgeprägt ist. Die Höhe einer Kostenart ist der Wert eines verbrauchten Kostengutes.

Kostenartenrechnung: Teilsystem der → Kostenrechnung, in dem die → Kosten einer Periode isomorph und exakt nach getrennten Kostengütern erfasst werden.

Kostenauflösung (Kostenzerlegung, Kostenspaltung): Aufteilung der Gesamtkosten nach bestimmten Verfahren bei Änderungen der → Beschäftigung in verschiedene → Kostenkategorien.

Kostenauswertung: Durchführung zielgerichteter Rechenoperationen mit → Kosten zur → Planung und → Steuerung des Unternehmungsprozesses.

Kostenbewertung: Zuordnung eines Preises zu einem sachzielbezogenen → Güterverbrauch.

Kosteneinflussgröße (Kostenbestimmungsgröße): Größe, von deren Ausprägung die Höhe von → Kosten abhängig ist (→ Kostentheorie).

Kosteneinwirkungsprinzip: Prinzip, nach dem Güterverbräuche als Wirkursachen der → Ausbringungsgüter zu verstehen sind, die ohne sie nicht zustande kommen würden.

Kostenerfassung: Ermittlung der Kostenhöhe für entstandene → Kosten in der → Kostenartenrechnung. Messung der in einer Rechnungsperiode anfallenden Güterverbrauchsmengen und Bewertung der → Güterverbräuche (getrennte Mengen- und Preiserfassung) bzw. Erfassung des Güterverbrauchswertes (undifferenzierte Werterfassung).

Kostenfunktion (Kostenhypothese): Generelle Aussage (nomologische Hypothese) über die gesetzmäßigen Beziehungen zwischen der Kostenhöhe und den Ausprägungen der → Kosteneinflussgrößen.

Kostenfunktion, mehrdimensionale (mehrvariablige): → Kostefunktion, in der die Höhe der → Kosten durch die Ausprägung mehrerer → Kosteneinflussgrößen bestimmt wird.

Kostenkategorie: Klasse von Kosten einer Periodenrechnung. Kostenkategorien werden durch spezielle, quantitative Kostenbegriffe erfasst und können in ein klassifikatorisches System eingeordnet werden, das eine hierarchische Differenzierung der Kostenkategorien in verschiedene Klassen, Ordnungen und Gruppen ermöglicht (Einzel- und Gemeinkosten, fixe und variable Kosten usw.).

Kostenkontrolle: Vergleich verschiedener Kostenziffern zur Beurteilung des → Unternehmungsprozesses. Die Kostenkontrolle beruht vor allem auf → Zeitvergleich, → Soll-Ist-Vergleichen und → Betriebsvergleichen.

Kostenmanagement: Zielorientierte Beeinflussung und Gestaltung von → Kosten und Kostenstrukturen (bzw. → Erlösen). Der Schwerpunkt liegt im Aufdecken von Ansatzpunkten und in der Entwicklung praktisch anwendbarer Instrumente zur Kostenbeeinflussung. Maßgebliche Ansatzpunkte sind z.B. Potentiale (Ressourcen), Programme und → Prozesse, womit eine stärkere Ausrichtung auf taktische und strategische Planungsbereiche erfolgt.

Kostenplanung: Bestimmung der zu erwartenden (→ Kostenprognose) oder der wirtschaftlichsten → Kosten einer künftigen Abrechnungsperiode.

Kostenprognose: Voraussage der in einer zukünftigen Abrechnungsperiode zu erwartenden tatsächlichen Höhe der → Istkosten.

Kostenprozessrechnung: Teilsystem der → Prozesskostenrechnung, in der die → Kostenstellenrechnung der traditionellen Kostenrechnung durch eine Prozessorientierung erweitert wird. Die → Gemeinkosten des indirekten Leistungsbereiches werden dabei nicht über mengen- und wertabhängige Kalkulationsbezugsgrößen auf Produkte (→ Kostenträger), sondern über die jeweilige → Prozessmenge, die vom Produkt beansprucht wird, verrechnet

Kostenrechnung, kombinierte: → Voll- und Teilkostenrechnung, kombinierte.

Kostenrechnung, prozessorientierte: Modifikation der → Grenzplankostenrechnung zur kostenorientierten Planung und Steuerung flexibler Fertigungssysteme.

Kostenrechnungsgrundsätze: Von überbetrieblichen oder öffentlichen Institutionen erlassene Regeln bzw. Richtlinien zur Gestaltung der betrieblichen → Kostenrechnung. Von besonderer Bedeutung sind die Leitsätze für die Preisermittlung aufgrund der → Selbstkosten bei Leistungen für öffentliche Aufträge (LSÖ) und die Leitsätze für die Preisermittlung aufgrund von Selbstkosten (LSP).

Kostensammelbogen: Tabellarische Übersicht zur Durchführung der kombinierten → Kostenarten-, → Kostenstellen- und → Kostenträgerrechnung in der Grundrechnung der → relativen Einzelkosten- und Deckungsbeitragsrechnung. Sie entspricht dem → Betriebsabrechnungsbogen der herkömmlichen Kostenrechnung.

Kostenschlüssel: → Bezugs- oder Maßgröße zur Verteilung von → Gemeinkosten.

Kostenstelle: Rechnungsmäßig abgegrenzter Abrechnungsbezirk der Unternehmung. Nach produktionstechnischen Gesichtspunkt unterscheidet man Haupt-, Hilfs- und Nebenkostenstellen. Nach rechnungstechnischen Gesichtspunkten trennt man → Vor- und → Endkostenstellen.

Kostenstellen, allgemeine: Hilfskostenstellen, deren Leistungen der gesamten Unternehmung zur Verfügung stehen.

Kostenstellenplan (Kostenstellenblatt): Übersicht über die (geplanten) → Gemeinkosten, die → Bezugsgrößen zur Messung der → Beschäftigung, den Plankostenverrechnungssatz und ggf. die Kostenabweichungen einer → Kostenstelle.

Kostenstellenrechnung: Teilsystem der → Kostenrechnung, in dem die für jede → Kostenstelle entstehenden → Kostenarten einer Abrechnungsperiode ermittelt werden, die den Produkten nicht als → Einzelkosten zugerechnet werden.

Kostenstellenumlage: Verteilung von → Gemeinkosten zwischen vor und Endkostenstellen nach Art und Umfang der gegenseitigen Belieferung mit Leistungen im Rahmen der → innerbetrieblichen Leistungsverrechnung.

Kostentabellenkatalog: Verzeichnis, das über die → Kosten eines Kalkulationsobjekts (Produkt, Baugruppe, Einzelteil) bei alternativen Ausprägungen wichtiger → Kosteneinflussgrößen informiert.

Kostentheorie: Analyse und Formulierung eines Systems genereller Aussagen über funktionale Zusammenhänge zwischen dem sachzielbezogenen bewerteten → Güterverbrauch und dessen → Einflussgrößen (vgl. auch → Kostenfunktionen).

Betriebswirtschaftliches Kurzlexikon

Kostenträger: In der Regel die von der Unternehmung erstellten Absatzgüter oder innerbetrieblichen Leistungen, denen → Kosten zugerechnet werden.

Kostenträgerrechnung: Teilsystem der → Kostenrechnung, in dem die Zurechnung von → Kosten auf die von der Unternehmung erstellten Güter durchgeführt wird. Sie wird in → Kostenträgerstück- (→ Kalkulation) und → Kostenträgerzeitrechnung (Betriebsergebnisrechnung) gegliedert.

Kostenträgerstückrechnung: Teilsystem der → Kostenträgerrechnung zur Kostenermittlung je Produkt(einheit) und je Periode.

Kostenträgerzeitrechnung: Teilsystem der → Kostenträgerrechnung, in dem ermittelt wird, welche → Kosten auf die bearbeiteten → Kostenträger einer Abrechnungsperiode entfallen. Durch Einbeziehung der Erlöse wird sie vielfach zu einer kalkulatorischen Erfolgsrechnung (Betriebsergebnisrechnung) ausgebaut.

Kostenverteilung (Kostenzurechnung, Kostenallokation, Kostenaufbereitung): Zuordnung erfasster bzw. geplanter Kostenbeträge auf → Bezugsgrößen nach bestimmten Prinzipien.

Kostenverursachung, heterogene: Zurückführung der → Kosten einer → Kostenstelle auf eine → Kostenfunktion mit mehreren → Einflussgrößen (Variablen), von welchen jede bei einer Kostenzurechnung eine → Bezugsgröße werden kann.

Kostenverursachung, homogene: Zurückführung der → Kosten einer → Kostenstelle auf eine → Kostenfunktion mit einer einzigen → Einflussgrößen (Variablen), die bei einer Kostenzurechnung auch die einzige → Bezugsgröße ist.

Kostenverursachungsprinzip (Verursachungsprinzip): Prinzip, nach dem die → Kosten denjenigen → Kosteneinflussgrößen zuzurechnen sind, von deren Ausprägung ihre Höhe abhängig ist, d. h. von welchen sie verursacht sind.

Kostenvorgabe: Festlegung von → Plankosten für → Kostenstellen als zu erreichende oder zu erwartende Kostenziele einer künftigen Abrechnungsperiode.

Kostenwert: Dem sachzielbezogenen → Güterverbrauch zugeordneter Preis, durch den eine Verrechnung und ggf. eine optimale Lenkung verschiedenartiger Güter erreicht werden kann (→ Kosten).

Krankenhauskostenrechnung: Kosten- und Erlösrechnung für Krankenhäuser (Kliniken, Sanatorien, Spitäler). Sie wurde als → Istkostenrechnung auf der Basis von → Vollkosten entwickelt und umfasst eine → Kostenarten-, → Kostenstellen- und → Kostenträgerrechnung. In der Stellenrechnung wird eine vereinfachte → Verrechnung innerbetrieblicher Leistungen durchgeführt.

Kuppelproduktion: Fertigungsprozess, aus dem technisch zwangsläufig mehrere Güterarten hervorgehen.

Kuppelproduktkalkulation: Verfahren zur Verteilung der → Kosten auf die verschiedenen Kuppelprodukte (mehrere technisch zwangsläufig in einem Produktionsprozess entstehende Güterarten), auf der Basis des Tragfähigkeitsprinzips oder anderer meist nicht verursachungsgerechter Verteilungsschlüssel.

Kurzkalkulation: Verfahren der → konstruktionsbegleitenden Kalkulation auf der Basis von → Kostenfunktionen, die nur konstruktive Produktmerkmale als unabhängige Variable berücksichtigen.

Leerkosten: Differenz zwischen → Fixkosten und → Nutzkosten.

Leistungsabweichung (Ausbeuteabweichung): Differenz zwischen → Plan- und → Istkosten, die auf eine Abweichung zwischen der geplanten und der tatsächlichen Ausbringungsmenge (Ausbeute) je Maschinenzeiteinheit zurückzuführen ist.

Leistungsbezogenheit: Weithin verwendetes Begriffsmerkmal der → Kosten, durch das die Ausrichtung des → Güterverbrauchs auf das → Produktionsprogramm (Leistungen) als Sachziel der Unternehmung zum Ausdruck gebracht werden soll. Es ist jedoch zweckmäßiger, für diesen Sachverhalt den Begriff → „Sachzielbezogenheit" zu verwenden.

Leistungsentsprechungsprinzip: Prinzip der → Kostenverteilung, nach dem die Gesamtkosten derart auf die Leistungseinheiten zu verteilen sind, dass gleich großen Leistungseinheiten gleiche Kostenanteile und umfangreicheren Leistungseinheiten größere Kostenanteile zuzuordnen sind.

Leistungskosten: Vom tatsächlich realisierten Fertigungs- und Absatzprogramm abhängige → Kosten, die sich bei kurzfristigen Veränderungen von Art und Menge der Leistungen ebenfalls ändern (P. Riebel).

Leistungsverrechnung, innerbetriebliche: Verteilung der → Kosten von Wiedereinsatzgütern und verbrauchten selbsterstellten Zwischen- oder Endprodukten. Die Verteilung kann nach dem Einzelkostenverfahren, dem Kostenstellenumlageverfahren (Blockumlage, Treppenumlage), dem Kostenstellenausgleichsverfahren (Gutschrift-/Lastschriftverfahren, iteratives Verfahren, Gleichungsverfahren) oder dem Kostenträgerverfahren erfolgen.

Lenkung, pretiale: System der optimalen Unternehmungssteuerung mit Hilfe von → Lenkungspreisen für → Einsatzgüter und Zwischenprodukte bei dezentraler Planung.

Lenkungspreis: Preis für → Einsatzgüter, durch den eine optimale Verwendung der Einsatzgüter und eine Steuerung des → Unternehmungsprozesses (bei dezentraler → Planung und → Steuerung) erreicht werden soll.

Lohnabweichung: Differenz zwischen → Plan- und → Istkosten, die auf Unterschiede zwischen geplantem und realisiertem Einsatz an Arbeitsleistung (→ Mengenabweichung) oder zwischen geplanter und tatsächlicher Höhe des Lohnsatzes (→ Preisabweichung) zurückzuführen ist.

Lohn- und Gehaltsrechnung: Nebenbuchhaltung zur Erfassung, Berechnung, Buchung und Zahlungsregulierung sämtlicher Arbeitsentgelte der Beschäftigten sowie zur Vorbereitung der Verteilung von Lohn- und Gehaltskosten auf → Kostenstellen und → Kostenträger.

Losgrößenabweichung: Differenz zwischen rüstzeitabhängigen → Plan- und → Istkosten, die auf Unterschiede zwischen geplanten und tatsächlichen Losgrößen zurückzuführen ist.

Lücke-Theorem: Es besagt, dass der → Kapitalwert auf Basis von Zahlungsüberschüssen mit dem Kapitalwert auf Basis von Periodenerfolgen übereinstimmt, sofern die Summe der Zahlungsüberschüsse aller Perioden gleich der Summe aller Periodenerfolge ist und die Periodenerfolge um kalkulatorische Zinsen auf den Kapitalbestand der jeweiligen Vorperiode vermindert werden.

Marktwert: Der Marktwert eines Finanzierungstitels ist der Preis, zu dem der mit dem Titel verbundene Zahlungsstrom am Markt gekauft werden kann. Er entspricht dem → Kapitalwert des Zahlungsstroms. Der Marktwert der Unternehmung ergibt sich aus der Summe der Marktwerte der von ihr ausgegebenen Finanzierungstitel.

Maschinensatzrechnung: → Kalkulation, die bis auf einzelne Maschinen als Kostenplätze heruntergeht. Die anteiligen maschinenabhängigen → Gemeinkosten werden über einen Maschinenstunden- oder Maschinenminutensatz berücksichtigt.

Materialabweichung: Differenz zwischen geplanten und tatsächlich entstandenen Materialeinzelkosten, die auf Unterschiede im Materialverbrauch (→ Mengenabweichung) oder in den Materialpreisen (→ Preisabweichung) zurückzuführen ist.

Materialrechnung (Stoffrechnung): Nebenbuchhaltung zur Abbildung der Bestände und Bewegungen an Werkstoffen, → Hilfsstoffen, → Betriebsstoffen, fremdbezogenen Teilen, Handelswaren und Büromaterial.

Materialhilfsstelle: Hilfskostenstelle, in der die Bestellung, Annahme, Prüfung, Lagerung und Bereitstellung der im Fertigungsprozess eingesetzten → Roh-, → Hilfs- und → Betriebsstoffe durchgeführt wird.

Mengenabweichung: Summe aus → Beschäftigungsabweichung und → Verbrauchsabweichung.

Mengenschlüssel: → Kostenschlüssel in Form einer Mengengröße (Zähl-, Zeit-, Raum-, Gewichts- oder technische Größe).

Mitlaufkalkulation: Ausprägung der → Kostenträgerstückrechnung, bei der eine zeitnahe → Kostenzurechnung erfolgt.

Nachrechnung: Abbildung der (in der Vergangenheit) realisierten Ausprägung eines Betrachtungsgegenstands in Zahlen.

Normalbeschäftigung: Durchschnittlich erzielbare, mittlere → Beschäftigung (Ausnutzung der Kapazität).

Normalkalkulation: → Kalkulation zukünftiger → Kosten auf der Basis durchschnittlicher oder bereinigter → Istkosten vergangener Perioden.

Normalkosten: Durchschnittliche oder bereinigte → Istkosten vergangener Perioden.

Normkostenrechnung: → Standardkostenrechnung.

Nutzkosten: Differenz zwischen → Fixkosten und → Leerkosten.

Opportunitätskosten (Schattenpreise, Grenzerfolgssätze, Dualwerte): In der optimalen Lösung eines simultanen Planungsmodells berechneter Zielbeitrag (meist Deckungsbeitrag) je Engpasseinheit.

Optimalbeschäftigung: Wirtschaftlich günstigste Ausbringungsmenge(n) einer Unternehmun, eines Bereichs, einer → Kostenstelle oder eines Aggregats.

Parallelverfahren: Verfahren der isolierten rechnungstechnischen Durchführung von → Vor- und → Nachrechnung in der → Plankostenrechnung. Es wird vor allem bei der → Prognosekostenrechnung angewandt.

Periodenerfolgsrechnung, kurzfristige (Kalkulatorische Erfolgsrechnung): Rechnungssystem, in dem der → Betriebserfolg (-ergebnis) einer Periode durch Gegenüberstellung von → Kosten und → Erlösen ermittelt wird. Sie wird in der Regel für kurze Abrechnungsperioden aufgestellt (z.B. monatlich).

Periodenkosten: Gesamtkosten einer Abrechnungsperiode.

Periodenrechnung: Auf eine Periode bezogene Abrechnung des → Unternehmungsprozesses.

Planbeschäftigung: In der → Plankostenrechnung für die Planperiode vorgegebene → Beschäftigung. Dabei kann es sich um die erwartete Istbeschäftigung (→ Prognosekostenrechnung) sowie die → Normal- oder die → Optimalbeschäftigung (→ Standardkostenrechnung) handeln.

Planerfolgsrechnung: → Kurzfristige Erfolgsrechnung für die Planperiode in der → Plankostenrechnung.

Plan-Ist-Abweichung, budgetbezogene: Differenz zwischen geplanten Gesamtkosten bei → Planbeschäftigung und bei Istbeschäftigung.

Plankalkulation: Stückbezogene Vorrechnung für in der Planperiode zu erstellende Produkte, Lose usw. in der → Plankostenrechnung.

Plankosten (in der → Standardkostenrechnung): Auf die → Planbeschäftigung bezogene → Kosten der Planperiode.

Plankosten, verrechnete: Auf die Beschäftigung (einer Stelle) proportionalisierte → Plankosten. Sie entsprechen der Differenz zwischen den Sollkosten bei Istbeschäftigung und den → Leerkosten bzw. der Summe aus den → Nutzkosten bei Istbeschäftigung und den → proportionalen Kosten bei Istbeschäftigung.

Plankostenrechnung: Durch eine → Vorrechnung gekennzeichnetes System der → Kostenrechnung, in dem die erwarteten (→ Prognosekostenrechnung) oder die wirtschaftlichsten (→ Standardkostenrechnung) → Kosten einer künftigen Abrechnungsperiode bestimmt und nach Periodenablauf den → Istkosten gegenübergestellt werden.

Plankostenrechnung, flexible: System der → Plankostenrechnung, bei dem der Einfluss von Beschäftigungsänderungen auf die Kostenhöhe bei der → Kostenplanung berücksichtigt werden.

Plankostenrechnung, starre: System der → Plankostenrechnung, in dem bei der → Kostenvorgabe nur von einem Beschäftigungsgrad ausgegangen wird und andere mögliche Ausprägungen der → Beschäftigung unberücksichtigt bleiben.

Planung: Geordneter informationsverarbeitender → Prozess zur Erstellung eines Entwurfs, welcher die Größen für das Erreichen von Zielen vorausschauend festlegt.

Preisabweichung: Differenz zwischen → Plan- und → Istkosten, die auf Unterschiede zwischen den geplanten (Festpreisen oder prognostizierten Preisen) und den tatsächlichen Preisen der Verbrauchsgüter zurückzuführen ist. In der Regel wird sie durch Multiplikation der Differenz zwischen Plan- und Istpreis mit der tatsächlichen Verbrauchsmenge ermittelt.

Preisdifferenzbestandskonto: Konto in der → Plankostenrechnung zur Erfassung der → Preisabweichungen bei Materialeinzelkosten.

Preisgrenze: Absatzpreis (Preisuntergrenze) bzw. Beschaffungspreis (Preisobergrenze), bei dessen Unter- bzw. Überschreitung Absatz- bzw. Beschaffungsmaßnahmen im Hinblick auf das Unternehmungsziel nicht mehr durchgeführt werden.

Principal-Agent-Ansätze: Teil der Institutionentheorie zur Erfassung der Beziehungen zwischen einem oder mehreren Auftraggebern (Principals) und einem oder mehreren Beauftragten oder Auftragnehmern (Agents) mit dem Ziel, das Verhalten des bzw. der Beauftragten unter bestimmten Bedingungen durch vertragliche Regelungen im Sinne des Auftraggebers (optimal) zu gestalten.

Produktionsfunktion: Abbildung der gesetzmäßigen Beziehungen zwischen den Mengen an → Ausbringungsgütern und → Einsatzgütern einer Unternehmung.

Produktionsprogramm: Art- und mengenmäßige Zusammensetzung sowie zeitliche Verteilung der von einer Unternehmung während einer Periode herzustellenden Wiedereinsatz- und → Absatzgüter.

Produktionsverfahren: Kombination von Aggregaten (technischen → Prozessen), die zur Herstellung eines → Ausbringungsgutes aus bestimmten → Einsatzgütern führen.

Produktkosten, lebenszyklusorientierte: Summe aus Vorleistungs-, Leistungserstellungs- und Nachleistungskosten eines Produkts.

Prognosekostenrechnung: System der → Plankostenrechnung, in dem die tatsächlich erwarteten → Istkosten einer zukünftigen Abrechnungsperiode vorausgesagt und nach Periodenablauf den entstandenen → Istkosten gegenübergestellt werden.

Proportionalitätsprinzip: Prinzip der → Kostenverteilung, nach dem → Gemeinkosten proportional zu bestimmten → Bezugs- oder Maßgrößen auf → Kostenstellen bzw. Kostenträgen zu verteilen sind. Mit ihm wird eine verursachungsgemäße → Kostenverteilung angestrebt.

Prozess: Folge von Aktivitäten (Vorgängen, Tätigkeiten, Arbeitsgängen), die sich auf ein bestimmtes Arbeitsobjekt beziehen und bei erneutem Arbeitsvollzug identisch wiederholt werden.

Prozessbezugsgröße (cost driver): Maßgröße der → Prozessmenge (Prozesswiederholungen).

Prozesskoeffizient: Anzahl der erforderlichen Prozessbezugsgrößeneinheiten für die Bearbeitung einer Einheit des Kalkulationsobjekts (z.B. Produkteinheit, Los).

Prozesskostenrechnung: Kostenrechnungssystem, das → Kosten von Vorgängen (Prozessen, Aktivitäten) über → Prozessbezugsgrößen (driver) und → Prozesskoeffizienten auf → Kostenträger verrechnet.

Prozesskostensatz: Quotient aus den → Kosten eines → Prozesses (Kostenpool) und der → Prozessbezugsgröße (Stückkosten einer Prozessbezugsgröße).

Prozessmenge: Häufigkeit, mit der ein → Prozess in der Abrechnungsperiode wiederholt wird.

Realmodell: Strukturgleiche (-ähnliche) Abbildung eines Teilzusammenhangs aus der Realität mit Anspruch auf empirische Geltung seiner Aussagen.

Rechnungswesen: Zielorientiertes Informationsinstrument zur quantitativen Beschreibung, → Planung und → Steuerung des → Unternehmungsprozesses.

Rechnungsziel: Zwecksetzung oder Norm, die durch eine aufgestellte Rechnung angestrebt wird.

Relative Einzelkosten- und Deckungsbeitragsrechnung: Von P. Riebel entwickeltes Rechnungssystem, bei dem sämtliche → Kosten als (relative) Einzelkosten definierter → Bezugsgrößen erfasst und verrechnet werden. → Kosten und → Erlöse sind nach dem → Identitätsprinzip den betrieblichen Entscheidungen zuzuordnen.

Relativkostenkatalog: Sonderform eines → Kostentabellenkatalogs, welche über die Kostenrelation einer Lösungsalternative zu einem Bezugsobjekt informiert.

Residualkosten: Differenz zwischen Gesamtkosten und den mit der → Beschäftigung multiplizierten → Grenzkosten.

Restwertrechnung: → Kalkulationsverfahren für Kuppelprodukte, nach dem von den → Kosten der → Kuppelproduktion die → Deckungsbeiträge von Nebenprodukten subtrahiert und die restlichen Kosten dem Hauptprodukt zugerechnet werden.

Rohstoffe (Werkstoffe): Ausgangs- und Grundstoffe, die einen Hauptbestandteil des fertigen Produktes ausmachen.

Rückrechnung: Methode zur mengenmäßigen Erfassung des Stoffverbrauchs, nach der aus dem Produktionsprogramm einer Periode auf den dafür erforderlichen Stoffverbrauch geschlossen wird.

Sachzielbezogenheit: Begriffsmerkmal der → Kosten bzw. → Erlöse, durch das die Ausrichtung des → Güterverbrauchs bzw. der → Güterentstehung auf das → Produktionsprogramm als Sachziel der Unternehmung ausgedrückt wird.

Selbstkosten: Summe aus → Herstellkosten, Verwaltungsgemeinkosten Vertriebsgemeinkosten und Sondereinzelkosten des Vertriebs im Schema der → Zuschlagsrechnung. Sie geben die → Stückkosten für eine Kostenträgereinheit in der → Vollkostenrechnung an.

Shareholder: Anteilseigner (Eigentümer) einer Unternehmung.

Sofortverbrauch: Verbrauchsart, bei der ein Wirtschaftsgut nur einmal zur Erstellung von → Ausbringungsgütern verwendet werden kann.

Soll-Deckungsbeitrag: → Zuschlagssatz auf die variablen → Stückkosten für anteilige → Fix- oder → Gemeinkosten und einen Anteil am geplanten Gewinn.

Soll-Ist-Vergleich (Ergebniskontrolle): Gegenüberstellung der vorgegebenen Sollgrößen und tatsächlich realisierten Istgrößen für gleiche wirtschaftliche Sachverhalte.

Sollkosten (in der → Standardkostenrechnung) : Auf die Istbeschäftigung umgerechnete → Plankosten der Planperiode.

Sonderkosten: Aus verfahrenstechnischen Gründen ausgesonderte → Kostenarten, die für eine Produktart (Sondereinzelkosten wie Kosten für Sonderbetriebsmittel, Sonderwerkzeuge, Lizenzen, Verpackung, Umsatzprovision) oder für mehrere Produktarten (Sondergemeinkosten) entstehen.

Stakeholder: Anspruchsgruppen einer Unternehmung. Dazu zählen u.a. Arbeitnehmer, Gläubiger, Kunden, Lieferanten, aber auch die Anteilseigner.

Standardkostenrechnung (Standard Cost Accounting): Stellenorientiertes System der → Plankostenrechnung, in dem die mit Festpreisen bewerteten, wirtschaftlichsten → Güterverbräuche für eine künftige Periode und nach Periodenablauf den → Istkosten gegenübergestellt werden. Die → Kostenvorgabe kann auf der Basis von → Normalbeschäftigung oder von → Optimalbeschäftigung erfolgen.

Stellenzuschlag: → Zuschlagssatz der → Gemeinkosten zu den → Einzelkosten für eine → Kostenstelle in der → Zuschlagsrechnung.

Steuerung: Geordneter, informationsverarbeitender → Prozess zur Durchsetzung, → Kontrolle und Sicherung von Planvorgaben.

Stoffrechnung: → Materialrechnung.

Stückkosten: Für die Herstellung einer Einheit eines → Kostenträgers insgesamt anfallende → Kosten.

Stückliste: Geordnete Zusammenstellung von Fertigungsteilen, Bezugsteilen und Normteilen, welche für die Fabrikation eines Produktes benötigt werden.

Stufenplan: Verfahren zur Berücksichtigung mehrerer Beschäftigungsgrade bei der Planung der → Gemeinkosten einer → Kostenstelle.

Suchkalkulation: Verfahren der → konstruktionsbegleitenden Kalkulation, das die → Kosten des zu konstruierenden Produkts aus den → Kosten bereits gefertigter Produkte bestimmt, die dem zu konstruierenden Produkt in ausgewählten Produktmerkmalen am ähnlichsten sind.

Target Costing: Ansatz einer erfolgszielorientierten → Kostenplanung und -steuerung.

Teilkostenrechnungen: Systeme der → Kostenrechnung, bei denen lediglich ein Teil der anfallenden Gesamtkosten auf die → Kostenträger verrechnet wird. Sie werden vor allem auf der Basis von → variablen Kosten bzw. von → relativen Einzelkosten durchgeführt.

Total Efficiency Variance: Differenz zwischen → verrechneten Plankosten bei Istfertigungszeit und verrechneten Plankosten bei Standardfertigungszeit.

Tragfähigkeitsprinzip: Prinzip der → Kostenverteilung, nach dem die → Gemeinkosten entsprechend den Bruttogewinnen auf die → Kostenträger verteilt werden.

Umsatzkostenverfahren: System der → Absatzerfolgsrechnung, bei dem der → Betriebserfolg als Differenz zwischen den nach Produktarten oder Produktgruppen gegliederten → Erlösen und den entsprechend gegliederten Gesamtkosten (→ Vollkostenrechnung) bzw. → variablen Kosten sowie dem Fixkostenblock (→ Teilkostenrechnung) ermittelt wird.

Unternehmungsrechnung: Als Generator entscheidungsrelevanter Informationen hat die Unternehmungsrechnung möglichst viele Entscheidungsprozesse zu bedienen, die in der Unternehmung realisiert werden können. Sie beinhaltet → Finanz-, Bilanz-, Investitions-, → Kosten- und Erlösrechnung.

Unternehmungsprozess: Komlexes Netz betrieblicher Aktivitäten, die der Erfüllung gesetzter Ziele dienen.

Value Control Chart: Grafik zur Unterstützung der Kostensteuerung in der Entstehungsphase des Produktlebenszyklus. Sie dient der Auswahl von kritischen Produktkomponenten, für die kostengünstige Lösungen gesucht werden sollen.

Variable Efficiency Variance: Differenz zwischen geplanten Gesamtkosten bei Istfertigungszeit und geplanten Gesamtkosten bei Standardfertigungszeit.

Variatormethode: Verfahren zur Berücksichtigung unterschiedlicher Beschäftigungsgrade bei der → Planung der → Gemeinkosten von → Kostenstellen. Ein Variator gibt an, um welchen Prozentsatz sich die Gesamtkosten der → Kostenstelle bei → Planbeschäftigung im Falle einer Beschäftigungsvariation von 10% ändern.

Verbrauchsabweichung: Differenz zwischen → Istkosten und → Sollkosten eines Beschäftigungsgrades.

Verfahrensabweichung (Arbeitsablaufabweichung): Differenz zwischen → Plan- und → Istkosten, die auf Unterschiede zwischen der geplanten und der tatsächlichen Maschinenbelegung und damit auf die Wahl eines anderen Fertigungsverfahrens zurückzuführen ist.

Verfahrensvergleich: Gegenüberstellung und Beurteilung unterschiedlicher Herstellungsverfahren nach verschiedenen Merkmalen.

Verhaltenssteuerung: Geplante Beeinflussung des Entscheidungsverhaltens sowie des Ausführungsverhaltens von Menschen mit individuellen Zielen und Informationsständen.

Verrechnungspreis (Festpreis): Preis, der den → Einsatzgütern in der → Standardkostenrechnung zur Gleichnamigmachung unterschiedlicher Güterarten und Kennzeichnung des Mengenverbrauchs zugeordnet wird. Er wird über längere Zeit hinweg konstant gehalten.

Vertriebskosten: Beim Absatz der → Ausbringungsgüter anfallende → Kosten. Nach der Zurechenbarkeit auf die → Kostenträger unterscheidet man Sondereinzelkosten des Vertriebs und Vertriebsgemeinkosten.

Verwaltungskosten: Für die Verwaltung anfallende → Kosten (z.B. Kosten der Geschäftsleitung, des → Rechnungswesens, der → Planung und → Steuerung).

Vollkostenrechnung: System der → Kostenrechnung, bei dem die gesamten → Kosten einer Periode den → Kostenträgern zugerechnet werden.

Voll- und Teilkostenrechnung, kombinierte: Um eine Verteilung der → Fixkosten ergänzte → Teilkostenrechnung auf der Basis → variabler Kosten.

Vorkostenstelle: Nach rechnungstechnischen Gesichtspunkten gebildete → Kostenstelle, deren → Kosten auf andere Kostenstellen und nicht direkt auf → Kostenträger verteilt werden. Bei → innerbetrieblicher Leistungsverrechnung gibt sie ihre Kosten vollständig an → Endkostenstellen ab. Eine Vorkostenstelle hat damit keinen → Zuschlagssatz für → Gemeinkosten.

Vorrechnung: Quantitative (zahlenmäßige) Abbildung von Größen oder Merkmalen des zukünftigen → Unternehmungsprozesses.

Wertschlüssel: → Kostenschlüssel in Form von Wertgrößen (Kosten-, Einstands-, Absatz-, Bestands- oder Verrechnungsgrößen).

Wertsteigerungsmanagement: Es umfasst praktisch anwendbare Konzepte, die darauf ausgerichtet sind, strategische Erfolgsfaktoren im Sinne von Wertsteigerungspotentialen aufzudecken, um so den Marktwert des Eigenkapitals (Shareholder Value) zu erhöhen. Wertsteigerungspotentiale lassen sich durch Betrachtung der (Wert-)Lücke zwischen dem gegenwärtigen → Marktwert und dem Marktwert nach Realisierung potentieller Restrukturierungsmaßnahmen ermitteln.

Zeitvergleich: Gegenüberstellung und Beurteilung der Ausprägungen wirtschaftlicher Größen desselben Betrachtungsgegenstands in verschiedenen Zeiträumen oder Zeitpunkten.

Zusatzkosten: Teil der Gesamtkosten, der nicht zugleich → Aufwand darstellt.

Zuschlagsrechnung: → Kalkulationsverfahren, bei dem die (Kostenträger-) → Gemeinkosten auf die → Einzelkosten bzw. → Herstellkosten mit Hilfe von → Zuschlagssätzen aufgeschlagen werden. Das Grundschema der Zuschlagsrechnung setzt sich aus Materialkosten, → Fertigungskosten, Verwaltungsgemeinkosten, Vertriebsgemeinkosten und Sondereinzelkosten des Vertriebs zusammen.

Zuschlagssatz: Prozentuales Verhältnis zwischen → Gemeinkosten einer → Kostenstelle (→ Stellenzuschlag) oder der Unternehmung (→ Gesamtzuschlag) und den während einer Periode angefallenen Mengeneinheiten einer → Bezugsgröße. Multipliziert man die Zahl der für eine Kostenträgereinheit anfallenden Bezugsgrößeneinheiten mit dem entsprechenden → Zuschlagssatz, so erhält man die auf eine Kostenträgereinheit entfallenden → Gemeinkosten.

Literaturverzeichnis

AALBREGTSE, JOHN R.: Target Costing. In: Handbook of Cost Management. 1994 Edition. New York 1993, S. D2-1-D2-26.

ADAM, DIETRICH: (Kostenbewertung) Entscheidungsorientierte Kostenbewertung, Wiesbaden 1970.

AGTHE, KLAUS: (Fixkostendeckung) Stufenweise Fixkostendeckung im System des Direct Costing. In: Zeitschrift für Betriebswirtschaft (29) 1959, S. 404-418.

AK HOCHSCHULRECHNUNGSWESEN: (Schlußbericht) Arbeitskreis Hochschulrechnungswesen der deutschen Universitätskanzler: Schlußbericht. München 1999.

ALBACH, HORST: (Bewertungsprobleme) Bewertungsprobleme des Jahresabschlusses nach dem Aktiengesetz 1965. In: Der Betriebsberater (21) 1966, S. 377-382.

ALBACH, HORST: (Hochschul -Kostenrechnung) Zu neuen Entwicklungen in der Hochschul-Kostenrechnung. In: Hochschulorganisation und Hochschuldidaktik. Zeitschrift für Betriebswirtschaft Ergänzungsheft 3/2000, hrsg. von HORST ALBACH und PETER MERTENS, S. 219-223.

ALBACH, HORST: Innerbetriebliche Lenkpreise als Instrument dezentraler Unternehmensführung. In: Zeitschrift für betriebswirtschaftliche Forschung (26) 1974, S. 216-242.

ALBACH, HORST, GÜNTER FANDEL und WOLFGANG SCHÜLER: (Hochschulplanung) Hochschulplanung, Baden-Baden 1978.

ALBERS, SÖNKE.: (Allokation) Optimale Allokation von Hochschul-Budgets. In: Die Betriebswirtschaft (59) 1999, S. 583-598.

ALBERT, HANS: (Theoriebildung) Probleme der Theoriebildung. Entwicklung, Struktur und Anwendung sozialwissenschaftlicher Theorien. In: Theorie und Realität. Hrsg. von HANS ALBERT. Tübingen 1964, S. 3-7.

ALEXANDER, IAN, COLIN MAYER und HELEN WEEDS: (Structure) Regulatory Structure and Risk: An International Comparison. London 1996

ANGERMANN, ADOLF: (Entscheidungsmodelle) Entscheidungsmodelle. Frankfurt am Main 1963.

ANGERMANN, ADOLF: Die Verrechnung innerbetrieblicher Leistungen in der Kostenstellenrechnung. In: Festschrift zum 70. Geburtstag von Walter G. Waffenschmidt. Hrsg. von KARL BRANDT. Meisenheim/Glan 1958, S. 34-54.

ANGERMANN, ADOLF und UWE BLECHSCHMIDT: (Hochschulkostenrechnung) Hochschulkostenrechnung. Weinheim [et al.], 1972.

Arbeitskreis DIERCKS der SCHMALENBACH-Gesellschaft: Der Verrechnungspreis in der Plankostenrechnung. In: Zeitschrift für betriebswirtschaftliche Forschung (16) 1964, S. 613-668.

ARROW, KENNETH J.: (Role) The Role of Securities in the Optimal Allocation of Risk-Bearing. In: Review of Economic Studies (31) 1964, S. 91-96.

ASCHOFF, CHRISTOFF: (Humanvermögen) Betriebliches Humanvermögen. Wiesbaden 1978.

ATKINSON, A.A. und W.R. SCOTT: (Depreciation) Current Cost Depreciation: A Programming Perspective. In: Journal of Business Finance & Accounting (9,1), 1982, S. 19-42.

ATKINSON, JOHN W.: (Motivationsforschung) Einführung in die Motivationsforschung, Stuttgart 1975.

AUGE-DICKHUT, STEFANIE, ULRICH MOSER und BERND WIDMANN: (Unternehmensbesteuerung) Die geplante Reform der Unternehmensbesteuerung – Einfluss auf die Berechnung und die Höhe des Werts von Unternehmen. In: Finanzbetrieb 2000, S. 362-371

BACK-HOCK, ANDREA: (Ergebnisrechnung) Produktlebenszyklusorientierte Ergebnisrechnung. In: Handbuch Kostenrechnung. Hrsg. von WOLFGANG MÄNNEL, Wiesbaden 1992, S. 703-714.

BADEN, AXEL: (Kostenrechnung) Strategische Kostenrechnung: Einsatzmöglichkeiten und Grenzen, Wiesbaden 1997.

BADEN, AXEL: (Umorientierung) Die strategische Kostenrechnung. Eine "revolutionäre Umorientierung des internen Rechnungswesens"? In: Zeitschrift für Betriebswirtschaft (68) 1998, S. 605-626.

BAIN, JOE S.: (Depression Pricing 1936) Depression Pricing and the Depreciation Function. In: The Quarterly Journal of Economics 1936, S. 705 ff.

BALLWIESER, WOLFGANG: (Abschreibung) Abschreibung. In: Handwörterbuch unbestimmter Rechtsbegriffe im Bilanzrecht des HGB. Hrsg. von ULRICH LEFFSON, DIETER RÜCKLE und BERNHARD GROßFELD. Köln 1986, S. 29-38.

BALLWIESER, WOLFGANG: (Abschreibung 2) Abschreibungen. In: Lexikon des Rechnungswesen. Hrsg. von WALTHER BUSSE VON COLBE. 3. Aufl., 1994.

BALLWIESER, WOLFGANG: (Aspekte) Aktuelle Aspekte der Unternehmensbewertung. In: Die Wirtschaftsprüfung (48) 1995, S. 119-129.

BALLWIESER, WOLFGANG: (Chancen) Chancen und Gefahren einer Übernahme amerikanischer Rechnungslegung. In: Handelsbilanzen und Steuerbilanzen, Festschrift für HEINRICH BEISSE. Hrsg. von WOLFGANG BUDDE, ADOLF MOXTER und KLAUS OFFERHAUS. Düsseldorf 1997, S. 25-43.

BALLWIESER, WOLFGANG: (GoB) Grundsätze ordnungsmäßiger Buchführung. In: Becksches Handbuch der Rechnungslegung. Hrsg. von EDGAR CASTAN et al. Stand 1999, Abschnitt B 105.

BALLWIESER, WOLFGANG: (Informationsökonomie) Ergebnisse der Informationsökonomie zur Informationsfunktion der Rechnungslegung. In: Information und Produktion. Festschrift zum 60. Geburtstag von WALDEMAR WITTMANN. Hrsg. von SIEGMAR STÖPPLER. Stuttgart 1985, S. 21-40.

BALLWIESER, WOLFGANG: (Unternehmensbewertung) Unternehmensbewertung mit Discounted Cash Flow-Verfahren. In: Die Wirtschaftsprüfung (51) 1998, S. 81-92

DAMBERG, GÜNTHER und ADOLF GERHARD COENENBERG: (Entscheidungslehre) Betriebswirtschaftliche Entscheidungslehre. 11. Aufl., München 2002.

BANKER, RAJIV ET AL.: (Complexity) Costs of Product and Process Complexity. In: Measures for Manufacturing Excellence. Hrsg. von ROBERT S. KAPLAN. Boston/Mass. 1990, S. 269-290.

BAUMOL, WILLIAM J.: (Depreciation) Optimal Depreciation Policy: Pricing the Products of Durable Assets. In: Bell Journal of Economics, Issue 2 1971, S. 638-656

BEA, FRANZ XAVER: (Grundkonzeption) Grundkonzeption einer strategieorientierten Unternehmensrechnung. In: Das Rechnungswesen im Spannungsfeld zwischen strategischem und operativem Management. Festschrift für Marcell Schweitzer zum 65. Geburtstag. Hrsg. von HANS-ULRICH KÜPPER und ERNST TROßMANN. Berlin 1997. S. 395-412.

BECKER, HANS PAUL: (Untersuchung) Einsatz der Kostenrechnung in mittelgroßen Industrieunternehmen - Eine empirische Untersuchung. In: Zeitschrift für betriebswirtschaftliche Forschung (37) 1985, S. 601-617.

BECKER, JÖRG: (Kalkulation) Entwurfs- und konstruktionsbegleitende Kalkulation. In: Kostenrechnungspraxis (34) 1990, S. 353-358.

BECKER, SELWYN und DAVID GREEN JR.: (Budgeting) Budgeting and Employee Behavior. In: Journal of Business (35) 1962, S. 392-402.

BECKER, SELWYN und DAVID GREEN JR.: (Rejoinder) Budgeting and Employee Behavior: A Rejoinder to a Reply. In: Journal of Business (37) 1964, S. 203-205.

BERGER, KARL-HEINZ: (Grundsätze) Grundsätze und Richtlinien für das Rechnungswesen der Unternehmungen. In: Handwörterbuch des Rechnungswesens. Hrsg. von ERICH KOSIOL, KLAUS CHMIELEWICZ und MARCELL SCHWEITZER. 2. Aufl., Stuttgart 1981, Sp. 714-724.

BERLINER, CALLIE und JAMES A. BRIMSON (Hrsg.): (Cost Management) Cost Management for Today's Advanced Manufacturing. The CAM-I Conceptual Design. Boston/Mass. 1988.

BERTHEL, JÜRGEN: (Modelle) Modelle, allgemein. In: Handwörterbuch des Rechnungswesens. Hrsg. von ERICH KOSIOL. Stuttgart 1970, Sp. 1122-1129.

BESIER, KLAUS: (Einrichtungen) Kostenrechnung für kommunale Einrichtungen. In: Handbuch Kostenrechnung. Hrsg. von WOLFGANG MÄNNEL. Wiesbaden 1992, S. 1171 - 1180.

BESTE, THEODOR: (Erfolgsrechnung) Die kurzfristige Erfolgsrechnung. 2. Aufl., Köln, Opladen 1962.

BETZ, STEFAN: (Fortschritt) Die Berücksichtigung von technischem Fortschritt im Konzept investitionstheoretisch fundierter Abschreibungen. In: Zeitschrift für Betriebswirtschaft (65) 1995, S. 425-444.

BETZ, STEFAN: (Abschreibungen) Investitionstheoretische Bestimmung der Abschreibungen für eine entscheidungsorientierte Kostenrechnung. Paderborn 1990.

BIRNBERG, JACOB G.: (Trends) Current Trends in Behavioral Accounting Research in the United States. In: Die Betriebswirtschaft (53) 1993, S. 5-25.

BLANCHARD, BENJAMIN S.: (Life Cycle Cost) Design and Manage to Life Cycle Cost. Portland (Or.) 1978.

BLOHM, HANS und KLAUS LÜDER: (Investition) Investition. 8. Aufl., München 1995.

BÖHLER, WINFRIED: (Standardsoftware) Betriebswirtschaftliches und DV-technisches Konzept einer Kostenrechnungsstandardsoftware. In: Kostenrechnungspraxis (36) 1992, S. 77-84.

BÖHM, HANS-HERMANN und FRIEDRICH WILLE: (Deckungsbeitragsrechnung) Deckungsbeitragsrechnung, Grenzpreisrechnung und Optimierung. 5. Aufl., München 1974.

BÖHRS, HERMANN: (Kostenkalkulation) Funktionale Kostenkalkulation. Berlin et al. 1973.

BOLSENKÖTTER, HEINZ und WIBERA-PROJEKTGRUPPE: (Ökonomie) Ökonomie der Hochschule: Eine betriebswirtschaftliche Untersuchung, Bd. 1 bis 3, Baden-Baden 1976.

BOMMES, WOLFGANG: (Kostenabweichungsanalyse) Darstellung und Beurteilung von Verfahren der Kostenabweichungsanalyse bei ein- und mehrstufigen Produktionsprozessen. Essen 1984.

BÖRNER, DIETRICH: (Direct Costing) Direct Costing als System der Kostenrechnung. München 1961.

BÖRNER, DIETRICH: (Rechnungswesen) Grundprobleme des Rechnungswesens. In: Wirtschaftswissenschaftliches Studium (2) 1973, S. 153-158 und 205-210.

BORMANN, JAN-GREGOR: (Projektmanagement) Internationales unternehmensinternes Projektmanagement, Aachen 1996.

BÖRSIG, CLEMENS: (Unternehmensführung) Wertorientierte Unternehmensführung bei RWE. In: Zeitschrift für betriebswirtschaftliche Forschung (52) 2000, S. 167-175.

BOUWMAN, MARINUS J., PATRICIA A. FRISHKOFF und PAUL FRISHKOFF: (Decisions) How Do Financial Analysts Make Decisions? A Process Model of the Investment Screening Decisions. In: Accounting, Organizations and Society 1987, S. 1-29.

BREALEY, RICHARD A. und STEWART C. MYERS: (Principles) Principles of Corporate Finance. 7. Aufl., Boston/Mass. 2003.

BREID, VOLKER: (Erfolgspotentialrechnung) Erfolgspotentialrechnung. Konzeption im System einer finanzierungstheoretisch fundierten, strategischen Erfolgsrechnung. Stuttgart 1994.

BRINK, HANS-JOSEF und PETER FABRY: (Arbeitszeiten) Die Planung von Arbeitszeiten unter besonderer Berücksichtigung der Systeme vorbestimmter Zeiten. Wiesbaden 1974.

BROCKHOFF, KLAUS: (Forschung und Entwicklung) Forschung und Entwicklung – Planung und Kontrolle. 5. Aufl., München, Wien 1999.

BROICEMPER, ANDREAS: (Kostenmanagement) Strategieorientiertes Kostenmanagement. In: Controlling (10) 1998, S. 276-284.

BROMWICH, MICHAEL und PETER VASS: (Accounting) Regulation and Accounting. In: Handwörterbuch Unternehmensrechnung und Controlling. Hrsg. von HANS-ULRICH KÜPPER und ALFRED WAGENHOFER, 4. Aufl., Stuttgart 2002, Sp. 1677-1685.

BRONSTEIN, ILJA N. und KONSTANTIN A. SEMENDJAJEW: (Mathematik) Taschenbuch der Mathematik. Nachdruck der 20. Auflage. Hrsg. von GÜNTER GROSHE und Victor ZIEGLER. Thun und Frankfurt am Main 1983.

BRÜNING, GERT: (Kostenrechnung) Annuitätsorientierte Kostenrechnung. In: Zeitschrift für öffentliche und gemeinwirtschaftliche Unternehmen (21) 1998, S. 137-155.

BUCHNER, ROBERT: (Buchprüfungen) Zur Anwendung des Bayesschen Theorems bei Buchprüfungen auf Stichprobenbasis. In: Zeitschrift für Betriebswirtschaft (41) 1971, S. 1-26.

BURGER, ANTON: (Entscheidungsrelevanz) Die Entscheidungsrelevanz von Fixkosten, Fixleistungen und Deckungsvorgaben. In: Die Betriebswirtschaft (51) 1991, S. 649-656.

BURGER, ANTON: (Kostenmanagement) Kostenmanagement. 3. Aufl., München, Wien 1999.

BUSSE VON COLBE, WALTHER: (Entgeltregulierung) Kostenorientierte Entgeltregulierung von Telekommunikationsdienstleistungen bei sinkenden Beschaffungspreisen für Investitionen. In: Zum Erkenntnisstand der Betriebswirtschaftslehre am Beginn des 21. Jahrhunderts. Hrsg. von UDO WAGNER. Berlin 2001, S. 47-59.

BUSSE VON COLBE, WALTHER: (Kapitalkosten) Zur Ermittlung der Kapitalkosten als Bestandteil regulierter Entgelte für Telekommunikationsdienstleistungen. In: BWL und Regulierung. Sonderheft 48 der Zeitschrift für betriebswirtschaftliche Forschung. Hrsg. von WOLFGANG BALLWIESER 2002, S. 1-26.

BUSSE VON COLBE, WALTHER: (Substanzerhaltung) Substanzerhaltung. In: Handwörterbuch der Betriebswirtschaft. Hrsg. von HANS SEISCHAB und KARL SCHWANTAG. 3. Aufl., Stuttgart 1960, Sp. 5310-5321.

BUSSMANN, KARL FERDINAND: (Rechnungswesen) Industrielles Rechnungswesen. 2. Aufl., Stuttgart 1979.

CAMP, ROBERT C.: (Benchmarking) Benchmarking. München, Wien 1994.

CHAMBERS, CHARLES R.: (Conversion) A Conversion to Direct Costs. In: N.A.C.A.-Bulletin (33) 1951/52, S. 791-797.

CHMIELEWICZ, KLAUS: (Erfolgsrechnung) Betriebliches Rechnungswesen 2: Erfolgsrechnung. 2. Aufl., Opladen 1981.

CHMIELEWICZ, KLAUS: (Finanzrechnung) Betriebliches Rechnungswesen 1: Finanzrechnung und Bilanz. 3. Aufl., Opladen 1982.

CHMIELEWICZ, KLAUS (Ed.): (Entwicklungslinien) Entwicklungslinien der Kosten- und Erlösrechnung, Stuttgart 1983.

CHMIELEWICZ, KLAUS: Gewinnschwellenanalyse (Break-Even-Analyse). In: Wirtschaftswissenschaftliches Studium (3) 1974, S. 49-54.

CHRISTENSEN, JOHN A. und JOEL S. DEMSKI: (Theory) Accounting Theory. An Information Content Perspective, New York 2003.

CHRISTENSEN, PETER O. und GERALD A. FELTHAM: (Accounting a) Economics of Accounting. Volume I: Information in Markets, London 2003

CHRISTENSEN, PETER O. und GERALD A. FELTHAM: (Accounting b) Economics of Accounting. Volume II: Performance Evaluation, New York 2005.

COENENBERG, ADOLF GERHARD: (Berücksichtigung) Die Berücksichtigung des Absatzrisikos im Break-even-Modell. In: Betriebswirtschaftliche Forschung und Praxis (19) 1967, S. 343-355.

COENENBERG, ADOLF GERHARD: (Kostenanalyse) Kostenrechnung und Kostenanalyse. 4. Aufl., Landsberg am Lech 1999.

COENENBERG, ADOLF GERHARD und THOMAS M. FISCHER: (Prozeßkostenrechnung) Prozeßkostenrechnung. Strategische Neuorientierung in der Kostenrechnung. In: Die Betriebswirtschaft (51) 1991, S. 21-38.

COOPER, ROBIN: (Activity-Based Costing) Activity-Based Costing. In: Kostenrechnungspraxis (34) 1990, S. 210-220, 271-279, 345-351.

COOPER, ROBIN: (Costing) Activity-Based Costing. In: Handbuch Kostenrechnung. Hrsg. von WOLFGANG MÄNNEL. Wiesbaden 1992, S. 360-383.

COOPER, ROBIN und ROBERT S. KAPLAN: (Costs) Measure Costs Right: Make the Right Decisions. In: Harvard Business Review (66) 1988, Heft 5, S. 96-103.

COOPER, ROBIN und ROBERT S. KAPLAN: (Product Costs) How Cost Accounting Distorts Product Costs. In: Management Accounting (2) 1988, S. 20-27.

COOPER, ROBIN und ROBERT S. KAPLAN: (Ressourcenmanagement) Activity-Based Costing: Ressourcenmanagement at its best. In: Harvard Manager (13) 1991, S. 87-135.

COOPER, ROBIN und ROBERT S. KAPLAN: (Systeme) Prozeßorientierte Systeme: Die Kosten der Ressourcennutzung messen. In: Prozeßkostenrechnung. Bedeutung, Methoden, Branchenerfahrungen, Softwarelösungen. Hrsg. von WOLFGANG MÄNNEL. Wiesbaden 1995, S. 43-58.

COOPER, ROBIN und PETER B. TURNEY: (Activity-Based Cost Systems) Internally Focused Activity-Based Cost Systems. In: Measures for Manufacturing Excellence. Hrsg. von ROBERT S. Kaplan. Boston/Mass. 1990, S. 291-305.

CORSTEN, HANS: (Dienstleistungsmanagement) Dienstleistungsmanagement. 4. Aufl., München, Wien 2001.

DANERT, GÜNTHER, HANS JÜRGEN DRUMM und KARL HAX (Verrechnungspreise): Verrechnungspreise. Zwecke und Bedeutung für die Spartenorganisation in der Unternehmung. In: Sonderheft 2 der Zeitschrift für betriebswirtschaftliche Forschung. Opladen 1973.

DANTZIG, GEORGE und PHILIP WOLFE: (Decomposition) The Decomposition Algorithm for Linear Programs. In: Econometrica (29) 1961, S. 767-778.

DEBREU, GERARD: (Theory) The Theory of Value. An Axiomatic Analysis of Economic Equilibrium. New York et al. 1959.

DELLMANN, KLAUS und KLAUS-PETER FRANZ (Hrsg.): (Entwicklungen) Neuere Entwicklungen im Kostenmanagement. Bern et al. 1994.

DELLMANN, KLAUS und KLAUS-PETER FRANZ: (Kostenmanagement) Von der Kostenrechnung zum Kostenmanagement. In: Neuere Entwicklungen im Kostenmanagement. Hrsg. von KLAUS DELLMANN und KLAUS-PETER FRANZ. Bern et al. 1994, S. 15-30.

DEMSKI, JOEL S.: (Information) Managerial Uses of Accounting Information, Boston 1994.

DEMSKI, JOEL S. und GERALD A. FELTHAM: (Cost Determination) Cost Determination. A Conceptual Approach, Iowa State University Press, 1976.

DEMSKI, JOEL S. und DAVID E.M. SAPPINGTON: (Multiple Agents) Optimal Incentive Contracts with Multiple Agents. In: Journal of Economic Theory (33) 1984, S. 152-171.

DETJEN, STROHBACH und SCHMIDT: (Bundespost) Die Deutsche Bundespost auf dem Weg zu einer dezentralen Leistungs- und Kostenrechnung (DELKOS). In: Jahrbuch der Deutschen Bundespost 1986, S. 319-378.

DEY, MUKUL K. und GURMINDER KAUR: (Faciliation) Faciliation of Performance by Experimentally Induced Ego Motivation. In: Journal of General Psychology (73) 1965, S. 237-247.

DIEDERICH, HELMUT: (Betriebswirtschaftslehre) Allgemeine Betriebswirtschaftslehre II. 7. Aufl., Stuttgart et al. 1992.

DIEDERICH, HELMUT: (Kostenpreis) Der Kostenpreis bei öffentlichen Aufträgen. Heidelberg 1961.

DILLON, RAY D. und JOHN F. NASH: (Relevance) The true Relevance of Relevant Costs. In: The Accounting Review (53) 1978, S. 11-17.

DINKELBACH, WERNER: (Sensitivitätsanalysen) Sensitivitätsanalysen und parametrische Programmierung, Berlin, Heidelberg, New York 1969.

(Direct Costing) Direct Costing. In: N.A.C.A.-Bulletin 1953 (4), No. 23, Section 3, S. 1079 ff. Deutsche Übersetzung: Direct Costing in der Praxis. Das Rechnen mit Grenzkosten. Hrsg. vom RKW. 4. Aufl., Berlin, Köln, Frankfurt am Main 1962.

DIRRIGL, HANS: (Wertorientierung) Wertorientierung und Konvergenz in der Unternehmensrechnung. In: Betriebswirtschaftliche Forschung und Praxis (50) 1998, S. 540-579.

DKG/GKV/PKV: (Kalkulation) Kalkulation von Fallkosten. Handbuch zur Anwendung in Krankenhäusern. Hrsg. v. der Deutschen Krankenhausgesellschaft (DKG), den Spitzenverbänden der Krankenkassen (GKV) und dem Verband der privaten Krankenversicherung (PKV). O. O. 2002.

DOPUCH, NICHOLAS, JAKOB G. BIRNBERG und JOEL S. DEMSKI: (Cost) Cost Accounting. Accounting Data for Management's Decisions. 3. Aufl., New York et al. 1982.

DÖRING, ULRICH: (Kostensteuern) Kostensteuern. Der Einfluß von Steuern auf kurzfristige Produktions- und Absatzentscheidungen. Stuttgart 1984.

DRUKARCZYK, JOCHEN: (Finanzierung) Theorie und Politik der Finanzierung. 2. Aufl., München 1993.

DRUKARCZYK, JOCHEN: (Unternehmensbewertung) Unternehmensbewertung, München 1996.

DRUMM, HANS JÜRGEN: (Lenkung durch Preise) Theorie und Praxis der Lenkung durch Preise. In: Zeitschrift für betriebswirtschaftliche Forschung (24) 1972, S. 253-267.

DRURY, COLIN: (Cost Accounting) Management and Cost Accounting, London 2007.

DYCKHOFF, HARALD: (Grundzüge) Grundzüge der Produktionswirtschaft. Einführung in die Theorie betrieblicher Wertschöpfung. 3. Aufl., Berlin u. a. 2000.

DYCKHOFF, HARALD: (Fixkosten) Entscheidungsrelevanz von Fixkosten im Rahmen operativer Planungsrechungen - Ergänzungen zu den Überlegungen von Maltry. In: Betriebswirtschaftliche Forschung und Praxis (43) 1991, S. 254-261.

DYCKHOFF, HARALD: (Neukonzeption) Neukonzeption der Produktionstheorie, in: Zeitschrift für Betriebswirtschaft, (73) 2003, S. 705-733.

EBERLE, PETER und HANS-GÜNTER HEIL: (Konstruktion) Relativkosten-Informationen für die Konstruktion. In: Handbuch Kostenrechnung. Hrsg. von WOLFGANG MÄNNEL. Wiesbaden 1992, S. 782-790.

EDVINSSON, LEIF und MICHAEL S. MALONE: (Brainpower) Intellectual Capital: Realizing Your Company's True Value By Finding It's Hidden Brainpower. New York 1997.

EHRLENSPIEL, KLAUS: (Konstruieren) Kostengünstig konstruieren. Kostenwissen, Kosteneinflüsse, Kostensenkung. Berlin et al. 1985.

EHRLENSPIEL, KLAUS, ALFONS KIEWERT und UDO LINDEMANN: (Entwickeln und Konstruieren) Kostengünstig Entwickeln und Konstruieren – Kostenmanagement für die integrierte Produktentwicklung. 2. Auflage. Berlin, Heidelberg 1998.

EHRLENSPIEL, KLAUS, ALFONS KIEWERT und UDO LINDEMANN: (Produktentwicklung) Zielkostenorientierte Produktentwicklung. In: Kostenmanagement. Wertsteigerung durch systematische Kostensteuerung. Hrsg. von KLAUS-PETER FRANZ und PETER KAJÜTER, 2. Aufl., Stuttgart 2002, S. 109-133.

EHRT, ROBERT: (Zurechenbarkeit) Die Zurechenbarkeit von Kosten auf Leistungen auf der Grundlage kausaler und finaler Beziehungen. Stuttgart et al. 1967.

ENGELHARDT, WERNER HANS: (Erlösplanung) Erlösplanung und Erlöskontrolle. In: Handbuch Kostenrechnung. Hrsg. von WOLFGANG MÄNNEL. Wiesbaden 1992, S. 656-670.

ENGELS, WOLFRAM: (Bewertungslehre) Betriebswirtschaftliche Bewertungslehre im Licht der Entscheidungstheorie. Köln, Opladen 1962.

EGGER, KLAUS: (Unternehmensführung) Wertorientierte Unternehmensführung bei Mannesmann. In: Zeitschrift für betriebswirtschaftliche Forschung (52) 2000, S. 176-187.

EVERSHEIM, WALTER, RALF KÜMPER und CHANDRA GUPTA: (Vorkalkulation) Verursachungsgerechte Vorkalkulation. In: Kostenrechnungspraxis (38) 1994, S. 239-244.

EWERT, RALF: (Controlling) Controlling, Interessenkonflikte und asymmetrische Information. In: Betriebswirtschaftliche Forschung und Praxis (44) 1992, S. 277-303.

EWERT, RALF: (Finanzwirtschaft) Finanzwirtschaft und Leistungswirtschaft. In: Handwörterbuch der Betriebswirtschaft, Teilband 1. Hrsg. v. WALDEMAR WITTMANN et al. 5. Aufl., Stuttgart 1993, Sp. 1150-1161.

EWERT, RALF und ALFRED WAGENHOFER: (Unternehmensrechnung) Interne Unternehmensrechnung. 5. Aufl., Berlin et al. 2003.

EWERT, RALF und ALFRED WAGENHOFER: (Unternehmensrechnung^6) Interne Unternehmensrechnung, 6. Auflage, Berlin 2005.

FANDEL, GÜNTER: (Funktionalreform) Funktionalreform der Hochschulleitung. In: Zeitschrift für Betriebswirtschaft (68) 1998, S. 241-257.

FANDEL, GÜNTER: (Produktion) Produktion I - Produktions- und Kostentheorie. 3. Aufl., Berlin, Heidelberg, New York 1991.

FANDEL, GÜNTER: (Produktion^5) Produktion I, Produktions- und Kostentheorie, 5. Auflage, Berlin 1996.

FANDEL, GÜNTER und ANDREA PFAFF: (Kostenrechnung) Eine produktionstheoretisch fundierte Kostenrechnung für Hochschulen. In: Hochschulorganisation und Hochschuldidaktik. Zeitschrift für Betriebswirtschaft Ergänzungsheft 3/2000. Hrsg. von HORST ALBACH und PETER MERTENS, S. 191-204.

FÄßLER, KLAUS und PETER UWE KUPSCH: (Lagerwirtschaft) Beschaffungs- und Lagerwirtschaft. In: Industriebetriebslehre. Hrsg. von EDMUND HEINEN. 6. Aufl., Wiesbaden 1978, S. 223-279.

FEHR, HANS (Kapitalnutzungskosten): Kapitalnutzungskosten und Unternehmensbesteuerung. In: Wirtschaftswissenschaftliches Studium 2000, S. 662-668.

FISCHER, HEINRICH: (Plankostenrechnung) Plankostenrechnung in Versicherungsunternehmen. Köln 1987.

FISCHER, THOMAS M.: (Kostenmanagement) Kostenmanagement strategischer Erfolgsfaktoren. München 1993.

FOSTER, GEORGE und MAHENDRA GUPTA: (Activity Accounting) Activity Accounting: An Electronics Industry Implementation. In: Measures for Manufacturing Excellence. Hrsg. von ROBERT S. KAPLAN. Boston/Mass. 1990, S. 225-268.

FRANKE, GÜNTER: (Kosten) Kalkulatorische Kosten: Ein funktionsgerechter Bestandteil der Kosten. In: Die Wirtschaftsprüfung (29) 1976, S. 185-194.

FRANKE, GÜNTER und HERBERT HAX: (Finanzwirtschaft) Finanzwirtschaft des Unternehmens und Kapitalmarkt. 4. Aufl., Berlin et al. 1999.

FRANKE, REIMUND: (Betriebsmodelle) Betriebsmodelle. Rechensysteme für Zwecke der kurzfristigen Planung, Kontrolle und Kalkulation. Düsseldorf 1972.

FRANZ, KLAUS-PETER: (Konstruktion) Kostenorientierte Konstruktion und Entwicklung mit Hilfe der Prozeßkostenrechnung. In: Thexis (9) 1992, S. 36-38.

FRANZ, KLAUS-PETER: (Kostenbeeinflussung) Methoden der Kostenbeeinflussung. In: Kostenrechnungspraxis (36) 1992, S. 127-134.

FRANZ, KLAUS-PETER: (Mittelbindung) Die Auswirkungen betrieblicher Mittelbindungen und ihre Berücksichtigung in kurzfristigen Kostenverwertungsrechnungen sowie in Kostenrechnungen. Habilitationsschrift. Aachen 1984.

FRANZ, KLAUS-PETER: (Prozeßkostenrechnung) Die Prozeßkostenrechnung - Darstellung und Vergleich mit der Plankosten- und Deckungsbeitragsrechnung. In: Finanz- und Rechnungswesen als Führungsinstrument. Festschrift für Herbert Vormbaum. Hrsg. von DIETER AHLERT, KLAUS-PETER FRANZ und HERMANN GÖPPL. Wiesbaden 1990, S. 109-136.

FRANZ, KLAUS-PETER: (Target Costing) Target Costing. Konzept und kritische Bereiche. In: Controlling (5) 1993, S. 124-130.

FRANZ, KLAUS-PETER: (Wirtschaftlichkeitskontrolle) Prozeßkostenrechnung. Ein neuer Ansatz für die Produktkalkulation und Wirtschaftlichkeitskontrolle. In: Rechnungswesen und EDV. 12. Saarbrücker Arbeitstagung 1991. Hrsg. von AUGUST-WILHELM SCHEER. Heidelberg 1991, S. 173-189.

FRANZ, KLAUS-PETER und PETER KAJÜTER (Hrsg.): (Kostenmanagement) Kostenmanagement. Wertsteigerung durch systematische Kostensteuerung. 2. Aufl. Stuttgart 2002.

FREDERICK, DAVID M.: (Auditors) Auditors Representation and Retrieval of Knowledge in Internal Control Evaluation. In: The Accounting Review 1991, S. 240-258.

FREIDANK, CARL-CHRISTIAN: (Target Costing) Unterstützung des Target Costing durch die Prozeßkostenrechnung. In: Neuere Entwicklungen im Kostenmanagement. Hrsg. von KLAUS DELLMANN und KLAUS-PETER FRANZ. Bern, Stuttgart 1994, S. 223-259.

FREIDANK, CARL-CHRISTIAN: (Kostenmanagement) Kostenmanagement. In: Wirtschaftswissenschaftliches Studium 1999, S. 462-467.

FREIDANK, CARL-CHRISTIAN, UWE GÖTZE, BURKHARD HUCH und JÜRGEN WEBER (Hrsg.): (Kostenmanagement) Kostenmanagement. Aktuelle Konzepte und Anwendungen. Berlin et al. 1997.

FRENCH, JOHN R. und BERTRAM RAVEN: (Social Power) The Bases of Social Power. In: Group Dynamics: Research and Theory. Hrsg. von DORWIN CARTWRIGHT und ALVIN ZANDER. 3. Aufl., New York 1968, S. 259-269.

FRIEDL, BIRGIT: (Kostenmanagement) Strategieorientiertes Kostenmanagment in der Industrieunternehmung. In: Das Rechnungswesen im Spannungsfeld zwischen strategischem und operativem Management. Festschrift für Marcell Schweitzer zum 65. Geburtstag. Hrsg. von HANS-ULRICH KÜPPER und ERNST TROßMANN. Berlin 1997, S. 413-432.

FRIEDL, BIRGIT: (Prozeßkostenrechnung) Prozeßkostenrechnung als Instrument eines programmorientierten Kostenmanagements. In: Neuere Entwicklungen im Kostenmanagement. Hrsg. von KLAUS DELLMANN und KLAUS-PETER FRANZ. Bern, Stuttgart 1994, S. 135-166.

FRIEDL, BIRGIT: (Struktur) Struktur und Funktion der Prozeßkostenrechnung. Arbeitsbericht 20/1991 der Forschungsabteilung für Industriewirtschaft. Tübingen 1991.

FRIEDL, GUNTHER: (Investitionsentscheidungen) Sequentielle Investitionsentscheidungen unter Unsicherheit. Berlin 2001.

FRIEDL, GUNTHER: (Preisregulierung) Ursachen und Lösung des Unterinvestitionsproblems bei einer kostenbasierten Preisregulierung, in: Die Betriebswirtschaft, (67) 2007, S. 335-348.

FRIEDL, GUNTHER, CHRISTIAN HILZ und BURKHARD PEDELL: (Controlling) Controlling mit SAP R/3, 2. Aufl., Wiesbaden 2002.

FRIEDL, GUNTHER, HANS-ULRICH KÜPPER und BURKHARD PEDELL: (ABC) Relevance Added: Combining ABC with German Cost Accounting, in: Strategic Finance, Vol. 86, Issue 12, 2005, S. 56-61.

FRIEDL, GUNTHER und BURKHARD PEDELL: (Anlagencontrolling) Anlagencontrolling. In: Handwörterbuch Unternehmensrechnung und Controlling. Hrsg. von HANS-ULRICH KÜPPER und ALFRED WAGENHOFER. 4. Aufl., Stuttgart 2002, Sp. 58-68.

FRIEDL, GUNTHER und ROBERT OTT: (Entgeltsysteme) Anreizkompatible Gestaltung von Entgeltsystemen für Krankenhäuser. In: Zeitschrift für Betriebswirtschaft (72) 2002, S. 185-205.

FRÖHLING, OLIVER: (Dynamisches Kostenmanagement) Dynamisches Kostenmanagement. Konzeptionelle Grundlagen und praktische Umsetzung im Rahmen eines strategischen Kosten- und Erfolgs-Controlling. München 1994.

FRÖHLING, OLIVER: (Kostenmanagement) Strategisches Kostenmanagement: Paradigmenbeschwörung überdeckt Konzeptionsdefizite. In: Neuere Entwicklungen im Kostenmanagement. Hrsg. von KLAUS DELLMANN und KLAUS-PETER FRANZ. Bern et al. 1994, S. 79-131.

FRÖHLING, OLIVER und AXEL WULLENKORD: (Qualitätskostenmanagement) Qualitätskostenmanagement als Herausforderung an das Controlling. In: Kostenrechnungspraxis (35) 1991, S.171-178.

FROST, ARNO und PETER MEYER: (Untersuchung) Ausgestaltungsformen der Kostenrechnungssysteme in deutschen Großunternehmen – eine empirische Untersuchung. Kiel 1981.

GABELE, EDUARD und PHILIP FISCHER: (Erlösrechnung) Kosten- und Erlösrechnung. München 1992.

GÄLWEILER, ALOYS: (Unternehmensführung) Strategische Unternehmensführung. 2. Aufl., Frankfurt 1990.

GEESE, WIELAND: (Steuer) Steuern im entscheidungsorientierten Rechnungswesen. Zur Zurechenbarkeit von Steuern in der Deckungsbeitragsrechnung. Opladen 1972.

GEORGI, ANDREAS A.: (Steuern) Steuern in der Investitionsplanung - Eine Analyse der Entscheidungsrelevanz von Ertrag- und Substanzsteuern. 2. Aufl., Hamburg 1994.

GERKE, WOLFGANG: (Bankbetrieb) Prozeßkostenrechnung im Bankbetrieb. In: Handbuch Bankcontrolling. Hrsg. von HENNER SCHIERENBECK und HUBERTUS MOSER. Wiesbaden 1995, S. 393 - 409.

GERKE, WOLFGANG: (Eigenkapitalverzinsung) Risikogerechte Eigenkapitalverzinsung für die Netzdurchleitung aus kapitalmarkttheoretischer Sicht. In: EW, Das Magazin für die Energie Wirtschaft (102) 2003, S. 42-46.

GLASER, HORST: (Kritik) Prozeßkostenrechnung. Darstellung und Kritik. In: Zeitschrift für betriebswirtschaftliche Forschung. (44) 1992, S. 275-288.

GLASER, HORST: (Prozeßkostenrechnung) Prozeßkostenrechnung. In: Handwörterbuch des Rechnungswesens. Hrsg. von KLAUS CHMIELEWICZ und MARCELL SCHWEITZER. 3. Aufl., Stuttgart 1992, Sp. 1643-1651.

GORNAS, JÜRGEN: (Verwaltung) Kostenrechnung für die öffentliche Verwaltung. In: Handbuch Kostenrechnung. Hrsg. von WOLFGANG MÄNNEL. Wiesbaden 1992, S. 1143 - 1159.

GRAßHOFF, JÜRGEN und CHRISTIAN GRÄFE: (Kostenmanagement) Integratives Kostenmanagement im Entstehungszyklus eines Serienerzeugnisses. In: Kostenrechnungspraxis (42) 1998, S. 62-69.

GRATZKE, JÜRGEN: (Handwerk) Rechnungswesen im Handwerk, Bad Homburg vor der Höhe 1988.

GREULICH, ANDREAS, JAN GÜSSOW und ROBERT, OTT: (Prozesskostenrechnung) Beurteilung und Einsatz der Prozesskostenrechnung als mögliche Antwort der Krankenhäuser auf die Einführung der DRGs. In: Kostenrechnungpraxis (46) 2002, S. 179-189.

GRIMMER, HERBERT: (Budgets) Budgets als Führungsinstrument in der Unternehmung. Frankfurt am Main 1980.

GROCHLA, ERWIN: (Kalkulation) Die Kalkulation von Öffentlichen Aufträgen. Berlin 1954.

GROCHLA, ERWIN: (Materialwirtschaft) Grundlagen der Materialwirtschaft. Das materialwirtschaftliche Optimum im Betrieb. 3. Aufl., Wiesbaden 1978.

GRÖNER, LOTHAR: (Vorkalkulation) Entwicklungsbegleitende Vorkalkulation. Heidelberg, Berlin, New York 1991.

GROVES, THEODORE: (Incentives) Incentives in Teams. In: Econometrica (41) 1973, S. 617-631.

GRÜN, OSKAR: Prozeßcontrolling. In: Das Rechnungswesen im Spannungsfeld zwischen strategischem und operativem Management. Festschrift für

Marcell Schweitzer zum 65. Geburtstag. Hrsg. von HANS-ULRICH KÜPPER und ERNST TROßMANN. Berlin 1997, S. 285-302.

GÜNTHER, THOMAS: (Unternehmenswertorientiertes Controlling) Unternehmenswertorientiertes Controlling. München 1997.

GUTENBERG, ERICH: (Produktion) Grundlagen der Betriebswirtschaftslehre. Erster Band: Die Produktion. 24. Aufl., Berlin, Heidelberg, New York 1983.

HACHMEISTER, DIRK: (Discounted Cash Flow) Der Discounted Cash Flow als Maß der Unternehmenswertsteigerung. Frankfurt am Main et al. 4. Aufl. 2000.

HAHN, DIETGER: (Direct Costing) Direct Costing und Aufgaben der Kostenrechnung. In: Neue Betriebswirtschaft (18) 1965, S. 8-13.

HARDT, ROSEMARIE: (Kostenmanagement) Kostenmanagement-Methoden und Instrumente. 2. Aufl., München, Wien 2002.

HARE, RICHARD. M.: (Language) The Language of Morals. Oxford 1961.

HARNIER, LOUIS VON: (Drittmittel) Drittmittel als Zuweisungskriterium im staatlichen Haushalt am Beispiel der bayerischen Universitäten, in: Beiträge zur Hochschulforschung (22) 2000, Nr. 4, S. 409-427.

HARRIS, JONATHAN N.: (Earn) What Did We Earn Last Month? In: N.A.C.A.-Bulletin (17) 1936, Sect. 1, S. 501-527.

HARRMANN, ALFRED: (Bewertung) Zur Bewertung der Halb- und Fertigfabrikate in der Bilanz. In: Betriebswirtschaftliche Forschung und Praxis (14) 1962, S. 32-42.

HASENACK, WILHELM: (Anlagenabschreibung) Die Anlagenabschreibung im Wertumlauf der Betriebe und die Sicherung der Wirtschaft. In: Zeitschrift für Betriebswirtschaft (15) 1938, S. 113-144.

HAUSMANN, FRIEDRICH: (Verwaltungsführung) Kosten- und Leistungsrechnung in der modernen Verwaltungsfuehrung. In: Die öffentliche Verwaltung (17) 1996, S. 732-736.

HAX, HERBERT: (Investitionsrechnung) Investitionsrechnung und Periodenerfolgsmessung. In: Der Integrationsgedanke in der Betriebswirtschaftslehre. Hrsg. von WERNER DELFMANN. Wiesbaden 1989, S. 154-170.

HAX, HERBERT: (Investitionstheorie) Investitionstheorie. 4. Aufl., Würzburg, Wien 1979.

HAX, HERBERT: (Koordination) Die Koordination von Entscheidungen. Köln et al. 1965.

HAX, HERBERT: (Preisuntergrenzen) Preisuntergrenzen im Ein- und Mehrproduktbetrieb. Ein Anwendungsfall der linearen Planungsrechnung. In: Zeitschrift für handelswissenschaftliche Forschung N. F. (13) 1961, S. 424-449.

HAX, HERBERT: (Pretiale Lenkung) Pretiale Lenkung und Rechnungswesen. In: Handwörterbuch des Rechnungswesens. Hrsg. von ERICH KOSIOL. Stuttgart 1970, Sp. 1430-1437.

HAX, KARL: (Betriebsunterbrechungsversicherung) Grundlagen der Betriebsunterbrechungsversicherung. 2. Aufl., Köln, Opladen 1965.

HAX, KARL: (Substanzerhaltung) Die Substanzerhaltung der Betriebe. Köln, Opladen 1957.

HEBER, A. und P. NOWAK: (Betriebstyp) Betriebstyp und Abrechnungstechnik in der Industrie. Ein Beitrag zur Branchenerforschung. In: Festschrift für EUGEN SCHMALENBACH, Leipzig 1933, S. 141-172.

HECKHAUSEN, HEINZ: (Leistungsmotivation) Leistungsmotivation, in: Handbuch der Psychologie. Hrsg. von HANS THOMAE. Göttingen 1965, S. 602-702.

HEINE, PETER: (Direct Costing) Direct Costing, eine anglo-amerikanische Teilkostenrechnung. In: Zeitschrift für handelswissenschaftliche Forschung N. F. (11) 1959, S. 515-534.

HEINEN, EDMUND: (Kostenlehre) Betriebswirtschaftliche Kostenlehre, Kostentheorie und Kostenentscheidungen. 5. Aufl., Wiesbaden 1978.

HEISE, STEFFEN: (Hochschulkostenrechnung) Hochschulkostenrechnung. Forschung und Entwicklung ausgehend vom Projekt der Fachhochschule Bochum. Köln 2001.

HEISER, HERMANN C.: (Direct Costing) What Can We Expect of Direct Costing as a Basis for Internal and External Reporting? In: N.A.C.A.-Bulletin (34) 1952/53, S. 1546-1560.

HEMPEL, CARL G. und PAUL OPPENHEIM: (Studies) Studies in the Logic of Explanation. In: Aspects of Scientific Explanation. Von Carl G. Hempel. New York, London 1965, S. 245-290.

HENTZE, JOACHIM, BURKHARD HUCH und ERICH KEHRES: (Krankenhaus-Controlling) Krankenhaus-Controlling. Konzepte, Methoden und Erfahrungen aus der Krankenhauspraxis. 2. Aufl., Stuttgart 2002.

HENZEL, FRIEDRICH: (Kosten) Kosten und Leistung. 4. Aufl., Essen 1967.

HENZEL, FRIEDRICH: (Kostenrechnung) Die Kostenrechnung. 4. Aufl., Essen 1964.

HESSENMÜLLER, BRUNO: (Vertriebskosten) Beobachtungen und Kontrolle industrieller Vertriebskosten. In: Absatzwirtschaft. Hrsg. von BRUNO HESSENMÜLLER und ERICH SCHNEUFER. Baden-Baden 1964, S. 507-565.

HOFMANN, CHRISTIAN: (Logistiksysteme) Interdependente Losgrößenplanung in Logistiksystemen - Koordination zwischen Zulieferer, Transporteur und Produzent. Stuttgart 1995.

HOFSTEDE, GEERT H.: (Budget Control) The Game of Budget Control. Assen 1967.

HÖLLER, HANS: (Verhaltenswirkungen) Verhaltenswirkungen betrieblicher Planungs- und Kontrollsysteme. München 1978.

HOLMSTRÖM, BENGT: (Moral Hazard) Moral Hazard and Observability. In: The Bell Journal of Economics (10) 1979, S. 74-91.

HOLZWARTH, JOCHEN: (Kostenrechnung) Strategische Kostenrechnung? Zum Bedarf an einer modifizierten Kostenrechnung für die Bewertung der Alternativen strategischer Entscheidungen. Stuttgart 1993.

HORNGREN, CHARLES T.: (Accounting) Accounting for Management Control. An Introduction. 2. Aufl., Englewood Cliffs/N.J. 1970.

HORNGREN, CHARLES T.: (Cost Accounting) Cost Accounting. A Managerial Emphasis. 5. Aufl., Englewood Cliffs/N.J. 1982.

HORNGREN, CHARLES T. und GEORGE FOSTER: (COST ACCOUNTING) Cost Accounting. A Managerial Emphasis. 6. Aufl., London et al. 1987.

HORNGREN, CHARLES T., SRIKANT M. DATAR und GEORGE M. FOSTER: (Cost Accounting) Cost Accounting. A Managerial Emphasis, 12. Auflage, Prentice Hall 2007.

HORNGREN, CHARLES T. und GARY L. SUNDEM mit FRANK H. SELTO: Introduction to Management Accounting. 9. Aufl., Englewood Cliffs/N.J. 1993.

HORVÁTH, PÉTER: (Controlling) Controlling, 8. Auflage. München 2002.

HORVÁTH, PÉTER und BERND GAISER: (Aufgaben) Aufgaben und Einsatz der Prozeßkostenrechnung. In: Jahrbuch für Controlling und Rechnungswesen '94. Hrsg. von GERHARD SEICHT. Wien 1994, S. 49-63.

HORVÁTH, PÉTER und RONALD N. HERTER: (Benchmarking) Benchmarking. Vergleich mit den Besten der Besten. In: Controlling (4) 1992, S. 4-11.

HORVÁTH, PÉTER und REINHOLD MAYER: (Konzeption) Prozeßkostenrechnung - Konzeption und Entwicklungen. In: Prozeßkostenrechnung. Methodik, Anwendung und Softwaresysteme. Sonderheft 2/93 der Kostenrechnungspraxis. Hrsg. von WOLFGANG MÄNNEL. Wiesbaden 1993, S. 15-28.

HORVÁTH, PÉTER und REINHOLD MAYER: (Kostentransparenz) Prozeßkostenrechnung. Der neue Weg zu mehr Kostentransparenz und wirkungsvolleren Unternehmensstrategien. In: Controlling (1) 1989, S. 214-219.

HORVÁTH, PÉTER et al.: (Praxis) Prozeßkostenrechnung - oder wie die Praxis die Theorie überholt. Kritik und Gegenkritik. In: Die Betriebswirtschaft (53) 1993, S. 609-628.

HOTELLING, HAROLD: (Depreciation) A General Mathematical Theory of Depreciation. In: The Journal of the American Statistical Association (20) 1925, S. 340-353.

HOYOS, MARTIN, MARIANNE SCHRAMM und MAXIMILIAN RING: (§253) §253. In: Beck'scher Bilanz-Kommentar, Handels- und Steuerrecht - §§ 238 bis 339 HGB -, von Wolfgang Dieter Budde et al. . 4. Aufl. 1999, S. 417-565.

LEE BRUMMET, ERIC. G. FLAMHOLTZ und WILLIAM. S. PYLE (Human Resource Accounting) Human Resource Accounting, Development and Implementation in Industry. Foundation for Research in Human Behavior. Ann Arbor/Mich. 1969.

HUMMEL, SIEGFRIED: (Forderungen) Die Forderung nach entscheidungsrelevanten Kosteninformationen. In: Handbuch Kostenrechnung. Hrsg. von WOLFGANG MÄNNEL. Wiesbaden 1992, S. 76-96.

HUMMEL, SIEGFRIED: (Kostenbegriff) Entscheidungsorientierter Kostenbegriff, Identitätsprinzip und Kostenzurechnung. In: Zeitschrift für Betriebswirtschaft (53) 1993, S. 1204-1209.

HUMMEL, SIEGFRIED und WOLFGANG MÄNNEL: (Kostenrechnung 1) Kostenrechnung 1. Grundlagen, Aufbau und Anwendung. 4. Aufl., Wiesbaden 2000.

HUMMEL, SIEGFRIED und WOLFGANG MÄNNEL: (Kostenrechnung 2) Kostenrechnung 2. Moderne Verfahren und Systeme. 3. Aufl., Wiesbaden 1983.

JAEDICKE, ROBERT K., YULI IJIRI und O. NIELSEN: (Accounting) The Effects of Accounting Alternatives on Management Decisions. In: Research in Accounting Measurement. Hrsg. v. American Accounting Association. Menasha/WI 1966.

JAEDICKE, ROBERT K. und ALEXANDER A. ROBICHEK: Cost-Volume-Profit Analysis under Conditions of Uncertainty. In: The Accounting Review (39) 1964, S. 917-926.

JANSSEN, HOLGER: (Flexibilitätsmanagement) Flexibilitätsmanagement. Theoretische Fundierung und Gestaltungsmöglichkeiten in strategischer Perspektive. Stuttgart 1997.

JEHLE, EGON: (Kostenfrüherkennung) Kostenfrüherkennung und Kostenfrühkontrolle. Mitlaufende Kontrolle während des Konstruktions- und Entwicklungsprozesses. In: Internationale und nationale Problemfelder der Betriebswirtschaftslehre. Hrsg. von GERT VON KORTZFLEISCH und BERND KALUZA. Berlin 1984, S. 263-285.

JEHLE, EGON: (Plankosten) Der Beitrag der verhaltenswissenschaftlich orientierten Rechnungswesenforschung für die Gestaltung der Plankosten. In: Kostenrechnungspraxis (26) 1982, S. 205-214.

JENNI, PAUL: (Materialrechnung) Materialrechnung. Vorratsvermögen und Materialverbrauch im betrieblichen Rechnungswesen industrieller Unternehmungen. Bern 1962.

JOHNSON, THOMAS H.: (Activity-Based Information) Activity-Based Information. A Blueprint for World-Class Management Accounting. In: Management Accounting (69) 1988, Heft 6, S. 23-30.

JOHNSON, THOMAS H. und ROBERT S. KAPLAN: (Relevance Lost) Relevance Lost. The Rise and Fall of Management Accounting. Boston/Mass. 1987.

KÄFER, KARL: (Standardkostenrechnung) Standardkostenrechnung. 2. Aufl., Stuttgart 1964.

KAH, ARND: (Profitcenter) Profitcenter-Steuerung. Ein Beitrag zur theoretischen Fundierung des Controlling anhand des Principal-Agent-Ansatzes. Stuttgart 1994.

KAISER, KLAUS: (Kosten- und Leistungsrechnung) Kosten- und Leistungsrechnung bei automatisierter Produktion. 2. Aufl., Wiesbaden 1993.

KAJÜTER, PETER: (Prozesskostenmanagement) Prozesskostenmanagement. In: Kostenmanagement. Wertsteigerung durch systematische Kostensteuerung. Hrsg. von KLAUS-PETER FRANZ und PETER KAJÜTER. 2. Aufl., Stuttgart 2002, S. 249-278.

KALUSSIS, DEMETRE: (Betriebsvergleich) Betriebsvergleich. In: Handwörterbuch der Betriebswirtschaft. Hrsg. von ERWIN GROCHLA und WALDEMAR WITTMANN. 4. Aufl., Stuttgart 1974, Sp. 683-694.

KEILUS, MICHAEL: (Umweltplankostenrechnung) Umweltplankostenrechnung. Produktions- und kostentheoretische Grundlagen. Bergisch-Gladbach, Köln 1993.

KETT, INGO W. und ALFRED BRINK: (Relevanz) Die Relevanz fixer Kosten in risikobehafteten Entscheidungssituationen. In: Der Betrieb (38) 1985, S. 1034-1037.

KEUN, FRIEDRICH: (Einführung) Einführung in die Krankenhaus-Kostenrechnung. 4. Aufl., Wiesbaden 2001.

KILGER, WOLFGANG: (Deckungsbeitragsrechnung[8]) Flexible Plankostenrechnung und Deckungsbeitragsrechnung. 8. Aufl., Wiesbaden 1981.

KILGER, WOLFGANG: (Deckungsbeitragsrechnung[9]) Flexible Plankostenrechnung und Deckungsbeitragsrechnung. 9. Aufl., Wiesbaden 1988.

KILGER, WOLFGANG: (Deckungsbeitragsrechnung[10]) Flexible Plankostenrechnung und Deckungsbeitragsrechnung. Bearbeitet durch Kurt Vikas. 10. Aufl., Wiesbaden 1993.

KILGER, WOLFGANG: (Erfolgsrechnung) Kurzfristige Erfolgsrechnung. Wiesbaden 1962.

KILGER, WOLFGANG: (Grundrechnung) Die Konzeption der Grundrechnung als Grundlage einer datenbankorientierten Kostenrechnung. In: Rechnungswesen und EDV. Einsatz von Personal Computern. 5. Saarbrücker Arbeitstagung. Hrsg. von WOLFGANG KILGER und AUGUST-WILHELM SCHEER. Würzburg, Wien 1984, S. 411-434.

KILGER, WOLFGANG: (Plankostenrechnung) Flexible Plankostenrechnung. Theorie und Praxis der Grenzplankostenrechnung und Deckungsbeitragsrechnung. 5. Aufl., Köln, Opladen 1972.

KILGER, WOLFGANG: (Produktions- und Kostentheorie) Produktions- und Kostentheorie. Wiesbaden 1958.

KILGER, WOLFGANG, JOCHEN PAMPEL und KURT VIKAS: (Deckungsbeitragsrechnung[11]) Flexible Plankostenrechnung und Deckungsbeitragsrechnung. 11. Aufl., Wiesbaden 2002.

KILGER, WOLFGANG, JOCHEN PAMPEL und KURT VIKAS: (Deckungsbeitragsrechnung[12]) Flexible Plankostenrechnung und Deckungsbeitragsrechnung, 12. Auflage, Wiesbaden 2007.

KIRSCH, WERNER und MAX RINGLSTETTER: (Varianten) Varianten einer Differenzierungsstrategie. In: KIRSCH, WERNER: Strategisches Management: Die geplante Evolution von Unternehmen. München 1997, S. 469-484.

KISTNER, KLAUS-PETER und ALFRED LUHMER: (Betriebsmittel) Zur Ermittlung der Kosten der Betriebsmittel in der statischen Produktionstheorie. In: Zeitschrift für Betriebswirtschaft (51) 1981, S. 165-179.

KLENGER, FRANZ und CHRISTOPH ANDREAS: (Versicherungsunternehmen) Prozesskostenrechnung im Versicherungsunternehmen. In: Kostenrechnungspraxis (38) 1994, S. 401-406.

KLOOCK, JOSEF: (Erfolgskontrolle) Erfolgskontrolle mit der differenziert-kumulativen Abweichungsanalyse. In: Zeitschrift für Betriebswirtschaft (58) 1988, S. 423-433.

KLOOCK, JOSEF: (Investitionsrechnungen) Mehrperiodige Investitionsrechnungen auf der Basis kalkulatorischer und handelsrechtlicher Erfolgsrechnungen. In: Zeitschrift für betriebswirtschaftliche Forschung (33) 1981, S. 873-890.

KLOOCK, JOSEF: (Kostenrechnungssysteme) Kostenrechnungssysteme. In: Handwörterbuch der Betriebswirtschaft. Hrsg. v. WALDEMAR WITTMANN et al. 5. Aufl., Stuttgart 1993, Sp. 2352-2367.

KLOOCK, JOSEF: (Perspektiven) Perspektiven der Kostenrechnung aus investitionstheoretischer und anwendungsorientierter Sicht. In: Zukunftsaspekte der anwendungsorientierten Betriebswirtschaftslehre. Hrsg. von EDUARD GAUGLER, HANS GÜNTHER MEISSNER und NORBERT THOM, Stuttgart 1986, S. 289-302.

KLOOCK, JOSEF: (Plankostenrechnung) Plankostenrechnung. In: Handwörterbuch des Rechnungswesens. Hrsg. von KLAUS CHMIELEWICZ und MARCELL SCHWEITZER. 3. Aufl., Stuttgart 1993, Sp. 1551-1568.

KLOOCK, JOSEF und MALTRY, HELMUT: (Zinsrechnung) Kalkulatorische Zinsrechnung im Rahmen der kurz- und langfristigen Preisplanungen. In: Unternehmensberatung und Wirtschaftsprüfung, Festschrift für G. Sieben. Hrsg. von MANFRED JÜRGEN MASCHKE und THOMAS SCHILDBACH, Stuttgart 1998, S. 85-106.

KLOOCK, JOSEF und WOLFGANG BOMMES: (Kostenabweichungsanalyse) Methoden der Kostenabweichungsanalyse. In: Kostenrechnungspraxis (26) 1982, S. 225-237.

KLOOCK, JOSEF, GÜNTER SIEBEN und THOMAS SCHILDBACH: (Kostenrechnung⁷) Kosten- und Leistungsrechnung. 7. Aufl., Düsseldorf 1993.

KLUG, ANDREAS: (Steuerberatungsbetriebe) Dienstleistungsproduktion in Steuerberatungsbetrieben: Strukturen, Erfolgsfaktoren und theoretische Ansätze. Bonn 1996.

KNIEPS, GÜNTER: (Wettbewerbsökonomie) Wettbewerbsökonomie – Regulierungstheorie, Industrieökonomik. Berlin, Heidelberg, New York 2001.

KNIEPS, GÜNTER, HANS-ULRICH KÜPPER und RENÉ LANGEN: (Abschreibungen) Abschreibungen bei fallenden Wiederbeschaffungspreisen in stationären und nicht stationären Märkten. In: Zeitschrift für Betriebswirtschaft (53) 2000, S. 759-776.

KNOOP, JENS: (Kostenrechnung) Prozeßorientierte Kostenrechnung. Ein Instrument zur Planung flexibler Fertigungssysteme. In: Kostenrechnungspraxis (31) 1987, S. 47-58.

KNOOP, JENS: (Online-Kostenrechnung) Online-Kostenrechnung für die CIM-Planung. Berlin 1986.

KNUST, PATRICK: (Target Costing) Realoptionsbasiertes Target Costing - Marktorientiertes Kostenmanagement unter Berücksichtigung von Unsicherheit und Diskontinuität. In: Controlling (14) 2002, S. 153-160.

KOCH, HELMUT: (Kostenbegriff) Zur Diskussion über den Kostenbegriff. In: Zeitschrift für handelswissenschaftliche Forschung N. F. (10) 1958, S. 355-399.

KOCH, HELMUT: (Kostenrechnung) Grundprobleme der Kostenrechnung. Köln, Opladen 1966.

KOCH, INGO: (Kostenrechnung) Kostenrechnung unter Unsicherheit. Theoretische Fundierung und Instrumentarium zur Einbeziehung unsicherer Erwartungen in die Kostenrechnung. Stuttgart 1994.

KÖHLER, RICHARD: (Marketing-Management) Beiträge zum Marketing-Management. Planung, Organisation, Controlling. 3. Aufl., Stuttgart 1993.

KOLB, JÜRGEN: (Erlösrechnung) Industrielle Erlösrechnung. Wiesbaden 1978.

KOMMISSION: (Empfehlung) Empfehlung der Kommission vom 8. April 1998 zur Zusammenschaltung in einem liberalisierten Telekommunikationsmarkt (Teil 2 Getrennte Buchführung für den EWR). 98/322/EG 1998.

KOSIOL, ERICH: (Aktionszentrum) Die Unternehmung als wirtschaftliches Aktionszentrum. Einführung in die Betriebswirtschaftslehre. Reinbek bei Hamburg 1975.

KOSIOL, ERICH: (Anlagenrechnung) Anlagenrechnung. Theorie und Praxis der Abschreibungen. Wiesbaden 1955.

KOSIOL, ERICH: (Ausgaben) Ausgaben. In: Handwörterbuch der Betriebswirtschaft. Hrsg. von HANS SEISCHAB und KARL SCHWANTAG. Bd. I. 3. Aufl., Stuttgart 1956, Sp. 317-319.

KOSIOL, ERICH: (Bausteine) Bausteine der Betriebswirtschaftslehre. Band II. Berlin 1973.

KOSIOL, ERICH: (Betriebswirtschaftslehre) Betriebswirtschaftslehre und Unternehmensforschung. Eine Untersuchung ihrer Standorte und Beziehungen auf wissenschaftstheoretischer Grundlage. In: Zeitschrift für Betriebswirtschaft (34) 1964, S. 743-762.

KOSIOL, ERICH: (Buchhaltung) Buchhaltung und Bilanz. 2. Aufl., Berlin 1967.

KOSIOL, ERICH: (Einführung) Einführung in die Betriebswirtschaftslehre. Die Unternehmung als wirtschaftliches Aktionszentrum. Wiesbaden 1968.

KOSIOL, ERICH: (Einnahmen) Einnahmen. In: Handwörterbuch der Betriebswirtschaft. Hrsg. von HANS SEISCHAB und KARL SCHWANTAG. Bd. I. 3. Aufl., Stuttgart 1956, Sp. 1579-1580.

KOSIOL, ERICH: (Entlohnung) Leistungsgerechte Entlohnung. 2. Aufl. der Theorie der Lohnstruktur. Wiesbaden 1962.

KOSIOL, ERICH: Ertrag. In: Handwörterbuch der Betriebswirtschaft. Hrsg. von HANS SEISCHAB und KARL SCHWANTAG. Bd. I. 3. Aufl., Stuttgart 1956, Sp. 1686-1689.

KOSIOL, ERICH: (Gegenüberstellung) Typologische Gegenüberstellung von standardisierender (technisch orientierter) und prognostizierender (ökonomisch ausgerichteter) Plankostenrechnung. In: Plankostenrechnung als Instrument moderner Unternehmungsführung. Erhebungen und Studien zur grundsätzlichen Problematik. Hrsg. von ERICH KOSIOL. 2. Aufl., Berlin 1956, S. 49-76.

KOSIOL, ERICH: (Grundriß) Grundriß der Betriebsbuchhaltung. 4. Aufl., Wiesbaden 1966.

KOSIOL, ERICH: (Kalkulation) Kostenrechnung und Kalkulation. 2. Aufl., Berlin 1972.

KOSIOL, ERICH: (Kalkulatorische Buchhaltung) Kalkulatorische Buchhaltung (Betriebsbuchhaltung). Systematische Darstellung der Betriebsabrechnung und der kurzfristigen Erfolgsrechnung. 5. Aufl., Wiesbaden 1953.

KOSIOL, ERICH: (Kontenrahmen) Kontenrahmen und Kontenpläne der Unternehmung. Essen 1962.

KOSIOL, ERICH: (Kostenabweichungen) Kostenabweichungen, Analyse der. In: Handwörterbuch des Rechnungswesens. Hrsg. von ERICH KOSIOL, KLAUS CHMIELEWICZ und MARCELL SCHWEITZER. 2. Aufl., Stuttgart 1981, Sp. 983-998.

KOSIOL, ERICH: (Kostenauflösung) Kostenauflösung und Proportionaler Satz. In: Zeitschrift für handelswissenschaftliche Forschung (21) 1927, S. 345-358.

KOSIOL, ERICH: (Kostenkategorien) Die Schmalenbachschen Kostenkategorien. In: Zeitschrift für Betriebswirtschaft (4) 1927, S. 469-472.

KOSIOL, ERICH: (Kostenrechnung a) Kostenrechnung. In: Hütte. Taschenbuch für Betriebsingenieure (Betriebshütte). Hrsg. vom Akademischen Verein Hütte. Bd. 111: Fertigungsbetrieb. 6. Aufl., Berlin, München 1965, S. 956-977.

KOSIOL, ERICH: (Kostenrechnung) Kostenrechnung der Unternehmung. 2. Aufl., Wiesbaden 1979.

KOSIOL, ERICH: (Kosten- und Leistungsrechnung) Kosten- und Leistungsrechnung. Grundlagen, Verfahren, Anwendungen. Berlin, New York 1979.

KOSIOL, ERICH: (Modellanalyse) Modellanalyse als Grundlage unternehmerischer Entscheidungen. In: Zeitschrift für handelswissenschaftliche Forschung N. F. (13) 1961, S. 318-334.

KOSIOL, ERICH: (Organisation) Die Organisation der Unternehmung. 2. Aufl., Wiesbaden 1976.

KOSIOL, ERICH: (Pagatorische Bilanz): Pagatorische Bilanz. Berlin 1976

KOSIOL, ERICH: (Standardkostenrechnung) Die Plankostenrechnung als Mittel zur Messung der technischen Ergiebigkeit des Betriebsgeschehens (Standardkostenrechnung). In: Plankostenrechnung als Instrument moderner Unternehmungsführung. Erhebungen und Studien zur grundsätzlichen Problematik. Hrsg. von ERICH KOSIOL. 2. Aufl., Berlin 1956, S. 15-48.

KOSIOL, ERICH: (Warenkalkulation) Warenkalkulation in Handel und Industrie. 2. Aufl., Stuttgart 1953.

KOSIOL, ERICH: (Wesensmerkmale) Kritische Analyse der Wesensmerkmale des Kostenbegriffes. In: Betriebsökonomisierung durch Kostenanalyse, Absatzrationalisierung und Nachwuchserziehung. Festschrift für Rudolf Seyffert zu seinem 65. Geburtstag. Hrsg. von ERICH KOSIOL und FRIEDRICH SCHLIEPER. Köln, Opladen 1958, S. 7-37.

KRAHNEN, JAN PIETER: (Kostenschlüsselung) Kostenschlüsselung und Investitionsentscheidung - Plädoyer für eine empirisch orientierte Kostenrechnungsforschung. In: Zeitschrift für Betriebswirtschaft (64) 1994, S. 189-202.

KREMIN-BUCH, BEATE: (Kostenmanagement) Strategisches Kostenmanagement: Grundlagen und moderne Instrumente; mit Fallstudien, 2. Aufl., Wiesbaden 2001.

KREKÓ, BÉLA: (Optimierung) Lehrbuch der linearen Optimierung. 4. Aufl., Berlin 1969.

KREUZ, WERNER: (Kosten-Benchmarking) Kosten-Benchmarking: Konzept und Praxisbeispiel. In: Kostenmanagement. Wertsteigerung durch systematische Kostensteuerung. Hrsg. von KLAUS-PETER FRANZ und PETER KAJÜTER. 2. Aufl., Stuttgart 2002, S. 91-103.

KRONTHALER, LUDWIG: (Grundsätze) Greifswalder Grundsätze. Weshalb Hochschulen ein modernes Rechnungswesen brauchen. In: Forschung und Lehre (11) 1999, S. 583-584.

KRONTHALER, LUDWIG: (Neuorientierung) Neuorientierung der Technischen Universität München: organisatorisches, akademisches Controlling im Hochschulrechnungswesen. In: Controlling & Finance. Aufgaben, Kompetenzen und Tools effektiv kombinieren. Hrsg. von PÉTER HORVÁTH, Stuttgart 1999, S. 310-325.

KRÖNUNG, HANS-DIETER: (Unsicherheit) Kostenrechnung und Unsicherheit. Ein entscheidungstheoretischer Beitrag zu einer Theorie der Kostenrechnung. Wiesbaden 1988.

KRUSCHWITZ, LUTZ: (Investitionsrechnung) Investitionsrechnung, 8. Aufl., Berlin, New York 2003.

KUHN, HEINRICH: (Einlastungsplanung) Einlastungsplanung von flexiblen Fertigungssystemen. Heidelberg 1990.

KÜPPER, HANS-ULRICH: (Interdependenzen) Interdependenzen zwischen Produktionstheorie und Organisation des Produktionsprozesses, Berlin 1980.

KÜPPER, HANS-ULRICH: (Abschreibung) Die investitionstheoretische Abschreibung. Eine vergleichende Analyse des Konzepts und seiner Bestimmungsgrößen. In: Wirtschaftswissenschaftliches Studium (14) 1985, S. 170-176.

KÜPPER, HANS-ULRICH: (Angleichung) Angleichung des externen und internen Rechnungswesens. In: Controlling und Rechnungswesen im internationalen Wettbewerb. Hrsg. von CLEMENS BÖRSIG und ADOLF GERHARD COENENBERG. Stuttgart 1998, S. 143-162.

KÜPPER, HANS-ULRICH: (Ansätze) Gegenstand und Ansätze einer dynamischen Theorie der Kostenrechnung. In: Zeitaspekte in betriebswirtschaftlicher Theorie und Praxis. Hrsg. von HERBERT HAX, WERNER KERN und HANS-HORST SCHRÖDER. Stuttgart 1989, S. 43-59.

KÜPPER, HANS-ULRICH: (Beschaffung) Beschaffung. In: Vahlens Kompendium der Betriebswirtschaftslehre. Band 1. Hrsg. von MICHAEL BITZ et al. 3. Aufl., München 1993, S. 203-262.

KÜPPER, HANS-ULRICH: (Controlling) Controlling. Konzepte, Aufgaben und Instrumente. 3. Aufl., Stuttgart 2001.

KÜPPER, HANS-ULRICH: (Entscheidungsorientierte Kostenrechnung) Investitionstheoretische versus kontrolltheoretische Abschreibung: Alternative oder gleichartige Konzepte einer entscheidungsorientierten Kostenrechnung? In: Zeitschrift für Betriebswirtschaft (58) 1988, S. 397-415.

KÜPPER, HANS-ULRICH: (Entwicklungslinien) Entwicklungslinien der Kostenrechnung in Dienstleistungsunternehmen. In: Grenzplankostenrechnung. Stand und aktuelle Probleme. Hrsg. von AUGUST-WILHELM SCHEER. 2. Aufl., Wiesbaden 1991, S. 53-82.

KÜPPER, HANS-ULRICH: (Erhebung) Der Bedarf an Kosten- und Leistungsinformationen in Industrieunternehmungen - Ergebnisse einer empirischen Erhebung. In: Kostenrechnungspraxis (27) 1983, S. 169-181.

KÜPPER, HANS-ULRICH: (Fixkostenproblem) Kosten- und entscheidungstheoretische Ansatzpunkte zur Behandlung des Fixkostenproblems in der Kostenrechnung. In: Zeitschrift für betriebswirtschaftliche Forschung (36) 1984, S. 794-811.

KÜPPER, HANS-ULRICH: (Fundierung) Investitionstheoretische Fundierung der Kostenrechnung. In: Zeitschrift für betriebswirtschaftliche Forschung (37) 1985, S. 26-46.

KÜPPER, HANS-ULRICH: (Hochschulen) Rechnungslegung von Hochschulen. In: Betriebswirtschaftliche Forschung und Praxis (53) 2001, S. 578-592.

KÜPPER, HANS-ULRICH: (Hochschulkostenrechnung) Hochschulkostenrechnung zwischen Kameralistik und Kostenrechnung. In: Das Rechnungswesen im Spannungsfeld zwischen strategischem und operativem Management. Festschrift für Marcell Schweitzer zum 65. Geburtstag. Hrsg. von HANS-ULRICH KÜPPER und ERNST TROßMANN. Berlin 1997, S. 565-588.

KÜPPER, HANS-ULRICH: (Hochschulrechnung) Hochschulrechnung auf der Basis von doppelter Buchführung und HGB? In: Zeitschrift für betriebswirtschaftliche Forschung (52) 2000, S. 348-369.

KÜPPER, HANS-ULRICH: (Industrielles Controlling) Industrielles Controlling. In: Industriebetriebslehre. Hrsg. von MARCELL SCHWEITZER. 2. Aufl., München 1994, S. 853-959.

KÜPPER, HANS-ULRICH: (Integration) Zweckmäßigkeit, Grenzen und Ansatzpunkte einer Integration der Unternehmensrechnung. In: HANS-ULRICH KÜPPER und WOLFGANG MÄNNEL (Hrsg.). Integration der Unternehmensrechnung. Sonderheft 3/99 der Kostenrechnungspraxis, S. 5-11.

KÜPPER, HANS-ULRICH: (Investitions-Controlling) Gestaltung des Investitions-Controlling in anlagenintensiven öffentlichen Institutionen. In: Konzepte und Instrumente von Controlling-Systemen in öffentlichen Institutionen. Hrsg. von JÜRGEN WEBER und OTTO TYLKOWSKI, Stuttgart 1990, S. 1-29.

KÜPPER, HANS-ULRICH: (Kapazität) Kapazität und Investition als Gegenstand des Investitions-Controlling. In: Kapazitätsmessung, Kapazitätsgestaltung, Kapazitätsoptimierung – eine betriebswirtschaftliche Kernfrage. Hrsg. von RICHARD KÖHLER et al., Stuttgart 1992, S. 115-132.

KÜPPER, HANS-ULRICH: (Konzeption) Konzeption einer Perioden-Erfolgsrechnung für Hochschulen. In: Zeitschrift für Betriebswirtschaft (72) 2002, S. 929-951.

KÜPPER, HANS-ULRICH: (Kosten, fixe und variable) Fixe und variable Kosten. In: Handwörterbuch des Rechnungswesens. Hrsg. von KLAUS CHMIELEWICZ und MARCELL SCHWEITZER. 3. Aufl., Stuttgart 1993, Sp. 647-656.

KÜPPER, HANS-ULRICH: (Kostenplanung) Kostenplanung und Kostensteuerung. In: Handwörterbuch Export und Internationale Unternehmung. Hrsg. von KLAUS MACHARZINA und MARTIN K. WELGE. Stuttgart 1989, Sp. 1191-1200.

KÜPPER, HANS-ULRICH: (Kostenrechnung) Kostenrechnung auf investitionstheoretischer Basis. In: Zur Neuausrichtung der Kostenrechnung. Entwicklungsperspektiven für die 90er Jahre. Hrsg. von JÜRGEN WEBER, Stuttgart 1993, S. 79-136.

KÜPPER, HANS-ULRICH: (Marktwertorientierung) Marktwertorientierung – neue und realisierbare Ausrichtung für die interne Unternehmensrechnung? In: Betriebswirtschaftliche Forschung und Praxis (50) 1998, S. 517-539.

KÜPPER, HANS-ULRICH: (Mitbestimmung) Grundlagen einer Theorie der betrieblichen Mitbestimmung. Berlin 1974.

KÜPPER, HANS-ULRICH: (Planning) Multi-Period Production-Planning and Managerial Accounting. In: Modern Production Concepts - Theory and Applications. Hrsg. von GÜNTER FANDEL und GÜNTHER ZÄPFEL. Heidelberg et al. 1991, S. 46-62.

KÜPPER, HANS-ULRICH: (Planungsrechnung) Investitionstheoretischer Ansatz einer integrierten betrieblichen Planungsrechnung. In: Information und Wirtschaftlichkeit. Hrsg. von WOLFGANG BALLWIESER und KARL-HEINZ BERGER. Wiesbaden 1985, S. 405-432.

KÜPPER, HANS-ULRICH: (Preisbestimmung) Kostenorientierte Preisbestimmung für regulierte Märkte – Analyse eines Beispiels der Bedeutung betriebswirtschaftlicher Begriffe und Konzepte. In: BWL und Regulierung. Sonderheft 48.02 der Zeitschrift für betriebswirtschaftliche Forschung. Hrsg. von WOLFGANG BALLWIESER 2002, S. 27-55.

KÜPPER, HANS-ULRICH: (Prozeßkostenrechnung) Prozesskostenrechnung - ein strategisch neuer Ansatz? In: Die Betriebswirtschaft (51) 1991, S. 388-391.

KÜPPER, HANS-ULRICH: (Rechnungslegung) Rechnungslegung von Hochschulen. In: Betriebswirtschaftliche Forschung und Praxis (53) 2001, S. 578-592.

KÜPPER, HANS-ULRICH: (Unternehmensplanung) Unternehmensplanung und -steuerung mit pagatorischen oder kalkulatorischen Erfolgsrechnungen? In: Unternehmensrechnung als Instrument der internen Steuerung. Hrsg. von THOMAS SCHILDBACH und FRANZ W. WAGNER. Sonderheft 34 der Zeitschrift für betriebswirtschaftliche Forschung 1995, S. 19-50.

KÜPPER, HANS-ULRICH: (Unternehmensrechnung) Interne Unternehmensrechnung auf kapitaltheoretischer Basis. In: Bilanzrecht und Kapitalmarkt. Hrsg. von WOLFGANG BALLWIESER et al. Düsseldorf 1994, S. 967-1002.

KÜPPER, HANS-ULRICH: (Verknüpfung) Verknüpfung von Investitions- und Kostenrechnung als Kern einer umfassenden Planungs- und Kontrollrechnung, in Betriebswirtschaftliche Forschung und Praxis (42) 1990, S. 253-267.

KÜPPER, HANS-ULRICH: (Zinsen) Bestands- und zahlungsstromorientierte Berechnung von Zinsen in der Kostenrechnung. In: Zeitschrift für betriebswirtschaftliche Forschung (43) 1991, S. 3-20.

KÜPPER, HANS-ULRICH, GUNTHER FRIEDL und BURKHARDT PEDELL: (Übungsbuch) Übungsbuch zur Kosten- und Erlösrechnung. 4. Aufl., München 2004.

KÜPPER, HANS-ULRICH und HEINZ HOFFMANN: (Ergebnisse) Ansätze und Entwicklungstendenzen des Logistik-Controlling in Unternehmen der Bundesrepublik Deutschland. Ergebnisse einer empirischen Erhebung. In: Die Betriebswirtschaft (48) 1988, S. 587-601.

KÜPPER, HANS-ULRICH und HOLGER JANSSEN: (Synthese) Synthese von Investitions- und Kostenrechnung. In: HMD - Theorie und Praxis der Wirtschaftsinformatik 182 (32) 1995, S. 89-99.

KÜPPER, HANS-ULRICH und RICHARD MATTESSICH: (Accounting) Twentieth Century Accounting Research in the German Language Area, in: Accounting, Business & Financial History, Vol. 15, No. 3, S. 345-410.

KÜPPER, HANS-ULRICH und ELMAR SINZ: (Gestaltungskonzepte) Gestaltungskonzepte für Hochschulen – Effizienz, Effektivität, Evolution. Stuttgart 1998.

KÜPPER, HANS-ULRICH und NICOLE A. ZBORIL: (Kennzahlenrechnung) Rechnungszwecke und Struktur einer Kosten-, Leistungs- und Kennzahlenrechnung für Fakultäten. In: Kostenrechnung. Stand und Entwicklungsperspektiven. Hrsg. von WOLFGANG BECKER und JÜRGEN WEBER. Wiesbaden 1997, S. 338 - 366.

KÜPPER, HANS-ULRICH und SUIXIN ZHANG: (Verlauf) Der Verlauf anlagenabhängiger Kosten als Bestimmungsgröße variabler Abschreibungen. In: Zeitschrift für Betriebswirtschaft (61) 1991, S. 109-126.

KÜTING, KARLHEINZ und PETER LORSON: (Prozeßkostenrechnung) Grenzplankostenrechnung versus Prozeßkostenrechnung. Quo vadis Kostenrechnung? In: Betriebs-Berater (46) 1991, S. 1421-1433.

KÜTING, KARLHEINZ und PETER LORSON: (Überblick) Überblick über die Prozeßkostenrechnung - Stand, Entwicklungen und Grenzen. In: Sonderheft 2/93 der Kostenrechnungspraxis. Hrsg. von WOLFGANG MÄNNEL. Wiesbaden 1993, S. 29-35.

LACKES, RICHARD: (Kosteninformationssystem) Herausforderungen an ein fortschrittliches Kosteninformationssystem. In: Kostenrechnungspraxis (34) 1990, S. 327-338.

LACKES, RICHARD: (Kostenträgerrechnung) Die Kostenträgerrechnung unter Berücksichtigung der Variantenvielfalt und der Forderung nach konstruktionsbegleitender Kalkulation. In: Zeitschrift für Betriebswirtschaft (61) 1991, S. 87-108.

LACKES, RICHARD: (Plankostenrechnung) EDV-orientiertes Kosteninformationssystem. Flexible Plankostenrechnung und neue Fertigungstechnologien. Wiesbaden 1989.

LANGEN, HEINZ: (Matrizendarstellung) Istkostenrechnung in Matrizendarstellung. In: Zeitschrift für Betriebswirtschaft (34) 1964, S. 2-14.

LANGEN, HEINZ: (Preisuntergrenzen) Dynamische Preisuntergrenzen. In: Zeitschrift für betriebswirtschaftliche Forschung (18) 1966, S. 649-659.

LAßMANN, GERT: (Betriebsplankostenrechnung) Betriebsplankostenrechnung. In: Handwörterbuch des Rechnungswesens. Hrsg. von KLAUS CHMIELEWICZ und MARCELL SCHWEITZER. 3. Aufl., Stuttgart 1993, Sp. 168-183.

LAßMANN, GERT: (Einflußgrößenrechnung) Einflußgrößenrechnung. In: Handwörterbuch des Rechnungswesens. Hrsg. von ERICH KOSIOL, KLAUS CHMIELEWICZ und MARCELL SCHWEITZER. 2. Aufl., Stuttgart 1981, Sp. 427-438.

LAßMANN, GERT: (Erlösrechnung) Die Kosten- und Erlösrechnung als Instrument der Planung und Kontrolle in Industriebetrieben. Düsseldorf 1968.

LAßMANN, GERT: (Gestaltungsformen) Gestaltungsformen der Kosten- und Erlösrechnung im Hinblick auf Planungs- und Kontrollaufgaben. In: Die Wirtschaftsprüfung 1973, S. 4-17.

LAUX, CHRISTIAN: (Investitionsrechenverfahren) Investitionsrechenverfahren. In: Handwörterbuch Unternehmensrechnung und Controlling. Hrsg. von HANS-ULRICH KÜPPER und ALFRED WAGENHOFER. 4. Aufl. Stuttgart 2002, Sp. 858-867.

LAUX, HELMUT: (Entscheidungstheorie) Entscheidungstheorie I. Grundlagen. 2. Aufl.. Berlin, New York et al. 1986.

LAUX, HELMUT: (Erfolgssteuerung) Erfolgssteuerung und Organisation I, Anreizkompatible Erfolgsrechnung, Erfolgsbeteiligung und Erfolgskontrolle, Berlin, Heidelberg, New York 1995.

LAUX, HELMUT: (Risiko) Risiko, Anreiz und Kontrolle, Heidelberg 1990.

LAUX, HELMUT und GÜNTER FRANKE: (Erfolg) Der Erfolg im betriebswirtschaftlichen Entscheidungsmodell. In: Zeitschrift für Betriebswirtschaft (40) 1970, S. 31-52.

LAUX, HELMUT und FELIX LIERMANN: (Erfolgskontrolle) Grundfragen der Erfolgskontrolle. Berlin et al. 1986.

LAUX, HELMUT und FELIX LIERMANN: (Grundlagen[3]) Grundlagen der Organisation. Die Steuerung von Entscheidungen als Grundproblem der Betriebswirtschaftslehre. 3. Aufl., Berlin et al. 1993.

LAUX, HELMUT und FELIX LIERMANN: (Grundlagen[5]) Grundlagen der Organisation. Die Steuerung von Entscheidungen als Grundproblem der Betriebswirtschaftslehre. 5. Aufl., Berlin et al. 2003.

LAWLER, EDWARD E: (Motivation) Job Attitudes and Employee Motivation: Theory, Research and Practice. In: Personnel Psychology (23) 1970, S. 223-237.

LAWLER, EDWARD E.: (Pay) Pay and Organizational Effectiveness: A Psychological View. New York 1971.

LAWLER, EDWARD E. und LYMAN W. PORTER: (Performance) Antecedent Attitudes of Effective Managerial Performance. In: Organizational Behavior and Human Performance (2) 1967, S. 122-142.

LAWRENCE, F. C. und E. N. HUMPHREYS: (Marginal Costing) Marginal Costing. 2. Aufl., London 1967.

LECHNER, KARL: (Rechnungstheorie) Rechnungstheorie der Unternehmung. In: Handwörterbuch des Rechnungswesens. Hrsg. von ERICH KOSIOL, KLAUS CHMIELEWICZ und MARCELL SCHWEITZER. 2. Aufl., Stuttgart 1981, Sp. 1407-1415.

LEINFELLNER, WERNER: (Wissenschaftstheorie) Einführung in die Erkenntnis- und Wissenschaftstheorie. 2. Aufl., Mannheim 1967.

LEISTEN, RAINER UND AUSBORN, MOMME: (Produktlebenszyklus) Produktlebenszyklus. In: Handwörterbuch Unternehmensrechnung und Controlling. Hrsg. von HANS-ULRICH KÜPPER, und ALFRED WAGENHOFER. 4. Aufl. Stuttgart 2002, Sp. 1530-1539.

LESZCZENSKY, MICHAEL et al: (Kostenvergleich) Ausstattungs- und Kostenvergleich norddeutscher Universitäten 1998. Hrsg. von der HIS Hochschul-Informations-System GmbH, Hannover 2000.

LEVINTHAL, DANIEL: (Survey) A Survey of Agency Models of Organizations. In: Journal of Economic Behavior and Organization (9) 1988, S. 153-185.

LEWIN, KURT, T. DEMBO, LEON FESTINGER und SEARS, P. SNEDDEN: (Aspiration) Level of Aspiration. In: Personality and Behavior Disorders. Hrsg. von J. M. Hunt. New York 1944, S. 333-378.

LINK, JÖRG: (Erfolgskontrolle) Schwachpunkte der kumulativen Abweichungsanalyse in der Erfolgskontrolle. In: Zeitschrift für Betriebswirtschaft (57) 1987, S. 780-792.

LINTNER, JOHN: (Valuation) The Valuation of Risky Assets and the Selection of Risky Investments in Stock Portfolios and Capital Budgets. In: Review of Economics and Statistics (47) 1965, S. 13-37.

Literaturverzeichnis 845

LITKE, HANS DIETER: (Projektmanagement) Projektmanagement: Methoden, Techniken, Verhaltensweisen, 3. Aufl., München/Wien 1995.

LOITLSBERGER, ERICH, DIETER RÜCKLE und GERHARD KNOLMAYER: (Hochschulplanungsrechnung) Hochschulplanungsrechnung: Aktivitätsplanung und Kostenrechnung für Hochschulen. Wien et al. 1973.

LORENTZ, STEFAN: (Kostenbegriff) Der Kostenbegriff. In: Zeitschrift für Betriebswirtschaft (8) 1931, S. 27-46 und S. 81-100.

LORSON, PETER CHRISTOPH und MARCUS SCHWEITZER: (Kostenrechnung) Kostenrechnung. In: Saarbrücker Handbuch der betriebswirtschaftlichen Beratung. Hrsg. von KARLHEINZ KÜTING. 2. Aufl., Berlin 2000, S. 233-373.

LOWIN, AARON: (Decision) Participative Decision Making: A Model, Literature Critique, and Prescriptions for Research. In: Organizational Behavior and Human Performance (3) 1968, S. 68-106.

LÜCKE, WOLFGANG: (Investitionsrechnungen) Investitionsrechnungen auf der Grundlage von Ausgaben oder Kosten. In: Zeitschrift für handelswirtschaftliche Forschung N.F. (7) 1955, S. 310-324.

LÜCKE, WOLFGANG: (Zinsen) Die kalkulatorischen Zinsen im betrieblichen Rechnungswesen. In: Zeitschrift für Betriebswirtschaft (35) 1965, S. 3-28.

LÜDER, KLAUS: (Ansatz) Ein entscheidungsorientierter Ansatz zur Bestimmung auszuwertender Plan-Ist-Abweichungen. In: Zeitschrift für betriebswirtschaftliche Forschung (22) 1970, S. 632-650.

LUHMER, ANDREAS: (Abschreibungskosten) Fixe und variable Abschreibungskosten und optimale Investitionsdauer - Zu einem Aufsatz von Peter Swoboda. In: Zeitschrift für Betriebswirtschaft (50) 1980, S. 897-903.

MACINTOSH, NORMAN B.: (Information Systems) A Content Model of Information Systems. In: Accounting, Organizations and Society (6) 1981, S. 39-52.

MAHLERT, ARNO: (Abschreibungen) Die Abschreibungen in der entscheidungsorientierten Kostenrechnung. Opladen 1976.

MALTRY, HELMUT: (Entscheidungsrelevanz) Überlegungen zur Entscheidungsrelevanz von Fixkosten im Rahmen operativer Planungsrechnungen. In: Betriebswirtschaftliche Forschung und Praxis (42) 1990, S. 294-311.

MALTRY, HELMUT: (Prospektivkostenrechnung) Plankosten- und Prospektivkostenrechnung. Bergisch-Gladbach, Köln 1989.

MANDL, GERWALD und KLAUS RABEL: (Unternehmensbewertung) Unternehmensbewertung. Wien 1997.

MÄNNEL, WOLFGANG: (Bedeutung) Bedeutung der Erlösrechnung für die Ergebnisrechnung. In: Handbuch Kostenrechnung. Hrsg. von WOLFGANG MÄNNEL. Wiesbaden 1992, S. 631-655.

MÄNNEL, WOLFGANG: (Erfassung) Erfassung von Kosten und Leistungen. In: Handbuch Kostenrechnung. Hrsg. von WOLFGANG MÄNNEL. Wiesbaden 1992, S. 409-415.

MÄNNEL, WOLFGANG: (Erlösrechnung) Erlösrechnung. In: Handwörterbuch des Rechnungswesens. Hrsg. von KLAUS CHMIELEWICZ und MARCELL SCHWEITZER. 3. Aufl., Stuttgart 1993, Sp. 562-580.

MÄNNEL, WOLFGANG: (Gestaltung) Zur Gestaltung der Erlösrechnung. In: Entwicklungslinien der Kostenrechnung. Hrsg. von KLAUS CHMIELEWICZ. Stuttgart 1983, S. 119-150.

MARCH, JAMES G. und HERBERT A. SIMON: (Organizations) Organizations. 2. Aufl., Cambridge 1993.

MARNER, BERND: (Informationsversorgung) Planungsorientierte Gestaltung des Rechnungswesens - Informationsversorgung von Unternehmungen der Papierindustrie in der Bundesrepublik Deutschland. Frankfurt am Main 1980.

MATTESSICH, RICHARD: (Research) Two Hundred Years of Accounting Research, New York 2008.

MAUS, STEFAN: (Kostenrechnung) Strategiekonforme Kostenrechnung: eine risiko- und agencytheoretische Erweiterung der investitionstheoretischen Kostenrechnung. Stuttgart 1996.

MAYER, ELMAR und PETER NEUNKIRCHEN: (Deckungsbeitragsrechnung) Dekkungsbeitragsrechnung im Handwerk: DV-gestütztes Controlling-Werkzeug im Baunebengewerbe; [dargestellt am Beispiel Handwerk "Sanitär - Heizung - Klima" (SHK)]. 4. Aufl., Stuttgart 1995.

MAYER, REINHOLD und LUTZ KAUFMANN: (Prozeßkostenrechnung) Prozeßkostenrechnung II - Einordnung, Aufbau, Anwendungen. In: Kosten-Controlling. Neue Methoden und Inhalte. Hrsg. von THOMAS M. FISCHER. Stuttgart 2000, S. 291-322.

MEDICKE, WERNER: (Gemeinkosten) Die Gemeinkosten in der Plankostenrechnung. Berlin 1956.

MEIER, ALBERT: (Kostenbegriff) Der objektive Kostenbegriff. In: Die Wirtschaftsprüfung (1) 1948, H. 6, S. 43-51.

MEINING, WOLFGANG: (Lebenszyklen) Lebenszyklen. In: Handwörterbuch des Marketing. Hrsg. von RICHARD KÖHLER, BRUNO TIETZ und JOACHIM ZENTES. 2. Aufl., Stuttgart 1995, Sp. 1392-1405.

MELLEROWICZ, KONRAD: (Kalkulationsverfahren) Neuzeitliche Kalkulationsverfahren. 6. Aufl., Freiburg im Br. 1977.

MELLEROWICZ, KONRAD: (Kosten I) Kosten und Kostenrechnung I: Theorie der Kosten. 5. Aufl., Berlin, New York 1973.

MELLEROWICZ, KONRAD: (Kosten II, 1) Kosten und Kostenrechnung II: Verfahren. Erster Teil: Allgemeine Fragen der Kostenrechnung und Betriebsabrechnung. 5. Aufl., Berlin, New York 1974.

MELLEROWICZ, KONRAD: (Kosten II, 2) Kosten und Kostenrechnung II: Verfahren. Zweiter Teil: Kalkulation und Auswertung der Kostenrechnung und Betriebsabrechnung. 5. Aufl., Berlin, New York 1980.

MELLEROWICZ, KONRAD unter Mitarbeit von ARIBERT PEECKEL: (Planung) Planung und Plankostenrechnung. Band 11: Plankostenrechnung. Freiburg im Br. 1972.

MENGELE, ANDREAS: (Risikoorientierte Unternehmensführung) Shareholder-Return und risikoorientierte Unternehmensführung auf Basis des Shareholder Value-Konzepts. München 1998.

MENRAD, SIEGFRIED: (Kostenbegriff) Der Kostenbegriff. Eine Untersuchung über den Gegenstand der Kostenrechnung. Berlin 1965.

MERTENS, PETER., ANDREA BACK-HOCK und S. SLUKA: (Kostenkalkulation) Ein Modell zur Kalkulation der Kosten je Absolvent. In: Zeitschrift für Betriebswirtschaft Ergänzungsheft 2/1990, S. 297-310.

MILLER, JEFFREY G. und THOMAS E. VOLLMANN: (Hidden Factory) The Hidden Factory. In: Harvard Business Review (63) 1985, S. 142-150.

MONDEN, YASUHIRO und KAZUKI HAMADA: (Kaizen Costing) Target Costing and Kaizen Costing in Japanese Automobile Companies. In: Journal of Management Account Research (3) 1991, Heft 3, S. 16-34.

MOSSIN, JAN: (Equilibrium) Equilibrium in a Capital Asset Market. In: Econometrica (34) 1966, S. 768-783.

MOXTER, ADOLF: (GoB) Grundsätze ordnungsmäßiger Buchführung – ein handelsrechtliches Faktum, von der Steuerrechtssprechung festgestellt. In: 75 Jahre Reichsfinanzhof – Bundesfinanzhof. Hrsg. v. Präsidenten des Bundesfinanzhofs 1993, S. 533-544.

MÜHLENFELD, JULIUS: (Wagnis) Wagnis und Kostenrechnung. In: Der Wirtschaftstreuhänder (12) 1943, S. 2-8.

MÜLHAUPT, EBERHARD: (Ergebnisrechnung) Ergebnisrechnung als integrierte PC-Lösung für kleinere und mittlere Unternehmen der Fertigungsindustrie. In: Kostenrechnungspraxis (37) 1993, S. 249-255.

MÜLLER, HEINRICH: (Grenzplankostenrechnung) Prozeßkonforme Grenzplankostenrechnung. Stand - Nutzanwendungen - Tendenzen. 2. Aufl., Wiesbaden 1996.

MÜLLER, HEINRICH: (Plattform) Prozesskonforme Grenzplankostenrechnung als Plattform neuerer Anwendungsentwicklungen. In: Kostenrechnungspraxis (38) 1994, S. 112-119.

MÜLLER-HAGEDORN, L.: (Zinsen) Zinsen in einer strategischen Kostenrechnung. In: Zeitschrift für Betriebswirtschaft (46) 1976, S. 777-800.

MÜLLER-MERBACH, HEINER: (Dekomposition) Das Verfahren der direkten Dekomposition in der linearen Planungsrechnung. In: Ablauf- und Planungsforschung (6) 1965, S. 306-322.

NASTANSKY, LUDWIG: (Tabellenkalkulationssysteme) Interaktive Kostenplanung und -kontrolle mit Tabellenkalkulationssystemen auf Personal Computern. In: Rechnungswesen und EDV. Einsatz von Personalcomputern. 5. Saarbrücker Arbeitstagung. Hrsg. von WOLFGANG KILGER und AUGUST-WILHELM SCHEER. Würzburg, Wien 1984, S. 73-97.

NEUBAUER, CHRISTIAN: (Kostenrechnung) Strategisch orientierte Kostenrechnung. Programmatik, Problemfelder und Lösungsansätze. München 1993.

NEUBÜRGER, HEINZ-JOACHIM: (Unternehmensführung) Wertorientierte Unternehmensführung bei Siemens. In: Zeitschrift für betriebswirtschaftliche Forschung (52) 2000, S. 188-196.

NIELSEN, NIELS C.: (Investment) The Investment Decision of the Firm Under Uncertainty and the Allocative Efficiency of Capital Markets. In: Journal of Finance (31) 1976, S. 587-602.

NIEß, PETER S.: (Fertigungssysteme) Fertigungssysteme, flexible. In: Handwörterbuch der Produktionswirtschaft. Hrsg. von WERNER KERN. Stuttgart 1979, Sp. 595-604.

OECKING, GEORG F.: (Fixkostenmanagement) Fixkostenmanagement, Möglichkeiten und Grenzen. In: Kostenmanagement und Controlling. Hrsg. von THOMAS REICHMANN und MONIKA PALLOKS. Frankfurt am Main et al. 1998, S. 35-57.

OSSADNIK, WOLFGANG und STEFAN MAUS: (Kostenrechnung) "Strategische Kostenrechnung" - Ein Rechnungssystem zur Unterstützung strategischer Entscheidungen? Ingolstadt 1994.

OTLEY, DAVID T.: (Contingency Theory) The Contingency Theory of Management Accounting: Achievement and Prognosis. In: Accounting, Organizations, and Society 1980, S. 413-428.

OTT, ROBERT: (Lösungsansätze) Grenzen und einer Kostenzuordnung auf Forschung, Lehre und Krankenversorgung in Universitätsklinika. München 2003.

PACIOLI, LUCA: (Summa de Arithmetica) Summa de Arithmetica Geometria Proportioni & Proportionalità. Venedig 1494. Deutsch von B. Penndorf. Luca Pacioli. Abhandlung über die Buchhaltung 1494. Bd. 11 der Quellen und Studien zur Geschichte der Betriebswirtschaftslehre. Stuttgart 1933.

PALLOKS, MONIKA: (Zielkostenmanagement): Conjoint-Analysen und modernes Zielkostenmanagement bei Produktentscheidungen. In: Kostenmanagement und Controlling. Hrsg. von THOMAS REICHMANN und MONIKA PALLOKS. Frankfurt am Main et al. 1998, S. 175-196.

PETERS, SÖNKE: (Personennahverkehr) Betriebswirtschaftslehre des öffentlichen Personennahverkehrs. Berlin 1985.

PFAFF, DIETER: (Kostenrechnung) Kostenrechnung, Unsicherheit und Organisation. Heidelberg 1993.

PFAFF, DIETER: (Notwendigkeit) Zur Notwendigkeit einer eigenständigen Kostenrechnung. In: Zeitschrift für betriebswirtschaftliche Forschung (46) 1994, S. 1065-1084.

PFAFF, DIETER: (Unternehmenssteuerung) Wertorientierte Unternehmenssteuerung, Investitionsentscheidungen und Anreizprobleme. In: Betriebswirtschaftliche Forschung und Praxis (50) 1998, S. 491-516.

PFANZAGL, JOHANN: (Grundlagen) Die axiomatischen Grundlagen einer allgemeinen Theorie des Messens. 2. Aufl., Würzburg 1962.

PFEIFFER, THOMAS: (Concepts) Good and Bad News fort he Implementation of Shareholder-Value Concepts in Decentralized Organizations, in: Schmalenbach Business Review, 52 (2000), S. 68-91.

PFOHL, HANS CHRISTIAN und WOLFGANG STÖLZLE: Anwendungsbedingungen, Verfahren und Beurteilung der Prozeßkostenrechnung in industriellen Unternehmen. In: Zeitschrift für Betriebswirtschaft (61) 1991, S. 1281-1305.

PFOHL, MARKUS C.: (Lebenszyklusrechnung) Prototypgestützte Lebenszyklusrechnung. München 2002.

PICHLER, OTTO: (Matrizenkalkül) Kostenrechnung und Matrizenkalkül. In: Ablauf- und Planungsforschung (2) 1961, S. 29-46.

PICKEL, HERBERT: (Kostenmodelle) Kostenmodelle als Hilfsmittel zum kostengünstigen Konstruieren. München, Wien 1989.

PICOT, ARNOLD, RALF REICHWALD und MICHAEL NIPPA: (Entwicklungsaufgabe) Zur Bedeutung der Entwicklungsaufgabe für die Entwicklungszeit. Ansätze für die Entwicklungszeitgestaltung. In: Zeitmanagement in Forschung und Entwicklung. Sonderheft 23 der Zeitschrift für betriebswirtschaftliche Forschung. Hrsg. von KLAUS BROCKHOFF, ARNOLD PICOT und CHRISTOPH URBAN. Düsseldorf, Frankfurt am Main 1988, S. 112-133.

PLAUT, HANS-GEORG: (Flexible Plankostenrechnung) Die Entwicklung der flexiblen Plankostenrechnung zu einem Instrument der Unternehmensführung. In: Zeitschrift für Betriebswirtschaft (57) 1987, S. 355-366.

PLAUT, HANS-GEORG: (Grenz-Plankostenrechnung) Die Grenz-Plankostenrechnung. In: Zeitschrift für Betriebswirtschaft (23) 1953, S. 347-363 und 402-413.

PLAUT, HANS-GEORG: (Grenzplankostenrechnung) Grenzplankosten- und Deckungsbeitragsrechnung als modernes Kostenrechnungssystem. In: Handbuch Kostenrechnung. Hrsg. von WOLFGANG MÄNNEL. Wiesbaden 1992, S. 203-225.

PLAUT, HANS-GEORG: (Grundfragen) Grundfragen und Praxis der Grenzplankostenrechnung. In: Grenzplankostenrechnung und Datenverarbeitung. Hrsg. von HANS-GEORG PLAUT, HEINRICH MÜLLER und WERNER MEDICKE. 3. Aufl., München 1973.

PLAUT, HANS-GEORG: (Plankostenrechnung) Die Plankostenrechung in der Praxis des Betriebes. In: Zeitschrift für Betriebswirtschaft (21) 1951, S. 531-543.

PLAUT, HANS-GEORG: Unternehmenssteuerung mit Hilfe der Voll- oder Grenzplankostenrechnung. In: Zeitschrift für Betriebswirtschaft (31) 1961, S. 460-482.

PLINKE, WULFF: (Erlösplanung) Erlösplanung im industriellen Anlagengeschäft. Wiesbaden 1985.

POENSGEN, OTTO H.: (Geschäftsbereichsorganisation) Geschäftsbereichsorganisation. Opladen 1973.

POPPER, KARL R.: (Logik) Logik der Forschung. 10. Aufl., Tübingen 1994.

PORTER, MICHAEL E.: (Wettbewerbsvorteile) Wettbewerbsvorteile. Spitzenleistungen erreichen und behaupten. 6. Aufl., Frankfurt am Main, New York 2000.

PORTER, LYMAN W. und LAWLER, EDWARD E.: (Attitudes) Managerial Attitudes and Performance, Homewood/Ill. 1968.

PREINREICH, GABRIEL A.D.: (Valuation) Valuation and Amortization. In: The Accounting Review (12) 1937, S. 209-226.

PRYOR, LAWRENCE S.: (Benchmarking) Benchmarking: A Self-Improvement Strategy. In: The Journal of Business Strategy (10) 1989, S. 28-32.

RAFFÉE, HANS: (Preisuntergrenzen) Kurzfristige Preisuntergrenzen als betriebswirtschaftliches Problem. Köln, Opladen 1961.

RAU, KARL-HEINZ und MICHAEL RÜD: (Prozeßkostenrechnung) Erfahrungen mit der Prozeßkostenrechnung. In: Kostenrechnungspraxis (35) 1991, S. 13-17.

RAUBA, A LFRED: (Qualitätskostenrechnung) Qualitätskostenrechnung als Informationssystem. In: Qualität und Zuverlässigkeit (33) 1988, S. 559-563.

REBLIN, ERHARD: (Grenzen) Möglichkeiten und Grenzen einer dialogorientierten Kosten- und Leistungsrechnung. In: EDV-Systeme im Finanz- und Rechnungswesen. Anwendergespräch, Osnabrück, Juni 1982. Hrsg. von P. STAHLKNECHT. Berlin, Heidelberg, New York 1982, S. 75-92.

REBLIN, ERHARD: (Stapelverarbeitung) Von der Stapelverarbeitung zum interaktiven Dialogsystem im Rechnungswesen. In: Rechnungswesen und EDV. 4. Saarbrücker Arbeitstagung. Hrsg. von WOLFGANG KILGER und AUGUST-WILHELM SCHEER. Würzburg, Wien 1983, S. 70-88.

REFA: (Arbeitsstudium) Methodenlehre des Arbeitsstudiums. Teil 2. Datenermittlung, 7. Aufl., München 1992.

REGULIERUNGSBEHÖRDE FÜR TELEKOMMUNIKATION UND POST (RegTP) (Tätigkeitsbericht) Tätigkeitsbericht, Bonn 1998/1999.

REICHELSTEIN, STEFAN: (Decisions) Investment Decisions and Managerial Performance Evaluation. In: Review of Accounting Studies (2) 1997, S. 157-180.

REICHMANN, THOMAS: (Preisgrenzen) Kosten und Preisgrenzen. Die Bestimmung von Preisuntergrenzen und Preisobergrenzen im Industriebetrieb. Wiesbaden 1973.

REICHMANN, THOMAS und OLIVER FRÖHLING: (Planungs- und Kontrollrechnungen) Produktlebenszyklusorientierte Planungs- und Kontrollrechnungen als Bausteine eines dynamischen Kosten- und Erfolgscontrolling. In: Neuere Entwicklungen im Kostenmanagement. Hrsg. von KLAUS DELLMANN und KLAUS-PETER FRANZ. Bern et al. 1994, S. 281-333.

REICHMANN, THOMAS und OLIVER FRÖHLING: (Prozeßkostenrechnung) Fixkostenmanagementorientierte Plankostenrechnung vs. Prozeßkostenrechnung. Zwei Welten oder Partner. In: Controlling (3) 1991, S. 42-44.

REICHMANN, THOMAS und OLIVER FRÖHLING: (Prozeßkostenrechnung und Fixkostenmanagement) Integration von Prozeßkostenrechnung und Fix-

Fixkostenmanagement In: Kostenmanagement und Controlling. Hrsg. von THOMAS REICHMANN und MONIKA PALLOKS. Frankfurt am Main et al. 1998, S. 59-86.

REICHMANN, THOMAS und MONIKA PALLOKS (Hrsg.): (Kostenmanagement) Kostenmanagement und Controlling. Frankfurt am Main et al. 1998.

RICHTER, FRANK: (Konzeption) Konzeption eines marktwertorientierten Steuerungs- und Monitoringsystems. 2. Aufl., Frankfurt am Main et al. 1999.

RIEBEL, PAUL: (Deckungsbeitrag) Deckungsbeitrag und Deckungsbeitragsrechnung. In: Handwörterbuch der Betriebswirtschaft. Hrsg. von ERWIN GROCHLA und WALDEMAR WITTMANN. 4. Aufl., Stuttgart 1974, Sp. 1137-1155.

RIEBEL, PAUL: (Deckungsbeitragsrechnung) Deckungsbeitragsrechnung. In: Handwörterbuch des Rechnungswesens. Hrsg. von ERICH KOSIOL. Stuttgart 1970, Sp. 383-400.

RIEBEL, PAUL: (Deckungsbeitragsrechnung im Handel) Deckungsbeitragsrechnung im Handel. In: Handwörterbuch der Absatzwirtschaft. Hrsg. von BRUNO TIETZ. Stuttgart 1974, Sp. 433-455.

RIEBEL, P AUL: (Einzelkostenrechnung) Einzelkosten- und Deckungsbeitragsrechnung. Grundfragen einer markt- und entscheidungsorientierten Unternehmensrechnung. Opladen 1972.

RIEBEL, PAUL: (Einzelkostenrechnung[7]) Einzelkosten- und Deckungsbeitragsrechnung. 7. Aufl., Wiesbaden 1994.

RIEBEL, PAUL: (Erzeugungsverfahren) Industrielle Erzeugungsverfahren in betriebswirtschaftlicher Sicht. Wiesbaden 1963.

RIEBEL, PAUL: (Führungsrechnung) Einzelerlös-, Einzelkosten- und Deckungsbeitragsrechnung als Kern einer ganzheitlichen Führungsrechnung. In: Handbuch Kostenrechnung. Hrsg. von WOLFGANG MÄNNEL. Wiesbaden 1992, S. 247-299.

RIEBEL, PAUL: (Gefahren) Systemimmanente und anwendungsbedingte Gefahren von Differenzkosten- und Deckungsbeitragsrechnungen. In: Betriebswirtschaftliche Forschung und Praxis (26) 1974, S. 493-529.

RIEBEL, PAUL: (Kalkulation) Kuppelprodukte, Kalkulation der. In: Handwörterbuch des Rechnungswesens. Hrsg. von ERICH KOSIOL. Stuttgart 1970, Sp. 994-1006.

RIEBEL, PAUL: (Kostenbegriff) Überlegungen zur Formulierung eines entscheidungsorientierten Kostenbegriffs. In: Quantitative Ansätze in der Betriebswirtschaftslehre. Hrsg. von HEINER MÜLLER-MERBACH, München 1978, S. 127-146.

RIEBEL, PAUL: (Kuppelproduktion) Die Kuppelproduktion. Köln, Opladen 1955.

RIEBEL, PAUL: (Verkehrsbetriebe) Rechnungswesen der Verkehrsbetriebe. In: Handwörterbuch der Betriebswirtschaftslehre. Hrsg. Von Erwin Grohla und Waldemar Wittmann. 4. Aufl. Stuttgart 1976, Sp. 4125 ff.

RIEBEL, PAUL und WERNER SINZIG: (Datenbanken) Einsatzmöglichkeiten relationaler Datenbanken zur Unterstützung einer entscheidungsorientierten Kosten-, Erlös- und Deckungsbeitragsrechnung. In: EDV-Systeme im Finanz- und Rechnungswesen. Anwendergespräch, Osnabrück, Juni 1982. Hrsg. von PETER STAHLKNECHT. Berlin, Heidelberg, New York 1982, S. 93-125.

RIEGLER, CHRISTIAN: (Benchmarking) Benchmarking. In: Handwörterbuch Unternehmensrechnung und Controlling. Hrsg. von HANS-ULRICH KÜPPER und ALFRED WAGENHOFER. 4. Aufl., Stuttgart 2002, Sp. 126-134.

RIEGLER, CHRISTIAN: (Kostenmanagement) Verhaltenssteuerung und Kostenmanagement von Produktinnovationen. In: Kostenrechnungspraxis (41) 1997, S. 348-350.

RIEGLER, CHRISTIAN: (Target Costing) Verhaltenssteuerung durch Target Costing. Stuttgart 1996.

RIEGLER, CHRISTIAN: (Zielkosten) Zielkosten. In: Kosten-Controlling. Neue Methoden und Inhalte. Hrsg. von THOMAS M. FISCHER. Stuttgart 2000, S. 237-263.

RIEPER, BERND: (Bestellmengenrechnung) Die Bestellmengenrechnung als Investitions- und Finanzierungsproblem. In: Zeitschrift für Betriebswirtschaft (56) 1986, S. 1230-1255.

RIEZLER, STEPHAN: (Lebenszyklusmanagement) Produktlebenszykluskostenmanagement. In: Kostenmanagement – Wertsteigerung durch systematische Kostensteuerung. Hrsg. Von Klaus-Peter Franz und Peter Kajüter. 2. Auflage, Stuttgart 2002, S. 207-224.

RIEZLER, STEPHAN: (Lebenszyklusrechnung) Lebenszyklusrechnung - Instrument des Controlling strategischer Projekte. Wiesbaden 1996.

RING, STEPHANM, MARC CASTEDELLO und ERIK SCHLUMBERGER: (Unternehmensbewertung) Auswirkungen des Steuersenkungsgesetzes auf die Unternehmensbewertung. Zum Einfluss auf den Wertbeitrag der Fremdfinanzierung, den Marktwert des Eigenkapitals und die Eigenkapitalkosten. In: Finanzbetrieb (2) 2000 S. 356-361.

ROGERSON, WILLIAM P.: (Allocation) Intertemporal Cost Allocation and Managerial Investment Incentives: A Theory Explaining the USe of Economic Value Added as a Performance Measure, in: Journal of Political Economy, (105) 1997, S. 770-795.

RÖHRENBACHER, HANS: (Handelsbetrieb) Kosten- und Leistungsrechnung im Handelsbetrieb: unter bes. Berücks. d. industriellen Vertriebskosten- u. Absatzsegmenterfolgsrechnung. Berlin 1985.

RÖTTGER, BERNHARD: (Konzept) Das Konzept des Added Value als Maßstab für finanzielle Performance. Darstellung und Anwendung auf deutsche Aktiengesellschaften. Kiel 1994.

RONEN, JOSHUA und J. LESLIE LIVINGSTONE: (Budgets) An Expectancy Theory Approach to the Motivational Impacts of Budgets. In: The Accounting Review 1975, S. 671-685.

ROOS, JOHAN, GÖRAN ROOS, LEIF E DVINSSON und NICOLA C. DRAGONETTI: (Capital) Intellectual Capital. London 1997.

ROSENSTIEL, LUTZ VON: (Grundlagen) Grundlagen der Organisationspsychologie. 4. Aufl., Stuttgart 2000.

ROSENSTIEL, LUTZ VON: (Zufriedenheit) Die motivationalen Grundlagen des Verhaltens in Organisationen - Leistung und Zufriedenheit. Berlin 1975.

ROTHSCHILD, MICHAEL und JOSEPH E. STIGLITZ: (Risk) Increasing Risk II: Its Economic Consequences. In: Journal of Economic Theory (3) 1971, S. 66-84.

RÜCKLE, DIETER und ANDREAS KLEIN: (Management) Product-Life-Cycle-Cost Management. In: Neuere Entwicklungen im Kostenmanagement. Hrsg. von KLAUS DELLMANN und KLAUS-PETER FRANZ. Bern et al. 1994, S. 335-367.

RUFFNER, ARMIN: (Rechnung) Rechnung, pagatorische und kalkulatorische. In: Handwörterbuch des Rechnungswesens. Hrsg. von ERICH KOSIOL. Stuttgart 1970, Sp. 1499-1502.

RUMMEL, KURT: (Kostenrechnung) Einheitliche Kostenrechnung auf der Grundlage einer vorausgesetzten Proportionalität der Kosten zu betrieblichen Größen. 3. Aufl., Düsseldorf 1949.

SAKURAI, MICHIHARU: (Target Costing) Target Costing and How to Use It. In: Journal of Cost Management for the Manufacturing Industry (3) 1989, S. 39-50.

SAPPINGTON, DAVID E.M.: (Contracts) Limited Liability Contracts between Principal and Agent. In: Journal of Economic Theory (29) 1983, S. 1-21.

SCHANZ, GÜNTHER: (Ansätze) Verhaltenswissenschaftliche Ansätze. In: Handwörterbuch des Rechnungswesens. Hrsg. von KLAUS CHMIELEWICZ und MARCELL SCHWEITZER. 3. Aufl., Stuttgart 1993, Sp. 2006-2012.

SCHÄR, JOHANN FRIEDRICH: (Handelsbetriebslehre) Allgemeine Handelsbetriebslehre. 5. Aufl., Leipzig 1923.

SCHEER, AUGUST-WILHELM: (ARIS) ARIS - Modellierungsmethoden, Metamodelle, Anwendungen. 2 Bände. 4. Aufl., Heidelberg u.a. 2001.

SCHEER, AUGUST-WILHELM: (Betriebswirtschaftslehre) EDV-orientierte Betriebswirtschaftslehre. Grundlagen für ein effizientes Informationsmanagement. 4. Aufl., Heidelberg 1990.

SCHEER, AUGUST-WILHELM: (Datenbanksysteme) Einsatz von Datenbanksystemen im Rechnungswesen - Überblick und Entwicklungstendenzen. In: Zeitschrift für betriebswirtschaftliche Forschung (33) 1981, S. 490-507.

SCHEER, AUGUST-WILHELM: (Personal Computer) Personal Computer: Zusätzliches Auswertungsinstrument oder integraler Bestandteil eines EDV-gesteuerten Rechnungswesens? In: Rechnungswesen und EDV. Einsatz von Personal Computern. 5. Saarbrücker Arbeitstagung. Hrsg. von WOLFGANG KILGER und AUGUST-WILHELM SCHEER. Würzburg, Wien 1984, S. 45-69.

SCHEER, AUGUST-WILHELM, J. BECKER und M. BOCK: (Expertensystem) Ein Expertensystem zur konstruktionsbegleitenden Kalkulation. In: Innovative Informations-Infrastrukturen. Ergebnisse einer Kooperation der Universität des Saarlandes und der Siemens AG. Hrsg. von BERNHARD GOLLAN, WOLFGANG J. PAUL und ALWINE SCHMITT. Berlin et al. 1988, S. 236-254.

SCHILLER, ULF: (Kostenrechnung) Kostenrechnung, in: Vahlens Kompendium der Betriebswirtschaftslehre, Band 1, S. 537-596, München 2005.

SCHIRMEISTER, RAIMUND: (Modell) Modell und Entscheidung: Möglichkeiten und Grenzen der Anwendung von Modellen zur Alternativenbewertung im Entscheidungsprozeß der Unternehmung. Stuttgart 1981.

SCHMALENBACH, EUGEN: (Buchführung) Buchführung und Kalkulation im Fabrikgeschäft. Unveränderter Nachdruck aus der Deutschen Metallindustriezeitung. 15. Jahrgang 1899. Leipzig 1928.

SCHMALENBACH, EUGEN: (Kapital) Kapital, Kredit und Zins in betriebswirtschaftlicher Beleuchtung. 4. Aufl., Köln, Opladen 1961.

SCHMALENBACH, EUGEN: (Kontenrahmen) Der Kontenrahmen. 5. Aufl., Leipzig 1937.

SCHMALENBACH, EUGEN: (Kostenrechnung) Kostenrechnung und Preispolitik. 8. Aufl., Köln, Opladen 1963.

SCHMALENBACH, EUGEN: (Pretiale Wirtschaftslenkung) Pretiale Wirtschaftslenkung. Band 1: Die optimale Geltungszahl. Bremen-Horn et al. 1947.

SCHMALENBACH, EUGEN: (Selbstkostenrechnung) Selbstkostenrechnung. In: Zeitschrift für handelswissenschaftliche Forschung (13) 1919, S. 257-299 und 321-356.

SCHMALENBACH, EUGEN: (Wirtschaftslenkung) Pretiale Wirtschaftslenkung. Band 2: Pretiale Lenkung des Betriebes. Bremen-Horn et al. 1948.

SCHMIDT, FRITZ: (Bilanz) Die organische Bilanz im Rahmen der Wirtschaft. 2. Aufl., Leipzig 1922.

SCHNEIDER, DIETER: (Grundsatz) Wider den Grundsatz relevanter Kosten. In: Der Betrieb (52) 1992, S. 709-715.

SCHNEIDER, DIETER: (Grundsätze) Grundsätze einer anreizverträglichen Wirtschaftsrechnung zur Steuerung und Kontrolle von Fertigungs- und Vertriebsentscheidungen. In: Zeitschrift für Betriebswirtschaft (58) 1988, S. 1181-1192.

SCHNEIDER, DIETER: (Investition) Investition, Finanzierung und Besteuerung, 7. Aufl., Wiesbaden 1992.

SCHNEIDER, DIETER: (Kosten) Entscheidungsrelevante fixe Kosten, Abschreibungen und Zinsen zur Substanzerhaltung. In: Der Betrieb (37) 1984, S. 2521-2528.

SCHNEIDER, DIETER: (Nutzungsdauer) Die wirtschaftliche Nutzungsdauer von Anlagegütern als Bestimmungsgrund der Abschreibungen. Köln, Opladen 1961.

SCHNEIDER, DIETER: (Rechnungswesen) Betriebswirtschaftslehre. Band 2: Rechnungswesen. München, Wien 1994.

SCHNEIDER, DIETER: (Rechnungswesen2) Betriebswirtschaftslehre. Band 2: Rechnungswesen, 2. Aufl., München, Wien 1997.

SCHNEIDER, DIETER: (Substanzerhaltung) Substanzerhaltung bei Preisregulierungen: Ermittlung der „Kosten der effizienten Leistungsbereitstellung" durch Wiederbeschaffungsabschreibungen und WACC-Salbereien mit Steuern? In: Neuere Ansätze der Betriebswirtschaftslehre - in memoriam KARL HAX. Sonderheft 47 der Zeitschrift für betriebswirtschafltiche Forschung. Hrsg. Von GERT LASSMANN 2001, S. 37-59.

SCHNEIDER, DIETER: (Vollkostenrechnung) Vollkostenrechnung oder Teilkostenrechnung. In: Der Betrieb (38) 1985, S. 2159-2162.

SCHNEIDER, DIETER: (Wille) Marktwirtschaftlicher Wille und planwirtschaftliches Können: 40 Jahre Betriebswirtschaftslehre im Spannungsfeld zur marktwirtschaftlichen Ordnung. In: Zeitschrift für betriebswirtschafltiche Forschung (41) 1989, S. 11-43.

SCHNEIDER, DIETER: (Wirtschaftsrechnung) Reformvorschläge zu einer anreizverträglichen Wirtschaftsrechnung bei mehrperiodiger Lieferung und Leistung. In: Zeitschrift für Betriebswirtschaft (58) 1988, S. 1371-1386.

SCHNEIDER, ERICH: (Wirtschaftlichkeitsrechnung) Wirtschaftlichkeitsrechnung. Theorie der Investition. 8. Aufl., Tübingen 1973.

SCHNEIDER, HERFRIED: (Zielkostenmanagement) Zielkostenmanagement in frühen Phasen der Produktentwicklung. In: Das Rechnungswesen im Spannungsfeld zwischen strategischem und operativem Management. Festschrift für Marcell Schweitzer zum 65. Geburtstag. Hrsg. von HANS-ULRICH KÜPPER und ERNST TROßMANN. Berlin 1997, S. 241-260.

SCHNETTLER, ALBERT: (Betriebsvergleich) Betriebsvergleich. Grundlagen und Praxis zwischenbetrieblicher Vergleiche. 3. Aufl., Stuttgart 1961.

SCHNETTLER, ALBERT und HEINZ AHRENS: (Rechnungswesen) Rechnungswesen. In: Handwörterbuch der Sozialwissenschaften. Hrsg. von ERWIN VON BECKERATH et al. Bd. 8. Stuttgart, Tübingen, Göttingen 1964, S. 734-742.

SCHODER, THOMAS: (Budgetierung) Budgetierung als Koordinations- und Steuerungsinstrument des Controlling in Hochschulen. München 1999.

SCHÖNFELD, HANNS-MARTIN: (Behavioral Accounting) Behavioral Accounting. In: Handwörterbuch der Betriebswirtschaft. Hrsg. von WALDEMAR WITTMANN et al. 5. Aufl., Stuttgart 1993, Sp. 280-292.

SCHÖNFELD, HANNS-MARTIN: (Kostenrechnung I) Kostenrechnung I. 7. Aufl., Stuttgart 1974.

SCHÖNFELD, HANNS-MARTIN: (Rechnungslegung) Die Rechnungslegung über das betriebliche "Human-Vermögen". Eine kritische Betrachtung des

Entwicklungsstandes. In: Betriebswirtschaftliche Forschung und Praxis (26) 1974, S. 1-33.

SCHRAMM, KLAUS: (Kapitalwertfunktion) Über die Kapitalwertfunktion des klassischen Losgrößenmodells. In: Zeitschrift für Betriebswirtschaft (57) 1987, S. 465-482.

SCHUBERT, BERND: (Conjoint-Analyse) Conjoint-Analyse. In: Handwörterbuch des Marketing. Hrsg. von RICHARD KÖHLER, BRUNO TIETZ und JOACHIM ZENTES. 2. Aufl. Stuttgart 1995, Sp. 376-389.

SCHUH, GÜNTHER: (Produktvarianten) Gestaltung und Bewertung von Produktvarianten. Ein Beitrag zur systematischen Planung von Serienprodukten. Diss. Aachen 1988.

SCHÜLER, ANDREAS: (Unternehmensbewertung) Unternehmensbewertung und Halbeinkünfteverfahren. In: Deutsches Steuerrecht 2000, S. 1531-1536

SCHULZ, DIETMAR: (Ausgaben) Ausgaben und Einnahmen. In: Handwörterbuch des Rechnungswesens. Hrsg. von ERICH KOSIOL. Stuttgart 1970, Sp. 79-82.

SCHWEITZER, MARCELL: (Anforderungen) Die Kosten- und Erlösrechnung zwischen theoretischen Anforderungen und Rechnungswirklichkeit (Offene Fragen der internen Erfolgsrechnung). In: Jahrbuch für Controlling und Rechnungswesen 2001. Hrsg. von GERHARD SEICHT. Wien 2001, S. 159-200.

SCHWEITZER, MARCELL: (Bilanz) Struktur und Funktion der Bilanz. Grundfragen der betriebswirtschaftlichen Bilanz in methodologischer und entscheidungstheoretischer Sicht. Berlin 1972.

SCHWEITZER, MARCELL: (Controlling unter Risiko) Beitrag zum Controlling unter Rsiiko. In: Der Schweizer Treuhänder 6-7/2003, S. 519-530.

SCHWEITZER, MARCELL: (Fertigungswirtschaft) Industrielle Fertigungswirtschaft. In: Industriebetriebslehre. Hrsg. von MARCELL SCHWEITZER. 2. Aufl., München 1994, S. 569-746.

SCHWEITZER, MARCELL: (Geltung) Zur Geltung produktionstheoretischer Aussagen in der Industrie. In: Führungsorganisation und Technologiemanagement. Festschrift für Friedrich Hoffmann zu seinem 65. Geburtstag. Hrsg. von ROLF BÜHNER. Berlin 1991, S. 231-256.

SCHWEITZER, MARCELL: (Industriebetriebslehre) Einführung in die Industriebetriebslehre. Berlin, New York 1973.

SCHWEITZER, MARCELL: (Kennzahlen) Leitungsebenendifferenzierte Kennzahlen als Instrumente des Controllings. In: Betriebswirtschaftslehre und betriebliche Praxis. Festschrift für Horst Seelbach zum 65. Geburtstag. Hrsg. von HERMANN JAHNKE und WOLFGANG BRÜGGEMANN. Wiesbaden 2003, S. 429-454.

SCHWEITZER, MARCELL: Kostenfunktionen. In: Handwörterbuch des Rechnungswesens. Hrsg. von ERICH KOSIOL, KLAUS CHMIELEWICZ und MARCELL SCHWEITZER. 2. Aufl., Stuttgart 1981, Sp. 1027-1044.

SCHWEITZER, MARCELL: (Kostenkategorien) Kostenkategorien. In: Handwörterbuch des Rechnungswesens. Hrsg. von KLAUS CHMIELEWICZ und MARCELL SCHWEITZER. 3. Aufl., Stuttgart 1993, Sp. 1208-1216.

SCHWEITZER, MARCELL: Kostenrechnung. In: Management-Enzyklopädie. Bd. 5, 2. Aufl., Landsberg am Lech 1985, S. 682-699.

SCHWEITZER, MARCELL: (Kostenrechnung) Zwecksetzung und Aufbau einer Kostenrechnung für Hochschulen. Arbeitsbericht. Tübingen 1978.

SCHWEITZER, MARCELL: (Materialbedarfsplanung) Die produktionstheoretischen Grundlagen der programmorientierten Materialbedarfsplanung. In: Zukunftsaspekte der anwendungsorientierten Betriebswirtschaftslehre. Erwin Grochla zum 65. Geburtstag gewidmet. Hrsg. von EDUARD GAUGLER, GÜNTHER MEISSNER und NORBERT THOM. Stuttgart 1986, S. 363-376.

SCHWEITZER, MARCELL: (Planung) Planung und Steuerung. In: Allgemeine Betriebswirtschaftslehre 2. Hrsg. von FRANZ XAVER BEA, ERWIN DICHTL und MARCELL SCHWEITZER. 8. Aufl., Stuttgart, Jena 2001, S. 16-126.

SCHWEITZER, MARCELL: (Prozeßorientierung) Prozeßorientierung der Kostenrechnung. In: Strategisches Management. Theoretische Ansätze, Instrumente und Anwendungskonzepte für Dienstleistungsunternehmen. Hrsg. von ALFRED KÖTZLE. Stuttgart 1997, S. 85-110.

SCHWEITZER, MARCELL: (Systematik) Systematik von Konzepten der Kosten- und Leistungsrechnung. In: Handbuch Kostenrechnung. Hrsg. von WOLFGANG MÄNNEL. Wiesbaden 1992, S. 185-202.

SCHWEITZER, MARCELL: (Theorie) Grundzüge einer Theorie der Kostenrechnung. In: Festschrift für Kazuo Mizoguchi. Hrsg. von TETSNO KOBAYASHI. Kobe 1991, S. 134-157.

SCHWEITZER, MARCELL: (Theoretische Fundierung) Die theoretische Fundierung der internen Erfolgsrechnung im Widerstreit der Ansätze. Jahrbuch für Controlling und Rechnungswesen 2006. Hrsg. von GERHARD SEICHT. Wien 2006, S. 43-68.

SCHWEITZER, MARCELL: (Unternehmensrechnung) Unternehmens-rechnung, Gestaltung und Wirkungen. In: Handwörterbuch Unternehmensrechnung und Controlling. Hrsg. von HANS-ULRICH KÜPPER und ALFRED WAGENHOFER, 4. Aufl., Stuttgart 2002, Sp. 2017-2030.

SCHWEITZER, MARCELL: (Kostenrechnung für Hochschulen) Grundzüge einer Kostenrechnung für Hochschulen. In: Dokumente der Hochschulreform XXXVII/ 1980. WRK-Kolloquium 1./2.10.1979. Hrsg. von DER WESTDEUTSCHEN REKTORENKONFERENZ. Bonn-Bad Godesberg 1979, S. 117-140.

SCHWEITZER, MARCELL und BIRGIT FRIEDL: (Controlling) Controlling. In: Allgemeine Betriebswirtschaftslehre 2. Hrsg. von FRANZ XAVER BEA, ERWIN DICHTL und MARCELL SCHWEITZER. 8. Aufl., Stuttgart, Jena 2001, S. 217-313.

SCHWEITZER, MARCELL und BIRGIT FRIEDL: (Konstruktion) Konstruktion. In: Handwörterbuch des Rechnungswesens. Hrsg. von KLAUS

CHMIELEWICZ und MARCELL SCHWEITZER. 3. Aufl., Stuttgart 1993, Sp. 1108-1122.

SCHWEITZER, MARCELL und BIRGIT FRIEDL: (Kosteninformationen) Kosteninformationen für die strategische Unternehmensführung. In: Fortschritte im Rechnungswesen. Vorschläge für Weiterentwicklungen im Dienste der Unternehmens- und Konzernsteuerung durch Unternehmensorgane und Eigentümer. Hrsg. von OTTO A. ALTENBURGER, OTTO JANSCHEK und HEINRICH MÜLLER, 2. Aufl., Wiesbaden 2000, S. 279-310.

SCHWEITZER, MARCELL und BIRGIT FRIEDL: (Kostenmanagement) Aussagefähigkeit von Kostenrechnungssystemen für das programmorientierte Kostenmanagement. In: Jahrbuch für Controlling und Rechnungswesen 1994. Hrsg. von GERHARD SEICHT. Wien 1994, S. 65-100.

SCHWEITZER, MARCELL und BIRGIT FRIEDL: (Wettbewerbsstrategien) Kostenmanagement bei verschiedenen Wettbewerbsstrategien. In: Kostenrechnung. Stand und Entwicklungsperspektiven. Hrsg. von WOLFGANG BECKER und JÜRGEN WEBER. Wiesbaden 1997, S. 447-463.

SCHWEITZER, MARCELL und GÜNTER OTTO HETTICH: (System) Entwicklung des Systems einer Kostenarten- und Kostenstellenrechnung an Hochschulen. Schlußbericht zum BLK-Modellversuch. Tübingen 1981.

SCHWEITZER, MARCELL und HANS-ULRICH KÜPPER: (Produktionstheorie) Produktions- und Kostentheorie: Grundlagen - Anwendungen. 2. Aufl., Wiesbaden 1997.

SCHWEITZER, MARCELL und ERNST TROßMANN: Break-even-Analyse. In: Der kaufmännische Geschäftsführer. Hrsg. von GÜNTHER HABERLAND. S. Nachl. 1980, Abschn. 7.8, S. 1-41, Landsberg am Lech 1980.

SCHWEITZER, MARCELL und ERNST TROßMANN: (Break-even-Analyse) Break-even-Analyse. Grundmodell, Varianten, Erweiterungen. 2. Aufl., Stuttgart 1998.

SCHWEITZER, MARCELL und ULRICH ZIOLKOWSKI (Hrsg.): (Interne Rechnung) Interne Unternehmungsrechnung: aufwandsorientiert oder kalkulatorisch? Sonderheft 42 der ZfbF 1999.

SCHWEITZER, MARCUS: (Break-Even-Analyses) Break-Even Analyses for Random Production and Demand Processes. In: Journal of System Science & System Engineering (2) 2002, S. 224-233

SCHWEITZER, MARCUS: (Dienstleistungskapazitäten) Taktische Planung von Dienstleistungskapazitäten. Berlin 2003.

SCHWEITZER, MARCUS: (Erlösträgerrechnung) Erlösträgerrechnung. In: Handwörterbuch Unternehmensrechnung und Controlling. Hrsg. Von HANS-ULRICH KÜPPER und ALFRED WAGENHOFER. 4. Aufl., Stuttgart 2002, Sp. 475-484.

SCHWEITZER, MARCUS: (Kostenrechnung) Prozeßorientierte Kostenrechnung. Ein neues Kostenrechnungssystem? In: Wirtschaftswissenschaftliches Studium (21) 1992, S. 618-622.

SCHWEITZER, MARCUS: (Warteschlangenbasierte BEA) Warteschlangenbasierte Break-Even-Analysen bei kundenauftragsorientierter Produktion. In: Zeitschrift für betriebswirtschaftliche Forschung 2002, S. 633-655.

SCHWETZLER, BERNHARD: (Kapitalkosten) Kapitalkosten. In: Kostencontrolling. Neue Methoden und Inhalte. Hrsg. von THOMAS M. FISCHER, Stuttgart 1999, S. 79-107.

SEELBACH, HORST: (Dynamische Investitionsrechnung) Dynamische Investitionsrechnung. In: Handwörterbuch des Rechnungswesens. Hrsg. von KLAUS CHMIELEWICZ und MARCELL SCHWEITZER. 3. Aufl., Stuttgart 1993, Sp. 399-414.

SEICHT, GERHARD: (Grenzkostenrechnung) Die stufenweise Grenzkostenrechnung. Ein Beitrag zur Weiterentwicklung der Deckungsbeitragsrechnung. In: Zeitschrift für Betriebswirtschaft (33) 1963, S. 693-709.

SEICHT, GERHARD: (Prozeßkostenrechnung) Die Prozeßkostenrechnung - Fortschritt oder Weg in die Sackgasse? In: Journal für Betriebswirtschaft (42) 1992, S. 246-267.

SEIDENSCHWARZ, WERNER: (Target Costing) Target Costing. Marktorientiertes Zielkostenmanagement. München 1993.

SEIDENSCHWARZ, WERNER, CHRISTIAN HUBER, STEFAN NIEMAND und MICHAEL RAUCH: (Marktorientiertes Unternehmen) Target Costing: Auf dem Weg zum marktorientierten Unternehmen. In: Kostenmanagement. Wertsteigerung durch systematische Kostensteuerung. Hrsg. von KLAUS-PETER FRANZ und PETER KAJÜTER, 2. Auflage, Stuttgart 2002, S. 135-172.

SERFLING, KLAUS und RONALD SCHULTZE: (Benchmarking) Benchmarking als Tool der Unternehmensführung und des Kostenmanagements. In: Kostenrechnungspraxis (41) 1997, S. 193-202.

SHARPE, WILLIAM F.: (Asset Prices) Capital Asset Prices: A Theory of Market Equilibrium Under Conditions of Risk. In: Journal of Finance (19) 1964, S. 425-442.

SIEBEN, GÜNTER und THOMAS SCHILDBACH: (Entscheidungstheorie) Betriebswirtschaftliche Entscheidungstheorie. 3. Aufl., Düsseldorf 1990.

SIEGEL, GARY und HELENE RAMANAUSKAS-MARCONI: (Behavioral Accounting) Behavioral Accounting. Cincinnati, Ohio 1989.

SIEGEL, THEODOR: (Diskussion) Zur Diskussion um die Entscheidungsrelevanz sicherer Fixkosten bei sonstiger Unsicherheit. In: Die Betriebswirtschaft (52) 1992, S. 715-721.

SIEGEL, THEODOR: (Fixkosten) Sichere Fixkosten bei Unsicherheit: Ein semantischer Dissens. In: Betriebswirtschaftliche Forschung und Praxis (43) 1991, S. 482-490.

SIEGEL, THEODOR: (Irrelevanz) Zur Irrelevanz fixer Kosten bei Unsicherheit. In: Der Betrieb (38) 1985, S. 2157-2159.

SIEGEL, THEODOR: (Leistungserstellung) Leistungserstellung im Falle von Preisregulierungen. In: Aktuelle Aspekte des Controllings. Hrsg. von VOLKER LINGNAU und HANS SCHMITZ. Heidelberg 2002, S. 243-267.

SIEGWART, HANS: (Anpassung) Anpassung der Kosten- und Leistungsrechnung an moderne Fertigungstechnologien. In: Handbuch Kostenrechnung. Hrsg. von WOLFGANG MÄNNEL. Wiesbaden 1992, S. 791-798.

SIEGWART, HANS und INGE MENZL: (Kontrolle) Kontrolle als Führungsaufgabe. Führung durch Kontrolle von Verhalten und Prozessen. Bern, Stuttgart 1978.

SIMON, HERBERT A.: (Behaviour) Administrative Behaviour. 2. Aufl., New York 1957.

SIMON, HERBERT A.: (Models) Models of Man. New York 1957.

SINZIG, WERNER: (Grundzüge) Datenbankorientiertes Rechnungswesen. Grundzüge einer EDV-gestützten Realisierung der Einzelkosten- und Deckungsbeitragsrechnung. 3. Aufl., Berlin, Heidelberg, New York, Tokio 1990.

SOMMERFELD, HEINRICH: (Bilanz) Bilanz, eudynamisch. In: Handwörterbuch der Betriebswirtschaft. Hrsg. von H. Nicklisch. Bd. I. Stuttgart 1926, Sp. 1340-1346.

STAHLKNECHT, PAUL (Hrsg.): EDV-Systeme im Finanz- und Rechnungswesen. Anwendergespräch, Osnabrück, Juni 1982. Berlin, Heidelberg, New York 1982.

STEDRY, ANDREW C.: (Budget) Budget Control and Cost Behavior. Englewood Cliffs/N.J. 1960.

STEDRY, ANDREW C.: (Budgeting) Budgeting and Employee Behavior: A Reply. In: Journal of Business (37) 1964, S. 195-202.

STEDRY, ANDREW C. und EMANUEL KAY: (Effect) The Effect of Goal Difficulty on Performance: A Field Experiment. In: Behavioral Science (11) 1966, S. 459-470.

STEERS, RICHARD M. und LYMAN W. PORTER: (Attributes) The Role of Task-Goal Attributes in Employee Performance. In: Psychological Bulletin (81) 1974, S. 434-452.

STEGMÜLLER, WOLFGANG: (Erklärung) Probleme und Resultate der Wissenschaftstheorie und Analytischen Philosophie. Band I. Wissenschaftliche Erklärung und Begründung. Berlin, Heidelberg, New York 1969.

STEGMÜLLER, WOLFGANG: (Theorie) Probleme und Resultate der Wissenschaftstheorie und Analytischen Philosophie. Band II. Theorie und Erfahrung. Berlin, Heidelberg, New York 1970.

STEINLE, CLAUS: (Leistungsverhalten) Leistungsverhalten und Führung in der Unternehmung. Berlin 1975.

STEINLE, CLAUS, HEIKE BRUCH und DIETER LAWA: (Projektmanagement) Projektmanagement: Instrument moderner Dienstleistung, Edition Blickbuch Wirtschaft, Frankfurt am Main 1995.

STEVENS, STANLEY S.: (Measurement) Measurement, Psychophysics and Utility. In: Measurement. Definitions and Theories. Hrsg. von C. WEST CHURCHMAN und PHILBURN RATOOSH. New York, London 1959, S. 18-63.

OTOI, ROMAN und MANFRED GIEHL: (Vertriebsmanagement) Prozeßkostenrechnung im Vertriebsmanagement. In: Controlling (3) 1995, S. 140-147.

STREIM, HANNES: (Fluktuationskosten) Fluktuationskosten und ihre Ermittlung. In: Zeitschrift für betriebswirtschaftliche Forschung (34) 1982, S. 128-146.

STREIM, HANNES: (Accounting) Human Resource Accounting. In: Handwörterbuch des Rechnungswesens. Hrsg. von ERICH KOSIOL, KLAUS CHMIELEWICZ und MARCELL SCHWEITZER. 2. Aufl., Stuttgart 1981, Sp. 743-750.

STREIM, HANNES: (Humanvermögen) Humanvermögensrechnung. In: Handwörterbuch der Betriebswirtschaftslehre. Hrsg. von WALDEMAR WITTMANN et. al. 5. Aufl. 1993, Sp. 1681-1694.

STREITFERDT, LOTHAR: (Entscheidungsregeln) Entscheidungsregeln zur Abweichungsauswertung: Ein Beitrag zur betriebswirtschaftlichen Abweichungsanalyse. Würzburg, Wien 1983.

STRIKER, M.: (Marginal Costing) Marginal Costing and Price Control. The Accountants Digest 1949.

SWOBODA, PETER: (Abschreibungskosten) Die Ableitung variabler Abschreibungskosten aus Modellen zur Optimierung der Investitionsdauer. In: Zeitschrift für Betriebswirtschaft (49) 1979, S. 563-580.

SWOBODA, PETER: (Anpassung) Die betriebliche Anpassung als Problem des betrieblichen Rechnungswesens. Wiesbaden 1964.

SWOBODA, PETER: (Anschaffungswertorientierung) Zur Anschaffungswertorientierung administrativer Preise (speziell in der Elektrizitätswirtschaft). In: Betriebswirtschaftliche Forschung und Praxis 1996 S. 364-381.

SWOBODA, PETER: (Investition) Investition und Finanzierung. 2. Aufl., Göttingen 1977.

SWOBODA, PETER: (Preispolitik) Kostenrechnung und Preispolitik. 16. Aufl., Wien 1991.

TANAKA, MASAYASU: (Design Phase) Cost Planning and Control Systems in the Design Phase of a New Product. In: Japanese Management Accounting. Hrsg. von YASUHIRO MONDEN und MICHIHARU SAKURAI. Cambridge, Norwalk 1989, S. 49-71.

TANAKA, MASAYASU, TAKEO YOSHIKAWA, JOHN INNES und FALCONER MITCHELL: (Cost Management) Contemporary Cost Management. London et al. 1993.

TANAKA, TAKAO: (Target Costing) Target Costing at Toyota. In: Emerging Practices in Cost Management. 1993 Edition. Hrsg. von BARRY BRINKER. Boston/Mass. 1993, S. F1-1 - F1-8.

TANI, TAKEYUKI: (Considerations) Strategic Considerations in the Design of Responsibility Accounting Systems: Cases for Allocating Common Costs. In: Das Rechnungswesen im Spannungsfeld zwischen strategischem und operativem Management. Festschrift für Marcell Schweitzer zum 65. Geburtstag. Hrsg. von HANS-ULRICH KÜPPER und ERNST TROßMANN. Berlin 1997, S. 433-445.

TANI, TAKEYUKI und YUTAKA KATO: (Target Costing) Target Costing in Japan. In: Neuere Entwicklungen im Kostenmanagement. Hrsg. von KLAUS DELLMANN und KLAUS-PETER FRANZ. Bern, Stuttgart 1994, S. 191-222.

TEICHMANN, STEPHAN: (Untersuchung) Logistikkostenrechnung - Untersuchungen zur Bedeutung und Methodik einer betriebswirtschaftlichen Logistikkostenrechnung mittelständischer Industriebetriebe. Berlin 1989.

THIEME, HANS-RUDOLF: (Verhaltensbeeinflussung) Verhaltensbeeinflussung durch Kontrollen. Berlin 1982.

TROPP, GERHARD: (Kennzahlensysteme) Kennzahlensysteme des Hochschul-Controlling: Fundierung, Systematisierung, Anwendung. München 2002.

TSCHERNIKOW, S. N.: (Ungleichungen) Lineare Ungleichungen. Bearbeitet von H. Hollatz nach einer Übersetzung von H. Weinert. Berlin 1971.

VDI (Hrsg.): (Entscheidungen) VDI-Richtlinie 2235. Wirtschaftliche Entscheidungen beim Konstruieren. Düsseldorf 1987.

VERBÄNDEVEREINBARUNG ERDGAS (VV Erdgas): Verbändervereinbarung zum Netzzugang bei Erdgas vom 4. Juli 2000 zwischen den Verbänden Bundesverband der Deutschen Industrie e.V., Verband der Industriellen Energie- und Kraftwirtschaft e.V., Bundesverband der Deutschen Gas- und Wasserwirtschaft e.V. und Verband kommunaler Unternehmen e.V.

VERBÄNDEVEREINBARUNG ERDGAS II (VV Erdgas II): Verbändervereinbarung zum Netzzugang bei Erdgas vom 3. Mai 2002 zwischen den Verbänden Bundesverband der Deutschen Industrie e.V., Verband der Industriellen Energie- und Kraftwirtschaft e.V., Bundesverband der Deutschen Gas- und Wasserwirtschaft e.V. und Verband kommunaler Unternehmen e.V.

VERBUND NORDDEUTSCHER UNIVERSITÄTEN: (Evaluation) Evaluation von Studium und Lehre im Fach Geschichte an der Universität Rostock im Studienjahr 1996/97. Rostock 1998.

VIKAS, KURT: (Controlling) Controlling im Dienstleistungsbereich mit Grenzplankostenrechnung. Wiesbaden 1989.

VIKAS, KURT: (Kostenmanagement) Neue Konzepte für das Kostenmanagement. Vergleich der aktuellen Verfahren für Industrie- und Dienstleistungsunternehmen. 3. Aufl., Wiesbaden 1996.

VIKAS, KURT: (Personal Computer) Unterstützung der Kostenplanung durch Einsatz von Personal Computern. In: Rechnungswesen und EDV. Einsatz von Personal Computern. 5. Saarbrücker Arbeitstagung. Hrsg. von WOLFGANG KILGER und AUGUST-WILHELM SCHEER. Würzburg, Wien 1984, S. 177-208.

VODRAZKA, KARL: (Materialabrechnung) Materialabrechnung. In: Handwörterbuch des Rechnungswesens. Hrsg. von ERICH KOSIOL. Stuttgart 1970, Sp. 1059-1070.

VROOM, VICTOR H.: (Motivation) Work and Motivation. New York 1964.

WACKER, WILHELM H.: (Informationstheorie) Betriebswirtschaftliche Informationstheorie. Opladen 1971.

WAGENHOFER, ALFRED: (Verrechnungspreise) Verrechnungspreise zur Koordination bei Informationsasymmetrie. In: Controlling. Hrsg. von KLAUS SPREMANN und EBERHARD ZUR. Wiesbaden 1992, S. 637-656.

WAGENHOFER, ALFRED und CHRISTIAN RIEGLER: (Investitionsanreize) Gewinnabhängige Managemententlohnung und Investitionsanreize. In: Betriebswirtschaftliche Forschung und Praxis (51) 1999, S. 70-90.

WAGNER, FRANZ W. und HANS DIRRIGL: (Steuerplanung) Die Steuerplanung der Unternehmung. Stuttgart, New York 1980.

WAGNER, FRANZ W. und REINHARDT HEYDT: (Ertrag- und Substanzsteuern) Ertrag- und Substanzsteuern in der entscheidungsbezogenen Kostenrechnung. In: Zeitschrift für betriebswirtschaftliche Forschung (33) 1981, S. 922-935.

WALB, ERNST: (Erfolgsrechnung) Die Erfolgsrechnung privater und öffentlicher Betriebe. Eine Grundlage. Berlin, Wien 1926.

WALLER, WILLIAM S.: (Slack) Slack in Participative Budgeting. In: Accounting, Organizations and Society 1987, S. 87-98.

WARTMANN, R.: (Erfassung) Rechnerische Erfassung der Vorgänge im Hochofen zur Planung und Steuerung der Betriebsweise sowie der Erzauswahl. In: Stahl und Eisen 1963, S. 1414-1426.

WÄSCHER, DIETER: (Gemeinkosten-Management) Gemeinkosten-Management im Material- und Logistik-Bereich. In: Zeitschrift für Betriebswirtschaft (57) 1987, S. 297-315.

WEBER, HELMUT KURT: (Definition) Die Definition der Einnahmen und Ausgaben als Größen des betriebswirtschaftlichen Rechnungswesens. In: Betriebswirtschaftliche Forschung und Praxis (24) 1972, S. 191-202.

WEBER, HELMUT KURT: (Rechnungswesen) Betriebswirtschaftliches Rechnungswesen. 2. Aufl., München 1978.

WEBER, JÜRGEN: (Kostenrechnung) Einführung in das Rechnungswesen II. Kostenrechnung. 2. Aufl., Stuttgart 1993.

WEBER, JÜRGEN: (Logistikkostenrechnung) Logistikkostenrechnung. 2. Aufl., Berlin et al. 2002.

WEBER, KARL: (Direct Costing) Direct Costing. In: Industrielle Organisation (29) 1960, S. 479-488.

WEBER, WOLFGANG: (Rezension) Buchbesprechung zu Knoop: (1986) Online Kostenrechnung für die CIM-Planung. In: Zeitschrift für betriebswirtschaftliche Forschung (41) 1989, S. 75-78.

WEDEKIND, HARTMUT: (Strukturveränderungen) Strukturveränderungen im Rechnungswesen unter dem Einfluß der Datenbanktechnologie. In: Zeitschrift für Betriebswirtschaft (50) 1980, S. 662-677.

WEDEKIND, HARTMUT und ERICH ORTNER: (Datenbank) Der Aufbau einer Datenbank für die Kostenrechnung. In: Die Betriebswirtschaft (37) 1977, S. 533-542.

WEIGAND, CHRISTOPH: (Vertriebskostenrechnung) Vertriebskostenrechnung. In: Handbuch Kostenrechnung. Hrsg. von WOLFGANG MÄNNEL. Wiesbaden 1992, S. 820 - 836.

WELGE, MARTIN K. und BERNHARD AMSHOFF: (Neuorientierung) Neuorientierung der Kostenrechnung zur Unterstützung der strategischen Planung. In: Kostenmanagement. Wettbewerbsvorteile durch systematische Kostensteuerung. Hrsg. von KLAUS-PETER F RANZ und PETER KAJÜTER, Stuttgart 1997, S. 59-80.

WHITTINGTON, G EOFFREY: (Cost Accounting) The Role of Current (Replacement) Cost Accounting for Regulated Businesses. In: The Financial Methodology of "Incentive" Regulation – Reconciling Accounting and Economics. Proceedings 23. Hrsg. v. Centre for the Study of Regulation Industries. Baath 1999.

WIBERA WIRTSCHAFTSBERATUNGS AG: (Hochschulen) Kostenrechnung in Hochschulen. Gutachten im Auftrag des Ministers für Wissenschaft und Forschung des Landes Nordrhein-Westfahlen. Düsseldorf 1972.

WIELENS, HANS: (Kreditinstitute) Kostenmanagement in Kreditinstituten. In: Handbuch Bankcontrolling. Hrsg. von HENNER SCHIERENBECK und HUBERTUS MOSER. Wiesbaden 1994, S. 561 - 575.

WIIG, KARL M. : (Knowledge) Integrating Intellectual Capital and Knowledge Management. In: Long Range Planning (30) 1997, S. 399-405

WILD, JÜRGEN: (Unternehmungsplanung) Grundlagen der Unternehmungsplanung. Reinbek bei Hamburg 1974.

WILDEMANN, HORST: (Variantenmanagement) Kostengünstiges Variantenmanagement. In: IO Management Zeitschrift (59) 1990, Heft 11, S. 37-41.

WILLE, FRIEDRICH: (Direktkostenrechnung) Direktkostenrechnung mit stufenweiser Fixkostendeckung? Eine kritische Stellungnahme. In: Zeitschrift für Betriebswirtschaft (29) 1959, S. 737-741.

WILLE, FRIEDRICH: (Standardkostenrechnung) Plan- und Standardkostenrechnung. Leitfaden. Essen 1963.

WILMS, STEFAN: (Abweichungsanalysemethoden) Abweichungsanalysemethoden der Kostenkontrolle. Bergisch Gladbach, Köln 1988.

WISSENSCHAFTSRAT: (Drittmittel) Drittmittel und Grundmittel der Hochschulen, 1993-1998, Köln.

WITT, FRANK-JÜRGEN: (Praxis) Informatikgestütztes Controlling - "Softwareempirie" für die Praxis. In: Kostenrechnungspraxis (32) 1988, S. 213-218.

WITTENBRINK, HARTWIG: (Erfolgsplanung) Kurzfristige Erfolgsplanung und Erfolgskontrolle mit Betriebsmodellen. Wiesbaden 1975.

WITTGEN, ROBERT: (Einführung) Einführung in die Betriebswirtschaftslehre. 2. Aufl., München 1979.

WÖHE, GÜNTER: (Betriebswirtschaftslehre) Einführung in die Allgemeine Betriebswirtschaftslehre. 21. Aufl., München 2002.

WÖHE, GÜNTER: (Steuerlehre) Betriebswirtschaftliche Steuerlehre. Band II. 2. Halbband. 2. Aufl., Berlin und Frankfurt am Main 1965.

WÜBBENHORST, KLAUS L.. (Life Cycle Costing) Life Cycle Costing for Construction Projects. In: Long Range Planning (19) 1986, Heft 4, S. 87-97.

WÜBBENHORST, KLAUS L.: (Lebenszykluskosten) Konzept der Lebenszykluskosten – Grundlagen, Problemstellungen und technologische Zusammenhänge. Darmstadt 1984.

WUNDERER, ROLF und WOLFGANG GRUNWALD: (Führungslehre 1) Führungslehre Band 1 - Grundlagen der Führung. New York 1980.

YOSHIKAWA, TAKEO, JOHN INNES und FALCONER MITCHELL: (Cost Tables) Cost Tables: A Foundation of Japanese Cost Management. In: Journal of Cost Management for Manufacturing Industry (3) 1990, Fall, S. 30-36.

ZEHBOLD, CORNELIA: (Lebenszykluskostenrechnung) Lebenszykluskostenrechnung. Wiesbaden 1996.

ZHANG, SUIXIN: (Instandhaltung) Instandhaltung und Anlagenkosten. Wiesbaden 1990.

ZIEGLER, HASSO: (Kostenrechnung) Prozeßorientierte Kostenrechnung im Hause Siemens. In: Betriebswirtschaftliche Forschung und Praxis (44) 1992, S. 304-318.

ZIEGLER, HASSO: (Neuorientierung) Neuorientierung des internen Rechnungswesens für das Unternehmens-Controlling im Hause Siemens. In: Zeitschrift für betriebswirtschaftliche Forschung (46) 1994, S. 175-188.

ZIMMERMAN, JEROLD L.: (Allocation) The Costs and Benefits of Cost Allocation. In: The Accounting Review (54) 1979, S. 504-521.

ZURMÜHL, RUDOLF: (Matrizen) Matrizen und ihre technischen Anwendungen. 4. Aufl., Berlin, Göttingen, Heidelberg 1964.

Stichwortverzeichnis

Abbaufähigkeit 553
Abbildung 27, 61, 318, 750
Abbildungsumfang 67
Abfallprodukte 177
Ablaufplanung 514, 520
Abrechnungsbezirk 122
Abrechnungsperiode 189
Absatzerfolgsrechnung 190, 192, 454
Absatzerlösmodelle 384, 390
Absatzkostenrechnung 740
Absatzmengenfunktionen 412
Absatzprogramm 570
Absatzsegmente 384
Abschreibungen 96, 289, 516, 531, 555, 735, 767, 782
-, Arten 99
-, degressive 103, 104, 106
-, fixe 432
-, kalkulatorische 99, 432, 670
-, leistungsabhängige 104
-, lineare 103, 104, 106, 244
-, nutzungsabhängige 243, 244
-, ökonomische 105 ff., 787
-, progressive 103
-, variable 432
-, zeitabhängige 104, 243
Abschreibungsermittlung 100, 107
Abschreibungsplanung 671
Abschreibungssumme 102
Abschreibungsverfahren 102, 103, 104, 107, 784
Abschreibungszeitraum 103
Abweichungen 392, 394, 424, 436, 676
-, Auswahl von 305
-, höherer Ordnungen 437
Abweichungsanalyse 63, 303, 394, 677
-, alternative 689 f.
-, differenziert kumulative 691
-, in der Grenzplankostenrechnung 433
-, kumulative 689, 690

Abweichungsarten 309, 395, 406, 677
-, spezielle 435
Abweichungsinterdependenz 686
Abweichungsursachen
-, Analyse der 677
Abzugskapital 113
Activity-Based Costing 360
Adverse selection 621 f.
Akkordlohn 94, 406
Aktivitätskostenrechnung 347
Allowable Costs 705, 706
Anderserlöse 25, 26
Anderskosten 18, 20
Angebotspreis 547
Angebotsverbund 186
Anlagenrechnung 10, 95
Anlagenwagnis 111
Anpassung, intensitätsmäßige 557
Anpassungsfähigkeit 204
Anpassungsformen 279
Anpassungsprozess
-, kontinuierlicher 705
Anreiz 594, 621, 636
-, extrinsisch 594
-, intrinsisch 594
Anreizsystem 623, 643, 727
Anreizwirkungen 638
Anspruchsniveaus 605
Äquivalenzziffer 136, 167
Äquivalenzziffernrechnung 167, 566
-, mit variablen Kosten 446
Arbeitsablaufabweichungen 685
Arbeitsleid 620
Arbeitsleidhypothese 659
Arbeitsplan 336
Artenrechnung 52
Aufträge
 innerbetriebliche 684
Aufwand 17 ff., 575, 734
-, außerordentlicher 19
-, neutraler 18, 20
-, periodenfremder 19

-, sachzielfremder 19
Ausbeuteabweichungen 685
Ausbringungserfolgsrechnung 190
Ausfallfolgekosten 515
Ausgaben- und
  Einnahmenrechnung 758
Ausgabenrechnung 755
Ausschusskosten 406
Auswertungsrechnung 53, 528 ff.,
558, 736, 753, 763, 765, 769
Auszahlungen 17, 20, 238
-, erfolgsneutrale 17
Befundrechnung 90
Behavioral Accounting 72, 589,
661
-, Aussagefähigkeit 617
-, Verhaltenswissenschaftliche
  Grundlagen 591
-, Zwecksetzung 589
Bemessungsgrundlagen 639, 727
-, kapitalwertorientierte 642
-, marktwertorientierte 639
Benchmarking 36, 40, 226, 331, 769
Bereichsgewinn 652, 655
Bereitschaftskosten 537 f., 555
-, aktivierungs- und nicht
  aktivierungspflichtige 537
- geschlossener Perioden 537
- offener Perioden 537
Berichterstattung
  wahrheitsgemäße 638
Berichtswesen 513
-, lebenszyklusorientiertes 227
Beschaffungskostenrechnung 740
Beschaffungspreise
  Höhe der 692
Beschäftigung 64, 73, 80, 352, 670
-, kritische 431
-, kumulierte 265
Beschäftigungsabhängigkeit 64
Beschäftigungsabweichung 314,
380, 435, 680
Beschäftigungsänderungen 290,
555
Beschäftigungsgrad 292
Beschäftigungsmaßstab 554
Beständewagnis 111
Bestandsabgrenzung 572

-, kostenträgerweise 572
-, summarische 572
Bestandsänderungen 412
Bestandsbewertung 393, 457, 572
Bestandsplanung 430
Bestandsrechnung 89
Bestellmenge
-, optimale 259, 261
Bestellzyklus 260
Bestimmungsgrößen 408, 497 f.
- der Motivation 601
Betafaktor 114
Betriebsabrechnungsbogen 131,
147, 300, 423
- mit Plankosten 300, 673
Betriebsdatenerfassungssysteme
518
Betriebserfolgsrechnung 550
Betriebsergebnis
-, Analyse 550, 558
-, Entwicklung 551
-, Kontrolle 550
Betriebsergebniskonto 191
Betriebsergebnisrechnung
-, mehrstufige 425
Betriebskontrolle 549, 558
Betriebsmodelle 384
Betriebsstoffe 88, 671
Betriebsstörungen 535
Betriebsvergleich 34 f., 40, 203
Bewertung 15, 21 ff., 36, 75
-, einstandspreisbezogene 91
Bewertungsmatrix 525
Bewertungsschirm 525
Bezugsgröße 28, 49, 171, 286, 348,
359, 414, 475, 529 f., 535, 554, 555,
559, 670, 745, 747
-, der Kostenplanung 476
-, direkte 417
-, indirekte 417, 423
Bezugsgrößenhierarchie 65, 532,
535, 540
Bezugsgrößenkalkulation 747
Bilanz 41
Bilanzabschreibung 99
Bilanzrechnung 9 f., 41 f., 754
Bindungsdauer 537, 557
Blockkostenrechnung 462

Stichwortverzeichnis

Blockumlage 135
Break-even-Analyse 226, 495, 498
Budgetary Slack 610
Budgetierung 451
Capital Asset Pricing Model 114, 791
Cash Flow 211
Charge 185
Contingency-Ansätze 595
Controlling 718, 737
Cost Center 68
Cost Tables 224
Current Cost Accounting 775, 781
Data Fixation-Ansatz 597
Datenbanken 75, 559, 718
Datenbankkonzept 560
Debitoren 251
Deckungsbedarf 546, 548, 552
Deckungsbeitrag 249, 322, 397, 479, 505, 529, 533
-, kumulierter 548, 552
-, spezifischer 543 f.
-, relativer 494
Deckungsbeitragsrechnung 226, 397, 413, 473, 533, 550, 562, 572, 574
-, einstufige 574
-, mehrstufige 557, 462, 574, 585
-, mehrdimensionale 398, 467, 511
-, mehrstufige 398, 464, 511
Deckungsbeitragsspanne 464
Deckungsbudget 357, 529, 547, 559, 660
-, aufwandorientiertes 534
-, auszahlungs- oder finanzorientiertes 534
-, kostenorientiertes 534
Deckungspunkt 495, 502
Dekomposition 509
Dienstleistungsproduktion 738 f.
Differenzierungsstrategie 346
Disponierbarkeit 537
Divisionsrechnung 136, 138, 161
-, einfache 162, 446
-, einfache einstufige 161
-, einstufige 162
-, mehrfache 162, 446
-, mehrstufige 162, 446

-, mit variablen Kosten 446
Dokumentation 27, 28, 61, 74, 750
Dokumentationszwecke 202
Drifting Costs 705, 706
Dualwerte 494, 506, 507
Durchlaufkosten 87
Durchschnittsbestände 251
Durchschnittsprinzip 59
Dynamische Theorie der Kosten- und Erlösrechnung 266
Effizienzabweichung 682
-, variable und gesamte 683
Eigenfertigung oder Fremdbezug 156
Einflussgrößen 319, 384 f., 391, 412, 556, 591
-, disponierbare 385
-, externe 409
-, interne 409
-, längerfristige 699
-, primäre 386
-, sekundäre 386
Einflussgrößenabweichung 311
Einflussgrößenfunktionen 384, 391
Einflussgrößenrechnung 412
Einproduktfertigung 183, 495, 500
Einsatzgüter 157
-, Art 78
Einzahlungen 23 ff., 238
Einzelfertigung 183
Einzelkosten 63, 65, 79, 285, 352, 399, 401, 528, 530 f., 566, 577, 692, 704, 767, 778
-, der Reparaturleistungen 542
-, relative 65, 534
-, DRG-relevante 746
-, je Kostenträgereinheit 674
-, Lohn 286
-, Material 285
Einzelkosten- und Deckungsbeitragsrechnung, relative 528
Einzelkostenrechnung
-, mehrdimensionale 760
-, mehrstufige 759
Einzelkostenverfahren 135, 759
Endkostenstellen 124, 420, 427
Endprodukte 157, 535

Endwert 205, 233, 237
Engpässe 488, 544, 545, 546
Enterprise Resource Planning-
(ERP-) Systeme 75
Entscheidungen 57, 389, 529, 574,
693
-, kurzfristige 542, 574
-, längerfristige 542, 574, 699
Entscheidungsmodell,
lineares 489
Entscheidungsproblem 542, 548,
554, 557 f.
Entscheidungsrechnung 62
Entscheidungsrelevanz 102, 109,
357, 519, 747
Entsorgung 222
Entsprechungsprinzip 354, 382
Entstehungsphase
-, Abschluss der 704
Entstehungszyklus 326
Entwicklungskosten 328
Erfassungsgenauigkeit 538
Erfolg
-, eines Produktes 703
Erfolgsanalyse 536
Erfolgs-Kennzahlenrechnung 755
Erfolgsmanagement 37
Erfolgsneutralität,
kapitaltheoretische 782
Erfolgsplanung 697
Erfolgspotentialrechnung 208 ff.,
717, 756
Erfolgsrechnung 47
-, kalkulatorische 188
-, strategische 210
-, universitäre 764
Erfolgsrechnungen,
bereichsbezogene 645
Erfolgsübersicht, universitäre 765
Erfolgsziel 205, 210, 238
Ergebniskontrolle 307
Ergebniskontrollrechnung 696
Erlös 21, 23, 26, 734
-, kalkulatorischer 25, 26
Erlösarten 55, 81
Erfassung 117
Ermittlung 155
Erlösartenrechnung 51, 53, 85

Erlösbegriff 20 f.
Erlöse 407, 413, 542
-, fixe 84
-, kalkulatorische 23, 82, 408
-, nichtpagatorische 82
-, pagatorische 82
-, primäre 77
-, variable 84
Erlöserfassung 54
Erlösfunktion 56, 390, 409, 411, 496
Erlösinformation 66
Erlösmanagement 37 f.
Erlösplanung 408
Erlösrechnung 20, 47, 53
Erlösschmälerungen 119
Erlösstellen
-, Einteilung 127
-, Gliederung 125
Erlösstellenbildung,
Kriterien 126
Erlösstellenrechnung 51, 53, 121,
153
Erlösträger 158
Erlösträgerrechnung 51, 53
Erlösträgerstückrechnung 186
Erlösuntergrenze 491
Erlösverteilung 55
Ermessensspielraum 734
Ermittlung 27 f., 74
Ersatzzeitpunkt 241
Ertrag 23 f., 26, 734
-, außerordentlicher 26
-, neutraler 25, 26
-, periodenfremder 25
-, sachzielfremder 25
Erwartungen
-, mehrwertige 459
-, unsichere 476
Erwartungs-Valenz-Modell 600
Erwartungs-Valenz-Theorie 594
Erwartungswert 478
Erzeugniskostenbänder 392
Expertensystem 284
Externer Faktor 739
Falschberichterstattung 636
Fertigungs- und Absatzmenge
-, optimale 653
Fertigungshauptstellen 125

Fertigungshilfsstellen 125
Fertigungskosten 170
Fertigungskostenrechnung 740
Fertigungslohnabweichungen 406
Fertigungssystem
-, flexibles 512
Fertigungsverfahren 157
Fertigungszeit 507, 678
Festbetrag 656
Festpreise 526, 626, 661, 678
Fifo-Verfahren 91
Finanzanlagen 96
Finanzrechnung 9, 43, 493, 754
First-Best-Lösung 625, 633, 653
Fixe Vergütung 626
Fixkosten 400, 442, 444, 451, 458, 480, 492, 501, 527
-, Verteilung der 561
-, Kontrolle der 322
-, Schlüsselung der 393
Fixkostenblock,
   Gliederung 464
Fixkostendeckungsrechnung 568
Fixkostenmanagement 40
Fixkostenproportionalisierung 356, 446
Flexibilität 55, 560, 574
Forschung 764
Forschung und Entwicklung 407
Forward looking costs 779
Fremddienste 110
Fristigkeit 442
Functional Fixation-Ansatz 597
Fundierung
-, realtheoretische 72
Funktionen des Produkts 708
Funktionsanalyse 418, 423
Funktionsrabatte 411
Gebrauch 97
Gebühren 115
Gehaltskosten 671
Geldrechnung 6
Gemeinerlöse 84, 160, 186 ff.
Gemeinkosten 63, 80, 84, 287, 352, 399, 531 f., 555, 566, 577, 767, 778
-, echte 529, 533, 555
-, fixe 586
-, unechte 529, 532, 542, 543, 555

-, variable 555, 584
-, Beeinflussung der 694
-, Betriebsarbeit 288, 671
- des Werkzeugverbrauchs 671
-, DRG-relevante 746
-, je Kostenträgereinheit 674
-, leistungsmengenneutrale 778 f.
-, nicht beeinflussbare 670
-, produktnahe 704
-, Verbrauchsabweichungen der 695
Gemeinkostenarten 425
Gemeinkostenplanung 413
-, bezugsgrößenorientierte 414
Gemeinkostenproportionalisierung 584
Gemeinkostenumlage 630 f.
Gemeinkostenverrechnung 318, 357
Gemeinkostenzurechnung 472
Gemeinkostenzuschlagssatz 746
Gemeinschaftsgut 634
Genauigkeit 54
Gesamtabweichung 690
Gesamtdeckungsbeitrag 469, 490, 507
Gesamtkosten 402, 495, 535
Gesamtkostenverfahren 191, 454
Gesamtzuschläge 171
Gewinn 490, 559, 635, 653 f.
-, ökonomischer 206
Gewinnabhängige Gemeinkostenumlage 629
Gewinnausweis 458
Gewinnerwartungen
-, gemeldete 636
-, tatsächliche 636
Gewinnerwartungswert 634, 655
Gewinnfunktion des Bereichs 628
Gewinnmaximum 257
Gewinnschwelle 495
Gewinnsteuersatz
-, proportionaler 497
Gleichungsverfahren 138
Globalhaushalt 739
Greenfield-Ansatz 780
Grenz-Bereichsgewinne 635

Grenzdeckungsbeiträge 494, 506, 508, 557
Grenzerfolg 393
Grenzkosten 391, 401, 506, 633, 635
Grenzkostenprinzip 556
Grenzkostenrechnung 65
Grenzplankostenrechnung 343, 360, 397, 398, 413, 473, 510, 512, 515, 562, 586
-, prozesskonforme 523
-, dynamische 398, 442
Groves-Schema 637
Grunderlös 25, 26
Grundgebühren,
 fixe 86
Grundkosten 18, 743
Grundrechnung 53, 528, 532, 534, 540, 753, 757, 761
-, Aufbau der 534
-, der Erlöse 532
-, der Kosten 532, 534
-, der Potentiale 533
Grundsorte 167
Güter
-, immaterielle 158
Güter- oder Leistungsströme
-, innerbetriebliche 131
Güterentstehung 21, 22
Güterverbrauch 13 ff., 21
Gutschrift-Lastschrift-Verfahren 145
Habenzinsen 251
Hauptkostenstellen 124
Hauptprodukt 177
Hauptprozesse 366 f.
Herstellkosten 171, 191
-, variable 428
Herstellungskosten 458
Heterogenität
-, produktbedingt 416
-, verfahrensbedingt 416
Hidden action- 623
Hidden characteristics 622
Hidden information 622
Hilfskostenstellen 124 f.
Hilfslöhne 671
Hilfsstoffe 88, 288

Hochschul-Erfolgsrechnung 755, 757
Hochschulleistung
-, Förderung wissenschaftlicher Nachwuchs 762
-, Forschung 762
-, Service 763
-, Studium und Lehre 761
Hochschulrechnung 749, 751
Humanvermögensrechnung 757
Hyperfläche 500, 688
Identitätsprinzip 56, 528, 553
Incentive compatibility constraint 625
Indikatoren 188, 466, 651
Informationen 110, 572, 587
-, der Bereiche 627
-, entscheidungsrelevante 320
-, faktische 589
-, konjunktive 590
-, präskriptive 590
-, prognostische 589
-, unvollkommene 486
-, Unvollkommenheit der 620
-, vollkommene 267, 632
-, Vorgabeinformation 590
Informationsasymmetrie 731
Informationspolitik 633
Informationsstand 504
Informationssystem 74, 76
Informationsverlust 462
Instandhaltungszahlungen 241 f.
Institutionenorientierte Ansätze 619 ff.
Intellectual Capital 757
Intensitätsabweichungen 684, 688
Interdependenzen 556, 730
Inventur 90
Investitionsdauer 431
Investitionsmodell 240
Investitionsplanung
-, technische 515, 522
-, wirtschaftliche 515
Investitionsrechnung 9 f., 44 f., 66, 224, 229, 236 f., 511
Investitionstheoretischer Ansatz 264, 267, 268
Investitionstheorie 237 f., 651

Stichwortverzeichnis

Investment Center 68
Isomorphie 54
Istkalkulation 445
Istkosten- und -erlösrechnung 63
Iteratives Verfahren 144
Kaizen Costing 702
Kalkulation 50, 156, 160, 392
-, konstruktionsbegleitende 225, 336, 338, 715
-, mit Teilkosten 160
-, mit Vollkosten 160
-, neuer Produkte 674
Kalkulationsobjekte 576, 581
Kalkulationsschema 567
-, bei Teilkostenrechnung 567
-, bei Vollkostenrechnung 567
Kalkulationsverfahren 136, 188, 565
-, tragfähigkeitsorientiertes 567
-, einvariablige 340
-, mehrvariablige 340
Kalkulationsverrechnungssätze 564
Kalkulationszinsfuß 213
Kapazität 575
Kapital
-, betriebsnotwendiges 111, 672
Kapitalbasis 789
Kapitalbindung 232, 234, 236
Kapitalkosten 781
-, gewogene 790
-, implizite 113
Kapitalkostensatz
-, gewogener 115
Kapitalmarkt
-, vollkommener 206
Kapitalstruktur 115
Kapitaltheoretische Erfolgsneutralität 100, 108
Kapitalwert 205, 232, 236 f., 239, 241, 262, 642
Kapitalwertfunktion 239, 265, 269
Kennzahlen 340, 550, 558, 750, 768
Kennzahlenrechnung 763
Kennzahlensystem 394
Knappheitspreise 509
Kongruenzprinzip 231
Konsistenzaxiom 481

Konstruktion
-, fertigungsorientierte 330
-, kostenorientierte 330
Konstruktionsrichtlinien 333
Kontenrahmen 745
Kontrolle 4, 34 f., 62, 74, 203, 351, 380, 394, 401
-, Durchführung der 304
-, Zweck der 691
-, Bestimmungsgrößen 611
Kontrollform 616
Kontrollinformationen 616, 697
Kontrollintensität 616
Kontrollkartenverfahren 305
Kontrollobjekt 304
Kontrollperiode, Dauer der 550
Kontrollsystem,
  Einflussgrößen 613
Kontrolltheoretisches Modell 266
Kontrollträger 615
Kontrollumwelteinflussgrößen 611
Kontrollverfahren 304
Konventionalstrafen 86
Konzept
-, kapitaltheoretisches 39
Kooperationsbedingung 624
Korrelationsanalyse 389
Kosten 13, 17, 18, 20 ff., 560, 734
-, beeinflussbare 549
-, fixe 80, 584
-, für innerbetriebliche
  Leistungen 541
-, primäre 562, 564
-, relevante 533, 585, 697
-, periodenübergreifende 699
-, anreizverträgliche 661
-, beschäftigungsfixe 345
-, beschäftigungsvariable 64
- der effizienten Leistungsbereitstellung 776
-, DRG-relevante 742, 744
-, entscheidungsrelevante 321
- für Instandhaltung und
  Reparaturen 289
-, kalkulatorische 18 ff., 670, 729, 743, 751

-, langfristig zusätzliche der Leistungserstellung 779
-, pagatorische 744
-, primäre 77, 79
-, proportionale 413
-, sekundäre 79
-, Trennung von variablen und fixen 673
-, variable 64, 80, 400, 426, 442, 444, 447, 454, 554, 564, 577
-, von Instandhaltungen und Reparaturen 672
Kosten- und Erlösartenrechnung 77
Kosten- und Erlösrechnung 9, 11, 42 f., 45, 48, 60
Kosten- und Erlösrechnungssystem 60, 69
Kosten- und Erlösstellenrechnung 120
Kosten- und Investitionsrechnung 638
Kostenabhängigkeit
-, mehrdimensionale 555
Kostenabweichung 684
-, Verteilung der 317
Kostenabweichungen 684 f.
-, Ermittlung der 676
-, spezielle 684
Kostenanalyse 282
Kostenarten 55, 534, 562, 675
-, primäre 351
-, sekundäre 351
-, Systematik 78
Kostenartenrechnung 52, 351, 399, 516, 519, 568, 745, 758
Kostenartenverfahren 135
Kostenauflösung
-, mathematische 401
-, planmäßige 401
Kostenaufspaltung 400, 575
Kostenbegriff 12
-, entscheidungsorientierter 16
-, pagatorischer 16 f., 720
-, wertmäßiger 15
Kostenbestimmungsgröße 29
Kostenbudget 328

Kosteneinflussgrößen 29, 56, 273, 348, 354, 414, 578 f., 579, 686, 689
- programmorientierte 578
-, strategische und taktische 310
Kostenerfassung 27, 54, 87
Kostenermittlung 52
Kostenführerschaftsstrategie 346
Kostenfunktion 29 f., 56, 275, 387, 389, 495, 556, 653, 696, 712, 724
-, lineare 542
-, mehrdimensionale 498, 531, 556, 688
-, nichtlineare 556
-, stückweise linearisierte 557
-, einvariablige 73, 316
-, empirische 282
-, lineare 65, 310, 378, 400, 476
-, mehrdimensionale 498, 688
-, mehrvariablige 73, 316, 685
-, mehrvariablige lineare 341, 416, 476
-, nichtlineare 73, 310
-, stochastische 440
-, zweidimensionale (zweivariablige) 686
Kostengestaltung
-, wirtschaftliche 676
Kosteninformationen 65
-, relevante 508
Kostenkategorien 534, 536, 538 f., 559
Kostenkontrolle 303, 381, 712
-, Arten der 307
Kostenmanagement 37 f.
-, potentialorientiertes 587
-, strategisches 38
Kostenobergrenze 331, 706, 711, 714
-, funktions- und komponentenorientierte 710
-, funktionsorientierte 708
-, komponentenorientierte 708
Kostenoptimierung 512
Kostenorientierung 774
Kostenplanung 274, 326, 419, 439, 730
-, analytische 414, 430

Kostenpolitik 37
Kostenpool 360
Kostenprognose 29 f., 272, 274
Kostenprozessrechnung 51, 353
Kostenrechnung 12, 47, 755
-, prozessorientierte 512, 515, 522
- des Anlagenbaus 226
-, investitionstheoretische 238, 722
-, konstruktionsbegleitende 325, 326, 338
-, prozessorientierte 360
-, taktische 325
Kostensammelbogen 535, 540
Kostensätze
-, fixe 565
-, variable 565
Kostenschätzung 284
Kostenschlüssel 129
Kostenstellen 120, 535, 541
-, Abgrenzung 291
-, Kontrolle 558
-, Arten 123
-, Gliederung 121
-, Kontrolle der 675
Kostenstellenausgleichsverfahren 137
Kostenstellenbildung 122, 291
Kostenstelleneinzelkosten 128, 549
Kostenstellengemeinkosten 128
Kostenstellengliederung 670
Kostenstellenplan 296, 420
Kostenstellenrechnung 51, 120, 398, 425, 516, 520, 562, 568, 696, 745
Kostenstellenumlage 131, 426
Kostenstellenumlageverfahren 135
Kostensteuerung 391
Kostenstruktur 38, 536
Kostentabellenkatalog 333
Kostentheorie 73
Kostenträger 157, 675
Kostenträgergemeinkosten 131
Kostenträgerrechnung 300, 356, 472, 568, 695, 746
-, progressive 568

Kostenträgerstückrechnung 156, 160, 392, 445, 517, 519, 568 f., 571, 673
-, progressiv aufgebaute 571
Kostenträgerverfahren 146
Kostenträgerzeitrechnung 156, 569, 747
Kostentreiber 37
Kostenverteilung 27, 54
Kostenverursachung
-, homogene 416, 517
-, heterogene 416, 421
Kostenvorgaben 331, 708
Kostenvorhersage
-, analytische Verfahren der 341
-, summarische Verfahren der 341
Kostenwert 16
Kostenzurechnung
-, verursachungsgemäße 519
Krankenhaus 738, 741
Krankenhauscontrolling 741
Krankenhausmanagement 741
Kuhn-Tucker-Bedingungen 506
Kundengruppen 535
Kuppelprodukte 157, 449
-, Kalkulation von 176
Kuppelproduktion 531
Kurzkalkulation 341
Lagerbuchhaltung
-, innerbetriebliche 117
Lebenszyklus 209, 216, 218, 324, 326
Lebenszykluskosten-management 215
Lebenszykluskostenrechnung 214
Lebenszyklusrechnung 39, 214, 215, 217, 219, 221 f., 224
-, prototypgestützte 224 f.
Leerkosten 315, 378, 680
Lehrerfolg, universitärer 768
Leistung, Hochschule 761
Leistungen
-, innerbetriebliche 159, 441
Leistungsabschreibung 103, 106
Leistungsabweichung 685
Leistungsbereiche
-, indirekte 347

-, Leistungsbündel 159
Leistungsentsprechungsprinzip 58
Leistungskosten 536, 538
Leistungsrechnung 10, 755, 762
Leistungsströme, innerbetriebliche 563
Leistungsverrechnung
-, innerbetriebliche 85, 562
Leistungsvorstellungen, individuelle 607
Lenkung,
pretiale 503
Lenkungspreise 504, 507, 509, 654, 655
-, Vorgabe 656
Leontief-Funktion 489
Leontief-Transformationsfunktion 378
Lernprozess 597, 697
Lifo-Verfahren 91
Liquidationserlös 254, 256
Liquidität 493, 553
Liquiditätsrechnung 10
Logistik 740
Logistikkostenrechnung 740
Lohn- und Gehaltsrechnung 93
Lohnabweichungen 692
Lohneinzelkosten 668
Lohnformen 94
Lohnkosten 555
Lohnrechnung 10
Lohnsatzabweichungen 405
Lohnsatzmischungsabweichungen 405, 694
Long run incremental costs 779
Losgrößenabweichungen 435, 684
Lücke-Theorem 642
Make-or-Buy-Entscheidung 218
Manipulationsfreiheit 639, 643
Manipulierbarkeit 730
Marktbezug 108, 787
Markterlöse 153, 411
Marktphase 221
Marktpreis 16, 23, 509
Marktsegmentrechnung 469
Marktvolumen 412
Marktwert 206 f., 212, 737, 788, 789
Marktwert der Aktien 639

Marktwerte
-, fiktive 180
Maschinensatzrechnung 175, 447, 448
Massenfertigung 185
Maßgrößen
- der Kostenverursachung 414
- für die Ausbringung 419
Materialbewertung 91
Materialeinsatz 246
Materialeinzelkosten 402, 668
Materialhilfsstellen 125
Materialkosten 88, 170, 246
Materialrechnung 10, 88
Matrizenrechnung 166
Mehrkostenwagnis 111
Mehrproduktfertigung 498
-, mehrstufige 174
Mengen- und Preiserfassung 87
Mengenabweichungen 309, 526, 678
- bei Einzellöhnen 694
- bei Einzelmaterial 693
Mengenerfassung 89
Mengenkalkulation
-, konstruktionsbegleitende 338
Mengenkomponente 661
Mengenrechnung 6
Mengenschlüssel 171
Messverfahren 202
Mindestdeckungsbeitrag 502
Mindesterlös 502
Mindestrentabilität 497
Minimalkostenkombination 630
Minutenfaktoren 669
Mischkosten 400, 537
Mischungsabweichungen 685, 693
Mitlaufkalkulation 519
Moral hazard 623
Motivation 600, 626
Nachfolgeprodukt 263
Nachlaufphase 221
Nachrechnung 7
Nash-Gleichgewicht 636
Natürliche Monopole 772
Natürlicher Verschleiß 97
Nebenkostenstellen 124
Nebenprodukt 177

Nettopreise 86
Normalbeschäftigung 663, 678
Normalkalkulation 302
Normative Agencytheorie 619
Nutzen
- eines Informationssystems 74, 76
Nutzkosten 315, 378
Nutzungsdauer 242, 433, 492
-, optimale 240, 243, 257, 259
Nutzungskosten 704
Nutzungspotentiale 537
Öffentliche Güter 772
Opportunitätskosten 506, 630, 729, 730
Optimalbeschäftigung 662 f., 678 f.
Optimierungsprinzip 5
Partizipation 609
Periodeneinzelkosten 537 f.
Periodenerfolg 393, 570
Periodenerfolgsfunktion 390
Periodenerfolgsrechenmodelle 384
Periodenerfolgsrechnung 48, 301, 454, 568
-, kalkulatorische 189
Periodenerlöse 497
Periodengemeinkosten 537
Periodengewinn 573
Periodenrechnung 576
-, auf Basis von Prozesskosten 576 f., 585
-, mehrstufige 576 f., 585
Periodenzuordnung 55
Periodisierungsprinzip,
-, internes 648
Periodisierungsregeln 234
Personalkosten 93, 442
Persönlichkeitsmerkmale
- der Kontrollierten 612
- des Mitarbeiters 608
Planabweichungen 391
Planbeschäftigung 297, 420
Planbezugsgrößen 440
Planerfolgsrechnung
-, periodische 321, 384
Planfortschrittskontrolle 35, 307, 322, 335, 712

Plan-Ist-Abweichung
-, budgetbezogene 681
Plankalkulation 445, 673, 674, 698
Plankalkulationssätze 517
Plankosten 298, 665, 667, 679
-, Auflösung von 401
-, Bestimmung von 665
-, Umlage der 673
-, verrechnete 679
Plankosten- und -erlösrechnung 63
-, auf Teilkostenbasis 397
Plankostenrechnung 270, 730, 744
-, auf Teilkostenbasis 270
-, auf Vollkostenbasis 270
-, flexible 392, 672
Plankostenverrechnungssätze 564
Planrechnung 69, 397
Planung 2, 4, 28, 30, 34, 61, 74, 202, 216, 238, 318, 320, 350, 401, 751, 769
-, der Arbeitszeiten 669
-, der Einzelkosten 668
-, der Gemeinkosten 430, 670
-, der kalkulatorischen Abschreibungen 431
-, der Kostenstellenkosten 413
-, dezentrale 503
-, operative 65
-, strategische 65, 207
-, taktische 65, 208
-, von Kostenvorgaben 705
Planungs- und Steuerungssystem
-, erfolgszielorientiertes 704
Planungsfrist 444
Planungshorizont
-, mittel- bis langfristiger 714
Planungsrechnung 205, 208 ff.
-, lineare 489, 506, 545
-, nichtlineare 506, 545
Planverrechnungssatz 296
Planvorgaben
-, Abgrenzung 603
-, Art 603
-, Durchsetzung von 675
-, Wirkung 603
Platzkostenrechnung 745
Plausibilitätsüberlegungen 202
Positive Agencytheorie 619

Stichwortverzeichnis

-, Potential 38, 210
Prämienlöhne 406
Prämiensystem 676, 693, 695, 698
Prämissen 620
Prämissenkontrolle 35, 308, 322, 699
Preinreich-Lücke-Theorem 230, 234, 235, 236
Preis-Absatzfunktion 492
Preisabweichungen 309, 312, 686, 687, 692
Preisbestimmung 450
Preisdifferenzbestandskonto 692
Preise
-, kostenorientierte 774
Preisgrenze 491, 557
-, dynamische 491, 493
-, erfolgswirksame 491, 493
-, liquiditätswirksame 491, 493
-, statische 491
Preiskalkulation 546
Preisminderungen und -zuschläge 411
Preisobergrenze 31, 156, 491
Preispolitik 156, 491, 547
Preisregulierung 771, 774, 778
Preistheorem der linearen Planungsrechnung 506
Preisuntergrenze 31, 156, 261, 491, 493, 547
-, absolute 263
-, langfristige 263
Primärkosten 440
Principal-Agent-Theorie 72, 651, 659, 661
Prinzip des Marktbezugs 100
Prioritätsregeln 518
-, kostenorientierte 514, 521
Product-Life-Cycle-Cost Management 215
Produkt- und Programmplanung 586
Produktart 543, 577, 582, 586
Produktbezogenheit 715
Produktentwicklung 327
Produkterfolg
-, geplanter 714
Produktgestaltung

-, Änderungen der 693
Produktgruppen 543
Produktions- und Absatzprogramm 156
Produktions- und Kostenfunktion 556
Produktions- und Kostenplanung 391
-, operative 391
Produktions- und Kostentheorie 408, 723
Produktionsfunktion 57
-, mehrdimensionale 498
-, substitutionale 73
Produktionskapazität 543
Produktionskoeffizient 165
Produktionsmenge
-, optimale 655
Produktionsprogramm 57, 182
Produktionsprogrammplanung 253
Produktionsprozess
-, diskontinuierlicher 185
Produktionsstufen 184
Produktionstheorie 73
Produktionsverbundenheit 492
Produktionsverfahren 184
Produktkomponente, kritische 713
Produktkosten 326, 328
Produktlebenszyklus 217 f., 263
Produktlebenszyklusergebnis-Management 215
Produktlebenszyklusrechnung 214
Produktplanung 326
Produktpreise 493
Produktvarianten 324, 577, 582, 586
Profit Center 68
Prognose 28, 61, 66, 397
-, des Periodenerfolgs 393
Prognoseerfolgsrechnung 271, 300, 322
Prognoseerlös 315
Prognosefehler 309
Prognosefunktion
-, lineare 280
Prognosekalkulation 300
Prognosekontrolle 35, 308

Prognosekostenrechnung 270, 350,
384, 664, 699
-, auf Prozessbasis 325
-, auf Vollkostenbasis 317
-, Ausbaufähigkeit der 324
-, flexible 290
-, starre 290
Prognoserechnung 392, 394
Prognoseverrechnungssätze 392
Programmkosten 577
Programmpolitik 543
Proportionalitätsprinzip 58
Protokollanalyse 596
Prozess 353, 365
-, einflussgrößenabhängiger 355
-, einflussgrößenunabhängiger 355
Prozessbezugsgrößen 345, 355, 362, 579, 582
Prozesse 360 f.
-, artenbezogene 581
-, auftragsbezogene 582
-, einflussgrößenabhängige 578
-, kaufteilbezogene 582
-, variantenbezogene 581
-, leistungsmengeninduzierte 365, 374
-, leistungsmengenneutrale 365, 374
Prozesskalkulation 364, 371
Prozesskoeffizient 357, 363, 368, 379
Prozesskonformität 524
Prozesskostenkalkulation 356, 362, 370
Prozesskostenrechnung 39, 159, 225, 344, 347, 473, 511, 577, 585, 745
-, programmorientierte 354, 358, 577
-, auf Teilkostenbasis 511
Prozesskostensatz 356, 579
Prozessmenge 355
Prozesspläne 368
Prozessplanung 512
Qualitätskostenrechnung 740
Rabatte 86
Rate-of-return-Regulierung 772
Rationalität

-, begrenzte 597
Realisationsprinzip 236, 559
-, internes 647
Realtheorien 72
Realzins, spezifischer 786
Rechnung
-, kombinierte 572
-, retrograde 569
-, kameralistische 751
-, kombinierte 71, 511
-, kurzfristige 696
Rechnungslegung 752
Rechnungssystem
-, lebenszyklusorientiertes 346
Rechnungswesen 7, 41, 728
Rechnungsziele 27, 50, 156, 182, 349, 513, 730
Rechnungszielorientierung 61, 69
Rechtsgüter 110
Regressionsrechnung, lineare 389
Regulierung 773
Relationen-Modell 559
Relativkosten 224
Relativkostenkatalog 334
Relativkostenzahl 334
Residualer Marktwertzuwachs 640
Residualgewinn 231, 233 f., 642, 727
Responsibility Accounting 592
Leistungsfähigkeit 593
Restwerte 672
Restwertrechnung 449
Return on Investment 641
Revenue Center 68
Risiko 114, 621
Risikoanalyse 736
-, simulative 438, 459
Risikobereitschaft 481, 620
Risikoeinstellung 486, 558, 626
Risikonutzenfunktion 479
Risikoscheu 626
Risikoteilung 626
Risikoteilungsproblem 621
Risikozuschlag 791
Rückrechnung 90
Rüstzeitabweichungen 406
Sachanlagen 96

-, Sachgüterproduktion 738
Sachzielbezogenheit 14, 21, 23
Saisonbetrieb 572
Sammelbewertung 91
SAP R/3 49
Schadensersatzzahlungen 86
Schattenpreise 506
Schätzverfahren 341
Schlüssel
 -, kombinierte 171
 -, mengen- und wertmäßiger 130
 -, proportionaler 128
Schlüsselgröße 171
Schlüsselung 393, 486
Schlüsselungsprobleme 188
Schlüsselzahl 168
Screening 622
Second-Best-Situation 626
Segmentierungsgrad 67
Selbstkosten 171, 174, 251, 472
Self selection 622
Sensitivitätsanalyse 495, 509
Separation 487
Serienprodukte 183
Servicebereiche, Hochschule 764
Shareholder Value 737
Shirking 623, 638
Signalling 622
Simplexverfahren 490
Simulation 285
Simulationsmodell 514, 517
Simulationsstudie 521
Skonti 86, 411
Skontration 90
Software 75
Solldeckungsbeitrag, relativer 451
Solldeckungsbeiträge 450, 660
Soll-Ist-Vergleich 34, 675
Sollkosten 432
Soll-Wird-Vergleich 35
Sondereinzelkosten 80
 -, der Fertigung 287, 669
 -, des Vertriebs 171, 287, 669
Sondergemeinkosten 80
Sonderkosten 80
Sonderrechnung 698
Sorte 167

Sortenfertigung 183
Sozialkosten 671
Standardkalkulation 674, 675
Standardkosten- und Erlösrechnung
 -, flexible 71
Standardkostenrechnung 273, 664, 665
 -, flexible 661
Stelleneinzelkosten 549
Stellen-Planerfolgsrechnung 699
Stellenrechnung 51, 120, 128, 413
Steuern 115, 289, 672
Steuerung 2 ff., 28, 30, 34, 62, 202, 216, 318, 350, 557, 570, 743, 766
 -, dezentraler Bereiche 510
Steuerungsinformationen 598
Steuerungsrelevanz 109
Stoffeinsatz 90
Stoffrechnung 88
Streupunktdiagramm 283
Stück- und Periodenerfolgsrechnung 398
Stückdeckungsbeitrag 189, 445, 487, 543 f., 545, 557
Stückerfolg 188, 321
Stückerfolgsrechnung
 -, kalkulatorische 188
Stückerlös 186, 450
Stückgewinn 571
Stückkosten 168, 177, 357, 445, 571
 -, fixe 566
 -, variable 566
 -, Ermittlung 121
Stückliste 336
Stücklohn 94
Studium und Lehre 764
Stufenplan 292, 299, 673
Substanzsteuern 116
Suchkalkulation 341, 712
Systeme der Kosten- und Erlösrechnung
 -, einflussgrößenbezogene 70, 384 ff.
 -, ermittlungsorientierte 69, 77 ff.
 -, planungsorientierte 70, 205 ff.
 -, verhaltenssteuerungsorientierte 71, 588 ff.

Stichwortverzeichnis

Tagesgebrauchtwert 105
Target Costing 39, 71, 226, 325, 331, 661, 701
Technizität
-, günstigste 665
Teilabweichungen 686, 689, 698
Teilkosten- und -erlösrechnung 189, 397
Teilkostenkalkulationen 567
Teilkostenrechnung 64 f., 71, 159, 193, 374, 471, 554, 568, 572, 660
-, auf Basis relativer Einzelkosten 554
-, auf Basis variabler Kosten 397, 554, 572
-, prozessorienterte 576
Telekommunikationsgesetz 775
Telekommunikationsmarkt 774
Total Cost Management 702
Trägerrechnung 50, 445
Tragfähigkeit 182, 571
Tragfähigkeitsprinzip 59, 568, 629
Transformationsfunktion 696
Transparenz 750, 774
Trendberechnung 283
Treppenumlage 136
Überbeschäftigung 315, 545
Überinvestition 641
Umrüstung 185
Umsatzanalyse 536
Umsatzkostenverfahren 192, 301, 454, 673
Umweltkostenrechnung 177
Ungewissheit der Informationen 558
Unsicherheit 438
Unsicherheitskosten 498
Unterbeschäftigung 315, 545
Unternehmensgewinn 656 f.
Unternehmerrisiko 110
Unternehmungsführung 700
Unternehmungsprozess 5 f.
Unternehmungsrechnung 1 f., 7 f., 10, 41, 717
Ursachenanalyse 306
Value Control Chart 713
Variantenkalkulation 372 ff.
Variator 292, 673

Verantwortungsbereiche
-, Typen 593
Verbrauch an Hilfsstoffen 671
Verbrauchsabweichungen 314, 391, 435, 437, 681
-, des Fertigungsmaterials 693
-, globale 697
-, Ursachen von 693
Verbrauchsursachen 13, 78
Verfahren
-, buchtechnisches 400
-, differenziert kumulative 690
-, gemischte 695
-, iteratives 144, 442
Verfahrensabweichungen 436, 684, 685
Verfahrensplanung 545
Verhaltensbeeinflussung 3, 559, 591, 664, 696 ff.
Verhaltenseigenschaften 588
Verhaltenssteuerung 32 ff., 37, 40, 62, 67, 74, 202, 318, 323, 626, 661, 664, 675, 725, 735, 751
Verhaltenswirkungen 589, 598, 652
-, Partizipation bei Vorgaben 608
-, von Informationen 590
-, von Kontrollinformationen 610
-, von Vorgabeinformationen 608
-, von Vorgaben 599, 605
-, dysfunktionale 604
Vermögensänderungsrechnung 754
Verpachtung 626
Verrechnung
-, von Gemeinkosten 580, 583
-, Art der 69
- innerbetrieblicher Leistungen 133 f., 745
-, Umfang der 69
- von Markterlösen 154
Verrechnungspreis 16, 23, 503, 506, 526, 654
Verrechnungsumfang 63
Verrechnungsverfahren 580

-, Verschleiß 97
Versicherungen 289, 672
Verteilung
-, der Kostenabweichungen 695
-, von Gemeinerlösen 154
-, von Gemeinkosten 629
Verteilungsprinzipien 546
Verteilungsrechnung 178
Verteilungsschlüssel 136
Verteilungsverfahren 202
Vertriebsgemeinkosten 171
Vertriebshilfsstellen 125
Vertriebskosten 423
Verursachungsprinzip 55, 318, 383, 417, 553
Verwaltungsgemeinkosten 171
Verwaltungshilfsstellen 125
Voll- und Teilkostenrechnung, kombinierte 562
Vollkosten 509
Vollkosten- und -erlösrechnung 188
Vollkostenrechnung 63, 71, 177, 193, 262, 264, 360, 458, 471, 569, 696, 729
Vollständigkeit 54
Vorgabeinformation 697, 699
Vorkostenstellen 124, 420, 426
Vorlaufphase 218, 220
Vorleistungsauszahlungen 262
Vorrechnung 7, 320

Wagniskosten 110, 111, 735
Wagnisse 111
Wagniszuschlag 790
Wahrscheinlichkeiten
-, subjektive 440, 601
Wechselkurse 412
Wechselkursschwankungen 86
Weighted Average Cost of Capital 114, 775, 790
Werbungskosten 672
Werkstoffe 88, 544
Werkstoffverbrauch
-, günstigster 666
Werteinbußen 98
Werterfassung

-, durch selbständige Festsetzung 88
-, undifferenzierte 87
Wertgestaltung 712, 714
Wertminderung
-, Ursachen 97
Wertschlüssel 171
Wertsteigerungsmanagement 733
Wertvernichtung 98
Wiederbeschaffungspreis 106, 108
Wiedereinsatzgüter 158
Wiedereinsatzmengen 412
Wird-Ist-Vergleich 35
Wird-Wird-Vergleich 35
Wirkungen, 'dysfunktionale' 591
Wirtschaften 1, 5
Wirtschaftlichkeit 54, 204, 553, 559
-, mengenmäßige 696
-, wertmäßige 699
Wirtschaftlichkeitskontrollen 672
Zeitbezug 63, 69
Zeitflexibilität 67
Zeitlohn 94, 406
Zeitrechnung 6
Zeitvergleich 34, 203
Zeitwert 105
Zielbezug 639
Zielfunktion 255, 257, 482, 486
Zielkostenrechnung 702
Zielsystem 205
Zielvorstellung 73, 497, 512, 697
Zinsen 235, 430, 516
-, kalkulatorische 111, 113, 289, 670, 672, 736
Zinskosten 111, 236, 248, 265, 788
Zirkularitätsproblem 789
Zurechenbarkeit 55, 64 f., 79, 553, 778
-, auf Abrechnungsperioden 537
-, auf Bezugsgrößen 529, 555
-, von Gemeinkosten 553
Zurechnung
-, proportionale 129
-, verursachungsgemäße 128
Zurechnungsprobleme 486
Zusatzerlöse 25 f.
Zusatzkosten 18 ff.

, langfristige 780
Zusatzlöhne 406, 671
Zuschlag
-, wertmäßiger 172
Zuschlagsrechnung 136, 169, 447, 452, 566
-, Formen der 169
Zuschlagssatze 131, 427
Zweckaufwand 18, 20, 743
Zweckertrag 25, 26
Zwischenprodukte 157, 180, 508